WATER FOR THE ENVIRONMENT

From Policy and Science to Implementation and Management

环境流量：
从理论和政策到实施与管理

[澳] Avril C. Horne　　[澳] J. Angus Webb

[澳] Michael J. Stewardson　　　　　　著

[美] Brian Richter　　[英] Mike Acreman

彭文启　刘晓波　黄伟　译

中国水利水电出版社
www.waterpub.com.cn

·北京·

This edition of *Water for the Environment：From Policy and Science to Implementation and Management* by Avril Horne, Augus Webb, Michael Stewardson, Brian Richter, Mike Acreman is published by arrangement with Elsevier Inc. Suite 800，230 Park Avenue，New York，NY 10169，USA.

本版《环境流量：从理论和政策到实施与管理》（作者 Avril Horne，Angus Webb，Michael Stewardson，Brian Richter，Mike Acreman）由 ELSEVIER 公司出版

Chinese edition © Elsevier Inc. and China Water & Power Press

北京市版权局著作权合同登记号：01－2019－6187

内 容 提 要

本书扎根于多学科背景综合研究环境流量，涵盖了环境流量管理的方方面面，在环境流量管理实践中指导如何公平地分配社会、生态和工程的水资源量。本书立足于整体把控环境流量管理，运用前沿的研究成果，从利益相关方参与到计划实施的全过程，为环境流量管理指明方向。针对环境流量管理当前和潜在挑战，本书提供了可行的解决方案，确定了环境流量管理的发展方向。本书包括环境流量管理的发展历程，河流系统的展望和目标，环境流量的评估工具，水资源规划的联系，积极的环境流量管理和未来挑战等主题。此外，本书基于对当前环境流量管理资料的整合，致力于为环境流量管理者提供一站式资料。

本书可为水环境管理、规划及生态需水、河流生态研究等领域的科研、设计、管理人员提供借鉴和参考，也可以作为高等院校相关专业的本科生及研究生的阅读材料。

图书在版编目（ＣＩＰ）数据

环境流量 ：从理论和政策到实施与管理 ／（澳）艾薇儿·C.霍恩等著；彭文启，刘晓波，黄伟译. —— 北京：中国水利水电出版社，2020.12
书名原文：Water for the Environment from Policy and Science to Implementation and Management
ISBN 978-7-5170-9294-0

Ⅰ．①环… Ⅱ．①艾… ②彭… ③刘… ④黄… Ⅲ.
①水资源管理—研究 Ⅳ．①TV213.4

中国版本图书馆CIP数据核字(2020)第269096号

书　　　名	环境流量：从理论和政策到实施与管理 HUANJING LIULIANG：CONG LILUN HE ZHENGCE DAO SHISHI YU GUANLI
原　　　著	［澳］Avril C. Horne　　［澳］J. Angus Webb ［澳］Michael J. Stewardson　　　　　　著 ［美］Brian Richter　［英］Mike Acreman
译　　　者	彭文启　刘晓波　黄伟 译
出版发行	中国水利水电出版社 （北京市海淀区玉渊潭南路1号D座　100038） 网址：www.waterpub.com.cn E-mail：sales@mwr.gov.cn 电话：(010) 68545888（营销中心）
经　　　售	北京科水图书销售有限公司 电话：(010) 68545874、63202643 全国各地新华书店和相关出版物销售网点
排　　　版	中国水利水电出版社微机排版中心
印　　　刷	清淞永业（天津）印刷有限公司
规　　　格	184mm×260mm　16开本　37印张　877千字
版　　　次	2020年12月第1版　2020年12月第1次印刷
印　　　数	0001—1000 册
定　　　价	**88.00元**

作 者 简 介

Avril C. Horne 是一位环境流量政策研究方面的专家，拥有 15 年跨学科项目经验，在咨询领域、政府部门和学术界工作经验丰富。她能很好地运用自己的专业知识，将生态流量这一科学问题从学术界成功拓宽到了政府部门和市场中。她曾担任过澳大利亚国家重点流域和地下水评估项目的项目经理。在担任澳大利亚竞争和消费者委员会水务小组的助理主任期间，积极参与制定了墨累-达令河流域（Murray - Darling Basin，MDB）规划的水交易规则。2014 年，她重返高等院校，目前是澳大利亚墨尔本大学（Melbourne University）环境水文和水资源小组的研究员，重点研发管理环境流量的工具和软件系统，以实现用水户和环境流量效益的最大化。2016 年，她曾是在墨尔本举办的第 11 届生态水力学国际研讨会组委会成员。另外，她还是重要的咨询顾问组成员，负责制定澳大利亚水务账号的相关标准。本书致力于研究环境流量有关的理论、政策、实践和管理方面的问题，指导环境流量的具体实施。

J. Angus Webb 是澳大利亚墨尔本大学环境水文与水资源研究小组的高级讲师。他最初是一名海洋生态学家，研究方向为数据挖掘和分析，之后致力于研究和恢复大尺度淡水系统中的环境问题。为此，他提出了许多创新性的方法用来整合文献信息和专家经验，并对大数据进行分析。他在墨尔本大学的教学重点是水生态系统的监测和评估。他深度参与澳大利亚墨累-达令河流域规划中的环境流量监测和评估，领导维多利亚州的古尔本（Goulburn）河的项目实施，并就流域尺度的数据分析提供建议。他在国际期刊上已发表过 100 多篇论著，其中包括 58 篇期刊论文。他目前还是两个环境流量科学与管理方面相关版期刊特刊的编辑，并担任《环境管理》（Environmental Management）期刊的副主编。他在 2013 年被澳大利亚流域管理协会授予航道管理知识贡献奖，2012 年获得澳大利亚湖泊学会早期职业成就奖。

Michael J. Stewardson 在过去 24 年中研究方向为水文学、地貌学和河流生态学的交叉应用，包括物理栖息地模型、水文-生态响应关系构建（flow - ecology science）和环境流量的实践和创新。他作为顾问参与了澳大利亚的水资源改革。近年来，他的研究重点是河床泥沙的物理、化学及生物过程及其在调节河流生态系统服务中的响应关系。他是墨尔本大学基础设施工程环境水文和水资源小组的负责人。

（http：//www. findanexpert. unimelb. edu. au/display/person14829）

（http：//www. ie. unimelb. edu. au/research/water/）

Brian Richter 30 多年来一直是水资源学科领域的全球领导者。在领导大自然保护协会的全球水计划 20 年后，他现在担任可持续水体计划——一个世界性的水资源教育组织的主席。他与政府和当地社区一起促进可持续水体的使用和管理，并担任世界上一些大型公司、投资银行以及联合国的水务顾问，并多次在美国国会作水资源方面的论证。他已经为全球 150 多个水务项目提供咨询。他还在弗吉尼亚大学教授水资源可持续发展课程。

他开发了许多支持河流保护和恢复工作的科学工具和方法，包括世界各地水资源管理者和科学家正在使用的水文变化指标软件（IHA）。他与 David Attenborough 合作拍摄了一部《地球可以供多少人生活?》的纪录片。他在国际科学期刊上发表了多篇关于水资源生态可持续管理的重要科学论文，并与 Sandra Postel 合著《生命之河：为人与自然管理水》一书（Island 出版社，2003 年）。他的新书《追逐水：从稀缺到可持续发展指南》现已以六种语言出版。

Mike Acreman 是英国沃灵福德生态与水文中心自然资本领域（Natural Capital at the Centre for Ecology and Hydrology，CEH，Wallingford）的负责人，是英国伦敦大学生态水文学学院的客座教授。他拥有 30 多年的水文和淡水生态学领域的研究经验。他的博士学位是在圣安德鲁斯大学获得的，主要是研究洪水风险评估。他曾在水文研究所担任洪水建模师。20 世纪 90 年代，他是世界自然保护联盟（IUCN）的淡水管理顾问。他曾在世界各地为英国国际发展部、世界银行、欧洲委员会、自然保护联盟、《拉姆萨（Ramsar）公约》、《生物多样性国际公约》和各国政府工作。在 CEH，他带领一支由 40 名科学家组成的团队，研究集水过程、河流生态学和湿地水文学。他的研究包括湿地的水文生态过程和河流生态流量的定义，特别是在极端洪水和干旱的情况下的响应。他领导了世界银行的环境流量项目，担任英国国际发展部的水文顾问，为世界水坝委员会作出重要贡献。他是世界自然基金会（WWF）英国董事会成员，《拉姆萨公约》科学小组和自然英格兰科学顾问委员会的成员。他还是《水文科学杂志》（Hydrological Sciences Journal）的联合编辑，编辑了关于湿地生态系统服务和环境流量的专刊，发表论文 170 多篇。

主 要 参 编 人 员

Catherine Allan 是澳大利亚查尔斯特大学（Charles Sturt University，Australia）土地、水和社会研究所环境社会学和规划学副教授，研究方向为适应性管理，涵盖自然资源管理的社会学习、评估和制度方面。适应性管理和社会学习涉及许多学科，包括水资源管理——这也是 Catherine 多年来的重点研究领域，重点关注 MDB。

Meenakshi Arora 是墨尔本大学基础设施工程系的高级讲师，研究方向为人类活动对城市河流健康的影响、地表和地下水的污染物迁移和转换。

Angela H. Arthington 是布里斯班格里菲斯大学（Griffith University，Brisbane）澳大利亚河流研究所的兼职退休教授。她对环境流量的研究主要集中在沿海和干旱地区的洪泛区河流，先后出版了专著《澳大利亚东北部的淡水鱼类》（2004 年，CSIRO 出版社），专刊《环境流量中的淡水生物学：科学与管理》（2010 年），还有专著《环境流量：第三个千年拯救河流计划》（2012 年，加州大学出版社）。她开创性地提出了基于生态系统健康发展的环境流量评估方法（例如 DRIFT、ELOHA），这些方法享有国际声誉，并为澳大利亚、美国、南非和新西兰的许多机构和规划所采用。

Beth Ashworth 在维多利亚州水务行业拥有超过 10 年的工作经验。自 2011 年维多利亚州环境需水持有者办公室（Victorian Environmental Water Holder）成立以来，她一直担任执行官。在此之前，她在当时的环境和第一产业部（以及更早的可持续发展和环境部）积累了丰富的水资源管理政策经验。她在水资源调度方面经验丰富，包括制定可持续水资源战略。她拥有澳大利亚墨尔本莫纳什大学的环境科学荣誉学位，参与制定了澳大利亚环境水权有效管理的政策框架和实践措施。

Lindsay C. Beevers 是一名土木工程师，博士学位。她参与项目众多，擅长水库动态模拟，通过数值模拟来解决河流中的环境问题，特别是分析极端水文事件（洪水和干旱）及其对水文地貌环境和淡水生态系统的相关影响，探索了流量、河流形态、社会脆弱性、恢复力以及生态系统服务和气候相关不确定性问题之间的相互关系。

Nick R. Bond 是乐卓博大学（La Trobe University）淡水生态学教授，MDB 淡水研究中心的主任。他在从事与河流水文生态学相关的应用研究问题方面拥有 20 多年的经验。研究方向为水文气候变化对河流生态系统的影响，擅长基于经验性的实地采样与大量的定量建模方法相结合的研究。他在评估流量调节的生态影响方面做了大量工作，参与了开发和应用整体方法来确定澳大利亚许多河流的环境流量需求，包括支持 MDB 规划的工作。从 2007 年到 2012 年，作为中澳环境发展计划的一部分，他参与了中国的河流健康和环境流量项目。他撰写或合著了 50 多篇期刊论文和大量技术报告，并开发了几种用于分析水文时间序列数据的软件工具。

Roser Casas－Mulet 是墨尔本大学基础设施工程系的博士后。她的研究方向为河流环境变化研究，重点关注受调节系统中的物理和生态因子的相互作用，在这些系统中，重点关注水资源开发和环境保护的矛盾协调。

John C. Conallin 是荷兰代尔夫特水利和环境工程国际研究所（IHE Delft）的访问学者，专门从事国际上的各种水资源管理项目。他的研究方向为水、食品、能源安全、社会-生态系统响应、环境流量的适应性管理和水电能源的可持续发展。

Justin F. Costelloe 是墨尔本大学基础设施工程系的高级研究员。他在研究地表水-地下水连通性和盐度变化方面拥有 12 年的经验，研究领域包括干旱气候和湿润气候区的各种环境，并在该领域发表了许多期刊文章。

Katherine A. Daniell 是澳大利亚国立大学（Australian National University）芬纳环境与社会学院的高级讲师。她目前的研究工作侧重于政策方面。在这一领域，她目前正在欧洲和亚太地区从事与水资源管理、风险管理、可持续城市发展、气候变化适应和国际科技合作相关的项目。她近期的成果包括《协同工程和参与式水管理：水治理的组织挑战》（剑桥大学出版社，2012 年，专著）、《21 世纪流域管理：理解人与环境》（CRC 出版社，2014 年，合著）、《转型期城市水资源的认识和管理》（Springer 出版社，2015 年，合著），以及其他 80 多部学术出版物。她获得过许多奖项和荣誉，包括约翰莫纳什奖学金，并被选为彼得·库伦水和环境信托的研究员。她目前是国家水工程委员会（澳大利亚工程师）的成员，"大河未来倡议"（Initiatives of the Future of Great Rivers）的成员，也是《澳大利亚水资源杂志》（*Australasian Journal of Water Resources*）的编辑。

Chris Dickens 是南非国际水资源管理研究院（International Water Management Institute，Southern Africa）的主任和首席研究员。他是一位享有国际盛誉的水生态学家，拥有 27 年水生态系统和水资源管理经验。他的主要研究领域是水生态系统健康评估、环境流量计算、水资源管理等。

Benjamin B. Docker 自 2007 年以来一直与澳大利亚政府环境与能源部合作，协助建立和实施联邦环境需水持有者办公室的职能（Commonwealth Environmental Water Holder function，CEWH），负责管理联邦政府在 MDB 的环境流量。他为环境流量的治理、风险管理、规划和决策提供了政策建议，并监督其在 MDB 内所有流域的实施、监测和评估结果。他是同州政府和 MDB 流域管理局就流域规划的关键方面进行谈判的跨区域工作组的成员。他目前从事环境与能源部的减缓气候变化对农业影响的相关工作，此前曾在意大利为联合国工作，也在悉尼大学工作过，并担任过湄公河委员会驻老挝人民民主共和国的执行研究员和顾问。他拥有悉尼大学的地貌学博士学位和伦敦大学的环境经济学硕士学位。

Jane M. Doolan 目前是澳大利亚堪培拉大学（Canberra University, Australia）自然资源治理专业的研究员。她在可持续水资源管理方面拥有丰富经验，在城市和农村供水及其安全、国家水资源改革、水资源分配、河流和流域管理以及水资源分区治理等问题上向政府提供高级政策咨询。她领导了河流健康政策、环境流量调度、流域管理的制度制定以及干旱和气候变化期间的水资源管理等关键政策的制定。她积极参与确定了澳大利亚环境水权有效管理的政策框架和实践措施。

Brian L. Finlayson 是一位物理地貌学家，拥有地貌学和环境水文学方面的专业背景知识。他是墨尔本大学地理学院的荣誉院长，也是上海华东师范大学的客座教授。他负责本科和研究生教学工作超过 40 年。他目前重点研究中国三峡大坝对长江下游的影响。

Tim D. Fletcher 撰写了 300 多篇著作，内容涉及城市洪水水文、水质、影响和管理等方面。他是墨尔本大学（航道生态系统研究小组）城市生态水文学教授。他曾任澳大利亚研究委员会未来研究员（Future Fellow），与同事 Chris Walsh 一起领导小斯特林巴克溪（Little Stringybark Creek）项目。该项目是世界上第一个在流域尺度上尝试雨水控制措施的项目，旨在同时恢复小溪的生态健康并提供全新的城市用水。他是著名的诺华科技城市水资源管理大会（Novatech Urban Water Management Conference）的联合主席，该会议每三年在法国举行一次。

Keirnan J. A. Fowler 是一位澳大利亚水文学家，拥有跨行业和跨学科的经验。他曾是一名水文咨询专家，专门研究流域水文模拟，同时研究第 20 章讨论的农田坝。目前，他是墨尔本大学的博士研究生，研究长期干旱或气候变迁期间产生的径流量的预测方法。

Dustin E. Garrick 目前是英国牛津大学（Oxford University, United Kingdom）史密斯企业与环境学院环境管理讲师。此前，他是加拿大安大略省麦克马斯特大学（McMaster University，Canada）水资源政策的副教授和执行主席。他通过比较用水政策研究审查了北美西部和澳大利亚东南部跨界河流中的水分配机制，评估了气候变化的适应性，并于 2011 年获得了富布赖特奖学金。他目前在经济合作与发展组织（OECD）/全球水伙伴组织（Global Water Partnership task）从事水安全和可持续增长的相关工作，并担任科罗拉多河流域食品、能源、环境和水（FE2W）网络的主席。

David J. Gilvear 获得了管控河流中泥沙输移研究领域的博士学位，并持续研究了流量调节对河流的影响。30 年来，他参与了水文学、地貌学和生态学等学科交叉的研究项目，并且拓展了河流科学的跨学科概念——他是国际河流科学学会的主席。他的大部分研究都具有应用价值，可用于指导环境友好型河流的恢复和管理，近年来，这部分内容包括探索生态系统服务概念及河流恢复力的应用，用于指导对 21 世纪河流的管理。

Barry T. Hart 是环境咨询水科学有限公司的董事。他还是澳大利亚墨尔本莫纳什大学的名誉教授，此前他曾担任水研究中心主任。Hart 教授在生态风险评估、环境流量决策、水质和流域管理以及环境化学等领域享有国际声誉。他因在澳大利亚和东南亚研究自然资源管理知识型决策过程的从业经历而闻名。Hart 教授目前是墨累-达令河流域管理局（Murray - Darling Basin Authority，MDBA）的董事会成员，也是澳大利亚冲积（Alluvium）咨询有限公司的非执行董事。他还从 2016 年 12 月开始担任北部地区陆上非常规水库水力压裂科学研究会的副主席。

Christoph Hauer 是一位具有景观生态学和管理学专业背景的土木工程师。他的博士论文涉及栖息地建模中动态地貌领域和环境流量的评估。他是维也纳农业与科学大学的高级科学家，教授生态水力学和水工学。他的主要研究方向是栖息地数值模型、物理实验研究以及水力学或泥沙动力学方面的管理问题。

Declan Hearne 作为项目经理在澳大利亚布里斯班国际水资源中心工作，通过实施自然资源管理（Natural Resources Management，NRM）和综合水资源综合管理计划（Integrated Water Resource Management，IWRM）实现社区水资源可持续发展。

Sue Jackson 是一位地理学家，在澳大利亚自然资源管理的社会层面拥有20多年的研究经验，特别是以社区为基础的保护倡议和机制方面。她重点关注资源治理系统方面，包括界定当地资源权利，本土社区自然资源管理和规划的改善和建设，以及实现与水有关的社会和文化价值。她在澳大利亚许多地区的社区进行了研究，最近她重点关注改善本土社区，呼吁重视水权管理。她负责澳大利亚研究委员会的未来基金项目，研究 MDB 的当地水资源管理和权利。她是未来地球倡议、可持续水资源未来计划工作组的共同召集人。该倡议的主旨为"河流、流量和人：连接生态系统与人类社区、文化、生计"。该工作组旨在确保世界上所有河流都能够维持生态系统和人类生活和健康的环境流量，工作内容是汇总经验知识，分享经验教训，促进基于项目的研究，以推进这一社会生态科学新领域的跨学科发展。她在国际性的地理学、水文学、生态学、法律和规划等相关期刊上发表了50多篇论文并撰写了30本书籍的部分章节内容。

Sharad K. Jain 在水资源领域拥有近30年的研究、开发和教学经验。他是印度鲁尔基国家水文研究院（National Institute of Hydrology, Roorkee, India）的科学家，曾是日本国家地球科学和灾害预防研究所（National Research Institute for Earth Science and Disaster Prevention）的博士后，并在美国路易斯安那州立大学（Louisiana State University, United States）担任客座教授一年。在2009年4月至2012年4月期间，担任印度理工学院鲁尔基分校（IIT Roorkee）的客座教授，研究方向为地表水水文学、水资源规划和管理、水电以及气候变化的影响评估。他参与过许多研究和咨询项目。

Hilary L. Johnson 是联邦环境需水持有者办公室（Commonwealth Environmental Water Office, CEWO）的主任，该办公室是澳大利亚政府环境与能源部的一个部门。该办公室支持联邦环境需水持有者办公室，这是一个法定职位，负责管理澳大利亚政府在 MDB 拥有的环境水权。Hilary 在澳大利亚政府机构（包括联邦环境需水持有者办公室和 MDBA）的环境流量管理和政策制定部门工作了8年多，在此期间，他主持了环境流量治理框架、立法改革、决策支持工具以及沟通和参与活动的发展。他目前的职责是负责就 MDB 南部的联邦环境流量的取用提供建议和实施决策。Hilary 拥有卧龙岗大学（Wollongong University）环境科学学士学位（荣誉学位）。

Giri R. Kattel 目前是中国科学院南京地理与湖泊研究所的中科院国际人才计划（CAS－PIFI）中引进的教授级研究员。他是墨尔本大学的荣誉研究员，在全球湖泊和河流生态学、古生态学和水资源管理领域具有超过 15 年的工作经验。

Christopher Konrad 是位于华盛顿州塔科马的美国地质调查局（US Geological Survey）的水文学家。研究方向为溪流、河流和洪泛区生态系统的水文分析，涵盖一系列主题，包括水力学、泥沙输移、地下水和地表水相互作用、河流地貌学、河流流量的节律和土地利用的水文效应。Konrad 博士在 2007 年至 2011 年期间担任大自然保护协会和美国地质勘探局的国家河流科学协调员，负责开发和评估河流的生态流量需求。他在斯坦福大学（Stanford University）获得生物科学学士学位，在华盛顿大学（Washington University）获得土木与环境工程硕士和博士学位。

Nicolas Lamouroux 是一名土木工程师，在法国里昂大学（Lyon University）攻读博士学位期间他转专业到了河流生态学。他在法国农业与环境科技研究所（IRSTEA）领导一个由 20 人组成的团队，目标是开发、测试和优化生态水文模型，旨在实现水资源的可持续发展。他擅长构建生物栖息地的水力学模型以实现生态学过程的现场观测和预报。

Gaisheng Liu 是美国堪萨斯大学（Kansas University）堪萨斯地质调查局的研究助理。他在地下水资源开发和管理相关问题方面拥有 15 年的经验，擅长横跨堪萨斯州的不同含水层系统的研究。

Lisa Lowe 是澳大利亚维多利亚州墨尔本市环境、土地、水利和规划部水文风险和规划小组的高级项目官员，主要为水资源公司评估气候变化和土地利用变化对供水的影响并给予指导意见。此前，她在咨询领域工作了 10 年，担任过水资源工程师。在此期间，她参与了许多环境流量项目，包括制定科学的环境流量管理建议，为维多利亚州河流开发的可持续调水对策，构建了环境流量压力指标。她拥有水文学博士学位，专注于研究水资源管理者中基本信息的不确定性问题。

Matthew P. McCartney 是一位专门研究水资源、湿地和生态水文学的首席研究员。他目前是国际水资源管理研究所（IWMI）生态系统服务方向的领导者。他在非洲和亚洲开展了广泛的研究并参与了众多项目。

Michael E. McClain 是荷兰代尔夫特水利和环境工程国际研究所的生态水文学首席教授及水文和水资源主席小组组长。他在流域水文、水质、环境流量和陆地-水相互作用研究方面拥有超过 25 年的经验。

Alexander H. McCluskey 是墨尔本大学基础设施工程系的研究员，并于2016 年 11 月开始获得德国慕尼黑技术大学基金会基金资助。Alexander 的博士研究课题是驱动潜流交换的动态和稳态机制，研究方向为生态水力学中的水文和地貌过程。

Carlo R. Morris 是澳大利亚墨尔本大学的在职博士。他的博士论文题为"使用政策工具组合管理环境：维多利亚农田坝案例研究"。

Erin L. O'Donnell 是一位环境流量管理政策和治理专家。自 2003 年以来，她一直致力于私营和公共部门的环境管理和水资源治理。最近，Erin 负责开发维多利亚环境需水持有者以及环境流量交易政策和水权市场规则，使环境流量管理者能够进入水权市场。Erin 是澳大利亚墨尔本大学法学院的高级研究员，目前她正在攻读博士学位。她正在研究公司管理环境流量的机遇，以及在管理如此宝贵的公共资源方面提供独立性和问责制的治理挑战。Erin 拥有阿德莱德大学（Adelaide University）的理学学士学位（生态学一等荣誉）和迪肯大学（Deakin University）的法学学士学位（一等荣誉学位）。

Jay O'Keeffe 是河流生态学家。他于 1983 年获得伦敦大学帝国理工学院（Imperial College of Science and Technology，University of London）应用生物学博士学位。自 20 世纪 80 年代中期以来，他在南非罗德斯大学（Rhodes University，South Africa）和荷兰的联合国教科文组织国际水教育学院（UNESCO - IHE）工作，他的研究方向为环境流量评估（Environmental Flows and their Assessment，EFA）。他为 20 多个国家的 40 多条河流提供EFA，并参与了 1998 年南非《国家水法》中生态保护概念模型的开发。2004年，他获得南非水生态科学家协会颁发的金奖。

Julian D. Olden 是美国华盛顿大学水产与渔业科学学院的 H. Mason Keeler 教授，澳大利亚格里菲斯大学河流研究所的兼职研究员。他的研究重点是淡水生态系统生态学及其保护。

Stuart Orr 目前是世界自然基金会（WWF）的水务实践负责人，具有商业和学术研究背景。他致力于开展普及水资源问题交流工作，通过参与商业和金融、水-食物-能源关系、经济激励和与水有关的风险控制，帮助世界自然基金会设计和测试新的保护方法。他在这些主题和其他一些主题上发表了大量文章，同时还在世界经济论坛的水安全委员会和国际金融公司基础设施和自然资源（INR）咨询指导委员会等各种咨询小组和委员会中担任要职。他负责督导世界自然基金会内一支新兴的团队，致力于证明有更好的方法来发展和增长经济，保护环境，并与企业合作。他拥有英国东英吉利大学国际发展学院（International Development at the University of East Anglia）的环境与发展硕士学位。近期负责的项目是关于将水生态系统与用水者的经济和金融问题联系起来，支持世界自然基金会在肯尼亚、苏里南、不丹、尼泊尔、赞比亚、湄公河国家和土耳其办事处的工作。

Ian Overton 是水资源综合管理和环境系统的专家顾问。他曾在澳大利亚 MDB 以及英国、法国、德国、美国、尼泊尔、中国和智利开展工作。他拥有环境科学和空间地理信息系统荣誉理学学士学位、管理学研究生学位和河流科学博士学位。Ian 还是澳大利亚公司董事协会的毕业生。学校学习结束后，Ian 建立了一家空间信息公司，并因研究、开发和商业化模型而获奖。他是一位创新思想领袖，在管理私营和公共部门的复杂多学科项目方面拥有丰富的专业知识。他在澳大利亚联邦科学与工业研究组织（CSIRO）工作了 15 年，研究环境流量、生态水文学、洪泛区淹没模型以及植被健康预测模型。他开发了将自然资本与人类福祉联系起来并为水资源管理提供适应性管理系统的创新框架。Ian 现在是澳大利亚自然经济研究和咨询公司的负责人，专注于系统分析和可持续发展研究，包括环境、社会和经济决策和规划。他在企业管理和公共部门战略管理方面拥有业务管理和公司治理方面的专业知识。他撰写了 150 多篇论文，并担任《水文科学》（*Hydrological Sciences*）期刊的副主编。

Murray C. Peel 是墨尔本大学基础设施工程系的高级研究员。他有 17 年的工作经验，研究全球年径流量的年际变化、气候变化和土地利用变化对水文的影响，以及在不断变化条件下如何改进水文预测技术。

Tim J. Peterson 是墨尔本大学基础设施工程系的研究员。他的研究方向为通过确定性的和统计性的模型，以及数据驱动的水文方法（例如地下水变化趋势和地表-地下水相互作用的驱动因子），来分析流域水文恢复力。

N. LeRoy Poff 是科罗拉多州立大学（Colorado State University）生物学院的教授，还是堪培拉大学（Canberra University）河流科学和环境流量研究的杰出兼职教授。他是国际公认的水生态学领域及其在可持续河流发展管理等领域的先驱。他的研究方向是水文变化以及水基础设施对水文的改变，还有气候变化与物种变化之间的相互关系、水生态和河流生态系统的结构和功能的影响等方面。他是淡水科学学会（SFS）的前任主席，美国生态学会（ESA）的成员，并当选为美国科学促进会（AAAS）研究员。

David E. Rheinheimer 是美国阿默斯特马萨诸塞大学（Massachusetts Amherst University）土木与环境工程系的博士后，他目前正在开发创新的模型工具，用于水系统规划和管理的协同决策。他的研究方向为如何将环境流量纳入水资源规划和管理模型，因此熟悉了解各种河流类型的流量过程。他在世界自然基金会的淡水科学团队实习期间萌生了对河流的热爱和对环境流量管理的兴趣。从那时起，他的精力主要集中在水电开发的环境影响方面，涉及的研究区域和机构包括加利福尼亚州内华达山脉、加州大学戴维斯分校、长江和三峡水库、中国武汉大学。最近，他调查了喜马拉雅地区的水电开发对地质、水文、政治、社会和经济的胁迫，同时在印度鲁尔基的印度理工学院担任 Fulbright - Nehru 研究员。

Robert J. Rolls 是澳大利亚堪培拉大学应用生态学研究所的研究员。他是淡水生态学家，具有加强温带、亚热带和旱地河流系统中环境流量的管理和调度的研究背景。他的研究方向为分析景观尺度上栖息地破碎化和连通性对河流鱼类的影响，不同空间尺度上的干扰要素与生物多样性的关系，实验评估环境流量的生态影响，以及识别水文时间和节律的变化对淡水生态系统影响的生态学机制。Rolls 博士目前的研究主要集中在概念化、量化气候变化和物种入侵对水生态系统食物网的影响，多尺度生物多样性对流域扰动的响应，以及水文节律在河流泛滥平原生态系统的营养级结构中的作用。他过去和现在的研究主题都是针对淡水生态系统的保护和管理中的应用。

Claire Settre 是澳大利亚阿德莱德大学全球食品和资源中心的博士研究生，也是澳大利亚奋进奖学金获得者。她的论文研究了如何利用和调整水市场，通过增加生态效益和降低农业社区成本的方式来为环境提供水资源。Claire 拥有土木与环境工程学士学位（荣誉）和文学学士学位，主修国际政治。

Wenxiu Shang 是清华大学土木工程学院的博士研究生。她的研究主要集中在水政策和河流健康方面。

Jody Swirepik 目前是澳大利亚清洁能源监管机构的执行总经理，这个机构负责管理旨在加速碳减排的气候变化立法。在 2015 年之前，Jody 在不同司法管辖区和政府层面的水行业工作了 25 年。她在 MDBA（及其前身）工作了 14 年，后者主导了澳大利亚最大的水改革——MDB 的发展。她在水资源规划/安全，环境灌溉和河流作业，水文和洪水模拟，河流健康监测，水贸易，以及水质、盐度、本地鱼类、藻类繁殖和干旱等的管理方面开展了大量的工作。她负责监督重要基础设施项目的规划中的环境流量保障，并作为监管者控制点源和非点源污染。她参与制定了澳大利亚积极管理环境水权的政策框架及实践研究。

Joanna Szemis 是澳大利亚墨尔本大学墨尔本工程学院基础设施工程系的研究员。她博士期间的研究方向为利用蚁群优化算法开发南澳大利亚 MDB 环境流量管理替代方案的框架。目前，她参与了澳大利亚研究委员会联动项目，该项目正在开发一个决策支持工具，利用优化技术帮助环境流量管理者在澳大利亚的 Yarra 河、Goulburn 河和 Murrumbidgee 河的河流系统中作出透明和明智的季节性环境流量决策。

Rebecca E. Tharme 是英国未来河流（Riverfutures）工作组的主管，研究方向为流域开发的国际问题，并且是澳大利亚河流研究所的兼职研究员。她在非洲、拉丁美洲和亚洲等发展中国家的合作伙伴项目中积累了丰富的经验，并能够为环境流量管理中的挑战提供适合其政策的解决方案。她曾参与《拉姆萨公约》科学和技术审查小组，并为一些备受瞩目的全球水倡议作出了重要贡献。Rebecca 是环境流量、农业-湿地相互作用和水安全等领域的一系列出版物的合作者。

Gregory A. Thomas 从事自然资源法研究，并担任过 35 年的顾问、教授和项目经理。在过去的 26 年里，他一直是自然遗产研究院（NHI）的创始人和总裁。NHI 由多学科的经验丰富的环境专业人士组成，于 1989 年成立，专门重建受工程重度影响的河流系统，以恢复其自然功能，保护支持依赖水的生态系统的自然功能，以及为维持和丰富人类生活提供的服务。NHI 设计并演示了世界各地的流域内及跨流域的生态恢复工具和技术，通常是在流域范围内、在跨界环境中。作为首席执行官和项目经理，他领导了 NHI 在美国各地的水电系统，在加利福尼亚州中央山谷的灌溉和洪水管理系统，以及美国、墨西哥边境线的河流系统，南部非洲的 Okavango 河系统，以及世界银行的整个非洲大陆河流系统的工作。在目前的一个项目中，他与湄公河下游的四个国家政府合作，在美国国际开发署和麦克阿瑟基金会的资助下，参与整个湄公河流域系统的官方大坝开发计划，他领导制定了水量分配方案，以保持水体自净、泥沙含量、营养物质输送和洄游鱼类生存，维持该流域的生物生产力。他的专业领域包括水资源管理、生物多样性保护、水电再开发、能源政策、污染和有害物质控制、公共土地、海洋资源保护以及相关国际环境法的制定。他的专业技能包括非营利组织管理、复杂项目的开发和实施、行政审查、立法倡导、政策分析、战略规划、组织谈判和凝聚共识。

Geoff J. Vietz 是河流地貌学家和水力学建模专家。他是墨尔本大学水系生态系统研究小组的高级研究员，也是 Streamology Pty 有限公司的主任和首席科学家。Geoff 的研究和咨询工作专注于探究将水文与水系生态系统健康联系起来的物理机制，以及应用科学的解决方案来管理城乡水道。

Andrew T. Warner 是美国陆军工程兵团水资源研究所橡树岭科学与教育研究所（ORISE）高级研究员。他以前是大自然保护协会水资源基础设施副主任和水资源管理高级顾问，他是可持续河流项目的建造师和国家协调员。Andrew 在环境和保护项目、涉水政策、水基础设施和洪泛区管理相关的政策方面拥有 30 年的经验，他的工作涉及北美洲、亚洲、南美洲和非洲的河流项目。

Robyn J. Watts 是澳大利亚查尔斯特大学土地、水和社会研究所的环境科学教授。她主要教授本科生和研究生，并从事水生态系统的生态学、生物多样性、管理和恢复方面的研究。具体的专业领域包括水文-生态响应关系研究，通过改善坝的调度方式来进行河流修复，生态系统对环境流量的响应以及环境流量的适应性管理。她在与生态学家、水文学家、地貌学家、社会科学家、水资源管理机构和社区合作的生态系统对环境流量响应的跨学科研究项目方面拥有丰富的经验。她擅长召集专家和当地知识分子共同探讨问题，以促进水的适应性管理。Robyn 指导了 18 名博士生和 14 名荣誉学生，撰写了 90 多篇文献资料，包括期刊论文、书籍章节、会议论文和技术报告。

Sarah A. Wheeler 是澳大利亚研究委员会未来研究员和阿德莱德大学全球食品和资源研究中心副主任。她于 2007 年毕业并获得博士学位，撰写并发表了在灌溉农业、有机农业、水市场、水资源短缺、犯罪和赌博等研究领域的 100 多篇经同行评审的论著。她是《澳大利亚农业和资源经济学》（*Australian Journal of Agricultural and Resource Economics*）杂志和《水资源与经济学》（*Water Resources and Economics*）杂志的副主编，《水资源保护科学与工程》（*Water Conservation Science and Engineering*）杂志的编辑。她曾担任《农业水管理》（*Agricultural Water Management*）专刊的客座编辑，目前是《经济学》（*Economics*）、《澳大利亚水资源》（*Australian Journal of Water Resources*）、《水资源和经济学》（*Australasian Journal of Water Resources*）以及《农业科学》（*Agricluture al Science*）杂志的编辑委员会成员。

Sarah M. Yarnell 是美国加州大学戴维斯分校流域科学中心的研究助理。她的研究方向为在河流环境中融合传统的水文学、生态学和地貌学的相关知识。她目前正在开展的研究，是将对河流生态系统过程的理解应用于加利福尼亚州内华达山脉的管理系统，重点是河流生境的开发和维护。她是公认的山麓黄脚青蛙（*Rana boylii*）（这种青蛙是一种在加利福尼亚受到特别关注的物种）生态学专家。她是第一个将泥沙输移和二维水动力模型技术应用于内河两栖类动物栖息地评估的研究员。她是各种水电再授权项目的技术专家，与政府资源机构和私营部门密切合作，评估环境流量对水生生物群的影响，并提出改善河流生态系统功能的流量建议。近期，她的工作已经扩展到评估和恢复水源地系统，特别是在加利福尼亚州内华达山脉和喀斯喀特（Cascade）山脉的山地草甸区域。

致　　谢

感谢每一个章节的作者，他们为本书作出了重大贡献，他们的辛勤工作给大家带来了美好的阅读体验。

我们还要感谢一些为书籍章节提供独立评审意见的专家：Angela Arthington、Andrew Western、William Chen、Kate Rowntree、Ruth Beilin、Amy Mannix、Kira Russo、Peter Davies、Michael McClain、Nick Bond、Geoff Vietz、Piotr Parasiewicz、Rory Nathan、David Tickner、Stephen Hodgson、Dustin Garrick、Daniel Connell、Denis Hughes、Sharad Jain、Tony Ladson、Barry Hart 和 Michael Dunbar。

Suzie Porter 制作了本书中的所有图件，他在制图过程中极有耐心且非常乐于帮助其他人。同样感谢 Julie Cantrill 的统稿，确保各章节之间的一致性。

还要感谢 Elsevier 的所有工作人员，特别是 Hilary Carr。

最后还要感谢我们的家人对我们的支持！

在本书的编撰过程中，Avril Horne 博士受雇于澳大利亚研究理事会（ARC LP130100174）。

序言

　　水是生命之源、生产之要、生态之基。水与人类生存发展、人类幸福感密切关联。环境流量,也称生态流量,是保障河湖生态功能的重要指标,是统筹生活、生产和生态用水,优化配置水资源的重要基础,事关国家水安全保障和生态文明建设大局。

　　据统计,全球仅有1/3的大河尚能自由流淌。生态流量不足造成了河床干涸、水环境恶化、水生物退化等一系列问题,合理确定河湖生态流量,实施严格的生态流量管控,是破解上述问题的关键所在,也是当前建设"幸福河湖"的核心问题,也是全面贯彻习近平生态文明思想和新时期治水思路的具体体现。

　　20世纪40年代,欧美等发达国家先后开始了生态流量的研究,随后逐步引起了各国的关注,目前生态流量理论日趋成熟,技术体系日渐完善。我国于20世纪70年代开始关注河流生态流量,发展速度相对较快,近年来生态流量的研究与实践工作进入了快车道。目前,国家印发了《关于做好河湖生态流量确定和保障工作的指导意见》,先后确定了重点河湖生态流量保障目标,河湖生态流量管理工作取得的重大进展。然而,实践表明,生态流量确定和保障工作在理论、政策、实践和管理等方面还存在诸多挑战,为此,迫切需要借鉴国外成熟经验、实践案例、管理方法,为我国生态流量研究、实践与管理工作提供参考。

　　《环境流量:从理论和政策到实施与管理》一书由生态流量知名专家 Avril C. Horne、J. Angus Webb、Michael J. Stewardson、Brian Richter、Mike Acreman 共同完成,全书共分27章,分别从理论、政策、实践、管理等四个方面全面系统阐述了:环境流量管理的历史和背景、环境流量的愿景、目标、指标和目的、环境流量评估的工具、水资源规划中的环境流量制定策略、环境流量的适应性管理等。本书通过大量的实践案例，包括澳大利亚墨累-达令河流域、美国和墨西哥的科罗拉多河流域、美国哥伦比亚河流域、亚洲湄公河流域、印度恒河流域、非洲赞比西河流域等环境流量实践，详细介绍了生态流量研究前沿与管理实践，通俗易懂，具有较高的参考价值。

　　本书由从事水资源、水环境与水生态科学研究的人员协同翻译完成，其中作者简介由黄伟、刘晓波、彭文启、葛金金译；第 1 章由黄伟、王卓薇、刘晓波译；第 2 章由黄伟、张盼伟、彭文启译；第 3 章、第 4 章由葛金金、张汶海、张盼伟译；第 5 章由刘畅、李昆、张盼伟译；第 6 章、第 7 章、第 8 章、第 9 章和第 10 章由解莹、杨春生、张海萍译；第 11 章由葛金金、张汶海、余杨译；第 12 章由黄伟、王卓薇译；第 13 章由刘畅、李昆、张盼伟译；第 14 章和第 15 章由葛金金、张汶海、余杨译；第 16 章由渠晓东、张敏、黄伟译；第 17 章、第 18 章和第 19 章由杨朝晖、王卓微、黄伟、刘一帆译；第 20 章由张敏、李昆、张盼伟译；第 21 章、第 22 章和第 23 章由蔚辉、王卓微、黄伟译；第 24 章由李昆、张盼伟、王亮译；第 25 章由张敏、渠晓东、黄伟译；第 26 章由解莹、杨春生、黄伟译；第 27 章由黄伟、彭文启、王卓微译，地图由黄伟、刘一帆、葛金金、张汶海译，全书由黄伟、彭文启、刘晓波统稿、校译、审核定稿。

　　本书编写过程中，得到了国家重点研发计划"水利工程环境流量配置与保障关键技术研究"（2016YFC0401709）、"十三五"国家水体污染控制与治理科技重大专项课题"生态流量核算技术集成与适应性管理方法研究"（2017ZX07301003－05）、国家自然科学基金（51779275、41671048）、中国水利水电科学研究院"创新团队"项目"流域水环境过程综合调控理论与应用"、中国水利水电科学研究院"三型人才"项目"人工调控河流生态流量保障关键技术研发"的共同资助，在此表示诚挚的感谢！

　　由于译者水平有限，难免有翻译不当之处，敬请读者批评指正。希望本书的出版可为我国环境流量的研究、实践与管理提供参考，进一步促进我国河湖生态流量保障工作快速、健康发展。

译者

2020 年 12 月

目录

第 IV 部分　生态系统到底需要多少水：环境流量评估工具

第Ⅵ部分　环境流量的适应性管理

第Ⅰ部分 引 言

第 1 章

环 境 流 量 管 理 周 期

Avril C. Horne[1]，Erin L. O'Donnell[1]，J. Angus Webb[1]，Michael J. Stewardson[1]，
Mike Acreman[2] 和 Brian Richter[3]
1. 墨尔本大学帕克维尔校区，维多利亚州，澳大利亚
2. 生态与水文中心，沃灵福德，英国
3. 可持续水体计划，克罗泽，弗吉尼亚州，美国

1.1 本书是关于什么内容？

《公地悲剧》（Hardin，1968）描述了一个由于每个牧民都想扩大自己的羊群数量以提高个人收益（个体收益），从而使公共牧场（集体成本）出现过度放牧，导致公共牧场退化的情景。由此 Hardin 一针见血地指出：

"这正是悲剧所在。每个人都局限在一个思维模式里，迫使他们无限制地增加'羊群数量'，然而这个世界却是受限的。人们在这个信仰公地自由的社会中一味地追求个人利益最大化，实则一步步走向毁灭。"

这正是我们对待淡水资源的态度。淡水资源管理是一个复杂和长期的政策问题，涉及个人和各级管辖等不同层面。每个参与者在水资源使用方面都存在自身的利益和目的。我们可将淡水资源管理概化为一项公共资源面临的挑战。

人类已经很大程度上改变了地球陆地水文循环状态。水资源消耗、水力发电、防洪工程、森林砍伐、农业生产和城市化等都会导致河道、地下水含水层与湿地和河口状况的改变（Vorosmarty 等，2010）。水文循环受到的压力总是与水质破坏和河岸植被遭受侵扰、河道内（以及河流与洪泛区之间）水生生物群移动受阻以及河道工程建设等现象相伴而生。全球水生生态系统和淡水生物多样性不断减少（Dudgeon 等，2006），随着气候和环境的变化，水资源面临的压力和冲击只会有增无减（Meyer 等，1999；Poff 等，2002）。

在 Hardin 看来，当消耗集体资源用以获取个人收益时，这场悲剧的发生是必然的，任何补救都是徒劳。然而，Ostrom（1990）则认为，如果集体在面临公共资源稀缺时作出合理

的资源管理安排，就可以避免悲剧发生。这让我们看到了希望，但避免悲剧需要有效管理有限的资源。就淡水资源来说，这意味着我们要改变水资源利用的态度和传统模式。

本书讨论了人类在如此大规模开发利用河流的情况下如何维持河流生态的可持续性这一难题。本书重点介绍了环境流量——这一旨在恢复或维持水文情势以保护水生和河岸生态系统的日益发展的管理趋势（框1.1）。在实践中往往体现在对水资源消耗、水力发电能力和防洪基础设施建设和洪泛区的开发进行限制。如今人们普遍意识到只有维持健康的水生生态系统，人类将来才能更好地利用河流水资源。因此，如何有效平衡人类用水需求、河流开发以及淡水生态系统保护是解决问题的关键（Richter，2014）。

本书结合诸多相关著作综合整理了环境流量方面的实践工作，以求清楚阐明此专业领域涉及的知识、工具、管理和政策。我们着重介绍环境流量实践的共通要素和原则，而非规定一种放之四海而皆准的方法。地方环境背景，特别是现有的水资源政策，对环境流量管理实践的制定和实施至关重要。在环境流量权利已经得到法律保护的地区，其技术、法律和制度上差异很大，我们希望这种多样化的解决方案能够得到延续。希望本书能够帮助地方从业者和组织在参考最佳实践的基础上规划和实施切实有效的环境流量项目。

框1.1　重要定义——什么是环境流量？

环境流量及相关表述，如生态基流，是大多数水领域科学家和管理人员所熟悉的。广义上讲，我们用这些术语来定义产生环境效益，维持或改善河流、湿地和河口的生态条件所需的水量。然而，水政策具有很强的路径依赖性和环境特异性，因此多数辖区和领域都有自己的定义。因此，这些术语的含义和准确用法根据使用人群和背景而大不相同。例如，以下是对环境流量的两种不同定义：

"环境流量指维持水生生态系统的组成、功能、过程和恢复能力以及为人们提供的产品和服务所需的水量和发生时机。"

（TNC，2016）

"环境流量是指在存在竞争性用水和受人工调控的河流、湿地或沿海地区，用以维持生态系统及其收益的水文情势。"

（Dyson 等，2003）

第一个定义立足科学观点，指所需的水量；第二个则以水资源管理视角，考虑实施过程中实际提供量与所需可能存在较大差异。整本书中，特别是在讨论第Ⅳ部分和第Ⅴ部分的内容时，明确的术语及定义至关重要。为便于读者对本书的理解，我们整理出书中重点涉及的专业词汇表。本书中对相关概念进行了定义。我们清楚这些定义（以及专业词汇表中的定义）可能与某些当地术语含义有所冲突，也不需要彼此达成一致，提供定义的意义在于便于读者理解本书内容。

环境流量评估（Environmental flows assessment）是用于明确生态目标的环境需水量（见下文）的过程（Tharme，2003）。它是水文、水力、生态和社会等领域知识的融合；也可能结合了专家的理解和意见。按照惯例，我们保留"流量"（flow）一词，尽管我们定义此术语时包含了湿地和其他积水体的需水量概念。

环境流量是在特定区域内维持河湖和河口生态目标所需的水文情势（基于环境流量评估）。

环境流量情势是维持河湖和河口生态系统健康发展以及保障人类生计和福祉所需的量、时间和水质（Brisbane Declaration，2007）。Regime（情势）一词表示天然流量随时间的变化过程，因此达到不同生态目标所需的情势可能每年、每季甚至每日都存在较大差异，给环境流量评估和制定水资源管理目标带来了一定的难度。环境流量的制定还要考虑河流的生态目标。广义上讲，我们更倾向于使用环境需水而非环境流量，因为环境需水的概念更广，对湿地、河流、河口等不同大小的水域都适用。

环境需水配置机制是提供环境需水的政策机制。一般有两种方法：①规定用水户的行为（例如限制取用水量或颁发用水许可证）；②赋予环境用水权利（环境保护或环境水权）。

环境需水指通过一系列配置和立法机制合法提供给环境中的水量。每年，根据这些法律机制实际配置的或剩余的环境需水可能会根据总体可利用量、需求和优先顺序而有所不同。

环境需水下泄是指专门为满足下游的环境目标从水库等蓄水体中下泄的水量。通过环境流量下泄或非调控河流的外调水方式达到环境水流情势或其他用水需求（如农业或水力发电）。

环境需水管理涉及环境需水的确定、配置、实施和管理过程。管理方式有被动和主动水资源管理两种。被动的管理方式是通过制定长期计划和规则，无须采取进一步行动来提供环境需水。主动的环境需水管理是指需要根据环境需水的使用时间和方式不断作出决策以达到预期效果的配置机制。

1.2　环境流量管理

通常，在任何特定流域，环境流量保障的发展都包含几个阶段，在本书中会依次介绍。第一阶段往往都是主张保护河流生态系统和生物多样性，一般由 NGO 和当地组织牵头。其保障需求的提出是基于水资源利用和河流开发对河流生态系统的影响（第Ⅱ部分）。环境流量保障一旦赢得了更广泛的社会和政治力量的支持，第二阶段就是明确环境目标或愿景，以实现人类用水和保护河流生态系统之间的平衡（第Ⅲ部分）。第三阶段是确定实现这一愿景所需的环境流量。不仅包括环境流量的量，还涉及环境流量情势，包括发生时机、频率和持续时间等（第Ⅳ部分）。随后，必须将环境流量的规划和管理纳入更广泛的水规划框架（第Ⅴ部分）之中，以确保环境流量得到充分保障，并在规划过程中考虑对其他水和河流使用者的影响。达成这种平衡往往要权衡多种水配置方案和各用水户的用水需求。在某些情况下，必须有效合理管理环境水权的交易，以优化环境效益（第Ⅵ部分）。水管理的所有阶段都必须建立在环境变化框架内，在此框架中愿景、目标和水资源配置要不断调整，以适应资源可利用情景和社会态度的转变。

本书内容围绕环境流量管理的上述关键要素展开（图1.1）。这些元素的呈现顺序代表着它们通常在实践中被应用的顺序，通常常见的是需要数年或者数十年的时间的迭代过程，而非线性过程。

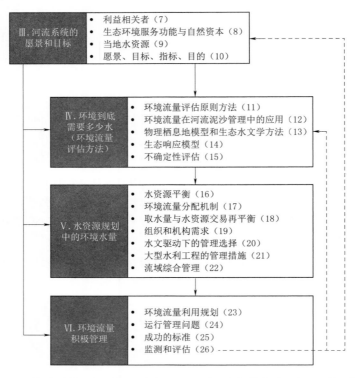

图 1.1　环境流量管理的关键要素概述。不同的方框代指本书的不同部分（第
Ⅰ部分和第Ⅱ部分未显示），括号中的数字是各专题的章节编号。反向箭头代
表愿景和目标的适应性管理方式和/或对环境流量评估的调整。

1.2.1　河流治理的愿景和目标

人类对河流的使用极为多样化，各类人群、机构和社区直接或间接地依赖河流维持其
生计和福祉（图 1.2）。成功的环境流量管理建立在与这些利益相关者的成功合作并平衡其优先顺序和竞争需求的基础上（第 7 章），需要将利益相关者的各种立场和优先权转化为一个明确的共同愿景和一套规范的环境流量管理目标以及更广泛的水资源管理目标。

在制定愿景和目标时，所有利益相关者都需要了解河流系统及其相关河漫滩所提供的直接和间接效益。河流系统对人类社会的直接效益，比如农业灌溉、发电等，相对于间接效益，如土壤肥力维持、水自净能力、提供文化和美学价值等，更容易理解和量化，但是间接效益对人类社会的发展也是必不可

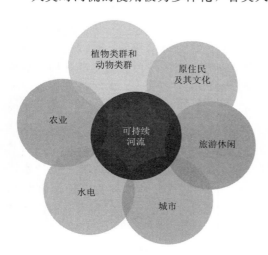

图 1.2　受益于可持续的河流生态系统的用户

少的。评估环境流量为生态系统带来的直接和间接效益，能够帮助管理者更为直观地确定水资源配置方案（第 8 章）。

在过去的环境流量规划中未充分考虑到的重要一点，是健康河流对原住民的文化遗产的贡献。原住民对河流运作和管理大有见解，但这些观念常常得不到认可。显然，环境流量可以帮助保护和恢复具有重要文化意义的河流栖息地和物种，但在一些场合仍需要区分环境水权和原住民的水权（第 9 章）。

理解并明确了这些效益后，环境流量管理的目标应具体化、可衡量化和有时限化，同时，能在一定程度上准确表达（第 10 章）。设定能解决环境响应的时空复杂性的目标是不小的挑战。目标需要满足可监控和适应性管理的要求（第 25 章），即需要对目标进行实时监控来评估目标的达成程度，并通过适应管理来提升目标的达成效果（图 1.1）。

1.2.2 需要多少水：环境流量评估方法

提供环境流量的基本前提是水文情势与环境条件之间存在因果关系，即对水文与生态的响应关系。基于对水文与环境之间关系的充分理解来作出管理决策是一项重要的研究工作（第 11 至第 15 章）。图 1.3 体现了定义两者关系时遇到的挑战。一些生态系统和环境目标对水流非常敏感，从而轻度的水文变异就会使环境条件发生重大变化。还有一些生态系统和生态环境在应对较小水文环境变化时则呈现出了较大的耐受程度［图 1.3（A）］。环境响应可能很快发生或需要数年才会出现。一旦生态系统内环境条件变化，增加流量也不一定会使系统恢复其原始状态，并且恢复可能需要很长时间［即迟滞现象；图 1.3（B）］。如何获取单项环境因素的效益或生态目标，以及这些单项因素如何共同使河流或河漫滩产生效益是接下来面临的重大挑战。

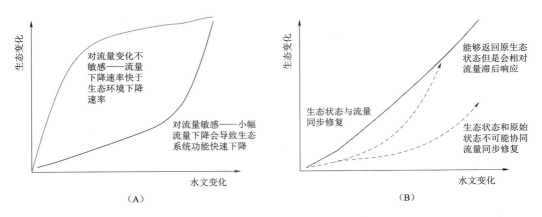

图 1.3 （A）部分生态系统应对水流条件变化保持相对稳定，而部分生态系统将对水流条件变化十分敏感。（B）水文情势恢复时，部分生态系统也相应迅速恢复，部分生态系统恢复周期较长，部分则可能永远不会恢复到原始状态。

本书概述了环境流量评估方法（第 11 章）和分别用于模拟水流变异引起的地貌和泥沙响应（第 12 章）、栖息地响应（第 13 章）和生态响应（第 14 章）的方法，以及不确定性如何影响环境流量评估过程（第 15 章）。如今已有大量相关领域的文献和专著（Arthington，2012）。我们的目的不是复制或取代这些内容，而是突出现有文献中与环境流量的跨学科管理相关的信息。

　　虽然环境流量学科传统上来讲是从生态学和水文学的角度出发的，但它随着时间的推移已经转变为一个真正的多学科领域。生态和水文科学仍然是环境流量管理的核心要素；然而，管理层还需要考虑，这些信息如何更广泛与其他因素结合起来以推动和完善环境流量的有效供应。这些要素通常不能完美地融合在一起（图 1.4），但对于成功的环境流量项目而言，这些都是必不可少的。环境流量评估方法的演变体现了这一转变（第 11 章）：从最初立足于水文学法和水力学法，到将生态结果纳入考量范围的评估方法，再到如今综合考虑社会生态系统多要素的整体法。在环境流量管理项目开始时有效地结合这些要素，将有助于整个计划的成功（第Ⅵ部分第 25 章和第 26 章）。

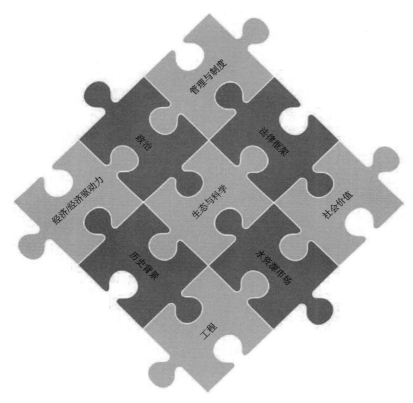

图 1.4　环境流量管理的多学科性质

1.2.3　水资源规划中的环境流量

　　环境流量管理只是水资源综合管理的一部分（第Ⅴ部分）。管理河流应该是整体水资源规划中的一项责任，而不是一个替代选择或竞争焦点（图 1.5）。在这个过程中第一步关键是了解区域内的可用水及它的用途（第 16 章）。

　　在这种背景下提供环境流量有多种方法，哪种方法更为适当将取决于现有的政策框架。可以使用 5 种分配机制提供环境流量：制定取水上限，明确划定环境保护区、取水条件、水库运营商的限制和环境水权（第 17 章）。每一种方法都需要各级的持续参与和管理。因此，有效的环境流量管理体系和组织是成功实施管理的关键（第 19 章）。

不同的系统和监管环境，实施分配环境流量的具体方法也不同。如果一个系统没有新的可分配水量，则可通过重新分配系统用水，以允许新用户进入该系统实现环境流量的供应（第18章）。在建有大坝的系统中，分配额外的环境流量的另一种方法是重建系统，从而改变运作规则和配送途径，以便更好地实现环境和其他用水者的共同利益（第21章）。该方式突出了水资源的综合利用前景以及将环境流量分配作为消耗性用水管理中一个独特和具有竞争性过程的局限性。实际上，即使在有正式环境水权的水域中，有针对性的环境流量下泄通常旨在增强部分由外流量引起的流量事件。尽管对环境流量的正式合法分配是建立环境流量情势的重要的一环，在同一水域中获得多重效益的发展潜力意味着环境流量管理不一定是零和博弈。

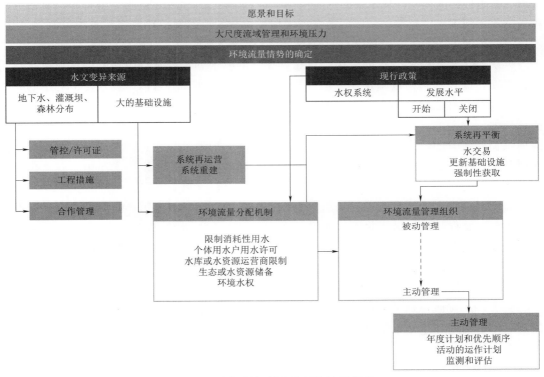

图 1.5 水资源规划中的环境流量管理

坝是人们最熟悉的对河流流态和洪泛平原产生直接影响的基础设施。此外，流域内的城市和农业开发、地下水开采、林业和灌溉坝等因素也会驱动水文变异的发生（第3章）。对这些驱动因素的管理需要另辟蹊径，以解决分散的途径和影响带来的挑战，即数据和监控的有限性，以及现有政策框架内对其不同程度的认可（第20章）。同样，尽管水文情势是影响河流生态系统状况的关键因素，改变土地利用方式和流域条件也对河流生态产生影响，例如，泥沙来源发生了变化，水质退化，河岸植被被砍伐，外来物种入侵。综合流域管理加深了整体看待流域内人类活动与自然之间的联系这一观念，并受到广泛推广（第22章）。尽管这种管理方式的作用十分突出，但由于不同流域元素、不同退化和修复过程中存在碎片化管理问题，因此在实际的土地和水资源管理中这种管理方式的实施十分受限。此外，生态系统在自然状态下也是动态发展的，即物种分布、群落相互作用、食物网结构、能量和营养的流动也会自然发生改变。因此，即使外部影响因素（即河流水文情势）不变，生态系统也可能发生改变。

1.2.4 环境流量的主动管理

第19章介绍了主动和被动环境流量管理的概念，其中，主动环境流量管理是指那些需要根据环境流量使用的时间及方式而不断作出决策的分配机制，以实现预期结果。尽管设定消耗性用水上限可以作为长期计划的一部分，然后进行监测（被动管理），但环境水权以及一些类型的保护区，则需要围绕何时和如何最好地利用可用水以及环境流量下泄的时间序列（包括年内和年间）不断作出决定，这一点在使用储存的环境水量时尤为明显。然而，在为缺乏存蓄水的河流提供环境水量的临时租赁权时，也会发生类似的情况：没有下一步的继续租赁决定，则不提供环境水量。主动管理增加了机制的灵活性。环境流量分配机制越灵活，就越需要决策者不断决定何时以及如何使用（获取、交易或输送）水资源。

伴随着主动水资源管理的应用，对相关规划的要求和实操过程中面临的挑战也接踵而来，需要建立规划结构以确定在特定季节或年份中以哪些环境目标以及水文情势中的哪些要素为目标。规划过程中，起初要确定水资源和用水行为的优先顺序，权衡单项资源的价值（例如，物种的保护状况或湿地的国际意义），有效用水行为的可能性和重要性，在该地提供长期效益的能力，以及用水行为的成本效益。规划过程还必须考虑气候变化对优先次序和用水行为的改变。年度规划过程可以嵌入到较长期的用水优先次序中，以考虑各年间的流量输送顺序、资产的先决条件、未来一年的气候（第23章）。

即便环境需水被储存起来，输送水方面也会面临重大挑战（第24章）。流域基础设施通常不能满足向特定区域提供环境水量。例如，私人土地所有者面临的洪水风险可能与大范围的环境流量供应有关。此外，单个环境流量泄放管理相关的行政管理流程复杂，其中包括泄放许可、湿地泛滥许可（私人或公有土地）及机构之间的协调，尤其是涉及跨边界流量泄放的情况。

最后，适应性管理是主动和被动环境流量管理的基本要素，管理者需要在面临不确定局面时作出长期和短期决策（第25章）。环境流量管理者在确定轻重缓急、流量序列及权衡取舍方面作出的决定，常常需要辅以当前的科学认知。适应性管理的核心是迭代学习过程，即计划、执行、监管和学习的循环往复。监管在环境流量的主动管理中起着两个关键作用：一方面，它可以用来表明环境流量的投资回报率；另一方面可用于建立环境需水量与生态响应关系的知识库。为有效实施适应性管理，管理者和利益相关者需作出承诺并耐心见证整个过程。这就会延伸到环境管理机构的评价框架。环境管理机构不仅须考虑环境流量项目的效率和有效性，还须考虑造就成功的长期因素，例如合法性、组织能力和伙伴关系（第26章）。

1.3　面临的机遇和挑战

本书内容尽量涵盖完整的环境流量管理循环以及在这一迅速发展的领域所取得的重大进展。在明确环境流量管理成功因素的同时，也从过去的错误和仍面临的挑战中吸取经验教训，其中，关键在于管理实施过程中面临的挑战。环境流量现已纳入许多国家的政策和法律，得到了广泛认可（Le Quesne 等，2010）。虽然可持续水资源管理方面已取得了重大进展，但如何实施有效的管理方式，在满足人类需求的同时也能存留足够的水来维持河流生态系统的核心功能和价值是仍旧面临的主要问题。本书的最后一部分（第 27 章）概述了未来十年在更广泛的实施方向上环境流量管理将要面临的挑战。其中重大挑战包括：

（1）*河流需要多少水？* Richter 等（1997）20 年前提出了这个问题，在第 9 章，Jackson 将提问变为"一代文明需要多少水？"界定环境流量情势所面临的挑战是双重的：一是需要深刻了解河流的共同目标和价值，二是要了解流量和生态系统健康之间的科学联系。随着时间的推移，这个问题的答案会随着"社会需要什么样的河流"这一问题的讨论结果而不断改变。重要的是，文化对自然环境的依赖程度和经历是不同的，环境流量项目要灵活，以适应和融入这些差异。世界上许多河流都是利用坝等大型基础设施进行管理的。其中，就满足多重目标（耗水或环境等方面）而言，合理的设计水流情势要比试图模拟自然流态更合适（Acreman 等，2014）。设计和管理能够长期满足环境的复杂需求的水流过程仍然是一项重大挑战（Acreman 等，2014；Arthington，2012；Arthington 等，2006）。环境流量分配机制需要主动管理，因此让管理人员提出了更多探索性问题，包括水资源配置的优先顺序，流速、流量的变化对生物条件的边际改善效应以及后期的恢复率等。这些管理问题挑战着当前的科学认知范围（Horne 等，待出版）。未来科学探索的核心是了解气候变化对环境流量管理的影响（Poff 等，2002）。例如，生物是否能适应水文及地貌形态的改变？特定生态系统对变化的适应能力如何，以及是否存在生态系统状态改变的临界值？

（2）*如何增加能够被提供环境流量的河流数量？* 在更多地方实施环境流量管理制度，需要更好地结合社会经济成本和效益、政治意愿、利益相关者的参与和财政资源。展示生态系统服务相对于其他消费和商业用途的价值有助于理解其中的利弊关系，而这对于迫切需要满足基本人类需求的发展中国家尤为重要（Christie 等，2012）。可持续投资将是一个必要因素。可以考虑先快速推进成本较低的预防措施，随后再优先考虑更健全、详细的环境流量评估方法（一种分类方法）。

（3）*如何将环境流量管理作为水资源规划的核心内容？* 本书中明确表明了成功的环境流量管理需要与更广泛的水资源政策相结合，甚至与更广泛的流域管理挂钩。气候变化将继续突出水资源规划过程的重要性，其中需要更明确地讨论气候变化将如何影响用水户环境目标需要相应作出哪些调整（Acreman 等，2014），将来支持可持续河流系统需要水资源配置框架产生怎样的变化。可利用水资源量的减少需要对环境流量目标作出相应调整，例如，更关注管理生态系统的适应和恢复能力而非恢复某一特定物种或某一生态系统状态。将环境流量纳入更广泛的水资源管理可使其更灵活、更合理地应对变化（Dalal - Clayton 和 Bass，2009）。此外还需要更多支持联合用水的新方法。

（4）*如何实现理论和经验的互相借鉴和扩展？* 尽管有大量的专门针对于此研究的文献综述，但是关于在不同发展水平、管理环境和政治制度背景下，系统性和全球性的环境流量的实施和有效性方面的综述依然有限（Pahl - Wostl 等，2013）。许多国家正在努力应对贫困、民生和经济发展方面的挑战。在相似的气候和生态系统中，或者建立的示范点一类的更可实现的环境中（而不一定是在用水压力最大的河流中），进行研究更容易成功。同样，关于如何或在什么情况下一个地区的生态认知可以有效地被借鉴至另一个地方，仍然是一个具有挑战性的科学问题（Aththin 等，2006；Poff 等，2010）。仿真实验室提供了一条可实现跨地区的理论和管理方法应用的途径。

（5）*我们如何增强环境流量项目的合法性？*这需要在所有利益相关者之间建立伙伴关系，才能实现，这段关系地建立需要大量的时间和努力，各利益体也要具有共同的愿景，相互谦让。在环境流量管理中认识到价值的多样性及认可当地原住居民对管理方面的见解才能取得实质的成果。虽然利益相关者的参与是环境流量管理的要素之一，但实际操作起来非常有限。保障环境流量项目的合法性，可以确保利益相关者的参与成为环境流量管理过程更为核心的要素。建立示范流域区及对支持建立伙伴关系的制度结构的回顾总结会是这方面实践良好的开端。

（6）*我们如何将适应性管理纳入标准规范？*适应性管理是环境流量管理中的一个重要概念，更是由管理者、科学家和公众的共同参与完成的科学决策，可以用以提升对当地情况的了解以及相关理论的推广（Poff 等，2003）。这种方法需要通过长期监控或对其过程建模以支持适应性管理的内部和外部循环（图 1.1）。这种监控方案的设计、可持续投资和管理需要在环境流量管理周期中尽早明确。尽管适应性管理方法被广泛提倡，但是实施范围却依然有限；不可否认的是，随着气候、环境条件和社会期望的改变适应性管理法会显得越发重要（Acreman 等，2014）。

我们认为，这些是世界河流社会—生态健康能够大幅提升的关键点。本书的内容为未来解决这一系列挑战的研究工作构建了一个框架。

参 考 文 献

Acreman，M. C.，Arthington，A. H.，Colloff，M. J.，Couch，C.，Crossman，N.，Dyer，F.，et al.，2014. Environmental flows – natural，hybrid and novel riverine ecosystems. Front. Ecol. Environ. 8，466 – 473.

Arthington，A.，2012. Environmental Flows – Saving Rivers in the Third Millennium. University of California Press.

Arthington，A. H.，Bunn，S. E.，Poff，N. L.，Naiman，R. J.，2006. The challenge of providing environmental flow rules to sustain river ecosystems. Ecol. Appl. 16，1311 – 1318.

Brisbane Declaration，2007. Environmental flows are essential for freshwater ecosystem health and human well – being. Brisbane，Australia. 10th International River Symposium and International Environmental Flows Conference，3 – 6 September 2007.

Christie，M.，Cooper，R.，Hyde，T.，Fazey，I.，2012. An evaluation of economic and non – economic techniques for assessing the importance of biodiversity and ecosystem services to people in developing countries. Ecol. Econ. 83，67 – 78.

Dalal – Clayton，B.，Bass，S.，2009. The challenges of environmental mainstreaming – experience of integrating environment into development institutions and decisions. International Institute for Environment and Development，London.

Dudgeon，D.，Arthington，A. H.，Gessner，M. O.，Kawabata，Z.，Knowler，D. J.，Leveque，C.， et al. , 2006. Freshwater biodiversity: importance, threats, status and conservation challenges. Biol. Rev. 81, 163 – 182.

Dyson, M. , Bergkamp, G. , Scanlon, J. , 2003. Flow. The Essentials of Environmental Flows. IUCN, Gland, Switzerland and Cambridge, UK.

Hardin, G. , 1968. The tragedy of the commons. Science 162, 1243 – 1248.

Horne, A. , Szemis, J. , Webb, J. A. , Kaur, S. , Stewardson, M. , Bond, N. , et al. (in press). Informing environmental water management decisions: using conditional probability networks to address the information needs of planning and implementation cycles. Environ. Manage.

Le Quesne, T. , Kendy, E. , Weston, D. , 2010. The implementation challenge. Taking stock of governmental policies to protect and restore environmental flows. The Nature Conservancy and WWF.

Meyer, J. L. , Sale, M. J. , Mulholland, P. J. , Poff, N. L. , 1999. Impacts of climate change on aquatic ecosystem functioning and health. J. Am. Water Resour. Assoc. 35, 1373 – 1386.

Ostrom, E. , 1990. Governing the Commons: The Evolution of Institutions for Collective Action. Cambridge University Press, Cambridge.

Pahl – Wostl, C. , Arthington, A. , Bogardi, J. , Bunn, S. E. , Hoff, H. , Lebel, L. , et al. , 2013. Environmental flows and water governance: managing sustainable water uses. Curr. Opin. Environ. Sustain. 5, 341 – 351.

Poff, N. L. , Brinson, M. M. , Day, J. W. J. , 2002. Aquatic ecosystems and gobal climate change potential impacts on inland freshwater and coastal wetland ecosystems in the United States. Prepared for the Pew Center on Global Climate Change.

Poff, N. L. , Allan, J. D. , Palmer, M. A. , Hart, D. D. , Richter, B. D. , Arthington, A. H. , et al. , 2003. River flows and water wars: emerging science for environmental decision making. Front. Ecol. Environ. 1, 298 – 306.

Poff, N. L. , Richter, B. D. , Arthington, A. H. , Bunn, S. E. , Naiman, R. J. , Kendy, E. , et al. , 2010. The ecological limits of hydrologic alteration (ELOHA): a new framework for developing regional environmental flow standards. Freshw. Biol. 55, 147 – 170.

Richter, B. , Baumgartner, J. , Wigington, D. B. , 1997. How much water does a river need? Freshw. Biol. 37, 1.

Richter, B. D. , 2014. Chasing Water: A Guide for Moving from Scarcity to Sustainability. Island Press, Washington.

Tharme, R. E. , 2003. A global perspective on environmental flow assessment: emerging trends in the development and application of environmental flow methodologies for rivers. River Res. Appl. 19, 397 – 441.

TNC. 2016. Environmental flow concepts website [Online]. The Nature Conservancy. Available from: http://www. conservationgateway. org/ConservationPractices/Freshwater/EnvironmentalFlows/Concepts/Pages/environmental – flows – conce. aspx (accessed 01. 02. 16).

Vorosmarty, C. J. , Mcintyre, P. B. , Gessner, M. O. , Dudgeon, D. , Prusevich, A. , Grenn, P. , et al. , 2010. Global threats to human water security and river biodiversity. Nature 467, 555 – 561.

第Ⅱ部分　环境流量管理的历史和背景

第 2 章

影响因素和社会背景

Mike Acreman[1]，Sharad K. Jain[2]，Matthew P. McCartney[3] 和 Ian Overton[4]

1. 生态与水文中心，沃灵福德，英国

2. 国家水文研究院，鲁尔基，印度

3. 国际水资源管理研究所，万象，老挝

4. 自然经济研究和咨询公司，阿德莱德，南澳大利亚州，澳大利亚

2.1　水的使用和人类发展

水与我们的生活息息相关。众所周知，水可以直接用于饮用、洗涤、农耕、发电和工业用水。随着社会的发展，水的间接使用价值也越来越引起关注，例如：向河流、湖泊、湿地和河口生态系统提供水源，以此提高渔业产量，肥沃河漫滩土地，获得木材、野生水果和药物等天然产品带来的收益（Acreman，1998）。

早期文明繁荣于主要河流的洪泛平原，如底格里斯-幼发拉底河、印度河、恒河和尼罗河（Solomon，2010），这些地区的人们可以很轻易地获得水的直接和间接效益。比如利用简易的水控制设施改变水文特征，对水流进行贮存和使用，从而满足灌溉需求，减少水循环随自然变化的脆弱性（Maltby 和 Acreman，2011）。人口相对较少时，对河流的天然效益影响较小，水流的直接使用价值和间接使用价值之间几乎没有冲突。但是随着人口的增长，直接用水需求迅速增加，例如在工业革命期间工厂运转需要的电力，就需要更多的像大型水坝和拦河坝这样的水利控制设施来满足其需求。最早的人工湖可以追溯到公元前 5 世纪（Wilson，2009）的古希腊，目的就是为了在雨季储存水以供旱季使用，从而消除自然水资源变化的影响。Grey 和 Sadoff（2007）认为，我们控制水循环的能力与经济增长之间存在直接关系，水资源储量缺乏的国家通常是受水资源影响较大、也通常是世界上最贫穷的一些国家。例如：印度现有的水资源地表储存容量仅占全年河流流量的 11%，而在澳大利亚的墨累-达令河流域（MDB），储存量占年流量的 150%（CWC，2007）。

过去一些坝向下游泄水是为了利用河流作为输水管道，进一步开发可利用水资源，主要包括公共饮用水供应、灌溉或者发电，很少用于环境保护的目的。随着水利控制工程的增加，直接和间接用水之间更加难以权衡，导致环境的逐渐恶化。咸海就是经济推动直接用水需求增加、造成两者失衡的最典型的例子。咸海是世界四大湖泊之一，面积为68000km²。20世纪60年代，汇入咸海的河流被用于灌溉（直接用水）之后，咸海开始萎缩；到2007年，咸海变为其原始规模的10%（Zavialov，2005）。这一现状破坏了渔业（间接用水），并且由于受到湖岸风沙的影响，部分地区出现了严重的健康问题。不同的直接用水方式之间也会产生矛盾，例如坦桑尼亚Rufiji河上游的灌溉用水和下游的水力发电用水之间的矛盾；这两者与野生动物保护等间接用水之间的矛盾也日益加剧（Acreman等，2006）。

2.2　环境与水资源的管理

150多年来，人们一直认为人类的生活和环境息息相关（Marsh，1864），并且从20世纪60年代开始，人们就开始实施应对环境恶化的措施（Carson，1962）。等到1992年在里约热内卢举行联合国环境与发展会议时，全球已充分认识到环境对人类社会的重要性。

生态过程维持着地球供应水源、食物、药品以及生活质量的能力（Acreman，2001）。生态系统服务的概念（Barbier，2009；Dugan，1992；Fischer等，2009）在千年生态系统评估中占据了突出地位（MEA，2005），这也表明健康的淡水资源生态系统可以提供诸如鱼类、药品和木材（Cowx和Portocarrero，2011；Emerton和Bos，2004）等的经济保障，应对洪水等自然灾害的社会保障，以及维护人类和其他物种用水权的道德保障（Acreman，2001）。考虑到给环境分配用水后，它会维护我们赖以生存的生态系统，从而支撑人们的生活，因此，考虑环境流量是一项合理的目标（Acreman，1998；MEA，2005；第8章）。

生态系统健康与人类福祉之间的这种联系已在政府间的协定中进一步确立。189个国家在2000年通过的千年发展目标中就提出了环境可持续性的需求，例如降低濒临灭绝物种的死亡率。随后，2012年召开的"里约＋20"峰会（http://www.uncsd2012.org/）呼吁各国保护和可持续管理生态系统（包括维持水量和水质），并认识到全球生物多样性丧失和生态系统退化会减缓全球发展（Costanza和Daly，1992），影响粮食的安全和营养、水资源的供应和获取，以及农村居民的健康。"里约＋20"峰会中还制定了一套以千年发展目标为基础的可持续发展目标（SDGs）的流程，其与2015年发展议程相一致。可持续发展目标的第六项目标要求可持续取水，保护和恢复生态系统（包括森林、湿地、河流、含水层和湖泊）。

2.3　国家和国际政策的发展

1963年颁布的《英国水资源法》是世界上最早的水环境法规之一；它规定了维持英

国河流的自然景观和渔业所需的最低流量。随后，在 1972 年美国通过了《清洁水法》来恢复和维持地表水和地下水的化学、物理和生物的完整性。最近，许多国家已将环境流量保障纳入水管理中。例如：1998 年颁布的南非《国家水法》认为维护环境用水需求与人类基本需求同等重要（King 和 Pienaar，2011；Rowlston 和 Palmer，2002）。坦桑尼亚等其他国家也遵循了这一理念（Acreman 等，2009）。在欧盟内部，水框架指令（WFD；European Commission and Parliament，2000）要求成员国维持所有水体良好的状态，包括维持河流水文地貌。

环境流量已被纳入《国际湿地公约》169 个缔约国所商定的活动中（源自伊朗拉姆萨，1971）。环境流量也已成为世界银行（Hirji 和 Davis，2009）和世界自然保护联盟等（Dyson 等，2003）主要机构政策的核心部分。虽然没有明确的环境流量定义，但维护水生生态系统的概念现在已成为许多国际政策的关键要素，例如包含 196 个缔约国在内的《生物多样性国际公约》中采用的生态系统方法于 1992 年开始生效（Maltby 等，1999）。此外，用于生态系统维护的水资源分配是全球水伙伴（Brachet 等，2015）和环境影响评估（Wathern，1998）所推动的水资源综合管理（IWRM；Falkenmark，2003）的核心部分。

2.4 目标设定

环境流量情势包括维持淡水和河口生态系统以及依赖这些生态系统的人类生计和福祉所需的水流的流量、发生时机和水质（Arthington，2012）。该定义并未准确定义生态系统应处于什么状态或应该提供哪些生态系统服务，因为同一生态系统可以有多种形式或状态，可以带来许多不同的利益。世界各地河流水资源目标各不相同，可能在国际、国家或流域等不同层级均设定了不同目标。

环境流量目标的设定通常有两种方式（Acreman 和 Dunbar，2004）。首先，许多河流的具体目标由立法确定。例如，世界粮食日为欧洲河流提供了一套明确的目标：成员国所有水体必须至少达到良好的生态状况（GES）（Acreman 和 Ferguson，2010），具有最大保护意义的河流的目标需达到极好的生态状态，而高度改变的河流（即那些有水坝的河流）需达到良好的生态潜力（good ecological potential，GEP）。在南非，水利和林业部根据不同的生态管理目标来确定所有河流的目标，而不是对所有河流采用单一目标（Rogers 和 Bestbier，1997）。共有 A 到 D 四种目标类别（表 2.1）。另有两个类别，E 和 F，可以描述当前的生态状况，但是所有河流必须具有 D 及其以上的目标等级。有些河流目标的设定可以参考国内或国际公约（如《拉姆萨公约》），同时，还应说明生态系统的理想状态以确定合适的流量。还有一些河流有其特定保护物种，例如东南亚的江豚（白鳍豚属）或墨累（Murray）河中的墨累鳕鱼（鳕鲈属）。在马里，通过马纳塔利大坝泄放 75 亿 m^3 的环境需水量以确保淹没 5 万 hm^2 具有特定的生态系统服务功能的塞内加尔河漫滩，例如塞内加尔和毛里塔尼亚当地农业和渔业（Acreman，2009）因此受益。在印度，环境流量情势被确定为恒河沿岸的宗教节日需要达到特定的水位。

确定目标的第二种方式不是明确立法，而是邀请用水户和当地机构代表等利益相关者

表 2.1　　　　　　　　　　　　环境管理目标类别（EMC）和管理视角

类别	描 述	管 理 视 角
A	河流和河岸生境发生微小改变的自然河流。	受保护的河流和流域；保护区和国家公园；不允许新建水利工程（水坝，取水等）。
B	存在水资源开发和/或流域改造，但生物多样性和栖息地基本完整的轻度变异的河流和/或具有重要生态价值的河流。	存在或允许有计划的供水或灌溉开发。
C	生物群的栖息地和动态受到干扰，但基本的生态系统功能完好无损。一些敏感物种的数量减少或灭绝。外来物种存在。	与社会经济发展需求相关的多重干扰，例如大坝、取水、改变栖息地和水质退化。
D	自然栖息地、生物群和基本生态系统功能发生了巨大变化。明显低于预期的物种丰富度。大大降低了不耐受物种的存在。外来物种占优势。	与流域和水资源开发相关的重大且明显的干扰，包括大坝、取水、调水、栖息地改变和水质退化。
E	栖息地多样性和可用性下降。明显低于预期的物种丰富度。只剩下耐受物种。本土物种不能繁殖。外侵物种侵入了生态系统。	人口密度高，水资源开发程度高。通常，这种状态不应被视为管理目标。需要代入管理手段以恢复流动模式和将河流提高到更高管理类别。
F	河流改造已达到临界水平，生态系统已完全改变，几乎完全丧失了自然栖息地和生物群。在最坏的情况下，基本生态功能遭到破坏并发生不可逆转的变化。	从管理角度来看，这种状态是不可接受的。需要介入管理手段以恢复流动模式和河流栖息地（如果仍然可能/可行）等，即将河流提高至更高管理类别。

协商，一致确定他们对河流生态系统和水资源使用的期望。该方法对于公共供水、农业灌溉和工业用水等用水需求之间存在竞争关系的地区尤为重要，因为这些地区无法满足所有用水需求。谈判考虑了一系列情景，在这些情景中，对每个部门不同的用水量进行了各种权衡。最终结果可以通过协商达成，也可以由法院或仲裁来决定。谈判过程可以在社会层面广泛性进行，但通常是不明确和主观的。人们也许希望河流是自然流淌的，或者在他们心中可能有一个河流的黄金时代（即 1850 年的一幅画中的景观），或者有他们年轻时关于河流的美好记忆，这些都会影响他们的想象。愿望通常是来源于与河流相关的文化或精神。鉴于许多流域对水的需求量很大，通常无法满足每个人的需求，此时需要相互之间作出妥协。如果期望不切实际，例如：如果河流被过度开发，并且通过持续开发管理来促进地方或国家的经济繁荣，那么达成协议就可能非常困难。因此，通过利益相关者参与制定环境流量的目标是一个社会政治过程，而不是一个单独的科学过程。

2.5　环境流量政策的途径

实施流域环境流量政策的起因是什么？这些政策又是如何随着时间的推移而发展的？虽然现在已经充分认识到环境流量政策的推动力，但是在全球范围内实施方式差别很大。Moore（2004）通过一系列组织对 272 名参与环境流量项目的人进行了调查，并询问受访者关于环境流量制度的概念最初是如何在不同的流域和国家建立的。结果表明，公众意识和对当地生计重要性的认识均为重要因素。有趣的是，环境流量评估项目和专业知识的引入也被视为一个主要驱动因素。环境流量评估，特别是在利益相关方参与的情况下，可以导致社区对可持续水资源管理的态度发生重大变化（King 等，2003；Moore，2004）。

以下内容详细介绍了英国、印度、东南亚和澳大利亚这四个国家及地区环境流量政策的发展。这些概述旨在说明导致环境流量政策得到关注和实施的途径的差异和共性。

2.5.1 英国的环境流量

在英国，河流用途比较广泛，不仅包括供水，还有钓鱼、划船和观鸟等娱乐功能。河流本身或相邻含水层的水被抽出后主要用于公共供水、工业和电站冷却（尽管在干燥地区灌溉非常重要），污水处理厂处理后的水资源也可以循环使用，因此水资源沿着许多河流循环流动。所有的取水户必须获得许可，并且已经存在、允许取水户之间进行合理交易的规划（Ofwat，2015）。越来越多的家庭采取按需管理的方式，即按用水量计量和收费。堆石坝长期以来一直是英国水库的一个特色，可以追溯到 17 世纪，特别是在高海拔地区。

19 世纪以来，英国一直对水库实施泄流政策，作为补偿流供下游取水（将河流作为输水通道），也可以为下游河岸居民供水（Gustard 等，1987）。正如我们今天所认识到的那样，即使泄放水可能在某种程度上无意中支持了河流生态系统，但依然不能被视为如今理解的环境流量。生态系统本身的第一个流量管理侧重于稀释污染物泄放的最小流量这一概念，也就是说在这个基础上只要流量保持或高于临界最小值，水质就会受到保护。这一概念体现在 1963 年的《英国水资源法》中，要求维持自然景观和渔业的最低可接受流量。虽然这个法案从概念上讲是开创性的，但还未充分将其与取水或排水许可证联系起来。

英国环保局成立于 1996 年，其责任是为英格兰和威尔士的所有河流制定流域取水政策。为实施这些政策，开发了资源评估和管理（RAM）框架，作为确定环境流量的工具（Environment Agency，2002）。RAM 框架的一个关键特征是"放手流动"的概念，为了保护河流生态系统，低于流量阈值的就应该被限制甚至禁止取水（Barker 和 Kirmond，1998）。

在 20 世纪 90 年代，联合国的环境流量目标主要由当地利益相关者谈判确定，并由环保部门推动。例如：在 1998 年，开展了一次公众调查来确定可以从英格兰南部的肯尼特（Kennet）河抽取公共供水的水量，因此确定了供环境流量情势所需要的水量。调查人员评估了来自多方机构的材料，讨论的焦点主要集中在私营自来水公司、钓鱼协会、当地大自然组织和环保局各种用水的经济价值。评估结果是，取水上限是不能导致河流栖息地的退化程度超过 10%，退化程度可以用河流栖息地模型进行评估，例如物理栖息地模型（PHABSIM；Elliott 等，1999）。

为了协调整个欧盟的法律，发布了《欧洲水框架指令》（European Commission and Parliament，2000），要求成员国的所有水体至少要保持良好的状态。这一举措不仅有效地赋予河流生态系统水资源利用的优先级，并且有效地采用法律规定的目标取代利益相关者商定的目标。良好的状态，是良好的化学状态与略微偏离参考条件的良好生态状况的组合。例如：一条河流应该包含该类天然河流含有的物种，例如鱼类、大型无脊椎动物、大型植物、底栖植物、底栖动物以及浮游植物等。具有重要保护价值的河流往往具有很高的生态地位，如果河流不在良好生态状况范围内，则需要采取恢复措施。人们认识到，河道形态和河流流量（称为水文形态学）等主要因素也会影响河流生物。因此，制定合适的环境流量情势对实现良好状态至关重要。为了实施该指令，专家组为不同的河流类型设定了最大取水限度（Acreman 等，2008）。这项指令的实施在英国困难重重，因为大多数的河流通过蓄水、分流、排水和河道改建等方式受到一定程度的调节，甚至于某些河流类型都没有参考条件。因此，以自然河流为目标是不现实的，也是不可取的。例如：Itchen 河因其当前备受重视的生态系统而受到保护，尽管这是几个世纪来进行的有效管理的结果，但是其仍与自然状态大不相同（Acreman 等，2014）。

在欧盟水框架指令下，受堤和大坝影响的河流被认为经过了大量改造，他们需要达到与良好生态潜力不同的目标。为了实现这一目标，需要以特定流量指标（例如，夏季低流量和春季洪水）的形式从大坝拦蓄水量中泄放环境流量，这些流量元素可以实现如鱼类迁徙和产卵，或浸湿河道死水区以提供鱼类栖息地等特定目标（图 2.1）。这些要素结合起来形成一种尽可能满足所有特定目标和理想的生态/社会效益，如维持娱乐或土著文化所需要的水文情势（Acreman 等，2009）。该方法基于南非开发的整体分析方法——BBM法实现（King 等，2000）。

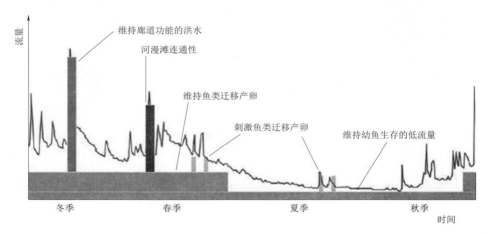

图 2.1　为实现特定的河流生态系统响应而从水库下泄的环境流量

2.5.2　印度的环境流量

自古以来，农业一直是印度的主要产业。由于降雨的极不稳定性、不确定性和受季风季节影响较大等特征，历史上水资源的开发是通过运河调水来实现灌溉。例如，北方邦西部的上恒河运河系统于 1854 年完工，这是当时世界上最大的运河之一，该运河的水来自赫尔德瓦尔（Haridwar）的恒河支流。随后，在 19 世纪和 20 世纪修建了许多类似的运河。现在农业用水约占印度所有水消耗的 85％～90％（FAO，2012），其他主要用途是家庭和工业用水以及水力发电用水。

随着用水需求的增加，20 世纪初在恒河上建设的泰瑞（Teri）大坝等多用途蓄水工程开始实施。随着越来越多的水从河流和含水层中抽取出来用于满足农业用地的扩张，河流流量逐渐减少，在干旱季节尤为严重（Jain 等，2015）。在极端情况下，一些河流在旱季时逐渐变得干涸，进而导致当地一些栖息地退化，河流系统之间的纵向连通性消失。高坝还会中断河流和地下水之间（垂向）以及河流与滩地之间（横向）的连通性，破坏了河流生态系统，损害了渔民等的利益。这表明农业用水和生态系统服务用水目标不一致，存在博弈关系。

除了满足社会的直接用水需求外，文化、社会、宗教和生态显然是印度河流（尤其是恒河）的重要服务对象。他们把大多数河流作为母亲来崇拜，许多印度风俗和节日都与这些河流有关，婚姻、崇拜和火葬等许多社会仪式也和河水相关。大多数人认为恒河等河流对身体和精神具有巨大的净化能力（图 2.2）。因此，在满月和无月日等吉时，数百万朝圣者聚集在梅拉斯（Melas）集市河岸边举行洗涤心灵的灵修大会。洗涤需要深度足够且流动的净水。这个活动短时间内在较小区域内产生大量人类废弃物，会对河流的水质产生短暂的影响。因此，这些事件在较短时间内超出了该地区的承载能力，给水质和卫生保障带来了巨大的压力。

图 2.2　恒河被视为印度的母亲河，具有巨大的宗教和文化意义。这张照片记录了
每天日落时分在 Haridwar 的哈基帕迪（Har Ki Paidi）举行的在恒河上的祭祀仪式。

人们认为河水具有巨大的自我净化能力，加入河流的废弃物不会对它造成危害，这种信念正在慢慢变化。为避免人类对河流造成更严重的污染，需要作出更多努力来改变古老的思维方式。最近，人们逐渐意识到通过环境的综合管理或水体的整体清理可以实现河流的健康和可持续发展。为此，印度政府启动了印度示范工程（Swatchh Bharat）或清洁印度的任务（MDWS，2014）。

世界自然基金会（WWF）等非政府组织已经确定了将恒河淡水豚（恒河豚属）等具有特征意义物种的保护作为印度河流的目标以及精神需求。

印度是一个联盟国家，由中央政府和许多州政府共同管理。根据印度宪法，每个州政府都有权制定其水资源的相关法律。议会有权对州际河流的管理和发展制定法律。因此，州政府对各自的州行使水资源管理权，但在行使过程中可能会受到议会的制约。显然，任何一个涉及多个州的大规模水资源管理工作都需要中央政府和相关州政府之间的密切合作。印度国家水政策（Government of India，2012）宣称"水对维持生态系统至关重要，因此，应适当考虑最低生态需水。"

印度的环境评估研究和开发工作最近才开始，最开始的认识是河流中始终保持最小流量才能维持水生生态系统，而这些最小流量通常规定为干旱季节流量的一个百分比。出于对健康河流的需求以及其他国家的研究和实践，在过去20年中，印度研究人员开始应用水文学方法来研究环境流量。最近的一些研究还在评估中纳入了水生物种的栖息地要求。与此同时，在有更好的评估方法之前，已经建议水资源开发项目采用不间断季节性流量的百分比作为环境流量。Jain和Kumar（2014）对印度的环境流量案例进行了研究。

世界自然基金会在印度启动了恒河流域环境流量评估计划（WWF，2012）。在河流的四个代表性地点评估了包括宗教、文化以及生物多样性在内的环境流量。

目前，许多组织和个人参与了印度环境流量评估的研究和开发，而且这一数字还在增加。关于水生生态系统的特性和需求的数据不足，目前正在努力收集必要的数据，并加强对流量-生态关系的理解。目前正试图通过公开听证会、会议、社会媒体等方式，让利益相关者参与环境流量的确定和实施，但还需要做出更多努力。

2.5.3 东南亚的环境流量

大湄公河次区域（Greater Mekong Subregion，GMS）在物质、社会、文化、政治和经济方面都非常多样化，并且正在迅速变化。近几十年来，该区域的国家都把重点放在有助于减轻贫困和改善生活的经济增长上。该地区国内生产总值的增长广泛转变为人类发展指数的增长［该指数反映了预期寿命、知识和生活水平的提高（UNDP，2012）以及婴儿死亡率和长期贫困率的下降］。然而，这种发展模式一直依赖于该地区的自然资本，并且成本很高（Ziv等，2012）。在整个地区，水资源的安全度很低并且还在持续恶化，主要原因在于环境的恶化（ADB，2013）。

近几十年来，基础设施投资大幅增加。例如，在2014—2018年，GMS的投资框架计划投资301亿美元，用于河流运输及大坝等基础设施建设（ADB，2015）。人们认识到，在创造经济机会的同时，这种层次的投资很可能会让环境和社会付出潜在的昂贵代价，对包括水生生态系统在内的自然资源的潜在影响很大，最终可能会中断大部分投资（ADB，2015）。该地区面临着直接用水和间接用水的重要抉择。

湄公河沿岸4350km的自然资源养活了数百万人。湄公河下游流域是世界上最大的内陆淡水渔业，年营业额达到1.4亿～39亿美元（ADB，2015）。这包括了每年主要依靠洪水脉冲的柬埔寨洞里萨大湖（Tonle Sap Great Lake）的野生渔业。在湄公河流域的干流（中国南部规划了12座坝）和支流（计划建造78座坝）修建水电站大坝，导致鱼类洄游通道受阻，改变了自然水文情势，可能会严重破坏渔业以及其他生态系统服务功能（例如洪水衰退区），而这些举措对约6千万人口的生计至关重要（ICEM，2010）。这表明在修建坝的直接用水与渔业的间接用水之间需要慎重权衡。

近年来，湄公河流域经济合作区域对绿色经济增长需求的认识有所提高，但转化为实际行动的力度却有限。迄今为止，很少人关注环境流量评估，只是非常有限地将这一概念纳入国家立法和水资源规划中。越南是个例外，其《水法》（1998年）和《国家水资源战略》的制定表明，需要利用环境流量来保护水生生态系统的认识已经得到明确（Lazarus等，2012）。

湄公河委员会（MRC）的环保计划，致力于支持 MRC 成员国之间的合作，以确保经济发展、环境保护和社会可持续性之间的平衡。然而，除了阐明迫切需要之外，对实施环境流量方案的考虑也不全面，在 GMS 内实施所需的跨部门和跨行业之间的承诺时尤其如此。限制该地区采用环境流量制度的因素包括：①对与环境流量管理制度相关概念认识和理解的不足。②缺乏政治意愿。③缺乏对河流水文复杂性和不确定性的认识，没有做好预警措施（Lazarus 等，2012）。

一个关键的制约因素是，该地区的大多数坝都是私人公司使用私人银行贷款建造的，缺乏政策保障，目前也无法确保环境流量已被提供。

在这个背景下，迄今为止所做的环境流量评估很少。有一项研究对位于泰国东北部的湄公河支流 Nam Songkhram 河流域的经济、生态、社会和跨界分配环境流量的方式进行了测试（Lazarus 等，2012）。另一个研究在越南的 Huong 河流域进行。这两项工作不仅说明了环境流量评估方法在水资源综合管理方面的潜力，而且也说明了实际实施方面需要面临的挑战，特别是将拓展工具和各学科应用于当地环境中的困难（IUCN，2005）。最近一项研究表明，气候变化也可能是影响湄公河流域生态系统的重要方面。

目前这一情况正在改变。例如：老挝目前正在修订《国家水法》和制定 2020 年《国家水资源战略》。这两份文件都强调了将社会和环境问题纳入水资源规划的必要性。还促进加强环境管理和可持续性保护，包括柬埔寨和越南下游的跨界水资源分配的问题。如果这些政策可以转化为有意义的实际行动，能够建立相关的专业知识体系，并且可以进一步扩大政治意愿，那么环境流量方法可以为整个地区的水治理和水资源的可持续管理做出重大贡献。

2.5.4　澳大利亚的环境流量

澳大利亚经常被称为最干旱的大陆。此外，气候变化可能会增加极端天气的强度，并改变降水量和模式，到 2030 年，多达 20% 的月份将出现干旱。澳大利亚河流的天然流量变化幅度是世界上最高的，例如，达令（Darling）河的洪峰流量是干旱时流量的 1000 倍。再加上澳大利亚大部分地表水供应区在澳大利亚北部，而大多数人口居住在东部和东南部。与世界大部分地区一样，澳大利亚南部和东部的许多河流上修建有诸多大坝，便于在河流中取水以供直接用水，给这些河流在农业灌溉、蓄水和生活用水以及水力发电方面带来了巨大的压力。

抽取河流的水用来灌溉农田，导致河流流量大幅下降。这些开采的影响在干旱时期更加严重，导致了澳大利亚河流的环境严重恶化。20 世纪 80 年代澳大利亚才开始使用环境流量分配法来保障大坝泄放的最小流量。大坝的最低下泄量仍然是环境供水的主要手段，例如在塔斯马尼亚的 Mersey 河和澳大利亚首都直辖区的 Cotter 河（Overton 和 Acreman，2012）。环境流量的设置和泄放，与满足特定的环境和其他公共利益供水的水资源共享计划密切相关（《国家用水倡议》，National Water Initiative，NWI）。最近，环境流量的供应方式已经改变，水流情势的所有因素，包括洪水、平均流量和低流量等，都会对淡水生态系统产生影响（Bunn 和 Arthington，2002）。

随着对环境恶化的担忧日益增加，澳大利亚政府理事会（CoAG）在 20 世纪 90 年代进行了重大改革，帮助整个澳大利亚的河流和依赖水的生态系统进行环境恢复，其中包括取水限制（称为 Cap）。这些初始的水资源改革与国家竞争政策同时进行，对经济的发展起到了巨大的推动作用。这一举动促进了通过水资源市场解决水价问题的水资源政策的产生，以便在资源有限的情况下实现经济的持续增长。这一政策中最重要的是将水资源所有权从土地所有权中解放出来，使得用户之间的水资源可以交易，在 MDB 的南部就存在流域之间的交易。自 1994 年澳大利亚政府理事会水改革框架以来，环境被认为是水资源的合法使用者。

《国家用水倡议》（NWI）（2004 年）进一步将环境确定为水管理的一个关键目标，并为澳大利亚的水资源改革制定了国家蓝图。NWI 是澳大利亚各州政府共同承诺的，旨在提高澳大利亚用水效率，从而为农村和城市社区以及环境带来更大的投资和生产力。NWI 要求州政府：制定全面的水资源计划；在过度使用或压力过大的水系统中实现可持续用水；介绍水权登记册和水资源核算标准；扩大水权交易；提高储水和交易价格；更好地管理城市用水需求。

虽然澳大利亚北部的水资源潜力越来越受到关注，但澳大利亚水资源政策改革的历史重点是 MDB。MDB 是澳大利亚最大的流域，占澳大利亚总面积的七分之一，拥有澳大利亚 65％ 的灌溉土地。19 世纪 80 年代 MDB 开始进行灌溉用水，到 20 世纪 80 年代达到平均可用水量的 56％（CSIRO，2008）。1995 年在 MDB 开始实施限制用水措施。1998—2009 年的千年一遇干旱对 MDB 地区的河流流量影响最大。高于正常温度会增加蒸散量，从而减少径流量。这种径流的减少导致严重的环境退化，并推动了重大的水资源改革。

2007 年《水法》的出台是为了实施一系列政策，包括建立墨累-达令河流域管理局（MDBA），该管理局负责整个流域的流域规划和管理。2007 年《水法》代表了联邦政府对澳大利亚水资源的一项重大投资，这项投资需要获得州政府的同意。以前，水资源是由四个州和流域内的一个地区独立管理，联邦政府只能根据其对《拉姆萨公约》和其他国际条约来干预水资源问题。2007 年《水法》还概述了在流域提供环境流量的两个新机制：建立可持续的取水限制条款（对用水上限的修订），以及建立联邦环境需水持有者办公室（CEWH），授权其管理和交易澳大利亚环境水权。CEWH 通常与 MDBA 或澳大利亚某个州政府联系来泄放环境流量并加以管理，以保护 MDB 的重要环境资产。水库持有环境水权，然后用于管理河道栖息地，与河流相连的湿地和广阔的洪泛平原。例如维多利亚的 Barmah 森林、南澳大利亚的 Chowilla 河漫滩和新南威尔士州的 Macguarie 沼泽。环境水权也被用于减少地下水资源的消耗（例如，澳大利亚西部的 Gnangara 山），改善水质问题（例如，昆士兰州 Fitzroy 河），并保护不受管控的河流（例如，领土北部的 Daly 河）。环境水权管理仍然是一个相对较新的领域，在第Ⅳ部分将进行详细探讨。

通过对科学研究进行大量投资，以便获得 MDB 的环境流量评估信息，包括详细的水量和水质模型（CSIRO，2008），环境状况监测和评估，预测模型（Saintilan 和 Overton，2010），以及适应性试验。最近，调查中包含本土利益的文化交流（Weir，2010）。MDBA 于 2012 年发布了流域计划，来指导政府、地区当局和社区对 MDB 的水资源进行可持续的管理和使用。

鉴于粮食安全、经济增长、土著居民的权利和社会特征的重要性，在澳大利亚有一个很大的争议，就是正在努力实现的环保到底是什么？许多人认为重要的环境资产不应受到损害。然而，现实情况是环境流量比自然情况下要少，并且可能无法保护"活的博物馆"。澳大利亚的环境流量通常针对特定的生态结果，例如维持洪泛平原森林以刺激湿地鸟类繁殖。澳大利亚政府通过 MDBA 和联邦环境需水持有者办公室制定了一个环境流量管理决策框架。该框架确定了水的可用性，并确定了一系列生态目标，即在可用水资源量较少期间提供生物避难所，以及在可用水资源量较多时促进生态修复。澳大利亚正在考虑评估环境流量对生态系统服务方面的影响，正如在 2007 年《水法》中明确提到的那样。

2.6　结论

在一些地方，尽管环境流量管理基础知识不断增加，但对于澳大利亚大部分地区流量变化对生态响应方面知之甚少。人们认识到，每个地点都是一个需要丰富知识的复杂社会生态系统（eWater，2009）。澳大利亚的一些水资源计划将地下水作为环境流量评估的一部分，尽管这不像普通地表水那样全面或普遍，但是大多数地区地表水、地下水交互作用都表明这是必要的。在大多数高耗水地区限制地下水开采量，并且在某些情况下要考虑为河流提供的基流。

澳大利亚的政治局势允许州政府和联邦政府进行大规模投资和控制。澳大利亚正在接受这种规模的政府干预，而这在其他大多数国家是没有的。大范围的水资源改革和灌溉基础设施的水资源开发（特别是在 MDB），基本上由州和联邦政府资助。

澳大利亚已经开发出一种复杂的环境流量管理方法，被认为是水资源综合管理的先驱国家之一。现在的水资源分配是环境、社会和经济效益之间的综合平衡。自然资本，基于生态系统的水管理方法（Overton 等，2014）以及多学科和其他必需的知识带来的益处正逐渐被意识到（Acreman 等，2014）。

2.6.1　常见操作及对比

全世界普遍认识到环境对人类的重要性以及淡水生态系统需要水来提供生态系统服务。然而，由于历史水资源分配和不同区域取水优先权的差异，实践过程并不简单。过去和现在的用水目标发生了巨大变化。18 世纪英国的工业革命主导了水资源管理。随着人口的增长和公共供水需求的增加，水资源供给成为当务之急。在过去的 50 年里，水资源管理权的矛盾已经转变为怎样平衡河流生态系统和公共供水需求。历史上，印度和澳大利亚目标是扩展农业。印度河流的宗教重要性一直被认为是恢复河流环境流量的重要驱动力。在澳大利亚，河漫滩上森林和鸟类的减少导致了生态系统恢复目标的变化。将水从一个部门重新分配到另一个部门来提供环境流量很难快速实现。过去的水资源分配是长期实践的结果，例如在农业方面。因此，重新分配水资源需要技术变革（例如提高作物用水效率），建立水市场等新系统，废除旧水法和建立新水法，以及改变人们对水的态度等。在澳大利亚已经经过了 30 年的改革，还将进行下去。由于对水的需求和期望会随着时间的推移而变化，系统需要调整适应，因此解决环境流量需要持续关注，而不是一成不变。

发达地区和发展中国家之间的目标差别很大。在英国，环境流量的目标主要是支持娱乐、美学和伦理需求；用水取舍主要是在公共供水方面，尤其是农业和工业方面。在湄公河，环境流量与贫困人口的生存之间存在着更直接的联系，用水取舍主要体现在水电扩容方面。

世界上所有地区的人口数量都在增加，对水资源的需求压力也越来越大，越来越不可能满足直接用水和间接用水的所有目标。因此，我们都正面临着经济、文化、社会和生态的用水权衡问题。可持续发展的必要性要求人们充分了解所获得的和失去的东西，然后作出明智的决定。

参 考 文 献

Acreman，M. C. ，1998. Principles of water management for people and the environment. In：de Shirbinin，A. ，Dompka，V. （Eds. ），*Water and Population Dynamics*. American Association for the Advancement of Science. pp. 25 – 48.

Acreman，M. C. ，2001. Ethical aspects of water and ecosystems. Water Policy J. 3（3），257 – 265.

Acreman，M. C. ，2009. Senegal river basin. In：Ferrier，R. ，Jenkins，A. （Eds. ），Handbook of Catchment Management. Blackwell，Oxford.

Acreman，M. C. ，Dunbar，M. J. ，2004. Methods for defining environmental river flow requirements – a review. Hydrol. Earth Syst. Sci. 8（5），861 – 876.

Acreman，M. C. ，Ferguson，A. ，2010. Environmental flows and European Water Framework Directive. Freshw. Biol. 55，32 – 48.

Acreman，M. C. ，King，J. ，Hirji，R. ，Sarunday，W. ，Mutayoba，W. ，2006. Capacity building to undertake environmental flow assessments in Tanzania. Proceedings of the International Conference on River Basin Management. Sokoine University，Morogorro，Tanzania，March 2005.

Acreman，M. C. ，Dunbar，M. J. ，Hannaford，J. ，Wood，P. J. ，Holmes，N. J. ，Cowx，I. ，et al. ，2008. Developing environmental standards for abstractions from UK rivers to implement the Water Framework Directive. Hydrol. Sci. J. 53（6），1105 – 1120.

Acreman，M. C. ，Aldrick，J. ，Binnie，C. ，Black，A. R. ，Cowx，I. ，Dawson，F. H. ，et al. ，2009. Environmental flows from dams：the Water Framework Directive. Eng. Sustain. 162，13 – 22.

Acreman，M. C. ，Overton，I. C. ，King，J. ，Wood，P. ，Cowx，I. G. ，Dunbar，M. J. ，et al. ，2014. The changing role of ecohydrological science in guiding environmental flows. Hydrol. Sci. J. 59（3 – 4），433 – 450.

ADB，2013. Asian Water Development Outlook 2013：Measuring Water Scarcity in Asia and the Pacific. Asian Development Bank，Mandaluyong City，Philippines.

ADB，2015. Investing in Natural Capital for a Sustainable Future in the Greater Mekong Subregion. Asian Development Bank，Mandaluyong City，Philippines.

Arthington，A. ，2012. Environmental flows. Saving rivers in the Third Millennium. University of California Press，Berkeley，California.

Barbier，E. B. ，2009. Ecosystems as natural assets. Found. Trends Microecon. 4（8），611 – 681.

Barker，I. ，Kirmond，A. ，1998. Managing surface water abstraction. In：Wheater，H. ，Kirby，C. （Eds. ），Hydrology in a Changing Environment，Vol. 1. British Hydrological Society，p. 249.

Brachet，C. ，Thalmeinerova，D. ，Magnier，J. ，2015. The Handbook for Management and Restoration of Aquatic Ecosystems in River and Lake Basins. INBO，GWP，IOW. Available from：http：//www. gwp. org.

Bunn，S. E. ，Arthington，A. H. ，2002. Basic principles and ecological consequences of altered flow regimes for aquatic biodiversity. Environ. Manage. 30，492 – 507.

Carson, R., 1962. Silent Spring. Houghton Mifflin, New York.

CEWH, 2011. A Framework for Determining Commonwealth Environmental Water Use. Australian Department of Sustainability, Environment, Water, Population and Communities, Canberra, Australia.

Costanza, R., Daly, H. E., 1992. Natural capital and sustainable development. Conserv. Biol. 6, 37 – 46.

Cowx, I. G., Portocarrero – Aya, M., 2011. Paradigm shifts in fish conservation: moving to the ecosystem services concept. J. Fish Biol. 79, 1663 – 1680.

CSIRO, 2008. Water availability in the Murray – Darling Basin. A Report to the Australian Government from the CSIRO Murray – Darling Basin Sustainable Yields Project. CSIRO, Collingwood, Australia.

CWC, 2007. Report of Working Group to Advise WQAA on the Minimum Flows in the Rivers. Central Water Commission, Ministry of Water Resources, Government of India, July 2007.

Dugan, P., 1992. Wetland Conservation. IUCN, Gland, Switzerland.

Dyson, M., Bergkamp, G., Scanlon, J. (Eds.), 2003. Flow. The Essentials of Environmental Flows. IUCN, Gland, Switzerland.

Elliott, C. R. N., Dunbar, M. J., Gowing, I., Acreman, M. C., 1999. A habitat assessment approach to the management of groundwater dominated rivers. Hydrol. Process. 13, 459 – 475.

Emerton, L., Bos, E., 2004. Value. Counting Ecosystems as an Economic Part of Water. IUCN, Gland, Switzerland and Cambridge, UK.

European Commission and Parliament. Directive establishing a framework for community action in the field of water policy. (2000/60/EC). Off. J., 2000.

eWater, 2009. Emerging practice in active environmental water management in Australia. eWater Cooperative Research Centre and the Australian Government National Water Commission, Canberra, Australia.

Falkenmark, M. 2003. Water Management and Ecosystems: Living With Change. Global Water Partnership/ Swedish International Development Agency, Stockholm, Sweden TEC Background Papers, no. 9.

Fisher, B., Turner, R. K., Morling, P., 2009. Defining and classifying ecosystem services for decision making. Ecol. Econ. 68, 643 – 653.

Food and Agriculture Organization, 2012. Irrigation in Southern and Eastern Asia in Figures. FAO Water Report 37. Food and Agriculture Organization, Rome.

Grey, D., Sadoff, C. W., 2007. Sink or swim? Water security for growth and development. Water Policy J. 9, 545 – 571.

Gustard, A., Cole, G., Marshall, D., Bayliss, A., 1987. A Study of Compensation Flows in the UK. Report 99. Institute of Hydrology, Wallingford, UK.

Hirji, R., Davis, R., 2009. Environmental Flows in Water Resources Policies, Plans, and Projects. World Bank, Washington, DC.

ICEM, 2010. MRC Strategic Environmental Assessment (SEA) of hydropower on the Mekong mainstream: summary of the final report, Hanoi, Vietnam. International Centre for Environmental Management.

IUCN, 2005. Environmental flows – ecosystems and livelihoods – the impossible dream? Report of 2nd Southeast Asia Water Forum, 31 August 2005. International Union for Nature Conservation.

Jain, S. K., Kumar, P., 2014. Environmental flows in India: towards sustainable water management. Hydrol. Sci. J. 59 (3 – 4), 1 – 19.

Jain, S. K., Kumar, P., Mishra, P. K., Agarwal, Y. S., Gaur, S., Qazi, N., 2015. Assessment of environmental flows for Himalayan rivers. Project Report Prepared for the Ministry of Earth Science (MoES), New Delhi, India.

King, J. M., Brown, C. A., Sabet, H., 2003. A scenario - based holistic approach for environmental flow assessments. River Res. Appl. 19 (5 - 6), 619 - 639.

King, J., Pienaar, H. (Eds.), 2011. Sustainable use of South Africa's inland waters: a situation assessment of Resource Directed Measures 12 years after the 1998 National Water Act. Report No. TT 491/ 11. Water Research Commission, Pretoria, South Africa.

Lazarus, K., Blake, D. J. H., Dore, J., Sukrarort, W., Hall, D. S., 2012. Negotiating flows in the Mekong. In: Öjendal, J., Hansson, S., Hellberg, S. (Eds.), Politics and Development in a Transboundary Watershed: the Case of the Lower Mekong Basin. Springer, New York, pp. 127 - 153.

Maltby, E., Acreman, M. C., 2011. Ecosystem services of wetlands: pathfinder for a new paradigm. Hydrol. Sci. J. 56 (8), 1 - 19.

Maltby, E., Holdgate, M., Acreman, M. C. Weir, A. (Eds.), 1999. Ecosystem Management: Questions for Science and Society. Sibthorp Trust.

Marsh, G. P., 1864. Man and Nature. Physical Geography as Modified by Human Action. Charles Scribner & Sons, New York.

Millennium Ecosystem Assessment, 2005. Ecosystems and Human Well - being. Island Press, Washington, DC.

Ministry of Drinking Water and Sanitation, 2014. Swachh - Bharat Mission. Central Water Commission, New Delhi.

Moore, M. 2004. Perceptions and Interpretation of Environmental Flows and Implications for Future Water Resources Management: A Survey Study (M. Sc. thesis). Department of Water and Environment Studies, Linköping University, Sweden.

National Water Initiative, 2004. Intergovernmental Agreement on a National Water Initiative. Council of Australian Governments, Canberra.

Ofwat, 2015. Towards Water 2020 - Meeting the Challenges for Water and Wastewater Services in England and Wales. Ofwat, London.

Overton, I. C., Acreman, M. C., 2012. Environmental Flow Methods in Australia. CSIRO, Collingwood, Australia.

Overton, I. C., Smith, D. M., Dalton, J., Barchiesi, S., Acreman, M. C., Stromberg, J. C., et al., 2014. Implementing environmental flows in integrated water resources management and the ecosystem approach. Hydrol. Sci. J. 59 (3 - 4), 860 - 877. Available from: http: //dx. doi. org/10. 1080/ 02626667. 2014. 897408.

Rogers, K. H., Bestbier, R. X., 1997. Development of a Protocol for the Definition of the Desired State of Riverine Systems in South Africa. Department of Environmental Affairs and Tourism, Pretoria, South Africa.

Rowlston, W. S., Palmer, C. G., 2002. Processes in the development of resource protection provisions on South African Water Law. Proceedings of the International Conference on Environmental Flows for River Systems, Cape Town, South Africa, March 2002.

Saintilan, N., Overton, I. C. (Eds.), 2010. Ecosystem Response Modelling in the Murray - Darling Basin. CSIRO Publishing, Canberra, Australia.

Solomon, S., 2010. Water: the Epic Struggle for Wealth, Power, and Civilization. Harper Collins Publishers, New York.

Tharme, R. E., 2003. A global perspective on environmental flow assessment: emerging trends in the development and application of environmental flow methodologies for rivers. River Res. Appl. 19, 397 - 441. Available from: http: //dx. doi. org/10. 1002/rra. 736.

Thompson, J. R., Laizé, C. L. R., Green, A. J., Acreman, M. C., Kingston, D. G., 2014. Climate change uncertainty in environmental flows for the Mekong River. Hydrol. Sci. J. 59 (3 - 4), 935 - 954.

UNDP, 2012. The Human Development Concept. United Nations Development Programme, Nairobi, Kenya.

Weir, J. K., 2010. Cultural flows in the Murray River country. Aust. Human. Rev. 2010, 48.

Wilson, N., 2009. Encyclopedia of Ancient Greece. Routledge, New York, London.

WWF, 2012. Summary report. Assessment of environment flows for Upper Ganga Basin. WWF, New Delhi, India.

Zavialov, P. O., 2005. Physical Oceanography of the Dying Aral Sea. Springer, Chichester, UK.

Ziv, G., Baran, E., Rodriguez - Iturbe, I., Levin, S. A., 2012. Trading - off fish biodiversity, food security, and hydropower in the Mekong River Basin. Proc. Natl. Acad. Sci. 109, 15.

第 3 章

水 文 变 动 概 述

Michael J. Stewardson[1]，Mike Acreman[2]，Justin F. Costelloe[1]，Tim D. Fletcher[1]，
Keirnan J. A. Fowler[1]，Avril C. Horne[1]，Gaisheng Liu[3]，Michael E. McClain[4] 和
Murray C. Peel[1]

1. 墨尔本大学帕克维尔校区，维多利亚州，澳大利亚
2. 生态与水文中心，沃灵福德，英国
3. 堪萨斯大学，劳伦斯，堪萨斯州，美国
4. 代尔夫特水利和环境工程国际研究所，代尔夫特，新西兰

3.1 引言

　　环境易变性是淡水栖息地的主要特征之一。环境的变动主要是由地球上动态的水循环过程，如暴雨事件、季节更迭和干湿交替引起的。水文变化能够反映地表水中降水量和蒸发量之间的动态平衡过程，这一过程与气候变动、植被覆盖率和其他水文控制要素密切相关。当降水量大于蒸发量时，水分会在陆地表面富集，通过地表和地下多个途径在流域层面循环（图 3.1），包括降水、蒸发、融雪、截留、下渗、地表径流、地下径流、河网汇流和水库调蓄等。而流域内独特的水文情势又塑造了独特的水生态系统。

　　过去半个世纪的研究表明，水文变动是淡水生态系统结构、功能和完整性变动的最主要非生物控制因素（Poff 等，1997）。水文各要素的改变会促进流域范围内河漫滩、潜流带的水系连通和物质交换过程。例如，水文的总体变动能够反映河湖表面的淹没程度、淹水深度和流量持续时间；流速的变动决定了河湖中营养物质和污染物的输移过程；水动力过程的变动引起了河湖生物栖息地的重分布。

　　淡水生态系统主要受到人类水土资源开发的胁迫作用。大坝通常被视为引起水生态系统破坏的最主要原因，环境流量管理者一直以来致力于通过维持河道下泄流量的方式将大型闸坝对河流的生态影响降至最低。但是，大型水坝并不是引起水文变化的唯一原因。农田坝、河道取用水、地下水开采、河网防洪改造等活动都会引发淡水生态系统退化问题。

城市化的进程和土地利用方式的变更同样会导致流域内流量和水量的变动，因此，环境流量管理应当重点关注这两方面的影响。

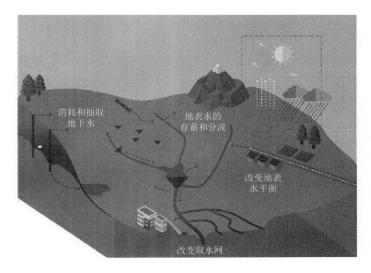

图 3.1　水文循环和水文变化

本文将人类对陆地水循环过程的影响具体划分成四个类型（图 3.1）：

（1）改变地表水量平衡的人类活动。具体包括：气候变化，CO_2 浓度增加引起植被用水量改变，砍伐树木引起的植被覆盖率变动、城市化过程中的不透水面建设。

（2）蓄水和调水工程。具体包括：为保障畜牧业建造的小型水坝、大型的供水、发电和防洪闸坝。

（3）地下水开采。

（4）输水系统的改造，包括渠道化和湿地排水。

综上所述，人类活动对淡水栖息地和天然水文情势产生了深远影响。本章将在系统整合评估水文变动方法的基础上，具体分析引起水文变动的四个主要干扰因素，为后续分析水文-生态响应关系奠定基础。

3.2　评估水文变动的意义

水文情势能够表征水生栖息地（湿地、潜流带、河口等）中的水文时空变化过程；河流水文情势更侧重于反映河道内的水文时空变化。一般通过收集长序列的流量时间序列数据，计算河流水文情势变化。河流的水文情势主要由基本流量和附加流量两部分组合而成。基本流量的大小取决于土壤含水量和地下水储水量，主要由流域自然储水系统补给。在没有任何降水外源输入的状况下，基本流量可能会逐渐减小。基本流量具有两个显著特点：第一，由于地下水储水系统下降的速度较慢，可能会持续长达数十年，因此，主要由地下水补给的基本流量下降速度也较慢；第二，流域内储水量的季节变动特征造成基本流量具有季节性变动特征。不同于基本流量，附加流量（洪水、脉冲、漫滩）主要受到降雨事件的扰动。附加流量的时空变动特征与降雨事件同步，但是处于降雨事件较远的下游流域，附加流量的时空变动具有一定的滞后性。

由于河流流量具有易于测量和模拟的优点，因此通常作为评估河流环境流量的重要依据。然而，河流的环境流量需求和河流流量并没有直接关系。基于这一情况，本书的第13章详细讨论了流量对环境流量的限制作用，同时分析了与水生生物健康发展具有直接联系的其他河流水力要素，如水深、河宽、水量和流速等，这些水力要素均可以在一定程度上指示环境流量的确定，尤其是在河流有特殊水力需求时更加适用。需要指出的是，河流的水力要素通常会受到河流流量的影响，水深、河宽、水量和流速等都会随着流量的增加而增加。这表明河流的环境流量需求和河流流量之间具有间接响应关系。统计学模型和商业软件的开发为明确河流水文情势和流量需求之间的关系提供了可能。

系统的评估水文变动是环境流量规划的核心任务。过去 40 年，随着人们对河流生态系统的深入研究（Stewardson 和 Gippel，2003），水文变动的评估越来越趋向于系统化和精细化。常用的确定环境流量的方法——河道内流量增量法（IFIM，Bovee，1982），就应用物理栖息地模拟法（PHABSIM，Bovee 和 Milhous，1978）系统评估了研究区域的水文变动。但是物理栖息地法只关注保护个别物种栖息地过程的最小或适宜流量，缺乏对河流流量水文情势的系统计算。随后，自然流态范式理论的诞生，为系统评估水文变动带来了契机，它从流量大小、频率、持续时间、起始时间和变化率五个方面详细描述了河流水文变动的过程，强调自然水文情势是维持河流生态系统完整性的重要支撑（Poff 等，1997），目前自然流态范式已广泛应用于环境流量的确定和管理之中（Lytle 和 Poff，2004；Richter 等，1997）。在水文变动的实际计算过程中一般运用统计学的方法进行表征（Olden 和 Poff，2003）。其中，对比分析河流自然状况下的水文情势和人工调控的水文情势，得出河流的水文改变率是最为常用的措施（Clausen 和 Biggs，2000；Olden 和 Poff，2003；Puckridge 等，1998；Richards，1989，1990；Richter 等，1996）。但是缺乏生态依据依旧是大多数评估水文变动方法的重要限制因素。在这一基础上，新开发的评估水文变动的方法已经逐渐将生态知识纳入其中，如流量事件法（Stewardson 和 Gippel，2003）和流量组分法（Mathews 和 Richter，2007）。

在水文变动评估中，参考系的选择至关重要。研究人员一般选用没有人类干扰状况下的水流条件确定河流现状的流量变幅、季节性更替和水量变动，参考系一般为自然水文状况或影响前的水文状况。水文变动表征指标的选择对变动结果的精确度同样重要。Olden 和 Poff（2003）指出，在实际计算过程中，应规避冗余指标，以最少的指标反映全部的水文情势变动。水文变动的指标选取原则和统计方法规范可参见 Gordon 在 2004 年的出版物。

评估水文变动的最终目的是指导评估环境流量，自然流态范式理论是常用的确定环境流量值的理论，即环境流量的设定要以自然或人类活动影响前的流量作为参考依据。但是随着人类干扰的逐步加剧，许多河流的水文情势已经长期处于重干扰状态，河流的自然水文情势很难恢复（Acreman 等，2014）。对于这类处于水文情势重干扰河流，保持流量的某些组分显然更为合适。实际上，不论是自然流态范式还是设计流量组分，都需要建立在精确评估水文变动的基础上，确定水文要素和生态系统功能的响应关系（框 3.1）。

框 3.1 求解自然水文序列

　　评估河流水文变化需要有两个流量时间序列——影响前的目标流量时间序列和影响后的现状流量时间序列，准确确定这两个流量时间序列存在一定的难度。由于水资源开发和土地利用管理的变化，水文站测量的流量具有明显的不稳定性，而目标流量的推导有多种方法，每种方法都基于不同的假设和不确定性。本书将在第 15 章详细介绍。

　　尽管水文变动的推导需要基于不同的假设，具有一定的不确定性。但是对比流域范围内和不同流域之间的水文变动能够为水资源规划提供有效指导，可帮助水资源管理者明确研究区域潜在的环境流量需求压力。

　　在人类活动重干扰的流域，自然流量时间序列，即目标流量时间序列需要通过建模来模拟（Blööschl 等，2013）。主要分为三类方法：

　　（1）降雨径流模型：降雨径流模型既可以基于现状监测数据还原河流的天然流量过程，也可以模拟受干扰状况的河流流量，同时还能添加取用水数据进行情景模拟。但是降雨径流模型需要有人类干扰前的流量数据进行校核。

　　（2）流量转换法：当河流没有监测天然状况下的流量，可以应用转换系数的方法，利用较近流域的天然流量监测数据进行流量还原（Lowe 和 Nathan，2006）。需要注意的是，相似的水文流域的确定对于流量转换具有重要意义，尤其是在土地利用方式变化之后（Brown 等，2005）。流量转换方法要求研究区附近必须有不受人类干扰的水文相似流域做对比。

　　（3）水量分项还原法：该方法需要系统收集分项用水数据，包括取水时间、取水量、农业用水量和流域面积变化等，并在实测流量中将人类分项用水的数据剔除。如果没有收集到分项用水数据，也可借用模型模拟供水机制，还原天然流量。

3.3　地表水量平衡

　　地表水量平衡是指降水和蒸发作用之间的平衡，降水量和蒸发量之间的差值会对地表水的循环机制产生影响。其中，气候变化是地表水量循环的最重要驱动因素。Jiméenez - Cisneros 等在 2014 年系统整合了气候变化影响水文情势的案例，研究表明，气候变化首先会改变降水和蒸发机制，导致亚热带干旱区域的地表水产生量和地下水补给量显著降低，高纬度地区的流量增加。其次，气候变化会增加极端洪水（Arnell 和 Gosling，2016）和干旱事件的发生频率，进而增大流量。再次，全球气候变暖引起融雪量增大，导致河流流量季节性变动减小或消失。最后，从水生植物本身出发，尽管尚不清楚气候变化导致的植物净需水量的具体变化（Ukkola 和 Prentice，2013），但是大气中 CO_2 浓度的增加会导致光合作用时间延长，叶面气孔阻抗增加，气孔导水度减少，蒸腾速率减少，呼吸速率降低，水分利用效率增加，进而引起地表水量平衡破坏（Piao 等，2007）。

　　除气候驱动因素以外，土地利用方式的变动，如植被变化和城市化进程都会作为潜在要素改变地表水循环过程，在实际的环境流量规划中应予以考虑。

3.3.1 植被变化

据统计，人类砍伐了世界上近一半的树木（Crowther 等，2015），极大地破坏了地表水循环过程。流域内的植被主要通过降水和蒸发机制改变地表水量平衡过程，主要分为蒸发和截留两个方式，全世界地表水循环过程中 38%～77% 的蒸发和 10%～27% 的截留过程与植被有关（Blyth 和 Harding，2011；Crockford 和 Richardson，2000；Jasechko 等，2013；Miralles 等，2011；Schlesinger 和 Jasechko，2014；Wang 等，2007，2014）。不同植被类型（森林、灌木、草地；Schlesinger 和 Jasechko，2014；Wang 等，2007）蒸腾作用的大小不同。研究表明，对森林的滥砍滥伐会造成径流量增加（Pliny the Elder in Andréeassian，2004）。结合流域相似性比对方法，研究发现在地理条件相似的区域，森林覆盖度较高的区域，蒸发量更高，流量相对更小，基本流量呈现下降趋势（Andréeassian，2004；Brown 等，2005，2013；Peel，2009）。在全球尺度上分析植被覆盖对径流的影响的结果也佐证了上述结果。Sterling 等在 2013 年进行的一项全球的土地利用方式改变蒸发作用的研究发现，41% 的自然水文状态已经被改变。其中，将湿地和森林转变成农田或牧场会降低蒸腾作用，而将荒漠转成农田或兴建蓄水库会提高蒸腾作用（Sterling 等，2013）。

除了直接砍伐森林外，人类活动还会对植被变化产生间接影响。其中，CO_2 富集将以三种方式改变植被覆盖率：①增加气孔阻抗，导致蒸发量减少，提高水资源利用率；②提高植被生长效率；③改变植被物种组成（Field 等，1995）。虽然温室气体的排放提高了森林中的水资源利用效率，但是森林的植被覆盖度并没有呈现显著增加趋势，这可能是由于温度升高导致森林植被中水分和养分循环受限（Peñuelas 等，2011）。蒸发效率还会受到灌溉活动的影响，灌溉活动通过加剧水文循环增加流域内的降雨和径流变动，从而提高蒸发效率（Lo 和 Famiglietti，2013）。

3.3.2 城市化

当前，城市化进程在全球范围内以前所未有的速度进行。今天世界上有 50% 的人口居住在城市里，这个数字在 100 年前仅为 15%。城市化给世界带来繁荣和进步的同时，也对世界的自然水循环过程产生了深远影响（Walsh 等，2012）。城市化的扩展使全球的地表在过去的 100 年内发生了 40% 的变动，如兴建不透水表面，改变自然景观格局，增设排水管道等。

城市空间的快速扩张使得原来以植被为主的自然景观逐渐被人工不透水建筑物所取代，包括道路、屋顶和人行道等。在自然景观中，路面是天然的可透水材料，大部分的降水会被植物拦截或渗透到多孔介质土壤中，残余的水量一部分会通过蒸发转移，一部分会进入地下水系统成为基流的一部分（Hamel 等，2013；Price，2011）；除非是降雨强度非常大且持续时间非常长，一般不会产生较大径流量（Hill 等，1998）。径流转换系数（成为河流流量的年均降水比例）在自然透水系统中和人工不透水系统中差别极大，在天然的森林和草地流域内（图 3.2）径流转换系数在 0.05～0.4 之间（Zhang 等，2001），而在城市人工不透水表面径流转换系数高达 0.9 以上（Boyd 等，1993）。

城市景观中剩余的透水区域属性的变化也会影响地表水量平衡，包括土壤属性变化和植被覆盖度变化两个部分。土壤转移、土壤中有机质损失和土壤压实都会导致渗透系数减小、地表径流增加（Konrad 和 Booth，2005）。在大部分情况下，城市化进程都会导致植被覆盖度降低，致使整体的蒸发量明显减少（Grimmond 和 Oke，1999），但是在一些区域，如极端干旱区域，城市的兴建增加了水量的输入，提高了区域植被覆盖度，使净蒸发量呈现增加趋势（Bhaskar 等，2016）。

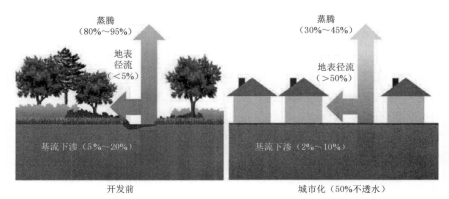

图 3.2　城市化对地表水量平衡的改变

　　虽然不透水面面积的增加是城市小流域径流转换系数持续变大的主要原因，但是已有研究工作表明，建立排水效率高的管网（管道、下水道和排水渠）能够有效地抑制其增大趋势。Leopold 在 1968 年的研究中确定了排水管网能在城市不透水区水文循环中发挥关键作用。Walsh 等在 2012 年通过对比城市小流域相似不透水面，发现具有合理分布雨水管网的城市与管网混乱分布的城市其流量状况差别很大。综上所述，高效合理的雨水管网分布能够有效避免城市不透水面对水文循环的干扰。

　　城市化过程中流域物理属性的变更会直接影响水量平衡和水文情势变动，同时流域的进水口（供水）和出水口（废水排放）的改变会对水量平衡和水文情势产生间接影响。例如，输水管和排水管的泄漏可能会增加地下水和河流流量，而抽取地下水和地表水可能会导致河流干涸（Hamel 等，2013；Price，2011）。

　　大量的研究表明，城市化会造成总流量和洪峰流量的频率、幅度大幅度增加，改变地表水量平衡和自然水文情势。Wong 等（2000）研究发现在中等水平的不透水面，洪峰流量大小比自然状况下增加了不止一个数量级；Burns 等（2013）研究表明在地中海气候条件下，利用植被构造海绵城市，可以将地表水补充地下水的天数从每年 5d 增加到 100d。Hill 等（1998）在澳大利亚东南部研究发现，在自然景观格局中，草原和森林区大约需要25mm 的降雨量才能产生地表径流，而在城市不透水表面大约 1mm 的降雨就能产生径流（Boyd 等，1993）。

　　城市化导致的地表水量变化具体分为三类。第一类，基流减少（Hamel 等，2013），由于城市化过程中不透水面逐渐覆盖自然透水表面，地表水向地下水下渗的通道受到阻断，直接导致由地下水补充的基流减少。第二类，部分区域地下水和基流增加（Bhaskar 等，2016），这主要由于自然植被被砍伐，蒸发作用减弱引起的。第三类，改变了河流的水文节律：一方面城市化导致水文事件的起始时间发生了改变，径流的产生时间和衰退时间明显缩短；另一方面，由于城市支流和自然流域的替换，造成了洪峰流量变化，但具体呈增加还是减少的趋势主要取决于流域中农村和城市的分布格局。

城市化不仅会改变水量，还会对水质产生深远影响。快速发展的城市产生了大量污染物，除了自然生态系统中常产生的泥沙、有机物、可消解的营养物质、有毒物质外，还包括一些新型的污染物质，如除草剂、杀虫剂、大量的人类生活垃圾等（Fletcher 等，2013）。城市污染物一般会在枯水年富集在不透水表面，在降雨时期受到雨水冲刷进入管网。但是具体的污染物冲刷效率主要受到管网连通性和输水效率的制约（Fletcher 等，2013；Novotny 和 Olem，1994），需要定期检查管网系统。Hatt 等（2004）研究发现，管网除了能运输污染物以外，还能帮助预测城市小流域的水质状况，预测水质时，计算精度由小到大依次为：通过管网直接连接不透水表面＜水质模拟计算的结果＜通过化粪池密度或无管网连接的不透水面面积。

3.4 取用地表水

21 世纪，水库（又称为蓄水池或水坝）已经在人类的生产生活中占据了重要地位，水库极大地调节了洪峰流量，防止了洪水的发生，有效应对了干旱风险，提高了经济收入。据统计，水库存蓄了世界上 20％的淡水（ICOLD，2007），径流量约为 40000000 GL/a［Müller Schmied 等，2014；Wada 和 Bierkens，2014；GL 为英制的液量单位，1GL＝118.29mL］。就水库功能而言，大部分的水库都是综合型水库，兼顾取水功能，取水量约占总蓄水量的一半（Wada 和 Bierkens，2014；Wada 等，2011）。水库的存在对河流的水文情势产生了深远影响，包括河流的流量显著减少（Müller Schmied 等，2014），低流量发生频率不断攀升（Wada 等，2013；Wanders 和 Wada，2015），河流的季节性特征逐渐消失（Biemans 等，2011），河流横向和纵向连通性受阻（Grill 等，2015）。河流与大坝共生已经成为全球趋势，世界上最大的 292 条河流中，有 172 条河流被坝阻隔，涵盖水生生物最丰富的 8 个流域（Nilsson 等，2005）。以美国为例，大坝改变了美国全国范围内的河流水文情势（图 3.3；Magilligan 和 Nislow，2005b）。

大坝河流的水文效应主要受到入流条件和闸坝主要功能的制约，同时，大坝的管理方式和调度准则都会对河流生态系统产生重要影响。按照储水方式的不同，大坝河流分为大型供水坝、发电水坝、防洪堤坝和小型农田坝四类。

3.4.1 大型供水坝

供水坝（水库）在丰水期蓄水，在枯水期泄流以满足人类用水需求。供水坝对下游水文情势的具体影响主要取决于水库蓄水量大小、下游取水点布设、水资源需求模式和水库具体的调度方案。从水库蓄水角度出发，除非特大洪水淹没或溢出溢洪道情况出现时，在正常情况下，水库可以存蓄所有来流。

水库可以为人类社会发展提供相对稳定的水资源。大型水库一般建造在河流的源头段，通过闸坝调度，水库中的蓄水量可以转移到大坝下游或者邻近的周边地区。由水库调蓄的河流，在枯水期流量相对自然水文情势有所提高，而在丰水期由于蓄水和取水等问题，流量有所降低。由于水库兼顾灌溉功能，在灌溉时期提供的下泄流量会导致部分河流的季节性变动完全逆转（Cottingham 等，2010）。而位于取水点下游的河流，除大坝泄流

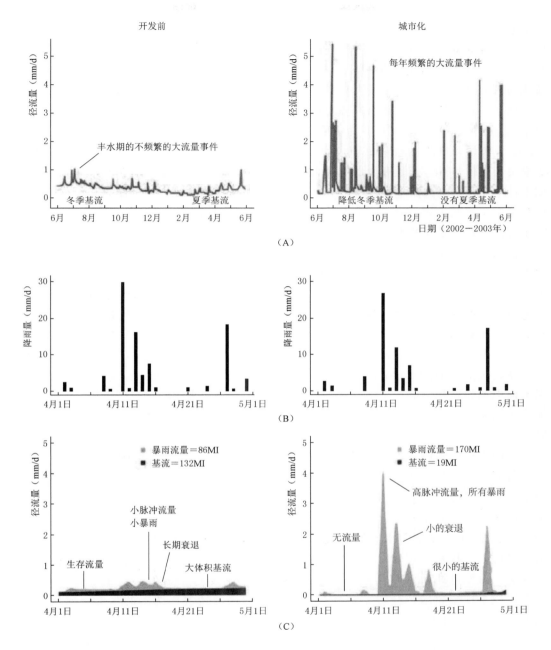

图 3.3　城市化导致的水文情势变化包括：（A）年内逐月水文过程变动图；
（B）月间逐日降雨量图；（C）月间基本流量和暴雨流量图。

时间外，其他时段全年流量均处于低值水平，这种河流流量较低的趋势在距离水坝较远的河流尤为明显，而河流周围自然形成的支流汇入能够有效缓解流量缺失的情况。

3.4.2　发电水坝

世界上记录在册的水坝工程共有 58000 座，其中 16％都是用于水力发电的，总装机容量超过 1000GW（ICOLD，2015；IHA，2015；1GW＝10^6kW）。自 2004 年以后，世界上水电能源的开发速度明显提升，总装机容量约增加了 27%，水电能源开发呈现明显的地域分布特征，亚洲和拉丁美洲增速最快，非洲次之（WEC，2015）。欧洲和北美的水电开发速度相对较慢。集中在亚洲（如湄公河）、南美洲（如亚马孙河）和非洲（如尼罗河）新建的水坝工程对增长贡献最大（Zarfl 等，2015）。

坝水力发电的实质是将水的势能转化成机械能，又变成电能的过程。水力发电的出力公式如下：$P = \rho g Q H$，其中 ρ 为水的密度，取 1000kg/m^3；g 为重力加速度，取 9.81m/s^2；Q 为流量，单位为 m^3/s；H 为水头，等于水库水位与下游水位之差减去引水部分水头损失，单位为 m。流量和水头是水坝设计和运行过程中最重要的参数。在水力坝的初期设计中应设定最大流量和最小水头，其他的参数应根据水坝的实际库容和来水条件进行综合考虑。按照实际用途，水力发电水坝一般分成三种类型：蓄水式电站、径流式电站、抽水蓄能电站。不同的水坝类型对水文情势的影响各不相同。

蓄水式电站又称为调节电站，通过水库蓄水调节，满足多种用水需求。蓄水电站的水文影响，除了前文提到的水坝对河流的传统影响外，还包括满足季节性和日常电力需求造成的水利影响（Magilligan 和 Nislow，2005a）。蓄水电站引起的水文季节性变动主要来源于电力需求的季节性变动，冬季取暖和夏季降温耗电量较大。日常电力需求引起的水文变动具有时间变化特征，工作日的耗电量要大于非工作日的耗电量，一天之中，用电需求最大的时间主要集中在 07：00—21：00，用电峰值出现在晚上。

径流式电站的储水量较小，通常建在径流相对稳定的河流中。受到储水量制约，为保证向电网持续输入额定荷载，径流式电站需要在日尺度内进行灵活的水利调节。径流式电站主要影响河流的低流量情势，当河流来流小于引水渠道容量时，可以完全控制河流流量。

不同于径流式电站，抽水蓄能电站对河流的水文影响主要集中在每日的峰值流量。抽水蓄能电站利用电力负荷低谷时的电能抽水至上游水库，在电力负荷高峰期再放水至下游水库发电。

由于发电水坝的用水主要为非消耗性用水（忽略水库蒸发和输水过程的水量损失），因此发电水坝的出水点和入水点符合流量守恒定律。在高坝中，可以完全调节水头，水可以直接从大坝泄放到下游河段。但是对于大部分的发电水坝，并不能完全调节水头，而发电站通常坐落在进水点下游附近以减少水头损失。对于这类发电水坝，下游河段呈现减脱水特征，尤其是对于跨流域调水的情况，调出的水资源永远也不可能返回河流源头段。

水电站的规模决定其设计流量的大小。对于微型水电工程（装机容量小于 5kW），主要功能是满足家庭用电需求，设计流量较小。对于大型水电工程，如中国长江三峡水电站，装机容量为 22.5GW，设计流量为 $1000 \text{m}^3/\text{s}$。水电站的设计流量在自然流量中的占比对系统评估水坝引起的水文变动尤为重要。制定水电站的设计流量需要综合考虑多种因素，包括水电站站址的物理特征、河流的自然水文情势、环境流量需求、其他用水需求，以及社会、经济和环境等多种因素。当在常流型河流中，没有其他用水竞争者时，水电站的标准设计流量一般选用年流量历时曲线的 30 分位数（即年度流量超过 30% 的年份），流量的变动范围为年均流量的 100%~150%（IFC，2015）。在可行性研究阶段，应当将标准设计流量作为水电站设计流量的重要参考，以保证河流生态系统的正常运行。

发电水坝引起的水文变动会对水生生态系统产生重要影响，水电站的发电过程会导致低脉冲流量的频繁扰动（Cushman，1985）。虽然这种频繁扰动对河流流量大小影响不大，流量均在正常范围内变动，但是其对自然水文情势的频率、变化率和逆转次数影响明显（Bevelhimer 等，2015）。水文情势的变动导致了河流水动力、水文和水质条件的极端变化，其对河道湿周的影响最为显著（Fisher 和 LaVoy，1972；Geist 等，2005；Korman 和 Campana，2009；Strayer 和 Findlay，2010）。

3.4.3 防洪堤坝

洪涝灾害危害极大，可能会造成人员伤亡，导致水利、交通、电力、通信等基础设施破坏，农田、城市、村庄大面积被淹，农作物减产甚至绝收，影响正常的生活生产秩序等（Jonkman 和 Kelman，2005）。大坝和蓄滞洪区是管理洪水灾害最重要的防洪堤坝（Green 等，2000）。尽管大多数大坝都是为了水力发电等其他目的修建的，但是都会兼具防洪功能（Bakis，2007）。进入 21 世纪，鉴于环保目的，如刺激鱼类产卵等，部分水坝会设置人造洪峰（Acreman，2009），不过这些人造洪峰产生的洪水受制于大坝的流量上限限制（McMahon 和 Finlayson，1995），不会对人类社会产生过大灾害。蓄滞洪区主要是指河堤外洪水临时贮存的低洼区及湖泊等（Guo，2001）。不同于大坝，蓄滞洪区通常建在下游低洼地区，会随着洪水的增加而水位升高（Green 等，2000）。

防洪堤坝能有效降低洪水危害。据报道，1997 年，加利福尼亚州的防洪堤坝使该地的洪水流量减少了一半（Green 等，2000）。防洪堤坝可通过合理调度蓄存洪水，降低洪水强度。通常，大坝和蓄滞洪区能够在洪水发生时存蓄洪水，以此错开洪峰，但是大坝的防洪作用会随着库内水位的增加而逐渐降低。由于防洪堤坝会在枯水期泄放洪水期存储的水量，导致下游河道长期处于高流量状态，如美国肯塔基州的 Green 河，泄洪引发了一系列的生态破坏（Richter 和 Thomas，2007）。

3.4.4 小型农田坝

农业发展要有稳定的灌溉用水作为支撑。私人土地所有者，特别是农民经常通过建造小型水坝，即时取用水。这些小型水坝一般横亘在河道内，蓄存地表径流，也有部分水坝建在河道不远处，利用水泵机组抽河道水蓄存。小型农田坝的蓄存水量相对较小（小于100ML），但是其对景观的水文（Fowler 等，2016）和生态（Mantel 等，2010a，2010b）均会产生累积影响。不同的国家对这类私有水坝的称呼各有不同，美国将农田坝称为农场池塘（farm ponds；Arnold 和 Stockle，1991），印度称为蓄水池（tanks），澳大利亚和非洲称为农田坝（Hughes 和 Mantel，2010；Schreider 等，2002），在本书中统一沿用澳大利亚的称呼。

由于农田坝会蓄存降水、抽取河道用水，同时还会拦截汇入主河道内的支流径流，因此，农田坝会显著减少河流的流量（Schreider 等，2002）。计算农田坝造成的水文变动需要系统掌握以下信息：农田坝的设计尺寸（水库库容）、进出水坝的流量通量、水坝区消耗性用水量以及水坝下泄流量（Arnold 和 Stockle，1991；Nathan 等，2005）。如果流域内的农田坝过多，则在评估水文变动中需要综合考虑多方因素（Lowe 等，2005）。在温度较高的情况下，露天的农田坝水面蒸发还会增加。

已经有很多文献详细研究了农田坝造成的流量减少问题。大部分的文献表明，农田坝拦截的流量只占年平均流量的 5％（Chaney 等，2012；Neal 等，2001；Schreider 等，2002），也有部分研究指出拦截率可能超过 10％（Fowler 和 Morden，2009；Hughes 和 Mantel，2010；Lett 等，2009）。遥感影像（Liebe 等，2009）、水文模型模拟结果（Nathan 等，2005）和现场收集的数据均表明，农田坝会对河流的季节性变动产生重要影响。虽然在高流量时期，水坝的实际截水量较大，但是其在低流量时期的截留量相对于河流径流的比例却相对更高（图 3.4；Fowler 等，2016；Mantel 等，2010a）。结合水坝的数量、大小和其在景观中的位置分析结果表明，这种截留量相对比例增高的趋势在枯水季节更加明显。Fowler 和 Morden（2009）发现在澳大利亚西南部的灌溉园艺区，80％的流量都被农场拦截了。为此，一些水资源管理机构已经允许在农田坝设置过流通道，保证在枯水期的河道流量（Cetin 等，2013）。

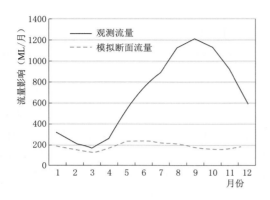

图 3.4　澳大利亚东南部一个流域内的农田坝季节型河流的流量的取水流量估计（即抽取的流量）。图中实线表示多年月均值的实际径流量（47 年），虚线表示农田坝的月均拦截量。天然月均径流量为实际月均径流量和月均拦截量之和（未表示出来）。此案例研究区中农田坝的开发程度相对较高，水坝库容为 3150ML/a，年平均流量为 8500ML/a（116mm/a）。

小型农田坝除了会导致流量减少以外，还会改变河流季节性高流量的起始时间（Fowler 和 Morden，2009），这主要是由于雨季形成的流量被水坝拦截，不会直接流向下游。此外，农田坝还会降低河流的纵向连通性（Malveira 等，2011）。

农田坝还会对土地利用产生影响，其能为畜牧业的发展提供半永久的水源。例如在 20 世纪 30 年代，美国政府建造了数千座农田坝来帮助退化的耕地过渡到牧场（Walter 和 Merritts，2008）。农田坝能够补充灌溉用水（Wisser 等，2010），可以保障家庭用水，辅助景观开发（Ignatius 和 Jones，2014）。干旱严重的地区，土地所有者会有强烈的建设农业水坝的意愿，这一现象在澳大利亚（GA，2008）和非洲（Hatibu 等，2000）尤为明显。系统地评估农田坝引起的水文变化大小，需要明确数据的时效性，如遥感数据的尺度和年份均需要审慎选择。

3.5　地下水的提取和消耗

地下水是地球上最大的淡水资源库，为地球一半的人口提供饮用水，据统计，每年 20％～40％的"三生用水"（工业用水、农业用水和生活用水）都来源于地下水抽取（Margat 和 Van Der Gun，2013；Wada 和 Bierkens，2014；Zektser 和 Everett，2004）。

以 2010 年为例，全球的地下水抽取量为 1200km³/a，基于遥感解译研究数据分析发现，其中 60％用于农业灌溉（Pokhrel 等，2015），抽取的地下水总量中只有 40％得到了及时补充，地下水耗损总量达到 113km³/a（Doll 等，2014），直接导致地下水水位逐年降低，对地表水生态系统产生了胁迫作用，包括湿地的春季养护，枯水期河道的基本流量等（Nevill 等，2010）。

随着用水量的增加，全世界的地下水开采量呈现逐年增加的趋势（Wada 等，2014）。一般通过竖井抽取地下水，竖井会在水下形成凹陷椎体，抽取周围含水层的水量。从空间角度分析，水位的大幅度下降主要源于含水层水量的大面积缺失。河流水系中，地表水量增加可以减少或逆转地下水的持续下降趋势。地下水的变动主要受限于灌溉用水的大小和政府的能源供应政策的影响。在澳大利亚的 MDB，政府虽然严格规定了地下水的开采限值，但是没有设置相应的补充地下水的可行方案，导致流域内的地下水位持续降低（Nevill，2009）。印度是世界上地下水开采量最高的国家，究其原因主要归结于印度的能源开采补偿制度，这一政策引发了印度国内地下水位下降、河水枯竭等问题（Nune 等，2014）。

利用水泵抽取地下水是保障河流枯水期生态基流过程的最重要手段。地下水位的变动会对河流流量的各组分产生重要影响。当地下水位过低时，河流可能会出现断流状况。地下水位还与河岸水体存储量密切相关：当地下水储水量降低后，河岸存储量呈现增加趋势，河岸储水量以洪水期潜流带补水为主（Lamontagne 等，2014）。在环境流量组分中，河岸带的储水对河道内外的物质交换过程产生重要影响（Costa 等，2012），与漫滩流量相关。

人为活动引起的地下水位上升同样可能对水文情势产生影响。蒙大拿州的灌溉用水超额补给引发了该地地下水上涌和基流增加的问题（Kendy 和 Bredehoeft，2006）。与之类似的是，为应对植物根系向更深处蔓延进行的降水补给行为，也会造成地下水位上涨。对相似流域进行比较发现，在地下水含盐量较高区域，地下水会成为大型河流流动机制的关键驱动因素（Knight 等，2005）。在 MDB 中，中下游区域常常受到土地盐碱化影响，该地的地下水含盐量相对较高，地下水过剩会加重盐碱化问题，破坏河岸带植被健康，导致生态萎缩问题。而通过人工干预，在夏季，即在丰水期泄流限制地下盐水倒灌，这种河道流量和地下水水位相结合的方法保障了环境流量，能有效规避河漫滩地区盐碱化问题（框 3.2）。

框 3.2　美国中部中央高原区的地下水抽取问题

众多周知，美国中部的高原区含水层，由于过度抽取地下水用于灌溉，出现了河流枯竭问题（Kustu 等，2010；Luckey 和 Becker，1999；Scanlon 等，2012）。美国中部的高原区横跨美国 8 个州，总面积为 454000km²，是世界上生产力最高的含水层之一，区域内有大量农田，需要进行灌溉补给，被称为美国的粮仓（图 3.5）。在过去的几百万年中，由于洛矶山脉向西的河流泥沙和本地风化沉积，形成了高原区独特的含水层结构，主要由砂、砾石、淤泥和黏土组成（Buchanan 等，2015）。

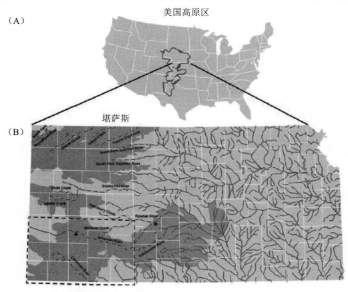

图 3.5 （A）美国高原区含水层在的地理位置图（图中多边形）；（B）堪萨斯州高原区含水层空间分布图（阴影区）。图（B）中，虚线表示的河系在大规模地下水开采前都为常流型河流，现状为季节型的河流，产生这一变化的主要原因为地下水超采引起的地下水位下降。堪萨斯州地图西南角的虚线框表示取水区域，图 3.6 中绘制了取水变化。Arkansas 河上的三角形和圆形符号表示测流量位置和干河床位置（图 3.7）。

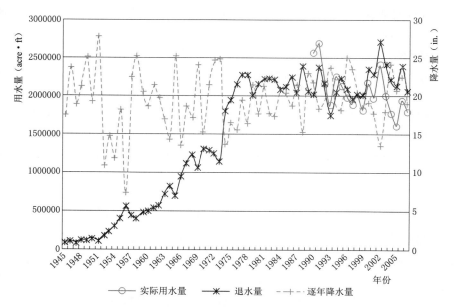

图 3.6 堪萨斯州西南部用泵抽取高原区含水层地下水的取水变化图（计算面积见图 3.5）。粗实线（空心圆圈）是报告的用水量，粗虚线（"＋"字线）是根据气候参数和报告的用水量之间的回归关系估算的用水量。

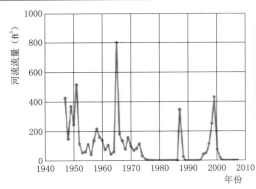

图 3.7   美国地质调查局监测的 Arkansas 河多年流量过程（左）和河床干涸的照片（右），
图表和照片的监测位置见图 3.5。

含水层中大部分的水都来源于在潮湿气候下最后一个冰河时期的补给。由于气候和潜流带土壤结构的差异（北部降水量较高、土壤较粗；Scanlon 等，2012），地下水的自然补给率在空间中分布差异较大，北部含水层的比率较高（25～210mm/a），中部和南部比率较低（2～25mm/a）。由于过去几十年中的地下水超采问题，中部和南部地下水的开采量已经大大超过了补给量，这些地区的地下水储水量很快就会耗尽，对该地区经济和社会的可持续发展构成了严重威胁。

20 世纪 60 年代，堪萨斯州的高原区含水层开始加大地下水灌溉量，并在 20 世纪 70 年代后期达到最高水平（Liu 等，2010；图 3.6）。地下水枯竭导致了该地区在过去 30 年中抽取率逐渐降低，甚至一些含水层已经枯竭。地下水位降低带来了一系列生态系统问题：一方面，地下水位降低引起了河道地表径流量的降低，一些河段甚至从常流型转换成季节型，更有甚者，直接常年断流（图 3.7）；另一方面，地下水位下降还会影响河岸带植被的分布格局（Butler 等，2007）。在 2003—2004 年期间，堪萨斯州高原区的地下水位下降的速度高于棉白杨（cottonwood tree）根系的延伸速度，导致了区域内杨树面临生存问题；一项 2003 年的研究佐证了这一结论，该项研究发现，地下水位存在昼夜波动，而这一波动造成棉白杨根系无法适应，生存率下降（Butler 等，2007）。

3.6   输水系统的变动

河漫滩是指位于河床主槽一侧或两侧，在洪水期被淹没，在枯水期出露的滩地。河漫滩土地肥沃，常被用作工业和农业开发用地。基于此，人们通过在人口密度相对较高的地区修建防洪堤坝（防洪堤坝一般为土质结构）和进行河道清淤工程，开发河漫滩地区（Green 等，2000）。常用的手段包括对河道进行拓宽、取直和去糙等，河漫滩的开发活动极大地改善了河流环境，但是也带来了不良影响，如增加了洪水风险。河漫滩增加洪水风险的例子不胜枚举，密西西比河的河漫滩开发虽然减少了当地的洪水风险，但是却使下游的洪水风险明显加大。美国 Charles 河的河漫滩开发，断开了河流的横向连通，导致抵御洪水的经济成本明显增加。研究表明，兴建防御洪水工程的经济成本远大于放弃河漫滩开发，重新恢复河流横向连通性的成本（Ogawa 和 Male，1986）。在 Cherwell 河也有类似发现，详见图 3.8（Acreman 等，2003）。

河道疏浚扩容项目通常都涵盖湿地排水项目（Biebighauser，2007）。在农村湿地区域，湿地排水项目降低了农田的涝灾；而在城市区域，这一项目保证了城市的有序发展。排水系统可以减少地表和地下水的滞留问题，也会对生态系统产生重大影响。

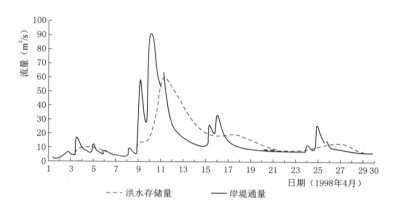

图 3.8　在移除河漫滩存水量情境下，Cherwell 河中实测流量（虚线）和模拟流量（实线）对比图。

防洪工程和湿地排水工程阻断了河漫滩和河道的横向连通性，改变了河流的天然水文状况，影响了河流生态系统的结构和功能（Krause 等，2011）。防洪工程将洪水存蓄在河道内，阻隔了河道和河漫滩的物质交换过程，造成河漫滩面积逐年减小。仅仅 15 年，遥感解译的影像显示，全球的淡水面积减少了 6%，其中人口增加速度最高的南美洲和南亚地区减少幅度最大（Prigent 等，2012）。在英格兰和威尔士，2/5 的河流（占总面积的42%）修建了防洪堤坝和河道改造工程，将河道和河漫滩（取 100 年洪水包络线涵盖的区域）分隔开（UK National Ecosystem Assessment，2014）。横向连通性的减弱使河流栖息地转变为陆地栖息地，对河流的生态系统影响最大。

3.7　小结

土地利用、水资源开发利用和气候变化都会对水文情势产生影响。表 3.1 定性汇总了人类活动造成的水文影响。定性的水文-生态影响为研究人员评定和预测影响提供了指导，但是不同的研究区域影响的程度变化很大：第一，水文环境不同，其影响不同，如在常年高流量河流中建农田坝和在季节型河流中建水坝造成的生态影响就不相同；第二，基础设施的类型、规模和运营政策都会影响河流的水文情势。由于水文情势的变动是多因素共同耦合的结果，因此在实际的流域管理中很难将各个因素拆分开来，如大型供水坝通常建在河流流量年际变化较大的河流中。

表 3.1		人类活动造成的水文影响汇总		
	改变陆地水量平衡	地表水蓄水和引水	地下水开采与消耗	输水系统的变动
基流	减少：城市化通常会减少基本流量。 增加：砍伐森林可以通过减少蒸腾来增加基流。气候变化可以改变融雪型河流中基流的季节性模式，冬季融雪减少，径流增加。气候变化也可能减少亚热带干旱地区的基流，并增加高纬度地区的基流。	减少：供水水库一般在丰水期存储流量以供枯水期下游用。农田坝通常会造成全年流量减少，这在干旱期更为明显。 增加：旱季在枯水期泄放流量可增加大型供水坝下游的基流。水量来自洪水期的防洪储水，可保障基流时间延长。	减少：抽取地下水减少了河流中的基流，在极端情况下，常流型河流可能变成季节型河流或直接断流。	
水系和河漫滩的连通性	增加：城市化增加了降水期间的径流量。 气候变化正在增加世界许多地区的洪水量和出现频率。	减少：供水水库和防洪堤坝减少了洪水的频率和大小，但是洪水相较于年均流量较大这一事实将长期存在。坝下游洪水频率和持续时间的减少将减少洪泛区的洪水泛滥问题。		减少：防洪工程将河漫滩与河道隔离开来，减少洪水泛滥和湿地排水。 增加：减少洪水储存的防洪工程可能导致下游洪峰增加。
流量变化	增加：通常情况下，城市化会给城市小流域带来更快、更短的流量事件，从而在应对暴雨时提高流量上升和下降的速度。预计气候变化将增加流量的极端情况。	减少：供水水库的运行通常会减少河流流量的变化。 增加：为满足电力需求，水电工程大坝可以增加流量变化。		增加：减少洪水的防洪工程可导致洪水水位更快速上升和下降。

3.8　展望

　　人类活动对全球的陆地水循环（地表水和地下水）过程产生了重要影响，导致静水和动水生态系统的大幅度变动。但遗憾的是，科学家并没有对这一问题给予足够重视，鲜有文章提到了人类活动造成的全球范围内水文变动的时空分布特征以及其危害程度。目前已知的是，在人类活动较高的流域，土地和水的开发导致了河流自然水文情势发生了巨大变化，而这一变化将在未来随着森林砍伐（Crowther 等，2015）、城市扩张（Seto 等，2011）、大气 CO_2 浓度增加（IPCC，2014）、基础设施建设（Grill 等，2015）和农业灌溉（Siebert 等，2015）的增加而增加。同时，虽然 21 世纪空气湿度有所增加，但是自 20 世纪 90 年代末以来全球的取水量超过可供水量的情况有所增加，且这一增加趋势将持续到下个世纪（Wada 和 Bierkens，2014）。科学的环境流量管理制度为应对水文变化日益加重的挑战和保障淡水生态系统提供了可能。

参 考 文 献

Acreman，M. C.，2009. Senegal river basin. In：Ferrier，R.，Jenkins，A. （Eds.），Handbook of Catchment Management. Blackwell, Oxford.

Acreman, M. C. , Riddington, R. , Booker, D. J. , 2003. Hydrological impacts of floodplain restoration: a case study of the River Cherwell. UK Hydrol. Earth Syst. Sci. Discuss. 7 (1), 75 – 85.

Acreman, M. , Arthington, A. H. , Colloff, M. J. , Couch, C. , Crossman, N. D. , Dyer, F. G. , et al. , 2014. Environmental flows for natural, hybrid, and novel riverine ecosystems in a changing world. Front. Ecol. Environ. 12 (8), 466 – 473.

Andréeassian, V. , 2004. Waters and forests: from historical controversy to scientific debate. J. Hydrol. 291, 1 – 27.

Arnell, N. W. , Gosling, S. N. , 2016. The impacts of climate change on river flood risk at the global scale. Clim. Change 134 (3), 387 – 401.

Arnold, J. G. , Stockle, C. O. , 1991. Simulation of supplemental irrigation from on – farm ponds. J. Irrigat. Drain. Eng. 117 (3), 408 – 424.

Bakis, R. , 2007. Electricity production opportunities from multipurpose dams. Renew. Energy 32 (10), 1723 – 1738.

Bevelhimer, M. S. , McManamay, R. A. , O'Connor, B. , 2015. Characterizing sub – daily flow regimes: implications of hydrologic resolution on ecohydrology studies. River Res. Appl. 31, 867 – 879.

Bhaskar, A. S. , Beesley, L. , Burns, M. J. , Fletcher, T. D. , Hamel, P. , Oldham, C. E. , et al. , 2016a. Will it rise or will it fall? Managing the complex effects of urbanization on base flow. Freshw. Sci 35 (1), 293 – 310.

Biebighauser, T. R. , 2007. Wetland Drainage, Restoration, and Repair. University Press of Kentucky, Lexington, Kentucky.

Biemans, H. , Haddeland, I. , Kabat, P. , Ludwig, F. , Hutjes, R. W. A. , Heinke, J. , et al. , 2011. Impact of reservoirs on river discharge and irrigation water supply during the 20th century. Water Resour. Res. 47 (3).

Blöschl, G. , Sivapalan, M. , Wegener, T. , Viglione, A. , Savenije, H. , 2013. Runoff prediction in ungauged basins: synthesis across processes, places and scales. Cambridge University Press, Cambridge.

Blyth, E. , Harding, R. J. , 2011. Methods to separate observed global evapotranspiration into the interception, transpiration and soil surface evaporation components. Hydrol. Process. 25 (26), 4063 – 4068.

Bovee, K. D. , 1982. A guide to stream habitat assessment using the Instream Flow Incremental Methodology. Instream Flow Information Paper 12, FWS/OBS – 82/26. US Fish and Wildlife Service, Fort Collins, Colorado.

Bovee, K. D. , Milhous, R. , 1978. Hydraulic simulation in instream flow studies: theory and techniques. Instream Flow Information Paper 5, FWS/OBS – 78/33. US Fish and Wildlife Service, Fort Collins, Colorado.

Boyd, M. J. , Bufill, M. C. , Kness, R. M. , 1993. Pervious and impervious runoff in urban catchments. Hydrol. Sci. J. 38 (6), 463 – 478.

Brown, A. E. , Western, A. W. , McMahon, T. A. , Zhang, L. , 2013. Impact of forest cover changes on annual streamflow and flow duration curves. J. Hydrol. 483, 39 – 50.

Brown, A. E. , Zhang, L. , McMahon, T. A. , Western, A. W. , Vertessy, R. A. , 2005. A review of paired catchment studies for determining changes in water yield resulting from alterations in vegetation. J. Hydrol. 310, 28 – 61.

Buchanan, R. C. , Wilson, B. B. , Buddemeier, R. R. , Butler Jr. , J. J. , 2015. The High Plains Aquifer. Kansas Geological Survey.

Burns, M. J. , Fletcher, T. D. , Walsh, C. J. , Ladson, A. R. , Hatt, B. , 2013. Setting objectives for hydrologic restoration: from site – scale to catchment – scale (Objectifs de restauration hydrologique: de l'éechelle de la parcelle à celle du bassin versant). In: Bertrand – Krajewski, J. – L. , Fletcher, T. (Eds.), Novatech. GRAIE, Lyon, France.

Butler Jr. , J. J. , Kluitenberg, G. J. , Whittemore, D. O. , Loheide II, S. P. , Jin, W. , et al. , 2007. A field investigation of phreatophyte – induced fluctuations in the water table. Water Resour. Res. 43, W02404.

Cetin, L. T. , Alcorn, M. R. , Rahmanc, J. , Savadamuthu, K. , 2013. Exploring variability in environmental flow metrics for assessing options for farm dam low flow releases. 20th International Congress on Modelling and Simulation, Adelaide, Australia. pp. 2430 – 2436.

Chaney, P. L. , Boyd, C. E. , Polioudakis, E. , 2012. Number, size, distribution, and hydrologic role of small impoundments in Alabama. J. Soil Water Conserv. 67 (2), 111 – 121.

Clausen, B. , Biggs, B. , 2000. Flow indices for ecological studies in temperate streams: groupings based on covariance. J. Hydrol. 237, 184 – 197.

Costa, A. C. , Bronstert, A. , De Araújo, J. C. , 2012. A channel transmission losses model for different dryland rivers. Hydrol. Earth Syst. Sci. 16, 1111 – 1135.

Cottingham, P. , Stewardson, M. J. , Roberts, J. , Oliver, R. , Crook, D. , Hillman, T. , et al. , 2010. Ecosystem response modeling in the Goulburn River: how much water is too much. In: Saintilan N. , Overton I. (Eds.), Ecosystem Response Modelling in the Murray – Darling Basin, pp. 391 – 409.

Criss, R. E. , Shock, E. L. , 2001. Flood enhancement through flood control. Geology 29, 875 – 878.

Crockford, R. H. , Richardson, D. P. , 2000. Partitioning of rainfall into throughfall, stemflow and interception: effect of forest type, ground cover and climate. Hydrol. Process. 14, 2903 – 2920.

Crowther, T. W. , Glick, H. B. , Covey, K. R. , Bettigole, C. , Maynard, D. S. , Thomas, S. M. , et al. , 2015. Mapping tree density at a global scale. Nature 525, 201 – 205.

Cushman, R. M. , 1985. Review of ecological effects of rapidly varying flows downstream from hydroelectric facilities. N. Am. J. Fish. Manage. 5 (3A), 330 – 339.

Doll, P. , Muller Schmied, H. , Schuh, C. , Portmann, F. T. , Eicker, A. , 2014. Global – scale assessment of groundwater depletion and related groundwater abstractions: combining hydrological modeling with information from well observations and GRACE satellites. Water Resour. Res. 50, 5698 – 5720.

Field, C. B. , Jackson, R. B. , Mooney, H. A. , 1995. Stomatal responses to increased CO_2: implications from the plant to the global scale. Plant Cell Environ. 18, 1214 – 1225.

Fisher, S. G. , LaVoy, A. , 1972. Differences in littoral fauna due to fluctuating water levels below a hydroelectric dam. J. Fish. Res. Bd. Canada 29, 1472 – 1476.

Fletcher, T. D. , Andrieu, H. , Hamel, P. , 2013. Understanding, management and modelling of urban hydrology and its consequences for receiving waters: a state of the art. Adv. Water Resour. 51, 261 – 279.

Fowler, K. J. A. , Morden, R. A. , 2009a. Investigation of strategies for targeting dams for low flow bypasses. Hydrology and Water Resources Symposium, pp. 1185 – 1193.

Fowler, K. , Morden, R. , Lowe, L. , Nathan, R. , 2016. Advances in assessing the impact of hillside farm dams on streamflow. Aust. J. Water Resour.

Fross, D. , Sophocleous, M. , Wilson, B. B. , Butler Jr. , J. J. , 2012. Kansas High Plains Aquifer Atlas. Kansas Geological Survey.

GA, 2008. Mapping the growth, location, surface area and age of man made water bodies, including farm dams, in the Murray – Darling Basin. Geoscience Australia Report for the Murray Darling Basin Commission, Canberra, Australia.

Geist, D. R., Brown, R. S., Cullinan, V., Brink, S. R., Lepla, K., Bates, P., et al., 2005. Movement, swimming speed, and oxygen consumption of juvenile white sturgeon in response to changing flow, water temperature, and light level in the Snake River, Idaho. Trans. Am. Fish. Soc. 134 (4), 803 – 816.

Gordon, N. D., McMahon, T. A., Finlayson, B. L., Gippel, C. J., Nathan, R. J., 2004. Stream Hydrology: an Introduction for Ecologists. Wiley, West Sussex, UK.

Green, C. H., Parker, D. J., Tunstall, S. M., 2000. Assessment of flood control and management options, thematic review IV. 4 prepared as an input to the World Commission on Dams, Cape Town. Available from: http: //www. dams. org.

Grill, G., Lehner, B., Lumsdon, A. E., MacDonald, G. K., Zarfl, C., Reidy Liermann, C., 2015. An index – based framework for assessing patterns and trends in river fragmentation and flow regulation by global dams at multiple scales. Environ. Res. Lett. 10 (1), 015001.

Grimmond, G. S. B., Oke, T. R., 1999. Evapotranspiration rates in urban areas. Impacts of Urban Growth on Surface Water and Groundwater Quality. Proceedings of IUGG 99 Symposium HS5. IAHS, Birmingham, UK (Publication No. 259).

Guo, Y., 2001. Hydrologic design of urban flood control detention ponds. J. Hydrol. Eng. 6 (6), 472 – 479.

Hamel, P., Daly, E., Fletcher, T. D., 2013. Source – control stormwater management for mitigating the effects of urbanisation on baseflow: a review. J. Hydrol. 485, 201 – 213.

Hatibu, N., Mahoo, H. F., Kajiru, G. J., 2000. The role of RWH in agriculture and natural resources management: from mitigating droughts to preventing floods. In: Hatibu, N., Mahoo, H. F. (Eds.), Rainwater Harvesting for Natural Resources Management: a Planning Guide for Tanzania, Regional Land Management Unit (RELMA). Swedish International Development Cooperation Agency (Sida), Nariobi, Kenya.

Hatt, B. E., Fletcher, T. D., Walsh, C. J., Taylor, S. L., 2004. The influence of urban density and drainage infrastructure on the concentrations and loads of pollutants in small streams. Environ. Manage. 34 (1), 112 – 124.

Hill, P., Mein, R., Siriwardena, L., 1998. How much rainfall becomes runoff?: Loss modelling for flood estimation. Cooperative Research Centre for Catchment Hydrology (Report 98/5), Melbourne, Australia.

Hughes, D. A., Mantel, S. K., 2010. Estimating the uncertainty in simulating the impacts of small farm dams on streamflow regimes in South Africa. Hydrol. Sci. J. 55 (4), 578 – 592.

ICOLD, 2007. World Register of Dams. International Commission on Large Dams, Paris, France.

ICOLD, 2015. World Register of Dams. International Commission on Large Dams, Paris, France.

IFC, 2015. Hydroelectric Power: a Guide for Developers and Investors. International Finance Corporation.

Ignatius, A. R., Jones, J. W., 2014. Small reservoir distribution, rate of construction, and uses in the upper and middle Chattahoochee Basins of the Georgia Piedmont, USA, 1950 – 2010. ISPRS Int. J. Geo – Inform. 3 (2), 460 – 480.

IHA, 2015. Hydropower Status Report. International Hydropower Association.

IPCC, 2014. In: Core Writing Team, Pachauri, R. K., Meyer, L. A. (Eds.), Climate Change 2014: Synthesis Report. Contribution of Working Groups Ⅰ, Ⅱ and Ⅲ to the Fifth Assessment Report of the Intergovernmental Panel on Climate Change. IPCC, Geneva, Switzerland.

Jasechko, S., Sharp, Z. D., Gibson, J. J., Birks, S. J., Yi, Y., Fawcett, P. J., 2013. Terrestrial water fluxes dominated by transpiration. Nature 496 (7445), 347 – 350.

Jiménez – Cisneros, B. E. , Oki, T. , Arnell, N. W. , Benito, G. , Cogley, J. G. , Döll, P. (Eds.), Climate Change, 2014. Impacts, Adaptation, and Vulnerability. Part A: Global and Sectoral Aspects. Contribution of Working Group Ⅱ to the Fifth Assessment Report of the Intergovernmental Panel on Climate Change. Cambridge University Press, Cambridge.

Jonkman, S. N. , Kelman, I . , 2005. An analysis of the causes and circumstances of flood disaster deaths. Disasters 29 (1), 75 – 97.

Keenan, T. F. , Hollinger, D. Y. , Bohrer, G. , Dragoni, D. , Munger, J. W. , Schmid, H. P. , et al. , 2013. Increase in forest water – use efficiency as atmospheric carbon dioxide concentrations rise. Nature 499, 324 – 327.

Kendy, E. , Bredehoeft, J. D. , 2006. Transient effects of groundwater pumping and surface – water – irrigation returns on streamflow. Water Resour. Res. 42, W08415.

Knight, J. H. , Gilfedder, M. , Walker, G. R. , 2005. Impacts of irrigation and dryland development on groundwater discharge to rivers—a unit response approach to cumulative impacts analysis. J. Hydrol. 303, 79 – 91.

Konrad, C. P. , Booth, D. B. , 2005. Hydrologic changes in urban streams and their ecological significance. Amercian Fisheries Society Symposium 47. Amercian Fisheries Society, pp. 157 – 177.

Korman, J. , Campana, S. E. , 2009. Effects of hydropeaking on nearshore habitat use and growth of age – 0 rainbow trout in a large regulated river. Trans. Am. Fish. Soc. 138 (1), 76 – 87.

Krause, B. , Culmsee, H. , Wesche, K. , Bergmeier, E. , Leuschner, C. , 2011. Habitat loss of floodplain meadows in north Germany since the 1950s. Biodivers. Conserv. 20, 2347 – 2364.

Kustu, M. D. , Fan, Y. , Robock, A. , 2010. Large – scale water cycle perturbation due to irrigation pumping in the US High Plains: a synthesis of observed streamflow changes. J. Hydrol. 390, 222 – 244.

Lamontagne, S. , Taylor, A. R. , Cook, P. G. , Crosbie, R. S. , Brownbill, R. , Williams, R. M. , et al. , 2014. Field assessment of surface water – groundwater connectivity in a semi – arid river basin (Murray – Darling, Australia). Hydrol. Process. 28, 1561 – 1572.

Leopold, L. B. , 1968. Hydrology for Urban Land Planning: a Guidebook on the Hydrological Effects of Urban Land Use. 554, U. S. Geological Survey, Washington, DC.

Lett, R. A. , Morden, R. , McKay, C. , Sheedy, T. , Burns, M. , Brown, D. , 2009. Farm dam interception in the Campaspe Basin under climate change. Hydrology and Water Resources Symposium, pp. 1194 – 1204.

Liebe, J. R. , Van De Giesen, N. , Andreini, M. , Walter, M. T. , Steenhuis, T. S. , 2009. Determining watershed response in data poor environments with remotely sensed small reservoirs as runoff gauges. Water Resour. Res. 45 (7).

Liu, G. , Wilson, B. B. , Whittemore, D. O. , Jin, W. , Butler Jr. , J. J. , 2010. Ground – water model for Southwest Kansas Groundwater Management District No. 3: Kansas Geological Survey.

Lo, M. – H. , Famiglietti, J. S. , 2013. Irrigation in California's Central Valley strengthens the southwestern U. S. water cycle. Geophys. Res. Lett. 40 (1 – 6).

Lowe, L. , Nathan, R. J. , 2006. Use of similarity criteria for transposing gauged streamflows to ungauged locations. Aust. J. Water Resour. 10 (2), 161 – 170.

Lowe, L. , Nathan, R. J. , Morden, R. , 2005. Assessing the impact of farm dams on streamflows, Part II: Regional characterisation. Aust. J. Water Resour. 9 (1), 13 – 26.

Luckey, R. L. , Becker, M. F. , 1999. Hydrogeology, water use, and simulation of flow in the High Plains aquifer in northwestern Oklahoma, southeastern Colorado, southwestern Kansas, northeastern New Mexico, and northwestern Texas, U. S. Geological Survey.

Lytle, D. A., Poff, N. L., 2004. Adaptation to natural flow regimes. Trends Ecol. Evol. 19 (2).

Magilligan, F. J., Nislow, K. H., 2005a. Changes in hydrologic regime by dams. Geomorphology 71 (1), 81 – 178.

Magilligan, F. J., Nislow, K. H., 2005b. Changes in hydrologic regime by dams. Geomorphology 71 (1 – 2), 61 – 78.

Malveira, V. T. C., Araújo, J. C. D., Güntner, A., 2011. Hydrological impact of a high – density reservoir network in semiarid Northeastern Brazil. J. Hydrol. Eng. 17 (1), 109 – 117.

Mantel, S. K., Hughes, D. A., Muller, N. W., 2010a. Ecological impacts of small dams on South African rivers Part 1: Drivers of change – water quantity and quality. Water SA 36 (3), 351 – 360.

Mantel, S. K., Muller, N. W., Hughes, D. A., 2010b. Ecological impacts of small dams on South African rivers Part 2: Biotic response – abundance and composition of macroinvertebrate communities. Water SA 36 (3), 361 – 370.

Margat, J., Van Der Gun, J., 2013. Groundwater Around the World. CRC Press, London.

Mathews, R., Richter, B. D., 2007. Application of the indicators of hydrologic alteration software in environmental flow setting. J. Am. Water Resour. Assoc. 43 (6), 1400 – 1413.

McMahon, T. A., Finlayson, B. L., 1995. Reservoir system management and environmental flows. Lakes Reserv. Res. Manage. 1 (1), 65 – 76.

Miralles, D. G., De Jeu, R. A. M., Gash, J. H., Holmes, T. R. H., Dolman, A. J., 2011. Magnitude and variability of land evaporation and its components at the global scale. Hydrol. Earth Syst. Sci. 15 (3), 967 – 981.

Müller Schmied, H., Eisner, S., Franz, D., Wattenbach, M., Portmann, F. T., Flörke, M., et al., 2014. Sensitivity of simulated global – scale freshwater fluxes and storages to input data, hydrological model structure, human water use and calibration. Hydrol. Earth Syst. Sci. 18 (9), 3511 – 3538.

Nathan, R., Lowe, L., 2012. The hydrologic impacts of farm dams. Aust. J. Water Resour. 16 (1), 75 – 83.

Nathan, R. J., Jordan, P., Morden, R., 2005. Assessing the impact of farm dams on streamflows, Part I: Development of simulation tools. Aust. J. Water Resour. 9 (1), 1 – 12.

Neal, B. P., Nathan, R. J., Schreider, S., Jakeman, A. J., 2001. Identifying the separate impact of farm dams and land use changes on catchment yield. Aust. J. Water Resour. 5 (2), 165.

Nevill, C. J., 2009. Managing cumulative impacts: groundwater reform in the Murray – Darling Basin, Australia. Water Resour. Manage. 23, 2605 – 2631.

Nilsson, C., Reidy, C. A., Dynesius, M., Revenga, C., 2005. Fragmentation and flow regulation of the world's large river systems. Science 308, 405 – 408.

Novotny, V., Olem, H., 1994. Water Quality: Prevention, Identification and Management of Diffuse Pollution. Van Nostrand Reinhold, New York.

Nune, R., George, B. A., Teluguntla, P., Western, A. W., 2014. Relating trends in streamflow to anthropogenic influences: a case study of Himayat Sagar catchment, India. Water Resour. Manage. 28, 1579 – 1595.

Ogawa, H., Male, J. W., 1986. Simulating the flood mitigation role of wetlands. J. Water Resour. Plan. Manage. 112, 114 – 127.

Olden, J. D., Poff, L. N., 2003. Redundancy and the choice of hydrologic indices for characterizing streamflow regimes. River Res. Appl. 19, 101 – 121.

Peel, M. C., 2009. Hydrology: catchment vegetation and runoff. Prog. Phys. Geogr. 33 (6), 837 – 844.

Peel, M. C., McMahon, T. A., Finlayson, B. L., 2010. Vegetation impact on mean annual evapotranspiration at a global catchment scale. Water Resour. Res. 46 (9), W09508.

Peñelas, J. , Canadell, J. G. , Ogaya, R. , 2011. Increased water - use efficiency during the 20th century did not translate into enhanced tree growth. Global Ecol. Biogeogr. 20 (4), 597 - 608.

Piao, S. , Friedlingstein, P. , Ciais, P. , De Noblet - Ducoudre, N. , Labat, D. , Zaehle, S. , 2007. Changes in climate and land use have a larger direct impact than rising CO_2 on global river runoff trends. Proceedings of the National Academy of Sciences of the United States of America 104 (39), 15242 - 15247.

Poff, N. L. , Allan, J. D. , Bain, M. B. , Karr, J. R. , Prestegaard, K. L. , Richter, B. D. , et al. , 1997. The natural flow regime, a paradigm for river conservation and restoration. BioScience 47, 769 - 784.

Pokhrel, Y. N. , Koirala, S. , Yeh, P. J. F. , Hanasaki, N. , Longuevergne, L. , Kanae, S. , et al. , 2015. Incorporation of groundwater pumping in a global Land Surface Model with the representation of human impacts. Water Resour. Res. 51 (1), 78 - 96.

Price, K. , 2011. Effects of watershed topography, soils, land use, and climate on baseflow hydrology in humid regions: a review. Prog. Phys. Geogr. 1 - 28. Available from: http: //dx. doi. org/10. 1177/0309 133311402714.

Prigent, C. , Papa, F. , Aires, F. , Jimenez, C. , Rossow, W. B. , Matthews, E. , 2012. Changes in land surface water dynamics since the 1990s and relation to population pressure. Geophys. Res. Lett. 39, 8.

Puckridge, J. , Sheldon, F. , Walker, K. , Boulton, A. , 1998. Flow variability and the ecology of large rivers. Mar. Freshw. Res. 49, 55 - 72.

Richards, R. , 1989. Measures of flow variability for Great Lakes tributaries. Environ. Monitor. Assess. 12, 361 - 377.

Richards, R. , 1990. Measures of flow variability and a new flow - based classification of Great Lakes tributaries. J. Great Lakes Res. 16, 53 - 70.

Richter, B. D. , Baumgartner, J. V. , Powell, J. , Braun, D. P. , 1996. A method for assessing hydrologic alteration within ecosystems. Conserv. Biol. 10 (4), 1163 - 1174.

Richter, B. D. , Baumgartner, J. V. , Wigington, R. , Braun, D. P. , 1997. How much water does a river need? Freshw. Biol. 37, 231 - 249.

Richter, B. D. , Thomas, G. A. , 2007. Restoring environmental flows by modifying dam operations. Ecol. Soc. 12 (1).

Scanlon, B. R. , Faunt, C. C. , Longuevergne, L. , Reedy, R. C. , Alley, W. M. , McGuire, V. L. , et al. , 2012. Groundwater depletion and sustainability of irrigation in the US High Plains and Central Valley. Proc. Natl. Acad. Sci. USA 109 (24), 9320 - 9325.

Schlesinger, W. H. , Jasechko, S. , 2014. Transpiration in the global water cycle. Agricult. Forest Meteorol. 189 - 190, 115 - 117.

Schreider, S. Y. , Jakeman, A. J. , Letcher, R. A. , Nathan, R. J. , Neal, B. P. , Beavis, S. G. , 2002. Detecting changes in streamflow response to changes in non - climatic catchment conditions: farm dam development in the Murray - Darling basin, Australia. J. Hydrol. in press.

Scott, C. A. , Shah, T. , 2004. Groundwater overdraft reduction through agricultural energy policy: insights from India and Mexico. Water Resour. Dev. 20, 149 - 164.

Seto, K. C. , Fragkias, M. , Güneralp, B. , Reilly, M. K. , 2011. A meta - analysis of global urban land expansion. PloS One 6 (7), e23777.

Siebert, S. , Kummu, M. , Porkka, M. , Döll, P. , Ramankutty, N. , Scanlon, B. R. , 2015. A global data set of the extent of irrigated land from 1900 to 2005. Hydrol. Earth Syst. Sci. 19 (3), 1521 - 1545.

Sterling, S. M. , Ducharne, A. , Polcher, J. , 2013. The impact of global land - cover change on the terrestrial water cycle. Nat. Clim. Change 3 (4), 385 – 390.

Stewardson, M. J., Gippel, C. J., 2003. Incorporating flow variability into environmental flow regimes using the Flow Events Method. River Res. Appl. 19, 1 – 14.

Strayer, D. L., Findlay, S. E., 2010. Ecology of freshwater shore zones. Aquat. Sci. 72 (2), 127 – 163.

UK National Ecosystem Assessment, 2014. The UK National Ecosystem Assessment: synthesis of the key findings.

Ukkola, A. M., Prentice, I. C., 2013. A worldwide analysis of trends in water – balance evapotranspiration. Hydrol. Earth Syst. Sci. 17 (10), 4177 – 4187.

Wada, Y., Bierkens, M. F. P., 2014. Sustainability of global water use: past reconstruction and future projections. Environ. Res. Lett. 9 (10), 104003.

Wada, Y., Van Beek, L. P. H., Viviroli, D., Dürr, H. H., Weingartner, R., Bierkens, M. F. P., 2011. Global monthly water stress: 2. Water demand and severity of water stress. Water Resour. Res. 47 (7).

Wada, Y., Van Beek, L. P. H., Wanders, N., Bierkens, M. F. P., 2013. Human water consumption intensifies hydrological drought worldwide. Environ. Res. Lett. 8 (3), 034036.

Wada, Y., Wisser, D., Bierkens, M. F. P., 2014. Global modeling of withdrawal, allocation and consumptive use of surface water and groundwater resources. Earth Syst. Dynam. 5, 15 – 40.

Walsh, C. J., Fletcher, T. D., Burns, M. J., 2012. Urban stormwater runoff: a new class of environmental flow problem. PloS One 7 (8), e45814.

Walter, R. C., Merritts, D. J., 2008. Natural streams and the legacy of water – powered mills. Science 318 (5861), 299 – 304.

Wanders, N., Wada, Y., 2015. Human and climate impacts on the 21st century hydrological drought. J. Hydrol. 526, 208 – 220.

Wang, D., Wang, G., Anagnostou, E. N., 2007. Evaluation of canopy interception schemes in land surface models. J. Hydrol. 347, 308 – 318.

Wang, L., Good, S. P., Caylor, K. K., 2014. Global synthesis of vegetation control on evapotranspiration partitioning. Geophys. Res. Lett. 41, 6753 – 6757.

WEC, 2015. World Energy Resources: Charting the Upsurge in Hydropower Development. World Energy Council.

Wisser, D., Frolking, S., Douglas, E. M., Fekete, B. M., Schumann, A. H., Vörösmarty, C. J., 2010. The significance of local water resources captured in small reservoirs for crop production – a global – scale analysis. J. Hydrol. 384 (3), 264 – 275.

Wong, T. H. F., Lloyd, S. D., Breen, P. F., 2000. Water sensitive road design – design options for improving stormwater quality of road runoff. Cooperative Research Centre for Catchment Hydrology, Melbourne, Australia.

Zarfl, C., Lumsdon, A. E., Berlekamp, J., Tydecks, L., Tockner, K., 2015. A global boom in hydropower dam construction. Aquat. Sci. 77 (1), 161 – 170.

Zektser, I. S., Everett, L. G. (Eds.), 2004. Groundwater Resources of the World and Their Use, IHP –VI Ser. Groundwater, vol. 6,. U. N. Education. Science and Cultural Organization, Paris.

Zhang, L., Dawes, W. R., Walker, G. R., 2001. Response of mean annual evapotranspiration to vegetation changes at catchment scale. Water Resour. Res. 37 (3), 701 – 708.

第 4 章

表层水生态系统流量变化的环境与生态效应

Robert J. Rolls[1] 和 Nick R. Bond[2]

1. 堪培拉大学，堪培拉，澳大利亚首都领地，澳大利亚
2. 乐卓博大学，维多利亚州，澳大利亚

4.1 引言

人类活动极大程度地改变了地球的陆域水文循环过程（第 3 章），造成了水文状况的持续改变，这些对水文状况的改变已经影响到全世界的淡水和河口生态系统。据统计，世界上最大的 292 条河流中有 172 条的水文状况被坝改变（Nilsson 等，2005）。基于区域和全球空间范围数据的分析已经确定，河流泄放总水量的 77% 和 65% 分别受到大坝运营和人类取用水的影响（Dynesius 和 Nilsson，1994；Vörösmarty 等，2010）。虽然淡水覆盖地球的比例很小，但却极大支持了全球大部分生物多样性和生态系统服务（如提供饮用水和食物）（Carrete Vega 和 Wiens，2012）。由于全球范围内水坝、堰和抽水引起的水文情势普遍变化，淡水生物多样性和生态系统服务受到多重威胁（压力源）（Collares - Pereira 和 Cowx，2004；Dudgeon 等，2006；Strayer 和 Dudgeon，2010）。

由这些各种形式的干扰引起的流量变化影响了全球河流、湿地、洪泛平原和河口的生态功能和生物多样性（Poff 和 Zimmerman，2010）。这些影响干扰分为直接干扰和间接干扰，如栖息地丧失和破坏，水质和热状况改变，重要生活史线索的丧失，食物网的变化和能源生产模式，以及生态入侵造成的环境改变（Bunn 和 Arthington，2002）。自 20 世纪 70 年代以来，水文情势变化的生态效应一直是水生生态研究的核心主题，这项研究涉及广泛的分类群，包括藻类和生物膜、水生和河岸植物、底栖无脊椎动物、鱼类和两栖动物，这些研究进一步考虑了多层次的生态组织（个体，功能群，群落和生态系统；框 4.1）。研究还长期考虑了水文情势变化对物理、化学和生态系统过程的影响，如泥沙动态、养分循环和能量通量，但是生态系统的观点可能没有得到很好的研究和考虑。

水文情势改变会降低水生生态系统结构和功能，通过提供环境流量来寻求其恢复的现象越来越多（Naiman 等，2012）。虽然目前很少有已发表的研究评估此类工作的效果（Olden 等，2014），但很明显，流量恢复将是恢复受流量变化影响的全球许多退化河流系统的重要手段之一。

除了水文情势变化可能影响水生生态系统的强大概念基础（Bunn 和 Arthington，2002），许多更系统的综述已经发现流量调节对生态系统影响的有力证据（Dewson 等，

2007；Gillespie 等，2015b；Poff 和 Zimmerman，2010）。例如，Poff 和 Zimmerman（2010）研究发现，92％的环境流量研究发现了与流量调节相关的生态效应。这一结论为环境流量的生态效益提供了一个令人信服的证据基础，即在自然水文条件受到干扰的河流系统中通过泄放环境流量以保障生态系统健康，并在取水/或水利开发水平较低的河流中规避有害的水文变化。

　　流态变化的生态影响不是由水文变化的驱动因素（例如水坝、堰和城市化）引起的，而是由这些驱动因素改变特定水文属性的方式引起的。本章的目的是介绍和说明对特定流量组分变化的广泛的生态响应，这些变化通常会因人为流态变化而变化（第 3 章）。清楚地了解变化对特定水文属性的影响是必要的，并且有利于预测环境流量恢复后的生态效果（框 4.1）。我们首先确定流态变化的驱动因素（第 3 章）是如何改变流态的特定组成部分，然后在现有评论和概念模型的基础上总结后续的生态响应（Bunn 和 Arthington，2002；Dewson 等，2007；Poff 和 Zimmerman，2010）。我们还考虑了可能影响水文情势进而影响生态变化的程度的当地因素（如渠道规模和形态以及当地物种特征）及其对广泛地理环境中综合作用的影响；并简要讨论了水坝和堰对于改变河流温度状况（Olden 和 Naiman，2010）以及破坏栖息地和水文连通性的能力（Fullerton 等，2010）。然而，本章主要关注水文情势变化的影响。我们的目标是强调不同背景下不同类型的流量变化所产生的各种生态效果，这反过来又有助于有效制定环境流量的决策和方案。

4.2　水文部分：将变化的驱动因素与生态响应联系起来

　　造成流量变化最普遍和最广泛的原因是供水水坝的储存和调节（Nilsson 等，2005；第 3 章）。水坝的管理蓄水可以满足人类一系列需求，包括防洪、水力发电、灌溉和生活用水。许多水库综合了多种用途，通常不同季节用途也不尽相同（Ahmad 等，2014；第 3 章）。例如，许多用于干旱期间供水或用于水力发电的蓄水池也用于高降雨量后的防洪。在下游河流流量变化方面，人类需求的每一个方面都与独特的流量组分相关联，例如通过减少洪水量和频率，以减少冬季基流和增加夏季流量。描述这些水文变化模式本身就是一个热点研究领域。有大量的流量组分用于描述水文情势的这些不同要素，并且研究人员已经做了很多工作来尝试确定尽可能有效表征整个情势的一小部分指数（Olden 和 Poff，2003）。在评估水文变化时，Richter 等（1996）提出了一套（64 个）水文变动指标，可用于这些具有生态意义的指标量化流量变化程度。许多其他类似的方法也已经被提出。这些方法中的共同点是关注流动状态的独特组成部分（根据大小、频率、持续时间、起始时间和变化率来定义）。虽然任何特定河流中重要且独特的流量组成部分可能随地理和气候而变化，但常见因素包括河道内和河岸洪水的特征，以及季节性的低流量、高流量、断流事件（Bunn 和 Arthington，2002）。通过了解自然流动状态的这些独特水文成分的自然模式（即，在没有取水和/或储存的情况下发生的流动状态），人们就可以开始考虑可能与每个流量组分相关的生物物理过程，进而设想哪些成分可能需要恢复，以作为环境流量的一部分。

在这里，我们首先总结一下不同形式的河流调节对主要流量组成（基流、高流量等）的一些独特影响，在我们对淡水生态系统的概念性理解的背景下，继续讨论每个流量组分被改变时产生的后果（框 4.1）。值得注意的是，尽管认识到，独特的流量组分已经证明在评估水文影响和环境流量方面是有用的，但各组分很少彼此完全隔离，生态系统也不会以这种方式作出反应。这些复杂性给寻求理解水文-生态联系并将特定事件与更广泛的流动状态隔离开来的科学家带来了独特的挑战（Konrad 等，2011；Stewart－Koster 等，2014）。然而，我们认为流量组分的概念非常有用，可用于组织研究水文变化的生物物理影响。

4.2.1 基流减少

人类取水是导致基流减少的主要原因（即在没有地表径流的情况下发生的流量）。水的提取可以直接从大坝或河流到达水坝下游，或从与地表水生态系统相连的地下水中抽取。许多较旧的水库除了水溢过坝顶或从溢洪道泄流外没有向下游输送水的能力，因此河流在大坝下游没有任何基流并不罕见，一些基流仅通过支流流入。当水直接从水坝或不受管控的河流中提取时，在通常是常年流动的溪流中，流量会减少，并且可能比自然条件下预期的流量低很多（Brown 和 Bauer，2010；White 等，2012），甚至完全断流（Ibanez 等，1996；Martinez 等，2013）。如果河道被用作在水库和下游用户之间运输水的管道，则基流可以增加和/或变得更稳定，这可能通过支流汇入和跨流域调水缓解（Humphries 等，2008；Reich 等，2010）。抽取地下水也会减少连通地表水系统中的水流（Falke 等，2011；Kustu 等，2010）。因此，取水的过程和位置对流量的大小有不同的影响，这反过来决定了水系统的规模并产生生态效应。

4.2.2 减少洪水

对于洪水的储存和拦截，也许大坝建设是最普遍的响应之一，这使从日常时间尺度到年际时间尺度的流量的恒定性（降低的可变性）增加。在美国大陆，流量调节减少了最大洪水的规模（Magilligan 和 Nislow，2005；Mims 和 Olden，2013）。在对加拿大各地河流整治影响的分析中，Assani 等（2006）发现水库改变了洪水方式的各个方面，包括春季洪水峰值的大小和频率，以及在大多数洪灾中的损失，复发间隔超过 10 年。大坝调节制度中通常不考虑中等大小的洪水（如，Aristi 等，2014；Sammut 和 Erskine，1995），因为其不足以补充库容（表 4.1）。河流调节的另一个重要但有时被忽视的影响，是减少洪水的持续时间和大小以及其他高流量事件，如渠道内的淡水流（Maheshwari 等，1995；图 4.1）。正如下一节所讨论的，这对河流泛滥平原连通和一系列生态过程具有重要意义。

表 4.1 流量组分改变引起的生态机制和生态效应变化

水 文 要 素	生 态 机 制	生 态 效 应
降低基流	减少或完全丧失快速流动的湍流栖息地（浅滩）；减少润湿面积	在最初的栖息地丧失（Dewson 等，2007）和种群数量减少或物种灭绝的情况下，生物体密度（Kupferberg 等，2012）和丰富度增加（Benejam 等，2010；Boulton，2003），物种丰富度降低，陆地生物侵入河岸和河道带（Stromberg 等，2007）

水文要素	生态机制	生态效应
洪水频率和大小减少	刺激物种繁殖过程，影响物种生命史过程（Bunn 和 Arthington，2002）；水文情势干扰频率和变动程度降低；降低洪泛区的养分投入和生产力	需要流动栖息地进行饲养或繁殖的生物体的丧失，导致物种丰富度降低（Alexandre 等，2013；Growns 和 Growns，2001；Meador 和 Carlisle，2012），并且，由于干旱和入侵非生物，苔藓植物和大型藻类在河岸和河岸带的水生和陆生物种生存空间减少了（Catford 等，2011，2014；Dolores Bejarano 等，2011；Greet 等，2011；Reynolds 等，2014；Stromberg 等，2007），物种丰富度和功能多样性也下降了（Kingsford 等，2004；Nielsen 等，2013），水生态系统生产力降低，如渔业（Bonvechio 和 Allen，2005；Gillson 等，2009）
洪泛区洪水泛滥次数减少	导致湿地面积下降	依赖洪泛平原的生物群体大小和密度减小，物种丰富度降低（Kingsford 和 Thomas，1995）
增加基流（多年均值流量）	断流栖息地减少和枯水期时间减短	河流水文情势变动会改变物种的组成（Alexandre 等，2013；Chessman 等，2010；Reich 等，2010；Rolls 和 Arthington，2014），增加的叶绿素 a 代谢活性和生产力（Ponsatí 等，2015），增加捕食动物生物量（Miserendino，2009）
流量泄放变差增加	干扰河道的干、枯过程	导致卵、幼虫和成虫的死亡率增加（Schmutz 等，2015），数量下降（Bishop 和 Bell，1978；Casas - Mulet 等，2015；Freeman 等，2001；Miller 和 Judson，2014；Nagrodski 等，2012），减少了物种丰富度，改变了物种组成（Paetzold 等，2008；Perkin 和 Bonner，2011）

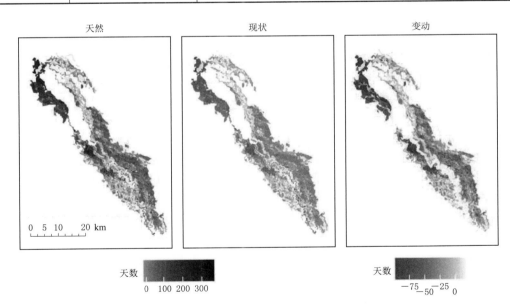

图 4.1　图中显示了澳大利亚东南部 Murray 河上 Koondrook - Perricoota 森林洪泛区泛滥天数的天然与现状的变化情况。洪水持续时间和大小的变化是河流泛滥平原生态的重要驱动因素。

4.2.3　增加基流（抗旱）

水库在枯水期使用通常导致在正常的低流量季节期间水坝下游的流量增加（称为抗干旱；McMahon 和 Finlayson，2003）。这些增加的枯水期流量通常也与冷水污染有关

（Lugg 和 Copeland，2014；表 4.1）。在世界上许多气候区域，包括热带湿润气候、温带大陆性气候和地中海气候，可以看到季节性逆流和洪水量减少（Assani 等，2006；Batalla 等，2004；Li 等，2015）。这些变化通常意味着河流断流（称为季节型流动）得到了管理，河流从季节型河流转变成常流型河流（Bunn 等，2006；Reich 等，2010）。低流量和断流会对生态系统产生重要作用（Rolls 等，2012），因此，抗旱活动所产生的重大的生态效果，也是环境流量管理中的重要考虑条件。

4.2.4　流量的短期变动增加（高流量脉冲）

水电大坝的另一个普遍影响是由于水力发电导致的短期（昼夜）流量变化增加，其中流量增加与每日电力需求增加时期一致（Meile 等，2011；表 4.1）。降低水力发电效率可以避免这种短期高流量脉冲，但是这通常导致经济效益下降，而实际的发电量要具体参考降级效益和高流量脉冲变动（第 3 章）。大坝管理河流中主要考虑整体水文的影响最小，但同时大坝也会扰乱纵向连通性，并可将大部分河流从大的栖息地转变为小的栖息地；纵向连通性下降和栖息地变化都具有强烈的负面生态影响（Bunn 和 Arthington，2002）。虽然这里没有进一步考虑这些生态刚性条件，但在设定目标和评估管理环境流量来抵消大坝建设影响时，必须考虑这一因素。

4.3　流量变化的生态效应

流量变动是河流生态系统变动的主变量（Power 等，1995），这主要是由于生物体已经适应了自然流动状态（Lytle 和 Poff，2004）。水坝、堰、引水和取水都会改变河流的自然流态，导致生态变化（Bunn 和 Arthington，2002；Dewson 等，2007；Poff 等，1997）。这些影响是通过一些潜在的机制发生的，然而，这些影响都是由淡水中水的基本生态作用所产生的：水可以维持栖息地的重要资源，作为运输物质和生物重要载体，同时还会引起地貌变化（Sponseller 等，2013）。

4.3.1　减少基本流量和增加季节性

低流量（基流）是淡水生态系统中重要水文组成部分，因为水生栖息地的面积和深度经常与较高的流量周期相关，当流量下降时，这些栖息地内的物理和化学条件都会迅速发生变化（Rolls 等，2012）。因此，减少流量可能产生重大的生态后果。流量的下降会不成比例地影响具有大海拔梯度的栖息地，对流速快的区域这一影响更加剧烈，如浅滩，其面积、深度和速度都会发生较大变化（Boulton，2003）。由于流量调节引起的基流泄放量减少，会引起水生栖息地丧失，导致生物种群大小和数量下降或灭绝，如北美洲西部河流中的山麓黄腿蛙（Rana boylii）（Kupferberg 等，2012）。在流量衰退期，生物密度短暂增加，引起栖息地拥挤，物种间的资源竞争激烈（Dewson 等，2007）。河流的全球研究报告指出，开发河流和未开发河流中的物种群落组成具有显著差异（Grubbs 和 Taylor，2004），并且是对流量调节所改变的特定栖息地具有强烈偏好的生物体的丧失或减少的原因（Gillespie 等，2015a）。对于陆地生物，流量调节引起的水生栖息地减少会加大河岸植物物种入侵的风险，如柽柳（Tamarix）（Stromberg 等，2007），这种变化在水生和河岸陆地区都可能发生。而流量调节引起的基流减少也会增强流量的季节性，即增加零流量的频率和持续时间。将水调到下游河流中，同样季节性会呈现增加趋势，引起显著的生态变化。这种影响在常流型自然河流中最为明显。例如，在西班牙某河流中，取水将多年流动的自然河流转变为季节性的河流，导致鱼类物种丰富度下降了 35％（Benejam 等，2010）。因此，流量变化的生态效应是通过流量变化和流量季节性的持续时间和频率产生的作用，这一影响的大小取决于河道的地貌特征。

4.3.2 降低洪水的大小和频率

流量调节会引起洪水大小和频率的显著变化（Assani 等，2006），流量状态的改变也成了生态变动的主要驱动因素。洪水影响会干扰水生生态系统（生物和物质输移），栖息地结构变动，导致河流连通性和运动发生变化（Sponseller 等，2013）。通过流量调节降低洪水频率和大小，还会导致水生功能类群变动（Alexandre 等，2013），引起物种丰富度降低（Perkin 和 Bonner，2011）。如，美国东部受管控河流中洪水引起的流量变化下降，导致 35％的本地鱼类物种数量下降，以及超过 50％的浅滩栖息地功能类群损失（Meador 和 Carlisle，2012）。而大型无脊椎动物、附生生物和大型植物的物种丰富度在洪水量减少的受管控河流中也有所减少（Growns 和 Growns，2001）。

流量时间序列的变化特征会影响水生和河岸带栖息地的运行机制。与不受控的河段相比，高海拔地区的河流中苔藓和大型藻类在岩石上的覆盖率都较低，这主要是由于流量的年内年际差异消失（每日，每周；Downes 等，2003）。减少流量变化通常还会导致非本地物种的入侵。流量调节引起的流速降低和洪水扰动，使西班牙 Ebra 河受到非本地鱼类的入侵（西班牙；Caiola 等，2014）。在河岸带，由于洪水数量降低，导致对流量变动不耐受的物种数量持续增加，冲刷频率的减少增加了陆地植被的丰富度（Dolores Bejarano 等，2011；Greet 等，2011；Reynolds 等，2014；Stromberg 等，2007），特别是当洪水季节性改变与入侵物种产卵繁殖同步时（Mortenson 等，2012），这种趋势更加明显。在洪泛区湿地中，降低的洪水频率增加了非本地植被的入侵趋势（Catford 等，2011，2014）。此外，受管控的河流系统中洪泛区湿地水位稳定性的提高也降低了鸟类、水生植物和微生物的种类和功能多样性（Kingsford 等，2004；Nielsen 等，2013），因此洪水扰动对水生、岸边和洪泛区栖息地的生态系统也会产生影响。

在低地河流及其河口中，洪水能够将河流和洪泛区栖息地之间的资源联系起来。洪水不仅可以减少外来干扰，更可以成为生态生产力的驱动力，这一作用通常被称为洪水脉冲优势（Bayley，1991），其中，河流的生产力是由洪水的大小驱动的。根据河口渔业生产力报告，通过流量调节引起的洪水规模和频率减少会导致生产力下降。如，商业和休闲鱼类的年捕捞量与淡水泄放到河口（Gillson 等，2009）或产卵时的流量成正相关关系（Bonvechio 和 Allen，2005；Growns 和 James，2005）。在澳大利亚 Murray 河的 Barmah - Milewa 洪泛区，Robertson 等（2001）发现，在春夏季或夏季控制洪水会导致木本树木净初级生产力提高，而在春季，洪水促进了藻类和大型植物初级生产力的提高。这些研究结果表明，洪水的大小和季节性都是生态系统生产力的重要决定因素，通过流量调节改变洪泛区洪水淹没动态可能会影响低地河流生态系统的初级生产力水平。

4.3.3　减少过度开发洪水

流量调节引起了洪水期淹没的面积下降以及洪水大小和频率的减少，并由此产生了重要的生态后果。在澳大利亚南部的 Murrumbidgee 河，流量调节已经使一些处于低地的洪泛平原湿地（特别是那些与堰池有关的湿地）永久性被水淹没，但总体上淹没的持续时间和频率减少了 40%（Frazier 和 Page，2006）。由于上游抽取灌溉用水（Kingsford 和 Thomas，1995）或长期流量调节引起的河道形态改变，洪泛区湿地面积（空间范围或面积）会随着末端漫滩湿地的减少而减少（Gorski 等，2012），这对依赖洪泛区湿地进行筑巢的生物体的吸引或喂养产生重大影响（Kingsford 和 Thomas，1995）。

4.3.4　基流增加（抗旱）

不同于人类活动对洪水的影响，大坝在水力发电过程中泄放流量，会导致河流的基本流量发生变化。在枯水期，不受管控的流量可以降至非常低的水平或完全停止，但在规定条件下持续升高的流量泄放可防止自然的低流量发生（反干旱；McMahon 和 Finlayson，2003）。因此，流量调节可以导致断流过程逆转（季节型河流；Leigh 等，2016；Bunn 等，2006；Reich 等，2010）。湄公河大坝的恒定流量泄放增加了柬埔寨低地泛滥平原的泛滥（Arias 等，2014）。由于低流量在所有河流中发挥着重要的生态作用（Rolls 等，2012），抗旱可能产生重大的生态后果，这也是环境流量的一个重要考虑因素（Lake 等，私人信件）。

研究常流型河流流量变动的群落组成，可以更好地理解由于基流变动引起的生态效应。通过对比澳大利亚昆士兰州东南部有管控河流和未受管控河流发现，鱼类组分的最大变化发生在原本季节型河流变为常流型的河流（Rolls 和 Arthington，2014）。在葡萄牙，人工常流型河流导致了环境耐受性群落的丰度增加，包括非本地群落（Alexandre 等，2013）。在澳大利亚的多个干旱河流中，季节型河流变为常流型河流，已经导致生物群落在组成上发生显著变化（Chessman 等，2010；Reich 等，2010）。此外，人工常流型河流可以增加生物膜的代谢活动和叶绿素 a 的生产力（Ponsatí 等，2015），这反过来可以增加捕食群落的密度和生物量，如大型无脊椎动物（Miserendino，2009）。

4.3.5　短期流量变化增加（流量脉冲）

大坝在水力发电过程中的泄流，导致河流的流量脉冲发生频繁的变动，这种不稳定的河流流量变动引起了河流栖息地发生重要变化，从而影响淡水生态系统。流量脉冲变动会导致鱼类数量持续下降（Schmutz 等，2015），群落组成发生变化（Perkin 和 Bonner，2011）。这些下降的发生是由于浅滩的流量频繁脉冲，严重增加了大西洋鲑鱼（鲑鱼；Casas-Mulet 等，2015）等产卵鱼的卵死亡，成虫个体的搁浅和死亡（Bishop 和 Bell，1978；Miller 和 Judson，2014；Nagrodski 等，2012）以及浅层栖息地的丧失（Freeman 等，2001）。流量变化增加同时还会改变河道和河岸带的物种丰富度。河岸节肢动物群落的物种丰富度降低与日内流量脉冲有关（Paetzold 等，2008）。这些例子表明，流量脉冲对河流栖息地和物种都会产生重要影响。

4.3.6　流量调节的非水文影响需要从环境流量的整体管理角度考虑

水坝、堰和水库中蓄水，蓄水引起了栖息地碎片化或丧失，从而改变了水生生态系统

（Fahrig，2003）。栖息地丧失和破碎化并不是由于流量状态变化本身引起的（因此无法直接通过泄放环境流量解决），但是，栖息地问题仍然是水资源开发引起的重大影响，因此，有必要同时考虑流量管理。在水资源开发河流中，适应性较强的生物体更具有生存优势，并且对蓄水有积极的响应（Taylor 等，2008）。河道中的水坝和堰会改变栖息地，从而影响生态系统的功能，例如，物理运动的减少以及由地中海气候变动引起的碎屑磨损导致了木材分解减少（Abril 等，2015）。河流和蓄水栖息地之间的差异在冬季最为明显，因为这时在受管控和不受管控的河流之间的水文差异最大（Abril 等，2015）。

河流关乎河流栖息地的连通性，因此很容易受到水坝等障碍物影响（Beger 等，2010）。然而具体的影响取决于流域地形、大坝特征（例如坝的大小）和栖息地在河网中的位置。这些不同的影响因素所造成的大坝的生态效应可能是矛盾的。大型水坝对栖息地的影响使河流破碎，导致出现了不同的物种群落，主要是鱼类。如，澳大利亚 Shoalhaven 河，由于 Tallowa 大坝的影响，鱼类等洄游物种数量持续减少（Gehrke 等，2002）。在 1634 年至 1860 年间，美国沿海的缅因州建造了 1356 座大坝，使该地区整个河网的连通性都发生了重要变化（Hall 等，2011）。然而，诸如瀑布之类的天然屏障也会导致淡水鱼类群落的显著不连续性，如巴西 Madeira 河（Torrente-Vilara 等，2011）。而水库蓄水使一些天然陡坝或瀑布消失，又促进了物种在先前分散的河段中扩散（Vitule 等，2012）。

除了流态变化的水文效应外，大坝的设计和运行也改变了水坝下游水的物理化学特性。温度改变（水温的日常和季节性波动）是全球大型水坝共同面临的一个问题（Olden 和 Naiman，2010）。从大型分层水库中选择性地去除和运输非自然或非季节性冷水或温水，可能是引起生态变化的原因（Olden 和 Naiman，2010）。例如，大型水坝的低温水泄放可以将下游数百千米水温降低 15℃（Casado 等，2013；Dickson 等，2012；Lugg 和 Copeland，2014；Olden 和 Naiman，2010；Preece 和 Jones，2002）。此外，在规定的条件下，湍流减少导致水柱垂直混合，因此与未调节系统相比，潮汐栖息地的分层（例如温度和盐度）可能更加明显（Frota 等，2012）。

4.4　当地因素的重要性

本章前面的部分总结了改造流态的特定方面可能产生的一些影响。然而，构建明确的水文-生态统计学关系还是非常困难的。构建水文变动的限制条件的经验法则相对简单（Poff 等，2010），因此也是环境流量评估的第一个问题。Poff 和 Zimmerman（2010）发现，在相同河流中，高流量或低流量的情况下，生态响应几乎没有一致性。虽然这可能与其他环境因素相关（包括测量和分析方法的差异），但在不同的河流中也可能出现真正的差异。这对环境流量相关从业者和管理者具有重要意义。首先，因为环境流量概念繁多，需要对河流运营商给出具体定义，需要明确环境流量在水文学中的要求，并考虑将水文因素与生物物理过程联系起来，构建水力关系。在环境流量评估中，需要确定高流量是否足够大到能在河床中去除入侵生物体或保障洪泛平原防洪安全，低流量是否可以冲刷鹅卵石栖息地上的淤泥。径流变化与河道的坡度和形态之间相互作用，这也决定生物群的环境基质的大小和形状。但是仅从水文数据中无法辨别这种相互作用，这就是大多数环境流量评估在很大程度上依赖于水力模型的原因。事实上，我们认为一些关于水力学的信息对于解释或预测水文变化的影响至关重要。

第二个问题是，河流或溪流中的水文变化还会对生命历史特征和生态特征（特征）发挥着重要作用。单个功能类群对流量变化的响应决定了生物多样性对流量变化的响应。如，具有机会性生活史特征（如，小体型和早熟）的鱼类更适合在具有高年际径流变异性的河流中生存。相反，那些具有稳定生命历史（例如，中间成熟和高度幼年生存）过程的鱼类似乎更适应具有稳定流动状态的河流。因此，河流调节对径流的一般季节性稳定往往有利于平衡动物群（Mims 和 Olden，2013）。然而，物种和生态特征能够解释为什么流动状态变化促进非本地物种的入侵和建立，以及在适应历史条件的本地物种的衰退方面也发挥了重要作用（Gido 等，2013）。了解区域生物体的更广泛的进化背景和生物学知识（这两者在空间上都有所不同），可能有助于了解特定水文变化模式产生的影响。

4.5 结论

了解水文情势变化对环境流量的规划、实施和评估至关重要。综上所述，流量调节能够改变水文情势的多个组成部分。但是也可能会出现特殊情况，因为水坝和堰很少以相同的方式运行，地形、地貌和生物群进化的局部变化都可能导致水文变化在物理和生物学上表现出来的方式不同。然而，尽管存在这样的变化，但是当特定流量组分以特定方式被修改时，仍然存在许多一般性影响。如果考虑生物对自然流动状态的适应性，许多生物变量是可预测的。通过了解流态变化对生态系统的结构和功能属性的影响，可以调整和恢复相关的特定水文部分。如，通过获取长期淹没的洪泛区栖息地，促进了一些河流鱼类的繁殖活动，缓慢流动的洪泛区栖息地提供了有利于物种个体孵化行为和能量循环（King 等，2003）。在这个例子中，洪泛区中洪水的淹没时间、范围和持续时间等基础知识都有助于分配环境流量，为评估洪泛区的提供信息（King 等，2009）。结合水文-生态响应的经验知识，能够进一步预测、监测和评估环境流量需求（Konrad 等，2011；Olden 等，2014）。这些知识对于将环境流量作为适应气候变化的工具尤其重要（Poff 和 Matthews，2013）。

提供环境流量通常会产生巨大的经济成本，无论是需要购买水还是进行专门环境效益管理，特别是降低工业和农业用水量所造成的经济收入损失（第18章、第23章）。因此，环境流量必须最大限度地提高生态效益，同时最大限度地降低经济成本，或同时为环境和经济成果提供效益。如果了解流量调节对生态系统的具体情况影响，这些结果可能会得到改善，从而充分了解跨地方、区域和全球尺度的环境流量限度。

致谢

非常感谢 Will Chen、Avril Horne 和 Angus Webb 提出的建设性意见，这些意见让本章的逻辑和整体结构更加完整。

参 考 文 献

Abril, M., Munoz, I., Casas – Ruiz, J. P., Gómez – Gener, L., Barcelo, M., Oliva, F., et al., 2015. Effects of water flow regulation on ecosystem functioning in a Mediterranean river network assessed by wood decomposition. Sci. Total Environ. 517, 57 – 65.

Ahmad, A., El – Shafie, A., Razali, S. F. M., Mohamad, Z. S., 2014. Reservoir optimization in water resources: a review. Water Resour. Manage. 28, 3391 – 3405.

Alexandre, C. M., Ferreira, T. F., Almeida, P. R., 2013. Fish assemblages in non – regulated and regulated rivers from permanent and temporary Iberian systems. River Res. Appl. 29, 1042 – 1058.

Arias, M. E., Piman, T., Lauri, H., Cochrane, T. A., Kummu, M., 2014. Dams on Mekong tributaries as significant contributors of hydrological alterations to the Tonle Sap Floodplain in Cambodia. Hydrol. Earth Syst. Sci. 18, 5303 – 5315.

Aristi, I., Arroita, M., Larrañaga, A., Ponsatí, L., Sabater, S., Von Schiller, D., et al., 2014. Flow regulation by dams affects ecosystem metabolism in Mediterranean rivers. Freshw. Biol. 59, 1816 – 1829.

Assani, A. A., Stichelbout, E., Roy, A. G., Petit, F., 2006. Comparison of impacts of dams on the annual maximum flow characteristics in three regulated hydrologic regimes in Quebec (Canada). Hydrol. Process. 20, 3485 – 3501.

Batalla, R. J., Gómez, C. M., Kondolf, G. M., 2004. Reservoir – induced hydrological changes in the Ebro River basin (NE Spain). J. Hydrol. 290, 117 – 136.

Bayley, P. B., 1991. The flood pulse advantage and the restoration of river – floodplain systems. Regul. Rivers. 6, 75 – 86.

Beger, M., Grantham, H. S., Pressey, R. L., Wilson, K. A., Peterson, E. L., Dorfman, D., et al., 2010. Conservation planning for connectivity across marine, freshwater, and terrestrial realms. Biol. Conserv. 143, 565 – 575.

Begon, M., Townsend, C. R., Harper, J. L., 2006. Ecology: from Individuals to Ecosystems. Blackwell Publishing Ltd, Malden, MA.

Benejam, L., Angermeier, P. L., Munné, A., García – Berthou, E., 2010. Assessing effects of water abstraction on fish assemblages in Mediterranean streams. Freshw. Biol. 55, 628 – 642.

Bishop, K. A., Bell, J. D., 1978. Observations of the fish fauna below Tallowa Dam (Shoalhaven River, New South Wales) during river flow stoppages. Aust. J. Mar. Fresh. Res. 29, 543 – 549.

Bonvechio, T. F., Allen, M. S., 2005. Relations between hydrological variables and year – class strength of sportfish in eight Florida waterbodies. Hydrobiologia 532, 193 – 207.

Boulton, A. J., 2003. Parallels and contrasts in the effect of drought on stream macroinvertebrate assemblages. Freshw. Biol. 48, 1173 – 1185.

Boulton, A. J., Brock, M. A., Robson, B. J., Ryder, D. S., Chambers, J. M., Davis, J. A., 2014. Australian Freshwater Ecology: Processes and Management. Wiley – Blackwell, Chichester, United Kingdom.

Brown, L. R., Bauer, M. L., 2010. Effects of hydrologic infrastructure on flow regimes of California's Central Valley rivers: implications for fish populations. River Res. Appl. 26, 751 – 765.

Bunn, S. E., Arthington, A. H., 2002. Basic principles and ecological consequences of altered flow regimes for aquatic biodiversity. Environ. Manage. 30, 492 – 507.

Bunn, S. E., Thoms, M. C., Hamilton, S. K., Capon, S. J., 2006. Flow variability in dryland rivers:

boom, bust and the bits in between. River Res. Appl. 22, 179 – 186.

Caiola, N., Ibanez, C., Verdu, J., Munné, A., 2014. Effects of flow regulation on the establishment of alien fish species: a community structure approach to biological validation of environmental flows. Ecol. Indic. 45, 598 – 604.

Carrete Vega, G., Wiens, J. J., 2012. Why are there so few fish in the sea? Proc. R. Soc. B. Biol. Sci. 279, 2323 – 2329.

Casado, A., Hannah, D. M., Peiry, J.-L., Campo, A. M., 2013. Influence of dam – induced hydrological regulation on summer water temperature: Sauce Grande River, Argentina. Ecohydrology 6, 523 – 535.

Casas – Mulet, R., Saltveit, S. J., Alfredsen, K., 2015. The survival of Atlantic salmon (*Salmo salar*) eggs during dewatering in a river subjected to hydropeaking. River Res. Appl. 31, 433 – 446.

Catford, J. A., Downes, B. J., Gippel, C. J., Vesk, P. A., 2011. Flow regulation reduces native plant cover and facilitates exotic invasion in riparian wetlands. J. Appl. Ecol. 48, 432 – 442.

Catford, J. A., Morris, W. K., Vesk, P. A., Gippel, C. J., Downes, B. J., 2014. Species and environmental characteristics point to flow regulation and drought as drivers of riparian plant invasion. Divers. Distrib. 20, 1084 – 1096.

Chessman, B. C., Jones, H. A., Searle, N. K., Growns, I. O., Pearson, M. R., 2010. Assessing effects of flow alteration on macroinvertebrate assemblages in Australian dryland rivers. Freshw. Biol. 55, 1780 – 1800.

Collares – Pereira, M. J., Cowx, I. G., 2004. The role of catchment scale environmental management in freshwater fish conservation. Fisheries Manage. Ecol. 11, 303 – 312.

Dewson, Z. S., James, A. B. W., Death, R. G., 2007. A review of the consequences of decreased flow for instream habitat and macroinvertebrates. J. N. Am. Benthol. Soc. 26, 401 – 415.

Dickson, N. E., Carrivick, J. L., Brown, L. E., 2012. Flow regulation alters alpine river thermal regimes. J. Hydrol. 464 – 465, 505 – 516.

Dolores Bejarano, M., Nilsson, C., Gonzalez Del Tanago, M., Marchamalo, M., 2011. Responses of riparian trees and shrubs to flow regulation along a boreal stream in northern Sweden. Freshw. Biol. 56, 853 – 866.

Downes, B. J., Entwisle, T. J., Reich, P., 2003. Effects of flow regulation on disturbance frequencies and in – channel bryophytes and macroalgae in some upland streams. River Res. Appl. 19, 27 – 42.

Dudgeon, D., Arthington, A. H., Gessner, M. O., Kawabata, Z. -I., Knowler, D. J., Lévêque, C., et al., 2006. Freshwater biodiversity: importance, threats, status and conservation challenges. Biol. Rev. 81, 163 – 182.

Dynesius, M., Nilsson, C., 1994. Fragmentation and flow regulation of river systems in the northern third of the world. Science 266, 753 – 762.

Fahrig, L., 2003. Effects of habitat fragmentation on biodiversity. Ann. Rev. Ecol. Evol. Syst. 34, 487 – 515.

Falke, J. A., Fausch, K. D., Magelky, R., Aldred, A., Durnford, D. S., Riley, L. K., et al., 2011. The role of groundwater pumping and drought in shaping ecological futures for stream fishes in a dryland river basin of the western Great Plains, USA. Ecohydrology 4, 682 – 697.

Fausch, K. D., Torgersen, C. E., Baxter, C. V., Li, H. W., 2002. Landscapes to riverscapes: bridging the gap between research and conservation of stream fishes. BioScience 52, 483 – 498.

Frazier, P., Page, K., 2006. The effect of river regulation of floodplain wetland inundation, Murrumbidgee River, Australia. Marine Freshw. Res. 57, 133 – 141.

Freeman, M. C., Bowen, Z. H., Bovee, K. D., Irwin, E. R., 2001. Flow and habitat effects on juvenile fish abundance in natural and altered flow regimes. Ecol. Appl. 11, 179 – 190.

Frissell, C. A. , Liss, W. J. , Warren, C. E. , Hurley, M. D. , 1986. A hierarchical framework for stream habitat classification: viewing streams in a watershed context. Environ. Manage. 10, 199 – 214.

Frota, F. F. , Paiva, B. P. , Franca Schettini, C. A. , 2012. Intra – tidal variation of stratification in a semi – arid estuary under the impact of flow regulation. Braz. J. Oceanogr. 61, 23 – 33.

Fullerton, A. H. , Burnett, K. M. , Steel, E. A. , Flitcroft, R. L. , Pess, G. R. , Feist, B. E. , et al. , 2010. Hydrological connectivity for riverine fish: measurement challenges and research opportunities. Freshw. Biol. 55, 2215 – 2237.

Gehrke, P. C. , Gilligan, D. M. , Barwick, M. , 2002. Changes in fish communities of the Shoalhaven River 20 years after construction of the Tallowa Dam, Australia. River Res. Appl. 18, 265 – 286.

Gido, K. B. , Propst, D. L. , Olden, J. D. , Bestgen, K. R. , 2013. Multidecadal responses of native and introduced fishes to natural and altered flow regimes in the American Southwest. Can. J. Fish. Aquat. Sci. 70, 554 – 564.

Gillespie, B. R. , Brown, L. E. , Kay, P. , 2015a. Effects of impoundment on macroinvertebrate community assemblages in upland streams. River Res. Appl. 31, 953 – 963.

Gillespie, B. R. , Desmet, S. , Kay, P. , Tillotson, M. R. , Brown, L. E. , 2015b. A critical analysis of regulated river ecosystem responses to managed environmental flows from reservoirs. Freshw. Biol. 60, 410 – 425.

Gillson, J. , Scandol, J. , Suthers, I. , 2009. Estuarine gillnet fishery catch rates decline during drought in eastern Australia. Fish. Res. 99, 26 – 37.

Gorski, K. , Van Den Bosch, L. V. , Van De Wolfshaar, K. E. , Middelkoop, H. , Nagelkerke, L. A. J. , Filippov, O. V. , et al. , 2012. Post – damming flow regime development in a large lowland river (Volga, Russian Federation): implications for floodplain inundation and fisheries. River Res. Appl. 28, 1121 – 1134.

Greet, J. , Webb, J. A. , Downes, B. J. , 2011. Flow variability maintains the structure and composition of in – channel riparian vegetation. Freshw. Biol. 56, 2514 – 2528.

Growns, I. O. , Growns, J. E. , 2001. Ecological effects of flow regulation on macroinvertebrate and periphytic diatom assemblages in the Hawkesbury – Nepean River, Australia. Regul. Rivers. 17, 275 – 293.

Growns, I. , James, M. , 2005. Relationships between river flows and recreational catches of Australian bass. J. Fish Biol. 66, 404 – 416.

Grubbs, S. A. , Taylor, J. M. , 2004. The influence of flow impoundment and river regulation on the distribution of riverine macroinvertebrates at Mammoth Cave National Park, Kentucky, USA. Hydrobiologia 520, 19 – 28.

Hall, C. , Jordaan, A. , Frisk, M. , 2011. The historic influence of dams on diadromous fish habitat with a focus on river herring and hydrologic longitudinal connectivity. Landscape Ecol. 26, 95 – 107.

Humphries, P. , Brown, P. , Douglas, J. , Pickworth, A. , Strongman, R. , Hall, K. , et al. , 2008. Flow – related patterns in abundance and composition of the fish fauna of a degraded Australian lowland river. Freshw. Biol. 53, 789 – 813.

Ibanez, C. , Prat, N. , Canicio, A. , 1996. Changes in the hydrology and sediment transport produced by large dams on the lower Ebro river and its estuary. Regul. Rivers. 12, 51 – 62.

King, A. J. , Humphries, P. , Lake, P. S. , 2003. Fish recruitment on floodplains: the roles of patterns of flooding and life history characteristics. Can. J. Fish. Aquat. Sci. 60, 773 – 786.

King, A. J. , Tonkin, Z. , Mahoney, J. , 2009. Environmental flow enhances native fish spawning and recruitment in the Murray River, Australia. River Res. Appl. 25, 1205 – 1218.

Kingsford, R. T. , Thomas, R. F. , 1995. The Macquarie Marshes in arid Australia and their waterbirds:

a 50 - year history of decline. Environ. Manage. 19, 867 - 878.

Kingsford, R. T., Jenkins, K. M., Porter, J. L., 2004. Imposed hydrological stability on lakes in arid Australia and effects on waterbirds. Ecology 85, 2478 - 2492.

Konrad, C. P., Olden, J. D., Lytle, D. A., Melis, T. S., Schmidt, J. C., Bray, E. N., et al., 2011. Large - scale flow experiments for managing river systems. BioScience 61, 948 - 959.

Kupferberg, S. J., Palen, W. J., Lind, A. J., Bobzien, S., Catenazzi, A., Drennan, J., et al., 2012. Effects of flow regimes altered by dams on survival, population declines, and range - wide losses of California river - breeding frogs. Conserv. Biol. 26, 513 - 524.

Kustu, M. D., Fan, Y., Robock, A., 2010. Large - scale water cycle perturbation due to irrigation pumping in the US High Plains: a synthesis of observed streamflow changes. J. Hydrol. 390, 222 - 244.

Leigh, C., Boulton, A. J., Courtwright, J. L., Fritz, K., May, C. L., Walker, R. H., et al., 2016. Ecological research and management of intermittent rivers: an historical review and future directions. Freshw. Biol. 61, 1181 - 1199.

Li, R., Chen, Q., Tonina, D., Cai, D., 2015. Effects of upstream reservoir regulation on the hydro-logical regime and fish habitats of the Lijiang River, China. Ecol. Eng. 76, 75 - 83.

Lugg, A., Copeland, C., 2014. Review of cold water pollution in the Murray - Darling Basin and the impacts on fish communities. Ecol. Manage. Restor. 15, 71 - 79.

Lytle, D. A., Poff, N. L., 2004. Adaptation to natural flow regimes. Trends Ecol. Evol. 19, 94 - 100.

Magilligan, F. J., Nislow, K. H., 2005. Changes in hydrologic regime by dams. Geomorphology 71, 61 - 78.

Maheshwari, B. L., Walker, K. F., McMahon, T. A., 1995. Effects of regulation on the flow regime of the River Murray, Australia. Regul. Rivers. 10, 15 - 38.

Martinez, A., Larranaga, A., Basaguren, A., Perez, J., Mendoza - Lera, C., Pozo, J., 2013. Stream regulation by small dams affects benthic macroinvertebrate communities: from structural changes to functional implications. Hydrobiologia 711, 31 - 42.

McMahon, T. A., Finlayson, B. L., 2003. Droughts and anti - droughts: the low flow hydrology of Australian rivers. Freshw. Biol. 48, 1147 - 1160.

Meador, M. R., Carlisle, D. M., 2012. Relations between altered streamflow variability and fish assemblages in eastern USA streams. River Res. Appl. 28, 1359 - 1368.

Meile, T., Boillat, J. L., Schleiss, A. J., 2011. Hydropeaking indicators for characterization of the Upper - Rhone River in Switzerland. Aquat. Sci. 73, 171 - 182.

Miller, S. W., Judson, S., 2014. Responses of macroinvertebrate drift, benthic assemblages, and trout foraging to hydropeaking. Can. J. Fish. Aquat. Sci. 71, 675 - 687.

Mims, M. C., Olden, J. D., 2013. Fish assemblages respond to altered flow regimes via ecological filtering of life history strategies. Freshw. Biol. 58, 50 - 62.

Miserendino, M. L., 2009. Effects of flow regulation, basin characteristics and land - use on macroinvertebrate communities in a large arid Patagonian river. Biodivers. Conserv. 18, 1921 - 1943.

Mortenson, S., Weisberg, P., Stevens, L., 2012. The influence of floods and precipitation on Tamarix establishment in Grand Canyon, Arizona: consequences for flow regime restoration. Biol. Invasions 14, 1061 - 1076.

Nagrodski, A., Raby, G. D., Hasler, C. T., Taylor, M. K., Cooke, S. J., 2012. Fish stranding in freshwater systems: sources, consequences, and mitigation. J. Environ. Manage. 103, 133 - 141.

Naiman, R. J., Alldredge, J. R., Beauchamp, D. A., Bisson, P. A., Congleton, J., Henny, C. J., et al., 2012. Developing a broader scientific foundation for river restoration: Columbia River food webs. Proc. Natl. Acad. Sci. 109, 21201 - 21207.

Nielsen, D., Podnar, K., Watts, R. J., Wilson, A. L., 2013. Empirical evidence linking increased hydrologic stability with decreased biotic diversity within wetlands. Hydrobiologia 708, 81 – 96.

Nilsson, C., Reidy, C. A., Dynesius, M., Revenga, C., 2005. Fragmentation and flow regulation of the world's large river systems. Science 308, 405 – 408.

Olden, J. D., Naiman, R. J., 2010. Incorporating thermal regimes into environmental flows assessments: modifying dam operations to restore freshwater ecosystem integrity. Freshw. Biol. 55, 86 – 107.

Olden, J. D., Poff, N. L., 2003. Redundancy and the choice of hydrologic indices for characterizing streamflow regimes. River Res. Appl. 19, 101 – 121.

Olden, J. D., Konrad, C. P., Melis, T. S., Kennard, M. J., Freeman, M. C., Mims, M. C., et al., 2014. Are largescale flow experiments informing the science and management of freshwater ecosystems? Front. Ecol. Environ. 12, 176 – 185.

Overton, I. C., McEwan, K., Gabrovsek, C., Sherrah, J. R., 2006. The River Murray Floodplain Inundation Model (RiM – FIM) Hume Dam to Wellington. CSIRO Water for a Healthy Country Flagship Technical Report 2006, Adelaide.

Paetzold, A., Yoshimura, C., Tockner, K., 2008. Riparian arthropod responses to flow regulation and river channelization. J. Appl. Ecol. 45, 894 – 903.

Perkin, J. S., Bonner, T. H., 2011. Long – term changes in flow regime and fish assemblage composition in the Guadalupe and San Marcos rivers of Texas. River Res. Appl. 27, 566 – 579.

Poff, N. L., Matthews, J. H., 2013. Environmental flows in the Anthropocene: past progress and future prospects. Curr. Opin. Environ. Sustain. 5, 667 – 675.

Poff, N. L., Zimmerman, J. K. H., 2010. Ecological responses to altered flow regimes: a literature review to inform the science and management of environmental flows. Freshw. Biol. 55, 194 – 205.

Poff, N. L., Allan, J. D., Bain, M. B., Karr, J. R., Prestegaard, K. L., Richter, B. D., et al., 1997. The natural flow regime. BioScience 47, 769 – 784.

Poff, N. L., Richter, B. D., Arthington, A. H., Bunn, S. E., Naiman, R. J., Kendy, E., et al., 2010. The ecological limits of hydrologic alteration (ELOHA): a new framework for developing regional environmental flow standards. Freshw. Biol. 55, 147 – 170.

Ponsatí, L., Acuña, V., Aristi, I., Arroita, M., García – Berthou, E., Von Schiller, D., et al., 2015. Biofilm responses to flow regulation by dams in Mediterranean rivers. River Res. Appl. 31, 1003 – 1016.

Power, M. E., Sun, A., Parker, G., Dietrich, W. E., Wootton, J. T., 1995. Hydraulic food – chain models: an approach to the study of food – web dynamics in large rivers. BioScience 45, 159 – 167.

Preece, R. M., Jones, H. A., 2002. The effect of Keepit Dam on the temperature regime of the Namoi River, Australia. River Res. Appl. 18, 397 – 414.

Reich, P., McMaster, D., Bond, N., Metzeling, L., Lake, P. S., 2010. Examining the ecological consequences of restoring flow intermittency to artificially perennial lowland streams: patterns and predictions from the Broken – Boosey creek system in northern Victoria, Australia. River Res. Appl. 26, 529 – 545.

Reynolds, L. V., Shafroth, P. B., House, P. K., 2014. Abandoned floodplain plant communities along a regulated dryland river. River Res. Appl. 30, 1084 – 1098.

Richter, B. D., Baumgartner, J. V., Powell, J., Braun, D. P., 1996. A method for assessing hydrological alteration within ecosystems. Conserv. Biol. 10, 1163 – 1174.

Robertson, A., Bacon, P., Heagney, G., 2001. The responses of floodplain primary production to flood frequency and timing. J. Appl. Ecol. 38, 126 – 136.

Rolls, R. J., Arthington, A. H., 2014. How do low magnitudes of hydrologic alteration impact riverine fish populations and assemblage characteristics? Ecol. Indic. 39, 179 – 188.

Rolls, R. J. , Leigh, C. , Sheldon, F. , 2012. Mechanistic effects of low – flow hydrology on riverine eco-
systems: ecological principles and consequences of alteration. Freshw. Sci. 31, 1163 – 1186.

Sammut, J. , Erskine, W. D. , 1995. Hydrological impacts of flow regulation associated with the Upper
Nepean water supply scheme, NSW. Aust. Geogr. 26, 71 – 86.

Schmutz, S. , Bakken, T. H. , Friedrich, T. , Greimel, F. , Harby, A. , Jungwirth, M. , et al. ,
2015. Response of fish communities to hydrological and morphological alterations in hydropeaking rivers
of Austria. River Res. Appl. 31, 919 – 930.

Sponseller, R. A. , Heffernan, J. B. , Fisher, S. G. , 2013. On the multiple ecological roles of water in
river networks. Ecosphere 4, 17.

Stewart – Koster, B. , Olden, J. D. , Gido, K. B. , 2014. Quantifying flow – ecology relationships with
functional linear models. Hydrol. Sci. J. 59, 629 – 644.

Strayer, D. L. , Dudgeon, D. , 2010. Freshwater biodiversity conservation: recent progress and future
challenges. J. N. Am. Benthol. Soc. 29, 344 – 358.

Stromberg, J. C. , Lite, S. J. , Marler, R. , Paradzick, C. , Shafroth, P. B. , Shorrock, D. , et al. ,
2007. Altered streamflow regimes and invasive plant species: the Tamarix case. Glob. Ecol. Biogeogr. 16,
381 – 393.

Taylor, C. M. , Millican, D. S. , Roberts, M. E. , Slack, W. T. , 2008. Long – term change to fish as-
semblages and the flow regime in a southeastern U. S. river system after extensive aquatic ecosystem frag-
mentation. Ecography 31, 787 – 797.

Torrente – Vilara, G. , Zuanon, J. , Leprieur, F. , Oberdorff, T. , Tedesco, P. A. , 2011. Effects of
natural rapids and waterfalls on fish assemblage structure in the Madeira River (Amazon Basin).
Ecol. Freshw. Fish 20, 588 – 597.

Vitule, J. R. S. , Skóra, F. , Abilhoa, V. , 2012. Homogenization of freshwater fish faunas after the
elimination of a natural barrier by a dam in Neotropics. Divers. Distrib. 18, 111 – 120.

Vörösmarty, C. J. , McIntyre, P. B. , Gessner, M. O. , Dudgeon, D. , Prusevich, A. , Green, P. ,
et al. , 2010. Global threats to human water security and river biodiversity. Nature 467, 555 – 561.

Ward, J. V. , 1989. The four – dimensional nature of lotic ecosystems. J. N. Am. Benthol. Soc. 8, 2 – 8.

White, H. L. , Nichols, S. J. , Robinson, W. A. , Norris, R. H. , 2012. More for less: a study of envi-
ronmental flows during drought in two Australian rivers. Freshw. Biol. 57, 858 – 873.

Wiens, J. A. , 1989. Spatial scaling in ecology. Funct. Ecol. 3, 385 – 397.

第 5 章

流量变化对河流地貌的影响

Geoff J. Vietz 和 Brian L. Finlayson

墨尔本大学帕克维尔校区，维多利亚州，澳大利亚

5.1 简介

河道及其河漫滩的地貌特征为水流提供了物理场所，在该场所中水流条件转化为物理和水力条件。这些条件间的相互作用以及对水流的影响是驱动生物群落分布变化和生态系统运转的主要动力。Lignon 等（1995，第 183 页）指出：如果没有河流的这些重要特征，不论多么重要的生态研究计划也无法保持生态系统的完整性。

不仅水流的水力特征影响着生物群落，河道及其河漫滩的地貌特征也对生态系统有着重要的影响。流态的改变直接影响着河道形态和河床特征，比如河流形状、泥沙输移及其分布等（Harvey，1969）。改变了的地貌特征通过反馈机制影响着水流与河道的相互作用。所以，水流流态的变化和地貌变化都会直接或者间接地影响水生生态系统。

水流流态变化对河道地貌的影响十分深远。大量研究资料表明，流态变化对地貌的影响，长达上千年，如气候变化引起的河床形态变化（Dury，1970）；短为数日，如日流量的变化或者数日的洪水引起的泥沙沉积变化（Vietz 等，2012）。事实上，气候变化可能是对地貌影响最主要的因素之一，但限于篇幅，本章不作详细讲解。

河道地貌特征的变化（如河床和河岸侵蚀）与具体的水流流场改变及其特征有密切关系。这些重要的特征包括：①频发的洪水或大流量过程（如城市河流）导致的河道冲刷加剧；②河道内流量及水位的快速降低（如在水电站下游），增加了河岸溃决的风险。③长时间的低流量（如灌溉水库下游）将导致部分河岸变得干燥，在涨水时则有可能使岸基遭到冲刷。水流同样会对泥沙产生影响。漫滩水流发生频率的降低及泥沙含量的减小会导致河漫滩面积的下降（Marren 等，2014）。

研究流量变化对河流地貌的影响时，我们必须认识到整个演变过程的复杂性和多重影响因素的特征。影响河道地貌特征的因素很多，包括：基岩的特性，这将影响河道演变及

水流塑造河床的能力（Cenderelli 和 Cluer，1998）；植被覆盖情况（如盖度）、植物残留物，这将会增加水流阻力（Osterkamp 和 Hupp，2010；Gippel 等，1992）；此外，泥沙是影响河道地貌的另一因素。泥沙输移是河流形态演变的主要驱动力，也是改变水流流态的重要因素。大坝能拦截超过河道 75％ 的泥沙，从而影响河道形态和床沙特性（Petts 和 Gurnell，2005）。但不论怎样，水流才是改变河道地貌的最主要驱动因素。

本章主要讨论几种常见的流态变化对河道地貌改变的影响，选择了 3 种对河道地貌和河流水力特性有重要影响的因子：流域植被变化、流域城市化、河流筑坝。在植被变化方面，植被破坏是人为活动对河流系统影响的首要影响因素。在城市化方面，城市化对河流的影响十分严重，在流域变化不到 5％ 时（Vietz 等，2014）可以使得河道宽度增加 2～4 倍（MacRae，1996）。在筑坝方面，大坝对河流的影响是众所周知的。在某些情况下，坝下超过 100km 的河流都会发生退化，流量的减少导致的河床缩窄程度可高达 85％（Poff 等，1997）。

地貌变化通常是体现在河道的物理形式（形态）和功能（过程）方面。与筑坝相比，某些因素（如地下水）对地貌的影响甚微，因此本文不作研究。虽然别的地貌变化特征（如携沙量和直接对河道进行改造）不是本章的重点，但是这些因素会被考虑在水流流态改变的影响条件中。需要特别强调的是，地貌改变（如侵蚀）不一定就是消极的因素，在这方面，我们关注的重点是人类活动对水流、泥沙产生影响后，进而对地貌变化的影响程度和速度。首先，我们将地貌变化的影响放在生态系统中来研究，通过该研究来反映水流流态变化带来的影响。

5.2 河流地貌形态对水生生态系统的作用

水流是溪流中物理栖息地的主要决定因素，同时又是生物组成的主要决定因素。

流量变化和生态系统的首要原则（Bunn 和 Arthington，2002，第 492 页）

河流流量的变化会改变河流系统的形式、功能以及水力状况，进而影响自然栖息地和水生生态系统（图 5.1）。对生态系统产生重要影响的物理和水力因素有：床沙的尺寸和级配以及其对潜流交换的影响，水深和水面宽度，池塘和缓水区域的水利多样性，泥沙沉积及其对植被多样性的影响，侵蚀（如对河岸的侵蚀）、植被的分布等（O'Connor，1991；Steiger 等，2001；Vietz 等，2013）。在流量一定的条件下，地貌越复杂，水深和流速变化就越大，形成的生物栖息地就越丰富，就越容易形成丰富的生物多样性环境（Gippel，2001）。

需要强调的是：河道水流应处于自然变动中，受控的流态变化引起的河床和地貌变化通常对生态系统是不利的。Poff 等（1997）指出，河流生态系统的完整性取决于其自然的动态特征。比如：河岸的侵蚀是河流变化的自然现象，是河流生态系统的功能之一（Florsheim 等，2008）。我们需要做的是认识这种自然变化的范围和速度，若这种变化速率是自然的，水生生物能很快适应这种变化，但是，如果河道的特性（如河床、泥沙）变化很突然，生物在短时间内将无法适应这种变化。

地貌生态系统中的反馈机制是众所周知的（Stoffel 等，2013）。水流改变地貌，从而

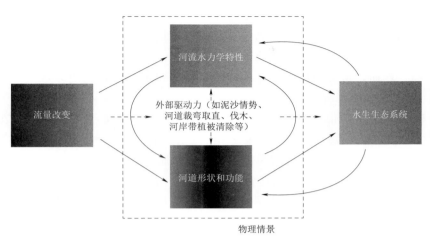

图 5.1　流量与生态之间的相互作用需要考虑将流量转化为河流系统中的
水力条件变化和地貌条件变化的相关物理情景。

引起生态反应，生态反应反过来又影响地貌特征。例如：沙滩、岛屿、河漫滩为植被生长提供条件，植被反过来又影响淤积物，如此周而复始（Corenblit 等，2009；Steiger 等，2001）。又比如：河岸侵蚀导致漫滩上的树木被冲进河道，从而增加了河道的糙率，最终促使泥沙在河道和漫滩淤积，这又为植被的生长提供了条件（Osterkamp 和 Hupp，2010）。此外，流态变化引起河床变化，河床变化引起河流水力特性的变化，这又使得水流流态继续发生变化。比如：城市暴雨引起的河道下切使得洪水流量更大并造成河床物理形态的进一步改变。

　　一些特定流量的洪水对河道形成或地貌过程有重要影响。根据洪水大小及其对河道作用的强弱，平槽和漫滩洪水对地貌形态的影响最为显著（Pickup 和 Warner，1976）。但是这些大洪水发生的频率较小，通常是中等洪水对地貌影响最大。这不仅是因为中等洪水发生频率大，还因为中等洪水能够达到泥沙输移的阈值，比如床沙起动流速、河道下切值（第 12 章；Hawley 和 Vietz，2016）。小流量（如基流）对河貌也有影响，如驱动水生植物分布等。这些影响取决于流态改变的类型（是下一节的研究重点）。

5.3　影响河流地貌的主要因素

　　影响河流的因素有很多，包括气象因素、人类因素、地形因素及其对流域的影响，如土地资源的变化，这些主要在第 3 章讲到。一些常见的流量变化及其对河流地貌的影响见表 5.1，其中三个最重要的影响因素（植被、城市化、筑坝）介绍如下。

5.3.1　植被

　　大多数关于河流和植被的研究主要集中在河岸和河道内的植被（Osterkamp 和 Hupp，2010）或大型乔木上（Tonkin 等，2016）。一个普遍的观点认为，与河岸带植被被砍伐的河道相比，河岸带植被保存完好且植被较多的河道一般更宽阔、河床下切量更小、河道糙率更高且具有更低的平均流速。Sweeney 等（2004）研究发现：地貌特征较好的河岸植被带能够有效改善生态系统，如增加有机物的含量、增加营养物质、增加大型无脊椎动物的数量和种类。清除河道或漫滩的植被则有可能引起极端事件，如河流自然裁弯（Brizga 和 Finlayson，1990）、漫滩的剥离（Nanson，1986）、沟壑的发展（Prosser 和 Soufi，1998）。然而，植被的良好生存状态不一定与水流相关，它更多取决于光照条件、河床糙率、土壤黏合力、有机物供给等方面。

当研究破坏流域植被带的影响时，径流量和泥沙产量是重点（Ngo 等，2015），而非河道的变化。虽然破坏流域内植被与直接破坏河道植被相比更为分散且不那么明显，但这些破坏行为会通过流量和输送至河流的泥沙间接影响河流地貌。澳大利亚新南威尔士的 Bega 河就是一个很好的例子，来自欧洲的定居者几十年来对流域植被的破坏增加了降雨对地面的冲刷。随着 75％以上的流域植被被清除，在大部分河岸区域，河流从窄深、多深潭、细沙漫滩转变为更加宽浅的状态，河道和漫滩泥沙均变为粗沙（Brookes 和 Brierley，1997）。

表 5.1　　　　　　　　　　　影响河貌变化的常见流态类型

流态变化类型	常见的河貌变化	代表性研究
（植被）清除破坏	——河道下切和扩大 ——携沙量变化	Brookes 和 Brierley，1997；GarciaRuiz 等，2010
城市化	——河道减少 ——河道简单化 ——泥沙量先增加后减少	Chin，2006；Vietz 等，2014
大型供水水库	——河道退化 ——河道简单化 ——携沙量变化 ——河床粗化	Erskine，1996；ICOLD，2009；Kondolf 等，1997
水电站	——河道变宽 ——河道弯曲度变小 ——侵蚀 ——河床粗化	Assani 和 Petit，2004
防洪坝	——枯水河床变宽 ——大流量河床变窄 ——泥沙减少 ——漫滩减少	Petts 和 Gurnell，2005
灌溉用水坝	——渠道联通中断 ——泥沙量较少时，发生清水冲刷	Callow 和 Smettem，2009
地下水开采	——通过植被和盐分产生较小的影响	Boulton 和 Hancock，2006；Brunke 和 Gonser，1997
改变地表排水系统	——小河减少 ——渠道化 ——水流集中导致河道扩大	Pavelis，1987

1. 坝的影响将在后续章节详细讨论。

2. 地貌响应存在很大的可变性，不能一概而论。

类似的，在西班牙的 Pyrenees 地区，流域植被的破坏和农业的发展已导致河道的不稳定和侵蚀（Garcia - Ruiz 等，2010）。而在 20 世纪（尤其是 60 年代），人口突然减少导致农用土地弃置，灌木和森林扩张，这些变化使得河道变窄，植被在河心洲上生长，侵蚀降低。相比之下，Davies-Colley（1997）发现森林覆盖区的河流比牧区的更宽。他们认为牧草可以起到稳定泥沙的作用，Blackham（2006）的研究证实了植被对稳定河岸和河岸带的能力。众所周知，乱砍滥伐会导致流域悬移质增加，同时，土地开垦（如：伐木、采矿、建筑）活动也会加剧上述变化。举例来说：森林中公路的建设会增加泥沙量（Wemple 等，2001）；Prosser 和 Abernethy（1999）认为：当水流被堆积的树木阻挡时，冲沟侵蚀将增加 1.5 倍。

5.3.2　城市化

流域城市化是影响河流地貌变化最主要的因素：第一，小河（低级河流）通常被埋入地下或设置在管道内（Elmore 和 Kaushal，2008）；第二，城市发展及其排水设施可显著影响暴雨径流过程（第 2 章），并加剧（至少在起初阶段）河道侵蚀和泥沙输移（Wolman，1967）；第三，河道侵蚀通常会导致管理手段上的响应，比如使用岩石和混凝土之类的坚硬衬砌来加固城市河流（Stein 等，2013）。

提起城市河流这个术语，我们通常联想到的是笔直的渠道及固化的河岸（应用岩石和混凝土等材料）。然而，这些管理上的改变是由水流和泥沙变化引起的，而不是流域城市化的直接结果。在受流域城市化影响的河道被固化或改造前，它们经历了许多形态和物理变化，主要包括：

（1）河床不稳定性加剧。尽管河道侵蚀是一个自然的变化，但是城市河流侵蚀速率通常较快。Vietz 等（2014）认为城市河流的河岸侵蚀范围更广，也更频繁，侵蚀通常在两岸均有发生。河床的不稳定性直接降低了河流生物栖息地的质量（Booth 和 Henshaw，2001）。

（2）河床扩大。通常扩大 2.5 倍更甚更多（Chin，2006）。渠道下切过程伴随着河床的侵蚀，使得河床变深进而变宽（Hawley 等，2012）。

（3）Trimble（1997）发现，在过去的 10 年间，美国加利福尼亚州小型河流河道容量的增加贡献了该流域超过 2/3 的泥沙量。

（4）横向迁移率增加。河道不会受限（Nelson 等，2006）。

（5）浅滩消失。Hawley 等（2013）发现城市化导致美国肯塔基州小型河流浅滩变短，深水区变长、加深。

（6）基质变化。城市洪水增加水流的能量使得细沙被冲走，床沙被粗化（Hawley 等，2013），最终导致动床泥沙的深度降低（Vietz 等，2014）。

（7）沙洲的变化。在城市河流中，泥沙的沉积（如沙洲）在逐渐减少，虽然河流能量在增加，但是泥沙总量在减少（Vietz 等，2014），尽管在城市化的初期泥沙通常是增加的（Chin，2006）。

人们逐渐意识到，地貌变化不仅是流域整体不透水性（TI）的增加导致的，同时也是雨水通过不透水的排水系统汇集河流的结果（Booth，1991）。有效的不透水性（EI）是地貌变化的反应指标，甚至比 TI 还有效（Vietz，2013；图 5.2）。

然而，影响河貌变化的因素不仅仅只有流向河流的水体。小河也是泥沙补给的来源（Schumm，1977；图 4.3）。城市化在增加水量的同时也降低了输移至小河的泥沙量，这

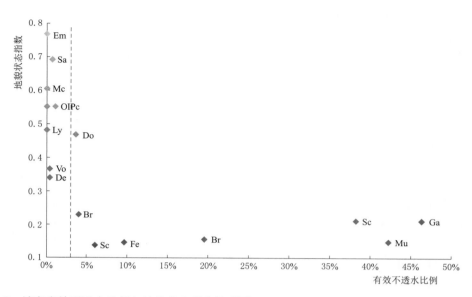

图 5.2 城市有效不透水比例与地貌状态得分关系图

（地貌条件得分与有效不透水性的关系，虚线表示 3％EI，超过该阈值的地貌条件通常得分较低）

就像是一把双刃剑在不断加速河貌的变化（Vietz 等，2016b）。Wolman（1967）给出了城市中流域悬移质的变化，包括：①在城市建设阶段泥沙量的首先增加；②一旦流域被城市土地占据、小河被固化、管道化或地下化后泥沙产量将趋于稳定。小河对城市化反应的时间滞后性通常可达十年以上（Chin，2006），认识到城市化变化的各个阶段和反应时间对我们研究小河对城市化的反应有重要意义（Vietz 等，2016a）。人们对粗颗粒泥沙的认识远不及对悬移质的认识（Russell 等，2016）。由于河流的反应形式多变，通过水流或泥沙来保护或者恢复城市河流的难度非常大。

为减少城市引起的流态变化对河貌产生的影响，人们做了大量努力，主要是希望通过控制在侵蚀和输沙方面能力较强的雨水径流来实现（图 5.3）。Hawley 和 Vietz（2016）提出了一种保护河流地貌的方法，在该方法中，推动河床质的剪切力被考虑用来减轻河床下切破坏。通过流域活动（如设置滞洪池或分布式控雨设施）来达到减小流量的目的（Fletcher 等，2014；Vietz 等，2016b）。由城市化引起的泥沙变化必须加以重视，同时应该保持河流中粗颗粒泥沙的供应（Vietz 等，2016a）。在城市化的各个阶段都需要考虑到对相关河流的影响。例如，Ebisemiju（1989）通过研究尼日利亚的一个小镇，发现农业用地改为住房用地可显著增加河道流量和初始泥沙负荷量。

充分理解城市流域河貌变化的原因（水流和泥沙）十分有挑战性（Vietz 等，2016b）。是否可以在相对稳定的准平衡状态下管理城市河道还是一个悬而未决的问题。

5.3.3 筑坝

水文条件的变化对河流的影响有限，大坝则可能是改变水流流态最重要的原因（Petts，1984）。世界上超半数的大河均受到大坝的控制（Nilsson 等，2005；见第 3 章）。尽管各级别的河流上均有大坝（甚至最低级别的小河上也有农用水坝），但是由于大型水

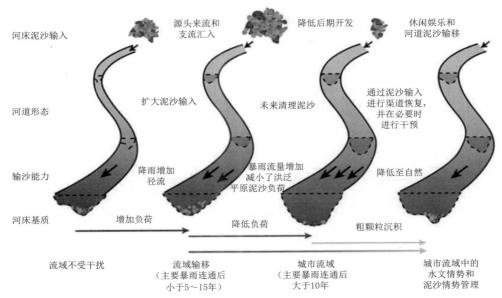

图 5.3　城市化对河床推移质、流量、泥沙输送能力和河道形态影响的概念模型
（包括未来管理的潜力）

坝的重要性和影响程度较大，因此往往成了关注的焦点。大坝主要通过三个方面来影响河道形态：①筑坝破坏了泥沙输移的连续性，除了细沙外，绝大部分泥沙淤积在水库中；②大坝可改变流向下游的水流的大小、频率、持续时间、变化范围，从而改变水流作用于河道的方式；③大坝可实现跨流域调水或者满足其他用水户的需求，从而减少（或有时增加）下游河道的总水量。国际大坝委员会（ICOLD）列出了决定大坝对河流地貌影响程度的几种因素：蓄水量与年均径流量、大坝运行机制、下游河道泥沙特性、泄水建筑物、建坝前河流含沙量。

　　虽然建坝在某种程度上总会中断泥沙的输移，但是大坝相对于年平均径流量的库容才是决定下游水流变化程度的主要因素。许多大型水坝，特别是在年际流量变化较大的地区，其库容被设计为可容纳 100％年均径流量（甚至大于 100％），这些大坝对流量影响较大，甚至会改变河道的汛期特征（Gippel 和 Finlayson，1993）。有些大型水坝可能只储存相对较小的年平均径流量，因此对流量的影响很小，最著名的例子就是中国长江上的三峡大坝，虽然它的坝体是世界上最大的，但它只能储存年平均径流量的 4％，因此不会对下游流量产生显著的改变（Chen 等，2016）。下游河道的变化主要是由于大坝截留泥沙及其下切作用造成的（Yuan 等，2012）。河流自我调整时间可能很长，目前还不清楚长江会如何或需要多长时间来应对这些变化（Yuan 等，2012）。

　　在这里，我们只考虑单一用途的大坝，如：供水大坝（灌溉和城市用水）、发电大坝、防洪大坝。然而通常情况下一个大坝不止一种用途。但是需要指出的是，大坝建设对下游的影响还取决于大坝下流域的特性。在干旱的气候条件下，这种变化将持续到河口（如埃及的尼罗河）或下一个主要的支流（如澳大利亚的 Murray 河）。与此相反，若下游气候湿润，大坝产生的影响将被径流和泥沙（如中国长江）削弱。

Kondolf（1997）详细描述了大坝泥沙淤积（以及河道采砂）对地貌的影响。由于破坏了泥沙的连续性，因此他将这种情况描述为"饥饿的水"。河道下切发生在大坝下游，下降的河床反过来又破坏了河道堤岸的稳定。而没有上游泥沙补给，持续的侵蚀会导致河床泥沙变得更粗，而河床会被覆盖在较细泥沙上的较粗组分所覆盖，进而阻止河床的进一步下切，正如 Erskine（1996）对 Goulburn 河所描述的那样。

大坝储存来自上游泥沙的能力通常用库容与入流量之比来衡量（Brune，1953）。通过这种方法，Vörösmarty 等（2003）估计全球超过 30％的泥沙通量被水坝拦截。然而，Walling（2006）认为泥沙输移数据通常较少，而且在大坝修建之前很早的时期泥沙负荷也普遍增加。这就这意味着，河流增加对海岸泥沙的补给（Syvitski 等，2005）以及由于在水库中泥沙淤积而造成的海岸侵蚀的两方面例子都很多。例如，Yang 等（2011）研究了 5 万多座大坝对长江三角洲的侵蚀影响。在 20 世纪 60 年代和 70 年代，三角洲累积了约 1.25 亿 m³/a，但到了 21 世纪的前十年，变成了约 1 亿 m³/a 的侵蚀。据报道，由于阿斯旺大坝的泥沙拦截和引水灌溉，尼罗河三角洲遭受了严重的侵蚀（Inman 和 Jenkins，1984；Stanley，1996）。同样，Milliman 和 Farnsworth（2011）研究认为，Danube 河水系中的大坝建设使河流的泥沙负荷减少了 35％，导致河口海岸侵蚀。

供水大坝的作用是将水从河流系统中引走，并且通常不会直接返回河流。这个过程可能导致下游河道流量减少（在某些情况下是完全断流），同时还会导致受水区水量的增加。在这两种情况下都会影响河道的大小和形态。河道往往处于一种准平衡状态，这种状态是由发挥最大作用的流量决定的，被称为主导流量或有效流量（通常是一个范围而不是单个流量）。河道的调整是通过改变河道深度、宽度和坡度与水流和泥沙荷载的关系来实现的。ICOLD（2009）详细描述了由于大坝的变化而引起的河道变化。他们还详细讨论了可用于预测通道对流态变化的响应的状态方程。在这里，我们用一个来自澳大利亚 Snowy 河水系中的河流来举例说明这个过程。

通过利用过剩水流能量来定义有效流量，Tilleard（2001）指出大坝下游的实际侵蚀速率取决于需要移动泥沙的能量和泥沙被移动的阻力。在某些情况下，由于泥沙太粗糙而不能被有效流量所移动，因此几乎没有侵蚀。采用这种方法，在确定河床对流量变化的响应时，要考虑流量和形成河床和河岸的底质特性。Snowy 山区的水电工程计划将 Snowy 河流的水调入流向澳大利亚东南内地地区的 Murray 河系。1967 年 Jindabyne 大坝竣工后，Murray 河水量减少了 99％的流量，大部分流量被分流到了流向 MDB 的 Tumut 河。

Jindabyne 大坝下游 Snowy 河河道尺寸急剧减小（图 5.4）。这一变化发生在近 15 年的时间里，表明由于大坝的截留作用而造成的泥沙缺乏减缓了河道的响应速度。

在受水河流方面，Tumut 河经历了流量的增加和水能过剩的影响（图 5.5）。由于床沙粗糙，因此在引水前和引水后基于临界剪应力的有效流量基本相同。然而河道两岸的有效流量数值发生了剧烈变化，由于引水后的调节流量主要集中在接近岸堤区域，而形成堤岸的物料比河床物料细，因此流量的增加导致了渠道明显拓宽（Gippel 等，1992；Tilleard，2001）。

此外，由于整个夏季河道水位均较高（接近河岸顶部），这就抑制了河岸上植被的生

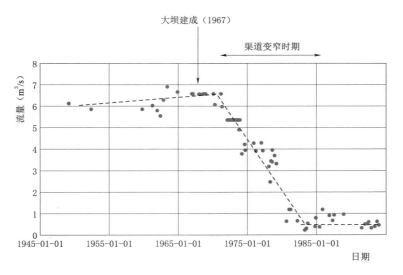

图 5.4　Dalgety 的 Snowy 河，流量的时间序列代表了不同时期的
平滩流量，虚线为拟合曲线。

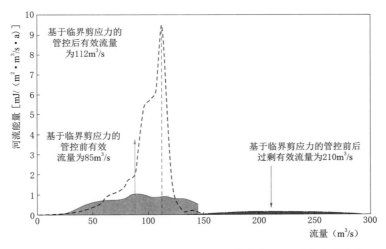

图 5.5　调节前和调节后过剩能量随流量的分布，显示了有效流量
对河床及河岸物料的影响。

长，限制了植被的护岸作用，加剧了流量增加带来的侵蚀作用。而在其不受调控的状态下，夏季是 Tumut 河的低流量季节，因此河岸上的植被得以生长。如图 5.6 所示，河道适应水流变化是一个长期的过程，在图 5.6 所示的时间段内，河道扩宽持续了 30 年，而且可能还会继续扩大。

　　水力发电的商业优势之一是该系统几乎可以在瞬间启动和停止，因此水电站通常只在负荷高峰期使用。这些大坝使下游的流态产生了重大变化。下泄流量被限制在发电效率最高的泄水范围内（McMahon 和 Finlayson，1995）。对河道形态和泥沙特性的影响取决于上述流量的变动范围与河床和堤岸的抗剪性之间的关系，以及可供输移的泥沙的数量和粒

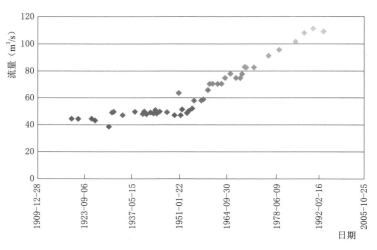

图 5.6   平滩流量时间序列，1919—1993 年 Tumut River 泵站记录数据

度分布。然而，现在有越来越多的大型水坝承担基荷发电，因此几乎是全天运行，这些显然对流量有截然不同的影响。其中一个例子就是之前讨论过的中国长江上的三峡大坝。

Assani 和 Petit（2004）监测了 Butgenbach 水电站峰荷对比利时 Warche 河下游河床形态和泥沙特性的影响。该水电站于 1932 年开始运行，发电量效率最高的流量约为满库流量的 60%。因此，这个级别的泄水流量是最常见的，而大流量的频率和持续时间明显降低。流量大于年平均洪量的洪水在频率和持续时间上都有所减少，并且 10 年一遇以上的洪水也不再发生。大坝开始运行后，坝体下的河床侵蚀速率较快，但随着河床基岩暴露侵蚀逐渐停止。河道宽度持续增加时间超过 60 年，河道弯曲度降低。深潭实际上已经从河道中消失了，取而代之的是沙洲、小岛和基岩。大坝下游的河床泥沙变得更加粗糙，现在的 D_{50} 是大坝上游河道泥沙的 3 倍。在有选择地去除细颗粒后，大坝下游的泥沙现在得到了更好的分类；表层与次表层之间的粒径差异也被消除。

我们在这里讨论的例子中，河貌反应是较为缓慢的。Petts 和 Gurnell（2005）也注意到了这种缓慢的调节反应，他们指出在干旱和半干旱地区，河床的变化可能很快，但在更潮湿的气候地区，反应的时间尺度可能会延续到千年尺度。我们在这里给出的例子从 15年到 60 年不等，但在 Tumut 河和长江的例子中，河道仍处在调整状态中。河道持续调整形态的时间长度可能会对具有不同时间周期的生物产生不利影响。这些例子还表明，虽然有一些通用的原则来控制大坝的地貌效应，但在每种情况下，都存在一些当地的特征，其决定着具体的影响效应。

McMahon 和 Finlayson（1995）在环境评估时指出，大坝的泄水建筑物无一例外都是按照水坝的作业要求建造的，因此通常不能泄放环境恢复所需的生态流量。然而，对流量大小的管控通常是可行的，但是这可能引起水力发电等其他功能的损失（Pennisi，2004）。因此，泄水建筑物的管理和设计是影响河道形态响应的另一个因素。我们上面提到的 Snowy 河上的 Jindabyne 大坝的泄水建筑物就是一个对泄水口进行改造的很好例子（图 5.4）。该大坝泄水建筑物是用固定的排水管建造的，每天的排水量只有 50ML/d（天然流量的 1%），所以无法下泄维持环境可持续性所需的流量。公众压力最终迫使管理方在大坝上建造一个新的泄水口，将下泄量增加到每天 40ML/d（Snow Hydro，2015），共花费了 2.16 亿美元（Pigram，2000）。修建大坝泄水建筑物应尽量减少对下游河床形态的影响，需要考虑：①增加下泄能力（达到漫滩流量）；②增加调沙能力；③通过调度运行方式的改变来减轻影响（例如减小水位下降速率）或达到利益最大化。

5.4 结论

在过去的半个世纪里，河系的流量变化显著增加，并且在气候变化下将进一步增加（Vorosmarty 等，2010）。通过更好地理解水流变化与河道形态变化之间的关系，以及由此对水生生态系统的影响，我们可以阐明对河流进行系统管理的意义。简单地将流动变化和生态反应联系起来会降低我们的理解能力并限制我们对这个退化过程的认识。无论是在流域内还是在河道内，通过河流形态和功能变化的物理反应来观察水流的变化都将有助于制定恢复环境的措施。

在理解地貌变化对生态系统的影响时，Gilvear（1999）提出了四个原则。第一，认识到河流系统横向、纵向和下游连通的重要性。在考虑水流变化的原因时，需要考虑受水河道、漫滩区及地下水之间的联系，需要制定流域尺度的水沙管理措施。第二，Gilvear（1999）强调理解河流历史的重要性。无论是河道对大坝停运的直接地貌响应，还是一个世纪后河道对植被清除的调整，这些变化可能发生的时间尺度很长，对时间尺度的考虑必须是河流管理策略的核心。第三，认识地貌系统对环境变化的敏感性和自然系统的动力学特性，这对于识别由流动变化引起的变化或变化速率是很重要的。第四，Gilvear（1999）强调了地形控制生物群落和生态系统水力环境的重要性。在这方面，了解和处理对河流的物理形态和过程产生负面影响的流态变化应该是河流恢复和保护的核心。这些原则同样适用于任何关于水流变化对河流系统地貌形态和功能影响的研究或管理工作。

致谢

感谢 Kate Rowntree 教授、Angus Webb 博士对本章提出的宝贵意见，同时也感谢 Avril Horne 博士。

参 考 文 献

Assani，A. A.，Petit，F.，2004. Impact of hydroelectric power releases on the morphology and sedimentology of the bed of the Warche River（Belgium）. Earth Surf. Process. Landf. 29（2），133 – 143.

Blackham，D. M.，2006. The resistance of herbaceous vegetation to erosion：implications for stream form. Unpublished PhD thesis，School of Geography，University of Melbourne，Melbourne，Australia.

Booth，D. B.，1991. Urbanization and the natural drainage system – impacts，solutions，and prognoses. Northwest Environ. J. 7，93 – 118.

Booth，D. B.，Henshaw，P. C.，2001. Rates of channel erosion in small urban streams. In：Wigmosta，

M., Burges, S. (Eds.), Land Use and Watersheds: Human Influence on Hydrology and Geomorphology in Urban and Forest Areas. AGU Monograph Series, Water Science and Application. Washington, DC, pp. 17 – 38.

Boulton, A. J., Hancock, P. J., 2006. Rivers as groundwater – dependent ecosystems: a review of degrees of dependency, riverine processes and management implications. Aust. J. Botany 54, 133 – 144.

Brizga, S. O., Finlayson, B. L., 1990. Channel avulsion and river metamorphosis: the case of the Thomson River, Victoria, Australia. Earth Surf. Process. Landf. 15 (5), 391 – 404.

Brookes, A., Brierley, G., 1997. Geomorphic responses of lower Bega River to catchment disturbance, 1851 – 1926. Geomorphology 18, 291 – 304.

Brune, G. M., 1953. Trap efficiency of reservoirs. EOS 34 (3), 407 – 418.

Brunke, M., Gonser, T., 1997. The ecological significance of exchange processes between rivers and groundwater. Freshw. Biol. 37, 1 – 33.

Bunn, S. E., Arthington, A. H., 2002. Basic principles and ecological consequences of altered flow regimes for aquatic biodiversity. Environ. Manage. 30 (4), 492 – 507.

Callow, J. N., Smettem, K. R. J., 2009. The effect of farm dams and constructed banks on hydrologic connectivity and runoff estimation in agricultural landscapes. Environ. Model. Softw. 24 (8), 959 – 968.

Cenderelli, D. A., Cluer, B. L., 1998. Depositional processes and sediment supply in resistant – boundary channels: examples from two case studies. Fluvial Processes in Bedrock Channels, Rivers Over Rock.

Chen, J., Finlayson, B. L., Wei, T., Sun, Q., Webber, M., Li, M., et al., 2016. Changes in monthly flows in the Yangtze River, China—with special reference to the Three Gorges Dam. J. Hydrol. 536, 293 – 301.

Chin, A., 2006. Urban transformation of river landscapes in a global context. Geomorphology 79 (3), 460 – 487.

Corenblit, D., Steiger, J., Gurnell, A., Tabacchi, E., Roques, L., 2009. Control of sediment dynamics by vegetation as a key function driving biogeomorphic succession within fluvial corridors. Earth Surf. Process. Landf. 34, 1790 – 1810.

Davies – Colley, R. J., 1997. Stream channels are narrower in pasture than in forest. N. Z. J. Mar. Freshw. Res. 31, 599 – 608.

Dury, G. H., 1970. General theory of meandering valleys and underfit streams. Rivers and River Terraces. The Geographical Readings Series, Macmillan 264 – 275.

Ebisemiju, F. S., 1989. Patterns of stream channel response to urbanization in the humid tropics and their implications for urban land use planning: a case study from southwestern Nigeria. Appl. Geogr. 9 (4), 273 – 286.

Elmore, A. J., Kaushal, S. S., 2008. Disappearing streams: patterns of stream burial due to urbanization. Front. Ecol. Environ. 6, 308 – 312.

Erskine, W. D., 1996. Downstream hydrogeomorphic impacts of Eildon Reservoir on the Mid – Gouldburn River. Victoria. Proc. Royal Soc. Vic. 108 (1), 1 – 15.

Fletcher, T. D., Vietz, G. J., Walsh, C. J., 2014. Protection of stream ecosystems from urban stormwater runoff: the multiple benefits of an ecohydrological approach. Prog. Phys. Geogr. 38 (5), 543 – 555.

Florsheim, J. L., Mount, J. F., Chin, A., 2008. Bank erosion as a desirable attribute of rivers. BioScience 58 (6), 519 – 529.

Garcia – Ruiz, J. M., Lana – Renault, N., Beguería, S., Teodoro, L., Regues, D., Nadal – Remoero, E., et al., 2010. From plot to regional scales: interactions of slope and catchment hydrological and geomorphic processes in the Spanish Pyrenees. Geomorphology 120, 248 – 257.

Gilvear, D. J. , 1999. Fluvial geomorphology and river engineering: future roles utilizing a fluvial hydrosystems framework. Geomorphology 31, 229 – 245.

Gippel, C. , 2001. Geomorphic issues associated with environmental flow assessment in alluvial non – tidal rivers. Aust. J. Water Resour. 5 (1).

Gippel, C. J. , Finlayson, B. L. , 1993. Downstream environmental impacts of regulation of the Goulburn River, Victoria. Institution of Engineers Australia, pp. 33 – 38.

Gippel, C. J. , O'Neill, I. C. , Finlayson, B. L. , 1992. The Hydraulic Basis of Snag Management. Centre for Environmental Applied Hydrology, Department of Civil and Agricultural Engineering and Department of Geography. University of Melbourne, Melbourne, Australia, p. 116.

Harvey, A. M. , 1969. Channel capacity and the adjustment of streams to hydrologic regime. J. Hydrol. 8, 82 – 98.

Hawley, R. J. , Bledsoe, B. P. , Stein, E. D. , Haines, B. E. , 2012. Channel evolution model of semiarid stream response to urban – induced hydromodification. J. Am. Water Resour. Assoc. 48 (4), 722 – 744.

Hawley, R. J. , MacMannis, K. R. , Wooten, M. S. , 2013. Bed coarsening, riffle shortening, and channel enlargement in urbanizing watersheds, northern Kentucky, USA. Geomorphology 201, 111 – 126.

Hawley, R. J. , Vietz, G. J. , 2016. Addressing the urban stream disturbance regime. Freshw. Sci. 35 (1), 278 – 292.

ICOLD, 2009. Sedimentation and sustainable use of reservoirs and river systems. International Committee on Large Dams, Committee on Reservoir Sedimentation Draft Bulletin. Available from: http: //www. icoldcigb. org/userfiles/files/CIRCULAR/CL1793Annex. pdf.

Inman, D. L. , Jenkins, S. A. , 1984. The Nile littoral cell and man's impact on the coastal zone of the South East Mediterranean. 19th Coastal Engineering Conference Proceedings, Houston, Texas, pp. 1600 – 1617.

Kondolf, G. , 1997. Hungry water: effects of dams and gravel mining on river channels. Springer – Verlag New York Inc.

Lignon, F. K. , Dietrich, W. E. , Trush, W. J. , 1995. Downstream ecological effects of dams. BioScience 45 (3), 183 – 192.

MacRae, C. , 1996. Experience from morphological research of Canadian streams: is control of the two – year frequency event the best basis for stream channel protection? In: Roesner, L. A. (Ed.), Effects of Watershed Development and Management on Aquatic Ecosystems. American Society of Civil Engineers, New York.

Marren, P. M. , Grove, J. R. , Webb, J. A. , Stewardson, M. J. , 2014. The potential for dams to impact lowland meandering river floodplain geomorphology. Sci. World J. Article 309673.

McMahon, T. A. , Finlayson, B. L. , 1995. Reservoir system management and environmental flows. Lake Reserv. Res. Manage. 1, 65 – 76.

Milliman, J. D. , Farnsworth, K. L. , 2011. River discharge to the coastal ocean – a global synthesis. Cambridge University Press, Cambridge, UK.

Nanson, G. C. , 1986. Episodes of vertical accretion and catastrophic stripping: a model of disequilibrium floodplain development. Geol. Soc. Am. Bull. 97, 1467 – 1475.

Nelson, P. A. , Smith, J. A. , Miller, A. J. , 2006. Evolution of channel morphology and hydrologic response in an urbanizing drainage basin. Earth Surf. Process. Landf. 31, 1063 – 1079.

Ngo, T. S. , Nguyen, D. B. , Rajendra, P. S. , 2015. Effect of land use change on runoff and sediment yield in Da River Basin of Hoa Binh province, Northwest Vietnam. J. Mountain Sci. 12 (4), 1051 – 1064.

Nilsson, C. , Reidy, C. A. , Dynesius, M. , Revenga, C. , 2005. Fragmentation and flow regulation of the world's large river systems. Am. Assoc. Advance. Sci. 405. Available from: https: //ezp. lib. unimelb. edu. au/login? url5https: //search. ebscohost. com/login. aspx? direct = true&db = edsjsr&AN = edsjsr. 3841248&site=edslive& scope=site.

O'Connor, N. A. , 1991. The effects of habitat complexity on the macroinvertebrates colonising wood substrates in a lowland stream. Oecologia 85, 504 – 512.

Osterkamp, W. R. , Hupp, C. R. , 2010. Fluvial processes and vegetation—Glimpses of the past, the present, and perhaps the future. Geomorphology 116 (3 – 4), 274 – 285.

Pavelis, G. , 1987. Farm drainage in the United States: history, status and prospects. US Department of Agriculture, Economic Research Service, Washington, DC.

Pennisi, E. , 2004. The grand (Canyon) experiment. Science 306, 1884 – 1886.

Petts, G. , 1984. Impounded Rivers: Perspectives for Ecological Management. John Wiley & Sons, New York.

Petts, G. E. , Gurnell, A. M. , 2005. Dams and geomorphology: research progress and future directions. Geomorphology 71 (1), 27 – 47.

Pickup, G. , Warner, R. F. , 1976. Effects of hydrologic regime on magnitude and frequency of dominant discharge. J. Hydrol. 29 (1 – 2), 51 – 75.

Pigram, J. J. , 2000. Viewpoint – options for rehabilitation of Australia's Snowy River: an economic perspective. Regul. Rivers 16, 363 – 373.

Poff, L. N. , Allan, J. D. , Bain, M. B. , Karr, J. R. , Prestegaard, K. L. , Richter, B. D. , et al. , 1997. The natural flow regime, a paradigm for river conservation and restoration. BioScience 47 (11), 769 – 784.

Prosser, I. P. , Abernethy, B. , 1999. Increased erosion hazard resulting from log – row construction during conversion to plantation forest. Forest Ecol. Manage. 123 (2 – 3), 145 – 155.

Prosser, I. P. , Soufi, M. , 1998. Controls on gully formation following forest clearing in a humid temperate environment. Water Resour. Res. 34 (12), 3666 – 3671.

Russell, K. , Vietz, G. , Fletcher, T. D. , 2016. Not just a flow problem: how does urbanization impact on the sediment regime of streams? 8th Australian Stream Management Conference, Blue Mountains, NSW, Australia.

Schumm, S. A. , 1977. The Fluvial System. John Wiley & Sons, New York.

Snowy Hydro Limited, 2015. Snowy Hydro Water Report 2014 – 2015. Snowy Hydro Limited, Cooma, NSW, Australia.

Stanley, D. J. , 1996. Letter section: Nile delta: extreme case of sediment entrapment on a delta plain and consequent coastal land loss. Mar. Geol. 129, 189 – 195.

Steiger, J. , Gurnell, A. , Petts, G. , 2001. Sediment deposition along the channel margins of a reach of the Middle Severn, UK, Regul. Rivers Res. Manage. 17 (4 – 5), 443 – 460.

Stein, E. D. , Cover, M. R. , Elizabeth Fetscher, A. , O'Reilly, C. , Guardado, R. , Solek, C. W. , 2013. Reach – scale geomorphic and biological effects of localized streambank armoring. J. Am. Water Resour. Assoc. 49 (4), 780 – 792.

Stoffel, M. , Rice, S. , Turowski, J. M. , 2013. Process geomorphology and ecosystems: disturbance regimes and interactions. Geomorphology 202, 1 – 3.

Sweeney, B. W. , Bott, T. L. , Jackson, J. K. , Kaplan, L. A. , Newbold, J. D. , Standley, L. J. , et al. , 2004. Riparian deforestation, stream narrowing, and loss of stream ecosystem services. Proc. Natl. Acad. Sci. 101 (39), 14132 – 14137.

Syvitski, J. P. M. , Vorosmarty, C. J. , Kettner, A. J. , Green, P. , 2005. Impact of humans on the flux of terrestrial sediment to global coastal ocean. Science 308, 376 – 380.

Tilleard, J., 2001. River channel adjustment to hydrologic change. PhD thesis, Department of Civil and Environmental Engineering, The University of Melbourne.

Tonkin, Z., Kitchingman, A., Ayres, R. M., Lyon, J., Rutherfurd, I. D., Stout, J. C., et al., 2016. Assessing the distribution and changes of instream woody habitat in south – eastern Australian rivers. River Res. Appl. 32, 1576 – 1586.

Trimble, S. W., 1997. Contribution of stream channel erosion to sediment yield from an urbanizing watershed. Science 278 (5342), 1442 – 1444.

Vietz, G. J., 2013. Water (way) sensitive urban design: addressing the causes of channel degradation through catchment – scale management of water and sediment. Proceedings of the 8th International Water Sensitive Urban Design Conference (Institution of Engineers Australia, ed.), Gold Coast, Australia, 25 – 29 November 2013, pp. 219 – 225.

Vietz, G. J., Stewardson, M. J., Rutherfurd, I. D., Finlayson, B. L., 2012. Hydrodynamics and sedimentation of concave benches in a lowland river. Geomorphology 147 – 148, 86 – 101.

Vietz, G. J., Sammonds, M. J., Stewardson, M. J., 2013. Impacts of flow regulation on slackwaters in river channels. Water Resour. Res. 49 (4), 1797.

Vietz, G. J., Sammonds, M. J., Walsh, C. J., Fletcher, T. D., Rutherfurd, I. D., Stewardson, M. J., 2014. Ecologically relevant geomorphic attributes of streams are impaired by even low levels of watershed effective imperviousness. Geomorphology 206, 67 – 78.

Vietz, G. J., Rutherfurd, I. D., Fletcher, T. D., Walsh, C. J., 2016a. Thinking outside the channel: challenges and opportunities for stream morphology protection and restoration in urbanizing catchments. Landsc. Urban Plan. 145, 34 – 44. Available from: http://dx. doi. org/10. 1016/j. landurbplan. 2015. 09. 004.

Vietz, G. J., Walsh, C. J., Fletcher, T. D., 2016b. Urban hydrogeomorphology and the urban stream syndrome: treating the symptoms and causes of geomorphic change. Prog. Phys. Geogr. 40 (3), 480 – 492.

Vörösmarty, C. J., Meybeck, M., Fekete, B., Sharma, K., Green, P., Syvitski, J. P. M., 2003. Anthropogenic sediment retention: major global impact from registered river impoundments. Glob. Planet. Change 39, 169 – 190.

Vörösmarty, C. J., McIntyre, P. B., Gessner, M. O., Dudgeon, D., Prusevich, A., Green, P., et al., 2010. Global threats to human water security and river biodiversity. Nature 467 (7315), 555 – 561.

Walling, D. E., 2006. Human impact on land – ocean sediment transfer by the world's rivers. Geomorphology 79, 192 – 216.

Wemple, B. C., Swanson, F. J., Jones, J. A., 2001. Forest roads and geomorphic process interactions, Cascade Range, Oregon. Earth Surf. Process. Landf. 26 (2), 191 – 204.

Wolman, M. G., 1967. A cycle of sedimentation and erosion in urban river channels. Geogr. Ann. Phys. Geogr. 49 (2/4), 385 – 395.

Yang, S. L., Milliman, J. D., Li, P., Xu, K., 2011. 50,000 dams later: erosion of the Yangtze River and its delta. Glob. Planet. Change 75, 14 – 20.

Yuan, W., Yin, D., Finlayson, B., Chen, Z., 2012. Assessing the potential for change in the middle Yangtze River channel following impoundment of the Three Gorges Dam. Geomorphology 147 – 148, 27 – 34.

第 6 章

水文变化对水质的影响

Meenakshi Arora，Roser Casas - Mulet，Justin F. Costelloe，Tim J. Peterson，
Alexander H. McCluskey 和 Michael J. Stewardson
墨尔本大学帕克维尔校区，维多利亚州，澳大利亚

6.1　影响水质的自然和人为因素

　　水质是水生生态系统的一个基本内容，它为水生动植物提供生存条件（如盐度、温度、营养物质和氧气）。水质浓度高低影响生态系统，例如磷和氮等必要的营养物质如浓度过高则可能变为污染物。水质的变化也会影响生态系统的结构和功能，包括在此环境中生存的生物的数量和种类（ANZECC 和 ARMCANZ，2000；Boulton 等，2014）。这些变化也会对其他方面产生重大影响，如饮用水质量、工业用水、娱乐、美学、文化和精神价值等。许多自然和人为因素影响淡水生态系统的水质。水量对水质的影响是高度复杂的，主要取决于单个流域特征和局部人为影响的叠加。本章主要研究流速和水量对水质的主要影响，特别是人为因素对水文变化的影响，以及如何利用水环境管理来解决水质问题。

　　淡水生态系统的许多物理化学特性是由降雨后从周围集水区排放到河流（或地下水泄放至河流）中的泥沙、营养物、盐、毒素、病原体和其他污染物所决定的（Hoven 等，2008；Thomas，2014；Zarnetske 等，2012）。水的来源、水文条件变化和水流过程直接影响水质变化（SKM，2013）。水的来源可能因海拔、地形、土壤类型和植被覆盖而有所差异（Baker，2003；Byers 等，2005）。无论来自融雪、降雨/地表径流、地下水、潮水流入、灌溉转移、点源和面源，还是水源类型，都是决定水质的主要因素。水质差异则可根据盐度、温度、营养物和溶解氧等关键参数来定义。在污染物向淡水生态系统迁移以及在淡水生态系统内部循环过程中，水的流动起核心作用，水生态系统的水文变化也可能对水质产生重大影响。

　　人类对流域的改造改变了这些自然资源的数量、质量和平衡，并引入了新的水流路径，例如灌溉引水、大坝泄流以及点源和面源（Brabec 等，2002；Walsh 等，2005；

Young 和 Huryn，1999）。河流管理、流域土地利用和引水等人类活动改变了自然流量和相关的水质特征。有些水质指标可以对环境变化作出快速反应，特别是对流量或水量的变化作出反应，但对其他指标（例如盐度对清理土地的反应），其反应时间可长达十年之久。因此，深入了解水量与水质之间的响应关系对于及时指导管理至关重要。

在本章中，我们考虑了四种具有代表性的水质指标：盐度、温度、氮浓度和溶解氧，用以说明水文变化的影响以及它们对环境需水资源配置的反应。盐度包括水流中的溶解负荷，它受水文和流域土地利用变化的影响。水温是水质的物理参数，受流量调节和河岸变化的影响。氮为动植物群落的生长提供必需的养分，并且受土地利用变化和水文流量变化的影响。溶解氧是水生动物呼吸所必需的，并随流量和温度的变化而波动。

6.2　盐度

河流盐渍化是气候、水文地质、土地利用和流域地形相互作用的结果，它可以由自然产生（初级盐渍化），也可以是土地利用或水利用变化的结果（次生盐渍化）。盐度主要出现在半湿润地区和干旱地区，在这些地区，干燥期的蒸发足以将盐浓缩在土壤、地下水或池塘中。在这些气候区域内，次生盐渍化的产生取决于当地的土地利用方式和地形，在中美洲、南美洲、非洲、中东、中亚和澳大利亚南部大陆，次生盐渍化已经成为一个棘手的问题（Williams，1999）。

河流含盐量对水环境的重要性主要体现在低流量时期，此时含盐地下水成为河流中盐分的重要贡献者的，蒸发也可能增加盐度（Simpson 和 Herczeg，1991）。在低流量时期，海水也可能倒灌进入河口和下游河流。然而，更复杂的过程可能来自峰值流量的改变，即洪水的减少会导致洪泛平原含水层含盐量增加，对河岸植被造成重大压力（Jolly 等，2008），植被压力将成为水环境的主要焦点。无论考虑河流流态的哪个方面，河流与含水层的相互作用通常都是至关重要的，因此，含水层的缓慢响应可能会导致这种变化在一定的时间框架内成为半永久性的（Peterson 等，2014a，2014b），并可能是不可逆转的。以下将进一步讨论这些机制，然后概述人为影响和管理措施。

6.2.1　河流盐渍化过程

河流盐渍化是盐分在时间和空间上都达到峰值的过程，这个过程在河岸带流域之间均可能发生，时间可由数小时持续到数十年。短期过程主要发生在小的空间尺度上，长期过程则以地下水流为主。地下水主要从流域上游较新的补给区流入下游的河流（图 6.1）。在流动过程中，含水层中的溶质被调动，导致地下水盐度增加。干旱的气候条件（年平均潜在蒸散量超过年平均降雨量）推动溶质的累积和地下水盐渍化（Jackson 等，2009）。如果地下水和河流之间存在水力梯度，则含盐地下水会流入河流。

地下水与地表水间的水力梯度对河流系统有很大影响（Lamontagne 等，2014）。在地下水较为清洁的流域，地下水和河流之间水力梯度在逐渐增加（图 6.1）。而在小流域的很多地区，河流和地下水之间的水力梯度会持续下降（图 6.1），从而导致流入河流的地下水很少，盐碱地下水对河岸植被的影响也因此降低（Banks 等，2011）。含盐地下水的排泄对存在含盐非承压地下水的河段影响最大，其水力梯度随水流阶段的变化而变化，

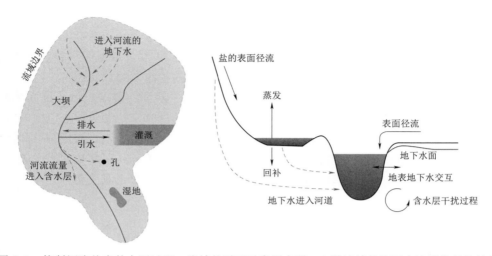

图 6.1　控制河流盐度的主要过程。流域的平面示意图表明，上游流域的地下水流通常是从补给位置流入河流。在下游流域，地下水可以从溪流流入含水层。横截面显示了前述过程，并说明地表径流也可以将土壤中的盐带到地表水中，浓度蒸发也同样会使水体盐度升高。

并且通常发生在流域中下游（Braaten 和 Gates，2003；Ivkovic，2009）。流量较大时，回灌进入河岸地层，使未封闭的地下水得到净化（Cartwright 等，2010）。在低流量时，含盐地下水会排入河流，造成河流盐度呈数量级变化（Costelloe 和 Russell，2014）。

　　在河流中，蒸发速度对静水水体或低流量水体的盐度有显著影响，特别是在河流盐度已经受到含盐地下水影响的地区。在具有较高潜在蒸散速率的半干旱、干旱流域，蒸发量的减少会留下溶质，在无流量期间会导致盐度显著增加，并加剧由地下水排放引起的盐度上升（Costelloe 等，2005）。

6.2.2　人为因素对河流盐度的影响

　　人为因素对河流盐度的影响主要是通过河流治理以及流域土地利用变化产生的。这两种影响都会对河流的盐度产生扩散或集中的空间效应，并对河岸和河漫滩区域产生深远影响。

　　在离河流较远的地方发生区域变化可能导致局部非承压地下水位上升，从而导致河流盐度增加。这些人为因素主要包括土地整治和灌溉，两者都增加了地下水的排泄。土地整治影响地下水的途径主要是由于土地清理将深根植被变为浅根作物，减少了土壤的蒸发蒸腾作用，因此为地下水提供了更多的补给（Zhang 等，2001）。灌溉则是通过过度灌溉影响地下水，高效灌溉也同样以从根部冲刷溶质的方式对地下水产生周期性补给。这种灌溉排水会导致灌区的地下水积累（Sarwar 等，2001）。从土地整治和灌溉中增加的渗透量和补给量可以调动渗流（非饱和）区的高溶质水平，其结果是地下水位增加而地下水盐度没有任何下降（甚至出现增加）（Salama 等，1999）。地下水位的抬升为从含水层到河流水流提供了压力梯度，这样导致地下水向河流输出更多的盐分。此外，河岸漫滩区的浅层含盐地下水可以通过毛细作用使溶质上升到不饱和区，甚至将盐分沉积在地表，对河岸植物群落造成显著的渗透威胁（Jolly 等，2008）。

通过河流管理改变洪水特性，也会影响河流的盐度。例如，河流大型水库的蓄水可以减小洪水发生的频率（见第 3 章）。在受含盐地下水排泄影响的地区，小流量可能不足以将河流的盐度稀释到理想的水平，也不足以将高浓度含盐水冲刷进水库中（Turner 和 Er-skine，2005；Western 等，1996）。减少大洪水发生的频率将减少洪泛区的补给（Cart-wright 等，2010），有清洁岸边带的河段，对局部含盐地下水的排泄起到缓冲作用，但它们也很容易受到近河流地下水抽水的影响，从而导致地下水位下降并导致咸水区域地下水流入河岸带。

其他形式的河流管理，如为了通航或供水而在适当地方设置船闸和堰坝，在低流量季节仍可以保持高水位。因此，局部地区含盐地下水向河流的排泄受到限制，这将进一步抬升河漫滩的非承压地下水位。因此，含盐地下水会对河岸植被，尤其是大型树木造成严重的威胁，甚至致其死亡（Jolly 等，2008）。

6.2.3　控制河流盐度的管理措施

由于河流盐度是由河流治理和流域土地利用变化引起的，因此通常需要综合的流域管理措施来控制，而不是仅仅依靠环保措施（见第 22 章）。此外，河流盐度来源的量化是极具挑战性的。除灌溉排水外，流量还是由空间异质性决定的，这个过程的持续时间从数小时到数十年不等。此外，含盐地下水是否流入河流是由含水层和河流中的盐度以及它们各自的水位决定的。

考虑到这些挑战，通过控制流域土地利用来改变盐度的主要措施是在流域内种植多年生草本或木本植被，其响应的时间尺度通常是数十年，还有就是对地下水进行阻断。

可以采用多种方法利用水流量来控制河流的盐度。在低流量阶段，下泄的流量可以用来稀释水流中的盐度，也可以用来冲刷水库中的含盐水。后者需要考虑到在较深的水库中引起湍流和充分混合所需的流量，因为水库中的含盐水和清洁水流的密度差异可能会阻碍水库的冲刷（Western 等，1996）。从堤岸流向漫滩的环境流量，通常会向河岸和漫滩上因地下水和土壤水的盐度而受到渗透威胁的植被提供用水。这些水流的目的是增加河道内水量并为洪泛区提供补给，以降低土壤水和潜水区的盐度（Holland 等，2009）。然而，如果由于增加流域补给和/或流量调节建筑物而使洪泛区非承压地下水位保持在较高水平，环境流量可能只会带来短期或中期的缓解作用。在某些情况下，将含盐水抽到地表处置区可降低地下水位并有效促进水体流动。

6.3　水温

水温是淡水系统中的一个关键变量。地热生境的多样性直接或间接地影响着水生生态系统的结构和动态（Dent 等，2000；Frissell 等，1986；Townsend 等，1997）。温度为物理、化学和生态过程提供基本条件，在整个河流生态系统的健康和运转中起着重要作用（Poole 和 Berman，2001）。水温条件影响河流的物理和生化过程，包括悬移质浓度、有机质分解和溶氧量等（Johnson，2004；Poole 和 Berman，2001；Webb 等，2008），这些因子还影响着水生生物的生长、分布和生存（Boulton 等，2014；Caissie，2006；Ebersole 等，2003b；McCullough 等，2009）。此外，水温对经济发展，如工业（如电力

和生产饮用水）、农业、水产养殖和娱乐活动等也十分重要（Van Vliet 等，2011；Webb
等，2008）。

河流的温度随水量的增加而增加，水温则随着流量的增加而降低（Sullivan 等，
1990）。因此，水文变化对河流水温有显著影响，特别是在低流量时期，同时这种影响也
与存在温度分层现象的水库泄流有关。此外，气候变化也可能进一步影响全球的河流水文
和温度（Beechie 等，2013；Schneider 等；Van Vliet 等，2011），进而影响水生生态系统
（Caissie，2006；Poole 和 Berman，2001；Webb 等，2008；Wilby 等，2010）。通过河流
水温预测未来的气候变化规律，已经成为科学家、环境管理人员、监管部门越来越感兴趣
的一个重要方向（Hannah 等，2008），但是这在满足多种水需求的受监管的河流中十分
具有挑战性。

6.3.1 河流中的热过程和控制机制

除了地表和地下水的热传递外，热交换还发生在水-气界面和水流-河床界面［图 6.2
（A）］。在水-气界面上，太阳辐射或净短波辐射是热量的主要来源，其次是长波辐射和较
小程度的蒸发和热对流［图 6.2（A）］。水流-河床界面的热流通量则主要来自河床的导热
（地热）、地下水和潜流的热交换［图 6.2（A）］。流体摩擦也会影响热交换，但与上述几
种情况相比，它的贡献通常很小（Caissie，2006；Constantz 等，1994；Olden 和
Naiman，2010）。

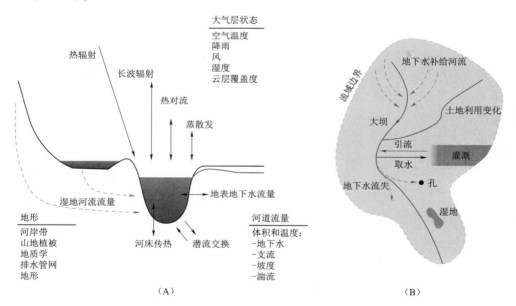

图 6.2　河流热交换过程、驱动因素和影响，包括（A）河流中的热交换过程（箭头）
以及控制横断面水流和河流生态系统（清单）的热量传输和流速的物理驱动因素，
（B）流域尺度上影响热传递速率的物理驱动因素。

影响水-热传导传输速率的机制可分为四类：大气条件、地形、流量、河床［Caissie，
2006；图 6.2（B）］。大气条件包括气温、降水、风速、湿度、云量，它们同时受到地形
（地质、地形、纬度/海拔、河岸、光照等）的影响，这些因素对水温都有重要影响

（Olden 和 Naiman，2010）。虽然流量和河床是次要因素，但它们可通过①不同来源的水体混合，和②泥沙的传导、促进低渗交换和地下水流入，而影响热能力。因此，自然或人为因素引起的水文条件变化将决定河流系统热变化的程度。

河流温度存在纵向梯度，通常河流温度随着向下游的方向而增加，或随河流等级增加而增加（Allan 和 Castillo，2007；Gordon 等，2004）。然而，河流的水温在空间上的分布是不均匀的，而且在栖息地附近会有显著的变化（Hauer 和 Hill，1996）。横向（河道外）和纵向（底层）的温度模式越来越被认为是河流生态异质性的一个重要方面（Boulton 等，2014；Ebersole 等，2003a；Poole 和 Berman，2001）。

在流动的河流中，由于湍流在垂向的强烈扰动，水温垂向分层现象并不常见，但在水流方向上却会出现温度梯度（Gordon 等，2004）。总体而言，温度分层通常发生在自然湖泊或水库中。温度高的水体密度较小，因此位于温度低的水层之上，这就使水温在垂向上存在明显分层（Boulton 等，2014；Jorgensen 等，2012；Moss，2009；图 6.3）。这种自然或人为导致的温度差异可能对下游河段产生严重的热影响（6.2.2 节）。

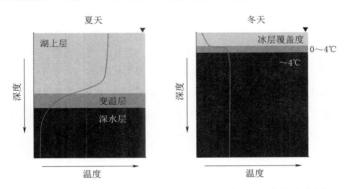

图 6.3　夏季（左）和冬季（右）的水库和湖泊的季节性分层。

考虑到太阳辐射是河流的主要热源，因此河流水温变化存在时间性和季节性（Constantz 等，1994）。在温暖或寒冷气候中，影响河流水温季节性变化的主要原因是春季的融雪和夏季的蒸散。虽然冬季的冰覆盖可以为生物提供庇护（Huusko 等，2007），但下游的水温可能会因为融雪而显著降低。蒸发可能会减少白天的流量和低温地下水的流入，从而导致河流温度升高（Constantz 等，1994）。暗源水流区和开阔低地水源区之间的温度差异也很大，因为在开阔地带阳光的遮挡对水温的影响很小（Hauer 和 Hill，1996；Stanford 等，1988）。

相对地表和地下水流量、河道与地下水之间的连通程度，局部地质条件则决定了上升流区域的夏季地下水温较低而冬季地下水温较高，这有利于创造广泛的热栖息地，进而可能影响生物的生命周期和繁殖（Jorgensen 等，2012）。

在冲积河流中，河流地貌对水温有重要影响（Burkholder 等，2008）。例如，多孔的基质将促进潜流的流动（Johnson，2004），这可能会造成水温的降低、缓冲或滞后（Arrigoni 等，2008）。河流淤泥沉积与主河道有不同的热模式（Hauer 和 Hill，1996）。随着遥感热成像技术的发展，河流地貌学如何改变河流温度的空间异质性的研究逐渐发展起来。这在一定程度上是由于人们对水生生物的热避难行为越来越感兴趣（Dugdale 等，

2015；Kurylyk 等，2015；Torgersen 等，2001）。

6.3.2 人为因素对热过程的影响

人为因素对流域的影响可能导致自然热系统的显著变化。气候变化和其他人为改造环境的综合结果导致水温呈上升趋势（Van Vliet 等，2011；Wilby 等，2010）。但由于气候区和季节的不同，这种上升的后果可能对河流产生不同的热效应（Caissie，2006）。本书中，我们将重点关注自然热状态下河流调节引起的水文变化。这些影响是显著的（Acaba 等，2000；Casado 等，2013；Horne 等，2004；McCullough，1999；Ryan 等，2001；Zolezzi 等，2011），并且对水生生物多样性有重大影响（Boulton 等，2014；Bunn 和 Arthington，2002；McCullough 等，2009；Rutherford 等，2009；Vatland 等，2015）。

蓄水池通常会增加水的滞留时间，也会在寒冷的条件下增加河流的温度（Allan 和 Castillo，2007）。在温度分层明显的水库中，应考虑下游河道的热变化。深水水库在夏季下泄的水流明显较冷，而在冬季则明显较暖。这可能会对水生生物的生命周期产生极大的负面影响（见第 4 章），主要包括在产卵、孵化和生长时间的提前或延迟（McCullough，1999；Preece 和 Jones，2002）。特别是在澳大利亚，用以满足灌溉和供水需求的分层水库底部泄水，对当地鱼类造成了极大的影响。低温水下泄会影响鱼类的繁殖、进食、生长、生存，并减缓水生系统中的所有生物的代谢过程。此外，因为入侵的耐低温生物更能适应这种热变化，因此温度较低的水库泄水可能对鱼类产生不利影响（Lugg 和 Copeland，2014；Rutherford 等，2009）。下游水温的变化程度取决于水库泄水量和水温，以及下游的支流和地下水。更重要的是，水温恢复的距离取决于水-气交界面的热交换过程（Webb，1995）。

河流调节引起的水文变化也意味着河流中的水量减少（见第 3 章）。这可能会使地下水流入显得更加重要，并影响到整个河流的热状况，这在夏季尤为关键。在气候变化的背景下，这可能导致温度超过某些水生生物生活的温度阈值，对整个群落结构和营养水平的功能产生重大影响（Woodward 等，2010）。

6.3.3 管理措施

为了给水生生态系统的适应争取时间，已经制定了减缓水温升高的相关措施（Boulton 等，2014；Hansen 等，2003；Nõges 等，2010；Wilby 等，2010）。虽然减轻人为因素对热过程影响有多种管理措施，包括河岸重新种植以控制原位和下游目标河段的温度（Capon 等，2013；Wilby 等，2014），但是在这里，我们主要关注的是减轻水文变化对热过程影响的措施。

Sherman（2000）以及 Olden 和 Naiman（2010）总结了减缓低温水流或水库水温分层对热过程影响的措施。这些措施可分为两大类：沿分层剖面选择性地抽取所需温度的水，或在泄水之前人为地打破水温分层。

第一类包括多层进水口，其中几个进口位于水库底部以上的固定位置。通过将多级泄水结构中的挡板换成拦污栅可以过滤大块杂物，同时水流可以正常通过，借助该方法可以有选择地抽取不同热层的水，取水方法可以采用浮动式取水口或耳轴，即通过连接在大坝壁上的两根管子从选定的水层中取水。

通过大规模的水循环可以人工消除水库底部和表层的温差。但该措施有效与否很大程度上取决于当地的气候条件和库区大小。具体措施包括：①将冷水抽到水面以提高整体水质，该方法通常用于富营养化水库；②通过浮动平台，利用地面泵将表层水向转移到进水口；③引流管混合器，该装置是由利用浮球伸缩管将表层水输送至目标位置的装置改进而来；④水下堰或帷幕，这相当于一个屏障，迫使温水或冷水高于或低于帷幕；⑤消力池：延缓水的下泄，使水温与空气温度达到平衡。

Sherman（2000）认为，由于流量与水温成反比关系，因此不可能模拟自然状态下每日温度变化，除非同时模拟水文状况。以澳大利亚夏季的灌溉为例，虽然这些措施可能会改变平均水温，但不太可能完全恢复到自然温度。最近，Rheinheimer 等（2014）提出了一种探索性的方法，即通过优化措施，选择性地从水库中抽水，以减轻气候变化的影响。具体来说，他们建议从不同的热层中选择性泄流，以减少与下游水流的温差。

考虑到水体的时空异性，准确预测水体的热动态十分困难（Webb 等，2008）。然而，低成本、精确、可编程以及可靠的微型记录器的技术发展使得在多个地点的长期监测河流温度变为可能（Johnson，2003；Johnson 等，2005）。此外，最新的利用遥感热红外图像记录河流温度的时空变异性的技术，有效地解决了不确定性、分辨率、校准和定位等难题（Dugdale 等，2013，2015）。此外，数据分析技术的发展，也为人们评估、理解、减缓人为因素对河流热状态的影响提供研究工具（Webb 等，2008）。

6.4　营养物质

氮是河流系统中最常见的营养物质，氮含量高低对生态系统功能至关重要。氮水平较高时，可能对河流的健康造成危害，变成一种污染物（Sheibley 等，2003）。当前全世界都出现了河道中的氮含量升高的现象。牧场和农田过度施用氮肥、对垃圾渗滤液管理不当，以及汽车和其他内燃机排放的废气，都有可能导致地下水和地表水的氮含量增加（Hoven 等，2008；Thomas，2014）。氮在水生态系统中以各种形式存在，特别是氨/铵氮、亚硝酸盐氮和硝酸盐氮，它们均是影响河流水质的水溶性物质（Marzadri 等，2011）。最显著的影响是河流中氮含量的增加刺激蓝藻过度生长，造成水体富营养化，进而导致溶解氧及动植物的减少。若饮用水中硝酸盐氮含量超标，婴儿会患上一种叫作高铁血红蛋白血症或蓝婴综合症的疾病（Super 等，1981）。

6.4.1　河流中氮的转化过程及控制机制

降雨（非点源）、污水处理厂排放、工业排放等使流域内的氮通过地表径流进入溪流。大量的化学和生物反应导致水中氮发生不同形式的转化，这些反应大多发生在水-沙交界附近，也被称为潜流交换（Arrigoni 等，2008；Santschi 等，1989；Storey 等，2004；Zhou 等，2014）。该区域为一系列生物化学反应提供较长的停留时间（Boano 等，2014；Grimm 和 Fisher，1984；Sheibley 等，2003），如图 6.4 所示。从水生态系统过程中去除氮的两个主要过程是硝化和反硝化。硝化作用将氨氮转化为硝酸盐氮，这一过程需要好氧条件才能发生。反硝化则要求反硝化细菌在无氧条件下将硝酸盐氮转化为氮气，从而将其从生态系统中去除（Zarnetske 等，2015）。

水体停留时间短只会导致硝化反应，而停留时间长则会导致硝化反应后的反硝化反

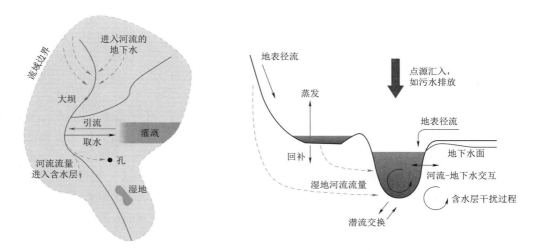

图 6.4 控制溪流养分水平的主要过程。流域的平面视图表明，上游流域的地下水流通常是从补给位置流入河流。在下游流域，地下水可以从溪流流入含水层。横截面图显示了前者，地表径流将土壤中的营养物质调动到地表水中，点源向溪流中排放大量营养物质，并且由于蒸发浓缩，水体总的营养物质浓度可能较高。

应，从而导致氮含量完全衰减。这些在河流内发生的转化会对表层水水质产生显著影响（Thouvenat 等，2006）。这些过程与反应速率之间的相互作用决定了表层水或泥沙中硝酸盐氮的浓度。因此，根据对生物氮的需求以及所需的地质和非生物因子的可获得性，潜流带是硝酸盐潜在的源或汇（Moore 和 Schroeder，1970；Rivett 等，2008；Thomas，2014；Zarnetske 等，2012；Zhou 等，2014）。

泥沙渗透系数和流速对潜流带生物化学反应也有重要影响（Bardini 等，2012）。这两个因素都直接影响泥沙的养分供应和停留时间。氮转化过程的反应速率对溶解氧浓度很敏感，水中的氧气含量会随温度的变化而变化（Veraart 等，2011）。此外，地质的初始供应，例如氨氮（用于硝化）、硝酸盐氮和有机碳（用于反硝化）依赖于渗透系数。氮在水-沙交界面的衰减则受输移的限制并依赖于水流。相关研究还发现，河流水温、河床形态、泥沙的渗透性、泥沙粒度等因素对氮的转化均有影响（Marzadri 等，2013；Ronan 等，1998；Storey 等，2003）。

在温带河流中，低流量、光照增加、夏季高温均会加快生物过程（如初级生产力、碳、养分循环）的反应速率，并可能降低流入河流的养分水平；相反，冬季的高流量会增加河流的溶解养分和碳的输入，较低的温度和水的纯净度会降低生物过程的反应速率。然而，在热带河流中，干旱的冬季会使流量过低甚至流量为零，而多雨的夏季流量往往较大，这就造成城市河流的水质变化较大，城市雨水径流携带营养物质和生物质等各种化学物质迁移到水体（Walsh 等，2005）。

6.4.2　人为因素对河流氮素含量的影响

人为因素对河流氮素水平的影响既有河流调节作用的影响，也有流域土地利用变化的影响。氮可以通过点源或非点源（扩散）途径进入河道。点源排放通常是连续的，从一个特定的位置通过管道或排水管排入河道，如雨污水处理厂或工业排放。非点源氮则主要来自农业用地、道路或草坪的径流，以及来自污水设施的泄漏。

河流调节导致的流量变化也会对河流中的氮水平产生显著影响（Feldman 等，2015）。河流调节可以降低流量变化程度，在某些情况下，还可以降低下游河流的季节性倒流（见第 3 章）。蓄水（如水库）可能导致下游流量减少，从而氮含量增加。此时的水体含氮量对于接收点源排放最为敏感，例如低流量条件下的污水处理厂，因为水流缓冲能力的降低稀释了排出的氮。在这样的干旱期，流量的增加通常会加剧氮的衰减。然而，洪水会引起土壤侵蚀，导致大量的氮从农田进入河道。上游大坝导致更多变或更单一的水流，并减少河流连通性，继而影响养分和泥沙的移运，从而影响了下游的营养结构和功能（Bunn 和 Arthington，2002）。

6.4.3 控制氮含量的管理措施

由于河流氮含量通常是由河流治理和流域土地利用变化共同引起的，因此，实施全流域多管齐下的管理措施是最有效的（见第 22 章）。这些管理方案包括对道路、花园和其他城市地区的雨水径流进行源头管理。这可以显著减少流入河道的营养物质和泥沙。各种水敏城市设计方案包括洼地、生物过滤器、沉淀池和湿地等（Walsh，2000）。对农田的灌溉和施肥进行更好的规划，以及利用河岸管理措施来减少牛群的入侵，可以显著减少河流中的氮含量。利用环境流量、工程措施、河道几何形状调整，达到最佳的硝化/反硝化水平，可以减少河流中的氮含量。

6.5 溶解氧

6.5.1 溶氧过程和控制机制

河流中的溶解氧浓度反映了表层水体复氧和光合作用的氧气平衡，也反映了生态系统呼吸作用和水体、边界泥沙氧化作用的氧平衡。当氧气消耗超过供应时，氧气浓度下降（Diaz，2001）。重要的是，河床泥沙的复氧和耗氧速率可能受到水流条件的影响。具体来说，这些过程分别需要水-气、水-沙交界面的氧交换。

水-气交界面的氧气交换

复氧速率的定义：从空气到水的氧气质量流量，它可以大于光合作用产生的氧气或呼吸/氧化消耗的氧气（Aristegi 等，2009），这使其成为控制溶解氧浓度的关键。如图 6.5 所示，为了达到复氧，氧气必须通过空气和水边界层输送（Gulliver，2011）。对于难溶于水的气体（如氧气），其复气速率受限（Gualtieri 和 Doria，2008）。两种常用的表征水体气体交换的模型都强调了水体表面湍动的作用（Gualtieri 和 Doria，2008）。在经典的双膜模型中，湍流可以减小浓度边界层的厚度，从而增加扩散子层内的溶解氧浓度梯度，进而增加分子扩散系数的质量通量（Gulliver，2011）。在表面更新模型中，湍流漩涡向交界面输送富氧水以取代少氧水。关于湍流重要性的经验研究结果是：在不同流量条件下，自然水流中靠近表层湍流能量耗散的现场测量值与界面气体交换率之间存在高度相关性（Vachon 等，2010）。

曝气速率通常是由曝气系数和氧亏量（出现在水面的饱和氧浓度与水侧浓度边界层下的氧浓度之差）的乘积决定（Gualtieri 等，2002）。曝气系数的计算是建立河流氧平衡模

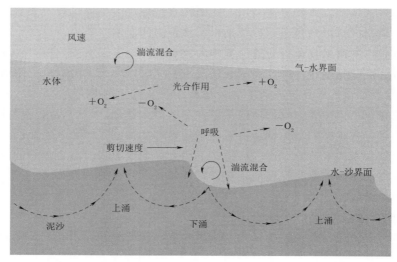

图 6.5　示意性侧视图，该图显示了河流和底栖溶解氧浓度的主要控制过程。空气水界面处的氧气湍流扩散使得氧气可用于水柱中的呼吸，而水柱中的光合作用增加了溶解氧。含有杂质的水下沉到沉积物床中为底栖动物的生存提供了氧气，其在潜伏区域中停留的时间更长。

型的主要难点（Grace 等，2015）。水流与边界的相互作用复杂，以及风对水面的影响，包括表面波的形成，都会导致水面附近的湍动。通过往水中加入气体示踪剂，对曝气系数进行直接测量是可行的，但这种测量需要重复不同水流、风力条件变化的情况（Aristegi 等，2009；Vachon 等，2010），这就导致这些模型在不同的地方使用可能会产生不同的效果（Gualtieri 和 Gualtieri，1999；Melching 和 Flores，1999；Parker 和 DeSimone，1992；Riley 和 Dodds，2013；Wilson 和 Macleod，1974）。

　　Grace 等（2015）倾向于另一种方法，即通过将氧平衡模型拟合得到溶解氧浓度的时间序列，从而间接计算曝气系数。这是基于 Odum（1956）首次提出的一种方法，该方法通过观察到的氧浓度的昼夜变化来推断总的产量和河流呼吸速率。假定呼吸速率是恒定的，氧的昼夜变化是光合作用在夜间降为零的结果。

水-沙交界面的氧气交换

　　水的底质的质量通量（Bardini 等，2012；O'Connor 和 Harvey，2008），特别是溶解氧（Marzadri 等，2013），在众多的河流生态系统功能中具有重要意义（Boulton 等，1998；Krause 等，2011；Marion 等，2014；Stanford 和 Ward，1988）。河流和泥沙之间的混合（通常被称为潜流交换）存在三个阶段：①水流入下游沉积层；②泥沙的沉积和生物化学反应；③孔隙水回流至水体。如图 6.5 所示，当水流停留在河床时，由于呼吸不足，溶解氧被耗尽（Findlay 等，1993；Naegeli 和 Uehlinger，1997），同时带来生物化学反应。例如，在氧和营养通量高的下游区发育的生物膜会限制下游通量进入潜流带（Hendricks，1993）。然而，当生物膜为底栖动物提供食物时，可能会增加泥沙的渗透性和潜流交换（Boulton，2007）。由于流载溶质的冲刷和反应的周期性，潜流带被喻为河流的肝脏（Fischer 等，2005）。

在水-沙交界面，通量经历了从自由表面湍流向河床附近层流孔隙水的转变。过渡区（也叫边缘层）可渗透泥沙粒径 4～5 倍大小的颗粒，可减少 90％的水体紊动（Vollmer 等，2002）。因此，潜流交换依赖于水体和泥沙条件。在水体中，潜流交换取决于水-沙交界面的压力变化和渗透到河床的湍流。沉积物需氧量与水体流速（Nakamura 和 Stefan，1994）、泥沙的渗透性和微生物活性有关（Higashino 和 Stefan，2005）。河床特征（Elliott 和 Brooks，1997）、水-沙交界面泥沙的非均质性（Aubeneau 等，2014；Cardenas 等，2004）、河流流速的周期性变化（Shum，1993）可导致水流上升和下降（Boano 等，2011；Grant 和 Marusic，2011），从而促进水-沙交界面通量增加。

溶解在泥沙内的氧通量可以用质量传递系数来量化，传递系数与用上升、下降流的浓度差来归一化后的质量通量有关（McCluskey 等，2016）。如果所有的氧气都被水底呼吸所消耗，那么这个系统就被称为质量转移受限系统（Grant 等，2014）。总的来说，传递系数和停留时间的分布决定了泥沙中氧的流入和泥沙反应时间。因此，传递系数反映了水底生物呼吸的极限。

6.5.2　人为因素

通过为异养微生物的活动供氧，高度溶解或颗粒状有机物的含量通常会降低。增加的有机质可能是由外部来源输送，其中包括漫滩黑水（有机质浓度高的水）的排放，漫滩上溶解的有机质来自落叶和污水溢漏（Hladyz 等，2011；McCarthy 等，2014），或者来自富营养化（如藻华）导致的本地进程（Mallin 等，2006）。河流中低溶解氧或低氧会导致鱼的行为改变（Dwyer 等，2014），鱼类（Small 等，2014）和淡水甲壳类（McCarthy 等，2014）的死亡率增加，以及浮游动物的种类和数量减少（Ning 等，2015）。

复氧则取决于水-气交界面的水流混掺。流速降低，进而引起紊流，降低曝气速率，并可导致水体内溶解氧浓度下降。这些情况可能发生在积水中（例如，堰的上游），特别是当这种情况与流量减少同时发生时。

水体密度分层的原因可能是表层水受热（热分层），或者海水、地下水或其他来源的盐分输入（盐度分层；Williams，2006）。温度或盐度垂向的梯度（温跃层或盐跃层）可以产生密度差异，导致浮力增加，密度小（温度高或盐度低）的水体位于密度大（温度低或盐度高）的上方。在这些条件下，底层的曝气需要通过这两层之间的交界面向下交换溶解氧。另外，曝气也可以通过水体混掺和打破分层来实现，这两个过程都依赖于水流。流动性的增加可以通过在界面处产生更大的剪切和湍流来增强溶解氧的交换和两层之间的混合。与气-水界面处的氧气交换一样，受控河流中的流量减少或河流蓄水将增加建立分层条件和减少向下层的气体交换，从而导致水柱中的低氧条件。

人为因素对河道形态的影响通常是减少河道的不规则性，包括减少河流蜿蜒度和改变河床形态（Hancock，2002）。这些特征对低潜流交换至关重要，它们的改变影响河流系统中的水力特性，从而减少对河床泥沙溶解氧的供给（Hanrahan，2008）。此外，受流域扰动影响而增加的悬移质可能阻塞床沙，并抑制水-沙交界面溶解氧的交换。

6.5.3　管理措施

缓解河流中缺氧现象的管理措施有很多，包括输送稀释流、使用泵进行机械充气、桨轮、溢流，将黑水（有机质浓度高的水）转移到河道外（Whitworth 等，2013）。也可以利用环境流量来加强河流曝气的自然过程。最后一个方法适用于适应性管理（见第25章）：使用校准氧平衡模型（Grace 等，2015）确定泄放初始环境流量，这可以通过增强曝气来优化环境流量，从而缓解缺氧现象。这种方法利用了曝气系数对湍流的敏感性，而紊动则取决于与流量有关的流速。

6.6 其他污染物

令人关注的污染物还有许多，如重金属、杀虫剂、药物化合物等。这些污染物大多随径流、工业点源排放和/或地下水排放进入河流。每一种污染物的运移都是物理或生化因素以及水流的对流等不同因素综合作用的结果。

6.7 结论

本章讨论了影响淡水生态系统水质的四个关键因素：盐度、温度、氮和溶解氧。大气和地形条件是影响水质的主要因素；同时流量对水质有显著影响。因此，河流调节引起的水文变化对河流的含盐量、自然热状态、氮含量、溶解氧有显著影响，对水生生物也有重要影响（表6.1）。

表 6.1　　　　　　　　水文变化对盐度、温度、氮、溶解氧的影响

水文变化	人为因素	水质响应			
		盐度	温度	氮	溶解氧
地表水蓄积和调水	大型水库（水电站、调洪）	减少漫滩盐渍池的冲刷和盐渍地下水的积累	增加水停留时间和热分层，导致低温或高温水的排放	由于稀释减少，下游氮含量增加	通过减轻混掺和消耗来脱氧
	农用水坝、小水池	降低地下水排放	最小	由于稀释减少，下游氮含量增加	减少水体的混掺和氧化
地下水开采与枯竭	地下水开采与枯竭	降低地下水排放	降低了利用地下水上升流来缓解极端温度的可能性	减少地下水的排放，减少营养物的稀释	减轻了水-沙界面中孔隙水的冲刷
	地下水从灌溉中积累起来	增加含盐地下水的排放	降低了利用地下水上升流来缓解极端温度的可能性	由于地下水排放增加，水流中的营养物质被稀释	减轻了水-沙界面中孔隙水的冲刷
地表排水系统的改变	大坝输水：枯水减少	可能增加漫滩盐度	极端水温（例如，夏季水温较高）	下游点源排放的氮浓度极高	最小
	大坝输水：流量增加		自然热力场的改变	增加了农田地表径流中的氮含量	
地表水平衡的变化	植被变化	增加了排入河流和漫滩的盐量			减少水体内的光合作用和呼吸作用
	城市化	最小			最小

一般而言，水质问题（例如，污染物浓度过高、水温过高或溶解氧过低）可以通过增加环境中的水量来缓解。增加流量可稀释污染物，并通过平流运输使其更快地从河流中清除。水量的增加会使热质量增加，从而减弱昼夜极端温度。环境流量的泄放也能促进曝气和减轻水体密度分层。然而，在某些情况下，环境流量的输送也是有害的。流量增加减少水力停留时间，因此溶解氮通过反硝化作用被转换和消耗。此外，水质对流域土地利用变化高度敏感，因此只利用环境流量这一项来解决水质问题（例如，高盐度和养分）是不现实的。掌握使用环境流量来管理水质的基本方法对研究淡水生态系统中水流对污染物迁移过程的影响有重要意义。

参 考 文 献

Acaba，Z.，Jones，H.，Preece，R.，Rish，S.，Ross，D.，Daly，H.，2000. The Effects of Large Reservoirs on Water Temperature in Three NSW Rivers Based on the Analysis of Historical Data. Centre for Natural Resources，NSW Department of Land and Water Conservation，Sydney，Australia.

Allan，J. D.，Castillo，M. M.，2007. Stream Ecology: Structure and Function of Running Waters. Springer Science & Business Media.

ANZECC，ARMCANZ，2000. Australian and New Zealand Guidelines for Fresh and Marine Water Quality. Australian and New Zealand Environment and Conservation Council and Agricultural and Resource Management Council of Australia and New Zealand.

Aristegi，L.，Izagirre，O.，Elosegi，A.，2009. Comparison of several methods to calculate reaeration in streams，and their effects on estimation of metabolism. Hydrobiologia 635，113 - 124. Available from: http://dx. doi. org/10. 1007/s10750 - 009 - 9904 - 8.

Arrigoni，A. S.，Poole，G. C.，Mertes，L. A.，O'Daniel，S. J.，Woessner，W. W.，Thomas，S. A.，2008. Buffered，lagged，or cooled? Disentangling hyporheic influences on temperature cycles in stream channels. Water Resour. Res. 44，1 - 13.

Aubeneau，A. F.，Hanrahan，B.，Bolster，D.，Tank，J. L.，2014. Substrate size and heterogeneity control anomalous transport in small streams. Geophys. Res. Lett. 41，8335 - 8341. Available from: http://dx. doi. org/10. 1002/2014GL061838.

Baker，A.，2003. Land use and water quality. Hydrol. Process. 17，2499 - 2501.

Banks，E. W.，Simmons，C. T.，Love，A. J.，Shand，P.，2011. Assessing spatial and temporal connectivity between surface water and groundwater in a regional catchment: implications for regional scale water quantity and quality. J. Hydrol. 404，30 - 49.

Bardini，L.，Boano，F.，Cardenas，M. B.，Revelli，R.，Ridolfi，L.，2012. Nutrient cycling in bedform induced hyporheic zones. Geoch. Cosmoch. 84，47 - 61. Available from: http://dx. doi. org/10. 1016/j. gca. 2012. 01. 025.

Beechie，T.，Imaki，H.，Greene，J.，Wade，A.，Wu，H.，Pess，G.，et al.，2013. Restoring salmon habitat for a changing climate. River Res. Appl. 29，939 - 960.

Boano，F.，Revelli，R.，Ridolfi，L.，2011. Water and solute exchange through flat streambeds induced by large turbulent eddies. J. Hydrol. 402，290 - 296. Available from: http://dx. doi. org/10. 1016/j. jhydrol. 2011. 03. 023.

Boano，F.，Harvey，J. W.，Marion，A.，Packman，A. I.，Revelli，R.，Ridolfi，L.，et al.，2014. Hyporheic flow and transport processes: mechanisms，models，and biogeochemical implications. Rev. Geophys. 52, 603 – 679. Available from: http: //dx. doi. org/10. 1002/2012RG000417.

Boulton, A, 2007. Hyporheic rehabilitation in rivers: restoring vertical connectivity. Freshw. Biol. 52 (4), 632 – 650.

Boulton, A. J. , Marmonier, P. , Davis, J. A. , 1998. Hydrological exchange and subsurface water chemistry in streams varying in salinity in southwestern Australia. Int. J. Salt Lake Res. 8, 361 – 382.

Boulton, A. , Brock, M. , Robson, B. , Ryder, D. , Chambers, J. , Davis, J. , 2014. Australian Freshwater Ecology: Processes and Management. John Wiley & Sons, NY.

Braaten, R. , Gates, G. , 2003. Groundwater – surface water interaction in inland New South Wales: a scoping study. Water Sci. Technol. 48 (7), 215 – 224.

Brabec, E. , Schulte, S. , Richards, P. L. , 2002. Impervious surfaces and water quality: a review of current literature and its implications for watershed planning. J. Plan. Lit. 16, 499 – 514.

Bunn, S. E. , Arthington, A. H. , 2002. Basic principles and ecological consequences of altered flow regimes for aquatic biodiversity. Environ. Manage. 30, 492 – 507.

Burkholder, B. K. , Grant, G. E. , Haggerty, R. , Khangaonkar, T. , Wampler, P. J. , 2008. Influence of hyporheic flow and geomorphology on temperature of a large, gravel – bed river, Clackamas River, Oregon, USA. Hydrol. Process. 22, 941 – 953.

Byers, H. L. , Cabrera, M. L. , Matthews, M. K. , Franklin, D. H. , Andrae, J. G. , Radcliffe, D. E. , et al. , 2005. Phosphorus, sediment, and Escherichia coli loads in unfenced streams of the Georgia Piedmont, USA. J. Environ. Qual. 34, 2293 – 2300.

Caissie, D. , 2006. The thermal regime of rivers: a review. Freshw. Biol. 51, 1389 – 1406.

Capon, S. J. , Chambers, L. E. , Mac Nally, R. , Naiman, R. J. , Davies, P. , Marshall, N. , et al. , 2013. Riparian ecosystems in the 21st century: hotspots for climate change adaptation? Ecosystems 16, 359 – 381.

Cardenas, M. B. , Wilson, J. L. , Zlotnik, V. A. , 2004. Impact of heterogeneity, bed forms, and stream curvature on subchannel hyporheic exchange. Water Resour. Res. 40, W08307. Available from: http: //dx. doi. org/10. 1029/2004wr003008.

Cartwright, I. , Weaver, T. R. , Simmons, C. T. , Fifield, L. K. , Lawrence, C. R. , Chisari, R. , et al. , 2010. Physical hydrogeology and environmental isotopes to constrain the age, origins, and stability of a low – salinity groundwater lens formed by periodic river recharge: Murray River, Australia. J. Hydrol. 380, 203 – 221.

Casado, A. , Hannah, D. M. , Peiry, J. L. , Campo, A. M. , 2013. Influence of dam – induced hydrological regulation on summer water temperature: Sauce Grande River, Argentina. Ecohydrology 6, 523 – 535.

Cheng, X. , Benke, K. K. , Beverly, C. , Christy, B. , Weeks, A. , Barlow, K. , et al. , 2014. Balancing trade – off issues in land use change and the impact on streamflow and salinity management. Hydrol. Process. 28, 1641 – 1662. Available from: http: //dx. doi. org/10. 1002/hyp. 9698.

Constantz, J. , Thomas, C. L. , Zellweger, G. , 1994. Influence of diurnal variations in stream temperature on streamflow loss and groundwater recharge. Water Resour. Res. 30, 3253 – 3264.

Costelloe, J. F. , Grayson, R. B. , McMahon, T. A. , Argent, R. M. , 2005. Spatial and temporal variability of water salinity in an ephemeral arid – zone river, central Australia. Hydrol. Process. 19, 3147 – 3166. Available from: http: //dx. doi. org/10. 1002/hyp. 5837.

Costelloe, J. F. , Russell, K. L. , 2014. Identifying conservation priorities for aquatic refugia in an arid zone, ephemeral catchment: a hydrological approach. Ecohydrology 7, 1534 – 1544.

Dent, C. , Schade, J. , Grimm, N. , Fisher, S. , 2000. Subsurface influences on surface biology. In: Jones, J. B. , Mulholland, P. J. (Eds.), Streams and Ground Waters. Academic Press, San Diego,

California, pp. 381 – 402.

Diaz, J. D. , 2001. Overview of hypoxia around the world. J. Environ. Qual. 30, 275 – 281.

Dugdale, S. J. , Bergeron, N. E. , St – Hilaire, A. , 2013. Temporal variability of thermal refuges and water temperature patterns in an Atlantic salmon river. Remote Sens. Environ. 136, 358 – 373.

Dugdale, S. J. , Bergeron, N. E. , St – Hilaire, A. , 2015. Spatial distribution of thermal refuges analysed in relation to riverscape hydromorphology using airborne thermal infrared imagery. Remote Sens. Environ. 160, 43 – 55.

Dwyer, G. K. , Stoffels, R. J. , Pridmore, P. A. , 2014. Morphology, metabolism and behaviour: responses of three fishes with different lifestyles to acute hypoxia. Freshw. Biol. 59, 819 – 831. Available from: http: //dx. doi. org/10. 1111/fwb. 12306.

Ebersole, J. L. , Liss, W. J. , Frissell, C. A. , 2003a. Cold water patches in warm streams: physico-chemical characteristics and the influence of shading. J. Am. Water Resour. Assoc. 39, 355 – 368.

Ebersole, J. L. , Liss, W. J. , Frissell, C. A. , 2003b. Thermal heterogeneity, stream channel morphology, and salmonid abundance in northeastern Oregon streams. Can. J. Fish. Aquat. Sci. 60, 1266 – 1280.

Elliott, A. H. , Brooks, N. H. , 1997. Transfer of nonsorbing solutes to a streambed with bed forms: theory. Water Resour. Res. 33, 123 – 136. Available from: http: //dx. doi. org/10. 1029/96wr02784.

Feldman, D. A. , Sengupta, A. , Pettigrove, V. , Arora, M. , 2015. Governance issues in developing and implementing offsets for water management benefits: can preliminary evaluation guide implementation effectiveness. WIRE – Water, 2 (2), 121 – 130.

Findlay, S. , Strayer, D. , Goumbala, C. , Gould, K. , 1993. Metabolism of streamwater dissolved organic carbon in the shallow hyporheic zone. Limnol. Oceanogr. 38, 1493 – 1499.

Fischer, H. , Kloep, F. , Wilzcek, S. , Pusch, M. T. , 2005. A river's liver – microbial processes within the hyporheic zone of a large lowland river. Biogeochemistry 76, 349 – 371.

Frissell, C. A. , Liss, W. J. , Warren, C. E. , Hurley, M. D. , 1986. A hierarchical framework for stream habitat classification: viewing streams in a watershed context. Environ. Manage. 10, 199 – 214.

George, R. , Dogramaci, S. , Wyland, J. , Lacey, P. , 2005. Protecting stranded biodiversity using groundwater pumps and surface water engineering at Lake Toolibin, Western Australia. Aust. J. Water Resour. 9, 119 – 128.

Gordon, N. D. , Finlayson, B. L. , McMahon, T. A. , 2004. Stream Hydrology: An Introduction for E-cologists. John Wiley and Sons, NY.

Grace, M. R. , Giling, D. P. , Hladyz, S. , Caron, V. , Thompson, R. , 2015. Fast processing of diel oxygen curves: estimating stream metabolism with BASE (Bayesian Single – station Estimation). Limnol. Oceanogr. Method. 13, 103 – 114.

Grant, S. B. , Marusic, I. , 2011. Crossing turbulent boundaries: interfacial flux in environmental flows. Environ. Sci. Technol. 45, 7107 – 7113. Available from: http: //dx. doi. org/10. 1021/es201778s.

Grant, S. B. , Stolzenbach, K. , Azizian, M. , Stewardson, M. J. , Boano, F. , Bardini, L. , 2014. First – order contaminant removal in the hyporheic zone of streams: physical insights from a simple analytical model. Environ. Sci. Technol. 48, 11369 – 11378. Available from: http: //dx. doi. org/10. 1021/es501694k.

Grimm, N. B. , Fisher, S. G. , 1984. Exchange between interstitial and surface water: implications for stream metabolism and nutrient cycling. Hydrobiologia 111 (3), 219 – 228.

Gualtieri, C. , Doria, G. P. , 2008. Gas – transfer at unsheared free – surfaces. In: Gualtieri, C. , Mihailovic, D. T. (Eds.), Fluid Mechanics of Environmental Interfaces. CRC Press, Taylor and Francis Group, NW.

Gualtieri, C. , Gualtieri, P. , 1999. Statistical analysis of reaeration rate in streams. International Agricultural Engineering Conference (ICAE) '99, Washington DC.

Gualtieri, C. , Gualtieri, P. , Doria, P. G. , 2002. Dimensional analysis of reaeration rate in streams. J. Environ. Eng. 128, 12 – 18.

Gulliver, J. S. , 2011. Air – water mass transfer coefficients. In: Thibodeaux, L. J. , Mackay, D. (Eds.), Chemical Mass Transfer in the Environment. CRC Press, Taylor and Francis Group, NW.

Hancock, P. J. , 2002. Human impacts on the stream – groundwater exchange zone. Environ. Manage. 29, 763 – 781. Available from: http: //dx. doi. org/10. 1007/s00267 – 001 – 0064 – 5.

Hannah, D. M. , Malcolm, I. A. , Soulsby, C. , Youngson, A. F. , 2008. A comparison of forest and moorland stream microclimate, heat exchanges and thermal dynamics. Hydrol. Process. 22, 919 – 940.

Hanrahan, T. P. , 2008. Effects of river discharge on hyporheic exchange flows in salmon spawning areas of a large gravel – bed river. Hydrol. Process. 22, 127 – 141.

Hansen, L. J. , Biringer, J. L. , Hoffman, J. , 2003. Buying time: a user's manual for building resistance and resilience to climate change in natural systems. World Wildlife Fund, Washington, DC.

Hauer, F. , Hill, W. , 1996. Temperature, light and oxygen. In: Hauer, F. , Hill, W. (Eds.), Methods in Stream Ecology. Academic Press, New York.

Hendricks, S. P. , 1993. Microbial ecology of the hyporheic zone: a perspective integrating hydrology and biology. J. N. Am. Benthol. Soc. 12, 70 – 78. Available from: http: //dx. doi. org/10. 2307/1467687.

Higashino, M. , Stefan, H. G. , 2005. Oxygen demand by a sediment bed of finite length. J. Environ. Eng. 131, 350 – 358.

Hladyz, S. , Watkins, S. C. , Whitworth, K. L. , Baldwin, D. S. , 2011. Flows and hypoxic blackwater events in managed ephemeral river channels. J. Hydrol. 401, 117 – 125.

Holland, K. L. , Charles, A. H. , Jolly, I. D. , Overton, I. C. , Gehrig, S. , Simmons, C. T. , 2009. Effectiveness of artificial watering of a semi – arid saline wetland for managing riparian vegetation health. Hydrol. Process. 23, 3474 – 3484.

Horne, B. D. , Rutherford, E. , Wehrly, K. E. , 2004. Simulating effects of hydro – dam alteration on thermal regime and wild steelhead recruitment in a stable – flow Lake Michigan tributary. River Res. Appl. 20, 185 – 203.

Hoven, S. J. V. , Fromm, N. J. , Peterson, E. W. , 2008. Quantifying nitrogen cycling beneath a meander of a low gradient, N – impacted, agricultural stream using tracers and numerical modelling. Hydrol. Process. 22, 1206 – 1215. Available from: http: //dx. doi. org/10. 1002/hyp. 6691.

Huusko, A. , Greenberg, L. , Stickler, M. , Linnansaari, T. , Nykänen, M. , Vehanen, T. , et al. , 2007. Life in the ice lane: the winter ecology of stream salmonids. River Res. Appl. 23, 469 – 491.

Ivkovic, K. M. , 2009. A top – down approach to characterise aquifer – river interaction processes. J. Hydrol. 365, 145 – 155.

Jackson, R. B. , Jobbágy, E. G. , Nosetto, M. D. , 2009. Ecohydrology in a human – dominated landscape. Ecohydrology 2, 383 – 389.

Johnson, S. L. , 2003. Stream temperature: scaling of observations and issues for modelling. Hydrol. Process. 17, 497 – 499.

Johnson, S. L. , 2004. Factors influencing stream temperatures in small streams: substrate effects and a shading experiment. Can. J. Fish. Aquat. Sci. 61, 913 – 923.

Johnson, A. N. , Boer, B. R. , Woessner, W. W. , Stanford, J. A. , Poole, G. C. , Thomas, S. A. , et al. , 2005. Evaluation of an inexpensive small – diameter temperature logger for documenting ground water – river interactions. Ground Water Monit. Remediat. 25, 68 – 74.

Jolly, I. D. , McEwan, K. L. , Holland, K. L. , 2008. A review of groundwater – surface water interactions in arid/semi - arid wetlands and the consequences of salinity for wetland ecology. Ecohydrology 1, 43 - 58.

Jorgensen, S. E. , Tundisi, J. G. , Tundisi, T. M. , 2012. Handbook of Inland Aquatic Ecosystem Management. CRC Press, Taylor and Francis group, NW.

Krause, S. , Hannah, D. M. , Fleckenstein, J. H. , Heppell, C. M. , Kaeser, D. , Pickup, R. , et al. , 2011. Interdisciplinary perspectives on processes in the hyporheic zone. Ecohydrology 4, 481 - 499. Available from: http: //dx. doi. org/10. 1002/eco. 176.

Kurylyk, B. L. , MacQuarrie, K. T. , Linnansaari, T. , Cunjak, R. A. , Curry, R. A. , 2015. Preserving, augmenting, and creating cold - water thermal refugia in rivers: concepts derived from research on the Miramichi River, New Brunswick (Canada). Ecohydrology 8, 1095 - 1108.

Lamontagne, S. , Taylor, A. R. , Cook, P. G. , Crosbie, R. S. , Brownbill, R. , Williams, R. M. , et al. , 2014. Field assessment of surface water - groundwater connectivity in a semi - arid river basin (Murray - Darling, Australia). Hydrol. Process. 28, 1561 - 1572.

Lugg, A. , Copeland, C. , 2014. Review of cold water pollution in the Murray - Darling Basin and the impacts on fish communities. Ecol. Manage. Restor. 15, 71 - 79. Available from: http: //dx. doi. org/ 10. 1111/emr. 12074.

Mallin, M. A. , Johnson, V. L. , Ensign, S. H. , MacPherson, T. A. , 2006. Factors contributing to hypoxia in rivers, lakes, and streams. Limnol. Oceanogr. 51, 690 - 701.

Marion, A. , Nikora, V. , Puijalon, S. , Bouma, T. , Koll, K. , Ballio, F. , et al. , 2014. Aquatic interfaces: a hydrodynamic and ecological perspective. J. Hydraul. Res. 52, 744 - 758. Available from: http: //dx. doi. org/10. 1080/00221686. 2014. 968887.

Marzadri, A. , Tonina, D. , Bellin, A. , 2011. A semianalytical three - dimensional process - based model for hyporheic nitrogen dynamics in gravel bed rivers. Water Resour. Res. 47, 1 - 14.

Marzadri, A. , Tonina, D. , Bellin, A. , 2013. Quantifying the importance of daily stream water temperature fluctuations on the hyporheic thermal regime: implication for dissolved oxygen dynamics. J. Hydrol. 507, 241 - 248. Available from: http: //dx. doi. org/10. 1016/j. jhydrol. 2013. 10. 030.

McCarthy, B. , Zukowski, S. , Whiterod, N. , Vilizzi, L. , Beesley, L. , King, A. , 2014. Hypoxic blackwater event severely impacts Murray crayfish (*Euastacus armatus*) populations in the Murray River, Australia. Austral Ecol. 39, 491 - 500. Available from: http: //dx. doi. org/10. 1111/aec. 12109.

McCluskey, A. H. , Grant, S. B. , Stewardson, M. J. 2016. Flipping the thin film model: mass transfer by hyporheic exchange in gaining and losing streams. Water Resour. Res. 52 (10) 7806 - 7818.

McCullough, D. A. , 1999. A review and synthesis of effects of alterations to the water temperature regime on freshwater life stages of salmonids, with special reference to Chinook salmon, Seattle, Washington, U. S. Environmental Protection Agency, Region 10.

McCullough, D. A. , Bartholow, J. M. , Jager, H. I. , Beschta, R. L. , Cheslak, E. F. , Deas, M. L. , et al. , 2009. Research in thermal biology: burning questions for coldwater stream fishes. Rev. Fish. Sci. 17, 90 - 115.

Melching, C. S. , Flores, H. E. , 1999. Reaeration equations derived from U. S. Geological Survey Database. J. Environ. Eng. 125, 407 - 414.

Moore, S. F. , Schroeder, E. D. , 1970. An investigation of the effects of residence time on anaerobic bacterial denitrification. Water Res. 4, 685 - 694.

Moss, B. R. , 2009. Ecology of fresh waters: man and medium, past to future. John Wiley & Sons, NY.

Naegeli, M. W. , Uehlinger, U. , 1997. Contribution of the hyporheic zone to ecosystem metabolism in a prealpine gravel - bed - river. J. N. Am. Benthol. Soc. 16, 794 - 804.

Nakamura, Y., Stefan, H. G., 1994. Effect of flow velocity on sediment oxygen demand: theory. J. Environ. Eng. 120, 996 – 1016.

Ning, N. S. P., Petrie, R., Gawne, B., Nielsen, D. L., Rees, G. N., 2015. Hypoxic blackwater events suppress the emergence of zooplankton from wetland sediments. Aquat. Sci. 77, 221 – 230. Available from: http://dx. doi. org/10. 1007/s00027 – 014 – 0382 – 3.

Nõges, T., Nõges, P., Cardoso, A. C., 2010. Review of published climate change adaptation and mitigation measures related with water. Scientific and Technical Research Series EUR, p. 24682.

O'Connor, B. L., Harvey, J. W., 2008. Scaling hyporheic exchange and its influence on biogeochemical reactions in aquatic ecosystems. Water Resour. Res. 44, W12423. Available from: http://dx. doi. org/ 10. 1029/2008wr007160.

Odum, H. T., 1956. Primary production in flowing waters. Limnol. Oceanogr. 1, 102 – 117.

Olden, J. D., Naiman, R. J., 2010. Incorporating thermal regimes into environmental flows assessments: modifying dam operations to restore freshwater ecosystem integrity. Freshw. Biol. 55, 86 – 107.

Parker, G. W., DeSimone, L. A., 1992. Estimating reaeration coefficients for low – slope streams in Massachusetts and New York, 1985 – 1988, Water – Resources Investigation Report, U. S. Geological Survey.

Peterson, T. J., Western, A. W., 2014a. Multiple hydrological attractors under stochastic daily forcing: 1. Can multiple attractors exist? Water Resour. Res. 50, 2993 – 3009. Available from: http:// dx. doi. org/10. 1002/2012WR013003.

Peterson, T. J., Western, A. W., Argent, R. M., 2014b. Multiple hydrological attractors under stochastic daily forcing: 2. Can multiple attractors emerge? Water Resour. Res. 50, 3010 – 3029. Available from: http://dx. doi. org/10. 1002/2012WR013004.

Poole, G. C., Berman, C. H., 2001. An ecological perspective on in – stream temperature: natural heat dynamics and mechanisms of human – caused thermal degradation. Environ. Manage. 27, 787 – 802.

Preece, R. M., Jones, H. A., 2002. The effect of Keepit Dam on the temperature regime of the Namoi River, Australia. River Res. Appl. 18, 397 – 414.

Rheinheimer, D. E., Null, S. E., Lund, J. R., 2014. Optimizing selective withdrawal from reservoirs to manage downstream temperatures with climate warming. J. Water Resour. Plan. Manage. 141, 04014063.

Riley, A. J., Dodds, W. K., 2013. Whole – stream metabolism: strategies for measuring and modeling diel trends of dissolved oxygen. Freshw. Sci. 32, 56 – 69. Available from: http://dx. doi. org/10. 1899/ 12 – 058. 1.

Rivett, M. O., Buss, S. R., Morgan, P., Smith, J. W., Bemment, C. D., 2008. Nitrate attenuation in groundwater: a review of biogeochemical controlling processes. Water Res. 42, 4215 – 4232. Available from: http://dx. doi. org/10. 1016/j. watres. 2008. 07. 020.

Ronan, A. D., Prudic, D. E., Thodal, C. E., Constantz, J., 1998. Field study and simulation of diurnal temperature effects on infiltration and variably saturated flow beneath an ephemeral stream. Water Resour. Res. 34 (9), 2137 – 2153.

Rutherford, J. C., Lintermans, M., Groves, J., Liston, P., Sellens, C., Chester, H., 2009. Effects of cold water releases in an upland stream. eWater Technical. eWater Cooperative Research Centre, Canberra, Australia.

Ryan, T., Webb, A., Lennie, R., Lyon, J., 2001. Status of cold water releases from Victorian dams. Report produced for Department of Natural Resources and Environment, Melbourne, Australia.

Salama, R. B., Otto, C. J., Fitzpatrick, R. W., 1999. Contributions of groundwater conditions to soil and water salinization. Hydrogeol. J. 7, 46 – 64.

Santschi, P., Höhener, P., Benoit, G., Buchholtz – ten Brink, M., 1989. Chemical processes at the sediment – water interface. Mar. Chem. 30, 269 – 315.

Sarwar, A., Bastiaanssen, W. G. M., Feddes, R. A., 2001. Irrigation water distribution and long – term effects on crop and environment. Agricult. Water Manage. 50, 125 – 140.

Schneider, C., Laizé, C., Acreman, M., Florke, M., 2013. How will climate change modify river flow regimes in Europe? Hydrol. Earth Syst. Sci. 17, 325 – 339.

Sheibley, R. W., Jackman, A. P., Duff, J. H., Triska, F. J., 2003. Numerical modeling of coupled nitrification – denitrification in sediment perfusion cores from the hyporheic zone of the Shingobee River, MN. Adv. Water Resour. 26, 977 – 987. Available from: http://dx.doi.org/10.1016/s0309 – 1708 (03) 00088 – 5.

Sherman, B., 2000. Scoping options for mitigating cold water discharges from dams. CSIRO Land and Water, Canberra, Australia.

Shum, K. T., 1993. The effects of wave – induced pore water circulation on the transport of reactive solutes below a rippled sediment bed. J. Geophys. Res. Oceans 98, 10289 – 10301. Available from: http://dx.doi.org/10.1029/93JC00787.

Simpson, H. J., Herczeg, A. L., 1991. Salinity and evaporation in the River Murray Basin, Australia. J. Hydrol. 124, 1 – 27.

SKM, 2013. Characterising the relationship between water quality and water quantity. A report prepared by Sinclair Knight Merz for Melbourne Water, Melbourne.

Small, K., Kopf, R. K., Watts, R. J., Howitt, J., 2014. Hypoxia, blackwater and fish kills: experimental lethal oxygen thresholds in juvenile predatory lowland river fishes. PloS One 9, e94524. Available from: http://dx.doi.org/10.1371/journal.pone.0094524.

Stanford, J. A., Hauer, F. R., Ward, J. V., 1988. Serial discontinuity in a large river system. Verhandlugen Internationale Vereingen Theoretische Angewa. Limnologie 23, 1114 – 1118.

Stanford, J. A., Ward, J. V., 1988. The hyporheic habitat of river ecosystems. Nature 335, 64 – 66.

Storey, R. G., Howard, K. W., Williams, D. D., 2003. Factors controlling riffle – scale hyporheic exchange flows and their seasonal changes in a gaining stream: a three – dimensional groundwater flow model. Water Resour. Res. 39 (2).

Storey, R. G., Williams, D. D., Fulthorpe, R. R., 2004. Nitrogen processing in the hyporheic zone of a pastoral stream. Biogeochemistry 69, 285 – 313.

Sullivan, K., Tooley, J., Doughty, K., Caldwell, J., Knudsen, P., 1990. Evaluation of prediction models and characterization of stream temperature regimes in Washington. Washington Department of Natural Resources Timber/FishRep., Wildlife Report TFW – WQ3 – 90 – 006.

Super, M., Heese, H., MacKenzie, D., Dempster, W. S., Plessis, J., et al., 1981. An epidemiological study of well water nitrates in a group of South West African/Namibian infants. Water Res. 15, 1265 – 1270.

Thomas, L., 2014. The stream subsurface: nitrogen cycling and the cleansing function of hyporheic zones. Sci. Find. 166, 1 – 6.

Thouvenot, M., Billen, G., Garnier, J., 2006. Modelling nutrient exchange at the sediment – water interface of river systems. J. Hydrol. 341 (1 – 2), 55 – 78.

Torgersen, C. E., Faux, R. N., McIntosh, B. A., Poage, N. J., Norton, D. J., 2001. Airborne thermal remote sensing for water temperature assessment in rivers and streams. Remote Sens. Environ. 76, 386 – 398.

Townsend, C., Doledec, S., Scarsbrook, M., 1997. Species traits in relation to temporal and spatial heterogeneity in streams: a test of habitat templet theory. Freshw. Biol. 37, 367 – 387.

Turner, L., Erskine, W. D., 2005. Variability in the development, persistence and breakdown of thermal, oxygen and salt stratification on regulated rivers of southeastern Australia. River Res. Appl. 21, 151 – 168.

Vachon, D., Prairie, Y. T., Cole, J. J., 2010. The relationship between near – surface turbulence and gas transfer velocity in freshwater systems and its implications for floating chamber measurements of gas exchange. Limnol. Oceanogr. 55, 1723 – 1732. Available from: http: //dx. doi. org/10. 4319/lo. 2010. 55. 4. 1723.

Van Vliet, M., Ludwig, F., Zwolsman, J., Weedon, G., Kabat, P., 2011. Global river temperatures and sensitivity to atmospheric warming and changes in river flow. Water Resour. Res. 47 (2), 1 – 19.

Vatland, S. J., Gresswell, R. E., Poole, G. C., 2015. Quantifying stream thermal regimes at multiple scales: combining thermal infrared imagery and stationary stream temperature data in a novel modeling framework. Water Resour. Res. 51, 31 – 46.

Veraart, A. J., de Klein, J. J. M., Scheffer, M., 2011. Warming can boost denitrification disproportionately due to altered oxygen dynamics. PLoS One 6 (3), e18508.

Vollmer, S., de los Santos Ramos, F., Daebel, H., Kühn, G., 2002. Micro scale exchange processes between surface and subsurface water. J. Hydrol. 269, 3 – 10. Available from: http: //dx. doi. org/10. 1016/S0022 – 1694 (02) 00190 – 7.

Walsh, C. J., 2000. Urban impacts on the ecology of receiving waters: a framework for assessment, conservation and restoration. Hydrobiologia. 431. Available from: http: //findanexpert. unimelb. edu. au/individual/publicationS1031012.

Walsh, C. J., Roy, A. H., Feminella, J. W., Cottingham, P. D., Groffman, P. M., Morgan, R. P., 2005. The urban stream syndrome: current knowledge and the search for a cure. J. N. Am. Benthol. Soc. 24, 706 – 723.

Webb, B., 1995. Regulation and thermal regime in a Devon river system. In: Foster, I., Gurnell, A. M., Webb, B. W. (Eds.), Sediment and Water Quality in River Catchments. John Wiley & Sons, Chichester, UK.

Webb, B. W., Hannah, D. M., Moore, R. D., Brown, L. E., Nobilis, F., 2008. Recent advances in stream and river temperature research. Hydrol. Process. 22, 902 – 918.

Western, A. W., O'Neill, I. C., Hughes, R. L., Nolan, J. B., 1996. The behaviour of stratified pools in the Wimmera River, Australia. Water Resour. Res. 32, 3197 – 3206.

Whitworth, K. L., Kerr, J. L., Mosley, L. M., Conallin, J., Hardwick, L., Baldwin, D. S., 2013. Options for managing hypoxic blackwater in river systems: case studies and framework. Environ. Manage. 52, 837 – 850. Available from: http: //dx. doi. org/10. 1007/s00267 – 013 – 0130 – 9.

Wilby, R., Orr, H., Watts, G., Battarbee, R., Berry, P., Chadd, R., et al., 2010. Evidence needed to manage freshwater ecosystems in a changing climate: turning adaptation principles into practice. Sci. Total Environ. 408, 4150 – 4164.

Wilby, R. L., Johnson, M. F., Toone, J., 2014. Nocturnal river water temperatures: spatial and temporal variations. Sci. Total Environ. 482, 157 – 173.

Williams, W. D., 1999. Salinisation: a major threat to water resources in the arid and semi – arid regions of the world. Lake Reserv. Res. Manage. 4, 85 – 91.

Williams, B. J., 2006. Hydrobiological Modelling. University of Newcastle, NSW, Australia. Available from: http: //www. lulu. com.

Wilson, G. T., Macleod, N., 1974. A critical appraisal of empirical equations and models for the prediction of the coefficient of reaeration of deoxygenated water. Water Res. 8, 341 – 366.

Woodward, G. , Perkins, D. M. , Brown, L. E. , 2010. Climate change and freshwater ecosystems: impacts across multiple levels of organization. Phil. Trans. R. Soc. B Biol. Sci. 365, 2093 – 2106. Available from: http://dx.doi.org/10.1098/rstb.2010.0055.

Young, R. G. , Huryn, A. D. , 1999. Effects of land use on stream metabolism and organic matter turnover. Ecol. Appl. 9, 1359 – 1376.

Zarnetske, J. P. , Haggerty, R. , Wondzell, S. M. , Bokil, V. A. , González – Pinzón, R. , 2012. Coupled transport and reaction kinetics control the nitrate source – sink function of hyporheic zones. Water Resour. Res. 48, 1 – 15. Available from: http://dx.doi.org/10.1029/2012wr011894.

Zarnetske, J. P. , Haggerty, R. , Wondzell, S. M. , 2015. Coupling multiscale observations to evaluate hyporheic nitrate removal at the reach scale. Freshw. Sci. 34, 172 – 186. Available from: http://dx.doi.org/10.1086/680011.

Zhang, L. , Dawes, W. R. , Walker, G. R. , 2001. Response of mean annual evapotranspiration to vegetation changes at catchment scale. Water Resour. Res. 37, 701 – 708.

Zhou, N. , Zhao, S. , Shen, X. , 2014. Nitrogen cycle in the hyporheic zone of natural wetlands. Chinese Sci. Bull. 59, 2945 – 2956. Available from: http://dx.doi.org/10.1007/s11434 – 014 – 0224 – 7.

Zolezzi, G. , Siviglia, A. , Toffolon, M. , Maiolini, B. , 2011. Thermopeaking in alpine streams: event characterization and time scales. Ecohydrology 4, 564 – 576.

第Ⅲ部分 河流系统的愿景和目标

第7章

参与水环境管理的利益相关者

John C. Conallin[1]，Chris Dickens[2]，Declan Hearne[3] 和 Catherine Allan[4]

1. 代尔夫特水利和环境工程国际研究所，代尔夫特，新西兰

2. 国际水资源管理研究所，比勒陀利亚，南非

3. 国际水资源中心，布里斯班，昆士兰州，澳大利亚

4. 查尔斯特大学，阿尔伯里，新南威尔士州，澳大利亚

7.1 引言

有效的保护规划是一个以科学为依据的社会过程，而不是一个在社会中的科学过程。

Knight 等（2011）

近二三十年来，越来越多的利益相关者参与到水资源管理相关政策的计划和制定中，水资源政策制定者、水资源管理者、当地社区都在积极参与管理（Reed，2008）。然而，利益相关者的参与通常是临时性的，而且主要是象征性的，从而危及许多项目的长期可持续性，也缺少规范化（Reed 等，2009）。水资源综合管理（IWRM）的概念是指同时考虑和协调水资源使用和管理的一系列技术和社会因素，也涉及利益相关者的参与形式（Saravanan 等，2009）。水资源综合管理及其相关实践为水资源管理开创了新的模式，这种模式以利益相关者的参与和适应性管理为中心。然而，实施起来仍然是一个难题（Pahl-Wostl 等，2011）。虽然利益相关者的参与并没有如预期那样带来水管理方面的改革，但仍应强调继续将利益相关方的参与进一步制度化，其中的重点是要加强过程和结果的可信度（Cook 等，2013a，2013b）。信任是人际关系的基础，它影响着个人或团队的合作关系或对所提供信息（包括可科学分辨的信息）的信任度。然而产生信任的过程尚未被有效地融入从而成为参与手段（Flitcroft 等，2010）。Jacobs 等（2016）认为在水管理决策过程中，未充分认识到相关成本和操作的复杂性，这可能会使利益相关者参与水资源管理决策的过程得不到广泛认可，会使其发挥作用的能力建设成本缺乏广泛认可，对于相关成本和

复杂性缺乏了解可能导致参与失败。

水资源分配对社会-生态有重要影响，这意味着需要将社会需求、价值、期望纳入水资源管理规划、实施与评估之中（Richter 等，2003）。确定、理解、评价利益相关者对水资源分配方式的看法是改善水资源管理的关键因素（Rogers，2006）。环境流量的影响远超出了湿地或河流的范围，它影响着更为广泛的社会-生态系统，如果接受或实施环境流量项目，就需要优先考虑利益相关者的参与（Pahl-Wostl 等，2013；Poff 和 Matthews，2013）。实际上，Richter（2014）提出，在水资源管理中实现可持续性的第一步是以相关人员为中心，并确立关于水资源的共同愿景。但这并不容易，由于水资源管理上的不确定性，想要把不同的利益相关者聚在一起十分困难。环境流量项目的成功实施需要平衡不同利益相关者之间相互竞争的需求（看到的和真实的）的优先级别。不确定性加上不同利益相关者的复杂性意味着环境流量项目不再是有确定结果的问题，而是要在许多相互竞争的利益之间找到共同点，并协商共同方法解决利益冲突（Mott Lacroix 等，2016；见框 7.1）。

框 7.1　共同的愿景规划——水资源管理的合作方式

共同的愿景规划（SVP）为水资源管理提供了一种合作方式，主要集中于三个方面：①传统水资源规划；②结构化的公众参与；③协同计算机系统建模。利益相关者是该方法的基础，而不是规划过程的组成部分。目标是在了解河流生态系统的基础上，为利益相关者提供基础知识，以达成共识并作出管理决策，从而改善水管理能力，获得新的社会、环境和经济成果。美国陆军水利工程研究所为用户提供了参考资料、背景信息、案例研究、工具包（US Army Engineers Institute for Water Resources，2012）。

尽管制定了法律和管理方案，但在全球范围内有效地实施环境流量项目还有很大的提升空间（Le Quesne 等，2010）。有效（或无效）的利益相关者的参与被认为是环境流量项目缺乏整合/实施的主要原因（Moore，2004）。对利益相关者参与的日益关注，也代表着由自上而下的技术专家集中治理方式向自下而上的协作方式的改变，并已成为治理模式改变的驱动因素。尽管十分复杂，但在规划、实施、评估中，需要利益相关者在一定程度上的参与，才能使环境流量项目有效并达到预期的结果（Acreman 等，2014）。如何做到这一点是因人而异的，但都需要提供适当的资源。指导原则、步骤和技术是可行的，这是本章的基础。本章探讨了利益相关者参与的概念，并将其置于更广泛的资源管理的背景下，概述了 10 条关键原则、5 个关键步骤，以及一些可以促进利益相关者参与环境流量管理的措施，并通过三个简短的案例研究加以说明。

重点

1. 当传统的自上而下的治理结构受到挑战时，利益相关者的参与是 IWRM 的核心组成部分。

2. 涉及环境流量的项目属于更广泛的社会生态系统，因此利益相关者是项目的核心。

3. 环境流量规章制度和法律很少付诸实施，利益相关者参与少也是导致实施难的原因。

7.2　利益相关者参与环境流量管理

在过去至少 30 年的时间里，利益相关者的参与是导致水资源管理中的管理/参与发生转变的重要组成部分。在决策的制定和实施过程中，更多的人员参与可以减少利益冲突、提高公平性、建立决策能力，并降低传统的自上而下的技术层面管理方法的成本（Conley 和 Moote，2003）。只有当关键的利益相关者承认他们是成功的，并继续长期支持时，项目才能真正被认为是成功的（Cook 等，2013a）。期望的改变和有效的利益相关者的参与可以在管理预期、处理根深蒂固的输赢观念这两方面都有所帮助。利益相关者的参与需要理解和管理这些期望，然后管理者才能找出这些期望或沟通无法满足的原因，并提供替代方案（Mott Lacroix 等，2016）。

7.2.1　利益相关者

简而言之，利益相关者就是对某个问题或东西具有某种利害关系或利益的个人或团体。因此，什么是利益，以及谁可以成为利益相关者是个重要的问题，同时也是个棘手的问题（Harrington 等，2008）。但是多个自然资源管理团体提出利益可能是局部的，也可能是受某个问题或行为影响而产生的利益。因此，在环境流量中，利益相关者可能是住在目标水体附近的当地居民，也可能是法律上需要他们参与的住在其他地方的人，或者为其分配价值并且对有关水体存在期望的其他人/团体（例如，当地或国际非政府组织，旅游者或来自其他地区的娱乐用水户）。任何利益相关者的参与都必须做到：①确定拟议行动的时空界限；②考虑如何在行动的情况下定义和描述利益相关者；③承认利益相关者的利益和角色是动态的，并且可以随时间而改变（Steyaert 和 Jiggins，2007）。

7.3　参与

利益相关者的参与是一个广义的术语，它可以代表任何类型的沟通与交流。在水资源综合管理领域，参与通常指个人、团体、组织在决策中发挥积极作用（Reed，2008）。参与的目的可能会存在较大差异，例如，在寻求被社会接受的某项行为中（Jacobs 等，2016）、社会和/或知识成果的协作、或基于治理完全参与的某种形式的共同管理（Margerum 和 Robinson，2015）。可以在规划、实施和评估阶段和/或研究或政策制定的三个主要管理阶段中的任何一个或全部阶段寻求利益相关者参与。

Yee（2010）提出了一个简单的定义，可以总结为：

一种关于政策、原则和技术的框架，该框架可以确保公民、社区、个人、团体、组织有机会以一种有意义的方式参与到影响他们或他们感兴趣的决策过程中。

经济合作与发展组织（经合组织）认为，利益相关方的参与（包括促进信任）是良好的水资源管理不可或缺的一部分（OECD，2015）。此外，利益相关者的参与可以增加环境流量项目的合法性（见第 26 章）；然而，利益相关者的参与仍然受到许多因素的制约。一个常见的制约是包括多方的交易成本（Crase 等，2013）。这些（有时可以被察觉到）成本可能导致支持者（例如，政府、企业）选择在有限参与的情况下对提议的行动作出决策，或者仅在需要或必须做的基础上（通常通过立法）与利益相关者进行接触，而这种接触可能主要是象征性的。这种象征性的接触常常会引发冲突，这必然会影响有效的长期管理，并增加交易成本（IFC，2007）。积极的管理效果和可持续发展的有效性与当地居民的参与直接相关（Schultz，2011）。因此，必须权衡参与的成本与收益；第一种是在开始前就显现的，而后者通常只在中长期内显现。因此，减少利益相关者的参与可能会加速初始规划进程，但最终可能会导致实施阶段的严重延迟，因为未参与的利益相关者的反应是消极的（IFC，2007）。

重点

1. 在水资源综合管理中，利益相关者中参与方和被参与方经常互换角色。

2. 利益相关者的参与是所有管理阶段的一个关键方面，包括规划、实施、评估。

3. 参与的交易成本必须与收益相权衡；第一种是在开始前就显现的，而后者通常只在中长期内显现。

7.4 将利益相关者的参与融入管理框架

利益相关者的参与并不是独立于其他管理过程的，而是需要融入总体管理框架内以及整个规划、实施、评估阶段之中。其中一种管理框架是适应性管理，其在水资源管理中得到了越来越多的应用（Rist 等，2013）。适应性管理是一个循环的过程，它利用先前行动的结果来指导未来的行动；也就是说，他是从实践中学习（Argent，2009）。适应性管理适用于非常复杂和不确定的情况，并且需要一系列利益相关者的参与才能实现学习和管理（见第 25 章）。适应性管理的运行框架可以成为利益相关者参与的一个有价值的工具，它可以帮助定义边界，在这些边界中识别利益相关者，定义他们的角色和职责，并将促进利益相关者参与总体管理框架。战略适应性管理是对适应性管理的改进，同时，它承认自然资源的多重利益相关属性。它指出，有效地管理自然资源需要两个基本条件：（1）学习和适应；（2）与利益相关者有意相处（Roux 和 Foxcroft，2011；见框 7.2）。

框 7.2　战略适应性管理——利益相关者的参与平台

战略适应性管理（SAM）认识到利益相关者作为任何举措的核心组成部分的重要性。SAM 内部是不同目标层次的发展，该目标层次结构始于利益相关者的共同愿景（未来期望的状态），使用价值观及社会、技术、环境、经济、政治（VSTEEP）标准。然后，愿景被分解为目标和子目标，越来越受重视和严谨，最终形成明确和可测量的科学终点。适应性规划阶段涉及具有不同参与水平的不同利益相关者之间的协作，这将建立 SAM 的实施和评估阶段。

重点

1. 适应性管理框架为利益相关者参与战略纳入总体管理框架中提供了机会。

2. 适应性管理需要一系列利益相关者的参与，以实现学习和共同管理。

3. 随着新信息的产生或价值的变化，SAM 明确关注利益相关者的参与、共同学习和适应。

7.5 参与的原则

当进行权衡时，有许多因素会影响利益相关者参与的能力和意愿，信任是倾听和参与意愿的核心（Leahy 和 Anderson，2008）。基于原则的参与需要遵循在参与过程中出现的一系列原则（Cornwall，2008）。此外，它允许设计/实施过程中的灵活性和响应性（Kilvington 等，2011），并可以形成纳入适应性管理框架和 SVP 过程的基础。许多学者列出了一系列认为对利益相关者参与的有效性有重要意义的原则（Acland，2008；Irvine 和 O'Brien，2009；Jackson 等，2012；Mostert，2015）。在试图说明这些问题时，出现了 10 个原则，包括 3 个基本原则：包容性、透明度和奉献，基本原则是建立信任和所有权的支柱（见框 7.3）。这 10 个原则构成了成功参与的基础。表 7.1 概述了有效的利益相关者参与所需的 10 项原则，以及每个原则的目标。

框 7.3 新墨西哥州北部 RIO CHALMER 山谷的信任条件

新墨西哥州北部 RIO CHALMER 山谷，在政府、环保主义者和当地农民的讨论中，在经历了多次挫折之后，他们制定了一份"未来信任条件"清单：

1. 预料到会犯错；承认错误，向错误学习，试着原谅。
2. 显示相关信息、记录、关系。
3. 有问题时立即沟通；不要让它恶化。
4. 相信我的话；不要以为我在撒谎。
5. 不要陷害我。
6. 不要在媒体上抨击我。
7. 敞开大门。
8. 尊重不同意见。

资料来源：Moore（2013）

表 7.1 基于原则的参与，有效利益相关者参与所需的 10 个核心原则中的 3 个基本原则

序号	原则	目标（以建立信任和所有权为中心的总体目标）
1	包容性*	确保所有有兴趣或可能被影响的利益相关者的参与，包括那些难以沟通的群体。
2	透明度	确保利益相关者获得他们需要的信息，并以他们能够理解的方式，告知他们信息缺乏或不确定的地方，以及他们能够或不能影响的地方。
3	奉献	尊重利益相关者，主要方式为：给予参与的适当的优先级，并表明这是一种真正的尝试，来达到奉献、理解和吸收其他意见，即使这些意见与现有观点相冲突。
4	提供资源	提供足够的时间、资金、专业知识，以促进不同利益相关者之间的参与和达成决策的能力。
5	责任	在参与过程中，确保参与者尽快获得一份清楚的报告，说明他们的贡献是如何影响/未影响或为什么影响了结果，并确保有后续行动，包括报告最终决定、战略和/或实施计划。
6	适应性	确保那些参与咨询的人接受这样的观念，即他们现有的想法可以改进（或者是错误的），他们会随着新信息的出现而改变，如果有必要的话，这些想法会被修正。
7	学习的意愿	以一种尽可能互动和循序渐进的方式鼓励参与者互相学习，以建立相互理解和尊重。

序号	原则	目标（以建立信任和所有权为中心的总体目标）
8	生产力	从一开始就确定参与过程将如何使事情变得更好，而资源显然会带来好处。能够显示明确的结果。
9	可及性	为人们提供不同的参与方式，并确保人们不会因语言、文化、机会而被排除在外，并且利益相关者有机会与合适的人沟通。
10	响应性	对问题、提交物、会议作出及时的响应，这样相关利益者就不会想他们是否得到了倾听，以及接下来的步骤是什么。

* 强调了基本原则。

资料来源：改编自 Acland（2008）和 Irvine 和 O'Brien（2009）。

建立信任和创建不同利益相关者之间的功能关系是利益相关者参与的核心（Hamm 等，2016）。社会资本（即人与人之间的关系）表明信任、道德义务、规范、价值观、社交网络是认识关系的基础，也有助于决策过程。在社会资本较高的地方，团体和个人将表现出更大的相互作用，他们更愿意作出高风险的决定，并投资于集体行动。这种信心还与决策过程中交易成本的降低有关。相反，在群体间社会资本较低的地方，如果不采取某种形式的强制措施，就不可能实现协作，从而导致较高的交易成本（Tan 等，2008）。

社会资本存在三种类型：基于共同利益而联结在一起的单一群体，基于共同目标而联结在一起的多群体，以及基于不同层次而联结在一起的多重群体（Hearne 和 Powell，2014；见图 7.1）。社会资本的一个重要方面，是利益相关者群体中的支持者能够带来不同层次的社会资本，并建立信任（Diedrich 等，2016）。但并不仅限于个人，因为一个被视为中立的特定群体也可以在利益相关者参与过程中发挥重要作用（见图 7.1）。如果仅仅是参与，而对不同相关利益者之间的关系考虑不周，则有可能影响到互信和共同决策权，从而导致失败的结果（Mountjoy 等，2014）。理解社会资本，鼓励支持者，有助于人们忘记输赢，从而转向共同的决策，并提出双赢的解决方案。

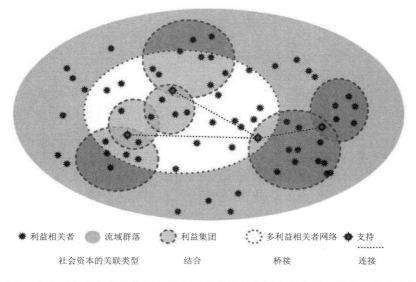

图 7.1　主要利益相关者群体与三种主要类型的社会资本相关联：结合、桥接和连接。需要不同群体中的赢家来促进桥接和连接阶段的发生和维持。

冲突和冲突解决过程通常与利益相关者有关。冲突可以发生在支持者和利益相关者之间，也可以发生在不同的利益相关者群体之间，或两者的组合（Butler 等，2015）。在利益相关者的参与中，解决利益冲突是非常重要的，并且要意识到它可能在利益相关者参与的任何阶段出现。矛盾的是，冲突与合作可以共存（Zeitoun 和 Mirumachi，2008），利益相关者的参与，与其说是消除冲突，不如说是简单地管理冲突，以便能够向前推进。冲突识别、理解、解决是任何利益相关者分析以及整个参与过程的重要组成部分。确保利益相关者的参与是重要的，有助于减少冲突，并且建立解决冲突的既定方法（Mayer，2012）。

重点

1. 建立信任和所有权是成功参与和成功执行计划的关键。

2. 高社会资本降低了交易成本，而支持者则带来不同水平的社会资本。

3. 冲突的解决是利益相关者参与的重要组成部分，其包容性必不可少，冲突与合作可以共存。

7.6 建立利益相关者参与解决冲突的方法

参与水资源管理的一个重要目的应该是使支持方（如政府、行业）和其他利益相关者（如社区、非政府组织）之间的权力得到重新分配。根据 Arnstein 的阶层分类（Arnstein，1969），该研究试图通过权力的视角来理解参与，在三个主要类别中有八个参与级别（Arnstein，1969；见图 7.2）。处理和治理水平是阶梯的最低等级，被认为是无参与性的，只有上层——伙伴关系、授权、公民控制——才能导致适当的权力再分配和产生共享的结果。自从 Arnstein 的阶层观点发表以来，利益相关者的参与和作用的类型已经成倍增加。与 Arnstein 的阶层观点类似，Callon（1999）对倡议者和其他利益相关者之间的三种参与模式进行了分类：不受公众教育专家和公众舆论重视的公共教育模式；专业和非专业人士之间的公开辩论模式；协同生产的知识模型，其中专业知识和非专业知识都得到重视，并用于决策（Callon，1999；见图 7.2）。在 Callon 的案例中，它指的是专家和普通人之间的关系，但它广泛适用于任何支持者和其他利益相关者。在前面这些模式的基础上，国际公共参与协会提出的

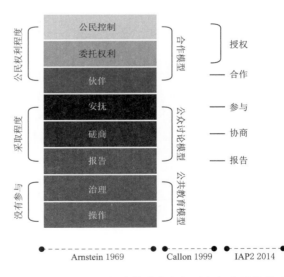

图 7.2 Arnstein 的阶梯形式定义了参与水平的基础，而连续的模型已经对此进行了改进。这三种模式的互补性为理解不同层面提供了良好的基础，并且所有人都认为更高水平的参与对于更有效的利益相关者参与是可取的。

资料来源：改编自 Arnstein（1969），Callon（1999）和 IAP2（2014）

"公众参与的范围"（IAP2，2014 年）为参与水平提供了有针对性的目标，规定了支持者所需的承诺以及提供不同的技术和参与程度（IAP2，2014；见图 7.2，表 7.2）。虽然以公众为中心，但它广泛适用于任何计划中的所有利益相关者。

表 7.2 建立在 Arnstein 阶层上的公众参与范围

	形 式	咨 询	参 与	合 作	授 权
目标	为公民提供平衡及客观的资讯，协助他们了解问题、选择、机会及/或解决方案。	获得公众对分析、选择和/或决定的反馈。	在整个过程中与公众直接合作，以确保公众关注和期望得到一致的理解和考虑。	在决策的各个方面与公众合作，包括制定备选方案和确定首选的解决方案。	把最后的决定交给公众。
承诺	我们会通知你的。	我们会随时通知你，但我们想听听你的意见。我们倾听并承认你的关注，并就你的意见如何影响最终决策提供反馈。	我们将与你合作，确保你的关注和期望直接反映在备选方案中，并就你的参与如何影响决策提供反馈。	我们会直接咨询你的意见和创新，以制定解决方案，并会尽量把你的意见和建议纳入决策。	我们将执行你的决定。
方法	—情况说明书 —网站 —开放日	—公众意见 —焦点群体 —调查 —公开会议	—研讨会 —投票	—公民咨询 —委员会 —建立共识 —参与式决策	—公民陪审团 —投票 —授权决策

这三种模式的组合为理解参与的级别提供了良好的基础，并且将更高的级别与更有效的参与相关联。它们形成了不同利益相关者群体的自身定位，这一点显得尤为重要。它们构成了有用的规划工具，用于定义不同利益相关方群体的参与程度。重要的是要强调利益相关者的参与并不是一个线性的过程，不同的利益相关者需要在整个过程中进行不同级别的参与。在规划阶段制定的利益相关者的参与计划中，应明确这些不断变化的水平。这凸显了利益相关者参与战略需要被置于更广泛的管理框架中，理想情况是利益相关者明确参与的适应性管理框架。作为利益相关者参与策略的一部分，对所有利益相关者的冲突评估都是必不可少的，而且应该在最初利益相关者的定位/分析阶段进行。这需要系统地收集有关该过程中冲突动态的信息。Wehr 的冲突定位指南（Wehr，1979）和 Hocker-Wilmot 的冲突评估指南（Hocker 和Wilmot，1985）是定位冲突的两个方法。Tan 等（2008）强调了其他工具（如参与式河流模型）也可以促进形成一个共同的愿景，并关注不同利益集团之间利益权衡和双赢。允许联合探索来自不同场景的可能结果，正规会议流程也可以成为支持参与性决策的工具（Van der Wal 等，2016）。SimBasin 和 Wat-A-Game 是目前正使用的正规会议流程的例子。

重点

1. 利益相关者的参与类型已经增加，但都围绕着不同的参与水平，以及这些水平上的期望和产出。

2. 根据目前的实践，利益相关者需要直接参与决定他们的参与水平。

3. 解决冲突是利益相关者参与的一个关键组成部分，应该在参与策略中明确，并且可能多次发生。

4. 利益相关者的参与不是一个线性的过程，利益相关者的参与级别会随着时间的推移而变化。

7.7 制定利益相关者有效参与策略的五个步骤

应该向参与环境流量项目的利益相关者提供适当的资源（Mott Lacroix 等，2016）。利益相关者参与的目标是作出决策，或建立被利益相关者所接受的方法。这意味着可能达成共识，也可能是妥协，或者理想情况下，是一种在参与前并不明显的新的共同观点（Collins 和 Ison，2010）。还应该认识到，利益相关者的期望并不是固定的，并且可以随着情况的变化而改变。在设计新信息时，监测和评价对于提供调整信息和适应新方案非常重要。沟通是传递和接收信息、管理期望的必要条件，但它也有助于产生消极的看法和/或不切实际的期望，有效的沟通会使预期结果变得更容易实现。相反，即使项目按时、按预算、在指定范围内交付，无效的沟通也会造成利益相关者心中的挫败感（见框 7.4）。

框 7.4　利益相关者参与的七点检查清单

1. 展示结果并与他们沟通。
2. 设计多种互动渠道。
3. 提供多层次的参与。
4. 个性化、目标化、定制化。
5. 增强公民责任感和集体意识。
6. 从公民那里获得承诺。
7. 学会做实验并从实验中学习。

资料来源：Coursera（2016）

本章的其余部分以 10 个主要的利益相关者参与的原则为基础，重点概述了在环境流量项目中制定和实施利益相关者参与战略的五个关键步骤，包括来自世界不同领域的研究案例。下面将详细介绍这五个关键步骤。

7.8　参与前的预备阶段：做好准备！

在与利益相关者群体正式确定参与战略之前，倡议者需要采取一系列步骤，然后在整个项目的实施和评估/适应阶段完成这一系列步骤，以确保满意的结果。

7.8.1　第 1 步：内部参与战略和整体管理框架的内部整合

1.1　总体管理框架：利益相关者的参与需要融入环境流量倡议框架的三个阶段（规划、实施、评估）。它还应作为一种工具，指导关于与社会组成部分相关的更广泛的进程。

1.2　参与的目的：在制定参与策略之前，倡议者必须首先了解利益相关者的参与对其倡议有何意义，并理解和同意即将实施的参与动机和目的。倡议者应该确定整个环境流量方案的目标和范围，并在利益相关者加入后做相关调整。如果倡议是建立信任和所有权，利益相关者参与的目的应该集中于建立对整个环境流量倡议的信任和所有权。重点应该是设定一个共同的愿景和目标，并创造共同的结果。虽然倡议者必须清楚自己的目标是什么，但在参

与之前设定目标可能会造成权力失衡，而共同设计的原则表明利益相关者需要从概念阶段就参与进来。由于这是一个内部阶段，在此阶段不希望或不建议让所有利益相关者参与，但让目标代表参与可以增强第一步的合法性，提供有价值的信息，并有助于推动进一步的发展。

1.3　选择参与的层次：优先级和中立性是利益相关者参与的重要组成部分，在大型复杂项目中，如在有许多真实、可感知的输赢场景的环境流量项目中，应该负责为整个参与团队提供足够的资源。在内部，应当确定参与的拥护者和所有者，并为他们提供资源。这可以是本组织内的一个职位，也可以采取指导委员会（内部和外部成员）的形式，该委员会扮演一个诚实的经纪人的角色，其任务是促进实现既定目标的过程或结果。最初，成本可能很高，但从长远来看，因为项目执行期的延长和冲突的减少会使交易成本降低。

1.4　认识到自己的界限：在采取进一步行动之前，倡议者必须清楚地了解他们在倡议中想要达到的目标，并能够清楚地阐明他们对他人的需求。倡议者应清楚了解空间和时间界限、能力和资源的限制。随着进一步的参与和实施，这些限制可能也会发生变化，但最开始的时候必须认识它们以确定需要参与的利益相关者的范围。

7.8.2　第 2 步：谁参与：利益相关者的定位/分析

2.1　利益相关者的定位/分析：有效地参与必须确保所有利益相关者均有机会在某种程度上参与决策（强调第一基本原则：包容性）。确定利益相关者并使其参与应被视为一个反复出现的过程，并且随着计划的发展而增加利益相关者。定位/分析是一个用来考虑谁可能感兴趣/受影响以及每个人的参与水平的过程。对利益相关者的分析使得倡议者能识别不同的利益相关群体和关键成员（包括支持者和破坏者）。利益相关者可以按照不同的类别进行分析，比如利益和影响，从而帮助识别潜在的冲突。目标应该是确定和计划如何最好地接近每个群体，以及将不同的群体集中在一起的方法和时机。利益相关者的分析是项目/重点/专业指数，但是存在许多通用的简单方法，例如表和矩阵，它们可以很容易地促进这项任务的完成，见 Reed 等（2009）。在这一步也应该对冲突进行评估，这不仅要考虑倡议者和相关利益相关者之间的冲突，还要考虑利益相关者群体之间的冲突。使用诸如 Wehr 的冲突指南或 Hocker-Wilmot 的冲突评估指南足以确定冲突的潜在来源，并提出处理这些问题的方法（见框 7.5）。

框 7.5　社区参与/冲突的解决——澳大利亚 MDB 水资源改革的关键

在澳大利亚 MDB 流域，"MDB 计划"中的主要用水改革正在进行，主要通过政府进入水资源市场（通过回购水）或资助水资源基础设施，将曾经用于消费目的的水转移到环境中。而 MDBA 虽然在整个流域规划制定过程中投入了大量精力，但决策的制定和信息的交流却存在很大的局限性，许多利益相关者认为他们的观点要么未被恰当地考虑，要么被简单地驳回（Commonwealth of Australia，2013）。在最初的计划中，尽管遵循了正式的利益相关者参与流程（MDBA，2009），三项基本原则（包容性、透明度、奉献）却没有得到成功执行，部分原因可能是拟订计划草案的时间。MDBA 对其早期利益相关者参与过程的批评作出了回应，并在实施过程中为利益相关方的进一步参与投入了大量精力。这方面的一个关键因素是认识到地方主义的必要性——这包括反映当地人民、当地土地和流域管理人员对如何最好地管理环境流量的认识，并了解当地社区在

制定水资源分享计划方面所做的工作（House of Representatives Standing Committee on Regional Australia，2011）。如何有效地平衡集中决策的角色仍然是一个挑战。MDBA 提出了重要的发展目标，他们将开始分散整个流域的运营流程，使当地社区和利益相关方有更多机会直接参与（Long，2016）。

注意：在与利益相关者接触之前，有必要进行初步分析；然而，它还必须在与确定的利益相关群体进行接触后进行，并得到利益相关者的同意（基本原则之二：透明度）。如果存在大量未知因素（例如，影响或态度），那么这些就应该是参与初始阶段的重点。当项目实施时，应该定期查看和更新利益相关分析，并贯穿整个项目的规划、实施、评估阶段（基本原则之三：奉献）。

2.2 参与级别：确定参与级别十分关键，Arnstein 的阶层理论仍然被认为是考虑不同参与级别的标准方法，并且在与利益相关者讨论他们的定位时，该理论也是一个很好的开端。此外，国际公共参与协会（IPA2）框架提供了在不同级别上的参与的目标、承诺、方法，它建立在 Arnstein 的阶层基础之上，并为初始利益相关分析在不同级别上可使用的方法提供了参考（IPA2，2014；见图 7.2，表 7.2）。倡议者应评估并确定一个清晰的视角，用以了解不同利益相关者的参与程度。这应该在全面参与开始后得到确认或调整，并强调参与者的组分是基于某种原则的。倡议者也应该允许这种机会，甚至鼓励利益相关者在不同级别之间移动。如果不能保证不同利益相关者参与，那么应该用别的方法分配资源（如原则 3、6、9、10 所述）。例如，在计划阶段，某个群体可能想要处于 IPA2 中的参与级别；在实施阶段时，想要处于报告级别；在评估和适应阶段时，想要处于协作级别。另外，一个群体也可以开始于报告级别，但希望在计划的某个阶段处于协作级别。他们可能缺乏足够的培训或财务技能在来执行不同级别，因此应该有满足这一要求的备案（表现出承诺和包容）。在设计参与策略的阶段，应该明确这些变化水平，但要足够灵活，以便在整个计划过程中进行更改（原则 6、7 和 10）。不同级别的参与应该由双方商定，并在协作研讨会上得到所有利益相关者的同意。倡议者对利益相关者的承诺是确保透明性和责任的关键（主要原则 1～7）（见框 7.6）。

框 7.6　LESOTHO 高原地区环境流量案例——利益相关者的参与：
资源分享，并寻求可持续的妥协

Senqu 河（Orange 河的上游）发源于 Lesotho 的 Maluti 山脉，是许多小规模和自给自足的农民的家园，他们依赖河流获取水和其他生态系统服务。大型水坝和未来的发展给依赖这条河的社区带来了机遇和风险。通过三个层面的参与（中央政府、地方政府、当地社区），LESOTHO 高原地区用水项目已经能够产生一些可能的大坝开发方案和相关的权衡，目的是在不同用途之间找到可持续的折中方案。农村社区的参与较为特殊，因为这些社区是受河流变化影响最大的社区。从历史上看，不同利益相关方之间在信任和所有权方面存在挑战，因此，通过确保受影响最严重的各方的适当参与，并遵守基本原则，各方达成共识并不难。

注意：尽管需要更高的接合水平，但已经存在并且在支持者控制之外的外部过程，也可能会抑制在所提出的过程中可达到的水平。例如，如果更广泛的政治基础是由自上而下的过程驱动的，那么涉及上述级别的利益相关者的参与可能永远实现不了，自下而上的方法更具有操作性（表7.2）。虽然从信任和所有权角度来看这不太可取，但明确阐述在参与开始时利益相关者可以达到的水平是至关重要的。

7.9　完全参与的步骤

7.9.1　第3步：何时以及如何完全参与

3.1　时间：早期的参与是必要的，但在完成上述步骤之前，不应开始全面的结构性参与（例如，将不同的利益相关者群体聚集在一起）。对需求、利益、潜在冲突（与倡议者或其他团体之间）有一个初步的了解是全面参与的关键。有一个良好的了解表明你已经准备好了，同时也应该遵循建立信任和所有权的基本原则。通过完成第一和第二步，倡议者将能够恰当地向利益相关者阐明他们的目标是什么，他们对自己的期望是什么，他们对利益相关者的期望是什么，并以适当的形式提供信息（原则4）。比较不同利益相关群体的基础包括：①他们希望看到什么（期望的未来状态）？②他们能忍受什么？③什么是完全不可接受的？这些问题应在参与的最初阶段加以澄清。这就为利益相关者的参与奠定基础，以推动最终的整体框架的规划阶段和后续的实施-评估阶段。

3.2　方法：了解利益相关者参与的不同方式对于了解复杂问题是至关重要的，这反过来又会影响利益相关者参与不同问题的程度。IAP2范围（表7.2）为不同的参与级别列出了不同的方法。尽管这些方法是通用的，但它们也适用于将重点从单方面技术修复转向基于价值的谈判。这是识别社会资本的重要一步，也是对沟通和联系团队的支持和承诺，确定潜在的支持者以帮助推动这一进程，并帮助找到双赢的结果。

3.3　参与过程中的诚信与公平：当讨论什么是可能的，什么是不可能的时候，诚信和公平是必不可少的，因为最好不要承诺做不到的事情。此外，通过执行前几个步骤，倡议者对群体动态和群体之间的潜在冲突有更好的认识。合作可以使大家朝着共同的目标努力，但前提是团队工作起来足够舒适。执行上面的步骤应该衡量这种情况是否会发生，价值的相似性是参与的焦点。然而，倡议者应该意识到意外总是有的。在这样的会议/研讨会上设立专家协调员的好处是，他们有处理冲突的方法，但是负责利益相关者参与的人员/团队应该始终在场并发挥积极的主导作用。协调员的职责只是为了调解。情景预测和通过情景选择提供对不同结果的选择对于推进参与向前发展至关重要。情景预测提供了一系列的选项，并允许利益相关者在寻找共同结果时提供意见。

3.4　知识形式：利益相关者参与中常见的一个错误是，支持者评估和利用不同形式的知识的能力。这种回避或无法使用所有形式的知识不仅会导致权力失衡，还会引发冲突。利益相关者通常拥有对决策有用的各种形式的知识（例如当地的知识）。倡议者需要提供一套程序，以便在计划、实施、评估阶段使用所有形式的知识（原则1）。这不仅增强了利益相关者的信任和所有权，还增加了信息流动，这有助于形成更多的证据。

注意：利益相关者的沉默并不一定意味着利益相关方参与过程正在发挥作用，实际上通常意味着相反的情形，因为利益相关者可能会感到被低估和被脱离，以至于他们觉得自己完全没有能力，也无法以一种有意义的方式对整个过程作出贡献。这似乎是使行动更快完成的理想情况，但它通常意味着在执行过程中不满意度会逐渐积累，并不可避免地引起进度延迟。

7.9.2 第 4 步：制定并实施利益相关者参与的计划

*4.1 计划：*利益相关者的参与计划应该是一份记录，该记录可获取策略和提供计划，而此计划应该告知倡议者和利益相关者他们的义务是什么，以及所有利益相关者在就项目本身的某些方面谈判时可以参考的文件。

*4.2 提供安全保障：*参与计划的记录为利益相关者提供了安全保障，因为他们的价值和需求、参与的优先顺序、所需步骤都被完整地记录下来了。该记录始终应该是一个动态记录，可随着可用的新信息或情况的变化而进行调整。然而，这不应该是保持草案形式的借口，而应该是最终的成果，然后在关键的评估阶段重新审视（步骤 5）。在包含利益相关者的意见之前，倡议者不应最终定稿，但他们可以对最终成果发表意见。在这一阶段，所有的关键原则都应得到体现，尤其是包容性、透明性、可及性、问责制。最终成果必须在不同的利益相关者群体之间共享。

7.9.3 第 5 步：参与策略的实施和评估

*5.1 计划颁布：*参与策略的实施应融入总体倡议实施阶段。随着总体倡议的实施，应该首先确定策略中的内容。在实施具体的环境流量泄流方案过程中，一些利益相关者可能每月、每周甚至每天都要参与，这取决于具体的行动，但在实施之前需要认识到这一过程是如何发生的。

*5.2 监控：*从利益相关者参与的角度出发，对相关情况进行监控。随着倡议者和利益相关者之间关系的发展，或者利益相关群体之间关系的变化，应该对这些信息进行调整。交流进展情况是重要的，并应符合策略文件中商定的内容。

*5.3 评估：*在所有步骤中，监测是一个持续的过程，可以及时决策和纠正措施（如果必要）。评估则不同，因为它是一种有选择的阶段性实施，它可以系统和客观地评估取得成果的进展。在最基本的层次上，倡议者必须回顾他们为利益相关者参与所设定的目标，评估他们是否得到了满足，并且评估参与过程是否帮助或阻碍了总体倡议的其他目标。评估应该是针对计划的一个特定的时间步骤，但是应该足够及时以使利益相关者看到进展，并能够提供建议和意见。例如，在一个 5 年计划中，参与策略可能需要每年至少评估一次，并且半年举行一次利益相关者的研讨会，以讨论存在的困难和最新进展。

*5.4 沟通：*在计划的所有阶段，为利益相关者提供持续沟通的机会是至关重要的。在这方面，支持者是必不可少的。在计划中应清楚地说明这一点，即这将如何以及何时发生及其遵循的程序。这也需要有来自利益相关者的反馈，特别是关于变化或他们的参与是如何帮助决策制定的反馈。缺乏沟通和利益相关者的反馈将对其关系造成很大的破坏。

*5.5 学习和适应：*学习和适应对于进行调整的所有步骤都至关重要，通常是在整个过程中的不同步骤中小范围进行的。例如，一个利益相关者群体可能有一个特定的问题，可以在一天内通过协商对流程的小改动来解决。然而，完整的评估步骤允许仔细检查总体参与策略，并进行更改（如果必要的话）。这些变化需要各利益相关方在步骤 4 中达成一

致，然后在重复的循环过程中整合到整体计划中。在所有步骤中，尤其是在调整策略时，沟通都是必不可少的，这有利于与利益相关者清楚地阐明所学知识以及提出的后续步骤。

7.10　结论

信任是关系的基础"权力因素"，主要描述个人信任信息来源的意愿，以及他们参与的意愿。

Flitkroft（2010）

当气候变化专家 Bill McKibben 被问及"为了在气候变化中更好地生存下来他将搬到哪里"时，他的回答并不是一个具体的地方。他说："我会寻找一个可以共同决策的社区，那才是可能存活下来的地方"（Moore，2013）。实际上，利益相关者的参与同人际关系一样；建立信任和所有权需要时间和相互理解，这对满足基于共同管理的目标和有效地参与策略十分重要。由于环境流量倡议对社会重要性以及在广泛的社会-生态系统中的的影响，利益相关方需要始终处于这一过程的中心。没有灵丹妙药可以让利益相关者参与到每一个具体案例中，然而，基于原则的参与为未来的发展奠定了基础，并且有许多实用的方法可以帮助实现这一过程。

参　考　文　献

Acland, A., 2008. A handbook of public and stakeholder engagement. Dialogue by Design, Surrey, U. K.

Acreman, M. C., Overton, I. C., King, J., Wood, P. J., Cowx, I. G., Dunbar, M. J., et al., 2014. The changing role of ecohydrological science in guiding environmental flows. Hydrol. Sci. J. 59, 433 – 450.

Argent, R. M., 2009. Components of adaptive management. In: Allan, C., Stankey, G. (Eds.), A-daptive environmental management: a practitioner's guide. Springer, Dordrecht, Netherlands.

Arnstein, S. R., 1969. A ladder of citizen participation. J. Am. Inst. Plan. 35, 216 – 224.

Butler, J. R., Young, J. C., McMyn, I. A., Leyshon, B., Graham, I. M., Walker, I., et al., 2015. Evaluating adaptive co – management as conservation conflict resolution: learning from seals and salmon. J. Environ. Manage. 160, 212 – 225.

Callon, M., 1999. The role of lay people in the production and dissemination of scientific knowledge. Sci. Technol. Soc. 4, 81 – 94.

Collins, K. B., Ison, R. L., 2010. Trusting emergence: some experiences of learning about integrated catchment science with the Environment Agency of England and Wales. Water Resour. Manage. 24, 669 – 688.

Commonwealth of Australia, 2013. Impact of the Basin Plan on Rural Communities, Localism and Stakeholder Engagement (Chapter 7) in The Management of the Murray – Darling Basin, Parlimentary Inquiry report, 13 March 2013.

Conflict assessment, 1985. In: Hocker, J., Wilmot, W. (Eds.), Interpersonal Conflict. 2nd ed. Wm. C. Brown Publishers, Dubuque, Iowa, Chapter 6.

Conley, A., Moote, M. A., 2003. Evaluating collaborative natural resource management. Soc. Nat. Resour. 16, 371 – 386.

Cook, B., Kesby, M., Fazey, L., Spray, C., 2013a. The persistence of 'normal' catchment management despite the participatory turn: exploring the power effects of competing frames of reference.

Soc. Stud. Sci. 43.

Cook, B. R., Atkinson, M., Chalmers, H., Comins, L., Cooksley, S., Deans, N., et al., 2013b. Interrogating participatory catchment organisations: cases from Canada, New Zealand, Scotland and the Scottish – English Borderlands. Geogr. J. 179, 234 – 247.

Cornwall, A., 2008. Democratising engagement. What the UK can Learn from International Experience. Demos, London.

Coursera, 2016. World Bank Group Course 2016 – Engaging citizens: a game changer for development, https://www. coursera. org/course/engagecitizen.

Crase, L., O'Keefe, S., Dollery, B., 2013. Talk is cheap, or is it? The cost of consulting about uncertain reallocation of water in the Murray – Darling Basin, Australia. Ecol. Econ. 88, 206 – 213.

Diedrich, A., Stoeckl, N., Gurney, G. G., Esparon, M., Pollnac, R., 2016. Social capital as a key determinant of perceived benefits of community – based marine protected areas. Conserv. Biol. 31 (2), 311 – 321.

Flitcroft, R., Dedrick, D. C., Smith, C. L., Thieman, C. A., Bolte, J. P., 2010. Trust: the critical element for successful watershed management. Ecol. Soc. 15 (3), r3.

Hamm, J. A., Hoffman, L., Tomkins, A. J., Bornstein, B. H., 2016. On the influence of trust in predicting rural land owner cooperation with natural resource management institutions. J. Trust Res. 6, 37 – 62.

Harrington, C., Curtis, A., Black, R., 2008. Locating communities in natural resource management. J. Environ. Pol. Plann. 10, 199 – 215.

Hearne, D., Powell, B., 2014. Too much of a good thing? Building social capital through knowledge transfer and collaborative networks in the southern Philippines. Int. J. Water Resour. Dev. 30, 495 – 514.

House of Representatives Standing Committee on Regional Australia, 2011. Of drought and flooding rains: Inquiry into the impact of the Guide to the Murray – Darling Basin Plan, Canberra, May 2011, p. 73. http://www. aph. gov. au/parliamentary_business/committees/house_of_representatives_committees?url=ra/murraydarling/report. htm.

IAP2, 2014. Spectrum of Public Participation. Available from: www. iap2. org. au (accessed 01. 02. 17).

IFC, 2007. Stakeholder Engagement: A Good Practice Handbook for Companies Doing Business in Emerging Markets. International Finance Corporation, Washington, DC.

Irvine, K., O'Brien, S., 2009. Progress on stakeholder participation in the implementation of the water framework directive in the Republic of Ireland. Biol. Environ. Proc. Royal Irish Acad. 109B, 365 – 376.

Jackson, S., Tan, P. – L., Mooney, C., Hoverman, S., White, I., 2012. Principles and guidelines for good practice in indigenous engagement in water planning. J. Hydrol. 474, 57 – 65.

Jacobs, K., Lebel, L., Buizer, J., Addams, L., Matson, P., McCullough, E., et al., 2016. Linking knowledge with action in the pursuit of sustainable water – resources management. Proc. Natl. Acad. Sci. 113, 4591 – 4596.

Kilvington, M., Atkinson, M., Fenemor, A., 2011. Creative platforms for social learning in ICM: the Watershed Talk project. N. Z. J. Mar. Freshw. Res. 45, 557 – 571.

Knight, A. T., Cowling, R. M., Boshoff, A. F., Wilson, S. L., Pierce, S. M., 2011. Walking in STEP: lessons for linking spatial prioritisations to implementation strategies. Biol. Conserv. 144, 202 – 211.

Leahy, J. E., Anderson, D. H., 2008. Trust factors in community – water resource management agency relation ships. Landsc. Urban Plan. 87, 100 – 107.

Le Quesne, T., Kendy, E., Weston, D., 2010. The Implementation Challenge: taking stock of government policies to protect and restore environmental flows. WWF Report.

Long, W., 2016. Murray – Darling Basin Authority begins decentralising jobs, ABC rural News, 15 August, 2016. Available from: http: //www. abc. net. au/news/2016 – 08 – 12/mdba – moves – jobs – to – regional – areas/7726272.

Margerum, R. D., Robinson, C. J., 2015. Collaborative partnerships and the challenges for sustainable water management. Curr. Opin. Environ. Sustain. 12, 53 – 58.

Mayer, B., 2012. The dynamics of conflict: a guide to engagement and intervention. 2nd ed. Jossey – Bass, San Francisco.

MDBA, 2009. Stakeholder Engagement Strategy. Involving Australia in the development of the Murray – Darling Basin Plan.

Moore, M., 2004. Perceptions and interpretations of environmental flows and implications for future water resource management: A survey study. Department of Water and Environmental Studies, Linkoping University, Sweden, 1 – 67.

Moore, L., 2013. Common ground on hostile turf: stories from an environmental mediator. Island Press, Washington, DC.

Mostert, E., 2015. Who should do what in environmental management? Twelve principles for allocating responsibilities. Environ. Sci. Pol. 45, 123 – 131.

Mott Lacroix, K. E., Xiu, B. C., Megdal, S. B., 2016. Building common ground for environmental flows using traditional techniques and novel engagement approaches. Environ. Manage. 57, 912 – 928.

Mountjoy, N. J., Seekamp, E., Davenport, M. A., Whiles, M. R., 2014. Identifying capacity indicators for community – based natural resource management initiatives: focus group results from conservation practitioners across Illinois. J. Environ. Plan. Manage. 57, 329 – 348.

OECD, 2015. OECD Principles on Water Governance: welcomed by Ministers at the OECD Ministerial Council Meeting on 4 June 2015. Organisation for Economic Co – operation and Development. Online: Directorate for Public Governance and Territorial Development.

Pahl – Wostl, C., Jeffrey, P., Isendahl, N., Brugnach, M., 2011. Maturing the new water management paradigm: progressing from aspiration to practice. Water Resour. Manage. 25, 837 – 856.

Pahl – Wostl, C., Arthington, A., Bogardi, J., Bunn, S. E., Hoff, H., Lebel, L., et al., 2013. Environmental flows and water governance: managing sustainable water uses. Curr. Opin. Environ. Sustain. 5, 341 – 351.

Poff, N. L., Matthews, J. H., 2013. Environmental flows in the Anthropocene: past progress and future prospects. Curr. Opin. Environ. Sustain. 5, 667 – 675.

Reed, M. S., 2008. Stakeholder participation for environmental management: a literature review. Biol. Conserv. 141, 2417 – 2431.

Reed, M. S., Graves, A., Dandy, N., Posthumus, H., Hubacek, K., Morris, J., et al., 2009. Who's in and why? A typology of stakeholder analysis methods for natural resource management. J. Environ. Manage. 90, 1933 – 1949.

Richter, B., 2014. Chasing water: A guide for moving from scarcity to sustainability. Island press/Centre for Economics, Washington DC, ISBN 9781597264624.

Richter, B. D., Mathews, R., Harrison, D. L., Wigington, R., 2003. Ecologically sustainable water management: managing river flows for ecological integrity. Ecol. Appl. 13, 206 – 224.

Rist, L., Campbell, B. M., Frost, P., 2013. Adaptive management: where are we now? Environ. Conserv. 40, 5 – 18.

Rogers, K. H., 2006. The real river management challenge: integrating scientists, stakeholders and service agencies. River Res. Appl. 22, 269 – 280.

Roux, D. J. , Foxcroft, L. C. , 2011. The development and application of strategic adaptive management within South African National Parks. Koedoe 53 (2), 1 - 5.

Saravanan, V. S. , McDonald, G. T. , Mollinga, P. P. , 2009. Critical review of Integrated Water Resources Management: moving beyond polarised discourse. Nat. Resour. Forum 33, 76 - 86.

Schultz, P. W. , 2011. Conservation means behavior. Conserv. Biol 25, 1080? 1083. Available from: http: //dx. doi. org/10. 1111/j. 1523 - 1739. 2011. 01766. x.

Steyaert, P. , Jiggins, J. , 2007. Governance of complex environmental situations through social learning: a synthesis of SLIM's lessons for research, policy and practice. Environ. Sci. Pol. 10, 575 - 586.

Tan, P. - L. , Jackson, S. , MacKenzie, J. , Proctor, W. , Ayre, M. , 2008. Collaborative water planning: context and practice literature review. Vol. 1. Report to the Tropical Rivers and Coastal Knowledge (TRaCK) program. Land and Water Australia, Canberra, Australia.

US Army Engineer Institute for Water Resources, 2012. Shared Vision Planning website. Available from: www. sharedvisionplanning. us (accessed 10. 04. 16).

Van Der Wal, M. M. , De Kraker, J. , Kroeze, C. , Kirschner, P. A. , Valkering, P. , 2016. Can computer models be used for social learning? A serious game in water management. Environ. Model. Softw. 75, 119 - 132.

Wehr, P. , 1979. Conflict regulation. Westview Press, Boulder, CO.

Yee, S. , 2010. Stakeholder engagement and public participation in environmental flows and river health assessment. Australia - China Environment Development Partnership. Project code P0018, May.

Zeitoun, M. , Mirumachi, N. , 2008. Transboundary water interaction I: reconsidering conflict and cooperation. Int. Environ. Agree. Pol. Law Econ. 8, 297 - 316.

第 8 章

水环境系统与自然资本：自然水生态系统服务

David J. Gilvear[1]，Lindsay C. Beevers[2]，Jay O'Keeffe[3] 和 Mike Acreman[4]

1. 普利茅斯大学，普利茅斯，英国
2. 赫瑞–瓦特大学，爱丁堡，苏格兰
3. 罗德斯大学，格雷厄姆斯敦，南非
4. 生态与水文中心，沃灵福德，英国

8.1 引言

"人与环境密不可分"这个观点并不新鲜（Acreman，2001），只是表达方式不同罢了。苏格拉底、老子和释迦牟尼，这些伟大的哲学家早在公元前 500 年就谈到了天、地、人和谐相处。在 1864 年，G. P. Marsh 出版的《人与自然》中提到砍伐森林可能是导致地中海地区干旱的原因之一。在 20 世纪 90 年代，生态系统服务（ES）的概念在很大程度上被应用于湿地（Maltby 和 Acreman，2011）。这一概念用于描述大自然为人类带来的好处，而《生物多样性国际公约》则将生态系统法则作为管理自然资源的框架。在英语单词中，"eco"常常是生物学家表达中惯用的前缀，他们的研究常常是以生物多样性为中心展开的（Mace 等，2012），而在其他领域，类似的系统整合已经发展起来了（例如，水资源综合管理）。许多物种、群落和生态系统都在减少，特别是在水生态系统中（Vörösmarty 等，2010）。有一部分原因可能是用于影响社会价值的生物学语言尚未形成。如果真的存在这个问题的话，那么什么样的表述可以提升人们对人与自然和谐相处的意识呢？

许多政府和企业的决策者都接受过政治、金融和经济方面的培训，事实证明，使用经济学的一套表述方式较为有用。现实中，每个人都对拿着钞票去超市买东西很熟悉，这也说明经济学是无处不在的。经济学在为其作价值评估与作出决定或权衡时，一般都会运用到哲学中所提到的功利主义。资本的概念常常被经济学家所引用：企业有员工（人力资本）、建筑、办公室、机械（制造资本）、银行（金融资本）、合作方式（社会资本）。在自然元素互相作用与不断转化的过程中，自然资本为人们提供了许多收益，我们可以将土壤、岩石、动植物和水等自然资本添加到资本列表中。这一概念重新定义了资本的形式与相关性（图 8.1）。水循环就是一个很好的例子，自然水元素，在河流、湖泊和地下蓄水层中相互作用并进行空间转化。然而，对于距离水源较远的人来说，要从供水管道中获得水源，则需要一条输水管道（制造资本）、资金（金融资本）、管理人员（人力资本），以及与客户的互动（社会资本）等一系列成本。因此，自然资本对于生命来说具有其存在的重要性和必要性，但是人们不能仅靠自然资本生活在当今社会，自然资本的概念正成为生态系统管理新的推动力。

图 8.1　自然资本与其他资本形式的关系圈

例如，英国政府认识到用以支撑经济增长和人类福祉的自然资本的重要性，因此成立了自然资本委员会，该委员会制定了一项为期 25 年的自然资本恢复计划（Natural Capital Committee，2015）。

水环境对于如何解释自然资本为人们提供诸如渔业、娱乐及精神建设等多重利益就是一个很好的例子。资本框架有助于权衡决策评估（Acreman 等，2011）。例如，湄公河水域是一个推动许多利益链的重要自然资产（包含着已开发的和未开发的）。洞里萨湖（位于柬埔寨）是世界上最重要的渔场之一，平均每年提供约 23 万 t 的水产品（Baran 等，2001），为成千上万的当地居民提供基本的蛋白质。该湖还利用筑坝和修建水电站进行水力发电，为当地提供电力，并将电力作为当地经济收入之一，但是这种方法改变了生态用水，从而降低了洞里萨湖的渔业产量。同样，许多国际河流在水资源开发上都会进行不同的权衡（如湄公河，Baran 等，2001；尼罗河，Goor 等，2010；以及 Zambezi 河（非洲南部）Tilmant 等，2010）。尽管运用经济学用语可以很好地评估自然资源价值，但是运用这套体系对自然形态进行评估存在困难，同时这部分又十分重要（如南极洲地形地貌），这便对整个体系提出了极大的挑战。

本章旨在介绍其自然资本的概念以及生态系统服务（ES）——将环境价值评估融入水资源管理中的方法。本章，我们首先定义"自然资本"的概念：运用生物多样性将陆地与水的联系看作为股本，并从其股本中推导出不同的生态系统服务。其中生态系统服务则是生态结构和功能与其他对人类有益的投资的融合（Burkhard 等，2012）。

"生物系统服务"这个具有潜力的术语是由 Ehrlich 和 Ehrlich 在 1981 年率先提出的，后来几十年又对其概念不断进行完善与发展。之后由 Dugan（1990），Costanza 等（1997）和 Daily（1997）对"生物系统服务"进行诠释，并将其与自然资本联系起来（图 8.2）。在全球都接受生态服务系统这个概念后，千禧生态系统评价（MEA，2005；旨在评估生态系统变化对人类福祉的影响，以及科学系统地加强保护和可持续发展此套系统，并为人类作出贡献）享誉世界。以上这种体系总体可分为四大类：供给功能（如提供淡水、木料、食物）、支撑功能（如土壤结构、养分循环、初级产品）、调节功能（洪水调蓄、空气净化、气候调节和水质改善）、文化功能（精神层面、娱乐、美学、健康与幸福指数）。

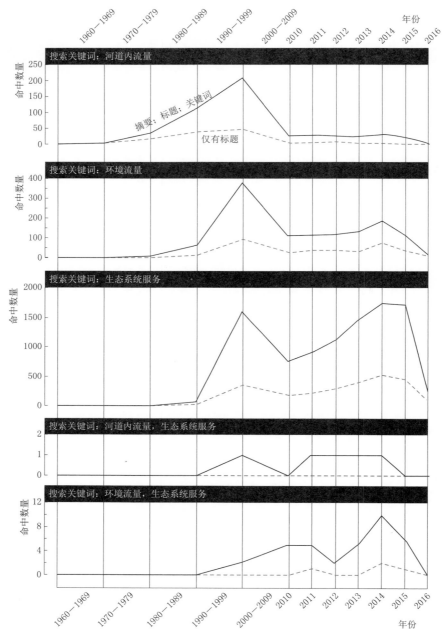

图 8.2 以生态用水评估体系与生态服务评价体系作为关键词，运用 Scopus 搜索其在科技文献中出现的频率。

值得注意的是，生态系统服务（ES）的概念将生态结构与人类利益联系在一起。在21 世纪，要治理与开发河流，将自然与人类经济系统相关联是行之有效且非常必要的，因为生态系统提供的服务是多样且有益的。这些评价服务涉及的范围很广，例如水力发电、渔业以及灌溉等，也会多多少少涉及该区域的健康状况与文化价值取向等隐形利益（表 8.1）。可以采用生态系统服务（ES）框架来评价自由流动的河流状况（Auerbach 等，2014）与受闸坝调控的水流状况，并运用该套体系权衡利弊。但事实上，现如今诸如东非（Notter 等，2012）、湄公河（Ziv 等，2012）等地区，在与环境、过流状况相关联的评价中只有少数研究与文献真正运用 ES 概念及相关术语来评价。以后的研究中应该鼓励并广泛采用较为完善且应用范围较广泛的 ES 方法来代替之前经常运用的较为碎片化的评价方法。

表 8.1   有淡水河系统和潜在指标关联的生态系统服务

生态系统服务类型	生态系统服务	潜在指标举例
即时供应	为人类消费和能源生产提供淡水	流量变化（Q95），化学特性（例如与饮用水指标相比）
	肥沃的土地（拥有食物、木材、柴火）	作物生产数据
	水流及捕鱼习惯	捕鱼数据
支撑与调整	冲积土的形成	漫滩沉积类型及速率
	养分的输入与循环	氮和磷的水平；藻华情况
	初级生产力	硅藻评价
	栖息地	生态基/河岸植被；河床和漫滩沉积物特征、地貌特征
	种子分布情况	幼苗萌发数
	水害情况	洪水指标（年平均洪水量）漫滩洪水频率
	侵蚀情况	水浊度值和悬浮固体浓度；河岸侵蚀率
	气候情况	水温变化走势
	水净化/质量	生物指标和水化学指标（如以大型无脊椎动物为基础的水质指标）；溶解氧浓度
文化	精神方面	习俗与节日（如参观人数）
	娱乐/消遣	是否有划船、游泳和散步（数量；商业广告的收入）；垂钓（执照/许可证）
	审美	景色命名（如英格兰和威尔士的自然美景）；社交媒体是否火
	健康和舒适度	生活质量指标

在这里，我们研究自然资本和生态系统服务的概念如何与水环境和河流环境相关联，以及自然资本、ES 和河流之间的联系的性质。本章主要讨论生态系统服务的定义、测量

方法、评价模式以及其相关挑战。河流生态系统服务评价法（River ESs）被看作生态系统服务评价的一个分支，这是由 Potschin 和 Haines-Young（2011）提出的，本章也将从生物物理领域去探索这种方法，并从生物物理的结构、进程与功能来阐述江河的生态系统服务功能。本章较少涉及社会经济和文化进程本身，但会运用生态系统服务功能分析并重新认识这些方面关联的重要性（图8.3）。生态系统服务功能分析评价中，有些经济方面的因素是没有涵盖的，因为我们认为在某些经济方面是生态系统服务功能评价无法估算的。

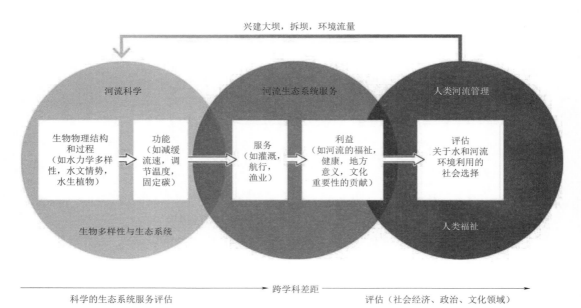

图 8.3　根据 Potschin 和 Haines-Young（2011）的生态系统服务级联模型，显示其作为水环境的概念框架和生态系统服务评估的相关性。

本章总结了一些国际研究案例来证明与强调这个重要主题。自然资本与生态系统服务功能分析提供了一个框架概念，通过识别各种原因影响因素，更好地理解客观的不同生态用水情况，以识别其整个范围内影响生态用水的成因。这些术语与条款同样为利益相关者提供了一个交流水环境的有效工具，特别是那些以经济/金融为重点的水资源制度，这样可以使人们能在不同的流域环境下更好地权衡利弊，以便作出明智判断。

8.2　水环境、自然资源与生态系统服务

生态系统服务功能评价可以进行水环境水文情况评估，在大多情况下，生态系统服务功能会因河流调节或流域土地利用变化（例如植树造林）而降低或减少，流量的减少将会导致减产或服务水平降低，直接或间接减少供水（Arthington 等，2006；Arthington，2012）。

环境流量评价方法随着时间的推移而逐步得到发展与完善（第11章）。这种体系和方

法最初是运用在水文模型中，以测量单一目标物种的水力栖息地的水力特性（如栖息地模拟［PHABSIM］），或者评价整体生态环境健康（Tennant，1976）。许多此类方法一直被广泛应用，社会文化与经济评价也被添加到这些评价方法内（如流量增量下游响应法［DRIFT］；King 等，2003）。无论是水文模型还是现在应用更多的水环境模型，都始于20 世纪 70 年代和 80 年代的美国西北太平洋地区，皆与当时面临的问题——大马哈鱼减少有关，主要是通过对美国当地流域面积中的水流流量调节来认知其对于水的管理（涉及一系列的管理、支持、供应和文化—生态系统服务功能评价的雏形）。事实上，相较于提高大马哈鱼的数量，生态用水在其间的一段时间内没有进行评价，科学评估和确定环境流量成为主要的焦点。然而，人们再次认识到，整个环境流量评估过程需要在一个社会文化框架内进行，在该框架内不同级别的利益相关者需接受关于环境流量管理制度含义和价值的教育，并通过访谈和会议共同探讨环境流量管理制度的意义与价值，讨论将其运用到河流管理的优先级，从而达到其最大的价值与对人类、自然的服务，制定环境指标，最终指导其运用河流的需求（第 7 章）。

在未来十年中，环境流量评估可能会进入一个全新的阶段，进入更广阔的领域，他们是在生物物理和社会文化的综合框架内进行。这样的一个框架将有助于评估或解出如何改变河流与影响其江河价值的复杂矩阵，以达到资源整合并使利益相关者最终获得最优解。在"社会文化框架"内，政府职能部门也许需要充分利用生态系统服务功能评估来进行政策的制定。Bennett 等（2009）强调需要一种综合的社会-生态方法来识别和评估多样性。另外一些学者也认为有必要更好地理解多个生态系统服务功能与各种功能之间的权衡关系（Baran 等，2001；Fisher 等，2009；Palmer 和 Bernhardt，2006；Pascual 等，2010）。这一方法也将促进理解，特别是充分认识其短期利益的价值，这种利益往往可以在经济上量化，而不是在经济上不切实际地规划长期环境和社会/文化影响。在自然资本和生态系统服务的框架下进行生态用水评估，将更加均衡地考虑到用水的经济收益以及将资源分配给那些收益并不明显的环境用水（如美观和水自净）。

在决定所需的环境流量时，其中一个问题是，逐渐减少流量的影响是循序渐进的，至少在到达极端的阈值以前（即完全停止流动或干涸河床），它不是灾难性的。因此，在不可逆的危机发生之前，很难确定临界值或流量水平的状态变化。采用 Biggs 和 Rogers（2003）提出的潜在问题的期限阈值（简称 TPC）来解决这一问题，即在任何不可逆转的灾难发生前，存在一些可测量的监测极值，超过该极值，河流的生态健康环境就可能被打破，可能会导致那些特别依赖于水流的鱼类物种密度的降低、河边的幼苗减少、含盐率上升到 95%，又或者净旋毛翅幼虫呈季节性消失等现象出现。TPC 根据当前可用的知识进行设置，然后进行监控。如果在生态系统服务功能评估中，TPC 中的某个阈值超过了生态系统服务功能评估所设值，则应及时向管理层反映并开展调查，或者研究其盲区并适当调整 TPC 值。

8.3 识别和评估生态系统服务功能

识别和评估生态系统服务功能的方法根据可用的服务系统的类型不同，所采用的技术方法也不同。简单且统一的方法非常适用于水力发电、渔业和灌溉供水等较简单的服务评估，而那些较难量化的利益和资产（如娱乐与文化价值）的评估则需要更为复杂的算法来进行（表8.1）。

可以运用技术规范来识别河流提供的生态系统服务功能，这就需要依靠经验丰富的专家（如淡水生态学家、水文学家、地貌学家、水质和水利专家等）。运用此种方法，ES 可以识别和环境流量评估之间存在显著的重叠。标识的方法可以包括以下内容：可以采用标准技术来识别河流提供的相关 ES，这依赖于相关专家的经验。识别服务的方法可包括：

（1）文案评估。

（2）区域调查。

（3）访谈与社区参与。

（4）详细的模型模拟。

（5）试验区放水。

文案评估主要用来识别最明显的服务，例如大型水电、灌溉和供水，以及大规模的防洪工程。但是，对于更详细和细致的服务，则需要结合当地居民及利益相关者的访问调查。这些服务系统皆通过物理环境检验（如栖息地供应、水净化和养分循环等）进行实地调查，特别是进行物理特性领域的基础性调查（如与栖息地、营养水平有关的地貌特征）。对于较为隐蔽的服务系统（如文化、娱乐、健康及幸福指数），可能需要采取不同的方法。社区参与，即通过有针对性的访谈、座谈会以及研讨会去精确判断某条河流的重要性，并认识当地风土人情，这是一种较为可行的方法。河流的文化价值将取决于当地人民的信仰和价值观，世界各地因地域的不同而不同，并且也受到经济发展水平的显著影响。

一旦确定了服务功能，那么空间和时间的变化对于理解河流生态系统以及生态系统服务功能的传递至关重要（Burkhard 等，2012）。在时间框架内以及三维空间内（纵向、横向和垂直方向）识别生态系统服务功能所传递的热点。进行整条河流的生态系统服务功能评估的主要意义在于识别流域河网（Large 和 Gilvear，2014）以及可以实时提供更为丰富的生态系统服务功能评估中的各种数据。运用生态系统服务功能评估检测最为突出的时间和地点以及尝试辅助寻求其矛盾的最优解尤为重要。例如，动力网络假说（Benda 等，2004）强调支流的连接对于生物多样性的形成是非常重要的影响因素之一。同样，死水和湿地（例如澳大利亚 MDB 的水潭）可以形成碳汇。当然，生态系统服务功能的提出也会或多或少影响该流域下游区域的供需管理。

对于每个确定的生态系统服务功能，均存在对所能提供的管理水平进行评估或测量的挑战。一个较为稳妥的方法是通过其指标与示踪剂来进行追踪。例如，鱼类生产可以简化为评估捕鱼量或者更间接地通过它们了解栖息地情况（例如河流植被、地貌特征）和食物来源（如大型无脊椎动物）（Garbe 等，2016）。表8.1列出了一些用于淡水生态系统服务传送的检测与评价指标，然而一些特殊的河流或特殊水域则需要一些特殊的测量方法，这得视情况而定。体系一旦建成，生态系统指标可用于确定不同流量对指标响应的影响，并可建立 TPC。这与环境流量评估方法具有显著的对称性。在建立权衡利益评价过程中，需要适当地将经济评价加入该体系中去。可以采用不同的方法来量化服务，例如条件估值法或支付意愿法。然而这些方法存在显著的缺陷，通常会低估生态资产的经济价值。无法获取真正的价值就意味着用水价值不能从经济上取得优势，无法在经济上与其他用水竞争，这可能会使自然保护处于不利地位。这将在后续描述 Zambezi 河中水域管理与野生动植物的联系时进行讨论。所以，评价体系中也需要评估生态系统为其服务提供的资本价值年报表的波动变化。最后，运用这些联系，权衡机制将得以被开发，并最终得到有利选择。

受到严格监管的 Zambezi 河流域常常作为生态用水评价（Beilfuss 和 Brown，2010）与生态研究的重要对象（Gope 等，2014；Ncube 等，2012；Timberlake，2000），在这里我们也将其作为一个案例，旨在探索该区域生态重要性并认识其对水流的依赖性。在 Zambezi 河流域内，很明显存在几个重要的热点，这些热点使得他们可以提供丰富的生态系统服务功能，但这些功能由于水电开发（支撑服务）而受到不同程度的影响。Zambezi 河流域主要有四个重要的水坝：Kariba 坝（建于 1959 年）、建在主河道中的 Cahorra Bassa（建于 1974 年）和 Kafue Gorge 坝（建于 1973 年）以及建造在 Kafue 河上的 Itezhitezhi 坝（建于 1977 年），详见图 8.4。尽管沿河分布有许多重要的区域，但最为重要的生态热点问题可分类为：在 Zambezi 河上游的 Barotse 平原（重要的上游大坝控制枢纽）、处在 Zambezi 河中游的 Mana 平原区（河流下段的 Kariba 坝）、Kafue 河三角洲平原地区，每一个块区皆为生态系统服务提供了大量的数据。举例来说，在 Barotse 平原上的洪水调节服务是河流运行和通过水池输送水的时间的关键（调节服务）。Mana 洪泛区是 Mana 国家湿地公园（拉姆萨尔湿地，世界遗产）的一部分，该区

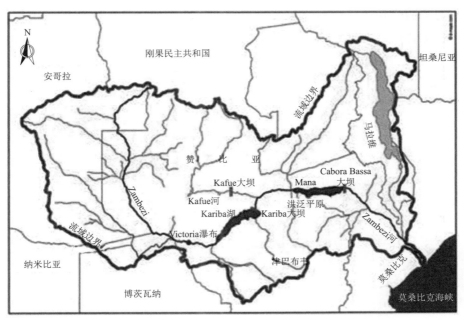

Zambezi河流域

图 8.4（一） 非洲 Zambezi 河地理位置、大坝位置示意图及规划管理水流图

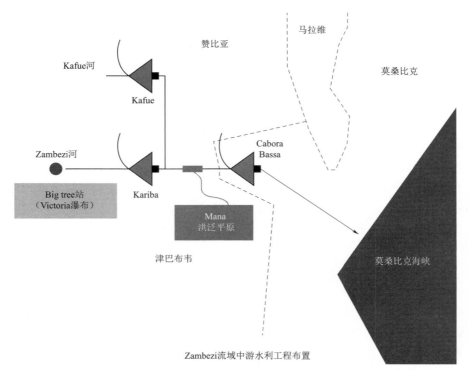

Zambezi流域中游水利工程布置

图 8.4（二） 非洲 Zambezi 河地理位置、大坝位置示意图及规划管理水流图

域有许多重要的哺乳动物种群，并以此支撑该地区旅游产业（文化支撑服务）。类似的，三角洲地区提供大量土地供人使用，依靠着水资源提供更多的服务（例如，小型沿海商业农业圈以及淡水渔业）、监管服务（如流量监管）以及支撑服务（如栖息地、生物多样性）。这些热点研究将成为一种趋势，这需要在一年中的特定时间使河流有流量，以维持期望的生态服务功能。

热点概念的另一个有趣例子是印度的恒河，它最近进行了环境流量评估工作（O'Keeffe，2012）。这条河支持着近 5 亿人口，是重要的自然资源。数千年来，恒河不断地提供着（代表深度生态系统服务体系的）重要自然资源、娱乐、器具、起居和精神/文化的所有因素，同时也为印度全国范围内的农业、工业及能源生产提供着源源不断的驱动力。气候变化、难以预测的季风以及冰川融化的减少，将会给水资源与环境问题带来不小的压力。根据生态系统服务功能评估得到的数据分析，2013 年 Kumbh 的流量高峰期出现在为期六周的大壶节（这是每 12 年过一次的节日），位于恒河和亚穆纳河的汇合点，聚集了巨大的人流。大壶节吸引了 8 千万至 1 亿的朝圣者前来恒河受洗（文化服务；图 8.5A 和 B）。为庆祝该节日（提供服务），当地政府同意减少向上游灌溉渠的引水量（供应服务）来保证恒河的流量（大约 $200 \sim 300 \text{m}^3/\text{s}$）。有趣的是，当地居民却为减少灌溉用水增加恒河流量这件事感到无比自豪；产生的另外一个生态效益是，6 周的时间与地方性河豚的栖息地要求非常匹配（Lokgariwar 等，2013）。

8.4　测量与评价河流生态服务功能的挑战

生态系统服务对于我们的生存至关重要（Costanza 等，1997；Daily，1997）。然而在权衡利弊的评价中测量、评价和考虑这些服务是存在重重困难的（Heal，2000；Momblanch 等，2016；Seifert - Dahnn 等，2015），而且如果这些概念要被运用到生态用水评价中，就必须被理解与认知。一些突出问题需要着重列出：生态系统服务功能评估中的经济评价（Grizzetti 等，2016；Heal，2000），建模和方法学方法（Portman，2013；Seifert - Dahnn 等，2015），以及处理生物物理领域与经济变量中的不确定性与相关性方法（Momblanch 等，2016；Seifert - Dahnn 等，2015）。

（A）　　　　　　　　　　　　　　　　　（B）

图 8.5　恒河与庆祝大壶节。（A）文化评价河流；（B）节日期间河边人流量。

首要的也是最重要的，就是这些挑战关乎着生态系统服务功能的评价以及概念的有用性，同样这些方法的筛选也需要辩证看待（Seifert - Dahnn 等，2015）。评价体系会有不同的含义，尤其涉及经济评价（Heal，2000）时，而很多利益相关者大多只关注自己的切身利益（Seifert - Dahnn 等，2015）。不同的方法用来评价不同价值服务，例如直接消费用水是比较容易估值的，而一些隐藏的或较易混淆的服务（隐藏的生态系统服务功能评价方法，是没有被大众所普遍接受的，比如碳汇、文化以及娱乐）是较难进行测评的（Stocker，2015）。相关文献中的标准估算方法（Costanza 等，2011；Grizzetti 等，2016；TEEB，2010）大致可以概括为如下几类（Momblanch 等，2016）：

（1）*市场价值*：生态系统服务功能价值由特定商品估算（如渔获物）。

（2）*生产基础*：应用于供应产品的服务（用于能源生产的冷却水）。

（3）*成本*：重置成本的估价（例如，如果生态系统服务功能被用于防止亏损）。

（4）*显示偏好*：此类别的方法用于评价一些隐藏服务项目的价值。（如在生态系统服务功能评价方法中的娱乐价值，会被用于评估成本及旅游愿意支出的旅游成本）。

（5）*陈述的偏好*：此类别的方法通常采用支付意愿调查来对受访者进行特定服务的价值估价，之后运用经济学方法（诸如条件估值与选择性试验的）来估算价值。

（6）*利益转换*：这是一种数据分析类型，用以将生态系统服务功能的估算值从一个站点应用到另一个站点。

每组方法都会在估值过程中考虑不确定性，相关文献也对方法的稳定性持怀疑态度（Seifert-Dahnn等，2015）。例如，使用生态系统服务功能概念的估值在很大程度上取决于所使用的方法如何操作和实施。Laurans等（2013）强调生态系统服务功能估值缺乏科学论据，并怀疑其在决策中的作用，因为服务的货币和非货币估值都很重要（Grizzetti等，2016）。

在生态系统服务功能评估体系中，当决定使用水时，重要的是要将政治因素、社会因素或生态问题与经济评估一起被权衡。政治方面一般考虑一个国家行政部门在国际公约中的义务。一些国家和地区一般会签订一些正式协议来解决现阶段该国和邻国及下游地区水资源问题。社会方面一般考虑河流与当地居民的和谐相处，就是依靠江河潮起潮落、依水相伴，并逐渐形成的专属于该江该河的当地民风，因此，社会方面也是一项重要的指标。一些人认为文化是无价的，而运用金钱来衡量是不道德的。例如其中一个比较流行的论调是，支付意愿（或接受支付）不应该作为对河流生态系统服务功能体系与用水的唯一评估标准。少数人还一直坚信经济价值决不能凌驾于道德之上，不要破坏物种，促进物种多样性，以维持生物稳定性（并暗示依赖生物资源的经济生产的稳定性），并保有对未来的选择（选择价值）。该世界保护战略指出，在最近几十年内，淡水环境圈中物种急剧减少（WWF，2016）。在这里，预防型原则得以顺势而出。关于濒危物种的长远保护与发展见8.6.2。而现阶段的挑战则在于如何将货币估值的这些更广泛的问题与更容易估价的问题结合起来；许多方法都在致力于分析并解决这一系列问题（如Saarikoski等，2016）。

更多的挑战也同时存在着。对于生态系统服务功能没有一个标准的评估方法，这可能会给评估过程带来不确定性。目前存在各种各样的方法，有的非常简单（过度简化），有的很复杂，而且有些方法是不能直接连接到整个自然生态系统服务体系中的，例如在跨越时间和空间尺度的权衡（本章重点讲述）。因此解决和优化这些权衡不失为一种有用的方案（Volk，2013）。缺乏一致的方法被认为是将生态系统服务功能评估发展到更广泛的政策领域的主要挑战之一（Volk，2013）。因此，要同时解决物理环节的难题以及评估体系中存在的问题都需要继续探索与改善。

8.5 生态系统服务中水环境治理的机遇和挑战

水生态系统服务这一概念为社会和科学家衡量河流的许多价值提供了机会。只有充分论证河流中存在的利弊才能去进行取舍以求最优解。一直以来，大部分决策要么只考虑经济价值要么只考虑珍稀物种，抑或只考虑文化价值，这样做往往会导致顾此失彼。要多方位综合合理开发河流，就不能仅依靠简单的经济评价。例如，一个政策应将利益相关者及公民的意见充分纳入决策过程中。然而河流的文化价值以及隐藏的河流生态系统服务功能仍未得到很好的发展（Tengburg等，2012）。各种利益相关者的意见和建议，以及生态系统服务体系提供的支撑、管理及文化指标，会让决策者同样面临着艰难的权衡和决策。环境流量领域和生态系统服务功能的相互作用，对于理解流量改变如何影响整个生态系统功能，对于识别热点和关键时刻，却是巨大的挑战。流量评估中的不确定性与流量计算上的误差率较大，为 TPC 和适应性管理提供了发展的土壤。在这种情况下，监测生态系统服务功能的指标将变得很重要。气候变化对流量的影响将增加另一个不确定因素，确实需要采取更好的办法。

8.6 非洲区域生态系统服务和生态用水调研与实施案例

8.6.1 Zambezi 河

如第 8.3 节所述，Zambezi 河是配备了高度水利调节系统的一条河，许多部门对水有相互竞争的需求，目前占主导地位的则是水力发电。Zambezi 河发源于赞比亚，全长 2970km，流经 9 个国家，流域面积为 139 万 km²，最后在莫桑比克流入印度洋。该河流的特点是广阔，平坦，并且拥有广泛的洪泛平原与沼泽地区（Tilmant 等，2010）。有三个不同的地理区域：上游为从源头到 Victoria 瀑布（包括 Barotse 平原）、中游为 Victoria 瀑布（包括主要支流 Kafue 河、Kafue 平原和 Mana 湖）、下游为 Cahora Bassa 大坝到三角洲（图 8.4）。

根据 Timberlake（2000）的研究，Zambezi 河流域现有的水坝（Kariba，Cahora Bassa，Kafue 和 Itezhitezhi）对流域的特定区域产生风险包括 Kafue 平原（Kafue 峡谷大坝上游）、赞比西河中游冲积平原（Kariba 大坝下游）、Zambezi 河下游冲积平原和三角洲（Cahora Bassa 大坝下游）。相关学者对该三角洲的环境需水量进行了几项研究（如 Beilfuss 和 Brown，2010）。这些研究发现每年流入该三角洲的水量几乎是恒定的，发电后排放的年平均流量为 3800m³/s。报告的满负荷排放量约为 4500m³/s。环境流量评估表明，在 2 月和 3 月的峰值流量季节有几种不同的目标脉冲流量，高达 7000m³/s。在雨季提供这种脉冲流量旨在保持季节性流动，这是生态系统中不可缺失的一个重要环节。而在筑坝期间，这种季节性流量在 50％的时间内达到并导致了海峡中部岛屿和洪泛区的全面淹没（Tilmant 等，2010）。

同样的，我们已经开始对 Mana 湖进行研究并调查了其生态系统服务功能与水流动态的联系（Gope 等，2014；Ncube 等，2012）。Mana 平原在枯水期会有大量的野生动物聚集在该平原和 Zambezi 河畔，呈现出壮观的景象，这里也成为当地主要的旅游观光地（Du Toit，1983）。在枯水期（8—10 月），野生动物群会成群结队地出现在平原，因为这里有广阔的草原以及金合欢树叶（Jarman，1972）。这一时期通常是野生动物生存的关键时期，而其他地方的叶子有限（Barnes 和 Fagg，2003）。金合欢树叶因其拥有完整的果实和叶子，成为旱季重要的树叶来源，这也是这些动物在枯水期所有的食物来源（Dunham，1989）。金合欢树叶存在着与气候相反的规律，在夏季雨季（11 月至次年 3 月）和冬季干燥季节（5—10 月）的叶片中无叶，这与其他金合欢树科是有所区别的。相关研究调查了 Mana 湿地公园中金合欢树科的进化演变，对河流（支撑与提供服务）、大型群落动物及当地旅游文化的影响进行深入了解（Gope 等，2014；Ncube 等，2012）。这些调查研究包括 Kariba 坝来流大小对其下游生态的影响、对金合欢组分结构的种群动态改变及随之影响而改变的大型哺乳动物群落产生的旅游业发展动态。

在对流域的进一步研究中，其他学者试图将这些相冲突的用水部门相联系（例如，灌溉——日益增长的需求（供应服务）、水电（提供服务）和生态（从支持和规范到文化提供一系列服务，详见第8.2节），且深入了解并系统权衡分析（时间与空间）水、食物、能源关系所蕴含的水的边际价值（Tilmant等，2010，2011）。这些研究将新古典经济学理论应用于流域尺度的水资源分配，并对每次用水进行经济估算。这样虽满足了灌溉与水力发电需求，但若针对生态系统需求则要复杂得多（Tilmant等，2011）。研究表明，针对生态系统需求问题在特定时间与更上游地区相比能较好地处理水的分配及相关热点问题。如果经济评价依附于生态系统需求，那么这些评价可能不能从真正意义上在环境与水力发电之间作出平衡。如果我们把这些问题带到Zambezi河，我们可以在生态环境流量中得出一些结论：

（1）目前对淡水系统进行经济价值评估的方法比较复杂，其结果也不确定。这可能导致我们对淡水系统的价值低估，因此人为地降低了其在分配决策中的重要性。

（2）将生态系统功能所需的流量与人们所依赖的生态系统服务功能相关联，这就会是一种有用的工具。了解相互关联的系统可以为利益相关者提供一个环境来深入了解价值的意义。

（3）在流域尺度上，空间和时间的考虑是至关重要的。生态系统服务功能系统，地域与时间自然而然地丰富了生态系统服务功能的内容（热点地区与特殊时间点），这些可以从根本意义上对最后的权衡讨论提供非常有价值的信息。而要做到公正地权衡各方利益，则需要进一步对这些需求进行量化。

8.6.2 平衡水资源利用与生态系统服务在自然保护价值中的应用

作为世界自然基金会（WWF）江河流域项目的一部分，对Mara河（肯尼亚与坦桑尼亚，2006—2008年）以及Kihansi河和Great Ruaha河进行了环境流量评估（坦桑尼亚，2007—2009年）。这三条河都是东非河流，Mara河和Great Ruaha河都流经国家公园，每一条都展示了截然不同的案例和经验。

Mara 河

Mara河从肯尼亚中部的Mau Escarpment流过，流经过去20年被过度砍伐的原始森林，流经进行灌溉的农田和在Masai的牧场，该河流又流经Masai Mara野生动物保护区和坦桑尼亚的Serengeti国家公园。这条河是保护区中唯一的常年水源，从西向东流经广阔的湿地，流入维多利亚湖。通过集水区砍伐森林和灌溉抽取区，无论是无意的还是有意的，河流的历史流量已经被改变了，而现在则受到来自肯尼亚上游部分地区进一步取水和跨流域调水规划的威胁。由于越来越多的游客营地和旅馆使用河流的水，并将废水排放回河里，水质也因此恶化。然而，这些水流并没有被大坝大量截留，总体的水流状态基本上保持自然。

此外Masai Mara和Serengeti保护区通过旅游收入（供应、支持和文化服务）为每个国家提供30%的外汇收入。然而，大部分的河流都是由保护区的上游发源的，主要是在Mau Escarpment地区（这是一个自然森林覆盖的高地地区），在过去的30年中，大部分的土地都被砍伐并用于农业（供应服务）。值得注意的是，主要的商业灌溉农业（供应服务）和规划的未来发展也在流域上游的保护区。所以经济上重要的生态商品和服务（在保护区内）与河流流量的改变和减少造成水流从光秃秃的山间流过，灌溉用水流向田间，建议对生态服务进行经济补偿。在补偿过程中，旅游区补偿上游定居者和农民，减少开发、重新造林、河道修整等。目前，马塞社区失去了传统的牧场，而 Masai Mara 地区的人们，得到了 18% 的门票收入作为补偿。然而，对旅游业利益的进一步补偿建议仍然存在阻力，这可能需要政府干预来推动。已经提出了一种经济补偿生态服务的过程，因为经济发展减缓，所以旅游区需要重植林木及修建河道外储水设施，以补偿上游定居者和农民。

Great Ruaha 河

Great Ruaha 河发源于坦桑尼亚中部，为集约化水稻种植提供灌溉用水（供应服务），然后流入 Usangu 湿地，这是最近被纳入 Ruaha 国家公园湿地（支持）。河对岸的天然岩床将水倒灌进湿地，面积从旱季的 200km² 到雨季的 600km² 不等。在旱季，湿地变为野生动物的避难场所。在湿地区域，河流流入 Ruaha 国家公园，流入 Mtera 大坝，用于为达累斯萨拉姆（Dar es Salaam）提供水力发电（供应服务）。该流域属于季风性气候，具有高度的季节性，随着雨季的到来，能很快将水库蓄满。在过去的 20 年里，枯水期湿地的蒸散作用导致湿地自然减少，加速了干涸。这主要是由于水稻种植地上游大量的灌溉，但也有可能还有其他土地利用导致这种变化。到旱季结束时，国家公园内的河流已经减少到平均每公里一个小水塘。其结果是，鱼类和无脊椎动物大量减少，水池周围聚集了大型哺乳动物。这就导致剩余水塘中的攻击性动物如河马和鳄鱼等的冲突增加。水塘中聚集的动物和水池周围过度放牧导致水质恶化和河道侵蚀，长期来看可能会减少动物数量。这可能对当地的旅游收入产生严重影响。

在 Ruaha 修建大坝的主要经验和教训是，当务之急就是采用积极有效的办法，让所有涉及这些服务的利益相关者参与其中，以便以可持续的方式管理河流（O'Keeffe，2012）。当河流在流量方面过度分配时，可能需要短期折衷解决方案以恢复一些流量，并最大限度地减少长期不可逆转的损害。当然，这仍需要经过多次谈判、协商，毕竟这会失去一些当前的就业服务机会（例如，水稻的种植），并且这些都会对下游河流及鲁阿哈国家公园（支持服务）利益造成影响，并造成旱季（支持服务）湿地面积的减少。在这种情况下，耗时的环境流量评估就不是优先事项了。在常年河流中没有水流的地方，显然需要恢复一些水流。未来可以调整精确的流量需求和潜在的经济权衡。

最终，与所有其他水管理问题一样，环境流量管理制度的成功成为一个社会选择，这主要取决于政治、经济和社会因素。这一要求需要平衡以下方面：减少水稻生产造成的收入、就业机会和生计损失，保护国家和国际遗产价值，国家公园的旅游收入，旱季湿地面积减少造成的生态商品和服务损失。从长远来看，投资高效灌溉可以增加水稻产量、改善下游河流流量并维持湿地面积，但这需要初期的开发成本或政府鼓励农民改善灌溉。

即使拥有最有价值的科学信息，环境流量方案只有在深刻理解生态系统服务功能（如保护野生动物）和水文情势后，才能有效实施，其中需要考虑到政治意愿。

Kihansi 河

位于坦桑尼亚中部的 Kihansi 河在生态系统服务功能体系方面也面临一些问题与挑战。1995 年 7 月坦桑尼亚政府开始建造 180MW 的 Kihansi 下游水电项目（供应服务），以满足其矿业和旅游业日益增长的电力需求（供应、支持和文化服务）。一座 25m 高的大坝位于河流上游蓄积河水，将其分流到一系列进出电厂的渠道中，然后将水送回下游

6km 处峡谷底部河流中。有一种 Kihansispray 蟾蜍，是当地较有特色的物种，主要分布在原有瀑布 2hm² 区域内的 Kihansi 峡谷河流内。尽管试图通过安装人工喷雾来维持蟾蜍栖息地，但自 1996 年首次发现 Kihansispray 蟾蜍（Poynton 等，1999），2003 年后就从自然栖息地消失了。这可能是由许多因素造成的：由于流量减少造成蟾蜍栖息地减少；引入的壶菌真菌（已知在世界范围内引起两栖动物灭绝并在峡谷中发现）和高浓度的硫丹杀虫剂（Hirji 和 Davis，2009）。与此同时，在美国的布朗克斯和托莱多动物园进行了人工饲养计划，2012 年这些蟾蜍被送回 Kihansi 峡谷。经过协商，流域水委员会最终授予了水权，其中包括生态保护要求的 1.5～2.0m³/s 的环境流量。

Kihansispray 蟾蜍是一种有趣且重要的特有物种，但在非洲环境中，完全基于该物种的生存来计算环境流量是不合理的，首先在干旱时期可能会与电力供应产生冲突，同时也会受到其他方面的压力与阻碍。这种为重新引进的蟾蜍物种继续提供人工栖息地的取舍，可能并不能真正反映当地社区或国家政策的优先事项。如果我们回顾一下将流量需求置于更大的社会政治格局的论点，国际自然保护联盟有关濒危物种（例如道德与责任）的立场可以在这种情况下提供帮助。举个例子，从保护角度看，综合河流生态系统服务功能和权衡分析框架，可能产生不同的效果。这将为 Kihansi 河流域其他地区继续实施可持续流量提供更有说服力的机制。

8.7　结论与展望

本章介绍了自然资本和生态系统服务功能框架下的环境流量，以及 21 世纪更为普遍的可持续水资源管理。

已经证明这个框架是有用的，因为它可以提供令人信服的基础，通过生态系统服务功能评价体系，可以协助在日益增加的耗水量和河流给社会带来的其他利益损失之间作出决定。它表明，将水环境制度视为重要的自然资本，可以使河流生态系统在更广泛的经济框架内得到考虑，而企业和政府决策者经常使用这种经济框架。它还强调水环境制度的实施必须在社会经济框架内进行，因为最终在河流上工作和生活的人将是决定环境流量资源是否得到执行的人。

未来环境流量评估的重要发展应该包括：专注于与流量相关的生态系统产品和服务的定量评估整体方法，可能会使用 Costanza 等（2014）提出的方法。目前，环境流量经常忽略消耗性用水（提供服务），其短期财务利润很容易量化，而维持河流流量的长期非经济效益则难以量化和比较。在这方面，传统的经济模式对未来的利益进行折现，因此不考虑未来的退化，长期的可持续的利益比直接的利润要低。

本章中使用的印度和东非的例子强调了两个评估问题，这些问题对于量化河流的生态系统服务功能和流量调节的作用至关重要。恒河，作为印度神圣的母亲河，它的精神价值是不可估量的，但在旱季，这条河通常会变成被污染的涓涓细流。传统的生态系统服务功能评估不太可能阻止这种情况的发生（例如，大壶节）。鉴于此，政府和大多数人（包括承担费用的农民）非常重视河流的健康流量，但现实中想要量化这种价值将是极其困难的。非洲的 Kihansi 河案例研究强调，即使是环境和保护价值也是非常多变的，因此在欧洲、美国或澳大利亚对一种罕见地方病的价值量化或比较，与发展中国家的情况也将大不相同，因为发展中国家的优先事项更为基本。健康河流的社会价值在地理上有所不同，关于环境流量的决策需要谨慎地认识到这一点。

早在公元前4世纪，柏拉图就认识到"健康河流"的价值，但从那时起，我们在保护河流方面似乎就没有取得多大进展："这块曾经富饶的土地现在剩下的东西就像一具病人的骨架，肥沃的土地已经荒废，只剩下光秃秃的骨架。从前，大地因年复一年的雨水而肥沃，而现在，这些雨水并没有像从前那样从旷野流入大海。土壤很深，它吸收并保持了水分……流入山上的水供给泉水和到处流淌的溪流。"

参 考 文 献

Acreman，M. C.，2001. Ethical aspects of water and ecosystems. Water Policy J. 3 (3)，257 – 265.

Acreman，M. C.，Harding，R. J.，Lloyd，C.，McNamara，N. P.，Mountford，J. O.，Mould，D. J.，et al.，2011. Tradeoff in ecosystem services of the Somerset Levels and Moors wetlands. Hydrol. Sci. J. 56 (8)，1543 – 1565.

Arthington，A. H.，2012. Environmental Flows：Saving Rivers in the Third Millennium. University of California Press，Berkeley，California.

Arthington，A. H.，Bunn，S. E.，Poff，N. L.，Naiman，R. J.，2006. The challenge of providing environmental flow rules to sustain river ecosystems. Ecol. Appl. 16，1311 – 1318.

Auerbach，D. A.，Deisenroth，D. B.，McShane，R. R.，McClunet，K. E.，Poff，L. N.，2014. Beyond the concrete：accounting for ecosystem services from free – flowing rivers. Ecosyst. Serv. 10，1 – 5.

Baran，E.，van Zalinge，N.，Peng Bun，N.，Baird，I.，Coates，D.，2001. Fish resource and hydrobiological modelling approaches in the Mekong Basin. ICLARM，Penang，Malaysia and the Mekong River Commission Secretariat，Phnom Penh，Cambodia.

Barnes，R. D.，Fagg，C. W.，2003. *Faidherbia albida*：monograph and annotated bibliography. Tropical Forestry Papers 41. Oxford Forestry Institute，Oxford，UK.

Beilfuss，R.，Brown，C.，2010. Assessing environmental flow requirements and trade – offs for the Lower Zambezi River and Delta，Mozambique. Int. J. River Basin Manage. 8 (2)，127 – 138. Available from：http：//dx. doi. org/10. 1080/15715121003714837.

Benda，L.，Poff，N. L.，Miller，D.，Dunne，T.，Reeves，G.，Pess，G.，et al.，2004. The network dynamics hypothesis：how channel networks structure riverine habitats. BioScience 54 (5)，413 – 427.

Bennett，E. M.，Peterson，G. D.，Gordon，L. J.，2009. Understanding relationships among multiple ecosystem services. Ecol. Lett. 12 (12)，1394 – 1404. Available from：http：//dx. doi. org/10. 1111/j. 1461 – 0248. 2009. 01387.

Biggs，H. C.，Rogers，K. H.，2003. An adaptive system to link science，monitoring and management in practice. In：Du Toit，J. T.，Rogers，K. H.，Biggs，H. C. (Eds.)，The Kruger Experience：Ecology and Management of Savanna Heterogeneity. Island Press，Washington，DC，pp. 59 – 80.

Burkhard，B.，Kroll，F.，Nedkov，S.，Muller，F.，2012. Mapping ecosystem service supply，demand and budgets. Ecol. Indic. 21，17 – 19.

Channing，A.，Finlow – Bates，S.，Haarklaum，S. E.，Hawkes，P. G.，2006. The biology and recent history of the critically endangered Kihansi Spray Toad *Nectophrynoides asperginis* in Tanzania. J. East African Nat. Hist. 95 (2)，117 – 138.

Costanza, R., D'Arge, R., Groot, R.D., Farber, S., Grasso, M., Hannon, B., et al., 1997. The value of the world's ecosystem services and natural capital. Nature 387, 253 – 260.

Costanza, R., Kubiszewski, I., Ervin, D., Bluffstone, R., Boyd, J., Brown, D., et al., 2011. Valuing ecological systems and services. F1000 Biol. Rep. 3, 14.

Costanza, R., Kubiszewski, I., Giovannini, E., Lovins, H., McGlade, J., Pickett, K.E., et al., 2014. Time to leave GDP behind. Comm. Nat. 505, 283 – 285.

Daily, G., 1997. Nature's Services: Societal Dependence on Natural Ecosystems. Island Press, Washington, DC.

Du Toit, R.F., 1983. Hydrological changes in the Middle Zambezi System. Zimbabwe Sci. News 17, 121 – 126.

Dugan, P. (Ed.), 1990. Wetland Conservation: a Review of Current Issues and Required Action. IUCN, Gland, Switzerland.

Dunham, K.M., 1989. Long – term changes in Zambezi riparian woodlands, as revealed by photopanoramas. African J. Ecol. 27, 263 – 275.

Ehrlich, P., Kareiva, P., Daily, G., 2012. Securing natural capital and expanding equity to rescale civilization. Nature 486, 68 – 73. Available from: http://dx.doi.org/10.1038/nature11157.

Ehrlich, P.R., Ehrlich, A.H., 1981. Extinction: the Causes and Consequences of the Disappearance of Species. Random House, New York.

Emerton, L., Bos, E., 2004. Value. Counting Ecosystems as an Economic Part of Water Infrastructure. IUCN, Gland, Switzerland and Cambridge, UK.

Fisher, B., Turner, R.K., Morling, P., 2009. Defining and classifying ecosystem services for decision making. Ecol. Econ. 68, 643 – 653.

Forum for the Future, 2015. The Five Capitals Model—A Framework for Sustainability. Forum for the Future, London.

Garbe, J., Beevers, L., Pender, G., 2016. The interaction of low flow conditions and spawning brown trout (*Salmo trutta*) habitat availability. Ecol. Eng. 88, 53 – 63.

Gilvear, D.J., Greenwood, M., Thoms, M.C., Wood, P., 2016. River Science: Research and Application for the 21st Century. Wiley.

Goor, Q., Halleux, C., Mohamed, Y., Tilmant, A., 2010. Optimal operation of a multipurpose multireservoir system in the Eastern Nile River Basin. Hydrol. Earth Syst. Sci. 14, 1895 – 1908. Available from: http://dx.doi.org/10.5194/hess – 14 – 1895 – 2010.

Gope, E., Sass – Klasson, U., Irvine, K., Beevers, L., Hes, E., 2014. Effects of flow alteration on Apple – ring Acacia (*Faidherbia albida*) stands, Middle Zambezi floodplains, Zimbabwe. Ecohydrology 201. Available from: http://dx.doi.org/10.1002/eco.1541.

Grizzetti, B., Lanzanova, D., Liquete, C., Reynaud, A., Cardoso, A., 2016. Assessing water ecosystem services for water resource management. Environ. Sci. Pol. 61, 194 – 203.

Heal, G., 2000. Valuing ecosystem services. Ecosystems 3, 24 – 30.

Hirji, R., Davis, R., 2009. Environmental Flows in Water Resources Policies, Plans, and Projects. Case Studies. Paper Number 117, Environment Department Papers, Natural Resource Management Series. The World Bank Environment Department.

Jarman, P.J., 1972. Seasonal distribution of large mammal populations in the unflooded middle Zambezi Valley. Appl. Ecol. 9, 283 – 299.

King, J., Brown, C., Sabet, H., 2003. A scenario – based holistic approach to environmental flow assessments for rivers. River Res. Appl. 19, 619 – 639.

Large, A.R.G., Gilvear, D.J., 2014. Using GoogleEarth, a virtual – globe imaging platform for ecosystem services – based river assessment. River Res. Appl. Available from: http://dx.doi.org/10.1002/rra.2798.

Laurans, Y., Rankovic, A., Billé, R., Pirard, R., Mermet, L., 2013. Use of ecosystem services economic valuation for decision making: questioning a literature blindspot. J. Environ. Manage. 119, 208 – 219.

Lokgariwar, C., Chopra, R., Smakhtin, V., Bharati, L., O'Keeffe, J., 2013. Including cultural water requirements in environmental flow assessment: an example from the upper Ganga River, India. Water Int. Available from: http://dx.doi.org/10.1080/02508060.2013.863684.

LVBC and WWF – ESARPO, 2010. Assessing reserve flows for the Mara River, Nairobi and Kisumu, Kenya. Eastern and Southern Africa Regional Programme Office Lake Victoria Basin Commission. Unpublished report of WWF.

Mace, G., Norris, K., Fitter, A. H., 2012. Biodiversity and ecosystem services: a multilayered relationship. Trend. Ecol. Evol. 27 (1), 19 – 26.

Maltby, E., Acreman, M. C., 2011. Ecosystem services of wetlands: pathfinder for a new paradigm. Hydrol. Sci. J. 56 (8), 1 – 19.

McClain, M., Tharme, R., O'Keeffe, J., et al., (in prep). Environmental flows in the Rufiji River Basin, assessed from the perspective of planned development in the Kilombera and Lower Rufiji sub – basins. Report to USAID.

MEA, 2005. Ecosystems and Human Well – being: Synthesis. Millennium Ecosystem. Assessment. Island Press, Washington, DC.

Milhous, R. T., Updike, M. A., Schneider, D. M., 1989. Physical habitat simulation system reference manual—Version 2. Instream flow information paper 26. USDI Fish and Wildlife Services. Biol. Rep. 89, 16.

Momblanch, A., Connor, J., Crossman, N., Paredes – Arquiola, J., Andreu, J., 2016. Using ecosystem services to represent the environment in hydro – economic models. J. Hydrol. 538, 293 – 303.

Natural Capital Committee, 2015. The state of natural capital protecting and improving natural capital for prosperity and wellbeing. Third report to the Economic Affairs Committee. Natural Capital Committee, London.

Ncube, S., Beevers, L., Hes, E., 2012. The interactions of the flow regime and the terrestrial ecology of the Mana floodplains in the middle Zambezi River Basin. Ecohydrology. Available from: http://dx.doi.org/10.1002/eco.1335.

Notter, B., Hurni, H., Wiesmann, U., Abbaspour, K. C., 2012. Modelling water provision as an ecosystem service in a large East African river basin. Hydrol. Earth Syst. Sci. 16 (1), 69 – 86.

O'Keeffe, J. H., 2012. Environmental flow allocation as a practical aspect of IWRM. In: Boon, P. J., Raven, P. J. (Eds.), River Conservation and Management. Wiley – Blackwell, pp. 43 – 55.

Palmer, M. A., Bernhardt, E. S., 2006. Hydroecology and river restoration: ripe for research and synthesis. Water Resour. Res. 42, W03S07.

Pascual, U., Muradian, R., Brander, L., Gómez – Baggethun, E., Martín – López, M., Verman, M., et al., 2010. The economics of valuing ecosystem services and biodiversity. In: Kumar, P. (Ed.), The Economics of Ecosystems and Biodiversity Ecological and Economic Foundations. Earthscan, London and Washington, DC.

Portman, M., 2013. Ecosystem services in practice: challenges to real world implementation of ecosystem services across multiple landscapes – a critical review. Appl. Geogr. 45, 185 – 192.

Potschin, M., Haines – Young, R., 2011. Ecosystem Services: Exploring a geographical perspective. Prog. in Phys. Geogr. 35 (5), 575 – 594.

Poynton, J. C. , Howell, K. M. , Clarke, B. T. , Lovett, J. C. , 1999. A critically endangered new species of Nectophrynoides (Anura, Bufonidae) from the Kihansi Gorge, Udzungwa Mountains, Tanzania. African J. Herpetol. 47, 59 – 67.

Saarikoski, H. , Barton, D. N. , Mustajoki, J. , Keune, H. , Gomez – Baggethun, E. , Langemeyer, J. , 2016. Multi – criteria decision analysis (MCDA) in ecosystem service valuation. In: Potschin, M. , Jax, K. (Eds.): OpenNESS Ecosystem Services Reference Book. EC FP7 Grant Agreement no. 308428. Available from: www. openness – project. eu/library/reference – book.

Seifert – Dahnn, I. , Barkved, L. , Interwies, E. , 2015. Implementation of the ecosystem service concept in water management – challenges and ways forward. Sustain. Water Qual. Ecol. 5, 3 – 8.

Stocker, T. F. , 2015. The silent services of the world's oceans. Science 350, 764 – 765.

TEEB, 2010. In: Kumar, P. (Ed.), The Economics of Ecosystems and Biodiversity Ecological and Economic Foundations. Earthscan, London and Washington, DC.

Tengberg, A. , Fredholm, S. , Eliasson, I. , Knez, I. , Saltzman, K. , Wetterberg, O. , 2012. Cultural ecosystem services provided by landscapes: assessment of heritage values and identity. Ecosyst. Serv. 2, 14 – 26.

Tennant, D. L. , 1976. Instream flow regimes for fish, wildlife, recreation and related environmental resources. In: Orsborne, J. , Allman, C. (Eds.), Instream Flow Needs, volume 2. American Fisheries Society, Western Division, Bethesda, Maryland, pp. 359 – 373.

Tilmant, A. , Beevers, L. , Muyunda, B. , 2010. Restoring a flow regime through the coordinated operation of a multireservoir system – The case of the Zambezi River Basin. Water Resour. Res. 46, W07533. Available from: http: //dx. doi. org/10. 1029/2009WR008897.

Tilmant, A. , Kinzelbach, W. , Juizo, D. , Beevers, L. , Senn, D. , Cassarotto, C. , 2011. Economic valuation of benefits and costs associated with the coordinated development and management of the Zambezi river basin. Water Policy. Available from: http: //dx. doi. org/10. 2166/wp. 2011. 189.

Timberlake, J. R. , 2000. Biodiversity of the Zambezi Basin Wetlands. IUCN ROSA, Harare, Zimbabwe. Volk, M. , 2013. Modelling ecosystem services – challenges and promising future directions. Sustain. Water Qual. Ecol. 1 – 2, 3 – 9.

Vörösmarty, C. J. , McIntyre, P. B. , Gessner, M. O. , Dudgeon, D. , Prusevich, A. , Green, P. , et al. , 2010. Global threats to human water security and river biodiversity. Nature 467 (7315), 555.

WWF, 2016. The Living Planet Report. Available from: http: //assets. wwf. org. uk/custom/lpr2016/.

WWF – TCO, 2010. Assessing environmental flows for the Great Ruaha River, and Usangu Wetland, Tanzania. World Wildlife Fund – Tanzania Country Office. Report of WWF.

Ziv, G. , Baran, E. , Nam, S. , Rodriguez – Iturbe, I. , Levin, S. A. , 2012. Trading – off fish biodiversity, food security and hydropower in the Mekong River basin. Proc. Natl. Acad. Sci. 109 (15), 5609 – 5614.

第 9 章

需要多少水才能支撑文化？水资源管理的文化挑战以及土著反馈

Sue Jackson

格里菲斯大学，内森，昆士兰州，澳大利亚

9.1 引言

20 年前，水生生态学家 Richter 等（1997）发表过一篇题目为"一条河需要多少水"的文章，其大致意思为：优先考虑河流生态系统的水，可以促使科学界更好地认识到水生生态系统过程、功能和相互作用复杂性。本章旨在对这个问题进行修正，以帮助环境流量管理者——包括科学家、决策者、管理者和支持非政府组织——更好地认识到人水关系的社会和文化的复杂性，特别是当地人民对河流生态系统的多方面依赖。更进一步的目标是批判澳大利亚在政策、言论和科学实践中对待与水有关的价值和利益的方式。

前述文章的编写目的，是使人们认识到，对河流管理和恢复采取简化办法是对河流管制和水文情势改变率不断上升的反应，但在关于水的谈判与管理程序中，这些办法可能无法保护水文走势及其完整性。这个设问是基于一个深刻的现象，即"应用河流管理与当前水生态理论存在鸿沟"，人们希望科技能将二者相连。后来该文章被认为是一种对新的河流管理模式的呼吁，在这种模式下，用于河流或环境流量评估的工具与方法开始有所增加（Postel 和 Richter，2012）。新的模式对原先只依靠简单问题单纯的界定科学调查提出新的思路，并使诸如河流系统的物理形态和生物健康、渔业、人类健康和生计安全等诸多因素与流量建立了联系（Arthington，2012）。

在澳大利亚原住民社区中进行的多年社会研究中，我也发现了在水资源管理中存在的理论缺陷，但同时也更好地理解了关于水和江河在其社会与文化中的意义——人们如何将水与不同文化相关联。在环境管理部门中，有一种简化主义的趋势，这是大众对文化的使用和理解的结果。这表现在，在包括水的获取和决策参与方面，降低需求的复杂性，这就提出了以下的问题：构建一种文化需要多少水？在环境流量管理中，当地水源的价值、权力和利益是如何被定义与限制的。这个问题会引申出很多结果，将来都会慢慢显现出来。作为回应，在考虑其影响时，还将分析当地居民及其支持者正在阐明和部署的战略。

为了支持这一论断，本章将着重分析最近澳大利亚当地关于水权和价值描述方面存在争论的一些事宜和政策发展，以及在水与环境历史重构的背景下，复杂的水营销机构与蓬勃发展的环境流量管理部门的存在。在他们的水权斗争中，当地原住民群体面临着环境流量管理的文化需求与挑战。而且，文化挑战是三维立体全方位的。首先，水管理过程通常强调与河流系统的土著关系的具体化和客体化，从而在材料之间创建一个二分法（例如，环境和经济）和一个单独的象征意义领域（例如，信仰和价值），后者被理解为文化。其次，决策者、实践者和研究人员倾向于将当地居民对水的依赖和使用的复杂形式，简化为那些被认为是支持前殖民时期具有当地特性本质的传统的概念，这一重要趋势在其他地方和其他水资源开发环境中已经被发现（Babidge，2015；Perreault，2008；Prieto，2014）。第三，非土著社会或文化的价值和观点对分配框架、评价方法以及由此产生的水资源分享决定有重大影响，这在狭隘的西方资源管理方式中往往被隐藏起来。文化往往被认为是少数民族或土著民族的一种属性，而不是主流社会的属性（Head 等，2005）。与此相关的文化占据了一个相对独立的领域，它并没有渗透到包括科学领域的所有生活和机构中。在澳大利亚的大背景下，以本文所述的方式提出当地居民用水问题或其相关问题，将当地居民的利益降低为对区域农业发展的政治经济意义微不足道的领域（Jackson，2006，2008，2017，文献在出版过程中），在环境评价过程（如环境流量评估）中将它们边缘化（Jackson 和 Langton，2012），这使得当地居民在水权斗争中必须合理定义和利用他们的文化以应对这些边缘化问题。

本章结构如下：9.2 节将简要介绍水在社会和文化生活中的作用，重点介绍水对当地社区的意义。该节还讨论了江河水流与原住民宗教生活和经济要素的相互关系。在接下来的 9.3 节中，通过上下文的方式讲述了澳大利亚水治理改革的主要进展，为后续分析提供素材，这里特别提及了澳大利亚的中心农业地区——MDB。9.4 节继续讨论当地居民通过各种机构和谈判场所寻求确立其与水有关的价值观、权利、道德和做法的合法性，以及确定、增加和控制他们获得水的机会。9.5 节更详细地探讨了环境流量管理面临的文化挑战。9.6 节则进行了一个总结。

9.2 水文化与当地水景观

人类社会是围绕着水发展起来的，在这样一个过程中，河流推动着人类社会的发展。大量的宗教形式通过诗歌、音乐等形式显示了人类对河流的崇敬，并赋予人们庆祝与水有关的符号或仪式的能力。在被人推崇的恒河中，Lokgariwar 等（2014，第 82 页）就阐述了这样一个观点，"河岸社区的仪式和哲学与河流律动是同步的，它反映了他们本身的自然旋律"。人与河流之间的物质联系和情感依恋是永恒的；事实上，生命的来源本身就被认为是在水中孕育而生的（Barber 和 Jackson，2014；Klaver，2012；Palmer，2015；Russo 和 Smith，2013）。时光穿梭，人们所习得的习性也反馈于水，塑造着水的走向与用途，而这样的制度原则也调节着人与水的相互作用，同时产生了矛盾与和谐（Johnston 等，2012）。

在这一点上，有必要更仔细地思考文化的含义，这是一个被广泛使用的术语，即使在学术分析中也有一系列的含义（Barber 和 Jackson，2011）。在自然资源管理的术语中，尽管文化价值这一术语日益引起人们的关注，但很少出现文化价值的定义。文化通常被定义为一种"集体"现象，这种现象在文化成员中近似"共享"（Fischer，2009，第 29 页）。社会研究人员将"文化"描述为一种共享的意义系统，它不是通过基因传播的，而是后天习得的（Fischer，2009）。社会研究者倾向于关注社会过程，人类通过"世代相传的关键符号、思想、知识和价值观之间的交流，来生成和传播对世界的共享意义和理解"（Fischer，2009，第 29 页）。贯穿整篇文章，"价值"是一个重要的词。人类学家 Strang（1997，第 178 页）研究了水对许多不同社会群体的意义，并解释了价值的形成方式：

信念和价值观是通过社会化过程来接受、灌输和传递的，这种社会化过程与环境建立了文化上特定的关系。这个过程包括几个要素：类别的创建、语言的学习以及文化知识的获取和传播。每一种都涉及与自然、社会和文化环境的相互作用，并有助于形成个人和文化身份。

很显然，根据这些理论见解，所有人类群体都有文化，或者创造了文化形式和过程，并且考虑到土地、水和自然的问题，形成社会化问题（Barber 和 Jackson，2011；Head 等，2005）。

尽管大量文献认为水是人类社区的价值客体，但是地理和人类学领域的学者都将水视为社会和政治关系的组成部分，并强调了这样一个事实："水的含义不是强加于人，而是从这些关系中显现出来"（Krause 和 Strang，2016，第 634 页；Budds 和 Hinojosa，2012；Jackson 和 Barber，文献在出版过程中；Palmer，2015）。如今，这种与水相关的关系和观点引起了学者们的兴趣，他们认为水的潜力可以使人们对于水在人类生活中的作用有更深的了解；揭示水是如何"渗透到社会和文化生活中"的（Krause 和 Strang，2016，第 634 页）。

水对当地社区的重要意义在于其在社会文化层面的研究作用（Berry，1997；Boelens 等，2012；Langton，2002；Lansing 等，1998；Perreault，2008；Perreault 等，2012；Strang，2005；Weir，2009）。以各种相互关联的方式使用土地和水资源，包括自给自足地使用水源性资源、娱乐、商业活动以及文化习俗。对于当地社区来说，在很多文献中，水被描述为复杂的相互关系的中心，而大量研究表明水在创造力、维持力和社会统一性方面的作用更为广泛（Johnston 等，2012）。水资源强调了地方之间的相互联系，并将物质和经济与社会性、神圣性、身份和同一性与赋予生命的观念进行和谐统一（Jackson，2006）。

澳大利亚研究人员报告说，水被当地居民描述为一种体现生命力量的元素，就像水有生命一般（Rose，2004；Toussaint 等，2005；Weir，2009）。在世界的其他地方，自由流动的河流皆具有特殊的意义（Anderson 和 Veilleux，2016；Tipa，1999）。例如，在亚马孙河流域，Shawi 人在河流中沐浴，从山上和祖先那里流传的水中获取、积聚力量（Anderson 和 Veilleux，2016）。大坝的蓄水被认为是使该地区众多土著群体和其他许多土著群体所珍视的文化受到威胁（Jackson 等，2009；Toussaint 等，2005）。例如，澳大利亚的 Daly 河被当地的土地所有者描述为"重要的仪式之路"（Jackson，2006，第23页）。在邻近的 Roper 河流域，这个大河之乡，在当地被称为是由梦想的创造者和祖先的精神活跃起来的，并受传统所有权和管理原则的约束（Jackson 和 Barber，2013）。在西澳大利亚的 Pilbara 地区，Barber 和 Jackson（2011）发现那些与水源直接相关的土著人民有责任维持和保护它们；当代的瓜尔人认为他们对祖先、后代以及与这些地方有亲缘关系和历史联系的人有义务去捍卫它们。对水源的关心也意味着对下游居民的责任——水并不是与某个特定国家相关的静态资源，而是一系列相互关联的地表和地下水的一部分。

对原住民而言，水体的污染、转移和耗竭是对集体身份和生存的一种攻击，关系着原住民的直接健康和福祉。诸如河流管理和上游改道等环境变化，可能危及土著领地所在的河流流域的生物和文化多样性，威胁到不同的河流文化（Wantzen 等，2016），破坏它们的生存和稳定，影响它们的生物文化健康（Johnston 和 Fiske，2014）。美国河流的管理与监管影响了许多野生动物群落，这些则被印第安部落密集地利用，例如，精心管理的鲑鱼养殖活动维持了西北太平洋的土著经济。政府对水的过度分配与水生生物栖息地保护、环境需水量以及土著人民行使其消费性权利的能力的矛盾越来越大（Boelens 等，2012）。

为了应对这些对原住社区和其他依赖水生资源的人的压力，科学家们将社会评估纳入其环境流量评估方法中。现在许多流量研究已经尝试对当地社区的水需求进行量化。这些社区依赖水生资源来维持生存，而并不是所有的水资源都是属于本土地区的（Esselman 和 Opperman，2010；Finn 和 Jackson，2011；Jackson 等，2015；King 和 Brown，2010；Lokgariwar 等，2014；Meijer 和 Van Beek，2011；Tipa，1999；Wantzen 等，2016）。例如，洪都拉斯的研究人员利用从当地和原住民社区收集的生态知识，对水坝改造后可能对河流造成流量、生态和社会因素的破坏进行了假设（Esselman 和 Opperman，2010）。还有一些与非物质文化价值和环境流量评估有关的研究实例，特别是以下方面的流量需求之间的关系：①圣地与维护南非生态条件所需的流量；②印度仪式洗礼中使用的西高止山脉（Lokgariwar 等，2014）；③具有重要文化意义的水生生物区系，例如河豚，或诸如生命存在之类的特质（Tipa，1999）。

这种研究是迫切需要的，因为在许多地方，现代化改革使国家的制度能够支配或边缘化由土著人民维护的水治理的现行（通常是公共的）习惯体系（Boelens，2012；Jackson 和 Palmer，2012）。尽管国际可持续发展论坛（例如，世界水论坛）和人权文书（例如，《联合国土著人民权利宣言》）以及一些国家水政策框架中都承认了原住民对水管理的根本利益。但关于原住民对水的财产所有权的主张以及在发展决策和更广泛的水管理中的决定性利益的程度仍然存在争议（Behrendt 和 Thompson，2004；Ramazotti，2008；Ruru，2009）。

正如下一节将介绍的那样，在澳大利亚和南非等国家，范围更广的治理改革可能导致"水的观念发生了根本性的转变"。法律条款和控制其分配的监管框架（Godden，2005，第181页）研究集中在水治理的结构调整上，包括新的环境流量管理机构，但却很少有人关注文化进程的关键作用以及水监管对人类社会的广泛社会影响。

9.3 澳大利亚当地水利益共识的趋势

在过去的 20 年中，澳大利亚的政策目标已经从专注于发展内陆水资源的方向转移到了对水资源的保护和重新分配中。在新的环境管理方式下（Hillman 和 Brierley，2012），提供环境流量被视为将淡水管理纳入更广泛的生态可持续性的一种有前途的战略（Arthington，2012；Arthington 等，2010）。这一历史性转变是在强调新自由主义政策工具的同时，改变了财产制度（例如，将土地和水权分开），在水资源中建立了市场及水资源分配决策。

这些改革没有正式考虑对土著人民及其权利和规范的影响（Tan 和 Jackson，2013）。1992 年，澳大利亚高等法院（Mabo 案件）的一项重大法律裁决已承认了土著人民的所有权，并颁布了国家立法来保护它。1993 年《原住民土地权法》将水体纳入原住民土地权的定义中，认可狩猎、采集和捕鱼权，目的是满足当地的个人、家庭和非商业需求。然而，这个历史性的决定（McAvoy，2006；Tan 和 Jackson，2013）在第一期改革期间对水务部门的影响微乎其微，随后的判例法对促进水权的认识几乎毫无帮助。国家水政策（《国家用水倡议》，NWI）又花了十年时间，寻求改善原住民参与水规划和供水的情况。现在，NWI 要求司法管辖区在水计划中纳入原住民的习惯、社会与精神目标（Tan 和 Jackson，2013）。通过这种方式，澳大利亚政府已经采用了风俗习惯的概念，来表明具有文化特色的水权和做法，并得到了澳大利亚法律的承认。在澳大利亚的水资源法律框架下，土著权利的规定是狭义的且随意的，不包含任何实质性的赔偿措施，来纠正被排除在水经济之外的历史模式。Tan 和 Jackson（2013，第 13 页）强调，商业利益不太可能从这个有影响力的国家政策框架中流向土著人民。

很重要的一点是，鉴于澳大利亚政府致力于克服土著人民的不利条件，各方没有明确的义务要利用基于市场的水政策框架来提高土著人民的经济地位。

例如，呼吁州政府资助原住民购买水权并将水用于原住民的呼吁没有成功。

结果，随之而来的政策规定未能解决水资源分配不公问题，也未能在影响用水决策的结构内显著增强原住民的能力（Jackson 和 Langton，2012）。据估计，目前原住民的特定水权估计不足澳大利亚分水量的 0.01%（Jackson 和 Langton，2012）。

水代表了一种赋权和动员人民的手段，来自澳大利亚许多地区的原住民群体正在组织区域规模的活动，以解决水改革对他们社区的影响。例如，在澳大利亚东南部——灌溉农业集中的地方，大约有 40 个原住民群体失去了进入乡村的机会，无法全面管理土地和水资源，行使了保管权，并防止了进一步的生态退化。由于土地所有权低，他们也被排除在水经济之外。水资源监管和过度开采对环境造成的破坏性后果，加之缺乏对土著人权益的法律承认，促使了土著人用水倡导组织的建立（Weir，2009）。许多团体都在采取一些策略，允许传统所有者行使监护权，履行文化责任，追求社会和经济利益，保护文化敏感的遗址和墓地，使其不受水位变化的影响。

在 MDB 中，最近旨在减少农业转移的多辖区水共享计划（称为流域计划）仅包括了对本地水资源管理的适度条款（Jackson，2011）。它对州和地区水规划者提出了要求，以识别并提供原住民习惯（非商业）用途和价值，并就环境流量管理进行咨询。许多原住民团体对 2007 年《水法》的最新审查意见认为，立法及其架构以象征主义的方式对待土著人的权益（Department of Environment，2015；Federation of Victorian Traditional Owner Corporations，2014）。

尽管现在人们越来越认识到，主观的社会目标对于设计和实施社会可接受的环境流量管理目标和战略都至关重要，但是最近认识到，土著人民对水权的认知更倾向于听从技术专家的意见以及最简单的无争议的、标准化的问题解答：一条河需要多少水？基于下文所列的原因，我认为，如何满足人们多方面的水需求（包括参与决策的需要）这个问题对土著人民是最无益的。

9.4   原住民与水环境管理

澳大利亚已经出现了一个相对较大规模的环境流量治理系统，通过制度安排来获取和管理大量的水资源。联邦政府购买权益是多边开发银行获得的优惠政策。当购买计划完成后，英联邦环境需水持有者将持有多边开发银行至少四分之一的采水权，在一些地区，这个数字可能达到 50％（Young，2012）。管理如此规模的水资源储备可以使原住民有机会获得水和恢复某些环境，并重申和重构社会生态关系和依赖水的民生措施。

这些所提供的契机是否能兑现并实现目标取决于许多因素，尤其是水环境的管理能力，它需要整合文化、科技、实践与监管制度，并经常在其管理运行中作出反思与调整，然后不断认识与制定理论基础与规范，并为其他文化及其了解世界的方式腾出空间。所有的团队，包括科学家在内，都将这样的过程、假设、价值和关于世界如何形成的特定形式的知识（本体论）以及关于人类知识的性质、方法和局限性的理论（认识论）带到了任何地方。

研究表明，在更广泛的环境流量政策和实践中存在许多较为困难的障碍（Jackson 和 Barber，2013；Jackson 等，2012；McAvoy，2006；Tan 和 Jackson，2013；Weir，2009）。在 MDB 和澳大利亚其他地区，水资源机构进行的流量评估几乎没有了解本地资源使用的模式和重要性及其在流量生态中的作用，甚至也没有了解更广泛的社会文化背景，而后者却在推动着价值观念的发展，有关环境的信念和想法，并导致跨文化的环境哲学差异（Finn 和 Jackson，2011）。

尽管《流域计划》包含与土著人民进行协商的义务，但协商将在多大程度上产生实质性的差别，取决于与环境结果相一致或增强的任何确定的当地价值。环境目标和结果是由以生物为中心的评估产生的，该评估根据稀缺性或国际重要标准等普遍的保护原则来优先考虑水的特征。新的联邦环境需水持有者在目标和活动中也有严格规定，以生态优先于社会目的为准则。

环境流量管理的政策和实践以生物物理科学为基础，这些实践可能具有排他性。根据我的观察，科学家倾向于将水生生态成分与社会关系、文化习俗、信仰体系和社会背景分离（Brugnach 和 Ingram，2014）。例如，目前环境水权的确定是在水权分配竞争和冲突为特征的情况下进行的，至少在澳大利亚，水权交易的引入给那些确定精确水量的人带来了巨大压力。原住民认为环境目标的确立使其身份认同、文化习俗、精神信仰和生计等不断受到挑战，这是对基于市场的改革的资源数量和竞争性资源分配方法的挑战程式。

对科学确定河流流量制度的技术关注，有可能使本土水文化的关键水价值被忽视（Jackson 和 Palmer，2012；Strang，2005）。Brugnach 和 Ingram（2012）认为，在当前的水管理模型中，原住民的利益并未得到认真对待，因此，这些群体通常被排除在技术环境之外或被其边缘化，在这些技术环境中，环境"服从于控制环境的人类对自然系统的描述和理解是外部化的，并且与人类经验无关"（第 50 页）。

如果在澳大利亚环境流量管理政策和计划中完全认可功利主义价值，则优先考虑关系价值，而把原住民的利益放得更低（Jackson，2006；Weir，2009）。例如，尽管河水的流量和时间受到许多原住民的关注（Jackson 等，2011；Weir，2009），但许多原住民团体的报告说，并没有在每年的适当时间给予针对他们认为对环境具有最大的意义或价值的环境流量。这些关注与维护和重申与国家（习惯性土地和水域）的关系、履行代际责任，向年轻一代应用和传授传统知识和技能或丰富的水生生态系统的使用，以及追求可能依靠水和谋求生计的更广泛的愿望并存（例如捕鱼，狩猎和采集，旅游业）。考虑到这些目标，原住民正在强调水的关系价值而不是商品价值。在与相关部门互动时，传统的所有者基于客观事实构建信任机制（Babidge，2015）。

原住民计划只是目前许多流域计划目标之一，这些目标与执行国际协定（例如《拉姆萨公约》）和满足生态资产的水需求并驾齐驱、同时进行。在关于环境流量优先事项的讨论中，原住民不赞成这些普遍采用的养护或恢复方法，而是优先考虑形成当地联系纽带和有意义的地方措施（例如，神圣地点、特定地点）。此外，巴本达林地区 Ngemba 社区的一名成员告诉研究人员，现有的水治理安排并不承认基于位置的责任（Maclean 等，2012）。如果不了解景观和水域之间的联系，就会导致政策与实际脱节，进而引起环境恶化：

您需要与这些地方保持合作，否则那仅仅是个传说。所以，要了解一个地方以及那里的故事，你需要了解那里的居民。如果你对某个地方一无所知，那你将会减少对其的关注，不需要去在意那里将会变成什么样。但是那里的变化正在影响着我们，正如我们所要行动的意义一般。

Maclean 等（2012，第 43 页）

鉴于对环境流量的激烈竞争，对土著需求的重视程度不高，以及他们的取水路径被毁坏，原住民群体现在对开发者制定的与自身相关的取水点、生态功能、社会和环境关系几乎没有信心，这一内容需要重点关注（Jackson 等，2012；Weir，2009）。下一节中将描述由原住民群体制定的一些策略，这些策略响应并反映了优势社会满足其需求的方式。

9.5 原住民的反馈与他们的水权战略

一些支持原住民的倡议者正在密切观察并思考为获得水而制定的各种政策选择，以改善环境流量管理制度和发挥其社会正义感的潜力。在寻求为原住民使用提供用水机会时，将水输送到环境中的工具可以作为示范模板，通过它来纠正对原住民水权和利益的历史性忽视和反映明显不公平的水分配制度。一些原住民团体认为，类似于承认水生生态系统享有水权的运动的政治战略，将大力发展水权以保护文化。墨累（Murray）河下游至达令（Darling）河地区原住民等代表性组织正在呼吁河流文化流量，这将使他们有权在单独的使用类别下用水。文化交流由 MDB 的本地水联盟以如下术语定义：

文化流量是土著人民合法且实际拥有的水权，其数量和质量应足以改善这些土著民的精神、文化、环境、社会和经济状况。

Weir（2009）

宣传该概念的土著领导人之一马特·里格尼（Matt Rigney）解释了为何原住民领导层发展了该概念及其形成的形式：

也许规范需要稍作一点改变，以便将宗教与精神方面纳入其文化价值中去。我们必须对我们的精神与宗教价值进行更多的讨论。我们作为原住民没有使用土地和水的政策，我们正在遵循政府的政策。因此，我们说："我们需要续写我们的新篇章、新政策、新项目，并去看看政府是否能配合我们做一些事。"这就是西方的价值观。他们谈论民族中心主义，但并没有以我们的世界观为基础。我们需要改进用水的结构和过程，以便让人们把文化看成是有生命的东西。

Rigney（2006）

倡导文化潮流的人们试图利用环境流量这一概念来指导水资源分配。这一策略的颁布立即引起了人们的注意。牵头的多边开发银行管理机构已划拨研究基金，用来探索新的制度配置和定义及应用文化交流，确定所需的流量调节机制，并衡量可能随之而来的社会、经济和健康效益。在 2012—2013 年流域计划磋商期间，400 多名原住民和另外 21 个土著组织提交了意见书。由土著人民管理特定的文化交流的权利和分配的建议被提出。另一项建议是设立一个当地的蓄水器来管理这些水。意见书还呼吁通过立法保护文化流量。除了提出用于文化用水的话语权之外，还对原住民所主张的多边开发银行的水份额进行了估算。例如，北方流域土著民族要求将每个水资源计划的 5% 的权利分配给土著人民，作为一种文化流量［NBAN（北方流域土著民族），2014］。到目前为止，具有法律约束力的流域计划尚未承诺将任何水分配给当地需要。

在这种策略中，土著文化倡议者以一种有点类似于玻利维亚土著和坎佩西诺人民的水权战略的方式，以某种方式呈现"传统的、针对特定地点且通常具有文化特色的资源使用实践"的象征（Perreault，2008，第 840 页）。Jackson 和 Langton（2012）已经认识到文化交流概念的象征效力，但警告不要使用该术语，他们认为这可能会对当地的水权斗争产生反作用。他们认为，这一概念尚未得到充分和精确的定义：支撑这一概念的水权尚不明确，遗产管理话语中有关文化价值概念的模糊术语也无法轻易转化为目前的水政策框架。由于工业（主要是农业）用水的超额分配历史，澳大利亚的环境流量管理框架似乎特别难以适应文化流量范围内的经济使用。土著文化倡导者最近正在讨论该术语的优点，一些人认为有必要将这个术语改为土著流量或土著环境流量（NBAN，2014），并明确指出他们在经济上被排除在当前的水资源分配制度之外。

Jackson 和 Langton（2012）在对最初的文化流量（交流）概念进行评论时提出了一

个论点，这个论点对于环境流量管理的文化挑战至关重要。围绕种族或文化差异提出原住民用水权利主张，会产生一种悖论，这种悖论在两个层面上起作用：①模糊了占主导地位的社会的文化态度和假设；②假定原住民用水需求量很小。要证明这一断言是正确的，就需要对这一悖论的两个截然不同的层面进行详细阐述。

关于悖论的第一个层次，文化倡导者、水生生态学家或用水规划制定者很少或不了解文化在构建水景中的作用和值得保护环境流量分配的保护价值的特征，从而将土著认识论和本体论排除在外。我们可以这样想，人们关注的是确定非原住民喜爱的鱼类或鸟类对水的需求。在水文制度已改变的地方，环境流量分配的概念，包括应保护哪些特征和应使用多少水，需要考虑受人类目标驱动的一系列选择和偏好，而这些目标和选择受到文化进程的影响。

在这一点上，值得去回顾一下河流科学发展历史，尤其是社会与政策对其的影响——经济背景下的方法和决策机制。在第二次世界大战后大坝建设井喷的时期，美国西部兴起的河川径流研究显示出强烈偏向于那些有利于受河流管控威胁的具有社会价值的渔业的目标（Postel 和 Richter，2012；Matthews 等，2014）。在美国，20 世纪 70 年代和 80 年代，最低流量标准主要是为了满足渔业部门的需要（尽管这些物种对印第安部落的经济至关重要），而且在许多情况下受到条约的保护（Colombi，2005），制定这样的政策直到很久以后，河流政策与决议才开始与部落合作。

Postel 和 Richter（2012）批评这些只强调单一或少数物种的需求，而不是整个复杂的物种的需求的方法，因此指出了澳大利亚和南非水生生态学家的研究工作方向和内容。这些生态学家在规定河流生态流量的方法研究上取得了重大进展。反映自然流动状况的整体方法是那些主要以鱼为导向的方式与标准的替代方法。根据 Postel 和 Richter 的说法，因为在关于可以从人类使用中节约多少水的问题上，人类用水和生态用水一直是对立的，他们带来了一个"新鲜和客观的视角来挑战生态流量的规定"（第 52 页）。例如，Arthington 完全改变了美国开发的极简主义防御体系，不再问河流需要多少水，而是问对自然水流状态的改变有多大？（Postel 和 Richter，2012，第 57 页。）

对于最简单的、更全面的或基于目标的整体环境流量评估方法而言，确实需要定义符合生态系统特征的流量。Acreman 和 Dunbar（2004）认为"虽然设置环境流量是一个实用的河流管理工具，但仍然有专家或政治判断的因素"（第 863 页）。因此，目标的选择及其生态需求是由社会决定的。

在澳大利亚，鉴于现有的权力关系，原住民对选择水管理目标的过程以及最终影响环境质量的决策几乎没有发言权。目前，这些决定是由专家和大的社会团体根据狭隘的经济和生态标准作出的，这些标准往往把土著利益排除在文化之外。在这样做的过程中，个人和群体似乎无法认识到，这种分类本身就是一种文化上独特的方式，是区分人类用水方式的产物。因此，需要更多地思考以下问题：谁的知识和价值观在评估环境，确定重要特征或所需条件的优先级，并在将水引向这些特征、种类或条件时起主导作用。

Jackson 和 Langton（2012）在他们的文章中提出质疑，如果原住民不考虑环境流量分配和管理而仅追求文化流动（交流），这些与我们的环境关系和问题有关的观点是否会受到挑战。这样做的风险在于，其他（非土著）群体在进行研究、审议和决策时可能会假设他们的偏好是客观的、中立的或自然的；他们没有价值观、偏见和政治后果，并且天生就有这些属性。

关于悖论的第二个层次，通过在水分配决策中突出传统文化用途或价值观念，土著人民的要求和需求被归类为一种具体的、本质主义的用水类别，例如用于仪式的水，需要的水量往往可以忽略不计，如果将殖民前的传统用途作为满足土著需求标准的用水分配，这将要求我们认真对待土著社会及其经济对不受管控的河流系统的依赖，在英国殖民时期，河流不受管控、水质好、沉积速率低、流经多样的植被群落，鱼类和野生动植物物种丰富（Humphries，2007）。这样做将需要分配给环境的数量远远超过澳大利亚发达地区当前的水改革辩论中所预期的数量，也许水库泄流量等其他选择可能会让依赖水库灌溉的农业利益相关者无法接受。

一些土著活动人士、实践者和学者特别谨慎地在水资源战略中援引大众传播的传统土著文化形象。例如本地的一名律师 Tony McAvoy（2006）认为："现代河流管理系统中没有地方保护土著精神价值，并且只有当土著人自己是水的拥有者时，才会对水的商业市场产生真正的影响"（第97页）。为此有人建议设立一个独立的土著居民的水基金或信托基金，使原住民能够参与水市场并分配用水，以实现自己确定的目标。这些资金可用于购买许可证，并将用于提供必要的基础设施及与获得水权有关的其他费用。购买和使用成本可以持续不断地通过对水贸易征收少量税款来筹集（McAvoy，2006）。在这种安排下，土著人民可能选择将水引向环境。

除了对这些明确的文化政治进行反思之外，还有一些有价值的工作要做，用以调整环境流量管理领域内发展的科学程序，以更有效地综合当地的参与方式和知识系统。最近，澳大利亚新南威尔士州为确定具有社会和环境意义的本地水资源管理目标（包括社会和生态关系），以及满足这些目标的流量需求所做的努力（Jackson 等，2015），为更加包容的水资源规划框架指明了方向。这种规划框架列出以下几点需求：①改进得出本地水价和水需求规格的方法；②寻求机会，从环境分配中实现多种收益；③（在土著和非土著社区之间以及在土著社区内部）考虑获取的公平性；④满足当地人对直接参与环境流量管理的期望；⑤从土著人民的角度反映对土著水权的承认。

9.6　结论

为土著人民争取水权的斗争涉及对水的分配，并挑起争夺"水规则和权利的内容，对合法权利的承认以及为维护水治理结构和权利命令而动员的话语权"的争端（Boelens，2008，第48页）。反对水务部门国家改革的动员尚未从根本上改变农村水管理和水权的体制基础，但在制定和阐明土著人民对水政策和体制的批评方面可以看到进展。在他们对取水机制的关注中，土著人民正在作出重大努力，争取在文化上确定、政治上组织和塑造用水系统的权利（Boelens，2008，第48页）。这种包容和排斥关系的博弈是全世界水权斗争的一部分。

在上文所述的水务部门快速改革期间，澳大利亚的水危机被定义为一种分配问题，即稀缺的水以不可持续的方式在农业、城市和环境三大用途之间分配。这个水治理问题的规范包含了一个关键的盲点：它忽略了澳大利亚土著人民的利益、观点、知识和权利，这些人没有满足水的需要，没有解决政治、经济和文化认可的主张，也就没有了知识来帮助解决水的冲突。

20 世纪 90 年代，环境作为一个新的"用水者"被引入，有了满足环境需要的法律文书。环境流量的保护和正式的法律地位使其等同于系统中的消费权利（Foerster，2011）。看来，原住民正在寻求一种对等的制度，在这种制度中，对水的竞争是激烈的，而将水重新分配给环境则是一个方兴未艾的目标。然而，两个多世纪以来，水资源分配框架忽略了这一点，而且对于环境收益能否在全社会公平分享存在疑问，土著群体正在开始一种明确的水文化政治，以获得公众同情和国家资源。在他们的运动中，原住民将文化作为一个高度独特和独立的领域，通常与过去联系在一起，这是国家民族文化维持战略要求的一部分（Merlan，1989）。文化作为一种用水类别，似乎也对移民社会有吸引力，因为它符合一种先入为主的观念，即土著用水是近代的，因此不与所谓的高产和高度密集用水相竞争。也许正是这种魅力让人们迫切想回答这个问题：一种文化需要多少水？尽管如此，该策略仍存在一定风险，因此，土著群体也在寻求利用现有的市场机制来获取水权（Barber 和 Jackson，2014；McAvoy，2006）。

原住民的所有裁决权和决定本应确认他们是最早的用水使用者。但原住民对这些裁决和决定并不满意，他们转而参与到澳大利亚的水资源辩论和分配过程中，因为他们被视为后来者，所以几乎没有谈判的权力。假设国家提供资金，他们可能会发现一种从有意愿的卖方那里购水并从事贸易的战略，比通过政治程序（特别是在水资源短缺的地区）取水更有希望。以上所述的多种战略是否会导致水的更公平分配和水管理中更有效的土著代表参与，以及它们是否会公正对待与土地和水相互、道德关系的土著本体论，现在下定论还为时过早。

尽管如此，目前正在推广和实施的战略仍然是其他形式水资源治理试验的关键。它们还对水环境管理领域的专业人员提出了一项挑战，要求他们在购买和管理水的项目中制定更广泛的程序，并更优先考虑当地的水管理目标。环境研究人员可以与当地社区合作，协助他们探索获取水源的方法和手段以及其他要求，以维持当地人民与其河流和水域之间的宝贵联系和既定关系。除非社会和文化层面是水管理治理中不可缺少的考虑因素，否则水资源开发将继续严重威胁当地的生计和生活方式。

参 考 文 献

Acreman，M. C.，Dunbar，M. J.，2004. Defining environmental river flow requirements? A review. Hydrol. Earth Syst. Sci. 8 (5)，861 - 876.

Anderson，E.，Veilleux，J.，2016. Cultural costs of tropical dams. Science 352 (6282)，159.

Arthington，A.，2012. Environmental Flows. Saving Rivers in the Third Millennium. University of California Press，Berkeley，CA.

Arthington，A.，Naiman，R.，McClain，M.，Nillson，C.，2010. Preserving the biodiversity and ecological services of rivers: new challenges and research opportunities. Freshw. Biol. 55，1 - 16.

Babidge，S.，2015. Contested value and an ethics of resources: water，mining and indigenous people in the Atacama Desert, Chile. Aust. J. Anthropol. 27 (1), 84 – 103.

Barber, M. , Jackson, S. , 2011. Indigenous people, water values and resource development pressures in the Pilbara region of north – west Australia. Aust. Aborig. Stud. 2, 32 – 49.

Barber, M. , Jackson, S. , 2014. Autonomy and the intercultural: historical interpretations of Australian Aboriginal water management in the Roper River catchment, Northern Territory. J. Roy. Anthropol. Inst. 20, 670 – 693.

Behrendt, J. , Thompson, P. , 2004. The recognition and protection of Aboriginal interests in New South Wales rivers. J. Indig. Policy 3, 37 – 140.

Berry, K. , 1997. Of blood and water. J. Southwest 39, 79 – 111.

Boelens, R. , 2008. Water rights arenas in the Andes: upscaling the defence networks to localize water control. Water Altern. 1, 48 – 65.

Boelens, R. , 2012. The politics of disciplining water rights. Dev. Change 40, 307 – 31.

Boelens, R. , Duarte, B. , Manosalvas, R. , Mena, P. , Roa Avendaño, T. , Vera, J. , 2012. Contested territories: water rights and the struggles over Indigenous livelihoods. Int. Indig. Policy J. 3, Available from: http: //ir. lib. uwo. ca/iipj/vol3/iss3/5 (accessed 13. 02. 16).

Brugnach, M. , Ingram, H. , 2014. Rethinking the role of humans in water management: toward a new model of decision – making. In: Johnston, B. R. , Hiwasaki, L. , Klaver, I. , Castillo, A. R. , Strang, V. (Eds.), Water, Cultural Diversity, and Global Environmental Change: Emerging Trends, Sustainable Futures? Springer, Dordrecht, The Netherlands, pp. 49 – 64.

Budds, J. , Hinojosa, L. , 2012. Restructuring and rescaling water governance in mining contexts: the coproduction of waterscapes in Peru. Water Altern. 5, 119 – 137.

Colombi, B. , 2005. Dammed in Region Six. The Nez Perce tribe, agricultural development, and the inequality of scale. Am. Indian Quart. 29, 560 – 744.

Department of Environment, 2015. Independent review of the *Water Act* 2007. Available from: http: // www. agriculture. gov. au/water/policy/legislation/water – act – review#submissions (accessed 02. 09. 16).

Esselman, P. , Opperman, J. 2010. Overcoming information limitations for the prescription of an environmental flow regime for a Central American river. Ecol. Soc. 15, 6. [online] Available from: http: // www. ecologyandsociety. org/vol15/iss1/art6/ (accessed 24. 02. 16).

Federation of Victorian Traditional Owner Corporations, 2014. Submission to the Review of the *Water Act 2007*. Available from: http: //www. environment. gov. au/water/legislation/water – act – review (accessed 14. 02. 16).

Finn, M. , Jackson, S. , 2011. Protecting Indigenous values in water management: a challenge to conventional environmental flow assessments. Ecosystems 14 (8), 1232 – 1248.

Fischer, R. , 2009. Where is culture in cross cultural research? An outline of a multilevel research process for measuring culture as a shared meaning system. Int. J. Cross Cult. Manage. 9, 25 – 49.

Foerster, A. , 2011. Developing purposeful and adaptive institutions for effectiveinvironmental water governance. Water Resour. Manage. 25, 4005 – 4018.

Godden, L. , 2005. Water law reform in Australia and South Africa. J. Environ. Law 17, 181 – 205.

Head, L. M. , Trigger, D. , Mulcock, J. , 2005. Culture as concept and influence in environmental research and management. Conserv. Soc. 3 (2), 251 – 264.

Hillman, M. , Brierley, G. , 2002. Information needs for environmental – flow allocation: A case study from the Lachlan River, New South Wales, Australia. Ann. Assoc. Am. Geogr. 92 (4), 617 – 630.

Humphries, P. , 2007. Historical Indigenous use of aquatic resources in Australia's Murray – Darling Basin, and its implications for river management. Ecol. Manage. Restor. 8, 106 – 113.

Jackson, S., 2017. Indigenous peoples and water justice in a globalizing world. In: Concu, K., Weinthal, E. (Eds.), Oxford Handbook on Water Politics and Policy. Oxford University Press, Oxford. Available from: http://doi: 10. 1093/oxfordhb/9780199335084. 013. 5.

Jackson, S., (in press). Enduring injustices in Australian water governance. In: Lukasiewicz, A. (Ed.), Resources, Environment and Justice: the Australian Experience. CSIRO Publishing, Melbourne, Australia.

Jackson, S., 2006. Compartmentalising culture: the articulation and consideration of Indigenous values in water resource management. Aust. Geogr. 37, 19 – 32.

Jackson, S., 2008. Recognition of Indigenous interests in Australian water resource management, with particular reference to environmental flow assessment. Geogr. Compass 2, 874 – 898.

Jackson, S., 2011. Indigenous water management in the Murray – Darling Basin: priorities for the next five years. In: Grafton, Q., Connell, D. (Eds.), Basin Futures: Water Reform in the Murray – Darling Basin. ANU E – Press, Canberra, Australia, pp. 163 – 178.

Jackson, S., Altman, J., 2009. Indigenous rights and water policy: perspectives from tropical northern Australia. Aust. Indig. Law Rev. 13, 27 – 48.

Jackson, S., Barber, M., (in press). Historical and contemporary waterscapes of north Australia – Indigenous attitudes to dams and water diversions. Water Hist.

Jackson, S., Barber, M., 2013. Indigenous water values and resource governance in Australia's Northern Territory: current progress and ongoing challenges for social justice in water planning. Plann. Theory Pract. 14, 435 – 454.

Jackson, S., Langton, M., 2012. Trends in the recognition of indigenous water needs in Australian water reform: the limitations of 'cultural' entitlements in achieving water equity. J. Water Law 22, 109 – 123.

Jackson, S., Palmer, L., 2012. Modernising water: articulating custom in water governance in Australia and Timor Leste. Int. Indig. Policy J. 3. Available from: http://ir. lib. uwo. ca/iipj/vol3/iss3/7 (accessed 15. 02. 16).

Jackson, S., Pollino, C., Maclean, B., Bark, R., Moggridge, B., 2015. Meeting Indigenous people's objectives in environmental flow assessments: case studies from an Australian multi – jurisdictional water sharing initiative. J. Hydrol. 52, 141 – 151.

Jackson, S., Tan, P., Mooney, C., Hoverman, S., White, I., 2012. Principles and guidelines for good practice in Indigenous engagement in water planning. J. Hydrol. 474, 57 – 65.

Johnston, B., Fiske, S., 2014. The precarious state of the hydrosphere: why biocultural health matters. WIREs Water 1, 1 – 9.

Johnston, B., Hiwasaki, L., Klaver, I., Castillo, A. R., Strang, V. (Eds.), 2012. Water, Cultural Diversity, and Global Environmental Change: Emerging Trends, Sustainable Futures? Springer, Dordrecht, The Netherlands.

King, J., Brown, C., 2010. Integrated basin flow assessments: concepts and method development in Africa and South – east Asia. Freshw. Biol. 55, 127 – 146.

Klaver, I., 2012. Placing water and culture. In: Johnston, B., Hiwasaki, L., Klaver, I., Castillo, A. R., Strang, V. (Eds.), Water, Cultural Diversity, and Global Environmental Change: Emerging Trends, Sustainable Futures? Springer, Dordrecht, The Netherlands, pp. 9 – 20.

Krause, F., Strang, V., 2016. Thinking relationships through water. Soc. Nat. Resour. 29, 633 – 638.

Langton, M., 2002. Freshwater. Background Briefing Papers: Indigenous Rights to Waters. Lingiari Foundation, Broome, Australia, pp. 43 – 64.

Lansing, J., Lansing, P., Erazo, J., 1998. The value of a river. J. Pol. Ecol. 5, 1 – 22.

Lokgariwar, C., Chopra, R., Smakhtin, V., Bharati, L., O'Keeffe, J., 2014. Including cultural water requirements in environmental flow assessment: an example from the upper Ganga River, India. Water Int. 39, 81 – 96.

Maclean, K. , Bark, R. , Moggridge, B. , Jackson, S. , Pollino, C. , 2012. Ngemba Water Values and Interests: Ngemba Old Mission Billabong and Brewarrina Aboriginal Fish Traps (Baiame's Nguunhu). CSIRO, Australia.

Matthews, J. , Forslund, J. , McClain, M. , Tharme, R. , 2014. More than the fish: environmental flows for good policy and governance, poverty alleviation and climate adaptation. Aquat. Procedia 2, 16 – 23.

McAvoy, T. , 2006. Water fluid perceptions. Transform. Cultures eJ. 1, 97 – 103.

Meijer, K. , Van Beek, E. , 2011. A framework for the quantification of the importance of environmental flows for human well – being. Soc. Nat. Resour. 24, 1252 – 1269.

Merlan, F. , 1989. The objectification of 'culture': an aspect of current political process in Aboriginal affairs. Anthropol. Forum 6, 105 – 116.

Northern Basin Aboriginal Nations, 2014. Submission to the review of the *Water Act 2007* (Cth).

Palmer, L. , 2015. Water Politics and Spiritual Ecology: Custom, Environmental Governance and Development. Routledge, London.

Perreault, T. , 2008. Custom and contradiction: rural water governance and the politics of usos y costumbres in Bolivia's irrigators' movement. Ann. Assoc. Am. Geogr. 98, 834 – 854.

Perreault, T. , Wraight, S. , Perreault, M. , 2012. Environmental injustice in the Onondaga Lake waterscape, New York State, USA. Water Altern. 5, 485 – 506.

Postel, S. , Richter, B. , 2012. Nature. second ed. Island Press, Washington, DC.

Prieto, M. , 2014. Privatizing water and articulating indigeneity: the Chilean water reforms and the Atacameñopeople (Likan Antai). PhD thesis. University of Arizona, Tucson, Arizona.

Ramazotti, M. , 2008. Customary water rights and contemporary water legislation: Mapping out the interface. FAO Legal Papers Online No. 76. FAO, Rome, Italy (accessed 14. 02. 16).

Richter, B. D. , Baumgartner, J. V. , Wigington, R. , Braun, D. P. , 1997. How much water does a river need? Freshw. Biol. 37, 231 – 249.

Rigney, M. , 2006. The role of the Murray Lower Darling Rivers Indigenous Nations (MLDRIN) in protecting cultural values in the Murray Darling rivers. In: Jackson, S. (Ed.), Recognising and Protecting Indigenous Values in Water Management: a Report from a Workshop. CSIRO, Darwin, Australia, pp. 5 – 6, April.

Rose, D. B. , 2004. Freshwater rights and biophilia: Indigenous Australian perspectives. Dialogue 23, 35 – 43.

Ruru, J. , 2009. Undefined and unresolved: exploring Indigenous rights in Aotearoa New Zealand's freshwater legal regime. Water Law 20, 236 – 242.

Russo, K. , Smith, Z. , 2013. What Water is Worth: Overlooked Non – Economic Value in Water Resources. Palgrave McMillan, New York.

Strang, V. , 1997. Uncommon Ground: Cultural Landscapes and Environmental Values. Berg, Oxford.

Strang, V. , 2005. Water works: agency and creativity in the Mitchell River catchment. Aust. J. Anthropol. 16, 366 – 381.

Tan, P. , Jackson, S. , 2013. Impossible Dreaming does Australia's water law and policy fulfil Indigenous aspirations? Environ. Plann. Law J. 30, 132 – 149.

Tipa, G. , 1999. Environmental Performance Indicators: Taieri River Case Study. Ministry for the Environment, Wellington, New Zealand.

Toussaint, S. , Sullivan, P. , Yu, S. , 2005. Water ways in Aboriginal Australia: an interconnected analysis. Anthropol. Forum 15，61 – 74.

Wantzen, K. M. , Ballouche, A. , Longuet, I. , Bao, I. , Bocoum, H. , Cissé, L. , et al. , 2016. River culture: an ecosocial approach to mitigate the biological and cultural diversity crisis in riverscapes. Ecohydrol. Hydrobiol. 16，7 – 18.

Weir, J. , 2009. Murray River Country: an Ecological Dialogue with Traditional Owners. Aboriginal Studies Press, Canberra, Australia.

Young, M. , 2012. Chewing on the CEWH: improving environmental water management. In: Quiggan, J. , Mallawaarachchi, T. , Chambers, S. （Eds. ）, Water Policy Reform: Lessons in Sustainability from the Murray – Darling Basin. Edward Elgar, Cheltenham, UK, pp. 129 – 135

第 10 章

愿景、目标、指标、目的

Avril C. Horne[1]，Christopher Konrad[2]，J. Angus Webb[1] 和 Mike Acreman[3]

1. 墨尔本大学帕克维尔校区，维多利亚州，澳大利亚

2. 美国地质调查局，华盛顿，美国

3. 生态与水文中心，沃灵福德，英国

10.1　引言

没有一个实用型的终端，有效的管理是不可能的；如果没有对该定义达成广泛共识，那么在更广泛的社会价值体系中接受的可能性也不大。

Rogers 和 Biggs（1999）

取决于系统的环境条件的河流和相关湿地，反映着当地社会、经济和道德期望（Acreman，2001），社区和文化以复杂的方式相互作用并且评价这些河流系统（第 7 章和第 9 章）。在管理河流资源和实施环境流量管理制度方面，建立一个共同和明确的奋斗目标是至关重要的第一步。这个美好愿景代表了社会发展，它可能包含特定的数值参数：我们希望河流是什么样的？我们希望从环境流量中实现什么？一般认为，设定长远目标是平衡利益相关者之间竞争需求的社会过程的一部分（Poff 等，2010；Richter 等，2006；U. S. Department of the Interior，2012）。利益相关方对这一愿景的认可激发了广泛的所有权和责任，这是社区和政治方面为实现这一愿景所需的水管理变革提供持续支持的一个基本要素。这一愿景有时会受到立法或政府政策的限制。例如，《欧洲水框架指令》规定所有河流都应达到良好的生态状态（有些例外）；在这里，利益相关者参与的重点在于实现该指令的措施（Acreman 和 Ferguson，2010）。

无论如何，这一愿景为环境流量项目提供了一个长期的总体目标。通过在 10 年的时间尺度上进行许多有贡献的活动，就可以迈向这个最终终点，实现最终目标。为了支持这种水资源系统远景的逐步实施，它应该在从属目标和具体目标中加以阐述。这些是确保各

组成部分的环境流量管理工作（包括补充工作）保持一致的关键。他们提供了对环境灌溉计划结果的有针对性的监测和评估，以评估实现愿景的进展（图10.1）。

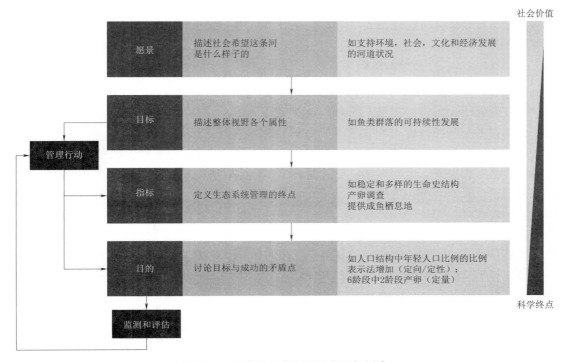

图 10.1　环境流量管理项目的目标层次

　　本章的重点是定义目标并将其转换为可衡量的目标的方法。这些目标构成了水环境管理的所有未来阶段，包括环境评估技术的选择、流量建议的推导以及适应性管理和监测的实施。当目标是明确的、可衡量的、可实现的、现实的和有时间限制的时候，可获得最佳结果。明确关于理想生态条件的声明有助于更广泛地认识到水环境管理的好处（Harnish等，2014）。这是以生态为目的的水资源管理的关键要素（Olden等，2014；Richter等，2006）。

　　值得注意的是，要认识到目前还没有通用的定义或术语来描述目标的层次结构，在不同的研究或管辖范围内使用不同的术语，如愿景、目标、指标、目的等。图10.1定义了本章将采用的术语。它还显示了社会价值向支持和告知管理层的科学端点的转变（Rogers和Biggs，1999）。

10.2　建立河流愿景

　　愿景以利益相关者的意见为基础，以基于价值的战略意图陈述来指导水环境管理体系的整体管理和目标（Rogers和Biggs，1999）。关于生态用水分配的分歧，反映了社会、经济、功利主义和环境价值观之间的根本冲突。相关利益方只在不损害其他用水或不与更广泛的政策或立法冲突的情况下，才可能支持环境流量分配和改善资源状况。例如，一个政府可能会认为，在一定的水力发电水平上限制环境流量是压倒一切的国家利益。然而，根据国际协议，政府可能也有义务保护具有重要意义的环境资产。我们认为，愿景声明最好是通过利益相关者的参与过程和生态系统服务的识别（在第6、第7和第8章中概述）来获得，它是在更广泛的约束和国家优先事项、法律和国际承诺的背景下制定的。

10.3 为环境流量制定目标

愿景的陈述往往不够详细，不足以支持环境需水项目所需的许多决策。为了支持规划，应该在多个从属目标中阐述愿景。目标仍然是高层次的声明，但却是将不同环境组件、功能或生态系统服务的愿景分解开来。还可以为不同的部门或机构设定目标，以便将它们结合起来提供更广阔的视野。与愿景一样，目标的制定过程最好是通过管理者和利益相关者之间关于水资源管理目的来参与和实现的（Carter 等，2015；European Parliament，2000；US Army Corps of Engineers，2004）。目标需要以最好的科学知识和数据为基础，因此外部科学投入（例如环境科学家、经济学家、社会科学家）的水平很可能大于愿景设定。目标是制定定量和操作目标的基础（Rogers 和 Biggs，1999）。

目标可能涉及区域、国家或国际问题、法律或协定，特别对于大型跨界系统（Canada 和 the United States of America，1964；Council on Environmental Quality，2013；Mekong River Basin Commission，1995；Murray Darling Basin Authority，2014a；Sudan 和 the United Arab Republic，1959）。他们确定重要的资产或种类。如果没有关于目标的外部指导，可能需要检查首选方案的制定过程来帮助定义目标。

系统中建立目标的方法有一个特点：①严格限制了现有的基础设施、水的使用和流量调节，而生态目标正在被追溯；②在环境政策提供强有力杠杆且生态目标被优先设定的情况下，约束较少。迄今为止，大多数经验是在高度受限的系统中进行的，但是，全球范围内较新的计划和政策制定可能会发现，在较不受限的系统中，先验目标的设置会有所增加。

在高度受限的系统中，开发目标的实用方法首先要了解在特定时间用于生态目的的可用水量（Hall 等，2011）。在这些系统中，水的可用性会受到其他用途和基础设施流量调节的限制。在某些情况下，不同时期可能适用不同的目标。例如，由于对灌溉农业的高额分配可能会在短期内限制环境流量的分配，随着更多高效节水技术的实施，这种分配可能在长期内改变。在英国，大坝的运行由议会的具体行为控制，因此，为满足《欧洲水框架指令》，越来越多的水被分配给环境使用，但全面实施则必须等待相关法律废除后（Acreman 和 Ferguson，2010）。此外，目标可能在空间上有所不同，因此它们可以组合起来以实现更广阔的目的，例如，国家层面的目标（例如养殖水鸟或鱼类的数量）。实施支持这些目标的管理措施的能力可能会受到系统中物理条件的限制，并且可靠的目标必须考虑流动状况以外的因素的影响。水温是许多水生生物的影响因素，但是水管理者的管理手段可能有限（Olden 和 Naiman，2010；Vinson，2001）。类似的，基础设施方面的限制，如大坝泄水阀的容量，可能会限制提供高流量事件的能力，同时也会限制私人财产抵御洪水风险的能力（Murray Darling Basin Authority，2014b）。

10.4　设定指标

环境供水计划的评估一般应报告与测量目标相关的绩效，这些目标表明了实现目标的进度。我们建议制定 SMART 指标，因为它们既可以衡量项目的结果，又可以根据可用时间和资源定义可行的方法。SMART 代表以下指标：具体的（具体的、详细的、定义明确的），可测量的（数量、可比较的），可实现的（可行的、可执行的），现实的（考虑到资源）和有时间限制的（一个确定的时间线）（Hammond 等，2011）。

确定目标的一个有用的过程是使用概念模型将管理决策（在这种情况下，环境流量状况或流量组成部分）与目标联系起来。这描述了控制目标响应的已知条件和提议的因果关系，并帮助确定需要实现和监测的目标，以评估实现目标的进度（Horne 等，已接收）。概念模型还有助于与利益相关者进行沟通，以建立从目标到实施流程的转换以及监控结果的共识。

每个指标的设定，都是通过监控一个或（通常）更多的目标来评估的，这些目标是从目标的概念模型的节点或链接中提取的，是具体且可测量的（SMART 的 S 和 M）。目标可以在一定的时间和空间范围内发生。

应根据现有的淡水科学基础，特别是有关可能导致预期目标的因果过程的知识，来确定目标。然而，水生生态系统是复杂的，由多个相互作用的因素组成，各个组成部分在一定的时空范围内直接或间接地受到各个因素的控制（Allan 和 Castillo，2007；Hynes，1975；Poole，2002；Strauss，1991；Wiens，2002）。生态响应可能对水管理行为具有不同的时间响应：

（1）即时反应，例如物理条件（Strydom 和 Whitfield，2000）或生物行为（King 等，1998）与水管理行动相吻合。

（2）滞后的反应，例如由于栖息地的变化或多重营养水平的级联效应而导致的事件发生后的繁殖或生长增加（Melis 等，2012）。

（3）综合反应，如环境转变（Robinson 和 Uehlinger，2008），或通过人口中的多个年龄层次的繁殖，作为包含多个流动组件的一系列流动或流动机制的结果（Rood 等，2003）。

一般来说，短期目标更可能与特定供水行动的结果有关，例如河口的盐度梯度或鱼类迁徙和猎物的可获得性（Bate 和 Adams，2000；Cambray 等，1997；Melis 等，2012）。这些目标可以在特定地点进行测量，并作出相对迅速的反应。这些可能被用于设计单独的环境供水行动（例如，湿地填充或淡水流动）。相反，与长期资源状况目标相关的目标代表了对水资源管理的更高级别的生态响应（例如，栖息地生境斑块的空间分布、种群的年龄结构和营养或社区的分类结构），并且通常受到以下因素的影响：时间尺度上的多因素整合要比单个管理行动更长（Konrad，2013；Robinson 和 Uehlinger，2008；Rood 等，2003；Snow 等，2000；Townsend，1989）。因此，所测得的响应可能无法提供有关特定环境流量行为的影响或如何改善特定环境流量方案以及如何达到目标的确切证据。

虽然一组小的目标可能是最充分的，但最好是定义跨越多个时空尺度的目标，以解决水管理行动对生态系统单个组成部分的直接结果，以及随着时间的流逝而受到多种因素综合影响的人口、社区或功能的反应（图 10.2）。生态系统的组成部分（如生物行为、营养通量、栖息地可利用性、种群规模等）可以根据其控制因子的空间规模进行分层排列（Frissell 等，1986；Snelder 和 Biggs，2002）。采用层次生态系统框架来组织和识别目标既可以代表生态系统时间尺度上的差异（例如，沙洲形成所需的时间与森林树木种植所需的时间），也可以表示它们对多个相互作用的因素的依赖性。短期反应可以用来迅速证明实现目标所必需的条件，而长期的尺度响应则表明管理行动随时间推移的综合作用。它们在本质上更接近客观陈述，并且更有可能引起利益相关者和公众的共鸣。

在评估实现长期目标的进展时，旨在解决多个目标（环境和社会）的管理策略或管理行动组合的转变就非常成问题：目标不能与具体行动联系起来，而行动可能产生混淆效应（Korman 等，2011）。仅每个管理目标的能力就不足以告知评估实现长期目标的进展情况；然而，可以使用一系列目标来验证有关管理行为将如何实现长期目标的假设（保护措施伙伴关系，2014）。例如，没有确定评估哥伦比亚（Columbia）河流域、美国和加拿大鲑鱼恢复情况的单一指标，取而代之的是，在整个盆地的许多不同地点，为各个尺度的每个生命阶段制定了目标（National Oceanic 和 Atmospheric Administration，2014）。

图 10.2　层次生态系统框架，连接目的和目标——一个鱼类物种的示范。

10.5　目标

目标具有可实现性、现实性和时限性（SMART 中的艺术）。需要说明目标要达到的位置，以指示已实施的环境流量管理制度的成功。

理想情况下，目标应该是可测量的和可量化的：它们应该是在一定时间内可以实现的生态系统特性的数量或速率的说明。然而，制定这样的可实现的目标依赖于对目标与管理行动之间的数量关系的深刻认识。在缺乏这种知识储备的情况下，目标往往以定性或定向的方式设定。他们的目标是在一定的时间范围内改善状况，但没有具体说明需要多大的改善。例如，美国国家海洋和大气管理局（2014），要求鲑鱼的数量随着时间的推移而增加，但其恢复速度仍然是一些利益相关者的争论点（Save Our Wild Salmon，2014）。同样，Cedar 河的水管理者的目标是增加鲑鱼种群，返回 Cedar 河的奇努克成年鲑（Chinook salmon）的确在增加，但水管理者并未就鱼类数量确定目标，具体取决于关于海洋条件和其他无法控制的因素（框 10.1 和框 10.2）。

框 10.1　澳大利亚 MDBA 环境灌溉战略

MDBA 旨在提供环境健康所需要的水。为有效提高环境流量效率，已制定了全流域范围内的环境灌溉战略，以明确使用环境流量的目标和指标。随后，将有针对性地在每个区域制定一系列更精细的计划，来实施流域范围的战略，并细化更加明确的目标和相关的监测计划。

该战略确定了流域生态系统中环境流量相关的四个重要组成部分，即河流流量和连通性、植被、水鸟、本地鱼类（图 10.3，MDBA，2014a）：

1. 它们是河流系统健康的良好指标，并且是可衡量的；
2. 它们是水生态系统健康运作的重要组成部分；
3. 它们对环境流量有响应；
4. 它们公众认可度高；
5. 它们受到水资源开发的影响；
6. 它们需要有效的管理流域水资源的方法。

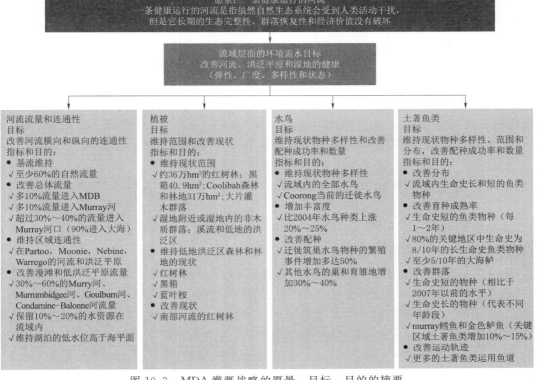

图 10.3　MDA 灌溉战略的愿景，目标，目的的摘要。

资料来源：改编自表 1，MDBA（2014a）

框 10.2 美国华盛顿 Cedar 河

雪松河从美国华盛顿州中部喀斯喀特山脉的上游源头流向 Puget 海湾盆地的华盛顿湖。河流的流域面积为 470km²，坡比为 1∶70，穿过陡峭的亚高山森林和相对狭窄的低谷；年平均流量在干旱年份不到 10m³/s，在丰水年为 28m³/s 以上。Cedar 河是西雅图市的主要水源，是该市重要的水源保护地。西雅图公用事业公司在 1914 年建造了一座大坝，大坝位于上游流域的一个大型天然湖泊的出口处，用于调节水流，以进行下游引水。

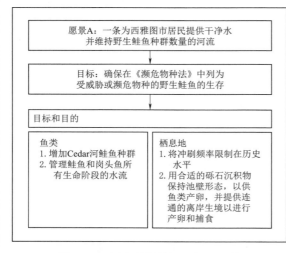

图 10.4 河流的愿景、目标和目的

图 10.4 显示了河流的愿景、目标和目的。评估栖息地条件的指标是可以量化和评估的：①根据河流廊道的条件，河流与河流的关系并非直接相连，而河流廊道的条件会影响河流在高流量时的水力条件（即通过河流运输木材和砂子）；②高脉冲流量并不是完全由大坝运行控制；③在管理高脉冲流量时，必须通过减少洪水风险来平衡生态目标；④在河道冲刷和维持生境之间，权衡取舍相对较为容易。对于冲刷的情况，河流管理委员会制定了指导原则，根据现场研究，在可能的情况下将峰值流量限制在一个阈值以下（Cascades Environmental Services，1991；Gendaszek 等，2013）。维持河流生境的长期目标与任何具体的管理措施无直接相关性，而是持续监测和制定量化目标的主题（Gendaszek 等，2013；Magirl 等，2012）。

10.6 监控、评估和适应性管理

环境流量项目的成功可以通过实现目标、指标与目标的进展来衡量。监测的目的是根据确定的目标来评估环境流量项目（第 25 章）。

愿景、目标、指标不是一成不变的，需要随着时间的推移进行更新。例如，这可能是由于社会偏好的变化，对强制性立法的变更或对行动与成果之间科学联系的了解增加了。例如，在印度，突然意识到河流不再适于举行宗教仪式，使得恒河对环境流量的需求增加。愿景、目标、指标的更新应该通过适应性管理框架进行（第 25 章）。重要的是，只有在知识储备或社会价值观发生重大变化后，才能考虑目标或较长期目标。适应这种变化可能涉及实践、相关机构和/或监测方法的变化（以及相应的资金从某些监测转向别处）。这对应于适应性管理的外部循环。与此对照，可以通过新知识和对目标如何响应管理行为的了解来更新目标，这是一个相对短期的过程，最接近于适应性管理的内部循环（第 25 章）。

10.7　结论

　　河流流域的明确定义将为水环境管理的所有其他方面提供信息。根据最佳的现有科学知识和数据，实现目标的过程最好转化为与环境流量相关的明确目标。将水资源利益相关者纳入远景及其目标中，可以建立主人翁感和责任感，并构成更广泛的社会融合过程的一部分。然而，有些目标可能是由预先设定的立法或国家利益所决定的，因此几乎没有地方可以纳入地方利益相关者的意见，在这种情况下，流程仅限于了解主要法律及其对环境供水的影响。通过识别和评估 SMART 目标可以最好地实现这些目标。

　　水环境管理指标可以根据响应的时间和空间尺度分层排列。层次结构的范围从仅根据单个组件定义的目标（该组件快速响应河流管理的变化），到根据人口、社区或系统功能（在更长的时间尺度上集成了许多因素的影响）定义更广泛的目标。层次结构不假定任何类型的指标具有更大的价值，但是会影响指标如何反应与告知管理决策。

参 考 文 献

Acreman，M. C.，2001. Ethical aspects of water and ecosystems. Water Policy 3 (3)，257 – 265.

Acreman，M. C.，Ferguson，A.，2010. Environmental flows and European Water Framework Directive. Freshw. Biol. 55，32 – 48.

Allan，D. J.，Castillo，M. M.，2007. Stream Ecology. Springer，Dordrecht，The Netherlands.

Bate，G. C.，Adams，J. B.，2000. The effects of a single freshwater release into the Kromme Estuary. 5. Overview and interpretation for the future. Water SA 26，329 – 332.

Cambray，J. A.，King，J. M.，Bruwer，C.，1997. Spawning behaviour and early development of the Clanwilliam yellowfish (*Barbus capensis*；Cyprinidae)，linked to experimental dam releases in the Olifants River，South Africa. Regul. Rivers Res. Manage. 13，579 – 602.

Canada and the United States of America，1964. The Columbia River Treaty.

Carter，N. T.，C. R. Seelke，and D. T. Shedd，2015. U. S. – Mexico water sharing：background and recent developments. Congressional Research Service，Library of Congress. Available from：https：//www. fas. org/sgp/crs/row/R43312. pdf (accessed 24. 03. 16).

Cascades Environmental Services，1991. Cedar River Instream Flow and Salmonid Habitat Utilization Study. Seattle，Washington：Final Report Submitted to Seattle Water Department.

Conservation Measures Partnership，2014. Open Standards for the Practice of Conservation.

Council On Environmental Quality，2013. Principles and Requirements for Federal Investments in Water Resources.

European Parliament，2000. A framework for community action in the field of water policy. Available from：http：//eur – lex. europa. eu/legal – content/EN/TXT/HTML/? Uri＝CELEX：32000L006 0 &from＝EN (accessed24. 03. 16).

Frissell，C. A.，Liss，W. J.，Warren，C. E.，Hurley，M. D.，1986. A hierarchical framework for stream habitat classification：Viewing streams in a watershed context. Environ. Manage. 10，199 – 214.

Gendaszek，A. S.，Magirl，C. S.，Czuba，C. R.，Konrad，C. P.，2013. The timing of scour and fill in a gravelbedded river measured with buried accelerometers. J. Hydrol. 495，186 – 196.

Hall, A. A., Rood, S. B., Higgins, P. S., 2011. Resizing a river: A downscaled, seasonal flow regime promotes riparian restoration. Restor. Ecol. 19, 351 – 359.

Hammond, D., Mant, J., Holloway, J., Elbourne, N., Janes, M., 2011. Practical river restoration appraisal guidance for monitoring options (PRAGMO). The River Restoration Centre (RRC), Bedfordshire, UK.

Harnish, R. A., Sharma, R., Mcmichael, G. A., Langshaw, R. B., Pearsons, T. N., 2014. Effect of hydroelectric dam operations on the freshwater productivity of a Columbia River fall Chinook salmon population. Can. J. Fish. Aquat. Sci. 71, 602 – 615.

Horne, A., Szemis, J., Webb, J. A., Kaur, S., Stewardson, M., Bond, N., et al (accepted). Informing environmental water management decisions: using conditional probability networks to address the information needs of planning and implementation cycles. Environ. Manage.

Hynes, H. B. N., 1975. The stream and its valley. Verhandlungen Internationale Vereinigung fu¨ r Theoretische und Angewandte Limnologie 19, 1 – 15.

King, J., Cambray, J. A., Dean Impson, N., 1998. Linked effects of dam – released floods and water temperature on spawning of the Clanwilliam yellowfish Barbus capensis. Hydrobiologia 384, 245 – 265.

Konrad, C. P. 2013. Flow Experiment Attributes Data Set. Working group evaluating responses of freshwater ecosystems to experimental water management. National Center for Ecological Analysis and Synthesis.

Korman, J., Kaplinski, M., Melis, T. S., 2011. Effects of fluctuating flows and a controlled flood on incubation success and early survival rates and growth of age – 0 rainbow trout in a large regulated river. Transact. of the Am. Fish. Soc. 140, 487 – 505.

Magirl, C. S., Gendaszek, A. S., Czuba, C. R., Konrad, C. P., Marineau, M. D., 2012. Geomorphic and hydrologic study of peak – flow management on the Cedar River, Washington. U. S. Geological Survey Open – File Report 2012 – 1240.

Mekong River Basin Commission, 1995. Agreement on the Cooperation for the Sustainable Development of the Mekong River Basin.

Melis, T. S., Korman, J., Kennedy, T. A., 2012. Abiotic & biotic responses of the Colorado River to controlled floods at Glen Canyon Dam, Arizona, USA. River Res. Appl. 28, 764 – 776.

Murray Darling Basin Authority, 2014a. Basin – wide environmental watering strategy. Canberra, Australia.

Murray Darling Basin Authority, 2014b. Constraints Management Strategy 2013 – 2014. Canberra, Australia.

National Oceanic and Atmospheric Administration, 2014. Endangered Species Act Section 7 (a) (2) Supplemental Biological Opinion, Consultation on Remand for Operation of the Federal Columbia River Power System, National Marine Fisheries Service Northwest Region, NWR – 2013 – 9562. Seattle, Washington.

Olden, J. D., Naiman, R. J., 2010. Incorporating thermal regimes into environmental flows assessments: modifying dam operations to restore freshwater ecosystem integrity. Freshw. Biol. 55, 86 – 107.

Olden, J. D., Konrad, C. P., Melis, T. S., Kennard, M. J., Freeman, M. C., Mims, M. C., et al., 2014. Are largescale flow experiments informing the science and management of freshwater ecosystems? Front. Ecol. Environ. 12, 176 – 185.

Poff, N. L., Richter, B. D., Arthington, A. H., Bunn, S. E., Naiman, R. J., Kendy, E., et al., 2010. The ecological limits of hydrologic alteration (ELOHA): a new framework for developing regional environmental flow standards. Freshw. Biol. 55, 147 – 170.

Poole, G. C., 2002. Fluvial landscape ecology: addressing uniqueness within the river discontinuum.

Freshw. Biol. 47, 641 – 660.

Richter, B. D. , Warner, A. T. , Meyer, J. L. , Lutz, K. , 2006. A collaborative and adaptive process for developing environmental flow recommendations. River Res. Appl. 22, 297 – 318.

Robinson, C. T. , Uehlinger, U. , 2008. Experimental floods cause ecosystem regime shift in a regulated river. Ecol. Appl. 18, 511 – 526.

Rogers, K. , Biggs, H. , 1999. Integrating indicators, endpoints and value systems in strategic management of the rivers of the Kruger National Park. Freshw. Biol. 41, 439 – 451.

Rood, S. B. , Gourley, C. R. , Ammon, E. M. , Heki, L. G. , Klotz, J. R. , Morrison, M. L. , et al. , 2003. Flows for floodplain forests: A successful riparian restoration. BioScience 53, 647 – 656.

Save Our Wild Salmon, 2014. The Salmon Community's Analysis of the Columbia – Snake River Salmon Plan.

Snelder, T. H. , Biggs, B. J. F. , 2002. Multiscale river environment classification for water resources management. J. Am. Water Resour. Assoc. 38, 1225 – 1239.

Snow, G. C. , Bate, G. C. , Adams, J. B. , 2000. The effects of a single freshwater release into the Kromme Estuary. 2: Microalgal response. Water SA 26, 301 – 310.

Strauss, S. Y. , 1991. Indirect effects in community ecology: Their definition, study and importance. Trends Ecol. Evol. 6, 206 – 210.

Strydom, N. , Whitfield, A. , 2000. The effects of a single freshwater release into the Kromme Estuary. 4: Larval fish response. Water SA 26, 319 – 328.

Sudan and the United Arab Republic, 1959. Agreement (With Annexes) For The Full Utilization of the Nile Waters.

Townsend, C. R. , 1989. The patch dynamics concept of stream community ecology. J. North Am. Benthol. Soc. 8, 36 – 50.

U. S. Army Corps of Engineers, 2004. Hanford reach fall chinook protection program. Available from: http: // www. nwd – wc. usace. army. mil/tmt/documents/wmp/2011/draft/app5. pdf (accessed 12. 09. 15).

U. S. Department of the Interior, 2012. Environmental assessment: Development and implementation of a protocol for high – flow experimental releases from Glen Canyon Dam, Arizona, 2011 through 2020. Salt Lake City, Utah: Bureau of Reclamation.

Vinson, M. , 2001. Long – term dynamics of an invertebrate assemblage downstream from a large dam. Ecol. Appl. 11, 711 – 730.

Wiens, J. A. , 2002. Riverine landscapes: taking landscape ecology into the water. Freshw. Biol. 47, 501 – 515.

第 Ⅳ 部分　生态系统到底需要多少水：环境流量评估工具

第 11 章

环境流量评估的发展、原则及方法

N. LeRoy Poff[1,2]，Rebecca E. Tharme[3] 和 Angela H. Arthington[4]

1. 科罗拉多州立大学，柯林斯堡，科罗拉多州，美国

2. 堪培拉大学，堪培拉，澳大利亚首都领地，澳大利亚

3. 未来河流工作组，德比郡，英国

4. 格里菲斯大学，内森，昆士兰州，澳大利亚

11.1 引言

　　确定生态系统真正需要的环境流量要求研究人员量化水文各组分和生态各组分的响应关系，而基于这一响应关系确立的环境流量更加能够满足河流（和其他湿地系统）及社会和生态可持续发展的内在需求（第 1 章）。基于生态水文学的基础理论（Acreman，2016；Bunn 和 Arthington，2002；Dunbar 和 Acreman，2001；Hannah 等，2007），结合文献调研结果、利益相关者反馈和经验总结，科学确定环境流量值还存在两方面不足。一方面，定量化自然流态变化或人类活动引起的生态和社会响应过程是科学确定环境流量的重要挑战之一，而现有的保障环境流量的方式主要是通过规范基础设施（例如，水坝、引水堰，直接取水点）的管理，忽视了水利基础设施是导致全球水文变化的最主要原因这一问题（Richter 和 Thomas，2007）。同时，由于人类社会的快速发展，整个流域的生态系统都会受到重要影响，因此环境流量研究应该越来越重视通过保护流态实现流域生态目标的保护（Acreman 等，2014a；Poff，2014）。但是，现在的研究一般都立足于纯水文变化的生态效应，忽视了大型基础设施（第 21 章）这些会对流态和生物产生重要影响的环境因素，包括热能转换和泥沙演替（第 12 章）。另一方面，过去的环境流量研究过分注重生态系统中生物对物理过程的响应（Tharme，1996），忽视了环境流量的社会效应，实际上，环境流量的社会效应极其丰富，包括生态系统服务、文化服务（第 8 章）、社会水资源的公平分配等（Finn 和 Jackson，2011；Wantzen 等，2016；第 9 章），因此，在实际应用过程中忽视这一问题必将导致结果偏差。

环境流量学科的研究主要是由人们对河流的生物多样性、生态状况和生态系统功能恶化的日益关注所推动，在这些河流中，自然流动状况已经部分或完全被人类改变（第 4章）。需要指出，人们对河流生态关系的科学理解是一个动态发展的过程，对河流生物物理特征和分析的技术也是如此。因此，科学确定环境流量需要借助适当的工具和方法（如建模），以获得理想的生态结果。

从本质上说，环境流量是运用工具科学构建环境流量和生态或社会结果之间关系，这需要在特定框架下筛选特定工具，以构建具体的水文-生态响应关系（第 14 章）。目前，存在广泛共识的框架包括：从单一物种到整个生态系统管理，从短期实验流量到长期的管控流态，从快速的查表确定方法到对新的基础设施的规划指导，以及从基于某一地点的实际流量评估，到实现各个地点的河流恢复，进行跨流域的大型景观系统评估。回顾过去50 多年环境流量学科的研究历史，随着社会目标、世界观和价值观的不断变化，知识和经验的不断丰富、人工建模技术的不断进步（第 13 章、第 14 章），环境流量涉及的问题、方法和工具也在不断地进步和更新（第 2 章、第 7 章、第 9 章）。

伴随着全球人口的持续增加，人类对淡水资源的需求持续增加，气候变化等因素给可持续发展带来了前所未有的挑战，这也促使了确定环境流量的新问题和新框架的出现。而随着环境流量管理行动的深入研究，同步监测精度和广度的扩宽，以及水文-生态和社会效应研究的进一步深化，新的确定环境流量的方法将越来越具有跨学科性。

11.1.1　环境流量核算方法的理论基础和计算类型

20 世纪 40 年代末为环境流量评估的萌芽期。为保护有价值的冷水渔业（Poff 和 Matthews，2013；Tharme，2003），美国针对其西部的融雪型溪流和河流的环境流量进行了认真的评估。与此同时，欧洲为应对水质污染问题，提出了保障河流最小流量的建议，这也成为环境流量的雏形。20 世纪 70 年代为环境流量的快速发展期，这一时期，针对闸坝建设造成的水生物种的大幅度影响，美国提出了一系列环境和淡水相关法律，并对环境流量进行了系统评估。1972 年，美国提出《清洁水法》，旨在恢复和保障本国水域中水体流动的化学、物理和生物多样性。并形成了一整套环境流量核算方法，包括水文学法、水力学法和栖息地法，这些核算方法极大地提高了环境流量学科的发展。20 世纪 80年代为环境流量蓬勃发展期，英国、澳大利亚、南非和新西兰开始大力参与这一主题，巴西、日本和欧洲大陆的几个国家紧随其后（Arthington 和 Zalucki，1998；Dyson 等，2003；Tharme，2003）。这一时期，众多国家的参与为全球不同气候、不同生物物理条件和社会政治形态的水资源管理带来了新的挑战和解决思路（Acreman 和 Dunbar，2004）。

20 世纪 90 年代开始，环境流量进入了全球化时期（Poff 和 Matthews，2013；图11.1），这一时期，环境流量学科迅猛发展。截至 2002 年，已经有 207 种环境流量核算方法诞生，主要用于评估水生物种、生境和生态系统特征，并支持生态和社会目标的动态管理。但是不同的方法在反映生态系统对水量和过程的需求差别很大（Tharme，2003），在实际应用中需要加以甄别。早期的核算方法，主要针对的是水污染问题，因此，它主要反映的是生态系统对水量的需求，不考虑生态和社会可持续的问题。

虽然众多的环境流量核算方法都有其优缺点（表 11.1），但是都在一定程度上极大地推动了环境流量在全球的应用。据统计，截至 2000 年，这些不同的核算方法至少在六大

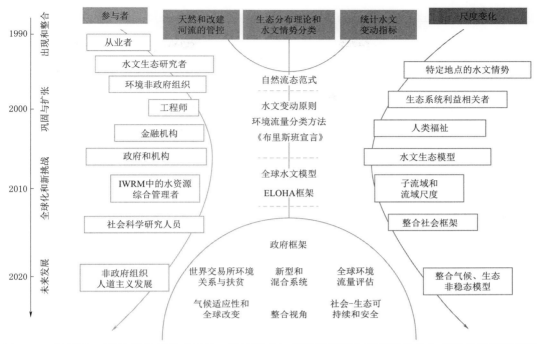

图 11.1 "现代"环境流量发展的时间轴，展示了参与环境流量研究管理的机构和实验者的类型和数量，环境流量概念和估算方法的发展方向。时间线表示的是环境流量发展的各个阶段。随着时间的推移，左边曲线显示的是环境流量的参与者，中间显示的是基准成果，右边显示的是环境流量考虑的因素。ELOHA 表示水文变动的生态界限；IWRM 表示水资源综合管理；NGO 表示非政府组织；WFE－E 表示水、食物和能源-环境的关系。

引自 Poff 和 Matthews（2013）

表 11.1　　　　　　对比四类主要的环境流量核算方法在区域水系中的应用情况

方法类型	河流生态系统属性/组分处理	知识和经验需求	资源需求量	计算精度（环境流量）	合适的应用水平
水文学法	对象为整个生态系统状况/健康，或无明显异常的情况。 包括一些具体因素（如：生境、鱼类）。	以查表分析为主，数据需求等级为低级。 使用天然/还原（或类似区域）历史流量记录（日尺度、月尺度或年尺度）。 单个水文指标（通常为低流量指标），或者一些常见的生态相关的水文/水文图指标。 有些情况下，使用历史生态数据、水力生境数据推导环境流量值。 有些情况需要结合水文学家的专业知识，极少情况下需要生态或地貌数据。	耗时较少，成本较低，对技术人员的能力要求为中等或较低。	制定的目标主要是流量状态要维持河流健康，通常为能够维持河流生态系统健康或生境所需要的月流量、季流量或年流量的百分比（通常称为最小流量）。 通常以月尺度或年尺度流量的百分比表征（中位数、平均值）；或者是某个表征生态参数的水文指标，通常为低流量指标。 精度较低、计算简便、灵敏度低，在最近的研究中开发较少。	一般在水资源状况调查或水资源开发筹划阶段应用。 不适合作为级别较高的水资源谈判依据或者重点流域的水资源水动力条件的参考。 可以作为栖息地法或整体法的辅助。 适合生态和水文数据缺乏区域。 能反映不同区域河流的生态潜力。

方法类型	河流生态系统属性/组分处理	知识和经验需求	资源需求量	计算精度（环境流量）	合适的应用水平

应用较为广泛，在发达国家还有发展中国家的许多流域都有应用，包括简单的指数法、经验法和查表法（Tennant 法，Tennant，1976；基于流量历史曲线得到的流量百分位数；Tharme，2003），这类方法目前应用较少。水文学法逐渐向反映生态相关的多方面的水文指标转变（变异范围法，Richter 等，1996；环境流量历时曲线法，Smakhtin 和 Anputhas，2006）或者是使用水文模型的环境流量核算方法（水文预留模型，Hughes 和 Hannart，2003；Hughes 等，2014）。

| 水力学法 | 对象为目标物种或群落的自然水生栖息地。 | 数据需求等级为低级。以查表分析和实地调查为主。需要自然流量数据。与水力条件相关的变量，通常为河流截面或横断面。单个或多个水力指标。需要一定的专业知识（水文学家、现场水力评估或建模）；较少需要生态或地貌方面的数据。 | 耗时较短，成本较低，对技术人员的能力要求为低或中等。 | 能够表征目标物种或群落流量需求的水力指标（如湿周、深度）。精度较低，有时中等，操作简单，灵敏度低。 | 几乎不涉及水资源开发谈判阶段。可作为栖息地模拟和整体法的工具。 |

过去应用较多，主要是在发达国家应用（Annear 等，2004；Arthington，2012；Tharme，2003），但是现在水力学方法主要是作为栖息地模拟或整体方法中的栖息地建模工具（如在 DRIFT 方法中的应用，Arthington 等，2003；King 等，2003）。

| 栖息地法 | 对象为目标物种、功能类群或群落的物理自然栖息地。在一些情况下还需考虑河道形态、泥沙输移、水质状况、河岸带植被、野生动物保护、娱乐设施和景观美学。 | 数据需求等级为中等或较高。以查表分析和现场调查为主。需要天然流量，主要为日尺度流量数据。水力学参数可通过耦合多断面构建水力学模型模拟。需要通过模型模拟目标生物群的物理栖息地利用率、生境可用性和生境偏好。少部分人利用统计学模型汇总多个栖息地的成果。对专业知识有较高要求，需要有水文学家、水力学家参与。需要使用水动力学模型，收集 GIS/遥感、生态或地貌方面的数据。 | 耗时适中或较高、成本较大、对技术人员的能力要求较高。 | 产出形式为栖息地适宜面积（WUA）或目标生物群（鱼类、无脊椎动物、植物）的相关生境指标。包括栖息地可用性、持续时间和时间序列对比分析。精度为中等或高等，操作较为复杂，灵敏度为中等。 | 一般用于水资源开发阶段，一般在中等或较长的战略河流应用较多。计算结果具有较为重要的参考价值，可作为水资源谈判依据。通常作为整体法或水资源框架中的一种方法，可用于研究不同物种/生命史过程/生物类群的环境流量方案。 |

方法类型	河流生态系统属性/组分处理	知识和经验需求	资源需求量	计算精度（环境流量）	合适的应用水平
栖息地法主要用于发达国家，已经从单一的物种栖息地模拟向多物种、物种类群和群落模拟转变（IFIM, Bovee, 1982；see examples in Annear 等，2004；Arthington, 2012；Tharme, 2003），模型日益向复杂、多维方向水动力学模型转变（如 Lamouroux 和 Jowett, 2005）。栖息地法在发展中国家应用较少，近些年有倾向于成为整体法中确定环境流量的工具（USAID, 2016）。					
整体（生态系统）法和整体框架	对象为整个生态系统，全部或部分生态组分。 大多数考虑河流和河岸的组成部分，在一些情况下也考虑地下水、湿地、洪泛区、三角洲、河口、泄湖和沿海水域。 较少考虑地貌过程（如泥沙输移、河道调整）或生态功能/过程（如营养动力学、食物网结构）。 部分涉及生态系统中资源的分配过程（如农村人口的生计、人类健康），涵盖社会经济问题，生态服务功能（如渔业）。	数据需求等级为中级到高级，但是在数据比较匮乏的情况下，可以选择使用以下几种方式解决： 查表分析和实地调查研究（主要针对季节性河流或水文情势有规律的河流）。 专家小组法，利用专家经验结合数据分析的方法。经验分析法，将科学知识和传统经验结合，推导出水文-生态-社会响应关系。 在没有水文站的区域可以用还原流量/天然流量，降雨数据/其他数据。 可通过耦合多断面构建水力学模型模拟其他水力参数。 需要收集生物数据构建水文-生态关系，分析水生物种生命史过程、河岸带植被、物种类群、群落组成等（如，鱼类产卵、洄游、索饵，河岸水质耐受性，物种入侵）。	耗时适中或高、成本大、对技术人员的能力要求高。	确定推荐的水文情势需要定量和定性的生态、地貌数据，有时也需要参考相应的社会和经济响应结果。能够制定枯水年和丰水年的环境流量方案。 精度水平为高等，操作复杂，灵敏度高。 包括多种情景（过去、未来）的生态潜力的计算。 在一些情况下需要处理明确的交互影响、不确定性问题、概率输出问题。 一些情况下需要处理气候变化情景。	适合尺度较大、保护级别较高、战略地位较重的河流，适合作为利益相关方之间进行复杂的谈判依据。 对于生态数据缺乏、用户利益有交叉的流域，时间、资金成本又比较有限，适合用简单一点的方法（如专家小组法）。 适合生态价值较高的地区的项目规划阶段应用。 也适合应用于变化很大的或新的生态系统中，重点是为了实现特定的恢复目标，或解决新生态系统中的社会生态价值和服务问题。
区域水资源管理和景观水管理的整体法	相比于其他整体法，此方法更适合大尺度流域。	需要融合各个学科的专业知识，包括水文学、生态学家和地理学。 需要有社会学家、水资源管理者、其他专家（如水化学家、河流健康学家）参与。 需要基于现有数据集和已有知识。 在一些精度要求较高的情况下，需要收集新的数据，或通过建模拟合现有的水文/生态数据。	类似其他整体法	根据用户定义的区域尺度，定量化确定河流的水文类型和生态类型，制定管理河流的环境流量泄放规则和标准。 构建各种类型河流的水文-生态/水文-社会响应关系。 类似其他整体法。	类似其他整体法。适合应用于大型系统/流域或多个项目聚集的小系统、地区、州立项目。 可与水管理系统集成。

方法类型	河流生态系统属性/组分处理	知识和经验需求	资源需求量	计算精度（环境流量）	合适的应用水平

整体法在发展中国家和发达国家已经得到越来越普遍的应用（如 BBM 法，King 和 Louw，1998；Benchmarking，Brizga 等，2002）。但是发达国家和发展中国家在整体法应用过程中关注点不同，发达国家侧重于对生态系统的深入分析，而发展中国家主要侧重于研究河流的功能和过程，包括开发潜力、流域或者水生态系统某一群落对水资源开发压力的应对状况（DRIFT 法，Arthington 等，2003，2007；Blake 等，2011；King 和 Brown，2010；King 等，2000，2014；Lokgariwar 等，2014；McClain 等，2014；Speed 等，2011；Thompson 等，2014；USAID，2016）。在区域尺度上，应用较多的是水文变化的生态限度法（ELOHA，Poff 等，2010；Arthington 等，2012；James 等，2016；McManamay 等，2013；Rolls 和 Arthington，2014；Solans 和 de Jalón，2016）和相似比对法（Kendy 等，2012）。这两种方法在发达国家应用度逐渐提高，而一小部分发展中国家也在一些大型的试点流域进行应用，并尝试嵌入到水资源管理工具或决策系统之中（如 PROBFLO，法 Dickens 等，2015）。

世界各国应用不同环境流量核算方法的案例见每种类型方法的介绍见引文（各种方法的详细描述参见 Acreman 等，2014b；Arthington，2012）。

区域的 44 个国家得到应用，包括：大洋洲（澳大利亚和新西兰）、亚洲、非洲、北美洲、南美洲（包括墨西哥和加勒比海地区）、欧洲和中东。部分最初没有制定环境流量核算准则的国家也开始着手将环境流量嵌入现有的运行规程中，如拉丁美洲、东欧、南亚和东亚以及许多非洲国家和流域（Tharme，2003）。而另外一部分国家尽管还没有实施具体的环境流量规程，但是也在积极尝试，如中国、肯尼亚、坦桑尼亚、哥伦比亚和巴西等国已经将环境流量作为重要的参考指标纳入水资源管理之中（Le Quesne 等，2010；第 27 章）。而世界上的许多政府协定、政策法规（Acreman 和 Ferguson，2010；Arthington，2012；Hirji 和 Davis，2009；Le Quesne 等，2010；第 27 章）中都存在环境流量的身影（如由 168 个国家签署的《生物多样性国际公约》，https：//www.cbd.int/information/parties.shtml），包括澳大利亚、南非、莱索托（Lesotho）、新西兰、哥斯达黎加、坦桑尼亚、巴基斯坦、莫桑比克、中国、菲律宾、美国和欧盟。不同国家环境流量实施的政策和框架详见 Speed 等（2011）的分析报告。

早期研究人员将环境流量核算方法划分成四大类：水文学法、水力学法、栖息地法和整体法（Tharme，1996，2003），这种分类方法一直沿用至今；但是随着应用的深入，各种常规的方法也会不断改进，更加科学，以整体法为例，随着整体法的大力发展，衍生出了各种框架，详见 11.5 节。常用的环境流量计算方法主要集中应用于河流，但是对于其他水体（如沼泽、湖泊）也有一定的适用性，因为这些水体也在时空尺度上存在季节性波动，在垂直尺度上与地下水相关联（Arthington，2012）。在一般应用过程中，通常是按照分层应用原则，水文学方法主要适用于规划阶段，对环境流量精度要求不高的区域，整体方法更适于对流域整体进行评估的地区。Tharme（2003）文中介绍的方法通常适用于河流系统中的单个或多个河段。精度更高的流域水资源管理和景观水管理需要的环境流量详见 11.5 节。

水文学法具有计算简单、成本较低的优点，默认保持河流的逐月流量（通常为最小流量）则可以维持河流基本的栖息地环境或河流的基本健康状态（如 Q_{95}，基于流量历时曲线，确定河流的低流量指标；Tharme，2003）。水文学法又称为查表法或固定百分比法，基于历史流量数据计算，缺乏生态依据。但是也有个别的方法是基于长期生态调查得出了经验百分比，如水文学方法中的 Montana 法（Tennant，1976），主要基于 Montana 的 11

条小溪流的特定生物物理特性分析，得出的不同流量等级的生境状况。Montana 法在实际应用中应当考虑自然地理状况与 Montana 的差别，盲目的套用可能导致环境流量设定不合理（结果设置过高或过低）；其他的水文学方法也存在滥用情况，这成为水文学法制定环境流量面临的最大挑战（Arthington，2012）。水文学法也在一直发展，近十年，一批基于更加区域化的、基于生态相关水流特性，如大小、频率、持续时间以及起始时间开发的水文学方法取得了实质性进展（Hughes 和 Hannart，2003；Hughes 等，2014；National Water Commission of Mexico，2012；Richter 等，2012）。

水力学法基本与水文学法同时期出现。水力学法旨在量化流动的水如何与河道边界进行相互作用，明确不同水力变量（水深、流速、基质和植被覆盖状况等）随流量的历时变化特征。其中应用最多的水力变量为湿周，它通过在选定的（代表性的/关键性的）河道断面明确最小流量保障河流河段的水生栖息地。栖息地法（如河道内流量增量法和物理栖息地模拟法）是在水力学方法的基础上建立起来的，通过构建二维或三维的水动力模型模拟栖息地的时空变化（第 13 章），栖息地法的优点在于可以量化生物变化，但是缺点则为大多数情况下仅考虑单个物种（通常为有价值的鱼类）的流量需求，近些年栖息地法有了较大突破，已经出现了考虑鱼类或大型无脊椎动物整个类群的情况（King 和 Tharme，1994；Leonard 和 Orth，1988；Parasiewicz，2007），通过量化物种类群的流量需求确定河流的环境流量（Bunn 和 Arthington，2002；Poff 等，1997），但是由于生态系统的固有复杂性，河流的环境流量还需要考虑许多因素，因此栖息地法还需配合其他方法共同使用（见 11.3 节）。栖息地方法可作为桌面分析、栖息地分析（重点关注关键物种的栖息地变化）和整体框架的重要辅助工具（Tharme，2003）。其中栖息地法在整体框架中的应用详见 Arthington 等（2003），Blake 等（2011），Illaszewicz 等（2005），King 等（2000），O'Keeffe 等（2002）和 USAID（2016）的参考文献。

11.2　环境流量核算的整体法

11.2.1　发展历程和计算原则

20 世纪 80 年代后期，随着对水文-生态关系的深入研究，科学家明确了环境流量是指维持整个生态系统的结构和功能并能够反映当地社区的生计和福祉所需的流量（南非案例；Tharme 和 King，1998），提出了整体法（第 6.3 节；第 14 章）。河流恢复和保护的重点已经从保护个别物种转为保护整个河流的健康状况。根据生态学理论要求，河流的健康包括群落和生态系统的健康，而水文变化是造成水生态系统变化的主变量，为多种水生物种提供生存条件（Resh 等，1988）。在这一时期，地貌学的发展也为解决河流的流量过程问题带来了新的契机（Hill 等，1991；Newson 和 Newson，2000；Petts 和 Calow，1996；Rowntree 和 Wadeson，1998）。

随着生态学和地貌学等学科的迅速发展，由此分化出了确定环境流量的三个独立的研究和应用领域（图 11.1）。

第一个领域是在澳大利亚和南非同时出现的，基于多个生态目标，结合现代水生态制定原则和专家经验，在具体河流制定环境流量的应用。这一领域要求技术人员和研究人员对整体的环境流量评估概念框架作出具体解释，以指导环境流量的分配和管理（如生态基线法和流量恢复法，Arthington 和 Pusey，2003；涵盖社会需求的分层应用法，King 等，2003；Tharme，1996），而这些方法一直沿用至今。

第二个领域偏重于学术研究，包括水文情势数据分析和水文系统分类两部分。在这一领域一些学者做了大量研究。Resh 等（1988）研究发现水文扰动（极端流量时间）是湖泊生态系统结构和功能形成的关键驱动因素。Poff 和 Ward（1989，1990）开发了一种基于水文指标进行的流量分类系统，这些水文指标（零流量、脉冲流量等）都与生态指标相关。第二个领域在澳大利亚（Hughes 和 James，1989）、新西兰（Biggs 等，1990）、南非（Joubert 和 Hurly，1994）以及全球范围内（Haines 等，1988）的其他国家都有研究。自然水文情势中流量大小、频率、持续时间、起始时间和变化率对河流群落和生态系统过程具有重要作用是第二个领域的研究核心，主要关注在自然水文情势状况下，水坝和抽水系统对整个社区和生态系统状态的重要影响。

第三个领域是从河流保护角度出发，探寻一种科学的方法，使管理人员能够更容易地理解和更有效地管理大坝流量变化类型和下游生态损害之间的相互关系。在此基础上，大自然保护协会和其合作伙伴（Mathews 和 Richter，2007；Richter 等，1996）共同开发了一种软件工具——水文变化指标（IHA）。IHA 软件通过计算一系列简单但有意义的水文指标（流量大小、频率、持续时间、起始时间、变化率和总体变化），用以描述生态组分受损的状况。IHA 方法可以应用于变异范围法（RVA；Richter 等，1997），计算变化前后的流量时间序列。IHA 方法的应用范围极广，为评估和比较全球河流的流量变化（趋势性、季节性）提供了一个通用的技术平台。

这三个领域的研究在自然流态范式中结合（Poff 等，1997；Richter 等，1997；Stanford 等，1996），形成了《布里斯班宣言》（*Brisbane Declaration*，2007）的基本原则之一，呼吁在全球范围内实施环境流量（Arthington 等，2010）。自然流态范式（NFR）是一种理解动态水文情势的生态后果的理论，并为评价特定气候条件下的生态后果提供了基础（Bunn 和 Arthington，2002；Lytle 和 Poff，2004）。由自然流态范式衍生出了两个环境流量工作框架——保护河流最小流量和恢复河流的高脉冲过程（Arthington 等，2010）。最小流量能够维持自然资源的基础设施的组成部分以及养护生物多样性和生态系统的功能和服务，高脉冲流量过程则涉及恢复由于闸坝和抽水活动而丧失与生态和社会相关的关键水流特性。

整体法中最基本的要求是要对日尺度和月尺度的长序列水文数据进行静态度量，包括流量的大小、频率、持续时间、起始时间和变化率等各个方面。而如何具体使用数以百计的水文指标以度量河流中的流量变化，研究人员进行了大量探索，一般采用相关性分析和冗余分析对水文指标进行过滤，确定一个最终的、较小的、非冗余的指标组分（Olden 和 Poff，2003）。最终确定的应用指标有两个度量标准，其一为根据具体的项目背景确定，其二为参考具有明显生态意义的水文关键功能方面（Arthington 和 Pusey，2003；Mathews 和 Richter，2007；Yarnell 等，2015）。但是，不论选择哪种度量标准，都需要将还原流量和确定的水文基线进行比较（Auerbach 等，2012；Richter 等，1996），因为这种方法通常能反映河流流量与生态相关的自然变化范围。

这些不同的方法使研究人员能够在不同的水文气候和地质条件下，在大的地理范围内对河流的流量状态进行统计比较，促进河流分类。河流分类的最终目的是将河流分成各种水文类别的模板，形成所谓的管理单元（Arthington 等，2006；Poff 等，2010）。近些年，关于河流分类的研究在全球范围内应用都在不断增加，应用的国家包括美国（Mc-Manamay 等，2014；Poff，1996；Poff 和 Ward，1989）、澳大利亚（Hughes 和 James，1989；Kennard 等，2010）、新西兰（Biggs 等，1990），还包括一些国家的大型流域，如中国的淮河流域（Zhang 等，2012）、西班牙 Ebro 河（Solans 和 Poff，2013）和哥伦比亚 Magdalena 河流域（Walschburger 等，2015）。但是不同国家的流量量化具有差异性（Poff 等，2006a，b），这种不同的流量量化方法（Carlisle 等，2010；Mackay 等，2014）致使了自然河网中不同的河流分类结果（Poff 和 Hart，2002）。不同于自然河流，受管控河流的河流分类并没有得到成功发展，这主要是由于大坝下游水流具有特殊性（Mackay 等，2014；McManamay 等，2012；Poff 等，2007）。

11.2.2 整体法

确定环境流量需要对水文数据加以处理，并与生态数据建立关系，而在这一基础上，可以构建评估环境流量的工具。以 RVA 方法（Richter 等，1996）为例，它被认为是在缺乏生态数据情况下维持河流水文变化的简单规则（Stanford 等，1996）。还有一种较少应用的水文方法，即根据天然流量的历史曲线划定一个适合可持续发展的曲线，作为环境流量划定规则。1954 年，乌干达白尼罗河上的欧文瀑布大坝就利用行政手段制定了类似的曲线（M. McClain，私人信件）。这一曲线需要基于风险评估，能够反映对生态系统的保护水平，但是实际需求的流量可能与确定的流量存在偏差（Brizga 等，2002；Richter 等，2012）。同时，由于这一方法是基于长期水文时间序列数据的统计分析，不能指导大坝短期泄放环境流量。在哥伦比亚的 Magdalena 河流域，也在发展一种类似的区域尺度的预备性的环境流量管理标准（R. Tharme，私人信件）。

南非的建筑堆块法（BBM 法；King 和 Louw，1998；King 等，2000）是目前应用较多的确定生态保护区的标准方法之一（King 和 Pienaar，2011），不同的区域 BBM 法得出的结果的分辨率不同。BBM 法的优点是对大、小环境流量均考虑了月流量的变化。由于该方法是针对南非的环境开发的，针对性强，且计算过程比较烦琐，其他地方采用此方法应根据当地实际情况对这个方法进行适当改造；类似的改造就在东非流域进行了应用（Rufiji 河流域，坦桑尼亚；USAID，2016）。实际上，南非在 BBM 法实际应用过程中，会通过诸如桌面储量模型（Hughes 和 Hannart，2003）对比水文数据，提取一般的水生态原则，用以确定不同组分的环境流量。

DRIFT 法（King 等，2003）是从 BBM 法中演化出来的一种方法，是一种基于生态学的自上而下的、基于场景替代的方法。King 等（2003）开发此方法的目的在于，传统的确定环境流量的方法难以满足管理人员对严格和简便方法的需求。该方法既能应用在数据丰富的区域，又可用于数据短缺区域的水资源管理。DRIFT 法包含了大量的现场数据、桌面程序、数据库系统和决策支持系统，能够对河流的环境流量进行主动规划（King 等，2003）。DRIFT 法已经成功应用在非洲和东南亚多个主要流域，同时其框架也在不断细化。DRIFT 法可以概化为一个综合流量评估平台，这一平台可以根据各种河流特征（如河道形态、河岸带、河口水质和入侵物种）确定流量过程，保障河流的生态系统服务功能（渔业），人民的生活福祉（Brown 和 Watson，2007；King 和 Brown，2010；King 等，2014）。

另一个常用的整体法则为基准法（Benchmarking 法；Brizga 等，2002），是澳大利亚根据其沿海不发达区域的河流确定水文变化临界限值的方法（Arthington，2012）。澳大利亚水资源管理部门将自然基流和开发后的基流进行了比较，发现由于水资源开发（如，大坝、堰、取水、流域间的调水），各条河流都受到了不同程度的影响。基准法是一种环境流量风险评价方法，可以生成许多水文变化情景，用以预测可能产生的生态后果，确定环境流量实施建议（Arthington，2012）。基准法的缺点在于，它不能应用于未开发的区域，因为该方法需要对不同的开发情景进行风险评估。

中国在部分试点区域开发了一种评估环境流量通用框架，该框架的范围、方案和过程都是整体法的思路，并且融合了科学和社会过程（Gippel 和 Speed，2010；Speed 等，2011）。这一方法利用与生态、地貌和水质相关的概念模型，帮助建立环境流量泄放准则，保持河流和河岸生态系统的健康状态，管理目标是利益相关者商定后的结果。保护环境流量是各国水资源管理工作的重点之一，以欧盟水框架指令为例，其水资源管理的核心目标之一是采用合适的方法（某种形式的整体方法，Acreman 和 Ferguson，2010）评估环境流量（Coancil of the European Commission，2000）。欧盟水框架指令要求到 2015 年恢复大多数欧洲河流、湖泊和湿地的水生生态系统（参照水生生物学）良好状态（European Commission，2015）。

水文-生态响应关系的不确定性是评估环境流量最大的挑战之一（Arthington 等，2007；Stewart - Koster 等，2010）。在处理风险和概率问题时，贝叶斯网络方法是一个高效的方法；而在实际评估环境流量时，整体法应对不确定性问题效果最好。如整体法中，运用 Probflo 模型通过贝叶斯网络模型与生态风险概率方法结合，评估了可能产生的河流改道的社会生态后果，确定了河流的生态流量，并在莱索托应用（Dickens 等，2015）。在肯尼亚和坦桑尼亚，部分流域应用了水文变化的生态限度法（ELOHA 法），运用 Probflo 模型处理了景观流量问题（第 10.5 节）。而在澳大利亚的 Daly 河，则通过贝叶斯网络法（Jackson 等，2014），整合了本地科学知识，为环境流量管理做决策支持，研究表明，如果目前河流水资源继续开采，则会严重影响两个标志性鱼类的生存（Chan 等，2012）。

11.3 水文-生态响应关系

水文-生态响应关系是环境流量确定的核心问题，一般分成两个部分，水文-生态关系和水文变动-生态响应关系（Arthington 等，2006；Poff 等，2010）。在环境流量评估之中，到底需要多少水，一直是水资源管理者最难解决的问题。确定实际的环境需水量需要对水文-生态关系进行详细的评估，明确水资源开发减少多少或流量恢复多少才是合理的。实际上，维持环境流量需要付出高额的代价，需要平衡社会和生态需求。在解决这一问题时，传统生态学理论认为，应当保留或恢复河流中与生态相关的某些组分（Bunn 和 Arthington，2002；Monk 等，2007；Poff 和 Ward，1989；Poff 等，1997）。对于一些不能具体定量的流量大小、频率、持续时间、起始时间和变化率这些指标，并能与生态响应水平建立关系的情况下，应遵从预防性原则，或从保护性角度援引 NFR 方面的原则（Myers，1993）。

现在环境流量研究普遍表明，将已经开发的河流完全恢复到自然状态几乎是不可能的（第 10 章）。因此，水资源管理者需要明确到底需要多少流量才能够将生态系统恢复到期望的水平，这也是环境流量学科研究最难的问题之一（Richter 等，1997）。合理制定环境流量目标是解决这一问题的关键，需要综合考虑人类的需求（Acreman 等，2014a；Brisbane Declaration，2007；Poff 等，2010）。环境流量的目标制定还需要基于经验性的水文-生态关系（Arthington 等，2006；Davies 等，2014）。而基于这一关系，需要明确是否存在高于或低于某些关键河流功能或生态系统要素的临界阈值（Arthington 等，2006）。这些功能可能包括高流量对洪泛区的疏通功能、泥沙输移功能（Yarnell 等，2015）或低流量对浅滩通道的连接功能。但是由于有时水文-生态关系的曲线可能为连续曲线，难以找到拐点，不能就此确定变化阈值。但是无论水文-生态关系的性质如何，环境流量的分配量应该是所有利益相关者共同协商的结果（Acreman 等，2014b；Arthington，2012）。

环境流量学科目前是全球最热门的学科之一，所构建的水文-生态关系在某些情况下具有一定的普适性（第 13 章、第 14 章）。关于环境流量的科学知识一般是通过大量的野外调查和对大坝下游的水文、生态条件进行监测得到的（Richter 等，2003）。经验累积是环境流量学科构建的重要途径（Arthington，2012；Olden 等，2014；第 14 章）。在经验累积过程中，环境流量一般是基于本地的或者相似区域构建的水文-生态关系确定的（Jackson 等，2014），但是，水文-生态关系的推导应用在不同的水文气候尺度和水资源开发程度中泛化应用非常困难，这也成为环境流量研究的重要难题（Carlisle 等，2011；Lloyd 等，2003；Olden 等，2014；Poff 和 Zimmerman，2010；Webb 等，2015）。而开发泛化的水文-生态概念模型具有重要意义：一方面，可以为不同水文类型的河流制定开发规则（Arthington 等，2006；Kennard 等，2010；Poff 和 Ward，1989；Reidy Liermann 等，2012）；另一方面，可以明确不同河流类型的大坝流量调节模式（McManamay 等，2012；Mackay 等，2014；Poff 和 Hart，2002；Poff 等，2007；Rolls 和 Arthington，2014）。这一领域也将是环境流量学科研究的重要方向。

流量是水生态系统改变的主变量，这一共识是评估环境流量的前提条件。环境流量管理的实质就是流量管理，究其原因有二：其一，由于流量是维持和恢复河流物种和生态系统完整的必要条件；其二，相对于其他环境改造（温度和泥沙情势的变化），调节大坝流量相对容易实现。不可否认，从河流生态学更全面的角度分析，只改变河流流量，不考虑诸如温度（Olden 和 Naiman，2010）、沉积物（Wohl 等，2015）和物种相互作用（Shenton 等，2012）等关键自变量，也可能导致河流生态系统难以恢复。因此，在考虑流量因素时，也应该兼顾其他环境因素（Olden 等，2014；Poff 和 Zimmerman，2010）。

随着环境流量的深入研究，生态过程和其他关键环境因素已经越来越多地被纳入环境流量评估中（Olden 和 Naiman，2010；Poff 等，2010；第 22 章）。由于不同河流类型的流量模式、热能循环和泥沙输移之间存在相互耦合关系，构建一个帮助恢复和保护生态系统的广义的、定量的、普适的环境流量评价框架是解决这一问题的关键。虽然，温控技术至今并不成熟，但是，仍然能够帮助指导流量泄放模式，改善大坝下游的水文，实现生态恢复（Maheu 等，2016；Olden 和 Naiman，2010）。

评估环境流量需要考虑河道中的泥沙动力学问题，这一观点已经被水资源管理者公认（Hill 等，1991；Newcombe 和 Jensen，1996；Poff 等，2006a，b；Rowntree 和 Wadeson，1998；Tharme，1996）。根据实际监测，研究人员发现，大坝上游由于泥沙淤积，引起泥沙动力学问题，导致河流栖息地减少（Wohl 等，2015；Yarnell 等，2015）。解决这一问题需要构建自然泥沙模型，但是由于泥沙输移需要考虑流域特征（Wohl 等，2015）和区域降水机制，这一过程相当复杂，也影响了搭建泥沙模型的难度。传统的水文学模型目前不能解释河道边界的相互作用以及泥沙输移问题，难以反映大坝下游栖息地减少和生态潜力。

将水文学模型和水力学模型耦合在一起，能够很好地解决评估环境流量问题（第13章）。但是这个问题非常复杂，因为水力学模型的数据需求量较大，这就限制了其作为评估环境流量重要模型的推广。但是结合地貌信息（梯度和地质等），将河流进行分类，在一级河流中分析水力学问题（Poff 等，2010），可以简单地进行河流环境流量评估，而将水文学模型和水力学模型（Wilding 等，2014）进行耦合则更适合于大尺度环境流量评估。

11.4　环境流量的评估尺度

在过去，环境流量评估主要集中在水坝下游的河段。由于这些河段要进行流量管理，以达到一定的生态条件。但是，随着环境流量的深入研究，河流科学家越来越发现，河流开发导致的生态损害并不仅仅局限于大坝下游河段（Acreman 等，2014b；Bunn 和 Arthington，2002；Dudgeon 等，2006；Nilsson 等，2005；Poff 和 Matthews，2013）。现代环境流量研究指出，环境流量管理应该扩大到区域范围内的整个河流系统，其中包括未开发和已开发的河流网络。在开发过程中，研究人员发现，因为缺乏水文和生态信息，加之没有已知环境流量参考条件，构建区域尺度的环境流量评估方法变得十分困难（Flotemersch 等，2015）。Arthington 等（2006）提出了一个参考未开发河流的、基于河流分类的环境流量评估方法，这一方法能够参考未开发河流确定河流环境流量组分的变化范围。对于具有生态数据的区域，可以结合生态数据确定河流环境流量，进而推广到没有生态数据的河流。而在一些复杂区域，通过建模，能够将合理的流量变动分配给合适的河流类型，即使是对于没有水文数据的河流，也能给出一个科学的参考条件。这个方法的具体操作要根据河流的驱动因素，以溪流为例，融雪驱动河流和地下水驱动河流相比，大坝对不同类型河流的水文改造在流量大小、频率、起始时间、持续时间和变化率（Arthington 等，2006；Poff 和 Ward，1989）和生态改造方面均具有不同表现。

在 Arthington 等（2006）方法的基础上，ELOHA 方法（Poff 等，2010）应运而生。ELOHA 通过科研过程和社会过程，指导整个河流网络的流量管理（图11.2）。ELOHA 是指是一个环境流量科学预防和评估的框架。他提供了一个多步骤的过程，具体步骤分为：确定水文基础（为未测量的河流段建立水文模型）、河流分类、水文变化分析、构建水文-生态关系、确定环境流量目标和将环境流量目标纳入社会决策中。ELOHA 的指导原则是：当生态（或社会）响应之间存在某种特定机械过程关系时，能够更有效地解释改变流量特定特征的生态响应（Poff 等，2010）。不同河流类型的水文-生态响应关系能够基于现有的水文和生态数据，通过统计学数据确定（Arthington 等，2006）。

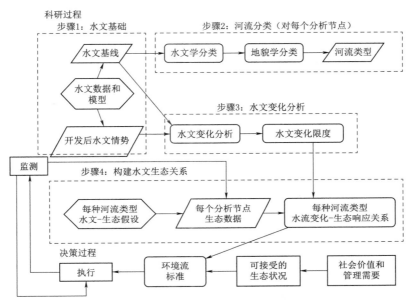

图 11.2　水文变化的生态限度（ELOHA）是一个评估环境流量区域框架。流量恒定是科学过程中隐含的假设步骤。对推荐的流程实施、监控和自适应的细化是社会过程的一部分，这一过程可以产生额外的科学分析和新知识的产生。

　　在收集的水文数据、水文-生态关系构建、理解和分析生态系统类型等方面，可以以不同精度应用 ELOHA 框架。例如，Zhang 等（2012）基于月尺度的流量数据进行分类，尽管效果并不理想，但能够提供有用的信息，以支持在无法获得日流量数据情况下进行环境流量评估和恢复。Sanderson 等（2012）也进行了相似的研究，使用月尺度的水文数据评估每个小流域的筑坝和引水对水生态系统的潜在风险。而 ELOHA 框架正在全球范围内应用，开发新的水文-生态响应知识（James 等，2016；Mackay 等，2014；McManamay 等，2013；Rolls 和 Arthington，2014）。

　　ELOHA 可以在不同政治体制和管理体系下使用（Pahl-Wostl 等，2013），更系统地分析土著知识、文化服务和社会服务（Finn 和 Jackson，2011；Jackson 等，2014；Martin 等，2015）。墨西哥南部正在对恰帕斯州的一组小型沿海流域进行试点，反映了 ELOHA 在适用河流类型、社会经济背景和水资源管理制度方面的多样性（Haney 等，2015）。由于经过几个世纪的发展，水生态系统与水资源兼具了文化服务，Finn 和 Jackson（2011）提出了一种改进 ELOHA 的方法，可以识别土著人民的思想、信仰和社会文化的决定性要素，反映河流和水生态的文化服务的潜在能力。

ELOHA 框架已被美国监管机构采纳（Kendy 等，2012），并作为区域流域规划的基础（Philip 和 Moburg，2010，2013），构建水文-生态响应关系和不同点位的流量恢复优先级（Martin 等，2015；Sanderson 等，2012）。美国田纳西（Tennessee）河上游的 Cheoah 河在应用 ELOHA 框架时，鱼类丰度并未如预期那样增加，但是基于水文-河岸带植被响应关系，河岸带侵蚀状态在 4 年后得到修复（McManamay 等，2013）。在哥伦比亚 Magda lena - Cauca 河流域，在过去的几年里制定了流域水资源管理决策支持系统，并在整个流域或更小的管理尺度，集成了 ELOHA 元素，形成水资源评价和规划系统软件（http：//www. weap21. org，Thompson 等，2012）和 IHA 软件。这一软件能初步分析未来河流类型对社会生态的累积影响，以及跨流域河网的水文情势变化情况（如，城市取水、现有水电项目规划、灌溉）。ELOHA 框架的具体实施，使环境流量能够在整个流域的重要站点进行自适应监测（R. E. Tharme，私人信件）。

在区域和地方尺度上评估环境流量，选择合适的工具非常重要（图 11.3）。在数据较全、重要性高的区域，可以采用现场监测进行详细的水文测量（流量计），构建精度高的水力学模型，同时进行适当的生态试验，明确具体的水文-生态响应关系，促进水资源管

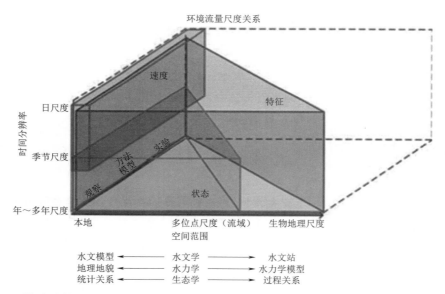

图 11.3 环境流量的尺度关系。X 轴为空间尺度，从局部（单站点范围）到区域（多站点或整个河网），再到生物地理尺度（自然发生物种替换和物种入侵的地方）。沿着这条轴线，用于描述不同环境、水力条件和生态关系的工具各不相同。Y 轴反映了环境和生态数据采集的方法，包括现有的条件关系、关系建模、空间河段的实验操作、区域河段建模，其中实验受经济和人力资源限制。Z 轴表示不同类型的生态反应的时间尺度。生态状态（小的三角形）是基于物种的响应变量，响应时间尺度包括季节性尺度、年尺度。生态速率（小矩形）是高频响应变量，可以在较短的时间尺度上（如，人口增长率或死亡率，生物地球化学交换率）测量，具体的应用尺度要根据判断。生态特征（大三角形）是物种功能或表现（如，功能群、生活史模式、扩散能力）的综合衡量指标，可在地理边界上推广。特征可以反映时间尺度的水文因素。包括年尺度的淹没状态和日尺度中对极端条件的耐受性。

理进程（Olden 等，2014）。

对于数据较少的区域，要建立区域尺度的模型，通常要依靠统计学模型或者遥感数据填补空缺的数据，模型具体的精度和深度取决于信息的可用性。当水文数据较粗（流量计较少）时，要进行河流分析。在数据缺失区域，构建详细的水力学模型不具有可行性，因此需要基于某些相似地区的地貌数据，构建水力学替代模型（Wilding 等，2014；第 13章）。考虑到经济因素，模型的生态指标可以选择较易获取的内容。

11.5　环境流量的新挑战：从静态系统向动态系统转移

环境流量学科的发展，就如水资源和生态保护研究领域一样，都是基于气候静态假设下运行的，例如降水和径流过程发生在某种可预测的变化范围内。稳定的气候条件促使环境流量能够在静态处理水文变化，并延展出生态动力学理论。而环境流量研究中环境因素可以用动态相关性的统计值特性来描述，如特定流量的频率、持续时间和平均值（或标准差）。而生态响应变量也可以从动态平衡、历史（参考）状态变化来处理（Poff，2014）。

过去的十年中，全球气候非常不平稳（Milly 等，2008），直接导致水文基线动态变化，科学家通过研究发现，在全球许多地方，未来的水文系统将与目前的系统有显著不同（Laize 等，2014；Reidy Liermann 等，2012）。除了气候因素，其他因素也在发生变化，导致基于历史的流量条件不再适合于长期规划（Acreman 等，2014a；Kopf 等，2015；Poff 等，2016）。这些其他因素包括人口增加导致的水资源需求增加等。此外，随着外来物种扩散和人为因素退化，自然生态群落也在迅速发生变化（Humphries 和 Winemiller，2009），致使生态恢复目标发生动态变化（Moyle，2014；Rahel 和 Olden，2008）。

气候和其他非平稳因素将环境流量学科推向了一个新的时代。环境流量已经从静态视角过渡到动态视角，即研究基于过程的河流管理框架（Beechie 等，2010）。这从根本上意味着，环境流量研究应该要超越单纯依赖于水文–生态的简单关联，要求研究人员更为细致地理解生态系统对动态水文变化的响应。而在未来的水资源管理中，则对生态模型提出了新的要求，即强调水生态系统对水文情势的响应（第 14 章）。

需要指出的是，即使是在高度开发的河流中，自然流态范式依然是重要参考（Acreman 等，2014a；Auerbach 等，2012；Kopf 等，2015），历史水文过程有助于研究人员理解物种或生态系统对环境变化的适应过程（Wiens 等，2012）。在水资源管理中，了解过去的模式过程关系有助于水资源管理者（如水资源管理署）积累更多的经验，以应对不断变化的气候和新的生态、社会和政治环境，指导区域环境流量评估；但是这些经验和过程关系等都需要做一些调整，因为这些经验都是基于平稳性假设构建，不能完全满足非平稳环境需求。但是环境流量管理依然可以基于长期气候和生态平稳的假设，明确本地队伍和相对稳定的管理目标。

应对非平稳性因素的一个重要挑战在于，可以拓宽研究规模和范围，并将环境流量置于一个更大的连通性景观背景中（Poff 和 Matthews，2013）。解决这个挑战有助于应对目前存在的一些挑战，如全球生物多样性危机、淡水生态系统退化（Dudgeon 等，2006；Strayer 和 Dudgeon，2010）和社会对日益减少的淡水资源的竞争性需求。在未来，环境流量评估不再仅仅局限于水资源领域,也将越来越多地应用到其他社会问题中。如 ELOHA 框架,从多流域角度分析,水利基础设施对地区多样性的影响更为广泛,不仅是保护水文连通性和物种栖息地(Jager 等,2015;Poff,2009;Winemiller 等,2016),还可以保护和恢复目标,以应对人类对淡水资源的竞争,让水资源管理框架作为粮食、水和能源联系的纽带。

由于人类对水的需求不断增加,加上水生生态系统的退化,环境流量在未来几年会变得越来越重要。环境流量学科发展会为社会提供良好的指导和支持,以管理受到人类影响的河流,维持和促进生态系统完整。解决这一问题要求扩大评估环境流量学科内容,如水文特性和生态社会反应。

11.5.1 水文:情势和事件

水文系统实质是一个模板,能够影响物种生存和适应自然(人为)水文变化的能力(Poff 等,1997;Puckridge 等,1998)。由于物种具有不同的形态、行为和生理特征,这使它们能在不同类型的水文变化下茁壮成长。河流中流量大小、频率、持续时间、起始时间和变化率等五方面因素导致了河流中物种群落的不同分布(Poff 等,1997)。水文学家普遍认同当水文数据的记录长度超过 10000 年时,则气候模式则为稳定状态,但是土地利用变化导致河流的降雨径流过程产生了重要变化(Acreman 等,2014a)。

过去几十年里,区域思维主导了环境流量评估过程,但是气候非稳定模式对环境流量中识别水文变化驱动生态反应产生了重要影响。个别的水文事件往往会引起当地人口和生境结构重构造。在理解和管理生态学关系时,区域尺度和气候条件可能同样重要。根据这一观点,在气候非平稳状态下,物种将面临更频繁和更极端的水文时间,将面临栖息地的破碎和小种群的灭绝(Olden 等,2007)。研究表明,自然流动机制相较过去已经发生了巨大变化(如美国西部的融雪时间;Stewart 等,2005),而这一速度将在未来的几十年中更加迅速(Laize 等,2014;Reidy Liermann 等,2012)。这些趋势表明,未来的环境流量管理可能要更加关注新气候模式下水文事件对生态系统的塑造作用。

在一些地方,水环境应用程序能够恢复某些特定元素的流态,满足一个或多个目标物种的生活史需要,如杨树林繁殖(Rood 等,2003),本地优势鱼类的生长(Kiernan 等,2012),或消除某类昆虫的生存瓶颈(Kennedy 等,2016)。对于水资源有争议的区域,确定环境流量不仅要考虑生态效益,还要考虑其经济效益和其他社会效率(第 27 章,Poff 和 Schmidt,2016)。气候变化会给未来的水资源供应带来不确定因素,限制环境流量评估;然而也会给环境流量管理带来新的机会,如大坝运行会为下游冷水鱼类提供流量(Thompson 等,2012),为重要物种提供避难所(Shenton 等,2012),或控制本地或非本地的鱼类(Ruhi 等,2015)。大坝可以通过不同的流量泄放模式实现不同的管理目标,以响应不同流量事件的年际变化,如丰枯年(Muth 等,2000)。

11.5.2 生态学:状态、速率和特征

环境非稳定因素也会对生态领域产生重要影响,因为气候变化导致物种结构和功能重分布,非本地物种传播(Olden 等,2004),以及物种适应性变化(Rahel 和 Olden,2008)。

在环境流量评估中,选用什么生态性能指标可以衡量流量管理是否成功,这是水文学

家通常思考的问题，环境流量评估框架一般是基于静态生态端点，如生态系统状态，关键物种、生物种群和生态系统特征（河岸结构和条件）的维护（Arthington 等，2006；Poff 等，2010）。在水资源管理中，生态系统状态的维护含有一种隐含的假设，即栖息地受到限制，而栖息地主要受到水文年条件制约（Lytle 和 Poff，2004）。在环境流量评估中，生态系统状态的动态过程常常被忽视（如，与源物种的连接、可变物种的扩散、物种的生长和死亡率、物种间的竞争、捕食和促进作用）。但是，随着非稳定因素的增加，水文和生态差异将不可避免地呈现出超越历史的新情况。而预测生态系统状态则需要更多基于过程对关键水生态联系的理解，以指导特定生态端点的流量管理（Beechie 等，2010；Poff 和 Matthews，2013）。

为了获得环境流量评估所需的更大量的基础资料，需要在生态系统状态中增加生态端点。生态端点是指潜在的扩散速率、生长率、死亡率、定殖率（Auerbach，2013；Bond 等，2015；Lancaster 和 Downes，2010；Lytle 和 Merritt，2004；Yen 等，2013），可以在生态系统层面考虑（如养分循环率或生产率，Doyle 等，2005）。生态过程是一个动态过程，主要取决于水文过程，如可能在生态响应中产生非线性极端事件的大小和顺序，而不是传统的水文事件统计平均值（Ruhi 等，2015；Shenton 等，2012）。虽然生态过程目前已经被部分环境流量管理部门提出（Anderson 等，2006），但是还没有广泛采用。出现这一问题主要的原因是，很难收集到足够的详细信息来模拟多个物种的种群动态（Shenton 等，2012）。因此，动态过程适合在小区域使用，或者更适合于资金充沛、具有某种受到关注的特殊物种的区域。

在环境流量评估中，在社区和生态系统中纳入生物过程因素已成为共识。这可以帮助水资源管理者更深入理解生态功能，将生态特征作为生态反映单元，能够很好地帮助人们理解生态过程，因为生态特征是一种机体属性，可以有效地将其与环境条件结合（Poff，1997；Verberk 等，2013；Webb 等，2010）。生态特征中的生态主要是指不同种类的昆虫（Poff 等，2006 a，b）、鱼类（Mims 等，2010，2012；Olden 等，2008）和河岸带植物（Merritt 等，2010）。而对于水文、水文变化的生态响应，有越来越多的基于特征和功能分析的方法，这些方法为基于状态和基于过程两种分析之间的难题提供了一种过渡。

11.6 结论：实践评估环境流量的指导因素

环境流量学科的发展和演变是一个技术难度不断增加、研究范围不断扩大的研究。环境流量的研究对象从最初的单一物种到整个生态系统保护，再到社会可持续性维持，研究内容主要集中在基于经验的水文-生态关系（Acreman 等，2014b；Arthington，2015；Poff 和 Matthews，2013）。环境流量学科的进展有助于促进人们广泛认识到环境流量对可持续水资源管理政策和水资源分配的重要性，但是在全球范围内，环境流量普及的计划还有所滞后（Le Quesne 等，2010；第 27 章；表 11.1）。在进一步的环境流量研究过程中，关于人类改变水生系统的关键因素一直不能得到充分理解，其中关键因素主要包括环境驱动因素（沉积物和温度）和水力模型，以及对流量序列的理解。从生态学角度分析，现在需要发展一种更加多元和适应更多区域的标准方法来处理一系列生态反应（状态、速率和特征），以改善环境流量的科学基础。人口增长和气候迅速变化，导致淡水资源供应的压力越来越大，水文和生态方面变得越来越不稳定。这也使环境流量学科研究的重要性不断增加，但是在环境流量的社会科学方面，对主要社会驱动因素、水文-生态响应关系的构建和计算方法的集成，仍然没有得到充分发展。

为了更有效地评估环境流量，并纠正执行方面长期存在的区域差距，必须解决各种各样的干扰因素。但是，水资源管理者普遍认为，环境流量可以在过去的成就和基础上继续创新，并成功应用于各种环境。基于前人的研究，本书作者提出了一套环境流量评估的指导原则，这些原则能够促进环境流量的实施，为河流生态系统和人民及社会实现理想的结果。

指导原则 1：明确定量地描述水文-生态和水文-社会关系。水文-生态关系将为环境流量的应用提供基础（第 14 章）。明确的水文-生态关系是形成合理的管理和生态恢复目标，从而使环境流量实施成功的关键（Davies 等，2014；Poff 和 Schmidt，2016）。由于有很多关系曲线可以用于制定不同的环境流量结果，这些环境流量结果可以促使生态理解、水文模型和管理模型平衡（Poff 等，2010）。适当的选择水文-生态关系和构建模型，必须平衡管理者、政府机构和公众这三个利益相关者的利益，以应对各种不确定性（第 14 章）。

指导原则 2：让利益相关者共同制定环境流量的远景和目标。越来越清晰的是，当环境流量恢复（或保护）目标是由多方利益相关者共同协调并达成一致时，利益相关者不应仅仅包括科学家（第 7 章；Rogers，2006）。仅靠科学无法客观地确定环境流量恢复的重点是什么，因为终点必须反映社会价值和适当的社会生态目标（Acreman 等，2014b；Jackson 等，2014；Roux 和 Foxcroft，2011）。在许多情况下，需要将社会科学和本地利益相关者的诉求融入水文-生态关系中（参阅指导原则 1）。

指导原则 3：仔细地确定实施环境流量制度可以得到什么（不能得到什么）。在整个生态系统恢复方面，流量本身是有限的，而其他因素（如，热能或泥沙状况变化、城市化水平增加、人口变化）可能会限制流量管理本身能够取得的理想结果。由于环境流量的研究涉及多方的环境因素（Acreman 等，2014b），包括气候变化（Poff 等，2016），客观评估实现既定环境流量目标的可行性以及明确环境流量可信度至关重要。同时，在确定环境流量达到生态目标的范围和潜力时，了解流域管理背景、土地和水资源综合管理的机会也很重要（King 和 Brown，2010）。

指导原则 4：明确确定环境流量在空间和时间尺度上的适宜性和预期性。评估环境流量的框架有很多，适用于各种时空尺度（表 11.1；图 11.2；图 11.3）。建模精度和生态权衡主要取决于应用规模。因此，在环境流量评估之前需要明确计算规模、计算方法和工具。社会影响范围和包容因素也会随着规模的变化而变化。

指导原则 5：参考水利基础设施工程师和倡议者的建议，为现有基建提供重新启动的机会。与水资源开发商的早期合作有助于在影响评估（项目或战略规划）和环境流量评估过程之间架起一座桥梁，有助于收集目标制定基线，以应对制度变化的潜在风险，呼吁各方关注水资源开发和管理对下游人民和生态系统的影响。早期参与可能更有效地影响项目设计（Richter 和 Thomas，2007）、运行机制、布置基础设施的决策（King 和 Brown，

2010；Opperman 等，2015；Poff 等，2016），对环境流量评估起到决定性因素。

指导原则 6：考虑环境流量目标和应用程序如何嵌入系统级别的水资源治理和管理中，并与其他系统进行交互。由于环境流量框架已经越来越受到管理、社会和经济领域的广泛关注（图 11.1），如系统保护规划（Nel 等，2011）、综合水资源管理（IWRM；Overton 等，2014）和相关的水资源分配系统（第 17 章）。而社会经济层面和治理环境也越来越被认为是环境流量评估的关键考虑因素（Arthington 等，2010；King 等，2014；Pahl-Wostl 等，2013）。而实际的环境流量管理应用，应寻求与更广泛的利益领域建立联系，以便提高环境流量管理的社会意义。

指导原则 7：将非平稳性和基于过程的理解融入环境流量实施中，以应对不确定的未来。环境流量学科面临的关键挑战是水文-生态响应关系的非平稳性问题。由于构建全面的水文-生态响应关系困难较大，这致使许多水环境项目从恢复重点转向适应重点的需要（Palmer 等，2009；Poff 和 Matthews，2013；Poff 等，2016；Thompson 等，2014）。而对于重点需要实施环境流量的区域，环境流量还应适应气候的变化（Matthews 等，2009）。环境流量的开发需要更好地理解水文-生态响应关系，以应对高度管控河流中的动态规范管理要求，同时环境流量还应适应人口增长和气候变化。

参 考 文 献

Acreman, M., 2016. Environmental flows—basics for novices. WIREs Water 3，622 - 628. Available from：http：//dx. doi. org/10. 1002/wat2. 1160.

Acreman, M. C., Dunbar, M. J., 2004. Methods for defining environmental river flow requirements - a review. Hydrol. Earth Syst. Sci. 8，121 - 133.

Acreman, M. C., Ferguson, A. J. D., 2010. Environmental flows and the European Water Framework Directive. Freshw. Biol. 55，32 - 48.

Acreman, M., Arthington, A. H., Colloff, M. J., Couch, C., Crossman, N. D., Dyer, F., et al., 2014a. Environmental flows for natural, hybrid, and novel riverine ecosystems in a changing world. Front. Ecol. Environ. 12，466 - 473.

Acreman, M. C., Overton, I. C., King, J., Wood, P. J., Cowx, I. G., Dunbar, M. J., et al., 2014b. The changing role of ecohydrological science in guiding environmental flows. Hydrol. Sci. J. 59，433 - 450.

Alfredsen, K., Harby, A., Linnansaari, T., Ugedal, O., 2012. Development of an inflow - controlled environmental flow regime for a Norwegian river. River Res. Appl. 28，731 - 739.

Anderson, K. E., Paul, A. J., McCauley, E., Jackson, L. J., Post, J. R., Nisbet, R. M., 2006. Instream flow needs in streams and rivers：the importance of understanding ecological dynamics. Front. Ecol. Environ. 4，309 - 318.

Annear, T., Chisholm, I., Beecher, H., Locke, A., Aarrestad, P., Burkhard, N., et al., 2004. Instream Flows for Riverine Resource Stewardship. Instream Flow Council, Cheyenne, Wyoming.

Arthington, A. H., 1998. Comparative evaluation of environmental flow assessment techniques：review of holistic methodologies. LWRRDC Occasional Paper 26/98. LWRRDC, Canberra, Australia.

Arthington, A. H., 2012. Environmental Flows：Saving Rivers in the Third Millennium. University of California Press, Berkeley, California.

Arthington, A. H. , 2015. Environmental flows: a scientific resource and policy tool for river conservation and restoration. Aquat. Conserv. Mar. Freshw. Ecosyst. 25, 155 – 161.

Arthington, A. H. , Pusey, B. J. , 2003. Flow restoration and protection in Australian rivers. River Res. Appl. 19, 377 – 395.

Arthington, A. H. , Zalucki, J. M. (Eds.), 1998. Comparative evaluation of environmental flow assessment techniques: review of methods. LWRRDC Occasional Paper 27/98, LWRRDC, Canberra, Australia.

Arthington, A. H. , Bunn, S. E. , Pusey, B. J. , Bluˆhdorn, D. R. , King, J. M. , Day, J. A. , et al. , 1992. Development of an holistic approach for assessing environmental flow requirements of riverine ecosystems. In: Pigram, J. J. , Hooper, B. P. (Eds.), Proceedings of an International Seminar and Workshop on Water Allocation for the Environment. Centre for Water Policy Research, Armidale, Australia, pp. 69 – 76.

Arthington, A. H. , Bunn, S. E. , Poff, N. L. , Naiman, R. J. , 2006. The challenge of providing environmental flow rules to sustain river ecosystems. Ecol. Appl. 16, 1311 – 1318.

Arthington, A. H. , Baran, E. , Brown, C. A. , Dugan, P. , Halls, A. S. , King, J. M. , et al. , 2007. Water requirements of floodplain rivers and fisheries: existing decision support tools and pathways for development. Comprehensive Assessment of Water Management in Agriculture Research Report 17. International Water Management Institute, Colombo, Sri Lanka.

Arthington, A. H. , Naiman, R. J. , McClain, M. E. , Nilsson, C. , 2010. Preserving the biodiversity and ecological services of rivers: new challenges and research opportunities. Freshw. Biol. 55 (1), 1 – 16.

Arthington, A. H. , Mackay, S. J. , James, C. S. , Rolls, R. J. , Sternberg, D. , Barnes, A. , et al. , 2012. Ecological limits of hydrologic alteration: a test of the ELOHA framework in south – east Queensland. National Water Commission Waterlines Report 75. Canberra, Australia.

Arthington, A. H. , Rall, J. L. , Kennard, M. J. , Pusey, B. J. , 2003. Environmental flow requirements of fish in Lesotho Rivers using the DRIFT methodology. River Res. Appl. 19 (5 – 6), 641 – 666.

Auerbach, D. A. , 2013. Models of *Tamarix* and riparian vegetation response to hydrogeomorphic variation, dam management and climate change. PhD Dissertation. Colorado State University, Colorado.

Auerbach, D. A. , Poff, N. L. , McShane, R. R. , Merritt, D. M. , Pyne, M. I. , Wilding, T. K. , 2012. Streams past and future: fluvial responses to rapid environmental change in the context of historical variation. In: Wiens, J. A. , Hayward, G. D. , Safford, H. D. , Giffen, C. (Eds.), Historical Environmental Variation in Conservation and Natural Resource Management. John Wiley & Sons, Ltd, Chichester, UK, pp. 232 – 245.

Beechie, T. J. , Sear, D. A. , Olden, J. D. , Pess, G. R. , Buffington, J. M. , Moir, H. , et al. , 2010. Process – based principles for restoring river ecosystems. BioScience 60, 209 – 222.

Biggs, B. J. F. , Duncan, M. J. , Jowett, I. G. , Quinn, J. M. , Hickey, C. W. , Daviescolley, R. J. , et al. , 1990. Ecological characterization, classification, and modeling of New Zealand rivers: an introduction and synthesis. N. Z. J. Mar. Freshw. Res. 24, 277 – 304.

Blake, D. J. H. , Sunthornratana, U. , Promphakping, B. , Buaphuan, S. , Sarkkula, J. , Kummu, M. , et al. , 2011. Eflows in the Nam Songkhram River Basin. Final Report. M – POWER Mekong Program on Water, Environment and Resilience, IUCN, IWMI, CGIAR Challenge Program on Water and Food, and Aalto University, Finland.

Bond, N. R. , Balcombe, S. R. , Crook, D. A. , Marshall, J. C. , Menke, N. , Lobegeiger, J. S. , 2015. Fish population persistence in hydrologically variable landscapes. Ecol. Appl. 25, 901 – 913.

Bovee, K. D. , 1982. A guide to stream habitat analysis using the Instream Flow Incremental Methodology. Instream Flow Information Paper 12. U. S. D. I. Fish and Wildlife Service, Office of Biological

Services FWS/OBS – 82/26.

Brisbane Declaration, 2007. Environmental flows are essential for freshwater ecosystem health and human well – being. 10th International River Symposium and International Environmental Flows Conference, 3 – 6 September 2007, Brisbane, Australia. Available from: http: //www. eflownet. org.

Brizga, S. O. , Arthington, A. H. , Pusey, B. J. , Kennard, M. J. , Mackay, S. J. , Werren, G. L. , et al. , 2002. Benchmarking, a 'top – down' methodology for assessing environmental flows in Australian rivers. Environmental Flows for River Systems. An International Working Conference on Assessment and Implementation, incorporating the 4th International Ecohydraulics Symposium. Southern Waters, Cape Town, South Africa.

Brown, C. A. , Watson, P. , 2007. Decision support systems for environmental flows: lessons from Southern Africa. Int. J. River Basin Manage. 5, 169 – 178.

Bunn, S. E. , Arthington, A. H. , 2002. Basic principles and ecological consequences of altered flow regimes for aquatic biodiversity. Environ. Manage. 30, 492 – 507.

Carlisle, D. M. , Falcone, J. , Wolock, D. M. , Meador, M. R. , Norris, R. H. , 2010. Predicting the natural flow regime: models for assessing hydrological alteration in streams. River Res. Appl. 26, 118 – 136.

Carlisle, D. M. , Wolock, D. M. , Meador, M. R. , 2011. Alteration of streamflow magnitudes and potential ecological consequences: a multiregional assessment. Front. Ecol. Environ. 9, 264 – 270.

Chan, T. U. , Hart, B. T. , Kennard, M. J. , Pusey, B. , Shenton, W. , Douglas, M. M. , et al. , 2012. Bayesian network models for environmental flow decision making in the Daly River, Northern Territory, Australia. River Res. Appl. 28, 283 – 301.

Council of the European Communities, 2000. Directive 2000/60/EC of the European Parliament and of the Council of 23 October 2000 establishing a framework for community action in the field of water policy. OJEC L327 1 – 73.

Davies, P. M. , Naiman, R. J. , Warfe, D. M. , Pettit, N. E. , Arthington, A. H. , Bunn, S. E. , 2014. Flow – ecology relationships: closing the loop on effective environmental flows. Mar. Freshw. Res. 65, 133 – 141.

de Philip, M. , Moberg, T. , 2010. Ecosystem flow recommendations for the Susquehanna River Basin. The Nature Conservancy, Harrisburg, Pennsylvania. Available from: http: //www. nature. org/media/pa/tnc – finalsusquehanna – river – ecosystem – flows – study – report. pdf.

de Philip, M. , Moberg, T. , 2013. Ecosystem flow recommendations for the Upper Ohio River Basin in Western Pennsylvania. The Nature Conservancy, Harrisburg, Pennsylvania. Available from: http: //www. nature. org/media/pa/ecosystem – flow – recommendations – upper – ohio – river – pa – 2013. pdf.

Dickens, C. , O'Brien, G. C. , Stassen, J. , Kleynhans, M. , Rossouw, N. , Rowntree, K. , et al. , 2015. Specialist consultants to undertake baseline studies (flow, water quality and geomorphology) and Instream Flow Requirement (IFR) Assessment for phase 2: instream flow requirements for the Senqu River: final report. Prepared by the Institute of Natural Resources NPC on behalf of the Lesotho Highlands Development Authority (LHDA). Maseru, Lesotho.

Doyle, M. W. , Stanley, E. H. , Strayer, D. L. , Jacobson, R. B. , Schmidt, J. C. , 2005. Effective discharge analysis of ecological processes in streams. Water Resour. Res. 41.

Dudgeon, D. , Arthington, A. H. , Gessner, M. O. , Kawabata, Z. I. , Knowler, D. J. , Leveque, C. , et al. , 2006. Freshwater biodiversity: importance, threats, status and conservation challenges. Biol. Rev. 81, 163 – 182.

Dunbar, M. J. , Acreman, M. C. , 2001. Applied hydro – ecological science for the twenty – first century. In: Acreman, M. C. (Ed.), Hydro – ecology: Linking Hydrology and Aquatic Ecology. International Association of Hydrological Sciences Publication No. , 266. . IAHS Press, Centre for Ecology and Hydrology, Wallingford, UK, pp. 1 - 17.

Dyson, M. , Bergkamp, G. , Scanlon, J. (Eds.), 2003. Flow. The Essentials of Environmental Flows. IUCN, Gland, Switzerland.

European Commission, 2015. Ecological flows in the implementation of the WFD. CIS Guidance Document no. 31, Technical Report 2015 - 086, Brussels, Belgium.

Finn, M. , Jackson, S. , 2011. Protecting Indigenous values in water management: a challenge to conventional environmental flow assessments. Ecosystems 14, 1232 - 1248.

Flotemersch, J. E. , Leibowitz, S. G. , Hill, R. A. , Stoddard, J. L. , Thoms, M. C. , Tharme, R. E. , 2015. A watershed integrity definition and assessment approach to support strategic management of watersheds. River Res. Appl. Arena paper. Available from: http: //dx. doi. org/10. 1002/rra. 2978.

Gippel, C. J. , Speed, R. , 2010. Environmental flow assessment framework and methods, including environmental asset identification and water re - allocation. ACEDP Australia - China Environment Development Partnership, River Health and Environmental Flow in China. International Water Centre, Brisbane.

Gustard, A. , 1979. The characterisation of flow regimes for assessing the impact of water resource management on river ecology. In: Ward, J. W. , Stanford, J. A. (Eds.), The Ecology of Regulated Streams. Plenum Press, New York and London, pp. 53 - 60.

Haines, A. T. , Finlayson, B. L. , McMahon, T. A. , 1988. A global classification of river regimes. Appl. Geogr. 8, 255 - 272.

Haney, J. , González, A. , Tharme, R. E. , 2015. Estudio de caudales ecológicos en las cuencas costeras de Chiapas, México. Technical Report. The Nature Conservancy, Mexico and North Central America.

Hannah, D. M. , Sadler, J. P. , Wood, P. J. , 2007. Hydroecology and ecohydrology: a potential route forward? Hydrol. Process. 21, 3385 - 3390.

Hill, M. T. , Platts, W. S. , Beschta, R. L. , 1991. Ecological and geomorphological concepts for instream and outof - channel flow requirements. Rivers 2, 198 - 210.

Hirji, R. , Davis, R. , 2009. Environmental Flows in Water Resources Policies, Plans, and Projects. World Bank, Washington, DC.

Hughes, D. A. , Hannart, P. , 2003. A desktop model used to provide an initial estimate of the ecological instream flow requirements of rivers in South Africa. J. Hydrol. 270, 167 - 181.

Hughes, D. A. , Desai, A. Y. , Birkhead, A. L. , Louw, D. , 2014. A new approach to rapid, desktop - level, environmental flow assessments for rivers in South Africa. Hydrol. Sci. J. 59 (3), 1 - 15.

Hughes, J. M. R. , James, B. , 1989. A hydrological regionalization of streams in Victoria, Australia, with implications for stream ecology. Aust. J. Mar. Freshw. Res. 40, 303 - 326.

Humphries, P. , Winemiller, K. O. , 2009. Historical impacts on river fauna, shifting baselines, and challenges for restoration. BioScience 59, 673 - 684.

Illaszewicz, J. , Tharme, R. , Smakhtin, V. , Dore, J. (Eds.), 2005. Environmental Flows: Rapid Environmental Flow Assessment for the Huong River Basin, Central Vietnam. IUCN Vietnam, Hanoi, Vietnam.

Jackson, S. E. , Douglas, M. M. , Kennard, M. J. , Pusey, B. J. , Huddleston, J. , Harney, B. , et al. , 2014. "We like to listen to stories about fish": integrating indigenous ecological and scientific knowledge to inform environmental flow assessments. Ecol. Soc. 19 (1), 43.

Jager, H. I. , Efroymson, R. A. , Opperman, J. J. , Kelly, M. R. , 2015. Spatial design principles for sustainable hydropower development in river basins. Renew. Sustain. Energy Rev. 45, 808 - 816.

James, C. , Mackay, S. J. , Arthington, A. H. , Capon, S. , 2016. Does flow structure riparian vegetation in subtropical south – east Queensland? Ecol. Evol. Available from: http: //dx. doi. org/ 10. 1002/ece3. 2249.

Joubert, A. R. , Hurly, P. R. , 1994. The use of daily flow data to classify South African rivers. Chapter 11: p. 286 – 359. In: King, J. M. , Tharme, R. E. Assessment of the Instream Flow Incremental Methodology and Initial Development of Alternative Instream Flow Methodologies for South Africa. Water Research Commission Report No. , 295/1/94. Water Research Commission, Pretoria, South Africa.

Kendy, E. , Apse, C. , Blann, K. , 2012. A Practical Guide to Environmental Flows for Policy and Planning. The Nature Conservancy, Arlington, Virginia.

Kennard, M. J. , Pusey, B. J. , Olden, J. D. , MacKay, S. J. , Stein, J. L. , Marsh, N. , 2010. Classification of natural flow regimes in Australia to support environmental flow management. Freshw. Biol. 55, 171 – 193.

Kennedy, T. A. , Muehlbauer, J. D. , Yackulic, C. B. , Lytle, D. A. , Miller, S. W. , Dibble, K. L. , et al. , 2016. Flow management for hydropower extirpates aquatic insects, undermining river food webs. BioScience 66, 561 – 575.

Kiernan, J. D. , Moyle, P. B. , Crain, P. K. , 2012. Restoring native fish assemblages to a regulated California stream using the natural flow regime concept. Ecol. Appl. 22, 1472 – 1482.

King, J. , Beuster, H. , Brown, C. , Joubert, A. , 2014. Pro – active management: the role of environmental flows in transboundary cooperative planning for the Okavango River system. Hydrol. Sci. J. 59, 786 – 800.

King, J. M. , Brown, C. A. , 2010. Integrated basin flow assessments: concepts and method development in Africa and south – east Asia. Freshw. Biol. 55, 127 – 146.

King, J. M. , Louw, M. D. , 1998. Instream flow assessments for regulated rivers in South Africa using the Building Block Methodology. Aquat. Ecosyst. Health Manag. 1, 109 – 124.

King, J. M. , Pienaar, H. (Eds.), 2011. Sustainable use of South Africa's inland waters: a situation assessment of resource directed measures 12 years after the 1998 National Water Act. Water Research Commission Report No. TT 491/11. Water Research Commission, Pretoria, South Africa.

King, J. M. , Tharme, R. E. , 1994. Assessment of the instream flow incremental methodology and initial development of alternative instream flow methodologies for South Africa. Water Research Commission Report No. , 295/1/94. Water Research Commission, Pretoria, South Africa.

King, J. M. , Tharme, R. E. , de Villiers, M. S. (Eds.), 2000. Environmental flow assessments for rivers: manual for the Building Block Methodology. Water Research Commission Report TT 131/00, Pretoria, South Africa.

King, J. M. , Brown, C. A. , Sabet, H. , 2003. A scenario – based holistic approach for environmental flow assessments. River Res. Appl. 19, 619 – 639.

Kopf, R. K. , Finlayson, C. M. , Humphries, P. , Sims, N. C. , Hladyz, S. , 2015. Anthropocene baselines: assessing change and managing biodiversity in human – dominated aquatic ecosystems. BioScience 65, 798 – 811.

Laize, C. L. R. , Acreman, M. C. , Schneider, C. , Dunbar, M. J. , Houghton – Carr, H. A. , Floerke, M. , et al. , 2014. Projected flow alteration and ecological risk for pan – European rivers. River Res. Appl. 30, 299 – 314.

Lamouroux, N. , Jowett, I. G. , 2005. Generalized instream habitat models. Can. J. Fish. Aquat. Sci. 62, 7 – 14.

Lancaster, J. , Downes, B. J. , 2010. Linking the hydraulic world of individual organisms to ecological processes: putting ecology into ecohydraulics. River Res. Appl. 26, 385 – 403.

Le Quesne T. , Kendy, E. , Weston, D. , 2010. The Implementation Challenge: Taking Stock of Government Policies to Protect and Restore Environmental Flows. WWF – UK and The Nature Conservancy.

Leonard, P. M. , Orth, D. J. , 1988. Use of habitat guilds of fishes to determine instream flow requirements. N. Am. J. Fish. Manage. 8, 399 – 409.

Lloyd, N. , Quinn, G. , Thoms, M. , Arthington, A. , Gawne, B. , Humphries, P. , et al. , 2003. Does flow modification cause geomorphological and ecological response in rivers? A literature review from an Australian perspective. Cooperative Research Centre for Freshwater Ecology Technical Report 1/2004. Canberra, Australia.

Lokgariwar, C. , Chopra, V. , Smakhtin, V. , Bharati, L. , O'Keeffe, J. , 2014. Including cultural water requirements in environmental flow assessment: an example from the upper Ganga River, India. Water Int. 39, 81 – 96.

Lytle, D. A. , Merritt, D. M. , 2004. Hydrologic regimes and riparian forests: a structured population model for cottonwood. Ecology 85, 2493 – 2503.

Lytle, D. A. , Poff, N. L. , 2004. Adaptation to natural flow regimes. Trend. Ecol. Evol. 19, 94 – 100.

Mackay, S. J. , Arthington, A. H. , James, C. S. , 2014. Classification and comparison of natural and altered flow regimes to support an Australian trial of the Ecological Limits of Hydrologic Alteration framework. Ecohydrology 7, 1485 – 1507.

Maheu, A. , Poff, N. L. , St – Hilaire, A. , 2016. A classification of stream water temperature regimes in the conterminous United States. River Res. Appl. 32, 896 – 906.

Martin, D. M. , Labadie, J. W. , Poff, N. L. , 2015. Incorporating social preferences into the ecological limits of hydrologic alteration (ELOHA): a case study in the Yampa – White River basin, Colorado. Freshw. Biol. 60, 1890 – 1900.

Mathews, R. , Richter, B. D. , 2007. Application of the indicators of hydrologic alteration software in environmental flow setting. J. Am. Water Resour. Assoc. 43 (5), 1 – 14.

Matthews, J. , Aldous, A. , Wickel, B. , 2009. Managing water in a shifting climate. Am. Water Works Assoc. 101 (8), 29, 99.

McClain, M. E. , Sabalusky, A. L. , Anderson, E. P. , Dessu, S. B. , Melesse, A. M. , Ndomba, P. M. , et al. , 2014. Comparing flow regime, channel: hydraulics and biological communities to infer flow – ecology relationships in the Mara River of Kenya and Tanzania. Hydrol. Sci. J. 59, 801 – 819.

McManamay, R. A. , Orth, D. J. , Dolloff, C. A. , 2012. Revisiting the homogenization of dammed rivers in the southeastern US. J. Hydrol. 424, 217 – 237.

McManamay, R. A. , Orth, D. J. , Dolloff, C. A. , Mathews, D. C. , 2013. Application of the ELOHA framework to regulated rivers in the Upper Tennessee River Basin: a case study. Environ. Manage. 51, 1210 – 1235.

McManamay, R. A. , Bevelhimer, M. S. , Kao, S. C. , 2014. Updating the US hydrologic classification: an approach to clustering and stratifying ecohydrologic data. Ecohydrology 7, 903 – 926.

Merritt, D. M. , Scott, M. L. , Poff, N. L. , Auble, G. T. , Lytle, D. A. , 2010. Theory, methods and tools for determining environmental flows for riparian vegetation: riparian vegetation – flow response guilds. Freshw. Biol. 55, 206 – 225.

Milly, P. C. D. , Betancourt, J. , Falkenmark, M. , Hirsch, R. M. , Kundzewicz, Z. W. , Lettenmaier, D. P. , et al. , 2008. Stationarity is dead: whither water management? Science 319, 573 – 574.

Mims, M. C. , Olden, J. D. , 2012. Life history theory predicts fish assemblage response to hydrologic regimes. Ecology 93 (1), 35 – 45.

Mims, M. C. , Olden, J. D. , Shattuck, Z. R. , Poff, N. L. , 2010. Life history trait diversity of native freshwater fishes in North America. Ecol. Freshw. Fish 19, 390 – 400.

Monk, W. A. , Wood, P. J. , Hannah, D. M. , Wilson, D. A. , 2007. Selection of river flow indices for the assessment of hydroecological change. River Res. Appl. 23, 113 – 122.

Moyle, P. B. , 2014. Novel aquatic ecosystems: the new reality for streams in California and other Mediterranean climate regions. River Res. Appl. 30, 1335 – 1344.

Muth, R. , Crist, L. W. , LaGory, K. E. , Hayse, J. W. , Bestgen, K. R. , Ryan, T. P. , et al. , 2000. Flow and temperature recommendations for endangered fishes in the Green River downstream of Flaming Gorge Dam. Final report FG – 53 to the Upper Colorado River Endangered Fish Recovery Program. US Fish and Wildlife Service, Denver, Colorado. Larval Fish Laboratory Contribution 120.

Myers, N. , 1993. Biodiversity and the precautionary principle. Ambio 22, 74 – 79.

National Water Commission of Mexico, 2012. Norma Mexicana 2012. NMX – AA – 159 – SCFI – 2012. Que establece el procedimiento para la determinacioìn del caudal ecoloìgico en cuencas hidroloìgicas. Establishing the procedure for environmental flow determination in hydrological basins. Comisión Nacional del Agua, Conagua.

Nel, J. L. , Turak, E. , Linke, S. , Brown, C. , 2011. Integration of environmental flow assessment and freshwater conservation planning: a new era in catchment management. Mar. Freshw. Res. 62, 290 – 299.

Newcombe, C. P. , Jensen, J. O. T. , 1996. Channel suspended sediment and fisheries: a synthesis for quantitative assessment of risk and impact. N. Am. J. Fisheries Manage. 16, 693 – 727.

Newson, M. D. , Newson, C. L. , 2000. Geomorphology, ecology and river channel habitat: mesoscale approaches to basin – scale challenges. Prog. Phys. Geogr. 24 (2), 195 – 217.

Nilsson, C. , Reidy, C. A. , Dynesius, M. , Revenga, C. , 2005. Fragmentation and flow regulation of the world's large river systems. Science 308 (5720), 405 – 4088.

O'Keeffe, J. , Hughes, D. , Tharme, R. , 2002. Linking ecological responses to altered flows, for use in environmental flow assessments: the Flow Stressor – Response method. Verh. Internat. Verein. Limnol. 28, 84 – 92.

Olden, J. D. , Naiman, R. J. , 2010. Incorporating thermal regimes into environmental flows assessments: modifying dam operations to restore freshwater ecosystem integrity. Freshw. Biol. 55, 86 – 107.

Olden, J. D. , Poff, N. L. , 2003. Redundancy and the choice of hydrologic indices for characterizing streamflow regimes. River Res. Appl. 19, 101 – 121.

{JP2Olden, J. D. , Hogan, Z. S. , Vander Zanden, M. J. , 2007. Small fish, big fish, red fish, blue fish: size – biased extinction risk of the world's freshwater and marine fishes. Glob. Ecol. Biogeogr. 16, 694 – 701.

Olden, J. D. , Kennard, M. J. , Pusey, B. J. , 2008. Species invasions and the changing biogeography of Australian freshwater fishes. Glob. Ecol. Biogeogr. 17, 25 – 37.

Olden, J. D. , Konrad, C. P. , Melis, T. S. , Kennard, M. J. , Freeman, M. C. , Mims, M. C. , et al. , 2014. Are largescale flow experiments informing the science and management of freshwater ecosystems? Front. Ecol. Environ. 12, 176 – 185.

Olden, J. D. , Poff, N. L. , Douglas, M. R. , Douglas, M. E. , Fausch, K. D. , 2004. Ecological and evolutionary consequences of biotic homogenization. Trends Ecol. Evol. 19, 18 – 24.

Opperman, J. , Grill, G. , Hartmann, J. , 2015. The power of rivers: finding balance between energy and conservation in hydropower development. Technical report. Available from: http: //dx. doi. org/ 10. 13140/RG. 2. 1. 5054. 5765. The Nature Conservancy, Washington, DC.

Overton, I. C. , Smith, D. M. , Dalton, J. , Barchiest, S. , Acreman, M. C. , Stromberg, J. C. , et al., 2014. Implementing environmental flows in integrated water resources management and the ecosystem approach. Hydrol. Sci. J. 59, 860 – 877.

Pahl – Wostl, C., Arthington, A., Bogardi, J., Bunn, S. E., Hoff, H., Lebel, L., et al., 2013. Environmental flows and water governance: managing sustainable water uses. Curr. Opin. Environ. Sustain. 5, 341 – 351.

Palmer, M. A., Lettenmaier, D. P., Poff, N. L., Postel, S., Richter, B., Warner, R., 2009. Climate change and river ecosystems: protection and adaptation options. Environ. Manage. 44, 1053 – 1068.

Parasiewicz, P., 2007. The MesoHABSIM model revisited. River Res. Appl. 23, 893 – 903.

Petts, G. E., Calow, P., 1996. River Flows and Channel Forms. Blackwell Science, Oxford, UK.

Poff, N. L., 1996. A hydrogeography of unregulated streams in the United States and an examination of scaledependence in some hydrological descriptors. Freshw. Biol. 36, 71 – 91.

Poff, N. L., 1997. Landscape filters and species traits: towards mechanistic understanding and prediction in stream ecology. J. N. Am. Benthol. Soc. 16, 391 – 409.

Poff, N. L., 2009. Managing for variability to sustain freshwater ecosystems. J. Water Resour. Plan. Manage. 135, 1 – 4.

Poff, N. L., 2014. Rivers of the Anthropocene? Front. Ecol. Environ. 12, 427.

Poff, N. L., Hart, D. D., 2002. How dams vary and why it matters for the emerging science of dam removal. BioScience 52, 659 – 668.

Poff, N. L., Matthews, J. H., 2013. Environmental flows in the Anthropocene: past progress and future prospects. Curr. Opin. Environ. Sustain. 5, 667 – 675.

Poff, N. L., Schmidt, J. C., 2016. How dams can go with the flow: small changes to water flow regimes from dams can help to restore river ecosystems. Science 353 (6304), 7 – 8.

Poff, N. L., Ward, J. V., 1989. Implications of streamflow variability and predictability for lotic community structure: a regional analysis of streamflow patterns. Can. J. Fish. Aquat. Sci. 46, 1805 – 1818.

Poff, N. L., Ward, J. V., 1990. Physical habitat template of lotic systems: recovery in the context of historical pattern of spatiotemporal heterogeneity. Environ. Manage. 14, 629 – 645.

Poff, N. L., Zimmerman, J. K. H., 2010. Ecological responses to altered flow regimes: a literature review to inform the science and management of environmental flows. Freshw. Biol. 55, 194 – 205.

Poff, N. L., Allan, J. D., Bain, M. B., Karr, J. R., Prestegaard, K. L., Richter, B. D., et al., 1997. The natural flow regime. BioScience 47, 769 – 784.

Poff, N. L., Allan, J. D., Palmer, M. A., Hart, D. D., Richter, B. D., Arthington, A. H., et al., 2003. River flows and water wars: emerging science for environmental decision making. Front. Ecol. Environ. 1, 298 – 306.

Poff, N. L., Brown, C. M., Grantham, T. E., Matthews, J. H., Palmer, M. A., Spence, C. M., et al., 2016. Sustainable water management under future uncertainty with eco – engineering decision scaling. Nat. Clim. Change 6, 25 – 34.

Poff, N. L., Olden, J. D., Merritt, D. M., Pepin, D. M., 2007. Homogenization of regional river dynamics by dams and global biodiversity implications. Proc. Natl. Acad. Sci. USA 104, 5732 – 5737.

Poff, N. L., Olden, J. D., Pepin, D. M., Bledsoe, B. P., 2006a. Placing global streamflow variability in geographic and geomorphic contexts. River Res. Appl. 22, 149 – 166.

Poff, N. L., Olden, J. D., Vieira, N. K. M., Finn, D. S., Simmons, M. P., Kondratieff, B. C., 2006b. Functional trait niches of North American lotic insects: traits – based ecological applications in light of phylogenetic relationships. J. N. Am. Benthol. Soc. 25, 730 – 755.

Poff, N. L., Richter, B. D., Arthington, A. H., Bunn, S. E., Naiman, R. J., Kendy, E., et al.,

2010. The ecological limits of hydrologic alteration (ELOHA): a new framework for developing regional environmental flow standards. Freshw. Biol. 55, 147 - 170.

Puckridge, J. T., Sheldon, F., Walker, K. F., Boulton, A. J., 1998. Flow variability and the ecology of large rivers. Mar. Freshw. Res. 49, 55 - 72.

Rahel, F. J., Olden, J. D., 2008. Assessing the effects of climate change on aquatic invasive species. Conserv. Biol. 22, 521 - 533.

Reidy Liermann, C. A., Olden, J. D., Beechie, T. J., Kennard, M. J., Skidmore, P. B., Konrad, C. P., et al., 2012. Hydrogeomorphic classification of Washington State rivers to support emerging environmental flow management strategies. River Res. Appl. 28, 1340 - 1358.

Resh, V. H., Brown, A. V., Covich, A. P., Gurtz, M. E., Li, H. W., Minshall, G. W., et al., 1988. The role of disturbance in stream ecology. J. N. Am. Benthol. Soc. 7, 433 - 455.

Richter, B. D., Thomas, G. A., 2007. Restoring environmental flows by modifying dam operations. Ecol. Soc. 12 (art. 12).

Richter, B. D., Baumgartner, J. V., Powell, J., Braun, D. P., 1996. A method for assessing hydrologic alteration within ecosystems. Conserv. Biol. 10, 1163 - 1174.

Richter, B. D., Baumgartner, J. V., Wigington, R., Braun, D. P., 1997. How much water does a river need? Freshw. Biol. 37, 231 - 249.

Richter, B. D., Davis, M. M., Apse, C., Konrad, C., 2012. A presumptive standard for environmental flow protection. River Res. Appl. 28, 1312 - 1321.

Rogers, K. H., 2006. The real river management challenge: integrating scientists, stakeholders and service agencies. River Res. Appl. 22, 269 - 280.

Rolls, R. J., Arthington, A. H., 2014. How do low magnitudes of hydrologic alteration impact riverine fish populations and assemblage characteristics? Ecol. Indic. 39, 179 - 188.

Rood, S. B., Gourley, C. R., Ammon, E. M., Heki, L. G., Klotz, J. R., Morrison, M. L., et al., 2003. Flows for floodplain forests: a successful riparian restoration. BioScience 53, 647 - 656.

Roux, D. J., Foxcroft, L. C., 2011. The development and application of strategic adaptive management within South African National Parks. Koedoe 53 (2), Art. # 1049, 5. Available from: http://dx.doi.org/10.4102/koedoe.v53i2.1049.

Rowntree, K., Wadeson, R., 1998. A geomorphological framework for the assessment of instream flow requirements. Aquat. Ecosyst. Health Manage. 1, 125 - 141.

Ruhi, A., Holmes, E. E., Rinne, J. N., Sabo, J. L., 2015. Anomalous droughts, not invasion, decrease persistence of native fishes in a desert river. Glob. Change Biol. 21, 1482 - 1496.

Sanderson, J. S., Rowan, N., Wilding, T., Bledsoe, B. P., Miller, W. J., Poff, N. L., 2012. Getting to scale with environmental flow assessment: the watershed flow evaluation tool. River Res. Appl. 28, 1369 - 1377.

Shenton, W., Bond, N. R., Yen, J. D. L., Mac Nally, R., 2012. Putting the "ecology" into environmental flows: ecological dynamics and demographic modelling. Environ. Manage. 50, 1 - 10.

Smakhtin, V. U., Anputhas, M., 2006. An assessment of environmental flow requirements of Indian river basins. IWMI Research Report 107. International Water Management Institute, Colombo, Sri Lanka.

Solans, M. A., de Jalón, D. G., 2016. Basic tools for setting environmental flows at the regional scale: application of the ELOHA framework in a Mediterranean river basin. Ecohydrology 9, 1517 - 1538. Available from: http://dx.doi.org/10.1002/eco.1745.

Solans, M. A., Poff, N. L., 2013. Classification of natural flow regimes in the Ebro Basin (Spain) by using a wide range of hydrologic parameters. River Res. Appl. 29, 11471163. Available from: http://

dx. doi. org/10. 1002/rra. 2598.

Speed, R. , Binney, J. , Pusey, B. , Catford, J. , 2011. Policy measures, mechanisms, and framework for addressing environmental flows. ACEDP Project Report. International Water Centre, Brisbane, QLD.

Stanford, J. A. , Ward, J. V. , Liss, W. J. , Frissell, C. A. , Williams, R. N. , Lichatowich, J. A. , et al. , 1996. A general protocol for restoration of regulated rivers. Regul. Rivers Res. Manage. 12, 391 – 413.

Stewart, I. T. , Cayan, D. R. , Dettinger, M. D. , 2005. Changes toward earlier streamflow timing across western North America. J. Climatol. 18, 1136 – 1155.

Stewart – Koster, B. , Bunn, S. E. , Mackay, S. J. , Poff, N. L. , Naiman, P. J. , Lake, P. S. , 2010. The use of Bayesian networks to guide investments in flow and catchment restoration for impaired river ecosystems. Freshw. Biol. 55, 243 – 260.

Strayer, D. L. , Dudgeon, D. , 2010. Freshwater biodiversity conservation: recent progress and future challenges. J. N. Am. Benthol. Soc. 29, 344 – 358.

Tennant, D. L. , 1976. Instream flow regimens for fish, wildlife, recreation and related environmental resources. Fisheries 1 (4), 6 – 10.

Tharme, R. E. , 1996. A review of international methodologies for the quantification of the instream flow requirements of rivers. Water law review report for policy development. Department of Water Affairs and Forestry, Pretoria, South Africa.

Tharme, R. E. , 2003. A global perspective on environmental flow assessment: emerging trends in the development and application of environmental flow methodologies for rivers. River Res. Appl. 19, 397 – 441.

Tharme, R. E. , King, J. M. , 1998. Development of the Building Block Methodology for instream flow assessments, and supporting research on the effects of different magnitude flows on riverine ecosystems. Water Research Commission Report No. 576/1/98. Water Research Commission, Pretoria, South Africa.

Thompson, J. R. , Laizé, C. L. R. , Green, A. J. , Acreman, M. C. , Kingston, D. G. , 2014. Climate change uncertainty in environmental flows for the Mekong River. Hydrol. Sci. J. 59 (3 – 4), 935 – 954.

Thompson, L. C. , Escobar, M. I. , Mosser, C. M. , Purkey, D. R. , Yates, D. , Moyle, P. B. , 2012. Water management adaptations to prevent loss of spring – run Chinook salmon in California under climate change. J. Water Resour. Plan. Manage. 138, 465 – 478.

USAID, 2016. Environmental flows in Rufiji River Basin assessed from the perspective of planned development in Kilombero and Lower Rufiji sub – basins. Technical assistance to support the development of irrigation and rural roads infrastructure project (IRRIP2). United States Agency for International Development, final report.

Verberk, W. C. E. P. , van Noordwijk, C. G. E. , Hildrew, A. G. , 2013. Delivering on a promise: integrating species traits to transform descriptive community ecology into a predictive science. Freshw. Sci. 32, 531 – 547.

Walschburger, T. , Angarita, H. , Delgado, J. , 2015. Hacia una gestión integral de las planicies inundables en la Cuenca Magdalena – Cauca. In: Rodríguez Becerra, M. (Ed.),? Para Dónde va el río Magdalena? Riesgos Sociales, Ambientales y Económicos del Proyecto de Navegabilidad. Friedrich Ebert Stiftung, Foro Nacional Ambiental, Bogotá, Colombia.

Wantzen, K. M. , Ballouche, A. Z. , Longuet, I. , Bao, I. , Bocoum, H. , Cissé, L. , et al. , 2016. River culture: an eco – social approach to mitigate the biological and cultural diversity crisis in riverscapes. Ecohydrol. Hydrobiol. (in press). Available from: http: //dx. doi. org/10. 1016/j. ecohyd. 2015. 12. 003.

Warner, A. T. , Bach, L. B. , Hickey, J. T. , 2014. Restoring environmental flows through adaptive reservoir management: planning, science, and implementation through the Sustainable Rivers Project.

Hydrol. Sci. J. 59, 770 - 785.

Webb, C. T., Hoeting, J. A., Ames, G. M., Pyne, M. I., Poff, N. L., 2010. A structured and dynamic framework to advance traits - based theory and prediction in ecology. Ecol. Lett. 13, 267 - 283.

Webb, J. A., De Little, S. C., Miller, K. A., Stewardson, M. J., Rutherfurd, I. D., Sharpe, A. K., et al., 2015. A general approach to predicting ecological responses to environmental flows: making best use of the literature, expert knowledge, and monitoring. River Res. Appl. 31, 505 - 514.

Wiens, J. A., Hayward, G. D., Safford, H. D., Giffen, C. (Eds.), 2012. Historical Environmental Variation in Conservation and Natural Resource Management. John Wiley & Sons, Ltd, Chichester, UK.

Wilding, T. K., Bledsoe, B., Poff, N. L., Sanderson, J., 2014. Predicting habitat response to flow using generalized habitat models for trout in Rocky Mountain streams. River Res. Appl. 30, 805 - 824.

Winemiller, K. O., McIntyre, P. B., Castello, L., Fluet - Chouinard, E., Giarrizzo, T., Nam, S., et al., 2016. Balancing hydropower and biodiversity in the Amazon, Congo, and Mekong. Science 351, 128 - 129.

Wohl, E., Bledsoe, B. P., Jacobson, R. B., Poff, N. L., Rathburn, S. L., Walters, D. M., et al., 2015. The natural sediment regime in rivers: broadening the foundation for ecosystem management. BioScience 65, 358 - 371.

Yarnell, S. M., Petts, G. E., Schmidt, J. C., Whipple, A. A., Beller, E. E., Dahm, C. N., et al., 2015. Functional flows in modified riverscapes: hydrographs, habitats and opportunities. BioScience 65, 963 - 972.

Yen, J. D. L., Bond, N. R., Shenton, W., Spring, D. A., Mac Nally, R., 2013. Identifying effective watermanagement strategies in variable climates using population dynamics models. J. Appl. Ecol. 50, 691 - 701.

Zhang, Y., Arthington, A. H., Bunn, S. E., Mackay, S., Xia, J., Kennard, M., 2012. Classification of flow regimes for environmental flow assessment in regulated rivers: the Huai River Basin, China. River Res. Appl. 28, 989 - 1005.

环境流量在河流泥沙管理中的应用

David E. Rheinheimer[1] 和 Sarah M. Yarnell[2]

1. 马萨诸塞大学，阿默斯特，马萨诸塞州，美国

2. 加州大学，戴维斯，科罗拉多州，美国

12.1 引言

在发展和落实环境流量的背景下，泥沙管理的目标是协同河流的水力特征共同塑造和维持河流生态系统所需的自然地貌形态（第 5 章）。如果在环境流量评估中忽略了河流地貌的形成和变化过程，生态系统的管理目标将有可能无法实现（Heitmuller Raphelt，2012；Yarnell 等，2015）。

然而，过去环境流量的评估方法中并没有明确考虑泥沙管理，特别是与广义水文学法相比（Meitzen 等，2013）。造成这种情况的一个主要原因是与流量数据的获取和利用相比，河流地貌变化过程的捕捉及其数据采集更为复杂。只有两种整体法——DRIFT 法（King 等，2003）和 ELOHA 法（Poff 等，2010），明确将泥沙情势作为必要的管理目标。鉴于这种历史局限性，无论是自然的还是人为干扰严重的河流生态系统，都越来越强调在环境流量的评估过程中明确考虑泥沙的必要性（Acreman 等，2014；Escobar－Arias 和 Pasternack，2010；Meitzen 等，2013；Wohl 等，2015；Yarnell 等，2015）。

本章的重点是介绍泥沙情势（重点是河道内泥沙管理）在维持河流生态系统功能方面的相关概念和管理手段。主要包括：①基于相关学者过去在泥沙输移理论方面的研究，提出流量与泥沙间的函数关系；②梳理应用于河流地貌过程的环境需水量的评估方法；③总结了河流泥沙的辅助管理手段，例如泥沙平衡/模型，土地管理以及大坝坝体和坝周的相关设施。通过上述研究，本章凝练提出环境流量在泥沙管理方面的要点和研究需求。

河流泥沙管理首先要认识到地貌发展在时空上的复杂性，以及了解泥沙管理涉及的流域环境。由于泥沙情势的复杂性质及其与河流形态和生态的相互作用，每个地貌系统都面临着各自独特的挑战。因此，泥沙管理问题及其目标和方法，根据流域的位置、泥沙系统

的相对扰动程度、河流的气候/地质/地形以及利害关系发生的时间尺度不同而存在很大差异。因此，尽管无论在大河还是小河中，泥沙在源头到河口过程中都发挥了巨大作用，但即使在同一地区，不同位置上的泥沙管理方法也可能存在极大差异。即便如此，仍然有部分原则和方法具有一定的普适性。在此，我们将重点介绍河流常用的泥沙管理手段，若想了解欧洲泥沙组织在流域尺度上的研究进展，请参阅 Apitz 和 White（2003）以及 Owens（2008）。我们在本章中也会强调部分流域尺度的管理手段，如泥沙平衡等。

此外，人类活动如河道整治、渠道管理以及改变土地利用方式和建设排水系统等（表12.1 及第 5 章）都会改变河流地貌形态（Brookes，1994）。因此，在环境流量管理中辅以其他手段来管理泥沙，如流域管理、水库库中及周边的泥沙管理以及直接作用于河道内泥沙和地貌形态等管理手段会使泥沙管理事半功倍。

表 12.1   **人类活动对泥沙动力的影响**

间 接 影 响		直 接 改 变	
土地利用变化	砍伐森林	河道整改	拦蓄水
	植树造林		引调水
	农业转换	渠道管理	采砂
	城市化		放牧
	采矿		裁弯取直
地面排水	农田排水		防洪
			岸线冲刷防护
	下水道		疏浚

来源：Brookes（1994）。

12.2　泥沙输移理论

随着人们以理论方法来管理河流的意识逐步提高，Poff 等（2010）和 Church 及 Ferguson（2015）相继提出了环境流量及河流形态学理论的概念，以理论方式研究泥沙输移相对于经验主义方法显得越发重要。由于泥沙输移的复杂性，关于其表述方式也各有不同。因此，本节仅粗略总结了部分有利于环境流量管理的相关概念。目前已有许多学者发表了关于河流泥沙理论的综述，例如 Yang（2003），Fryirs 和 Brierley（2013）以及 Dey（2014），其中 Dey 的研究更为深入。

河流泥沙情势变化主要通过水流动力（尤其是上举力和拖拽力）作用于河流中的泥沙颗粒实现，而这些动力可能会被植被、河道形状和泥沙补给等带来的作用力所抵消。影响泥沙输移的作用力主要包括：①起动（又称侵蚀作用），主要推动泥沙颗粒脱离静止状态而上浮或进入运动状态；②搬运，主要推动泥沙沿河床或者悬浮于水体中随水流移动；③沉降（又称沉积作用），当河流动力不足以支撑泥沙颗粒移动时，泥沙会发生沉降。对于河床上的泥沙颗粒而言存在一个阈值，当河流动力超过该阈值时泥沙开始起动，一旦泥沙起动，湍流切应力将变为维持泥沙颗粒运动的主要作用力。总而言之，泥沙起动比泥沙输移需要更大的作用力（流速）；细颗粒和粗颗粒的起动均比中粒径的泥沙颗粒需要更大的动能，前者是由于物理化学凝聚机制，而后者则是由于重力相对于流体作用力而言较大。一旦起动，细颗粒作为悬移质更容易移动，而更细小的颗粒则会成为冲泻质，在一般的水流条件下不会再发生沉降，粗颗粒则作为推移质沿着河床底部被拖动前进，因此也需要更大的动能。此外，河床的形态（床面形态），岸边植被及大型木质残体也会影响泥沙运动及输移过程。泥沙颗粒受到的水流切应力也会受到由于途径曲流、植被和木质残体等产生的河流动力变化的影响。因此，河道形态和输沙过程由河道泥沙特征、河床中泥沙粒径分布情况、河流水力特征、植被分布情况和床面形态共同决定，这些因素的相互作用导致了泥沙输移过程有时会呈现出一种确定的不定性的非线性关系和复杂性，但更多的是导致环境需水量的评估在实际应用中仅依靠理论方法难以实现。因此，半理论评估方法和经验法更为实用。

12.2.1 泥沙起动

上述河流动力阈值的概念是对复杂的泥沙起动过程的简化描述，在实践中其实难以量化。临界流速和临界推移质底床剪应力是反应泥沙输移过程的两个重要的概念，临界流速是指一定大小粒径的泥沙颗粒开始起动的局部近床流速或断面平均流速。尽管断面平均流速似乎可以通过测量流速及河道形态而轻松计算，然而由于引起泥沙起动的临界流速通常指局地流速而非平均流速，必须通过引入各种简单的假设进行估算，但估算结果往往不精确，同样，近床流速也由于上述原因在实践中难以评估。

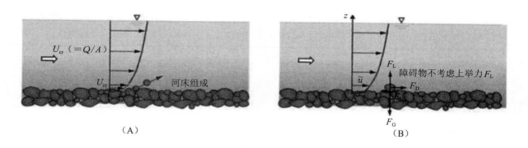

图 12.1　临界速度（A）和临界推移质底床剪应力（B）的概念图解。

来源：Dey（2014）

临界底床剪应力是指能使一定大小的颗粒移动的单位面积上底床的驱动力［图 12.1（B）］，与临界速度不同，它是用来预测泥沙起动的标准参数。河床剪切应力是基于对河道中底床泥沙的水力作用力进行综合分析所得，包括稳定阻力（F_R）、驱动力（拖曳力，F_D）、重力（F_G）和上举力（F_L）［图 12.1（B）］。虽然有些研究试图将泥沙特性与临界剪应力联系起来（Dey，2014），但正是由于 Shields（1936）的半理论研究，才奠定了如今泥沙阈值理论的发展。

通过对作用在泥沙颗粒上的不同的作用力分析，Shields（1936）提出了参数 Θ，如今称为 Shields 参数，它反映了作用于颗粒上的各力的综合影响，只是 Shields（1936）当时没有考虑较为重要的上举力。Shields 参数计算方法如下：

$$\Theta_c = \frac{u_*^2}{\Delta g d} = \frac{\tau_0}{\Delta \rho g d}$$

式中：u 是剪切速度；Δ 是水下的相对密度；ρ 是水的质量密度；g 是重力加速度；d 是颗粒深度；τ_0 是雷诺剪应力（$\tau_0 = \rho u_*^2$）。Shields 临界（阈值）参数 Θ_c 界定了颗粒运动的起动条件在临界剪应力的作用下，或当 $u_* = u_{*c}$ 或 $\tau_0 = \tau_{0c}$ 时出现。该表达式意味着 Shields 参数 Θ_c 和泥沙的起动是反映水和颗粒基本性质的函数。

此外，临界 Shields 参数是雷诺剪切 R_* 的函数，R_* 是颗粒雷诺数 R_p 在某一特定情况下的值。R_p 是一个重要的、广泛使用的参数，用来表示颗粒周围水的水力特性（如层流、紊流或过渡区）。$R_p = u k_s / \nu$，u 是水流速度，k_s 是底床泥沙颗粒大小（直径），ν 是黏度；R_* 为速度 $v = $ 剪切速度 u_* 时的参数值。R_* 和 Θ_c 之间的关系是非线性的，可以在 Shields 参数图中体现（图 12.2）。这个图可以用于评估在不同的水力特性下泥沙起动所需的水流条件，即要使颗粒运动，水流产生的剪切雷诺数值需满足 $\Theta > \Theta_c$。

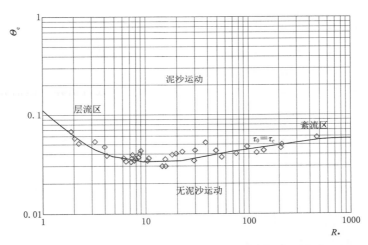

图 12.2　Shields 参数图。临界 Shields 参数 Θ_c 是雷诺剪切值 R_* 的函数，τ_0 是剪应力，τ_c 是临界剪应力。

来源：Shields（1936）；Dey（2014）改编

基于经验数据的 Shields 参数图也体现了对 Θ_c 估值固有的不确定性。这种不确定性是由局部范围的两个问题造成的。首先，在紊流场（如河流）中，泥沙颗粒仅有一定概率在临界底床剪应力出现时起动。其次，泥沙颗粒的起动受沿河床呈异质性的局部粒径分布和颗粒形状的影响。总之，在实践中，估算临界 Shields 参数需要现场测量或依据经验，使其在河流管理中的应用变得烦琐或不精确。

尽管存在这些挑战，Shields 参数的使用经受住了时间的考验，如今仍然是估算使泥沙起动的水流的重要工具（Cao 等，2006；Coleman 和 Nikora，2008；Comiti 和 Mao，2012）。环境流量评估所面临的挑战是在复杂泥沙粒径分布和不同河床结构的河流中确定 Shields 参数阈值。虽然如今已经取得了很大的进展，但针对这方面的研究仍然层出不穷（Bunte 等，2013；Church 等，2012；Mueller 等，2005；Patel 等，2013；Wilcock，1993）。

12.2.2　泥沙输送

河网中的泥沙分析主要集中于推移质和悬移质，这两者的总量为河流的总输沙量。虽然总输沙量也包含冲泻质，但是由于其在特定的水流下无法沉降，因此被视为水体中的保守性物质，不参与泥沙的分析。图 12.3 展示了泥沙颗粒输送的三种形式。由于推移质和悬移质在搬运过程和测量方式上的差异较大，因此通常被分开评估。

推移质输送

推移质指那些移动时始终保持着与床面接触的泥沙颗粒。这些颗粒沿着河床或滚动或滑动或跃移（跳跃）（图 12.3）。推移质的粒径范围与水流的大小和浊度有关，但通常由砾石和卵石等较粗的颗粒组成。

在过去的一个世纪里，人们构建了大量关于推移质输送的函数，从单向等粒径颗粒输送简易模型，发展为基于三维水流动量方程的更复杂的混合粒径模型（Dey，2014）。然而，正如泥沙起动理论所面临的挑战一样由于水流和泥沙多尺度相互作用的固有复杂性，这些函数在预测渠道或河流的泥沙输送方面常常不够准确（Gomez 和 Church，1989）。大多数输沙模型通过计算额外剪应力，或计算水流造成的底床剪应力与泥沙起动所需的临界底床剪应力之间的差值，来确定随时间产生的可输移的泥沙量。但由于通常没有考虑粒度分布、底床剪应力、河床粗化程度、河道横断面形状和底床形态等因素有关的复杂性从而导致了泥沙输送预测结果的误差。

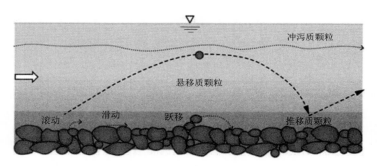

图 12.3　河流中不同的泥沙输送方式。

来源：Dey（2014）

即便如此，在数量级误差内的泥沙输移量估算值仍然可用于评价某些环境流量需求，例如，多大流量足以起动和输移大多数的河床泥沙。同样，如果管理目标中包含河道形态和输沙情势的变化，那么现状条件下与未来条件下输沙率的差异比实际输沙率更为重要，这一点在输沙率的变化与当地的泥沙侵蚀和沉积率平衡时尤为重要。因此，环境流量管理者应基于管理目标确定泥沙输移率而非绝对的数值精度。

一些免费使用的计算程序可以用于估算输沙率。其中一个计算程序 BAGS（Bedload Assessment in Gravel‐becldecl Streams）（http：//www.stream.fs.fed.us/publications/bags.html），可根据河流数据信息的有效性提供不同的输沙率计算公式供用户选择（Pitlick 等，2009）。随附的用户指南提供了输沙理论、常见错误和输沙模型假设的背景信息等，帮助用户准确理解软件计算结果（Wilcock 等，2009）。

由于地貌变化过程固有的复杂性，大多数输沙计算方法和模型都集中于上文所讨论的泥沙颗粒个体的移动性。然而，河道内河床形态和类型对泥沙的移动性也有着关键影响。心滩的存在会比仅考虑粒径产生更大的拖曳力，可能导致对泥沙移动性和输沙率的计算产生较大幅度的误差（Lawless 和 Robert，2001）。同样，在洪水期间，河床的侵蚀和沉积会改变洪水期间的实测输沙率，与仅靠粒径计算得出的输沙率相比，有很大的差异（Dinehart，1992；Fryirs 和 Brierley，2013）。目前，尽管 HEC - RAS（the US Hydrologic Engineering Cemters River Analysis System）（http：//www. hec. usace. army. mil/software/hec - ras/）可以模拟变化河床条件下的一维纵向泥沙输移过程，但大多数现成的泥沙输移模型没有将底床形态或床面形态纳入考虑。在环境流量评估中，部分流量管理目标或许可以粗略地通过基于粒径估算的泥沙运动来实现；但如果要达成特定的地貌或流量目标，则需要更为精确地计算泥沙输移过程，那么此时应考虑床面形态特征和更先进的建模技术。

悬移质输送

悬移质指随水体移动的泥沙颗粒，这些泥沙颗粒在移动过程中会与河床的颗粒进行交互作用。尽管在一些较大的泥石流中也会携带较大的泥沙颗粒，但大多数的悬移质由较小的颗粒组成，如粉砂和黏土。

与上文提到的推移质需基于多种函数计算得出输移量不同，悬移质的输移量通常通过原位测量获得。Grey 等（2000）介绍了手动和自动的悬移质采样器（Diplas 等，2008，第5.3节）及采样方法，总结了用于二次抽样的常用设备。一般而言，河流出现中、高流量时为悬移质的常规采集时间，采集的样品在实验室中进行分析，用以确定一定时间段内的粒径分布和输沙量。实验室中用以测定悬移质浓度（SSC）和总悬浮固体（TSS）（均以 mg/L 计）的方法相似，但由于二次抽样方法的系统问题，TSS 的实验数据结果存在差异。通过二次抽样获得的 TSS 数据较 SSC 小 25%～35%，导致计算年产沙量时出现较大误差。在某些情况下，可通过建立采样器获取的 SSC/TSS 值与通过光学传感器测得的浊度（NTUs）之间的相关关系，发展一种用于长期监测悬移质输沙量和水质的方法。在河流中仅用浊度表示悬移质浓度而不考虑标定曲线从根本上是不可靠的（Grey 等，2000）。

总输沙量

总输沙量是向下游输送的泥沙量总和，由推移质和悬移质组成。大多数总输沙量是通过一段时间内的推移质和悬移质相加间接获得。但是，在某些情况下只需关注总输沙量或者当悬移质含量很高时，推移质和悬移质之间没有明显差异。在这种情况下，直接估算总输沙量更可取，由此发展而来了大量的研究方法，Dey（2014）对此进行了总结综述。

12.2.3 泥沙沉降

当泥沙颗粒处于运动状态时，一旦流速低于颗粒的沉降速度，不同粒径的泥沙颗粒开始沉降。颗粒的沉降速度是关于粒径大小、颗粒密度、水的黏滞性和水的密度的函数。从本质上说，当一个颗粒受到的拖曳力等于该颗粒的浮重时，颗粒就会开始下沉或沉降到河床上；或者，当底床剪应力小于临界剪应力时，就会发生沉降。由于沉降是根据粒径大小决定的，随着流速的降低，较粗的泥沙先沉降，当流速继续减少，较细的颗粒也会随之沉降，从而沿水流方向，河床质也呈现分级差异。虽然沉降速度与粒径大小密切相关，但也受到泥沙组成和相关拖曳力的较大影响。球形颗粒的沉降速度高于角状颗粒，随着水流中的泥沙浓度越高，颗粒间相互作用变得频繁，沉降速度也越快（Fryirs 和 Brierley，2013）。

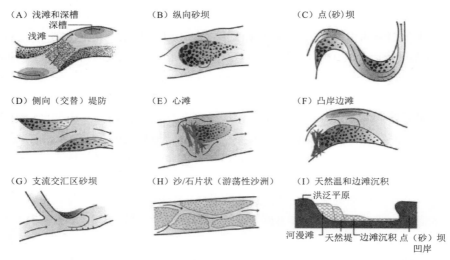

图 12.4 （A-I）为河流中常见的地貌单元。维持健康生态系统的河流管理方式应包括在合适区域形成上述地貌单元的水力及地貌过程。

来源：Fryirs 和 Brierley（2013）

泥沙沉降不仅会发生在大型挟沙水流运动中，也发生在河道内任何流速减小的局部地区，由此形成了大量具有生态意义的地貌单元（图 12.4）。河道的障碍物下游或背流侧的流速减小，导致泥沙淤积，形成了沙洲。在曲流的弯曲段流速产生分异，并在内弯处形成低流速区，促进了泥沙的沉积和点坝的形成。河道侧向涡流速度的降低会产生涡流坝（粗粒度的）或涡流滩地（细粒度的；sensu Vietz 等，2006）。河流的扩张和收缩区域导致狭窄的区域流速增加并冲刷泥沙，然后随着河道变宽，流速下降，泥沙开始沉降，形成心滩。此地，局部河道特征和形态使局部流速出现分异，促进了细或粗颗粒的沉降，从而形成了多样的河流栖息地特征，具有重要的生态意义。

12.3 基于维持地貌形态的环境流量评估方法

确定维持地貌形态所需的环境流量需求有如下两步：①确定具体的管理目标；②评估达成目标所需的流量。过去，管理目标相当具体，主要分为三大类：冲刷，其主要目的是清除（冲刷）较粗基质中较细的泥沙颗粒；河道维护，其目的是维持整个河道结构和形态（例如，冲刷深槽中的泥沙，清除河岸蔓延的植被）；河道形成，其目的是重塑河道形态。随着河流复杂性和异质性对河流生态系统健康的影响逐渐被重视（Naiman 等，2008；Ward 等，2001），管理目标也延伸到维护自然的泥沙情势（sensu Wohl 等，2015）。然而，认识到维持自然流态或泥沙情势的重要性并不意味着要模仿这些自然状态，特别是在高度调控的河流中，流量应该与特定的功能目标（功能流量）紧密结合，河道异质性就是其中之一（Yarnell 等，2015）。

本节介绍了两种有利于维持地貌形态的流量评估方法，分别是基于阈值的方法和原位/实验室方法。此外，本节还介绍了上述方法与环境流量评估方法中整体法的联系。实际上，两方法之间没有明显的区别，现场/实验室方法也可以用来评估流量阈值。目前方法的计算方式大致分为两种，一种是主要基于量化的临界剪应力，另一种基于流量频率和次数。每一种方法都可能适用于一个或多个需要维持的特定地貌过程。本章中的方法名称与前人有一定差异。Kondolf 和 Wilcock（1996）称为自适应河道法、泥沙起动法和直接校准法，而 Gippel（2001）则将他们称为统计（自然水文学）法、计算机计算法和田野法。这些方法本质上是一样的，主要是语意上差异和为了便于组织管理。

12.3.1 基于阈值的方法

最早将维持河流地貌功能纳入环境流量考虑的评估方法是美国为了促进鲑鱼产卵发展而来的，该方法中环境流量设计为用于冲刷较粗河流底质中的细颗粒（Gippel，2001；Reiser 等，1985）。这类方法主要通过大范围收集各类河流中的经验数据，研究得出泥沙起动的流量阈值。通常，在进行统计时采用的统计方式比较固定，一般常用的为天然流量的百分比、多年平均流量、年内特定时段的平均流量及某一重现期下的平均流量。其中一个流量阈值为有效流量，有效流量是指单位体积水流输送的泥沙量最大所对应的流量。Wolman 和 Miller（1960）最早提出了有效流量的概念，他们发现在美国西部大部分的冲积河流中有效流量约每 1~2 年出现一次。随后的研究表明，有效流量出现的频率取决于河道内流量的变化程度和流域特征，当流量变化越大且流域范围越小时，输送的泥沙量更多，但高流量事件发生的频率越小（Sholtes 等，2014）。

冲刷细颗粒和维护河道等利用流量频率提供特定的地貌功能的方法为实践中常用的方法。尤其是美国于 20 世纪七八十年代进行了大量的实践；美国北部丰水期冷水河和暖水河的日平均流量（Northern Great Plains Resource Program，1974）；美国科罗拉多河维持 48 小时的 17% 保证率的流量（Hoppe，1975）；俄勒冈州海岸河流 5% 保证率的流量（Beschta and Jackson，1979）；用于冲刷细颗粒维持大马哈鱼产卵所需粗颗粒的 200% 的日均天然流量；美国俄勒冈州用于冲刷泥沙的 3 日最大平均流量和 7 日最大平均流量（相当于 4~10 倍的日平均流量）（Reiser 等，1985）。

类似的流量频率统计方法也应用于需要大规模河床运动的造床流量。对于河道维护，Parker（1979）认为需要 80% 的平滩水位用于输沙，而 Montana Department of Fish（1981）认为 1.5 年一遇的 24 小时平滩流量应作为河道维护所需的有效流量。平滩流量通常被认为是低坡度冲积河流中的有效流量，因此通常被用作造床流量（Hill 等，1991）。虽然平滩流量经常被用来维持河道形态，但众所周知，偶尔发生的较大洪水和流量变化在维持河道栖息地多样性方面也是必不可少的（Arthington 等，2006；Naiman 等，2008；Tockner 等，2000）。在城市河流中，城市扰动状态往往会增加河道侵蚀的速率和程度，Hawley 和 Vietz（2016）发现，为保持河道稳定，需要控制暴雨排放。对于砾石或卵石河床河流需约 0.1~1 倍的 2 年一遇的洪峰流量，而对于沙质河床河流而言，则需小于 0.01 倍的 2 年一遇的洪峰流量。

流量频率统计方法在地貌相似的地区具有一定优势，但是一个地区的统计结果并不一定适用于另外的地区。即便是同一地区，所有地貌相似的假设也不一定合理。因此，无论是旨在冲刷河道还是维持河道形态，该方法仍可用于初步的地区规划，但是对于特定的河流及地区并不适用。

半理论方法根据临界速度或剪切应力，例如 Shields 参数来评估泥沙起动所需的流量，因此适用于单个河流。例如，Newbury 和 Gaboury（1994）将底床剪切应力（单位水深×坡度×10^3，kg/m）换算为初始粒径（cm），与底床粒径分布和河道尺寸相比较，可以估算出床层泥沙起动所需流量。

虽然半理论方法的应用在历史上一直受限于实际操作中的复杂性（Bleed，1987；Buffington 和 Montgomery，1997），但这种方法在高度调控的河流中广泛应用，尤其是当实地考察的时间和资金有限时。尽管基于阈值的方法有局限性，但人们逐渐认识到，评估维持特定地貌所需的泥沙运动的流量是必要的且可实现的，特别是对于高度改变的河流的恢复，往往需要更多的工程方法（例如减小对自然水文情势的依赖）来达到管理目标（Yarnell 等，2015）。

12.3.2 原位/实验室方法

原位实验和室内实验是估算泥沙起动所需流量的最直接的方法。原位实验主要基于示踪物质（Vázquez-Tarrío 和 Menéndez-Duarte，2015），声学多普勒（Kostaschuk 等，2005；Reichel 和 Nachtnebel，1994），或其他泥沙监测技术对泥沙起动特征进行原位监测。定位理论的发展使原位实验法广受关注。但是，这种方法通常比较复杂，对现场人员、必要的设备和后勤支持的依赖程度较大。相比之下，室内实验法用按比例缩放的河流模型或水槽来模拟，提供了一个非常可控的环境，操作就简单很多。实验室实验常用来理解基础的水力学和泥沙输移理论，但更适用于用来理解特定位置的地貌变化过程（Warburton 和 Davies，1994）。在某些情况下，室内实验法可与原位法相结合，例如在一项关于科罗拉多河大型食用淡水鱼维持地貌形态所需流量的研究中，为维持所需的鱼类栖息地提供脉冲和平滩流量的建议（O'Brien，1984）。

一些原位实验可能涉及主动调节流量的实验，如格伦峡谷大坝下的科罗拉多河的实验洪水（Olden 等，2014；Stevens 等，2001）。一系列旨在输沙和塑造河流滩地的实验结果表明，与来自支流的自然洪水同时发生的高流量短时洪水对于塑造理想的河流滩地和栖息地最为有效（Melis 等，2012；Schmidt 和 Grams，2011）。尽管这些类型的大规模水流实验对于明确泥沙对流量的实际响应非常有价值，但也必须要结合适当的研究设计、建模和监测，以确保管理者获得有效的结果（Konrad 等，2011）。

12.3.3 基于环境流量评估整体法的泥沙管理

泥沙管理可以作为综合的、整体的环境流量评估方法/框架的一部分，地貌过程及其生态意义的考量程度也取决于采用的具体方法。最突出的两种整体法是 DRIFT 法（King 等，2003）和 ELOHA 法（Poff 等，2010），这两种方法已在第 11 章中介绍。DRIFT 法包括四个模块：生物物理、社会学、情景发展和经济学。在 DRIFT 方法中，地貌和泥沙管理是生物物理模块的组成要素，在河流生态系统中发挥了关键的作用。然而，DRIFT法只是一个框架，并没有规定任何具体的方法来确定环境需水量的各要素。为了将适当的泥沙管理结合到 DRIFT 法的应用中，就需要实施针对地貌过程的方法（如上面所述）和辅助手段（见下文）。ELOHA 法更专注于流量，主要通过建立流量变化和区域内的生态响应关系实现。ELOHA 方法对于地貌的分析主要是在水文分类（地貌子分类）的背景下进行，以此明确特定河流河段的特定水文情势的重要作用。然而，ELOHA 法中流量变化和生态响应关系建立的前提是充分理解了其中包括地貌塑造在内的不同的生态系统过程。

表 12.2　功能流量的地貌重要性、大小、发生时机和持续时间在地貌过程中的作用，

以美国西部高度改变河流为例（Yarnell 等，2015）。所有功能流量都有对应的年际变化

流量类型	地貌功能	大　　小	发生时机	持续时间
汛期启动流量	冲刷非汛期沉淀的细小泥沙	足以与河岸带建立联系，并冲刷来自基底的有机物和细小泥沙	汛期初雨	时期长，足以维持物种迁移或营养交换
洪峰流量	输移较大泥沙用于河道维护和形成	足以漫延到河漫滩，输移底床泥沙，维护深槽，并形成河道内的沙洲	天然高流量时期的任何时间	足以支持地貌形成（河漫滩沉积、河道沙洲形成等），但要防止泥沙过度损耗
春季退水	洪峰流量冲刷的泥沙再分布	以春季融雪洪峰为起点，以当地未经削弱的退水速率下降	自然春季融雪期	根据需要，实现预期的退水速度
枯水期低流量	维持岸边带植被的地貌异质性	极小流量，仅能提供极限条件，但仍可维持河道不断流	天然低流量期	与水文变异前保持一致

除了整体法外，Yarnell 等（2015）描述的功能流量范式虽然本身不是一种方法，但它提供了一种可识别高度退化河流中地貌和生态功能所需的环境流量的综合方法。Yarnell 等（2015）强调了四种功能流量类型来维持美国西部河流的地貌和其他过程，每一种都能实现诸如冲刷或河道维护等目标。表 12.2 列出了这些流量的地貌重要性以及它们的大小、发生时机和持续时间的参考；需要强调的是，这些流量更多的是为了维持生境多样性，而非仅仅为了泥沙输移。

12.4　泥沙管理辅助手段

由于河流的地貌特征也直接取决于一系列其他因素，因此单靠水文情势可能不足以达到地貌目标。本节概述补充泥沙管理辅助手段，包括流域尺度的泥沙概念模型和泥沙平衡来优化当地选择的方案，提供适当的泥沙供应率的河道外的方案，维持河道内泥沙输移连续性的大坝调节方案，促进泥沙滞留、分布和异质性的河流修复方案。

12.4.1　流域尺度泥沙概念模型和泥沙平衡

要使当地泥沙管理措施在河流系统中具有生态意义，特别是考虑非点源的情况下，就需要对泥沙的来源、沉降、储存和输移路径有定量认识。概念模型和泥沙平衡可以用来确定最主要的泥沙来源，从而确定管理干预的目标（Owens，2005；Walling 和 Collins，2008）。泥沙概念模型——或者更广泛地说，流域概念模型——的主要目的是确定流域的关键子系统，并根据泥沙通量绘制这些子系统之间的关系（Owens，2005）。一旦建立了概念模型，就可以确定泥沙平衡，通过这种方法，泥沙从源头到沉降的通量沿着整个路径就可以被量化。库区泥沙及其在大坝后等的滞留时间会影响泥沙平衡。泥沙平衡通常以图表形式表示，如图 12.5 所示的赞比亚 Kaleya 流域的例子。泥沙平衡也有助于说明管理手段干预如何随着时间的推移影响流域泥沙通量（Nyssen 等，2009）。

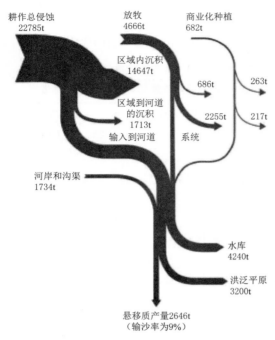

图 12.5　赞比亚 Kaleya 上游水域悬移质平衡。(1t＝1000kg)。

来源：Walling 等（2001）

在构建流域泥沙模型时用到了一些方法（Walling 和 Collins，2008）。一种是定期监测河流内的泥沙，可通过手动或自动采样或使用浊度传感器来完成（Walling 等，2001）。但该方法需要在高输沙量期间进行高频采样，需要大量的人力用于监测和随后的数据处理。另一种方法是利用放射性同位素等，例如铯 137，它在 20 世纪 50 年代和 60 年代进行核武器测试时大量释放，并在平流层和土壤中累积，可以用来估算中度时间范围内（约 50 年来源于山地和洪泛平原的泥沙）的侵蚀率、沉积率和细泥沙流失率（Walling，2004）。最后，指纹识别，泥沙的地球化学特征与其来源有关（Collins 等，1997），因此可以针对泥沙来源制定管理干预措施，在泥沙管理中可发挥巨大作用。一般来说，结合多种方法比单独使用任何一种方法更有效。Walling 等（2001）就采用了综合方法完成了赞比亚 Kaleya 上游流域的悬移质平衡（图 12.5）。

一旦完成泥沙平衡，就可以对泥沙管理措施有策略地优先排序。如上所述的 Kaleya 的例子中（图 12.5），减少悬移质来源的管理措施主要集中在耕作和放牧，若采用以商业化种植为重点的方案则缺乏一定有效性。

12.4.2　流域土地管理

陆地的开发和活动可能增加或减少输送至河流的泥沙的数量和质量。过去，农村地区土地管理实践造成的细颗粒的增加一直是全世界关注的主要问题（Owens 等，2005）。然而，城市化对地貌过程的影响也很显著，特别是在工程建设期间侵蚀率短期增加，之后由于渗透性减小导致粗泥沙输送减少，并由于径流增加和冲刷作用加剧（通常由暴雨排水系统调节）引起泥沙扰动增大（Bledsoe，2002；Russell 等，2016；Vietz 和 Hawley，2016；Wolman，1967）。Wolman（1967）形象地展示了产沙量在典型的土地利用变化下随时间的变化过程（图 12.6）。

在农村地区，河流中泥沙细颗粒主要来源于人类活动，包括作物种植、过度放牧和砍伐森林造成的土壤侵蚀，以及由于林业活动、建设和采矿造成的土地扰动（Owens 等，2005）。这些地区都有许多管理办法来减少过多的泥沙输送。在耕作活动中，农业方案包括覆盖土壤表面、增加地表粗糙度、增加地表洼地储存、增加入渗、土壤管理、施肥、以及深耕底土／排水，而施工方案包括作垄形成阶地和建造排水渠（Mekonnen 等，2015；

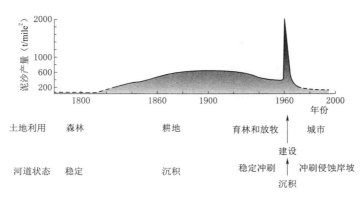

图 12.6　美国马里兰州皮埃蒙特（1t/mile² ＝ 0.392t/km²）
土地利用变化、产沙量和河道状态循环图。

来源：Wolman（1967）

Montgomery，2007；Morgan，2005）。造林可减少过度产沙（例如，Fang 等，2016；Marden，2012；Venkatesh 等，2014）。在林业方面，可以通过各种有效管理实践来减少土壤侵蚀——特别是从道路的设计、建造、使用和维护着手。然而，方案的成效会因设计、实施和社会政治等相关的一系列因素的影响而有所差别（Cristan 等，2016）。在工程建设和采矿活动方面也有类似的减少产沙量的措施。在上述所有人类活动中，都是利用植被覆盖作为减少侵蚀的手段，不论是农业作物覆盖还是重新造林。

在城市地区，类似的管理措施用于保护和恢复流域城市化过程中的河流形态，正如Vietz 等（2016）所总结的那样。针对泥沙情势的措施包括：保护源头的粗颗粒泥沙来源以补偿城市地区泥沙的减少；清除堰等拦沙设施；设计和使用雨水控制措施，例如格栅，可以让未污染的泥沙（通常包括较粗泥沙）通过；使其他河流挟带的泥沙进入；管道导流；类似于大坝下游采取的泥沙增加措施（下文将详细描述）。这些措施的实施可能需要与其他基础设施和非基础设施配合，以应对城市河流形态管理方面的挑战：即过量的暴雨径流、有限的河岸空间对河流的影响以及社会和制度障碍（Vietz 和 Hawley，2016）。与农村地区一样，植被覆盖（如植被带）也广泛应用于城市地区，以减少过度的土壤侵蚀。

12.4.3　大坝泥沙管理方式

大坝对泥沙情势造成的破坏可以借助排沙系统有所缓解，通过这种系统，泥沙可以穿过大坝或绕过大坝。虽然这些系统通常用于管理水库中的泥沙堆积问题，但其对于维持河流的泥沙情势和维护河流生态系统的作用也越来越受到重视。具体方法包括泥沙分流、清水分流、冲淤排沙和浊流排放（Kondolf 等，2014；Morris，2015）。

泥沙分流系统［图 12.7（A）］通过堰、渠道或涵洞将水库周围的含沙水分流（Auel 和 Boes，2011；Boes，2015）。分流梯度必须足够大，才能使泥沙移动，所以泥沙分流在急转弯或当河流相对陡峭（如在较高的海拔）时，效果才最好。泥沙分流系统已经证明可以帮助改善下游河道形态（Fukuda 等，2012），底泥呼吸，增加有机质含量、固着生物量和大型无脊椎动物密度和丰度（Martín 等，2015）。泥沙分流系统的主要缺点是成本较高，尽管与收益相比这些成本可能很小（Sumi，2015），而且维护成本正在下降

（Nakajima 等，2015；Vischer 等，1997）。

清水引流［图 12.7 (B)］与泥沙分流恰恰相反，其目的是将清水引入河道外的水库（Morris，2010）。尽管这种方法仍然改变了水文情势，但可使河流的破碎化程度降到最低，并保持下游的自然输沙量，这类方案适用于容量相对较小的水库。

冲淤排沙［图 12.7 (C)］，又称泄水排沙，是指在高流量发生时通过水库直接下泄的含沙水流（Kondolf 等，2014）。泄洪要在洪水发生前降低水库水位，以提高水流梯度，从而提高流速，保证充足的泥沙输送。尽管如此，水库的流速对于输送粗沙来说仍然较低，所以在中低海拔，粗沙很少的大型水库（Wang 等，2005），采用此方法更有效。但该方法若没有完善的设计，可能导致下游水质较差（例如，溶解氧含量较低）。

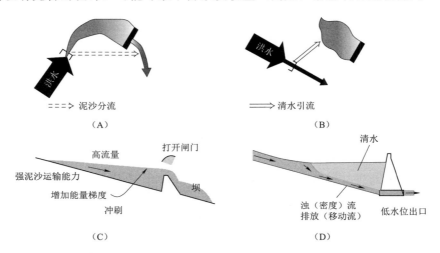

图 12.7　输沙系统概念图：(A) 泥沙分流；(B) 清水引流；(C) 冲淤排沙；(D) 浊流排放。

来源：Kondolf 等（2014）

当进入水库的泥沙密度明显高于水库时，就会出现浊流。浊流排放需要通过低水位出口排流［图 12.7 (D)］或将其输送至中水位出口。与泄洪不同的是，在发生高浊度水流之前，没有必要降低水库水位。然而，浊流排放需要特定的水力条件（Morris 和 Fan，1998）。

尽管上述方法中，基础设施仍然会导致泥沙情势的改变，但如果管理得当，与没有排泄系统相比，其仍然有助于改善整个下游环境，（Facchini 等，2015；Martín 等，2015；Oertli 和 Auel，2015），同时，有利于保持水库容量。然而，文献中关于它们在河流生态系统管理中的应用的案例研究相对较少；为了更好地设计和调控输沙系统应用于环境流量管理中，还有大量的研究工作要做。

12.4.4　大坝下游增沙

在河流健康的大环境下，泥沙的增加或补给（或仅砾石和粗沙的增加）需要通过人工向大坝下游输送，以减轻大坝对地貌的影响。过去，增加泥沙的措施主要集中在增加砾石以重建因大坝建设而退化的栖息地，最早开始这项工程的是 1976 年加利福尼亚 Trinity 河 Lewiston 大坝下鲑鱼产卵河段（Kondolf 和 Matthews，1993）。然而，在过去的几十年里，人们开始广泛通过增加粗泥沙来恢复地貌过程，如河道变迁和复杂沙洲特点的形成 (Gaeuman，2014)。增沙措施已广泛应用于北加州（包括 Trinity 河；www.trrp.net/re-store/gravels），也已被借鉴到美国的其他地区，并开始在日本广泛使用（Kantoush 等，2010；Kondolf 和 Minear，2004；Ock 等，2013；Okano 等，2004；Smith，2011）。欧洲也采取了增加砾石这一措施，例如莱茵河上的 Iffezheim 大坝下游（Kuhl，1992），但该实例不是出于恢复河流生态系统的目的。

在设计增沙方案时，必须考虑包括与泥沙、水流情势、河流地貌、植被、增沙方案实施（位置布置、频率等）、监测和经济学等相关的因素在内的众多因素（Bunte，2004；Kantoush 和 Sumi，2010）。Bunte（2004）发表了一篇与此相关的综述。

尽管设计和操作的各个方面对成果的有效性都很重要，但实施方法是其中至关重要的一个元素。目前，根据工程在河道中的位置和泥沙输送方式的差异分为四种常见方法。(Bunte，2004；Ock 等，2013)（图 12.8）。一是通过河床堆料直接向低流量河道提供砾石［图 12.8（A）］，在创造栖息地方面的效果立竿见影，是典型的早期砾石增加方案。二是高流量时堆料法，需要将泥沙放置于河岸一侧，高于低流量水位，但低于平滩水位［图 12.8（B）］。这种方法的目的是让河流在高流量情况下中重新布局下游的泥沙的分布特征，以维持地貌过程，因此堆料中包含不同粒径的泥沙。这种方法在日本应用广泛（Ock 等，2013）。三是边滩堆料法，为了在河曲处增加或塑造点坝［图 12.8（C）］。与河床堆料法一样，该方法将砾石直接放置于需要的地方，但与高流量堆料法一样，需包括不同粒径的泥沙，以形成更复杂的地貌。由于在高流量的情况下，点坝可能会很快被侵蚀，所以通常会放置比短期需要更多的泥沙。最后是高流量时直接注入法，在高流量期间使用重型

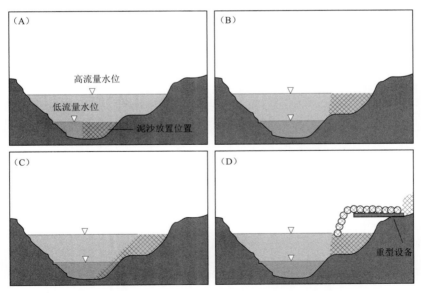

图 12.8　增沙方法：（A）河床堆料法；（B）高流量时堆料法；
（C）边滩堆料法；（D）高流量时直接注入法。

来源：Ock 等（2013）

设备连续输送泥沙（图 12.8D)，其主要优势在于可以立即补充被冲刷的泥沙。这几种方法各有利弊，Ock 等（2013）对其进行了总结。

12.4.5　河流修复

在某些情况下，河流修复被用以维持地貌过程。通常，河流修复的措施多种多样，需要根据河流管理目标选择相应措施（Shields 等，2003）。因此，不管是撤销表 12.1 所列的现有不恰当的河流管理方式，还是恢复上游被过去或正在进行的不良管理实践影响的地貌过程，都应选择与管理目标一致的措施。与其他泥沙管理措施一样，河流修复越来越侧重于流域尺度的生态系统恢复，而不是局限于局部地区（Mant 等，2016）。

为了实现这些目标，已经制定和施行了各种各样的有关河流修复的措施，其中包括拆除大坝以恢复河流（水、泥沙、营养物质等）纵向连通性，移除堤坝以恢复横向连通性，种植植被以控制河岸侵蚀，还有岸边道路的改善以及河道内物理修复（Roni 等，2002；Shields 等，2003）。在完成整套的河流修复工程之前，着重于塑造即时可用的生境（如增加卵石或大型木质残体）可能发挥一定作用。在恢复因上游活动而退化的地貌特征和功能方面（如上游水流和泥沙情势的变化造成河道淤堵），也有许多方案选择。Shields Jr 等（2003）从水力和泥沙设计的角度回顾了其中的一些备选方案。目前以实践为目的的河流修复指南中包含了 Roni 和 Beechie（2012）以及 Simon 等（2013）的研究。

12.5　结论

泥沙管理，包括输送和不断重新分配泥沙以维护河道和塑造河道，对有效的环境流量管理至关重要。虽然这已得到广泛认可，但泥沙管理，特别是地貌过程，在以前的实践中并不被优先考虑。本章回顾了在环境流量背景下改善泥沙管理方案的措施，在此加以总结。

泥沙管理相对复杂，因此没有适用于所有情景的统一方法。无论如何，了解水力和地貌过程，包括泥沙的起动、搬运和沉降，对有效的泥沙管理至关重要。利用临界剪应力的概念可以量化泥沙起动，它取决于河流的流量、河流的水流形态及泥沙和地貌特征，这些特征之间动态地相互作用。泥沙输移过程造就了河流特殊的地貌特征，进而影响水生物种栖息地的环境质量。

目前已经开发和实施了多种方法来确定实现泥沙管理目标所需的流量。总体而言，这些方法主要基于流量统计和原位或实验室实验法来确定泥沙起动、输运和沉降所需的流量范围。所选择的或已开发的方法应基于更广泛的环境流量评估考虑。正如整体法中可能涉及的一样。

有几种模型可以帮助理解和预测河流中的泥沙通量和运动情况。这些模型包括流域概念模型和流域泥沙平衡，以及基于泥沙输运物理模型，后者尤其重要，也是一个重要的研究领域。

环境流量管理可能需要与其他有效的泥沙管理办法相辅相成。这可能包括山地、陆地措施（例如森林或农业管理）或河道内措施（例如水库泥沙分流系统、增沙、局部河流修复）。尽管它们都具有潜在的重要性，但有些方案，如河流修复，仍需反复推敲。

与环境流量管理制度相辅相成的泥沙管理措施通常与其他管理领域结合发挥效用，无论是为了生态系统维护/改善，还是其他目标。例如，设计完善的大坝输沙系统既能改善下游的河流条件，也可以减少大坝的泥沙淤积。

本章仅总结了与环境流量评估和管理相关的主要泥沙管理措施。对于涉及时空尺度的河流地貌过程的详细问题（Kondolf 和 Piegay，2003），也有很多具体的措施，这些措施在设计和最终实施环境流量方案时可能发挥重要作用。例如，许多方法可以在河段范围内估计泥沙平衡，这在泥沙管理中监测对下泄环境流量的需求和效果是必要的。重要的是，本章也省略了泥沙管理的经济、社会和政治措施。这些措施，包括政策、管理结构和管理框架，与本章讨论的技术相关措施一样重要。

最后，我们提出了三个领域的广泛研究需求。首先，将环境流量应用于泥沙管理中，并与工程结构方案相协调是一项较新的尝试，也是正在进行研究的领域。具体而言，需要更深入地理解环境流量下泄如何与水利基础设施（大坝、堰、暴雨系统等）中的泥沙分流系统相结合。其次，理论方法虽然很有前景，但仍难以作为评估各种地貌过程环境流量需求的可靠方法，还需要持续研究理论或半理论的方法以适应复杂的现实情况；继续发展输沙过程的计算机模型将有助于改进泥沙管理。最后，在环境流量于泥沙管理的应用方面，需要积累更多的研究经验。应该鼓励相关人员根据需求和自身能力进行创新，并向河流管理界报告创新思路和成果。同样，应鼓励研究人员加强与相关从业者的合作，确保最新的科学理论能够应用于实际管理中，也确保研究工作的方向与实际面临的挑战一致。

致谢

感谢 Christopher Gippel 对于本章的初步编写以及 Angus Webb 和 Geoff Vietz 对本章的校对和修改。

参 考 文 献

Acreman，M.，Arthington，A. H.，Colloff，M. J.，Couch，C.，Crossman，N. D.，Dyer，F.，et al.，2014. Environmental flows for natural，hybrid，and novel riverine ecosystems in a changing world. Front. Ecol. Environ. 12（8），466－473.

Apitz，S.，White，S.，2003. A conceptual framework for river－basin－scale sediment management. J. Soils Sediments 3（3），132－138.

Arthington，A. H.，Bunn，S. E.，Poff，N. L.，Naiman，R. J.，2006. The challenge of providing environmental flow rules to sustain river ecosystems. Ecol. Appl. 16（4），1311－1318.

Auel，C.，Boes，R.，2011. Sediment bypass tunnel design－review and outlook. In：Schleiss，A. J.，Boes，R. M.（Eds.），Proc. 79th Annual Meeting of ICOLD：Dams and Reservoirs under Changing Challenges. CRC Press/Balkema，Lucerne，Switzerland，pp. 403－412.

Beschta，R. L.，Jackson，W. L.，1979. The intrusion of fine sediments into a stable gravel bed. J. Fish. Board Can. 36（2），204－210.

Bledsoe，B. P.，2002. Stream erosion potential and stormwater management strategies. J. Water Resour. Plan. Manage. 128（6），451－455.

Bleed, A. S., 1987. Limitations of concepts used to determine instream flow requirements for habitat maintenance. J. Am. Water Resour. Assoc. 23, 1173 – 1178.

Boes, R. M. (Ed.), 2015. Proceedings of the First International Workshop on Sediment Bypass Tunnels, "VAW – Mitteilungen 232". Laboratory of Hydraulics, Hydrology and Glaciology (VAW), ETH Zurich.

Brookes, A., 1994. River channel change. In: Calow, P., Petts, G. E. (Eds.), The Rivers Handbook: Hydrological and Ecological Principles. Blackwell Science, Oxford, UK.

Buffington, J. M., Montgomery, D. R., 1997. A systematic analysis of eight decades of incipient motion studies, with special reference to gravel – bedded rivers. Water Resour. Res. 33 (8), 1993 – 2029.

Bunte, K., 2004. Gravel mitigation and augmentation below hydroelectric dams: a geomorphological perspective. Engineering Research Center, Colorado State University.

Bunte, K., Abt, S. R., Swingle, K. W., Cenderelli, D. A., Schneider, J. M., 2013. Critical Shields values in coarse – bedded steep streams. Water Resour. Res. 49 (11), 7427 – 7447.

Cao, Z., Pender, G., Meng, J., 2006. Explicit formulation of the shields diagram for incipient motion of sediment. J. Hydraul. Eng. 132 (10), 1097 – 1099.

Coleman, S. E., Nikora, V. I., 2008. A unifying framework for particle entrainment. Water Resour. Res. 44 (4), 10.

Collins, A., Walling, D., Leeks, G., 1997. Source type ascription for fluvial suspended sediment based on a quantitative composite fingerprinting technique. Catena 29 (1), 1 – 27.

Comiti, F., Mao, L., 2012. Recent advances in the dynamics of steep channels. Gravel – bed rivers: processes, tools. Environments 351 – 377.

Cristan, R., Aust, W. M., Bolding, M. C., Barrett, S. M., Munsell, J. F., Schilling, E., 2016. Effectiveness of forestry best management practices in the United States: literature review. Forest Ecol. Manage. 360, 133 – 151.

Church, M., Ferguson, R. I., 2015. Morphodynamics: rivers beyond steady state. Water Resour. Res. 51 (4), 1883 – 1897.

Church, M., Biron, P., Roy, A., 2012. Gravel Bed Rivers: Processes, Tools, Environments. John Wiley & Sons.

Dey, S., 2014. Fluvial Hydrodynamics: Hydrodynamic and Sediment Transport Phenomena. GeoPlanet: Earth and Planetary Sciences. Springer, Berlin, Germany.

Dinehart, R. L., 1992. Gravel – bed deposition and erosion by bedform migration observed ultrasonically during storm flow, North Fork Toutle River, Washington. J. Hydrol. 136 (1), 51 – 71.

Diplas, P., Kuhnle, R., Gray, J., Glysson, D., Edwards, T., 2008. Sediment transport measurements. Sedimentation Engineering: Theories, Measurements, Modeling, and Practice. ASCE Manuals and Reports on Engineering Practice 110, 165 – 252.

Escobar – Arias, M., Pasternack, G. B., 2010. A hydrogeomorphic dynamics approach to assess in – stream ecological functionality using the functional flows model, part 1—model characteristics. River Res. Appl. 26 (9), 1103 – 1128.

Facchini, M., Siviglia, A., Boes, R. M., 2015. Downstream morphological impact of a sediment bypass tunnel – preliminary results and forthcoming actions. In: Boes, R. (Ed.), First International Workshop on Sediment Bypass Tunnels. ETH Zurich, pp. 137 – 146.

Fang, N., Chen, F., Zhang, H., Wang, Y., Shi, Z., 2016. Effects of cultivation and reforestation on suspended sediment concentrations: a case study in a mountainous catchment in China. Hydrol. Earth Syst. Sci. 20 (1), 13 – 25.

Fryirs, K. A., Brierley, G. J., 2013. Geomorphic Analysis of River Systems: An Approach to Reading The Landscape. John Wiley & Sons, Chichester, West Sussex, UK.

Fukuda, T., Yamashita, K., Osada, K., Fukuoka, S., 2012. Study on Flushing Mechanism of Dam Reservoir Sedimentation and Recovery of Riffle - Pool in Downstream Reach by a Flushing Bypass Tunnel, International Symposium on Dams for a Changing World, Kyoto, Japan, pp. 6.

Gaeuman, D., 2014. High - flow gravel injection for constructing designed in - channel features. River Res. Appl. 30 (6), 685 - 706.

Gippel, C. J., 2001. Geomorphic issues associated with environmental flow assessment in alluvial non - tidal rivers. Austr. J. Water Resour. 5 (1), 3 - 19.

Gomez, B., Church, M., 1989. An assessment of bed load sediment transport formulae for gravel bed rivers. Water Resour. Res. 25 (6), 1161 - 1186.

Gomez, B., Phillips, J., 1999. Deterministic uncertainty in bed load transport. J. Hydraul. Eng. 125 (3), 305 - 308.

Grey, J., Glysson, G., Turcios, L., Schwarz, G., 2000. Comparability of total suspended solids and suspended sediment concentration data. US Geological Survey Water Resources Investigations Report 00 - 4191. US Geological Survey, Reston, VA.

Hawley, R., Vietz, G., 2016. Addressing the urban stream disturbance regime. Freshw. Sci. 35 (1), 278 - 292.

Heitmuller, F. T., Raphelt, N., 2012. The role of sediment - transport evaluations for development of modeled instream flows: Policy and approach in Texas. J. Environ. Manage. 102, 37 - 49.

Hill, M. T., Platts, W. S., Beschta, R. L., 1991. Ecological and geomorphological concepts for instream and out - of - channel flow requirements. Rivers 2 (3), 198 - 210.

Hoppe, R., 1975. Minimum streamflows for fish, Soilshydrology workshop. US Forest Service. Montana State University.

Kantoush, S., Sumi, T., Kubota, A., 2010. Geomorphic response of rivers below dams by sediment replenishment technique. In: Proceedings of the River Flow 2010 Conference, Braunschweig, Germany, pp. 1155 - 1163.

Kantoush, S. A., Sumi, T., 2010. River morphology and sediment management strategies for sustainable reservoir in Japan and European Alps. Ann. Disas. Prev. Res. Inst., Kyoto Univ. 53, 821 - 839.

King, J., Brown, C., Sabet, H., 2003. A scenario - based holistic approach to environmental flow assessments for rivers. River Res. Appl. 19 (5 - 6), 619 - 639.

Kondolf, G. M., Gao, Y., Annandale, G. W., Morris, G. L., Jiang, E., Zhang, J., et al., 2014. Sustainable sediment management in reservoirs and regulated rivers: experiences from five continents. Earth's Future 2, 256 - 280.

Kondolf, G. M., Matthews, W. V. G., 1993. Management of Coars Sediment in Regulated Rivers of California. 80. University of California Water Resources Center, Davis, California.

Kondolf, G. M., Minear, J. T., 2004. Coarse Sediment Augmentation on the Trinity River Below Lewiston Dam: Geomorphic Perspectives and Review of Past Projects, Final Report. Trinity River Restoration Program, Weaverville, Calif.

Kondolf, G. M., Piégay, H. (Eds.), 2003. Tools in Fluvial Geomorphology. John Wiley & Sons, Ltd.

Kondolf, G. M., Wilcock, P. R., 1996. The flushing flow problem: defining and evaluating objectives. Water Resour. Res. 32 (8), 2589 - 2599.

Konrad, C. P., Olden, J. D., Lytle, D. A., Melis, T. S., Schmidt, J. C., Bray, E. N., et al., 2011. Large - scale flow experiments for managing river systems. BioScience 61 (12), 948 - 959.

Kostaschuk, R. , Best, J. , Villard, P. , Peakall, J. , Franklin, M. , 2005. Measuring flow velocity and sediment transport with an acoustic Doppler current profiler. Geomorphology 68 (1 - 2), 25 - 37.

Kuhl, D. , 1992. 14 Years of artificial grain feeding in the Rhine downstream the barrage Iffezheim. In: Proceedings of the 5th international symposium on river sedimentation: sediment management. University of Karlsruhe, Karlsruhe, Germany, pp. 1121 - 1129.

Lawless, M. , Robert, A. , 2001. Scales of boundary resistance in coarse - grained channels: turbulent velocity profiles and implications. Geomorphology 39 (3), 221 - 238.

Mant, J. , Large, A. , Newson, M. , 2016. River restoration: from site - specific rehabilitation design towards ecosystem - based approaches. River Science. John Wiley & Sons, Ltd, pp. 313 - 334.

Marden, M. , 2012. Effectiveness of reforestation in erosion mitigation and implications for future sediment yields, East Coast catchments, New Zealand: a review. N. Z. Geogr. 68 (1), 24 - 35.

Martín, E. J. , Doering, M. , Robinson, C. T. , 2015. Ecological effects of sediment bypass tunnels. In: Boes, R. (Ed.), First International Workshop on Sediment Bypass Tunnels. ETH Zurich, pp. 147 - 156.

Meitzen, K. M. , Doyle, M. W. , Thoms, M. C. , Burns, C. E. , 2013. Geomorphology within the interdisciplinary science of environmental flows. Geomorphology 200, 143 - 154.

Mekonnen, M. , Keesstra, S. D. , Stroosnijder, L. , Baartman, J. E. M. , Maroulis, J. , 2015. Soil conservation through sediment trapping: a review. Land Degrad. Dev. 26 (6), 544 - 556.

Melis, T. , Korman, J. , Kennedy, T. A. , 2012. Abiotic & biotic responses of the Colorado River to controlled floods at Glen Canyon Dam, Arizona, USA. River Res. Appl. 28 (6), 764 - 776.

Montana Department of Fish, W. a. P. , 1981. Instream flow evaluation for selected waterways in western Montana.

Montgomery, D. R. , 2007. Soil erosion and agricultural sustainability. Proc. Natl. Acad. Sci. 104 (33), 13268 - 13272.

Morgan, R. P. C. , 2005. Soil Erosion and Conservation. Blackwell Publishing, Oxford, United Kingdom.
Morris, G. L. , 2010. Offstream reservoirs for sustainable water supply in Puerto Rico. Am. Water Resource Assn. , Summer Specialty Conf.

Morris, G. L. , 2015. Management Alternatives to combat reservoir sedimentation. First International Workshop on Sediment Bypass Tunnels. ETH Zurich.

Morris, G. L. , Fan, J. , 1998. Reservoir Sedimentation Handbook: Design and Management of Dams, Reservoirs, and Watershed For Sustainable Use. McGraw - Hill, New York.

Mueller, E. R. , Pitlick, J. , Nelson, J. M. , 2005. Variation in the reference Shields stress for bed load transport in gravel - bed streams and rivers. Water Resour. Res. 41 (4).

Naiman, R. J. , Latterell, J. J. , Pettit, N. E. , Olden, J. D. , 2008. Flow variability and the biophysical vitality of river systems. C. R. Geosci. 340 (9), 629 - 643.

Nakajima, H. , Otsubo, Y. , Omoto, Y. , 2015. Abrasion and corrective measures of a sediment bypass system at Asahi Dam. In: Boes, R. (Ed.), First International Workshop on Sediment Bypass Tunnels. ETH Zurich, pp. 21 - 32.

Newbury, R. W. , Gaboury, M. N. , 1994. Stream Analysis and Fish Habitat Design: A Field Manual. Newbury Hydraulics Ltd. , Gibsons, British Columbia.

Northern Great Plains Resource Program, 1974. Instream needs sub - group report, Work Group C, Water. Nyssen, J. , Clymans, W. , Poesen, J. , Vandecasteele, I. , De Baets, S. , Haregeweyn, N. , et al. , 2009. How soil conservation affects the catchment sediment budget - a comprehensive study in the north Ethiopian highlands. Earth Surf. Process. Landf. 34 (9), 1216 - 1233.

O'Brien, J. , 1984. Hydraulic and sediment transport investigation, Yampa River, Dinosaur National

Monument. WRFSL Rept 83, 8.

Ock, G., Sumi, T., Takemon, Y., 2013. Sediment replenishment to downstream reaches below dams: implementation perspectives. Hydrol. Res. Lett. 7 (3), 54 – 59.

Oertli, C., Auel, C., 2015. Solis sediment bypass tunnel: first operation experiences. In: Boes, R. (Ed.), First International Workshop on Sediment Bypass Tunnels. ETH Zurich, pp. 223 – 233.

Okano, M., Kikui, M., Ishida, H., Sumi, T., 2004. Reservoir sedimentation management by coarse sediment replenishment below dams. In: Proceedings of the Ninth International Symposium on River Sedimentation, Yichang, China.

Olden, J. D., Konrad, C. P., Melis, T. S., Kennard, M. J., Freeman, M. C., Mims, M. C., et al., 2014. Are largescale flow experiments informing the science and management of freshwater ecosystems? Front. Ecol. Environ. 12 (3), 176 – 185.

Owens, P., 2005. Conceptual models and budgets for sediment management at the River Basin Scale (12 pp). J. Soils Sediments 5, 201 – 212.

Owens, P., Batalla, R., Collins, A., Gomez, B., Hicks, D., Horowitz, A., et al., 2005. Fine – grained sediment in river systems: environmental significance and management issues. River Res. Appl. 21 (7), 693 – 717.

Owens, P. N. (Ed.), 2008. Sustainable Management of Sediment Resources: Sediment Management at the River Basin Scale, 4. Elsevier.

Parker, G., 1979. Hydraulic Geometry of Active Gravel Rivers. J. Hydraul. Eng. ASCE 105 (9), 1185 – 1201.

Patel, S. B., Patel, P. L., Porey, P. D., 2013. Threshold for initiation of motion of unimodal and bimodal sediments. Int. J. Sediment Res. 28 (1), 24 – 33.

Phillips, J. D., 2006. Deterministic chaos and historical geomorphology: a review and look forward. Geomorphology 76 (1 – 2), 109 – 121.

Pitlick, J., Cui, Y., Wilcock, P., 2009. Manual for computing bed load transport using BAGS (Bedload Assessment for Gravel – bed Streams) Software.

Poff, N. L., Richter, B. D., Arthington, A. H., Bunn, S. E., Naiman, R. J., Kendy, E., et al., 2010. The ecological limits of hydrologic alteration (ELOHA): a new framework for developing regional environmental flow standards. Freshw. Biol. 55 (1), 147 – 170.

Reichel, G., Nachtnebel, H. P., 1994. Suspended sediment monitoring in a fluvial environment: advantages and limitations applying an acoustic doppler current profiler. Water Res. 28 (4), 751 – 761.

Reiser, D., Ramey, M., Lambert, T., 1985. Review of Flushing Flow Requirements in Regulated Streams. Pacific Gas and Electric Co., Department of Engineering Research, San Ramon, California.

Roni, P., Beechie, T., 2012. Stream and Watershed Restoration: A Guide to Restoring Riverine Processes and Habitats. John Wiley & Sons.

Roni, P., Beechie, T. J., Bilby, R. E., Leonetti, F. E., Pollock, M. M., Pess, G. R., 2002. A review of stream restoration techniques and a hierarchical strategy for prioritizing restoration in Pacific Northwest watersheds. North Am. J. Fish. Manage. 22 (1), 1 – 20.

Russell, K., Vietz, G., Fletcher, T. D., 2016. Not just a flow problem: how does urbanization impact on the sediment regime of streams? In: 8th Australian Stream Management Conference, Leura, New South Wales, Australia, pp. 661 – 667.

Schmidt, J. C., Grams, P. E., 2011. The high flows—Physical science results. Effects of three high – flow experiments on the colorado river ecosystem downstream from Glen Canyon Dam, Arizona. US Department of the Interior, US Geological Survey. Circular 1366, 53 – 91.

Shields, A., 1936. Application of similarity principles and turbulence research to bed – load movement. Soil

Conservation Service.

Shields, F. D. , Cooper, C. , Knight, S. S. , Moore, M. , 2003. Stream corridor restoration research: a long and winding road. Ecol. Eng. 20 (5), 441 – 454.

Shields Jr, F. D. , Copeland, R. R. , Klingeman, P. C. , Doyle, M. W. , Simon, A. , 2003. Design for stream restoration. J. Hydraul. Eng. 129 (8), 575 – 584.

Sholtes, J. , Werbylo, K. , Bledsoe, B. , 2014. Physical context for theoretical approaches to sediment transport magnitude – frequency analysis in alluvial channels. Water Resour. Res. 50 (10), 7900 – 7914.

Simon, A. , Bennett, S. J. , Castro, J. M. , 2013. Stream Restoration in Dynamic Fluvial Systems: Scientific Approaches, Analyses, and Tools, 194. John Wiley & Sons.

Smith, C. B. , 2011. Adaptive management on the central Platte River – Science, engineering, and decision analysis to assist in the recovery of four species. J. Environ. Manage. 92 (5), 1414 – 1419.

Stevens, L. E. , Ayers, T. J. , Bennett, J. B. , Christensen, K. , Kearsley, M. J. C. , Meretsky, V. J. , et al. , 2001. Planned flooding and colorado river riparian trade – offs downstream from Glen Canyon Dam, Arizona. Ecol. Appl. 11 (3), 701 – 710.

Sumi, T. , 2015. Comprehensive reservoir sedimentation countermeasures in Japan. First International Workshop on Sediment Bypass Tunnels. ETH Zurich.

Tennant, D. L. , 1976. Instream Flow Regimens for fish, wildlife, recreation and related environmental resources. Fisheries 1, 6 – 10.

Tockner, K. , Malard, F. , Ward, J. , 2000. An extension of the flood pulse concept. Hydrol. Process. 14 (16 – 17), 2861 – 2883.

Vázquez – Tarrío, D. , Menéndez – Duarte, R. , 2015. Assessment of bedload equations using data obtained with tracers in two coarse – bed mountain streams (Narcea River basin, NW Spain). Geomorphology 238, 78 – 93.

Venkatesh, B. , Lakshman, N. , Purandara, B. , 2014. Hydrological impacts of afforestation—a review of research in India. J. Forestry Res. 25 (1), 37 – 42.

Vietz, G. , Hawley, R. J. , 2016. Urban streams and disturbance regimes: a hydrogeomorphic approach. In: 8th Australian Stream Management Conference, Leura, New South Wales, Australia.

Vietz, G. , Stewardson, M. , Finlayson, B. , 2006. Flows that Form: The Hydromorphology of Concave – Bank Bench Formation in the Ovens River, Australia, 306. Iahs Publication, p. 267.

Vietz, G. J. , Rutherfurd, I. D. , Fletcher, T. D. , Walsh, C. J. , 2016. Thinking outside the channel: challenges and opportunities for protection and restoration of stream morphology in urbanizing catchments. Landsc. Urban Plan. 145, 34 – 44.

Vischer, D. , Hager, W. , Casanova, C. , Joos, B. , Lier, P. , Martini, O. , 1997. Bypass tunnels to prevent reservoir sedimentation. Trans. Int. Congr. Large Dams, 605 – 624.

Walling, D. , Collins, A. , Sichingabula, H. , Leeks, G. , 2001. Integrated assessment of catchment suspended sediment budgets: a Zambian example. Land Degrad. Dev. 12 (5), 387 – 415.

Walling, D. E. , 2004. Using environmental radionuclides to trace sediment mobilization and delivery in river basins as an aid to catchment management. In: Proceedings of the Ninth International Symposium on River Sedimentation, pp. 18 – 21.

Walling, D. E. , Collins, A. L. , 2008. The catchment sediment budget as a management tool. Environ. Sci. Policy 11, 136 – 143.

Wang, G. , Wu, B. , Wang, Z. Y. , 2005. Sedimentation problems and management strategies of Sanmenxia Reservoir, Yellow River, China. Water Resour. Res. 41, 9.

Warburton, J. , Davies, T. , 1994. Variability of bedload transport and channel morphology in a braided river hydraulic model. Earth Surf. Proc. Land. 19 (5), 403 – 421.

Ward, J., Tockner, K., Uehlinger, U., Malard, F., 2001. Understanding natural patterns and processes in river corridors as the basis for effective river restoration. Regul. Rivers Res. Manage. 17 (4 – 5), 311 – 323.

Wilcock, P., Pitlick, J., Cui, Y., 2009. Sediment transport primer: estimating bed – material transport in gravelbed rivers.

Wilcock, P. R., 1993. Critical shear stress of natural sediments. J. Hydraul. Eng. 119 (4), 491 – 505.

Wohl, E., Bledsoe, B. P., Jacobson, R. B., Poff, N. L., Rathburn, S. L., Walters, D. M., et al., 2015. The natural sediment regime in rivers: broadening the foundation for ecosystem management. BioScience 65, 358 – 371.

Wolman, M. G., 1967. A cycle of sedimentation and erosion in urban river channels. Geogr. Annal. A Phys. Geogr. 385 – 395.

Wolman, M. G., Miller, J. P., 1960. Magnitude and frequency of forces in geomorphic processes. J. Geol. 54 – 74.

Yang, X., 2003. Manual on Sediment Management and Measurement. World Meteorological Organization, Geneva, Switzerland.

Yarnell, S. M., Petts, G. E., Schmidt, J. C., Whipple, A. A., Beller, E. E., Dahm, C. N., et al., 2015. Functional flows in modified riverscapes: hydrographs, habitats and opportunities. BioScience biv102.

第 13 章

物理栖息地建模与生态水文工具

Nicolas Lamouroux[1]，Christoph Hauer[2]，Michael J. Stewardson[3] 和 N. LeRoy Poff[4,5]

1. 法国农业与环境科技研究所，维勒班，法国

2. 博库大学，维也纳，奥地利

3. 墨尔本大学帕克维尔校区，维多利亚州，澳大利亚

4. 科罗拉多州立大学，柯林斯堡，科罗拉多州，美国

5. 堪培拉大学，堪培拉，澳大利亚首都领地，澳大利亚

13.1 引言：生态水文原理和水力栖息地工具

河流中的环境流量评估方法越来越多地将环境流量状况视为人类用水和生态系统功能之间的复杂折衷（见第 1 章、第 11 章）。这些折衷通常是由涉及工程约束条件、经济、社会目标的博弈形成的（Pahl Wostl 等，2013）。然而生物物理学问题在这个过程中仍然居于核心地位，因为关于流量变化的生物响应知识有助于上述博弈的完成。理想情况下谈判和管理决策应基于对流量管理的生态影响进行可靠的定量预测（Lamouroux 等，2015）。人为因素造成的流态影响以及由此产生的生态效应已得到了充分的证明（见第 3 章、第 4 章；Poff 和 Zimmerman，2010）；然而在定义和量化流量管理与生态结果之间的关系方面仍然存在挑战（见第 15 章）。

生态水文方法和水力-生境模型是最常用的用于量化并预测生态对流量变化的响应工具（Linnansaari 等，2013）。生态水文工具描述了流态的许多组成部分的变化（如描述泄水变化的统计数据），经验表明这些变化与水生物种和群落的生态特征有关（Poff 等，2010）。生态水文要素包括：每小时流量变化的特征（MetCalfe 和 Schmidt，2014），日流量的大小、频率、持续时间、起始时间和变化率（Poff 和 Ward，1989；Poffet 等，1997；Richter 等，1996，1997；见框 13.1），以及低流量或高流量脉冲的频率和持续时间（Gordon 等，2004）。可以通过考虑生态水文变量的自然变化范围（Richter 等，1997）以及水流和生态变化之间确定的经验关系（Arthington 等，2006；Poff 等，2010），来协商

确定可接受的生态水文变化。

水生栖息地工具是基于这样的思想，即水力学特性（例如，水深、流速和床面剪切应力）是水生动物物理栖息地的基本特征。与流量统计相比，水力学变量能更直接地描述与生物群落相关的生境条件。相应的，目前在物种个体密度与其微生境水力特征之间建立了许多经验关系（Borchardt，1993；Gibbins 等，2010；Lamouroux 等，2013；Mérigoux 等，2009）。在不同的河流中泄放相同的水量或相同比例的水量，会由于不同的河道形态（例如，坡度、基底和横截面形状）而产生不同的流速与水深，因此在不同河流的相同泄水模式可能会产生不同的生态响应（Poff 等，2006）。

框 13.1　生 态 水 文 工 具 原 理

生态水文工具（图 13.1）描述了流态的许多组成部分的变化。在图 13.1（A）（Richter 等，1996）中，使用 33 个变量来描述与自然流态相比的日流量变化的程度。水文-生态响应关系可以用来量化流态变化的预期生态效应。图 13.1（B）（Webb 等，2015）中，洪泛区冲积植被百分比与每年洪水持续时间的经验关系可以用来预测洪水持续时间变化的影响。

图 13.1　生态水文工具

来源：改编自 Lamouroux 等（文献在出版过程中）

大多数水力栖息地模型关注年平均以下的流量，并将水生生物类群密度与其微生境水力学进行关联（框 13.2）。这些模型的原理是将代表河段微生境水力学的水力学模型（例如，局部深度、速度和床面剪切应力）与反映水生生物类群对这些微生境变量偏好的生物学模型联系起来。基于这一原理，已经开发了许多类型的模型（Dunbar 等，2012），尽管它们在所包括的栖息地变量和定义微生境的空间尺度上有所不同。

生态水文工具和水力栖息地模型在河段尺度（如用于确定水电站下游减脱水段）和整个流域尺度（如用于制定取水规则）中均有使用。无论考虑什么尺度，当比较流量管理情景的生态效应时（Dunbar 等，2012；King 等，2003；Poff 等，2010），越来越多的观点一致认为应将生态水文学和水力栖息地模型工具结合起来。

框 13.2　水力栖息地模型原理

大多数水力栖息地模型（图 13.2）是基于对物种（或物种特定的生命阶段，或物种种群）水力栖息地偏好的观察得出的。这些偏好是通过量化种群密度的变化或以是否能够在河段内观察到来定义的 。在该图的优选模型中（使用 EVHA 软件绘制；Ginot，1998），鱼类生活阶段的相对密度表示为微生境的当前流速和水深的联合函数（数值"1"对应于最大观测密度）。

水力-栖息地模型将目标河段的水力学模型与偏好模型联系起来。水力模型是用来描述在不同的流量在河段的微生境水力特征，偏好模型用于将该信息转化为物种栖息地数值。在该图的栖息地地图中，微生境单元的颜色深度表示对应河流泄水量的生境值（从低到高的相对密度或偏好）。随着泄水量的变化，低质量或高质量的生境在溪流中也产生了相应的变化，平均的栖息地值（通常是 0 到 1 之间的分数）用于量化泄水变化的预期效果。它经常与河段的有水面积相乘，计算河段的有效区域，用以说明生境质量（栖息地价值）和数量（有水面积）的变化。

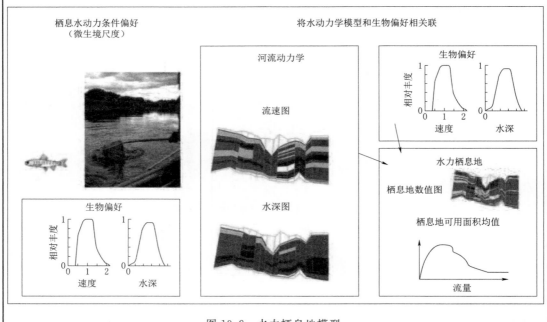

图 13.2　水力栖息地模型。

来源：改编自 Lamouroux 等（出版过程中）

环境流量评估研究应包括生态水文学分析，通常涉及对自然、实际和未来流量状态的描述（见第 11 章）。水生生境模型可以将主要水文变化转化为生境变化（通过用经验得出的生物体水力偏好来表达）。在环境流量评估中涉及水生生境模型会带来不可避免的成本，因为这些模型需要比流量估算更多的输入数据（包括一些关于河流形态的信息以便将流量值转换成水力值）。然而一些栖息地方法采用比较容易获得的水力变量（如在不同流量下河段的平均深度和宽度），这将有助于它们获得更广泛的应用（Lamouroux 和 Capra，2002；Snelder 等，2011）。

在这一章中，我们选择了四个案例来说明生态水文工具和水力栖息地模型在指导河流或整个流域进行环境流量评估方面的潜力。我们将首先说明这些工具的现场验证情况，以证明它们可用于支持实际的管理决策。第一个案例研究表明生态水文分类在区域规模的环境流量评估方面的潜力；第二、第三个案例研究表明，确定空间的水力栖息地模型特别适合于某些情况，例如水力发电生态影响的量化或河道形态恢复。最后的案例研究表明，简化的水力栖息地模型也可以适用于环境流量在流域尺度的规划。我们用这些例子来讨论生态水文和水力方法的未来发展方向与应用。

13.2　生态水文和水力栖息地工具的预测能力

相关文献提供了许多关于流态变化生态效应的证据，但是很少有可转换的定量模型能够将生态响应与水文变化的度量联系起来。相关文献表明，流动状态的多方面变化均会影响水生生态系统群落变化（Murchie 等，2008；Poff 和 Zimmerman，2010；Poff 等，1997；Webb 等，2013），同时说明了环境流量制度的重要性。多项研究表明，流量的变化对鱼类（丰度、组合结构和多样性）和植被（多样性和死亡率；Webb 等，2013）等均有一定的影响。然而，很少有研究成果能够得到一般性的定量关系（见第 15 章）。定量结果的一个例子是，百分之几十的极端流量变化常常对水生生物丰度和多样性指标产生影响（Carlisle 等，2011；Poff 和 Zimmerman，2010）。

建立流量变化生态效应定量模型的参考因素主要包括：①流态的多样性和自然环境的变异性；②流量变化的不同水力效应，取决于河流的形态；③受许多生物和非生物因素影响的生物反应的复杂性；④生态监测方面的局限性；⑤环境流量监测成果与相关工程设计的差异性。在理想情况下，流态或河道流量恢复案例研究应有助于更好地识别流量变化的生态影响，但是流量试验很难清楚地区分自然和人为变化的影响（Gillespie 等，2015；Olden 等，2014）。当评估所依赖的流量监测时间长度均不满足要求，而其他的评估方法则是在不同水文变化水平的地点进行横向比较而不是监测同一地点流量恢复状态随时间的变化情况出现时，因此必须谨慎地理解这种评价结果。

关于水生栖息生境改变对水生群落的生态影响的试验也具有一定的局限性（Sabaton 等，2008）。但目前一些涉及栖息地模型的研究成果已对低流量变化情境下的生态影响作出了可信度较高的预测，为将水力信息纳入环境流量评估提供了支持（Poff 等，2010）。如 Jowett 和 Biggs（2006）的研究成果表明，在新西兰四个研究案例中，基于水力栖息地模型的鱼类种群对低流量环境响应预测结果在定性上，与其他的三个案例得出的影响结论是一致的。在法国的 Rhône 河中，研究人员在四个水坝的下游人为增加了最小流量，栖息地模型对恢复后河段中许多鱼类和无脊椎动物类群丰度的变化（以及群落特征的变化）进行了准确的预测（Lamouroux 等，2015）。这些栖息地模型预测之所以特别令人信服，是因为模型的预测结果是在流量恢复之前得出的，同时这些模型是在与预测目标完全不同的另一个空间尺度和范围条件下开发的。

综上所述，河道水文和水力变化对河流中生物群落无疑会产生重大影响，但是建立这些影响的定量模型，仍然具有很大难度。因此，在使用生态水文工具和栖息地模型时，仍然需要大量的专业知识（见第 11 章）。特别是需要专门知识来评估在特定环境背景下，水文变化对水生群落的影响的可能性和严重性。同时还需要专门知识来评估预测结果与特定区域水力偏好模型的相关性。尽管如此，将河道水文状况与水文学方法结合起来的潜力还是显而易见的：水文学方法能考虑河道流态的各方面内容及其对生态系统在所有方面的潜在影响；水力方法更侧重于描述河道流量特征，尤其是在大多数人为控制条件下频繁且持久出现的低流量。它们可以为流量变化下的生物变化提供有效的预测。这些方法还具有互补性，生态水文方法非常适合描述水环境的时间变化，而水生栖息地模型主要分析河段内的空间生境异质性。

13.3 生态水文工具实例

13.3.1 概述

大量的生态水文软件工具被用来描述河道日均流量的强度、持续时间、频率、变化率等统计数据（计算 33 个生态水文指数的水文变化指标［IHA］法，Richter 等，1996；计算 171 个水文指数的水文指数工具软件，如 Olden 和 Poff，2003；Marsh 等的河流分析模块，2006；Rinaldi 等，2013）。尽管从这些工具获得的水文数据中某些内容可能是无用的，但它们对于描述自然流态及其变化能够起到十分重要的作用。很少有工具用来描述流量状况，但这对于描述流量变化（如流量峰值）的影响是必需的（参见 SAAS 软件；MetCalfe 和 Schmidt，2014）。对于另外的情况（例如对大河支流中环境流量状况的定义），其他的统计数据可能对评估生态响应特别重要，如 Castella 等（2015）明确了 Rhône 河支流的水文连通频率是这些河道中无脊椎动物群落结构的主要预测因子，因此他们利用河道的横向连通性的估计来定量预测洪泛区恢复对无脊椎动物群落结构的影响。

生态水文方法的应用通常需要对不同环境流量泄放情景进行排序，同时以未受影响的情况作为基线参考。此外流域尺度的方法还需要使用统计方法或流域水文模型来对流量系列进行空间外推（Singh 和 Frevert，2006）。目前存在许多能够实现这些目的方法，使得这些水文方法特别适合流域尺度的相关应用。然而在环境流量评估中应充分认识到水文外推的相关不确定性（见第 15 章）。在源头溪流，季节型河流或喀斯特水系中，外推水文特征具有明显的不确定性。这种情况十分普遍，例如，Snelder 等（2013）发现，尽管气候温和，但法国河网长度中有 30% 以上的河流是由季节型河段构成的。因此，在提出流量变化的生态响应假设之前，应在所有环境流量分析中评估流量模式时空外推的准确性。

13.3.2 案例研究 1：大流域生态水文评估

墨累-达令河流域（MDB）面积为 104 万 km²，在澳大利亚具有十分重要的经济和环境价值（Davies 等，2010）。在 2000 年，随着对河流和流域恢复投资的增加，当时的 MDB 委员会开始进行河流可持续性（SRA）的评估工作，以研究整个流域的河流状况和变化趋势（Davies 等，2010）。SRA 报告的重点是监测和分析河流生态状况变化的迹象和趋势。第二份 SRA 报告（2008—2010 年）给出了流域内径流变化的综合生态水文学评估结果（Davies 等，2012）。

本案例研究说明了如何将生态水文方法应用于流域尺度，作为初步筛选工具，挑选出应优先进行详细环境评估的环境流量短缺的河流。该生态水文评估考虑了整个 MDB 内河流的时空格局，覆盖了总计 19.1 万 km 的河流长度。评估从生态学的角度出发，以比较河流之间的水文状况为目的，重点研究了能够引起水文变化的有效措施。通过比较受当前水资源状况与在区域还没有出现大规模人类活动情况下可能发生的河道流量状况，来评估水文变化。同时使用水资源模型对参考情景进行模拟，消除河道流量调节和引水的影响。本案例在参考情景中使用水文模型消除农灌水库和植被破坏的影响，Davies 提供了水文建模方法的概述（Davies 等，2012），同时更多细节详见几个背景技术报告（SKM，2011）。该评估的一个重要特点是对干流河流和源头区河流分别进行处理，并且对每种河流分别使用不同的数据来源反映数据的可靠性。现有的水资源模型（通常用于水资源的规划或核算）可用于主干河流，然而对于较小的源头区河流，水文数据和模型的覆盖范围十分有限，只能使用回归方程来推断水库及土地利用变化带来的相关影响，处理相关空间数据非常耗时耗力。许多中型河流（集水区面积 $100\sim1000km^2$）未被包括在分析中，是因为外推法在区域存在大量人为干扰活动且在缺乏有效资料和数据的情景下无法适用。

生态水文评价基于一整套评估指标，这些指标描述了基于流量压力等级（FSR）的河道水文变化特征。FSR 从每日或每月的流量系列分析中得出相关指标（取决于数据的时间精度），这些指标用来表示所评估的流量状况。所选择的特征指标包括流量季节性变化，年均流量的平均值和变化，流量分布状况，高流量和低流量出现的时段，以及流量间歇性及漫滩流量。

FSR 指标是使用 1895—2009 年主干河流和大约 40 年的源头河流气候序列数据并使用模型计算得出的。最终的 FSR 指标是基于对当前和参考条件下流态的比较后确定的。鉴于流域发展（包括相关涉水政策的制定、基础设施建设和人类开发活动）在项目评估期间将持续变化，因此有必要就用于该分析的前提条件达成一致，这些前提条件是通过完整的气象数据来评估的。记录中的历史流态状态可能与当前情况不同，特别是在最近几十年流域水资源管理发生了重大变化的情况下。

将 FSR 指标组合起来，计算出代表流量变化的单个水文指数，最终的水文指数是基于与河道内流量和漫滩流量有关的两个指标的组合。河道内水文指标由与流量、高流量、低流量相关的子指标计算，这些指标分别由相关的 FSR 指标计算。基于生态学的考虑，在每个计算步骤使用专家判断法，而不是使用加权平均法。通过使用基于模糊逻辑的计算过程，依靠专家判断法通过集成来计算相关指标和指数（如 Negnevitsky，2002）。这种方法允许以反映生态内涵的方式对评估结果进行整合，但是通过简单的数学方法（如平均法）无法实现这一点。这种整合过程简单易懂且可根据新的认知进行修正（Davies 等，2012）。

为了说明这些专家规则，图 13.3（A）显示了如何将与季节流量变化的幅度和时间变化有关的两个 FSR 指标组合起来计算流量季节性变化子指数。度量值 1 表示与参考条件相比无变化。该指标的变幅可以增加（指标＞1）或减少（指标＜1），但时间上变化是单向的。图中的等值线表示从这两个变量得出的季节性子指标得分（最大值为 100）。这些轮廓线的形状已得到专业知识的确认。例如，由于季节性因素在触发一系列生态过程方面的重要性，子指数得分对季节幅度的降低（左上象限）比增加（右上象限）更敏感。类似的，变幅降低与变幅降低（左下角）相结合的评分要低于单独的周期降低（该图的中下部）。

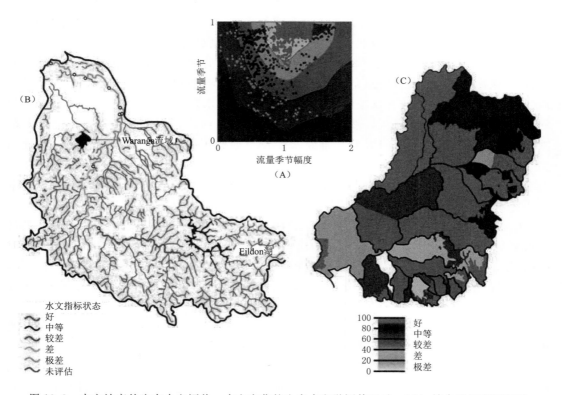

图 13.3　水文蚀变的生态水文评价。水文变化的生态水文学评估显示：（A）结合流量变幅和时间指标的专家判断法用来计算流量季节性子指标；（B）Goulburn 河汇水面积的计算结果显示了对于可获得数据河流河段水文变化的总体评估（用颜色表示从好到极差状态）；（C）MDB 的计算结果显示 23 个子汇水区每个低地、中地和高地的综合结果。

资料来源：Davies 等（2012）

　　使用长度加权平均指数分别汇总包括干流和上游河段在内的所有河段结果（其中长度是指河段的长度）[图 13.3（B）]。这种聚合被用来计算流域每个子集水区的低地、中地和高地水文变化的综合指数 [图 13.3（C）]。最终水文指数得分从 0 到 100 不等，被分级为好（80～100），中等（60～80），较差（40～60），差（20～40）和极差（0～20）。在全流域，56% 的主干河道长度水文条件被评为差及以下。流域主干河网的各个方面都受到了人为改造。人类行为对其最大的影响是流动季节性和流量变异性。然而过高或过低流量的情况以及总流量出现变化的情况也很普遍和严重。在源头河流中 SRA 只考虑灌溉用大坝的影响和植被破坏影响，基于这一评估方法，99％的流域源头河流被评为良好状态。在一些限制区域（小于源头区域总河道长度的 5％），流量的季节性和相对参考条件相比出现了中等程度的变化。最后，可以根据信息的受众不同程度报告 SRA 结果。总体上平均的河道指数得分表示了 MDB 状态的综合状况，而在研究尺度上的各要素指数为流量变化的空间格局描述和流量变化特征分析提供了丰富的研究数据。

13.4 水力栖息地方法的实例

13.4.1 概览

许多工具可用于实施水力栖息地方法（Dunbar 等，2012）。虽然它们遵循相同的基本原理（框 13.2），但它们的水力和生物要素性质各不相同。我们可以确定栖息地模型发展的三条主线（与水力要素相关）（表 13.1）。首先，数值栖息地模型（即涉及数值、确定性水力要素的模型）的发展得益于技术进步（现场测量技术和计算时间成本）。数值模型为水力学要素的变化提供了明确的空间描述。这些描述在评估河道地貌形态恢复对栖息地的影响、进行生物行为研究及评估洪水过程对栖息地的影响时具有十分重要的作用。然而它们的应用成本较高，不适合应用于整个流域，数值模型需要河段的三维（3D）地形，同时需要收集用于模型率定验证的大量流速和水深实测数据。其次，中尺度栖息地模型得到了一定程度的发展，这些模型的核心原则是，与生物响应有关的中尺度栖息地（如浅滩和池塘）可以根据不同泄水条件下的调查结果来进行建模模拟（Parasiewicz，2007）。虽然对中尺度栖息地的识别在某种程度上是主观的（Jowett，1993），但是这些方法能够在比数值模型更大的空间尺度上得到应用（Vezza 等，2014）。第三，目前已提出了将统计栖息地模型作为确定性生境模型的简单替代方案（Lamouroux 和 Capra，2002；Wilding 等，2014）。这些简化方法是基于这样的观察得到的，即河段微生境水力要素变化的分布状态取决于河段的平均水力几何结构（如深度或宽度与流量的关系；Girard 等，2014）。这些方法提供了水力统计分布的估算结果，但无法提供明确的空间结果。这些模型适用于接近自然形态的河段。

水生栖息地模型涉及描述微生境对水生生物水力适应性的各种生物偏好模型（Dunbar 等，2012；Linnansaari 等，2013）。大多数生物模型反映水生生物类群在低到中等流量下的出现或丰度的变化，并以此作为其微生境或中尺度栖息地生物水力特性的函数（如框 13.2）。较少的模型会关注种群动态的特征，例如由于高流量期间水生无脊椎动物的漂移行为（Borchardt，1993）或在流量快速减少期间鱼类搁浅导致的死亡率估计（Hauer 等，2014）。生物组分的原理在很大程度上被所有类型的水生生境模型所共享，这表明模型通常根据它们的水力建模方法分类。生物偏好模型因为其缺乏现实性，不考虑栖息地的时空变化以及对相关方法的依赖而受到质疑（Lancaster 和 Downes，2010）。此外，栖息地偏好会随着许多环境属性（例如温度和水质）以及生物因素（如活动型捕食者的存在）而变化。尽管动物行为十分复杂性，但鱼类和无脊椎动物对水力学的响应分析已经在许多类群和各种各样的溪流中被观察到（Lamouroux 等，1999，2010，2013），这导致了支持水力栖息地模型使用的两个一般性结论：首先，大多数水生生物类群的密度随水力学变化显著；第二，在一个区域内开发的水生生物分类的平均偏好模型在大约60%的情况下可以很好地应用到独立的河流中（未用于开发模型）。这类偏好模型适用于水生生生境模型在整个流域的应用，尽管在表达结果时应考虑这些应用的不确定性。流域规模的应用可能是最有效的筛选过程，它可以确定需要进行更为详细现场评估的影响点位。

表 13.1　　　　　　　　　　生态水文与水力栖息地模型工具的优缺点概述

工具	输入数据与流域尺度应用	输 出 数 据			
		对流态各方面的考虑	对水力学方面的考虑	空间二维模式的表示（例如用于栖息地恢复、洪水模拟）	概括性/可利用性
生态水文	＋＋	＋＋	－－	－－	＋＋
	只需要泄水流量数据	是	否	否	是
水力栖息地					
数值	－－	＋	＋＋	＋＋	＋
	需要详细的地形及水文观测	基于生物模型和率定	是	是	不适应复杂的三维/湍流流动
中尺度栖息地	＋	－	＋	＋	－
	需要在几种泄水情景下绘图	基于生物模型和泄水量观测	通过中尺度栖息地	简化表示	包含一定的主观性
统计分析	＋	＋＋	－－	－－	－
	需要估算河段水力几何形态	基于生物模型，适用于低于平滩流量	是	否	基于区域环境和自然形态开发

　　数值模型可以描述低流量、流量脉冲和洪水脉冲对生境特征的影响（Junk 等，1989；Tockner 等，2000）。流量脉冲可能引起生物个体以改善能量平衡（如进食与游泳活动）为目的的运动。洪水脉冲的时间和持续时间会影响到水生生物产卵、索饵或避难的栖息地环境。当流量变化较快时，非恒定模型可以考虑快速流量变化对水力学的复杂影响。二维（2D）深度平均数值模型代表了研究非恒定水力学模式的模拟（Hauer 等，2013）与准确性之间的良好折衷。与较简单的一维（1D）模型相比（见框 13.2），它们改善了栖息地分布和栖息地质量的空间定量描述，同时它们比复杂的三维模型更容易实现（如 Sinha 等，1998）。此外，特定的二维模型能够考虑冰对生境分布的影响（Morse 和 Hicks，2005）或水利工程的影响（如桥梁和涵洞；Ahmed 和 Rajaratnam，1998）。有了足够质量的电子地形数据，非恒定二维模型可用于评估环境危害（如洪水）和相关生境问题（Acreman 和 Dunbar，2004；Hauer 和 Habersack，2009；Krapesch 等，2011）。总体而言，Hauer 等（2009）提出，如果床粒径 D_{90}（精度90%）低于20cm，二维深度平均数值模型可以提供物理环境（单点水深、深度平均流速）的精确描述。

在具有较粗基底的河流中，河床内和沿河床的巨型砾石引起的复杂水力学状态（如湍流）不能使用数值模型来模拟。对于这种复杂的过程，统计方法是一个有吸引力的替代方法（Girard 等，2014）。这种方式同时也适用于不需要对栖息地进行空间描述的应用。在下面的章节中，我们给出三个案例来说明这些不同的水力栖息地工具的应用潜力，两个案例侧重于数值模型，一个案例侧重于使用能够用于流域规模生境分析的简化统计生境模型。

13.4.2　案例研究 2：用于评估奥地利高山河流水文峰值效应的非恒定二维栖息地模型

本案例研究表明了非恒定二维深度平均数值模拟评估水文峰值过程对水生生态影响方面的潜力。水文峰值过程是指水电站大坝下游流量的快速变化状态，因此建议不要采用恒定数学模型，因为它们忽略了水文中的重要动态组分。水文峰值过程导致了河道中基流与峰值流量之间存在着明显的脱水区域。这就产生了底栖无脊椎动物和鱼类搁浅的高风险状况。在本案例中，采用了非恒定二维模拟方法，对不同河段褐鳟幼鱼（0 岁以上幼鱼）搁浅风险进行了评估。案例中使用的栖息地模型的生物成分是动态的：它描述了褐鳟早期生活阶段的潜在死亡率。对于不同的河道形态，河段内的搁浅风险程度有所不同。非恒定二维建模方法也可以用于研究峰值流量衰减以及附加压力状态（如河道防洪堤防）的影响。因此这种方法在多个压力条件经常出现的高山河流中尤其适用。

图 13.4（A）、（B）显示了在一个河段内，如何用二维模型针对特定的峰值流量情景进行量化。基流和峰值流量的流速分布图有助于确定那些因为脱水区的范围较小或基流和峰值流量较低而对人为流量波动较不敏感的区域。图 13.4（C）显示了在不同河段，搁浅风险是如何概念性地与①整个河段的褐鳟（0 岁以上幼鱼）的栖息地价值，②高流量与峰值流量之间的脱水区域，以及③脱水区域的粒度不均匀性联系在一起的。这表明具有不同形态和粒径的河流对水生生物表现出不同的搁浅风险，不均匀的粒径增加了搁浅风险（Hauer 等，2014）。最后图 13.4（D）示出了湿周作为基流值的函数，其在河流中的变化率。这种关系导致了基流与峰值流量比值的不同。以本案例四条河道中的一条为例，以 1∶5（于冬季基流条件估算）和 1∶2（夏季基流条件估算）时将获得类似的脱水区域面积。

13.4.3　案例研究 3：用于评估地形恢复效果的二维栖息地模拟

本案例涉及二维深度平均数值栖息地模型，主要的内容为对 1998—2000 年在奥地利苏尔姆（Sulm）河实施的生态防洪工程的评估。在为期三年（2001—2003 年）的监测计划执行过程中，有几种适用于不同形态条件的二维模型被列举出来。这些模型被用来评估根据历史状况进行的河道拓宽活动（以防洪为目的）及人工新建河道活动（以生态保护为目的）所产生的影响。这些二维水动力数值模型与鱼类栖息地适宜性数据进行了紧密的结合。

结果表明，河床变化（图 13.5）对 Sulm 河关键鱼种——软口鱼（Chondrostoma nasus）的幼龄鱼（0＋、1＋、2＋）的栖息地质量和数量将造成很大影响。虽然从总体情况来看修复是成功的，但是在修复工程和洪水的综合影响下，0＋年龄段鱼类的适宜生境条件已经出现了减少（图 13.5）。首要的影响因素是河床淤积，特别在人工弯曲河道的内弯处。恢复工程实施后，较高的流速和较浅的深度，结合更陡的岸坡角度，将 0＋年龄段鱼

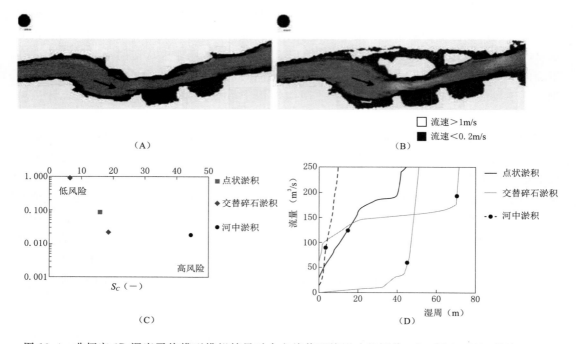

图 13.4　非恒定 2D 深度平均模型模拟结果对水文峰值环境影响的评估：Inn 河在（A）基流（$Q=33m^3/s$）和（B）峰值流量（$Q=99m^3/s$）区间的流速分布；（C）褐鳟（0 岁以上幼鱼）的概念性搁浅风险模型将搁浅风险、峰值流量（加权可用面积）河段的生境适宜性、峰值流量与基流之间的脱水表面积（ΔA）以及脱水区域的粒度变化（随颗粒尺寸异质性增加的指数）相关联；搁浅风险在四个不同地形的河段内均不相同；（D）四个不同河段的湿周变化率与泄水量的关系；黑点表示平均流量。

来源：（C）和（D）改编自 Hauer 等（2014）

类的适宜面积由工程实施前的 $325m^2$（在低流量 $2.66m^3/s$ 计算条件下得出）降低至工程实施后的 $110m^2$（总长度 500m）。在平均流量（$6.3m^3/s$）条件下的适宜面积减少不太明显，其数值从 2001 年的 $111m^2$ 降低至 2003 年的 $58m^2$。这些图形显示了在相似的泄水条件下，地形条件变化对生境适宜性的影响。

　　二维深度平均栖息地模拟结果与电鱼调查结果一致，电鱼调查结果同样显示了在恢复工程实施后，0＋年龄段鱼类数量的下降（图 13.5）。在本案例中，栖息地的变化是由洪水和恢复工程的综合作用造成的，只有在河流形态达到动态平衡后，才有可能对修复工程的效果进行全面评估。

13.4.4　案例研究 4：基于统计生境模型的流域尺度分布式生境建模

　　简化的统计水文栖息地模型可用于将大流域的水文变化转化为生境变化（Miguel 等，2016）。本案例评估了流域地下水抽取对生态环境的影响，其结果满足了塞纳河流域水务局（法国）的技术要求。该研究使用了塞纳河流域现有的分布式水文模型，该模型考虑了地表地下水相互作用，并允许评估不同管理方案下的每日流量变化。水文模型纳入了流域内的所有河流，对由于地下水开采引起的河道低流量（95％频率）变化情况进行了评估。选择 95％频率是因为它能够很好地反映地下水开采对年内低流量状况的影响。

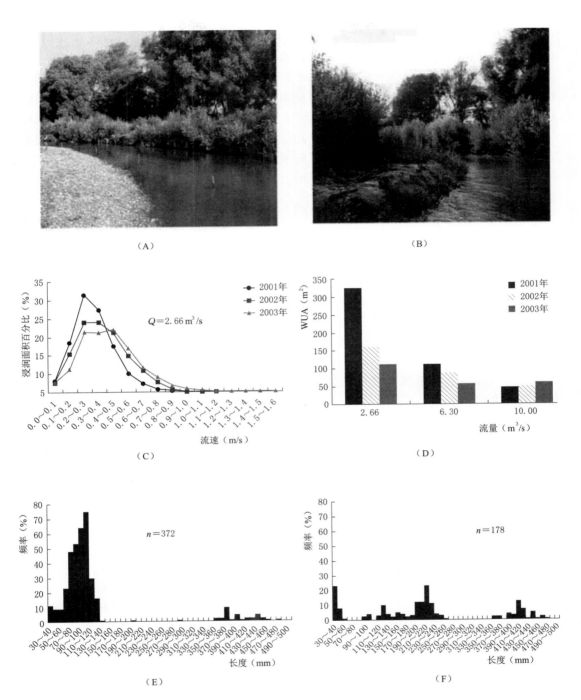

图 13.5 基于二维深度平均数值模型评估奥地利某河段的河流恢复措施（创造人工河湾）效果；
（A）和（B）显示河段在恢复措施和洪水的联合作用前（2001 年）后（2003 年）的形态变化；
（C）浸润面积百分比的流速频率分布变化；和（D）0+年龄段鱼类栖息地适宜性（可用面积 WUA）
的变化；（E）和（F）鱼类种群结构（长度分布）的变化。

来源：改编自 Hauer 等（2008）

本案例利用一系列模型将95％频率下的水文变化转化为了小流量情境下鱼类的栖息地变化。首先，研究人员在大范围的法国河流中对模型中的水力学几何关系进行了率定，从而使得模型能够准确地将河道中95％频率下的变化情况转化为水力条件变化。其次，利用已发表的鱼类物种分布模型来识别可能出现在每个河段的鱼类物种（或种群）。这些分布模型考虑了几种环境变量（如流域面积、到河源的距离、河道水力坡度和空气温度）对物种出现概率的影响，但这些模型只能用于对给定河段鱼类物种/种群栖息环境的模拟。第三，使用统计水力模型将水力变化转化为可能存在的鱼类物种的栖息地变化（Lamouroux 和 Capra，2002）。对于每个河段，都绘制了最大栖息地变化图（考虑了鱼类物种/种群）（图13.6）。

塞纳河流域的地下水开采率平均约占流域95％频率下流量的15％，但整个流域的地下水开采率并不均匀。模拟结果表明，地下水抽取导致河道低流量的中等变化（95％频率流量的中位数减少4.1％）和鱼类可用栖息地的弱变化（95％频率流量下可用面积的中位数减少1.6％）。但是生境变化的空间分布有助于确定影响更强的地区（95％频率流量下生境面积减少约15％；图13.6）。生境的大幅度变化反映了高强度地下水开采、特定的河道水力几何形状和/或敏感鱼种的综合作用效果。不确定性分析（Miguel 等，2016）进一步指出，由于河段尺度的高度不确定性，模拟的结果应当在子流域尺度上或在河段群组而不是单个河段上进行解释。这种不确定性分析是由于水文模型（95％频率下流量及其变化的估计）和水力几何模型（对河道水力特性的估计）的误差产生的。

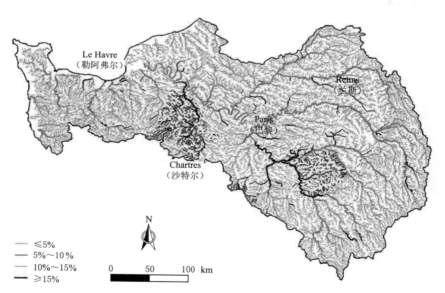

图13.6　由于地下水的开采，整个鱼类物种组的最大栖息地变化（可用面积减少的百分比）。使用水文模型、水力几何模型、鱼类物种分布模型和统计生境模型的组合，对法国塞纳河全流域进行估值分析。

来源：改编自 Miguel 等（2016）

这个案例研究和其他研究（如 Snelder 等，2011）表明，水文栖息地模型可使用现有数据或模型估算的输入数据（如河段的水力几何形状）来应用于流域尺度的模拟。这将为具有高度生态相关的许多水文变化转化为水力变化提供了可能性。然而，这些模拟涉及在流域尺度上应用的几个模型，它们依赖于多数简化和假设。因此，解决从所有模型和外推在这样的栖息地模拟所产生的不确定性是很重要的。

13.5 结论：在模块化数据库中结合水文和栖息地工具

虽然它们经常被认为是相反的方法，但我们的案例研究表明，在环境流量研究中，理想情况下应将生态水文学和水力栖息地工具结合起来。如表 13.1 所概述的，生态水文工具描述了所有方面的流态水文变化。在水力栖息地模型中，数值模型能够描述复杂的空间和时间条件下的流量模式，这些流量模式在栖息地恢复研究、峰值流量或鱼类通道研究中十分重要（表 13.1）。对于不需要空间明确结果的某些研究，简化或统计水力方法是不错的选择。它们还可以实现流域尺度的栖息地应用研究（表 13.1）。

可以通过将水力生境描述（如案例 4 中关于低流量的研究）纳入流域尺度的物理变化评估（如案例 1）中来实现这些工具的改进组合，考虑到地形条件对河流生境适宜性的影响，这可以改善大规模评估的生态相关性（如案例 3）。同样的，详细栖息地研究（如案例 2，水力峰值）表明，在大尺度评估工作中，比较重要的与生态相关的河段水力特征应当被充分考虑，其中有与快速流量变化相关的脱水区域（可以使用广义宽度流量关系进行估算；Booker，2010）或河岸的粒径非均质性（可以通过遥感来进行估算；Mandlburger 等，2015）。但是实际上，与生态水文工具相比，水力方法（尤其是数值方法）需要更复杂的输入数据。因此，不同工具参与环境流量评估的程度将取决于许多条件，如研究的目标和规模、数据的可用性、流量变化的程度、生态敏感性程度或可用资金（European guidance on ecological flows，表 7.2；European Commission，2015）。

本书提供的案例研究还表明，单一的技术工具不能解决所有的环境流量评估问题。根据环境流量评估研究的目标、规模和风险，将不同的生态水文工具和不同类型的水力学和生物学模型结合起来才是适当的（见第 11 章）。因此，未来希望能够构建以灵活的方式促进这些不同工具组合的集成管理平台。处理流域规模环境流量评估问题的模型组合的实例包括：案例 4（Miguel 等，2016）中使用的 Estimkart 工具箱，新西兰河流环境分类的持续发展计划（Snelder 等，2011），Sanderson 水流评估工具（2012），河流分析包（Stewardson and Marsh，2004）。由于流域规模的环境流量评估通常需要使用流域尺度水文学和可能的形态动力学模型（见案例 3），因此应更好地将环境流量评估方法和物理流域尺度模型结合起来（SedNet，Wilkinson 等，2006；NetMap，Benda 等，2007）。

环境流量评估领域的未来技术工具应当更加一体化（结合水文学、各种流动水平的非恒定水力学、形态动力学和水质问题）并解决不确定性问题（见第 15 章）。此外数字高程模型采集、水力建模和空间数据技术正在迅速发展。例如，近年来机载激光雷达（激光探测和测距）探测技术得到了改进，可以为水域和河岸地区收集高分辨率的地形图（每平方米大于 20 个点、高度精度小于 10cm）（Mandlburger 等，2015）。因此，未来的工具应该被设计成模块化的，以适应其各个组件的快速发展。

我们强调，技术工具在环境流量评估中的参与程度取决于对流量生态学或水力学关系的置信程度。对水文和水力模式的定量生态响应的认识仍然是环境流量评估领域的重要环节（见第 15 章）。特别是需要更好地理解生境变化对水生生物种群的作用（Shenton 等，2012）。先进的技术工具可以提供物理栖息地的定量描述，从而提高我们对流域范围内流量变化的生物学响应的理解（见第 15 章）。

参 考 文 献

Acreman，M. C.，Dunbar，M. J.，2004. Defining environmental river flow requirements：A review. Hydrol. Earth Syst. Sci. Discuss. 8，861 – 876.

Ahmed，F.，Rajaratnam，N.，1998. Flow around Bridge Piers. J. Hydraul. Eng. 124，288 – 300.

Arthington，A. H.，Bunn，S. E.，Poff，N. L.，Naiman，R. J.，2006. The challenge of providing environmental flow rules to sustain river ecosystems. Ecol. Appl. 16，1311 – 1318.

Benda，L.，Miller，D. J.，Andras，K.，Bigelow，P.，Reeves，G.，Michael，D.，2007. NetMap：a new tool in support of watershed science and resource management. Forest Sci. 52，206 – 219.

Booker，D. J.，2010. Predicting width in any river at any discharge. Earth Surf. Process. Landf. 35，828 – 841.

Borchardt，D.，1993. Effects of flow and refugia on the drift loss of benthic macroinvertebrates：implications for lowland stream restoration. Freshw. Biol. 29，221 – 227.

Carlisle，D. M.，Wolock，D. M.，Meador，M. R.，2011. Alteration of streamflow magnitudes and potential ecological consequences：a multiregional assessment. Front. Ecol. Environ. 9，264 – 270.

Castella，E.，Beguin，O.，Besacier – Monbertrand，A. – L.，Hug Peter，D.，Lamouroux，N.，Mayor Siméant，H.，et al.，2015. Changes in benthic invertebrates and their prediction after the restoration of lateral connectivity in a large river floodplain. Freshw. Biol. 60，1131 – 1146.

Davies，P. E.，Harris，J. H.，Hillman，T. J.，Walker，J. F.，2010. The Sustainable Rivers Audit：assessing river ecosystem health in the Murray – Darling Basin，Australia. Mar. Freshw. Res. 61，764 – 777.

Davies，P. E.，Stewardson，M. J.，Hillman，T. J.，Roberts，J.，Thoms，M.，2012. Sustainable Rivers Audit Report 2：The ecological health of rivers in the Murray – Darling Basin at the end of the Millennium Drought（20082010）. Murray – Darling Basin Authority，Canberra，Australia. Available from：http：//www. mdba. gov. au/what – we – do/mon – eval – reporting/sustainable – rivers – audit.

Dunbar，M. J.，Alfredsen，K.，Harby，A.，2012. Hydraulic – habitat modelling for setting environmental river flow needs for salmonids. Fish. Ecol. Manage. 19，500 – 517.

European Commission，2015. Ecological flows in the implementation of the Water Framework Directive. CIS Guidance Document No. 31. Technical Report，2015 – 086.

Gibbins，C.，Batalla，R. J.，Vericat，D.，2010. Invertebrate drift and benthic exhaustion during disturbance：response of mayflies（Ephemeroptera）to increasing shear stress and river bed instability. River Res. Appl. 26，499 – 511.

Gillespie, B. R., Desmet, S., Kay, P., Tillotson, M. R., Brown, L. E., 2015. A critical analysis of regulated river ecosystem responses to managed environmental flows from reservoirs. Freshw. Biol. 60, 410 - 425.

Ginot, V., 1998. Logiciel EVHA. Evaluation de l'habitat physique des poissons en rivière (version 2.0). Cemagref Lyon et Ministère de l'amènagement du Territoire et de l'Environnement, Direction de l'Eau, Paris, France.

Girard, V., Lamouroux, N., Mons, R., 2014. Modeling point velocity and depth statistical distributions in steep tropical and alpine stream reaches. Water Resour. Res. 50, 427 - 439.

Gordon, N. D., McMahon, T. A., Finlayson, B. L., Gippel, C. J., Nathan, R. J., 2004. Stream Hydrology: an Introduction for Ecologists. John Wiley & Sons, Chichester, UK.

Hauer, C., Habersack, H., 2009. Morphodynamics of a 1000 - year flood in the Kamp River, Austria, and impacts on floodplain morphology. Earth Surf. Process. Landf. 34, 654 - 682.

Hauer, C., Mandlburger, G., Habersack, H., 2009. Hydraulically related hydro-morphological units: description based on a new conceptual mesohabitat evaluation model (MEM) using LiDAR as geometric input. River Res. Appl. 25, 29 - 47.

Hauer, C., Schober, B., Habersack, H., 2013. Impact analysis of river morphology and roughness variability on hydropeaking based on numerical modelling. Hydrol. Process. 27, 2209 - 2224.

Hauer, C., Unfer, G., Holzapfel, P., Haimann, M., Habersack, H., 2014. Impact of channel bar form and grain size variability on estimated stranding risk of juvenile brown trout during hydropeaking. Earth Surf. Process. Landf. 39, 1622 - 1641.

Hauer, C., Unfer, G., Schmutz, S., Habersack, H., 2008. Morphodynamic effects on the habitat of juvenile cyprinids (Chondrostoma nasus) in a restored Austrian lowland river. Environ. Manage. 42, 279 - 296.

Jowett, I. G., 1993. A method for objectively identifying pool, run, and riffle habitats from physical measurements. N. Z. J. Mar. Freshw. Res. 27, 241 - 248.

Jowett, I. G., Biggs, B. J. F., 2006. Flow regime requirements and the biological effectiveness of habitat - based minimum flow assessments for six rivers. Int. J. River Basin Manage. 4, 179 - 189.

Junk, W. J., Bayley, P. B., Sparks, R. E., 1989. The flood pulse concept in river floodplain systems. Can. Spec. Publ. Fish. Aquat. Sci. 106, 110 - 127.

King, J., Brown, C., Sabet, H., 2003. A scenario - based holistic approach to environmental flow assessments for rivers. River Res. Appl. 19, 619 - 639.

Krapesch, G., Hauer, C., Habersack, H., 2011. Scale orientated analysis of river width changes due to extreme flood hazards. Nat. Hazards 11, 2137 - 2147.

Lamouroux, N., Augeard, B., Baran, P., Capra, H., Le Coarer, Y., Girard, V., et al. (in press) Ecological flows: the role of hydraulic habitat models within an integrated framework. Hydroécol. Appl. [in French].

Lamouroux, N., Capra, H., 2002. Simple predictions of instream habitat model outputs for target fish populations. Freshw. Biol. 47, 1543 - 1556.

Lamouroux, N., Capra, H., Pouilly, M., Souchon, Y., 1999. Fish habitat preferences at the local scale in large streams of southern France. Freshw. Biol. 42, 673 - 687.

Lamouroux, N., Gore, J. A., Lepori, F., Statzner, B., 2015. The ecological restoration of large rivers needs science - based, predictive tools meeting public expectations: an overview of the Rhône project. Freshw. Biol. 60, 1069 - 1084.

Lamouroux, N., Mérigoux, S., Capra, H., Dolédec, S., Jowett, I. G., Statzner, B., 2010. The generality of abundance – environment relationships in microhabitats: a comment on Lancaster and Downes (2009) . River Res. Appl. 26, 915 – 920.

Lamouroux, N. , Mérigoux, S. , Dolédec, S. , Snelder, T. H. , 2013. Transferability of hydraulic preference models for aquatic macroinvertebrates. River Res. Appl. 29, 933 – 937.

Lancaster, J. , Downes, B. J. , 2010. Linking the hydraulic world of individual organisms to ecological processes: putting ecology into ecohydraulics. River Res. Appl. 26, 385 – 403.

Linnansaari, T. , Monk, W. A. , Baird, D. J. , Curry, R. A. , 2013. Review of approaches and methods to assess Environmental Flows across Canada and internationally. Research Document 2012/039. Canadian Science Advisory Secretariat. Fisheries and Oceans, Canada, p. 75.

Marsh, N. A. , Stewardson, M. J. , Kennard, M. J. , 2006. River Analysis Package, Cooperative Research Centre for Catchment Hydrology. Monash University, Melbourne, Australia.

Mandlburger, G. , Hauer, C. , Wieser, M. , Pfeifer, N. , 2015. Topo – bathymetric LiDAR for monitoring river morphodynamics and instream habitats—a case study at the Pielach River. Remote Sens. 7, 6160 – 6195.

Mérigoux, S. , Lamouroux, N. , Olivier, J. – M. , Dolédec, S. , 2009. Invertebrate hydraulic preferences and predicted impacts of changes in discharge in a large river. Freshw. Biol. 54, 1343 – 1356.

Metcalfe, R. A. , Schmidt, B. , 2014. Streamflow Analysis and Assessment Software (SAAS) . Available from: http: //people. trentu. ca/rmetcalfe/SAAS. html.

Miguel, C. , Lamouroux, N. , Pella, H. , Labarthe, B. , Flipo, N. , Akopian, M. , et al. , 2016. Hydraulic habitat alteration at the catchmentscale: impacts of groundwater abstraction in the Seine – Normandie catchment. La Houille Blanche 3, 65 – 74 [in French] .

Morse, B. , Hicks, F. , 2005. Advances in river ice hydrology 1999 – 2003. Hydrol. Process. 19, 247 – 263.

Murchie, K. J. , Hair, K. P. E. , Pullen, A. C. E. , Redpath, A. T. D. , Stephens, A. H. R. , Cooke, S. J. , 2008. Fish response to modified flow regimes in regulated rivers: research methods, effects and opportunities. River Res. Appl. 24, 197 – 217.

Negnevitsky, M. , 2002. Artificial Intelligence, a Guide to Intelligent Systems. Pearson Education, Frenchs Forest, New South Wales, Australia.

Olden, J. D. , Konrad, C. P. , Melis, T. S. , Kennard, M. J. , Freeman, M. C. , Mims, M. C. , et al. , 2014. Are largescale flow experiments informing the science and management of freshwater ecosystems? Front. Ecol. Environ. 12, 176 – 185.

Olden, J. D. , Poff, N. L. , 2003. Redundancy and the choice of hydrologic indices for characterizing streamflow regimes. River Res. Appl. 19, 101 – 121.

Pahl – Wostl, C. , Arthington, A. H. , Bogardi, J. , Bunn, S. E. , Hoff, H. , Lebel, L. , et al. , 2013. Environmental flows and water governance: managing sustainable water uses. Curr. Opin. Environ. Sustain. 5, 341 – 351.

Parasiewicz, P. , 2007. The MesoHABSIM model revisited. River Res. Appl. 23, 893 – 903.

Poff, N. L. , Ward, J. V. , 1989. Implications of streamflow variability and predictability for lotic community structure: a regional analysis of streamflow patterns. Can. J. Fish. Aquat. Sci. 46, 1805 – 1818.

Poff, N. L. , Zimmerman, J. K. H. , 2010. Ecological responses to altered flow regimes: a literature review to inform the science and management of environmental flows. Freshw. Biol. 55, 194 – 205.

Poff, N. L. , Allan, J. D. , Bain, M. B. , Karr, J. R. , Prestegaard, K. L. , Richter, B. D. , et al. , 1997. The natural flow regime. A paradigm for river conservation and restoration. BioScience 47, 769 – 784.

Poff, N. L. , Olden, J. D. , Pepin, D. M. , Bledsoe, B. P. , 2006. Placing global streamflow variability in geographic and geomorphic contexts. River Res. Appl. 22, 149 – 166.

Poff, N. L., Richter, B. D., Arthington, A. H., Bunn, S. E., Naiman, R. J., Kendy, E., et al., 2010. The ecological limits of hydrologic alteration (ELOHA): a new framework for developing regional environmental flow standards. Freshw. Biol. 55, 147 – 170.

Richter, B. D., Baumgartner, J. V., Powell, J., Braun, D. P., 1996. A method for assessing hydrologic alteration within ecosystems. Conserv. Biol. 10, 1163 – 1174.

Richter, B. D., Baumgartner, J. V., Wigington, R., Braun, D. P., 1997. How much water does a river need? Freshw. Biol. 37, 231 – 249.

Rinaldi, M., Belletti, B., Van de Bund, W., Bertoldi, W., Gurnell, A., Buijse, T., et al., 2013. Review on ecohydromorphological methods. In: Friberg, N., O'Hare, M., Poulsen, A., (Eds.), Deliverables of the EU FP7 REFORM Project. Available from: http://www.reformrivers.eu

Sabaton, C., Souchon, Y., Capra, H., Gouraud, V., Lascaux, J.-M., Tissot, L., 2008. Long – term brown trout populations responses to flow manipulation. River Res. Appl. 24, 476 – 505.

Sanderson, J. S., Rowan, N., Wilding, T., Bledsoe, B. P., Miller, W. J., Poff, N. L., 2012. Getting to scale with environmental flow assessment: the Watershed Flow Evaluation Tool. River Res. Appl. 28, 1369 – 1377.

Shenton, W., Bond, N. R., Yen, J. D. L., Mac Nally, R., 2012. Putting the "Ecology" into environmental flows: ecological dynamics and demographic modelling. Environ. Manage. 50, 1 – 10.

Sinha, S., Sotiropoulos, F., Odgaard, A., 1998. Three – dimensional numerical model for flow through natural rivers. J. Hydraul. Eng. 124, 13 – 24.

Singh, V. P., Frevert, D. K., 2006. Watershed Models. CRC Press, Boca Raton, Florida.

SKM, 2005. Development and application of a flow stressed ranking procedure. Final Report to Department of Sustainability and Environment, Victoria. Sinclair Knight Merz, Armadale, Australia.

SKM, 2011. Sustainable rivers audit hydrology theme background report: integration of stress scores for farm dams, land use change, and regulation. Report to Murray Darling Basin Authority. Sinclair Knight Merz, Armadale, Australia.

Snelder, T. H., Booker, D., Lamouroux, N., 2011. A method to assess and define environmental flow rules for large jurisdictional regions. J. Am. Water Resour. Assoc. 47, 828 – 840.

Snelder, T. H., Datry, T., Lamouroux, N., Larned, S. T., Sauquet, E., Pella, H., et al., 2013. Regionalization of patterns of flow intermittence from gauging station records. Hydrol. Earth Syst. Sci. 17, 2685 – 2699.

Stewardson, M., Marsh, N., 2004. River Analysis Program (RAP) brochure. Available from: http://www.toolkit.net.au/tools/RAP.

Tockner, K., Malard, F., Ward, J. V., 2000. An extension of the flood pulse concept. Hydrol. Process. 14, 2861 – 2883.

Vezza, P., Parasiewicz, P., Spairani, M., Comoglio, C., 2014. Habitat modeling in high – gradient streams: the mesoscale approach and application. Ecol. Appl. 24, 844 – 861.

Webb, J. A., Miller, K. A., King, E. L., De Little, S. C., Stewardson, M. J., Zimmerman, J. K. H., et al., 2013. Squeezing the most out of existing literature: a systematic re – analysis of published evidence on ecological responses to altered flows. Freshw. Biol. 58, 2439 – 2451.

Webb, J. A., De Little, S. C., Miller, K. A., Stewardson, M. J., Rutherfurd, I. D., Sharpe, A. K., et al., 2015. A general approach to predicting ecological responses to environmental flows: making best use of the literature, expert knowledge and monitoring data. River Res. Appl. 31, 505 – 514.

Wilding, T. K., Bledsoe, B., Poff, N. L., Sanderson, J., 2014. Predicting habitat response to flow using generalized habitat models for trout in Rocky Mountain streams. River Res. Appl. 7, 805 – 824.

Wilkinson, S. N. , Prosser, I. P. , Hughes, A. O. , 2006. Predicting the distribution of bed material accumulation using river network sediment budgets. Water Resour. Res. 42, 17. Available from: http: // dx. doi. org/10. 1029/2006WR004958.

第 14 章

探索水文-生态响应模式，为评估环境流量提供支撑

J. Angus Webb[1]，Angela H. Arthington[2] 和 Julian D. Olden[3,2]

1. 墨尔本大学帕克维尔校区，维多利亚州，澳大利亚
2. 格里菲斯大学，内森，昆士兰州，澳大利亚
3. 华盛顿大学，西雅图，华盛顿州，美国

14.1 引言

淡水生态系统的保护和维护离不开环境流量的支撑作用。虽然水生生物的生存会受到物理、化学、生态等多个维度的制约，但是水流状况依旧是引起水生生物变动的主变量之一，因此生物特性指标通常作为环境流量评估的主要依据。近年来，构建明确的水文-生态响应关系已成为环境流量研究的热点问题之一（Bunn 和 Arthington，2002；Lytle 和 Poff，2004；Poff 等，1997）。

回顾环境流量的研究历程，大部分的环境流量评估中涉及的生物指标变动都是基于物理栖息地模型构建的（Tharme，2003）。早期的环境流量评估方法主要是水文学法（Tennant，1976），较少考虑生物因素。随后衍生的栖息地法则是用物理栖息地模型建立水文指标和特定物种之间的联系，特定物种主要集中在鱼类。整体法（sensu Tharme，2003）较为全面地预测了生态系统对流态的响应过程，但是这个方法很大程度上依赖于栖息地模型，而关于植物和除鱼类之外的其他生物之间对流量的响应关系则是基于文献和专家意见整合的。

整体法是目前在有限的生态数据基础上（King 和 Brown，2010）最全面考虑生态响应的方法，如要素法（BBM；King 和 Louw，1998）和水文变异响应法（DRIFT 法；King 等，2003）。但是基于专家意见以及物理栖息地模型综合得出的水文-生态响应关系存在较多的主观因素，难以反映客观事实（Davies 等，2014；Stewardson 和 Webb，

2010）。这是因为生态响应是多维度、复杂的不确定性问题。不同的计算方法、采样手段、分析技术、气候状况都会造成不同的结果，导致响应关系构建失败（Poff 和 Zimmerman，2010），这一问题在坝下泄水试验中同样存在（Gillespie 等，2015；Konrad 等，2011；Olden 等，2014）。

在经验性结果不一致以及水文-生态响应关系不确定的大背景下，物理栖息地模型结果的误差还是在可接受的范围内，这也给予了科学家和水资源管理者些许安慰。但是，基于物理栖息地模型预测的生态效益仍然存在相当大的不确定性（第 15 章），目前区域目标假设是这一方法的重要依据（Palmer 等，1997）——"生境的维护能够达到人们所期望的生态响应"。越来越多的证据表明，尽管在一年中正确的地点、正确的时间提供合适的栖息地非常必要，但是依然不足以达到理想的生态效果（Bunn 和 Arthington，2002）。更准确地说来，其他环境属性同样重要，这些属性可以作为栖息地保护的补充手段，如维持河流的纵向和横向连通性，能够达到鱼类和无脊椎动物的运动和分布合理化（Colloff 和 Baldwin，2010），水质属性中的水温（Olden 和 Naiman，2010）可以为生物产卵和生长提供有利条件，初级生产力和能源的流动能够提供粮食资源（Bunn 等，2003），生物本底状况的修复对于物种多样性和食物网维护至关重要（Naiman 等，2012）。

近几十年，已有相当多的文献研究了水文-生态响应关系的构建（Arthington，2012；Naiman 等，2008；Stewardson 和 Webb，2010）。因此，构建实际的响应关系在科学上是可行的，这为研究生态模型奠定了基础。但是怎样才能充分地挖掘数据，利用巨大的、未充分利用的资源，构建模型研究水文-生态响应关系？

大量的建模工具可以用来增强我们对水文-生态响应关系或者生态-水文响应模式的理解，并应用于支持水环境规划、评估和管理。生态建模工具具有重要作用，包括大尺度研究中跨流域调水引起的生态反应，小尺度研究中特定流量事件引起的生态指标变化（生物多样性、丰富度和繁殖），以及长期的动态种群和生态系统对特定水文过程的响应序列。这些不同的问题需要不同类型的方法分析以及收集不同的数据，而这些问题在环境流量评估中有些可以解决，有些难以解决。

本章主要关注的是构建水文-生态关系的统计模型方法。属于环境流量的基础研究领域，包括构建明确的水文-生态响应关系（Bunn 和 Arthington，2002；Lytle 和 Poff，2004；Poff 等，1997），探究生态响应引起的水文情势变动（Poff 和 Zimmerman，2010；Webb 等，2013）。本章旨在指导构建生态模型，通过概念模型、发展过程研究介绍水文-生态响应关系的构建历史。同时，笔者相信在未来的环境流量评估中，生态学模型将更加普遍，同时也更加规范、严谨和可重复。

14.2 概念边界

本书仅讨论已经被使用或者未来可能使用到的统计学模型和案例研究，为环境流量评估和实施提供信息。在此之前，假设环境流量的生态目标已经由利益相关者建立，并且已经通过专家小组确定了所需要的水文情势。在构建模型之前，首先要清楚哪些因素是主要驱动因素，同时模型是否具有预测能力，以及它的复杂程度和实用性。水文-生态响应模型的实质是环境驱动因素（本章仅关注流量驱动因素）和一个或多个生态变量之间的统计关系。而生态变量包括任何的生态组织的反映，从遗传学到整个生态系统，涵盖范围较广，而不仅仅是栖息地模型或水质模型这种单一的模型。生态数据的分析可用于开发水文-生态响应关系，为环境流量评估提供信息，具体的总结信息见 Poff 等（2010）中的表 2。综上所述，本章旨在分析大部分的统计学模型，并对每个模型进行举例说明，这也是现阶段研究的重点和难点。在开发水文-生态模型过程中，介绍模型概念之前，首要考虑的是简约性。

14.3 简单性原则

凡事力求简单，但不要过于简单。

阿尔伯特·爱因斯坦

判断一个模型是否好用，最主要的标准在于是否简单。从简约性角度考虑，一个简单的模型必须涵盖主要的环境驱动因素（如水文情势，受水文要素影响的其他要素评估），忽略次要的非关键因素。需要指出的是，由于简约模型过于简单，越简单的模型越需要不停地重复试验，明确建立水文-生态响应关系。同时，简约模型还应具有应用性，能够辅助环境流量的评估管理。科研人员和水资源管理者这些一线工作人员要能够理解模型并能熟练使用模型，这样才能预测环境流量实施后的生态反应。如果一个模型耗时很长或者需要很多参数，就不可能被广泛应用，尤其是在水资源管理者需要在短期内作出决策，复杂模型的弊端就更加凸显。此外，复杂模型还具有在时间和空间上不可复制的缺陷。

把是否简单作为评估一个模型对于环境流量评估是否有用的主要决定因素，还有很多其他的依据。因为复杂模型会有很多参数，这些参数必须要在模型开发过程中估算出来，常用的方法是基于文献或者专家意见来确定，这种情况可能误差较小，但是如果没有文献或者专家意见作为参考，在确定参数的时候，可能就会出现信息不足，参数误差很大，影响最终结果。复杂模型在构建模型时不具有通用性，在特定环境中可能精度较高，但是不能预测新环境中的结果（Olden 和 Jackson，2002），仅适用于那些在文献中已经有的物理参数值的案例，不适用于所有案例。

相比于复杂模型，简单的模型可能具有更大的预测潜力，但是不得不提的是，简单模型主要聚焦的是主要驱动因素（MacNally，2000），不能解释所有的细微变化，这一缺陷也限制了简单模型的广泛应用。常用的判断简单模型是否有用的参数包括（Burnham 和 Anderson，2002）：赤池系数 AIC、偏差系数 DIC、贝叶斯系数 BIC。

简单模型的效用直接与管理决策相关，判断一个模型是否有用，主要是考虑模型能否为管理者提供决策支撑。相比于复杂模型，简单模型更注重主要因素，忽略次要因素，能够让管理者更高效地作出决定。为了更好地辅助决策，简单模型必须能够模拟不同流量情景下的生态效应。下文介绍的模型都具备这一特点，尽管不同的模型其侧重点不同。

14.4 辅助环境流量评估的生态模型筛选

一般的，环境流量评估的从业者不能拿到研究区前人研究建立的模型（第14.6节），针对这种情况，在众多统计建模方法中筛选合适的模型才是关键。

模型的筛选取决于响应变量和预测变量。响应变量是一个可以衡量的标志（一个确定的终点），可作为在环境流量评估过程中的目标生态价值（评估终点）。例如，响应变量可能是"金色鲈鱼种群的可持续发展"，而可以衡量的终点包括育种反应、种群的增长和补充迹象（King 等，2009）。一般而言，响应变量应该具有以下特征：

（1）响应变量一般与选择的核定条件有关，例如提供一个特定的水环境事件。

（2）使用已经建立的模型可以极大地节省开支。

（3）响应变量不能受到测量误差的过大影响。

（4）响应变量要在短时间内即可作出反应。

（5）利益相关者认同响应变量具有价值。

预测变量的筛选，取决于数据可用性、响应变量和对水文情势变动的理解。这与生态模型的要求一致，预测变量应该是那些对响应变量有最大影响的变量，并基于生态知识来预测不同情景的响应。以金色鲈鱼为例，初春时期（会发生大流量事件），流量、流速变化率和水温是预测金色鲈鱼育种反应的最重要变量（Webb 等，2016）。预测变量的确定需要满足两个条件：

（1）与经营杠杆相关的可用变量。管理者可以控制初春的峰值流量，以及流量变化的速率（两者都受到基础设施和运营管理的影响）。

（2）与经营杠杆没有直接关系的变量，这些变量可以改变，甚至可以替代经营杠杆的作用。例如，足够高的水文是金色鲈鱼产卵的必要条件，但不是充分条件。在冷水温度下，理想的水量和变化速率都不会引发产卵。由此可见，水温对鱼类产卵至关重要，管理者可以适当下泄水库的底层的低温水（Olden 和 Naiman，2010）。

在可能的情况下，不同河流的预测变量是不同的。管理者确定预测变量需要将认知从一条河流转移到整个环境利益最大化（第25章）。因为不同的河流会有不同的地貌条件和河道特征，单独的峰值流量和流速变化率都不能实现这一标准（Poff 等，2010）。水力学模型可以将流量和变化率转化为如深度、平均流速和速度变化率（Shafroth 等，2010）。这些变量更有可能和生态响应产生更直接的关联，因为通常与生物群发展直接相关的是水力条件而不是水文要素（第13章）。有直接因果关系的变量更有可能在不同环境背景下转化。

响应变量和预测变量之间假设关系的性质、预测变量的数量、它们之间相互作用的方式，都会影响模型的选择。在本节中，笔者概述了一些可以构建生态模型的方法，以评估环境流量，其中一部分模型可能具有特定应用条件。详尽列举所有的建模方法是不可能的，但是本节列举了一些对环境流量评估有益的方法。本节从最简单的方法开始，使用简单的方程将单个（或很少）的预测变量和响应变量建立起联系，并由此过渡到较为复杂的建模方法。在14.5节，笔者提出了一些较为复杂的建模方法，但在评估过程中可能需要生态建模专家参与其中以评估其可行性。

14.4.1 简单的线性模型

在一些情况下，一些生态响应可能是由某一个单一方面的水文情势决定，并且这个响应是连续的。在这种情况下，简单的线性回归可以用于预测某一个水流事件的生态结果，但是具有不确定性。Driver 等（2005）构建了澳大利亚新南威尔士的 Booligal 沼泽中的洪水持续时间与朱鹭（*Threskiornis molucca*）鸟巢数量之间的响应关系

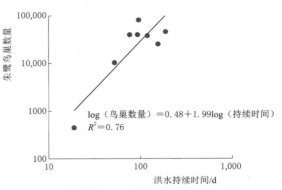

图 14.1　鸟类繁殖（巢数）与洪水持续时间（d）之间的简单线性关系。

来源：Driver 等（2005）

（见图 14.1）。尽管这可能是最简单的应用统计模型，但相关性较高（$R^2 = 0.76$）。

14.4.2 广义线性与非线性模型

对基本线性建模方法的各种改进使其在通用模型中能考虑最大的复杂性（McCullagh 和 Nelder，1989）。广义线性和非线性模型兼顾了非线性关系、非高斯残差等特征，涵盖非连续和非正常的响应数据（例如，逻辑回归），避免伪重复的随机效应。这些特性是通过各种各样的方法来处理的，在本章中就不一一赘述了，读者只需要明白生态响应建模时可以选择这些方法。

Arthington 等（2012）使用了广义最小二乘回归，耦合相关误差和不平均方差（Bolker，2008；Pinheiro，2011），评估了水生植物、鱼群组合、物种丰度和水文情势的响应关系。在河岸带植被区，图 14.2 得出了两种重要的关系：河岸带植被的物种丰度和每年水流的变化系数呈现先下降后升高的趋势，物种丰度的最低值在变化值的中间（A）；旱季原生植被密度（对数）和每日变化系统呈现负的线性关系（B）。尽管图 14.2B 中的数据无法解释原生物种密度的所有变化，但是它仍然可以用来为决策者制定可以接受的旱

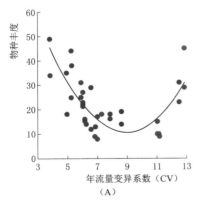

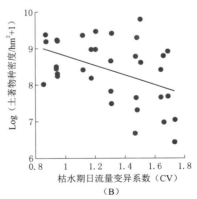

图 14.2　亚热带澳大利亚水文变化的生态界限框架（ELOHA）中制定的非线性（A）和线性（B）下泄流量与生物效应之间的响应关系模型。

来源：Arthington 等（2012）

季流量变化。

14.4.3　分层模型

在环境流量研究中，分层模型的应用越来越多。分层模型使用灵活，能够处理复杂、不完整和混乱的数据，这些数据能够处理许多环境调查数据（Clark，2005）。分层模型最大的优点在于能够合并处理多个采样单元（河流）的统计数据。分层模型通过克隆数据、利用概率框架分析数据，较为复杂。贝叶斯方法是常见的分层模型，本文重点介绍贝叶斯方法。

贝叶斯方法为处理数据提供了一个重要的数学框架。之前的模型中每个参数的概率分布是模型中每个参数都是基于概率分布的，可靠度要优先于收集新数据之前的参数值。这些数据是在似然函数中表示的，并结合之前产生的后验概率分布，反映的是更新后的可靠度（McCarthy，2007）。

先验概率使研究人员有机会将现有的知识纳入分析以改进结果，但是先验概率存在主观性较强的缺陷（McCarthy 和 Masters，2005），也因这一缺陷饱受争议（McCarthy，2007）。然而，先验概率只有在没有可用数据的情况下才会对后验结果有很大影响，通常在缺乏先前认知的情况下（或试图避免主观感受），采用最低限度的信息。需要指出的是，先验对于在分析结果的情况下对后验概率分布没有什么影响。

在分层贝叶斯模型中，通过先验概率将不同采样单元的模型参数联系在一起（Gelman 等，2004）。分层方法的实际效果是，借助外力降低了每个采样单元内的预测不确定性，同时将参数值控制在平均水平以内，不至于误差过大。但是正如其他形式的先验信息，当数据很少或者抽样样品不确定性很高时，分层模型结构对后延估计会有很大影响（Webb 等，2010b）。

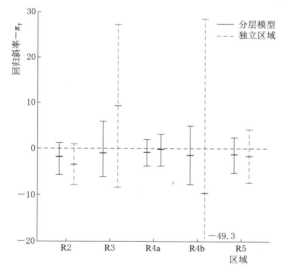

Webb 等（2010b）建议使用分层贝叶斯模型预测环境流量的生态影响。结合澳大利亚 Thomson 河的胡瓜鱼（*Retropinna Semonii*）的采样数据，利用分层模型而不是单独分析 5 条河的情况，发现胡瓜鱼的丰度与夏季流量构建相关关系的不确定性会大大降低（见图 14.3）。

图 14.3　使用分层贝叶斯建模改进预测不确定性。上图显示了一个回归斜率的中值，它将澳大利亚的胡瓜鱼（*Retopinna Semonii*）与夏季流量联系起来，每条河流的数值都显示了数值。中间的横线表示中值，误差线为 95% 置信区间。分层模型的结果用实线表示，独立分析得到的结果用虚线表示。

来源：Webb 等（2010b）

14.4.4　线性函数模型

环境流量评估过程中最具有挑战性的问题就是构建水文-生态响应关系。水文指标有很多（Olden 和 Poff，2003），不同的计算方法计算出的水文指标存在偏差（Kennard 等，2007，

2010）。当前的研究主要集中在描述流态的总体变化，而不是量化水文指标（Sabo 和 Post，2008）。线性函数模型旨在构建数学函数，用以描述在时间序列中的水文指标变动。分析的数据有时是连续的，有时是离散的。数学函数主要描述的是空间或时间上的连续变化，如温度或河流流量（Ainsworth 等，2011）。

功能数据系列可以作为线性函数模型中的预测变量（Muller 和 Stadtmuller，2005；Ramsay 和 Silverman，2002）。在线性模型中，水位变动预测变量而不是衡量水文指标的变量。Stewart - Koster 等（2014）在分析研究美国区域数据时发现，线性模型可以量化鱼类种群密度和时间的响应关系。通过数学方法分析实际流量的变化，使用函数方式消除了不同时间长度记录的水文指标相关联的不确定性（Kennard 等，2007，2010）。

尽管 Stewart - Koster 等（2014）通过联合函数预测变量和指标来解决这一问题，但在有些情况下，线性函数的预测变量和回归系数不能很好地量化水文情势变化的影响。但是，线性函数是一个具有价值的工具，在生态模型中可以使用线性函数模型构建部分响应关系。

14.4.5　机器学习方法

机器学习是近几年快速发展的生态信息领域，可以识别复杂、非线性数据，并能准确预测的模型。机器学习方法可以对模拟过程中得出的结果进行分析。生态学中已经应用了许多机器学习技术，成为传统建模的强大替代品。可以模拟输入和输出数据之间的关系，如人工神经网络（ANNs）、元胞自动机、分类与回归树、模糊逻辑、遗传算法和编程、最大熵、支持向量机和小波分析等（Olden 等，2008）。由于机器学习方法可以模拟复杂的非线性关系，不需要传统的、参数化的限制型假设统计方法，其使用范围越来越广。

Kennard 等（2007）使用人工神经网络模型模拟了澳大利亚环境和水文双因素影响下的河流鱼类群落变动（见图 14.4）。人工神经网络除了在模拟多个响应变量中具有灵活性以外，还具有建模与各种模型的非线性关联的优点，不需要对独立变量的分布特性进行的假设，并能在任何先验规范的情况下，协调各个预测变量之间的相互作用（Olden 等，2006）。人工神经网络可以增加预测的精确度，Kennard 等（2007）利用人工神经网络证明了景观和局部尺度的栖息地变量和长期水流流态的特征是鱼类群落结构变动的主要制约因素，揭示了多个空间和时间尺度上环境和水文要素之间的相互作用。

机器学习方法是进行生态预测和模拟的强大工具，极大地改善了模拟生态系统的能力。然而，机器学习方法并不是万能的，并不能解决所有的生态建模问题。在过去的十年中，有相当多的研究探索了对人工神经网络对独立变量解释的贡献。造成这一问题的原因主要是神经网络对生态数据进行建模是基于黑箱方法，很难理解其内部工作原理。现代研究表明，没有任何一个机器学习方法适用于解决所有问题，但是相比传统方法，机器学习方法更具有可取之处。需要指出的是，虽然机器学习方法具有更大的灵活性解释复杂和混乱的数据集，但是它本身计算过程的不透明导致了模型结果难以解释。虽然机器学习技术加强了我们模拟生态现象的能力，但是进一步理解这些现象背后的基本过程显然更加重要。

14.4.6　贝叶斯网络

贝叶斯网络是一种图形概率模型，它通过一系列条件概率将驱动因素和结果联系起来

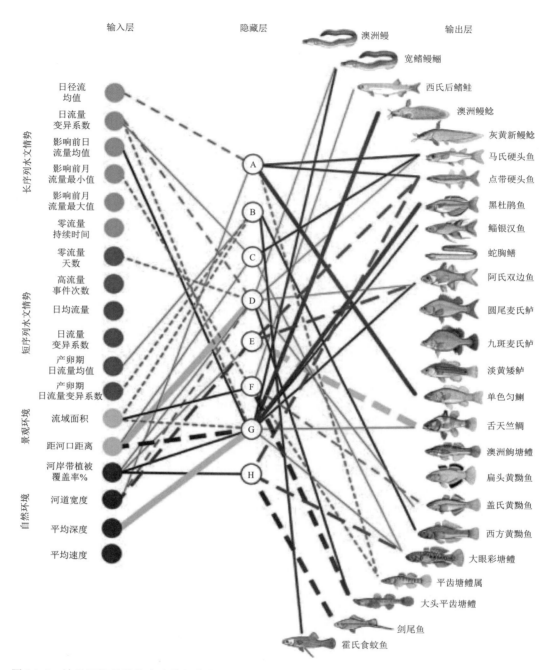

图 14.4　神经网络的结构和连接权值与长期水文特征、短期水文变化和景观尺度属性的关系。

来源：Kennard 等（2007）

（CPTs，Pearl，2000）。它在数据分析领域具有极大优势（Horne 等，2017）。21 世纪初以来，贝叶斯网络在自然资源管理问题中得到了大量应用。

1. 贝叶斯网络很容易构建，可以通过 Netica 这样的软件进行拖放，构建网络结构图。

2. 这个模型以显式图形概念模型为基础，它展示了不同的驱动变量图和相互作用，以影响最终结果。这有利于模型的交流和理解，而在结构层面不会过于简单。

3. 关系的随机性通过条件概率表征，这种不确定性通过模型进行传播，在最终的预测中提供不确定性的显式表示。

4. 贝叶斯网络可以用来快速预测不同的驱动变量可能引发的生态结果。

在自然资源管理领域，贝叶斯网络能够广泛应用的主要原因是他们能在条件概率推导过程中使用不同的数据类型。在一个模型中，一些关系可以由数据来指定，一些由模型输出，而另一些则是由专家意见来指定。不同类型的数据同样可以通过贝叶斯网络在一起，并且可以实时更新。网络的更新主要有专家推动。

举例说明，Shenton 等（2011，2014）在澳大利亚东南部两条河流中利用贝叶斯网络建立了澳大利亚灰林（Prototroctes maraena）和黑鱼（Gadopsis marmoratus）的水文情势图。这个模型是利用专家咨询和启发式过程构建，预测不同环境流量方案的可能结果。

14.5　比较建模方法

14.5.1　基于数据需求和生态知识对建模方法进行分类

上节概述的方法可以进行简单的分类，不同模型结果及其使用的数据数量和类型见图 14.5。虽然不能让每个研究人员都赞同这种分类模式，但是图 14.5 仍是一个可以提高对不同类型模型的认知的有利工具。具体的线性方法和几种机器学习方法的优缺点分析可参见 Olden 等（2008）的文献。

在图 14.5 的左下角没有建模方法，因为这个模型不需要了解生态过程，也不要大量的数据集。

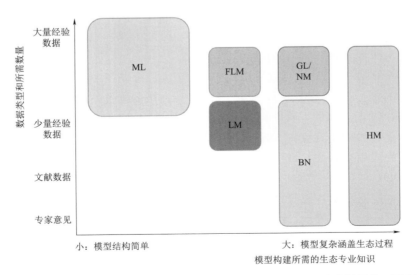

图 14.5　建模方法在模型规范需求和所需数量和类型中的异同（BN：贝叶斯网络；FLM：线性函数模型；GL/NM：广义线性和非线性模型；HM：分层模型；LM：线性模型；ML：机器学习）。

图 14.5 的左上角是机器学习方法。这个方法很吸引人，因为它们允许以现有数据为基础，对模型结构的先验知识需求较少。此外，如果数据集相同，相比于其他方法，机器学习方法的模拟结果会更好（Elith 等，2006）。但是机器学习方法需要大量的经验数据（决策树；Elith 等，2006）。机器学习的伟大之处在于可以构建非线性模型的能力和端点之间关系的平滑函数。但是对两个变量之间的关系缺乏任何假设（如线性），使其不能进行外推。

贝叶斯方法，也就是上一节描述的分层模型（图 14.5 右），在模型结构中具有很大的灵活性（Clark，2005）。这使得模型能够仿真模拟物理和生物过程，例如在原始生产中生态系统的呼吸过程可以作为贝叶斯网络估计模型的一部分（Grace 等，2015），而不是简单的测验经验数据集之间的关系。而贝叶斯网络的灵活性要求建立在广泛基础知识背景下，或者至少需要假设驱动生态反应过程的因果联系。贝叶斯方法有能力吸收不同类型的数据（如从专家意见或文献中获得），作为先验概率分布，与经验数据相结合。贝叶斯网络（Pearl，2000）具有可以直接组合不同类型数据的能力，尤其是可以根据专家意见对关系进行建模（Shenton 等，2014）。使用先前的信息减少了模型构建过程中的不确定性，这可能意味着可以通过极少的数据得到精确的结果，不需要其他替代方法。

在图 14.5 的 x 轴中部，是广义线性和非线性建模方法。生态知识的需求减少是由以下事实造成的：建模方法对于指定的关系类型的限制更加严格。一般来说，对于广义线性模型，需要更多的经验数据表征参数，精度的提高需要多次的采样数据，而且必须包括随机效应来解释抽样间隔的差异，避免伪重复对估计产生重要影响。

14.5.2 构建模型所需要的专业技术

建模方法也可以根据专业技术和专业软件进行分类，会影响到环境流量评估中生态模型的可行性分析。

大多数从事环境流量评估的生态专家和水资源管理人员，对诸如线性模型、广义线性模型和非线性模型都比较熟悉。这些方法在本科和研究生课程中都有教授，并可以通过不同类型的软件来实现（例如，Minitab，R，SPSS）。

贝叶斯网络在实际应用中的可行性比较高，相关人员可以在 1～3 天的短期课程中熟练操作，并且不需要任何专业的数学知识。而构建贝叶斯网络的软件，最流行的软件是 Norsys 编写的 Netica，从商业标准来看，软件购买价格也不高，可应用于环境流量评估之中。

机器学习模型的构建具有较大难度，可以通过 R 语言的免费软件库实现，R 语言已经越来越广泛的应用在各个领域中，并且可以直接调用。然而，很少有人精通这些方法并应用机器学习方法（Olden 等，2008）。因为机器学习的使用需要专业知识背景，而大多数环境流量评估团队和水资源管理单位很难找到掌握这类专业知识的人。

类似的，贝叶斯分层模型、线性函数模型等需要高度数学化的统计方法，仍然只在少数专家领域应用。与机器学习的方法一样，可以在网络中找到教程。然而，要实现这些模型，要求建模人有相当高的编程能力。

这是否意味着本章所描述的专业建模方法与目前进行的环境流量不相关？笔者并不赞同这一观点，几乎所有的环境流量评估建模专家已经利用了水文和水力学模型。因此，这仅仅是对当前实践的一种轻微扩展，使生态建模专家参与到实施更高级的建模方法来帮助评估，这些人将对现有的环境流量评估小组的生态专家进行补充。他们的主要工作是将生态专家的知识转化为响应关系和模型，从而为环境流量评估提供信息。但是这个方法会增加目前环境流量评估的复杂性，加大投入成本（见框 14.1、图 14.6），但是却是行之有效的，可以利用生态响应模型模拟最新的研究进展，为环境流量评估提供信息。

在环境流量评估中，将精力投入到统计模型开发和模型类型的选择，取决于所收集到的数据。由于数据量不够不利于研究，很多环境流量评估需要更多的时间或者资源收集新数据，也可以通过收集类似河流的数据作为补充。正如 14.1 节所述，在没有数据的情况下可以采用这一方法。与之相反，水文变动的生态界限（ELOHA）需要开发水文-生态响应关系（Poff 等，2010），而 ELOHA 模型构建水文生态响应关系时，在没有相关数据可用的情况下，依靠专家驱动模型（贝叶斯网络）构建。具体的环境流量评估中，水文生态响应关系可参见框 14.1。

框 14.1　将统计模型嵌入到环境流量评估中：使用流程图方法

流程图方法（DEPI，2013）是澳大利亚维多利亚州评估环境流量最常用的方法。这是一种堆块法（King 和 Louw，1998），流程图法与世界各地使用的许多其他环境流量评估方法有共同的特征（Tharme，2003；第 11 章）。流程图法是一个桌面方法，应用利益相关者确定生态环境（例如物种）的优先保护/恢复项目。基于水文和水力学模型评估不同流量背景下的物理栖息地数量，然后使用专家经验评估不同栖息地和水流流态产生的生态响应。该方法已经成功应用于维多利亚的多个环境流量评估项目（Cottingham 等，2014；EarthTech，2003），并受到利益相关者广泛认可，并被应用到其他河流中（Bond 等，2012）。

与本章内容最相关的是用于预测不同流态的生态反应过程，这将最终影响到环境流量管理的建议。图 14.6 左栏（摘自 DEPI，2013）正是说明了这一点。该方法并不是只用于"识别关键流量过程以满足每个目标"的过程，这正是我们相信生态响应模型可以用来改善环境流量建议的严密性的原因。

图 14.6 的右栏显示了生态响应模型（第 14.1 节）可以在环境流量评估过程中如何使用。当前水流规范的识别关键过程涉及初步的生态概念模型（CEM）梳理，然后对文献进行回顾（第 2 和第 3 列），以评估已经存在的统计模型在多大程度上嵌入生态概念模型中。根据已经存在的模型和数据量（这通常与所考虑的生态目标和位置相关），将不同级别的工作投入到图 14.6 所概述的建模过程，然后可以最终确定参数化模型，为每个生态目标设置流量建议。可以从相关经验数据中构建数据驱动模型，当评估端点缺少模型和数据时，则需要借助专家经验设置参数（例如，贝叶斯网络）。

例如，一项旨在管理河岸带植被物种丰富性的环境流量评估可以利用 Arthington 等（2012）开发的关系（图 14.2A），作为年际流量变化的调度建议。如果在昆士兰东南部进行评估，那上述关系目前就可以使用。如果在其他地方进行，可能需要额外的数据进行修正。

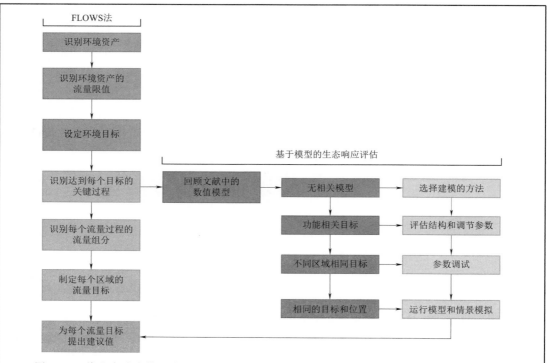

图 14.6　将生态响应模型嵌入环境流量评估中。图中第 1 列是从流程图法中复制出来的。前三个框展示了识别重要生态目标的过程；下面三个框则为确定它们对水流的响应过程；最后一个框是环境流量评估的输出结果——水文情势要符合预期的生态目标。在这里，我们提出了一种确定生态响应的替代路径，在文献中增加了对模型的正式评估（第 2 列和第 3 列），最后通过建模（最后一列）以提高环境流量规范的严密性。

来源：DEPI（2013）。维多利亚州，环境土地和水资源管理局，2015，www.delwp.vic.gov.au

　　工作流程图的应用，以流量作为例子，上面描述的方法可以和任何堆块法耦合，并且已经在某些方法中涵盖（例如，ELOHA；Poff 等，2010）。这种耦合很重要，因为这意味着采用该过程不会破坏现有的环境流量机制，但是可能会增加工作量以确定优先环境端点的流量响应变化，并且可能还需要生态建模专家参与环境流量评估（第14.5.2 节）。在许多情况下，增加工作流程图，改善环境流量评估是有效的。

14.6　构建简单模型

14.6.1　识别现有模型的差距

　　不同的模型具有各自的优势，很难规定哪种模型更适合环境流量评估。模型的复杂性和结构是相辅相成的。本章就模型选择问题提出了一个流程准则，以辅助选择模型：从现有研究中确定，以目标为导向或在可行性研究层面筛选修改模型。

　　生态概念模型（Conceptual ecological models，CEMs）在前期经验基础上构建，即驱动生态响应最重要的因素是水文要素。CEMs 可以被视作一个连接系统变量的节点链接图形模型（图 14.7）。图 14.7 种的 CEMs 响应关系是可验证的假设，能够用数据或其他信息量化。这个概念模型是在统计模型的基础上构建的。但是也有一部分的 CEMs 模型可能难以转化成定量关系（如书面描述或系统的空间地形图映射），但是这些模型仍然能够反映系统结构之间的功能关系。CEMs 是一个简约性模型，而对于简约性模型重要的一点在于限制模型最重要的变量。必须注意的是由于 CEMs 具有高度概括性，但是生态是一个多变量问题，这也制约了 CEMs 的发展，导致构建的模型难以使用，不能参数化。

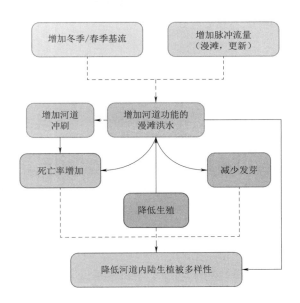

图 14.7　生态概念模型将驱动力（第一行的流量组分）、驱动力（第二行）、生态过程（第三行）和最终的生态结果（底部）联系起来，详细的量化和测试节点之间的联系可以参见本章的统计学模型构建。

来源：Miller 等（2013）

CEMs 是一个从无到有的模型构建过程，几乎没有参考现有的模型或者科学文献。在环境流量评估中，CEMs 是在专家小组知识碰撞的基础上建立的。由于水资源是一个动态变化的过程，没有机会利用现有的知识。但是 CEMs 还是具有很强的应用性的，因为所有的 CEMs 都旨在解决相同或类似的问题。

许多环境流量评估相关专家都认为，环境流量评估过程中有必要建立初步的概念模型。然而，在开发 CEMs 的过程中，需要结合现有文献进行综述，以保证没有遗漏最重要的驱动因素，或者判定各个驱动变量的重要性。需要注意的是，CEMs 不一定要符合先前有的模型标准，但是应该有合理的系统或者可以应用的角度。

综上所述，可以根据现有的统计模型对 CEMs 进行评估，确定现有的模型能在多大程度上辅助环境流量评估。在 CEMs 评估阶段可能会产生四种可能结果：

1. 对于所研究的物种或过程以及正在研究的系统，存在合适的统计模型。这个模型可以不怎么需要修改就能直接使用，但是这种情况是极其罕见的，但却是最受研究人员或者水资源管理者欢迎的。

2. 对于所研究的物种存在统计模型，但是对于正在研究的系统却没有。模型结构可以被完全保留，但是模型的一些参数需要根据不同的气候和地貌条件（例如河流栖息地的流量和范围之间的关系，或水流季节性模式的差异）进行调整。

3. 对于功能相关的物种，存在统计模型。模型结构可以保留核心元素（例如主要驱动力），但是可能需要修改大部分参数。

4. 没有可用的统计模型。这种情况可能是最常见的，为了能在水环境评估中采用生态响应模型，从业者需要选择一个适当的建模方法，将他们的 CEMs 转换成具有预测能力的统计模型或系列模型。

框 14.1 说明了流程图模型如何能够辅助环境流量评估，而现有的实践通常依赖于生态响应对栖息地的预测。以 2～4 条情况为例，还需要收集相关数据，评估数据可用性，以修改或开发模型参数。而在极其缺乏数据的环境中，可能需要基于专家经验的模型开发。

14.6.2 提高模型的简约性

模型不是静态的，而是随着从业者认知的不断推进，新的知识和信息的出现而不断发展。而随着时间的推移，模型的使用也可能发生变化，在未来的环境流量评估中会使用改进的模型。Ward（2008）提出了一个简单的循环模型，在最初解决问题的过程中，提出了一个简单的解决方案，它的性能不如预期的好。随着时间的推移，该模型被改进，并在其性能良好的情况下构建，但是新模型比较复杂，对使用者的友好度较低。随着研究人员理解的加深，在不影响使用性能的情况下，消除复杂性的机会出现了（图 14.8）。最终建立了一种兼顾使用友好度和性能提高的解决方法（Rogers，2007）。

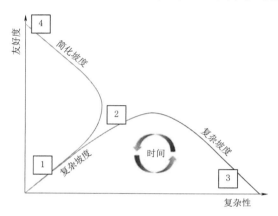

图 14.8　简单循环模型。解决问题的方法可以根据模型的复杂度和解决问题的效用来分类。随着时间的推移，解决问题的方法（流量变化的生态响应）是从简单的区域（1 位置）转到复杂区域（2 位置）。在这一点上，解决方案可能会导致不必要的复杂（3 位置）或者过于简单（4 位置）。简练的解决方案在最大化改善模型效用的同时降低了模型复杂性。

来源：Ward（2005）

概念模型同样适用于流量变化的生态响应模型。许多分析图都试图建立简单的生态响应和流量指标响应关系，如流量大小的变化。Poff 和 Zimmerman（2010）和 Webb 等（2013）分析了 165 篇文献，其中 71 篇文献研究了流量变化的生态效应（简单模型）。随着时间的推移，研究人员已经开发出各种各样的流量指标，通常是针对流量情势的细微差别，试图更好地解释生态响应（复杂模型，如 Marsh 等 2012 年的研究）。研究表明，流态的绝大多数变化都可以用水文指标来表述（Olden 和 Poff，2003），因此可以用简单模型进行统计。

14.7　提取

目前的环境流量评估中直接构建水文生态响应模型的例子不多见（Kendy 等，2012）。针对此现象，本节讨论了潜在原因以及可能发展的方向。

回顾许多报告的同行评审文献，存在许多水文生态响应的统计模型（King 等，2016；Shafroth 等，2010；Webb 等，2010b）。但是这些模型只有极少一部分被应用到环境流量评估中（McManamay 等，2013；Overton 等，2014；Shafroth 等，2010）。产生这一问题的主要原因是，大部分的模型都是关于模型开发和方法研究的。不可否认，生态模型可以指导管理，但是常常不被采纳。

环境流量评估过程迫切需要构建水文生态响应关系。而在环境流量评估中，识别生态端点的充分变化的简单模型通常比复杂模型更加有用。然而，对于文章发表而言，情况恰好相反。所有的期刊，尤其是高影响因子的期刊，都强调研究的新颖性和创新性。在构建水文生态响应关系时，主要采用的是新的统计学方法，这个方法对于从业者而言是相当陌生且入手难度较大的，同时也难以让从业者理解构建关系的过程。因此，环境流量评估的实际生态模型需求与科研人员研究的方向是不匹配的。

ELOHA 框架是一个旨在构建水文生态响应关系模型的环境流量评估的框架（第 11 章）。在这个灵活的框架下，水文生态响应模型可以从现有的数据提取或者基于新收集的数据，利用统计学模型构建响应关系（Arthington 等，2006），生态变化包括定量变化（如阈值、线性）和定性变化（正向、负向）。框架旨在为不同河流水文类别开发稳定的水文生态响应关系，并且将这一水文生态响应关系应用到不同河流类型的环境流量方案构建中（Poff 等，2010）。

ELOHA 框架中构建水文生态响应模型的方法也在朝着多样化发展。Kendy 等（2012）在综述中总结了美国的应用案例以及现有的数据挖掘方法，以及产生的生态响应模型。其中一些研究应用了量化回归，将鱼类、无脊椎动物和河岸带植被与水文参数建立关系（blossom 统计软件；Cade 和 Richards，2005）。Wilding 和 Poff（2009）应用回归方法量化河岸带植被的百分比（参考条件）和峰值流量变化百分比（通过泥沙供应、扰动、幼苗的形成等），以及宽鳍亚口鱼（*flannelmouth sucker*）的生物量与峰值流量之间的响应关系。

ELOHA 框架中的水文评价方法也可以应用其他环境流量评估框架（框 14.1）。不同之处在于，ELOHA 框架强调了为特定河流水文和地貌特征构建水文生态响应模型。ELOHA 框架的成功案例证明了现在的技术手段已经可以推导出有用的生态模型。在生态数据不足的情况下，ELOHA 方法可用于指导收集有用的参考数据和受影响数据，涉及大量的生态响应变量（Poff 等，2010，表 2）。DRIFT 框架主要是应用经验模型构建响应关系（King 等，2003）。

综合现有的文献分析，许多模型都被应用在 ELOHA 框架中（Arthington 等，2012；Wilding 和 Poff，2009）。而随着 ELOHA 框架越来越受欢迎，相关的文献资料也在陆续出版。McManamay 等（2013）发表了一份在田纳西上游流域的 ELOHA 研究报告，涵盖水文生态响应模型的流量，以及对流量恢复的建议和监测结果。类似地，Arthington 等（2014）和 Rolls、Arthington（2014）发布了一组模型，用于研究昆士兰亚热带地区的水文情势和流量调节引起的鱼类响应。

文献可能为同行专家提供了解水文生态响应模型的很好方法。在这种情况下，模型不是论文的重点，重点是如何制定、补充用于指导管理的流程。这种类型的其他出版物，特别是可以很容易得到案例汇总的模型集合，为模型在环境流量评估中提供了极好的机会。

文献发表是生态模型扩散的重要一步，这意味着环境流量评估团队不需要从头开发模型。目前，模型主要局限于发表文献，关于模型的记录不充分（即不容易发现基础概念模型和不同的基本原理）。更好的记录和传播才是增加生态模型在环境流量评估中的应用（第 25 章）的重点。

除此以外，生态模型的扩散是一个从业者改变态度和实践的问题。现有的方法对我们很有用，因此从业者产生了惰性，不愿接受改变。而在实践中的变化则是为了更充分地了解流量。环境流量评估中的生态模型只能通过上述案例研究持续证明生态模型的好处。只有通过管理者和监管机构的参与才能看到其在活动范围内应用建模方法的好处。

14.8　改进生态响应模型

14.8.1　自适应学习，保持与研究密切联系的重要性

在环境流量评估中开发生态统计学模型的最终目标是对各种潜在的流量情景的生态响应进行定量预测。这些预测包括对不确定性的估计，并且还能对没有深入研究或者监测的历史的河流进行预测（Poff 等，2010）。这是一个重大挑战，不过科学家已经将这一研究提上日程（框 14.2）。

随着时间的推移，社会各界都对生态建模有较高期待。这有助于加速研究的推动，以及监测计划获得更多和更好的环境流量响应数据。在研究工作的深入开展过程中，人们对生态过程的理解也会加深，并通过改进建模等方法，开发最新最好的模型（第 14.4 节）。

生态建模能力的提高和随之而来的预测能力将通过环境流量的适应性管理周期中的自适应学习循环来实现（第 25 章）。在此周期内，生态统计模型将用于预测各种环境流量情景（管理决策）方案的生态结果，然后筛选情景方案。监测和评估环境流量方案执行后的生态结果将更新模型的次要（例如，参数更新）或主要（例如，模型结构改变）因素。这些不断更新的模型将供从业人员进行更精确的环境流量评估（第 14.6.2 节）。

为了能够更精确地评估环境流量，需要研究者们与负责进行环境流量评估的管理人员进行密切合作。必须积极参与研究，以确保监测和评估的结果可用于改进对流量变化的生态响应模型（Poff 等，2003；Shafroth 等，2010）。公众的参与度不高将使环境流量评估流程固化，隔离了实施阶段和研究过程，不利于适应性管理的学习过程，加深人们对生态系统响应的理解。现有的评估环境流量的方法为从业者提供了很好的服务，但是本书作者认为，生态响应模型的加入将会极大地改善环境流量评估。

14.8.2　未来挑战

生态建模正在蓬勃发展（例如功能性模型）。新的方法会定期推出，尽管不能确定未来 10 年甚至 20 年内，环境流量评估系统中的生态响应会是什么样子，但是相信在不久的将来，生态模型的重要性将会变得更加突出。

近年来，水力学模型的复杂程度有所提高。尽管许多环境流量评估仍然是沿用一维水力学模型（例如，水文工程中心的河流分析系统 HEC - RAS 模型；http：//www. hec. usace. army. mil/software/hec - ras/），二维和三维的水力学模型估算水生生物栖息地的案例正在增加，并且具有更高的技术成熟度（Shafroth 等，2010；Webb 等，2016）。相信不久的将来，生态模型将开始在水利建模中有越来越多的优势，从而撼动目前使用静态水文指标主导流量机制的地位。经过 20 年的生态学和水力学发展，生态水力学的学科交叉研究正在不断增加，并开始形成指导未来研究的一般原则（Nestler 等，2016a；Nestler 等，2016b）。尽管笔者坚持这一章的主要论点，模型必须简单，但是水文学、水力学和生态学之间的交叉发展仍然是一个重要的研究方向。

框 14.2　环境流量评估的定量预测能力：洪水泛滥对陆地植被侵蚀的影响

Webb 等（2015）研究了一个多级过程，用来模拟管控河道中洪水对陆地植被侵蚀的影响。这个过程的建立是为了更好地利用所有收集到的信息，这些信息可以在检测和预测流量变化的影响中发挥作用。具体的流程如下：

1. 系统的文献调研，可以建立一个有根据的概念模型，用于识别陆地植被对洪水响应的主要驱动过程（Miller 等，2013）。

2. 正式的专家参与流程（第 15 章），提供对概念模型中的先验量化（de Little 等，2012）。

3. 基于大规模的监测方案收集数据（Webb 等，2010a，2014）。监测的一般原则详见第 25 章。

4. 将概念模型转化为可以分析数据的统计模型（de Little 等，2013）。

5. 开发分层贝叶斯模型，将经验、专家先验信息和监测数据结合（de Little 等，2013）。

基于上述流程产生的模型能够预测不同洪水情景方案（洪水持续天数、洪水频率和泛滥的季节）的陆地植被状况，其中三个尺度（地点、河流和区域）与利益相关者（个别土地拥有者、当地流域管理局和州河流管理局）最为相关。该模型还具有对任何地点或河流进行预测的能力（增加不确定性），且只需要收集水文（其他驱动）数据，不需要收集植被数据。

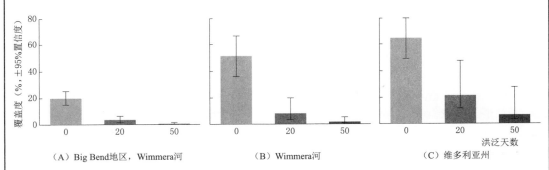

图 14.9　三种不同洪水情景下（0 天、20 天、50 天）的陆地植被预测，洪水指的是洪水期（11 月至次年 4 月）发生的持续洪水。条形图显示的是预测的中值，误差条包含 95% 置信区间。每个条形图的 y 轴都是相同的（0～80%）。结果在三个尺度上呈现：（A）在澳大利亚维多利亚西部的 Wimmera 河一个点；（B）整个 Wimmera 河流域；（C）整个维多利亚州。

结果表明，对于某些环境终点，科学完全有能力作出可靠的定量预测，从而为环境流量评估提供信息。在这个案例中使用的过程相当复杂和密集；然而，研究表明，每一个过程都有助于提高对陆地植被覆盖度估计的准确度（降低不确定性），强调所有组件的价值。

当今是一个众多学科蓬勃发展的大数据时代（Frankel 和 Reid，2008），环境流量评估也处于这一领域。学科交叉可以大大减低研究成本，简化研究流程。模型可以将水文数据转换成水力学数据，能够通过遥感数据，研究河流的流动机制和栖息地连续变化，而不仅仅是在选定的点上测量。同样，通过注入遥感、环境基因学和环境 DNA 的测量等方法，生态变量的数据可能更加丰富和多样化，信息量更大（Chariton 等，2016；Hampton 等，2013）。这个进展可能完全扭转目前关于生态数据的可用性。可能河流几个点的采样就可以拥有足够数据，预测生态结果，提高精度；可能会出现这样的情况，研究人员会收集大量的空间连续数据，尽管在任何数据点周围都有更大的不确定性。大数据的收集还可能会推动生态响应建模，开发大数据分析方法，如机器学习的方法（Chariton 等，2016）。大数据分析的方法对个别科学家和管理者的依赖程度较低，更能够识别生态过程变动、流动机制和物种反应之间的因果联系。

在大数据时代，专家经验和生态学知识是否已经过时？笔者并不这么认为。一般来说，除非有一个清晰的模拟过程，否则没有任何模型可以可靠地预测所有生态结果。然而，管控河流如何制定环境流量计划，科学的做法是构建水文生态响应关系，尽管没有经验数据。此外，21 世纪人类社会的高速发展（Steffen 等，2007）导致了环境以前所未有的速度改变，而生态系统变动的主要因素不再是气候等自然环境变化影响（Acreman 等，2014）。新世纪的新情景要求研究人员不仅要研究自然生态响应，还应基于统计模型，采用过程表征，研究其他因素引起的生态变化，例如，动态人口模型中引发的流量机制变化引起的生态响应（Jager 和 Rose，2003；Shenton 等，2012）。相信在不久的将来，对生态模型的研究将给人类社会带来更多的惊喜（Acreman 等，2014；Doak 等，2008）。本章主要阐述在大数据时代的生态响应模型构建，但是生态基础知识和经验的应用在未来的研究中还是必不可少（Olden 等，2006，2008）。

14.9 结论

长期以来，环境流量评估都是通过水文模型和水力学模型预测物理栖息地的变化，相比之下，根据专家意见，水流和栖息地的生态响应很大程度上已经被预测。然而，大量的文献记录了水生生态响应的研究，以及价值模型工具的不断开发，意味着研究人员能够使用统计模型和其他类型模型来预测生态趋势和结果，指导环境流量评估。生态模型已经越来越多地用于预测生态系统对流量变化的响应，还有望提高环境流量评估的准确性、透明度和可重复性。

本章概述了一个过程，在这个过程中，从业者可以定量和调整现有的统计模型，以便在环境流量评估中使用。同时本章概述了一些主要的建模工具组，可以在没有模型存在的案例中使用，并根据它们对数据和生态专业知识的需求对这些工具进行分类（框 14.3）。

尽管现在的技术水平离实现构建定量水文生态响应模型目标还有一定的差距，但上述模型和原则表明，生态响应模型已经足够先进，可以直接纳入许多环境流量评估之中。同样重要的是，将这些模型纳入决策过程，既包括环境流量评估过程（第 11 章），也包括根据不断变化的条件对环境流量作出适应性管理（第 25 章）。简单模型和复杂模型都可能有助于预测对恢复生态系统的生态响应，但从业者必须能够了解预测结果，以便能够辅助最终的决策制定，为制定环境流量提供决策信息。同样重要的是，在实施环境流量方案之后，通过监测来记录基于定量的水文生态响应模型判定流量恢复的成功与否（McManamay 等，2013；Shafroth 等，2010）。

参 考 文 献

Acreman, M., Arthington, A. H., Colloff, M. J., Couch, C., Crossman, N. D., Dyer, F., et al., 2014. Environmental flows for natural, hybrid, and novel riverine ecosystems in a changing world. Front. Ecol. Environ. 12, 466 - 473.

Ainsworth, L. M., Routledge, R., Cao, J., 2011. Functional data analysis in ecosystem research: the decline of Oweekeno Lake Sockeye Salmon and Wannock River flow. J. Agric. Biol. Environ. Stat. 16, 282 - 300.

Arthington, A. H., 2012. Environmental Flows: Saving Rivers in the Third Millenium. University of California Press, Berkely and Los Angeles, CA.

Arthington, A. H., Bunn, S. E., Poff, N. L., Naiman, R. J., 2006. The challenge of providing environmental flow rules to sustain river ecosystems. Ecol. Appl. 16, 1311 - 1318.

Arthington, A. H., Mackay, S. J., James, C. S., Rolls, R. J., Sternberg, D., Barnes, A., et al., 2012. Ecological - Limits - of - Hydrologic - Alteration: A Test of the ELOHA Framework in South - East Queensland. National Water Commission, Canberra.

Arthington, A. H., Rolls, R. J., Sternberg, D., Mackay, S. J., James, C. S., 2014. Fish assemblages in subtropical rivers: low - flow hydrology dominates hydro - ecological relationships. Hydrol. Sci. J. 59, 594 - 604.

Bolker, B. M., 2008. Ecological Models and Data in R. Princeton University Press, Princeton.

Bond, N., Gippel, C., Catford, J., Lishi, L., Hao, L., Bin, L., et al., 2012. River Health and

Environmental Flow in China Project: Preliminary Environmental Flows Assessment in the Li River. International Water Centre, Brisbane.

Bunn, S. E. , Arthington, A. H. , 2002. Basic principles and ecological consequences of altered flow regimes for aquatic biodiversity. Environ. Manage. 30, 492 – 507.

Bunn, S. E. , Davies, P. M. , Winning, M. , 2003. Sources of organic carbon supporting the food web of an arid zone floodplain river. Freshw. Biol. 48, 619 – 635.

Burnham, K. P. , Anderson, D. R. , 2002. Model Selection and Multimodel Inference. Second edition. Springer, New York.

Cade, B. S. , Richards, J. D. , 2005. User manual for Blossom statistical software. U. S. Geological Survey.

Chariton, A. , Sun, M. , Gibson, J. , Webb, J. A. , Leung, K. M. Y. , Hickey, C. W. , et al. , 2016. Emergent technologies and analytical approaches for understanding the effects of multiple stressors in aquatic environments. Mar. Freshw. Res. 67, 414 – 428.

Clark, J. S. , 2005. Why environmental scientists are becoming Bayesians. Ecol. Lett. 8, 2 – 14.

Colloff, M. J. , Baldwin, D. S. , 2010. Resilience of floodplain ecosystems in a semi – arid environment. The Rangeland J. 32, 305 – 314.

Cottingham, P. , Brown, P. , Lyon, J. , Pettigrove, V. , Roberts, J. , Vietz, G. , et al. , 2014. Mid Goulburn River FLOWS Study—Final Report: Flow Recommendations. Peter Cottingham and Associates, Melbourne.

Davies, P. M. , Naiman, R. J. , Warfe, D. M. , Pettit, N. E. , Arthington, A. H. , Bunn, S. E. , 2014. Flow – ecology relationships: closing the loop on effective environmental flows. Mar. Freshw. Res. 65, 133 – 141.

DEPI, 2013. FLOWS—A Method for Determining Environmental Water Requirements in Victoria. Second edition. Department of Environment and Primary Industries, Melbourne.

de Little, S. C. , Webb, J. A. , Patulny, L. , Miller, K. A. , Stewardson, M. J. , 2012. Novel methodology for detecting ecological responses to environmental flow regimes: using causal criteria analysis and expert elicitation to examine the effects of different flow regimes on terrestrial vegetation. Proceedings of the 9th International Symposium on Ecohydraulics. International Association for Hydro – Environmental Engineering and Research (IAHR), Vienna, Austria, paper 13886 – 2.

de Little, S. C. , Webb, J. A. , Miller, K. A. , Rutherfurd, I. D. , Stewardson, M. J. , 2013. Using Bayesian hierarchical models to measure and predict the effectiveness of environmental flows at the site, river and regional scales. Proceedings of MODSIM2013, 20th International Congress on Modelling and Simulation. Modelling and Simulation Society of Australia and New Zealand, Adelaide, pp. 359 – 365.

Doak, D. F. , Estes, J. A. , Halpern, B. S. , Jacob, U. , Lindberg, D. R. , Lovvorn, J. , et al. , 2008. Understanding and predicting ecological dynamics: Are major surprises inevitable? Ecology 89, 952 – 961.

Driver, P. , Chowdhury, S. , Wettin, P. , Jones, H. , 2005. Models to predict the effects of environmental flow releases on wetland inundation and the success of colonial bird breeding in the Lachlan River, NSW. Proceedings of the 4th Australian Stream Management Conference: Linking Rivers to Landscapes. Tasmanian Department of Primary Industries, Water and Environment, Launceston, Tasmania, pp. 192 – 198.

EarthTech. , 2003. Thomson River environmental flow requirements & options to manage flow stress. Report to West Gippsland Catchment Management Authority, Dept. of Sustainability and Environment, Melbourne Water Corporation and Southern Rural Water, Earth Tech Engineering Pty Ltd, Melbourne, Australia.

Elith, J., Graham, C. H., Anderson, R. P., Dudik, M., Ferrier, S., Guisan, A., et al., 2006. Novel methods improve prediction of species' distributions from occurrence data. Ecography 29, 129 – 151.

Frankel, F., Reid, R., 2008. Big data: distilling meaning from data. Nature 455, 30.

Giam, X., Olden, J. D., 2015. A new R – 2 – based metric to shed greater insight on variable importance in artificial neural networks. Ecol. Model. 313, 307 – 313.

Gillespie, B. R., Desmet, S., Kay, P., Tillotson, M. R., Brown, L. E., 2015. A critical analysis of regulated river ecosystem responses to managed environmental flows from reservoirs. Freshw. Biol. 60, 410 – 425.

Gelman, A., Rubin, J. B., Stern, H. S., Rubin, D. B., 2004. Bayesian Data Analysis. Chapman & Hall/CRC, Boca Raton, FL.

Grace, M. R., Gilling, D. P., Hladyz, S., Caron, V., Thompson, R. M., Mac Nally, R., 2015. Fast processing of diel oxygen curves: estimating stream betabolism with BASE (BAyesian Single – station Estimation). Limnol. Oceanogr. Methods 13, 103 – 114.

Hampton, S., Strasser, C., Tewksbury, J., Gram, W., Budden, A., Batcheller, A., et al., 2013. Big data and the future of ecology. Front. Ecol. Environ. 11, 156 – 162.

Horne, A., Kaur, S., Szemis, J., Costa, A., Webb, J. A., Nathan, R., 2017. Using optimization to develop a "designer" environmental flow regime. Env. Model. Soft. 88, 188 – 199.

Jager, H. I., Rose, K. A., 2003. Designing optimal flow patterns for fall Chinook salmon in a central valley, California, river. N. Am. J. Fish. Manage. 23, 1 – 21.

Kendy, E., Apse, C., Blann, K., 2012. A Practical Guide to Environmental Flows for Policy and Planning. The Nature Conservancy, Arlington, VA.

Kennard, M. J., Olden, J. D., Arthington, A. H., Pusey, B. J., Poff, N. L., 2007. Multiscale effects of flow regime and habitat and their interaction on fish assemblage structure in eastern Australia. Can. J. Fish. Aquat. Sci. 64, 1346 – 1359.

Kennard, M. J., Mackay, S. J., Pusey, B. J., Olden, J. D., Marsh, N., 2010. Quantifying uncertainty in estimation of hydrologic metrics for ecohydrological studies. River Res. Appl. 26, 137 – 156.

King, A. J., Tonkin, Z., Mahoney, J., 2009. Environmntal flow enhances native fish spawning and recruitment in the Murray River, Australia. River Res. Appl. 25, 1205 – 1218.

King, A. J., Gwinn, D. C., Tonkin, Z., Mahoney, J., Raymond, S., Beesley, L., 2016. Using abiotic drivers of fish spawning to inform environmental flow management. J. Appl. Ecol. 53, 34 – 43.

King, J., Brown, C., 2010. Integrated basin flow assessments: concepts and method development in Africa and South – east Asia. Freshw. Biol. 55, 127 – 146.

King, J., Louw, D., 1998. Instream flow assessments for regulated rivers in South Africa using the Building Block Methodology. Aquat. Ecosyst. Health Manag. 1, 109 – 124.

King, J., Brown, C., Sabet, H., 2003. A scenario – based holistic approach to environmental flow assessments for rivers. River Res. Appl. 19, 619 – 639.

Konrad, C. P., Olden, J. D., Lytle, D. A., Melis, T. S., Schmidt, J. C., Bray, E. N., et al., 2011. Large – scale flow experiments for managing river systems. BioScience 61, 948 – 959.

Lele, S. R., Dennis, B., Lutscher, F., 2007. Data cloning: easy maximum likelihood estimation for complex ecological models using Bayesian Markov chain Monte Carlo methods. Ecol. Lett. 10, 551 – 563.

Lytle, D. A., Poff, N. L., 2004. Adaptation to natural flow regimes. Trends Ecol. Evol. 19, 94 – 100.

MacNally, R., 2000. Regression and model – building in conservation biology, biogeography and ecology: the distinction between – and reconciliation of – 'predictive' and 'explanatory' models. Biodivers. Conserv. 9, 655 – 671.

Marsh, N. , Sheldon, F. , Rolls, R. , 2012. Synthesis of Case Studies Quantifying Ecological Responses to Low Flows. National Water Commission, Canberra, Australia.

McCarthy, M. A. , 2007. Bayesian Methods for Ecology. Cambridge University Press, Cambridge, UK/ New York.

McCarthy, M. A. , Masters, P. , 2005. Profiting from prior information in Bayesian analyses of ecological data. J. Appl. Ecol. 42, 1012 – 1019.

McCullagh, P. , Nelder, J. A. , 1989. Generlized Linear Models. second edition Chapman and Hall/CRC Press, London.

McManamay, R. A. , Orth, D. J. , Dolloff, C. A. , Mathews, D. C. , 2013. Application of the ELOHA framework to regulated rivers in the upper Tennessee River basin: a case study. Environ. Manage. 51, 1210 – 1235.

Miller, K. A. , Webb, J. A. , de Little, S. C. , Stewardson, M. J. , 2013. Environmental flows can reduce the encroachment of terrestrial vegetation into river channels: a systematic literature review. Environ. Manage. 52, 1201 – 1212.

Muller, H. G. , Stadtmuller, U. , 2005. Generalized functional linear models. Ann. Stat. 33, 774 – 805.

Naiman, R. J. , Latterell, J. J. , Pettit, N. E. , Olden, J. D. , 2008. Flow variability and the biophysical vitality of river systems. Compte Rendus Geosci. 340, 629 – 643.

Naiman, R. J. , Alldredge, J. R. , Beauchamp, D. A. , Bisson, P. A. , Congleton, J. , Henny, C. J. , et al. , 2012. Developing a broader scientific foundation for river restoration: Columbia River food webs. Proc. Natl. Acad. Sci. USA. 109, 21201 – 21207.

Nestler, J. M. , Stewardson, M. , Gilvear, D. , Webb, J. A. , Smith, D. L. , 2016a. Does ecohydraulics have guiding principles. Proceedings of the 11th International Symposium on Ecohydraulics. The University of Melbourne, Melbourne, Australia, paper 26780.

Nestler, J. M. , Stewardson, M. J. , Gilvear, D. , Webb, J. A. and Smith, D. L. , 2016b. Ecohydraulics exemplifies the emerging "paradigm of the interdisciplines". J. Ecohydraul. 1, 5 – 15.

Olden, J. D. , Jackson, D. A. , 2002. A comparison of statistical approaches for modelling fish species distributions. Freshw. Biol. 47, 1976 – 1995.

Olden, J. D. , Naiman, R. J. , 2010. Incorporating thermal regimes into environmental flows assessments: modifying dam operations to restore freshwater ecosystem integrity. Freshw. Biol. 55, 86 – 107.

Olden, J. D. , Poff, N. L. , 2003. Redundancy and the choice of hydrologic indices for characterizing streamflow regimes. River Res. Appl. 19, 101 – 121.

Olden, J. D. , Poff, N. L. , Bledsoe, B. P. , 2006. Incorporating ecological knowledge into ecoinformatics: An example of modeling hierarchically structured aquatic communities with neural networks. Ecol. Inform. 1, 33 – 42.

Olden, J. D. , Lawler, J. J. , Poff, N. L. , 2008. Machine learning methods without tears: a primer for ecologists. Q. Rev. Biol. 83, 171 – 193.

Olden, J. D. , Konrad, C. P. , Melis, T. S. , Kennard, M. J. , Freeman, M. C. , Mims, M. C. , et al. , 2014. Are largescale flow experiments informing the science and management of freshwater ecosystems? Front. Ecol. Environ. 12, 176 – 185.

Overton, I. C. , Pollino, C. A. , Roberts, J. , Reid, J. R. W. , Bond, N. R. , McGinness, H. M. , et al. , 2014. Development of the Murray Darling basin plan SDL adjustment ecological elements method. CSIRO Land and Water Flagship, Adelaide.

Palmer, M. A. , Ambrose, R. F. , Poff, N. L. , 1997. Ecological theory and community restoration ecology. Restor. Ecol. 5, 291 – 300.

Pearl, J. , 2000. Causality: Models, Reasoning, and Inference. Cambridge University Press, Cambridge,

UK. Pinheiro, J., 2011. The nlme package, Version 3. 1 – 98.

Poff, N. L., Zimmerman, J. K. H., 2010. Ecological responses to altered flow regimes: a literature review to inform the science and management of regulated rivers. Freshw. Biol. 55, 194 – 205.

Poff, N. L., Allan, J. D., Bain, M. B., Karr, J. R., Prestegaard, K. L., Richter, B. D., et al., 1997. The natural flow regime. BioScience 47, 769 – 784.

Poff, N. L., Allan, J. D., Palmer, M. A., Hart, D. D., Richter, B. D., Arthington, A. H., et al., 2003. River flows and water wars: emerging science for environmental decision making. Front. Ecol. Environ. 1, 298 – 306.

Poff, N. L., Richter, B. D., Arthington, A. H., Bunn, S. E., Naiman, R. J., Kendy, E., et al., 2010. The ecological limits of hydrologic alteration (ELOHA): a new framework for developing regional environmental flow standards. Freshw. Biol. 55, 147 – 170.

Ramsay, J. O., Silverman, B. W., 2002. Applied Functional Data Analysis: Methods and Case Studies. Springer, New York.

Rogers, K. H., 2007. Complexity and simplicity: complementary requisites for policy implementation. Oral presentation at the 10th International Riversymposium and Environmental Flows Conference. The Nature Conservancy, Brisbane, Australia.

Rolls, R. J., Arthington, A. H., 2014. How do low magnitudes of hydrologic alteration impact riverine fish populations and assemblage characteristics? Ecol. Indic. 39, 179 – 188.

Sabo, J. L., Post, D. M., 2008. Quantifying periodic, stochastic, and catastrophic environmental variation. Ecol. Monogr. 78, 19 – 40.

Shafroth, P. B., Wilcox, A. C., Lytle, D. A., Hickey, J. T., Andersen, D. C., Beauchamp, V. B., et al., 2010. Ecosystem effects of environmental flows: modelling and experimental floods in a dryland river. Freshw. Biol. 55, 68 – 85.

Shenton, W., Hart, B. T., Chan, T., 2011. Bayesian network models for environmental flow decision – making: 1. Latrobe River Austrlaia. River Res. Appl. 27, 283 – 296.

Shenton, W., Bond, N. R., Yen, J. D. L., Mac Nally, R., 2012. Putting the "Ecology" into environmental flows: Ecological dynamics and demographic modelling. Environ. Manage. 50, 1 – 10.

Shenton, W., Hart, B. T., Chan, T. U., 2014. A Bayesian network approach to support environmental flow restoration decisions in the Yarra River, Australia. Stoch. Environ. Risk Assess. 28, 57 – 65.

Steffen, W., Crutzen, P. J., McNeill, J. R., 2007. The Anthropocene: are humans now overwhelming the great forces of nature. Ambio 36, 614 – 621.

Stewardson, M. J., Webb, J. A., 2010. Modelling ecological responses to flow alteration: making the most of existing data and knowledge. In: Saintilan, N., Overton, I. (Eds.), Ecosystem Response Modelling in the Murray – Darling Basin. CSIRO Publishing, Melbourne, Australia, pp. 37 – 49.

Stewart – Koster, B., Olden, J. D., Gido, K. B., 2014. Quantifying flow – ecology relationships with functional linear models. Hydrol. Sci. J. 59, 629 – 644.

Tennant, D. L., 1976. Instream flow regimens for fish, wildlife, recreation, and related environmental resources. Proceedings of the Symposium and Specialty Conference on Instream Flow Needs, May 3 – 6. American Fisheries Society, Boise, ID, pp. 359 – 373.

Tharme, R. E., 2003. A global perspective on environmental flow assessment: emerging trends in the development and application of environmental flow methodologies for rivers. River Res. Appl. 19, 397 – 441.

Thomas, J. A., Bovee, K. D., 1993. Application and testing of a procedure to evaluate transferability of habitat suitability criteria. Regul. Rivers Res. Manage. 8, 285 – 294.

Ward D., 2005. The simplicity cycle: simplicity and complexity in design. *Defence AT&L*, *Defense Ac-*

quisitions University, November – December, 18 – 21.

Ward, D. , 2008. The Simplicity Cycle: An Exploration of the Relationship Between Complexity, Goodness, and Time. Rouge Press.

Webb, A. , Casanelia, S. , Earl, G. , Grace, M. , King, E. , Koster, W. , et al. , 2016. Commonwealth Environmental Water Office Long Term Intervention Monitoring Project: Goulburn River Selected Area Evaluation Report 2014 – 15. University of Melbourne Commercial, Melbourne.

Webb, J. A. , Stewardson, M. J. , Chee, Y. E. , Schreiber, E. S. G. , Sharpe, A. K. , Jensz, M. C. , 2010a. Negotiating the turbulent boundary: the challenges of building a science – management collaboration for landscape – scale monitoring of environmental flows. Mar. Freshw. Res. 61, 798 – 807.

Webb, J. A. , Stewardson, M. J. , Koster, W. M. , 2010b. Detecting ecological responses to flow variation using Bayesian hierarchical models. Freshw. Biol. 55, 108 – 126.

Webb, J. A. , Miller, K. A. , King, E. L. , de Little, S. C. , Stewardson, M. J. , Zimmerman, J. K. H. , et al. , 2013. Squeezing the most out of existing literature: a systematic re – analysis of published evidence on ecological responses to altered flows. Freshw. Biol. 58, 2439 – 2451.

Webb, J. A. , Miller, K. A. , de Little, S. C. , Stewardson, M. J. , 2014. Overcoming the challenges of monitoring and evaluating environmental flows through science – management partnerships. Int. J. River Basin Manage. 12, 111 – 121.

Webb, J. A. , de Little, S. C. , Miller, K. A. , Stewardson, M. J. , Rutherfurd, I. D. , Sharpe, A. K. , et al. , 2015. A general approach to predicting ecological responses to environmental flows: making best use of the literature, expert knowledge, and monitoring data. River Res. Appl. 31, 505 – 514.

Wilding, T. K. , Poff, N. L. , 2009. Flow – Ecology Relationships for the Watershed Flow Evaluation Tool. Colorado Water Conservation Board, Denver, CO.

第 15 章

不 确 定 性 和 水 环 境

Lisa Lowe[1]，Joanna Szemis[2] 和 J. Angus Webb[2]

1. 墨尔本市环境、土地、水利和规划部，维多利亚州，澳大利亚

2. 墨尔本大学帕克维尔校区，维多利亚州，澳大利亚

15.1　为什么要考虑不确定性？

据我们所知，有"已知的已知"，有些事，我们知道自己知道；我们也知道，有"已知的未知"，也就是说，有些事，我们现在知道我们不知道。但是，同样存在"未知的未知"——有些事，我们不知道自己不知道。

唐纳德·拉姆斯菲尔德（2002）

　　数十年的研究表明，我们河流的生态健康依赖于充足的水资源。而环境流量管理中应对不确定性是最大的挑战。"我们知道我们不知道。"虽然近些年来环境流量研究取得了很大的进展，但在这一领域仍然还是存在许多不能确切理解的事情（Poff 和 Zimmerman，2010）。

　　业界广泛认可环境流量评估存在不确定性，但是很少量化这一问题。也有一些学者调查了环境流量评估中的个体不确定性来源（Caldwell 等，2015；Fu 和 Guillaume，2014；Stewardson 和 Rutherfurd，2006；Van der Lee 等，2006；Warmink 等，2010），而在环境流量的正式评估中却很少纳入不确定性分析。但是，研究不确定性却对水生态系统健康有很多好处。

　　当存在水资源冲突的情况，而利益相关方却无法确定实现期望的环境效益时，很难说服利益相关方接受有形的经济损失（Clark，2002；Ladson 和 Argent，2002）。加深各方对不确定性的理解，允许各个利益相关者进行更开放的对话，从而能够忽视不确定性会削弱政策公信力（Ascough 等，2008）的可能。

　　加深对不确定性的研究可以改善环境流量管理者的运营决策。例如，水资源管理者可

以判断水库中泄放多少水才能达到理想的环境效益。如果水库泄放的水太少的话，可能对环境根本没有影响，反而浪费了水；但是，如果泄放的水量超过需要的水量，也会造成水资源浪费（Stewardson 和 Rutherfurd，2006）。因此，加深理解环境流量评估中的不确定性，为水资源管理者定量确定环境效益提供了可能，并可以将其与水用于其他目的的益处进行比较。

增加监测和研究工作是减少不确定性的最主要方法之一。由于监测和研究受限于资金成本，因此在制定监测和研究方案之前，应该考虑管理决策会如何影响未来的研究和监测投资，以最有效地改善人们的认知。然而，即使增加了研究和监测工作，仍然存在不确定性。

本章旨在为参与不确定性评估的从业者提供对所涉及概念的理解，并说明不确定性评估和环境流量之间的关系。本章重点关注环境流量评估中的不确定性。重点考虑不同类型的不确定性以及这些不确定性如何应用于环境流量评估中（第 15.2 节）。环境流量评估中不确定因素较多，本章的第 15.3 节提供了一个框架，识别了不同的不确定性来源。第 15.4 节介绍了量化不确定程度的方法。第 15.5 节讨论了应对不确定性的方法，Burgman（2005）、Quinn 和 Keough（2002）、Cullen 和 Frey（1999）的研究案例详细描述了不确定性的评估方法。

15.2　不确定性的本质

不确定性是一个包罗万象的术语，不同的人对此有不同的定义。因此，不确定的概念也是存在争议的。一部分人认为不确定性与缺乏实现环境效益所需的水量知识有关，一部分人认为不确定性这个术语其实与未来事件有联系，例如不知道未来几个月是否有足够的水以满足环境要求。概念混乱导致从业人员不能确定如何应用不确定性应对大规模的环境流量泄放。综上所述，本章将不确定性定义为与不可达到的完全决定论的任何偏离（Walker 等，2003）。

环境流量评估中涉及的不确定性分为三大类：认知不确定性、模糊性和自然变异性。这些分类也有其他名称（图 15.1）。

认知不确定性主要与我们缺乏知识有关。通过增加知识经验可以减少这种不确定性。例如，研究人员没有办法确定某条河流中栖息的鱼类种类，哪些环境过程会影响鱼类种群，或者鱼类的丰度预测模型中使用的系数应该是多少。可以通过加强研究或监测以减少这种类型的不确定性。

模糊性是指对于某一种情况存在多种解释（Brungnah 等，2008）。这种情况不同于认知不确定性，产生这种情况主要是由于对信息的理解存在差异。例如，环境流量评估中使用的语言可能含糊不清，导致出现不同的解释。对于枯水年和丰水年，会提出不同的流量建议，除非这些是明确定义的，否则就会出现不同的释意。

自然变异性是系统中无法预测的固有随机性（Ascough 等，2008；Walker 等，2003）。虽然人们能够更好地理解或更精确地估计自然变异性，但是却不能通过改进知识来消除自然变异性（Beven，2016）。尽管在未来的某些时候人们对自然系统的了解可能已经改善或者可以预测看似随机的过程的程度，但是自然变异的不确定性依然存在，不过研究可以尽最大可能地减少不确定性（Warmink 等，2010）。

上述三类不确定性在环境流量管理中都发挥着重要作用，其中本章重点讨论认知不确定性，模糊性和自然变异性的定义以及解决方法，可以参考 Burgman（2005）和 Beven（2016）的文献。

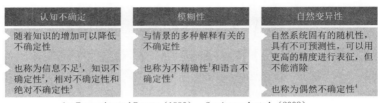

1—Funtowicz and Ravetz（1990），2—Ascough et al.（2008），
3—Nathan and Weinmann（1995），4—Beven（2016）

图 15.1　不确定性的种类

15.3　环境流量评估中的不确定性来源

环境流量评估中，认知和自然变异性（本章称为其余部分）的不确定性来源多种多样。在环境流量具体评估过程中，可以使用一个系统的过程来找寻不同的不确定性来源。而不确定性的类别（如前一节所定义）可以成为这个过程中的一个有用工具（Ascough 等，2008；Huijbregts 等，2001；Maier 等，2008；Walker 等，2003）。需要指出的是，环境流量的评估中不存在不确定性的一般分类（Walker 等，2003）。但是，本章提出了一个具体的流程，以识别环境流量评估各个阶段中的引入的不确定性。笔者将环境流量评估分为五个方面，分析其中可能存在的不确定性因素。第一阶段，是环境流量评估的初始阶段，包括评估的边界，以及评估的背景、相关的重要过程和变量；第二至第五阶段包括确定所需的数据和信息（输入）、选择工序（结构）、关系（参数）量化、环境流量评估结果分析（输出）。

为更清楚地解释以下各节中讨论的不同组分的不确定性因素的来源，本章提出了一个生态响应函数（图 15.2）。生态响应函数定义了生态结果与不同流动条件之间的响应关系。生态响应可能是流态（水文统计）的直接作用结果，或者是通过流动产生的水环境条件的间接作用结果（第 14 章）。

15.3.1　背景

在理想背景中，选择环境流量评估的方法之前，应当对问题的背景、治理过程、信息和数据模型进行深入研究。但是，进行这些分析并不是一个简单的问题，因为生态响应是复杂的。在最初的阶段中，调研了问题的背景，确定了问题的边界以及相关和重要的过程和变量。尽管研究人员也在找寻生态响应驱动因素的影响，但是这些响应是建立在不了解复杂因果网络的基础上的（Norton 等，2008）。而这种不了解同样会引起不确定性。因此，由于认知的不正确，或者目前环境流量评估不合理，导致了在环境流量评估背景下出现了不确定性（图 15.2）。

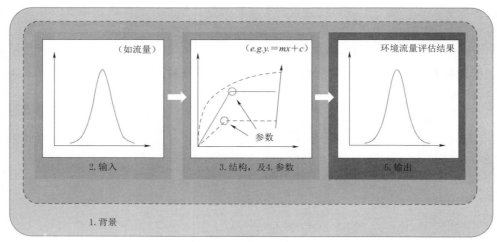

图 15.2　生态响应功能的不确定性来源

例如，从业者可能使用单一的生态响应曲线，详见图 15.2 中的例子。例子中的 x 轴自变量为输入项，y 轴因变量为输出变量。而自变量和因变量之间的相关性还需进一步研究。自变量可以为流量、流速、湿周等。单因素响应关系可参见图 15.2，多因素响应关系（Young 等，2003）详见 15.2 节。

背景调研中的不确定性可能是因为缺乏认识（Ascough 等，2008），还可能与重点关注河流的资金投入（Roberts，2002）等外部因素对研究物种和研究地点所引入的环境管理优先级的不确定性有关。除此以外，环境流量评估方法的选择可能在很大程度上取决于以前的时间经验，个别的方法在研究区已经根深蒂固。定义环境是环境流量评估过程中最关键的阶段，因为它确定了正在处理的主要问题，并且不可避免地需要建模和资源来解决这一问题（Walker 等，2003）。

一般而言，环境流量评估选择的方法复杂性越高，确定性就越高，因为考虑因素较多，降低了生态风险。水文学法只使用了水文数据（Tharme，2003），是最简单的环境流量评估方法。水文学法没有直接考虑与水文数据相关的生态响应过程，只考虑了理想条件下的生态响应（Palmer 等，1997），即足够的水可以引发生态响应。因此，水文学法具有极大的背景不确定性，而更复杂的整体法应包括水力、地貌和生物过程（Arthington 等，2007）可降低不确定性。尽管整体法减少了背景不确定性，但是整体法中复杂的环境模型却会引入与其他组件相关的其他不确定因素，如结构和参数。本节稍后将详细讨论这个问题。

15.3.2　输入

在进行环境流量评估之前，应当获得输入数据。输入数据指的是环境流量评估所需要的数据和信息，即图 15.2 中生态响应模型的输入变量，可能包括空间数据（例如植被图和湿地范围）、水深、监测数据（水文、气象和生物）。自然变化和认知不确定性都影响着输入变量。输入阶段不确定性的发生主要是在原始数据测量、收集和后期处理过程。在测量原始数据时，由于自然变化引起的不确定性具有重要意义。例如，自然的变化将导致测量误差（Kennard 等，2010），并影响抽样密度所带来的不确定性。Stewardson 和 Rutherfurd（2008）进行额外的实地测量以降低水力学模型构建过程中的不确定性（见框15.1）。在处理原始数据阶段，降低认知的不确定性更加重要。不确定性可能是由于仪器校准不频繁造成的，可能是由于影响评级曲线的拟合维度的变化（见框15.3）过程造成的；在预处理和后处理阶段，不确定性会产生于数据整合（例如每日到每月的水流）、填补缺失数据的过程（Kennard等，2010中），也可能是地理信息系统软件绘制多边形的时候产生的（Fortin和Edwards，2001）。

框 15.1　水力学模型

　　水力学模型通过求解数学方程，预测河流渠道、邻近的湿地和洪泛平原的流量。一般来说，可以使用水力学变量来预测估计生物群落不同部分的栖息地水力条件（例如，鱼类连续性的最小深度、鱼类栖息地的湿周）。水力学模型通常是单独使用的，依赖于这一假设，水力栖息地将充分实现所需的生态后果。应该注意的是，这一假设可以通过监测数据进行测试。

　　很多环境流量从业者都存在一个误区，河流系统的水力/水文学条件是众所周知的，预测的不确定性很低（Stewardson和Rutherfurd，2008）。但事实并非如此，在开发模型、模型结构调整和参数率定方面都存在不确定性来源，并且可能会导致较大的不确定性，对最终的预测产生重大影响。表15.1列出了澳大利亚维多利亚州北部的Goulburn河水力模型的不确定因素。Stewardson和Rutherfurd（2008）用蒙特卡罗模拟方法评估了这些不确定性，确定了渠道水力学估计（例如曼宁糙率系数）造成的大部分误差。该研究得出的结论是，为了减少整体的不确定性，补充额外的实地测量要比使用复杂的负载阈值函数更加有益。

表 15.1　　水力学模型的不确定性来源。不确定性的来源分为输入（采样和测量）、模型
　　　　　结构和参数的三个关键物理条件（包括河流渠道、剪应力、流速及流水量）

模型组成	不确定性来源	河流渠道	剪应力	流速及流水量
输入	取样	横截面取样	样本容量中的粒子数	数据长度
	测量	测量设备和技术	粒径检测	水位流量关系曲线的误差
模型（例如模型结构和参数）	模型误差	曼宁糙率系数	河床剪切应力方程（Shields 函数）	未测量流域的流量演算

来源：摘自 Stewardson 和 Rutherfurd（2008）。

框 15.2　流速流量测量的不确定性

　　流速和流量的测量通常是基于水位测量，是基于一个水位流量关系曲线转换成流量（图15.3）。根据研究区域收集的流量和相应时段位置的水位数据，建立了水位流量关系曲线。然后，用统计技术将水位流量关系曲线拟合，同时可能参考其他因素，如河流横截面形状的影响。

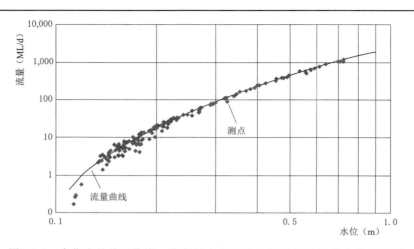

图 15.3　水位流量关系曲线。给定的水位周围的测量点决定了曲线的不确
定性程度。

来源：Lowe（2009）

　　流速流量记录中不确定性的主要来源是水位流量关系曲线。水位测量的不确定性取决于所使用的记录器类型。样点的数量以及测量的准确性，决定了水位流量关系曲线的不确定性。

　　在澳大利亚，有一种特定的方法来量化与水流测量相关的不确定性（Standards Australia，1990）。该方法用于评估位于澳大利亚维多利亚的 Werribee 河流域的 14 个流量计。在 2005 年/2006 年期间，每年水流的不确定性在 ±4% ～ ±41%（Lowe 等，2009a）。由于不确定的程度取决于几个特定地点的因素，因此很难对水流相关的不确定性的大小进行归纳。然而，这个单一结果表明了流量计可用的流量记录受制于不确定性的合理水平。

框 15.3　生　态　数　据

　　生态数据通常不准确。生态数据受到采样数据不确定的影响；单个点的数据其实是从真实值中随机抽取的结果。举例说明，研究人员只能估计某一特定物种在河流中所占的数量，很难明确知道真正的数量。在鱼类数量估计中，通常使用电捕鱼和网捕鱼等方法，但这种方法在某种程度上几乎总是错误的。常用表征生态数据的指数，并没有考虑抽样的不确定性，尽管这个会影响数据的可靠性。例如，信号指数（Chessman，1995）是澳大利亚常用的总结大型无脊椎动物生态条件的指标。该指数从 1 到 10 不等，数值越高，表明生态条件越好。Metzeling 等（2004）评估了从独立的大型无脊椎动物中获得的信号指数的不确定性。综合分析这些数据，边缘栖息地样本的平均不确定性大约为 0.5 个百分点（Webb 和 King，2009）。这个 5% 的错误率是很大的考虑到信号指数的差异，当只有 2 个点（从 6 到 4）的差距可能意味着非常好的生态环境和差的环境影响之间的区别（Chessman，1995）。

　　在不同的环境条件下，一些生态采样方法具有不同的性能。例如，电捕鱼被广泛用于鱼类采样工作。这项技术包括使用电场击晕鱼类，然后在不同流量条件下收集和测量鱼类。在高流量条件下，电捕鱼会低估鱼类的丰度，在鱼类还没有被采集之前，就会被冲到下游，或者从电鱼者手中逃离。相反，在极端低流量条件下，电捕鱼能够有效抽取到鱼类数量。这种抽样效率的差异虽然可以用统计模型解释（Webb 等，2010），但却是评估生态响应的主要障碍。

15.3.3 结构

所有的模型，无论是水文学法（Gippel，2001；Richter 等，1996）、栖息地法（Maughan 和 Barrett，1992）或整体法（King 等，2008），都是对真实世界过程的近似，不能准确复制现实中发生的事情（Burgman，2005）。产生结构不确定性的原因有很多，包括：①利用方程式作为复杂过程的简化表示；②使用诸如深度、湿周和流速等变量作为流动应力的测量；③遗漏了驱动生态响应的非流动变量（Ascough 等，2008）。

在图 15.2 的生态响应函数中，输入变量（x 轴）和输出变量（y 轴）之间的关系在模型结构中引入了不确定性。图中推导出了一个简单的线性关系（$y = mx + c$）。由图可知，随着 x 变量的增加，生态并没有进一步改善。边界也显示出与给定的生态响应函数相关的不确定性。构建模型函数应当考虑：①能够合适地表示生态结果；②关系可能是线性的或者非线性的；③适当的结构足以估计超出模型公式所观察到的事件范围，并且需要根据变量之间的相互响应关系，制定生态目标。例如，将鱼类种群的健康发展作为模型的生态目标。众所周知，部分鱼类需要一定的流量刺激产卵，但是同样需要在低流量事件中维持必要的生存栖息地（Shenton 等，2014）。研究人员可以构建一个单一的响应函数，将日流量和鱼类种群联系起来，或者将夏季低流量与成鱼生存量构建响应曲线关系，以及探索鱼类繁殖对应的流量时间（Shenton 等，2014）。在这个过程中，主要的条件在于确定流量组分之间的相互作用，以及鱼类群落的响应，解决这一挑战最重要的点在于构建概念模型，组合合适的曲线（第 14 章），专家的意见对于构建概念模型至关重要。

同样值得注意的是，可能有多个相互竞争的模型结构，通常是由不同的机构为不同的目的开发出来的，使用的是不同的知识库（Caldwell 等，2015）。而这些模型通过近似、简单的方程式或复杂的模型预测生态响应，必然会导致不同程度的不确定性。

15.3.4 参数

环境流量评估中率定参数是一个重要步骤。不同于输入这一步骤，参数是根据调查背景选择的常数值（Walker 等，2003）。以图 15.2 中的生态响应函数为例，参数值包括曲线上的断点，线性方程中的斜率（m）和截距（c）。其目的是选择精确的参数值，也就是说，模型对真实观测的平均值进行了合理的估计。

目前有许多参数率定方法，如直接或间接测量（例如曼宁糙率系数），专家经验法或者综合校准法（Ascough 等，2008）。但是，不论参数率定的方法有多精确，不确定性还是会存在，不过这些不确定性的来源会有所不同。例如，当没有足够的度量/数据作出可靠的估计时，只能通过主观选择或者专家判断的方法率定参数（Burgman，2005）。在这种情况下，专家可以根据观察和经验提出建议（Arthington 等，2006），由此也衍生出过分依赖专家经验导致的错误（框 15.4）。另一种处理参数不确定性的方法是使用校准策略（例如优化）的方法率定参数，但是这种方法的准确性与参数的不确定性和数据的不确定性密切相关，数据的长度、质量和类型都会对结果产生重要影响（Ascough 等，2008）。Ascough 等（2008）研究发现，校准策略的类型（例如，参数检验或参数优化）会对参数的不确定性产生影响，因为最优的参数可能不会被选中。

框 15.4　专　家　意　见

在缺乏数据的情况下，专家经验可以成为环境流量评估的重要信息来源（Burgman，2005；Martin 等，2005）。专家经验经常被用于环境流量评估，部分原因是人们缺乏足够的数据构建水文生态响应关系模型（Stewardson 和 Webb，2010）。但是专家经验常常受到文献研究的挑战（第 11 章），就目前的研究而言，专家意见（可能是专家小组的参与）可能依然是环境流量评估的一个关键特征。

在环境流量评估中使用专家意见时，通常没有考虑不确定性；也就是说，专家经验被认为是一个最佳的估计。澳大利亚维多利亚州使用的修改后的流量法是一个例外，这个方法要求任何关系中都需要有"明确的信心或不确定性"（Department of Environmont and Primary Industries，2013），并且作为预测生态响应的概念模型，并由此指导流量建议。环境流量评估还需要包括减少关键流量生态响应关系不确定信息的估算。

评估专家经验中的不确定性是很重要的，因为这些估计很可能会受到偏见或过分自信的影响（Lin 和 Bier，2008），而从众心理也会影响评估结果（Lakoff，1987）。偏见的产生是因为大多数公认的（或最资深的）专家的意见在群体层面承担了过高的权重。同样，公认的专家更有可能无意识地夸大他们对估计的信心（Speirs - Bridge 等，2010）。

如何克服上述问题，几乎没有什么指导意见可以参考。然而，认知心理学的研究人员已经设计出了一种结构化的专家启发式方法，能够减少引起不确定性的来源（第 15.4.5 节）。

15.3.5　输出

与背景、输入、结构和参数相关的不确定性通过与环境流量评估结合，会影响最终的生态结果（图 15.2 "输出" 框）。很少有环境流量评估案例能够量化不确定性。目前有许多方法可以组合这些不同的不确定性来源，但这本身是一个困难的过程。第 15.6.6 节讨论了这些方法在环境流量评估中的适用性。

15.4　量化不确定性

量化不确定性具有一定的难度。从本质上说，它试图量化未知的事物。现阶段，有大量的课题和文献旨在解决这一问题。但是就像很多不同的不确定性来源一样，量化不确定性的方法也多种多样。方法的筛选取决于各种背景因素，如不确定性来源和可获得的信息水平（图15.4）。

　　获得足够的数据在实际操作中是不可能的。当没有足够的信息，或者没有意识到缺乏知识的情况出现时（Refsgaard 等，2005；Walker 等，2003；Warmink 等，2010），环境流量的需求可能是基于大量观察、少量试验或定性的信息确定。

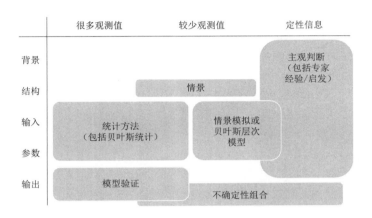

图15.4　可用信息的级别（顶部行）、不确定性来源（左列）和可用于量化不确定性（方形框内容）的方法之间的关系。

　　很少有环境流量评估能够让所有利益相关者满意，大部门的环境流量结果都是基于观测数据制定的。同样的地点取样阶段、测量阶段、参数输入阶段可能产生不同的结果，如河床粒径大小（Stewardson 和 Rutherfurd，2006）。而水文生态响应关系则是另一个方面的结果，如果有充分的监测数据，可能会有许多的响应曲线。例如，Pettit 等（2001）研究发现洪水的各个方面和河岸植被有关变量之间存在响应关系。统计方法可以用来量化不同情况下产生的不确定性（第15.4.2节）。

　　当数据较少，而在短时间内收集大量数据不具备可行性或者成本过高时，比较观察范围和评估不确定性可能是合理的（第15.4.3节）。如果可以将少量可用的观测数据和先前的经验知识结合起来，贝叶斯建模能够量化不确定性（第15.4.4节）。例如，收集特定河流中鱼类产卵相关数据可能需要数年时间；然而，可以将鱼类产卵的少量数据和先前积累的数据相结合，以量化不确定性。

　　在有些情况下，定性信息是唯一可用的信息类型。例如，一个专家可能被要求评估一个尚未全面研究的物种的环境流量需求。在这种情况下，不确定性是通过主观判断来量化的（第15.4.5节）。

　　确定环境流量的几个关键步骤中的每一个都将引入不确定性因素。总体的不确定性将是环境流量评估每一步所引入的不确定性的组合。在某些情况下，总体不确定性可以通过比较模型输入和输出的量化结果。在没有数据的情况下，可以通过第15.4.6节中提出的一种方法将所有不确定性因素组合在一起，从而量化不确定性。

　　本节概述了量化不确定性的常用方法。在讨论这些方法之前，第15.4.1节中给出了概率分布的介绍，因为这些概念是通过各种量化方法来实现的。

15.4.1 概率分布

概率分布将概率分配给变量的所有可能值。它全面地描述了不确定性，并使用更复杂的统计方法组合不确定性（第15.4.6小节）。在环境流量需求评估的背景下，考虑离散和连续变量的概率分布有较大益处。

离散变量的值是有限的。每年需要冲刷河道的次数是一个变量，因为它是一个大于（或等于）零的整数。图15.5（A）表示的是冲刷放流次数不确定性的概率分布，最可能需要冲刷放流的数量是60%。

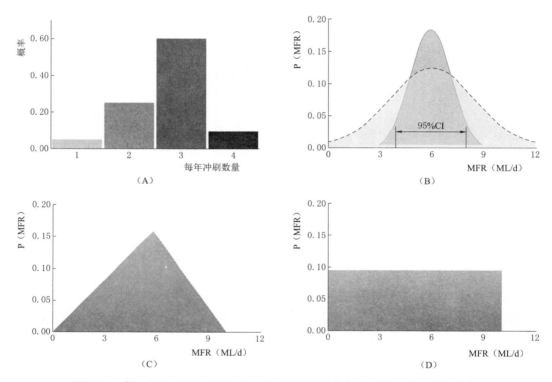

图15.5　使用概率分布表征不确定性：（A）概率分布直方图，（B）正态分布，
（C）三角形分布，（D）均匀分布。

来源：Lowe（2009）

连续变量可以在给定的时间间隔内取任何值。最小流量就是一个连续变量，因为它可以取大于零的任何值。固定的概率是不存在于连续变量中的，因为有无穷多个可能的值。而不确定性可以被定为一个给定的时间间隔包含真实值的概率，这个概率可以利用概率密度函数（PDF）计算，概率等于PDF对应区间的面积。在图15.5（B）中，对最小流量要求的最佳估计是6ML/d。然而围绕这一最佳估计的不确定性在两个概率分布之间有所不同。实线表示的是95%置信区间为2ML/d。相对于虚线表示的概率分布来说，实线要大得多，而且估计的不确定性也更大。

概率分布对估计不确定性很有用。离散事件的分布可以用概率直方图15.5（A）表示，也可以用离散概率分布来近似，比如二项分布。图15.5（B）为正态分布。更简单的概率分布也具有很大的适用性，尤其是对于主观性较强的案例（第15.5节）。图15.5（C）中使用了一个三角形分布来显示与环境流量要求相关的不确定性。在此案例中，环境流量的最佳估计是6ML/d。不同于正态分布，三角形分布显示了环境流量要求的最低和最高可能值，最低值为零。而环境流量最高值不能超过10ML/d。在图15.5（D）中，环境流量要求对应的是唯一的概率，值的范围为0～10ML/d。不能判定哪个流量为最合理的流量，因为这个概率密度函数为均匀概率分布。

15.4.2　统计方法

统计方法可以从重复抽样中得到估计概率。尤其当变量很难准确测量概率的时候，只能使用抽样方法。例如，测量河岸植被覆盖率耗时又昂贵，而采取抽样方法，可以很好地推断整个河岸的植被覆盖率（框15.5）。

框 15.5　置　信　区　间

可以基于河岸带植被覆盖率计算环境流量。案例中，使用30个样本，计算整个河岸的平均水平。平均百分比是5%，标准误差（均值标准差）为0.49%。结果表明，真正的平均百分比在4.8%～5.2%之间有95%的可能性。这相当于样本均值或最佳估计±20%。增加抽样工作将减少置信区间的大小，但只与样本大小的平方根成比例。因此，随着样本容量的增加，工作量也会相应增加。在这个例子中，将样本的数量翻倍到60个会将标准误差降到平均值的±19.6%。相反，减少抽样工作并不能极大地增加不确定性，如果样方的数量减半，标准误差将从±20%增加到21%。样方之间的差异较小，那么不确定性就会降低。

样本均值（x）是对变量的总体均值（μ）的最佳估计。在上面的例子中，每年的植被覆盖样本可以用来估计整个河岸的平均覆盖面积。与均值覆盖率相关的不确定性可以用正态分布来表示，精度取决于样本的数量（n）和样本之间的差异（例如标准偏差）。均值的置信区间可以用下面的方程计算：

$$\overline{x} \pm t^{*}_{(n-1)} \frac{s}{\sqrt{n}}$$

$t^{*}_{(n-1)}$的值遵循$t_{(n-1)}$的分布，它的值将取决于自由度（即$n-1$）和置信区间的大小（即：95%）。与不同的t值相关的累积概率可以在大多数统计学教科书中或从相关软件计算得到。

置信区间也可以用来表征两个变量之间关系的不确定性（Freund等，2006）。置信区间反映了模型参数的不确定性。例如，可以根据一个洪水事件持续时间估计物种的百分比（图15.6）。对于持续30天的洪水，外来物种的平均覆盖面积预计为25%，95%置信区间为±2.9%（或最佳估计的±12%）。

本节介绍的统计方法详见统计教科书或Quinn和Keough（2002）、Cullen和Frey（1999）的文献。

15.4.3　情景法

情景法已被广泛用于描述与模型结构相关的不确定性（Refsgaard等，2006），同时也可以用于描述与输入和参数相关的不确定性，特别是在基于专家经验得到的案例中（图

15.4）。在样本数据较少的情况下，量化不确定性最佳的方法是考虑观察范围。例如，在有多个可用模型的情况下，每个模型都会作出不同预测，可变性将反映模型结构不确定性的程度。

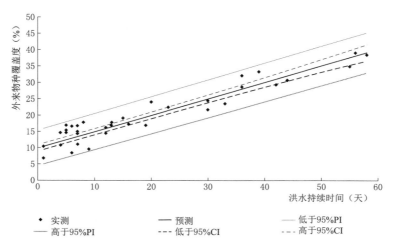

图 15.6　线性回归图（黑色菱形表示的是观测值，实线表示的是响应关系的平均斜率，虚线表示的是 95％置信区间）。

举一个假设的例子，环境流量管理过程中从业者想要预测一个给定流域的平均日流量、高流量事件（超过流量历时曲线 25％的天数）的大小和低流量事件（低于流量历时曲线 75％的天数）的大小。环境流量评估可以使用不止一个水文模型来预测这些流量统计数据，但是每个水文模型都能得到不同的预测。图 15.7 比较了不同模型结果。图 15.7 表明，模型预测了高流量事件的大小，这意味着这个结果有很大的不确定性，并且模型在

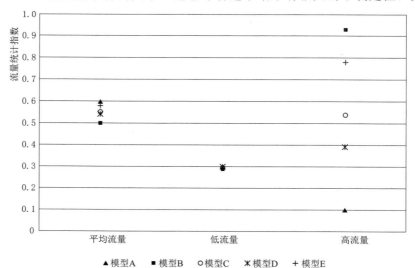

图 15.7　情景法图解。比较了五种不同模型的预测结果，评估了水文模型预测的三种流量事件（低、平均、高）的不确定性。

估计流域如何响应降雨时间时存在分歧。所有的模型对于低流量事件的大小都给出了非常相似的值，这表明低流量事件比高流量事件预测准确度更高。然而，也有可能是所有模型都可能给出相同但是错误的结果。

Caldwell 等（2015）采用了上述类似的方法，比较了美国东南部 5 个地点的 6 个水文模型所产生的生态相关流量统计数据。分析结果表明没有一个模型是完美的，但是每个模型在不同的领域都有各自的优势。

情景法还可以用于使用专家经验等定性信息量化输入或参数的不确定性（图 15.4）。例如，一些鱼类生物学家可能会提供一种估计，以维持某一种鱼类的适当栖息地所需的适宜水深。水深的估计范围将会显示出估计的不确定性。

15.4.4 贝叶斯统计

贝叶斯方法既可以用于评估环境流量，又可以用于评估不确定性，还能通过分析监测和评估数据来减少不确定性。以下几个特征表明贝叶斯方法在环境流量评估中非常有用。

模型灵活性：贝叶斯法具有很高的灵活性（Clark，2005）。贝叶斯方法可以根据具体情况修改模型结构和模拟过程。这种灵活性将减少模型中无法解释的变化，提供更精确的参数估计，提高预测精度。

更新数据：贝叶斯方法提供了一种正式的方法以更新人们的认知，如果新的知识可用的话。例如，从业者在收集新数据之前，贝叶斯方法可以使用一个回归参数的先验概率分布表征现有的知识。然后用新数据将先验信息更新为后验概率分布。贝叶斯方法使用先前的信息常常会引发争议，因为先验信息过于主观（McCarthy，2007）。其实，人类思维过程和贝叶斯方法存在异曲同工之妙，当人们对某个事情有一个前提的认知，而新的信息出现并且可用的时候，人们就会在思维中更新认知。当经验数据缺乏时，先验数据会提高后验估计的精确度；当数据充足的时候，先验数据的错误几乎不会影响后验数据的结果（Webb 等，2010）。如果出现研究人员没有特定先验知识的情况，分层的贝叶斯模型也可以有效利用来自其他采样单位的数据（例如，地点、流域或河流）作为先验信息，从而作为后验概率分布的基础。所有类型的先验信息减少了后验的不确定性估计，提高模型预测的精确度。

Webb 等（2010）通过贝叶斯模型量化了陆地植被侵占河道和河流流量之间的关系，证明了分层的贝叶斯模型可以将误差降至传统方法的 3 倍。

McCarthy（2007）和 Kery（2010）等编著的教科书中，更为详细地介绍了贝叶斯统计方法在生态数据处理泄洪的应用。而贝叶斯方法在环境流量监测和评价方法的具体应用则由 Webb 等（2010）具体提出。

15.4.5 主观判断

通常情况下，在没有可用数据的情况下，当需要制定环境流量决策时。上述介绍的统计方法显然不太实用。可以用主观判断量化不确定性，而不是忽视不确定性。

就像专家经验在环境流量评估中的应用一样，专家经验法可以用来量化估计的不确定性。然而，在环境流量评估中很少采用这一方法量化。澳大利亚维多利亚采用了经过修订的环境流量评估方法（Department of Environment and Primary Industries，2013），规定在流程法中需要将不确定性记录在案，并且建议使用定性方法判断。

专家即使不能估计整个概率分布，也可以提供最好的估计或阈值。这些信息有助于产生一个均匀或三角形的概率分布（图 15.5）。正如上文所述，专家经验也是一种不确定性的来源（框 15.4）。专家经验法容易产生认知偏见和过分自信的结果（Lin 和 Bier，2008）。

大量的相关研究促成了结构化专家启发法的产生，可以帮助减少传统专家经验法产生的不确定性。这个方法明确要求专家们通过估计阈值的上下界的不确定性，以减少偏见和过度自信情况的产生，确保专家意见不只是依靠先前研究的预判还包括所有参与人员知识碰撞后的初步估计（Speirs‐Bridge 等，2010）。结构化专家启发法，在某种程度上，是人群智慧碰撞后的结果，研究表明三个臭皮匠抵过一个诸葛亮。

尽管目前还没有任何环境流量评估将专家启发法纳入其中，但这种方法的使用将与 ELOHA 框架相一致（Poff 等，2010）。ELOHA 框架在推导水文生态响应关系中具有很大的灵活性，尽管 ELOHA 框架没有把不确定性分析作为重要的一部分，但框架也能够分析不确定性。de Little 等（2012）研究了一种推导水文生态响应关系的概率分布方法。这种方法在很大程度上是基于 Speirs‐Bridge 等（2010）研究的方法，并被证明在环境流量评估中存在可行性。

15.4.6 结合不确定性

环境流量评估通常涉及几个步骤（第 11 章），每一步都应该引入不确定性。前几节已经介绍了一些量化单个不确定性的方法，但是环境流量评估中涉及的不确定性是不确定性的组合。

比较预测值和观测值可以计算总体不确定性。通常用残差来表征模型预测和观测值之间的区别。残差的大小反映了个体预测的不确定性，而非零平均值表明预测中存在偏差。

不同于预测值，观测结果并不总是可用的。许多方法都适用于环境流量评估中涉及的不确定性，包括一阶近似法、蒙特卡罗模拟法、模糊逻辑法和贝叶斯网络模型。

一阶近似法为组合不确定性提供了一种分析方法，应用加、减、乘、除运算关联平均值和标准差（表征不确定性）（Cullen 和 Frey，1999）。当所有的变量都是独立的、具有相同的分布形状，且没有哪个因素占主导地位时，这个方法比较适用。

蒙特卡罗模拟法是一种广泛使用的数值方法。使用这种方法，对目标端点（例如，一种鱼类的生存）的环境流量需求计算了 N 次。在每一个 N 次模拟中，每个输入都从它的概率分布中随机抽取，并计算环境流量的需求。每次模拟中的环境流量需求都被记录下来，这些结果的变化可以用来计算不确定性（图 15.8）。一般来说，需要数千个模拟结果才能计算不确定性（Cullen 和 Frey，1999）。

模糊逻辑法是将不确定性和环境流量相结合的方法。不同于二进制逻辑法，计算的结果不再是 0 或 1，模糊逻辑可以在 0 和 1 之间取值，并且有它的模糊集和关联的成员函数来表示，它可以有线性或梯形关系。例如，将环境变量 X 和模糊集合 A 进行关联，如果 X 是潜在值，$A(X)$ 可以表征为模糊数据函数（Adriaenssens 等，2004）。模糊数据函数的优点在于可以基于不精确的数据或不完整的知识计算（Zadeh，1965）。模糊逻辑法在计算不确定性时尤其有用，尤其是在处理生态数据的时候（Adriaenssens 等，2004；Ascough 等，2008）。例如，Jorde 等（2001）确定了适合于生境建模的模糊逻辑，通过形成模糊逻辑的准则，将鱼类专家的专业知识发展成为数据集（例如，if－then 语句）。Fukuda（2009）基于不同的水力学和生态学变量（例如，水深、流速、植被覆盖度、植被覆盖范围）开发了模糊集，并结合模糊集预测河流的可能栖息地。

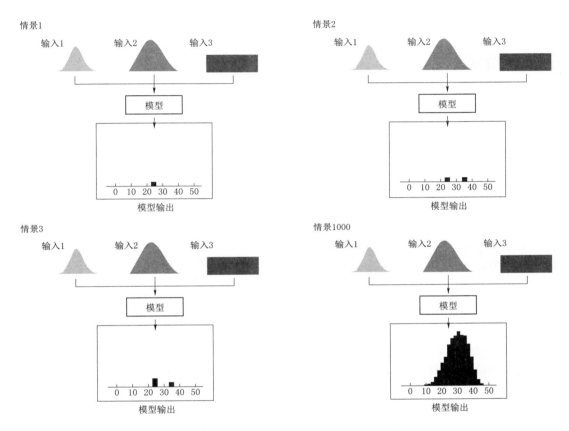

图 15.8　蒙特卡罗方法图解（Lowe，2009）

贝叶斯网络模型广泛用于环境管理，可以为环境流量管理提供重要信息（Chan 等，2012；Shenton 等，2011，2014；Webb 等，2013）。模型具有三个元素：①表示状态变量的节点（例如流量和温度）；②定义因果关系的链接（例如温度对重要生态过程的影响）；③利用条件概率量化连接节点之间的依赖关系（Chan 等，2012）。贝叶斯网络模型的优势在于能够将不同的数据（例如专家意见和经验数据）结合起来，通过条件概率表示不确定性，并确定响应关系（Chan 等，2012；Uusitalo，2007；Webb 等，2013），也可以随时更新新知识。模型更新可以对环境流量和信息管理更有帮助，因为它们不仅在预测有限数据和理解生态响应方面面临挑战，而且可以量化这种不确定性。

15.4.7　量化不确定性的挑战

很多方法都可以量化不确定性，不同方法的复杂性各不相同。有些方法需要专业知识，时间成本较高。在某些情况下，使用复杂的方法是必要的，而在另一些情况下简单方法就足够了。从业者需要了解如何使用分析的结果，并在复杂性和简单性方法之间作出权衡。

对许多河流而言，环境流量评估最大的挑战在于缺乏数据，包括不确定性评估。量化不确定性的最适合方法取决于可用的信息（图15.4）。然而，如果不充分了解不确定性，就无法量化（Ascough 等，2008）。例如，如果专家不能确定所有的因果因素，则无法量化环境流量评估中的不确定性影响。

15.5 解决不确定性

不确定性是不可能消除的，只能尽量减少（第15.1节）。实际上，很多研究人员将不确定性分析作为一种工具，以确定环境流量评估还需要哪些数据（Brungnah 等，2008；Fu 和 Guillaume，2014；Stewardson 和 Rutherfurd，2006；Van der Lee 等，2006）。解决不确定性问题首先要报告不确定性（第15.5.2小节），然后将不确定性纳入决策阶段（第15.5.3小节）。

15.5.1 改进知识

认知的不确定性（这一章的重点）与从业者缺乏知识有关，可以通过提高认知来减少不确定性（第15.2节）。任何新知识的加入都将减少不确定性，但了解相关不确定性的来源和程度的好处是，进一步调查可以获得最大效益（框15.6）。

框15.6　澳大利亚维多利亚州 Campaspe 河的环境流量供应造成的损失的不确定性

随着对环境流量认知的日益加深，从业者正在研究如何使用新的灌溉系统，以在提供消耗性用水的同时实现环境效益。从理论上讲，提高灌溉效率能够增加环境流量的环境结果。然而，在现实中，由于蒸发、通道渗漏和地下水的相互作用，改变系统的运行可能会增加系统的损失。

Campaspe 河对沿岸供水实现环境效益造成的额外损失进行了不确定性分析（Lowe 等，2009b）。该分析考虑了流量测定的不确定性，以及取水量估算的不确定性。每月的总损失使用图15.9（A）的矩形图显示。最大的损失发生在2007年4月，损失量的最佳估计为339ML，95％置信区间在179~499ML，不确定度为±47％。同时该分析对不确定来源的相对贡献进行了评估，方法是将每个来源一次移除，并将结果与组合的不确定性进行比较［图15.9（B）］。结果表明，提高上游和下游地区河流流量测量的准确性，能够大大降低不确定性，但是增加抽水水量或者排水系统流入的水量，不能明显改善不确定性。

为规避第三方的影响，由于系统操作的改变而造成的损失需要考虑环境权利。不确定性分析应当明确考虑第三方影响的风险。如果环境管理人员有责任证明不会受到第三方影响，通常采用保守的方法估计损失（例如，499ML）。然而，如果需要平均分配环境和消费用水户之间的风险，则可以从环境账户中扣除最小的损失量（339ML）。如果不评估不确定性的最小损失结果，那么第三方风险将会被忽视。

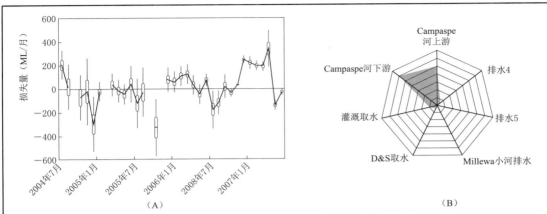

图 15.9　澳大利亚维多利亚州 Campaspe 河沿岸损失的不确定性说明：（A）图中竖线为时间间隔，阴影框为四分位范围，为 95% 置信区间的每个月河流损失范围；（B）投入对损失的不确定性相对影响。每个输入都表示在一个轴上，阴影部分穿过轴的值是用来描述变化系数的不确定性（Lowe 等，2009b）。

在实际计算中，很难确定哪些因素对不确定性影响最大。在不同环境流量评估案例中最大的不确定因素会有不同。最大的不确定性来源通常取决于诸如监测范围、开发模型以及对系统的生态理解等因素。荷兰 Ijsselmeer 湖的不确定性评估显示，在水草的栖息地适宜性指数中，没有一个单一变量对不确定性影响最大（Van der Lee 等，2006）。相反，不同的不确定因素在不同地点有着不同的影响。

有两种可能的方法可以解决数据和响应中的不确定性问题。首先，由于研究人员知识有限，监测和研究可以关注那些被认为是重要的端点。由于决策必须在不确定性情景下作出，可以使用适应性方法，寻求减少这些不确定性因素（第 25 章）。其次，监测可以集中在生态知识较丰富的端点，利用高精度测量，并对端点的流量变化作出可预测的响应。这种方法与恢复监测原则是一致的，重点是向利益相关者展示结果。

适应性管理是减少环境流量评估中的不确定性的一种方法，因为它提供了一个从管理决策中学习的机会（第 25 章）。适应性管理适合于河流管理，因为河流可以控制环境流量的泄放量（因此也会有所不同），并且河流管理者有足够的兴趣和资源进行合理监测。

尽管不确定性可以通过进一步加深研究和监测来减少，但是不大可能被消除。相反，不确定性正日益被视为一种内在挑战，需要纳入管理方法中（Brungnah 等，2008；Clark，2002）。

15.5.2　报告不确定性

环境流量管理人员在评估不确定性之前，需要收集有用的信息。有许多不同的方式能够表征不确定性的信息；然而，并非所有的不确定性都能被非专家所理解（Wardekker 等，2008）；对不确定性的估计意味着那些举措存在困难（Beven，2016）。环境流量不确定性报告要力求简单，这样才能具体指导水资源管理（Lowell，2007；Wardekker 等，2008）。例如，管理者可以使用环境流量管理的结果来决定水库需要泄放多少水才能满足环境需求。在这种情况下，不确定性可以评估满足不同环境流量的可能性。

当然，使用环境流量评估也可能会作出执行时无法预见的决策，因此，需要更详细地报告不确定性。在补充信息中包含此类信息可能更为合适，例如主要报告的附录。决策者可能会对评估中使用的信息、不确定程度、不确定性的主要来源以及可能采取的不确定性减小措施步骤感兴趣（Wardekker 等，2008）。

15.5.3　在决策过程中纳入不确定性

在决策中积极考虑不确定性比忽略不确定性作出的决策更加可靠。一个不确定的决定可能无法取得最好的结果，但却更有可能通过考虑不确定性如何影响可能的结果来实现利益相关者可接受的决策（Ben-Haim，2005；Warmink 等，2010）。

假设环境流量管理者计划在水库下游的砾石床上泄放一个冲刷河床的水流，如果知道冲刷水流大小的不确定性，管理者可以评估给定大小流量在河床上泄放的概率（Stewardson 和 Rutherfurd，2006）。同时不确定性允许不同利益相关者公开对话，公开决策的风险程度，而不是直接决定水资源的使用量（Heaney 等，2012）。管理者通常必须在相互竞争的用水需求之间作出权衡取舍。泄放水流可能能刺激鱼类产卵，可能会带来预期的环境效益。这可能会影响到管理者优先考虑的流量事件。

显然，当考虑到水资源矛盾需求以及相关的不确定性，水资源决策将变得更加复杂。决策支持系统软件会在水资源管理中起着重要的作用（Ascough 等，2008；Clark，2002）。最常用的软件是季节性环境流量决策支持（SEWDS）工具（Horne 等，2015），该工具旨在优化环境流量方案，利用季节性流量预测生态响应。SEWDS 工具等决策支持系统确保决策过程是一致和透明的，提高人们对决策驱动程序的理解，并能够将决策过程中相关的不确定性纳入其中，将适应性管理付诸行动。

不确定性评估可以用来确定在不确定的情况下能够作出什么样的决定（Fu 和 Guillaume，2014）。例如，水资源管理者可能需要考虑在即将到来的季节里应该优先泄放多少环境流量。然而，如果能够根据不确定性评估提供的几种生态响应模型，确定环境流量的优先级，那么水资源管理者就能够有更大的信心作出决策。然而，如果模型结果不一致，水资源管理者只能收集更多的信息后再做决策。

15.5.4　解决不确定性的挑战

不确定性不能成为水资源管理者不作为的理由，相反，考虑不确定性可以改善决策。然而，不确定性究竟会如何影响决策，以及在多大程度上影响决策，将取决于一系列因素，包括对社会价值的考虑。环境流量管理者必须决定为环境泄放多少水。如果泄放的水量可以使下游社区的濒危物种受益，那么水资源管理者将更有信心泄放环境流量。

本章旨在对环境流量评估中认知不确定性进行分析和处理。然而，在作出决策之前，管理人员和政策制定者还应该考虑与环境流量评估相关的不确定性。气候条件变化是一个很大的不确定因素，包括短期气候变化和长期气候变化。在决定泄放环境流量之前，水资源管理者可能需要考虑自然水文情势，这意味着水可能用于另一目的，如在枯水年泄放流量缓解干旱（Heaney 等，2012），这种不确定性具有较大贡献。

15.6　结论

不确定性仍然是水资源可持续管理中的一个重要挑战。考虑不确定性可能会使决策更加合理；但是，很少有环境流量评估能确定和量化不确定性。本章提出了一种简单的方法，使从业人员能够使用一种结构化的方法来确定与环境流量评估相关的不确定性不同来源，并描述了量化这些不确定性的主要方法。任何不确定性分析都应该针对分析结果进行决策调整。影响分析应该包含细节内容，如量化方法以及不确定性分析方法。不确定性分析还可以帮助确定不确定性来源，从而在未来的监测和研究中考虑这部分内容（框15.7）。

框 15.7 简 而 言 之

1. 不确定性"背离了完全决定论不可实现的可能"（Walker 等，2003）。

2. 不确定性应该被引入环境流量评估中，因为从业者不能完全了解哪些因素会影响灌溉需求，这些不同的因素是如何相互作用，以及这些因素的测量和估计存在不确定性。

3. 许多方法可以用来量化环境流量的不确定性。

4. 减少不确定性的最明显的方法是增加监测和研究工作。不确定性评估可以确定不同的不确定性主要来源，并成为减少不确定性的最有效方法。

5. 不确定性可能会持续存在，对这种不确定性的考虑可以改善决策。决策者需要提供有意义的信息，并在更复杂的情况下使用决策支持工具，帮助从业者理解不确定性对从业者所做决定的影响。

参 考 文 献

Adriaenssens，V.，De Baets，B.，Goethals，P. L. M.，De Pauw，N.，2004. Fuzzy rule – based models for decision support in ecosystem management. Sci. Total Environ. 319，1 – 12.

Arthington，A. H.，Bunn，S. E.，Poff，N. L.，Naiman，R. J.，2006. The challenge of providing environmental flow rules to sustain river ecosystems. Ecol. Appl. 16，1311 – 1318.

Arthington，A. H.，Baran，E.，Brown，C. A.，Dugan，P.，Halls，A. S.，King，J.，et al.，2007. Water requirements of floodplain rivers and fisheries：Existing decision support tools and pathways for development. International Water Management Institute，Colombo，Sri Lanka.

Ascough，J. C.，Maier，H. R.，Ravalico，J. K.，Strudley，M. W.，2008. Future research challenges for incorporation of uncertainty in environmental and ecological decision – making. Ecol. Model. 219，383 – 399.

Ben – Haim，Y.，2005. Info – gap Decision Theory For Engineering Design. Or：Why 'Good' is Preferable to 'Best'. In：Nikolaidis，E.，Ghiocel，D. M.，Singhal，S.（Eds.），Engineering Design Reliability Handbook. CRC Press.

Beven，K.，2016. Facets of uncertainty：epistemic uncertainty，non – stationarity，likelihood，hypothesis testing，and communication. Hydrol. Sci. J. 61，1652 – 1665.

Brungnah，M.，Dewulf，A.，Cpahl – Wostl，C.，Taillieu，T.，2008. Toward a relational concept of uncertainty：about knowing too little，knowing too differently，and accepting not to know. Ecol. Soc. 13，30.

Burgman，M. A.，2005. Risks and decisions for conservation and environmental management. Cambridge

University Press, Cambridge.

Caldwell, P. V., Kennen, J. G., Sun, G., Kiang, J. E., Butcher, J. B., Eddy, M. C., et al., 2015. A comparison of hydrologic models for ecological flows and water availability. Ecohydrology.

Chan, T. U., Hart, B. T., Kennard, M. J., Pusey, B. J., Shenton, W., Douglas, M. M., et al., 2012. Bayesian network models for environmental flow decision making in the Daly River, Northern Territory, Australia. River Res. Appl. 28, 283 – 301.

Chessman, B. C., 1995. Rapid assessment of rivers using macroinvertebrates: a procedure based on habitatspecific sampling, family – level identification and a biotic index. Aust. J. Ecol. 20, 122 – 129.

Clark, J. S., 2005. Why environmental scientists are becoming Bayesians. Ecol. Lett. 8, 2 – 14.

Clark, M. J., 2002. Dealing with uncertainty: adaptive approaches to sustainable river management. Aquat. Conserv. Mar. Freshw. Ecosyst. 12, 347 – 363.

Cullen, A., Frey, C. H., 1999. Probabalistic Techniques in Exposure Assessment: A Handbook for Dealing with Variability and Uncertainty in Models and Inputs. Plenum Press, New York.

De Little, S. C., Webb, J. A., Patulny, L., Miller, K. A., Stewardson, M. J., 2012. Novel methodology for detecting ecological responses to environmental flow regimes: using causal criteria analysis and expert elicitation to examine the effects of different flow regimes on terrestrial vegetation. In: Mader, H., Kraml, J. (Eds.), 9th International Symposium on Ecohydraulics 2012 Proceedings, Sep 17 – 21. International Association for Hydro – Environmental Engineering and Research (IAHR), 13896 _ 2, Vienna, Austria.

Department Of Environment And Primary Industries, 2013. Flows—a method for determining environmental water requirements in Victoria. Edition 2ed Victorian Government Department of Environment, Melbourne.

Fortin, M. -J., Edwards, G., 2001. Delineation and Analysis of Vegetation Boundaries. In: Hunsaker, C., Goodchild, M., Friedl, M., Case, T. (Eds.), Spatial Uncertainty in Ecology. Springer, New York.

Freund, R. J., Wilson, W. J., Sa, P., 2006. Regression Analysis: Statistical Modelling of a Response Variable. Elsevier, USA.

Fu, B., Guillaume, J. H. A., 2014. Assessing certainty and uncertainty in riparian habitat suitability models by identifying parameters with extreme outputs. Environ. Model. Softw. 60, 277 – 289.

Fukuda, S., 2009. Consideration of fuzziness: Is it necessary in modelling fish habitat preference of Japanese medaka (*Oryzias latipes*)? Ecol. Model. 220, 2877 – 2884.

Funtowicz, S. O., Ravetz, J. R., 1990. Uncertainty and quality in science for policy. Springer Science & Business Media.

Gippel, C. J., 2001. Australia's environmental flow initiative: filling some knowledge gaps and exposing others. Water Sci. Tech. 43, 73 – 88.

Heaney, A., Beare, S. & Brennan, D. C., 2012. Managing environmental flow objectives under uncertainty: The case of the lower Goulburn River floodplain, Victoria. 2012 Conference (56th), February 7 –10, 2012, Freemantle, Australia, 2012. Australian Agricultural and Resource Economics Society.

Horne, A., Costa, A., Boland, N., Kaur, S., Szemis, J. M. & Stewardson, M. 2015. Developing a seasonal environmental watering tool. 36th Hydrology and water resource symposium. Hobart, Tasmania.

Huijbregts, M. A., Norris, G., Bretz, R., Ciroth, A., Maurice, B., Von Bahr, B., et al., 2001. Framework for modelling data uncertainty in life cycle inventories. Int. J. Life Cycle Assess. 6, 127 – 132.

Jorde, K., Schneider, M., Peter, A., Zoellner, F., 2001. Fuzzy based models for the evaluation of fish habitat quality and instream flow assessment. Proceedings of the 2001 International Symposium on Environmental Hydraulics 27 – 28.

Kennard, M. J. , Mackay, S. J. , Pusey, B. J. , Olden, J. D. , Marsh, N. , 2010. Quantifying uncertainty in estimation of hydrologic metrics for ecohydrological studies. River Res. Appl. 26, 137 – 156.

Kéry, M. , 2010. Introduction to WinBUGS for Ecologists. Elsevier, Chennai, India.

King, J. M. , Tharme, R. E. , De Villiers, M. S. , 2008. Environmental Flow Assessments for Rivers: Manual for the Building Block Methodology (Updated Edition). Water Research Comission, Republic of South Africa.

Ladson, A. , Argent, R. , 2002. Adaptive management of environmental flows: lessons for the Murray – Darling Basin from three large North American Rivers. Aust. J. Water Resour. 5, 89 – 101.

Lakoff, G. , 1987. Women, Fire, and Dangerous Things. University of Chicago Press, Chicago.

Lin, S. W. , Bier, V. M. , 2008. A study of expert overconfidence. Reliab. Eng. Syst. Safe. 93, 711 – 721.

Lowe, L. , 2009. Addressing Uncertainties Associated with Water Accounting. PhD thesis. Department of Civil and Environmental Engineering. University of Melbourne. March 2009.

Lowe, L. , Etchells, T. , Malano, H. , Nathan, R. & Potter, B. 2009a. Addressing uncertainties in water accounting. 18th World IMACS/MODSIM Congress. Cairns, Australia.

Lowe, L. , Horne, A. & Stewardson, M. 2009b. Using irrigation deliveries to achieve environmental benefits: accounting for river losses. International conference on implementing environmental flow allocations. Port Elizabeth, South Africa.

Lowell, K. E. 2007. At what level will decision – makers be able to use uncertainty information? Modelling and Simulation Society of Australia and New Zealand. New Zealand.

Maier, H. , Ascough II, J. , Wattenbach, M. , Renschler, C. , Labiosa, W. , Ravalico, J. , 2008. Chapter five uncertainty in environmental decision making: issues, challenges and future directions. Developments in Integrated Environmental Assessment 3, 69 – 85.

Martin, T. G. , Kuhnert, P. M. , Mengersen, K. , Possingham, H. P. , 2005. The power of expert opinion in ecological models using Bayesian methods: Impact of grazing on birds. Ecol. Appl. 15, 266 – 280.

Maughan, O. E. , Barrett, P. J. , 1992. An evaluation of the Instream Flow Incremental Methodology (IFIM). J. Ariz. – Nev. Acad. Sci. 24/25, 75 – 77.

Mccarthy, M. A. , 2007. Bayesian Methods for Ecology. Cambridge University Press, Cambridge, UK; New York. Metzeling, L. , Wells, F. , Newall, P. , Tiller, D. , Reid, J. , 2004. Biological Objectives for Rivers and Streams – Ecosystem Protection. Victorian Environment Protection Authority, Melbourne.

Nathan, R. , Weinmann, P. , 1995. The estimation of extreme floods – the need and scope for revision of our national guidelines. Aust. J. Water Resour. 1 (1), 40 – 50.

Norton, S. B. , Cormier, S. M. , Suter, G. W. , Schofield, I. K. , Yuan, L. , Shaw – Allen, P. , et al. , 2008. CADDIS: the causal analysis/diagnosis decision information system. In: Marcomini, A. , Suter, I. G. W. , Critto, A. (Eds.), Decision Support Systems for Risk – Based Management of Contaminated Sites. Springer, New York.

Palmer, M. A. , Hakenkamp, C. C. , Nelson – Baker, K. , 1997. Ecological heterogeneity in streams: why variance matters. J. N. Am. Benthol. Soc. 16, 189 – 202.

Pettit, N. E. , Froend, R. H. , Davie, P. M. , 2001. Identifying the natural flow regime and the relationship with riparian vegetation for two contrasting Western Australian Rivers. Regul. Rivers Res. Manage. 17, 201 – 215.

Poff, N. L. , Zimmerman, J. K. H. , 2010. Ecological responses to altered flow regimes: a literature review to inform the science and management of regulated rivers. Freshw. Biol. 55, 194 – 205.

Poff, N. L. , Richter, B. D. , Arthington, A. H. , Bunn, S. E. , Naiman, R. J. , Kendy, E. , et al. , 2010. The ecological limits of hydrologic alteration (ELOHA): a new framework for developing regional environmental flow standards. Freshw. Biol. 55, 147 – 170.

Quinn, G. P. , Keough, M. J. , 2002. Experimental Design and Analysis for Biologists. Cambridge University Press, Cambridge.

Refsgaard, J. C. , Nilsson, B. , Brown, J. , Klauer, B. , Moore, R. , Bech, T. , et al. , 2005. Harmonised techniques and represenative river basin data for assessment and use of uncertainty information in integrated water management (HarmoniRiB). Environ. Sci. Pol. 8, 267 – 277.

Refsgaard, J. C. , Van Der Sluijs, J. P. , Brown, J. , Van Der Keur, P. , 2006. A framework for dealing with uncertainty due to model structure error. Adv. Water Resour. 29, 1586 – 1597.

Richter, B. D. , Baumgartner, J. V. , Powell, J. , Braun, D. P. , 1996. A Method for Assessing Hydrologic Alteration within Ecosystems. Conserv. Biol. 10, 1163 – 1174.

Roberts, J. , 2002. Species – level knowledge of riverine and riparian plants: a constraint for determing flow requirments in the future. Aust. J. Water Resour. 5 (1), 21 – 31.

Shenton, W. , Hart, B. , Chan, T. , 2011. Bayesian network models for environmental flow decision – making: 1. Latrobe River Australia. Rivers Res. Appl. 27, 283 – 296.

Shenton, W. , Hart, B. T. , Chan, T. U. , 2014. A Bayesian network approach to support environmental flow restoration decisions in the Yarra River, Australia. Stoch. Environ. Res. Risk Assess. 28, 57 – 65.

Speirs – Bridge, A. , Fidler, F. , Mcbride, M. , Flander, L. , Cumming, G. , Burgman, M. , 2010. Reducing overconfidence in the interval judgments of experts. Risk Anal. 30, 512 – 523.

Standards Australia 1990. Measurement of Water Flow in Open Channels.

Stewardson, M. , Rutherfurd, I. , 2006. Quantifying uncertainty in environmental flow assessments. Aust. J. Water Resour. 10, 151 – 160.

Stewardson, M. , Rutherfurd, I. , 2008. Conceptual and Mathematical Modelling in River Restoration: Do We Have Unreasonable Confidence? In: Darby, S. , Sear, D. (Eds.), River Restoration Managing the Uncertainty in Restoring Physical Habitat. John Wiley & Sons Ltd, West Sussex, England.

Stewardson, M. J. , Webb, J. A. , 2010. Modelling ecological responses to flow alteration: making the most of existing data and knowledge. In: Saintilan, N. , Overton, I. (Eds.), Ecosystem Response Modelling in the Murray – Darling Basin. CSIRO Publishing, Melbourne, Australia.

Surowiecki, J. , 2004. The Wisdom of Crowds. Doubleday: Anchor, USA.

Tharme, R. E. , 2003. A Global Perspective on Environmental Flow Assessment: Emerging Trends in the Development and Application of Environmental Flow Methodologies for Rivers. River Res. Appl. 19, 397 – 441.

Uusitalo, L. , 2007. Advantages and challenges of Bayesian networks in environmental modelling. Ecol. Model. 203, 312 – 318.

Van Der Lee, G. E. M. , Van Der Molen, D. T. , Van Den Boogaard, H. F. P. , Van Der Klis, H. , 2006. Uncertainty analysis of a spatial habitat suitability model and implications for ecological management of water bodies. Landscape Ecol. 21, 1019 – 1032.

Walker, W. E. , Harremoes, P. , Rotmans, J. , Van Der Sluijs, J. P. , Van Asselt, M. B. A. , Janseen, P. , et al. , 2003. Defining uncertainty: A conceptual basis for uncertainty management in model – based decision support. Integrated Assessment 4, 15 – 17.

Wardekker, J. , Van Der Sluijs, J. P. , Janssen, P. H. M. , Kloprogge, P. , Petersen, A. C. , 2008. Uncertainty communication in environmental assessments: views from the Dutch science – policy interface. Environ. Sci. Pol. 11, 627 – 641.

Warmink, J. J. , Janssen, J. A. E. B. , Booij, M. J. , Krol, M. S. , 2010. Identification and classification of uncertainties in the application of environmental models. Environ. Model. Softw. 25, 1518 – 1527.

Webb, J. A. , King, E. L. , 2009. A Bayesian hierarchical trend analysis finds strong evidence for large – scale temporal declines in stream ecological condition around Melbourne, Australia. Ecography 32, 215 – 225.

Webb, J. A. , De Little, S. C. , Miller, K. A. & Stewardson, M. J. in prep. Quantifying the benefits of environmental flows: combining large – scale monitoring data within hierarchical Bayesian models. Freshw. Biol.

Webb, J. A. , Stewardson, M. J. , Koster, W. M. , 2010. Detecting ecological responses to flow variation using Bayesian hierarchical models. Freshw. Biol. 55, 108 – 126.

Webb, J. , De Little, S. , Miller, K. , Stewardson, M. , Rutherfurd, I. , Sharpe, A. , et al. , 2013. Modelling ecological responses to environmental flows: making best use of the literature, expert knowledge, and monitoring data. The 3rd Biennial ISRS Symposium: Achieving Healthy and Viable Rivers, 221 – 234.

Young, W. J. , Scott, A. C. T. , Cuddy, S. M. , Rennie, B. A. , 2003. Murray Flow Assessment Tool – a technical description. CSIRO Land and Water, Canberra.

Zadeh, L. A. , 1965. Fuzzy sets. Information and Control 8, 338 – 353.

第 Ⅴ 部分　将环境流量纳入水资源规划中

第 16 章

可持续的水资源管理水预算

Brian Richter[1] 和 Stuart Orr[2]

1. 可持续水体计划，克罗泽，弗吉尼亚州，美国

2. 世界自然基金会，格兰德，瑞士

16.1 引言

地球上河流、湖泊和含水层中仅有三分之二的淡水资源得到低强度开发，为城镇、农业和工业提供水源（Brauman 等，2016），对于关心淡水和河口生态系统健康是否具有足够环境流量的人来说，是一个好消息。

而坏消息是，另外三分之一的淡水资源受到高强度的开采和利用（图 16.1）。在这些流域中，来自降水、地表径流和河道补给等形成的天然补给水量约有四分之三甚至更多被人类开发利用，无论是河道处于最低的生态基流时期，还是流域处于干旱的月份或年份。这意味着这些流域的水文情势已经与历史状况发生了根本性的改变，而与自然水文过程几乎没有相似之处。

高强度的水资源开发利用导致了淡水生态系统的严重退化，数千种水生物种已经灭绝。自 1970 年以来全球的淡水生物物种数量估计下降了 76%（WWF，2014）。

制定恢复或保护环境流量管理制度的策略，不仅需要清楚地了解水资源现在或将来的消耗水平，而且要清楚被开发利用的水资源的具体用途。对于已经严重枯竭的河流，我们可以假设恢复目标物种的种群或一定程度的河湖健康将需要首先恢复部分原始的水文过程，包括恢复流量及其历时过程。这意味着需要减少一个或多个用水部门的耗水量，并且将其全部或部分重新分配到环境流量中。这不一定意味着缩减生产性用水，而是通过减少水资源的损失，例如减少土壤蒸发和农业灌溉中渠道的渗漏，就可以大大减少水资源的消耗（Richter 等，文献在出版中）。

准确的水资源核算数据，需要精确估算每个用水部门消耗的水量，这样可以最大程度地明确主要的用水部门，进而思考如何更好地降低这些部门的用水量。这些数据还有助于

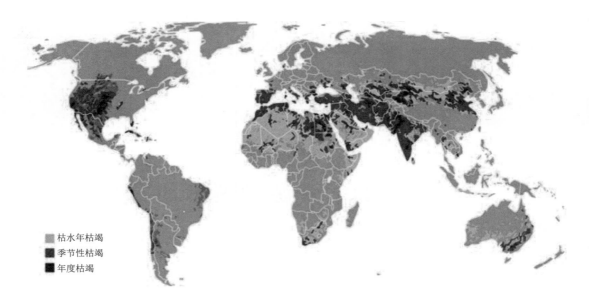

图 16.1 全球因过度开发利用造成的水资源枯竭状况，社会发展和淡水生态系统都面临水资源短缺的风险。年度枯竭表示水资源消耗水平超过多年平均可再生水资源量的 75％ 以上，季节性枯竭意味着重度枯竭主要发生在某些月份，干旱年度枯竭意味着在干旱年份或旱季出现水资源短缺。

分析哪些群体可能会积极合作，哪些可能会出现抵制节水。

本章我们将讨论如何制定有效的环境流量恢复或保护策略，即制定水的预算方案，我们称为水预算（water budgeting）。然后我们讨论在制定恢复环境流量的策略时，如何平衡用水户和政府之间在决策制定时的需求和关注点。

16.2　构建水预算

水预算，通常也称为水资源量平衡分析，是对特定水源（如河流）的水量输入和取用进行的核算。从这个意义上讲，水预算很像财务预算或个人银行账户。这些预算可以帮助您了解进账的金额、出账金额以及剩余金额。将水资源管理和财政预算理念的融合，有助于进一步了解水的用途和去向的持续性，即水是如何被消耗掉的。

可以在多种空间和时间尺度上构建水预算，因此如何制定一个可以有助于进行流量恢复和保护的水预算策略非常重要。例如，你需要知道每个行业在每个月的用水量，你也需要知道一年中总用水量的一般特征。

在空间分辨率方面，水预算应该重点关注特定的河流节点或者河段，例如河流中需要改善环境流量的河段。输入量的核算应该包括节点以上流域所有进入河流系统的径流量，进入河流系统的地下水补给量，以及通过跨流域调水或海水淡化进入系统的水量。输出量的核算应该包括从节点上游流域的河流系统中提取的所有水量和水的损失量，包括转移到流域外的水量和自然损失量。需要注意的是，如果输出的水资源又通过水循环返回到了节点上游的流域中，那么这些回流量也需要计算在内。图 16.2 展示了美国得克萨斯州科罗拉多河流域用水量的核算，这是分析用水信息最常见的报告方式，图中的标签展示了哪些部门消耗了主要的水资源量。

许多国家通常由政府部门或水资源管理部门为大多数或所有流域编制水预算。例如，英国环境署为英格兰和威尔士的所有流域编制了详细的水预算，并设定了旨在保护环境流量的水资源提取限值（Environment Agency, 2013）。

但是，已编制的水预算可能是所有流域在空间或时间尺度上的汇总，这对于确定特定区域的水资源消耗没有什么用。例如，可能无法制定特定流域或集水区的水预算（该水预算是整个州或国家情况的汇总），或如图 16.2 所示仅能够获得整个流域的水预算，对于该流域中特定河流节点或河段的环境需水量无法提供有用的信息。就科罗拉多河而言，得克萨斯州的河流保护主义者主要关注恢复位于科罗拉多河口的 Matagorda 湾及其淡水补给，因此，对流域总用水量的总结有助于他们了解到市政、发电和灌溉是最大的用水部门。

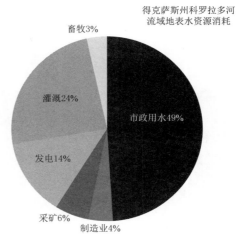

得克萨斯州科罗拉多河流域地表水资源消耗

畜牧3%
灌溉24%
市政用水49%
发电14%
采矿6%
制造业4%

图 16.2 饼图展现了流域内水的总体消耗和使用状况，表明城市供水、发电和灌溉用途是最大的用水户。户外景观的大量耗水，造成了该地区的城市供水消耗量（市政用水）很高。

大多数水预算（图 16.2）是按年平均编制的，这意味着需要通过多年水文数据统计估算用水量，然后报告其年平均值。多数情况下这种年度分辨率对流量恢复策略的制定是非常有帮助的，因为其高度概括了水输入或输出的总体状况，或两者兼而有之。但是，每年的水预算（相对于多年平均结果）可能是以月为间隔计算的平均值，会出现年际间、不同季节或短期流量短缺问题。

例如，图 16.3 显示了用于创建图 16.2 中多年平均饼图的用水量年度估算值，该图提供了一些重要的附加信息。例如，整体用水似乎随着时间的推移保持相对稳定。然而，在各个用水部门中，我们看到市政用途在增加，灌溉用水正在减少。在制定环境流量节律恢复策略时，这种年际间的变化趋势和部门内的变化趋势都非常有用。

虽然图 16.2 和图 16.3 提供了有关用水的有用信息，但对恢复环境流量节律感兴趣的人还希望了解更多信息。例如，了解河流中水资源自然和历史消耗情况是十分重要的，通过这些信息可以评估河流水资源消耗量是否会破坏淡水和河口生态系统，或增加其他用水者缺水的可能性（Richter, 2016）。

鉴于大多数环境流量评估是按月或更短的时间尺度来评估，因此在确定如何最好地满足环境流量要求时，以类似时间尺度汇总水预算信息将是最有价值的。遗憾的是，月或更短时间尺度的相关信息通常很难通过测量可用水资源量和使用量来获得，因此必须使用水文模型进行模拟，如第 3 章所述。

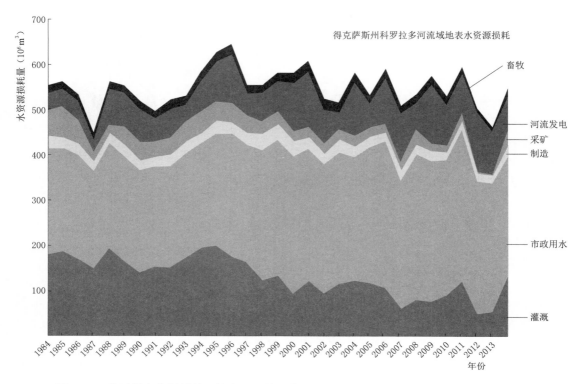

图 16.3　美国得克萨斯州科罗拉多河流域（其中 $10^6\,m^3＝1GL$）按部门划分的用水量变化
图表提供了有关各个用水部门的逐年变化和趋势的重要信息。

图 16.4 显示了得克萨斯州科罗拉多河开发的水文模型模拟的结果。这个特定的模型模拟了几十年来每个月输入河流的水，然后考虑从河流中提取的水和所有使用后返回河中的水。该图表明，在模型模拟的时间序列里，许多月份的水资源消耗耗尽了大部分原始河流的流量。这种消耗在全年中的所有月份都有发生（图 16.4）：在通常较潮湿的冬季（11月至次年 2 月），水资源被储存在大型水库中，供较干燥的夏季（5—9 月）使用；但夏季用水量也消耗严重，用于农业灌溉和住宅草坪浇水（得克萨斯州这个地区超过一半的市政用水用于草坪浇水）。

在这一点上，我们知道从科罗拉多河中取出了多少水，以及用于何种目的。但是，考虑到环境流量的需要，我们仍然不知道取水量是否太大。要回答这个问题，需要开展环境流量评估，正如本书其他章节中所讨论部分。对河流中剩余的水量情势与环境流量的差值进行分析，可以明确告诉我们河流中什么时间需要保留多少水。

得克萨斯州的河流科学家团队一直在开展河流环境流量评估。科罗拉多河流域已对多个具有环境流量目标的河段进行了评估，包括评估维持下游河流和位于河口的 Matagorda 湾河口生态健康每月所需的淡水流入量。科学家们将他们的环境流量评估与进入 Matagorda 湾的实测流量进行了比较，结果见图 16.5。

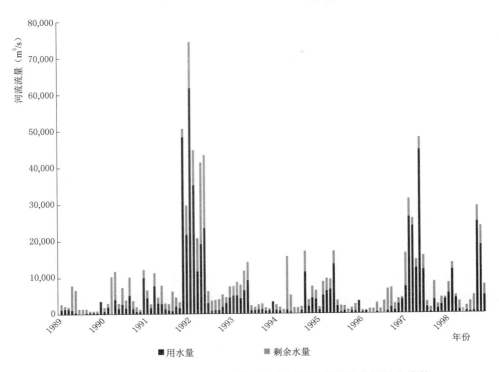

图 16.4 该图是使用美国得克萨斯州水资源管理机构创建的模型输出结果生成的。
该模型模拟了科罗拉多河在 1998 年前的 60 年模拟期间（1m³/s＝586.3ML/d）逐月入流和
出流水量。输出的水资源仅显示了其中一部分。

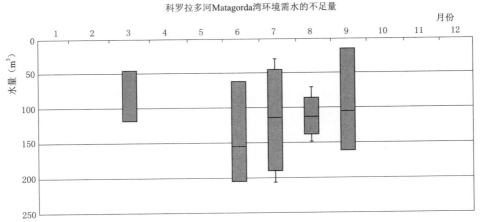

图 16.5 基于过去 20 年实测水量与为该区域开发的环境流量的比较，本图总结了每个月生
态基流的环境需水量（其中 1m³＝0.001ML）。这个箱线图中的条柱显示了一年中每个月完
全满足环境流量所需要的最小基流、25 分位数、中位数、75 分位数和最大流量。请注意，
在用于评估这些环境需水资源短缺的 Matagorda 湾流入的计算机模拟中，评估的 20 年中有 7
年环境需水量难以满足，因此箱线图是基于该地 7 年的缺水量进行绘制的。其他月份不存在
环境流量短缺。

16.3 重新确定长期可持续性的水预算

本节我们将讨论与制定恢复河流流量规划相关的政治、治理、经济和社会因素。我们首先讨论全球范围内流量保护和恢复的两个挑战：①设定水资源消耗总量目标，②水资源供给与环境流量的重新分配。第 17 章和第 18 章将进一步详细探讨这些概念。

16.3.1 为水资源消耗总量设定限值

如前所述，全球至少有三分之一的流域其 75% 或者更多的水资源被持续或间歇性地耗尽，这些流域的淡水物种和生态系统受到了严重影响（Brauman 等，2016；Richter，2016；Richter 等，2011）。所有水资源接近枯竭流域的主要问题，是河流水资源状况是否会在未来继续恶化并难以为继。如果水资源相关管理机构或部门未来继续允许增加用水量，那么恢复河流水资源以满足环境流量的挑战只会加剧。

可以通过多种方式施加适当的用水限制。例如，可以在未来合法地关闭流域或地下水含水层的其他开发利用用途，可以拒绝发放新的地表水使用许可或水井修建许可。通过设定允许取水量的最大限额或上限，政府机构可以开始解决水资源过度分配的问题或促进更优化的用水方案（Environment Agency，2013；Richter，2014a；Richter 等，2016）。设立上限将保障环境流量作为可持续水资源管理不可分割的重要部分的目标制度化（Postel 和 Richter，2003；Richter，2014a；Richter 等，2011）；取用水上限应该明确规定为维持与环境流量目标水平相容的最大耗水量。水资源预算的编制对于确定消耗性用水使用上限有很大帮助，定期对水资源预算重新计算可以帮助确定是否达到上限。

与水预算信息一样，基于每月变化的上限［参见 Richter（2014a）中的上限和上限方法］，或者对自然日流量可以改变的程度设置限值［Richter 等（2011）的环境流量方法或推定标准的百分比］，能够最有效地确保满足环境流量要求。

然而，如果已经存在环境流量的差距，那么仅仅防止消耗性用水的增加可能只是解决方案的一半，这意味着消耗性用水的总量已经太大，需要在某些时间减少消耗性用水以弥补预期的环境流量的不足。例如，图 16.5 表明，为了满足得克萨斯州科罗拉多河的环境流量，需要在 3 月和 6—9 月间减少现有的消耗性用水。在这种情况下，目标上限的设定需要低于现有的消耗水平，这有利于为环境流量节律的恢复建立政治和财政支持，特别是通过公开讨论并考虑各方利益相关者，这个上限值更容易获得大家的同意（第 7 章）。

大家都知道，任何关于需要减少现有消耗性用水的建议都可能会引起极大的争议，并且从政治角度上也难以实施，特别是需要通过监管的方式来实现这一点。因此，到目前为止只有少数几个国家和河流能够降低消耗性用水也就毫不奇怪了。在这些成功的案例中包含了一些关键因素：①为自愿性（而非强制性）减少用水量提供强有力的财政激励措施；②为用水户提供足够的时间进行调整；③积极引导用水者自己设计更高效的用水模式来实现所需的减少量（第 7 章、第 18 章）。

一旦确定并采用了上限水平，就可以制定规划减少现有用水量以达到新的规定。第 18 章深入讨论了可用于减少消耗性用途的策略，但值得注意的是，公共（政府）和私人（特别是非政府）的行为都成功地减少了水的耗用以恢复水环境。例如，在澳大利亚

MDB，联邦政府正在实施一项计划，即从灌溉农户那里获得现有的水权，以实现整体消费用量减少20%的目标（Hart，2015；Richter，2014a）。获得的水权由联邦环境需水持有者办公室管理，用以恢复环境流量节律。同样，在美国西部，许多非政府环保组织利用私人资金从消费用水户那里获得水权，然后将这些水资源指定为环境目的。

16.3.2　将水资源重新分配作为环境流量

这些公共和私人措施中的每一项都必须克服上面提到的第二个挑战，即明确地将水资源重新分配为环境流量。简单地减少个人或用水部门的消耗性用水并不能保证所节约的水资源会被分配到环境流量中。世界各地节水倡议的一个非常普遍的问题是，节约用水很快被用于其他用途，而不是为改善环境流量作出贡献。例如，大多数提高农业灌溉用水效率的投资只会导致更多的灌溉或其他消费用途，因为效率的提高为农民提供了更多的水。同样，城市节水计划很少会在河流中留下更多的水；相反，城市居民或工业用水的减少只会使人口增长或其他用水量扩大。避免新增或扩大消耗性用水的重要挑战在于，要将节约的水资源用于环境目的。

从环境角度来看，理想的解决方案是正式（合法地）将节约的水资源重新分配给环境。这可以通过节约非环境流量的途径实现，例如通过减少或取消用水者的用水权利，或者正式将水权改变为环境流量。

如上所述，在保护环境流量时设定上限可以极大地推动环境流量恢复工作的制度化和社会化，因为它设定了可以进行测量的正式目标。例如，在MDB，澳大利亚政府已在32个子流域中设定了可持续的引水限额（sustainable diversion limits，上限），并计算了达到这些限值所需减少的现有消耗性用水量。这些有针对性的削减量代表了环境流量节律目标的恢复，并且政府能够对此负责。

16.3.3　环境流量节律恢复的经济和政治前景

虽然在健全的科学和技术分析的基础上制定环境流量恢复计划非常重要，但这些计划的成功更多地取决于经济和政治，而不是环境科学。实际上，在世界各国水资源分配和管理决策中，环境价值甚至生态系统服务价值论据很少占据重要地位。世界各地清洁健康的流域和环境流量节律通常被低估，并且在规划经济增长和社会福祉时经常被忽视。淡水生态系统提供服务的重要性以及这些系统受到干扰时所产生的风险，在涉及水的经济和政治权衡中通常没什么重要性。

为了取得成功，保护环境流量节律的倡导者需要考虑对流域的水资源分配和使用产生最大影响的社会和经济价值观，并找到方法将环境流量恢复和保护措施与其他价值观和主导目标的发展相统一。

在大多数流域，与农业用水相关的经济和政治将是至关重要的。虽然在环境流量恢复工作中永远不应忽视在市政和工业用水中节约用水的机会，但灌溉用水在大多数流域中占据消耗性用水的主导地位（占全球消费用量的84%；Brauman等，2016）。这说明通过节约农业灌溉用水，可以获得将水资源重新分配到环境保护目标的最大机会——无论是在数量方面还是成本方面（Richter等，2013）。同时，全球范围内农业在经济上的重要性正在逐渐减弱；大多数国家经济中农业的相对贡献普遍在减少（以农业对国内生产总值的贡献来衡量；Quandl，2016）。大多数国家现在正在逐步发展工业生产（包括采矿，公用事业，建筑和制造业）和服务导向型经济，这种快速转变会涉及相关的用水变化（Debaere 和 Kurzendoerfer，2016）。虽然我们无可否认需要生产足够的粮食来养活世界，但农业灌溉在许多国家经济中的贡献减少表明水的用途正在发生变化，可能存在改善环境流量的机会。

在工业化国家水资源紧张的流域，城市和工业用水的持续扩张主要来自灌溉用水的压缩。例如，在得克萨斯州的科罗拉多河流域（图 16.3），经济生产和相关用水已明显从农业转向服务业和发电。通过自愿和有偿的用水权交易，用水的经济生产率显著提高。自 1990 年以来科罗拉多河流域每单位用水量的经济产出增加了一倍多（Debaere 和 Hamilton，2016），因为与农业灌溉相比，城市和工业用水的经济价值相对较高。

随着工业化国家经济结构的发展，未来几十年我们可以预期，国家的许多部门之间的用水量会有类似的重新分配（Debaere 和 Kurzendoerfer，2016）。鉴于 60 个缺水国家中约有一半通过某种水权分配制度来管理用水（Richter，2016），这些国家用水的重新分配通常涉及用水权的转让，要么通过政府减少允许的提取量，要么通过市场交易购买水权，例如澳大利亚（例如，MDB）和美国西部。成功恢复环境流量节律取决于环境流量倡导者干预政策改革或市场交易的能力，需要说服政府将更多的水资源重新分配给环境，或者在水市场中购买环境水权。例如以色列政府决定更多地淡化海水，以便让更多的水流入约旦（Jordan）河（Richter，2014b），澳大利亚政府已拨出大量公共资金用于回收 MDB 流域中农民的水权（Hart，2015；Richter，2014a）。

发展中地区环境流量恢复的前景和战略看起来完全不同。管理用水的监管体系在工业化地区要强得多，人口更稳定，收入水平不断提高。相比之下，全球绝大多数预期的人口增长将发生在发展中国家，这些国家通常缺乏足够的水管理能力和有效的体制框架（Orr 和 Cartwright，2010）。随着这些国家的发展和生活水平的提高，我们可以预期他们的饮食将变得更加耗水，整体商品消费将增加；根据一些预测预报，其灌溉量将翻一番，以满足未来的人口增长需求（IWMI，2007）。

不幸的是，如图 16.1 中的高耗水量，许多国家已经接近水资源可利用的极限。水作为公共资源，发展中国家将需要不断权衡私人利益和集体福祉以加强对水的可持续和公平管理（Hepworth 和 Orr，2013）。

各国适应变化和增加用水需求的能力，以及环境流量倡导者在保护或恢复流量方面的成功，在很大程度上取决于在国家和流域层面发展的组织能力。同样重要的是支持创建和实施法律、权利和追索机制，以协调、权衡和满足不断增长的需求。确保将这些作为可持续水管理的基础仍然是许多发展中国家的艰巨任务。

许多人口高增长国家的主要优先事项是向贫困和边缘化人口群体提供用水和卫生服务，最近制定的《全球可持续发展》目标下 [UNDP（联合国开发计划署），2016] 重新强调了这一点。发展优先事项，如建设水基础设施和为经济生产目的提供水——（主要是能源和农业扩张）——在许多国家的愿望清单中占据重要位置。因此，任何有关环境流量保护或恢复的论据都需要与业务连续性和政府优先事项产生共鸣，并且可能需要更高程度的社区参与。

好消息是，在许多发展中国家，至少在文件层面上存在强有力的水管理政策，并且越来越多地承诺分配环境流量，明确承认河流提供了许多重要的社会和经济服务。发展中地区人口的生计和福祉的一个重要特征是强烈依赖自然生态系统作为粮食安全的基础，如渔业、洪泛平原养殖等。人们越来越认识到私营企业和公民社会的利益相关者参与到水相关决策的制定之中的重要性。这包括管理伙伴关系，特别是在缺乏政府提供和管理水资源的情况下。这些趋势为环境倡导者提供了更多机会参与水资源管理。

最近关于赞比亚 Zambezi 河支流 Kafue 河流域水资源管理优先事项的讨论有助于说明这些挑战以及需要水资源预算来指导经济发展和环境保护决策。Kafue 平原是一个巨大的洪泛平原区（6500km²），位于 Kafue 河上的两座水坝之间。虽然普遍认可大量人口直接依赖于平原内的捕捞、狩猎和平原上的种植维持生计，但是正在制定的大坝运营和河流水资源分配方案，是在没有充分了解环境流量节律及其对生态系统生产力的情况下制定的。由世界自然基金会（WWF）领导的利益相关方磋商会，旨在明确该地区用水的风险和机遇（WWF，2016）。虽然不构成环境流量评估，但对现有和潜在用水的了解有助于确定能源生产、糖和牛肉生产、出口作物、卢萨卡供水以及依赖生态系统的生计和粮食安全的水需求（WWF，2016）。

自然水文节律改变被确定为对依赖于生态系统利益和服务的当地经济的首要风险。通过 Kafue 平原的河流现在主要由 Itezhi – Tezhi 大坝的运营控制，而 Itezhi – Tezhi 大坝的运营则取决于 Kafue 峡谷坝下游的水力发电需求。Kafue 平原的利益相关者已经认识到需要更好地了解平原的水文情况，特别是水坝和生态系统功能的改变，以便优化大坝运营规则。尽管对平原的水文学进行了广泛的研究，但是对依赖 Kafue 平原生态系统不同用水户的需求的认识尚不清楚（WWF，2016）。

赞比亚首都卢萨卡依赖于 Kafue 平原提供 44％的水资源，预计未来几十年内国内需求将大幅增长。这个城市不断增长的人口、食物和能源需求也与 Kafue 平原有关。通过 Kafue 峡谷坝产生电力，而卢萨卡消费的玉米、牛肉、鱼、牛奶和糖等主要食物主要来自 Kafue 平原地区。农业占赞比亚总取水量的 73％，其中大部分取自 Kafue 平原，那里灌溉了大片甘蔗。除了糖之外，这里还是赞比亚牛群最集中的地方，也是种植玉米的最大区域（主要是小农户）和大麦生产的主要区域（WWF，2016）。

尽管许多用水者和政府，通过与利益相关者协商，对 Kafue 平原的流量变化和生计之间的相互关系进行了认可，但对正在进行的用于支持经济扩张的水资源分配潜在后果的理解，尤其是定量的理解相当少。过去计算的 Kafue 流域水资源预算（Wamulume 等，2011），随着水资源需求急剧增加和赞比亚经济的持续增长，在该区域复杂的水文条件下，需要重新审视和更新以反映不断变化的社会经济需求。

许多发展中国家的发展速度很快，水资源预算作为水的管理基础的必要性是再迫切不过的了。水资源预算可以作为利益相关者对话的基础，可以提供用于制定所需环境流量保护水平的主动协议以及对消耗性用水适当分配的手段。虽然发展中国家建立有效治理体系的能力在许多情况下仍然存在高度的不确定性，但非政府组织和其他私营企业可以把注意力和资源集中在建立水资源预算上，从而为这些国家未来可持续的水资源奠定基础。

16.4 结论

本章阐述了制定水预算作为制定环境流量节律恢复策略的重要性。通过更好地了解在流域中如何以及何时使用水资源，以及这种用水对自然水文节律的影响，环境流量倡导者将能够更好地识别和优先考虑可能的节水策略以将节约出来的水重新分配给环境。

然而，将节约的水重新分配给环境绝不是一个有保证的结果，环境流量倡导者需要找到一些方法，使节约出来的宝贵水资源的重新分配受到法律保护，以恢复自然流量过程，而不是被其他用途所侵占。这一努力的政治机遇和挑战应该得到充分的理解，例如，通过了解流域中用水的经济和政治基础，以及可能使环境流量恢复成为流域的优先发展事项。

参 考 文 献

Brauman, K. , Richter, B. D. , Postel, S. , Malsy, M. , Florke, M. , 2016. Water depletion: an improved metric for incorporating seasonal and dry – year water scarcity into water risk assessments. Elem. Sci. Anth. 4, 83. Available from: http: //dx. doi. org/10. 12952/journal. elementa. 000083.

Debaere, P. , Hamilton, B. , 2016. Unpublished data, University of Virginia.

Debaere, P. , Kurzendoerfer, A. , 2016. Decomposing U. S. water withdrawal since 1950. J. Assoc. Environ. Resour. Econ. in press.

Environment Agency, 2013. Managing Water Abstraction. Environment Agency, Bristol, England.

Hart, B. T. , 2015. The Australian Murray – Darling Basin Plan: challenges in its implementation. Int. J. Water Resour. Dev. Available from: http: //dx. doi. org/10. 1080/07900627. 2015. 1083847 (accessed 24. 03. 16).

Hepworth, N. , Orr, S. , 2013. Corporate water stewardship: new paradigms in private sector water engagement. In: Lankford, B. A. , Bakker, K. , Zeitoun, M. , Conway, D. (Eds.), Water Security: Principles, Perspectives and Practices. Earthscan, London.

IWMI, 2007. Water for Food, Water for Life: a Comprehensive Assessment of Water Management in Agriculture. International Water Management Institute. Earthscan, London and International Water Management Institute, Colombo, Sri Lanka.

Orr, S. , Cartwright, A. , 2010. Water scarcity risks: experience of the private sector. In: Martinez – Cortina, L. , Garrido, A. , Lopez – Gunn, E. (Eds.), Re – thinking Water and Food Security. CRC Press, London.

Postel, S. , Richter, B. , 2003. Rivers for Life: Managing Water for People and Nature. Island Press, Washington, DC.

Quandl, 2016. Agricultural share of GDP by country. Available from: https: //www. quandl. com/collections/economics/agriculture – share – of – gdp – by – country (accessed 15. 08. 16).

Richter, B. , 2014a. Chasing Water: a Guide for Moving from Scarcity to Sustainability. Island Press, Washington, DC.

Richter, B. , 2014b. Can desalination save a holy river? Water currents. National Geographic. Available from: http: //voices. nationalgeographic. com/2014/11/02/can – desalination – help – save – a – holy – river/ (accessed 02. 11. 14).

Richter, B. , 2016. Water Share: Using Water Markets and Impact Investing to Drive Sustainability. The

Nature Conservancy, Arlington, Virginia.

Richter, B. D. , Davis, M. , Apse, C. , Konrad, C. , 2011. A presumptive standard for environmental flow protection. River Res. Appl. 28, 1312 – 1321.

Richter, B. D. , Abell, D. , Bacha, E. , Brauman, K. , Calos, S. , Cohn, A. , et al. , 2013. Tapped out: how can cities secure their water future? Water Policy 15 (2013), 335 – 363.

Richter, B. D. , Powell, E. M. , Lystash, T. , Faggert, M. , 2016. Protection and restoration of freshwater ecosystems. Chapter 7. In: Miller, K. A. , Hamlet, A. F. , Kenney, D. S. , Redmond, K. T. (Eds.), Water Policy and Planning in a Variable and Changing Climate. CRC Press, Boca Raton, FL.

Richter, B. D. , Brown, J. D. , DiBenedetto, R. , Gorsky, A. , Keenan, E. , Madray, C. , et al. Opportunities for saving and reallocating agricultural water to alleviate water scarcity. Water Policy, in press.

UNDP, 2016. UNDP support to the implementation of the 2030 agenda for sustainable development. United Nations Development Programme, New York.

Wamulume, J. , Landert, J. , Zurbrügg, R. , Nyambe, I. , Wehrli, B. , Senn, D. B. , 2011. Exploring the hydrology and biogeochemistry of the dam – impacted Kafue River and Kafue Flats (Zambia). Phys. Chem. Earth 36, 775 – 788.

WWF, 2014. Living planet report: species and places, people and places. World Wildlife Fund International, Gland, Switzerland.

WWF, 2016. Kafue Flats shared risks assessment report. World Wildlife Fund Zambia, Lusaka.

第 17 章

环境流量的分配机制

Avril C. Horne[1]，Erin L. O'Donnell[1] 和 Rebecca E. Tharme[2]

1. 墨尔本大学帕克维尔校区，维多利亚州，澳大利亚

2. 未来河流工作组，德比郡，英国

17.1 简介

现在很多国家已经采取了保障环境流量的政策，但在高度多样化和复杂化的社会政治背景下，这些政策的实施在很大程度上面临着巨大的挑战（Le Quesne 等，2010）。一旦确定了环境流量（请参阅第 11 章，有关科学和方法的讨论）以及商定了适当的用水状况，就需要一种水资源分配机制将水分配给环境，保障河流和其他湿地的实际供水。这种机制的有效管理和执行还取决于社会环境（第 19 章）。

本章我们确定并讨论了政策制定者在选择一个或多个环境流量分配机制方面所能做出的选择。我们使用"分配机制"这个术语来涵盖为环境目的提供水资源的法律或政策工具。分配机制可以通过立法、水资源管理计划、取水许可和涉水基础设施运营许可证来实现（Speed 等，2013）。在本章中，根据机制的法律特征、主要功能和运作情况，将全球范围内已实施的环境流量分配机制分为有一定代表性和具有特殊性的两类机制。从法律的角度来看，分配机制可以视为两个不同的类别：

1. 对其他用水户制定了取用水限制条件（例如取水量上限）；

2. 为环境用户建立合法用水权（如环境水权）。

在这两类机制中，我们根据它们的功能和操作对这些分配机制进行进一步划分（下面详细描述）。用水户制定了用水限制条件：（1）取水总量的限制；（2）取水许可条件限制；（3）取用蓄水量限制。根据法律地位将环境水权分为两种：（1）生态环境或生态环境保护区用水权；（2）环境水权。

正如下面的案例研究表明，这些分配机制可以在单个系统中组合应用（Speed 等，2013），也可以单独使用。区分不同分配机制很重要，与人类用水不同，它们为

环境提供了不同的保护水平，灵活程度也不相同，并且他们在运作方面面临不同的挑战。

在本章中，环境流量是指通过一系列可能的分配机制向环境所提供的可供流量。环境流量可能或可能不等同于环境需水——估计满足生态系统流量需求的水量和水质（即水量、时间和水质），以及直接依赖于生态系统的人类生计和福祉的需水量（The Brisbane Declaration，2007）。

在本章中，我们探讨了为环境提供水资源的当代水资源管理方法，同时也认识到固有的水资源（或土著）管理模式（第9章）是可以成为当代水资源管理方法的一部分或完全与之并存的。首先，我们阐述了目前在世界范围内使用的不同分配机制。选择一种环境流量的分配机制，需要考虑当前的水资源管理政策和实际情况，以及河流系统的生物、物理状态。然后，我们概括了一个程序来帮助水资源管理者在内容上选择适当的分配机制。对这一程序的讨论借鉴了前几章的内容，这些章节深入阐述了对环境可持续水资源管理的愿景和目标（第7~10章），水资源消耗与环境需水之间的平衡（第16章），以及现有的技术和社会参与工具，用于在其分配之前确定所需的环境流量管理机制（第11~15章、第7章）。最后，本章用一系列案例重点介绍了目前全球范围内采用的一些分配机制。

17.2 分配机制的类型：法律基础、功能和操作

根据其法律特点、主要功能和运行机制，将水资源分配给环境的机制可分为五大类。如上所述，这些分配机制中最根本的区别在于它们是否用法律保障环境水权。一些环境流量分配机制对其他用水户取水制定了条件，比如在制定社会经济系统耗水量上限，从而提供环境流量。或为环境用户建立合法用水权。两者区别很大，因为不同分配机制会产生的不同的法律，并衍生出不同的法律补偿措施、支持政策和监管框架，以及不同运行组织能力的需求（见第19章）。

在前面定义的两类机制之间的差异与它们的功能和操作有关。在特定的情况下，识别特定的机制是复杂的，因为它们通常是结合使用的，并且术语非常多变，所以我们的讨论集中在每个机制的功能上。本章后面的案例研究证明了这些机制应用的多样性。下面将简要讨论每个分配机制，详见表17.1。

17.2.1 将条件强加于其他水的分配机制用户

取水许可

取水许可设定一个用水户从系统中取水总量的上限，用给定时间内可用水量占总水资源量的比例来表示。许多人认为这是水资源可持续利用的关键一步（Le Quesne等，2010；Mekonnen和Hoekstra，2016；Richter，2014）。一般来说，取水上限是在多年平均的水平上制定的，需要通过对各用户用水量的精确计算来支持。取水上限是对用户取用水量的限制（通常指取水许可证，见下文），一旦达到上限，管理部门也就停止发放新的取水许可证。

表 17.1 　　　　　　　　　　　　　　　　　　**环境流量的分配机制**

	环 境 流 量				
	其他用水户的条件			环 境 权 利	
	耗水量上限。	取水的许可证条件。	水库运营商条件或水资源管理者条件。	生态和环境储备。	环境水权。
简介	取水许可证。	取水许可证所列条件，限制了取水量和/或取水时间。	水库操作条件，为下游的生态需求提供水量。	依法建立环境流量优先权利。	环境流量管理人员；持有个人用水权。
实现选项	水库总取水量或净取水质量/数量的上限限制；限制可以实现总可用资源的百分比或通过流量限制来实现；可以应用复杂的用水上限措施，但是执行难度会比较大。	开采前确定所需的最小流量；取水前保护流量的自然变动某部分；季节性许可证（例如，只在雨季取水）。	每日固定发布储水量；输出一定百分比的入流量；规定环境用水制度。	根据最低需求确定的年均水量；根据给定年份的用水需求，每年更新一次取水许可。	坝在水库系统中，可以通过泄放环境流量创造任何流量组分；在一个取水水权与河流流量份额相关联的系统中，环境水权可以保护河流的现有流态。
措施	立法变更或制定水资源规划实施限额。	更改条件后重新发行许可证；更改水量分配计划。	为可能的下泄生态流量的基础设施进行改造升级；修改取水计划；变更取水计划。	修改立法或制定水资源计划以建立保护区；如果是在将水分配给其他用水户之后创建保护区，则可能需要二次水资源分配。	建立一个组织来维持水权；管理水权的进程；获得或建立水权。
操作	遵守和强制执行—通常是许多个人。	遵守和执行—许多个人；实施难度随着季节或流态限制的增加而增加。	遵守和执行存储许可证或合同条件。	每年计划和实施储备水资源；个人取水许可证持有人遵守规则，以确保环境流量得到保护。	环境水权的持续规划、使用和绩效报告；强制执行水权，以防止其他用水户使用环境流量。
适应性管理能力	一旦已经分配了水权，就很难对其进行回溯调整；在水资源分配之前，更容易进行相应的预防限制。	除非将审查过程纳入水资源规划中，否则很难调整许可证条件。	除非将审查过程纳入水资源规划，否则很难调整许可证条件。	根据具体的实施措施，对环境流量分配方案进行修订，这种方法具有灵活性。	改变环境所持有的水权组合；这种方法具有高度灵活性。
在缺水的情况下保护环境	在缺水的情况下，库容上限几乎不会提供环境流量，然而，如果利用可用水量的百分比来确定环境流量，将能继续提供一些环境方面的用水。	在枯水期限制抽取水，许可条件将保护河流中剩余的水流。	大坝的泄流条件将取决于坝内储存的水量和环境泄放的优先级。	保护区仍然可以将环境作为公认的优先事项之一，但这取决于它在优先事项列表中的位置。	环境水权通常会随着其他用水者的权利增大而减少。权利大小取决于优先级系统（即优先分配权），而权利的优先级又决定了保护力度，高优先级权利保护力度高。
权利的保障（例如解除法律程序）	可能需要立法来取消取水上限（尽管改变上限的具体水平可能不那么困难）。	以在计划层面上改变（不太可能需要在法律、法规或规章制度层面变更）。	可以在计划层面上改变（不太可能需要在法律、法规或规章制度层面变更）。	根据指定的可供水量，改变取水许可需要修改的宪法或法律；然而，所使用的具体实施措施可能更容易受到影响。	需要修改法律，以消除环境持有水权的能力。

取水许可在许多方面是最容易实现的，可以用于限制用户当前（或更高）的用水量，并能迅速限制进一步的水量开采（Speed等，2013）。如果可以在用户之间转让水权，取水许可还可以以一种更可持续的方式刺激进一步开发和有效利用现有水资源。然而，一旦水资源被完全分配给用水户（或水资源的可利用量完全分配），在以后的阶段要减少用水户的用水权，将水资源还给环境是极其困难和昂贵的（Hirji和Davis，2009a）。例如，美国密歇根州修订了水法，保护环境流量不受未来的取水限制，但由于政治压力，不得不废止现有用水户的用水权（Le Quesne等，2010）。从最近澳大利亚的MDB管理的改革已经看出，随着新的可持续管理政策的实施，现有的取水上限会进一步降低（MDBA，2012），这需要重大的政治意愿和大量回收水权的投资（Connell和Grafton，2011；Hart，2015）。历史证明这种回收取水许可的事件鲜少发生，在可能的情况下，应该谨慎地分配取水权（Hirji和Davis，2009a）。

重要的是，通常每年都要对取水许可进行审查，并根据多年平均的耗水情况进行合规检查。允许在不同降雨频率下有不同的用水消耗，以反映不同年份的水资源的可利用量。例如，最初的MDB河流域对取水许可明确地考虑了设定降雨频率和水文状况（MDB Ministerial Council，2000），以及新的可持续取水政策（SDL）依赖于多年平均的概念（MDBA，2012）。

尽管取水许可是限制过度使用水资源的重要机制，但由于消耗性取水和/或其他形式的水文情势改变会造成水文要素的变化，取水许可的作用仍然有限。取水许可能够简单而有效地限制了水文过程线中处于较高部分的（丰水期）取水，但在枯水期可能仍然不能满足社会或生态环境的用水要求，并且不提供任何关于流动机制本身的要求。尽管可以用更复杂的方式制定取水上限，以保护低流量的需求或自然水文情势的其他特性，但它们的实施变得更具挑战性。此外，如果上限是一个水量限制（而不是按流量的比例来设定），那么，由于气候变化，取水总量控制的环境流量将首先受到影响（或在长期干旱期间；Speed等，2013）。由于这些重要的原因，取水许可通常与其他分配环境流量的机制结合来确定取水上限。

取水许可证条件

取水许可证使用水户能够直接从水源中取水或从河流引水，如河流或地下水含水层。通常，这些许可证给这些用水户取水限制了条件。这些取水条件或者在取水许可证上详细说明，或者一般情况下可能需要遵守相关的水资源管理计划，包括一系列特定的取水条件。这些条件可以包括日常的、季节性的或年度的取水限制，以及指定在取水之前必须满足的水资源可利用量（一个流量值或含水层深度），或者一些其他条件的组合。取水许可证的条件通常包括给没有大型水库系统的区域提供环境流量（在澳大利亚和其他地方，这些地区通常被称为不受管控的系统）。

两个澳大利亚的例子有助于说明这些开采限制对保护环境流量的重要性。在维多利亚的Olinda流域，取水许可证的颁发为①全年许可证；②筑坝许可证。筑坝许可证只能在高流量期间（7—10月）使用，从而减少了在低流量期间的取水量。全年许可证将面临更多的季节性限制，当流量低于设定水平时，必须停止取水。这种取水情况是通过环境流量评估过程预先确定的，但在其他情况下，它可能只是反映了历史上的水资源分配机制。河流的限制可取用水量因流域的位置而异，其目的是为了确保河流不被取水完全抽干。在新南威尔士的巴隆地区，取水许可证包括在冬季鸟类繁殖的几个月里限制取水的条件。特别是在鸟类繁殖的过程中，在 10 天内取水量必须减少 10％（Speed 等，2011）。

在发放永久取水许可证的情况下，特别是如果转让水权而对现有用户没有某种形式的补偿，那么对用户实施新的限制是很困难的，而且经常引起争议。（尽管很少对环境造成影响）。当取水许可证或水量分配计划定期更新时，这种改变通常是最有效的，则许可条件可能发生变化。许可证的变更也可以通过使用高度协商的方法来实现，但这些方法可能是冗长而复杂的（State of Victoria，2004）。

保护环境流量的取水许可证的条件也可以被政府取缔，特别是在缺水的时候。例如，在澳大利亚千年一遇的干旱期间，新南威尔士刚开始实施的水资源管理计划被暂停，保障受干旱影响的灌溉用水者能够继续使用原本分配给环境的水量（NWC，2009）。

对私人用户持有的许可证设定条件可用于保护基流（或含水层深度），以及季节流动变化和自然水文情势中的高流量部分，这取决于所应用的具体条件。然而，在发放取水许可证的情况下，这些条件没有得到应用，因此需要由政府和社区支持来变更现有的许可证。此外，由于私人取水证是一种法律效应相对较低的法律文书（框 17.1），因此很难保护其不受随意变更的影响。这种分配机制的实施挑战是要求检查合规性情况，并存在在任何流域有大量潜在个人许可证持有者执行许可证条件的复杂情况。

框 17.1　法 律 文 书 等 级

框 17.1 中所描述的每一种分配机制都使用一种特定的法律或监管工具，要么将条件强加给其他用户，要么为环境创建特定的法律权利。法律文书的效应根据当地的情况而有所不同，这取决于法治的力量和执行法律权利的能力。本文提供了一份关于这些法律条文性质的简要介绍，以帮助指导这一选择。然而，每个司法辖区都是不同的，因此任何条文都需要根据所在地要求进行调整，包括案例法。在跨界情况下，由于需要找到一种可接受的国际法律文书，并将该条文嵌入每个州的法律等级，这将使事情更加复杂（Lenaerts 和 Desomer，2005）。在大多数司法管辖区，法律条文存在于法律权力的等级制度中（图 17.1）。一般来说，国家宪法为立法机关通过法律创造了法律权力（Endicott，2011）。这一立法反过来支持制定法规和行政人员及其代表的决定。这些条例通常能够创造更多的规则和政策来指导法律的实施（Killingbeck 和 Charles，2011）。因此，例如，"由直接选举产生的议会制定的法规通常优先于其他规定"（Lenaerts 和 Desomer，2005；第 745 页）。

框 17.1 中所列的每一种法律机制都可以在这一法律层级的几个层次上建立。例如，生态保护区已经在法规中颁布（Godden，2005），而澳大利亚维多利亚州的许可证条件通常由水务公司作为一种法律工具来制定。在选择法律文书时，需要对一项核心的内容进行权衡取舍：在法律权力和执行的容易程度之间作出选择（图 17.1）。

法律权力随着法律条文等级的提高而增强。选择嵌入在立法中的法律条文比政策或规则具有更大的法律效力。如果环境流量的分配有可能在法庭上受到挑战，则法律条文

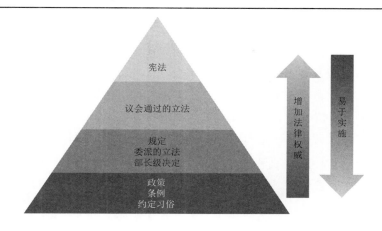

图 17.1　宪法议会民主制中法律文书等级制度——以澳大利亚为例。

是最相关的，有助于解决当地环境流量分配的矛盾（Fisher，2010）。

　　然而，随着一个人逐步降低法律工具的等级，执行的容易程度也会增加。改变监管通常比改变立法要容易得多。改变立法需要政府的支持，通常是反对党的支持，这样，在政府更迭之后，这些变化不会立即被取消。如果环境流量的分配仍处于试验阶段，使用附属法律条文可能会更容易（例如，一种规则或规章）在第一个实例中实现。

　　最后，由于需要对不断变化的环境作出响应，因此，需要进一步增强功能和易于实现的平衡。一旦环境流量的分配方案被制定出来，随着法律条文等级的提高，改变分配环境流量的机制将变得越来越困难。这对于保护环境流量的分配不受任意变化的影响是有帮助的，但也会在应对不断变化的给环境条件问题中带来障碍。尽管一些环境流量分配机制包括对环境中预留水量或流量比例进行审查的能力，但在实践中，这通常是很难做到的（除非有足够的补偿）。例如，澳大利亚的 MDB 规划是一项部长级立法条文，并得到了 2007 年《水法》的多数议会的支持。虽然议会没有被要求对该流域计划进行投票，议会可以投票否决该计划。流域计划指定限制用水（可持续转移限制），尽管取水上限的修改能力包含在立法（第 23a 和 23b 部分，2007 年《水法》）中，对这一取水上限的任何修改都需要对流域规划进行修订，需要部长级会议和议会的批准。

　　与环境和自然资源管理的其他方面一样，环境流量的分配可以从综合的方法中受益。立法或宪法等高级别法律条文可用于确定提供环境流量的法律保障，并将实施细则和政策的细节留给实施环节进行完善（Wade，2010）。为实现环境流量分配机制的具体目标而制定正确的法律条文，对成功保障环境用水权至关重要。

蓄水或水资源管理的条件

　　当有一个正在运行的蓄水工程特别是大型基础设施蓄水工程时，可能会对工程操作人员提出要求以提供环境流量。这些条件可能包括遵守一项蓄水上限（见上文），以及要求在特定时间泄放水量，以满足特定的环境流量要求（Richter，2009；Warner 等，2014）。

与取水的条件不同，蓄水条件（包括水库和其他水基础设施的操作规则）适用于水资源管理或蓄水工程管理人员，而不是单个的取水户。

这种方法最常用于确保坝下游的最低流量。但是，也可以将其用于模拟自然水文情势中的组分（与恒定或只是季节性变化的最小流量相比较，这种方式现在被认为是最佳做法；第 11 章），为了模拟洪水等高流量事件，要求在任何用于供水或水力发电的过程中保持合理的水位上升和下降速度，或者在自然的低流量季节限制下泄流量（从而避免了过程线图中潜在的季节性逆转破坏；Speed 等，2011）。这些操作条件也会影响从蓄水工程中泄放出来的水的质量，例如，通过要求多级泄放以确保环境流量泄放符合下游所要求的温度或溶解氧水平。

在采用这种方法时，一个关键的挑战是确保蓄水基础设施能够下泄足够的流量满足特定的泄放条件。现有的水利基础设施往往受到其物理特性和出水工程的制约。例如，一座坝的出水口可能没有足够的容量来模拟一场恢复下游生态所需的脉冲流量。这种分配机制最好通过在项目规划阶段设计适当的基础设施来实现（例如，设置多个下泄出口，或安装一系列不同容量的水轮发电机）。然而，它可能更加复杂和昂贵，但也有可能改造环境流量下泄所需的结构（Opperman 等，2011；Richter 和 Thomas，2007）。水坝再改造计划提供了进行这些改造的机会（第 21 章）。

与个人取水许可证的条件一样，蓄水运营商的条件不太可能在法规中指定，通常是作为一种规则或政策来确定的。这意味着它们可以更容易被改变，这些变化将影响到其他用户的供水可靠性，但改变这些条件很可能会引起争议（Ward 和 Ward，2004）。

17.2.2 为环境创造合法用水权的分配机制

生态或环境流量保护

生态或环境流量保护是一种水资源分配机制，它是一种法律上确立优先于经济用水的环境用水权。保护是立法中规定的一项法定权利，赋予了它很大的法律权力，这与现有的许可证持有者或蓄水运营商的条件形成了鲜明的对比，他们没有正式的环境水权。南非的生态保护区是最著名的例子（参见下面的案例研究），并论证了法律权力和有效实施的重要性（这可能取决于使用一系列其他分配机制并与储备相结合）。

这种机制可以以多种方式发挥作用，但通常取决于对河流的环境流量分配制度有充分的理解（而不是每年用于环境的水量，或最小流量），并明确地通过与利益相关者协商确定的系统期望的未来流量条件。这可能需要对耗水量进行重大调整，特别是在现有用水量很高的情况下。在某一特定流域内，可能需要制定流域水资源管理战略或用水计划，或类似的政策工具。这可能需要强制重新许可过程，来调整历史水权，以便实现预期的社会和生态目标（Le Quesne 等，2010）。

尽管有许多关于生态保护区计算的例子，但在南部非洲，它们的实施仍然面临着真正的挑战（Le Quesne 等，2010）。本文对南非生态保护区的案例研究进行了探讨，探讨了在大规模水利改革中，该保护区在实际应用中所面临的一些挑战和困难。

最后，自然保护区这个词在各种各样的背景中频繁使用。在南非，自然保护区与法定优先使用权有关，包括满足基本人类需求的保护区和生态保护区（见下文）。同样，在墨西哥，国家水资源保护计划（PNRA）的目标，是依法建立水资源保护区，以保护或恢复重要的生态系统服务，这样，保护区的用水量就不包括在可以分配给特许权的总量之内（Comisión Nacional del Agua，2011）。PNRA 的第一阶段旨在确保到 2018 年为 189 个优先流域颁布保护区法令，这些流域的保护潜力很大，但用水量分配给用水户的水量目前很低；第二阶段将侧重于已经面临水资源严重短缺的流域。在澳大利亚维多利亚州，保护区是一个法定术语，用于将其他环境流量分配机制合并到一个法律保护条例下（Foerster，2007；Godden，2005）。

环境水权

环境可以与其他用水户具有相同结构和法律属性的水权。需要某种组织来代表环境持有和管理这些环境水权（将在第 19 章进一步讨论）。这些水权可以用来保护低流量、高流量，或者两者兼而有之，这取决于河流系统的性质和所拥有的用水权。这些水权被保护（或者包括从河流中取水的权利），它们可以被积极地加以管理，例如，创建脉冲流量或改变漫滩流量。在维多利亚州，这些水权是由维多利亚州环境需水持有者办公室管理（VEWH），它利用每年可用的水在全州的湿地中形成特定的流量组分（VEWH，2015）。根据特定季节和年的环境需求，在不同的地点提供不同的流量组分，VEWH 公司将如何最好地使用环境水权作为优先事项（将在第 23 章中进一步讨论）。

环境水权可以在未充分利用的水系中作为初始水权分配的一部分进行批量分配。值得注意的是，它们是目前解决过度分配问题的最有效机制之一，因为环境水权可以通过提高用水效率（并将节约的资金转移到环境中），或从现有的用水使用者手中购买水权（第18 章）来创造环境水权。

环境水权在提供环境流量方面的确切作用将取决于水权框架。在水权基本平等的地方，环境水权可以最灵活地使用。然而，在诸如美国西部这样的地区，使用基于优先占用的水权框架，水权的具体性质将更为重要。优先占用创造了一系列不同的水权，这意味着持有水权的年限有效地界定了取水许可证的交易得到保护（参见下面的哥伦比亚河流域案例研究）。当一个初级水权被用于环境时，它实际上对系统的新用水户设定了部分限制，因为它优先于未来发放的所有许可证。然而，它并没有优先于现有的用水户。为了保护基流环境所拥有的水权必须是该河段最优先（或最优先）的水权之一，这样才能优先于所有现有用水户。在其他地方环境流量优先水权框架可能不太可能采用，但是了解环境需水高级和初级水权的不同作用，在这个框架系统中仍然是至关重要的。

环境水权可以被创造性地用于为环境配置水资源。例如，在墨西哥的科罗拉多河三角洲，现有的法律框架并没有明确允许将水从灌溉用水中转移出去。然而，为了灌溉河岸带植被和湿地的具体目的，一部分水从灌溉农田转移到天然的洪泛平原湿地（Le Quesne 等，2010）。这就不需要改变与水权相关的官方用途了。现在水权分配机制有直接分配环境需水的权利（O. Hinojosa，Pronatura Noreste，pers. comm.）以及最近向三角洲地区下放环境流量（洪水）的权利（Daesslé 等，2016；Tarlock，2014）。

17.3　选择适当的环境流量分配机制

我们建议一个以环境敏感的方式，帮助明确设定环境流量分配机制的选择条件（图

17.2）。这些步骤被表述为环境流量政策制定者和实践者的三个关键问题，他们将指导选择最合适的机制来分配环境流量：

1. 河流系统的初始条件和基本约束是什么？

2. 什么是水环境价值？

3. 这种方法需要对生物物理变化做出怎样的响应？

一旦回答了这些问题，就可以选择适当的分配机制来实施环境流量的分配。

图 17.2　设定环境流量分配的四步过程

关于分配机制的讨论一般是在流域背景下进行的。同样的原则适用于更大的尺度，但随后在实施时必须认识到跨界参与的必要性（就像本章后面讨论的许多案例研究一样）。重要的是，应在整个流域（包括相关地下水）的背景下考虑环境流量的分配。第 16 章讨论了这一点，该章描述了可能面临改变流域水资源可利用量核算的挑战。在第 7、第 8 和第 9 章中重点讨论了这些问题框架（了解初始条件和系统约束）和设置环境价值的哲学问题。以下是对这些问题的简要分析，因为它们涉及环境流量分配机制的选择。

17.3.1　框定问题：初始条件和基本约束

第一步是通过分配（或恢复）环境流量来定义要解决的问题。这包括了解：

1. 构成资源的水体类型。（例如，河流是常流的还是季节性的？有洪泛平原湿地吗？是否有重要的三角洲或河口？）

2. 目前的用水水平。（是指在自然环境下，没有或最小可检测到的社会生态影响的系统，还是已经被大量利用，导致持续的环境恶化？）

3. 环境流量分配将解决的具体社会生态需求（抓住利益相关者的愿望，确定河流系统的愿景）。

4. 将水分配给环境并强制执行这种分配的法律、制度和技术能力。

流域水资源开发水平显著地影响了从流量保护到流量恢复的整个环境流量的适当选择范围。从更长远的角度来看，保护现有的流量，而不是恢复自然流量，可以说是更简单、更划算的长期做法。采用这样的机制也更容易实现对新用水户的需求，而不是要求对现有用水户的权利或活动进行更改（Le Quesne 等，2010）。因此，建立环境保护河流水系统或维持现有的水资源开发方案，可能与系统中需要恢复流量的情况有很大不同，主要是因为大量水资源已经被人类使用了，水资源开发程度已经很高（Acreman 等，2014）。

未来的保护目标，是生态环境系统用水免受额外的使用和受相关不利因素的影响，保持其完整性和生态系统服务功能，也可以使用一些在本章讨论的机制作为防范步骤来保护现有水环境（例如，设定耗水量上限或设置环境保护区）。尽管最佳做法可能涉及在确定环境流量方面进行大量投资，但在确定投资于这一额外工作时，可以将这些机制作为实现更完整的环境流量管理制度的第一步。

在大量使用生态环境流量的系统中，重点转移到恢复环境流量，并重新调整社会经济用水和环境用水之间的平衡，并通过恢复环境流量来改善生态系统的健康状况。在这种情况下，环境流量的分配可以说更具挑战性。本章重点介绍了分配环境流量的机制或工具，可应用于所有水系统。第16章讨论了恢复生态流量的广泛战略，第18章讨论了以市场为基础的获取水权的方法，这是一种恢复策略。

水文影响的类型和满足社会和生态目标所需的流量要素也将影响环境分配机制的选择。正如第3章所讨论的，对水文情势的影响可以包括如流量大小、时间、持续时间、频率和变化率等变化特征，以及年内和年际变化的其他方面特征。必须使受影响最严重、与生态系统状况和服务最相关的流量影响因素与提供这些流量的分配机制相匹配。解决其中一些生态水文影响，可能需要改变环境与用水户之间的水资源分配，而另一些（即季节性流量限制）可以通过其他管理机制得到改善，这些管理机制不会改变社会经济耗水和环境用水之间的相对分配（第21章后面的讨论；Hillman，2008）。

重要的是，在分配环境流量时，需要考虑完整的水循环，考虑到地表水和地下水之间的相互关系（Hirji 和 Davis，2009b）以及整个生态系统及其功能网络（例如，从源头水流到沿海河口，或一条河流及其相关的洪泛区）。这将在第20章和第22章更详细地讨论。

最后，对于所有用水户，现有各种各样的立法和体制作为水资源管理制度的一部分已经制定。但制度的实施是有条件的，并且根据分配机制的不同而有所不同。Speed 等（2011）将这些有利条件广泛地确定为：

1. 政府的高层支持（创建法律授权和政策框架）；

2. 机构能力（人力资源、管理和管理系统、系统建模、监测、执行和科学）；

3. 全流域规划。

现有的体制并不一定会限制环境流量的分配机制，但它们将使一些分配机制更容易、更快、更有成本效益地实施（Garrick 等，2009）。Le Quesne 等（2010）确定了采用和实施环境流量政策的三条主要途径：全面的水政策改革、渐进式水政策改革和州际条约。他们强调，尽早开始并以预防的方式开始分配环境流量是很重要的，但同时也要认识到，快速且容易实施的方案可能需要进行长期的实质性改革。将水分配到环境需要明确的实施步骤，以确保实施的步骤不会排除或限制未来向环境供水。例如，为提高用水效率而设立水权，可能会限制在未来无偿的情况下，改变取水许可证的权力。

17.3.2 环境价值中的哲学问题

决定如何提供环境流量的核心是社会驱动的过程，就河流系统的远景和目标达成一致（Rogers 和 Biggs，1999；Roux 和 Foxcroft，2011）：什么是定义解决方案的价值系统？文化价值观和信仰体系的作用是什么？目的是维持或使系统尽可能地保持自然状态，或建立一个支持多种价值和利益的流动机制，包括经济增长和社会价值，或介于两者之间的某种状态吗？前面的章节详细介绍了环境流量目标的设定（第7章）和与用水户共享水资源（第16章）。

基本的价值系统将环境水权优先于其他用水户，影响利益相关者的看法和所涉及的谈判过程。这是选择合适的分配机制的关键因素，因为这样可确保所需的优先次序、安全性和分配的灵活性。

简而言之，有四种截然不同的环境理念支撑着当前的水资源分配系统：

1. 以生态为中心：以生态为中心的价值观，以其自身的价值来评价自然，认为自然因其内在价值而需要保护（O'Riordan，1991）。考虑到恢复河流自然状态的难度，以及通常缺乏对自然状态恢复的愿望，在考虑到仍处于自然状态的河流和/或保护和生物多样性价值是首要任务的情况下，这一理念可能是最相关的。在对澳大利亚的近乎原始状态的河流进行调查之后，2005 年，昆士兰州政府颁布了一项立法《野生河流法案》，该法案宣布在高度保护区限制采矿或集约水产养殖（Neale，2012a），其目的是确保这些河流的自然价值的完整性得以保留。环保组织为这一法案奔走呼吁，但遭到当地土地所有者和工业界人士（Neale，2012b）的反对，即那些发展中具有潜在社会和经济利益的群体。值得注意的是，这项立法于 2014 年被废除。

2. 以人类为中心：以人类为中心的观点是，环境应该受到保护，因为它为社会提供了生态系统服务。在这种哲学下，自然应该受到保护，因为人类的舒适和生存依赖于它（Gagnon Thompson 和 Barton，1994）。

3. 三重底线：在 20 世纪 90 年代末起源于商业世界。"三重底线"指的是评估结果时有潜在影响的三个方面：经济、社会和环境（Gray 和 Milne，2014）。三重底线的价值观应用于自然资源管理时，需要维系经济、社会和环境之间的平衡。MDB 中使用了"工作河流"一词来描述"作为自然资源利用的水生生态系统"（Hillman，2008），这说明有必要了解决定资源健康的生态过程，资源可以支持生产（经济成果）的过程，以及资源管理方法的社会偏好和影响（Hillman，2008）。

4. 最低保护：建议分配一个最小环境流量，作为经济用水的限制。智利在 2005 年承诺的实现最小流量，就是生态基流保护的一个例子（O'Donnell 和 Macpherson，2013）。环境流量的概念也可以与生态流量相结合，生态流量是为经济目的而运行的河流系统所需要的水资源（State of Victoria，2008）。

17.3.3 对可变性和变化的响应

环境流量的分配应反映流量的内在变化（在年内和年际之间），并能对流量的长期变化（即：气候变化）、社区偏好和技术作出响应。世界上许多河流系统中，河流流量在年内和年际之间都有显著的自然变化。环境流量的建议和流量研究可以确定一套具有生态意义的并反映出年内变化的流量方案。不同的流量分配机制可以保护不同流量组分（表17.1），可能需要多种机制来保护所需的全部流量。例如，个体用水户的条件可以保护河流最小流量或基流，而定义水坝操作规则有助于水库管理者维持河流必要的高流量。如何使用特定分配机制的细则还将决定特定机制如何有效地保护流态（例如，水资源管理者可能需要泄放一个恒定流量，或者基于事件的变化流量）。

类似的，许多环境流量评估方法通过为不同年份生成不同的推荐流量机制来解释年际变化。分配机制以提供这种可变性匹配并不总是那么简单。作为受影响的流域水量的比例，成功地提供可变性流量通常依赖于分配机制设计。例如，水资源管理者可能需要通过一个坝下流量的百分比，而不是一个固定的流量值，这样就可以在丰水的年份里泄放更多的环境流量，而在枯水的年份则更少。类似的，取水上限可采用时段内可利用资源量的百分比，而不是一个确定的流量来作为限制，这确保了大坝下游在枯水的年份里不会完全干涸。

除了应对气候变化的灵活性之外，分配方法还应该考虑气候的未来不确定。我们应该为我们目前的最佳知识状态设计一种环境流量分配方法，但在未来可能的情况下，也需要保持稳健性和适应性（Walker 等，2001）。气候变化将加剧变化的可变性，改变了降雨模式，改变了河流的大小和流动模式（Jiménez Cisneros 等，2014；Ukkola 等，2015）。重要的是，气候变化可能会增加干旱地区干旱的频率和持续时间（IPCC，2014）。

环境流量分配机制基于历史的流量模式和当前的社会价值和目标，反映了在耗水和入流之间的适当平衡。然而，在许多现有环境流量分配机制的系统中（即：许可证持有人的上限或条件），如果系统中可用的总水量有一个阶段性的变化，那么供水的减少将更多地受到环境的影响，而不是用水户的影响。最简单的例子是考虑一个对取水限制的系统。为简单起见，让我们假设当前气候下的可用水量为 150GL/a，开采上限设定为 100GL/a。如果气候变化导致年平均流量减少 25GL/a，用水户可能仍会消耗高达 100GL/a，而环境消耗仅为 25GL/a。通过将上限设定为一个流量限制（而不是一个比例），损失将完全由环境而不是用水户来承担。MDB 的真实数据（图 17.3）显示，2030 年（CSIRO，2008年），在气候情景中，水资源可利用量和地表水量预测将会减少。环境流量分配机制略有不同，通常是适用于这些流域多种分配机制的组合。大部分河流流域地表水可利用量不受气候影响。例如，Ovens 河流域的水资源可供水量减少了 12％，地表水流量没有减少。这意味着，12％的供水减少量是由环境承担的，而不是由用水户共同承担。Gwydir 流域是唯一一个水资源可利用量和耗水量同等减少（约 10％）的流域，在目前的分配机制下，环境和社会经济用水户将同样受到气候变化的影响。

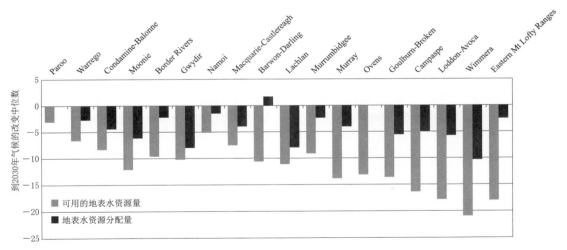

图 17.3　2030 年的气候情景下，气候变化对澳大利亚的 Darling 河流域地表水资源可利用量和地表水分配的影响。

来源：CSIRO（2008）

环境流量分配机制的响应能力和支撑环境流量分配的哲学基础之间有着很强的联系。在目前的气候条件下，环境和用水户之间可能会有一些商定的用水份额，这是基于对环境流量需求的最初理念的理解。然而，在气候变化的情况下，将会减少水资源可利用量。在环境和其他用水户之间共享水资源减少的方式，应该继续反映这种关于水是如何在环境和用水户之间分配的理念。例如，我们考虑一个系统，在当前的气候条件下，系统的水资源可利用量是 100GL/a，每年分配给用水户 60GL/a，环境剩下 40GL/a（图 17.4）。如果有一个长期的水资源分配机制，满足环境流量优先使用（在一个以生态为中心的情况下），用水户分配水量需要下降，确保环境维持相同流量（但更高比例的水资源可利用；图 17.4B）。或者，最低限度的保护措施很可能会导致环境中存在长期水减少的风险，并且用水户可以尽可能长时间地保持现有的水量（图 17.4C）。其他方法（以人类为中心或三重底线的方法）将会看到环境和用水户之间的气候变化风险（图 17.4D）。这种气候风险的划分应该在选择环境流量分配机制时有意识地加以考虑并予以明确。

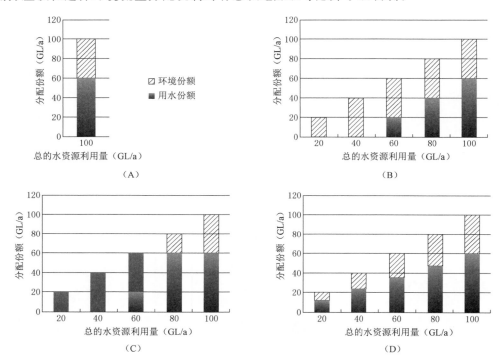

图 17.4　在用水户和环境之间分担气候风险的选择。（A）在当前气候下分配的份额。（B）在气候变化下分配的份额，用水户承担气候风险。（C）在气候变化下分配的份额，环境承担气候风险。（D）在气候变化、气候风险分担方面分配的份额。

来源：改编自 CIRES（2014）

　　政策还需要适应社会、经济和技术驱动因素的变化。事实是，随着科学的进步，我们对环境流量和水资源系统运作的理解将会改变。环境流量评估和政策文件通常指的是适应性管理的概念，以及利用从试验性水流泄放、监测和评估中获得的知识的能力，从而为未来的供水决策和需求提供信息（Olden 等，2014）。环境流量分配机制的实施方式应当允许在获得新信息时进行适应性管理和定期审查。同样，一个社会的价值可能会随着时间而改变，而完善分配机制和反映当前目标的能力是一个重要的考虑因素。然而，分配环境流量的机制仍应承认环境是水资源可利用量的重要用途，任何改变都应是经过深思熟虑的辩论的结果。不应将环境流量视为一种政治工具，应该避免随意改动（O'Donnell，2012）。

一旦这三个问题得到解决，下一步就是选择适当的分配机制来满足这些需求。这是一个很大程度上受到地方管辖的具体要求的决定，但每个司法管辖区都可以从他人的努力中学习。本章介绍了将环境流量作为一系列案例研究的机制，强调了促成成功的具体因素（或不包括），以便这些经验可以为未来的环境流量分配选择提供信息。重要的是，分配机制没有一个正确的答案：正确的分配机制将是满足有关人民和生态系统的需求，并在变化环境中也能够发挥作用。

17.4   目前的环境流量分配机制：用案例说明实施成功的因素

在本节中，我们使用框 17.1 作为指南，研究了环境流量分配机制的案例研究，以及如何在环境中使用这些机制来保护现有的水流，并恢复被水淹没的河流的环境流量分配机制。案例研究的重点是分配环境流量的机制，并简要介绍该系统的流域和环境属性。每一个案例研究都可以帮助指导选择未来的机制，在特定的流域环境中分配环境流量，确定所使用的机制的优点和局限性，以及它们成功实践的相关因素。

17.4.1   澳大利亚 MDB

澳大利亚环境流量分配的历史可以追溯到 1967 年，当时是第一次给环境分配水量（NWC，2012），在过去的 20 年里，分配机制发生了重大而持续的变化。MDB 现在有了分配机制的组合，包括蓄水运营商的条件、个人取水许可证持有者的条件、取水上限以及环境水权。

向流域内的水资源管理者提供限制条件是最初采用的水资源综合规划手段之一，目的是保护受管控的河流系统（调节水库流量）中的环境流量。在许多情况下，河道应保持环境流量，以维持河道输水损耗。环境流量主要提供河道的基本水量，并为环境流量作出一些规定，以保护河流水质（Goulbourn Broken Catchment Management Authority，2013）。

个人取水许可证持有者的条件适用于不规范的系统，一般通过用水计划实施，或作为取水许可证本身的一部分。这些条件限制了在河流枯水时段取水，限制了特定季节的取水，并设定了每日最高抽水限额。这种方法早在水资源政策改革过程中就已经开始实施，并仍然存在于整个流域许多不规范的子流域系统中。未经调控的河流系统将在框 17.2 中进一步讨论。

框 17.2   澳大利亚的 MDB 不受调控的河流，以及环境水权的挑战

在澳大利亚 MDB 的大部分区域的河流流量，在很大程度上不受上游水库的影响。在这些流域中，有效利用环境水权作为分配机制存在着特殊的挑战，特别是在距离极远且洪泛区广泛的北部流域。联邦环境需水持有者办公室（CEWH）认为，有两种特定的水权购买行为证明了这些挑战。

2008 年 9 月，新南威尔士州的 Toorale 电站被收购，将水权转让给了 CEWH。该水权包括 14GL 从 Darling 河和 Warrego 河中提取水的权利，以及从洪泛平原获取水的权利（Senator the Hon. Penny Wong 和 Carmel Tebbutt，2008）。在通常的水资源共享协议下，没有任何机制允许将未经管控的 Barwon - Darling 河谷的水资源转移到 Murray 河谷或 Darling 河谷下游地区，那里的人希望使用这些水资源（DWE，2009）。这条河流是不受管控的，下游取水许可证持有者可以根据他们的取水许可条件，在河流中按照规定抽取水。CEWH 希望放弃提取 Toorale 电站的水，而是将这些水资源引到 Murray 河下游。为了实现这一目的，各州必须就在这一过程中损失多少水达成一致，因为 Darling 河的长度很长，而且存在重大的输水损失。在 2009 年 2 月和 3 月的一次大降雨中，新南威尔士州政府进行了一次试验，计算了调度水不同阶段相关的估计损失。在 Toorale 站提取的 11.4GL 中，有 8.7GL 被认为达到了 Murray 河。最后，州政府不得不同意放弃他们对这些水的权利，因为这些水资源一旦到达 Murray 河的调控系统，通常是通过州政府的水资源共享协议来分配的。达成了一项特别协议确定了 CEWH 作为这一水域的所有者。

第二个例子是昆士兰州的库比（Cubbie）大型蓄水工程，位于新南威尔士州北部。库比站受到广泛关注，将工程一半的用水权（70GL）出售给 CEWH 公司，这是为解决"库比站"的方案（ABC News，2009）。MDBA 的计算表明，在南澳大利亚的低湖中，只有 20% 的水会到达下游的湖泊，而且在现有的水资源共享协议下，新南威尔士州的农户用水户将被允许从河流中取水，因为他们在不受调控的河流中有单独的许可条件。这些因素将严重限制为环境购买这种水权的有效性。这凸显了不同分配机制，特别是在流域内存在治理边界的情况下，在现有政策和立法中的运作方式的不同。在这里，不受调控的河流保护将以环境流量的形式存在。如果环境水权是在取水前（在新南威尔士州政策下）以流量的形式存在，那么它就会在河流取水中得到保护。

这些例子表明，在不受调控的河流系统中，确定和使用环境水权是分配机制的一个挑战，但加强监测和谈判意愿可能会对机制的建立有所帮助。

流域水资源开发最初被限制在 1993/1994 年的发展水平上。重要的是，在这段时间内，没有考虑到地下水和流域内的蓄水，这意味着即使在实施了取水上限之后，仍有大量的补水来增加该流域的供水能力。尽管实施这一上限的驱动因素在一定程度上是环境问题，但它也是一项改革议程的一部分，目的是在一个高度可变的系统中解决水安全问题（MDBC，1998）。这包括产权结构改革，使得他们从水权分界到分权共享（允许每年水资源可利用量的变化）的改变，并使水权能够与土地一起交易，从而允许水权交易的增加。取水上限实施的另一个复杂问题是，开发水平是基于许可的数量，而不是实际的历史使用量。随着水权交易的增加，尽管许可证数量仍然处于上限，一些以前不活跃的许可证被出售到市场上，从而增加了实际用水量（Hussey 和 Dovers，2007）。

千年一遇的干旱（van Dijk 等，2013）和发展中国家的环境恶化在 2007 年达到了顶峰（Hart，2015）。最终的结果是，联邦政府在管理流域的水资源方面发挥了更大的作用。各州将其法律权力移交给联邦政府，使联邦政府能够通过 2007 年《水法》，这是一项广泛的水务立法，要求对 MDB 实施有约束力的管理计划。新的流域规划于 2012 年生效，降低了用水量的上限，现在被称为 SDL。2007 年《水法》要求 SDL 反映可持续的水资源开发水平，并将其作为每年可用水资源的一部分。这是在国家水资源倡议的前期工作中实现的，该规划将流域的取水许可证转换为资源的一部分，而不是绝对的水量权（COAG，2004）。SDL 还包括蓄水水量（即：农田坝和造林）和地下水。然而，SDL 的实施需要大幅减少耗水量（MDBA，2010），这在政治上具有挑战性而且不受欢迎。社区参与开发、流域规划和 SDL 的交流，受到了众多的灌溉用水户的批评和反对。政府最终将 SDL 政策与对环境流量回收的承诺结合起来，以确保对现有许可证持有人的补偿（Commonwealth of Australia，2010）。此外，也更加强调和承诺利益相关者的参与，从而成功完成了流域计划。在 MDB 中遇到的挑战表明，在追溯限制取水方面存在困难——而不是预先设置预防性的上限——以及需要让社区参与到过渡过程中，并允许在政策制定过程中进行这一过程。然而，重要的是，它还表明，在一个高度开发的水资源系统中，水的经济用途非常广泛，仍然有可能实现对环境的重大再分配。

MDB 在整个流域的环境水权管理方面是独一无二的，并利用这一分配机制为漫滩资产和湿地提供水源。2003 年，联邦政府和南部流域各州同意了现行的 Murray 计划。该计划包括 6.5 亿澳元的捐款，用于恢复环境流量和建设以高度针对性的方式将水输送至漫滩的基础设施（MDBA，2015）。环境流量是由各州和前 MDBA（流域辖区的决策论坛）管理的分散的环境水权。2006 年，回收环境水权的过程还包括从农户那里购买水权的招标过程（Grafton 和 Hussey，2006）。

2007 年，在整个流域建立环境水权的第二个项目开始了。2007 年《水法》创建了英联邦环境需水持有者办公室（CEWH），从而持有和管理环境水权，以实现环境效益。这使得 CEWH 能够以与消耗水权相同的法律基础来持有水权（关于获取这一水权的过程的更多细节见第 18 章，更多关于管理这一水域的制度协议见第 19 章）。尽管这显然提供了一种分配环境流量的机制，但政府文件最初显示，通过水权交易获取水权的目标并不明确，计划提供了 32 亿美元用于购买环境水权（Horne 等，2011）。最初的目标是多重的，定义不明确，有时是相互冲突的（Productivity Commission，2010），包括简化用水户办理取水许可流程，也包括提供短期的环境用水（Productivity Commission，2010）。

正如本章所指出的，分配环境流量的机制的选择取决于潜在的目标。在 MDB 中，环境水权的设计和与 SDL（上限）的相互作用对于水如何提供给环境是至关重要的。如果环境所持有的水权是由 SDL 定义的，他们可以提供一种结构调整机制（水补偿的一种形式，帮助用水户适应新的取水上限）和一些供水的灵活性，但是，它们不能向通过 SDL 建立的环境提供额外的水。与此相反，如果环境水权是在 SDL 中添加的（因为它们是非消耗性的，因此可以说不是由消耗性用水的限制来定义的），他们将在上限的基础上提供额外的环境效益，并在持续的基础上有效地调整消费和环境流量之间的平衡（Horne 等，2011）。MDB 当局已经确定，MDB 中的环境水权将由 SDL（不包括它）来定义。就环境结果而言，尽管这种方法确实允许交付的灵活性，但它还需要一个更复杂的核算系统来跟踪各用水户之间（或环境和用水户之间）对水权使用的遵守情况（Horne 等，2011）。

MDB 案例研究表明，如何将一系列分配机制结合起来提供环境流量（表 17.2）。尽管这些分配机制现在是并行使用的，但这些政策的概念缺乏对每个机制的作用和相互作用的综合认识。

重要的是，这是一个 20 年的过程，将逐步采取渐进步骤，达到目前的环境流量水平。这一进程与其他主要的水改革同时发生，包括对水权的更明确定义、改进的监测和改进的水资源规划。这也是一个代价高昂的过程，政府在水权回收上投入了大量资金。分配环境流量的过程表明，在一个综合性和实用主义的合作联邦制度中，作出一个决定需要进行权衡（MacDonald 和 Young，2001）。在此过程中的每一步都包含了限制，但也有重大的进展。

17.4.2　美国哥伦比亚河流域

哥伦比亚河流域位于北美洲西北部，从阿尔伯塔（Alberta）省延伸至加拿大边境，进入美国的华盛顿州、蒙大拿州、俄勒冈州、爱达荷州，其中有一些边缘地带延伸至怀俄明州、犹他州和内华达州。在过去的 200 年里，由于防洪、水力发电、灌溉用水和河道通航的综合效应，哥伦比亚河及其支流的水文状况发生了巨大变化（Ward 和 Ward，2004）。这个案例研究的是美国境内的哥伦比亚河流域。

表 17.2　　　　　　　　　澳大利亚 MDB 环境流量分配机制和成功因素

环境流量分配机制	成　功　因　素
蓄水管理者的条件	立法：通过水资源管理计划来设定条件。 物理可用性：作为环境流量的联合管理的机会，通常是通过泄水以满足用水户或引水的需求，但很难定义仅用于环境的泄水的代价（并因此保护）。 河流类型：主要用于受调控的河流。
环境水权	立法：通过联邦水法（2007 年《水法》）和建立一个正式的水权持有者。还通过各种州立法提供，以创造和获得环境用水权。 水市场：允许环境从用水户那里获得水权。 成本：在获得水权和运行方面需要大量的前期管理成本。
取水许可证条件	立法：允许部长或相关水主管部门水资源规划进行修改（仅限冬季补水许可证）。 河流类型：主要用于不受调控的河流。
取水上限	立法：通过州和联邦水法案及政府间的协议得以实施。 执行：司法管辖区宣布个人许可证的供水量并保持长期平均分配低于上限水平。 监测：对用水户和水账户进行广泛的监测，并平衡年度使用情况。

应对水短缺，并作为缓解水电影响计划的一部分，哥伦比亚、邦纳维尔（Bonneville）电力管理局和国家鱼类和野生动物基金会（NFWF）于 2002 年成立了一个项目恢复哥伦比亚河流域枯水段的水情（Columbia Basin Water Transactions Program，2011）。要理解哥伦比亚河流域的环境分配机制是如何实施的，重要的是要认识到水权是在一个叫作"优先占有"的系统下发展起来的（Wiel，1911）。框 17.3 中提供了一份有关优先占有的简要介绍。

哥伦比亚河流域是使用一系列环境流量分配机制的一个很好的例子，同时突出显示那些不可用的机制；没有使用两种机制：发放户取水许可证和建立保护区。哥伦比亚河流域的水资源分配框架不支持各州采取干预措施，即限制现有的使用，增加拨款限制取水许可证的使用。尽管哥伦比亚河流域的各州保留了水资源的所有权（Gillilan 和 Brown，1997），但是国家在管理个人用水方面的作用在很大程度上仅限于管理现有的权利（Tarlock，2000）。与水权以法律为基础的司法管辖区不同，美国西部各州几乎没有能力单方面改变现有用水户的用水权，同样也没有能力将环境流量储备作为现有法律框架的一部分。尽管法律变革总是有可能的，但建立一个环境流量保护区并没有得到广泛支持，以及过去试图单方面采取行动以优先考虑环境流量的做法也是极具争议的，而且最终是无效的（例如，Doremus 和 Tarlock，2008）。

然而，在联邦层面上，需要一个强有力的工具对上游坝的运行设定条件（更多关于坝再许可计划的信息，请参见 Bowman，2002）。2000 年《濒危物种法》（16 U. S. C. 1531 - 1544；ESA）要求所有的联邦项目的运作方式应避免使所列濒危物种受到威胁。当鲑鱼（salmon）和钢头鳟（steelhead）物种被列入濒危物种名单时，这就催生了一个联邦机构，改变水电站坝和其他水利工程的运行方式（Doremus 和 Tarlock，2003）。哥伦比亚河流域 1980 年通过《太平洋西北电力规划和保护法》［16 U. S. C. y839（6）；Power Act］，建立了西北电力和自然保护委员会这个州际机构（NPCC）：

保护、减轻和加强哥伦比亚河及其支流鱼类和野生动物相关产卵地和栖息地，尤其对太平洋西北地区和国家的社会和经济至关重要的溯河产卵的鱼类，这取决于合适的环境条件，需要联邦政府和在哥伦比亚河及其支流的电力系统和其他发电设施给予支持。

《濒危物种法》和《电力法》相结合，有效地减少了哥伦比亚河流域水电工程影响（Leonard 等，2015）。最初，NPCC 关注的是哥伦比亚河流域保护的主要部分，投资于坝周围的鱼类通道，并提供足够的水来维持河流的鱼类栖息地（NPCC 项目，1982—1994，Northwest Council，2015）。在 21 世纪初，这个项目也被扩展到对支流的保护（下面讨论）。

在哥伦比亚河流域，设立一个取水上限一直是一个挑战。通常，取水上限是水资源本身的可供量限制（Aylward，2008）。华盛顿州和俄勒冈州已经关闭了一些新的取水点，有效地限制了水资源开采的现状水平（Cronin 和 Fowler，2012）。然而，在某些情况下，立法机构否决了对新许可证的禁令，允许颁发新的取水许可证（Mistry，2015）。

在整个哥伦比亚河流域，更成功的是为了保护环境，有效地创造了环境水权，并与其他用水户的水权具有相同的法律权益。这些环境水权已经被用来保护现有的流量，以及恢复干涸河流系统的流量。

为了保护现有的流量不受未来的影响，各国认识到环境是一种有益的用途，它要求对各州的水法进行修改，并对河流生态流量的使用进行定义（MacDonnell，2009b）。在这一变化之后，各州开始在一些水资源仍然没有分配的高优先级河流系统中为环境提供适当的水量（Byorth，2009）。这种对环境的占用用水有效地限制了未来的发展，几个州将这一占用用水计划与建立水银行或水市场相结合，以便未来水资源的开发可以继续（Cronin 和 Fowler，2012）。尽管这个项目取得了一些成功，但它面临两个重大问题。首先，河流中必须有未分配的水量，但是许多河流在夏季已经干涸。其次，由此产生的环境水权是一项初级权利。因此，它只保护了新占用的流量，并且没有阻止高级用水户取水（Malloch，2005）。

将环境流量恢复到历史水平，试图通过获得现有的高级水权并将其转移到环境中来解决这些具体问题。是从 Klamath 河流域的水之争夺战中吸取的教训之一，从一个群体中获得取水权并将其转移到另一个群体的监管要求是极具争议性的，即使接受者是环境。如果一个群体（例如农户用水户）承担着转移的成本，而另一些人则分享收益，这在政治上是不可能被接受的。然而，利用市场来达到同样的结果可以显著减少这种争议（Ferguson 等，2006；Thompson，2000）。正如本章所描述的，基于市场的转移依赖于有意愿的买家和卖家，因此每笔交易都是自愿的。

哥伦比亚河流域的环境流量的恢复需要进一步的法律变革：每个州都必须将现有的部分水权转让给一个环境组织，并以此在不丧失可靠性的情况下将这些水权转换为河流流量（由优先占用日期确定）。一些国家重点支持长期的可再生租赁政策，而另一些国家则支持水权的永久转让（Garrick 等，2009）。在哥伦比亚，为环境获取水权的交易始于针对性的小规模收购，以恢复干涸河床的流量，特别是在夏季低流量期间。在许多情况下，这些交易是在农户用水户和环境购买者之间进行一对一的交易，根据现有用水户的能力，在环境购买者的能力范围内进行替代交易，这取决于现有用水户的能力。这些交易包括对用水效率的投资，以及改变耕作方式，以便在特定的时间减少对水的需求。在大多数情况下，早期的交易都是为了维持土地上的农民用水权，以及河流中的环境流量（哥伦比亚河流域水权交易项目，2011）。尽管这仍然是哥伦比亚州水资源收购计划的优先事项，随着该计划的成熟和国家对建立水银行的投资增加，将考虑是否有能力通过一个正常运作的水市场进行水权交易，而不是一对一的方法（Garrick 等，2009）。

哥伦比亚河流域水权交易项目是哥伦比亚州正在进行的环境流量恢复的首要项目。它由邦纳维尔电力管理局资助，作为其在《电力法》和欧洲航天局的义务的一部分，由 NF-WF（Columbia Basin Water Transaction Program，2015）管理。NFWF 已确定哥伦比亚的州或子州，然后与州机构合作确定优先权达到河流恢复，与当地用水者接触，并确定潜在的水权交易，完成尽职调查，以确保水确实可用，确保资金到位，完成交易的法律安排（Malloch，2005；第 18 章）水权交易。一旦交易完成，就会对流量进行监测，以确保提供了环境水权。2011 年，哥伦比亚河流域水权交易项目加强了向哥伦比亚河支流 974 公里支流的流量，并恢复了大约 7155GL 的总流量（在交易的生命周期内）。

总而言之，哥伦比亚河流域就是一个例子，说明环境流量的初始恢复过程是如何增长的。它强调需要建立一个强有力的法律框架，承认环境是水的使用者，并为完成环境流量的恢复提供必要的资金（表 17.3）。哥伦比亚河流域还展示了试图从一个小起点扩大规模的挑战，以及如何调整模型以降低每一种环境流量的购买成本（Garrick 和 Aylward，2012）。

表 17.3　　　澳大利亚哥伦比亚河流域的环境流量分配机制和成功因素

环境流量分配机制	哥伦比亚河流域的成功因素
水储存管理者的条件（Bowman，2002；Leonard 等，2015）	立法：《濒危物种法》和《电力法》都制定了强有力的法律要求，以改变水电和其他联邦蓄水工程的运作，以保护濒危物种。
	资金：《电力法》下的行动是由邦纳维尔电力管理局在美国联邦市场上出售水电。
环境水权：保护现有流量（MacDonnell，2009b）	立法：每个州都合法地承认环境是有益的，并确定谁能掌握环境水权。
	物理可用性：在一些河流中仍然可以获得水，以从这种保护中获益。
	水市场：对现有和未来的用水户来说，设定一个事实上的取水上限，让他们可以从其他用水户购买水权，这样开发就可以继续进行，而且各州支持通过水市场和水银行来进行水的转移。
环境水权：获得新资金（Garrick 等，2009）	立法：使现有的水权在不丧失资历的情况下被转移到河流里，并确定谁能拥有环境水权。
	水购买者：有能力吸引潜在的卖家，促进交易过程，以及在哥伦比亚河流域，包括私人和政府机构，为水权付费的组织。
	资助：哥伦比亚河流域的水购买项目获得了邦纳维尔电力管理局、国家鱼类和野生动物基金会、各种国家资助以及一系列慈善捐赠的资助。

17.4.3　南非

南非是一个半干旱、缺水的国家，有大量用水的历史，并且有越来越多的江河流域出现了严重的缺水（Pollard 和 Du Toit，2014）。迫切需要重大的政治改革（1994 年的民主选举和 1996 年的新宪法）以及对国家水资源管理系统进行法定改革，以应对接近极限的可利用水资源（Muller，2014）。在一份关于国家水资源政策的白皮书（DWAF，1997）的指导下，《水法》基本修订，促成了 1998 年新的国家水法的颁布（NWA，南非共和国，1998）。NWA 的目标是确保所有水资源的使用、管理和控制，使所有的用水户受益，在紧迫的经济发展和可持续性和代际权利之间取得平衡（Muller，2014）。

在南非，NWA中定义的分配环境流量的首要措施是建立生态保护区。该保护区包括提供人类基本需求所需的水量（基本的人类需求储备），以及维持生态系统所需的水量（生态保护区）。该法规将生态保护区定义为："保护生态系统所需的水的数量和质量，以确保生态可持续发展和使用相关资源"[1988年《国家水法》（10）（xviii）（b）]。生态保护区是法律中规定的唯一不受侵犯的水权，人类基本需求具有最高的分配优先权，其次是生态系统（DWA，2011）。因此，在确定水资源可供水量之前，水资源不可以分配给其他用途（Pollard和Du Toit，2014）。在法律层面进行环境流量高效分配仍然是一个真正的挑战（Le Quesne等，2010），并取决于通过额外的机制对水库运营商和取水许可条件的有效运作（McLoughlin等，2011）。

蓄水量的实施需要两个过程——确定蓄水的要求和业务化流程，包括"业务规划、监测、执行、反思和学习"（Pollard等，2011）；将依次讨论每一项问题。

生态保护区的确定涉及许多步骤，包括：确定水资源管理单元（地表水、湿地，地下水或河口），并在国家层面进行分类，所选的管理类别（MC）定义了允许和可持续使用资源的性质和程度（Pienaar等，2011）。例如，标识为当前属于"不可接受的退化资源"类，尽管它必须恢复到更高的健康水平，但是现阶段的目标可能是返回到被严重使用/受影响的类别的目标，在这个类别中，系统仍然与它的自然状态有很大的变化。因此，MC的定义帮助管理人员建立了流域愿景和利益相关者的目标（McLoughlin等，2011）。最后帮助管理人员制定适当的资源质量目标（RQOs）（Palmer等，2004），包括根据规模和水平、资源限制和流域（第11章）等条件选择的环境流量评估方法，确定泄放方案的数量、模式、时间、水位和流量保证。RQOs确立了与相关水资源质量相关的明确目标，除了流量条件外，还描述了水质、河道内和河岸栖息地和生物群（DWA，2011）。在确定了每个单位水资源的储备和相关的RQOs之后，它们被加在一起并具有法律约束力。重要的是，NWA允许对储备进行初步的确定，之后将被更详细、更高精度的研究所取代。这样就可以逐步实施水资源保护区内的水资源保护（Pienaar等，2011），随着新知识的出现，保护区将需要进行变更以确保其达到保护目标。

从这一点开始实施水资源保护的实际操作可能是对其实施的最大挑战，正如在南非东部（低地）地区的三个水资源管理区（WMAs）Luvuvhu/Letaba、Olifant和Inkomati的水资源保护实施分析中所说明的那样。三个水资源管理区，只有Inkomati建立了流域管理机构（CMA；见下文），分享许多类似的生物物理和社会经济特征，并处于水资源短缺状态（Pollard和Toit，2011；Pollard等，2011）。大部分河流穿越人口稠密的农村地区（前班图斯坦人），那里的贫困和失业水平很高，并流经一个主要的自然保护区（Kruger国家公园），所有的河流都是国际河流系统的一部分。

在2011年，被评估的8条河流的流态均未达到水资源保护要求，不符合率为18%至85%（Pollard等，2011）。除了Sabie河，在过去十年里，这一情况在新的NWA成立之后已经恶化，尽管政策和/或具体管理干预措施有所改变（图17.5；注意，在每对的左边是基于NWA之前的月流量数据，浅色条是法案实施后的每日流量数据（Pollard和Du Toit，2014；Pollard等，2011）。由于在Inkomati WMA的所有河流中开发了实时管理工具（Pollard和Toit，2011），预计鳄鱼（Crocodile）河的执行情况预计会有所改善。

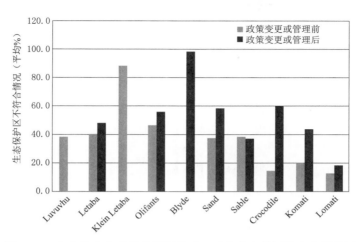

图 17.5　在政策变化或管理干预前后，对南非东部河流生态保护区的不符合情况进行比较。

来源：Pollard 和 Du Toit（2011）

目前，将生态保护区纳入水资源规划和运营，实施起来最大的障碍可能是缺乏明确、实用和完善的方法，为水资源管理者提供必要的支持（Pollard 和 Du Toit，2011；表17.4）。水资源保护确定过程的结果往往是复杂的，而且不容易转化成一个操作计划。为了说明这一点，2004 年在奥里芬特（Olifants）的 WMA 中建立的保护区，2012 年有大量的水资源被分类，并在 2014 年确定了 RQOs（DWS，2014）。在河流、湿地、水坝和地下水资源（DWS，2014）中，总共产生了 494 种不同的复杂 RQOs。水资源保护的确定过程通常与自然流动联系在一起，这对预测某一特定时期的可能的保护需求方面提出了挑战（Pollard 等，2011）。水文模型可用于比较预测的每日河流流量与生态保护的需求，但在许多流域，观测到的降雨数据是有限的。没有这种方法使生态保护区实施实时水资源管理的条件下，水资源管理者已经表明他们只是将其解释为最小流量，而不是空间上的和时变流态（大小、持续时间和频率低和高流与主流气候条件）（Pollard 等，2011）。然而，Pollard 等（2011）指出，水事局（DWA）正在制定一个框架来运作该保护。为此，McLoughlin 等（2011）描述了为东部河流开发的蓄水量建模工具和程序（例如，为在Groot Letaba 河中实现生态保护区的大坝下泄水流的适应性管理的实时快速反应系统）。

表 17.4　　　　　　　　　　**南非环境流量分配的工作机制和成功因素**

环境流量分配机制	成　功　因　素
环境保护区	立法：《国家水法》建立了水资源保护区，包括基本人类需求保护区和生态保护区，将其作为最优先的水资源分配项
	环境流量评估方法在确定南非水生生态系统的环境流量方面非常有效
	尚存的挑战：在业务一级实施和执行蓄水程序的业务层面
取水限制条件	需要有用于启动储备金，还需要改进的方法、框架和监测方案
	自组织和自我调节的潜力
水库运行条件	用于运营蓄水工程，但需要改进方法、框架和监测

在取水或蓄水实现复杂取水许可条件的实际操作，还存在着进一步的挑战。NWA 使用水权与土地所有权脱钩（Gowll 和 Gualtieri，2007），并要求生态保护区使用取水许可（Muller，2014）。此外，建立 CMAs 的延误，阻碍了许可证的发放（Pienaar 等，2011）。尽管 DWA 对水资源管理进行监督，但 NWA 还是将某些水资源管理职能委托给 CMAs 进行管理（Muller，2014）。NWA 规定了由 CMAs 管理的 19 个 WMAs，最近已经被缩减为 9 个。但是，在全国范围内，只有 3 个这样的 WMAs（Pollard 和 Toit，2011），而 CMA 仅将两个移交给了管理机构（DWA，2013）。建立 CMAs 的延误导致流域管理延误以及许可证的实施和监测的延迟，导致了不确定性的持续存在（Muller，2014；Pollard 和 Du Toit，2014）。因此，大多数取水事件仍然没有根据取水许可进行依法取水。

在实践中，取水的条件——特别是在这些小型用水户的情况下——对于一个用水户来说，不需要过于烦琐地去实现、理解和遵守。类似的，蓄水工程由于基础设施和操作实践限制，使泄放流量变得复杂，这些操作通常是为了满足下游的耗水需求而采用更一致的泄水模式，而不是满足环境保护需求的可变流量模式（Pienaar 等，2011）。这在确定新水资源保护条件时更容易实现（例如，Berg 河大坝；Pienaar 等，2011）。

监督和执行许可证条件也受到限制（Pienaar 等，2011）。在一些地区，非法用水是一个问题，因为缺乏遵守法规的激励措施和执行的政治意愿（Pienaar 等，2011）。这突出了利益相关者参与和支持分配过程的重要性。在南非有一个正在进行的水资源自然保护区，Van Wyk 等（2006）观察到，在这个如此高用水需求的国家相当多利益相关者，反对法律要求的给生态系统分配水资源，也反对使用已分配的水权的规定。人们坚信人类与河流生态系统的用水需求存在竞争关系，而保护区的建立增加了这种竞争（Van Wyk 等，2006）。这种情况使在边缘化群体（Van Wyk 等，2006），（包括在低洼河流）重新分配水资源的努力落空。利益相关者缺乏积极性是一个公认的因素。值得肯定的是，Groot Letaba 河（Olifant WMA）提供了一个示例，说明取水许可证出现在利益相关者参与的地方级水资源开发中，并用于 Tzaneen 大坝下游的用水管理（McLoughlin 等，2011）。这证明了自我组织和自我调节的潜力和重要性（Pollard 和 Toit，2011）。希望这些努力进入更高层次的法规和执法的改善。

在实践中，充分或过度的水量分配已经成为许多流域的一个问题，保护环境流量的分配必然是一个复杂而漫长的谈判过程。尽管情况正在改善（Pollard 和 Du Toit，2014），在同一个世界范围内的不同部门在管理共享水资源方面仍然面临着非常不同的优先事项。Muller（2014）认为，在一个有效、高效、公平和公正的系统中，将不同利益集团从大公司到贫穷、基本上不识字的农村社区群众聚集在一起，是推迟建立 CMA 的关键难题。在制定流域管理战略的地方，由于缺乏权力下放的和相关预算，这一进程受到了进一步的不利影响（Pejan，2013；Pollard 和 Du Toit，2014）。这种治理挑战是实施环境流量分配机制的一个常见问题，但在发展中国家和新兴经济体中则很可能会加剧。

Pollard 和 Du Toit（2011）认为，"保护区实际上依赖于一些集体战略、计划的贡献和协同作用。这就构成了 IWRM。"政府有必要通过一项有凝聚力的战略计划，包括保护框架、工具和管理系统（Pollard 和 Du Toit，2011）。加强关于不同环境流量分配机制的知识交流，同时与保护区结合使用，是便于实施未来适应性学习的关键，类似的治理框架环境流量分配机制在其他方面也在一些国家也在起作用〔如肯尼亚（2007），莱索托（Le Quesne 等，2010），坦桑尼亚（LVBC 和 WWF - ESARPO，2010）〕。建立技术能力以遏制自 20 世纪 90 年代以来南非所观察到的水资源衰变（Ashton 等，2012），这将是该地区长期可持续发展的基础（表 17.4）。

17.4.4 中国的黄河

随着人们对水资源短缺、流动机制改变和水质变差的担忧日益加剧，改善中国河流环境状况的新政策和新方法开始出现。与中国的许多政策进程一样，由水利部统一制定了涉水法规；流域委员会（WCC）加强省级政府和区域行政机构的涉水管理和行政权力（Moore，2014；Silveira，2014）。

《水法》（1988 年，2002 年修订）以 1982 年的宪法为基础，将水资源定义为国家的财产（Moore，2014）。《水法》允许建立分配个人取水权利的水权制度；然而，在许多情况下，这些个人取水权利仍然模棱两可（Moore，2014）。Shen 和 Speed（2009）强调了水资源分配系统的三个关键组成部分：①流域委员会对流域水资源进行开发和区域分配，将水资源分配给行政区域；②行政区域（省级政府）通过取水许可证制度将水分配给用水户（有效的批量用水户）；③向个人用水户分配取水许可证。环境保护法（1979 年和 1989 年修订）和水污染防治法（1984 年、1996 年和 2008 年修订）也为环境流量提供了基础（Jian，2014）。尽管法律本身受到了赞扬，但执法方面的限制被强调为需要改进的关键领域（Silveira，2014）。

黄河横跨中国北方人口稠密、干旱地区的 7 个省和 2 个自治区。自 20 世纪 50 年代黄河水利委员会（YRCC）成立以来，它一直被作为一个完整的流域管理机构（Moore，2014）。从历史上看，这条河为下游的用水户提供了大量的农业用水，但城市和工业（包括煤和天然气）的用水需求却越来越高（Moore，2014）。在流域上有许多大矿藏。1995 年和 1998 年之间流域水资源的大量使用，同时在黄河流域和整个华北平原持续干旱气候影响下，导致年均 120 天没有入海水量（Moore，2014）。为解决持续干旱问题，中国做出了巨大的努力来保障河流及其沿海三角洲地区的环境流量。在关键的测量站确定了满足关键生态系统需求的最低流量要求。在中国，和许多国家一样，环境流量的定义不仅包括维护生物多样性，还包括维持生态系统服务功能。因此，在黄河中，泥沙冲刷是生态环境流量的主要组成部分（Giordano 等，2004）。满足环境流量的目标是具有挑战性的，因为这个目标流量是平均年流量的三分之一，以及在 20 世纪 90 年代干旱期间，冲沙水量占观测水量的近一半（Zhu 等，2003）。在黄河中有两种分配机制，用于提供环境流量：一种用于提供环境用水；另一种用于耗水限制，涉及蓄水工程和水资源经营者的限制条件。

在黄河流域实施水量分配，政府做了很多工作。实际上，限制用水现在是中央政府政策引入水资源管理的"三条红线"（加快水利改革和发展的政策文件，通常被称为 2011 年中央 1 号文件），即用水总量、用水效率和水功能区目标限制（Moore，2014）。这一中央文件将全国的用水量限制在 70 亿 m³ 以下。用水总量控制实施的一个核心挑战是最严格水资源管理与地方政府的经济增长有矛盾，利益相关方地区之间协调缺乏信任（Moore，2014），省级政府与黄河水利委员会之间的纠纷越来越多，而水利部也面临着这些管理问题的挑战（Moore，2014）。中国水资源的多层治理所面临的挑战，以及需要对责任明确界定，在黄河案例都得到了很好的证明（Fang，2014；Silveira，2014）。在黄河流域水资源管理中，目前已经做出了一些尝试，以确定区域用水需求水平和取水上限，由水资源配置方案确定可供水量，以及在流域系统中规定的流量要求（Svensson，2014）。然而，2011年的黄河水利委员会的报告称，尽管政策已经出台，但仍有"一些地方没有实行水量分配调度方案，省际流量不符合控制上限，用水超过分配限额"（黄河水利委员会[YRCC] quoted in Moore，2014）。这种过度取水一般是从支流中取水，而不是从有精密监测系统的干流取水（Moore，2013）。这些执法挑战使取水限制在只有监测到位的地方有效。在实施取水限制的另一个挑战是，目前地下水是作为一种单独的资源来管理的（Moore，2013）。

南水北调工程已开始实施，通过跨流域调水（Fang，2014），缓解中国北方的水资源短缺问题，有效地增加了区域内的可供水量，并保持更多的河道内流量。如果成功的话，黄河的恢复将成为世界上迄今为止最大规模向环境的重新分配水量的经典案例（Le Quesne 等，2010）。这种跨流域调水需要考虑到调水项目对所有受影响的调出和调入区域河流系统的环境影响和分配机制（消极的或积极的）。

环境流量配置的另一个重要机制是小浪底坝的运行规程。2008年，黄河水利委员会修订了政策，要求保障以洪水和泥沙运输为目标的下泄流量，保持黄河下游的持续流动和管理泥沙运输以保护黄河的生态功能（Natural Heritage Institute，2013）。

在黄河流域支持可持续发展方面，已经取得了长足的进展（表17.5）。这在很大程度上是通过中国的集中治理计划实现的。这是与经济发展并行进程的重要成就（Zhang和Wen，2008）。然而，分层的水资源管理和有限的执法权阻碍了这些政策的实施（Silveira，2014）。

表 17.5　　　　　　　中国黄河流域环境流量的分配机制和挑战与成功因素

分配环境流量的机制	挑战和成功因素
耗水上限 （Moore，2014）	立法：来自中央1号文件的指令，通过黄河水利委员会实施用水计划。集中宣布流域内不同区域（年度、每月或每日公告）的分配量。 强制执行：要求在整个流域实施强制执行，到目前为止，执行计划的能力有限，因此过度取水仍在。对支流的监测有限。 制度安排：集中控制。
蓄水或水资源经营者的条件 （Speed 等，2011）	立法：通过由黄河水利委员会制定的年度监管计划。 有效性：针对泥沙输移的流量目标泄放和其他目标。

17.5　结论

环境流量分配机制多种多样，可采用不同的组合方式。然而，根据它们的法律特征、功能和操作对这些分配机制进行分类，可以使我们在特定背景中选择适当机制的过程更加明确。即使在已经实现了分配机制的系统中，这种分类也有助于对现有机制的有效性进行分析，适用于任何潜在问题的改进。

有五种特定的分配机制，分为两类：

1. 对其他用水户的权利施加条件的机制：

a. 对耗水总量的限制；

b. 取水许可的条件；

c. 蓄水管理人员的操作。

2. 为环境本身创造特定法律权利的机制：

a. 生态或环境流量保护；

b. 环境水权。

这些分配机制已在澳大利亚、美国、南非和中国的一系列案例研究中进行了实地调查。通过以这种方式关注特定的分配机制，就有可能理解和分析在不同的水法框架中分配环境流量的方式。

每一种方式的实施将要求政府在开发和支持环境流量分配，以及监测、遵守和执行的机构和结构方面发挥重要作用。正如第18章所强调的，非政府组织也可以在开发和管理环境流量分配机制方面发挥重要作用。从目前的情况过渡到新的环境用水计划需要不同程度的政治意愿。当政治意愿支持这种变化时，环境流量的重大变化往往就会发生（例如，宪法改革，加上南非的水资源短缺；以及在 MDB 中发生的千年干旱）。

如果目标和分配机制认识到需要整合社会和经济价值成果（Poff 和 Matthews，2013），那么环境流量分配的实践就更有可能成功。尽管在第17.3节中确定的每一种基础哲学价值观都以不同的方式重视环境价值，但实施环境流量分配机制将需要承认改变水权制度对社会和经济的影响。这将需要在必要时采取某种形式的缓解措施，包括对任何无法避免或完全缓解的影响的补偿。

重要的是，选择适当的分配机制时，应该明确对灵活性和适应气候变化的能力的评估（第11章）。关于环境与消耗性用水户之间的平衡问题，在历史用水模式下，以及在极端干旱和未来气候变化情况下，应该成为水资源综合规划的一部分。

参 考 文 献

ABC News. 2009. Water－sucking Cubbie Station for sale.

Acreman，M.，Arthington，A. H.，Colloff，M. J.，Couch，C.，Crossman，N. D.，Dyer，F.，et al.，2014. Environmental flows for natural，hybrid，and novel riverine ecosystems in a changing world. Front. Ecol. Environ. 12，466－473.

Ashton，P. J.，Roux，D. J.，Breen，C. M.，Day，J. A.，Mitchell，S. A.，Seaman，M. T.，et al.，2012. The freshwater science landscape in South Africa，19002010. Overview of research topics，key individuals，institutional change and operating culture. Water Research Commission，Pretoria，South Africa.

Aylward，B. 2008. Water markets：a mechanism for mainstreaming ecosystem services into water management?：Briefing Paper，Water and Nature Initiative，IUCN.

Barnett，J.，Webber，M.，Wang，M.，Finlayson，B.，Dickinson，D.，2006. Ten key questions about the management of water in the yellow river basin. Environ. Manage. 38，179－188.

Bowman，M.，2002. Legal perspectives on dam removal. BioScience 52，739－747. The Brisbane Declaration，2007. Brisbane declaration and call to action，in 10th international river symposium. 3 － 6

September 2007: Brisbane, Australia.

Byorth, P. A. , 2009. Conflict to compact: Federal reserved water rights, instream flows and native fish conservation on national forests. Montana. Pub. Land Resour. L. Rev. 30, 35 – 55.

CIRES. 2014. CIRES webcast: Presentation by Tony McLeod [Online] . Available from: https: //cirescolorado. adobeconnect. com/ _ a1166535166/p2v7b7okxek/? launcher = false&fcsContent = true&pbMode = normal (accessed 27. 10. 15).

COAG, 2004. Intergovernmental agreement on a national water initiative, Council of Australian Governments. Columbia Basin Water Transactions Program, 2011. Annual Report Financial Year 2011. Portland, Oregon: National Fish and Wildlife Foundtion.

Columbia Basin Water Transaction Program, 2015. The Program [Online] . Available from: http: // www. cbwtp. org/jsp/cbwtp/program. jsp (accessed 19. 10. 15).

Comisión Nacional Del Agua, 2011. Identificación de reservas potenciales de agua para el medio ambiente en México. México: CONAGUA.

Committee On Western Water Management, 1992. Water Transfers in the West: Efficiency, Equity and the Environment. National Academy Press, Washington, D. C.

Commonwealth Of Australia, 2010. Securing Our Water Future. Australian Government Department of the Environment, Water, Heritage and the Arts, Canberra, Australia.

Connell, D. , Grafton, R. Q. , 2011. Water reform in the Murray Darling Basin. Water Resour. Res. 47 (12), 1 – 62.

Cronin, A. E. , Fowler, L. B. , 2012. The Water Report #102: Northwest Water Banking. Seattle: Envirotech Publications.

CSIRO, 2008. Water availability in the Murray – Darling Basin. A report to the Australian Government from the CSIRO Murray – Darling Basin Sustainable Yields Project.

Daesslé, L. W. , Van Geldern, R. , Orozco – Durána, A. , Barth, J. A. C. , 2016. The 2014 water release into the arid Colorado River delta and associated water losses by evaporation. Sci. Total Environ. 542, 586 – 590.

Donohew, Z. , 2009. Property rights and western United States water markets. Aust. J. Agric. Resour. Econ. 53, 85 – 103.

Doremus, H. , Tarlock, A. D. , 2003. Fish, farms and the clash of cultures in the Klamath Basin. Ecol. Law Quart. 30, 279 – 350.

Doremus, H. , Tarlock, A. D. , 2008. Water War in the Klamath Basin: Macho Law, Combat Biology and Dirty Politics. Island Press.

DWA, 2011. Directorate Water Resource Planning Systems: Water Quality Planning. Resource Directed Management of Water Quality. Planning Level Review of Water Quality in South Africa. Department of Water Affairs, Republic of South Africa, Pretoria, South Africa.

DWA, 2013. Strategic overview of the water sector in South Africa. Department of Water Affairs, Republic of South Africa, Pretoria, South Africa.

DWAF, 1997. White Paper on a National Water Policy for South Africa. Department of Water Affairs and Forestry, Pretoria, South Africa.

DWE, 2009. Proposal to enable environmental water entitlements acquired in the Darling River at Toorale Station, to be diverted downstream of the Menindee Lakes.

DWS, 2014. Determination of Resource Quality Objectives in the Olifants Water Management Area (WMA4): Resource quality objectives and numerical limits report. Department of Water and Sanitation, Prepared by the Institute of Natural Resources (INR) NPC, Pietermaritzburg, South Africa.

Endicott, T. , 2011. Administrative Law. Oxford University Press, Oxford, UK.

Fang, L., 2014. China's federal river management – the example of the Han River. In: Garrick, D. E., Anderson, G. R. M., Connell, D. & Pittock, J. (Eds.), Federal rivers. Managing water in multi – layered political systems.

Ferguson, J., Chilcott – Hall, B., Randall, B., 2006. Private water leasing: working within the prior appropriation system to restore streamflows. Pub. Land Resour. L. Rev. 27, 1 – 13.

Fisher, D. E., 2010. Australian Environmental Law: Norms, Principles and Rules. Thomson Reuters, Sydney.

Foerster, A., 2007. Victoria's new Environmental Water Reserve: what's in a name? Australas. J. Nat. Resour. Law Policy 11, 145.

Gagnon Thompson, S. C., Barton, M. A., 1994. Ecocentric and anthropocentric attitudes toward the environment. J. Environ. Psychol. 14, 149 – 157.

Garrick, D., Aylward, B., 2012. Transaction costs and institutional performance in market – based environmental water allocation. Land Econ. 88, 536 – 560.

Garrick, D., Siebentritt, M. A., Aylward, B., Bauer, C. J., Purkey, A., 2009. Water markets and freshwater ecosystem services: Policy reform and implementation in the Columbia and Murray – Darling Basins. Ecol. Econ. 69, 366 – 379.

Gillilan, D. M., Brown, T. C., 1997. Instream Flow Protection: Seeking a Balance in Western Water Use. Island Press, Covelo, California.

Giordano, M., Zhu, Z., Cai, X., Hong, S., Zhang, X. & Xue, Y., 2004. Water management in the Yellow River.

Basin: Background, current critical issues and future research needs: Research Report 3. Colombo, Sri Lanka.

Godden, L., 2005. Water law reform in Australia and South Africa: sustainability, efficiency and social justice. J. Environ. Law 17, 181.

Goulbourn Broken Catchment Management Authority, 2013. Seasonal Watering Proposal.

Gowlland – Gualtieri, A., 2007. South Africa's Water Law and Policy Framework – Implications for the Right to Water. International Environmental Law Research Centre.

Grafton, R. Q., Hussey, K., 2006. Buying back the Living Murray: At What Price? Economics and Environmetn Network Working Paper EEN0606. Australian National University.

Gray, R., Milne, M. J., 2014. Explainer: what is the triple bottom line? The Conversation February 6, 2014.

Hart, B., 2015. The Australian Murray – Darling Basin Plan: challenges in its implementation (part 1). Int. J. Water Resour. Dev.

Hillman, 2008. Ecological Requirements: Creating a working River in the Murray – Darling Basin. In: Crase, L. (Ed.), Water Policy in Australia The Impact of change and uncertainty. Resources for the future, Washington, USA.

Hirji, R., Davis, R., 2009a. Envirnmental flows in water resources policies plans, and projects: case studies. Washington DC: World Bank Environemnt Department Papers, Natural Resource Managmenet Series, Paper No 117.

Hirji, R., Davis, R., 2009b. Environmental flows in water resources policies, plans and projects: findings and recommendations. The World Bank, Washington DC.

Horne, A., Freebairn, J., O'Donnell, E., 2011. Establishment of environmental water in the Murray – Darling Basin – an analysis of two key policy initiatives. Aust. J. Water Resour. 15, 7.

Hussey, K., Dovers, S., 2007. Managing Water for Australia: The Social and Insitutional Challenges. CSIRO Publishing.

IPCC, 2014. Climate Change 2014 Synthesis Report. Contribution of Working Groups I, II and III to the Fifth Assessment Report of the Intergovernmental Panel on Climate Change [Core Writing Team, R. K. Pachauri and L. A. Meyer (Eds.)]. Geneva, Switzerland.

Jian, K., 2014. Watershed management in Tai Lake Basin in China. In: Garrick, D. E., Anderson, G. R. M., Connell, D. & Pittock, J. (Eds.) Federal rivers. Managing water in multi – layered political systems.

Jiménez Cisneros, B. E., Oki, T., Arnell, N. W., Benito, G., Cogley, J. G., Döll, P., et al., 2014. Freshwater resources. In: Field, C. B., Barros, V. R., Dokken, D. J., Mach, K. J., Mastrandrea, M. D., Bilir, T. E., Chatterjee, M., Ebi, K. L., Estrada, Y. O., Genova, R. C., Girma, B., Kissel, E. S., Levy, A. N., Maccracken, S., Mastrandrea, P. R., White, L. L. (Eds.), Climate Change 2014: Impacts, Adaptation, and Vulnerability. Part A: Global and Sectoral Aspects. Contribution of Working Group II to the Fifth Assessment Report of the Intergovernmental Panel on Climate Change. Cambridge University Press, Cambridge, United Kingdom and New York, NY, USA.

Killingbeck, S., Charles, M. B., 2011. The place of legislation and regulation and the role of policy: lessons from the CPRS. South. Cross Univ. Law Rev. 14, 93 – 118.

Lenaerts, K., Desomer, M., 2005. Towards a hierarchy of legal acts in the European Union? Simplification of legal instruments and procedures. Eur. Law J. 11, 744 – 765.

Leonard, N. J., Fritsch, M. A., Ruff, J. D., Fazio, J. F., Harrison, J., Grover, T., 2015. The challenge of managing the Columbia River Basin for energy and fish. Fish. Manag. Ecol. 22, 88 – 98.

LE Quesne, Kendy, T. E., Weston, D., 2010a. The Implementation Challenge: Taking stock of government policies to protect and restore environmental flows. World Wildlife Fund UK, Godalming, Surrey.

LVBC and WWF – ESARPO, 2010. Assessing Reserve flows for the Mara River. Nairobi and Kisumu, Kenya: Lake Victoria Basin Commission (LVBC) and WWF Eastern & Southern Africa Regional Programme Office (WWF – ESARPO).

Macdonald, D. H. & Young, M., 2001. A case study of the Murray – Darling Basin. Prepared for the International Water Management Institute.

Macdonnell, L., 2009a. Environmental flows in the rocky mountain west: a progress report. Wyo. Law Rev. 9, 335 – 396.

Macdonnell, L., 2009b. Return to the River: Environmental Flow Policy in the United States and Canada. J. Am. Water Resour. Assoc. 45, 1087 – 1099.

Malloch, S., 2005. Liquid Assets: Protecting and Restoring the West's Rivers and Wetlands through Environmental Water Transactions. Trout Unlimited, Arlington, VA.

McLoughlin, C., Mackenzie, J., Rountree, M., Grant, R., 2011. Implementation of strategic adaptive management for freshwater protection under the South African national water policy. Water Research Commission, South Africa.

MDBA (Murray – Darling Basin Authority), 2010. Guide to the proposed Basin Plan: overview. Murray – Darling Basin Authority, Canberra.

MDBA (Murray – Darling Basin Authority) Murray – Darling Basin Plan, 2012. Commonwealth of Australia, Canberra, Australia.

MDBA, 2015. Ten years of The Living Murray Program restoring the health of the River Murray [Online]. Available from: http: //www. mdba. gov. au/what – we – do/working – with – others/ten – years – of –

tlm – program (accessed 10. 11. 15).

MDBC (Murray – Darling Basin Commission), 1998. Murray – Darling Basin Cap on Diversions Water Year 1997/98: Striking the Balance. Murray – Darling Basin Commission, Canberra.

Mekonnen, M. M., Hoekstra, A. Y., 2016. Four billion people facing severe water scarcity. Science Advances 2.

Mistry, K., 2015. Columbia River flows to be protected [Online]. Available from: http: // www. celp. org/tag/celp/ (accessed 16. 10. 15).

Moore, S., 2013. Issue Brief: Water Resource Issues, Policy and Politics in China. Brookings Institute. Available from: https: //www. brookings. edu/research/issue – brief – water – resource – issues – policy – and – politics – in – china/.

Moore, S., 2014. The politics of thirst: Managing water resources under scarcity in the Yello River Basin, People's Republic of China. Discussion Paper # 2013 – 08. Harvard Kennedy School, Belfer Center for Science and International Affairs.

Muller, M., 2014. Allocating powers and functions in a federal design: the experience of South Africa. Part IV: South Africa. In: Garrick, D., Anderson, G. R. M., Connell, D., Pittock, J. (Eds.), Federal rivers. Managing water in multi – layered political systems. Edward Elgar Publishing Limited, Cheltenham, UK and Northampton, MA, USA, and IWA Publishing, London, UK.

Mumma, A., 2007. Kenya's new water law: an analysis of the implications the rural poor. In: Van Koppen, B., Giordano, M., Butterworth, J. (Eds.), Community – based water law and water resource management reform in developing countries. Comprehensive Assessment of Water Management in Agriculture Series 5. CAB International, Wallingford, UK.

Murray Darling Basin Ministerial Council, 2000. Review of the Operation of the Cap – Overview Report of the Murray – Darling Basin Commisssion. Canberra, Australia.

Neale, T., 2012a. Contest and Contest: The legacy of the Wild Rivers Act 2005 (QLD). Indigenous Law Bull. 8.

Neale, T., 2012b. The Wild Rivers Act Controversy. The Conversation.

Northwest Council, 2015. Reports [Online]. Available from: https: //www. nwcouncil. org/reports/ (accessed 16. 10. 15).

NWC (National Water Commission), 2009. Australian Water Reform 2009: Second biennial assessment of progress in implementation of the National Water Initiative. National Water Commission, Canberra.

NWC, 2012. Australina environmental water management: framework criteria. National Water Commission, Canberra.

O'Donnell, E., 2012. Institutional reform in environmental water management: the new Victorian Environmental Water Holder. J. Water Law 22, 73 – 84.

O'Donnell, E., Macpherson, E., 2013. Challenges and opportunities for environmental water management in Chile: an Australian perspective. J. Water Law 23, 24 – 36.

O'Riordan, T., 1991. The new environmentalism and sustainable development. Sci. Total Environ. 108, 5.

Olden, J. D., Konrad, C. P., Melis, T. S., Kennard, M. J., Freeman, M. C., Mims, M. C., et al., 2014. Are largescale flow experiments informing the science and management of freshwater ecosystems? Front. Ecol. Environ. 12, 176 – 185.

Opperman, J. J., Royte, J., Banke, J., Day, L. R., Apse, C., 2011. The Penobscot River, Maine, USA: a basinscale approach to balancing power generation and ecosystem restoration. Ecol. Soc. 16, 7.

Palmer, C., Muller, W., Gordon, A., Scherman, P., Davies – Coleman, H., Pakhomova, L., et al. , 2004. The development of a toxicity database using freshwater macroinvertebrates, and its application to the protection of South African water resources. South Afr. J. Sci. 100, 643 – 650.

Pienaar, H. , Belcher, A. , Grobler, D. F. , 2011. Protecting Aquatic Ecosystem Health for Sustainable Use. In: Schreiner, B. , Hassan, R. (Eds.), Transforming Water Management in South Africa: Designing and Implementing a New Policy Framework. Springer.

Poff, N. L. , Matthews, J. H. , 2013. Environmental flows in the Anthropocene: past progress and future prospects. Curr. Opin. Environ. Sustain. 5, 667 – 675.

Pollard, S. , Du Toit, D. , 2011. Towards the Sustainability of Freshwater Systems in South Africa: An Exploration of Factors That Enable and Constrain Meeting the Ecological Reserve Within the Context of Integrated Water Resources Management in the Catchments of the Lowveld. Report to WRC.

Pollard, S. , Du Toit, D. , 2014. Meeting the challenges of equity and sustainability in complex and uncertain worlds: the emergence of integrated water resources management in the eastern rivers of South Africa. In: Garrick, D. , Anderson, G. R. M. , Connell, D. , Pittock, J. (Eds.), Federal rivers. Managing water in multilayered political systems. Edward Elgar Publishing Limited, Cheltenham, UK and Northampton, MA, USA, and IWA Publishing, London, UK.

Pollard, S. , Mallory, S. , Riddell, E. , Sawunyama, T. , 2011. Towards improving the assessment and implementation of the Reserve: real – time assessment and implementation of the Ecological Reserve. Water Research Commission, South Africa.

Productivity Commission, 2010. Market mechanisms for recovering water in the Murray – Darling basin (Final Report, March). Productivity Commission, Canberra.

Republic of South Africa, 1998. National Water Act. In: Government Gazette, V. , No. 19182. (Ed.) Act No. 36 of 1998. Cape Town. Richter, B. , 2009. Re – thinking.

Richter, B. , 2009. Re – thinking environmental flows: from allocations and reserves to sustainability boundaries. River Res. Appl. 25, 1 – 12.

Richter, B. D. , 2014. Chasing water: A guide for moving from scarcity to sustainability. Island Press, Washington.

Richter, B. D. , Thomas, G. A. , 2007. Restoring environmental flows by modifying dam operations. Ecol. Soc. 12, 12.

Rogers, K. , Biggs, H. , 1999. Integrating indicators, endpoints and value systems in strategic management of the rivers of the Kruger National Park. Freshw. Biol. 41, 439 – 451.

Roux, D. , Foxcroft, L. , 2011. The development and application of strategic adaptive management within South African National Parks. Koedoe 53.

Sax, J. L. , Abrams, R. H. , Thompson, B. H. , 1991. Legal Control of Water Resources. West Publishing Company, St Paul, Minnesota.

Senator the Hon. Penny Wong and Carmel Tebbutt, 2008. Joint Media release, Commonwealth and NSW purchase Toorale.

Shen, D. , Speed, R. , 2009. Water Resources Allocation in the People's Republic of China. Int. J. Water Resour. Dev. 25, 209 – 225.

Silveira, A. , 2014. China's political system, economic reform and the governance of water quality in the Pearl River Basin. In: Garrick, D. E. , Anderson, G. R. M. , Connell, D. , Pittock, J. (Eds.) Federal rivers. Managing water in multi – layered political systems.

Speed, R. , Binney, J. , Pusey, B. , Catford, J. , 2011. Policy measures, mechanisms, and framework for addressing environmental flows. International WaterCentre, Brisbane.

Speed, R. , Li, Y. , Le Quesne, T. , Pegram, G. , Zhiwei, Z. , 2013. Basin water allocation planning –

principles, procedures and approaches for basin allocation planning. UNESCO, Paris.

State Of Victoria, 2004. Victorian Government White Paper: Securing Our Water Future Together. Department of Sustainability and Environment.

State Of Victoria, 2009. Northern Region Sustainable Water Strategy. Department of Sustainability and Environment, Melbourne.

Svensson, J., 2014. Development of Water Markets in the Yellow River Basin: A Case - Study of the Ningxia Hui Autonomous Region. Lund University.

Tarlock, A. D., 2000. Prior appropriation: rule, principle or rhetoric? N. D. Law Rev. 76, 881 – 910.

Tarlock, A. D., 2014. Mexico and the United States assume a legal duty to provide Colorado River Delta restoration flows: An important International Environmental and Water Law Precedent. Rev. Eur. Commun. Int. Environ. Law 23, 76 – 87.

The Natural Heritage Institute, 2013. Concept Paper: Reoptimization of Xialangdi Dam on the Yellow River.

Thompson, J. B. H., 2000. Markets for Nature. William Mary Environ. Law Policy Rev. 25, 261.

Ukkola, A. M., Prentice, I. C., Keenan, T. F., Van Dijk, A. I., Viney, J. M., Myneni, N. R., et al., 2015. Reduced streamflow in water - stressed climates consistent with CO_2 effects on vegetation. Nat. Clim. Change. 6, 75 – 78.

Van Dijk, A. I. J. M., Beck, H. E., Crosbie, R. S., De Jeu, R. A. M., Liu, Y. Y., Podger, G. M., et al., 2013. The Millennium Drought in southeast Australia (2001 – 2009): Natural and human causes and implications for water resources, ecosystems, economy, and society. Water Resour. Res. 49, 1040 – 1057.

Van Wyk, E., Breen, C. M., Roux, D. J., Rogers, K. H., Sherwill, T., Van Wilgen, B. W., 2006. The Ecological Reserve: towards a common understanding for river management in South Africa. Water SA 32, 403 – 409.

VEWH, 2015. Reflections: Environmental Watering in Victoria 2014 – 15. Victorian Environmental Water Holder, Melbourne.

Wade, J. H. B., 2010. How national park service operations relate to law and policy. J. Interpret. Res. 15, 33 – 39.

Walker, W., Adnan Rahman, S., Cave, J., 2001. Adaptive policies, policy analysis, and policy - making. Eur. J. Oper. Res. 128, 282 – 289.

Ward, N. D., Ward, D. L., 2004. Resident fish in the Columbia River Basin: restoration, enhancement and mitigation for losses associated with hydroelectric development and operations. Fisheries 29, 10 – 18.

Warner, A. T., Lb, B., Jt, H., 2014. Restoring environmental flows through adaptive reservoir management: planning, science, and implementation through the Sustainable Rivers Project. Hydrol. Sci. J. 59, 770 – 785.

Wiel, S., 1911. Water Rights in the Western United States. Bancroft Whitney Company, San Francisco. Zhang, K. M., Wen, Z. G., 2008. Review and challenges of policies of environmental protection and sustainable development in China. J. Environ. Manage. 88, 1249 – 1261.

Zhu, Z., Giordano, M., Cai, X., Molden, D., Shangchi, H., Huiyan, Z., et al., 2003. Yellow River Comprehensive Assessment: Basin Features and Issues. Collaborative Research between International Water Management Insitutite (IWMI) and Yellow River Conservancy Commission (YRCC).

第 18 章

系统再平衡：水权交易

Claire Settre[1] 和 Sarah A. Wheeler[1,2]

1. 阿德莱德大学，阿德莱德，南澳大利亚州，澳大利亚
2. 南澳大利亚大学，阿德莱德，南澳大利亚州，澳大利亚

18.1　引言

　　2015 年世界经济论坛的《全球风险报告》将水资源短缺列为全球最大的风险。而十年前，它甚至不在风险报告的名单上（World Economic Forum，2015）。随着人口的增加，干旱和半干旱地区的气候变化和稀缺因素加剧，依赖水的生态系统将承受水资源短缺的风险。完全被占用和过度分配的河流流域尤其如此，因为那里几乎没有水来维持河流生态系统。在这些情况下，依赖水资源的生态系统的健康和恢复就是向环境提供更多水资源。在国际上，通过增加环境流量的供应来恢复自然生态已经得到了认可和不同程度的共识（Lane-Miller 等，2013）。但是如何实现这一目标却有不同的见解。第 17 章讨论了将水资源重新分配给环境的各种机制。在某些情况下，改善环境质量可以通过改善现有环境流量供应来实现。在一定程度上，尽管成本很高，但仍可以通过海水淡化来替代从河流中取水。在城市范围内，雨水收集和污水再利用也可以减少城市对河流系统的压力。在这些实践的基础上，用水紧张的流域恢复环境流量需要高水平的政策，以促进更大规模的水资源重新分配。有很多方法可以实现这一点，并且环境流量政策工具包括：

　　1. 条例和制裁（指挥和控制）：水质的规范和标准（例如，饮用水质量、娱乐性水体的环境水质和工业排放）；绩效标准；对水权的控制；减少水的分配；限制或禁止对水资源有影响的活动（例如，污染流域的活动和禁止使用磷洗涤剂）；取水和排水许可；水权；土地使用管理和分区（例如，对农药应用的缓冲区要求）。

　　2. 志愿和教育措施工具：用水计量；生态标识和认证（例如，用于农业和节水的家用电器）；企业和政府之间的提高用水效率自愿协议；介绍水的使用情况，在多时段内蓄水；水捐赠计划；提高认识，开展生态农业实践或改进灌溉技术的培训；利益相关方倡议

和合作安排，改善水系统，例如农民和供水公司之间的供水系统；规划措施（例如，综合流域管理计划）。

3. 经济手段：收费（例如，取水和污染）；用水户关税（例如，供水服务）；对流域生态的补偿（例如，上游流域保护）；水价；对环境损害的补偿（例如，与生产有关的农业支持和对取水的能源补贴）；水市场；回购水权；回购水资源；补贴（例如，对基础设施的公共投资和水的社会定价）；可交易的水权分配（临时水权）和权利（永久水权）、权期和配额；保险计划（Grafton 和 Wheeler，2015）。

在某些情况下，在水资源管理方面，自愿和监管方法相对缺乏，这意味着随着时间的推移，对经济手段的重视程度越来越高（Griffin，2016）。经济再分配手段，特别是水市场如何被用来为环境购买水权，是本章的重点。第 18.2 节首先讨论了水市场的基本原理。

18.2 水市场基本原理

水市场，无论是正式的还是非正式的，都是买家和卖家之间的自愿互动，目的是完成合法的水权交易。在水市场进行的交易称为水权交易，转让或交易可以是临时性的（租赁）或永久（出售）性质的。在市场上出售的水权称为水产品，其典型特征是权利类型（地下水，地表水）及其交换产品的持续时间（永久、短期、分流季节，选项联系人）。虽然在水文连通的地下水管辖区内地下水水权交易也是可能的，地表水水权是最常见的水市场产品，因为相对容易测量和资源流动相对容易。在理想的条件下，水市场提供了一种机制，在相互竞争的用户之间分配水权，通过将水权转换到最高价值的用途，从而实现社会和经济上最优的解决方案。水权的市场营销的倡导者们列举了通过市场向用水户转移水权的机会成本，具有提高用水效率和环境保护的双重好处（Chong 和 Sunding，2006；Johnson 等，2001；Rosegrant 和 Binswanger，1994）。

一般来说，水权交易是对水资源短缺的一种反应，在水资源充足的地方，就不需要水权交易了（一个明显的例外是水质的市场，Doyle 等，2014）。当流域面临着缺水压力，如果水权的销售价格超过应用水灌溉用水的使用价值，水市场可以让用水户（例如，农民）在最需要的时候购买水权或卖出水权以减轻他们的供水风险（Zuo 等，2014）。水市场也让城市用水户受益，因为城市可以在干旱期间购买可靠的供水，以满足人类基本的需求，或者支持城市扩张。当水市场被用于从用水户到环境的水量再分配时，购买并留在河流中的水也会使生态环境受益（第 18.3 节）。

水市场的特点因其经营区域而异。市场中的参与者、产品和交易受法律、机构、水文条件约束，这些约束支配着该地区的水资源分配和使用。在世界各地，水市场的形式各不相同。在一个非正式的水市场中，交易的产品是在短时间内使用商定用水量，如年份或季节（Bjornlund，2004）。非正式的水市场通常发生在灌区的农民之间，很少有行政投入。正式的水市场不太常见，也很少有成熟的水市场的例子。正式的水市场允许永久地合法地转让水权（相对于一段时间内使用的权利），并且在制度上更加复杂，需要更高程度的政府支持（Bjornlund，2004）。在印度、巴基斯坦、墨西哥、智利、西班牙、澳大利亚、中国和美国已经有各种形式的水市场（Baillat，2010；Easter 等，1999；Moore，2014；

Palomo-Hierro 等，2015；Rosegrant 和 Binswanger，1994；Venkatachalam，2015；Wheeler 等，2014a）。例如，在澳大利亚，水市场已经发展到一个正式的阶段，水权可以通过水经纪人或在线交易平台买卖。

水市场，无论是正式的或非正式的，都可以在农业区、区域内、流域内、跨流域和跨州的不同地理范围内有效地运作。例如，在澳大利亚，它是世界上最成熟的水市场之一（见框 18.1），水市场在 MDB 范围内运作，覆盖了澳大利亚东南部的五个州和地区。相比之下，在中国，准市场式的机制促进了全国范围内的大规模南北跨流域调水（Shao 等，2003）。

框 18.1　在澳大利亚 MDB 的水市场

在澳大利亚，非正式的水市场有着悠久的历史。在 20 世纪 60 年代和 70 年代，由于水资源短缺和水质的压力，东南部的一些州首次允许临时多边水权交易。1992 年，制定了一项 MDB 协议和基于市场的工具。1997 年，为限制水的开采，设立了一个取水上限，通过建立一个取水上限和贸易环境来帮助促进市场发展。澳大利亚水市场发展的最新阶段是在 2007 年《水法》（Cwth）的出台后开展的。通过协调联邦政府的行动，实现大型立法、监管和利益相关者的改革。重要的是，这些改革包括界定和保障水权，改革市场以提高效率，以及消除灌溉区和地区之间的水权贸易壁垒（Loch 等，2013；Wheeler 等，2014a）。MDB 的北部和南部地区没有水文联系，因此它们之间不可能进行贸易。与此相反，南部 MDB 是由一些跨越国界的有水文联系的水系统组成的。MDB 负责流域使用和交易大部分的水资源，以及该流域的大部分灌溉农业活动。水权分配交易是最常见的交易（见图 18.1）。虽然随着时间的推移，水权交易大幅增长，特别是在千年一遇的干旱年（1997—2010 年）和联邦环境需水持有者进入市场购买水环境水权（见 18.3.3）。到 2010 年底，至少有 70% 的农户至少进行了一次水权交易，使之成为流域农民使用的一种常用管理工具（Loch 等，2013；Wheeler 等，2014a）。

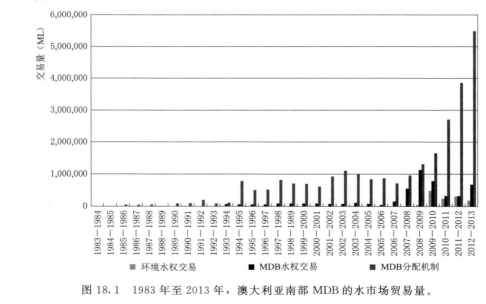

图 18.1　1983 年至 2013 年，澳大利亚南部 MDB 的水市场贸易量。

除了不同的地理范围，水市场还可以在一系列的机构范围内运作，涉及各种各样的买家和卖家。由于农业通常使用大部分水资源（在许多国家高达 70％ 以上），农民往往是水权的销售者（Wheeler 等，2013）。水权的销售可以发生在一个灌溉区，从一个农民到另一个农民，或者从农村到城市，从农业到工业，或者从农业到环境。例如，在美国西部（见框 18.2），市场上的主要水权所有者是农民，他们主要卖给其他农民、城市和环境（Hanak 和 Stryjewski，2012）。

框 18.2　美国西部的水市场

　　美国的水市场大多局限于半干旱的西部各州，那里的缺水压力迫使农业、城市、工业和环境之间的进行水权转换，以应对不断变化的供需模式。一般来说，所有类型的水权都是可合法转让的（Mooney 等，2003），但不一定能与土地分开交易。水权贸易集中在农业社区。在灌溉区，正式和非正式的重新分配可以成为一个重要的缺水管理工具（Debaere 等，2014）。在美国，最常见的水权是专有权。水市场在美国西部《水法》的大背景下发挥作用，它以优先占有和有益使用为依据。优先占有是根据用水户的用水年限分配水资源。这就保证了高级用户保持用水不会长时间中断用水，在低流量期间将会失去供水（Garrick 等，2011）。历史上，尽管在许多州立法承认并保护环境流量，受益者是指用于生产的水资源用户，如农业、采矿、工业、家庭和城市使用等（Clayton，2009）。与澳大利亚的联邦改革不同，美国水市场机构发展由于各州的政策、地方机构和水权交易的限制而进展不均衡。在水资源管理实践中，许多不同的正式和非正式机构在不同的环境中相互作用，受到无数的合同和判例法的制约。

建立和管理水市场面临着许多挑战，包括降低交易成本和第三方影响的策略。在更基本的层面上，水权营销的困难是由于水资源本身的性质造成的。在市场框架中，水资源作为商品的货币价值是复杂的，不仅因为质量、数量和位置的物理异质性，还包括水定价的政治经济学原理，以及水作为一种基本的生命赋予人权的象征意义（Hanemann，2005）。水是一种非标准的、复杂的商品（Bakker，2005；Chong 和 Sunding，2006；Hanemann，2005），具有独特的双重性，既是有限的又是可再生的。此外，水的经济和环境价值不仅来自其数量，还包括其质量、可靠性、位置和时间。这就给水权交易，以获得最佳的社会和环境效益增加了负担。尽管世界各地都有允许正式转让水权的法律，但水市场的实施和进展仍然是高度争议和不能令人满意的。例如，1999 年西班牙通过的立法（法律 45/1999）将正式的水市场纳入监管框架，但由于行政、法律和文化方面的困难，高昂的交易成本导致了水市场（Palomo-Hierro 等，2015 年）涉及面窄。水市场的支持者和批评者经常引用同样的逻辑：水资源是至关重要和稀缺的（Ronald 等，2013）。

如第 3 章所述，正确计算用水量和了解水文实际情况，是为环境获取水的目的的一部分。Young（2014）在设计水市场时提出了六项制度原则：

1. 将进水和出水口分为不同的组成部分；
2. 仅为特定目的分配政策工具，不使用多种工具；
3. 具有水文完整性的监测仪器；

4. 保持交易成本尽可能低；

5. 将风险分配给一个利益集团；

6. 通过适当的用水核算，确保系统的稳健性。

认识到水市场已经被确定需要向环境提供水，来维持和恢复淡水生态系统，在某些情况下，作为一种将水资源重新分配给环境的手段。

18.3 购买环境用水

在立法允许的情况下，水市场可以作为一个平台，通过自愿和有偿原则将社会经济使用的水资源重新分配给环境，来获得环境用水。当流域或区域水权被完全使用或确立了取水上限时，通过自愿和补偿的市场交易获得环境需求的水资源，通常水权交易比行政上减少现有的消耗水量更容易接受。

18.3.1 环境流量进入水市场的条件

根据 Garrick 等（2009）的定义，建立环境水市场有三个必要条件。如果不满足这些条件，环境水市场就不可行（Aylward，2008）。这些条件是：

1. 建立和限制淡水取水量和变更的权利；

2. 承认环境流量是合法的；

3. 将现有的水权转让给环境用水的权力。

除了这些条件之外，获得环境用水权还需要基本的市场原则，如明确界定良好的、可交易的和合法的可保护的产权。如果没有这些条件，将水分配给环境将是一项具有挑战性的任务。关于自然资源产权的进一步讨论在 Schlager 和 Ostrom（1992）以及 Heltberg（2002）的文章中可以找到。

在全球范围内，对环境作为合法用水户的认识仍然相对较少。国际上，环境意识的提高和水法的变化标志着一个缓慢的环境用水合法化的过程（关于这个问题的讨论见第 2 章）。下面的例子说明了这一点：在 1998 年南非的水资源改革中引入了生态保护流量（Schreiner，2013）；2005 年对智利水资源法的改革，允许国家在生态保护的基础上拒绝新的取水许可（Bitran 等，2011）；新西兰水资源改革开启了环境作为合法用水户的新开端（Ministry for the Environment，2009）；在澳大利亚建立了国家环境流量管理机构——联邦环境需水持有者（CEWH）（Wheeler 等，2013）；在科罗拉多河流域的墨西哥区域，为生态效益提供模拟洪水过程（King 等，2014）；在美国西部，越来越多的州和公众逐渐认可了环境需求的使用权（Loehman 和 Charney，2011）。

18.3.2 环境流量产品

在现有的水市场运作时，可能有很多方法和途径可以为环境获取水权。环境流量收购的性质是由管理该系统的物理、制度和水文规则决定的。

为环境购买的水权（例如，每年的，短期的，以及季节性的水权，等等）的法律定义是一种水产品。为环境而获得水产品影响了环境流量在空间和时间尺度上的管理（Wheeler 等，2013），因此也影响了环境流量战略。第 23 章和第 24 章讨论了以优化环境为目标的环境流量的管理。为了突出获取不同类型的水产品和为环境获取水资源的创新，我们研究了美国西部和澳大利亚采用的两种环境水市场的关键案例（见第 18.4 节）。表 18.1 总结了这些市场中使用的主要方法。

表 18.1 的第 3 列列出了应享权利和分配交易。澳大利亚的水权被定义为从可供水量中获得水的份额或水权。水权可以转让（永久贸易），每一种权利都产生一种可以被交易的季节性的水量分配，即所谓的水量分配贸易（临时贸易），一年中季节性的分配根据权利的可靠性和气候条件的不同而有所不同，因为缺水，可分配的水量也减少。消费水权和环境水权受同样的分配规则的约束。在美国西部，水权购买和水租赁是一样的。当水资源被租赁给环境时，水权持有人合法地保留了水权的所有权，但允许它在特定的时间内被使用。

表 18.1　　　　　　　　　　　　美国西部和澳大利亚的环境水权

合同期限	美国西部	澳大利亚
永久	水权的购买 节约用水 地下水取水井开关 取水点的变化	权利购买 提高农场内外的效率 基础设施
暂时	租赁 分期租赁 地下水取水井开关	分配交易 长期租赁协议 反周期的交易
期权	干旱年协议 最小流量协议	期权合约

来源：摘自 Wheeler 等（2013，第 430 页）。

在澳大利亚，水权购买（永久贸易）是为环境获取水权的最常见形式。这种方法的另一种替代方法是每年在用水户和环境之间进行分配，称为反周期交易。例如，考虑一个泛滥平原湿地，每三年就需要被洪水淹没，以保持最佳的生态健康。在这个例子中，反周期交易是有益的，它允许环境管理者将水权分配给农民，每三年分配一次，并在第三年将水权分配给湿地，这可以用前一年租赁筹集的资金购买额外的配额。从本质上讲，当不需要水进行灌溉时，其分配的水权可以被放回市场，由用水户购买。通过这种方式，当不需要用水时，环境产生了出售水权的收入，以便在更关键的时期购买水权（Connor 等，2013；Kirby 等，2006）。

美国的水产品比澳大利亚更多样化。一些临时选项（包括合同协议）可以改变水权的特性，如分季租赁或干旱年协议。分季租赁是一种协议，供消费的水权持有者在本季度的部分时间使用水，并在本季度的其他部分租赁水权。这种理想的计划在整个灌溉季节或部分灌溉期，满足了灌溉耗水的需求；在关键的生态时期，如鱼类洄游或产卵期间，也满足了环境的用水需求。有条件的合同规定，在满足某些条件时可以临时或永久地将水权转移给环境。在美国，这些例子包括最小流量协议和干旱年合同，这些合同是由合同中气候阈值规定的。这些类型的协议规定，在环境需要额外水时，用水户放弃使用水资源将得到补偿。

　　美国和墨西哥之间达成了一项史无前例的协议，以共享水资源短缺和盈余，允许墨西哥在美国的水坝中蓄水，并为干旱的科罗拉多河三角洲提供环境流量。自 1960 年以来，除了异常湿润的年份，很少的水达到了科罗拉多河三角洲，由于 90% 的水是由上游大坝蓄积（在美国的亚利桑那州、内华达州和加利福尼亚州），剩下的 10% 转移在 Mexicali（墨西哥）谷到达三角洲（Flessa，2001）。这对三角洲的生态产生了重大影响，《319 条》的作用部分是为了解决这个问题。环境流量管理制度由两个部分组成。首先，由美国和墨西哥政府共同提供的一种一次性的洪峰，包括为保护生态环境由 Mead 湖向墨西哥河谷放水，模拟自然洪峰时间在 2014 年 3 月，并在时间上模拟本地白杨种子泄放的时间；2014 年 5 月，洪水进入加利福尼亚湾（Flessa 等，2014）。其次，由非政府组织联盟（见第 18.4 节）获得的 64GL 的基本流量被交付给沿墨西哥河的重点恢复地区。环境流量的交付是为了加强 9.3km^2 的三角洲地区的生态修复工作（Sonoran Institute，2013）。在《319 条》也进行了一系列额外的修复工作，包括原生植被的播种和移除入侵物种。

　　在美国西部和其他地区，蓄水权的谈判也成为短期和长期环境流量协议的一个普遍问题。例如，向科罗拉多河的墨西哥河段提供的洪水，用于帮助科罗拉多河三角洲恢复（框 18.3），这是由内华达州上游的 Mead 湖蓄水下泄的。这些蓄水部分是由有意制造的墨西哥环境流量分配产生的，这使得墨西哥能够自愿在美国上游水库蓄水，以备将来的消费和环境使用（King 等，2014）。

　　除了直接购买水权，在澳大利亚和美国都采用了提高灌溉效率的激励措施。这种方法有益于环境，因为灌溉效率提高所省的水资源可以出售、捐赠或回购给环境。在这些情况下，农民在对农场基础设施的补贴投资受益，并从出售水权中增加收入。在澳大利亚（和美国）的情况下，水权交易作为一种恢复环境流量的手段，农户对改善基础设施的选择表示强烈的偏好，而不是购买水权（Bjornlund 等，2011；Loch 等，2014）。其他替代措施，如改变作物以减少灌溉需水量，尽管这在澳大利亚不常见，但也被用于减少用水消耗，增加可用于环境的水资源。

　　地下水和地表水资源转换，使以前使用的地表水可用于环境，也是增加当地环境流量供应的一种方式。Deschutes 流域上游地下水缓解计划（GMP）是一个有启发性的例子，在一个地下水、地表水有水文连系的区域中实现了这种方法。GMP 规定，新的地下水开采的影响必须有一个补偿措施（或从已建立的水银行购买补偿信贷）来抵消，这将保护大量的水资源以供环境使用（Water Resources Department，2008）。从本质上讲，对于每一个新的地下水取水许可，从地表水中获得的水资源都将被用于河道内，以减轻新水资源利用用途对地下水使用年限的影响（Lieberherr，2011）。虽然有证据表明，一些拥有灌溉用水权的农户用地下水来替代地表水，但在澳大利亚没有正式实行地表水地下水交换（Wheeler 和 Cheesman，2013；Wheeler 等，2016）。除了取水口之外，改变从支流到主河道的分流点通常可以通过与管理自己基础设施的私人农户协商来实现。这种方法通常在生态上非常有效，因为支流对环境的影响远大于相同体积的河水从主河道改道的影响，从而改善了当地支流的环境条件。

通常情况下，为环境购买的地表水权［如 2010 年在澳大利亚发起的（Wheeler 等，2014b）启动的水税扣除项目］，可以实现对环境捐赠的激励，就像向慈善机构捐赠一样。

有许多可供选择的选择，应该为环境购买什么水产品？答案不仅取决于环境需求，还取决于政治、经济和社会影响。特别是，水资源获取策略必须反映出农户愿意参与重新分配的项目。

永久收购战略有许多优势。也就是说，因为它每年都可以被环境所利用，永久的获取意味着水被重新分配到环境中。这提供了供水安全性，并允许环境流量管理人员采用长期的用水计划。这在重新建立或恢复环境资产时尤其有用，因为它需要持续的维护，如主河道恢复需要增加基本流量。通过永久获取水，水权转让只发生一次。这减少了使用年度租赁或合同谈判将会发生的交易成本。相反，在美国西部，取水权的永久性的收购要经过冗长的审批程序和对永久转让申请的法律审查，产生了大量的交易成本（Pilz，2006）。

然而，永久性地重新分配消费用水的权利，通常（甚至）在每年的供应情况中都不符合环境对水的需求（Connor 等，2013）。此外，即使是通过市场提供补偿，也需要农民和社区进行大量的用水调整。当水被永久出售时，如果不采用旱地实施或替代投入，土地就不能投入生产。这被称为"购买和干旱"。如果不提供广泛的调整帮助，可能会对农业社区造成损害。这可能会刺激人们购买临时的水权，以帮助在重新分配的项目中农民完成逐步过渡，并有可能减少水资源再分配对社会经济的影响（Wheeler 等，2013）。然而，临时水权需要每年的行政投入，而不为环境提供长期的水安全保障。

要提供长期的供水保障和短期的获取或出售水权的能力，对水资源的回购组合方法很可能是最佳方式。就澳大利亚而言，Wheeler 等（2013）提出，投资组合方法增加了农户参与水资源重新分配方案的愿意，并增加了可用于环境的水量。讨论水产品对环境的影响很快就会引出谁能买到这种水权的问题，这将在下一节中讨论。

18.3.3　谁能为环境买水权？

在全球范围内，已经有许多选择和一系列的机构合作以解决谁可以为环境购买水权的问题。这些合作包括从联邦政府和国家主导的解决方案到私营企业，以及许多合作伙伴关系。第 19 章讨论了支持环境流量管理的制度安排。

对于联邦、州或私人主导的再分配策略，有许多折中方案。联邦政府主导的水资源购买具有资金可用性和支持机构促进经济高效获取水资源的优势。澳大利亚正在进行的联邦水资源改革建立了强有力的机构，以支持环境流量市场的功能和监管。例如，建立了MDBA，以确定重新分配的水量目标；建立了 CEWH，以管理购买的水权；建立了联邦环境需水持有者办公室来支持 CEWH 的决策和国家水委员会（现已解散）监测改革的进展。如果没有联邦政府在重新分配方面的领导地位，这些重要机构的建立很可能无法实现。此外，联邦政府在重新分配土地上的投入，意味着要花费相当多的资金来购买水资源，大约是 31 亿澳元，这一数额很可能是由国家主导的项目或非政府组织等私营企业所无法承担的。

联邦政府主导的重新分配的另一个优势是，水资源是用公共资金购买的（例如，通过税收收入），是为了使社会效益和环境效益这些公共利益最大化。从理论上讲，这导致了透明的政府支出和对环境的最佳再分配的双重好处。因此，CEWH 当前的政策是使其所有决策尽可能透明（例如，CEWH 计划将所有的模型和数据上传到公开的网站上）。

与澳大利亚类似，在美国州和联邦机构仍然是获得水权的主要机构，联邦资金是非政府组织获取水资源的主要资金来源（Scarborough，2010）。然而，近年来，慈善和筹款组织在科罗拉多河流域的环境流量市场活动中出现了显著的增长。一个显著的例子是，在墨西哥境内的科罗拉多河河段（Raise the River，2016），提高了河流流量的资金筹集，用于购买和恢复河道内水资源。慈善机构资助的非政府组织购买水权的财务可持续性是一个问题，它对以市场为基础的项目的成功至关重要。在最近的一个例子中，以开发用于环境水权购买的可持续商业模式具有明显的创新。2015 年，大自然保护协会启动了一项名为"MDB 水平衡基金"的环境流量投资模型，并打算在南 MDB 购买永久性水权。通过将大部分的水资源分配（每年分配给永久权利的水）给用水户，获得经济回报，并将剩余的分配给环境以改善生态状况（Kilter Rural，2015）。

非政府组织参与环境水市场具有显著优势，如灵活地发展与农民的关系和建立社区信任。在不愿向国家或联邦政府出售水权的情况下，私营企业有机会进入市场、取代政府获得水资源的机会，获取策略的灵活性和解决方案的能力，如分割季节租赁或使用单个灌溉组织的取水点。此外，在缺乏将水权重新分配给环境的政治意愿或不承认环境目标的情况下，非政府组织可以填补这一空白，并发挥独特的作用。

参与市场的个人和非政府组织的作用受当地机构和法律的管辖。例如，在美国，以国家为基础的立法在获取环境权利方面存在很大差异。在科罗拉多州，一个私人企业不被允许获取和管理环境水权，这项既得权利可以被购买并捐赠给州一级的理事机构（Scarborough，2012）。相对而言，在加利福尼亚州，水权可以由私人个人购买和管理（Mooney等，2003；Scarborough，2012）。在澳大利亚，私人购买环境水权的规模相对较小。

尽管世界上有许多水市场，而且越来越多的政府和私营企业为环境而工作，但在接下来的章节中，仍然只有少数几个通过市场获得水资源的例子。

18.3.4 环境水市场的例子

水市场通常不是为了将水资源重新分配给环境而开发的，而是作为用水户处理缺水问题的一种手段而开发的。无论如何，现有的一些水市场已经被使用和扩大，作为提供从消费用途到环境用水的转换工具（Debaere 等，2014）。在澳大利亚、美国西部和墨西哥有三个关键的例子，环境需水量在该流域的水资源总量所占比例很小。这些例子是不详尽的，尽管相关文件较少，但这些国家和地区确实存基于州或地区的分配计划。在第 24 章中，详细讨论了在这些案例研究中支持环境流量管理的治理计划。

MDB 是世界上最成熟的水市场之一（Wheeler，2014）。回顾一下，澳大利亚有两个主要的水市场：（1）水权市场，在那里购买和出售永久的水权，水权提供了从一个可利用水量中获得的水资源的长期使用权，权利可以是一种低、一般或高安全性的权利，它规定了每年接受非零分配的可能性；或者（2）临时的水分配市场，在该市场上，按年交易水的使用权。在每个季节开始的时候，水资源的分配是在水资源总量中所占的百分比，并且依赖于水资源的可利用量（有时可能是零）。图 18.1 提供了关于澳大利亚水市场发展的更多细节。

利用水市场将水资源重新分配到 MDB 的环境中，这是几十年来水政策的发展、改革和实施的结果。一个关键的结果是，环境已经成为一个法定的用水户，并获得了与社会经济耗水用户的同等水权保障（COAG，2004）。最近的一次是在 2007 年《水法》（Cth）通过并创建了 MDBA，它负责制定一个计划，将 MDB 恢复到可持续的用水水平。2012 年，MDB 计划通过了法律批准。该计划是实施可持续取水限制（SDLs）的蓝图，这是对可取水用于社会经济耗水的上限，并在 2019 年全面生效。到 2019 年，重新分配到环境的目标是 2750GL，并通过基础设施投资支出收回额外的 450GL。在撰写本文时，目前正在采取一种双管齐下的方法，以克服目前的开采水平与 SDLs 之间的差距，包括投资于农业灌溉效率的升级，以及通过水市场从用水户那里购买用于环境的水权。表 18.2 显示了澳大利亚政府在 2016 年 2 月 29 日购买的环境需要的水资源量。目前，已完成约三分之二的回购目标。

与澳大利亚相似的是，美国西部的环境水权交易的出现，是持续进行的立法改革和水资源对环境重要性的认识（框 18.2）结果。最初通过公共信托原则等普通法律途径，环境已被纳入水权系统，作为合法的用水者（Garrick 等，2009）。根据公共信托原则，私人水权持有者没有权利侵犯国家信托的公共资源的质量（Mooney 等，2003）。以公共信托原则为基础的行政裁决，作为一种有益的用途，已被用于为环境提供适当的用水。联邦层面的立法，如 1973 年的《濒危物种法》，以及 1972 年的《清洁水法》，也推动了行政和市场化的重新分配，以提供环境流量来维持极度濒危的水生物种。

表 18.2　　　　2016 年 2 月 29 日，澳大利亚联邦环境需水持有者所持有的水权和环境水权平均年收益率

州	安全性	水权水量（水权）（ML）	年平均收益率（分配）（ML）
昆士兰州	中等	15585	5284
新南威尔士州	高	30357	29060
	一般	890855	556353
维多利亚州	高	605499	575006
	低	55851	23369
南澳大利亚州	高	147837	133053
总量	高	783693	737120
	一般/中等/低	962291	585006

来源：环境部（2016）。

位于西北的哥伦比亚河流域，与加拿大共享水资源是一个关键的例子。在这个例子中，以市场为基础的水权交易被用来改善濒危物种的栖息地——鲑鱼栖息地。哥伦比亚河流域水权交易计划（CBWTP）指定了一组合格的本地机构（QLEs），它们能够代表环境购买水权。作为 CBWTP 的一部分，永久性收购、灌溉效率项目和临时水权交易（例如，年度或短期租赁）和分割季节租赁被用来将水资源送回河道中。CBWTP 中的 QLEs 是国家、河流流域保护和非政府组织的混合体，并在以市场为基础的水资源管理环境中，提供了嵌套治理安排的成功范例。以国家为基础的立法对于保护环境流量也是至关重要的。美国哥伦比亚河流域的各州率先采取法律行动，制定了环境流量条款（Neuman 等，2006）。例如，法律允许行政所标明的最小或生态基流，是通过在华盛顿（1967 年的《最低流量和水位法》和爱达荷州（1978 年的《最低流量法》），其次是俄勒冈州 1978 年的《河道内水权法案》，提供一个明确的依据以市场为基础的方法通过允许高级权利被收购、租赁或捐赠生态使用。在面临更大的缺水压力的州，如美国的科罗拉多河流域的美国河段，环境权利可能在法律上模棱两可，向环境重新分配水量的进展缓慢。

除了 CBWTP 之外，水权交易也发生在许多其他的实例中。总体而言，2003 年至 2012 年，在美国西部，环境水权交易占总水权交易总量的 40%，占总交易量的 7%（West Water Research，2014）。这些水资源的大部分是由联邦机构购买的，包括填海局和美国鱼类和野生动物管理局。环境水权的获取、支出、数量、贸易的频率和类型的权利在不同国家和流域之间有很大的差异（Scarborough 和 Lund，2007）。表 18.3 总结了 2003 年至 2010 年哥伦比亚河流域最活跃的子流域的环境。

科罗拉多河流域是一个美国与墨西哥交界的流域。科罗拉多河流域部分覆盖了美国的 7 个州和墨西哥的 2 个州，并受 1944 年水条约的管辖。这个环境灌溉项目的目标是位于墨西哥北部的科罗拉多河三角洲，是一项广义 5 年试点协议的一部分：《319 条》。《319 条》的核心是一个两国合作伙伴关系，它包括美国和墨西哥联邦政府、两国非政府组织和美国供水商，它们的目标是将水资源作为共享资源共同承担缺水和盈余（King 等，2014）。《319 条》的一个关键条款是向科罗拉多河三角洲制造洪水和维护生态基流（见框 18.3）。由美国和墨西哥政府提供洪水，而生态基流将由一个非政府组织联盟提供，该联盟被称为科罗拉多河三角洲水资源信托公司。为了获得基流的水资源，信托公司利用 Mexicali 谷的活跃水市场购买水权来输送到环境中。该项目进展是巨大的，购买和租赁水权都得到了促进。通过慈善捐赠和筹集资金，获得了购买水权的资金。在剩余的《319 条》试点期间（到 2017 年），信托基金将继续从 Mexicali 谷的农民手中购买和租赁水权。

表 18.3　　　　2003 年至 2010 年美国哥伦比亚河流域 10 个活跃的水权交易子流域的水资源回收、预算和支出

州，子流域	2003—2010 年平均每年恢复的水（GL/a）	2003—2010 年总水量（GL/a）	2003—2010 年总方案预算（2007 年）
蒙大拿州，Bitterroot 河	189.32	1515.42	$975,553
蒙大拿州，Blackfoot 河	87.51	701.01	$942,076
俄勒冈州，Deschutes 河	294.69	2359.31	$7,121,47
俄勒冈州，Grande Ronde 河	22.33	179.49	$829,389
俄勒冈州，John Day 河	50.90	408.99	$1,337,186
爱达荷州，Salmon 河	151.81	1215.37	$1,066,464
俄勒冈州，Umatilla 河	21.43	172.35	$820,454
华盛顿州，哥伦比亚河上游	57.15	459	$1,844,845
华盛顿州，Walla 河	69.65	557.23	$2,012,633
华盛顿州，Yakima 河	118.77	952.83	$3,424,480
总量	1063.56	8521.01	$20,374,545

来源：摘自 Garrick（2015，第 143－145 页）。

尽管目前和活跃的灌溉水权贸易为发展中国家和墨西哥的水市场提供了支撑，但缺乏活跃的水权交易并不排除向环境转移水资源的可能性。例如，哥伦比亚河流域的水市场活动可以说是受环境需求和政府保护濒危物种的活动所推动，以保护1973年《濒危物种法》所列的物种。内华达州的Walker河流域是另一个重要的例子，恢复湖泊水位的环境用水需求水资源是回购计划发生在市场活动相对有限的地区（Doherty和Smith，2012）。

18.4　环境水权收购的挑战

在许多国家，出于保护土地的目的，人们普遍认识到购买或租赁土地的好处（例如，保护地役权）。土地像其他商品一样被买卖，产权是很久以前就确立的。土地或多或少也是一种静态的股票资源。相反，为环境购买水权，即使满足了所有条件（见第18.1节），也带来了重大挑战。人们普遍认识到水资源是一种商品，这为将水与土地分开提供了障碍。水也是一种流动资源，在时间和空间上都是动态的，这样，其所有权、价格和第三方的影响难以定义和量化。因此，为环境购买水资源是一项具有挑战性的任务。具体而言，量化环境水权购买的结果和影响是一个相当重大的科学和监测的挑战。Wheeler等（2013）为评估环境用水资源收购提供了以下业绩标准，即：①效率；②效力；③公平。表18.4提供了进一步的细节。

表18.4　　　　　　　　　　　　　　环境水权获取标准

指标	水资源收购者	卖水者	管理
效率	购买环境流量的最低成本途径（价格）	增加福利的最有利途径（价格）	灌溉用水户：当货币收益超过生产利润时出售 环境持有者：当货币收益大于环境需求时出售水
效力	保证足够数量（数量）收购交易成本	如果需要（可选择的交易）	灌溉用水户：根据农场计划出售水
	愿意参与市场	愿意参与市场，保留对水的使用权	环境持有者：优化权利组合和水的交付
	购买交易成本	销售交易成本	农户，环境持有者：在市场上运作的能力及管理的交易成本
公平	第三方的影响最小化	第三方的影响最小化	灌溉用水户：无伤害原则
	避免资产闲置		环境持有者：在收购和管理阶段，最小化市场扭曲程度
	促进重组		在环境交付时，为灌溉系统的基础设施作出贡献

来源：摘自Wheeler等（2013，第431页）。

18.4.1　政府干预、体制和经济挑战

当私人机构的政府进入水市场为环境获取水时，他们就会面临来自农户的担忧，他们可能会在无意中影响水价和市场行为。例如，人们常说，政府在澳大利亚购买水的权利已经抬高了水的权利和分配价格，尽管这还没有得到充分的调查。就社会经济影响而言，水价上涨对所有拥有水的农户都是有益的。对于那些选择出售水权的人来说，也是一个利好，但这会使那些购买水权的人或那些灌溉用水户增加农业运营成本。在哥伦比亚河流域

和科罗拉多河流域的墨西哥河段对价格影响提出了批评。

如前所述，成功获取环境流量取决于若干条件（见第18.3.1节），其中之一是安全的、明确界定的水资源的产权。产权界定不清是环境水权回购的一个关键限制（Scarborough，2012）。在MDB中，水权是水量，每年收到的水量根据季节性可利用水量按比例减少。因此，在权利所有者之间，包括环境在内的权利保障水平之间，负担和风险是平等的。就美国而言，关于可交易水的数量在法律上模棱两可，给环境水权贸易带来了巨大的障碍。能够转让的水量可能是对权利的持续有益消耗的一种功能，减去下游用户所依赖的入流或交易量提供的节约用水（Mooney等，2003）。这种模糊性在一定程度上是优先占有原则的功能（见框18.2），以及在这个系统中缺乏对用水权利的判定。

其他体制挑战包括，必须尽量减少交易成本。环境政策中的交易成本指的是定义、建立、维护和转让产权所需的资源（McCann，2013；McCann等，2005）。转让复杂资源产权的交易成本，在本质上难以定义和管理，因为它们受到任何系统固有的基本物理、技术、文化和制度因素的影响（McCann，2013）。交易成本的性质以及将其最小化的机制将在一定程度上决定环境水市场的长期前景（Garrick等，2009）。就美国西部而言，对水权转让进行正式划分所涉及的行政要求。与收购相关的交易成本包括：支付给卖方环境用水资源费，完成估值水权、行政地区和/或州一级的努力，以及专业技术方面长期或永久转移水权的影响调查（Mooney等，2003）。

正如本章所强调的，私人或合作项目在美国的水权收购中扮演了重要角色。与澳大利亚的经验形成鲜明对比的是，公共环境水权的持有者是由国家和联邦政府资助的，美国的私人保护组织有多种资金来源，包括捐款、私人投资、补贴和政府资助。这就引出非政府组织（特别是非营利组织）有能力持续为环境获取水的资金问题，尤其是在城市化过程中城市用户能够为水价支付供水溢价情况。

18.4.2　社区和参与式挑战

与任何改革和政策创新一样，环境水权收购的成功是公众参与的功能。在第13章中讨论了利益相关者参与环境流量项目的方法和案例研究，在正在进行的澳大利亚水资源改革进程中，社区支持和政治意愿的重要性均得到体现。国际上对环境流量获取的一个挑战是，这种方法取决于有意愿的卖家的存在。即使在理想的法律环境下，没有消费权利持有人的参与，获得环境需求的水资源也将不会成功（Lane-Miller等，2013）。在出售水权的过程中，出现了一些创造性的方式。尽管这对交易成本有许多影响（与农户的私下谈判就是这样一种方法）。此外，与个别农户达成交易，交易量较小，而政府购买者和机构出售者的转让协议其交易量较大。

不需要永久出售水权的替代水市场产品也提供了一种获取环境水权的方法，同时通过市场交易对农户进行补偿。这方面的例子包括分季租赁、可扣税的水捐赠和期权合同。诸如此类的创造性解决方案通过允许权利持有人每年做一次决定，消除对永久出售相关资产的恐惧，同时减少了行政障碍（Hardner和Gullison，2007；Lane-Miller等，2013）。澳大利亚的水市场也出现了类似的情况，由于风险和复杂性降低，农户更广泛地采用了分配（短期）贸易。虽然短期租赁和替代水产品具有前面所述的好处，但缺乏永久（权利）的收购可能会对长期环境保护和决策产生负面影响，而这可以通过永久拥有环境水权来获得。

18.5 结论

环境流量管理涵盖了三种主要模式：国家管理、集体管理和（最近出现的）水市场（Meinzen-Dick，2007）。水市场是一种制度创新，它可以通过促进水权交易来帮助用水户之间分配稀缺的水资源。在法律条件允许的情况下（见第18.3.1节），水市场也可以成为购买环境水资源的有用工具。在水权被充分利用的江河流域，水市场在政治上比行政再分配更容易接受，因为用水户因放弃使用水权而得到补偿。

尽管世界各地的水市场形式多样，但很少有例子表明它们已被用于将水资源重新分配到环境中（见第18.3.4节）。在澳大利亚，由联邦政府牵头的社会经济耗水水权回购提供了一个主要的例子，说明如何利用市场来实现环境流量目标。在美国西部（见框18.2），尽管在将水资源重新分配给环境方面缺乏有凝聚力的联邦和国家领导，但也有一些项目带来了适度但令人鼓舞的水文和生态效益。在科罗拉多河的墨西哥部分，也可以看到类似的好处，尽管通过市场获得的水量相对较少，但制度创新和已取得的生态效益是不可否认的（见框18.3）。

根据水市场体制和水文基础，可以为环境购买各种类型的水产品（见第18.3.2节）。在澳大利亚的案例研究中，这些水产品通常是永久性的收购，尽管有相当大的机会扩大联邦政府主导的回购系统，包括每年的水资源购买和期权合同。采用这些创新方法很可能会在增加环境需求的水资源方面发挥作用，同时也会增加农户参与重新分配项目的意愿。

因为支持水市场的社会和法律规范在所有情况下都是不同的，世界卫生组织可为环境购买水资源的作用（见第18.3.3节）有一个不断演变的答案。在美国西部和墨西哥，合作的州、联邦和非政府组织的伙伴关系在促进向环境转移的水资源方面发挥了相当大的作用。这种做法在澳大利亚越来越受欢迎，在澳大利亚，非政府组织参与水市场的可能性很可能会增加。

框 18.4 结 论

1. 为了促进成功的环境水权贸易，必须满足许多条件。
2. 当这些条件得到满足时，为环境购买水资源是增加河道内流量的一种可行途径。
3. 在美国西部、墨西哥和澳大利亚，水市场已经应用成功。
4. 在环境流量市场方面，有许多机构、经济和参与方面的挑战。
5. 随着水资源短缺压力的增加，市场化政策可以在未来的环境流量管理中发挥作用。

在研究这一章的三个案例时，很明显，利用水市场将水资源重新分配到环境中，是联邦和州政府以及私营部门的重大制度改革和承诺的结果。这些过程突出了环境流量收购的重大挑战（见18.4节）。值得注意的是，在地方机构运作的背景和灌溉社区的支持下，市场再分配战略是最有效的，这两种情况对澳大利亚和美国西部都仍是一个挑战。

在一个活跃的环境流量市场，与流域的水资源总量相比，环境管理人员（政府或私人）所持有的水量很少。通过水权交易获取水资源并不是传统水管理模式的完全替代品，而是一种补充工具。随着世界干旱地区和半干旱地区的缺水压力增加，基于以需求为基础的政策，为环境购买水资源很可能成为环境流量管理者的一项可行的政策选择（见框18.4）。

参 考 文 献

Aylward，B.，2008. Water markets：a mechanism for mainstreaming ecosystem services into water management? IUCN Briefing paper，Water and Nature Initiative. International Union for Conservation of Nature，Gland，Switzerland.

Baillat，A.，2010. International Trade in Water Rights：the Next Step. IWA Publishing，London.

Bakker，K.，2005. Neoliberalizing nature? Market environmentalism in water supply in England and Wales. Ann. Assoc. Am. Geogr. 95（3），542 - 565.

Bitran，E.，Rivera P.，Villena，M.，2011. Water management problems in the Copiapo Basin，Chile：markets，severe scarcity and the regulator. Global Forum on the Environment：Making Water Reform Happen. Paris.

Bjornlund，H.，2004. Formal and informal water markets：drivers of sustainable rural communities? Water Resour. Res. 40（9）.

Bjornlund，H.，Wheeler，S.，Cheesman，J.，2011. Irrigators，water trading，the environment，and debt：perspectives and realities of buying water entitlements for the environment. In：Grafton，Q.，Connell，D.（Eds.），Basin Futures：Water Reform in the Murray - Darling Basin. ANU Press，Canberra，pp. 291 - 302.

Chong，H.，Sunding，D.，2006. Water markets and trading. Ann. Rev. Environ. Resour. 31，239 - 264.

Citron，A.，Garrick，D.，2010. Benefiting Landowners and Desert Rivers：a Water Rights Handbook for Conservation Agreements in Arizona. Arizona Land and Water Trust，Tuscon，AZ.

Clayton，J.，2009. Market - driven solutions to economic，environmental，and social issues related to water management in the western USA. Water 1（1），19 - 31.

COAG，2004. The intergovernmental agreement on a national water initiative. Council of Australian Governments，Canberra，Australia.

Connor，J.，Franklin，B.，Loch，A.，Kirby，M.，Wheeler，S.，2013. Trading water to improve environmental flow outcomes. Water Resour. Res. 49（7），4265 - 4276.

Debaere，P.，Richter，B.，Davis，K.，Duvall，M.，Gephart，J.，O'Bannon，C.，et al.，2014. Water markets as a response to scarcity. Water Policy 16，625 - 649.

Department of Environment，2016. Environmental water holdings. Available from：http：//www. environment. gov. au/water/cewo/about/water - holdings（accessed 15. 04. 16）.

Doherty，T.，Smith，R.，2012. Water Transfers in the West：Projects，Trends and Leading Practices in Voluntary Water Trading. Western States Water Council，Murray，UT.

Doyle，M.，Patterson，L.，Chen，Y.，Schnier，K.，Yates，A.，2014. Optimizing the scale of markets for water quality trading. Water Resour. Res. 50（9），7231 - 7244.

Easter，W.，Rosegrant，M.，Dinar，A.，1999. Formal and informal markets for water：institutions，performance and constraints. World Bank Res. Obs. 14（1），99 - 116.

Flessa，K.，2001. The effects of freshwater diversions on the marine invertebrates of the Colorado River

Delta and estuary. United States – Mexico Colorado River Delta Symposium, Mexicali, Mexico, September 11 – 12, 2001.

Flessa, K., Kendy, E., Schlatter, K., 2014. Minute 319 Colorado River Delta Environmental Flows Monitoring: Initial Progress Report. Available from: https: //www. ibwc. gov/EMD/Min319Monitoring. pdf (accessed 26. 04. 17).

Garrick, D., 2015. Water Allocation in Rivers under Pressure: Water Trading, Transaction Costs and Transboundary Governance in the Western US and Australia. Elgar, Cheltenham, UK, Northampton, MA.

Garrick, D., Lane – Miller, C., McCoy, A., 2011. Institutional innovations to govern environmental water in the western United States: lessons for Australia's Murray Darling Basin. Econ. Pap. 30 (2), 167 – 184.

Garrick, D., Siebentritt, M., Aylward, B., Bauer, C., Purkey, A., 2009. Water markets and freshwater ecosystem services: policy reform and implementation in the Columbia and Murray – Darling Basins. Ecol. Econ. 69 (2), 366 – 379.

Grafton, R., Wheeler, S., 2015. Water economics. In: Halvorsen, R., Layton, D. (Eds.), Handbook on the Economics of Natural Resources. Edward Elgar Publishing.

Griffin, R., 2016. Water Resource Economics: The Analysis of Scarcity, Policies and Projects, second edition. The MIT Press, Cambridge, MA, USA, p. 496.

Hanak, E., Stryjewski, E., 2012. California's water market by the numbers: update 2012. Public Policy Institute of California, San Francisco, CA.

Hanemann, W. M., 2005. The economic conception of water. In: Rogers, P., Llamas, R., Martinez – Cortina, L. (Eds.), Water Crisis: Myth or Reality. Taylor & Francis, London, New York.

Hardner, J., Gullison, R., 2007. Independent external evaluation of the Columbia Basin water transactions (2003 – 2006). Gardner and Gullison Consulting.

Heltberg, R., 2002. Property rights and natural resource management in developing countries. J. Econ. Surv. 16 (2), 189 – 214.

International Boundary & Water Commission: United States and Mexico, 2012. Minute 319: Interim international cooperative measures in the Colorado River Basin through 2017 and extension of Minute 318 cooperative measures to address the continued effects of the April 2010 earthquake in the Mexicali Valley, Baja California. Available from: http: //www. ibwc. gov/Files/Minutes/Minute _ 319. pdf (accessed 20. 07. 15).

Johnson, N., Revenga, C., Echeverria, J., 2001. Managing water for people and nature. Science 292 (5519), 1071 – 1072.

Kilter, Rural, 2015. Information memorandum: the Murray – Darling Basin balanced water fund. Kilter Rural, Bendigo, Australia.

King, J., Culp, P., Parra, C. D. L., 2014. Getting to the right side of the river. Denver Univ. Law Rev. 18 (36), 1 – 77.

Kirby, M., Qureshi, M., Mainuddin, M., Dyack, B., 2006. Catchment behaviour and counter – cyclical water trade: an integrated model. Nat. Resour. Modell. 19 (4), 483 – 510.

Lane – Miller, C., Wheeler, S., Bjornlund, H., Connor, J., 2013. Acquiring water for the environment: lessons from natural resource management. J. Environ. Pol. Plan. 15 (4), 513 – 532.

Lieberherr, E., 2011. Acceptability of the Deschutes groundwater mitigation program. Ecol. Law Curr. Available from: http: //elq. typepad. com/currents/2011/06/currents38 – 04 – lieberherr – 2011 – 0607. html # _ edn12 (accessed 28. 07. 16).

Loch, A., Wheeler, S., Boxall, P., Hatton – Macdonald, B., Adamowicz, V., Bjornlund, H., 2014. Irrigator preferences for water recovery budget expenditure in the Murray – Darling Basin, Australia. Land Use Policy 36, 396 – 404.

Loch, A., Wheeler, S., Bjornlund, H., Beecham, S., Edwards, J., Zuo, A., et al., 2013. The Role of Water Markets in Climate Change Adaptation. NCCARF, Gold Coast 126.

Loehman, E., Charney, S., 2011. Further down the road to sustainable environmental flows: funding, management activities and governance for six western US states. Water Int. 36 (7), 873 – 893.

McCann, L., 2013. Transaction costs and environmental policy design. Ecol. Econ. 88, 253 – 262.

McCann, L., Colby, B., Easter, W., Kasterine, A., Kuperan, K., 2005. Transaction cost measurement for evaluating environmental policies. Ecol. Econ. 52 (4), 527 – 542.

Meinzen – Dick, R., 2007. Beyond panaceas in water institutions. Proc. Natl Acad. Sci. USA 104 (39), 15200 – 15205.

Ministry for the Environment, 2009. Implementing the new start for freshwater: proposed officials work program. Available from: http: //www. mfe. govt. nz/more/cabinet – papers – and – related – material – search/cabinetpapers/freshwater/implementing – new – start (accessed 04. 04. 16).

Mooney, D., Burch, M., Holland, E., 2003. California Water Acquisition Handbook. The Trust for Public Land, CA.

Moore, S., 2014. Water Markets in China: Challenges, Opportunities, and Constrains in the Development of Market – based Mechanisms for Water Resource Allocation in the People's Republic of China: Discussion Paper ♯2014 – 09. Harvard Kennedy School of Government, p. 20.

Neuman, J., Squier, A., Achterman, G., 2006. Sometimes a great notion: Oregon's instream flow experiments. Environ. Law 36 (4), 1125 – 1155.

Palomo – Hierro, S., Gomez – Limon, J., Riesgo, L., 2015. Water markets in Spain: performances and challenges. Water 7 (2), 652 – 678.

Pilz, R., 2006. At the confluence: Oregon's instream water rights law in theory and practice. Environ. Law 36, 1383 – 1420.

Raise the River, 2016. Historic change for the delta. Available from: http: //raisetheriver. org/our – work/ (accessed 28. 07. 16).

Ronald, C., Griffin, D., Peck, E., Maestu, J., 2013. Introduction: myths, principles and issues in water trading. In: Maestu, J. (Ed.), Water Trading and Global Water Scarcity: International Experiences. Routledge, Abingdon, pp. 1 – 14.

Rosegrant, M., Binswanger, H., 1994. Markets in tradable water rights: potential for efficiency gains in developing country water allocation. World Dev. 22 (11), 1613 – 1625.

Scarborough, B., 2010. Environmental Water Markets: Restoring Streams through Trade. PERC Policy Series No. 46. Property and Environment Research Center, Bozeman, MT.

Scarborough, B., 2012. Buying water for the environment. In: Gardner, D., Simmons, R. (Eds.), Aquanomics: Water Markets and the Environment. The Independent Institute, Oakland, CA, pp. 75 – 105.

Scarborough, B., Lund, H., 2007. Saving Our Streams. Property and Environment Research Centre, Bozeman, MT.

Schlager, E., Ostrom, E., 1992. Property – rights regimes and natural resources: a conceptual analysis. Land Econ. 68 (3), 249 – 262.

Schreiner, B., 2013. Why has the South African National Water Act been so difficult to implement? Water Altern. 6 (2), 239 – 245.

Shao, X., Wang, H., Wang, Z., 2003. Inter – basin transfer projects and their implications: a China case study. Int. J. River Basin Manage. 1 (1), 5 – 14.

Sonoran Institute, 2013. Colorado River Delta restoration project. Available from: http: //www. sonoraninstitute. org/component/docman/doc _ details/1552 – minute – 319 – factsheet – 09152013. html? Itemid53 (accessed 20. 07. 15).

Venkatachalam, L. , 2015. Informal water markets and willingness to pay for water: a case study of the urban poor in Chennai City, India. Int. J. Water Resour. D 31 (1), 134 – 145.

Water Resources Department (State of Oregon), 2008. Deschutes groundwater mitigation program: five year program evaluation report. Water Resources Department, Salem, OR.

WestWater Research, 2014. Environmental Water Markets. WestWater Research, Boise, ID.

Wheeler, S. , Cheesman, J. , 2013. Key findings of a survey of sellers to the restoring the balance program. Econ. Papers 32 (2), 340 – 352.

Wheeler, S. , Garrick, D. , Loch, A. , Bjornlund, H. , 2013. Evaluating water market products to acquire water for the environment. Land Use Policy 30 (1), 427 – 436.

Wheeler, S. , 2014. Insights, lessons and benefits from improved regional water security and integration in Australia. Water Resour. Econ. 8, 57 – 78. Available from: http: //dx. doi. org/10. 1016/j. wre. 2014. 05. 006.

Wheeler, S. , Loch, A. , Zuo, A. , Bjornlund, H. , 2014a. Reviewing the adoption and impact of water markets in the Murray – Darling Basin, Australia. J. Hydrol. 518, 28 – 41.

Wheeler, S. , Zuo, A. , Bjornlund, H. , 2014b. Australian irrigators' recognition of the need for more environmental water flows and intentions to donate water allocations. J. Environ. Plan. Manage. 57, 104 – 122.

Wheeler, S. , Schoengold, K. , Bjornlund, H. , 2016. Lessons to be learned from groundwater trading in Australia and the United States. In: Jakeman, A. J. , Barreteau, O. , Hunt, R. J. , Rinaudo, J. – D. , Ross, A. (Eds.), Integrated Groundwater Management: Concepts, Approaches and Challenges. Springer.

WEF, 2015. Global Risks 2015, tenth ed. World Economic Forum, Geneva, Switzerland.

Young, M. , 2014. Designing water abstraction regimes for an ever – changing and ever – varying future. Agric. Water Manage. 145, 32 – 38.

Zuo, A. , Nauges, C. , Wheeler, S. , 2014. Farmers' exposure to risk and their temporary water trading. Eur. Rev. Agric. Econ. 42 (1), 1 – 24. Available from: http: //erae. oxfordjournals. org/cgi/doi/10. 1093/erae/jbu003.

第 19 章

环境流量管理组织和机构设置

Erin L. O'Donnell[1] 和 Dustin E. Garrick[2]

1. 墨尔本大学帕克维尔校区，维多利亚州，澳大利亚

2. 牛津大学，牛津，英国

19.1 引言

建立有效的环境流量管理制度是实施环境流量管理政策的必要因素（Le Quesne 等，2010）。前面几章探讨了环境流量管理政策的各种推动因素，以及为帮助制定和实施环境流量管理制度而开发的工具。本章重点介绍负责执行环境流量管理政策的组织。这些组织可以（而且经常）参与制定环境流量管理政策。然而，本章的重点是这些组织在协助执行环境流量管理政策方面的活动。

第 17 章确定了五种分配环境流量的机制：

1. 用水户的许可条件；

2. 蓄水工程管理人员或水资源管理人员的条件；

3. 生态保护区；

4. 用水上限；

5. 环境水权。

第 17 章将这些机制与所考虑的系统中现有的环境流量是否足够联系起来。本章将这些环境流量管理政策归纳为两种不同的政策策略：（1）保护与维护；（2）回收与管理。如果没有试图加强现有的环境流量管理制度，则应遵循保护和维护战略。为消费目的的用水设定限制，通常是对取水量设置上限，建立生态保护区或对许可证持有人或蓄水工程管理人员设置条件。保护和维护政策包括：

1. 通过建立为环境预留水的工具和手段，保护现有的环境流量管理制度。

2. 随着时间的推移，通过必要的调整来维护工具和手段，以反映不断变化的环境需求。

3. 确保遵守这些机制，以便在水生生态系统中真实使用环境流量。或者，可能需要通过增加水量，使环境流量恢复到枯竭或过度分配的系统之前的状况。正如第 17 章和第 18 章所讨论的，环境流量可以通过多种方式增加，包括改变许可证持有人和蓄水工程管理人员的条件、降低取水量上限、增加生态储备、投资节水效应或从现有用水户那里获得用水权。这种回收和管理策略包括：

1. 通过建立和使用增加环境流量的工具和手段，恢复额外的水以还原环境流量管理制度。

2. 作出必要的决定，以使用、交易或再次搜取暂时获得环境流量的权利。

3. 根据需要调整环境流量，以反映不断变化的环境需求。

4. 确保遵守这些机制，使环境流量在水生生态系统中真正发挥作用。

需要注意的是，这两种策略都包含了确保实际提供环境流量泄放的需要，以及随着时间的推移对其容量和应用进行适应性管理的需要。虽然世界上许多环境流量管理制度都是使用一套没有被明确要求评价和调整的规则来实施，但这种适应环境变化的管理，无论是社会环境还是生态环境，都应该始终是环境流量管理政策的一部分（Foerster，2011）。

环境流量管理组织（EWOs）有多个目标，但其中至少有一个目标是在特定地点实施环境流量管理政策。许多政府环保组织是一个更广义的政府部门或部门的一部分，主要负责水资源管理。许多私营环保企业也有更广泛的环境倡导目标，帮助实施环境流量管理制度可能只是它们开展的活动之一。然而，其中一些 EWOs 的业务范围非常狭窄，它们的创建完全是为了实施环境流量管理制度（有关这些 EWOs 的更多信息，请参阅 O'Donnell，2014）。

仅一个组织单独负责执行环境流量所需的整套措施/机制是不太可能的。辅助性原则将行动集中在可实际执行的最低水平，但需要各种技能以及环境流量与其他自然资源政策的相互作用，这就意味着 EWOs 几乎总是与其他组织合作（O'Donnell，2012）。这些伙伴关系可以并行运作，跨越不同的政策领域，如水资源管理、流域和土地管理，同时可以跨越管辖边界。通常，EWOs 被嵌入一个综合的治理规划方案中，并沿着规模、法律权力和责任的边界与其他组织进行交互（Garrick 等，2011，2012）。作为美国科罗拉多河和澳大利亚环境流量管理人员案例研究的一部分，EWOs 参与的合作关系将被更详细地探索。重要的是，本章评估的 EWOs 关注的是提供给环境的水量和时间。虽然水质是环境流量管理制度的重要组成部分，但本章主要讨论了改善水量要求。造成这一限制的原因之一是，负有水质责任的组织往往具有极其广泛的污染控制职责（即美国联邦环境保护署）。EWOs 是正规组织、机构或至少对执行环境流量管理政策负有一定责任的人（关于组织和机构的作用的讨论见框 19.1）。它们至少利用第 17 章所确定的一种机制，有明确实现环境流量供应的目标。尽管机构设置不同，它们可能与其他组织共同承担这一总体责任，但它们的环境流量管理组织身份提高了环境流量政策执行的透明度和合法性。

环境流量管理组织的选择将受到各个司法管辖区水资源管理的历史和政治因素的制约（Garrick 等，2009），还取决于采用的环境分配机制（第 17 章）。本章提出了一种方法来选择（或修改）EWOs，以响应环境流量分配机制的要求，再次对环境流量管理政策作出承诺（尽管不一定要执行）。

19.2　需要什么样的环境流量管理组织？

　　EWOs 可以在环境流量分配机制实施之前、期间或之后建立（第 17 章）。如果该组
织早于环境流量分配实施之前，它可以在推动环境流量管理政策的发展方面发挥重要作
用，包括游说必要的法律改革（Ferguson 等，2006；Neuman，2004）。

　　EWOs 也可以是对现有组织的重组。没有必要创建一个全新的组织来实施和管理环
境流量，但本章强调的重点是，组织需要能够执行必要的环境流量措施的能力，并为此负
责。角色和责任需要明确及清楚，以确保相关组织能够对环境流量的实施负责（Horne 和
O'Donnell，2014）。

　　EWOs 的基本目的是协助执行环境流量管理政策。他们将需要一套重要的专业技能
和管理技能来履行这个角色。例如，在澳大利亚的维多利亚州，被任命为维多利亚州环境
需水持有者办公室（VEWH）的专员必须至少具备环境管理、可持续用水管理、经济或
公共行政方面的技能 [1989 年《水法》（Vic），第 33DF（2）条]。然而，EWOs 也经常
在经费预算紧张的情况下运营。它们能够而且应该利用其他专家的专业技能，与专家研究
组织和其他 EWOs 建立联系。例如，美国西部的 EWOs 积极促进哥伦比亚流域的流域水
资源交易项目 EWOs、促进研究人员和其他政府机构之间的知识交流（有关哥伦比亚河
流域的更多信息，请参阅第 19.2 节和第 17 章）。成功的环境流量管理面临的挑战之一是
确保水资源管理框架内的充分独立性。在某些情况下，对拥有环境水权负有法律责任的组
织也是同一个组织，他的职责是确保所有用水人遵守规定。当遵守取水权在很大程度上是
由投诉驱动的，这种联合作用可能会产生一种感知到的利益冲突（Garrick 和 O'Donnell，
2016）。当负责决定如何和何时使用环境流量的组织或个人同时也是负责制定水资源管理
政策的组织的一部分时，也会产生潜在的冲突（O'Donnell，2012）。

许多因素会影响 EWOs 的选择。环境的特定因素，如政治意愿、社会对法治的重视以及用水的法律权利的性质都是重要的（Dovers，2005；Dovers 和 Connor，2006年）。水利工程的选择离不开水资源分配与管理的政治和经济条件。环境流量决策具有内在的政治性；它们涉及关于水资源的社会价值、谁赢谁输的决定。通常，环境流量的决策包括取消对未来发展的限制或重新分配现有的用水权利。这些决定涉及资源的获取和分配，因此可能涉及冲突。因此，政策至关重要，并且它是形成适合于特定地区的制度改革和组织选择范围的关键因素。这些因素的重要性不能忽视，但它们超出了本章讨论的范围。任何新的组织都需要适应州或地区政策，在其政策范围内进行环境流量分配。

19.2.1 环境流量管理组织：职能和活动

虽然构建 EWOs 有很多不同的方法，但组织之间权力和能力、运营规模以及它们所负责的环境流量组分必须匹配（Kunz 等，2013）。世界水资源利用组织的活动将由政策和环境流量分配机制决定。

首先，确定所需的政策是保护还是恢复？如果认定环境流量是足够的，政策就是保护水系统的当前机制不受未来发展或其他形式的系统变化（如气候变化）的影响（第 17章）。政策和维护项目周期的关键活动见表 19.1（基于 Garrick 和 O'Donnell，2016）。

表 19.1 保护与维护项目周期

	政策	长 期 目 标
保护	规划	识别价值、资产、目标、风险和行动的优先级
	法律工具	建立分配机制，制定有效的政策和计划
维护	监控	环境的结果
	合规	分配机制的执行
	评价与学习	对计划进行评审和反馈

EWOs 需要能够自己执行这些关键任务，或者通过与另一个组织的伙伴关系来执行。例如，EWOs 常常依赖其他组织来执行水量分配机制（这很可能是其他用水户或蓄水工程管理人员的一个上限或条件）。

正如第 17 章所解释的，保护和维护政策意味着关注更加基于规则的程序环境流量分配机制，例如对取水的限制或许可证持有人或蓄水工程管理人员的条件。正如在爱达荷州的案例研究中所讨论的，在先前的用水规划系统中，设定环境流量分配上限可以通过将最初级的水权分配给环境来实现（关于优先拨款水权的讨论见第 17 章）。

如果目前的环境分配水量不足，则需要额外的环境用水，就必须采取以恢复为导向的政策途径。恢复和管理周期的关键活动见表 19.2（基于 Garrick 和 O'Donnell，2016）。

正如第 17 章和第 18 章所讨论的，根据水权回收的分配机制和过程，有许多方法可以增加环境流量。它可能会通过管理行为改善水库储水机制（见加纳和美国可持续河流计划），或通过行政管理手段提高水的利用效率，进而降低用水总量（见第 17 章流量管理计划部分）。然而，在一个完全分配的系统中，恢复环境流量很可能需要在重新分配水方面进行某种形式的投资。一种选择是通过投资节约用水并将节约的水归还给环境来提高水的效率（美国俄勒冈州 Deschutes 河流保护协会的案例研究）。这些水可以合法地分配给环境作为生态保护区或环境水权。第二种选择是通过贸易或强制收购的形式从现有用水户那里获得水权，在这种情况下，回收的水权很可能将作为环境水权分配给环境［见俄勒冈淡水信托基金（Fresh Water Trust）和澳大利亚联邦环境需水拥有者（CEWH）的案例研究］。

显然，恢复和管理政策需要的技能远远多于保护和维护技能。最重要的是，当这一政策通过一种灵活的分配机制实施时，就需要积极地决定如何以及在何处使用环境流量，以实现最大的环境效益。

表 19.2   **恢复和管理项目周期**

复苏	计划和优先级	识别需求并对项目进行优先排序
	融资	预算（采购和持续管理）
	寻找回收机会（卖水、节约用水）	外展
	监管审查	考虑投资的影响
	解决冲突	参与和协商
	转化为环境流量分配（可能包括持有水权）	法律转换过程（可能包括从用户到环境的转换）
	监控	合同合规
	评价和学习	对计划进行评审和反馈
管理	政策	长期目标
	规划	识别价值、资产、目标、风险和行动的优先级
	决定	承诺具体的浇水计划
	实施	按照计划用水
	监测和报告	监督供水情况并报告目标
	评价	监测环境反应，调整政策和规划

19.2.2 主动或被动管理：这是什么意思？

EWOs 根据其在环境流量管理领域的具体活动，拥有一系列的组织类型：

1. 那些处于较被动地位的组织，他们负责维护获取和管理环境流量的法律和政策框架（在某些情况下，可能是环境流量的责任主体）。

2. 那些更积极的组织，负责恢复环境水权和决定如何和在哪里使用（或交易）水权的实现环境保护的结果。

当然，并不是所有的机构都适合这两种类型，许多司法管辖区既有积极的也有消极的 EWOs。

在这种情况下，主动和被动是指为了确保环境流量而必须作出的决定。它不是对任何给定组织的活动级别的声明，因为众所周知，保护和维护提供环境流量的法律和政策框架是一个复杂的、时间和成本密集的、持续的事情（Horne 和 O'Donnell，2014）。然而，关键的区别在于为环境流量提供的机制，以及这种机制的灵活性。如何最好地获得或使用环境流量，需要更灵活的机制。

如第 17 章所述，设定耗水上限或设定耗水使用者或蓄水工程管理人员的条件的机制，并不需要对在任何一年是否、如何和何时使用环境流量作出积极的决定。当有一个单独的组织负责管理水资源时，被动的 EWOs 通常依赖于另一个组织来执行水资源使用条件，以保护环境流量管理制度。虽然 EWOs 可能会试图随着时间的推移改变制度设置和政策，以更好地保护环境流量，但现有的程序将提供环境流量，而不需要 EWOs 提供任何额外的持续投入。

该机制是灵活的，需要决定如何和何时使用水。这种灵活性可能是蓄水工程管理人员的一个条件的一部分，该条件要求根据环境的变化作出决定。例如，Barmah - Millewa 在澳大利亚最初创建是将环境流量作为一个条件：要求新南威尔士州和维多利亚州大部分水资源管理者，根据每 5 年能提供水环境最少用水量，决定环境流量分配方案是否适合发布（Dexter 和 Macleod，2010）。

然而，当分配机制为环境水权时，这种决策是最必要的，这些权利是：

1. 有效期限（即，需要续期以维持环境流量管理制度的年限）；
2. 蓄水的权利，只有在需要时才予以泄放；
3. 可供湿地使用的取用水量；
4. 能够被交易给其他用水户的水权。

在这种情况下，将需要一个活跃的 EWOs，它有能力决定每年在何处、何时以及如何使用或交易这些水权。

当环境水权保护河流流量时，关键的决策与选择涉及将来获得水权，以及确保环境流量不受系统中其他用水户的影响。这很可能需要流量监控和必要的强制手段相结合。活跃的 EWOs 将需要选择何时和获取什么（或重新获取），以及如何和何时强制执行生态基流保障的权利。

在保护环境流量时，需要进行主动管理，以决定何时和如何将水从蓄水工程中泄放出来，以及是否将其作为溪流流入河中或取水用于特定的地点（即，为湿地放水）。这个决定是在更广泛的环境流量管理背景下作出的（参见维多利亚州环境流量管理的案例研究）。

最后，当环境水权也可以交易时，这就创造了以另一种方式使用这种水资源的机会——产生资金。这些资金可以投资于增强影响环境流量的补充工程，也可以用于为环境购买用水权（在更好的地点或更高的可靠性）。

主动管理环境流量是为了满足高效、有效利用环境流量以实现最大限度的环境效益的需要而出现的一个重要概念。从事主动管理的 EWOs 通常具有某种法律形式：他们可以签订水权合同（获取或租赁水权），并且在必要的时候，他们有法律资格在法庭上起诉，以强制执行水权（Stone，1972）。

19.2.3 选择环境流量管理组织：指南

对于政策制定者或环境流量从业者来说，建立 EWOs（或修改现有的组织）可以通过一步一步的过程来实现（见图 19.1）。本指南以第 17 章的工作为基础，重点讨论了两个关键的选择：系统中是否有足够的环境流量可利用；以及什么样的机制最适合提供必要的环境流量。本章将这两个决策点与未来如何维护和/或管理环境流量的问题联系起来，以指导环境流量管理组织的选择。

第 17 章（以及本部分的前几章）提供了一种方法来指导实践者确定当前环境流量水平是否足够。如果没有增加环境流量的愿望，那么政策保护和维护是合适的。正如第 17

章所解释的那样，这意味着关注更加基于规则的程序环境流量分配机制，例如对取水量的限制或对许可证持有人或蓄水工程管理人员的条件限制。以爱达荷州用水预案系统优先次序的案例为例，设定取水上限，可以通过将最初级的水权分配给环境的机制来实现（关于优先使用水权的讨论见第 17 章）。在这种情况下，需要一个被动的 EWO。

如果目前的环境流量管理制度不够充分，就需要采取回收和管理环境水权的政策。正如第 17 章和第 18 章所讨论的，根据分配机制和水权回收过程，有许多方法可以增加环境流量。它可能会改变蓄水量来改善水环境的条件（详见加纳的案例和河流可持续计划）或用行政机制改变耗水对取水用户或降低总体取水量限制的条件（见第 17 章和流速及流量管理计划）的讨论。然而，在一个资源完全分配的系统中，恢复环境流量很可能需要在重新分配水资源方面进行某种形式的投资。一种选择是通过投资来提高用水效率，节约用水并将节约的水资源归还给环境（见 Deschutes 河流保护协会的案例研究）。这些水可以合法地分配给环境作为生态保护区或环境水权。第二种选择是通过贸易或强制收购的形式从现有用水户那里获得水权。在这种情况下，回收的水权很可能作为水权分配给环境（见俄勒冈淡水信托基金和 CEWH 的案例研究）。在这种情况下，将需要一个积极的 EWO。

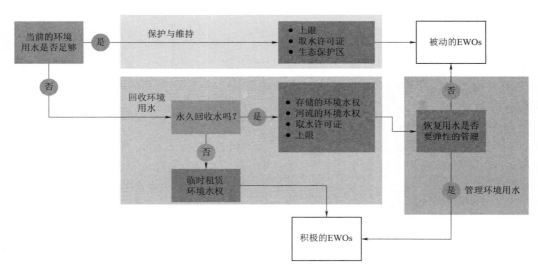

图 19.1　选择一个环境流量管理组织（EWO）

图 19.1 显示了如何在创建（或修改）一个 EWO 时完成这些选择。

重要的是，EWOs 可能从一个积极的管理者做起，然后过渡到一个被动的组织。例如，如果水权的回收是永久性的，并被视为环境和用水户之间水资源分配的一次性调整，那么将环境水权转换为替代机制（即它不需要进行决策）。正如第 17 章所示，这可能会降低使用的灵活性，但也可能会降低管理环境流量的成本（在恢复环境流量之后，有效地过渡到维护策略）。在这种情况下，可能只在水权回收过程中需要主动 EWO，一旦回收计划完成，其管理责任可能会转移给被动 EWO。

19.2.4　水文规模及伙伴关系

EWOs 很少单独工作，通常嵌入与其他组织的多重关系中。这些关系有助于 EWOs

根据具体情况调整其活动，以应对其将要面对的水文系统、政治因素、运营管辖范围和地域范围内的挑战。

水文系统是选择 EWOs 的基本约束。如前所述，一条受上游有大坝管控的河流需要不同的环境流量比没有管制的河流要多得多，在不受管控的河流中，用水户有权使用河流的可用水量（例如，第17章所讨论的机制）。季节性的河流和湿地给永久性河流带来不同的挑战（第11章）。强烈交互的地下水—地表水系统需要对不同水源有效隔离的地下水系统作出不同的响应（Nelson，2013）。

EWOs 的活动可以在流域或管辖范围内进行。它们通常是流域管理（例如，Deschutes 河流保护协会），但也为在整个行政区（例如，VEWH）管理。流域规模的组织可以帮助 EWOs 协调其与其他流域管理组织的活动，这通常是一个与当地利益相关者接触的适当规模。辅助性原则要求将环境管理决策下放到可实际作出这些决策的最低级别，而流域规模则是一种自然而合适的选择。

然而，有效决策的能力也是至关重要的（Brinkerhoff 和 Morgan，2010）。这种能力更有可能出现在较大的组织中，因此它是对辅助性原则的约束。决策越复杂，与新活动相关的交易成本越高，组织就越有可能需要进行更大规模的运营（Smith，2008）。随着时间的推移，建设和保持环境流量能力需要持续的投资（Marshall，2002；Watson，2006），通过在区域或州范围内运营，EWOs 可能会实现规模性的盈利。

当然，有时流域本身也需要大规模的方法。澳大利亚的 MDB 和科罗拉多河是两条在环境流量回收方面有广泛投资的河流（Garrick，2015），并且在多个州内（对于科罗拉多河，是跨国的情况）运行。在这些例子中，EWOs 操作可以是当地规模（例如，科罗拉多州的科罗拉多水信托运营），也可以在整个流域（对于 MDB，在整个流域和支持地区流域 CEWH 持有和管理环境流量）。最终，需要根据背景来决定 EWOs 的操作规模。EWOs 的能力和活动目的是实现其环境目标，因此它必须能够达到实现环境改善所需的规模；同时充分利用当地的知识和决策。

了解谁做了什么对于 EWOs 制定适当的问责措施至关重要。特别是在与其他机构合作的情况下（Garrick 等，2011；Horne 和 O'Donnell，2014；O'Donnell，2013）。公共和私人机构之间的互动可能会使伙伴关系变得更加复杂。在世界各地，环境流量已经成功地由公共和私人机构实施和管理，以实现对总体人口的环境效益（表19.3）。

表 19.3 公共和私营部门的环境流量管理组织实例

部门	组织形态	实例
公共 （政府）	政府部门	总干事（智利）
	管理机构	爱达荷水资源委员会（美国爱达荷州）
	法定实体（水权银行）	联邦环境需水持有者（澳大利亚）
私人	水信托	华盛顿水信托基金（美国华盛顿）
	流域管理，非营利	Deschutes 河流保护协会（美国俄勒冈州）
	以娱乐用途为目的的保护非营利组织（例如，捕鱼，狩猎）	鲑鱼无限（美国），鸭子无限（美国和加拿大）
	保护，非营利	大自然保护协会（国际）

典型的政府机构扮演着重要的角色：（1）创建承认环境为用水户的法律框架；（2）制定关于使用环境流量的大规模政策指导。然而，私人机构可以通过改变公众的看法和创造必要的政治意愿（Neuman 等，2006）来创造变革的必要性。在一些司法管辖区，法律将环境流量的所有权限制在一个单独的机构，而这通常是一个政府机构。在这些情况下，政府机构经常与私人机构携手合作，获取和管理环境流量（框 19.2）。私人机构也可以非常有效地为环境获取水权，特别是在政府组织难以进入水市场的情况下（Ferguson 等，2006；Malloch，2005；Scarborough，2010）。公共和私人组织可以一起成功地运作，通常没有一个正确的模式（Ferguson 等，2006；Malloch，2005；Scarborough，2010）。

框 19.2 公共 EWOs 和私人 EWOs

哥伦比亚河流域水权交易项目成立于 2002 年，目的是在美国的四个主要州——爱达荷州、蒙大拿州、俄勒冈州和华盛顿州——实施以激励为基础的水资源回收项目。邦纳维尔电力管理局（一个美国联邦机构）协助履行《濒危物种法》（《2000 年联邦哥伦比亚电力系统运行生物学意见》所规定的 151 条），西北电力规划委员会执行《鱼类和野生动物计划》（实施条款 A8）。国家鱼类和野生动物基金会（一个非营利性组织）被选中来运行该项目，同时鼓励在四个州中工作的当地机构（QLEs）（有关哥伦比亚河流域的更多信息，第 16 章）参与其中。

今天，该项目有 11 个 QLEs，包括所有四个州的州监管机构，以及非政府水信托、环保组织和流域组织。在整个恢复和管理项目周期（框 19.2）中，监管机构和保护经纪人的加入促进了公共和私营部门的互补作用。联邦和州机构已经领导了规划和融资任务，而非营利组织在社区参与中利用了比较优势来识别卖家和谈判收购项目。但是，因为可能存在职能重叠，因此严格区分公共和私人机构的职能是错误的。鉴于该地区灌溉农业的文化和经济重要性，这种伙伴关系已被证明是至关重要的，这在最初引发了政治阻力，并促使合作，努力识别和应对与环境流量项目有关的担忧和担忧。例如，国家监管机构已经设计出了来自非营利组织和灌溉区的输水和租赁规则；反过来，非营利组织和灌溉区也补充了国家监管机构和鱼类和野生动物机构的正式监测工作。

该方案通过提供资金和能力建设服务支持 QLEs，在不同的州分配框架下运作，包括定期召开会议，分享良好实践，制定实施策略和新的交易工具。自 2003 年以来，它已经恢复到 800ft^3/s（22.6m^3/s），以恢复整个流域的鱼类栖息地。Deschutes 河（俄勒冈）、Salmon 河（爱达荷）、哥伦比亚河上游（华盛顿）和 Bitteproot 河（蒙大拿）的努力表明，这一区域伙伴关系有可能在所有四个州适应当地的限制和机会。

以下部分提供了案例研究的例子，说明被动和主动的 EWOs 在实施保护和维护以及恢复和管理政策方面的作用，使用不同的水文年和尺度的各种环境流量分配机制。

19.3 保护和维护

因为用水或水资源可利用量发生了变化，当被认为有足够的环境流量时，工作的重点是保护现有的生态功能，并随着时间的推移而持续保护。这个策略和项目周期是被动EWOs的领域。这些组织除了保护和维护环境流量外，还常常在维护环境流量管理政策所处的更广泛的政策框架方面发挥重要作用。

值得注意的是，保护和维护项目周期并不意味着当前的环境流量是足够的。保护和维护可以在两种不同的用水情况下进行。首先，当水生态系统处于或接近原始状态时，几乎没有取水，保护和维护政策将有助于保护这个系统的未来。正如第17章所描述的2005年在澳大利亚昆士兰的野生河流法案。其次，在水生态系统已经受到影响的情况下，已经发生了耗用或取水的条件下，保护和维护项目周期是一种保护现有生态功能的方法，以防止进一步改变水的使用模式。在这种情况下，剩余的环境流量管理机制可以得到保护。这种保护本身可以作为一个目的，或者作为恢复和管理政策的先驱，以增加环境流量的泄放。

本次挑选了下面的案例，以深入了解在不同的水系统中，被动EWOs承担保护和维护政策的范围。

19.3.1 提前保护：洪都拉斯拟议的 Patuca Ⅲ 大坝的经营者提出的条件

正如第17章所讨论的，在水被分配到另一种用途之前，保护环境流量管理机制总是比较容易的。在提议修建大型水坝的河流中，保护环境流量系统的最佳时机是在大坝建设之前。这些水坝，无论是否用于供水（也就是灌溉或生活供水）或水电，对河流系统的水文状况都有重大影响，也对与河流有关的生态功能和社会价值产生深远影响［Millennium Ecosystem Assessment（MEA），2005；World Commission on Dams，2000］。自1960年以来，45000座大型水坝的蓄水量增加了四倍，达到 $6000 \sim 7000 km^3$；另外估计有80万个小型水坝（MEA，2005）。在许多发展中国家，水电大坝的建设仍在增加（Esselman，2010）。

在洪都拉斯，Patuca 河已提出了修建一个大型新水电大坝（Patuca Ⅲ）的建议。有两个组织参与建立了必要的环境流量管理：准政府机构国家能源公司（ENEE）和大自然保护协会（TNC）。ENEE 是国家电力组织，负责大坝的规划和发电设计。TNC 是一个国际环境非政府组织，它将自己的经验和资金投入谈判桌，以帮助准备对 Patuca 河的环境流量评估。这两个组织都签署了一份谅解备忘录，同意环境流量评估和推荐的环境流量管理机制将成为 Patuca Ⅲ 环境影响评估的一部分（Esselman，2010）。重要的是，这两个组织都不可能成为环境流量的管理者，跨国公司也不一定会在管理该系统方面发挥持续的作用。然而，大自然保护协会（TNC）能够将公众的注意力集中在大坝可能造成的影响上，并且使大坝更加重要，也使得环境流量实现更加容易。使得 ENEE 接受环境流量管理条款的要求，作为新水坝运行条件的一部分。在这种情况下，因为 Patuca Ⅲ 大坝尚未建成，目前还缺乏融资，最终的结果仍不清楚。（参见2015年4月8日中美洲数据）。

19.3.2 保护和维护多个州：MDB 流域限制

即使在大河流上修建蓄水工程，也会显著地改变了一个系统的水文条件，但仍然有可能保护剩余的生态功能。正如第17章所描述的，MDB 包括昆士兰州、新南威尔士州、维多利亚州和南澳大利亚州的部分地区，以及澳大利亚首都地区。自1915年 Murray 河水协议生效以来，MDB 一直是州际管理协议的主题（Connell，2007）。1988年，在合作联邦主义的精神下，澳大利亚跨流域地区政府建立了墨累-达令河流域管理委员会（MDBC）

和一个部长级理事会，流域内所有的地方政府都参与其中。这一情况在 1992 年的 MDB 协议中正式确立，并在 1995 年通过了相关的州立法。

MDBC 是根据法规建立的法人团体，由成员国和澳大利亚政府任命的委员组成。MDBC 被授权为部长级理事会提供主题为"公平、高效和可持续用水"方面的咨询和协助（1992 年《MDB 协议》s17 条），为此，MDBC 被供给资金进行咨询所需的调查、测量和监测。

1995 年，MDBC 发布了一份报告，报告显示，任何持续的用水增长都会破坏现有用水户的供水可靠性，并导致生态系统健康和水质的严重下降（MDBC，1995）。这份报告为部长理事会暂停在 Murray 河流域发放新取水证提供了依据，并将水资源开发限制在 1994 年水资源开发利用水平（MDBC，1998）。重要的是，部长理事会以一致的投票方式运作，因此限制取水的决定反映了 MDB 州政府的共识。部长理事会和 MDBC 没有寻求恢复任何额外的环境流量，但是他们成功地限制了取水量，从而保护了未来取水条件下 MDB 的环境。尽管取水上限不是完美或完整的解决方案，但它是保护剩余环境流量的第一步。

MDBC 是一个被动的 EWO，它有效地提供了信息和动力，使负责任的政府能够同意修改水资源分配的方案。然而，MDBC 的能力受到其宪法的严重限制。它无法直接负责设定或维持取水上限，因为各州仍有责任制定有关水资源管理的法律。改变水法，以反映取水和维持取水许可的上限，成为州政府的一个职责。然而，MDBC 和部长级理事会确实提供了一种机制，供各州报告从 MDB 流域取水，以及它们是否符合 MDB 流域的取水上限。

19.3.3 完全或超分配系统的保护：设定上限和保护最低流量

环境流量被嵌入水资源管理框架中，保护和维护政策通常以现有的水法和政策为目标，以识别和维护环境流量系统。其结果是，许多被动的 EWOs 都是政府部门或政府机构。

在保护现有的环境流量时，这些技术取决于现有水法的性质。下面的例子展示了两种不同的方法，它们都是由公共组织（政府部门和政府机构）使用的，以保护现有的环境流量不受未来发展的影响。

第一个例子是爱达荷州的一个国家机构设置了一个取水上限。美国的西部各州在一个先前的水资源法律框架下运作，这是第一个将水从河流中转移到有益目的并进行了未来预报（关于优先次序制度的简要介绍，请参阅第 17 章；Zellmer，2008）。因此，在这些国家中，可以有效地建立一个取水上限，通过新的水量分配权来保护环境。在未来，只有在这些水量分配权得到满足后，才能额外取水。在高度分配的水系统中，任何取水都必须在先满足环境的水量之后，从而进一步防止了环境流量被侵占。

爱达荷州水资源委员会（IWRB）成立于 1965 年，是为了回应爱达荷州的担忧，即一个更有政治权力的州、联邦政府或其他机构会管理爱达荷州的水资源（Idaho Water Resource Board，2015）。除了广泛的水资源开发和规划权力之外，1978 年，IWRB 还被赋予了适当的权力来管理河流流量。IWRB 由州长任命的 8 名董事会成员组成，位于爱达荷州水资源部门，该部门为协助董事会履行职责提供人员和其他支持。IWRB 和该部门之间的这种关系是政府的一种相当典型的管理模式。

在爱达荷州，根据州法律，河流流量保护旨在保护"保护鱼类和野生动物栖息地、水生生物、航行、运输、娱乐、水质或美学价值"（《爱达荷州法典》第 15 章，第 42 章）所必需的最小流量（或最低水位）。IWRB 是唯一被允许持有水权的机构，它代表爱达荷州的所有公民（Idaho Water Resource Board，2013）拥有这些权利。爱达荷州的河流流量项目要求对水权的拥有，这是一种更典型的活跃的 EWO 的活动。然而，就像美国西部的许多州的河流流量项目（Zellmer，2008）一样，爱达荷州的河流流量计划更像是一个取水上限，而不是额外的环境流量的恢复。值得注意的是，该项目在 Lehmi 河和 Salmon 河流域的运作方式有所不同，在那里，该项目包括从现有用户那里转移水权的能力。在这些流域，取水政策主要是恢复环境流量，需要积极的环境流量管理和有能力购买水权的环境组织。

在爱达荷州，当有足够的未被利用的水来满足流量要求时（基于历史流量数据），这种取水计划仅仅是维持基流所必需的最低限度（《爱达荷州法典》42-1502，42-1503）。这些要求严重限制了爱达荷州的河流的基流，只有不到 2% 的河流流量得到保护（Idaho Water Resource Board，2013）。此外，先前的计划制度的性质意味着，这些最近被征用的水权的运作是为了保护现有的流动，以防止未来的水资源开发。因此，在使用环境水权机制的同时，对这些权利的侵占更像是取水。如果有大量的剩余水量超过了被占用的流量所需要的水平，它们可能会作为一种基流，防止未来的用水计划使河流水位下降。

第二个例子来自智利，国家水权局［Dirección General de Aguas（DGA）］负责维持最小的流量。DGA 负责水的管理和管理，但其法律能力受到智利宪法的极大限制（Guiloff，2012）。一般情况下，当水资源在物理上可用时，DGA 必须在被请求时授予水权。如果没有足够的水来满足所有的要求，那么 DGA 必须对所要求的水权进行公开拍卖，将其卖给出价最高的人（Bauer，1997）。一旦获得水权，根据智利宪法，它们作为私有财产受到保护，而 DGA 不能在不购买这些权利的情况下取消或限制这些权利。

虽然法律权力有限，但 DGA 确实维护和管理水文数据，并保存获得的水权记录，并可进行研究，通知政府的立法部门（Bauer，1997）。这两项职能在支持根据 2005 年智利《水法》修正案扩大其法律权力方面发挥了重要作用。根据第 129 条的规定，DGA 必须在每次授予新水权的时候确立一个河流的基流。这被定义为河流必须拥有的最小流量，以维持现有的生态系统并保持生态质量［Government of Chile，2007；在 Guiloff（2012）中引用］。虽然这增加了 DGA 的法律权力，使它第一次能够保护现有的环境流量管理制度，但修正案的实际效果却很小。在 2005 年修订案之前，智利的大部分河流实际上已经达到了完全的分配，因此很少有新的水权去满足最小流量要求（O'Donnell 和 Macpherson，2014）。

这两个例子都表明，在已经获得了大量的水权之后，使用被动的 EWO 保护环境流量管理机制是一个挑战。这些例子还突出了广泛的水资源管理职权和分配环境流量保护现有生态功能的具体需要之间的紧张关系。多个目标可能导致现有用水户产生利益冲突。例如，在美国西部，负责取水的国家机构通常也是负责执行监管的机构；当该机构的一个分支向另一个部门抱怨流量被非法利用时，当该机构采取行动限制一个农户的非法取水时，这可能会造成一种明显的利益冲突。因此，国家机构可能不愿意强制执行对非法获取水权的投诉（Garrick 和 O'Donnell，2016）。

19.4 恢复与管理

如果在当地社区认为可以接受的水平上，没有足够的环境流量来支持依赖水的生态系统及其相关用途，就有必要为环境恢复而用水。在某些情况下，这种额外的水量可以通过投资于更高效的蓄水系统，这意味着在不减少现有用水户的用水权的情况下，可以向环境提供更多的水（Australian Government，2010；Deschutes River Conservancy，2015；State of Victoria，2009）。然而，在大多数情况下，为环境恢复额外的水量，必然需要从现有的用水户回购水权，将其用于环境。

恢复和管理政策可以由被动的或主动的 EWOs 执行，这取决于水权的回收方式，以及在短期和长期内分配水给环境的机制的性质（见图 19.1）。被动的 EWOs 可以非常有效地改变蓄水的现有条件，使更多的水能够在适当的时候流向下游。被动 EWOs 也可以是主动的 EWOs 获得的水权的接受者，并且这项收购是永久性的，并且不需要水权持有者作出任何额外的决定来维持环境流量系统（图 19.1）。

当环境组织和现有的用水户之间通过交易获得水权时，积极的 EWOs 是必要的。在交易具有临时性质的情况下，就需要一个能够作出决定并签订合同的积极组织（关于临时交易和租赁的讨论，需要更多的合同和更多的收购时间；第 18 章），和/或，要求组织每年决定如何以及在哪里使用水来达到最好的总体效果。这种决策能力是主动和被动 EWOs 之间的关键区别（O'Donnell，2013）。决定要求问责制和独立于外部影响，以及需要展示透明度（第 19 章 19.5 节）。积极的 EWOs 需要能够证明他们关于如何以及在哪里获得和使用环境流量的决定已经带来了环境效益，这也包括需要证明这些环境水权已经得到有效的执行。

下面的案例是为了深入了解在不同水文年和不同尺度下的环境流量的恢复和管理的主动和被动 EWOs 的范围。

19.4.1 被动 EWOs 的复苏：加纳和美国蓄水业务的变化

在大型河流上修建大坝的影响不仅包括大坝和新水库的建设，还影响大坝下游数公里河流生态系统的水流、泥沙输移和鱼类通道的变化（Bunn 和 Arthington，2002；Krakak 等，2009）。尽管在大坝建设之前，保护河流不受大坝运行的影响更容易，但在世界各地已经运行的许多大型水坝意味着这并非总是可能的（Millennium Ecosystem Assessment 生态系统评估，2005）。大型水坝的修建有多种原因，包括灌溉、水力发电和防洪（Richter 和 Thomas，2007）。重要的是，这些目标可以随着时间的推移而发生变化，以应对不断变化的环境条件或社会需求，这就创造了一个机会来改善大坝下的环境流量管理机制（Krchnak 等，2009）。

被动的 EWOs 可以在推动改变大坝运行的过程中发挥重要作用，在最需要的时候泄放更多的环境流量。这一过程被认为是环境流量的恢复，因为它最终将导致环境流量的泄放，尽管环境流量的精确变化可能很小。改变一个正在运行的水坝的运行以增加环境流量，就像改变水的泄放时间一样增加水量（Krchnak 等，2009）。

这里有两个例子，来说明在发达国家和发展中国家，因大坝建设而重新制定环境流量方案是如何展开的。这两个例子都表明，这是一个长期的过程，环境用水保障严重依赖于与受影响社区的协商。关于改变大型基础设施的运作以改善环境管理，请参阅第 21 章。

第一个例子来自加纳的 Volta 河。有两个大型水电站，Akosombo 和 Kpong，位于 Volta 河的下游。这些大坝提供了加纳 95％的电力和一些防洪设施。在大坝上游，水库提供了重要的渔业资源，以及航运资源［Natural Heritage Institute（NHI），2014］。自大坝建成以后（1965 年的 Akosombo 和 1982 年的 Kpong），联合调度有效地消除了 Volta 河下游的年度洪水。这些年度洪水会造成泛滥平原、湿地和河口地区，水坝运行改变的河流流量增加了入侵物种（破坏了一个贝壳类渔业），减少了泥沙运输，导致了海滩的侵蚀，红树林栖息地的丧失，以及远洋渔业的生产力下降。每年的洪水脉冲对下游的社区也很重要，因为他们历来依靠它来支持洪泛农业（NHI，2014）。

调整水坝作业以改善环境流量管理的提议源于一个国际环境组织，即自然遗产研究所（NHI）。NHI 是一个非营利的、非政府的、公共利益的律师事务所和保护倡导组织。NHI 的目标是"恢复和保护那些支持依赖水的生态系统的自然功能，以及它们为维持和丰富人类生活提供的服务"（NHI，2008）。NHI 是一个知识经纪人，并将必要的技术和法律技能与当地决策者和受影响的社区结合起来，以改善世界各地主要流域基础设施的运作。在加纳，NHI 在 2007 年与项目合作伙伴共同开发和设计了一个项目，以调查重新运营 Akosombo 和 Kpong 大坝的技术和经济可行性，以改善下游的环境流量（NHI，2014）。该项目于 2011 年获得非洲水基金［非洲水基金（African Water Facility），2010］的资助，目前正在开展工作，以制定能够准确反映各种社会和生态用水需求的下游环境流量目标（NHI，2014）。

尽管在 Volta 河的水坝重新运行的工作仍在进行中，但它展示了一个被动的 EWO 的力量，比如 NHI，与地方政府和当地社区合作推动变革。NHI 通过其全球水坝行动计划为当地问题带来了全球经验。NHI 在世界各地的许多地方与当地合作伙伴合作，制定并实施大型河流大坝（NHI，2015）的重新运营计划。尽管 NHI 在这些项目中扮演了重要角色，但它的目标并不是为环境获取水权，而是只改变蓄水工程管理人员的条件。其结果是，它仍然处于 EWOs 的被动一端。

第二个例子是可持续河流项目。与加纳的情况不同（大坝开发工作仍处于早期阶段），可持续河流项目已经成功地在美国的几座大坝实施，改良了环境流量管理（Richter 和 Thomas，2007）。可持续河流项目是在 TNC 和美国陆军工程兵团（兵团）的早期合作下完成的，目的是恢复美国肯塔基州 Green 河坝下游的环境流量（Hickey 和 Warner，2005）。TNC 是一个全球性的非营利性非政府公司，并且一直致力于保护自 1951 年以来所有生命赖以生存的土地和水域（The Nature Conservancy，2015）。美国陆军工程兵团是一个联邦机构，负责在美国各地的河流上建造和运营水坝。

在 Green 河上的最初项目是由 TNC 确定的，这是一个机会，可以证明大坝的运行可以在不影响其他目标的情况下改善环境。随着 Green 河的替代管理计划的发展，TNC 和美国陆军于 2000 年签署了一份谅解备忘录，共同致力于可持续河流计划（US Army Corps of Engineers & The Nature Conservancy，2011b）。该计划于 2002 年正式启动，2002 年在 Green 河上实施了新的环境流量管理制度（在 2006 年，大坝的运行正式改变）。2003 年，一名海军陆战队工作人员被派往 TNC，继续深化支持可持续河流计划的伙伴关系。该项目已在美国的 8 条河流中使用，尽管它仍处于一些河流的早期阶段，但它已经向 Green、Savannah 河和 Bill Williams 河（美国陆军工程兵团和大自然保护协会）提供了改进的环境流量系统。

TNC，和 NHI 一样，是一个被动的 EWO，它有能力推动改变大坝的运行方式，以改善环境流量管理。它不寻求为环境创造水权，而是与军队合作，以发展双赢战略，改变水库运作条件，改善环境流量管理机制，而不破坏大坝的其他运作目标。

19.4.2 跨越国家和国家边界的恢复和管理：科罗拉多河的环境水权

下游的环境流量的恢复和管理经常涉及跨州和跨国界的协调，特别是跨国或者跨州河流（Grafton 等，2013）。科罗拉多河是一个突出的例子，它是一条跨界（跨国）大河，环境流量已经被恢复，并在州和国际边界上进行管理。科罗拉多河流域由 7 个美国的州和 2 个墨西哥的州共享。它是由一系列复杂的法律、法庭案件和被称为"河法"的操作标准来管理的。20 世纪 90 年代末，长期需求和供应首次出现交叉，突显出该流域水资源的历史过度配置。这条河的巨大三角洲（北美第二大三角洲）由于上游的发展和改道，其入流量只达到历史流量的几分之一。自 2000 年以来，该流域经历了前所未有的干旱年份，这为水资源配置改革和环境用水保护提供了一个开端和动力。

这些改革包括新的国际承诺，以获取和管理环境流量，以恢复基本流量和定期的洪水脉冲（Gerlak，2015）。2012 年，美国和墨西哥谈判了《319 条》，这是对 1944 年国际条约的更新，其中包括几项条款，包括美国和墨西哥之间的缺水问题。它还包括了通过一个试点项目为环境提供水的条款（第 Ⅲ.6 节）。通过美国、墨西哥和非政府组织的参与（Flessa 等，2014），为科罗拉多河制定了取水的限制和三角洲地区创造158088acre•ft（195GL）的洪峰流量。

这一独特的公共-私人伙伴关系建立在 2005 年中期的一个合作网络上，由主要的区域和国际非政府组织与联邦和州的行动者合作（Gerlak，2015）。在不到 10 年的时间里，在 2014 年 3 月至 5 月的 8 周时间里，一场环境流量洪峰成功地送到了科罗拉多河三角洲，2014 年 5 月 15 日，洪峰水到达了大海。通过对优先恢复区域的基本流的持续承诺，进一步增强了洪峰。《319 条》承诺到 2017 年实现基本流量交付（Flessa 等，2014）。在美国西南部持续干旱期间，这一环境流量的泄放证明了这一国际公共——私人伙伴关系的力量。

19.4.3 私人组织的恢复和管理：美国西部的环境水权

自 20 世纪 50 年代以来，美国西部就一直在努力解决水资源分配问题。当时，由于对地表水资源的过度使用导致淡水渔业的减少，引发了人们对这一问题的认识。到 80 年代末，以市场为基础的政策改革建立了水所需的必要的启用条件，支持环境恢复流域和几个州的交易（更详细的使用水市场见第 18 章，以提高环境水权；在美国西部的哥伦比亚河流域的参考案例研究详见第 17 章）。

俄勒冈州在 1987 年通过了《河道内水权法案》，提供了第一个优先占有用水计划制度（第 17 章）中实现这些条件的区域法律改革模式。然而，直到 7 年之后的 1994 年，才发生恢复环境流量的第一个水权租赁（Neuman，2004）。私营非政府组织对以市场为导向的环境水权交易的发展和实施提出了批评。

在俄勒冈州，非营利机构在《河道内水权法案》下促成了实施。俄勒冈水信托成立于 1993 年，是国际上第一个这样的机构。它是一个由多利益相关方董事会管理的非营利性组织，旨在获得环境流量的水权。该信托公司首创了俄勒冈州的第一个永久转移的环境水权租赁，以及一系列与该州不断发展的水资源管理框架相兼容的其他水产品（Neuman，2004）。

该信托公司的工作为《河道内水权法案》提供了动力和机构能力：（1）为制定规则和政策实施作出贡献；（2）与现有的用水户和社区进行接触，容易受到水权交易意外后果的影响；（3）通过租赁、购买和其他水产品获得环境水权；（4）促进私人监督和执法，维护公众对环境水权的利益。信托公司的影响力已经遍布美国西部，为华盛顿州、科罗拉多州、蒙大拿州、亚利桑那州、北加州、新墨西哥州和得克萨斯州的水信托公司发展铺平了道路。

水信托模式的传播伴随着地方主义和区域一体化的发展。国家范围内的信托公司已经确定了优先的流域，并且根据当地情况越来越多地改进了他们的组织结构。例如，华盛顿水务信托公司在 2008 年开设了第一个实地办事处，将其工作地点置于哥伦比亚河上游和 yakima 河流域的当地流域环境中。

流域组织是另一种制度创新。这些组织的范围从自愿和分散到法定的和中央集权的机构。例如，Deschutes 河流保护协会是由一个处理水分配、渔业和部落水定居点的工作小组发展而来的，是一个准政府的流域组织，由一个代表不同范围的当地利益相关者的董事会管理。1998 年，该协会进行了第一次环境流量租赁，并获得了联邦资金，以支持机构能力和试点项目。2006 年，该保护协会召开了一次水峰会，最终完成了多年的流域规划进程，以澄清流入河流、城市和农业的用水需求。保护协会与当地的灌溉合作社合作，投资节约用水，并将节约的水作为保护的河流环境流量（Deschutes Water Conservancy，2015）。永久性和临时安排的混合包括一个地表水、一个地下水保护银行和自愿的水租赁项目。重要的是，在通过利益相关者论坛获得的经验教训的基础上，将反馈过程包括在内，以改革法律和行政框架。该协会已经将环境流量的收购制度化，并开始将临时的水权交易转化为远程保护。

19.4.4 澳大利亚恢复环境水权的管理

政府组织通常是被动的环境需水组织（EWOs），负责更广泛的水资源管理框架。然而，它们也可以是活跃的 EWOs，负责获取和管理以水权形式提供的额外环境流量（第 17 章）。在澳大利亚，在联邦和州一级建立了积极的 EWOs，其具体目标是对最近恢复的环境流量进行高效和有效的管理。这些 EWOs 负责持有（拥有）环境水权，并被称为环境需水持有者（O'Donnell，2013）。澳大利亚的管理工作侧重于决定在何处以及如何使用环境流量，并发生在环境需水持有者、流域管理当局和水务局之间的伙伴关系网络中（图 19.2）。

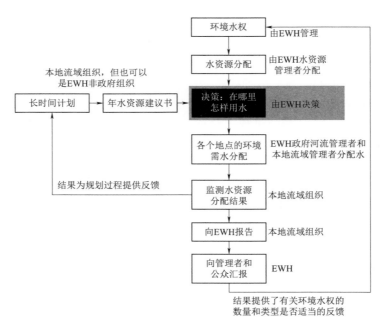

图 19.2　在澳大利亚使用环境流量：由环境需水持有者作出决策。
EWH，环境需水持有者。

来源：O'Donnell（2013）

在联邦一级，根据《水法》，CEWH 成立。CEWH 是新的联邦水务政策的一部分，该政策包括为满足新的可持续转移限制（Horne 和 O'Donnell，2014），包括购买大量的环境流量以满足新的可持续水量分配。这是一个联邦政府雇员可以被任命的法定职位 2007 年《水法》，ss104，115）。联邦政府的环境水权是通过购买或投资于节约用水的方式获得的，由 CEWH（Australian Government，2010）管理。CEWH 由英联邦环境需水办公室（EWO）的工作人员提供支持，该办公室隶属于环境部（Commenwealth of Australia，2015a）。

在管理环境水权方面，CEWH 必须决定何时何地使用水来满足环境需求，或者是否要交易部分水权。重要的是，联邦部长可以指导 CEWH 在哪里以及如何使用它的水，但是不能就如何和是否要交易水权发出指示 2007 年《水法》，s107）。在国家政府和 MDBA（Commenweath Environmental Water Office，2013）的投入下，由 CEWH 作出关于在何处和如何使用环境流量的决定。CEWH 明确的目标是，通过每年有效和有效地利用水资源，以及在多年之间（因为水可以储存在水库中供将来使用，或者在水市场上交易），从而最大限度地提高环境效益。

决定贸易水高度限制立法（2007 年《水法》，s106），除非 CEWH 可以证明水有盈余，能够满足当前需求和贸易，产生的资金能改善 CEWH 履行其义务的能力的环境灌溉计划。截至 2015 年 11 月 23 日，CEWH 持有 1649GL 水权（作为长期平均年收益率；参见 Commonwealth of Australia，2015b）。2015 年，CEWH 公司完成了对环境水权的首次销售，出售了几乎 23GL 的临时水配额，这些配额超出了其年度要求（Commenwealth of

Australia，2015c）。有趣的是，在出售的时候，对于如何利用这些资金来改善环境结果，并没有明确的承诺。

在州一级，VEWH 的运作模式与 CEWH 类似，重点是管理国家的环境水权 1989 年（《水法》，s33DC）。在维多利亚，这些水权（称为控股）在过去几十年里得到了恢复，自 2004 年以来，对环境流量的恢复进行了大量投资（State of Victoria，2004）。与 CEWH 不同的是，VEWH 并不是作为正在进行的环境流量恢复计划的一部分而建立的，而是为了有效地管理最近恢复的环境流量（O'Donnell，2012）。与 CEWH 相比，VEWH 的水资源储备要少得多，但它们包括了蓄水和放水的一系列权利（VEWH，2015b）。VEWH 公司每年都在根据维多利亚流域管理部门的投入 1989 年（《水法》，s33DX）的基础上，决定在哪里以及如何使用流域可利用的水资源。VEWH 公司过去也曾出售过水权来获得资金，这些资金后来被用于在其他地方购买额外的水权（VEWH，2015a）。

在组织结构方面，VEWH 也偏离了 CEWH。VEWH 是一家法定的国有企业，由三名委员和一名小职员组成 1989 年（《水法》，ss33DB，33 DF）。重要的是，尽管工作人员是公共服务人员，VEWH 并不是维多利亚政府部门的一部分（1989 年《水法》，s33DM）。值得注意的是，在任何一年中，VEWH 公司在如何以及在哪里使用水的问题上都受到保护，包括是否要进行水权交易（1989 年《水法》，s33DS）。虽然 CEWH 成立为在 MDB 流域环境水权提供了一个决策者（在较小程度上，澳大利亚），正是当时政府政治中某些独立性的需求，成为 VEWH 创立的重要推动力（O'Donnell，2012）。

VEWH 和 CEWH 只是澳大利亚几个基于政府的活跃的 EWOs 中的两个（O'Donnell，2013），但是它们是最近在管理环境水权方面有着最明确目标的组织。作为具有法人的法定实体，其范围超出了相关政府部门的范围，因此，他们也更容易被公众识别，更容易对他们如何管理自己的环境流量负责。

19.5　让机构设置正确

EWOs 在一个更广泛的机构环境中运作，它定义了他们的角色、责任，并最终决定了他们成功地为生态系统和需要的社区提供环境流量的能力。正确地建立制度环境是创建有效的环境流量管理组织的基础。本章明确地研究了政策意图（保护现有环境流量管理机制或获取额外的环境流量）之间的联系、用于分配环境流量的机制以及 EWOs 的主动或被动性质。在最基本的层面上，必须在 EWOs 的目标和职责，以及它的法律权力和组织能力之间进行匹配。最后一部分探讨了 EWOs 运作的制度框架的其他一些要素，从它们的伙伴关系，到要求这些组织对其行动负责的能力。

EWOs 无论是在地理尺度还是跨越公私部门的界限上，通常与其他水资源管理人员合作。要使这些伙伴关系在不影响角色和职责的清晰性的情况下有效地发挥作用，就需要大量的规划，以及适应意外结果的能力。在建立 EWOs 时，需要明确他们的职责是什么，以及他们将如何与其他管理部门互动。本章中使用的案例研究证明了 EWOs 可以与他人合作的多种方式。TNC 和国家安全委员会是国际非政府组织的例子，它们与当地社区和政府水资源决策者建立了具体的合作关系。自 1915 年以来，MDB 一直由联邦和澳大利亚政府共同管理，两者之间的伙伴关系通常是明确的（尽管仍有改进的空间；Horne和O'Donnell，2014）。

EWOs的任务是通过保护或恢复环境流量，履行环境流量管理制度。正如本书的其他章节所阐明的那样，环境流量属于所有人，任何EWO都需要对其承担的环境流量的行为负责。这种对透明度和问责制的需求，受到环境流量管理组织作为公共或私人机构的性质的影响。政府组织将在相关管辖范围内的地方公共部门问责框架内运作，并将受益于更大的特殊性。当一个环境流量管理组织仅仅是一个广泛的政府机构或部门的一部分时，个人很难确定该组织的确切的环境流量管理责任。即使一个组织在政府部门内部运作，确保组织有自己的名字，并明确地为自己的活动提供品牌，也会提高感兴趣的公民参与并使组织承担责任的能力。本章的两个例子包括IWRB（它位于爱达荷州水资源部门）和CEWH（环境部门的法定地位）：它们可能是整个部门的一部分，但是它们的决定、活动和责任都被清楚地识别出来。

作为其免税的一部分，私营组织通常有自己的透明和问责要求，并作为其与自身资金来源的关系的一部分。一般来说，私营组织对宣传自己的成就非常感兴趣，这是为他们的活动提供持续支持的一部分。然而，当一个私营组织在环境流量的实施中发挥核心作用时，这从根本上来说是一项公共资产，这些现有的报告可能还不够。通过在私营组织和负责任的政府机构或部门之间建立强有力的联系，作为整个环境流量项目的一部分，私营组织的行动可以更加透明。一些司法管辖区要求只有政府机构才能合法地拥有环境水权，以便任何途径获得的水权最终都转移到政府手中（MacDonnell，2009；Malloch，2005）。这也可以在相反的方向上发挥作用：在澳大利亚，CEWH与私营组织（例如，自然基金会的水权组织）签订了法律协议，在约定的时间内承担管理部分环境流量的责任。这些协议具有法律约束力，并由政府机构和私营组织报告。

最后，还有独立的问题。当涉及环境问题时，就多少存在一些争议了，而且需要对公众负责。在民主国家，这种问责制往往是通过选举过程来实现的，而试图削弱公共支出与对相关政府部长负责的关系的努力，通常会引起人们的关注。然而，这正是机构设置最重要的地方。尽管在环境流量项目上是否投资或投资多少的决定是具有政治性的，但在某种程度上，日常的决策和活动应该远离政治影响，划定这个界限并不容易。例如，无论何时，在爱达荷州当地生态基流适合环境需求，除了跨越上述所有的法律障碍，最终拨款必须得到州立法机构的批准（Zellmer，2008），这意味着每一个环境适当用水的决定都要经过政治辩论。这可能是爱达荷州（爱达荷州水资源委员会，2013）环境流量实施缓慢的另一个原因。在澳大利亚，尽管CEWH在一些决策中不受部长指令的影响，但部长可以介入指导CEWH在哪里以及如何使用它的水权。尽管目前还没有这样的指示，但各政党在竞选时都承诺在未来要这样做（O'Donnell和Macpherson，2014）。在维多利亚州，在任何特定的年份里，人们都希望水资源管理不受政治干预，独立决定在何种情况下使用环境流量，这使得VEWH公司免受部长指令的影响（O'Donnell，2012）。在这种情况下，与议会民主的联系是通过部长制定环境流量管理长期规则来维持的，而不是通过每年在哪里以及如何使用水的具体规定来体现。

私营的环境流量管理组织也不能幸免于独立的挑战。在他们的情况下，与相关政府决策者、他们的资助者以及他们所处的社区的支持保持关系是一种微妙的平衡。在美国西部，私营 EWOs 已广泛成功地获得额外的环境水权（Scarborough，2010），但他们的重点是获得双赢的结果（付钱给灌溉用户，让他们更有效地利用水资源，从而保持河流的基流，同时维持灌溉），意味着这个过程是缓慢的，尽管他们一直在努力有效地扩大他们的影响力（Garrick 和 Aylward，2012）。

各种各样的 EWOs 都需要能够证明其责任和独立性。对于这一挑战，没有一个通用的解决方案，它将需要有能力随着时间的推移而调整关系和期望。然而，认识到在一开始就需要问责制和独立性，将有助于减少未来的挑战。关于如何建立成功的环境流量管理机构和组织，请参考第 26 章的标准。

19.6 结论

本章重点介绍了环境流量管理组织（EWOs）在实施环境流量管理中的作用。环境流量管理组织是可识别的组织，可以对执行环境流量管理政策的具体任务负责。

选择环境流量管理组织非常依赖于：

1. 总体政策：是保护和维护，还是恢复和管理？

2. 分配环境流量的机制：是否需要一个积极的环境流量管理组织来决定水的使用？

3. 规模问题：为了实现其目标，什么是环境流量管理组织的适当规模？它可以采用局部的还是跨界的途径？

4. 它将与之合作的伙伴：谁做什么，以及每个组织如何承担责任？

5. 具体的工作要求：环境流量管理组织是否拥有实现其目标所需的法律权力和组织能力？

6. 平衡问责制和独立性的需要：对谁和如何负责，以及它是否足够独立于外部干预以实现其目标？

表 19.4 概述了来自世界各地的一系列环境流量管理组织。这不是一个详尽的列表，但是它确实展示了可用的广泛的组织模式。

表 19.4　　　　　　　　　　　环境流量管理组织的例子

水环境组织	政策和项目周期		组织		水文学		管理		规 模			
名称和位置	保护和维护	收购和管理	主动	被动	规律	不规律	公共	个人	本地/社区	省/州	国家	国际
美　国												
淡水信托		×	×		×	×		×		×		
Deschutes 河流保护协会		×	×			×		×	×			
华盛顿生态系统	×	×			×	×	×			×		
华盛顿水信任		×	×		×	×		×		×		
科罗拉多州的科罗拉多河水资源保护委员会	×	×			×	×	×			×		
科罗拉多河水资源信任公司		×	×		×	×		×		×		

水环境组织 名称和位置	政策和项目周期 保护和维护	收购和管理	组织 主动	被动	水文学 规律	不规律	管理 公共	个人	规模 本地/社区	省/州	国家	国际
爱达荷州的水资源董事会	×			×		×	×			×		
美国森林管理局（蒙大拿协议）	×			×	×	×	×			×		
蒙大拿州鱼类、野生动物和公园管理局	×			×		×	×			×		
蒙大拿州鳟鱼		×	×			×		×		×		
自然保护可持续河流		×		×								
佛罗里达州水管理区	×	×		×		×	×		×			
墨西哥												
科罗拉多河三角洲水信托		×	×		×			×			×	
Pronatura 东北部		×	×		×			×	×			
国家水委员会	×			×	×		×				×	
澳大利亚												
联邦环境需水持有者办公室		×	×		×		×				×	
MDB 机构	×			×	×	×	×				×	
维多利亚州环境需水持有者办公室		×	×		×		×			×		
南澳大利亚州自然基金会（自然水资源基金）		×	×		×			×		×		
加纳												
自然遗产研究院		×		×	×			×		×		
巴西												
国家水机构	×			×	×		×			×		
加拿大												
不列颠哥伦比亚咨询委员会	×	×		×	×		×			×		
加拿大水资源保护信托		×	×		×			×		×		
艾伯塔环境部长	×			×	×	×	×			×		
加拿大鸭子养殖区（育空地区）		×	×		×			×		×		
智利												
总干事	×			×	×	×	×					

参 考 文 献

African Water Facility, 2010. Reoptimisation and reoperation study of Akosombo and Kpong Dams: Project Appraisal Report. African Water Facility, Tunis Belvedere, Tunisia.

Australian Government, 2010. Water For the Future. Canberra: Department of Sustainability, Environment, Water, Population and Communities.

Bauer, C. J., 1997. Bringing Water Markets Down to Earth: The Political Economy of Water Rights in Chile, 1976 - 95. World Dev. 25, 639 - 656.

Brinkerhoff, D. W., Morgan, P. J., 2010. Capacity and capacity development: coping with complexity. Public Adm. Dev. 30, 2 - 10.

Bunn, S. E., Arthington, A. H., 2002. Basic principles and ecological consequences of altered flow regimes for aquatic biodiversity. Environ. Manage. 30, 492 - 507.

Central America Data. 8 April 2015. No Money for Hydroelectric Station Patuca Ⅲ [Online]. Available from: http://en. centralamericadata. com/en/article/home/No_Money_for_Hydroelectric_Station_Patuca_Ⅲ (accessed 9. 10. 15).

Commonwealth Environmental Water Office, 2013. Framework for Determining Commonwealth Environmental Water Use. Australia: Commonwealth of Australia, Canberra.

Commonwealth of Australia, 2015a. Commonwealth Environmental Water Office [Online]. Available from: https: //www. environment. gov. au/water/cewo: Commonwealth of Australia (accessed 23. 11. 15).

Commonwealth of Australia, 2015b. Environmental Water Holdings [Online]. Available from: https: // www. environment. gov. au/water/cewo/about/water - holdings: Commonwealth of Australia (accessed 23. 11. 15).

Commonwealth of Australia, 2015c. Media Release: Sale of Commonwealth environmental water from the Goulburn catchment benefits Victorian irrigators and the environment. Available from: https: // www. environment. gov. au/water/cewo/media - release/sale - commonwealth - environmental - water - goulburn - catchmentbenefits - victorian - irrigators.

Connell, D., 2007. Water Politics in the Murray - Darling Basin. The Federation Press, Sydney.

Deschutes River Conservancy, 2015. Water Conservation Program: Permanent Streamflow Protection [Online]. Available from: http: //www. deschutesriver. org/what - we - do/streamflow - restoration - programs/water - conservation/ (accessed 30. 10. 15).

Dexter, B. D. & Macleod, D. J., 2010. The management of the Murray - Darling Basin: Barmah - Millewa Forest Hydrologic Indicator Site. A case study for effective and efficient environmental watering and the role of the community. Canberra, ACT: Parliament of Australia Senate Submission to Senate Standing Committee on Rural Affairs and Transport.

Dovers, S., Connor, R., 2006. Institutional and Policy Change for Sustainability. In: Richardson, B. J., Wood, S. (Eds.), Environmental Law for Sustainability. Hart Publishing, Portland, Oregon.

Dovers, S., 2005. Environment and Sustainability Policy: Creation, Implementation, Evaluation. The Federation Press, Sydney.

Esselman, P. C., Opperman, J. J., 2010. Overcoming information limitations for the prescription of an environmental flow regime for a Central American river. Ecol. Soc. 15 [online]. Available from: http: //www. ecologyandsociety. org/vol15/iss1/art6/.

Ferguson, J., Chilcott - Hall, B., Randall, B., 2006. Private water leasing: working within the prior appropriation system to restore streamflows. Pub. Land & Resources L. Rev. 27, 1 – 113.

Flessa, K., Kendy, E. & Schlatter, K., 2014. Minute 319 Colorado River Delta Environmental Flows Monitoring: Initial Progress Report. Available from: http://www.ibwc.gov/EMD/Min319Monitoring.pdf (accessed 11.12.15).

Foerster, A., 2011. Developing purposeful and adaptive institutions for effective environmental water governance. Water Resour. Manage. 25, 4005 – 4018.

Garrick, D., Aylward, B., 2012. Transaction costs and institutional performance in market – based environmental water allocation. Land Econ. 88, 536 – 560.

Garrick, D., O'Donnell, E., 2016. Exploring private roles in environmental watering in Australia and the US. In: Bennett, J. (Ed.), Protecting the Environment, Privately. World Scientific Publishing.

Garrick, D., 2015. Water Allocation in Rivers Under Pressure: Water trading, transaction costs, and transboundary governance in the Western USA and Australia. Edward Elgar, Cheltenham, UK.

Garrick, D., Bark, R., Connor, J., Banerjee, O., 2012. Environmental water governance in federal rivers: opportunities and limits for subsidiarity in Australia's Murray – Darling River. Water Policy 14, 915 – 936.

Garrick, D., Lane – Miller, C., McCoy, A.L., 2011. Institutional innovations to govern environmental water in the Western United States: Lessons for Australia's Murray – Darling Basin. Econ. Pap. 30, 167 – 184.

Garrick, D., Siebentritt, M.A., Aylward, B., Bauer, C.J., Purkey, A., 2009. Water markets and freshwater ecosystem services: Policy reform and implementation in the Columbia and Murray – Darling Basins. Ecol. Econ. 69, 366 – 379.

Gerlak, A.K., 2015. Resistance and reform: Transboundary water governance in the Colorado River Delta. Rev. Policy Res. 32, 100 – 123.

Government of Chile, 2007. General Water Directorate handbook of rules and procedures: Conservation and Hydric Resources Protection Department of the General Water Directorate.

Grafton, R.Q., Pittock, J., Davis, R., Williams, J., Fu, G., Warburton, M., et al., 2013. Global insights into water resources, climate change and governance. Nat. Clim. Change 3, 315 – 321.

Guiloff, M., 2012. A pragmatic approach to multiple water use coordination in Chile. Water International 37, 121.

Hickey, J., Warner, A., 2005. River brings together Corps, The Nature Conservancy. The Corps Environment.

Horne, A., O'Donnell, E., 2014. Decision making roles and responsibility for environmental water in the Murray – Darling Basin. Aust. J. Water Resour. 18, 118 – 132.

Idaho Water Resource Board, 2013. Idaho Minimum Stream Flow Program. Idaho Department of Water Resources, Boise, Idaho.

Idaho Water Resource Board, 2015. About the Idaho Water Resource Board [Online]. Idaho State Government. Available from: https://www.idwr.idaho.gov/waterboard/About.htm (accessed 20.11.15).

Krchnak, K., Richter, B., Thomas, G., 2009. Integrating environmental flows into hydropower dam planning, design and operations. Water Working Notes. The World Bank, Washington, DC.

Kunz, N.C., Moran, C.J., Kastelle, T., 2013. Implementing an integrated approach to water management by matching problem complexity with management responses: a case study of a mine water site committee. J. Clean. Prod. 52, 362 – 373.

Le Quesne, T., Kendy, E., Weston, D., 2010. The Implementation Challenge: Taking stock of government policies to protect and restore environmental flows. World Wildlife Fund UK, Godalming, Surrey.

MacDonnell, L. , 2009. Return to the river: Environmental flow policy in the United States and Cana-
da. J. Am. Water Resour. Assoc. 45, 1087 – 1099.

Malloch, S. , 2005. Liquid Assets: Protecting and Restoring the West's Rivers and Wetlands through En-
vironmental Water Transactions. Trout Unlimited, Arlington, VA.

Marshall, G. R. , 2002. Institutionalising cost sharing for catchment management: Lessons from land and
water management planning in Australia. Water. Water, Sci. Tech. 45, 101 – 111.

Millennium Ecosystem Assessment, 2005. Ecosystems and human well – being: wetlands and water syn-
thesis. World Resources Institute, Washington (DC).

Murray – Darling Basin Commission, 1995. An audit of water use in the Murray – Darling Basin:
June 1995.

Murray – Darling Basin Commission, Canberra.

Murray – Darling Basin Commission, 1998. Murray – Darling Basin Cap on Diversions Water Year 1997/98:
Striking the Balance. Murray – Darling Basin Commission, Canberra.

Natural Heritage Institute, 2014. The Akosombo and Kpong Dams Reoptimization and Reoperation Study:
Project Summary and Key Elements. Natural Heritage Institute, San Francisco CA.

Natural Heritage Institute, 2008. Natural Heritage Institute: About Us [Online] . Available from: ht-
tp: //www. n – h – i. org/about – nhi/about – us. html (accessed 23. 11. 15).

Natural Heritage Institute, 2015. NHI Global Dam Re – operation Initiative: Restoring Aquatic Ecosystems
and Human Livelihoods [Online] . Available from: http: //www. global – dam – re – operation. org/:
Natural Heritage Institute (accessed 23. 11. 15).

Nelson, R. , 2013. Groundwater, rivers and ecosystems: comparative insights into law and policy for
making the links. Aust. Environ. Rev. 28, 558 – 566.

Neuman, J. , 2004. The good, the bad and the ugly: the first ten years of the Oregon Water
Trust. Neb. L. Rev. 83, 432 – 484.

Neuman, J. , Squier, A. , Achterman, G. , 2006. Sometimes a great notion: Oregon's instream flow
experiments. Envtl. L. 36, 1125 – 1155.

North, D. C. , 1990. Institutions, institutional change and economic performance. Cambridge University
Press.

O'Donnell, E. , Macpherson, E. , 2014. Challenges and Opportunities for Environmental Water Manage-
ment in Chile: an Australian Perspective. J. Water Law 23, 24 – 36.

O'Donnell, E. , 2012. Institutional reform in environmental water management: the new Victorian Envi-
ronmental Water Holder. J. Water Law 22, 73 – 84.

O'Donnell, E. , 2013. Australia's environmental water holders: who is managing our environmental wa-
ter? Austr. Environ. Rev. 28, 508 – 513.

O'Donnell, E. , 2014. Common legal and policy factors in the emergence of environmental water manag-
ers. In: Brebbia, C. A. (Ed.), Water and Society II. WIT Press, Southampton, UK.

Richter, B. D. , Thomas, G. A. , 2007. Restoring environmental flows by modifying dam opera-
tions. Ecology and Society 12, [online] . Available from: http: //www. ecologyandsociety. org/vol12/
iss1/art12/.

Scarborough, B. , 2010. Environmental water markets: restoring streams through trade. In: Meniers, R.
(Ed.), PERC Policy Series. Montana: PERC, Bozeman.

Smith, J. L. , 2008. A critical appreciation of the " bottom – up" approach to sustainable water
management: embracing complexity rather than desirability. Local Environ. 13, 353 – 366.

State of Victoria, 2004. Victorian Government White Paper: Securing Our Water Future Together. Department of Sustainability and Environment, Melbourne.

State of Victoria, 2009. Northern Region Sustainable Water Strategy. Department of Sustainability and Environment, Melbourne.

Stone, C. D. , 1972. Should trees have standing? Towards legal rights for natural objects. S. Cal. L. Rev. 45, 450.

The Nature Conservancy, 2015. About Us: Vision and Mission [Online] . Available from: http: // www. nature. org/about – us/vision – mission/about – vision – mission – main. xml (accessed 23. 11. 15).

US Army Corps of Engineers & The Nature Conservancy, 2011a. Sustainable Rivers Project: Improving the Health and Life of Rivers, Enhancing Economies, Benefiting Rivers, Communities and the Nation. US Army Corps of Engineers and The Nature Conservancy, Alexandria, Virginia.

US Army Corps of Engineers & The Nature Conservancy, 2011b. Sustainable Rivers Project: Understanding the Past, Vision for the Future. US Army Corps of Engineers and The Nature Conservancy, Alexandria, Virginia.

Victorian Environmental Water Holder, 2015a. VEWH water allocation trading strategy 2015 – 16. Victorian Environmental Water Holder, Melbourne, Victoria.

Victorian Environmental Water Holder, 2015b. Water Holdings [Online] . Available from: http: // www. vewh. vic. gov. au/managing – the – water – holdings: Victorian Environmental Water Holder (accessed 23. 11. 15).

Watson, D. , 2006. Monitoring and Evaluation of Capacity and Capacity Development. European Centre for Development Policy Management, Maastricht, The Netherlands.

World Commission on Dams, 2000. Dams and development: a new framework for decision – making. Earthscan, London, UK.

Zellmer, S. , 2008. Chapter 12: Legal tools for instream flow protection. In: Locke, A. , Stalnalter, C. , Zellmer, S. , Williams, K. , Beecher, H. , Richards, T. , Robertson, C. , Wald, A. , Andrew, P. , Annear, T. (Eds.), Integrated Approaches to Riverine Resource Stewardship: Case Studies, Science, Law, People, and Policy. WY: The Instream Flow Council, Cheyenne.

第 20 章

阐明水文变化复杂原因的管理选择

Avril C. Horne，Carlo R. Morris，Keirnan J. A. Fowler，Justin F. Costelloe
和 Tim D. Fletcher
墨尔本大学帕克维尔校区，维多利亚州，澳大利亚

20.1 引言

大坝和引水工程对水文节律的影响已得到广泛报道，并在环境流量相关研究中备受关注。然而，由于流域复杂性特征，集水区的改变可能会造成水文节律发生显著变化。阐明复杂集水区的变化是非常具有挑战性的，因为造成复杂性问题的源头分散存在于广泛的流域中。环境管理者可能无法完全独立地阐述无数问题的单独来源，或者他们甚至根本无法定位问题的源头在哪里。就算是能够识别出造成水文变化问题的多个因素，但完全阐明清楚所有要素从经济角度上来看是令人难以承受的。此外，对这些问题进行监测和确保遵守解决这些问题的措施通常是非常耗费资源的。更进一步面临的挑战是在这些问题的起因上，通常会存在时间和空间上的巨大差异，从而对径流序列产生影响。

本章通过三个例子讨论了管理流域复杂性特征造成的不同河流径流变化存在显著差异的挑战，以及解决这些问题的潜在方法：农田坝、地下水引水和土地利用的变化（城市化和再造林）（Neal 等，2001；O'Connor，2001；Pokherl 等，2015；Walsh 等，2012）。

20.2 复杂流域变化的本质及其管理挑战

经济学家 Alfred E. Kahn（1966）用"小决定的专制"来形容这样一种情形，即许多个人作出看似独立的小决定，最终累积成大的临时决定，其结果往往是不理想或者令人难以接受的（Odum，1982）。

复杂流域的变化恰好属于这一类别。流域尺度发生的显著的水文变化不是由某个单独事件的决策所引起的，而是由流域内所有小事件的决策的选择所引起的，在这些分散的小

决策中，只有当累积的影响导致显著的生态影响时，才会考虑更大范围的管理决策或解决方案（Odum，1982）。

虽然有许多集水过程可能导致河流水文特征的变化，但概括起来，引起水文变化的原因大致具有以下共同点：

1. 有许多影响点分布在所有地貌单元中。

2. 影响是累积性的（一个单独的决策的影响是小的，但许多决策组合起来的影响是巨大的）。

3. 量化影响是具有挑战性的：

a. 数据获取困难或者经济成本太高；

b. 每个区域的影响是独特的（如果相同的干扰发生在集水区的两个位置，每一个扰动将不一定导致相同的水文变化）；

c. 这些影响通常存在时间或者空间延迟。

4. 通常有多种因素。

5. 它们可能由不同的政策框架或不同的河流管理机构进行管理。

这些因素导致理解这些影响的性质比较困难（量化这些影响的时间和幅度变化），也为管理带来了某些挑战。

我们已经确定了水文变化扩散原因的三种管理方法：监管、技术解决方案和协同管理。

20.2.1　监管与许可证制度

水资源管理的一个核心，是设定可持续的资源限额，然后在可支配的限额内分配水资源（许可证）。流域复杂因素会引起水文变化，管理这一问题的一个关键途径是将用水限制在资源限度许可的范围内，并采用许可证制度来降低这些活动的影响。从一开始就使水资源纳入全面限制的范围内而不是后期追溯调节用水，这样要容易得多（Finlayson 等，2008）。

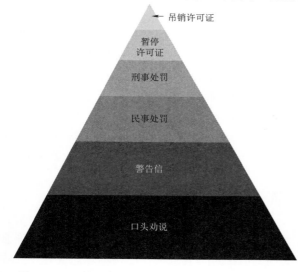

图 20.1　监管金字塔的一个例子。每一层的大小表明在这一水平上的活动的适宜的比例。金字塔的内容将根据具体规则的内容而变化。

调节因流域复杂原因造成的影响的一个关键挑战是监测，并且需要在跨越大空间尺度和潜在大量机构时使监测具有一致性。一种可能有用的方法是由 Ayres 和 Braithwaite（1992）提出来的响应调节的方法。当监管者使用 Ayres 和 Braithwaite 称之为监管金字塔的方法时，遵守法规的可能性最大。在金字塔的底部是基于对话的方法以确保其遵守规则，如说服和教育。Ayres 和 Braithwaite 认为这些应该是最常用的技术。金字塔的更高层次包括更加苛刻和惩罚性的干预措施，如正式警告、惩罚和吊销许可证（图 20.1）。Braithwaite（1985，2002）认为，在对话失败的情况下，监管者应该始终从金字塔的基础开始，然后审慎地升级到更严厉的方法，只有在更温和的惩罚形式失败时，才采取更严厉的方法。澳大利亚水利管理机构墨尔本水务（2013）使用这项技术来实施农田水坝法律。与许多环境政策一样，公众教育改变观念可能有助于政策的成功实施（Gunningham 和 Sinclair，2005；Ring 和 Schröter-Schlaack，2011）。

20.2.2　技术解决方案

为了减少流域内的活动对河流水文特征带来的影响，常常可以采用技术解决方案。这些技术解决方案可以针对流域的特定区域，或者用来管理对水文节律的某些特定要素的影响。这种方法其中的一个挑战是定义适当的资金规模，从而适当地分配成本负担。

20.2.3　协同管理

由于涉及许多个体土地所有者或机构的性质，识别水文变化的复杂原因需要大量利益相关者的合作。协同管理是一种超越地方层面允许和决策的策略。管理的目标或要求由政府确定，土地所有者可以在政府要求的框架下自主决定如何最好地满足这些要求。更广泛地说，Ostrom（1990，1993，2011）等提倡自治系统的可行性，并呼吁学习许多长期合作的例子，包括菲律宾、尼泊尔和西班牙的灌溉系统（Ostrom，1993）。社区主导的管理原则可能非常适合于解决复杂原因造成的水文变化，因为进行集中监测和控制实在难以执行，这有时导致集中政策的意外结果（Crase 等，2012）。相反，社区管理可以将实时信息纳入管理实践。因此，社区管理策略可以更加灵活，也可能更有效。协同管理还可以使土地所有者参与更广泛的环境管理问题（Edeson，2015），所产生的不仅仅是满足环境流量管理目标的好处（见第 7 章）。

下一节通过三个案例来讨论与三个复杂流域变化原因有关的概念：农田坝、地下水引水以及城市化和再造林。可讨论的管理方法有无数种，必须根据具体的资源、分配框架和制度设置来选择。

20.3　管理农田坝

农田坝，比较常见的是农田池塘，通常在私人土地上用来储存水的小型土地结构（<100ML——Nathan 和 Lowe，2012）。有些坝位于规定的水道上，而另一些坝则不一定位于规定的水道附近，而是通过截留流域内的汇水，或者从河流或特定的取水设施中取水。如第 3 章所述，农田坝会导致河流流量的减少，因为除了拦截地表降水外，它们还会截获可能流入溪流和河流的局部地表径流（Schreider 等，2002）。这些水可以在农场中使用，或者因蒸发或渗漏而丧失。当大量的类似水体在流域景观格局上形成累积效应时，就会影响水文过程（Beavis 和 Howden，1996；Fowler 等，2016）和生态系统（Chin 等，2008；Mantel 等，2010a，2010b；Maxted 等，2005）。注意，本章讨论的不是洪泛平原上为截获洪水以备今后使用而建造的大坝。农田坝在包括澳大利亚（MDBC，2008）、美国（Ignatius 和 Stallins，2011）、新西兰（Thompson，2012）、南非（Hughes 和 Mantel，2010）、巴西（Souza Da Silva 等，2011）和巴基斯坦（Ashraf 等，2007）在内的许多国家都很普遍。

20.3.1 农田坝水文影响特征分析

大型水库的水文影响可以通过比较上游和下游的计量流量来估计，但是这很难扩展到小型私人储水区，因为它们数量太多，且常常位于难以计量的变化较大的、轮廓不清的水道上。那么管理者如何确定农田坝的引起的水文变化的严重性？虽然详细的答案超出了本章的范围，但我们在这里还是提供了常用方法的主要步骤的概述，并给感兴趣的读者提供本文中的参考资料。

农田坝影响的第一步是识别和计数流域内的农田坝。如果建造农田坝需要许可证，那么许可证颁发机构的记录就是一个起点。如果没有这样的记录，农田坝可以通过航空摄影、地形图或卫星影像来识别。较大的农田坝可以在诸如地球资源卫星等免费影像中看到。对于较小的水体，可能需要获取更高分辨率的航拍产品。

已经确定了集水区的农田坝，下一步是估算它们的库容。一些较大的坝可能已经作为正式建造过程的一部分进行了调查统计，并且可以从调查报告中计算出体积。或者，采用高质量的地形数据，例如激光雷达（LiDAR）数据，可以根据坝的内部几何形状来估计坝的体积（Walter 和 Merritts，2008），条件是在数据采集时坝几乎为空。

然而，获取和处理必要数据的成本可能很昂贵，尤其是对大面积的区域来说（Sinclair Knight Merz，2012）。作为替代方案，可以使用大坝的表面积来估算农田坝的容积。有一些研究得出了表面积和容积之间的关系。例如，Fowler 等（2016）列出了澳大利亚不同地区的五个这样的方程，Hughes 和 Mantel（2010）推导了南非不同地区的三个方程。Habets 等（2014）使用不同的方法评估了农田坝对法国西部径流的影响，他们基于该地区大坝调查的基础数据，假设该地区所有坝的平均深度为 3m。

McMurray（2004）研究了几个建议性的方程。他发现，农田坝的几何形状可以变化很大，因此，任何给定的表面积可以计算出很多的可能容积。他总结说，虽然方程式不是估算单个农田坝容积的良好工具，但是当用于测量多个坝（即在整个流域内）的组合容积时，方程式确实提供了合理的估算方法。

最后一步是将坝的估算容积与测量的水流节律进行比较，以确定它们可能的影响。例如，如果一个流域的坝估算容积是年径流量的 1%，那么农田坝对水文状况的影响可以忽略不计将是一个合理的结论。然而，如果结论不那么直接，可以使用水平衡模型获得进一步的分析。在文献中存在许多农田坝水平衡模型的例子（Arnol 和 Stockle，1991；Hughes 和 Mantel，2010；Lie 等，2009；Nathan 等，2005），有些是公开可用的 Windows 模块程序（Cresswell 等，2002；Fowler 等，2012b；Jordan 等，2011）。一般说，水量平衡模型考虑进出各个农田坝的各种水量，包括降雨、蒸发、地表径流流入、消耗性使用、渗漏和下游溢流或泄放。模型使用这些数据来对流域中的每一个农田坝进行水平衡分析。将结果相结合以估计流域内农田坝的整体影响。一些模型可以整合空间数据来确定拓扑流动路径，这对于确定哪些农田坝是生态资产的上游是很重要的（Fowler 等，2012b）。

鉴于农田坝收集的径流量在干旱期所占比例通常最高（Fowler 等，2016；Lett 等，2009），描述气候和径流的季节和年际变化的模型，比如上面列出的那些，可能比描述长期平均值更方便计算。像任何水文模型一样，农田坝水量平衡模型需要许多假设和简化，决策者在基于模型输出进行决策时应该意识到由此产生的模型的不确定性（Fowler 等，2016；Hughes 和 Mantel，2010；Lowe 和 Nathan，2008）。

20.3.2　解决农田坝水文影响的可选方案

监管和许可制度

可以采用许可证制度来管理农田坝，并限制其对水资源的影响。例如，2000 年，澳大利亚维多利亚州政府建议改变农田坝许可证制度，以便所有用于灌溉或商业目的的大坝都需要许可证（DNRE，2000）。一些农田坝所有者强烈反对该提议（Rochford，2004）。然而，维多利亚州政府已经采取措施，使这些变化更容易让人接受。他们成立了一个委员会，与农田坝所有者、环保团体和农业游说团体进行磋商。委员会在考虑了书面意见和在特别召开的公开会议上发表的意见，并同游说团体协商后，对最初的提案作了若干修改（VFDRC，2001）。此外，政府向反对派政党作出了让步。原始提案的主要变化之一是包括了前期条款，这使已经拥有农田坝的人可以选择免费注册他们的农田坝（DNRE，2001）。维多利亚州议会于 2002 年通过了农田坝许可制度的立法。

当把这些措施强加在现有的农田坝上，会使得政治上难以接受，这时或许可以规定新农田坝的批准和设计。西澳大利亚州，面对西南部园艺和葡萄栽培地区高水平的农田坝开发，委托了一个基于农田坝水量平衡模型的决策支持工具以协助获批新的许可证（Fowler 等，2012a，2012b）。当收到许可证申请时，将使用决策支持工具模拟提议的新农田坝，只有在该工具指示如下时才会通过审批：（1）对下游环境资产的影响被判定为可接受的；（2）位于下游的其他大坝所有者的供应的可靠性没有受到过分的损害。

对于管理机构来说，减缓大坝水文影响的另一种方法是鼓励建造冬季蓄水的大坝。这些水坝通常位于停用的河道上，通过泵来收集水，且仅在一年中河流高流量的丰水期才这样做。将水储存在大坝中，在一年中干旱的月份使用。冬季蓄水坝的好处是它们提供了安全的水源，并在河流处于最大压力下的干旱时期减少了对水的需求。

另一种减少大坝对径流影响的方法是鼓励废除这些坝。虽然强制拆除计划可能看上去很严厉，但土地所有者被要求（并可能受到激励）拆除他们的农田坝的志愿项目在政治上是可取的替代方案。土地所有者可能愿意废除农田坝，原因可能如下：（1）土地所有权发生变化，新所有者使用土地的方式不同，造成从前所有者传承下来的农田坝基础设施不能提供任何价值，或者新所有者认为有安全隐患；（2）大坝是在以前的干旱时期修建的，目前已经不再需要；（3）大坝陈旧，管理老化基础设施的风险大于可以获得的益处；（4）土地所有者希望响应环境要求使水返回溪流和河流，或经济鼓励。

这种方法的优点在于，通常可以确保合规性：一旦大坝被废除（例如，通过推倒部分土墙的方式），废除将是永久性的，要保存下来的代价非常昂贵。一个缺点是土地所有者可能需要大量的经济补偿作为行动的激励。此外，很难控制哪些大坝应废除，因此与低流量旁路相比，这种方法对于针对特定的生态资产可能没有用（详见以下各节）。作者知道自愿废除已经被当作一种管理选项的情况，但是据我们所知，在实践中它还有待试验。

技术解决方案：低流量旁路通道

正如第 3 章中提到的那样，农田坝在一年中干旱月份对径流的影响最大（McMurray，2006；Nathan 和 Lowe，2012）。也就是说，在低流量时期，农田坝从河流中引走的水量的绝对值是较低的，但这部分水量的占比是非常大的，尤其是与未建设农田坝的河道相比（Lett 等，2009）。在干旱时期，这些分流可能会剥夺重要水体中生物的避难场所。在这种情况下，专注于低流量出现的时间的管理措施可能是最好的管理。

低流量旁路通道是确保农田坝下游最小流量可以通过的装置。当进入大坝的水流量小于旁路的设计阈值时，100％的进水流量通过旁路进入下游。当流量超过阈值时，通过下游的水量被固定至阈值，其余的水流入大坝（Lee，2003）。

有许多不同的设计可以达到这个目的。图 20.2 展示了使用上游导流堰和旁路通道（State of Victoria，2008）的设计示意图。另一种设计是一种等高线通道，它将所有水流分流到一个分配系统（坑）中。在高流量时，系统中的水被引导进入大坝，在低流量时，水绕过大坝直接进入下游。另一种旁路通道设计是浮动管道，它可以从大坝内部泄放水（对于位于河流上的长坝，旁路管道是不经济的）。

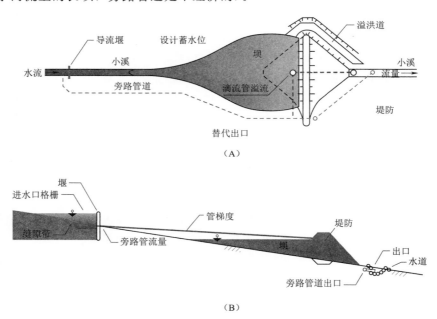

图 20.2　农田坝低流量旁路的实例设计，包括上游导流堰和旁路通道管道。当流入大坝的流量被限制在一个明确的通道内时，这种设计是有用的。（A）平面图和（B）纵向截面。

这种方法的优点是，旁路通道可以只安装在那些对环境供水最重要的农田坝。例如，Fowler 和 Morden（2009）在少数大型农田坝的集水区的研究，利用地形和大坝位置数据来推断水流路径，确定要针对哪个农田坝提出通道设计。Cetin 等（2013）基于位置和许可证状态，也开展了将低流量旁路通道集中在农田坝上的相对收益。

缺点则包括用低流量旁路通道改造现有大坝的成本很高，如果仅针对某些大坝而不考虑其他大坝，则会被认为不公平，供水的可靠性可能受到损害，旁路通道的也会更易受到人为影响，例如堵塞旁路通道的管道。根据安装有旁路的农田坝的数量，可能需要大量资源来定期进行合规检查。因此，土地所有者的合作和意愿是能否产生积极成果的必要条件。

对于一个地区的所有新坝，可以鼓励或要求安装低流量旁路通道。例如，维多利亚州出台了一项政策，即用于商业目的的所有新的农田坝都必须安装有低流量旁路通道（State of Victoria，2003）。在设计阶段引入旁路通道的成本通常大大低于改造成本。维多利亚州政府编制了通过流量需求的全州地图（图 20.3）和关于如何将这些要求纳入大坝设计的相关技术指南（State of Victoria，2008）。

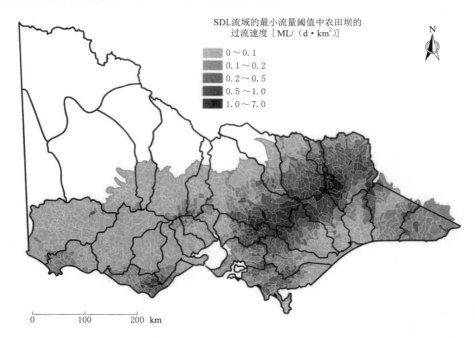

图 20.3　澳大利亚维多利亚州的地图，显示了新的商业农田坝的低流量旁路的最小流量阈值。给定大坝的速率（以 ML/d 为单位）为地图值和大坝上游贡献面积的乘积（以 km² 为单位）。较深的阴影对应于具有较高流量要求的湿润区域。

协同管理

政府和用水者之间的协同管理也有助于最大限度地减少大坝对径流的影响。例如，Edeson（2015）描述了澳大利亚塔斯马尼亚州政府部门如何与这个州的所有农田坝所有者进行的合作。政府设定了环境流量的要求，如果流量下降到临界水平以下（40ML/d），取水将会被禁止。在协同管理的实验中，农民获得了关于河流流量的实时数据。当农民们注意到流量即将下降到临界水平以下时，他们合作从水坝中泄放部分水流从而避免禁令的使用。其结果是农民能够获得灌溉用水，同时也减少了低流量的影响。

20.4　地下水变化引起的水文条件变化的管理

地下水-地表水相互作用会对径流产生两种截然不同的影响。最常见的是，地下水的抽取导致了径流向河流中流入量的减少，或者增加了河流水体向地下水补充的需求，从而导致了河道径流的减少。比较少见的是，由于过度灌溉或土地利用变化引起的河流补给增加而导致的地下水位的上升，而这种水位上升则可能导致基流的增加，从而导致河流和河岸带的水质问题。这两种效应在量化水文变化的程度和相应的管理方法方面都带来了重大的技术挑战。

20.4.1　描述地下水-地表水相互作用的影响

在理解地下水和地表水相互作用方面有许多关键的技术挑战，包括管理的时空尺度问题，理解地下水和地表水系统之间的通量，以及地下水开采的监测等问题。

管理决策的时间尺度可能与观测水流影响的时间尺度不同，因为地下水和地表水之间的交换存在时间滞后和不确定性（Evans，2007）。与地表水系统不同，其中低流量需求通常可以通过水库泄水和对河流引水的低流量阈值条件进行管理，地下水抽取对依赖于水流和地下水的生态系统的影响可能需要数月或数十年（甚至几个世纪）才能变得明显（Bredehoeft 和 Young，1970）。除了时间尺度问题外，地下水和地表水系统的空间范围常常不一致，这可能导致机构管理的复杂性。例如，美国中西部的高平原含水层（Kustu 等，2010）和澳大利亚的 Great Artesian 流域（Habermehl，1980）等大型地下水系统覆盖了许多河流流域和州管辖区。许多其他大量抽取地下水的大型地下水系统，例如南美洲的 Guarani 含水层和底格里斯-幼发拉底流域下面的含水层，也是跨越多个不同的国家（Famiglietti，2014；Voss 等，2013）。

地下水开采对地表水系统的影响通常是复杂的而且难以确定。尽管进行了几十年的研究，地下水对径流的贡献的估计仍然是一个科学挑战（Gonzales 等，2009）。最常见的是，基流过滤方法应用于径流记录，以估计基流对径流的贡献。这些方法应用起来简单且费用不高，但是将水流分成快流和慢流部分，地下水排放可能只是慢流的一个组成部分（Cartwright 等，2014）。示踪分离方法很强大但昂贵，只能应用在示踪数据收集的空间和时间尺度上（McGLYNN 和 McDonnell，2003）。这些尺度通常非常有限，很少有长时间序列的示踪数据记录地下水和水流的监测。地下水模型提供了另一种强大的技术，但成本很高，需要足够的地下水和流量数据进行模型校准和验证，而且只能是在特定的河段（Brunner 等，2010）。地下水模型的优点是，它们是唯一可以使用所有观测记录的方法，也可以用于向前选择的模型（例如，情景模拟）。因此，地下水模型允许管理人员测试不同地下水开采方案、管理措施选取和气候变化的影响（Mulligan 等，2014）。

对于地下水开采的管理，通常需要有许多监测的成本和获取专业知识的成本。监测，既需要用来评估系统的状态（即含水层的水位），也需要用来测定实际的取水量和取水模式。为了评价抽水引起的地下水动态及其对地表水系统的影响，需要足够的地下水监测钻孔网络。在资源管理方面这将需要极大的费用征收，因为安装监测孔的成本很高。可持续地下水分配的实施需要监测地下水泵孔，以确保其遵守规定。澳大利亚对地下水资源的最初监管通常涉及最大开采量的分配，但实际利用量的确定只在长时间范围（例如，每年）内进行测量，从而限制了这一信息用于管理的准确性和有效性。（Skurray，2015）。为了能够将气候变化（即：自然驱动因素）的影响与抽水（即：人为驱动因素）对含水层水位的影响区分开，管理层需要对地下水的抽取进行以米为单位的高时间频率监测（Shapoori 等，2015）。计量含水层中布的多个钻孔的费用是很昂贵的，且容易受到篡改，并需要水管理机构了解所有泵水钻孔的位置（Ross 和 Martinez-Santos，2010）。在澳大利亚，对用于大量取水（例如灌溉、城镇供水和减少盐度）的钻孔的计量要求越来越普遍，在很多高度依赖地下水的国家也是如此。例如，约旦计量用于取水的私有孔所占比例很高（90％），但据报告在 2002 年只有 61％投入使用（Venot 和 Molle，2008）。然而，在许多国家，地下水开采的监测是较少的，实施困难或无法应用。例如，在印度的许多州都进行地下水监测，但在大多数地方没有实施地下水开采监管（Kumar，2005；Rodell 等，2009）。加利福尼亚州在 2014 年只是将要求在流域尺度上计量地下水的开采纳入了立法，尽管科学团体大力倡导（Christian - Smith 和 Abhold，2015），但这仍然面临土地所有者的阻力（Wee，2015）。

20.4.2　可用于解决地下水开采的水文影响的选择项

管控与许可

理想的模式是将地下水、地表水视为需要综合管理的系统，因为认识到抽取地下水会对水流产生影响，但通常难以阐明其影响的程度和滞后时间。过去二十年的水政策改革力图实施这一理想范式，例如《欧洲水框架指令》（Griffith，2002）、澳大利亚政府理事会地下水改革委员会（Neill，2009）和印度中央地下水管理局（Rodell 等，2009）。然而，这种方法还远远没有普及。例如，加利福尼亚州作为美国地下水使用量最大的州，一直缺乏一个全州范围的地下水管理框架（Nelson，2012），直到近期相应的管理规则（《可持续地下水管理法》）出台后才开始对加州地下水资源进行监管（McNutt，2014）。由区域管理者（例如，区域水管理机构或州政府部门）对地下水和地表水分配进行联合管理和许可，为管理地下水开采对径流的影响提供了一个期望模型。这种联合管理的方法已经探索了几十年（例如，Young 和 Bredehoeft，1972），虽然执行这一政策方法正变得越来越被接受，但是地下水资源仍然通常被独立地进行管理（Famiglietti，2014），而这种非联合管理的影响将会在几十年后显现出来（Bredehoeft 和 Young，1970）。

这两个例子都说明了需要同时考虑地表水和地下水资源的政策。在 MDB，由于担心河流系统的水过度分配，自从 1994 年引入地表水开采上限以来，地下水使用增加了 50％以上（Nevill，2009）。地下水使用量的增加也与长期干旱的时间相一致，这导致了地下水位的进一步下降，并有可能导致这一时期河流低流量的减少（Leblance，2012；Nevill，2009）。在西班牙中部的上瓜迪亚纳（Guadiana）流域上游，1960—2000 年间，利用地下水进行集约灌溉的地区增加了 5 倍，导致地下水位下降超过 20m，大型的地下水依赖型湿地——Tablas de Daimiel 湿地严重退化。1992 年引入了地下水管理计划，但未能成功阻止地下水位的下降，部分原因是该地区有大量不受管控的非法井以及在引入管理之前的灌溉方法所导致（Martinez-Santos 等，2008）。已经有许多模型研究确定了地下水和地表水联合管理的价值（Singh，2014；Zhang，2015），但是澳大利亚、西班牙和美国加利福尼亚州的经验表明，还需要有强有力的、及时的政策和治理框架来最大限度地发挥联合管理的技术优势。

将地下水开采对河道径流的影响降到最低，通常需要地下水和地表水资源的联合管理，特别是调节抽取量和抽取时间。然而，联合管理的引入在含水层特征的管理方面面临着技术挑战。地下水滞留时间长或管理人员对地下水了解不充分，则很少会制定管理计划（即根据地下水开采对河流的影响来对地下水的使用设定触发阈值）。例如，在审查澳大利亚各地的 15 个地下水管理计划时，只有两个根据水流条件对地下水规定了明确的分配限制（White 等，2016）。这种管理的有效性取决于抽水蓄水层与河流之间的水力连通程度。在水力连通较好的系统中，冲积层地下水的滞留时间较短，遇到流量事件的反应时间也很快，联合管理可以更容易地将地下水与流量监测结合起来，从而保护夏季低流量期不受严重的地下水开采的影响。在大多数与河流和溪流有相互作用的其他大型地下水系统中，进出河流的地下水停留时间和通量不易测量，或者相对于季节或年度时间都较长（Evans，2007）。因此，对地下水分配进行微调以便将河流低流量需求的影响降到最低，这对于管理人员来说是困难的，并且除了对溪流和地下水进行监测之外，通常还需要对系统进行详细的模拟和收集现场数据（如示踪）。

在缺乏关于含水层水文地质和河流与地下水之间的水量交换的详细信息的情况下，禁采区的设置（或限制地下水的开采）提供了一种限制地下水开采对流量影响的手段。抽水孔距河流的距离越大，特定抽水体积对特定时间段内水流的影响越小（Evans，2007）。这种分区方法可以将对短期径流和环境流量的影响降到最低，但无法改变长期的影响。禁采区的确定，可以通过不同含水层特征的变化时间来确定，以便该方法能够针对单个集水区或河段进行定制。

技术解决方案

地下水的开采不仅可以驱动水文变化，而且是环境流量的焦点。在世界各地的灌溉地区，过多的灌溉水的渗出可能导致地下水堆积和土壤盐渍化（Scanlon 等，2007）。这些升高的地下水位可以导致河流中基流的增加（Kendy 和 Bredehoeft，2006）。在低地、半干旱的河流系统附近可以发现高浓度的咸水，部分原因是土地清理增加了扩散补给率，并且还需要对河流调控以保持较高的河流水位，以防止咸水排放到河流中。因此，洪泛平原土壤盐渍化会严重影响河岸带林木的健康，河岸带林地由于河流的调控而缺乏洪水的冲刷，可能已经处于压力之下。河岸带林地较差的健康状况是 Murray 河泄放环境流量和支持基础设施投资的主要推动力（Bond 等，2014）。

在人工提高地下水位的情况下，主要的物理选择之一是抽出地下水以维持预期的水位，特别是在含盐浅层地下水对植被健康产生有害影响的地区。通过抽取含盐地下水来维持河岸带的环境健康，已被讨论用作向健康状况较差的泛滥平原和湿地供应环境流量的补充方法（Alaghmand 等，2013；George 等，2005）。它可以增强横向河流补给，增强河岸带林地的健康状况。然而，这种方法的有效性取决于透水层含水层的透射率。改善河岸带林地健康也可能需要通过环境洪水或向含水层注入淡水来提供淡水（Berens 等，2009）。降低地下水水位的方法是有缺陷的，因为空间差异太明显，成本很高，并需要对抽取的含盐地下水进行可持续处理。

处理上升的地下水位的管理方式还可以通过重新造林增加土壤剖面的蒸发蒸腾来限制地下水补给的增加。这种方法还可用于通过河流系统水生植物的蒸散直接降低地下水位（Khan 等，2008；Peck 和 Hatton，2003）。在灌区内，地下水位的降低可以通过更有效的灌溉输送系统（例如滴灌或喷灌）来实现，尽管有些是灌溉作物需要向地下水渗滤，以防止在根部区域积累溶质（Oster 和 Wichelns，2003）。战略性的植被重建也可以用来限制雨水灌溉和灌溉农业地区的地下水补给率（Khan 等，2008；Peck 和 Hatton，2003）。

20.5　城市化进程中的水文变化管理

城市化主要通过建立不透水区和高效的排水系统来改变水流的节律，这就导致了渗透率的下降，大大增加了地表径流，从而显著增加了河流水文曲线的时间变异性。水质也会受到影响而下降。城市化也可能会通过抽取地下水作为城市用水或通过将废水排放到河流中来影响水流的节律，但是对水文节律的最大干扰通常是由城市雨水径流问题所引起（Walsh 等，2012），这是我们主要考虑的一种影响因素。更详细的有关城市化对的水文影响的细节见第 3 章。

问题在于，城市雨水径流通常汇集范围很广；无法渗透的径流流向河流中，而这些河流也是正常的雨水排放的区域。因此，暴雨径流产生的地方，无论是私有土地还有公共土地，都必须找出其影响水文节律的解决方案。

近几十年来，暴雨径流的管理方式发生了重大变化，从主要侧重于最小化洪涝程度（例如，使用蓄洪池和管道升级）的方法，转向了一种更关注环境的方法，例如沿途景观的美化以及雨水资源的利用（Burns 等，2012）。这种转变已经发生在世界的许多地区，虽然这些方法的名称各不相同（例如，北美的低影响设计、澳大利亚的水敏城市设计和英国的可持续城市排水系统；Fletcher 等，2014a），但一般原则都是相似的：

1. 保持水平衡和水文节律尽可能接近自然；
2. 尽量保持水质接近自然；
3. 鼓励节约用水，以及雨水和废水的资源利用；
4. 通过将雨水控制措施（SCMS）集成到城市景观中，最大限度地美化景观；
5. 在减少排水基础设施成本的同时增加城市景观价值；
6. 减少径流和洪峰流量，最大限度地减小或减轻洪涝程度。

尽管这些原则看起来是完整的，但在实践中，仅限于减少高峰流量和减少污染物负荷已经非常普遍了（Burns 等，2012），但是近期人们更加关注雨水管理系统的设计来维持或将水文节律恢复到近自然的状态（Burns 等，2012；Fletcher 等，2014b；Petrucci 等，2013；Walsh 等，2012）。实现这些目标需要采取以下措施：（1）减少不透水面积；（2）通过保留、处理、使用、蒸发和雨水渗透技术的使用，阻断不透水区域及受水区域的水力连通，而不是让水流完全排放到受水区域。

许多作者指出了以对受水区水流和水质状况影响较小的方式管理雨水的好处（Fletcher 等，2014b；Grant 等，2012；Vietz 等，2015；Wong 和 Brown，2009）。首要的是利用雨水收集作为减少雨水威胁的主要方法，通过创造具有潜在经济效益的新的水资源，创造了一种机会。景观设计对雨水的滞留在减少洪水的同时（Burns 等，2015b；Tourbier 和 White，2007），还可以增强土壤湿度，从而增强植被健康，并减少城市潜在的热岛效应（Endreny，2008）。

20.5.1　暴雨影响特征

关于城市化对雨水以及对水流状况的影响研究可以追溯到几十年前（Leopold，1968），这些研究认为建立的不透水区和高效的排水系统能够增加峰值流量和总流量，同时减少基流。城市河流水文曲线是众所周知的具有瞬时效应，具有高度变化的水流特征。

使用 Olden、Poff 等提出的流量度量方法（Konrad 和 Booth，2005；Olden 和 Poff，2003）可以描述水文节律的变化，从而来描述水流特征：变化幅度、持续时间频率、变化率和时间。例如，最近一些学者提出了选择适当的生态水文指标来分析城市对流态影响的框架（Gao 等，2009；Hamel 等，2015）。

然而，最近的研究中更重要的领域也许是开发描述和预测城市土地利用对水文节律影响的流域指标。在这一领域的研究首先表明，总不透水性（由不透水表面组成的集水区的比例）是峰值流量和流量变化的良好预测指标（Booth 等，2002）。近期，一系列学者的研究揭示了不透水表面和受水水体之间的水力连接是水文影响（Wong 等，2000）的主要驱动力，并因此影响河道形态（Vietz 等，2014）和生态系统响应（Burns 等，2015a；Walsh 和 Kunapo，2009）。换句话说，这是由不透水表面在流域中所占的比例决定的。这些不透水区域通过管道将水排入河流，或者流到相邻的透水土地，从而给水流提供渗透和衰减的机会。因此，学者们开发了一些变量，如有效防渗性（effective imperviousness）（Han 和 Burian，2009），它是由通过管道直接排入河流的不透水区域组成的集水区的比例。Walsh 和 Kunapo（2009）更进一步提出了减弱的不透水性（attenuated imperviousness），这解释了陆上水流通道长度所导致的衰减程度。

还有许多评估城市雨水对河流水文学影响的通用工具，例如，雨水管理模型（US EPA，2014）和城市雨水改善概念化模型（eWater CRC，2014）。

20.5.2 解决城市化水文影响的可选方案

监管与许可

首先，需要适当的监管，以防止雨水径流直接排放到受水区域，这通常是为了防止废污水的流入（Roy 等，2008）。其次，需要鼓励使用雨水作为资源的经济模型（Walsh 等，2012）。这种雨水的利用既可以是在城市（例如，用于非饮用的家庭用途、工业使用以及开放空间的灌溉），也可以使用到附近的农业土地上以支持诸如种植和园艺等需水生产活动。的确，雨水径流被输送到受体水域与经济的耦合，有利于从作为替代水资源的雨水的收集和供应中获得经济效益，从而产生重要的协同作用。这些模型需要识别雨水产生区域和管理区域的不匹配，以及管理改善后下游的潜在受益者。例如，建立渗入式雨水花园以截流源头附近的径流，这是减少下游河道（对那些社区有利）退化的有效方法，但是建造和维护这种系统的成本可能由上游社区承担，这有失公允。

技术解决方案

减少不透水面积可以通过细致的场地设计、尽量减少对铺设区域的要求来达到，从而产生较小的建筑痕迹（例如，促进更紧凑的双层连栋式房屋），或者采用特定的技术，如绿色（有植物的）屋顶、多孔路面以及允许多孔区域的结构材料。

作为另一种选择，可以构建特定的系统来拦截、存留和处理雨水，然后用于各种人类需要，允许其渗入下层土壤，或者由植被蒸发。我们使用雨水控制措施（stormwater control measures）这一术语来描述这样的系统，尽管最佳管理措施（best management practices）、替代技术（alternative techniques）或可持续排水系统（sustainable drainage systems）等术语也经常被用到（Fletcher 等，2014a）。这种技术可以应用于各种各样的尺度，从源头到管道末端（也称为集水区末端），但在近年来，人们越来越认识到需要强调在更接近源头的区域截流和处理雨水径流，不仅需要改善性能（恢复更自然的水文节律和水质），而且需要从景观宜居性和城市小气候的方面增加社区的效益（Fletcher 等，2013）。

雨水控制措施包括湿地、池塘和沉淀池、雨水径流和屋顶雨水收集罐（这些通常称为雨水罐）、沼泽和渗透系统（盆地或沟渠和雨水花园，也称为生物过滤系统）。以上每一个措施及其他们主要机制都在表 20.1 中进行了简要描述。滞水系统（例如池塘）系统通过提供存储空间降低了排水速率，从而降低峰值流量。虽然滞水系统可以减少洪水，但在某些情况下，它可能通过延长水体流动时间来固定泥沙和输移泥沙，从而增加对河道的损害（Vietz 等，2015）。水质处理是通过沉淀或通过物理过滤和生化过程（如将氮转化为硝酸盐，随后通过脱氮过程去除）来完成的。

表 20.1　　　　　　　　　　　常 用 雨 水 控 制 措 施

名　　称	主 要 机 制 及 其 描 述
雨水/暴雨径流蓄水池	主要机制：存储、滞留、收集。 为一系列终端用户提供水源，从而减少饮用水的消耗。可用于灌溉城市景观，从而有助于改善城市的舒适度，调节小气候，恢复土壤水分、地下水和基流。家庭规模的系统通常只收集屋顶径流，而较大的系统通常从屋顶和地面不透水区域收集径流。
池塘和沉积盆	主要机制：滞流和沉降一些生物处理。 因为它们的美学益处而广受欢迎，但在恢复更自然的水文节律和显著改善水质方面效果要差得多。
湿地	主要机制：滞流、沉降、物理化学过滤（通过植被）、部分蒸散作用。 可以作为收集的预处理。
雨水花园/生物滞流系统/生物过滤系统	主要机制：滞流，物理和化学过滤（高效率），生物处理（通常高效率），渗透，蒸散发。 生物滞流系统可能是目前可用的最有效的处理方法，并且在配置和布局方面有极好的灵活性。它们可以促进雨水的渗透，或者在不合适的地方进行分隔。可以加以改进来促进水平衡和保持植被健康。
低洼地	主要机制：物理过滤，有限的滞流，可能促进取决于底层土壤的渗透率。 低洼地的优点是在充当输送工具的同时提供一些雨水控制（可以替代小型雨水管道）。它们为公路等线性集水区提供了一个有用的源头处理措施的选择，特别是当底层土壤可提供有效的渗透时。
渗透盆和沟渠	主要机制：渗透、蒸散（如植被）、物理过滤、滞流（积水区）。 渗透系统可以植被化（如下层）或未植被化（例如，在地表使用沙子或砾石）。渗透沟常常隐藏在地下，包裹在土工织物中。
污染物收集器	主要机制：物理过滤。 污染物收集器仅适用于预处理。它们不能提供全系列的水文节律和水质处理功能。
砂/颗粒过滤器	主要机制：物理过滤（和先进的颗粒过滤介质中的化学过滤）。 只提供水质处理，对水文节律没有显著影响。
其他绿色基础设施（例如绿色屋顶和绿墙）	主要机制：理化过滤、蒸散发、部分生物处理。 绿色屋顶和绿墙也具有显著的小气候调节和节能效益。

Burns 等（2012）和 Walsh 等（2012）近期的研究证明了设计能够将从给定站点发出的径流量返回到自然（开发前）水平的 SCMs 的需求。Walsh 等（2012）也表明，为了能将水文节律的重要方面（径流的频率、变化率、基流的季节性、水流的变化率）恢复到能够支持健康河流生态系统的水平，这种设计也是必要的。可以使用一系列 SCMs 来实现这一结果，但是考虑到要减少径流进入自然系统的必要性，识别哪种措施可以促进雨水收集就是非常必要的。（拦截和储存雨水，以供今后在一系列非饮用用水中使用，或者可能用于饮用目的，提供有必要的治疗过程和风险保护）（Walsh 等，2012）。蒸散发是减少降雨径流的另一种主要途径，这也以通过收集雨水进行植被灌溉的方式来达到目的，或者通过专门的雨水花园和植被灌溉系统来达成。

雨水入渗是一种广泛使用的雨水管理技术，其工作原理是收集雨水径流并允许雨水（处理后的）渗入地下，从而可能补给地下水并促进基流的提升（Hamel 等，2013）。渗透可以帮助减少峰值流量。然而，渗透需要与其他技术相结合以减少总的水量（如上所述）；仅依靠渗透可能导致地下水位增加和河流基流超出其自然水平（Bhaskar 等，2016）。因此，旨在恢复更多自然流态的雨水管理战略将需要一套综合的 SCMs，通过协同作用共同恢复水文节律的重要生态方面（图 20.4）。因此，有必要采取适当的设计或性能指标来指导 SCM 策略的设计。

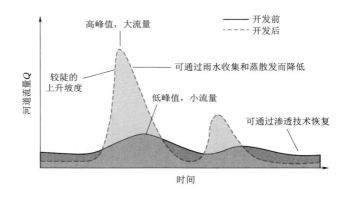

图 20.4　雨水控制措施的组合，以恢复更多的自然水文节律

Burns 等（2013）提出了基于自然流量范式的设定 SCM 性能目标的框架（Poff 等，1997）。意识到需要设计一个适度复杂（或许不可能）的系统以匹配准确的自然水文节律（考虑到可能用到大量的流量指标）后，他们开发了一种基于三个总体指标的方法（在每种情况下的目标都是模拟开发前状况）：

1. 总容积，表示为降落在不透水区域但应通过蒸散发或收集而损失的降雨量的比例。

2. 对基流的贡献，表示为降雨落在不透水表面上的比例但随后就渗透到地下的比例。

3. 在一个特定的区域要产生径流所需要的水量的度量，表示为初始等效损失（mm）。

Burns 等（2013）演示了如何采用当地的径流数据和蒸散发系数来计算森林和草原集水区的这三个指标的目标值，正如 Zhang 等（2001）在文章中展示的一样，并估算了 Hill 等（1998）提出的自然集水区的初始损失（可以产生地表径流所需的降雨量）。

城市暴雨径流管理越来越多地在一个更全面的框架内进行管理，称为综合城市水管理，其中城市水循环的各个组成部分之间的相互作用备受关注（Chocat等，2001）。综合城市水管理认识这项综合管理在诸如供水、城市舒适度和城市热岛效应缓解等方面可以获得的益处（Fletcher等，2013），同时也提供了更传统的防洪效益（Burns等，2010）。这种方法需要城市规划师、景观设计师、植物学家、工程师和城市设计师等学科的参与。最重要的是，鉴于不透水表面产生的额外流量，有必要鼓励和促进（通过规章和财政激励）暴雨径流的制造者（那些特定的不透水表面的创造和管理者，以及那些由房屋持有者、附近的工业或农业生产者产生的水资源的潜在消费者）之间的合作。

20.6　人工造林导致的水文变化的管理

第3章讨论了植被对径流的潜在影响。林业项目通常因其环境和社会效益而得到促进（Calder，2007），公众认为森林对整个世界都产生了积极的影响，包括木材供应、娱乐活动、碳存储和提供野生动物栖息地。然而，有重大证据表明，人工造林可以通过增加截流和蒸发效应从而对集水区的供水产生持久的影响（Albaugh等，2013；Calder，2005；Robinson，1998）。

20.6.1　阐述人工造林的影响

有许多不同的方法用来理解流域内植被变化的水文影响。一个给定的流域的适当方法是由资源和数据可获取性来指导的。下面简要介绍几种比较常用的方法。

流域配对比较法

方法是利用两个具有相似特征的相邻流域，一个用作对照流域，另一个用作处理流域。在流域的条件保持相同的条件下，校准周期测试表明两个流域的水文响应相似。然后，利用两个流域中的水流之间的关系建立起植被发生变化时流域水文变化的基线。

这是一种常见的用于了解植被变化对径流影响的方法，特别是在一些阐述植被对水循环影响的基础文献中（Zhang，2015）。实施这一方法需要大量的资源和长期的投入（Zhang，2015）。

时间趋势分析法

该方法主要是在同一流域内比较变化前（校准周期）和变化后的条件。将变化前的径流和降雨与变化后的径流和降雨的关系进行对比。

校准周期通常基于植被发生变化之前的一段时间的记录。在许多流域，这种校准周期的长度可能太短或缺失，使得这种方法难以实施（Zhang，2015）。

建模

植被影响可以通过模拟不同土地利用条件和植物生长特性条件下，降雨在诸如入渗、蒸发蒸腾、水库蓄水和地表水径流等过程之间的分配的模型来综合。这些模型的输入包括气候信息和流域特征，如土壤类型（Albaugh等，2013）。

20.6.2　可用于解决人工造林水文影响的方案

监管与许可

一些国家同时采取了促进人工造林的政策，但同时认识到缺水是一个严重的国家问题

（Calder，2007）。这可能部分是由于科学家未能充分地将森林水文知识传达给政策制定者；也没有现行政策框架以整体方式评估林业方案，包括考虑水资源的影响（Calder，2007）。很少有水政策将植被用水纳入分配框架，然而，已经有一些重新考虑人工造林的值得注意的案例。在南非，根据《国家水法》，人工造林被认为是减少径流的活动，因此需要许可证。规划机构会预测新的人工林可能产生的水文影响，并根据现有承诺和作为许可决定的一部分的保护需求来评估这一影响（Albaugh 等，2013）。同样，在澳大利亚，国家水资源倡议是一项政策协定，要求各管辖区将所有重大截水活动纳入水规划框架。由于对锯材、纸屑和纸板制品的国内和出口需求的增加，澳大利亚大规模商业人工林迅速增加（Leys 和 Vanclay，2010）。这其中包括管理投资计划（20 世纪 90 年代开始增长）和养老基金（Timber Queensland，2015）的投资。在南澳大利亚，人工林在一些高雨量地区成为一种重要的土地利用类型。这导致了将人工林作为用水者纳入水规划框架的全州政策的执行。类似的方式也在维多利亚州西部发展起来。已确定的管理选项包括以下内容（Government of South Australia，2009）：

1. 实施森林水许可计划，要求人工林所有者或管理者持有可交易的水权。
2. 实施管理用水影响活动的许可证制度，控制用水范围和性质。
3. 业务守则和行业协议。

这些管理选项是通过流域水资源规划实现的，选取哪种适宜的管理选项取决于系统中的水资源状态。在高度受影响的流域，这可以有效地将人工林用水整合到正式的水分配框架和任何用水协议内。

20.7　结论

在水环境管理文献中很少关注水文变化的复杂原因的管理。地下水、农田坝、城市化和人工造林都对径流有显著的影响，然而，由于空间尺度、影响的复杂性，管理选项也是复杂的，并且常常涉及多个利益相关者。

在本章中，提供了使用各种策略来管理复杂流域变化的实例，包括直接监管、经济手段、教育活动和协同管理。这些方法可能有助于在其他情况下设计解决复杂流域区变化的策略。然而，在将政策从一种情况转移到另一种情况时，考虑文化、政治和生物物理环境是非常重要的（Benson 等，2012；Swainson 和 de Loe，2011）。

复杂流域变化管理往往需要用水户在一定程度上的接受与合作。咨询和教育是处理复杂流域变化的有效工具，尤其是如果能与其他政策工具相结合。重要的是，利益相关者知晓协商过程是以更可靠的而不是以象征性的姿态参与。此外，虽然机构可能希望将管理行动建立在诸如环境监测等硬数据的基础上，但是这些数据可能很难收集，而且成本很高。因此，机构可能需要通过与土地所有者和外地官员的磋商以及来自用水者的轶事证据来获得"软性"信息来源。

水文变化复杂的原因通常不包括或不完全符合水管理的历史许可和规章框架。管理地下水、农田坝、城市化和人工造林对国内径流的影响的一个关键考虑是，这些做法如何与给定系统中现有的环境流量分配机制相互作用。重要的是，水文变化的复杂原因会在水流到达河流之前对其产生影响。在定义和管理具有重大复杂影响的现有范围时，必须考虑水的使用和影响，特别是要在现有范围所定的许可和用水安排下。如果不发生这种情况，尽管来自干流的用水规模受到限制，但大流域的用水可能能够继续增长。如果处在限制用水的区域内，应该在流域进入压力或危机点之前设置好（Finlayson 等，2008）。这有可能节省公共资源，为用水者提供更大的供应确定性，并更好地保护环境。

有许可证的用水户要求在抽水前过流的情况下，减少的地下水或截流的径流可能会降低对过流用水户和环境的可靠性。表 20.2 总结了可用的管理选项，并适当总结了它们与第 16 章中描述的环境流量分配机制是如何联系起来的。

表 20.2 　　　　　　　　　　**水文变化的复杂原因和管理对环境流量的影响的选择**

原因	限制使用的管理选项	超额供水/变更输水的管理选择
农田坝	限制范围内的许可/整合 • 新坝的监管 • 在需要时，自愿停止使用农田坝 • 鼓励冬季蓄水大坝 许可持有者的条件（保护河道低流量） • 低流量旁路通道 • 协同管理规则	
地下水	在限制范围内进行整合 • 新许可证的监管 许可证持有人的条件 • 提取率和时间的限制 • 消耗率的监控和规则遵守	管理地下水堆积和土壤盐渍化的定量抽取 许可证持有人的条件 • 地下水回补率的限制
城市化		雨水控制措施 • 雨水/暴雨径流蓄水池 • 池塘和沉积池 • 湿地 • 雨水花园/生物滞流和生物过滤系统 • 低洼地 • 渗透流域
人工造林	在限制范围内进行整合 • 需要新的造林区在限制政策范围内持有用水许可证	

参 考 文 献

Alaghmand，S.，Beecham，S.，Hassanli，A.，2013. Impacts of groundwater extraction on salinization risk in a semi‐arid floodplain. Nat. Hazard Earth Syst. 13，3405 - 3418.

Albaugh，J. M.，Dye，P. J.，King，J. S.，2013. *Eucalyptus* and water use in South Africa. Int. J. Forest. Res. 2013，11.

Arnold，J. G.，Stockle，C. O.，1991. Simulation of supplemental irrigation from on‐farm ponds. J. Irrig. Drain. Eng. 117，408 - 424.

Ashraf，M.，Kahlown，M. A.，Ashfaq，A.，2007. Impact of small dams on agriculture and groundwater development: a case study from Pakistan. Agr. Water Manage. 92, 90 – 98.

Ayres, I., Braithwaite, J., 1992. Responsive Regulation: Transcending the Deregulation Debate. Oxford University Press, New York.

Beavis, S., Howden, M., 1996. Effects of Farm Dams on Water Resources. Bureau of Resource Sciences, Canberra, Australia.

Benson, D., Jordan, A., Huitema, D., 2012. Involving the public in catchment management: an analysis of the scope for learning lessons from abroad. Environ. Policy Governance 22, 42 – 54.

Berens, V., White, M. G., Souter, N. J., 2009. Injection of fresh river water into a saline floodplain aquifer in an attempt to improve the condition of river red gum (*Eucalyptus camaldulensis* Dehnh.). Hydrol. Process. 23, 3464 – 3473.

Bhaskar, A. S., Beesley, L., Burns, M. J., Fletcher, T. D., Hamel, P., Oldham, C. E., et al., 2016. Will it rise or will it fall? Managing the complex effects of urbanization on base flow. Freshw. Sci. 35 (1), 293 – 310.

Bond, N., Costelloe, J. F., King, A., Warfe, D., Reich, P., Balcombe, S., 2014. Ecological risks and opportunities from engineered artificial flooding as a means of achieving environmental flow objectives. Front. Ecol. Environ. 12, 386 – 394.

Booth, D. B., Hartley, D., Jackson, R., 2002. Forest cover, impervious – surface area, and the mitigation of stormwater impacts. J. Am. Water Resour. Assoc. 38, 835 – 845.

Braithwaite, J., 1985. To Punish or Persuade: Enforcement of Coal Mine Safety. State University of New York Press, Albany, NY.

Braithwaite, J., 2002. Restorative Justice and Responsive Regulation. Oxford University Press, Oxford.

Bredehoeft, J. D., Young, R. A., 1970. The temporal allocation of ground water—a simulation approach. Water Resour. Res. 6, 3 – 21.

Brunner, P., Simmons, C. T., Cook, P. G., Therrien, R., 2010. Modeling surface water – groundwater interaction with MODFLOW: some considerations. Ground Water 48, 174 – 180.

Burns, M., Fletcher, T. D., Hatt, B. E., Ladson, A., Walsh, C. J., 2010. In: Chocat, B., Bertrand – Krajewski, J. – L. (Eds.), Can allotment – scale rainwater harvesting manage urban flood risk and protect stream health? (La récuperation des eaux pluvialesà l'echelle de la parcelle: peut – elle protéger contre les inondations et la dégradation des milieux aquatiques?). Novatech. GRAIE, Lyon, France.

Burns, M., Fletcher, T. D., Walsh, C. J., Ladson, A., Hatt, B. E., 2012. Hydrologic shortcomings of conventional urban stormwater management and opportunities for reform. Landsc. Urban Plan. 105, 230 – 240.

Burns, M. J., Fletcher, T. D., Walsh, C. J., Ladson, A. R., Hatt, B., 2013. In: Bertrand – Krajewski, J. – L., Fletcher, T. (Eds.), Setting objectives for hydrologic restoration: from site – scale to catchment – scale (Objectifs de restauration hydrologique: de l'échelle de la parcelleàcelle du bassin versant). Novatech. GRAIE, Lyon, France.

Burns, M., Walsh, C., Fletcher, T. D., Ladson, A., Hatt, B. E., 2015a. A landscape measure of urban stormwater runoff effects is a better predictor of stream condition than a suite of hydrologic factors. Ecohydrology 8, 160 – 171.

Burns, M. J., Schubert, J. E., Fletcher, T. D., Sanders, B. F., 2015b. Testing the impact of at – source stormwater management on urban flooding through a coupling of network and overland flow models. WIREs Water 2, 291 – 300.

Calder, I. R., 2005. Blue Revolution – Integrated Land and Water Resources Management. Earthscan, London.

Calder, I. R., 2007. Forests and water—ensuring forest benefits outweigh water costs. Forest Ecol. Manage 251, 110 – 120.

Cartwright, I., Gilfedder, M., Hofmann, H., 2014. Contrasts between estimates of baseflow help discern multiple sources of water contributing to rivers. Hydrol. Earth Syst. Sci. 18, 15 – 30.

Cetin, L. T., Alcorn, M. R., Rahmanc, J., Savadamuthu, K., 2013. Exploring variability in environmental flow metrics for assessing options for farm dam low flow releases. Proceedings 20th International Congress on Modelling and Simulation. 1 – 6 December 2013, Adelaide, Australia, pp. 2430 – 2436.

Chin, A., Laurencio, L. R., Martinez, A. E., 2008. The hydrologic importance of small – and medium – sized dams: examples from Texas. Prof. Geogr. 60, 238 – 251.

Chocat, B., Krebs, P., Marsalek, J., Rauch, W., Schilling, W., 2001. Urban drainage redefined: from stormwater removal to integrated management. Water Sci. Tech. 43, 61 – 68.

Christian – Smith, J., Abhold, K., 2015. Measuring what matters: setting measurable objectives to achieve sustainable groundwater management in California. Union of Concerned Scientists.

Crase, L., O'Keefe, S., Dollery, B., 2012. Presumptions of linearity and faith in the power of centralised decision – making: two challenges to the efficient management of environmental water in Australia. Aust. J. Agric. Resour. Econ. 56, 426 – 437.

Cresswell, D., Piantadosi, J., Rosenberg, K., 2002. Watercress user manual. Available from: http: // www. waterselect. com. au.

DNRE, 2000. Sustainable Water Resources Management and Farm Dams: Discussion Paper. Department of Natural Resources and Environment, Melbourne, Australia.

DNRE, 2001. Irrigation farm dams; a sustainable future. Victorian Government response to Farm Dams (Irrigation) Review Committee Report. Department of Natural Resources and Environment, Melbourne, Australia.

Edeson, G., 2015. Updating integrated catchment management to improve the climate resilience of water-dependent communities. Water 42, 61 – 65.

Endreny, T., 2008. Naturalizing urban watershed hydrology to mitigate urban heat – island effects. Hydrol. Process. 22, 461 – 463.

Evans, R., 2007. The impact of groundwater use on Australia's rivers – technical report. Land and Water Australia, Canberra, Australia.

eWater CRC, 2014. Model for urban stormwater improvement conceptualisation (MUSIC). 6. 0 ed. eWater Cooperative Research Centre, Canberra, Australia.

Famiglietti, J. S., 2014. The global groundwater crisis. Nat. Clim. Change 4, 945 – 948.

Finlayson, B. L., Nevill, C. J., Ladson, A. R., 2008. Cumulative impacts in water resource development. Water Down Under Conference. 14 – 17 April 2008, Adelaide, Australia.

Fletcher, T. D., Andrieu, H., Hamel, P., 2013. Understanding, management and its consequences for receiving waters; a state of the art. Adv. Water Resour. 51, 261 – 279.

Fletcher, T. D., Shuster, W. D., Hunt, W. F., Ashley, R., Butler, D., Arthur, S., et al., 2014a. SUDS, LID, BMPs, WSUD and more – The evolution and application of terminology surrounding urban drainage. Urban Water J. 12, 525 – 542. Available from: http: //dx. doi. org/10. 1080/1573062X. 2014. 916314.

Fletcher, T. D., Vietz, G., Walsh, C. J., 2014b. Protection of stream ecosystems from urban stormwater runoff; the multiple benefits of an ecohydrological approach. Prog. Phys. Geogr. 38, 543 – 555.

Fowler, K., Morden, R., 2009. Investigation of strategies for targeting dams for low flow bypasses. Proceedings Hydrology and Water Resources Symposium. Newcastle, Australia. Engineers Australia, pp. 1185 – 1193.

Fowler, K. , Donohue, R. , Morden, R. , Durrant, J. , Hall, J. , 2012a. Decision support and uncertainty in selfsupply irrigation areas. Proceedings of the Australian Hydrology and Water Resources Symposium. Sydney, Australia.

Fowler, K. , Donohue, R. , Morden, R. , Durrant, J. , Hall, J. , Narsey, S. , 2012b. Decision support using Source for licensing and planning in self supply irrigation areas. Proceedings 15th International River Symposium. Melbourne, Australia.

Fowler, K. , Morden, R. , Lowe, L. , Nathan, R. J. , 2016. Advances in assessing the impact of hillside farm dams on streamflow. Aust. J. Water Resour. 19 (2), 96 – 108.

Gao, Y. , Vogel, R. M. , Kroll, C. N. , Poff, N. L. , Olden, J. D. , 2009. Development of representative indicators of hydrologic alteration. J. Hydrol. 374, 136 – 147.

George, R. , Dogramaci, S. , Wyland, J. , Lacey, P. , 2005. Protecting stranded biodiversity using groundwater pumps and surface water engineering at Lake Toolibin, Western Australia. Aust. J. Water Resour. 9, 119 – 128.

Gonzales, A. L. , Nonner, J. , Heijkers, J. , Uhlenbrook, S. , 2009. Comparison of different base flow separation methods in a lowland catchment. Hydrol. Earth Syst. Sci. 13, 2055 – 2068.

Government of South Australia, 2009. Managing the water resource impacts of plantation forests – A statewide policy framework. South Australia.

Grant, S. , Saphores, J. , Feldman, D. , Hamilton, A. , Fletcher, T. D. , Cook, P. , et al. , 2012. Taking the "waste" out of "wastewater" for human water security and ecosystem sustainability. Science 337, 681 – 686.

Griffith, M. , 2002. The European Water Framework Directive: an approach to integrated river basin management. Eur. Water Manage. 1 – 15.

Gunningham, N. , Sinclair, D. , 2005. Policy instrument choice and diffuse source pollution. J. Environ. Law 17, 51 – 81.

Habermehl, M. A. , 1980. The Great Artesian Basin, Australia. BMR J. Aust. Geol. Geophys. 5, 9 – 38.

Habets, F. , Philippe, E. , Martin, E. , David, C. H. , Leseur, F. , 2014. Small farm dams: impact on river flows and sustainability in a context of climate change. Hydrol. Earth Syst. Sci. 18, 4207 – 4222.

Hamel, P. , Daly, E. , Fletcher, T. D. , 2013. Source – control stormwater management for mitigating the effects of urbanisation on baseflow. J. Hydrol. 485, 201 – 213.

Hamel, P. , Daly, E. , Fletcher, T. D. , 2015. Which baseflow metrics should be used in assessing flow regimes of urban streams? Hydrol. Process. 29, 2367 – 2378.

Han, W. S. , Burian, S. J. , 2009. Determining effective impervious area for urban hydrologic modeling. J. Hydrol. Eng. 14, 111 – 120.

Hill, P. , Mein, R. , Siriwardena, L. , 1998. How much rainfall becomes runoff? Loss modelling for flood estimation. Cooperative Research Centre for Catchment Hydrology (Report 98/5), Melbourne, Australia.

Hughes, D. , Mantel, S. , 2010. Estimating the uncertainty in simulating the impacts of small farm dams on streamflow regimes in South Africa. Hydrol. Sci. J. 55, 578 – 592.

ICOLD, 2007. World Register of Dams. International Commission on Large Dams, Paris.

Ignatius, A. , Stallins, J. A. , 2011. Assessing spatial hydrological data integration to characterize geographic trends in small reservoirs in the Apalachicola – Chattahoochee – Flint River Basin. Southeast. Geogr. 51, 371 – 393.

Jordan, P. , Stephens, D. , Morden, R. , Sommerville, H. , Fowler, K. , 2011. Spatial Tool for Estimating Dam Impacts (STEDI) v. 1. 2. Sinclair Knight Merz, Melbourne, Australia.

Kahn, A. E. , 1966. The tyranny of small decisions: market failures, imperfections, and the limits of economics. Kyklos 19, 23 – 47.

Kendy, E. , Bredehoeft, J. D. , 2006. Transient effects of groundwater pumping and surface – water – irrigation returns on streamflow. Water Resour. Res. 42, W08415.

Khan, S. , Rana, T. , Hanjra, M. A. , 2008. A cross disciplinary framework for linking farms with regional groundwater and salinity management targets. Agr. Water Manage. 95, 35 – 47.

Konrad, C. P. , Booth, D. B. , 2005. Hydrologic changes in urban streams and their ecological significance. Amercian Fisheries Society Symposium 47. Amercian Fisheries Society.

Kumar, M. D. , 2005. Impact of electricity prices and volumetric water allocation on energy and groundwater demand management: analysis from Western India. Energy Policy 33, 39 – 51.

Kustu, M. D. , Fan, Y. , Robock, A. , 2010. Large – scale water cycle perturbation due to irrigation pumping in the US High Plains: a synthesis of observed streamflow changes. J. Hydrol. 390, 222 – 244.

Leblanc, M. , Tweed, S. , Van Dijk, A. , Timbal, B. , 2012. A review of historic and future hydrological changes in the Murray – Darling Basin. Glob. Planet. Change 80 – 81, 226 – 246.

Lee, S. , 2003. Management of farm dams using low flow bypasses to improve stream health. Counterpoints 3, 72 – 79.

Lehner, B. , Reidy Liermann, C. , Revenga, C. , Vörösmarty, C. , Fekete, B. , Crouzet, P. , et al. , 2011. Highresolution mapping of the world's reservoirs and dams for sustainable river – flow management. Front. Ecol. Environ. 9, 494 – 502.

Leopold, L. B. , 1968. Hydrology for Urban Land Planning: a Guidebook on the Hydrological Effects of Urban Land Use. U. S. Geological Survey, Washington, DC.

Lett, R. , Morden, R. , McKay, C. , Sheedy, T. , Burns, M. , Brown, D. , 2009. Farm dam interception in the Campaspe Basin under climate change. 32nd Hydrology and Water Resources Symposium. Newcastle, Australia. Engineers Australia, p. 1194.

Leys, A. , Vanclay, J. , 2010. Land – use change conflict arising from plantation forestry expansion: views across Australian fence – line. Int. Forest. Rev. 12, 256 – 269.

Liebe, J. , Van De Giesen, N. , Andreini, M. , Walter, M. , Steenhuis, T. , 2009. Determining watershed response in data poor environments with remotely sensed small reservoirs as runoff gauges. Water Resour. Res. 45, Available from: http: //dx. doi. org/10. 1029/2008WR007369.

Lowe, L. , Nathan, R. J. , 2008. Consideration of uncertainty in the estimation of farm dam impacts. Water Down Under Conference. 14 – 17 April 2008, Adelaide, Australia.

Mantel, S. K. , Hughes, D. A. , Muller, N. W. , 2010a. Ecological impacts of small dams on South African rivers Part 1: Drivers of change – water quantity and quality. Water SA 36, 351 – 360.

Mantel, S. K. , Muller, N. W. , Hughes, D. A. , 2010b. Ecological impacts of small dams on South African rivers Part 2: Biotic response – abundance and composition of macroinvertebrate communities. Water SA 36, 361 – 370.

Marsalek, J. , Rousseau, D. , Steen, P. V. D. , Bourgues, S. , Francey, M. , 2007. Ecosensitive approach to managing urban aquatic habitats and their integration with urban infrastructure. In: Wagner, I. , Marsalek, J. , Breil, P. (Eds.), Aquatic Habitats in Sustainable Urban Water Management: Science, Policy and Practice. UNESCO/Taylor and Francis, Paris/London and New York.

Martinez – Santos, P. , De Stefano, L. , Llamas, M. R. , Martinez – Alfaro, P. E. , 2008. Wetland restoration in the Mancha Occidental Aquifer, Spain: a critical perspective on water, agricultural, and environmental policies. Restor. Ecol. 16, 511 – 521.

Maxted, J. R. , McCready, C. H. , Scarsbrook, M. R. , 2005. Effects of small ponds on stream water quality and macroinvertebrate communities. New Zeal. J. Mar. Fresh. 39, 1069 – 1084.

McGlynn, B. L. , McDonnell, J. J. , 2003. Quantifying the relative contribution of riparian and hillslope zones to catchment runoff. Water Resour. Res. 39, 1310.

McMurray, D. , 2004. Farm Dam Volume Estimations from Simple Geometric Relationships. Department of Water. Land and Biodiversity Conservation, Adelaide, South Australia.

McMurray, D. , 2006. Impact of Farm Dams on Streamflow in the Tod River Catchment, Eyre Peninsula, South Australia. Department of Water, Land and Biodiversity Conservation, Adelaide, South Australia.

McNutt, M. , 2014. The drought you can't see. Science 340, 1543.

MDBC, 2008. Mapping the Growth, Location, Surface Area and Age of Man Made Water Bodies, Including Farm Dams, in the Murray – Darling Basin. Murray – Darling Basin Commission, Canberra, Australia.

Melbourne Water, 2013. Annual report for Woori Yallock Creek Water Supply Protection Area Stream Flow Management Plan 2012: reporting period 28 March 2013 to 30 June 2013. Melbourne Water, Docklands, Australia.

Mulligan, K. B. , Brown, C. , Yang, Y. – C. E. , Ahlfeld, D. P. , 2014. Assessing groundwater policy with coupled economic – groundwater hydrologic modelling. Water Resour. Res. 50, 2257 – 2275.

Nathan, R. , Jordan, P. , Morden, R. , 2005. Assessing the impact of farm dams on streamflows, Part I: Development of simulation tools. Aust. J. Water Resour. 9, 1 – 12.

Nathan, R. J. , Lowe, L. , 2012. Discussion paper: the hydrologic impacts of farm dams. Aust. J. Water Resour. 16, 75 – 83.

Neal, B. , Nathan, R. , Schreider, S. , Jakeman, A. , 2001. Identifying the separate impact of farm dams and land use changes on catchment yield. Aust. J. Water Resour. 5, 165 – 176.

Nelson, R. L. , 2012. Assessing local planning to control groundwater depletion: California as a microcosm of global issues. Water Resour. Res. 48, W01502.

Nevill, C. J. , 2009. Managing cumulative impacts: groundwater reform in the Murray – Darling Basin, Australia. Water Resour. Manage. 23, 2605 – 2631.

O'Connor, T. G. , 2001. Effect of small catchment dams on downstream vegetation of a seasonal river in semiarid African savanna. J. Appl. Ecol. 38, 1314 – 1325.

Odum, W. E. , 1982. Environmental degradation and the tyranny of small decisions. BioScience 32, 728 – 729.

Olden, J. D. , Poff, N. L. , 2003. Redundancy and the choice of hydrologic indices for characterizing streamflow regimes. River Res. Appl. 19, 101 – 121.

Oster, J. D. , Wichelns, D. , 2003. Economic and agronomic strategies to achieve sustainable irrigation. Irrig. Sci. 22, 107 – 120.

Ostrom, E. , 1990. Governing the Commons: the Evolution of Institutions for Collective Action. Cambridge University Press, Cambridge.

Ostrom, E. , 1993. Design principles in long – enduring irrigation institutions. Water Resour. Res. 29, 1907 – 1912.

Ostrom, E. , 2011. Background on the institutional analysis and development framework. Policy Studies J. 39, 7 – 27.

Peck, A. J. , Hatton, T. , 2003. Salinity and the discharge of salts from catchments in Australia. J. Hydrol. 272, 191 – 202.

Petrucci, G. , Rioust, E. , Deroubaix, J. – F. D. R. , Tassin, B. , 2013. Do stormwater source control policies deliver the right hydrologic outcomes? J. Hydrol. 485, 188 – 200.

Poff, N. L. , Allan, J. D. , Bain, M. B. , Karr, J. R. , Prestegaard, K. L. , Richter, B. D. , et al. ,

1997. The natural flow regime. BioScience 47, 769 – 784.

Pokherl, Y. N. , Koirala, S. , Yeh, P. J. F. , Hanasaki, N. , Longuevergne, L. , Kanae, S. , et al. , 2015. Incorporation of groundwater pumping in a global land surface model with the representation of human impacts. Water Resour. Res. 51, 78 – 96.

Ring, I. , Schröter – Schlaack, C. , 2011. Instrument Mixes for Biodiversity Policies. Helmholtz Centre for Environmental Research, Leipzig, Germany.

Robinson, M. , 1998. 30 years of forest hydrology changes at Coalburn: water balance and extreme flows. Hydrol. Earth Syst. Sci. 2, 233 – 238.

Rochford, F. , 2004. 'Private' rights to water in Victoria: farm dams and the Murray Darling Basin Commission cap on diversions. Aust. J. Nat. Resour. Law Policy 9, 1 – 25.

Rodell, M. , Velicogna, I. , Famiglietti, J. S. , 2009. Satellite – based estimates of groundwater depletion in India. Nature 460, 999 – 1002.

Ross, M. , Martinez – Santos, P. , 2010. The challenge of groundwater governance: case studies from Spain and Australia. Reg. Environ. Change 10, 299 – 320.

Roy, A. H. , Wenger, S. J. , Fletcher, T. D. , Walsh, C. J. , Ladson, A. R. , Shuster, W. D. , et al. , 2008. Impediments and solutions to sustainable, watershed – scale urban stormwater management: lessons from Australia and the United States. Environ. Manage. 42, 344 – 359.

Scanlon, B. R. , Jolly, I. , Sophocleous, M. , Zhang, L. , 2007. Global impacts of conversions from natural to agricultural ecosystems on water resources: quantity versus quality. Water Resour. Res. 43.

Schreider, S. Y. , Jakeman, A. J. , Letcher, R. A. , Nathan, R. J. , Neal, B. P. , Beavis, S. G. , 2002. Detecting changes in streamflow response to changes in non – climatic catchment conditions: farm dam development in the Murray – Darling Basin, Australia. J. Hydrol. 262, 84 – 98.

Shapoori, V. , Peterson, T. J. , Western, A. W. , Costelloe, J. F. , 2015. Top – down groundwater hydrograph timeseries modeling for climate – pumping decomposition. Hydrogeol. J. 23, 819 – 836.

Sinclair Knight Merz, 2012. Improving State Wide Estimates of Farm Dam Numbers and Impacts – Stage 3 – Improving Farm Dam Model Inputs. Sinclair Knight Merz, Melbourne, Australia.

Singh, A. , 2014. Conjunctive use of water resources for sustainable irrigated agriculture. J. Hydrol. 519, 1688 – 1697.

Skurray, J. H. , 2015. The scope for collective action in a large groundwater basin: an institutional analysis of aquifer governance in Western Australia. Ecol. Econ. 114, 128 – 140.

Souza Da Silva, A. C. , Passerat De Silans, A. M. , Souza Da Silva, G. , Dos Santos, F. A. , De Queiroz Porto, R. , Almeida Neves, C. , 2011. Small farm dams research project in the semi-arid northeastern region of Brazil. The International Union of Geodesy and Geophysics Symposium. July 2011, Melbourne, Australia, pp. 241 – 246.

State of Victoria, 2003. Irrigation and commercial farm dams compendium of ministerial guidelines and procedures. May 2003.

State of Victoria, 2008. Guidelines for meeting flow requirements for licensable farm dams. Public Report. May 2003, 34 pp.

Swainson, R. , De Loe, R. C. , 2011. The importance of context in relation to policy transfer: a case study of environmental water allocation in Australia. Environ. Policy Governance 21, 58 – 69.

Thompson, J. C. , 2012. Impact and management of small farm dams in Hawke's Bay, New Zealand. PhD thesis. Victoria University of Wellington, New Zealand.

Timber Queensland, 2015. Timber Queensland – Plantation Ownership, Investment (accessed 20. 04. 16).

Tourbier, J. , White, I. , 2007. Sustainable measures for flood attenuation: sustainable drainage and conveyance systems SUDACS. In: Ashley, R. , Garvin, S. , Pasche, E. , Vassilopoulis, A. , Zevenbergen, C. (Eds.), Advances in Urban Flood Management. Taylor and Francis, London.

US EPA, 2014. Stormwater Management Model (SWMM). US Environmental Protection Agency. Available from: http: //www2. epa. gov/water – research/storm – water – management – model – swmm (accessed 04. 11. 14).

Venot, J. – P. , Molle, F. , 2008. Groundwater depletion in the Jordan highlands: can pricing policies regulate irrigation water use? Water Resour. Manage. 22, 1925 – 1941.

Victorian Farm Dams (Irrigation) Review Committee, 2001. Farm dams (irrigation) review committee final report. Melbourne, Australia.

Vietz, G. , Sammonds, M. , Fletcher, T. D. , Walsh, C. J. , Rutherfurd, I. , Stewards, M. , 2014. Ecologically relevant geomorphic attributes of streams are impaired by even low levels of watershed effective imperviousness. Geomorphology 206, 67 – 78.

Vietz, G. J. , Walsh, C. J. , Fletcher, T. D. , 2015. Urban hydrogeomorphology and the urban stream syndrome treating the symptoms and causes of geomorphic change. Prog. Phys. Geogr. Available from: http: //dx. doi. org/10. 1177/0309133315605048.

Voss, K. A. , Famiglietti, J. S. , Lo, M. , De Linage, C. , Rodell, M. , Swenson, S. C. , 2013. Groundwater depletion in the Middle East from GRACE with implications for transboundary water management in the Tigris – Euphrates – Western Iran region. Water Resour. Res. 49, 904 – 914.

Wada, Y. , Bierkens, M. F. P. , 2014. Sustainability of global water use: past reconstruction and future projections. Environ. Res. Letters 9.

Walsh, C. J. , Kunapo, J. , 2009. The importance of upland flow paths in determining urban effects on stream ecosystems. J. N. Am. Benthol. Soc. 28.

Walsh, C. J. , Fletcher, T. D. , Burns, M. J. , 2012. Urban stormwater runoff: a new class of environmental flow problem. PLoS One 7, e45814.

Walter, R. C. , Merritts, D. J. , 2008. Natural streams and the legacy of water – powered mills. Science 319, 299 – 304.

Wee, H. , 2015. California landowners resist efforts to monitor groundwater. CNBC. Available from: http: //www. cnbc. com/2015/05/12/the – growing – tension – over – california – water – metering – . html.

White, E. , Peterson, T. J. , Western, A. W. , Costelloe, J. F. , Carrara, E. , 2016. Can we manage groundwater? Water Resour. Res. 52, 4863 – 4882.

Wong, T. H. F. , Brown, R. , 2009. The water sensitive city: principles for practice. Water Sci. Tech. 60, 673 – 682.

Wong, T. H. F. , Lloyd, S. D. , Breen, P. F. , 2000. Water Sensitive Road Design – Design – Options for Improving Stormwater Quality of Road Runoff. Cooperative Research Centre for Catchment Hydrology, Melbourne, Australia.

Young, R. A. , Bredehoeft, J. D. , 1972. Digital computer simulation for solving management problems of conjunctive groundwater and surface water systems. Water Resour. Res. 8, 533 – 556.

Zhang, L. , Dawes, W. R. , Walker, G. R. , 2001. Response of mean annual evapotranspiration to vegetation changes at catchment scale. Water Resour. Res. 37, 701 – 708.

Zhang, X. , 2015. Conjunctive surface water and groundwater management under climate change. Front. Environ. Sci. 3, 1 – 10.

第 21 章

通过采取管理措施来维持
已开发河段的自然功能

Gregory A. Thomas

自然遗产研究院，旧金山，加州，美国

21.1 引言

我们星球的生态系统正面临着威胁，河流及与其相关的洪泛区、湿地、河口和三角洲淡水生态环境中的物种遭受着急剧衰退。淡水物种面临灭绝的速度甚至超过了海洋或热带森林中的物种（Allen 等，2012；Darwall 等，2009；Dudgeon 等，2006；Loh 等，2005；Strayer 和 Dudgeon，2010；Zoological Society of London and WWF，2014）。其影响因素是多方面的，包括来自工业和市政污染物，农场和城市径流中有毒元素、可食用物种的过渡获取和外来物种入侵。然而，主要因素是水力基础设施改变了自然生物物理过程（Allen 等，2012；Zoological Society of London and WWF，2014）。大坝、引水工程、堤坝、船闸等的建造和运行，改变了原本动态的自然系统。

总的来说，为了向城市和农场供水、产生清洁和可再生能源、防止洪水破坏和航运，河流系统已经受到破坏，但很少有人考虑其产生的环境后果（WCD，2000）。然而，河流生态系统是由天然水流、泥沙、营养物和洄游鱼类等组成，它们之间是相互依赖的。流量的大小、持续时间、频率、起始时间和轨迹的过度改变会严重损害河流系统的生物生产力。基础设施或多或少地改变了河流生态系统，使其由动态多样的自然状态，变为相对静态、简单和均化的生境。每年洪水的消除使河岸森林和湿地丧失了季节性洪水，有效地切断了河流与洪泛区的联系，并破坏了河口的水动力条件，而河口盐-淡水交汇处的水动力条件正是产生丰富生物资源的重要条件。水库大坝截留了水中的泥沙，使其无法进入洪泛平原，无法维持下游河道及河口三角洲形态，从而影响河岸带和海洋食物链的营养物质输送。当这种情况发生时，当地的渔业遭受损失，洪泛平原无法进行耕作和放牧，地下水位下降，有生命的河流流域的娱乐和美学价值受到损害（第 3 章～第 5 章）。

16 年前，世界大坝委员会（WCD）记录了过去半个世纪中在 140 多个国家建造的 45000 座大坝所带来的经济利益，以及它们对依赖水生态系统和人类粮食生产系统造成的损害（WCD，2000）。当时，还有大约 1800 座大坝正在建设中。为了满足对电力和粮食生产日益增长的需求，这一数字将呈指数增长，尤其是在东亚和南亚、亚马孙以及整个非洲大陆地区。目前，全世界有 11 亿人缺乏基本电力服务（World Bank Group，2015a），在一些非洲国家如南苏丹和乍得，用电接入率低至 5%（World Bank Group，2015b）。目前水的储存和管理能力也是有限的：拉丁美洲、亚洲和非洲部分地区的平均储存量不到 900m³/人，而北美洲和澳大利亚的平均储存量为 6000m³/人，澳大利亚的平均储存量为 4800m³/人。全球无碳能源的发展是导致河流加速开发的另一个驱动因素（1m³ = 0.001ML；World Bank 2015 in UNEP，2008）。如今，可以利用占可再生能源 85% 的水力发电，通过水头降落产生电能（International Energy Agency，2016）。中国拥有世界将近一半的大型水坝，根据其减少煤电温室气体排放的承诺，中国打算在未来 20 年内将其水电容量翻一番。印度的水电情况也基本类似。大坝的另一作用是控制洪水，洪水造成的死亡和财产损失仍然比所有其他自然灾害加起来还要多（CRED，2015）。大坝和堤坝的结合无疑是解决河道洪水肆虐的有效措施。

在一些先进的工业国家部分大坝正在拆除，这产生了一种反向趋势（American Rivers and Trout Unlimited，2002；Planet Experts，2014）。一些水利设施结构陈旧、废弃淘汰或是病险状态，它们阻碍了有价值的溯河物种如鲑鱼的生殖周期（American Rivers and Trout Unlimited，2002；McCully，2015）。就规模而言，俄勒冈边境加利福尼亚 Klamath 河上的四座大型水电站的拆除方案，令人印象深刻。（框 21.1）。这些大坝的拆除在许多方面都值得引起注意，这与其他拥有大量大坝的国家形成鲜明对比，并且促进了发展中国家在这方面的思考。

框 21.1　KLAMATH 水电站拆除方案

近 50 年来，美国加利福尼亚和俄勒冈边境的 Klamath 河流上的水电站阻隔了鱼类的洄游通道，这里曾经是生活在美国内陆区数量庞大的大鳞大马哈鱼通往冷水区域产卵繁殖的重要通道。根据协商方案，由美国加利福尼亚州和俄勒冈州及相关部落，以及 PacifiCorp 电力公司负责拆除 Klamath 河上的四个大坝，拆坝后将对下游区域的温度和水流条件产生巨大变化。方案中的主要条款：客户增加的电力成本将达到 2 亿美元，完成拆坝不需要支付电力公司成本，以及电力公司免除因大坝拆除造成的任何损害的责任 [Klamath Hydroelectric Settlement Agreement（KHSA），2010，23 - 25 页]。的确，这两个州的公共事业委员会确定，根据这些条款拆除大坝比重建和继续运营更加经济 [Public Utility Commission of Oregon（PUCO），2010，第 8 - 11 页]。拆坝协议的执行需要 4.5 亿美元（KHSA，2010，第 23 - 30 页）。其中，2 亿美元（包括利息）将从公司的电力客户收集（KHSA，2010，第 23 - 24 页）。俄勒冈州和加利福尼亚州公共事业委员会批准了客户的贡献，将在 2020 年开始全面征收（PUCO，2012；俄勒冈州公共事业委员会，2010，第 8 - 11 页，公用事业委员会）。对总预算的另一贡献是加利福

21.2 流域基础设施概述及其对河流功能的影响

本章将着重聚焦对河流自然过程影响最大的流域基础设施：筑坝、引水建筑物和堤防。

21.2.1 大坝

建造大型水坝是为了控制河流的流量，主要用途有三个：灌溉、水电和防洪，大约 20% 的大坝具备多种功能（WCD，2000）。大坝的功能决定其运行特性，决定着什么时候蓄水、什么时候泄水，这些操作将改变天然水流条件。不同的坝型有较大的区别，蓄水坝用来改变水流模式的，径流坝则不是。在这些操作模式之间存在许多等级。

对具有供水或防洪功能的大坝来说必须蓄水。从融雪和季风雨中将水源收集并储存起来，以备在炎热、干燥的生长季节使用，以应对河流流量的季节或年际变化。如果水库的蓄水能力相对于流入量较大时，则水库可以将丰水年储存的水用于缺水年份。世界上的大型水坝的一半都是用于灌溉，主要分布在中国、印度和巴基斯坦和美国（WCD，2000）。蓄水坝通过调节流量方式来满足下游灌溉、工业用水、公共用水、航运等需求。在一年中干燥的时期，流量大于自然流量。在不当的时间过多地泄放流量会造成生态破坏，同理流量泄放得太少同样破坏生态。

防洪类型水库通过捕获洪峰流量，并在暴风雨过后缓慢泄放存储水量，从而达到防止淹没下游设施和农田，保护经济和生命不受到损失。这些水库在汛期开始具备大量的蓄水能力。一场暴风雨发生后，水库必需下泄水量腾出库容，以防下次洪水。然而，汛期快结束时，在不会发生晚季风暴雨溢流风险的条件下，大坝尽可能地填满库容，以最大存储量进入旱季。

通过削减洪峰流量，防洪坝破坏了自然水文过程。然而，通过调节流量可以提供洪泛平原的季节性淹没，保持它们的生物活性。本章稍后将讨论由防洪基础设施控制的洪泛平原的土地利用，这些土地利用类型将被改变以适应这种受控的洪水。如果在先前的泛滥平原已经大范围开发成了房屋和其他高价值结构（如道路或桥梁），或者种植了作物（例如果园），那么大坝的建成使得泛滥平原恢复到历史时期的洪水淹没水平就是不可能的。

无论是在大坝坝址处还是通过引水到下游的某个点，大坝为水力发电创造了水头。水头是水库水位和尾水位（水轮机下游河流中的水面高度）之间的高度差。水头越高，单位水量的发电量就越大。

有些大坝既可以作为蓄水坝，也可以作为径流式坝使用，在这些模式之间存在等级。大多数大型水电站水库全年都以一致的速度储存和泄放水用于发电。大坝通过在雨季储存水，在旱季泄放水，从而抵消水流的自然季节性变化。有些水坝也可以每天储存和泄放运行（在低电力需求时将水位提高，以便到高电力需求时所用）。这被称为加氢作用。当下午开空调或晚上开灯时，在夏季供冷或冬季供暖等特定季节，电力需求通常达到高峰。一些工厂在营业时间和非营业时间会产生用电量的波动。水力发电特别适合于满足电网的高峰需求，不同于燃煤发电或核电站，水力发电可以非常快速地接通和关闭。水库的入库流量与下泄流量通常不相同，这种非天然流量对下游生态系统和洪泛区生物多样性产生较大破坏性。由于流量变化的速率及频率，用电高峰时期通常影响最大。水电站也可以用来支持其他间歇性的可再生能源，如太阳能电站（只在阳光下发电）或风力发电机（只在风吹的时候发电）。不可否认的是，水力发电这种本身具备环境优先选择的能源方式，往往在河流系统中需要付出巨大的环境代价。

与蓄水坝相比，径流式坝的运行以河流流量的自然变化为节律运行。入库流量与出库流量大体相同，大坝基本上只是提高水位，流量相对来说没有变化。理想情况下，径流式水库中的蓄水水位在河道中尽可能保持较高，以使水头最大化。这种大坝不需要运行复杂的监测系统就可以实现下泄量与入流量一致。这可以简单地通过在库区中维持静态水位来完成。

很有必要回顾一下第 1 章中介绍的环境流量水文情势定义，即"维持淡水和河口生态系统以及依赖于这些生态系统的人类生活所需的水量、时间和水质"。水流可以传递给环境流量（合法分配环境需水量），或者如本章所述的那样，通过重新分配水资源系统，为环境和其他用水户提供双重利益。有效地将水库蓄水量分配给下游环境可以实现特定的环境效益（Acreman，1996；Alfredsen 等，2011；Cain 和 Monohan，2008）。例如，目标可以是在每年的 7—8 月连续 10 天给洪泛区特定区域范围供水。（以规定的最大坡降，在每年自然流量减少的时间段内，向下游运输卵和幼体，在任何时间内，加大流量下泄，用于输移泥沙沉积物，但不能超过每 5 年一次。）为了达到预期的水文过程，大坝调度需要将下泄水量与下游区域的降雨和径流相结合。因为下游的暴雨可以补充足够的额外水库泄水，同时可以产生所需的洪水流。

抽水蓄能电站的运行是最具生态破坏性的方式之一，就是在一天内连续切换开关，以满足高峰电力需求（或支持间歇性的可再生能源）。这在经济获得上是可观的，因为在用电高峰期，电力产生的价值要大得多。逐日地放水和拦水将损害河流生态系统和渔业，因为鱼类不能适应流量脉冲和频繁的流量变化。例如，当水流突然减少时，鱼经常被搁浅。然而，有一种运行方式可以减缓下游的水位变幅过程，即与抽水蓄能设施一起运行大坝。大坝将作为河道径流设施运行，或者在日循环期间释放均匀水量（基本负荷发生器）。在电网需求最低的时期（例如，晚上 9 点到早上 7 点），产生的电能主要用于将低水库中的水泵入位于较高海拔的另一个水库。然后，在需求高峰期（例如，下午 3 点到晚上 9 点），水通过水轮机从上库泄放并排到下库。抽水蓄能电站可以更好地保持在大坝以下的水流条件。缺点是至少 20％的电力被泵送操作所损失（MWH，2009；NHA，2012），因此大坝的效率显著降低。由于向上泵送的能量比回收的能量多，因此整个过程是能量的净损失，但是它所储存的电能被用在最有价值的时间。

21.2.2 引水建筑物

顾名思义，引水坝从河里引水出水来。其方式和规格有许多种类，其中一些更有利于鱼类。水电站和供水坝都可能有引水结构，而防洪大坝一般不会有。

水电引水工程是在坝址上安装水电站的替代方案。在这些设施中，大坝可能相对较小，但同样有储水作用。大坝主要用于将流入的大部分水量（有时全部）引流到一条通过重力输水的隧洞或渠中，其轮廓与引水点基本相同，到达同一流域下游的一个地方，或者有时进入相邻的流域，在那里，渠道和河流之间的高程差，存在较大的水头。然后，水通过压力管道下降到位于河边的电站。发电厂排出的水流回河里。这些设施的优点是，由于高水头，每单位水可以产生更大的电能。缺点是，在引水点和回流点之间的河流中间河段可能变得大量脱水（取决于引水结构处分流或泄放的水的百分比）。如果只是单纯地追求发电量最大，这种技术会对渔业产生毁灭性的破坏。

这种设施在美国西部的山区、中国云南省以及世界上许多地形陡峭的地方很常见。正是在这背景下，环境保护中最小生态基流标准的概念才得以产生，进而成为水电监管机构的主要工作内容。然而，人们越来越认识到这一原则已经过时了。新的环境流方式不仅仅针对河道内，也允许河流在自然洪水状态下季节性地流出河岸，进而模拟自然水文情势中的流量变化，而不是最小流量（Thomas，1996）。在上述引水式电站中，特别是在许多小规模水电方案中，很难实现这一目标。

引水建筑物是供水工程的基本特征。一部分水储存在蓄水坝中；另一部分水输送至下游的某个地方。后者河道被用作输水系统。这两种类型的方案都很常见，但是它们对环境产生的后果（以及因此而采取的缓解策略）大不一样。二者都耗尽了天然流量将水流入灌溉渠道。然而，下游引水工程也导致流量变化，甚至可能比流量损失更具破坏性。当水被存储在水库中或被分流引走时，用于下游流动的水量将会减少，但是仍然可以以一种维持一定程度的动力模式泄放并与泛滥平原相互作用。在引水点上下游的河流环境可能受到严重影响。此时，环境流量和灌溉用水的比例不匹配就变得很突出。在雨季，水生环境需要洪峰流量，在干燥季节需要低流量（第4章）。而灌溉系统的需求是相反的。在雨季，他们的目的是坝后蓄水，而不是泄放到下游河道。在旱季，灌溉系统旨在向输送系统泄放非自然水流条件的大水量，在下游引水方案的情况下，输送系统将包括河道，因此下游河流接收维持其自然功能的水不是太少就是太多。新的运行系统需要恢复环境流量来抵消这些负面影响。下面将讨论如何恢复所需的环境流量管理制度。

21.2.3 堤防

对环境有重大影响的第三类基础设施是堤防。这些人造墙用来将河流限制在河道内，防止其与历史洪泛平原相互作用。堤防限制了河流，使得平坦、易受洪水影响的地区可以用来搞建设和农场的开发。事实上，流域发展中最不正常的趋势之一就是由于修建这些堤坝进而开发洪泛区。洪泛区堤防将蓄洪区与河流分开，也可能导致下游的洪水更加严重（Acreman等，2003）。一旦发生这种情况，要想拆除堤坝、恢复河流及与其景观相互作用的泛滥平原是非常困难的，代价是昂贵的，通常是不可能的。这种动态相互作用是河流生物生产力的唯一重要因素。在许多情况下，如果不拆除这些堤坝，河流就不可能恢复其自然功能。的确，全世界的河流修复最大障碍，是缺乏有效方法将洪泛区的建筑转移到地势较高的区域或使农业生产与季节性洪水相适应。这是一个被忽视的环境研究和创新领域（图21.1）。

水库开发的一个较大弱点就是水库移民带来的挑战问题。的确，许多反坝行动主义者正是针对这些搬迁计划需要花费大量的社会成本，而其中很少的部分能够为重新安置的家

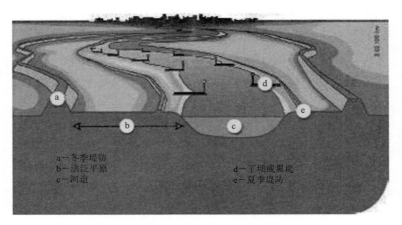

图 21.1　河流、洪泛平原和堤防的草图

庭提高他们的生活水平。然而，要想扭转大坝对环境的破坏，恢复河流的自然功能，关键是使洪泛区重新成为河流的重要组成部分，为其注入活力。由于大坝对洪水的控制，洪泛平原吸引着大量定居者，通常情况下，河流恢复工作将需要重新安置人类居住和对土地的利用。因此反对声音可能会阻碍河流修复。换言之，阻止大坝发展的，同样也会阻止河流修复。

　　然而，这些案例实际上应当区别对待。例如为了建设水库，需要安置移民，通常将居民安置在远离河流的地方，并使他们脱离原来的生活方式和食物生产系统。如果在洪泛区搬迁，居民被要求搬迁到本地附近地势较高的地方。从某种程度上讲，搬迁后只要他们直接或间接地从河流中得到生计，他们的情况实际上可以大大改善。可以说，渔业将变得更加富有生产力，农田将从每年的洪水中获得土壤和养分的补充。

21.3　发达河流系统中维护恢复自然功能的基础设施管理

　　为保护或恢复河流的健康状况，需要考虑河流中基础设施的选址、设计和运行等方面，本章将重点讨论生物生产力所依赖的河流自然功能：水文、泥沙和营养过程，以及如何营造水生生物基本栖息地。与人造建筑物相关的水质的其他方面，如温度效应、毒理、停滞等内容将在本书的其他章节介绍。

　　抛开是否要建造大坝、建造多少大坝之外，对河流环境影响最大的方面有三个：大坝的选址、如何设计和如何运行。可供选择的选项主要取决于何时作出决定。相比于基础设施建成后剩下的方案，在规划阶段出现了许多不同的选择。例如，建筑物一旦开始建设，其位置的选择就变得不可逆。混凝土浇筑就不能收回了。设计决策是困难的，昂贵的，往往伴随着设施建成后一些不符合要求的改变。这一点在以下内容中详细阐述：对于泥沙管理的大坝设计。运行方式虽然在理论上可以改变，但实际上需要重新操作整个水管理系统，而不仅仅是这有形的基础设施。下面将对本章中讨论的所有类型的基础设施进行说明。对于所有情况下的选址、大多数情况下的设计选择以及某些情况下的操作选择，关键的经验教训是"从一开始就正确地进行判断至关重要"（Ledec 和 Quintero，2003；Opperman 等，2015）。今日的决定可能会阻止未来更好的选择。错误的代价是高昂，而且常常是几十年不可逆转的，此后河流的物理性质可能会永远改变。因此，建议更加慎重地考虑其可持续性。

河流基础设施选址通常要综合考虑地形地貌、水文条件和地质条件等方面。通过工程评价把设施放在最有效的地方。然而，还有另一个务实的考虑，那就是将其放在危害最少的地方。对于具有相对高自然价值的、未被开发过的河流系统，最好的发展战略是将水坝转向相邻已经受损的小流域。这种选择经常出现在河流发展最为紧迫的国家。从某种程度上来说，某条河流开发是必须的、不可避免的，那么将其集中在已经开发的区域是比较符合实际的选择。湄公河是世界上淡水渔业最高产的河流系统，就是这种情况的一个极好例证。这个系统的大部分已经受到严重破坏，但有些部分，特别是西贡支流仍然基本保持完好无损。进一步开发是必然的，因此在现有的大坝上游考虑建坝是明智的选择。

对于那些已经被大量工程化的全部或部分河流系统而言，现实状况是完全不同的、过时的，或是病险大坝是可以拆除的，此外，还可以通过采取一些措施对其进行优化调整，而不使其失去工程性（Acreman 等，2014）。本节将介绍一些方法，目的是实现这些指导方针政策中的目标，这些方针政策如 2010 年国际水电可持续性评估议定书（http：//www.hydrosustainability.org/Protocol）和世界银行社会和环境保障措施。在由冲突、陷入僵局和零和思维主导的领域，这些技术提供了创造性的解决方案，可以整合工程师和生态学家的各自专业限制，并将生物多样性问题融入大型水利工程项目之中。

即使是选址、设计和操作运行都很好的水利工程，也会对河流的自然功能造成一定影响。如前所述，这些功能是高度复杂的和动态的。本章所讨论的技术是在付出经济价值让步的前提下保持或恢复所有自然功能的复杂活力。例如，通过重新优化蓄水坝的运行操作，使其在河流径流模式下发挥作用，有可能维持或恢复每 10 年自然发生的泛滥平原淹没模式，但是人们通常不希望大坝建成后还存在更大的小概率洪水事件的发生。在滩涂进行建设和土地开发限制了对其治理的范围。在不发电的情况下，这也可能受到压力管道和水电站泄洪的限制。

21.3.1 大坝选址的经验法则

在这一节中，将介绍水利基础设施选址的一般原则，重点是水坝。随后的部分将介绍引水工程和堤防的选址（框 21.2）。

框 21.2　引水工程和堤防工程

这里总结了引水工程和堤防，并将在本章进行更详细的论述。

引水工程：如果水被分流到蓄水池的运输通道中，而不是从蓄水池下游的河流上分流，则维持分流点下游的环境效益流通常更容易实现。使用河流作为运输通道往往导致水生生物的夹带和引水点上下流量的变化。

堤防工程：堤防应该尽可能远离河道本身，以允许河流与其历史洪泛平原的一部分相互作用，从而提供高栖息地价值，并降低建筑物遭受洪水破坏的风险。一个典型的例子就是中国的黄河下游，三门峡和小浪底坝下面的巨型堤坝有时相距 22km，这使得它们之间形成活跃的河流曲折。作者将在下文防洪系统的再运行策略方面讨论这一点。

如上所述，坝址的选择取决于地形、地质和水文等因素。对于环境方面，也应包括泥沙管理和鱼类通道。在分析这些因素时，应该考虑比水库更大的区域和直接受影响区域。在分析拟建大坝的影响时，应分析流域的产沙量、上游大坝的影响以及下游对海岸带的影响。同样，应该在足够长的时间尺度（300 年或更长）上分析水库可持续性和下游影响，以获得长期结果。

Kondolf 等（2014，第 266－267 页）的文章中写道：

水库选址很大程度上决定了水库未来的运行性能。优先考虑河道泥沙含量较低的河道（例如，在较少侵蚀的地区，也许在集水区更高）以及泥沙更容易通过的河段（例如陡峭的峡谷而不是低坡度的河段）。对于一个具备发电能力的流域，在较小的河流中集中建水坝可以减少影响（最好是天然产沙量很小），同时保持其他河流自然状态，从而天然来流带来的泥沙能够满足栖息地要求。

流域内的大坝应联合调度运行，以实现河流系统泥沙输移的管理。如果大坝各自独立运行，上游坝与下游坝之间会产生矛盾，导致不良后果。因此，当沿河开发一系列水坝时，应特别注意建立各方之间的适当协调和数据共享，包括确定运行效率所需的历史和实时监测数据，以及确定改善运行调度操作和使泥沙沉积物通过的方法。

根据这些观测结果，人们可以确定大坝选址的某些原则，以使其对环境的影响最小化：

1. 处于山区河段河流的源头，无论是纵向（下游）坡度还是谷侧坡度，河谷一般都比较陡峭。因此，在这些河段建造的水库与低海拔地区的水库相比，水库更长、更窄、更深，而低海拔地区的河坡和地形更平缓，水库将更浅、更宽。较陡、较窄、较深的水库使通过水库的流速较高，有利于泥沙和营养盐的快速冲刷通过为此目的而安装的排沙门。水头下降使得泥沙被冲刷并悬浮，并将其输送到下游。这可通过低位闸门完全排空水库，低位闸门具备足够大的空间，水流无须上游控制就可自由地通过大坝的冲刷排放，从而水的自由表面在闸门处或下方。当水库入库流量较大时期，大坝同时也排泄较高流量，使泥沙尽可能快速地通过水库，减少在库区淤积。一些先前沉积的泥沙可能被冲刷和运输，但主要目的是减少对输入泥沙的捕获，而不是去除先前沉积的泥沙。小型水库更容易减少淤积，因为它们每年的储存很少。小型水库和山区陡峭水库中，高流量更容易输送泥沙。

2. 河流上游区域水库捕获较少的泥沙。一般来说，水库（对于泥沙和养分）的捕集效率是水库蓄水量与年平均流量之比的函数。这个概念通过 Brune 曲线量化，它被广泛用于评估淤积效率。源头水库往往规模较小，因而具有较低的淤积效率。此外，泥沙/养分捕获和流量变化的影响将被下游支流弱化。

3. 尽管存在个例，但河流下游的鱼类生物多样性、生物量和迁徙物种普遍高于上游。最好把大坝建在远离生物生产力最强的地区，如洪泛区、湿地、河口和三角洲的上游。因此，把大坝放在流域较高地区，总比把坝址放低一些要好。

4. 相对来说较小的水库比大的水库更有利于环境。流动的河流到静止的湖泊导致的栖息地的变化，给适应流水的洄游鱼类提出了重大挑战。尽量缩短通过静水到达上游栖息地的时间可提高鱼类迁徙的成功率。

5. 大坝的级联问题。维持水坝之间流水的最小长度（例如，300km）对于允许幼虫由上游向下游漂移以及完成生命周期是必不可少的。值得注意的是，将水坝集中到已经开发的流域以挽救原始流域免于开发，被开发流域称为牺牲流域。

6. 也许最重要的经验法则就是把水坝建在迁移鱼类的现有屏障上游，避免重要产卵和繁育区被淹没。这些屏障可以是自然的生物地理特征，如瀑布，或者可以是人工屏障，如现有无过鱼功能的水坝。然而，这个经验法则并不是一个普遍的解决办法。一些鱼类，如鲑鱼，可以进入陡峭的急流，水坝和水库肯定会破坏当地物种的栖息条件，使这些物种不能迁移来完成它们的生命周期。然而，特别是在相当肥沃的热带河流系统中，生活着大量的长距离迁徙的鱼类。湄公河系统就是一个典型的例子，已知 87% 的鱼会迁移相当长的距离以完成它们的生命周期（Baran 和 Borin，2012）。

7. 当一条支流或整条河流已经被主要基础设施部分破坏时，最好集中在这个流域进行开发，而不是破坏原始河段系统。对于供给电力来说，集约化发展比扩散式发展影响较小。水坝的梯级也许会牺牲一个范围，但也保护了没有受损河段的其他生物多样性价值。

21.3.2 环境兼容坝基础设施设计

对于与环境相容的大坝设计，我们关注泥沙及其相关养分的流动，来认识它们对河流系统健康和生产力的重要性（见第 5 章和第 12 章）。通过水库拦截的泥沙，中断了泥沙在河流中的连续输送，导致下游河道侵蚀，改变了鱼类产卵和繁育的需求，减少了为水生食物链提供的营养物，最终导致水库蓄水和水电生产损失（Kondolf 等，2014）。总之，河流的泥沙过程维持了河道和冲积洪泛区的形态，为生境的多样性提供了底质，从而驱动物种的丰富度和多样性。相关的营养物质为滋养水生生物的食物网提供养分（Kondolf 等，2014；参见第 4 章）。

2012 年，自然遗产研究院（NHI）和中国黄河水利委员会（YRCC）联合举办了一次中国和国际专家研讨会，从全球角度，提炼关于水电站大坝选址、设计和运行的建议，以解决泥沙和营养盐输移通道问题。这些专家的一致结论已经发表在美国地球物理联盟《地球未来》杂志（Kondolf 等，2014）上。本章详细介绍了这些调查结果，以得出指导原则。

大坝结构本质上是不可变的，相关规划范围内被视为永久的景观特征。这意味着，除非大坝能够进行改造，否则，即使河流管理价值和需求不断演变，大坝将无限期地处于河流中。必须从一开始就满足基本原则，设计低位闸门以排放泥沙。如果这些特征没有在初始建设中建立，随后对混凝土坝的改造可能非常昂贵，或者从工程和安全的角度来看不可能对堆石坝进行改造。然而，这类改造也是有案例的。黄河三门峡大坝已进行了三次改造，设置了排沙闸门，以延长水库的使用寿命，否则水库将在几十年内被泥沙填满。如果低位闸门的改造不切实际，有时可以在大坝周围修建泄沙隧道。另一个设计考虑是，不仅安装一个水平闸门用于排沙，而且安装多个水平闸门，以使相对清澈的水可以在较高水平排放，以稀释在较低水平排放的浑水。当大坝在常规运行时排出泥沙，然后用含沙水流冲刷下游河道，降低对鱼类的不利影响，而无须给予鱼类过渡期。

在大坝建设早期和建设的高峰时期，一些水坝未能建设排泄输沙建筑物，造成了严重后果。例如，在美国，由美国陆军工程兵团或美国垦务局建造的数百座大坝中，很少在设计或运行中排放泥沙。国家研究委员会（2011）已经记录了这一遗漏的后果，该委员会报告说，美国密苏里河上六座大坝后面的泥沙淤积量约为 4565GL（约 6 万亿 t）。据报道，这造成了大坝下游河道切割和河床退化，以及三种当地鱼类和鸟类的减少（National Research Council，2011），同时水库蓄水能力大大减弱。1955 年，随着 Gavins Point 水库（位于内布拉斯加州和南达科他州交界处）关闭，Lewis 和 Clark 水库的蓄水量减少了20％以上（National Research Council，2011）。

关于泥沙排放闸门的设计，Kondolf 等的研讨结果如下（2014，第 276 - 277 页）：

[A] 每项工程应预先计算长期［泥沙］平衡（……）。闸门设置的位置和尺寸应达到期望的长期配置要求。闸门的布设标准取决于每个坝的情况，但一般闸门设置得足够低，并满足足够的水力要求，以建立所需的平衡剖面并能够支持长期的泥沙管理操作要求。例如，如果要在低流量期间进行冲洗，则闸门尺寸设计较小，而且布置在大坝较低的位置，而用于泄洪的闸门将具有更大的水力能力，并且可能被设置在较高的位置。在许多情况下，大坝底部的大弧形闸门可能是最好的选择。这将花费较高的初期成本，但很可能获得水库较长的经济寿命。

值得注意的是，即使现在大坝开发速度加快，由于泥沙的积累，实际上也在逐年丧失水库的蓄水能力（Morris 和 Fan，1998）。当这种情况发生时，一些适合建设水库地点的有限库存将减少，使水电成为不可再生资源。然而，通过适当的维护和管理泥沙，水库的可用寿命可以延长更长的时间，甚至永久存在（Annandale，2013；Palmieri 等，2003）。

先前已经注意到了，泥沙淤积于水库内，给下游河道、洪泛平原和三角洲地貌环境造成不利后果，以及由此造成生境质量、复杂性和多样性的损失。除了大坝选址之外，还讨论了可以采取加大泄放水库泥沙的方式。

图 21.2 展示了通过提高输送流量、排出水库泥沙来降低泥沙淤积的技术。在 2012 年9 月的第五届黄河国际论坛，主办单位 NHI 和 YRCC 提出了上述内容。这些原理在 Kondolf 等发表的论文中得到了更明确的解释（2014）并概括在图 21.2 中。这次研讨会汇集了中国、中国台湾、日本、欧洲、非洲、北美和南美洲等国家和地区的水库泥沙管理

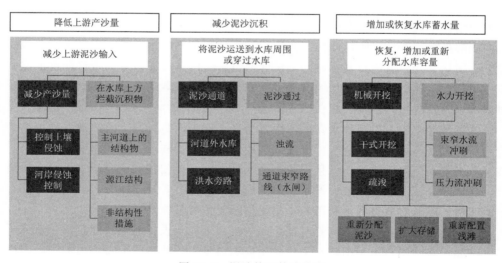

图 21.2　泥沙管理策略分类

专家，进行了为期两天的富有成果的演讲和讨论，探讨了水库泥沙可持续管理及解决下游缺沙的问题。

过鱼设施

如前所述，水坝阻隔了鱼类进出栖息地的通道，它们需要产卵、觅食和避难。没有路径到达这些栖息地，它们就无法完成它们的生命周期和繁殖。大坝将先前是流动的河流环境变成了类似湖泊的环境，也从根本上改变了这些关键的栖息地。水库的静水对幼虫的生存产生不利影响，幼虫需要一定的流速才能漂流到下游河段，在那里它们可以成长。在设计大坝鱼类通道设施时，包括提供通过大坝和水库的上游和下游的通道，可以至少部分地减轻迁移的障碍。虽然全世界淡水鱼的迁移模式明显不同，但对于设计所有鱼类和河流系统的鱼类通道设施方法和原则则是相通的。Mallen－Cooper 与 NHI 在湄公河上的工作在即将出版的出版物中记录了这些，下面介绍的诸多因素使得渔道设计成为一个复杂的生物工程问题（图 21.3 和图 21.4）。

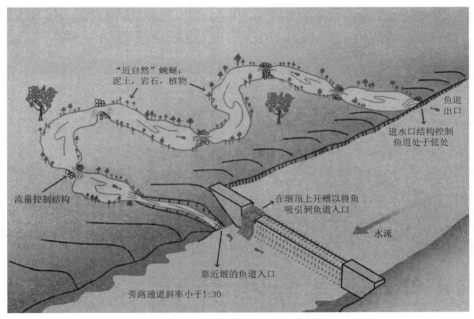

图 21.3　旁路鱼道的概念布局

有效鱼类通道由两个组成部分：

诱鱼，采用设计鱼道，确保大坝附近的水力条件（水流路径和湍流）以及发电厂将鱼引导到鱼道入口。这涉及鱼道本身的水力和物理设计：

1. 鱼道设计必须适应水生物种的需要和游泳能力。个头小的物种通常游泳能力最弱，这决定了上游鱼道的最大水速、湍流和坡度。个头最大的物种和通过鱼道的所有生物将决定鱼道所需的尺寸大小、深度、空间和流量。

2. 根据上下游水头差和尾水位确定鱼道的深度、运行范围、长度和坡度。

3. 鱼道入口设计对于在雨季高流量下洄游的鱼和在旱季低流量下洄游的鱼来说可能大不相同。

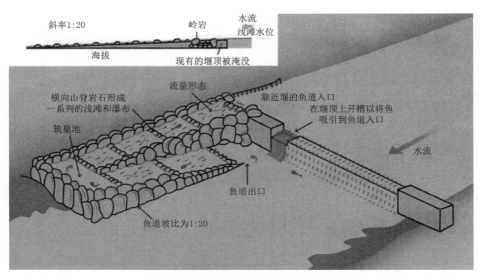

图 21.4　部分宽度岩石匝道鱼道的概念布置

4. 对于只在白天或只在夜晚洄游的鱼类，鱼道设计可能需要结合大型的栖息池塘。

鱼类迁徙是周期性的，可以向上游，可以向下游，也可以往返于河漫滩。它们迁移通常是季节性的，并且每代只发生一次，只产卵一次并死亡。在热带和亚热带河流，如湄公河，一种常见的模式是成鱼向上游迁移以产卵、进食，之后返回下游，同时未成熟的鱼也随之遍布在整个流域。卵、幼虫和幼体漂流到下游。因此，为了实现鱼类通过目标，上游通道需要考虑成鱼（大小不一），而下游通道需要考虑返回的成鱼、卵、幼鱼和幼鱼。

在大型水坝中，下游通道需要考虑两部分：

1. 通过蓄水池或水库，该蓄水池已从使幼鱼被动漂流的河流变为使幼鱼停止漂流的湖，幼鱼因沉在湖底或缺乏食物而死亡；

2. 有三条路径通过大坝本身：水轮机、溢洪道和排沙门。

总而言之，基础设施的设计（水坝和水库）至少可以使河流的自然过程维持一定程度。而在大坝建成后，这些设计特征则很少能被纳入。建造和运营大坝的关键是尽量减少资金和运营成本。这就违反了可持续基础设施设计初衷，在世界各地都有所体现。保持自然功能的设计确实增加了资金成本，例如安装排沙门或鱼道在运行上会损失一些储存的水，用于排沙或为鱼道通水。这必须是那些授权、管理和资助水坝的机构的职能，以阻止那些不正当的激励措施，例如世界银行集团的社会和环境保障政策（Hurwitz，2014；Scheumann 和 Hensengerth，2014）。

21.4　通过运行大坝以维持下游环境的自然功能

第 11 章描述了为维持或恢复河流水文节律的环境流量评估方法。这对期望的生态系统功能是十分重要的。然而，没有实际的手段来实现它们，因为在健康的、功能丰富的河流系统中，这些恢复目标永远不会产生结果。本章重点说明大坝运行（或优化运行）的技术，以实现以上目标，从而恢复全世界已经损失的下游河流系统功能，恢复人类生活。将流量目标作为环境流量管理的一方面，将基础设施优化运行作为环境供水另一方面。

在本章中，水管理创新工具包将执行 WCD 的两项关键建议：第一，恢复、改善和优化现有大坝的效益目标，确定减轻、恢复和增强的因素；第二，通过"泄放环境流量来维持下游生态系统完整性和区域生物"来维持依赖河流社区的生计目标（WCD，2000）。

拆除大坝并不是扭转过去破坏行为的最好选择，现在需要的是大坝的优化运行。这种方法将被最广泛地接受，因为它可以在不降低大坝建造的经济效益的情况下实现。基础设施系统重新运行以恢复失去的生态系统功能，这可以称为再优化。

世界上大约有一半的大坝主要用于农业灌溉，其余的大坝主要用于水电或防洪。一些大坝还可提供多种效益。现在的挑战是通过增加另一个益处来重新优化这些水坝，即恢复下游环境，理想情况下不会显著降低最初设计和运行的经济效益。

如前所示，水坝的作用是蓄水，这不可避免地改变了自然的水文过程。显然，大坝改变自然流态的程度是决定其对下游生态系统不利影响的关键因素。重新优化大坝运行需要扭转这种情况：本质上是恢复自然的水文关键组分。这可以通过改变存储机制来实现。从本质上讲，目标是使大坝的运行以流入水库相同的流量进行水量泄放。理想情况下，天然水流通过水库，穿过大坝进入下游河道，尽量减少变化。如前所述，这通常被称为径流式。然而，水利工程或多或少都会改变水流条件。它阻隔了物种迁移，拦截了下游生态必不可少的泥沙输移，同时对温度和其他水质参数产生不利影响（框 21.3）。

框 21.3 水库运行类型：蓄水设施与径流坝

水库无论是蓄水式还是径流式运行，取决于水库能够储存的年流入量的百分比，如美国西南部的科罗拉多河上的水库。科罗拉多河是一条相当大的但不是最大的河流。Mead 湖和 Powell 湖每一个都可以存储大约 2 年的入流水量（分别约 3520GL 和 3198GL）（Allen，2003）。相比之下，世界上最大河流的水库规模相当大，但是由于流入量太大，无法储存，因此仍然作为径流式水电设施发挥作用。例如，在湄公河（世界第八大河流）的干流上，水电站大坝将相当大（例如，远超过 1000MW 的容量），但储存量相对较小。在湄公河干流下游建造的 Xayaburi 大坝将拦水形成一个深约 30m、长 60～90km 的水库，总储存容量为 703.2GL，有效储存容量为 225GL（Baran 等，2011），并产生大约 1200MW 的电能，但水位只在高流量和低流量之间变化（约 4m）。尽管很大，但实际上这些大坝不会改变河流的自然水文过程。在峰值流量期间，这样的大坝将不得不在厂房周围泄放相当可观的水量。因此，它们具有相对低的容量系数（发电能力是水轮机装机容量的函数）。水坝使自然流量的年际变化减小。

这里举例来说梯级水电站布设：大型蓄水坝位于梯级的顶部，以减少通过下游流量的季节性变化，下游的大坝基本作为径流设施来运行，就好比一次又一次地把同样的水装入其中。由此产生的问题是，在梯级水库的最末级天然流态已彻底改变，从而损害河流生态系统，也许会一直影响到河口或三角洲。然而，为抵消这一结果，将梯级水库的最后一个水库再调节运行，以恢复自然变异性。然而，这个重新调节的大坝将储存夏季水流，并通过发电机泄放冬季水流，这通常与电网需求模式相反。

21.4.1 大坝优化运行的重要因素

为了恢复失去的生态功能，应从战术上追求优化运行方案。应该把重点放在下游河段，因为流量恢复将产生最大的生态和人类生活效益。河流在开发之前拥有最丰富的原生物种，之后由于发展而遭受较大的损失，据此推测，可以从水流恢复中获得利益最大。（不幸的是，大坝建设前的本底资料相当匮乏，无法与建坝后的情况相比较）不可否认，可能还存在除水流以外的限制生态功能的因素，例如水质等。

一般来说，河流滋养（或可以滋养）广阔的冲积洪泛平原（例如，非洲热带大草原和亚洲易发洪水的亚热地区流域有关的洪泛平原）、湿地系统、三角洲和河口，这些地区是生物多样性和粮食生产最重要的地区（Ward，1998；Welcomme，1979）。基于主要在热带进行的研究，科学家研究了洪水脉冲的优势，与泛滥平原相连的河流每单位面积产生的鱼类生物量显著高于与泛滥平原或静态水体（如水库）断开连接的河流（Bayley，1991）。在马里的 Nigel 内三角洲和巴西的 Pantenal 三角洲等是例外，这些河漫滩和湿地特征往往存在于河流的下游；三角洲和河口经常在这里发现。紧靠这些特征的上游蓄水坝可能最具破坏性，因为它们的影响没有太大减弱，而紧靠在洪泛平原和湿地下游的蓄水坝可能对鱼类在两个方向上的迁移造成障碍。这使得它们成为再优化、设置鱼类通道或退役的重要目标建筑物。

现有工程的再优化潜力是复杂的，这包括了两个因素。

水库具有储集特征

自 WCD 报告发布以来，在确定各种河流环境需水量的应用科学方面已作出了许多努力和较大进展（Davis 和 Hirji，2003），然而，用于实现这些目标的科学操作方法相对较少。为什么会这样？一个原因是，为了恢复所希望的环境流量，优化操作不仅需要重新操作导致水流改变和蓄水耗尽，而且需要重新规划包括水库储存元件的整个水管理系统的。因此，水电站大坝优化必须弄清楚如何重新运行整个电网系统；如果目标是重新优化灌溉，则必须弄清楚如何重新运行整个灌溉系统；而对于防洪大坝的优化运行，要重新认识整个土地利用制度和洪水管理制度。整个系统的再优化在技术上是具有挑战性的，因此很少进行。这一章的目的是展示如何做到这一点。

在水力发电系统中，水库蓄水可以为日后发电，或者在运行中产生水头。为了优化运行水坝以产生环境流量管理制度，可能还需要重新运行发电机的整个阵列，供电电网系统、输电线路、与相邻电网的互连、配电系统等等。本章将详细地描述如何做到这一点以及必须考虑的限制因素。同样，防洪大坝只是用来防止洪水破坏的人工和自然基础设施的一部分。为了重新引入一种洪水机制，以模拟河流在自然状态下的季节性变化，并允许河流与其景观相互作用，从而创造有利于水生生物传播的条件，整个防洪系统将不得不重新运行。这些特征包括防护建筑物和重点保护土地使用的堤坝。然而，恢复已开发河段自然功能的最大潜力是利用自然基础设施。该基础设施也可以用提供辅助环境效益的方式吸收洪水（Opperman 等，2013）。包括处于自然状态（在防洪基础设施建立之前）的洪泛区以及相关的地下水系统。下面将讨论一种去除人造基础设施的技术，该技术允许周期性地淹没泛滥平原并渗透含水层的补给区（尽可能在大坝泄水容量限制范围内）。

灌溉系统也是如此。水库只是储存装置。该系统的其余部分包括引水工程、输送系统、分配系统、农田应用系统，以及非常重要的灌溉农田的地下水系统。下面将详细说明，如何将所有这些组件重新组合在一起以增加存储容量，存储大部分径流，并增加操作灵活性，使得增加或减少泄水更符合自然，更有利于环境。这将更好地控制下游流量的大小、持续时间、频率和时间，而不会对灌溉造成不利影响。此外，将所有这些组件重新组合在一起也可以大大提高农场的供水可靠性，稳定和恢复地下水位。再次强调，优化运行不仅仅是大坝和水库。

大多数大型水坝都是多用途的

优化开发策略的第二个问题是许多大型水坝都具备多种功能。可以储存用水、调节洪水和发电等。这些基础设施功能中的每一个的再操作技术或多或少都是独一无二的。在这些情况下，哪些优化技术应用是合适的？

这不是一个棘手的问题。除了个别以外，多个目的是有等级。防洪通常是压倒一切的任务。事实上，这在美国和许多其他国家都被写入法律。在美国，所有大坝均具有防洪功能，都受到美国陆军工程兵团的监管，该联邦管理机构规定这些大坝的运行调度（调度曲线）。该调度决定了何时必须储存以及何时必须泄放水。这条调度曲线是最重要的操作任务，必须遵守。如果是仅仅为了维持一千瓦的电力或一立方米的供水，对下游财产或生命损失加大危险，这种决策是轻率的。因此，可以安全地假定，如果希望在防洪作业期间改善下游环境流量泄放，则必须应用一种适合于防洪作业的重新作业技术，如下所述（图21.5）。

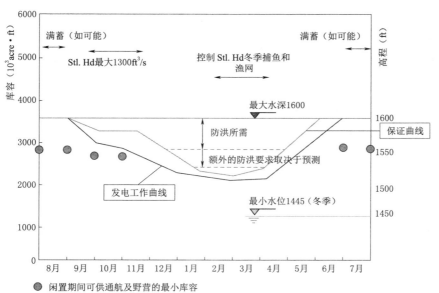

图 21.5　水库调度曲线的例子（其中 1acre·ft=1.233ML，1ft=0.305m）

多用途水坝的第二个运行优先权是供水。在电网系统中，许多发电机可以在一天中的任何时刻被要求满足电力需求。然而，大多数水系统具有相当严格的存储限制。考虑到降雨和径流条件的不可预测性，最大化蓄水量以适应季节和年际变化通常是必需的。因此，可以安全地假定，当大坝不为防洪目的运行时（即在大径流事件之后），会最大限度地存储供水。在此期间，适合于增加储存灵活性的技术，例如水库与地下水系统的联合管理，将是选择的工具。

这使得水电运营成为最低优先级。事实上，发电在这些多用途水库中机会性是很大的。当水被泄放用于更高优先级的目的时就产生了电能。这多少有些讽刺，因为似乎对大坝优化运行的大部分注意力都放在了水力发电上，而用于其他目的的大坝优化运行实际上可能具有更大的潜力来改善多用途大坝下游的环境条件。

总而言之，水库导致了流量的变化，为了补救流量的畸变，通常需要确定使用工具包中合适的工具。框21.4根据操作目的详细说明了在再操作工具包中可用的工具和技术。

框 21.4　优 化 运 行 技 术 实 例

灌溉水坝可通过以下方式优化运行：

1. 通过联合水管理和地下水库（含水层补给和恢复）整合地下水和地表水储存；

灌溉工程是为了抵消先前存在的地下水耗竭，从而产生了联合水管理以及地表水和地下水管理一体化的可能性。这种储存灵活的类型可以通过提高储存水的产量来使环境流量得到一定程度的恢复，在系统中创造新的价值，从而可以抵消优化运行的成本（Purkey 等，1998）。我们将在下面更详细地考虑这种方法。

2. 减少灌溉系统的物理损失或水（例如，减少水分输送和应用中的蒸发损失，减少对含盐含水层的深渗流，尾水回收等）；

3. 引水点和回流点的重新定位；

4. 动态泄放流量过程；

5. 限制泄放的变化率；

6. 转让权益以储存、转移或消耗水；

7. 在洪涝或盐渍化区域停止灌水。

水电站大坝可通过以下方式优化运行：

1. 改变水电站在混合发电并网中的功能和作用；

2. 用热力发电机代替日常调峰设施；

3. 水电站大坝下游建设调节水库；

4. 建设抽水蓄能设施，减少大坝运行遵循电力负荷曲线的需要；

5. 改善大坝的梯级协调，以实现更灵活的运行。

防洪大坝可通过以下方式优化运行：

1. 洪水地役权；

2. 蓄滞洪区洪水演算与储存；

3. 堤防的阻挡。

21.4.2　水电系统的运行与优化

在本章中，水电站大坝优化，是在可行的范围内将从存储模式转换为径流运行模式，是恢复自然下游水位的最简单方式。这将导致以入库流量的节奏来发电。自然水文过程只是通过水库，相对来说没有偏差。在这种模式下，大坝的作用主要是产生发电所需的水头；在与洪水管理相容的范围内——如果这是水库的首要目的——水库应保持在最大存储水位以最大限度地提高水头。

然而，为了以这种方式改变操作，水电站大坝在满足电网电力需求方面的作用可能必须改变。在雨季，被重新优化后更像径流大坝，将以其最大容量发电，而在低流量季节则减少发电量。这将对电力可靠性造成不利影响，除非电网中的其他发电机调整其运行计划以补偿，或者建造额外的发电厂以帮助满足旱季的电力需求。燃气发电厂可能是支持径流式水电站的最佳选择，因为它们的运营成本较低。或者，可以通过与相邻电网互连来获得附加容量。尽管乍一看这似乎是不太可能的情况，但无论水坝是否以河流径流模式运行，增加水电站的容量对于系统可靠性是必要的。事实上，由水电站主导的电网系统本质上是不可靠的，因为降雨和径流的年变化很大（全球气候变化加剧了这种变化）。无论如何，这些电力系统必须增加大量备用容量，以缓冲水电输出的年际变化。在这种情况下，当水电站以径流运行模式运行时，备用发电机也可以被操作以缓冲电力输出的季节性变化。

为了避免或减少进入下游河道的日流量波动，减缓对下游生态系统造成的破坏，按照日负荷曲线运行的水电大坝（水利枢纽大坝）需要优化运行。再次，主要挑战是改变水电坝在发电机并网运行中所扮演的角色。其他发电机必须提供峰值功率，从而可以避免每日的流量畸变，或者通过增加泵送存储设施来抵消流量畸变，如本章前面所述。

世界各地经常发生的事情是梯级水电站大坝建在同一条河上，并入相同的电网。典型情况是，这些水坝之一（通常是靠近梯级顶部的较大水坝）有效地控制流经梯级的其余部分流量，并最终流入下游河道和洪泛平原。在这些情况下，梯级中的最末级大坝可能需要重新优化为调节大坝，以抵消线路中流量的突变，并向下游河段泄放更自然的流动模式。

水电站的优化是否可行及其生态效益，取决于许多实际的考虑因素。需要一种能够应用于任何特定大坝或梯级水库群的快速评估工具，确定重新操作的潜力和最佳使用方法。在此，提出了一个概念模型，可以应用于任何流域或地理区域，快速有效地筛选大量水电大坝，识别那些最有希望的再优化机会，以增强生态系统功能、人类生存方式和传统的粮食生产系统，同时不显著降低水电站的效益。该工具使用水户能够确定在哪里投资有限的财政资源来进行技术可行性研究，从而制定可实施的水电站大坝再优化计划。

这个概念模型被称为"筛选水电系统再优化潜力的快速评估工具"或"REOPS"（NHI，2009a）。它评估了优化方案的环境可取性和技术可行性，从而制定了可实施的优化计划。虽然这个筛选模型是为在非洲开始应用而开发的，但是它的设计可用于全世界任何河流流域。REOPS是一种筛选工具，可由具有不同培训和专门知识的个人使用，从当地社区领导人和非政府组织到项目操作员、发展援助官员、国家规划机构官员或其他专家。它只需要从公开文献或现场查勘中容易获得的信息，不需要详细的技术分析。作为一种快速评估工具，它简化了成功优化所需的许多微妙、复杂的物理条件。因此，它必然（但不经常）错过一些机会（假阴性）并选择赞成某些大坝，这些大坝将在更仔细的检查

（假阳性）中证明是不可行的。总之，为了提高速度和效率，牺牲了一些精度。

REOPS 通过肯定或否定的方式回答一系列问题，从而通过逻辑途径进行。根据答案，要么缺省退出路径，并得出大坝不是重新优化的备选者的结论，要么将被引导到后续的单元格。单元格本身由四个主要因素组成：

1. 大坝是否控制流量流入下游具备特殊生物生产力特征的河段；
2. 厂房本身是否适合优化运行；
3. 流域内、下游及上游的土地使用是否适宜进行再优化；
4. 能够适应发电计划变化的技术是否可行。

因此，有两条汇聚的探究路线：一条是关于受影响流域的物理特征，一条是关于大坝、水库和电站的物理特征。

同样需要注意的是，REOPS 仅仅评估了水电大坝成功再优化的物理必要条件。在此技术分析中保留下来的设施也必须进行经济可行性分析，以权衡重新优化的成本和效益，从而可以看出盈亏平衡点可能位于哪里。这将经常决定是否以及在何种程度上优化方案更加经济合理。例如，在一个典型的再优化情况下，成本和收益的数组可能包括：

成本：

1. 提高汽轮机容量；
2. 涡轮效率的提升；
3. 增加传输容量；
4. 增加产热；
5. 清除洪泛平原堤防。

收益：

1. 生态系统功能的改善；
2. 改善生计/粮食生产；
3. 增加总电能输出；
4. 改进的年际可靠性；
5. 降低洪水风险；
6. 适应气候变化。

在大坝最终被选中以进行与重新优化的法律、政治和体制可行性相关的详细重新操作研究之前，可能还有进一步的筛选。然而，根据 NHI 的经验，那些看起来在物理和经济方面具有良好运行改善前景的水电大坝，不太可能面临法律或政治阻力。

21.5 优化灌溉基础设施，修复环境

以灌溉为功能的大坝目的是在雨季和融雪季节储存水，以便在炎热和干燥的生长季节将水输送到田野，并且还通过储存丰水年的水以便在枯水年使用，使粮食生产更加可靠。灌溉工程可能以两种方式影响大坝下游的河流：改变和耗尽自然流量。

1. 如果灌溉水通过下游河道输送，然后转入农田，则到达引水点的流量在生长季节将达到反常的高值，在水库补给季节将达到反常的低值。分流点以下的水流在生长季节和

再充填季节都会枯竭。

2. 当灌溉水通过运河从水库中输送出来时，下游河流中的水流在生长季节和补给季节都将耗尽。因此，为了恢复自然流量，有必要抵消畸变和耗尽效应。从某种意义上说，恢复环境水权制度相当于需要额外供水。面临的挑战是在不降低灌溉效益的情况下做到这一点。在没有建造更多水坝的情况下，这些额外的水可以在哪里找到？如何才能恢复一个更自然的下游流态？

21.5.1　地下水库联结水管理

简言之，为了灌溉目的和作为环境流量泄放，通过与灌溉土地下面的含水层联合操作水库（框21.5）来增加灌溉大坝中的水供应是可行的，以便它们结合起来可以捕获和储存当时径流不能控制的水，即在雨季从水库溢出的水（以水库的防洪操作决定的方式）。在补给季节开始之前，通过向农民输送额外的水，可以在水库中创造更多的储存空间，否则农民会在这一时期抽取地下水。理想情况下，水库的运行将减少蓄水到死水位，以便水库最大能力的捕获洪水。这样从水库中泄放出来的额外水在生长季节结束时被输送给农民，以代替地下水抽水。在这时期，农民关闭了他们的井，取而代之的是地表水。从而减少了地下水位的下降。当降雨来临时，水库将再次被蓄满，但由于现在有更多的储存空间，可以捕获大部分洪水流，并且增加供水效益，恢复下游环境流量。雨水也会渗入地下水并补充地下水。减少地下水开采和年补水的联合作用将改善地下水位。

框21.5　水库与地下水联合开采的效益分析

NHI和Glenn-Colusa灌区联合进行的一项研究显示，结合地下水库优化操作的概念在加州Sacrament山谷的应用是可行和有效的。这份报告记录"Shasta和Oroville水库与Sacrament河谷地下水系统联合优化运行以增加Sacrament河和Feather河供水和环境流量的可行性调查"（NHI和Glenn-Colusa灌溉区，2011）。

这种类型的水库结合地下水库优化运行，将使地下水系统达到平衡，确保充分满足灌溉需求，增加贮存水量，使环境流量目标全部或部分得以实现。环境流量的目标是恢复在春季降雨和融雪期间或在通常的夏季风季节期间自然发生的一定程度的高流量，然后在干燥季节恢复低流量状态。

然而，灌溉系统对水的需求正好相反。它们要求水在下雨时储存，并在干旱期间泄放。这些不匹配可以通过给农民更多灵活的水资源。环境流量脉冲可以在雨季的正确时间，以适当的水量下泄，而不会因为本来为了防洪目的而随机溢出的水而损害灌溉供应。此外，水库可以通过在当时将向农民的供水转向地下水供应（然后在补给季节之前切换回地表水，以降低结转储存水平）来避免在旱季的关键部分造成大量灌溉泄放。失去的是周期性的非管理用的洪水流量，所获得的是管理流量，可以有针对性地实现生态系统效益。

地下水库可以通过扩散流域的渗滤直接补充，或用地表水替换地下水，否则地下水将严重依赖于上述的区域水泵抽水情况，这叫作地下水补给。由于若干实际原因，将地下水作为环境需水以及消耗用水的首选方法是通过原位回灌技术。为了完成这项工作，可能需

要首先重新设计灌溉系统，以便一些或全部农民能够同时使用地表水和地下水系统，通过两种方式来完成。如果灌溉系统目前仅依赖于地表水系统，那么有必要在这些田地下面的含水层中钻出生产井。如果灌溉系统目前完全依赖地下水，则有必要将邻近的地表水分配系统扩展到地下水使用区。

如前所述，这种联合管理技术为了环境目的，储存更多的水意味着可以从水库泄放更多的水。在雨季，水库可以通过泄放水流，以及来自下游支流的不受控制的径流，以受控的方式淹没洪泛平原，从而达到环境流量目标。

与地表水储存相比，地下水储存具有至少两个经济优势：它减少了蒸发造成的损失，从而可以长期储存，而且一般来说比地面储存便宜。然而，与所有储水系统一样，地下水库的主要用途是将降水和融雪引起水的波动输入转换成用水需求响应模式的稳定供应流，这种方式不同于地表溪流输入。此外，与其他储存形式一样，地下水储存是在水量充足时发生的，而当水稀缺时则产生可供开采的库存。

地下水库的潜在空间是很大的，因为灌溉系统之下的含水层有大量的排水储存空间，因此过去都依赖于地下水。相比之下，河流中的地表水和地下水存在高度的相互作用，当抽取地下水后，地下水位趋于恢复。丰水年弥补了干旱年因大量开采导致的损耗。上述的联合管理方式利用了每年都持续存在的脱水含水层空间，并且河流与含水层之间的自由相互作用可以排除使用含水层作为储存。此外，在流域水文地质资料匮乏的地方，解释储存的水可能是一个重大问题。因为，不清楚水泵是否抽取过先前的地下水以及附近储层的地下水。

然而，这种能够同时满足消耗性和环境需水的地下水库，在世界任何重大区域或地方都尚未发展成熟。这可能是因为它需要更积极地操作水库的储存和释放制度，同时也伴随着因来年降雨不足以补充水库而产生的风险。这就需要有一些保险来减缓这种风险。这种保险机制是地下水库本身。在补给不足的年份，地下水库通过替换一些地面灌溉水供应来弥补。理想情况下，足够的灌溉需求可以满足地下水库，使可用的地表水用于满足这些干燥条件下的关键环境流量要求。只要允许地下水系统在丰水年补充枯水年减少的量，地下水位将长期保持平衡。地下水库规模的限制因素是从含水层中抽水的速率。为了保障潜在水库储量减少值永远不会大于库存的补给能力，精心设计了地下水库计划，并将运行实施。

21.5.2 灌溉系统 REOPS 工具

REOPS 原理图可以用于快速筛选灌溉系统以获得潜在优化工具（见 NHI，2009b）。它在设计上与水力发电 REOPS 模型相似，实际上，前几个单元是相同的，因为在这两种情况下，必须首先确定是否存在优化的潜力，这将有利于下游生态系统。像水力发电模型一样，灌溉 REOPS 可以应用于全世界的所有河流流域，适用于各种层次的技术培训；从公开文献或现场查勘中很容易获取信息；并不需要做详细的技术分析。灌溉 REOPS 也是一个逻辑判断方法，其中一部分收益通过逻辑判断，回答一系列是或否的问题。这种筛选工具的应用表明灌溉系统在技术上能够进行有益的优化时，必须进行经济可行性分析，以确定增加的成本是否值得获得的效益。相关因素如下：

增加的成本：

1. 地下水钻井；

2. 抽取地下水的电力成本；

3. 扩大灌溉输水的基础设施建设；

4. 因灌溉供应短缺而增加的风险（取决于系统运行的方式）。

获得的效益：

1. 提高灌溉用水的可靠性；

2. 增加环境需水的供水量；

3. 下游河流系统自然水文过程的变化减小；

4. 减少洪水灾害；

5. 气候变化对洪水和干旱增加的弹性。

用于灌溉系统的 REOPS 工具的示意图和解释性文本在附于本书的在线资源中提供。

21.6　优化防洪基础设施，修复环境

防洪基础设施通常由水库和下游堤坝组成，水库用来捕获和衰减洪峰，堤坝用来隔离脆弱的泛滥平原建筑物和农田。洪水是生态的重要过程，但洪涝灾害往往会造成财产损失和人员伤亡。因此，减少洪水造成的经济和人员伤亡是社会和政治上的当务之急，但是传统的洪水管理方法只是部分有效，并且常常与生态和供水目标相冲突。防洪大坝和堤坝将河流与其关键的洪泛平原以及河岸和湿地栖息地断开，对鱼类、鸟类和两栖动物来说，河岸和湿地栖息地是自然河流系统的重要生态部分。此外，为了防止冲刷和溢出堤坝，洪水管理机构抑制河岸植被，并抵制恢复沿洪道的生境。

说起来容易，实现起来非常难。解决这些环境问题的办法是：给河流更多的空间来迂回和输送水流，远离洪泛平原开发，让河流自然淹没（途经洼地）。总之，让河流像真正的河流一样活动，这将在下面进一步探讨。首先讨论一些防洪行动的背景。

21.6.1　防洪调度

在降雨和融雪季节，水库调度者始终保持水库有足够的存储空间，这称为预留防洪库容，随着洪水的到来可以蓄积洪水。即便是没有预报出暴雨来临的时间及等级，也必须保留大量的存储空间，以减少灾难性洪水的风险。同时，大坝业主希望保持尽可能高的水位，以便在旱季灌溉供水和发电。最大安全蓄水位将取决于当大洪水顺流而下时，蓄水可从水库泄放的速率。库区泄水必须从储存中泄放，以避免下游的洪水灾害。堤坝把周围的土地相隔，这样大量的洪水就可以以这种方式泄放出来。这个泄放速率取决于大坝出口的容量，以及下游洪泛区所能容纳的且不会损害生命财产的洪水脉冲的大小。因此，水库调度者可以在库区储存更多的水，用于供水和水力发电，如果他们能够防止下游洪泛区洪水泛滥，那么他们可以更快地泄放水。

虽然大坝和堤防使洪水变得不那么频繁，但它们确实会使洪水发生时造成更大的灾难。这是因为用于防洪的基础设施通常导致河岸附近和堤坝后面的地势较低。然而，在洪泛区搞建设或种植永久作物是基于错误的认识，即河水不会到堤防的后面来。1993 年和 2008 年密西西比河大洪水，以及 2005 年飓风 Katrina 都暴露了过度依赖堤坝的问题。洪

泛平原的快速城市化与全球变暖将带来深刻教训，即便未来是美好的。

洪水风险计算是洪水等级乘以其经济社会影响的概率。大坝运行和堤防系统都是为了控制洪水风险在一定的规模内。现有的洪水管理框架侧重于减少高概率洪水事件的后果。这可能是平均每 50 年或 100 年发生的最大洪灾规模。然而，最终将会发生一场洪水事件，其规模超出系统所能控制的范围，也许在一百年后，甚至可能就在明年。2016，密西西比河盆地下游经历了 500 年一遇的洪水事件。如 Katrina 飓风，防洪基础设施无法消除这些低概率事件及其产生的较严重后果。此外，在上游地区修建防洪堤以保护农田，也许就将下游洪水导入人口稠密的洪泛区，那里洪水将产生较大的影响后果。最后，堤防和洪泛区的开发者要求防洪水库要以低水位运行，即使下游洪泛区有能力存储和减弱洪水。这将减少潜在的供水量。全球气候变化增加了极端天气事件的频率并导致积雪更快地融化，这些挑战可能变得更加急迫。

现有的防洪系统甚至更危险，除非它们花费昂贵开支进行经常性的维护。这是薄弱点，工程师们在设计结构时就知道这一点。政府官员往往忘记了，就像他们在 1993 年和 2008 年间密西西比河洪水之前所做的那样。毁灭性的洪水也发生在人口稠密的洪泛平原，如中国的长江和莫桑比克的 Limpopo 省。这些灾难是三个因素的汇合：在这些洪泛平原中出现了大量的低于高水位的人类居住地、堤防的延迟维护以及洪水超过防洪基础设施设计标准。

21.6.2　洪水控制系统的优化选择

为了优化防洪系统以恢复河流的生态功能，通常需要有选择地将河流从堤防系统中解放出来，以便它能够与它的泛滥平原相互作用。这需要将堤坝从河中移出，使部分被农田占据的洪泛平原能够与河道进行水文联系，同时在必需的地方保留堤坝，以保护那些不能迁移到地势较高地方并受周期性洪水肆虐的建筑结构或土地使用。这些措施优化了水库调度，允许受控洪水被重新引入下游系统。

堤防倒退和洪水绕道不仅会减弱洪峰，降低流速，降低洪水水位，而且会为鱼、鸟和其他野生动物提供重要的栖息地。洪水绕道的使用既不是新的也不是未经试验的，而是容易被忽略。加利福尼亚 Sacramento 附近的 YOLO 旁路是一个经典的例子（Opperman 等，2009）。这条旁路最初是为了把洪水从萨克拉门托引走，但是现在也为鱼类和鸟类提供了数万英亩的栖息地，包括为鲑鱼和一些濒临灭绝的鱼类提供了重要繁育栖息地。

为了恢复生态需要引入适当的控制性洪水，必须对下游洪泛区的建筑物、农田等进行限制。即使政府愿意尝试，政府也很难做到这一点。最简单的情况是种植一年生作物的农田。这些土地可以受到洪水淹没并且能够从洪水中补充土壤水分和养分。洪水临时淹没私人土地的权利通常可以被购买。这些被称为洪水地役权，它们补偿农民推迟种植一段时间，以允许缓解洪水影响。在世界各地的许多洪泛平原，包括塞内加尔河、湄公河、伊洛瓦底江和加利福尼亚中部山谷的部分地区，将生长季节与洪水期同步是一种普遍的做法。

将受控的洪水重新引入到洪泛平原上那些有永久作物（如果园）或建筑物、道路等建筑物的地区是更困难的。有时需要重新开挖历史性的洪水洼地，使洪水绕过城市或城镇。有时，需要在定居点周围建造环形堤坝，并允许其余部分受淹。有时，在洪泛区将建筑物或整个社区搬迁至地势较高区域。如果这些技术不可行，则只能将现有的土地进行防护或严格限制重新引入洪泛区系统的洪量。

重要的是，这些防洪技术的目的是允许控制洪水重新引入。但这无法阻止那些能够淹没水库的、灾难性的、无法控制的极端洪水事件的发生。然而，通过移除一些滩涂开发，这些技术确实减少了这些不受控制的洪水将造成的损害。对风险管理而不是洪水控制成为新的关注点，这为减少常规防洪的后果和恢复洪泛区的生态功能提供了巨大的希望。基于洪水的风险管理包括跨整个流域协调的结构、非结构和操作策略的组合。其目标是通过一个由防洪旁道、溢流盆地、堤防拆除和水库优化操作策略组成的协调系统，保护人口密集区，同时适应未开发地区的周期性洪水。这些措施可以更好地保护公共安全，降低长期维护成本，并提供显著的生态效益和供水效益。然而，要实现这些目标，需要由各级政府的许多机构进行综合的、全流域的规划，这往往比传统的方法存在更多困难。

总之，新时代的洪水管理需要以下政策：

1. 减少而不是加剧私人财产与河流动态之间的冲突以及由此造成的生命损失和风险；

2. 容纳，而不是控制较小和更频繁的洪水事件，将河流与洪泛平原重新连接；

3. 加大投入，用于可持续的洪水管理备选方案，如洪水旁路、洪水减缓，利用自然洼地滞洪、堤防倒退、水库优化运行以适应最大的洪水事件；

4. 洪水易发区的限制发展

传统的防洪努力使洪水远离人类，下一个洪水管理时代将使人类远离洪水。

21.7 结论

河流发展的步伐比我们用来减轻河流自然河道过程风险的工具要快。更令人不安的是，随着人们对无碳能源和灌溉食品生产的需求不断增长，这一速度肯定会加快。此外，这些挑战在不具备确定、评估和选择影响最小选项的装备的国家中不成比例地发生。

此时，用于估计环境流量的知识库相当成熟，尽管数据零散且不完整。这些流量要求可被视为环境流量。相比之下，产生环境供水的工作还处于初级阶段。这项工作是为了增进对如何安置、设计和操作河流流域基础设施的理解，或者说，在已经存在的地方，对它进行重新优化，以维持自然的河流过程。

从理论和分析走向实践和成就，世界都渴望案例。那些在土地上，或者更准确地说，在河里证明自己更加优化创新的案例才有说服力。这是双边和政府间发展援助机构对未来流域发展方向可能产生最大影响的地方：通过试验进行河流管理创新。由这些机构产生的环境和社会保障政策值得称赞，但是由于私人投资来源已经主导了这一领域，因此常常是无关紧要的。可持续发展原则和协议，例如国际水电协会制定的那些原则和协议，同样具有积极的影响（而且对国际会议工厂来说也是无穷无尽的磨难），但是同样没有强大的影响力。

本章的目的是作为一个检查清单，列出从理论到应用的有前途的技术。水生物种灭绝的时钟在背景中滴答作响。

致谢

本章中的概念和评估在很大程度上归功于 NHI 的前同事们，包括戴维·普基和约翰·凯恩的鼓舞人心的工作，以及 NHI 的全球水坝再优化倡议项目，包括乔治·安南代尔博士，现任子公司和同事们的英勇工作。G. Mathias Kondolf 教授和 Martin Mallen Cooper 博士。本章还受益于大自然保护协会的杰夫·奥普曼博士提供的见解以及 NHI 主任、康奈尔大学名誉教授丹尼尔·彼得·卢克斯博士提供的数字和插图。此外，作者还感谢 NHI 的杰西卡·佩拉·纳格塔龙对本章的格式和编辑所作的不可或缺的贡献。她的灵巧和敏锐的触觉渗透在文本和人物之中。

在本章所描述的具有环境意识的河流流域开发的勇敢新范式中，我们都在学习。没有什么能比在地面上（或更准确地说，在河里）应用这些技术的成功更有说服力了。理论转化为实践的挑战就在眼前。当这个章节从现在起更新 10 年后，正如它必需的那样，我希望通过大量案例引导我们走向一个人工管控河流再次像自然河流一样起作用的世界，尽管它们为人类服务而努力。

参 考 文 献

Acreman，M. C.，1996. Environmental effects of hydro – electric power generation in Africa and the potential for artificial floods. Water Environ. J. 10 (6)，429 – 434.

Acreman，M. C.，Booker，D. J.，Riddington，R.，2003. Hydrological impacts of floodplain restoration：a case study of the River Cherwell，UK. Hydrol. Earth Syst. Sci. 7 (1)，75 – 86.

Acreman，M.，Arthington，A. H.，Colloff，M. J.，Couch，C.，Crossman，N. D.，Dyer，F.，et al.，2014. Environmental flows for natural，hybrid，and novel riverine ecosystems in a changing world. Front. Ecol. Environ. 12，466 – 473.

Alfredsen，K.，Harby，A.，Linnansaari，T.，Ugedal，O.，2011. Development of an inflow – controlled environmental flow regime for a Norwegian River. River Res. Appl. 28，731 – 739. Available from：https：//www. researchgate. net/publication/230504492 _ Development _ of _ an _ inflow – controlled _ environmental _ flow _ regime _ for _ a _ Norwegian _ river (accessed 07. 07. 16).

Allen，D. J.，Smith，K. G.，Darwall，W. R. T.，(Compilers)，2012. The Status and Distribution of Freshwater Biodiversity in Indo – Burma. International Union for Conservation of Nature，Cambridge and Gland，Switzerland. Available from：https：//portals. iucn. org/library/sites/library/files/documents/RL – 2012 – 001. pdf (accessed 16. 09. 15).

Allen，J.，2003. Drought Lowers Lake Mead. NASA Earth Observatory，13 November 2013. Available from：http：//earthobservatory. nasa. gov/Features/LakeMead/ (accessed 19. 09. 15).

American Rivers and Trout Unlimited，2002. Exploring Dam Removal：A Decision Making Guide. Available from：http：//www. americanrivers. org/assets/pdfs/dam – removal – docs/Exploring _ Dam _ Removal – A _ Decision – Making _ Guide6fdc. pdf? 1ef746 (accessed 19. 09. 15).

Annandale，G. W.，2011. Going Full Circle. International Water Power and Dam Construction，April 2011，30 – 34.

Annandale，G. W.，2013. Quenching the Thirst：Sustainable Water Supply and Climate Change. CreateSpace，

North Charleston, SC.

Baran, E., Larinier, M., Ziv, G., Marmulla, G., 2011. Review of the fish and fisheries aspects in the feasibility study and the environmental impact assessment of the proposed Xayaburi Dam on the Mekong mainstem. Report prepared for the WWF Greater Mekong. Gland, Switzerland: World Wildlife Fund.

Baran, E., Borin, U., 2012. The importance of the fish resource in the Mekong River and examples of best practice. In: Gough, P., Philipsen, P., Schollema, P. P., Wanningen, H. (Eds.), From Sea to Source: International Guidance for the Restoration of Fish Migration Highways, pp. 136 – 141.

Bayley, P. B., 1991. The flood pulse advantage and the restoration of river – floodplain systems. Regul. Rivers Res. Manage. 6, 75 – 86.

Cain, J., Monohan, C., 2008. Estimating Ecologically Based Flow Targets for the Sacramento and Feather Rivers. Natural Heritage Institute.

California Public Utilities Commission, 2012. Decision granting PacifiCorp's request to modify decision 11 – 05 – 002 in order to revise the Klamath Surcharge Rate and period over which such surcharge is collected, decision 12 – 10 – 028 (October 25, 2012). In the matter of the application of PacifiCorp (U901E), an Oregon Company, for an order authorizing a rate increase effective January 1, 2011 and granting conditional authorization to transfer assets, pursuant to the Klamath Hydroelectric Settlement Agreement, application 10 – 03 – 015 (filed 18 March 2010).

CRED, 2015. Centre for Research on the Epidemiology of Disasters. Available from: http://emdat. be/human _ cost _ natdis (accessed 19.09.15).

Darwall, R. T., Smith, K. G., Allen, J., Seddon, M. B., Reid, G. M., Clausnitzer, V., et al. (Eds.), 2009. Wildlife in a Changing World: an Analysis of the 2008 IUCN Red List of Threatened Species. International Union for Conservation of Nature, Gland, Switzerland, pp. 43 – 53.

Davis, R., Hirji, R., 2003. Environmental flows: flood flows. Water Resources and Environment Technical Note C. 3. The World Bank, Washington, DC.

Dudgeon, D., Arthington, A. H., Gessner, M. O., Kawabata, Z., Knowler, D., Lévêque, C., et al., 2006. Freshwater biodiversity: importance, threats, status and conservation challenges. Biol. Rev. 81, 163 – 182.

Hurwitz, Z., 2014. Dam standards: a rights – based approach: a guidebook for civil society. International Rivers. Available from: http://www. internationalrivers. org/files/attached – files/intlrivers _ dam _ standards _ final. pdf (accessed 03.13.16).

International Energy Agency, 2016. Renewables—hydropower webpage. Available from: https://www. iea. org/topics/renewables/subtopics/hydropower (accessed 08.25.16).

Klamath Hydroelectric Settlement Agreement, 2010. Available from: https://klamathrestoration. gov/sites/klamathrestoration. gov/files/Klamath – Agreements/Klamath – Hydroelectric – Settlement – Agreement – 2 – 18 – 10signed. pdf (accessed 07.05.2016).

Kantoush, S. A., Sumi, T., 2010. River morphology and sediment management strategies for sustainable reservoir in Japan and European Alps, Annuals of Disaster Prevention Research Institute, Kyoto University, No. 53B.

Kondolf, G. M., Gao, Y., Annandale, G. W., Morris, G. L., Jiang, E., Zhang, J., et al., 2014. Sustainable sediment management in reservoirs and regulated rivers: experiences from five continents. Earth's Future 2 (5), http://dx. doi. org/10. 1002/2013EF000184. Available from: http://onlinelibrary. wiley. com/doi/10. 1002/2013EF000184/full (accessed 01.10.15).

Ledec, G., Quintero, J. D., 2003. Good dams and bad dams: environmental criteria for site selection of hydroelectric projects. Latin America and the Caribbean Region Sustainable Development Working Paper No. 16. The World Bank, Washington, DC. Available from: http://siteresources. worldbank. org/LA-CEXT/Resources/25853 – 1123250606139/Good_and_Bad_Dams_WP16. pdf (accessed 30. 06. 16).

Loh, J., Green, R. H., Ricketts, T., Lamoreux, J., Jenkins, M., Kapos, V., et al., 2005. The Living Planet Index: using species population time series to track trends in biodiversity. Philos. Trans. R. Soc. B 260, 289 – 295.

Loucks, D. P., van Beek, E., Stedinger, J. R., Dijkman, J., Villars, N., 2005. Water Resource Systems Planning and Management. UNESCO Press, Paris, France. Available from: https://ecommons. cornell. edu/handle/1813/2804 (accessed 23. 08. 16).

McCully, P., 2015. Dam Decommissioning. International Rivers. Available from: http://www. internationalrivers. org/dam – decommissioning (accessed 19. 09. 15).

MWH, 2009. Technical analysis of pumped storage integration with wind power in the Pacific Northwest. Final Report prepared for US Army Corps of Engineers NW Division, Hydroelectric Design Center. Available from: http://www. hydro. org/wp – content/uploads/2011/07/PS – Wind – Integration – Final – Report – without – Exhibits – MWH – 3. pdf (accessed on 01. 10. 15).

Morris, G. L., Fan, J., 1998. Reservoir Sedimentation Handbook: Design and Management of Dams, Reservoirs and Watersheds for Sustainable Use. McGraw – Hill Book Co, New York.

National Research Council, 2011. Missouri River Planning: Recognizing and Incorporating Sediment Management. The National Academies Press, Washington, DC.

NHI, 2009a. Explanation and guidance in the use of the rapid evaluation tool for screening the potential for reoptimizing hydropower dams. Adapted from Thomas, G., DiFrancesco, K., 2009. Rapid evaluation of the potential for reoptimizing hydropower systems in Africa. Natural Heritage Institute. Final Report to The World Bank, Washington, DC. Available from: http://www. n – h – i. org/programs/redesign – and – reoperationfor – major – river – basin – infrastructure. html.

NHI, 2009b. Explanation and guidance in the use of the rapid evaluation tool for screening the potential for reoptimizing irrigation systems. Adapted from Thomas, G., DiFrancesco, K., 2009. Rapid evaluation of the potential for reoptimizing hydropower systems in Africa. Natural Heritage Institute. Final Report to The World Bank, Washington, DC. Available from: http://www. n – h – i. org/programs/redesign – and – reoperationfor – major – river – basin – infrastructure. html.

NHI and Glen – Colusa Irrigation District, 2011. Feasibility investigation of re – operation of Shasta and Oroville Reservoirs in conjunction with Sacramento Valley groundwater systems to augment water supply and environmental flows in the Sacramento and Feather rivers. Northern Sacramento Valley Conjunctive Water Management Investigation. Natural Heritage Institute. Funded by California Department of Water Resources and Bureau of Reclamation. Available from: http://www. n – h – i. org/uploads/tx_rtgfiles/NSVCWMP_Report_Final. pdf.

NHA Pumped Storage Development Council, 2012. Challenges and opportunities for new pumped storage development. White Paper. National Hydropower Association. Available from: http://www. hydro. org/wpcontent/uploads/2012/07/NHA_PumpedStorage_071212b1. pdf (accessed 01. 10. 15).

Opperman, J. J., Galloway, G. E., Duvail, S., 2013. The multiple benefits of river – floodplain connectivity for people and biodiversity. In: second ed. Levin, S. (Ed.), Encyclopedia of Biodiversity, vol. 7. Academic Press, Waltham, MA, pp. 144 – 160.

Opperman, J. J., Galloway, G. E., Fargione, J., Mount, J. F., Richter, B. D., Secchi, S., 2009. Sustainable floodplains through large – scale reconnection to rivers. Science 326, 1487 – 1488.

Opperman, J. J., Grill, G., Hartmann, J., 2015. The power of rivers: finding balance between energy and conservation in hydropower development. The Nature Conservancy, Washington, DC. Available from: http: //www. nature. org/media/freshwater/power – of – rivers – report. pdf (accessed on 30. 06. 16).

Oregon Public Utilities Commission, 2010. Application to implement the provisions of Senate Bill 76. Order No. 10 – 364. Entered 9. 16. 2010. Available from: http: //apps. puc. state. or. us/orders/2010ords/10 – 364. pdf (accessed 07. 05. 16).

Palmieri, A., Shah, F., Annandale, G. W., Dinar, A., 2003. Reservoir Conservation: the RESCON Approach. World Bank, Washington, DC.

Planet Experts, 2014. Restoring River Ecosystems by Dismantling America's Dams. August 4, 2014. Available from: http: //www. planetexperts. com/restoring – river – ecosystems – dismantling – a-mericas – dams (accessed 19. 09. 15).

Purkey, T., Thomas, G., Fullerton, D., Moench, M., Axelrod, L., 1998. Feasibility Study of a Maximal Program of Groundwater Banking. Natural Heritage Institute, San Francisco, CA.

Räsänen, T. A., Koponen, J., Lauri, H., Kummu, M., 2012. Downstream hydrological impacts of hydropower development in the Upper Mekong Basin. Water Resour. Manage. 26, 3495 – 3515. In: International River, 2014. Environmental and social impacts of Lancang Dams. Research Brief. Available from: http: //www. internationalrivers. org/files/attached – files/ir _ lancang _ dams _ researchbrief _ final. pdf (accessed 26. 09. 15).

REOPS Explanation & Guidance Note for Irrigation Systems, 2015. Available from: http: //n – h – i. org/wp – content/uploads/2017/02/REOPS – Explanation – Guidance – Note – for – Irrigation – Systems _ Sept. – 2015. pdf.

REOPS schematic for Hydropower Systems, 2009. Available from: http: //n – h – i. org/wp – content/up-loads/2017/02/REOPS – schematic – for – Hydropower – Systems. pdf.

Scheumann, W., Hensengerth, O., 2014. Evolution of Dam Policies: Evidence from the Big Hydropower States. Springer Science & Business Media, Berlin, Heidelberg.

Scudder, T. (Ed.), 2005. The Future of Large Dams: Dealing with Social, Environmental, Institutional and Political Costs. Earthscan, London.

Strayer, D. L., Dudgeon, D., 2010. Freshwater biodiversity conservation: recent progress and future challenges. J. N. Am. Benthol. Soc 29, 344 – 358.

Sumi, T., Kantouch, S. A., Suzuki, S., 2012. Performance of Miwa Dam sediment bypass tunnel: e-valuation of upstream and downstream state and bypassing efficiency. ICOLD, 24th Congress, Kyoto, Q92 – R38, pp. 576 – 596.

The World Bank Group, 2015a. Energy access. Progress toward sustainable energy: Global Tracking Framework 2015. Available from: http: //trackingenergy4all. worldbank. org/energy – access (accessed 09. 19. 15).

The World Bank Group, 2015b. Access to electricity (% of population). Sustainable energy for all (SE4ALL) database from World Bank, Global Electrification database. Available from: http: // data. worldbank. org/indicator/EG. ELC. ACCS. ZS (accessed 09. 19. 15).

Thomas, G. A., 1996. Conserving aquatic biodiversity: a critical comparison of legal tools for augmenting streamflows in California. Stanford Environ. Law J. 15 (1).

Thorncraft, G., Harris, J. H., 2000. Fish Passage and Fishways in New South Wales: A Status Report. Technical Report 1/2000. Cooperative Research Centre for Freshway Ecology, Australia. Available from: http: //citeseerx. ist. psu. edu/viewdoc/download? doi = 10. 1. 1. 522. 9318&rep = rep1&type = pdf (accessed 08. 23. 16).

UNEP, 2008. Vital Water Graphics—An Overview of the State of the World's Fresh and Marine Waters, second ed. United Nations Environment Programme, Nairobi, Kenya.

Wang, Z., Hu, C., 2009. Strategies for managing reservoir sedimentation. Int. J. Sediment Res. 24 (4), 369 - 384.

Ward, J. V., 1998. Riverine landscapes: biodiversity patterns, disturbance regimes, and aquatic conservation. Biol. Conserv. 83 (3), 269 - 278.

Welcomme, R. L., 1979. Fisheries Ecology of Floodplain Rivers. Longman Group Ltd, London, UK.

WCD, 2000. Dams and development: a new framework for decision - making. World Commission on Dams. Earthscan, London. Available from: http://www.unep.org/dams/WCD/report/WCD_DAMS%20report.pdf (accessed 04. 03. 16).

Zoological Society of London and WWF, 2014. Living planet report. Available from: http://www.livingplanetindex.org/projects (accessed 16. 09. 15).

第 22 章

环境流量与流域综合管理

Michael J. Stewardson[1]，Wenxiu Shang[2]，Giri R. Kattel1[3] 和 J. Angus Webb[1]

1. 墨尔本大学帕克维尔校区，维多利亚州，澳大利亚

2. 清华大学，北京，中国

3. 中国科学院南京地理与湖泊研究所，南京，中国

22.1 引言

流域系统管理（ICM）是一种可持续的水陆管理方法，是通过流域、各学科间的需求以及社会化合作来识别流量的变化关系（Commenwealth of Australia，2000；Falkenmark，2004；Jakeman 和 Letcher，2003；Kattel 等，2016）。ICM 起源于澳大利亚、南非和英国，在过去 30 年中，它是基于传统项目管理而开发的方法。ICM 方法的主要特点是：（1）寻求人类与其活动对生态系统造成的影响的平衡；（2）综合考虑陆地、水体和生物多样性的管理；（3）促进科学家、受益者和决策者之间的交流沟通；（4）协调政府与非政府组织间的活动。（5）将流域作为需要协调的关键景观单元。

虽然这本书主要涉及环境中水的管理，但是水文变化不仅仅是淡水生态系统唯一的压力因素。农业活动的加剧、城市化和气候变化等流域内的扰动活动，导致泥沙变化、水质恶化、河流渠化、河岸带植被的移除和外来物种入侵，同样会给淡水生态系统带来影响（Nilsson 和 Renofalt，2008）。同时，在河流系统中建造的基础设施导致水流变成静水，从而引起相关的问题，如阻隔鱼类的游动、影响物质的运移以及使河流破碎化（Nilsson 和 Renofalt，2008）。我们认为，如果计划应用在更广泛的 ICM 项目中，环境流量管理将更为成功。我们必须要考虑非水文压力因素和淡水生态系统的破碎化要素，它们将破坏环境流量。

ICM 方法的具体目的是克服狭隘的河流管理计划的局限性。该方法认为水资源和其他对河流生态系统的压力因素（如社会、经济和政治）是复杂的全流域系统关系（Jakeman 和 Letcher，2003）。ICM 被广泛认为是一项可持续的政策，他综合了自然和

社会科学家、水陆使用者、管理者以及规划者和决策者各方的意见（Macleod 等，2007）。虽然 ICM 能在管理上产生较好的结果，但在实践中仍然存在问题（Jakeman 和 Letcher，2003），结果不很令人满意，比如，冲突和竞争的政策措施之间缺乏整合（Macleod 等，2007）。

尽管 ICM 得到了广泛的推广，但流域管理仍然普遍关注单一压力因素或干预措施。例如，澳大利亚的 Murray - Darling 河流域（MDB）规划主要是一个水资源计划，它提出了水质目标（Hart，2015）。该流域规划由澳大利亚联邦政府内的一个机构（MDBA）开发，规定了该流域水资源的可持续引水限制，从而保护了环境流量。然而，MDBA 没有考虑流域生态系统内的其他重要压力因素，因为这些因素大多是州政府的责任。土地、生物多样性和水的管理职能分布在不同政府机构（在某些情况下是各级政府）。没有这些机构之间流域层面的协调，环境流量规划和管理机构几乎没有能力采取互补措施，例如岸边带修复、管理有害物种或消除鱼类移动的障碍。在处理其他非流动压力因素时，环境流量管理与管理程序的不整合，将不利于世界范围内河流流域修复。

本章采用了更深广的 ICM 方法作为环境流量管理的案例，为任何有兴趣实施 ICM 的环境流量管理者提供了必要的起点。它重点关注扰动流域中河流生态系统的两个普遍特征，这两个特征最好用 ICM 方法解决：多重流动和非流动应力源的同时出现；以及贯穿河网的强流动环境相互作用。本章首先展示了影响河流生态系统中多个压力因素之间的相互作用，包括水文变化（第 22.2 节），回顾了评估环境流量输送的生态结果研究，以及非流动压力因素对环境流量的响应影响。尽管该项研究相对较少，但证据表明，非流动压力因素可严重破坏环境流量（第 22.2.1 小节）。在第 22.2.2 小节中，我们讨论了如何判断淡水生态系统中重要压力因素的方法。出发点是评估环境流量与其他流域干预的综合规划的必要性，以缓解所有压力源。第 22.3 节描述了通过流域规划来实现贯穿河网的诸多流动介质的相互链接。最后，第 22.4 节提供了案例分析和 ICM 实施的一些原则。

显然，实施 ICM 并不容易，因为除了其他挑战外，还需要将传统孤立的自然资源管理（NRM），包括土地、水、生物多样性、水质、环境、农业和林业等领域联系起来。同时它还必须考虑管理、体系、建模工具、利益相关者、监测、科学、适应性管理以及本书中提到的其他要素，但是在应用上已经超出了环境流量管理的范畴。因为 ICM 是一项综合性的课题，本章不对如何实施 ICM 进行说明（Smith 等，2015），相反，我们提供了鼓励环境流量管理的案例，作为 ICM 框架内 NRM 挑战要素。

22.2 多重压力因素

22.2.1 非水文因素对环境流量泄流效果的影响

水文变化很少独立于其他压力因素，这主要有两个原因。

第一，由于人类的活动产生了供水（如：灌溉）、水力发电（居民区用电）、防洪（洪泛平原区的农业活动），因此水文变化的驱动因素（第 3 章）也将不可避免地将非流动压力因素引入水生环境（例如，水生污染物、天然河岸植被的去除以及河道形态的变化）

中。城市化是一个极端的例子，它能够同时对河流集水区和河流廊道等几乎所有其他方面造成干扰，导致严重的水文变化（Walsh 等，2005）。

第二，存在复杂的干扰序列，其中水资源开发导致河流连通性、水质、泥沙状况、河岸植被、河道形态和外来物种传播的变化。所有这些都是水生生态系统的附加压力因素，与水文变化相互作用相互影响。表 22.1 说明了这些压力因素之间可能发生的相互作用，其中一个属性中的响应能够成为水生生态系统的另一方面压力因素。该表展示了某个流域的扰动可能会导致其他流域一系列的扰动，所有这些扰动都是淡水生态系统的压力因素。

掌握河流生态系统中普遍存在的诸多压力因素是环境流量管理成功的关键。越来越多的文献记录了环境流量泄流的研究成果，非流动压力因素常常被认为是环境流量项目未能达到预期恢复目标的原因（下文讨论）。例如，纵向水文的不连通导致了试验性环境流量项目的失败，这影响鱼类（Bradford 等，2011；Decker 等，2008；Rolls 和 Wilson，2010；Rolls 等，2012）和无脊椎动物（Brooks 等，2011；Decker 等，2008；MaKee 等，2013）的繁育。在湿地洪水过程中，横向连通性是本地鱼类种群生存的关键限制因素（Vilizzi 等，2013）。外来鱼种入侵已成为现存的普遍问题，这使得为恢复本地鱼类种群而设计的环境流量脉冲的有效性大打折扣（Bice 和 Zampatti，2011）。如果外来物种没有完全灭绝，就有可能再次入侵，即便它是处于减少的趋势（Couthet 等，2011；KORMAN 等，2011；Valdz 等，2001）。深型水库下泄的环境流量具有溶解氧和水温偏低的特点，从而影响了环境流量的预期目标（Bednarek 和 Hart，2005；Bradford 等，2011；Rolls 和 Wilson，2010）。水质变差的其他来源也可能损害环境流量的目标，例如土壤盐分升高对河岸植被生长产生影响（Raulings 等，2011）。在多年干旱条件下，通过采取供水措施可以恢复水生生物，但因河岸带土壤中含有较少的植物种子，所以限制了植被萌发（Siebentritt 等，2004），同时不耐淹物种也会遭受洪水期长时间的淹没（Raulings 等，2011）。

表 22.1 给出了河流中各压力因素之间相互作用的代表性例子。对于所有修复的河流，压力因素是相互作用的，但是这些特定的相互作用及其细节主要针对正在开展研究的河流。

近期的环境流量实验研究显示，为了协调管理非流动压力因素和流动压力因素，ICM 方法有必要考虑环境流量。经验表明，不考虑非流动压力因素会严重影响环境流量效果。事实上，这些非流动压力源可能是关键的限制因素，应该在环境供水之前或在环境供水过程中同时加以处理。重要的是，非流动压力因素（主要包括由水资源开发产生的次生压力因素）往往不能只通过环境流量这单一措施来减缓。

非流动压力因素作为至关重要的一点，若处理得不好，将导致环境流量项目执行效果不佳，从而导致社会支持减少，其他河流，甚至其他国家也如是。随着研究关注度的提高，我们进入了一个崭新的阶段，越来越多的实验性环境流量项目成果在全世界呈现。

22.2.2 流域管理中目标压力因素的识别

明确流域内影响环境功能的主要压力因素，是决定 ICM 案例是否成功的前提。然而，在任何自然或受影响的环境中识别关键的压力因素是困难的。同样，甄别环境流量下泄的

表 22.1

影响因素	反应						
	连通性	水情	水质	泥沙状况	河岸带植被	河道形态	外来物种
大坝(研究表明,大坝改变了流环境和泥沙场,从而影响了植被和河道形态)	大坝阻碍生物群落的迁移(Gehrke 和 Harris,2000)	大坝运行减少了流量和消除了洪峰(Ortlepp 和 Mürle,2003)	营养盐沉积在水库中,导致下游浓度降低(Humborg 等,1997)	评估显示,大坝可有效拦截99%泥沙沉积物%(Yang 等,2006)			
水文变化	受洪水消减影响,河道与洪泛平原之间的碳交换率降低(Sam 等,2000)		大坝运行初期,水库中盐分较高(Lind 等,2007)	人工洪水增加砾石输运(Ortlepp 和 Mürle,2003)	筑坝和引水导致林木的减少以及河岸带幼树的减少(Rood 等,2003)	人造洪水改变了河道形态(Ortlepp 和 Mürle,2003)	美国 San Juan 河夏季产卵明的非本地鱼类对夏季较长时间有很大反应(Propst 和 Gido,2004)
水质恶化				在流动的河流中泥沙颗粒悬浮输运,一旦环境发生变化,其将沉积(Einstein 和 Krone,1962)	湿地水位下降,盐度显著增加,限制了河岸植被的恢复(Raulings 等,2011)		底层低温水下泄时,观测点很难观测到外来鱼类(King 等,1998)
泥沙变化规律		悬浮泥沙浓度对水流流速分布有明显的影响(Coleman,1981)	人造洪水过程中,细泥沙冲刷可能是造成有机质和磷减少的原因(Robinson 和 Uehlinger,2008)		河岸带植物受河道泥沙冲淤影响(Richardson,2007)	泥沙输入增加和泥沙输送减少是堤坝生境的根本原因(McLoughlin 等,2011)	
河岸带植被退化		河岸带植被导致较快地流失(Schlosser 和 Karr,1981)	河岸研究表明河岸带植被可以去除水中的有机质和化学负荷(Daniels 和 Gilliam,1996)	河岸带植物可以有效地去除水中的泥沙(Daniels 和 Gilliam,1996)		新形成的天然河岸带导致了河道和洪泛平原形态的变化(Rood 等,2003)	
渠道工程(对大多数因素产生影响。渠道工程通过间接或直接影响通道或改变水流量来改变其他地因素)	在 Kissimmee 中挖据的中心运河穿过自然弯曲的河道,剩余河道没有水流,泛滥平原没有洪水(South Florida Water Management District,2006)	在一定的排水条件下,自然河段内的流速度低于人工渠化段(Bukaveckas,2007)	人工渠化促进了 Kissimmee 河中营养物质的输运(South Florida Water Management District,2006)	Kissimmee 河人工渠化后引起剩余河道中有机物积累在河道底部(South Florida Water Management District,2006)	Kissimmee 河的渠化大部分洪泛平原变得干化,以前的湿地植物群落转变为旱地植物群落(South Florida Water Management District,2006)		
外来物种		河岸带外来物种生物量的增加,从而引起了水文条件的改变(Richardson 等,2007)	在南非,外来灌木紫田菁使泥沙沉积,增加了外来物种的栖息地(Richardson 等,2007)		外来物种入侵导致河岸带植被退化(Rood 等,2003)	在美国西部干旱地区,外来的柽柳减少了河道宽度(Richardson 等,2007)	外来植物入侵是局部河岸植被群落被退化的前兆(Richardson 等,2007)

益处也是有困难的（第 25 章）。仅仅依靠经验数据的收集，通常不能识别出主要的压力影响因素。通过定量实验获得大量数据，可以验证大规模模式（Konrad 等，2011），但是不同的研究人员可能得出不同的研究成果（Poff 和 Zimmerman，2010）。

环境科学家已经从流行病学原理中得出结论，并诊断出不受控制的环境系统中的原因和影响（Adams，2003；Cormier 等，2010）。流行病学如同环境科学中识别主要压力因素以及因果关系等方面一样，面临同样的挑战，同时，该领域已经研发了几种应对这些挑战的方法。ICM 的核心是因果馅饼的概念（Rothman，2002），其中因果馅饼的每一片都是观测到的效果的候选原因（例如，流量的变化、水质变差、水中障碍物的散布都是鱼类数量减少的充分原因）。通过模拟认识到，这些潜在的原因并不是孤立的，重点在于识别（或诊断）压力因素以及影响原因。

如果有足够的数据支持，采用加强统计方法，可以识别系统中最重要的压力因素。例如，层次划分（MacNally，2000）是一种基于多模型的方法，它测试的是潜在因果变量的诸多组合，以识别那些末端最大变量（例如，鱼类丰度），包括独自的变化（压力因素的主要影响）以及相互的变化（两个或多个压力因素共同影响）。同样的，其他基于数据挖掘的方法，如改进回归树（Elith 等，2008），也是采用调查大数据集的模式，从候选原因列表系统中识别最重要的压力因素。

然而，这些数据挖掘方法需要大量的数据支撑，而这些数据集通常是无法获得的。为此，为了充分利用不同的信息源，其他方法已经被研发出来。美国环境保护署开发了 CADDIS 方法（Norton 等，2008），该方法是专门用来诊断可能造成水生态系统的环境损害的主要原因。它结合了局部现场数据、实验室实验数据和来自文献的数据，来得出结论。该方法最常用于识别违反环境保护法的监管环境，同时也可用于流域管理规划。

也有纯粹基于文献的方法，可以转向诊断最有可能造成环境损害的原因。系统文献综述（Khan 等，2003）是一种分析方法，用于验证一套研究的假设，其主要流行在卫生科学等其他学科中。这种方法是循证医学的基本组成部分，自从 20 世纪 70 年代初以来，循证医学在病人管理方面经历了一场有效的革命（Stevens 和 Milne，1997）。系统综述通过使用客观、易懂和可复验的搜索方法来实现，它用来查找所验证的一个或多个特定假设的证据；然后使用统计或定性方法同时结合这些证据得出假设结论。客观、透明和可重复性的特点，以及结合证据的明确方法，将系统评价与支配环境科学和管理的叙述性评价区分开来（Khan 等，2003）。

环境科学的医学模式（CEBC，2010）多采用系统文献综述的研究方法，并且越来越多的系统综述可通过环境证据合作组织（http：//www.environmentalevidence.org）的网站获得。然而，进行全面系统的文献回顾需要较大开支和较长的时间，这导致这些方法在环境管理中尚未被广泛采用。近年来，人们青睐于快速回顾方法。快速回顾方法具有与系统回顾相同的原理，但是成本较低，并且可以在环境管理需要的时限（也就是几周时间，而非数月或数年）内完成。环境证据合作组织最近成立了一个快速回顾工作组，我们可以期待在文献中看到更多这类方法。

生态证据是一种方法（Norris 等，2012；Webb 等，2015）。这种方法采用八步法，它通常与系统性回顾的目标和原理相结合，系统性回顾包括假设设置、证据收集和综合分析以及结论报告。一些生态证据综述验证了不同生态节点流态变化的影响（Greet 等，2011；Grove 等，2012；Miller 等，2013；Webb 等，2012a，2012b）。特别是，案例（Webb 等，2013）从一组大量的流量响应研究中得出了结论比使用原始的 Ad-hoc 证据综合分析方法（Poff 和 Zimmerman，2010）更有说服力。与 CADDIS 不同，生态证据和传统的系统回顾方法用于验证特定假设，而不是用来识别主要压力因素。然而，文献综述可以应用于一系列假设，一个假设对应一个原因，从而确定最有可能的原因。

无论是单独考虑还是综合考虑，上述提供了一些解决问题的方法，这可以作为 ICM 理论的一部分，用于确定河流生态系统环境退化的主要原因。识别重要压力因素为项目管理实践和提出配套的措施提供捷径，使管理人员能够将有限的资源集中到最需要的地方。例如，生境恢复、水质改善这些措施，可作为环境流量的补充措施，相比单独考虑时，其环境改善效益更大。

22.3 跨流域环境相互作用

ICM 的一个主要优点是它可以解释主要水文感应的水网空间关系。这些关系影响河流生态系统的所有物理和生物等多个方面，如水、泥沙、能量、氧气、营养物质、污染物和河岸带生物群落，横向范围的泛滥平原，纵向范围的潜流带，（Brierley 等，2010；McCluney 等，2014）。生态系统过程也在空间尺度的层次上起作用，包括单个砾石、河床形态特征、流域、河段和整个网络（Frissell 等，1986；McCluney 等，2014；Zavadil 和 Stewardson，2013）。这些联系对于理解河流生态系统在响应人类干扰以及响应包括环境流量在内的河流修复时的轨迹至关重要。

下游支流的排水最终流入较大的河流中，形成了具有空间链接属性的河网。事实上，所有的人类活动将导致水文变化（第 3 章），反映在下游的水文要素上，像大坝这种较大的干扰可以一直持续到流域出口。这种下游效应最明显的结果是水文水势的变化，但是也发生了诸如河道、洪泛平原和地下水之间的水文连通性的其他变化。此外，支流的变化引起水源的变化，从而改变水的生化性质，包括氮、磷和碳的质量和浓度。同样，环境流量将导致水文状况、连通性和水源的变化，这些变化可以延伸到环境流量节点下游数百公里的河流上。在大流域中，支流和主干流的环境流量需要共同考虑。多支流的环境流量将对干流产生累积影响。如果累积的水量不能满足干流的环境流量，则需要考虑从其他支流获得额外的环境流量。

如果我们考虑大坝对下游泥沙状况和河道形态的影响（在第 5 章中讨论），那么对于环境流量管理的空间关系意义就显而易见了。尽管基于场地的环境流量规划可能侧重于提供环境流量管理制度，以提供河道内重要的物理生境，但这些生境可能会因下游建坝而发生较大改变。Petts 和 Gurnel（2005）综合考虑了下游河道的复杂空间序列和时间演变，这些空间序列和时间演变可以延伸数百公里，以响应大坝内的泥沙淤积以及由水文变化产生的河流泥沙输移能力的改变。这种河道调整将影响环境流量的物理生境，并且有必要考虑用水需求以保持河道形态，包括河床形态和河道几何形状（在第 12 章中讨论）。大坝下游水与泥沙之间具有复杂的相互作用关系，在规划环境流量管理时，需要考虑网络内的空间关系。

污染物、溶解氧、水能是通过河网中的流动介质进行输运，因此水质恶化与水文的变化有很大联系（在第 6 章中讨论）。营养盐和碳等通过河网输送的物质对于水生生物也是必不可少的。河流不仅能运输营养物质，而且也可以暂时或永久的储存在库中。许多污染物在集水区运输时可以转变成其他形式，或者完全去除（例如，固氮的情况）。这些关系最好在 ICM 方法中加以处理，评估水文变化的影响，识别非流动压力因素（例如，水质恶化），以及设计和实施环境流量管理制度和补充开展陆域管理行动，进而解决水质关注的问题。

鱼类和无脊椎动物等生物通过游动或漂流沿着河流移动（Peterson 等，2013；第 4 章）。这种移动对于水生生物完成特殊的生存阶段或者广布于淡水系统中是很重要的。水中障碍物如堰和水坝，使河网破碎化（Ward，1998），阻止了生物进入重要栖息地（Schlosser 和 Angermeier，1995）。实验性环境流量项目（先前讨论过）的效果不佳，通常归因于生物群不能顺畅地移动。尤其是，类似坝、堰这类的障碍物横穿河网，抑制鱼类和无脊椎动物的扩散，从而限制环境流量河段的栖息地再建（Bradford 等，2011；Brooks 等，2011；Decker 等，2008；MaKee 等，2013；Loor 和 Wilson，2010；Les 等，2012）。

不幸的是，环境流量规划通常采用现成的水流量测信息和基于现场的物理生境和生物群落调查。这些研究很少考虑受场地条件影响及被影响的流域过程，包括前段所述的。为了使环境流量规划具有实效性，基于场地的方法提出了三个主要风险：第一，本区域的主要压力因素控制条件，在流域的其他地方可能不会适用；第二，环境流量管理规划对流域其他部分的不利影响可能被忽视；第三，从流域角度来说，环境流量需要协调多水源和陆域、生物多样性以及河流管理，但是满足多目标的需求是较困难的。因此，基于场地的环境流量项目可能无法达到预期目的，在环境供水成本较高的情况下，这会导致社会团体不再对其予以支持，甚至减少投资。

虽然 ICM 方法不能完全消除这些风险，但它明确了水、土地和生物多样性管理之间的相互作用，同时在环境流量规划中考虑了流域中淡水生态系统的响应。然而，转向流域尺度的方法大大增加了规划任务的复杂性，包括协调多部门社会挑战以及评估这些环境关系结果的技术挑战。流域尺度的环境流量输送需要面临以上这些挑战。

22.4　实施流域综合管理

世界各地已经开始尝试用 ICM 方法进行环境流量管理。例如，中国政府正通过划定生态红线来实施生态可持续管理，生态红线定义了可接受的压力变化，如水量和水质的红线以及河岸带的保护界线（Central Committee of the Communist Party of China and Chinese State Council，2010）。澳大利亚各州政府已经用各种体制方法实施 ICM 至少 20 年了（HRSCEH，2000）。澳大利亚维多利亚州成立了流域管理局（CMAs），从流域尺度上协调土地、水和生物多样性管理。该方案是一个很好的 ICM 方法案例（框 22.1）。

框 22.1　澳大利亚维多利亚州流域综合环境流量管理框架

自 1994 年以来，在澳大利亚维多利亚州，有 10 个 CMA 采用流域综合管理方法来保护维多利亚的土地、水和生物多样性资源（1994 年《流域和土地保护法》［Vic］）。他们的法定权限包括负责管理区域水道、滩涂、排水和环境流量（1989 年《水法》［Vic］）。ICM 具有较长的历史经验，其中包含了大量的环境流量管理责任，为维多利亚州的各流域保护委员会提供了有用的案例。

每 6 年，各流域保护委员会需要制定本流域的规划策略（Victorian Auditor - General，2014），处理各种环境管理问题，包括：

1. 生物多样性和原生植被；

2. 土壤健康与盐分；

3. 受威胁的动植物种类；

4. 包括环境流量管理在内的水域健康；

5. 灾后重建和洪水响应和恢复（Victorian Auditor - General，2014）。

这些策略的要求是：

1. 评估区域水土资源状况和利用情况，并确定优先关注的区域；

2. 确定区域水土资源质量目标，以及实现这些目标的措施；

3. 确定战略实施中的合作人及任务；

4. 确定审查战略和监督执行的安排；

5. 与联邦、州和地区的相关法律、政策、战略和计划的关系；

6. 总结以前流域战略的主要成果。

1989 年《水法》要求流域保护委员会制定水域管理策略。这些策略综合考虑了影响河流的压力因素。通过实施环境流量管理的先后次序，解决因水文变化带来的影响。然而，这些措施是与其他非流动压力因素相联系的。非流域压力因素包括河道和河岸带修复工程，洪水和滩地管理，排水工程，自然灾害和极端事件对水域的影响，以及水质管理。

作为地区的机构，CMA 需要与当地团体共同协商讨论，规划制定策略。需要以社区参与和伙伴关系框架（VGVCMA，2012）为指导，其中包括了规划的原则和措施。最近的一项评估显示，CMA 对于社区参与有独特的方法，但是最全面的方法包括每年一次的制定战略，设定目标和为实现这些目标采取的行动，以及定期评估该战略实施效果。

资金支持力度低及其逐年不确定性是维多利亚州流域保护委员会的主要制约因素（Victorian Auditor - General，2014）。在整个州，总面积接近 24 万 km^2，10 个流域保护机构每年收入 2 亿澳元，大部分来自州和联邦政府的补助金，主要用于制定和执行这些战略（Victorian Auditor - General，2014）。尽管全国流域管理协调调查报告提出了这一建议，但 CMA 无法通过向纳税人征税获得稳定的资金（HRSCEH，2000）。

成功的 ICM 除了识别主要的压力因素和了解整个流域的环境相互作用之外，还需要考虑多种因素（前面的章节中已讨论），包括：权威性目标；协调水土资源管理的政策方针；利益相关者的参与；以及持续的投入（包括技能、工具和知识）。随着生态安全意识的增强和对生态科学的进一步理解，处理多重压力因素和流域尺度相互作用的方法继续发展。没有一种简单的 ICM 方法能够适用于所有河流流域。然而，生态系统方法中的 12 项原则是《生物多样性国际公约》组织认可的。这些原则为水、土和生物资源的有效综合管理提供了依据（框 22.2）。

框 22.2　生态系统方法的 12 项原则

*原则 1：水、土、生物资源的管理目标是社会问题。*不同的社会阶层以自身的经济、文化和社会需求看待生态系统。当地居民和其他团体是重要的利益相关者，他们的权益应该得到承认。文化和生物多样性是生态系统方法的核心组成部分，管理应考虑到这一点。社会选择应该尽可能清楚地展示出来。应当以公平合理的方式管理生态系统，以实现其内在价值以及对人类的有形或无形利益（第 10 章）。

*原则 2：管理权限应分解下放。*权限下放可能导致更高的效果，同时也更加公平。管理应涉及所有利益相关者，平衡地方利益与更广泛的公共利益。管理越接近生态系统，责任、所有权、问责制、参与和了解当地情况就越多。

*原则 3：生态系统管理者应考虑其活动对邻近生态系统和其他生态系统的影响（实际或潜在）。*生态系统中的管理干预措施通常对其他生态系统具有未知或不可预测的影响，因此，可能产生的影响需要仔细考虑和分析。这可能要求参与决策的机构在必要时作出适当妥协，重新安排组织实施。

*原则 4：认识到管理带来的潜在收益，通常需要在经济背景下理解和管理生态系统。*任何生态系统管理方案都应当做到如下几点：减少对生物多样性产生不利影响；调整激励措施促进生物多样性保护和可持续利用；在可行的范围内将给定生态系统的内部化成本和效益。生物多样性的最大威胁在于土地利用的变化。这是由市场扭曲造成的，市场扭曲低估了自然系统和人类的价值，并通过提供补偿将土地多样性降低。那些从环保中受益的人通常不支付相关费用，同样，那些产生环境损失（例如，污染）的人逃避责任。设置奖惩措施，允许那些管理资源的人受益，并确保那些产生环境损失的人付出代价。

*原则 5：为了维持生态系统服务，保护生态系统结构和功能应当是生态系统方法的优先目标。*生态系统功能恢复取决于物种内部、物种之间、物种与其非生物环境之间的动态关系，以及环境中的物理和化学相互作用。与简单地保护物种相比，原位保护、修复其相互作用和过程对于长期维持生物多样性具有更大的意义。

*原则 6：生态系统必须在其功能范围内进行管理。*在考虑实现管理目标的可能性或容易程度时，应注意限制自然生产力、生态系统结构、功能和多样性的环境条件。生态系统功能的限制可能受到临时、不可预测或人工持续干扰的影响，因此，应谨慎管理。

原则 7：生态系统方法主要体现在空间和时间尺度上。该方法是有适用于目标的空间和时间边界条件的。管理边界将由用水户、管理人员、科学家和当地居民共同协商确定，必要时，应促进地区间的相互协调。生态系统方法基于生物多样性的分层性质，其特征是基因、物种和生态系统（第 10 章）。

原则 8：识别表征生态系统过程的时间变化和滞后效应，设定长期的生态系统管理目标。生态系统过程具有随时间变化和滞后效应的特征。这与人类趋于短期收益和立即效益是相矛盾的。

原则 9：管理者必须认识到改革是不可避免的。生态系统的变化包括物种组成和种群丰富度，因此，管理应该适应这种变化。除了它们内在的变化外，生态系统还受到人类、生物和环境领域中各种不确定性和潜在的复杂影响。传统的干扰机制可能对生态系统结构和功能很重要，可能需要维持或恢复。生态系统方法应当采取适应性管理（第 25 章），以便预测事件的发生和变化，并且谨慎作出选择，但同时要采取缓解措施来应对诸如气候变化等长期变化因素。

原则 10：生态系统方法应该在生物多样性的保护和利用之间寻求适当的平衡和整合。生物多样性关键在于其内在价值以及它为我们提供最终所依赖的生态系统和其他服务方面发挥了关键作用。无论是受保护的还是未受保护的，管理生物多样性的组成是一贯的做法。同时需要更加灵活地在更广泛的范围内进行保护和使用，并且从严格保护到人工生态系统实施全范围的保护措施。

原则 11：生态系统方法应该考虑方方面面的相关信息，包括科学、本土和地方知识、创新和实践。多渠道获得信息对于生态系统管理策略至关重要，这有助于更好地了解生态系统功能以及人类产生的影响。所有利益相关方和行动者应该共享各方面的信息，尤其应考虑《生物多样性国际公约》第 8（j）条的规定。建议应该明确管理决策，并根据利益相关者的认识和见解进行核查。

原则 12：生态系统的研究方法涉及社会科学和自然科学。生物多样性管理是复杂的，它们之间相互作用，同时包括隐含副作用的影响，因此需要具备必要的专业知识，同时需要地方、国家、区域以及国际上各级利益相关方的参与。

22.5 结论

本章中我们讨论的内容是，环境流量管理应该集成在更广泛的 ICM 方法中。河流系统中存在着多种水文和非水文影响因素，人类的水利工程导致流量的变化，从而影响流域的其他方面。即使在没有其他人类直接影响的情况下，流量变化也可能导致河道环境的一系列变化，这些变化产生不会单独对环境流量作出响应。经验表明，当未能解决诸如水生动物阻隔、水质恶化以及外来物种入侵等非流动压力因素时，实施环境流量方案的目的就没有到达。有效的 ICM 需要考虑这些多重应激源及其在流域减损中的作用。

实施综合方法需要具有强大的政策和体制基础，它需要充分利用现有的科学技术并广泛吸收所有利益相关者的认知。包括环境流量输送在内的流域管理综合方法，这在国际上是有先例的。然而，当地的环境和社会环境对这些方法的可行性有很大的影响。虽然ICM 的重要性被广泛认可，但 ICM 的承诺尚未完全实现。综合方法通常需要实践几十年，流域管理机构、政府和它们所服务的社会都需要作出重大承诺，并最终实现退化流域的修复。

参 考 文 献

Adams，S. M.，2003. Establishing causality between environmental stressors and effects on aquatic ecosystems. Hum. Ecol. Risk Assess. 9，17 – 35.

Bednarek，A. T.，Hart，D. D.，2005. Modifying dam operations to restore rivers：ecological responses to Tennessee River dam mitigation. Ecol. Appl. 15（3），997 – 1008.

Bice，C. M.，Zampatti，B. P.，2011. Engineered water level management facilitates recruitment of non – native common carp，*Cyprinus carpio*，in a regulated lowland river. Ecol. Eng. 37（11），1901 – 1904.

Bradford，M. J.，Higgins，P. S.，Korman，J.，Sneep，J.，2011. Test of an environmental flow release in a British Columbia river：does more water mean more fish. Freshw. Biol. 56，2119 – 2134.

Brierley，G.，Reid，H.，Fryirs，K.，Trahan，N.，2010. What are we monitoring and why? Using geomorphic principles to frame eco – hydrological assessments of river condition. Sci. Total Environ. 408（9），2025 – 2033.

Brooks，A. J.，Russell，M.，Bevitt，R.，Dasey，M.，2011. Constraints on the recovery of invertebrate assemblages in a regulated snowmelt river during a tributary – sourced environmental flow regime. Mar. Freshw. Res. 62（12），1407 – 1420.

Bukaveckas，P. A.，2007. Effects of channel restoration on water velocity，transient storage，and nutrient uptake in a channelized stream. Environ. Sci. Technol. 41（5），1570 – 1576.

CEBC，2013. Guidelines for systematic review in environmental management. Version 4. 2. Centre for Evidence – Based Conservation & Collaboration for Environmental Evidence，Bangor，Wales. Available from：www. environmentalevidence. org/Authors. htm

Central Committee of the Communist Party of China and Chinese State Council，2010. No. 1 Central Document for 2011：decision on accelerating the development of water reform. Available from：http：//www. gov. cn/gongbao/content/2011/content_1803158. htm（in Chinese）.

Coleman，N. L.，1981. Velocity profiles with suspended sediment. J. Hydraul. Res. 19（3），211 – 229.

Commonwealth of Australia，2000. Co – ordinating catchment management：report of the inquiry into catchment management. House of Representatives Standing Committee on Environment and Heritage，Canberra. Available from：http：//www. aphref. aph. gov. au – house – committee – environ – cminq – cmirpt – report – fullrpt. pdf.

Cormier，S. M.，Suter，G. W.，Norton，S. B.，2010. Causal characteristics for ecoepidemiology. Hum. Ecol. Risk Assess. 16，53 – 73.

Cross，W. F.，Baxter，C. V.，Donner，K. C.，Rosi – Marshall，E. J.，Kennedy，T. A.，Hall Jr.，R. O.，et al.，2011. Ecosystem ecology meets adaptive management：food web response to a controlled flood on the Colorado River，Glen Canyon. Ecol. Appl. 21（6），2016 – 2033.

Daniels，R. B.，Gilliam，J. W.，1996. Sediment and chemical load reduction by grass and riparian filters. Soil Sci. Soc. Am. J. 60（1），246 – 251.

Decker，A. S.，Bradford，M. J.，Higgins，P. S.，2008. Rate of biotic colonisation following flow restoration below a diversion dam in the Bridge River, British Columbia. River Res. Appl. 24, 876 – 883.

Einstein, H. A., Krone, R. B., 1962. Experiments to determine modes of cohesive sediment transport in salt water. J. Geophys. Res. 67 (4), 1451 – 1461.

Elith, J., Leathwick, J. R., Hastie, T., 2008. A working guide to boosted regression trees. J. Anim. Ecol. 77, 802 – 813.

Falkenmark, M., 2004. Towards integrated catchment management: opening the paradigm locks between hydrology, ecology and policymaking. Int. J. Water Resour. Dev. 20, 275 – 281.

Frissell, C. A., Liss, W., Warren, C. E., Hurley, M. D., 1986. A hierarchical framework for stream habitat classification: viewing streams in a watershed context. Environ. Manage. 10 (2), 199 – 214.

Gehrke, P. C., Harris, J. H., 2000. Large – scale patterns in species richness and composition of temperate riverine fish communities, south – eastern Australia. Mar. Freshw. Res. 51, 165 – 182.

Greet, J., Webb, J. A., Cousens, R. D., 2011. The importance of seasonal flow timing for riparian vegetation dynamics: a systematic review using causal criteria analysis. Freshw. Biol. 56, 1231 – 1247.

Grove, J. R., Webb, J. A., Marren, P. M., Stewardson, M. J., Wealands, S. R., 2012. High and dry: an investigation using the causal criteria methodology to investigate the effects of regulation, and subsequent environmental flows, on floodplain geomorphology. Wetlands 32, 215 – 224.

Hart, B. T., 2015. The Australian MurrayDarling Basin Plan: challenges in its implementation. Int. J. Water Resour. Dev. 20015, 1 – 16.

HRSCEH, 2000. Co – ordinating Catchment Management: Report of the Inquiry Into catchment Management by the House of Representatives Standing Committee on Environment and Heritage. Commonwealth of Australia, Canberra Australia, p. 182.

Humborg, C., Ittekkot, V., Cociasu, A., Bodungenet, B. V., 1997. Effect of Danube River dam on Black Sea biogeochemistry and ecosystem structure. Nature 386 (6623), 385 – 388.

Jakeman, A. J., Letcher, R. A., 2003. Integrated assessment and modelling: features, principles and examples for catchment management. Environ. Model. Softw. 18, 491 – 501.

Kattel, G. R., Dong, X., Yang, X., 2016. A century – scale, human – induced ecohydrological evolution of wetlands of two large river basins in Australia (Murray) and China (Yangtze). Hydrol. Earth Syst. Sci. 20. pp. 2151 – 2168.

Khan, K. S., Kunz, R., Kleijnen, J., Antes, G., 2003. Five steps to conducting a systematic review. J. R. Soc. Med. 96, 118 – 121.

King, J., Cambray, J. A., Impson, N. D., 1998. Linked effects of dam – released floods and water temperature on spawning of the Clanwilliam yellowfish Barbus capensis. Hydrobiologia 384, 245 – 265.

Konrad, C. P., Olden, J. D., Lytle, D. A., Melis, T. S., Schmidt, J. C., Bray, E. N., et al., 2011. Large – scale flow experiments for managing river systems. BioScience 61, 948 – 959.

Korman, J., Kaplinski, M., Melis, T. S., 2011. Effects of fluctuating flows and a controlled flood on incubation success and early survival rates and growth of age – 0 rainbow trout in a large regulated river. Trans. Am. Fisheries Soc. 140, 487 – 505.

Lind, P. R., Robson, B. J., Mitchell, B. D., 2007. Multiple lines of evidence for the beneficial effects of environmental flows in two lowland rivers in Victoria, Australia. River Res. Appl. 23 (9), 933 – 946.

MacNally, R., 2000. Regression and model – building in conservation biology, biogeography and ecology: the distinction between – and reconciliation of – "predictive" and "explanatory" models. Biodivers. Conserv. 9, 655 – 671.

Macleod, C. J. A., Scholefield, D., Haygarth, P. M., 2007. Integration for sustainable catchment management. Sci. Total Environ. 373, 591 – 602.

Mackie, J. K. , Chester, E. T. , Matthews, T. G. , Robson, B. J. , 2013. Macroinvertebrate response to environmental flows in headwater streams in western Victoria, Australia. Ecol. Eng. 53, 100 – 105.

McCluney, K. E. , Poff, N. L. , Palmer, M. A. , Thorp, J. H. , Poole, G. C. , Williams, B. S. , et al. , 2014. Riverine macrosystems ecology: sensitivity, resistance, and resilience of whole river basins with human alterations. Front. Ecol. Environ. 12 (1), 48 – 58.

McLoughlin, C. A. , Deacon, A. , Sithole, H. , Gyedu – Ababio, T. , 2011. History, rationale, and lessons learned: thresholds of potential concern in Kruger National Park river adaptive management. Koedoe 53 (2), 69 – 95.

Miller, K. A. , Webb, J. A. , de Little, S. C. , Stewardson, M. J. , 2013. Environmental flows can reduce the encroachment of terrestrial vegetation into river channels: a systematic literature review. Environ. Manage. 52, 1201 – 1212.

Nilsson, C. , Malm Renöfält, B. , 2008. Linking flow regime and water quality in rivers: a challenge to adaptive catchment management. Ecol. Soc. 13 (2), 18. Available from: http: //www. ecologyandsociety. org/vol13/iss2/art18/.

Norris, R. H. , Webb, J. A. , Nichols, S. J. , Stewardson, M. J. , Harrison, E. T. , 2012. Analyzing cause and effect in environmental assessments: using weighted evidence from the literature. Freshw. Sci. 31, 5 – 21.

Norton, S. B. , Cormier, S. M. , Suter II, G. W. , Schofield, K. , Yuan, L. , Shaw – Allen, P. , et al. , 2008. CADDIS: the causal analysis/diagnosis decision information system. In: Marcomini, A. , Suter II, G. W. , Critto, A. (Eds.), Decision Support Systems for Risk – Based Management of Contaminated Sites. Springer, New York, pp. 351 – 374.

Ortlepp, J. , Mürle, U. , 2003. Effects of experimental flooding on brown trout (Salmo trutta fario L.): The River Spöl, Swiss National Park. Aquat. Sci. Res. Across Bound. 65 (3), 232 – 238.

Peterson, E. E. , Ver Hoef, J. M. , Isaak, D. J. , Falke, J. A. , Fortin, M. J. , Jordan, C. E. , et al. , 2013. Modelling dendritic ecological networks in space: an integrated network perspective. Ecol. Lett. 16 (5), 707 – 719.

Petts, G. E. , Gurnel, A. M. , 2005. Dams and geomorphology: research progress and future directions. Geomorphology 71, 27 – 47.

Poff, N. L. , Zimmerman, J. K. H. , 2010. Ecological responses to altered flow regimes: a literature review to inform the science and management of regulated rivers. Freshw. Biol. 55, 194 – 205.

Propst, D. L. , Gido, K. B. , 2004. Responses of native and nonnative fishes to natural flow regime mimicry in the San Juan River. Trans. Am. Fisheries Soc. 133, 922 – 931.

Raulings, E. J. , Raulings, E. J. , Morris, K. , Roache, M. C. , Boon, P. I. , 2011. Is hydrological manipulation an effective management tool for rehabilitating chronically flooded, brackish – water wetlands? Freshw. Biol. 56 (11), 2347 – 2369.

Richardson, D. M. , Holmes, P. M. , Esler, K. J. , Galatowitsch, S. M. , Stromberg, J. C. , Kirkman, S. P. , et al. , 2007. Riparian vegetation: degradation, alien plant invasions, and restoration prospects. Divers. Distrib. 13 (1), 126 – 139.

Robinson, C. T. , Uehlinger, U. , 2008. Experimental floods cause ecosystem regime shift in a regulated river. Ecol. Appl. 18 (2), 511 – 526.

Rolls, R. J. , Leigh, C. , Sheldon, F. , 2012. Mechanistic effects of low – flow hydrology on riverine ecosystems: ecological principles and consequences of alteration. Freshw. Sci 31, 1163 – 1186.

Rolls, R. J. , Wilson, G. G. , 2010. Spatial and temporal patterns in fish assemblages following an artificially extended floodplain inundation event, Northern Murray – Darling Basin, Australia. Environ. Manage. 45 (4), 822 – 833.

Rood, S. B., Gourley, C. R., Ammon, E. M., Heki, L. G., Klotz, J. R., Morrison, M. L., et al., 2003. Flows for floodplain forests: a successful riparian restoration. BioScience 53 (7), 647 – 656.

Rothman, K. J., 2002. Epidemiology: an Introduction. Oxford University Press, New York.

Schlosser, I. J., Angermeier, P. L., 1995. Spatial variation in demographic processes in lotic fishes: conceptual models, empirical evidence, and implications for conservation. Am. Fisheries Soc. Symp. 17, 360 – 370.

Schlosser, I. J., Karr, J. R., 1981. Riparian vegetation and channel morphology impact on spatial patterns of water quality in agricultural watersheds. Environ. Manage. 5 (3), 233 – 243.

Secretariat of the Convention on Biological Diversity, 2004. The Ecosystem Approach, (CBD Guidelines). Secretariat of the Convention on Biological Diversity, Montreal, Canada.

Siebentritt, M. A., Ganf, G. G., Walker, K. F., 2004. Effects of an enhanced flood on riparian plants of the River Murray, South Australia. River Res. Appl. 20 (7), 765 – 774.

Smith, L., Porter, K., Hiscock, K., Porter, M. J., Benson, D. (Eds.), 2015. Catchment and River Basin Management: Integrating Science and Governance. Routledge, Oxford.

South Florida Water Management District, 2006. Kissimmee River restoration studies: Evaluation Program Executive Summary. Available from: http://my.sfwmd.gov/portal/page/portal/xrepository/sfwmd_repository_pdf/krr_exec_summary.pdf.

Stevens, A., Milne, R., 1997. The effectiveness revolution and public health. In: Scally, G. (Ed.), Progress in Public Health. Royal Society of Medicine Press, London, pp. 197 – 225.

Valdez, R. A., Hoffnagle, T. L., McIvor, C. C., McKinney, T., Leibfried, W. C., 2001. Effects of a test flood on fishes of the Colorado River in Grand Canyon, Arizona. Ecol. Appl. 11 (3), 686 – 700.

VGVCMA, 2012. Community Engagement and Partnerships Framework for Victoria's Catchment Management Authorities. Victorian Government and Victorian Catchment Management Authorities, Victoria, Australia.

Victorian Auditor – General, 2014. Effectiveness of Catchment Management Authorities. Victorian Auditor General's Report PP No 364, Session 2010 – 14. Victorian Government Printer, Melbourne, Australia.

Vilizzi, L., McCarthy, B. J., Scholz, O., Sharpe, C. P., Wood, D. B., 2013. Managed and natural inundation: benefits for conservation of native fish in a semi-arid wetland system. Aquat. Conserv. Mar. Freshw. Ecosyst. 23 (1), 37 – 50.

Walsh, C. J., Roy, A. H., Feminella, J. W., Cottingham, P. D., Groffman, P. M., Morgan, R. P., 2005. The urban stream syndrome: current knowledge and the search for a cure. J. N. Am. Benthol. Soc. 24, 706 – 723.

Ward, J. V., 1998. Riverine landscapes: biodiversity patterns, disturbance regimes, and aquatic conservation. Biol. Conserv. 83, 269 – 278.

Webb, J. A., Wallis, E. M., Stewardson, M. J., 2012a. A systematic review of published evidence linking wetland plants to water regime components. Aquat. Bot. 103, 1 – 14.

Webb, J. A., Nichols, S. J., Norris, R. H., Stewardson, M. J., Wealands, S. R., Lea, P., 2012b. Ecological responses to flow alteration: assessing causal relationships with Eco Evidence. Wetlands 32, 203 – 213.

Webb, J. A., Miller, K. A., King, E. L., de Little, S. C., Stewardson, M. J., Zimmerman, J. K. H., et al., 2013. Squeezing the most out of existing literature: a systematic re-analysis of published evidence on ecological responses to altered flows. Freshw. Biol. 58, 2439 – 2451.

Webb, J. A., Miller, K. A., de Little, S. C., Stewardson, M. J., Nichols, S. J., Wealands, S. R., 2015. An online database and desktop assessment software to simplify systematic reviews in environmental science. Environ. Model. Softw. 64, 72 – 79.

Yang, Z. , Wang, H. , Saito, Y. , Milliman, J. D. , Xu, K. , Qiao, S. , et al. , 2006. Dam impacts on the Changjiang (Yangtze) River sediment discharge to the sea: the past 55 years and after the Three Gorges Dam. Water Resour. Res. 42, 4.

Zavadil, E. , Stewardson, M. , 2013. The role of geomorphology and hydrology in determining spatial – scale units for ecohydraulics. In: Maddock, I. , Harby, A. , Kemp, P. , Wood, P. J. (Eds.), Eco-hydraulics: an Integrated Approach. John Wiley & Sons, Chichester, pp. 125 – 142.

第Ⅵ部分 环境流量的适应性管理

第 23 章

环境流量的有效管理规划

Jane M. Doolan[1]，Beth Ashworth[2] 和 Jody Swirepik[3]

1. 堪培拉大学，堪培拉，澳大利亚首都领地，澳大利亚

2. 维多利亚州环境需水持有者办公室，东墨尔本，维多利亚州，澳大利亚

3. 澳大利亚清洁能源监管机构，堪培拉，澳大利亚首都领地，澳大利亚

23.1 引言

环境流量分配是一个相当复杂的课题，正如前面章节所概述的那样，需要相当多的技术、政策、制度作为支撑。然而，这并不是最终结果。虽然环境需水分配方案已经制定，但仍然需要开展大量工作来确保这些分配得到有效管理和使用，同时需要向政府和社区团体表明为环境分配水资源是有意义的，并且其正在实现保护生态的目标。

环境流量的分配依赖于现有的管理水平。第 17 章确定了五种分配环境流量的机制：

1. 水资源消费用户的许可条件；

2. 蓄水管理人员或水资源管理者的条件；

3. 生态保护区；

4. 消费用途上限；

5. 环境水权。

机制 1、2、4 涉及对消费用户设置约束或义务，以便有效地为河流或湿地系统提供剩余的环境流量。如第 19 章所述，以该规则为基础的环境流量分配不需要任何实时的水管理决策。对于环境流量管理者来说，关键问题是确保用水户遵守这些条件，使河流系统中确实有水流。这在第 19 章中被定义为被动管理。

相比之下，当环境被授予与消耗性用水者具有相同结构和法律性质的水权时，在给生态保护区的存储供应或提供环境水权时，需要对水的实时使用制定强有力和严格的决策。这已经在第 19 章中被定义为主动式环境流量管理。在这些情况下，环境流量管理者在如何使用、在何处使用以及何时使用环境流量方面具有相当大的自由裁量权。

主动式环境流量管理只能在受管控的（如大坝）水系统中进行。在这些系统中，大坝闸门建筑物够储存水量，并且通过调节使水能够流动和使用。这些调节系统可以从低水平的调节（例如，单个河流上的小坝）到非常大的高度调节系统，例如在干流和主要支流上有一系列的水坝和堰，再加上连接灌区和城镇的高度复杂的互连网络的重要供水基础设施。这种案例有：澳大利亚的 MDB 系统、科罗拉多河和美国的萨克拉门托-圣华金（Sacramento – San Joaquin）三角洲。

这些大型、高度管控的水系统就是水权历史体系发展的结果，同时建立了高度发达的水市场并在各种用途之间进行用水竞争，此时水资源已经具有了市场价值。如第 17 章所述，这些水系统通常是被完全分配或过度分配的，也就是说，它们已经达到或超过资源开发的可持续发展水平。在其中一些系统中，关于需要改善环境流量管理制度的争论和辩论一直不断，而且在恢复环境流量方面已经作出了重大努力。

第 17 章和第 18 章概述了增加环境流量的各种方法，包括改变许可证持有人和蓄水管理者的条件、降低用水量上限、增加生态储备、对节约用水进行投资或从现有用水户中获取水权。一般来说，在这些大型的、高度管控的水系统中使用的模型是在现有的水权框架下，通过投资用水效率来创造环境水权，或者通过购买水市场上的消费水权并将这些水资源提供给环境。这是 MDB 所采取的方法，在一定程度上也适用于科罗拉多河和Sacramento – San Joaquin 的某些情况。这种策略虽然开销较大且经常引起争议，但并不损害现有消费用水户或其商业企业的安全，在政治角度上比从现有用水户手中夺取水更可行。

在这些大型、高度管控的系统中，为环境提供环境水权意味着环境流量管理者可以持有具有已知市场价值的非常重要的水资产。就多边开发银行而言，已经为整个多边开发银行的重新平衡和重置拨出了 130 多亿澳元，联邦环境需水持有者办公室（CEWH）目前拥有 2400 多 GL 的可靠性水权（截至 2016 年 2 月 29 日），价值数十亿澳元（DEE，2016）。此外，由于这些大型、受管控系统是相互关联的，环境流量管理者在如何使用、何处使用以及何时使用水方面可以有很大的自由裁量权。他们可以在水流体系中选择部分作为重点（例如，泄放水以提供夏季基流或增加春季冲刷），选择需要用水的河段或湿地，可以在高度连接的水系统中选择，也可以在河流系统之间选择。他们可以在任一年使用多少水以及下一年储存多少水之间作出选择。在水市场运作系统中，环境流量管理者甚至可以决定是否应将水分配（即出售）给用水户。

鉴于环境水权价值及广泛的使用范围，拥有水权的环境流量管理者将受到公众监督，他们的决定应当作为公共问责的一部分，必须是透明的。这带来了一系列的问题，以及诸多与环境流量主动管理相关的挑战，包括：

1. 了解实施主动的环境流量管理制度的必要性；

2. 作为当地河流综合管理计划的一部分，积极管理环境流量，对河流管理目标达成一致；

3. 制定治理环境流量的政策和规划框架；

4. 根据环境水权运作环境流量的交付；

5. 监测环境流量以支持适应性环境流量管理的效果，并展示其总体效益。

本章简要介绍了适应性环境流量管理制度，并着重描述政策和规划框架中的原则和关键要素，加强适应性环境流量管理，确保将其作为当地河流综合管理方案的一部分。第24章和第25章主要讨论了环境用水与监测效果的相互关系。

本章举例说明了MDB系统中存在的问题和解决方案。如前所述，它是一个高度管控的拥有清水排放权的南部连通河流系统，是一个活跃和成熟的水市场。近年来，澳大利亚环境需水水利委员会将实施一项重大的环境流量恢复计划，最终从消耗性用水（主要是灌溉）中回收约2800GL的水权，用于改善流域内河流和湿地的环境条件（DEE，2016）。南部MDB的州政府也有环境需水拥有者（或等同者）拥有自己的环境权益，并与英联邦一起倡议，共同拥有500GL的环境权益，但是必须通过协商一致才能调度。虽然每个机构都有自己的法定义务，但它们必须通过联合行动来规划调度越过本州的河流和湿地以及越过MDB的环境流量。

MDB环境流量管理代表了当今世界正在进行的、适应性的、最复杂的环境流量管理。处理生态问题、问责制和社区问题而制定的原则和政策在这种情况下是相互关联的，并且能够应用于简单单一的河流系统，以及众所周知的、大的、高度调节的河流系统。

23.2 环境流量适应性管理的制度要求

第19章概述了环境流量管理机构的潜在范围，同时，建立了一个与各组织权力和能力、经营规模及其负责的环境需水类型相匹配的原则。当有一定数量的环境水权被提供时，这些制度必须是健全的，并且与所管理的水资产价值以及可以行使的使用自由裁量权相称。例如，良好的治理实践表明，将价值数百万美元的公共资产由当地没有正式培训也没有问责要求的小团体管理是不合适的（VPSC，2016）。然而，这对旨在管理一个特定湿地的小流量许可证持有者来说可能是一个妥善的安排，那里的资产价值及其使用自由裁量权水平相对较低。

第19章表明，从事环境流量管理的组织通常具有法定代表人（以便能够持有水权）并具有法律地位。在联邦立法下澳大利亚部署并创建了联邦环境需水持有者办公室（CE-WH），而在维多利亚州，根据州立法创建了相当于维多利亚州的环境需水持有者办公室（VEWH）。这两个机构都有与其持有的水资源价值成比例的一系列法定权利和义务。他们有宽泛的法定指导方针，包括他们必须履行职责的方式，但在此范围内，他们在使用环境流量的决策中有很大的自由，包括交易决策，而不必请示政府，当然它们也需服从政府当局的正常公共责任和审计规定。这意味着，他们必须充分利用水以实现其环境水权所针对的环境成果。

环境水权管理者需要具有效力，同时要充分利用两个关键因素。第一，作为公共资源的保管人，他们有明确的职责。第二，他们承担责任的方式将决定他们正在进行的社会许可。社区支持（或至少缺乏反对意见）对环境管理者实现长期主动的环境流量计划是至关重要的。他们的工作方式和他们作出的决定必须对社区有意义。这在积极的环境流量管理中、而非被动的情况下尤为重要。被动情况下，从社区角度，环境流量只要经一致同意即可生效。在这种情况下，服从规定是关键。然而，在主动管理中，环境流量随时随地都可能发生变化。这些决策如果不被很好地理解可能会受到社会质疑。积极的环境流量管理者作为决策者，既是当地见证人，又是公众面孔，将成为当地强势意见的主体。鉴于此，为主动管理环境水权制定明智和有效的政策和规划框架、向社区传达预期的环境结果以及获得社区支持并使其接受为环境提供用水需要的决策方式都是关键问题。

23.3 地方综合水域管理的主动环境流量管理

规划和管理环境流量的关键是：环境流量需要在更广泛的综合水域管理（IWM）背景下进行，旨在为当地制定一套河流或湿地管理目标。这些目标不仅为确定环境可能需要多少水、指导环境流量管理和评估方案提供了基础，同时对水质和栖息地管理提供互补性。

我们必须认识到在许多河流或湿地系统中仅仅提供环境流量可能不足以实现环境目标，因为它们通常受到一系列退化因素的影响，这些因素不仅仅局限于流态的变化，还可能包括河道和岸边带生境丧失、纵向和洪泛平原连通性的改变、水质以及流域土地利用等问题。

这意味着，环境流量的规划和管理必须在当地进行更广泛的综合水域管理。通过这种方式，达成共识的河流或湿地管理目标可以作为一个重要组成部分，并用于指导环境流量管理。在IWM框架中，需要通过社区协商来确定目标，并通过制定管理或恢复计划来实现这些目标。

实现流域综合管理目标需要开展以下工作：

1. 与社区共同参与河流/湿地管理目标，并且理解水流过程的作用。

2. 环境流量的制定和环境目标的实现是基于流域及土地管理。

3. 环境流量的管理是在较广泛的河流管理项目中进行的，因此环境流量目标的实现不太可能受到其他退化因素的限制，包括恶劣的生境和/或水质。这为在提供环境流量的情况下实现社区对于河流或湿地的环境目标提供了信心。特别重要的是，环境流量源于存在争议的消费使用。

前几章已经讨论过这种河流/湿地管理目标设定的方法，评估环境流量量和用水分配过程的技术方法，它们提供了最终商定的环境流量计划，包括流量设置与环境水权分配相结合。

维多利亚州提出了一个研究案例，指出如何在更广泛的IWM范围内进行环境流量管理。这里，全州河流和湿地管理政策框架在其指导原则中规定，环境流量管理将与互补的工程方案全面结合，环境流量管理的优先事项将通过以下方式确定：区域水域规划过程（DEPI，2013）。

维多利亚州流域管理机构（CMA）与当地社区协商制定区域用水战略。按照一贯的方式，需要综合考虑区域内所有主要河流、湿地相关的环境、经济、文化和社会价值以及对这些价值的威胁。在此基础上，确定了今后规划8年期间的优先范围和湿地保护和恢复，包括设置长期资源条件目标和管理目标，并建立工作计划。工作计划包括提供和管理环境流量，并根据需要补充地面工程，如生境恢复、水质改善、洪泛区/相关土地管理和基础设施保护（DEPI，2013）。

环境流量评估研究建议建立环境流量管理制度，将群落值维持在相对低的风险水平，明确需要额外环境流量的地方。这些研究为预测水共享和气候变化情景下的环境变化提供了基础。这些报告为区域可持续水战略提供了信息，该战略每隔 10 年左右进行一次高水平的研讨，用于平衡消费用水与环境流量之间的矛盾，同时通过设定流量要求，在管控中建立环境权益，并在需要额外环境流量达成协议的情况下，还承诺进一步回收环境流量的数量和方法（DSE，2009，2011a，2011b）。

规划中提供的环境权利（即水权）由 VEWH 持有并积极管理，VEWH 可以横跨整个维多利亚州的水网为全国范围内的河流和湿地提供大量的水资源。为了决策环境流量，VEWH 与当地 CMA 合作，由后者为河流和湿地的环境流量制定年度建议，满足其用水战略中确定河流目标。科学论证环境流量评估研究以及通过与河流经营者的讨论而得出年度建议。河流经营者需要考虑如何在一套更广泛的水管理目标和规则内提供环境流量。然后，VEWH 将就 CMA 提议的河流和湿地在何处以及如何使用环境权益中作出决定。一旦作出这些决定，CMAS 负责管理当地的环境流量的交付（与他们的河流操作员合作），在地面工程项目上进行补充，管理社区过程并监控环境结果。图 23.1 示出了这种规划层次结构。

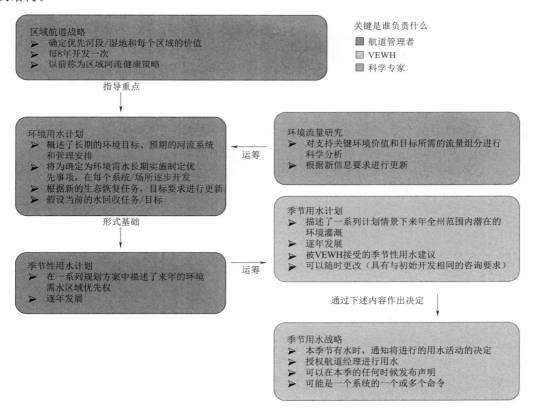

图 23.1　在澳大利亚维多利亚，规划作为一个广泛的综合水管理计划的一部分，其中明确了如何对环境流量进行管理，其目的是对当地范围内的河流和湿地的环保目标达成一致。

资料来源：VEWH（2015B）

作为当地 IWM 项目的一部分，管理环境流量的成果是已知的，并得到了社区的支持，而且可以实施。

23.4　适应性环境流量管理的政策框架

前一节概述了，为了达到河流和湿地的保护目标，在地方 IWM 计划内如何实现环境流量管理。这是一个较为重要的原则，但其本身不足以指导环境流量管理中的积极决策。对于大型、高度管控水系，其环境水权的管理员通常有能力在河流和湿地之间作出决策。在某一年使用多少水，第二年中应该保留（或结转）多少水，以及应该向消费用水户交易多少水（如果有的话），这些均需要作出决策。因此必须有一个明智、透明的政策框架，并给出能够经得起审查的决策理由。

23.4.1　总体政策目标

假定环境水权是由政府或根据立法确定的，其目的在于改善或确保环境效果，政策框架的主要目标是为用水提供最大的环境效益。

通过研发标准来比照评估用水系统中的环境流量的可行性。环境流量管理的早期阶段，也就是 21 世纪前 10 年的中期，澳大利亚制定了一套标准，其目的是在可用的环境流量中确定"最高环境价值"。这基于常用方法，易于向社区解释，并用于指导最高层的决策。主要包括：

1. 用水行动中环境效益的程度和意义，例如用水的面积和/或要引发繁殖事件的大小和受益物种的保护状况。

2. 用水行动获得的环境效益以及管理其他风险的能力，例如，对环境具有很大贡献并且正在采取相关的补充措施。

3. 在进行用水行动的地点具备持续效益的能力，例如，已有长期的供水能力。

4. 未采取可能的用水行动的影响，例如重要环境价值的临界点或不可逆损失以及这种损失的保护意义。

5. 用水行动的可行性，例如依赖于基础设施和/或其他用水户的行动、交付时间的灵活性、操作要求和约束条件。

6. 用水行动的总体成本效益，例如相对于用水行动的成本（包括用水量、交易和风险管理成本）考虑可能实现的效益。

7. 与用水有关的风险（例如黑水事件、盐度变化）。

在过去的十年中，使用以上这些标准来评估有限的可用环境流量，并且现在已纳入了澳大利亚环境流量管理的所有主要政策框架中（CEWO，2013b；MDBA，2014a；VEWH，2015b），也纳入了 MDB 的全流域环境流量战略（MDBA，2014b）。这些标准被列为最高级别，同时也说明了环境流量管理者作出的选择是正确的。

23.4.2　多变气候下适应性环境流量管理的政策导向

上述目标和标准为在相互竞争的环境需求之间就环境流量的分配决策提供了高层次的政策原则。

实施这些政策的前提是需要预测由环境流量泄放而发生的环境效益。在预测时，环境流量管理者首先使用科学的环境流量评估研究成果，这是提供环境水权的基础。在大多数情况下，他们使用最科学的方法来维持或改善河流、湿地的关键环境价值的优先水文状况。然而，澳大利亚在 1997—2009 年经历了千年一遇的旱灾，在这期间，这些方法凸显出一定的局限性，主要因为是采用了基于平均流量作为优先考虑的标准。在有史以来最严重的旱灾中这一点证明是不合适的，主要原因包括：

1. 在许多系统中，没有足够的环境流量来提供优先流量；

2. 他们没有明确指出在极端缺水情况下环境优先事项应该是什么；

3. 极端缺水时社区强烈反对环境流量，任何用水都必须基于现实逻辑，并明确必要性。

在严重干旱中，选择最大环境效益的环境流量方案的原则，实际上是避免最大的环境损失。然而，环境流量管理者意识到，在作出这些决定时，他们没有将生态模型的工作原理纳入政策框架。因此，在避免损失的决策上并不清楚哪一个决定对环境长期可持续性最重要。因此，环境流量管理者进一步开发了政策框架，以应对气候变化，特别是缺水和干旱。

他们从头研究了澳大利亚的自然淡水系统是如何应对变化的，明确认识到环境流量在枯水年应对干旱的作用以及在有利时期实现生态复苏的重要性。这是一个全新广泛的政策目标，其目的是确保优先的环境资产能够在枯水年应用，在丰水年河流和湿地系统可以恢复。这并没有改变前一节中提到的河流和湿地健康长远的目标，但在环境流量年度规划和不同水资源情景下的年度河流修复中提供了相当大的指导。它成为一种季节适应性方法，在极端干旱的年份优先考虑保护干旱避难所，避免不可逆转的损失和灾难性事件。干旱年份优先考虑维护生态功能，在平水和丰水年份优先开展补充和恢复（图 23.2 中）。本文将更详细地描述季节性适应方法所需的行动及其在北部区域可持续水战略中对更广泛的 IWM 的影响（DSE，2009）。

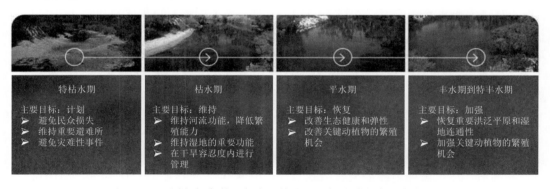

图 23.2　不同气候条件下年度环境流量目标的季节自适应方法。

资料来源：VEWH（2015B）

该方法在澳大利亚已得到普遍采用，并用于管理州和联邦的环境流量（CEWO，2013b；MDBA，2014a；VEWH，2015b）。

该框架提供了许多明显的好处，并改进了环境流量管理员操作的社会许可证。这对社区来说是有意义的，在极端干旱的环境下每个人都很难作出决定。这基于对澳大利亚系统运作方式的系统了解，并与灌溉企业使用的类似决策框架相平行。它为在气候变化下如何管理这些系统提供了基础。

采用这一框架还意味着需要对河流健康规划和环境流量评估方法进行改进，同时也存在一些新的知识空白。需要在系统尺度上绘制重要干旱避难所的地图，并了解这些系统的生存底线，随着季节条件的改善，首先恢复的流量组分是哪些。

政策目标和标准加上上面概述的季节性适应性方法，使环境流量管理者具备强有力的政策框架，在所有气候条件下均能够对环境流量的使用作出决策。在千年一遇的干旱中使用这一框架，环境流量管理者为使用有限量的环境流量作出了相当困难的环境权衡决定。如拯救一小型鱼种（Murray Hardyhead）免于灭绝，减轻 Campaspe 河黑臭水体（即低氧事件），维护一些干旱避难所（DSE，2008；MBA，2012）。

该框架也被用于在千年一遇干旱的时期，同时需要作出最具挑战性的决定。在 2007 年至 2008 年，通过使用湿地名录中的湿地相互补给少量的可利用的环境流量，为 Murray 河提供干旱避难所，或者向 Murray 河下游（下湖）湿地名录中的大型湖泊供水，这将使得该湖泊面临酸化的风险。下游湖泊低于海平面（当时为 0.5m），由于入流量低，并且需要为上游城市供水，以满足人的需求。当湖面低于海平面达到 1.75m 时，预测会发生酸化，如果气候干燥，在夏季末将发生酸化。

环境流量管理者在 2007/2008 年和 2008/2009 年分别有 16.5GL 和 6GL 的环境水权的分配。供水的关键时期是春季。干旱避难所将有利于一些濒危和易受伤害的鸟类繁殖。对于下游湖泊，这将减少整个夏季酸化的可能性，这取决于不可预知的蒸发量和实际流入。利益相关方对该决定的结果相当感兴趣；一些人强烈支持向下游湖泊供水（包括南澳大利亚州政府，他们是这些湖泊的监护人），另一些则呼吁将环境流量用于灌溉。

环境流量管理者的决策在于确定多少水量会对下游湖水位产生实质性影响。数据分析和建模表明，在平均气候条件下，30GL 通常会使下游湖水位增加约 3.8cm，并需要大约 2 周的时间才能蒸发。然而，在极干旱的条件下，30GL 更有可能增加 4.5cm 的湖泊水位，但它将在大约 5 天内蒸发，对下游湖泊不利。因此，考虑到 2 年来的水资源情况，环境流量管理者决定最好的环境利用是给一系列湿地供水，以提供干旱避难所，当然所有的供水决策都受到可用水（当时或在可预见的未来）是否会对下游湖泊产生实质性影响的质疑。

总的来说，这些决定经得起利益相关者的严格审查，并使干旱避难所中的鸟类能够繁殖，这使得在不利条件下也会产生好的环保消息。2009 年情况终于改善了，MDB 的北部洪水泛滥时为干涸的区域提供了一些水。当年可利用的环境需水量为 48GL，这是第一次对下游湖泊产生实质性影响的测试。那一年，环境流量供给湖泊，加上河道中的较高流量，使这些湖泊在整个夏季没有产生大范围的酸化情况。

2010 年年初旱灾发生后，环境流量供应增加，减轻了环境流量管理者的担忧，使环境流量管理的目标从避免损失转向促进恢复和改善环境条件。

23.4.3 结论

上面讨论的例子表明，积极管理环境水权的环境流量管理员可能需要作出一些艰难的决定，在可用环境流量的若干潜在用途之间进行权衡，特别是在缺水时期。至关重要的是，这些决策是由一个明确的政策框架指导的，——尽管上述政策框架是在澳大利亚开发的，以适应澳大利亚的国情。这一问题的出现，也为其他国家制定自己的政策框架提供了重要的方向。主动管理环境流量关键要适用于任何正在进行的情况，无论是在简单的环境储备情况下还是在复杂的水系统中管理环境水权。这些包括：

1. 决策应该着眼于"最大限度地提高环境需水量"，需要制定明确的标准以便在相互竞争的环境选择之间进行比较。

2. 决策框架需要：

    a. 透明、合乎逻辑、易于被社区理解；

    b. 能够应用于所有气候条件；

    c. 能够在包括极端缺水在内的情况下提供环境权衡的指导。

3. 在框架下作出的决定需要建立在良好的科学证据基础上。

23.5 环境流量年度规划

明确和透明的分配环境流量政策框架是积极环境流量管理的关键组成部分，每年的规划和优先次序的过程也是至关重要的，以确定环境流量的配套选择（环境流量管理者应用该政策框架）。这提供了环境流量的透明度，并提供了关于规划地点的选择以及当地需求，以便公众能够理解正在进行的用水活动。

理想情况下，年度规划是采取自下而上的方式并与当地河流及湿地结合而制定的。管理者需要根据先行条件和技术环境流量评估研究确定其湿地和河段的要求。它需要将所有河流河段和湿地纳入地理区域和水系统，环境水权可通过地理区域和水系统得到利用。这提供了环境选项的组合，环境流量管理员可以根据可用的环境流量进行评估，以识别那些代表最大环境效益的环境选项。在具有许多行政区或各级政府的大型系统中，这将需要努力协调以确保将本地信息输入到更广泛的计划中。

然而，在规划时，由于环境水权取决于系统流入水量，因此针对其环境水权提供的实际环境需水量将不为人所知。因此，环境流量管理员将需要根据图23.2中概述的季节性适应性方法，评估一系列气候情景下的环境选项组合。在旱灾、干旱、平均水平或潮湿的情况下，他们需要确定一系列的优先考虑事项。这是必要的，因为仅仅分配水量并不是最终结果，它也需要在地面上输送。这可能需要通知社区并征得其他环境流量管理者的同意，与储水运营商协商，与其他供水（例如，城镇供水或灌溉）协调，在现场实施风险缓解措施（例如，避免高盐或低氧事件）以及使用当地的基础设施。

在不同的气候情景下提供一个规划优先权的计划，使所有的参与者（包括本地河流/湿地管理者、蓄水工程运营商、当地基础设施运营商）都能做好准备工作，以便能够将环境流量实际输送到商定的地点。第24章更详细地描述了环境流量规划实际运行中的一些问题。

在 MDB 中，使用环境流量年度规划遵循这一大纲。

每年，环境需水持有者办公室都要研究一系列可能的水资源情景，这些情景是从气候预测与水文模型结合发展而来，水文模型可以预测所有水权持有者的水的可用性。他们利用当地河流和湿地管理者的提议，根据当地目标和环境流量评估研究汇总了当年的灌溉计划，其中概述了个别河流或河段、湿地的具体用水需求。这些建议概括了可能的可用水情景（如特枯水年、枯水年、平水年和丰水年）所需的水，这是经与社会各界（或现有的当地社区团体）讨论协商后确定的。

环境需水持有者办公室根据政策框架考虑当地建议的组合，以确定在水可用性情景范围内的最佳环境使用。必须权衡当年在特定地点使用水的决定与在下一年为潜在的更高优先事项保留（或结转）水或将水交易给用水户的决定。在多边开发银行中有多个环境需水持有者办公室，其用水的地理范围不同，他们进行协商以确定其个人和集体的优先次序，确保它们能够履行自己的法定义务，同时实现跨越整个景观的最佳环境结果而不管管辖边界如何。

这些决策过程的结果，连同决策的目标和理由，由每个环境需水持有者办公室在季节性或年度用水计划中公布。这些计划详细地描述了河段或湿地在每一个可用水情景下的供水量及预期环境结果。图 23.3 和图 23.4 显示了维多利亚州 Loddon 河的规划结果，取自 VEWH 季节性用水计划 2012—2013 年，这也表明英联邦有机会提供约定的流动机制（VEWH，2012）。

	情景模拟			
	特枯水期	枯水期	平水期	丰水期
预期持水量	维多利亚州持水量 9461ML 英联邦环境持水量 820ML	维多利亚州持水量 9991ML 英联邦环境持水量 1619ML	维多利亚州持水量 10349ML 英联邦环境持水量 2159ML	维多利亚州持水量 10349ML 英联邦环境持水量 2159ML
环境目标	维持渠道形态 维持河道内和河岸带植被 降低陆域外来植物入侵机会 维持水质	维持河道形态 维持河道内和河岸带植被 降低陆域外来植物入侵机会 维持水质	维持河道形态 维持河道内和河岸带植被 降低陆域外来植物入侵机会 维持水质 池中的泥沙冲刷，以供鱼类栖息	维持河道形态 维持河道内和河岸带植被 降低陆域外来植物入侵机会 维持水质 池中的泥沙冲刷，以供鱼类栖息
优先用水行动	秋季/冬季/春季低流量 春季新水 冬季低流量（2013—2014年）	秋季/冬季/春季低流量 春季新水 冬季低流量（2013—2014年）	秋季/冬季/春季低流量 春季新水 冬季/春季低流量（2013—2014年）冬季新水（2013—2014年）夏季新水	秋季/冬季/春季低流量 春季新水 冬季/春季低流量（2013—2014年）冬季新水（2013—2014年）夏季新水
持水量可能需要的容量	10418ML	10418ML	11498ML	11498ML
可能结转到 2013/2014年	392ML	1721ML	1539ML	1539ML

图 23.3　2012—2013 年计划的用水方案和环境目标，澳大利亚维多利亚州 Loddon 河。

资料来源：VEWH（2012）

VEWH 的季节性用水计划和 CEWH 的年度用水选项提供了所有计划中的用水活动的这一级别的信息。根据他们的法定要求和问责制要求，这些计划在他们的网站上是公开的。这项工作表明，当地河流管理人员有明确投入，当地具备咨询水平，有大量的背景技术信息，同时围绕着决策提供高水平的透明度。澳大利亚国家审计局（ANAO，2013）

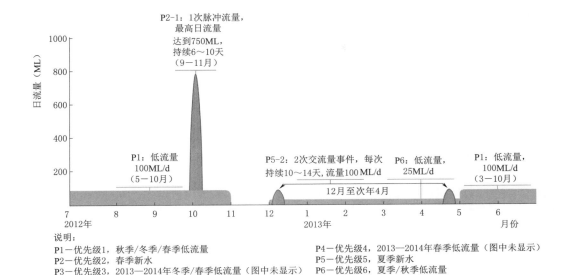

图 23.4 澳大利亚维多利亚州 Loddon 河的计划水情和优先流量组分

资料来源：VEWH（2012）

最近对联邦环境流量活动进行了审计，得出的结论是 CEWO 的用水规划和决策方法是：

1. 基于适当的评估框架，按照预期应用；

2. 随着时间的推移，已经逐步加强和提高。

还应当指出，尽管在计划方面付出了相当大的努力，但是决策可能会随着季节的变化而变化。例如，如果流域在适当的时间发生足够的降雨，或者洪水事件突然出现在非洪水季节，则计划的环境流量就不再需要了。环境需水持有者办公室全年会定期召开会议，主要是根据气候条件考虑是否有新的和更好的用水计划。在季节性供水计划有变化时要求环境用水户在网站上通知公众。在随后的一年中报告实际的环境流量情况以及已发生的环境结果（CEWO，2013a，2015b；MDBA，2012，2014a；VEWH，2013，2014，2015a）。

23.5.1 未来几年的规划：承运人和交易的决定

规划还必须优先满足河流和湿地资产的未来需求，并将其纳入年度规划过程。这通过分配要结转至下一年的环境流量来处理（即，根据某些条件，在一年内分配的水可以留作下一年使用）。这只能在环境水权允许的情况下发生，并且通常只是水系统中存在大量可用储存的一个特征。

环境流量结转是灵活的，它能够在对环境具有最大价值的时间内输送使用。例如，结转可有助于确保环境需水持有者办公室在水文年开始时（如冬春缺水季节），满足其高水量需求。每年，河流和湿地管理者把他们的建议放在当地网站上，他们试图规划出随后几年可能的用水需求情况，同时考虑长期的水资源可用量，这有助于环境需水持有者办公室在每个季节结束时就每个水系统中应结转多少水以及这样做的目的是什么作出决定（图23.3）。

在具有活跃的水市场的大型、受管控的系统中，环境需水持有者办公室还可以利用水交易将水转移到最需要的河流和湿地中去，并消除系统间和跨年度供水中的一些可变性。

环境用水户可以采用两种主要方式进行水交易：

1. 使环境流量能够跨越河流系统和/或为了环境目的而在环境需水持有者办公室之间移动（即没有与交易有关的财务考虑）。这些被称为行政调水并且需要执行季节性供水计划中概述的许多环境流量决定。这些行政转移实际上可以构成 MDB 内任何一年发生的分配交易的主要部分。

2. 向消费用水户出售环境流量或在符合其法定目标的临时水市场购买水权（即，如果其有益于环境）。

MDB、VEWH 和 CEWH 都已经在临时市场上出售水权，条件是那一年该水系统中的所有可预见的环境需求都能够得到满足，包括有足够的水可以结转。VEWH 自 2011 年成立以来每年都购买或出售少量的水权。CEWH 在 2014 年进行了第一次销售。在非常规情况下，VEWH 通过买水以改善环境流量不足引起的环境问题。通过出售水权而筹集的收入，可用于购买在环境需水短缺时所需水量；或者，如果立法允许，用于投资于工程措施（即，监测、技术或小型结构工程，或者对环境供水方案的执行进行其他改进）。

出售的决定可能非常敏感，特别是当大量公共投资首先被用于购买应享权利时。在干旱时期，灌溉用水可能会给环境流量带来巨大压力。这意味着任何出售或购买的决策都需要清晰的政策框架和高度透明性。VEWH 已经开发了水分配交易策略（VEWH，2015c）。图 23.5 显示了引导更换和贸易决策的关键考虑因素（VEWH，2015b）。CEWH 在公开征求意见稿以后开发了英联邦环境流量交易框架（CEWH，2014）。

一个关键的原则是，如果环境流量管理者有机会利用水市场，则他们需要一个透明的、易于理解的强有力的政策框架，以支持他们所作的决定，并在作出这些决定时证明这一点：这些决定是使水达到最大的环境效益，同时也是符合总体政策目标的。

23.5.2 高度互联系统中的复合多点用水体系规划

最后，一些高度管控的水系之间的互联水平可作为高度复杂、多辖区、多地点的泄流事件，其中环境流量泄放需要从不同的支流进行协调，以便在沿大河段的多个地点提供显著的效益或者设法满足许多环境要求。当水向下游移动时，受益目标处在不同的位置。

这些活动需要系统内所有人参与，包括各种环境流量管理者、河流经营者、当地河流和湿地管理者进行大量的规划和承诺，并需要各种利益相关者的支持。然而，如果能成功的话，它们可以高效率地取得重大环境成果，也可以获得公众的重大利益和支持。

例如，在 2014—2015 年的 MDB 中，维多利亚州北部的河道管理人员、环境需水持有者办公室和蓄水管理人员共同努力提供多地点供水，以三种关键方式取得有效和高效的环境成果：

1. 环境流量从湿地返回河流后再利用；

2. 从消费的水资源中获取最大化的环境利益；

3. 结合环境流量和消费用水，取得更大成效（即：环境流量从其他河流调取，以实现触发鱼类繁殖所需的更大流量）。

图 23.6 显示了这是如何进行的，以及它所达到的计划环境成果。

美国 Colorado 河已经调整和管理着类似大流量脉冲放水，2014 年最近一次泄放

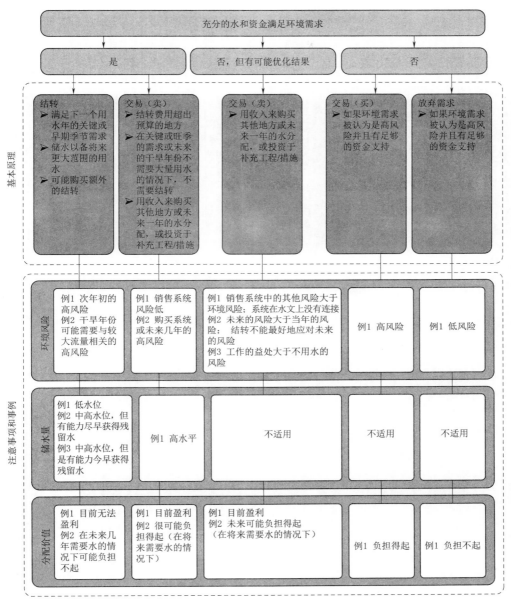

图 23.5　维多利亚州决定对环境流量方案进行更换的决策流程。

资料来源：VEWH（2015b）

132GL，一直输送到墨西哥河三角洲。对此第 22 章有更详细的介绍。

在大规模、高度管控、相互连通的系统中，环境流量管理人员的潜力是无限的。2014年，VEWH 利用维多利亚水网，通过谈判将其在南部流域的水替代为北部城市零售商所持有的水，以支持洪泛平原所需大量用水活动。

最后，由于自然降雨而没有使用。然而该建议表明，这种方式的潜在益处只会随着环境流量管理者更多地了解其系统、储水运营商学习如何将一套新的环境需求整合到他们的

南澳大利亚州
292GL的环境用水首次为南澳大利亚维多利亚时代的环境对象Murray河野生生物提供了支持。流量优先在Hattah、Goulburn河、Campaspe河和Lower Broken溪流下游实现了环境效益，有助于在Chowilla以及下游地区的湖泊、Coorong和Murray河口形成洪泛区

Hattah湖
沿着Goulburn河输送的环境需水被泵入Hattah湖，促进了河中红树胶和黑森林的健康。其中一些水流回Murray河，并继续向下游延伸，以在南澳大利亚州提供更多的环境效益。

Gunbower森林
被转移到Murray河下游的水首先流过Gunbower森林。其中一些水留在森林中，以支撑河流的红树胶和其他洪泛区植被。它还为鱼类提供了繁殖和迁移到Gunbower溪流和Murray河的机会，其余的水会继续向下游流动，以满足其他需求。

南澳大利亚

Hattah湖

MuLcra岛洪泛平原

Gunbower溪流

Gunbower森林

Barmah

Murray河

Lower Broken溪

Campaspe河

Goulburn河

Campaspe河
环境流量为Campaspe河中的土著鱼类（例如MDB中的彩虹鱼）生存提供了机会。水继续流向Murray河，以达到Mulcra岛洪泛区的更多环境目标。

Goulburn河
往Murray河输送途中消耗的水与环境需水结合在一起，产生了大量的清洁水。这为在Goulburn河下游的金色鲈鱼产卵提供了积水。

Lower Broken溪
消耗的水通过破碎河流输送到了Murray河，避免了Barmah牛轭湖（通道容量有限）。这种运输方式有利于小河的水质和鱼类过流，而其运输方式有助于避免Barmah森林的非季节性洪水泛滥。

图23.6 2015年在澳大利亚维多利亚州北部举办了多地点协调用水活动，并取得了生态成果和效益。

资料来源：VEWH（2015a）

操作中、其他水权持有者认识到可以提供的机会而不断增加。

23.5.3　结论

只要环境流量管理人员对环境流量的使用具有某种判断或选择，环境流量适应管理就产生了。这可以发生在一个简单的大坝系统中，该系统具有环境应急储备，只需要一键触发。或者在高度复杂的水系统中，环境流量管理员拥有环境水权，并有相当大的自由裁量权来决定他们如何使用、何时使用以及在何处使用。无论哪种情况，特别是在后者，它们代表公众持有宝贵的水资产，它们需要有强有力的机构使它们能够发挥作用，并且需要制定明确和透明的政策以及规划框架来指导它们的决策。这些政策和规划框架需要确保：

1. 当地环境流量旨在实现明确的商定河流和湿地管理目标，并作为河流或湿地恢复计划的一部分在当地积极管理，包括补充水质和改善生境的行动。

2. 关于环境流量的决策旨在实现"环境可用水量的最大环境效益"。

3. 一个透明的、逻辑的决策过程，很容易被社区理解，并且基于最佳可用的科学信息。

4. 健全的规划可以确保在跨河系统使用环境流量的决策，并能够充分理解当地河流和湿地需求。

5. 鼓励环境流量持有者、蓄水操作者和其他水权持有者之间进行合作，并且尝试创新方案。

能够进行适应性环境流量管理的水系统往往是调节程度最高、自然因素最少的系统。虽然这可能是一个挑战，但它可以为活跃的环境流量管理者提供许多机会。然而，它确实要求他们以不同的方式思考，理解水系统如何运行，其他水权持有人在做什么，或者需要开发创新的方法来利用他们的水权，并获得最好的环境结果。

23.6 机遇与挑战

适应性环境流量管理是一项新的管理学科。现在参与人正在制定政策和管理框架，这些框架将在未来几年内继续完善。本章和其他章节总结了大量的不断发展着的实践。尽管过去十年中环境流量的规划和使用取得了巨大的进步，环境流量管理者仍然面临着重大挑战和机遇，在制定政策和规划框架时，需要考虑如下因素：

1. 需要维护他们的运作获得社会许可；

2. 理解什么是最大的环境效益；

3. 增加社区对环境流量的需求；

4. 新兴知识的差距。

23.6.1 社会经营许可证

由于他们正在积极地就影响当地社区的环境流量作出决定，在这种情况下，环境流量管理人员需要认识到他们具有公众形象和地方形象。他们如何与当地的河流和湿地管理者协调，以及如何咨询和告知公众，都将影响社区对其运营的支持程度，并最终决定其社会运营许可证。这加强了对具有逻辑和透明的决策框架的需求，这些框架应考虑到当地需要并且决策可以被当地社区解释和理解。

环境流量管理者需要在规划和管理方面高效、有效、透明和负责，并了解当地情况。他们还需要监控社区的态度。维多利亚州在千年一遇的干旱期间的经验表明，社区支持在良好供水期泄放环境流量，而在缺乏水资源时将环境流量返回城镇和灌溉者。

这意味着，环境流量持有者需要谨慎地操作，注意社区态度，并能够在全面的社区争议之前认识到新出现的问题。社会经营许可是一个很难界定的概念。它消失后将变得更加重要。然而经验表明它相对容易丢失，一旦失去很难重新获得。这在第27章进一步讨论。

23.6.2 了解最大环境效益

适应性环境管理的一个关键原则是需要达到最大环境效益。这需要预测竞争用水的环境效果并比较它们。在本章中描述的标准和方法是首次尝试。然而挑战仍然存在，特别是对潜在用水选项的比较。这些包括：

1. 预测和评价当前环境效益与未来几年的比较。

2. 了解关键生态系统要素的相关重要性，例如决定为鸟类繁殖和鱼类迁徙创造流动条件。

3. 随着可用水资源的增加，利益价值随之变化。在旱灾中，所有的选项通常都是有价值的，但要选择其中最有价值的。在丰水条件下，环境价值和效益变得更加边缘化。

4. 预测和评估生态风险的降低，例如增加河流中的基流，可能不会触发任何具有明显效益的生态事件。它也许会降低生态衰退的总风险。从长远来看这可能是重要的，但总体上处于低收益。

气候变化是调整环境流量计划需要考虑的一个问题，以应对未来的气候变化。这将需要考虑和决定一些非常困难的科学和社会问题。在气候变化条件下是否有可能维持目前的管理目标？如果是这样，那么需要多少额外的水？是否应该有进一步的环境流量回收，而这又需要多少财政、社会和经济成本？什么时候改变我们的管理目标？改变成什么？所有这些问题都是合理的，但需要社区与科研人员进行讨论，作出最后的决策。

同样的，向社区和政府持续施加压力表明这些操作是有效的，并且生态成果正在实现。第 25 章论述了建立监测项目的重要性，虽然监测程序和结果的科学有效性是很重要的，他们可能需要相当长的时间来实施，并滞后于社区。

环境流量管理者需要科学支持，但也需要展示当地和即时的效果，利用当地社区团体作为志愿监测者，收集公民数据和当地轶事。他们需要展示和庆祝成功，甚至参与到当地社区中，即便这可能不是一个完整有效的科学实验。澳大利亚的环境流量管理者提供年度用水报告以显示其生态学成果（CEWO，2015a；MDBA，2014a；VEWH，2015a）。

23.6.3　增加社区对环境流量的需求

澳大利亚正在出现一种有趣的动态，一些社区乐于支持环境流量管理，在那里环境流量管理提供区域效益，包括娱乐和旅游。由于澳大利亚千年一遇的干旱，当地的湖泊第一次干涸，社区充分意识到这些环境对于舒适性、区域旅游和娱乐的重要性以及它们对当地经济的影响。这些社区提倡在设定优先权使用环境流量时要考虑社会和文化利益。前几章研究表明，提供良好的环境条件也可以提供一些社会效益。然而，作为积极的环境流量管理，维多利亚州一些地区正在作出决定，社区正在积极地试图选择试点湖泊和湿地。这些湖泊和湿地要有代表性，并且筛选过程要公开、透明。然而，它也提出了如何在这些框架发展中考虑这些次要利益的问题。例如，在维多利亚州只有在考虑所有其他环境标准之后才能评估提供社会和文化福利的机会（DEPI，2013）。

在许多情况下，由环境流量提供的内在社区利益确保了社区的支持。环境流量管理者需要意识到这些益处以及提供给土著社区的益处，并尽可能将其纳入他们的决策中，同时仍然满足他们权利的首要环境目标。在不可能的情况下它需要非常小心地传达给社区以便不造成更长期的反对环境流量行动和/或失去环境流量的社会许可。

23.6.4　新知识

环境流量管理是一门新兴的学科。目前它正在挖掘通过旨在保护环境流量评估研究所用的科学知识。虽然这非常重要，但外部条件下的有效管理将需要新的和更多的应用科学。显然与科学家建立伙伴关系的作用是明显的，但也必须是有效的，它将需要比传统情况更加敏捷，对新出现的实践作出响应，并与河流管理和操作更加紧密地结合。

最后，在过去十年中环境流量管理的政策和规划框架迅速演变。这是由于环境可用水量的迅速增加而引起的，增加用水量会使管理人员产生压力，这就要求管理人员提高效率。随着环境流量管理者在其操作中变得更加富有经验，这种压力也将在未来继续上升，尤其是当他们开始将水市场作为实现其环境目标投资组合的一部分时。随着社区环境流量调度越来越熟练，社区工作人员更加关注环境需水研究，在社会福利方面要求更多的环境效益时，环境需水也会增加。环境需水管理是一个技术进步、管理先进、实施问责措施的领域，与当地社区的高质量沟通也将是成功的标志之一。

参 考 文 献

ANAO，2013. Commonwealth Environmental Watering Activities Canberra. Australian National Audit Office，Australia.

CEWH，2014. Commonwealth Environmental Water Trading Framework. Commonwealth Environmental Water Holder，Canberra，Australia.

CEWO，2013a. Environmental Outcomes Report 2012 - 13. Commonwealth Environmental Water Office for the Australian Government，Canberra，Australia.

CEWO，2013b. Framework for Determining Commonwealth Environmental Water Use. Commonwealth Environmental Water Office for the Australian Government，Canbera，Australia.

CEWO，2015a. Improved outcomes for native fish，birds，frogs and habitat from environmental watering 2014 - 15 Outcomes Snapshot. Commonwealth Environmental Water Office for the Australian Government，Canberra，Australia.

CEWO，2015b. Monitored Outcomes 2013 - 14. Commonwealth Environmental Water Office for the Australian Government，Canberra，Australia.

DEE，2016. *Environmental water holdings* ［Online］. Australian Government Department of the Environment and Energy. Available from：http：//www. environment. gov. au/water/cewo/about/water - holdings（accessed 01. 04. 16）.

DEPI，2013. Victorian Waterway Management Strategy. Victorian Department of Environment and Primary Industries，Melbourne，Australia.

DSE，2008. Environmental Watering In Victoria 2007/08. Victorian Department of Sustainability and Environment，Melbourne，Australia.

DSE，2009. Northern Region Sustainable Water Strategy. Victorian Department of Sustainability and Environment，Melbourne，Victoria.

DSE，2011a. Gippsland Region Sustainable Water Strategy. Victorian Department of Sustainability and Environment，Melbourne，Victoria.

DSE，2011b. Western Region Sustainable Water Strategy. Victorian Department of Sustainability and Environment，Melbourne，Victoria.

MDBA，2012. The Living Murray environmental watering in 201011. Murray - Darling Basin Authority，Canberra，Australia.

MDBA，2014a. 2014 - 15 The Living Murray Annual Environmental Watering Plan. Murray - Darling Basin Authority，Canberra，Australia.

MDBA，2014b. Basin – Wide Environmental Watering Strategy. Murray – Darling Basin Authority，Canberra，Australia.

VEWH，2012. Seasonal Watering Plan 2012 – 13. Victorian Environmental Water Holder，Melbourne，Australia.

VEWH，2013. Reflections—Environmental Watering in Victoria 2012 – 13. Victorian Environmental Water Holder，Melbourne，Australia.

VEWH，2014. Reflections—Environmental Watering in Victoria 2013 – 14. Victorian Environmental Water Holder，Melbourne，Australia.

VEWH，2015a. Reflections—Environmental Watering in Victoria 2014 – 15. Victorian Environmental Water Holder，Melbourne，Australia.

VEWH，2015b. Seasonal Watering Plan 2015 – 16. Victorian Environmental Water Holder，Melbourne，Australia.

VEWH，2015c. VEWH Water Allocation Trading Strategy 2015 – 16. Victorian Environmental Water Holder，Melbourne，Australia.

VPSC，2016. Public entity types，features and functions ［Online］. Victorian Public Sector Commission. Available from：http：//vpsc. vic. gov. au/governance/public – entity – types – features – and – functions/(accessed 01. 04. 16).

第 24 章

环境流量调度：在受限的操作环境中最大化生态结果

Benjamin B. Docker 和 Hilary L. Johnson

澳大利亚堪培拉主动控制技术部，英联邦环境需水办公室

24.1 引言

随着社会经济的不断发展，流域水资源不断开发利用，在全球范围内淡水生物多样性已经受到了严重的威胁（Vörösmaty 等，2010）。然而快速发展所导致的资源过度开发利用，会对人类社会自身造成一定的不利影响，同时全球气候变化也会加剧这种不利影响（Daily，1996；Poff 等，2010；Postel 和 Richter，2003；Vörösmaty 等，2000，2010）。减缓相关影响及恢复生态系统健康已经成为政府部门的首要任务，环境需水量的保障作为一种保障机制，有助于实现上述目标。环境需水原理很简单，即分配更多的水资源给河道、滩地及湿地用水，而不是分配给以经济发展为目的的用水。

环境流量的下放方式一般都基于自然水文节律过程（Poff 等，1997）及环境中具有重要生态意义的组分保护需求（Bunn 和 Atthington，2002）。在高度人工化河道中，设计者想要通过较少改变自然条件实现生态保护是相对较难的一件事（Acrman 等，2014）。截至目前，为了探求到底多少水量及何种补水方式才能满足自然需求，相关学者已经进行了大量的研究工作，同时提出了多种方法论并开发了不同的分析工具（Tharme，2003）。然而一旦确定了环境流量要求（第 11 章）并且制定了计划（第 23 章），如何实际实施相应策略就变得不那么受到重视。因此在哪些领域环境流量分配机制需要展开持续的积极管理（例如：环境水权）就变得非常重要，这也构成了本章的重点。

当监管环境和水资源治理机构的初始目的和目标与环境治理不一致时，实施环境水权就出现了挑战。这些管理机构给环境流量管理者带来了许多困难，但是如果一个管理和治理模型的设计已经考虑到所有资源使用且以系统可持续性为基本原则设计，就不存在这些

困难。环境流量是一个新的概念，是由于人们发现环境缺水引发了一系列问题而提出的。现有的用水者权利需要得到尊重，但这意味着制度安排的整体设计和资源的管理（例如，如何给系统不同用水需求进行排序以及如何计算系统中不同部分的用水水量）可能不是最佳的，因为存在高交易成本的调整和临时安排（即：考虑流入的使用而不是水提取的新方法）以适应新用户。在此背景下，环境流量管理者需要具有灵活性和适应性，有时要具有创造性，以便获得最佳结果，同时与其他用户和河流运营商协作，可确保运行机制随时间变得更有效和更加可行。

多年来，世界各地不同流域的成功经验凸显了上述挑战和创新及特设方法的有效性，这些流域均没有专门设计环境流量来实现相应的环境效果。了解这些挑战对于了解如何在流域开发和实施新的环境流量项目是很重要的，特别是对于正在修建新的水存储设施的地方，仍然有机会去设计一个用于既满足环境也满足社会和经济需要的运行机制。根据世界观察研究所公布的数据，世界各地的大坝建设正在迅速增加。2003 年至 2010 年间，水电总装机容量以每年 3.5％的速度增加（WWI，2012）。设计包含环境用途在内的运营和管理制度，可从一开始就显著降低已运行一段时间的系统改造交易、运营成本，从而产生更好的三重底线结果。

其他地方的研究已经分析了环境流量项目实施方面的挑战，特别是在美国，例如 Horne（2008）以及 Hardner 和 Gullison（2007）在哥伦比亚河流域，Neuman 和 Chapman（1999），Neuman（2004），Neuman（2006）以及 King（2004）在俄勒冈和华盛顿，Ferguson（2006）在蒙大拿。除了 Banks 和 Docker（2014）对澳大利亚 MDB 的简要概述之外，通过对法律的调整使环境流量的使用给相关产品带来正向影响的文献较少。因此各国政府和公民应充分认识到长期的环境流量项目投资收益。

本章旨在概述实施环境水权的主要挑战，以考虑在这些挑战已经存在的地方如何处理这些挑战，并在这些挑战尚未出现的地方如何加以避免。本章将通过 MDB 及两个北美西部的流域案例来研究分析相关挑战。这些例子说明了如何通过环境法律的规定来实现环境流量的释放及相关操作方法（第 24.2 节），相关案例可以概述在最大限度提高环境效益方面以及在物理、立法和社会限制范围内管理交付方面的挑战（第 24.3 节），同时包含了如何根据实践中的适应性持续改进管理措施相关内容（第 24.4 节）。

24.1.1　MDB

墨累-达令河流域（MDB）的水资源开发主要是为了从殖民地早期就开始的航行和灌溉目的。虽然该流域的环境流量泄放是近期实施的，但也已超过 30 年。MDB 环境流量的供应首先出现在特定集水流域（例如，洪泛平原湿地），然后是涉及各区域规划的河流和湿地。最后是整个流域（Docker 和 Robinson，2014）。在这一进程中，由于各国政府设法解决公认的用水不平衡问题，从消费用户那里为环境回收了更多的水（MDBA，2010a，2010b）。

最初，环境流量管理制度被设想为法定的水资源共享计划中的操作规则。但随着水产权与土地的分离和水市场的发展，环境越来越依赖于使用合法的水权作为获取和利用水资源的手段。尽管水库经营者和水资源使用人员的限制条件仍然是提供环境流量的主要因素（MDBA，2010a，2010b），但是由于有效的管理，环境水权被视为越来越重要，因此被更加有效地使用（Docker 和 Robinson，2014）。在 MDB 内，一个持续到 2024 年的环境权益恢复计划主要通过提高灌溉效率和市场直接购买环境水权的手段来实现。在保护和恢复依赖水生态系统功能以及确保其对气候变化适应能力的总体目标指导下，在流域内 22 个河流流域中的 16 个流域，根据水资源的可获得性，每年都要进行基于环境流量的补助（Commonwealth of Australia，2012）。尽管全流域环境收益更广泛地包含了生态系统健康及需水资源的产出，但目前仅将鱼类、水鸟、植被和水文连通性作为全流域的环境收益（MDBA，2014a）。

24.1.2　哥伦比亚河和科罗拉多河流域

环境流量管理制度在北美洲西部的几个流域得到了实施，包括通过水库的运营管理来保障鱼类生境和通道，以及向农民取得取水权，使水能在鱼类产卵地流入河内。本章以哥伦比亚河和科罗拉多河流域的环境流量管理制度实施挑战为例。

哥伦比亚河流域从 20 世纪初就开始了灌溉和水力发电的开发（BPA 等，2001）。它由加拿大和美国共同管理，两国主要针对防洪和电力生产目标就上游和下游水库之间如何下放水资源达成一致（BPA 等，2001）。实施环境流量排放主要是为了恢复由于大型基础设施工程本身及其运行所造成的生境改变对流域内鱼类种群迁移及产卵的不利影响。环境流量主要通过水库执行基于上游市场的操作制度，特别是在主要河道上的水利设施。与澳大利亚政府主导利用市场机制的做法不同，自 2002 年以来，美国西部致力于提供一个框架，以支持当地机构获得流域水资源。在这种背景下，环境流量是指灌溉水之后可被利用的剩余水资源。这有点类似于在 MDB 的做法，类似于不受管制的水权（提取通过水流的权利），只需有限的操作决策，收购后的实施主要是关于何时激活或调用已获得的权利，并保护相关权利。

科罗拉多河流域被称为世界上人工调节程度最高的河流之一（Blinn 和 Poff，2005）。该流域内水库的蓄水量是河流年平均流量的四倍以上，其中绝大部分水量位于美国最大的两个水库——米德（Mead）湖和鲍威尔（Powell）湖（Adler，2007）。超过 3000 万人依赖该流域的河流获得饮用水，河流同时也支持了农业灌溉和水力发电（Adler，2007；Jacobs，2011）。该流域通过对主要水库（如 Powell 湖上的 Glen 峡谷大坝）实施操作制度，已经实现了环境流量泄放。位于大峡谷上游的 Glen 峡谷大坝自 1996 年以来一直进行环境流量泄放试验〔称为高流量试验（HFEs）〕。泄放环境流量的主要目的是恢复"可控洪水"，以恢复大峡谷国家公园的科罗拉多河沿线和 Glen 峡谷国家休闲区。这些沙质特征以及相关的回水生境可以提供重要的野生动物栖息地，减少对考古遗址的侵蚀，维持河岸植被，维持甚至增加露营机会，改善野外体验（Reclamation，2011）。尽管环境流量泄放实验改变了大坝泄放水的时间和流量，但并不改变每年向下游的总泄水量。然而为了增加大坝的水量泄放流量（增大流量峰值的大小），水既可以通过发电引水管道也可以通过不发电的旁通管泄放，后者会导致发电量的减少（Reclamation，2011）。

在大部分年份里，科罗拉多河 90% 的流量在到达美墨边境时已经被消耗掉了；目前只有不到 1% 的历史流量可以流入河流下游的三角洲和河口（Buono 和 Eckstein，2014）。2012 年美国与墨西哥关于科罗拉多河的 1944 年条约修正案《319 条》提出了利用一次性的大容量脉冲流来维护科罗拉多河三角洲（IBWC，2012）。通过基础设施维护而节约下来的水由美国和墨西哥政府提供。2014年，在保证为科罗拉多河三角洲水利信托基金提供流量的基础上，增加了脉冲流带来的132GL水量并输送到了科罗拉多河三角洲（Buono 和 Eckstein，2014）。该基金公司是一个非政府组织联盟，自2008年以来一直在购买水权。

24.2　面向环境的业务流程管理

24.2.1　管理与实施安排

在考虑环境流量管理安排时，首先应考虑更广泛的法律和环境管理制度。这些法律和监管环境对有效提供环境流量的能力及不断创新具有至关重要的作用。相关内容包括水的不同用途，何时何地可以获取、储存和交易水，以及不同类型用户需求的批准和保证等。处理这些问题在不同的法律领域中不尽相同，但一般会有一个监管架构，可通过立法或制定规章制度来具体规定水资源在公用或私用方面的分配权。公共用途还是私人用途。

墨累–达令河流域（MDB）

在MDB，有众多机构具有主动管理环境流量的职责（Banks 和 Docker，2014），包括CEWH（根据澳大利亚设立的2007年《水法》，维多利亚环境流量管理机构，新南威尔士州和南澳大利亚州环境需水持有者相关机构，以及早在2007年《水法》出台前通过Living Murray 计划，已为 Murray 河沿岸的六个标志性景点提供了环境流量的墨累–达令河流域管理局（MDBA，2011）。每个管理机构管理着用于保证2012流域计划实施且具有众多不同特性水权中的一组。使得这些权利在行使（对资源的交付、转移和交易作出决定）时需与其他环境流量持有者进行合作沟通。

2012流域计划包括一项环境用水计划，该计划要求 MDBA 负责制定和促进流域环境用水计划的实施，同时通过环境流量的总体计划指导全流域环境灌溉战略，要求各州通过每个流域的长期环境灌溉计划提供流域范围的指导。环境流量的年度优先次序也是由MDBA 在流域一级和各国在流域一级拟订的。这些集体优先事项代表了当前对水的环境需求的理解，因此告知环境流量持有者和管理者关于未来一年和长期最有效利用其水资源组合的决定。政府机构由环境流量咨询小组提供咨询，这些咨询小组的技术委员会，由政府官员、科学家、土地所有者和当地居民组成，他们结合当地的实际情况和知识就最适当的环境流量向政府提供咨询。

河流运营者按照要求通过正常流程执行决策，并授权持有人通过正常流程订购水。一旦作出来水可供使用的决定，则可以成立一个咨询小组以支持实施行动。这些是特定于事件的利害相关者团体（其中一些较官方），以确保有关各方之间的公开沟通，从而使事件能够有效地执行和积极地管理，以应对不断变化的情况。按照需要，相关团体一般包括河流经营者和环境流量管理人员以及其他业务和技术机构。2014—2015年，仅 Murray 河就召开了230次业务咨询小组会议（IRORG，2015）。在 MDB，环境流量的供应是政府管理的过程。尽管社区的投入和建议至关重要（特别是通过地方咨询小组、自然资源管理机构，在某些情况下还有非政府组织），但决策权还是由代表更广泛公共利益的政府机构制定。州政府关注其管辖范围内的流域规模和上游流域的出流量，而 CEWH 则从全流域的角度考虑通过多个州协调环境流量排放，平衡上游和下游环境目标并在必要时为更广泛的流域环境进行当地目标的权衡（Connell，2011；Docker 和 Robinson，2014）。

美国西部

在哥伦比亚河流域内，环境流量存在于一个由横跨整个哥伦比亚河的条约管理系统中。该条约规定了在加拿大和美国边界两侧尽量采用减少洪水风险及最大化电力生产的大型水坝运行方式，以及双方互相分享的相关运行方式。尽管在大多数情况下这个措施是关于调节生态基流而不是管理用水，但美国一系列的联邦机构根据这个协议运作仍然是各州的责任（主要是爱达荷、俄勒冈、华盛顿和加拿大不列颠哥伦比亚省）。《哥伦比亚河条约》只提到过一次灌溉，大多数灌溉分流发生在支流，而不是干流。事实上，尽管华盛顿有一个大型灌溉工程，哥伦比亚河流域项目（Columbia Basin Project），将 74％ 的灌溉水从该流域引出（NRC，2004），但俄勒冈州实际上已经禁止从哥伦比亚河的干流引流（MacDougal 和 Kearns，2014）。

联邦大坝有两个机构负责运作，即联邦填海局和美国陆军工程兵团，与销售电力的邦纳维尔电力管理局（BPA）一样被称为行动机构。1995 年以来，它们共同寻求该系统的有效运作，这涉及支持恢复 1973 年《濒危物种法》所列鱼类的行动。在为鱼类提供流量时，它们受国家海洋和大气管理局（NFWF）提供的《生物意见》的指导。这些意见包括有文件证明的机构可以采取的行动建议，以改善不同鱼种的产量。一个由跨部门代表组成的技术管理团队为行动机构提供建议，优化洄游鱼类和留居鱼类的通行条件。它全年均可满足鱼类不同季节的要求，尽管在一年中的不同时间有不同的优先要求（例如，鱼流、防洪、发电）。主要干线的环境流量管理制度是由水库运行条件提供，而不是通过积极管理的环境水权提供的。在哥伦比亚河流域，一开始建立的调度曲线是用于指导包含防洪、发电和鱼类（洄游及土著）水位需求的管理，并制定了年度经营计划以实现全年多个目标。

由于大量的联邦及地方政府和经营机构在哥伦比亚河流域内，各方已签署所谓的《太平洋西北协调协议》。这是不同运营商之间达成的协议，该协议在最大程度发电的同时，实现了同步运行，满足了包括为鱼类提供有效环境流量和灌溉用水等其他的非电力需求。

虽然大多数灌溉供应由当地经营者而不是通过联邦系统承担，而且相关影响认为并不严重，但总的来说灌溉用水可以产生大的（特别是季节性的）影响，如就水库蓄水和放水的时间而言，供应要求不一定与其他系统用途一致（NRC，2004）。在较小的支流，灌溉用水的需求与鱼类通道用水之间的冲突可能特别严重，因此建立了哥伦比亚河流域水交易计划（CBWTP）。

CBWTP 与 BPA 和国家鱼类和野生动物基金会（NFWF）之间的伙伴关系，并由 NFWF 通过 "qualified local entities"（QLE）政策进行管理。潜在的 QLE 包括国家机构、部落、水信托、供水区、流域管理机构、灌区和其他利害关系方。QLE 负责确定他们希望保护哪些水流要素以及能够实现这种保护的水权。他们提出申请，申请资金用于与灌溉区、土地所有者和其他人进行交易，以获得灌溉水权。资金由 BPA 和捐助者提供。

与 MDB 一样，从哥伦比亚河流域的灌溉者那里获得的用于环境用途的用水权，是由一种管理制度来管理的，这种制度主要是为了抽取和分流水，而不是让水流入河中。监管安排包括根据优先权制度，限制许可证持有人在何时、何地取水以及取水的数量。因此所获得的许可证会受到其他用水需求的限制，对河流内的水几乎不能提供保护。哥伦比亚河由于穿过两个国家的 7 个州和 13 个联邦承认的印第安土著部落，却没有一个流域范围的水资源分配框架，因而情况较复杂（BPA 等，2001）。

科罗拉多河是根据许多契约、联邦法律、法院判决、法令、合同以及统称为《河流法》的监管准则来管理和运行的。这份文件集包括 1922 年的《科罗拉多河公约》和 1944 年的《墨西哥用水条约》，并对七个流域涉及州（亚利桑那州、加利福尼亚州、科罗拉多州、内华达州、新墨西哥州、犹他州和怀俄明州）和墨西哥的水资源进行分配和管理（Reclamation，2008）。

关于 Glen 峡谷大坝泄放出的环境流量，1992 年《大峡谷保护法》规定大坝的运行方式应保护和减轻对河流的不利影响，并提高大峡谷国家公园和峡谷国家娱乐区的价值。这项义务必须符合和遵守《河流法》。根据 1992 年《大峡谷保护法》（Interior，2014），总共有美国五个内政部的机构和一个能源部机构负责履行这一义务。

为了符合 1992 年《大峡谷保护法》，《Glen 峡谷大坝至 2020 年释放 HFE 议定书》于 2012 年获得批准，为进行和评估 HFE 提供了框架。该协议是由内政部在 1996 年、2004 年和 2008 年对 HFEs 分析之后制定的。该协议设置了单个 HFE 的参数，包括最大泄放流量和最大持续时间（Reclamation，2011，2012）。这些参数受到大坝出口容量的影响，并满足最大限度地减少对水力发电的影响需要。

为了支持该议定书的协调执行，内政部长在 2012 年发布了一项指令，成立 Glen 峡谷领导小组。上述六个政府机构都有成员资格。领导小组被指示要共同努力，确保进行适当的协调，以执行议定书中规定的承诺并确保进行适当的外部协调（Interior，2014）。外部协调包括与受影响部落的协商。

垦务局发现，《HFE 议定书》可能对神圣地点产生不利影响，这主要是由于在泄放 HFE 期间限制部落进入神圣地点。开垦工程与受影响的部落和其他各方完成了 HFE 协议备忘录（MOA；Reclamation，2012）以处理这些影响。协议书要求每次 HFE 事件之后，各方需举行一次会议以审查其影响，并利用会议的结果通知对未来 HFE 的监测，同时设计和实施任何必要的措施以防止或控制未来 HFE 的不利影响。它还要求所有缔约方至少提前 30 天通知任何计划的 HFEs，与部落或者科罗拉多河的用水户协商以解决冲突（Reclamation，2012）。

24.2.2 行政安排

为了提供环境流量，仅获取水许可证往往是不够的。需要满足额外的批准和监管要求。这些许可证可包括经常与特定土地绑定并授权在该地点开采水的许可证，以及授权使用特定基础设施来操纵水流的工程许可证，不管是泵还是其他动力设施。这些地点往往是公认的并且是正在使用的取水点，而且河流管理人员会设法确保有足够的水流入河流，以满足相关的要求。对于环境秩序来说，这一点可能是河内基础设施（例如，导流堰）的一部分，而不是通常用于灌溉的泵的位置。作为基本的监管要求，这些批准在环境流量泄放之前取得是很重要的。

环境流量管理者寻求结果的地点通常与水权以前使用的地点不一致。因此需要在不同地点使用水的能力可以在不同许可证之间交易，这种交易既可以在环境管理人员自己的投资组合账户之间，也可以在不同的环境流量管理人员持有的账户之间。在 MDB 内，当灌溉者把水卖给另一个权利持有人时，他们所使用的行政安排是一样的，所有转让都由州政府水登记处核算；在一个州的管辖范围内，这一过程可能需要 1 至 2 天，而各州之间的交易可能需要 2 周（NWC，2011）。用水许可证还需要确定可能用于取水或引水的具体基础设施，这一过程可能需要几周或者几个月，具体取决于相关管辖权（NSW，2015a）。

河流经营者也受到法定要求管理泄放水流的水库。这些要求通常规定了水下放的条件，包括水资源计划中规定的最大流量和季节要求。它们可包括在一年中的不同时间为水库内和下游河流的水位设定操作目标，以支持人类提出环境目标并加以满足。例如，《MDB 计划 2012》规定，河流经营者必须考虑河流不同位置满足溶解氧、盐分和藻类的水质目标等其他相关要求（Commonwealth of Australia，2012）。

24.2.3 风险管理

在规划环境流量排放时，全面的风险管理必不可少，也是多个治理级别的关键特征（ANAO，2013）。最重要的风险是操作风险，特别是意外洪水造成经济损失的风险，与洪泛平原洪水有关的水质恶化造成的环境损害，以及由于水位波动而中断休闲垂钓和露营活动等市容和社会影响的风险。

在规划过程中，作出供水决定之前，应进行有关方面的评估和风险讨论。然后有关各方可以商定缓解措施，这可能涉及在环境流量泄放之前批准提供泄放条件。这些条件可能涉及重要的设计考虑，包括在所寻求高流量和高流量产生的影响之间使用缓解措施；改变水流的时间，以避免对其他用水户造成影响，例如，休闲捕鱼活动；改变下放模式，例如上升和下降的速度，以尽量减少河岸侵蚀和缺口；采取补充措施，例如与沿岸土地持有人或在国家公园及其他区域的徒步旅行者和露营者进行沟通联系。其中一些将在第 24.3 节中进行详细讨论。

24.2.4 运行监测

在流量下放期间和之后立即监视流程事件的影响也是一个关键的风险管理措施。确保水到达预定位置是任何监测方案的第一步，对于实现期望的环境目标和确保不会产生意外后果都是需要考虑的。在实践中，它通常涉及使用可读数并可在线阅读的工具，以及地面人员的观测工作，并结合对没有环境流量泄放的水文学模拟进行理解。这对于保护河道内的环境流量具有特别重要意义。如果该水是由下游权利持有人合法或非法开采的，则无法达到预期的最大效益。这个问题将在第 24.3 节中进一步讨论。

24.3 实施环境流量面临的挑战

对于环境流量管理人员来说，通常有一系列可用的供水方法（表 24.1）。提供水的方法取决于可用的基础设施及环境流量的法律和管理框架，在某些情况下需使用多种方法。例如在 MDB 的 Goulburn 流域中的环境流量从上游储存设施中下放，以达到本流域内特定的植被和鱼类需求。继续流入下游的 Murray 河水被抽出来供 Hattah 湖使用，Hattah 湖是 Murray 河下游几百公里的洪泛平原上的《拉姆萨公约》中列出的湿地。当然实施这些措施需要相关计算和行政措施，环境流量泄放的设计需要考虑这些措施，例如关于沿途损失的核算以及确保在正确地点计算出正确的泄放量等（DSE，2009）。

表 24.1 澳大利亚 MDB 和美国科罗拉多州哥伦比亚河和
Walker 河流域环境流量的主要类型

	MDB	哥伦比亚河流域	科罗拉多河流域
释放单独的河流或支流的蓄水	是	是	是
利用基础设施将水转移到洪泛平原湿地和小溪	是	—	—
防止市场交易和降水留在河流里	是	是	是
塘堰及其他水库水位的升降	是	是	—

环境流量的泄放不是单独发生的。任何专门为环境提供的流量都是在由降雨引起的自然水流背景下进行的，并考虑水电、城市、工业等各种目的而进行的其他操作性输送和农业用途。在这种情况下，每个下放方法具有与实际相关的实施挑战。环境流量管理者采用一系列策略来应对这些挑战并最大化环境效益，包括以下几点：

1. 响应自然流量过程；
2. 将水输送到多个地点和多重目的；
3. 协调环境供水与其他水源。

然而，将效果最大化的能力可能受到物理、立法和社会约束的限制，这些约束需要被纳入环境流量管理决策和执行中。可以限制环境流量供应的因素包括：

1. 避免偶然的洪水；
2. 基础设施限制（例如，大坝出口）和维护；
3. 现有渠道容量的竞争；
4. 最大限度地减少社会和经济影响。

24.3.1 保障环境流量以最大程度地改善环境
根据自然水文情势提供环境流量

许多生态现象，如鱼类产卵或迁徙和群居水鸟筑巢是由水文和生物线索触发的。这可能是由降雨及 HFE 之后的水位、河流流量、水温及碳和营养盐输入导致的改变（MDBA，2014a）。一些线索是复杂的且并未被人们意识到，然而它们通常与自然水文相一致。为了最大限度地提高成功的可能性，管理人员的目标是对自然流入（见框 24.1）或流入河流系统（见框 24.2）的环境流量输送时间进行观测或建模。

框 24.1 MDB 基于自然需求的曲线过程设计

MDB 南部的自然季节性河流以冬季及早春季高流量为特征。这些流量对本地鱼类特别重要，它们改善了深潭的栖息环境和水质，为鱼类生存提供食物资源，使成年鱼类生长并在产卵过程中改善其身体状况。这最终有助于本地鱼类的成功繁殖、筑巢和幼鱼的补充。MDB 南部河流和溪流的管控已经降低甚至改变了水体的季节性特征，例如将水在冬季储存或提取并在夏季泄放用于灌溉供应（MDBA，2014c）。

2015 年冬季首次在 Murray 河试验了一种利用环境流量来响应自然水文情势的新方

法。Hume 大坝是河上主要蓄水池之一，其环境流量泄放由来水模拟下游自然流的一部分（即，如果不存在大坝，对 Hume 大坝下游进行季节性水流模拟估计）。为了最大限度地降低银行倒闭的风险，并避免影响基础设施建设和木材收集项目的公共通道，最初的泄放量被控制在河道容量以下。春季泄放量有所增加，但仍控制在尽量减少第三方影响风险的水平。这些限制意味着流量下放遵循的不是模拟自然流的大小（图 24.1）。虽然发现了金色鲈鱼和银鲈鱼产卵事件，但这种方法的全部生态结果尚不清楚。然而，代理机构人员迄今所确定的一些益处包括：

1. 更好地适应环境要求，特别是季节性的流动恢复；
2. 模仿自然水文模式的变异性和不可预测性；
3. 一些业务决策为自动化减少了行政负担；
4. 其他用水者、河流经营者和用水者对环境流量的更大确定性是决策的基础。

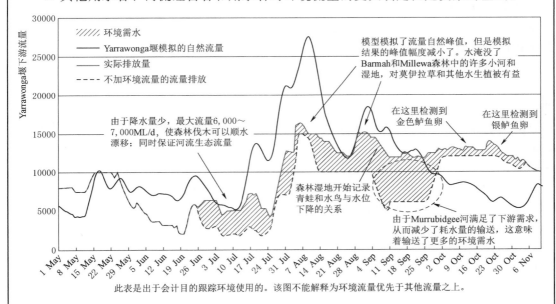

图 24.1　2015 年 6 月至 11 月，在没有环境流量的情况下，澳大利亚 Yarrawonga 堰下游的 Murray 河的实际流量与模拟的自然和预测泄放量的水文图。

资料来源：MDBA 的数据

框 24.2　根据美国科罗拉多河的监测和建模，对自然提示的响应

在科罗拉多河，HFEs 的主要驱动变量是泥沙和水利设施。几乎所有曾经由洪水输送的自然泥沙现在都淤积在 Glen 峡谷坝后。位于大坝下游的 Paria 河和小科罗拉多（Little Colorado）河现在是大峡谷中科罗拉多河的主要泥沙来源（Blinn 和 Poff，2005）。HFEs 的目的是通过使用最近积累的沙子来恢复可调节的洪水，并适当地控制时间来建造沙洲，避免侵蚀旧的泥沙沉积（Interior，2014）。

为了定时泄放 HFE 以获得最大的沙洲建造效果，科学家们进行监测和建模，以确

定何时、多少、在受控洪水中必须释放多长时间的水以输出与输入季节期间支流供应的沙量大致相同的沙子。这包括连续监测 Marble 峡谷下游末端（位于 Glen 峡谷大坝与 Little Colorado 河的汇合处）的沙通量；基于流量、沙粒浓度和沙粒大小（通过水样中沙粒浓度和颗粒大小的现场测量进一步细化）之间的观察相关性，模拟估计了 Paria 河洪水的沙输入量；在不同的洪水控制情景下，利用沙流模型预测出沙量（Grams 等，2015）。

没有自然过程线并不妨碍环境流量的输送。河流系统的开发和改造可能已经消除或显著削弱了流量的自然过程，因此环境流量的输送可能是阻止环境恶化的必要条件。然而输水方式的选择仍应受到季节性需水和环境流量的影响。例如，在年际水文条件高度变化的情况下，环境流量制度一般应设计模拟现有条件。这意味着在干旱时期，环境流量主要用于维持低流量和提供避难所栖息地。在一般条件下，环境流量用于恢复河道内河流流动的可变性并提供沿河和溪流以及低洼湿地的连通性。在汛期，环境流量要为更高的洪泛平原湿地提供更高的流量，减轻与洪水有关的水质影响和水流影响，使水鸟繁殖和鱼类洄游等生态过程得以完成（CEWO，2013a）。

设计一个流程来达到预定的环境需求要有一定的灵活性。通常有一个规定的时间，即当河流条件被认为是最适合的时候，以及当来自环境的需求是最紧迫的时候。在这个时间，泄放流量可以被设计为响应水文、生物或地貌，并实现多个目标之间的权衡（框24.3）。

框 24.3　考虑多个目标时对自然提示的响应

2014 年，在澳大利亚的 BDB 北部的 Macquarie 河，打破了过去的传统做法，即泄放环境流量，唯一的目标不再是淹没 Macquarie 沼泽（Macquarie Marshes）——拉姆萨湿地公约中的湿地——一个多目标水流场景被设计出来。该方法试图平衡植被群落和湿地水鸟栖息地的结果与河道鱼类种群的有益结果。当时的重点是提供水流，因为水温会让本地鱼类比外来物种（欧洲鲤鱼）更有优势。

总的来说，大约 30000ML 的环境流量被输送（一些来自新南威尔士政府，一些来自联邦政府的环境流量账户）。如果发生在 2014 年 10 月 5 日之前，则要响应于体积流量触发而泄放。触发装置的设计是为了确保本地鱼类获得适当的温度和化学信号。在截止日期没有触发的情况下流量无论如何都会被泄放。如果触发事件发生在 10 月 5 日和之后的时间，如果随后发生较小的触发（图 24.2），则额外的鱼应急水有 10000ML 也可用。

最终，流量触发并没有发生，从 10 月 5 日开始，只有最初的 30000ML 被按计划泄放。淹没超过 7000hm² 的南部和北部沼泽（NSW，2015b）。如果目标只是为了沼泽，那么事件很可能会在早些时候的天气较冷季节发布。虽然目标淹没范围已大致达到，但由于泄放前天气炎热干燥，未能达到预期的持续时间。然而，除了植被和鸟类栖息地之外，还必须在时间上作出妥协，以期为鱼类带来有益的结果。虽然在 2014 年，启动环境需水或使用额外的本地鱼类应急水的触发事件并没有发生，但环境流量仍然是在水温更适宜于促进本地鱼类的移动和繁殖的时候提供。这一成果得益于上游 Burrendong 大坝上安装的一种新的"减少冷水污染帘幕"（一种允许泄放表层而非深层水的基础设施）。

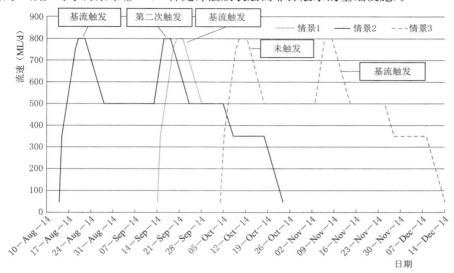

图 24.2　2014 年春季澳大利亚 Macquarie 河环境流量排放规划情景，说明需要规划多种应急情况，特别是当寻求具有不同水需求的多个生态系统组成部分的结果时。

场景 1：在 9 月 15 日之前触发泄放，第二次触发发生在事件期间；

场景 2：在 9 月 15 日之后触发泄放；

场景 3：在 10 月 5 日之前未触发泄放，并且在事件期间发生第二次触发。

多用途水——回收与再利用

为了最大限度地有效利用任何给定量的环境流量，为了环境利益往往要求在这些水流向下游时被重新利用。在早些时候提到的 Goulburn 河例子中这是可能的，因为维多利亚州考虑到使用现有的贸易框架，已经颁布了回流规定，允许在沿河的多个地点使用环境流量。采用这种方法估计已经到达 Goulburn 河和 Murray 河汇合处的水量在标记到该地点的许可证处进行核算，然后立即通过零美元贸易转移到下游的许可证，以便能够在下游取水。在整个流域及湿地系统中，水可能会被多次重复利用。MDB 内的其他州目前还没有类似的安排，尽管 MDBA 正在协调一个工作计划以解决整个流域相关问题（MDBA，2014b）。在没有上述计划的地方，环境流量除了在第一点被使用外，其他区域的使用将无法计算在内，其结果将导致下游在取水和消耗方面存在一定风险，从而影响预期的环境效果。如美国西部和 MDB 那样（框 24.4），通常情况下，保护环境流量不受其他用户重新调节或提取的案例需要根据每种情况具体协商。

框 24.4　关于环境流量泄放保障的谈判

澳大利亚政府规定，在不受管控的河流系统中，管理或保护流入河流的环境流量是与恢复环境流量有关的一项关键行政挑战。新南威尔士州（NSW）和联邦政府将环境流量下放定义为"将大量的水从指定的许可地点输送到下游地点，使其能够被环境利用"（NSW，2012a）。也就是说，确保流入河流的环境流量不被下游的其他水权拥有者使用并最小化相关损失。为了支持确定合适方法，在 2009 年至 2011 年间澳大利亚进行了几次引导试验（NSW，2012b）：

1. 2009 年 3 月在 Warrego 和 Darling 河下游交汇点的 Toorale 站下放了 11400ML 环境流量，其中 5976ML 水可以有效地被 Murray 河使用。

2. 在 2009—2010 年夏天，38000ML 水从 Toorale 站引出，最终有 30400ML 进入 Menindee 湖。

3. 在 2010 年 9 月从 Toorale 站下放 7672ML 水，其中 6580ML 水到达了 Menindee 湖下游的 Great Darling 汊河。

下游所占总水量比例的差别，一般反映了不同时期河流内部的不同前期条件，少水期河流下游就会处于干旱状态。由于在通常湿润条件下，新南威尔士州政府而不是 MDBA，控制着 Menindee 湖（位于新南威尔士州西部 Darling 河上的一个大型浅水湖泊），开展这些试验才成为可能。如果湖泊处于 MDBA 的控制之下，根据 MDB 协议（Commenwealth of Australia，1993）制定的规则，将导致该水自动与其他州政府共享，以便随后分配给消耗性用户。MDB 协议描述了 MDBA 或新南威尔士州政府控制 Menindee 湖资源的情况。Darling 河被确定为开发和试验解决引水问题方法的初始地点，但不是唯一的地点。MDB 内任何允许根据河流流动条件取水的河流，在某种程度上都存在这个问题。

遵守和加强流入的水流，以确保水不被其他用户提取，这也被认为是哥伦比亚河流域的一个关键潜在问题（Hardner 和 Gullison，2007）。Hardner 和 Gullison（2007）认为许多条款是专门设计用来避免下游用户导致的风险，所以他们认为这不是一个重要的问题。当地实施机构在答复询问时报告说，良好的流动数据还意味着，如果必要，他们将处于强有力的地位，保证能够对下游权利持有者采取行动。然而为了响应 Hardner 和 Gullison 的审查和其他几个方案要求，哥伦比亚河流域水交易方案制定并发布了一个新的会计框架，旨在加强对交易的监测和遵守。该框架（McCoy 和 Holmes，2015）围绕四层法规遵循构建：（1）遵守合同规定，确保任何协议的条款；（2）流量核算，确保达到目标区域的流量目标；（3）水生生境响应，了解水生生境对流量变化的响应程度；（4）生态功能，它将交易和特定于流量的数据与更广泛的监测工作相结合，以了解目标物种栖息地条件的改善程度。

协调环境供水

管理者可以主动管理的环境需水量通常只占系统总水量的一小部分。为了使环境流量的利益和效率最大化，管理人员需要寻求与其他来源（例如自然流、下放生态环境流量或其他环境流量）的协调输送。

（1）增加最大自然流量

为了实现大流量事件，管理人员经常要求将环境需水从储存地泄放到因支流流入而水位已经很高的河流中。除了减少需要泄放的环境流量来实现水流事件外，它还对自然过程有一定促进作用。

当协调环境流量与自然流量的输送时，泄放水的时间变得至关重要。水必须从储存库中泄放出来以便在适当的时间与支流结合，从而增加河流的高度，和/或延长达到河流生境或生态功能中的环境目标地点的持续时间，或淹没河岸区和连接的洪泛平原湿地。对于特定的环境目标，通常会有一个非常恰当的时机出现高流量（框 24.5）。

框 24.5　在其他河流上的环境调水

在澳大利亚南部 MDB，向高自然流量中添加环境流量的时机通常是在冬末或春季，也就是水文年的早期（7 月至次年 6 月）。由于水只有在全年可用时才分配给每个许可证持有人，因此存在这样一种风险，即在每个用水周期的早期，没有足够的水用于环境流量从而分配给环境用户。因此，在上一年度，环境用水户有必要将足够的水储存起来（即从前一年开始储存），以便能够提供这些季节初期的流量，但这些水量要在水资源共享计划规定的限额内。对于联邦环境需水持有者（CEWH），这可能涉及在不同结转限制账户之间水的转移，以确保来年最有可能需要的水在流域中。例如，在新南威尔士的 Murrumbidgee 山谷，那里有一个权利数量延期限制 30% 的权利，CEWH 在 2013 至 2014 年调度了 56GL 水量（CEWO，2014a），刚好低于 62GL 的限制，以便这些水与季节初分配和州政府环境流量相结合，以支持来年春天针对 Murrumbigee 湿地的一项调水活动。

自 MDB 计划开始以来连续 3 年，MDBA 已经确定 Murrumbigee 湿地中部为需要环境流量高度优先的环境资产。由于基础设施的限制（例如位于主要水库下游的低洼道路），向这些湿地输送水需要向流入的支流（大坝下游的主要河道和渡口相连的支流）中释放环境流量。由于基础设施的限制，要将水输送到这些湿地，需要向流入的支流加水，这些支流与大坝下游的主要河道和渡口相连。2013 年春季，联邦环境流量批准使用 150000ML。这种水的泄放受到 8 月 15 日至 10 月 15 日之间发生适当大小的自然流动事件影响。在 Wagga Wagga 约 15000ML/d 的目标水量被认为是一个合适的触发流事件。从 Burrinjuck 和 Blowering 坝的调节环境流量释放将导致在 2 至 3 天内的流量增加到 28200ML/d（或 5m 高）的峰值排放量，并维持 3 至 5 天，其次是模仿自然下降率的衰退（总体每天流量减少 10%～15%）。预计环境流量下放的总持续时间约为 20 天。

据统计 2013 年 9 月 20 日在 Wagga Wagga 发生的 13437ML/d 的高峰流量事件将足以触发环境流量的泄放。然而，这一事件引起了利益相关者的担忧，他们担心私人财产可能被淹，而且相关州部长还没有批准 Yanco 河下游超过目前的流量限制。更高的水位会淹没一些低洼的农田，切断通往平原地区的道路，造成不便和潜在的经济损失。因此，在 2013 年 9 月 25 日作出了一个决定，"储蓄罐"活动将被取消，等待与河岸土地所有者的进一步协商，随后，政府采取了替代用水行动。

类似的事件再次计划在 2014 年春季举行。在这种情况下，土地所有者同意了一个试验性流动事件，尽管它是在一个具体事件已经通过之后才获得的。由于在计划传递窗口中没有进一步的触发事件，因此事件也没有继续进行。结果一些水被分配（抽水）到

几个小的湿地区域以维持生境，但是这在数量和总体环境效果上要小得多。在 2015 年春季，利益相关者关注意味着即使触发事件发生也不会持续。连续 3 年，交付方面的业务限制，阻碍了相关计划的实现。

支流流量越高，越少的水需要从水库中泄放，而反之亦然。因此，不可能确切地知道需要多少水，而往往是在活动结束之后才知道。因此在事件之前确保足够的环境流量储备是非常重要的。良好的降雨径流模型和预报服务在这方面也是有用的。澳大利亚气象局为澳大利亚周围的河流提供了 7 天的河流流量预报。除了当地降雨预报外，这些预报对决策有重要的帮助。

结合自然流动事件进行交付时的另一个考虑因素是所交付水的核算处理（框 24.6）。

框 24.6　MDB 环境流量的核算

一般来说在 MDB 内，权利持有者没有权利从特定蓄水点订购水以增加河流的流量（MDBA，2013）。如果用水户需要用水，河流管理人员将首先设法确保河流中已有的水流能够满足用水需求。这意味着大坝下游的自然水流将是可供使用的第一水源，如果河流经营者不需要泄放额外的水他们就不会这样做。与该流域的其他河流一样，寻求 Murray 河运行的主要结果是"节约用水，减少损失"（MDBA，2015）。然而，如果环境流量管理人员希望往河流中下放水，需要从水存储设施中泄放额外的水量。定期用于灌溉用水的做法可能会给水存储设施带来较大的负担。随着时间的推移，这可能会对所有用户的整体水资源可用性产生影响。为了保护其他用户的权利，河流经营者可以坚持要求环境管理者从其账户中收取全部（或更大）流量的费用，即使其中一些流量是自然产生的（图

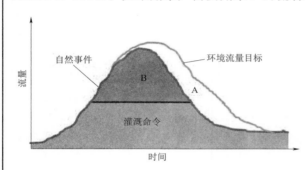

图 24.3　从自然降雨补水到环境流量的示意图。环境流量管理人员根据指示建立在自然流上寻找目标流量事件。水务局不是从环境账户借记 A 的水量，而是借记 A＋B 水量，因为在正常情况下，高于现有订单的任何水务订单都只是从河流中已经存在的水（B 水量）中满足。如果必须从储水系统中释放额外的水（体积 A），这可能随着时间推移而影响总体资源可靠性并影响其他用户。为了补偿这一点，环境账户可以额外收费。

24.3）。这显然会对环境的水供应产生不利影响，因为过度占用环境流量，会妨碍对环境的有效用水。

在 Murray 河，环境流量管理人员采用一事一议的方法，在可能对其他用户影响极小的情况下，在已经很高的流量上放水。然而，这并不是规范，一项工作计划正在通过流域计划的实施进行，以检查如何以及在什么条件下可以使这些操作实践成为标准，从而保护所有用户的权利（MDBA，2014b）。

（2）与其他水存储机构协调环境流量泄放

在工作河流中实现环境结果需要考虑可能在期望事件发生时出现的其他环境流量泄放。这包括考虑其他泄放可能对实现所寻求的环境目标有何贡献，以及分析为不同目的进行的泄放之间的相互作用可能产生的任何潜在不利影响（框 24.7）。

框 24.7　结合灌溉指令提供环境流量

在 2014 年春天，在澳大利亚新南威尔士州的 Gwydir 河谷多达 20000ML 的环境需水量被提供给以鱼类为目标的河流。

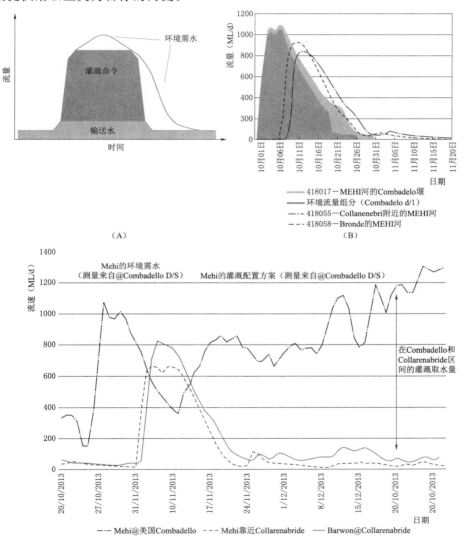

图 24.4　（A）2014 春季，澳大利亚 Mehi 河和 Carole 河的理想流动曲线；（B）2014 年春季，Mehi 河从 Combadello 堰到与 Darling 河汇流处的水位图，灌溉量为虚线，环境流量为点划线；以及（C）2013 年春季，Mehi 流域的水位图，表示下游环境流量的衰减和中游消耗水的抽取。

数据来源：来自 NSW 的主要工业部门，水办公室：http://realtimedata.water.nsw.gov.au/water.stm

由于集水区的干燥条件，河道管理者已通知所有用户，除非用户愿意支付从蓄水区到蓄水区的全部运输损失，否则只能在规定的放水时段（例如，从存储中泄放的时间窗口很短）使用自己的额定用水。为了实现鱼类的水流需求，除了在特定时期下放水量或支付额外相关费用外，联邦环境需水持有者决定把环境流量用于最重要的位置，这包括短期洪峰和逐渐衰退情况（图 24.4A）。在这种情况下，灌溉用水会急剧增加，然后是稳定的高流量，最后是水位急剧下降直到流量过程结束。这样的水流对鱼类来说并不理想，因为会把筑在水道内的沙洲及小支流上的巢摧毁，当水退得太快时会发生阻隔。更稳定的水位降低过程对鱼类才是理想的（Southwell 等，2015）。图 24.4B 描绘了 2014年春季的实际泄放曲线，其中可以看出水流在下游有所减弱，但在很大程度上保持了流向系统末端的形状。

这与前一年形成鲜明对比，当时环境流量在确保灌溉用水之前泄放，但随后从 11月开始了灌溉，导致所期望的流动过程消失了（图 24.4C）。这可能会减少对鱼类的益处，因为从下游 Bony Bream 和 Spangled Perch 两个位置的效果看，那里的实际水文曲线更接近目标形状（Southwell 等，2015）。

在适当的时间和以适当水文过程为目标的情况下，向下游输送水的时候可以减少实现预期环境成果所需的环境需水量。然而，正如 Gwydir 山谷中的案例所示（框 24.7），消耗性流动也可能与环境流量产生不利的相互作用，从而减少本来可能实现的潜在效益。因此在环境流量管理者、灌溉者和河流经营者之间建立强有力的沟通机制，在最大限度地促进良性互动的同时，对于防止负面影响非常重要。如上所述，这可以通过正式委员会和机构实现，如哥伦比亚河流域的委员会和机构（框 24.8）。

框 24.8　协调美国西部哥伦比亚河的环境流量泄放和运行

在哥伦比亚河流域，由联邦和州内机构专家组成的技术管理小组，考虑了鱼类栖息地的水流泄放与其他用于水力发电、防洪和灌溉用水之间的相互作用。通常由国家鱼类和野生动物服务机构或与鱼类有关的国家野生动物机构提出的系统操作要求，会提出基于生物学需求的意见，并提交给委员会进行审查和决定。行动机构向成员们解释，他们将如何实施准则和民意调查，然后提出批准或拒绝的要求。考虑到当前和预期的水文条件，系统操作请求可以非常具体，详细描述所需的流量、起始时间和持续时间。

联邦哥伦比亚河电力系统结构运行之间的协调十分必要，有的大坝之间距离很短，其中大部分都是径流式，调节能力较差，有时有些大坝的流量泄放处就是另一个大坝的库尾（NRC，2004）。为了促进每年的矛盾协调，这些行动机构准备了一份符合相关生物学观点的年度水资源管理计划，以及一份由美国工程公司（US Corp of Engineers）编制的鱼类通道计划。《水管理计划》规定了大坝全年执行的目标和战略，以及如何处理相互冲突的事件。例如，2016 年的计划草案指出，如果 Libby 水坝的蓄水与鲟鱼的春季产卵流之间存在冲突，那么在 7 月初之前，向鲟鱼产卵流放水将优先于重新蓄水（BPA 等，2015）。由于无法事先十分确定地了解流入情况，技术管理小组在这一年该情况出现时向行动机构提供了咨询意见。

（3）协调多个水源以获得更大的成果

在某些情况下，可以有多种水源来达到环境效果。南部 MDB 的情况就是这样，那里有多个州和联邦级别的环境流量管理，每个都有不同的水权组合。协调对于确保每一桶环境流量都以互补而非适得其反的方式使用非常重要。支持环境流量管理者之间协调的关键要素包括具有共同的目标和指标、商定的作用和责任以及通过正式委员会或非正式沟通渠道机制（见框 24.9）。

框 24.9　协调多种环境流量水源

在澳大利亚的 MDB 内，环境流量管理者之间的协调通过三个主要机制进行：

1. 流域计划环境管理框架，确保总体目标、指标和预期结果的一致性。这个框架确保所有的管理者都朝着相同目标努力。

2. 提供水的管理机制。联邦政府的环境流量主要是通过将其转移到州政府的账户中，并由州政府机构管理。这确保了联邦政府的水的利用计划和州环境流量是一致的和互补的，并且可以与之相结合产生更大效果。

3. 通过电话、电子邮件和会议讨论，与水流事件相关的各方之间进行对话。这些对话得到了不同流域的各个委员会和论坛的支持。例如，南部联通流域环境流量委员会是 Murray 河系统及其主要支流 Goulburn 河和 Murrumbidgee 河的环境需水持有者和相关河流运营者之间交流信息的论坛。

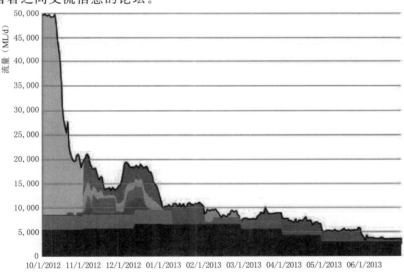

图 24.5　2012 年 10 月至 2013 年 6 月，南澳大利亚州（SA）边界的水流说明了来自不同环境流量组合和不同河流的水对整个过程线的贡献。根据 MDB 协议，南澳大利亚州的权利就是每月的流量得到满足；在特定情况下，基于 MDB 协议，必须交付用于稀释的环境流量。支流河流源头的名称如图所示。

来源：改编自 MBA（2013）

联邦环境需水持有者与维多利亚州和新南威尔士州政府环境需水持有者签署了合作协议，通过相辅相成的规划、决策和交付安排来支持这些安排。图 24.5 示出了 MDB 南部多个环境流量组合和多个河流集水区协调用水结果。它显示了南澳大利亚边界处 Murray 河在不同的水源条件下水文过程线。这个案例的目标是确保 2012 年 10 月发生的自然流动事件变为更缓慢的消退过程，同时保持更高但波动较大的流量。如果没有环境流量，10 月初的自然流动事件将迅速回落，首先作为环境流量计划提供的附加稀释流量（根据 MDB 协议）改善河流盐度，然后是南澳大利亚州（SA）政府的基本权利。然而，Murray 河、Murrumbidgee 河及 Goulburn 河水的贡献，在一年的剩余时间里，确保了一个更缓慢的流量衰退和流量高度的自然变化，这有助于金色鲈鱼的繁殖和墨累鳕鱼的生长（Ye 等，2015）。

24.3.2 环境流量泄放的限制
避免意外洪水

框 24.5 中的例子说明了环境供水的社会学问题，这在实施过程中是一个非常重要的限制因素。在高度开发的河流系统中，对于环境流量项目的需求通常最高，在这些系统中水流状况受到干扰也最多，并且人们已经迁移到洪泛区，并为商业企业开发了洪泛区用地。由于洪泛区人口和企业的存在，对环境有益的环境流量的泄放必然受到一定限制。河流经营者受到操作规则的约束，这些操作规则通常限制了河流的流量，以免对土地所有者造成不利影响。环境流量管理人员可设法使水流接近相应的限值，以最大限度地改善环境。然而，在考虑故意淹没私人土地的不确定的法律或政治环境时，保守的做法往往是必要的。

环境流量管理人员应设法确保在操作流量限制和目标流量高度之间有足够的缓冲，以降低意外降雨等因素造成意外洪水的可能。任何私人土地的淹没都应通过与潜在受影响的土地所有者谈判达成一致，这可能是一个耗时的过程，尤其是在相关河流河段有很多土地所有者的情况下。一个拒不合作的人会破坏整个河段内流程的实现和相关公共利益的实施。因此取得社区和土地所有者的支持对于环境流量项目的长期可持续性是十分重要的（框 24.10）。

框 24.10 "睦邻政策"：在澳大利亚 MDB 建立社会许可

作为水管理界的新成员，联邦环境需水持有者（CEWH）有时被认为与其他用水者和土地所有者的需要相冲突，因此它认识到建立社会许可证来开展业务的重要性。这意味着 CEWH 的重点不仅在于最大限度地利用其现有水资源的实现环境效果，同时也在于得到社区信任和信心。如果被视为合法、勤奋和有价值的团体，CEWH 能更好地运作，并且当寻求通过谈判改变目前环境供水的限制时可以获得更大的声望。

为了建立这种社会许可，CEWH 制定并致力于睦邻友好政策（CEWO，2016）。该政策是一套指导联邦环境流量管理的实践措施。它旨在促进与其他用水者和土地所有者相互尊重的和谐关系，并围绕在诸如最小化第三方影响、最大化互利结果、协商同意、灵活的水管理、地方参与和协作以及决策和运作的透明度等方面。

在处理这些问题时，需要在多个级别（地方、州、联邦）进行全面的风险评估，以了解意外洪水的潜在可能性和后果，并采取必要的管理策略将风险降至最低。这些策略包括降低设计流速，确保在最大期望流量和可能发生影响的速度之间有一个缓冲，确保在整个事件中充分监测降雨和河流状况，以及与土地所有者协商，在他们的产业不受影响的时候下放流量。例如，在 2011 年 10 月的 Gwydir 山谷，一个以 Gwydir 湿地为目标的环境流量泄放，由于当地降雨事件而暂停，该降雨事件有可能使 Gwydir 河水位超过河岸的高度，从而有可能淹没邻近的冬季谷类作物。在 Murray 河谷，由于当地土地所有者担心减少了他们作为环境流量持有者的部分财产使用权，亚拉旺加（Yarrawonga）堰下游用于试图淹没部分 Barmah 和 Millewa 森林（Murray 河中游）国际重要湿地的流量，近年来水量由每天 18000ML 减少到 15000ML。

基础设施的限制和维护

如上所述，环境流量输送可以受到诸如坝出口尺寸等基础设施的限制。这些可以对流量产生长期的严格限制。然而由于基础设施维护等因素，也可能有短期的流量限制（见框 24.11）。

框 24.11　围绕美国 Colorado 河和澳大利亚的 MDB 进行基础设施维护工作

由于维护活动，Glen Canyon 大坝的泄放流量可能受到限制。这八台发电机或机组每年要进行维护，意味着它们很长一段时间都无法使用（从几周到几个月到一年以上）。如果考虑到发电装置年龄（将近 50 年）和计划的或未计划的维护，可以合理地预期在 10 年期间内 HFE 协议会到位，在任何给定的时间内，至少有一个发电装置将无法用于 HFE 泄放，因此将泄放容量从 110000ML/d 降低到低于 104000ML/d（Interior，2014）。除了维护，泄放流量也受到水库海拔变化的影响。海拔影响机组的效率，当 HFE 事件发生时，尾水高度升高，机组效率和流量会降低（Interior，2014）。

基础设施维护也影响了 MDB 的环境流量。例如，2015 年 Goulburn 河计划的冬季流量不得不缩短，因为学校放假期间对一座桥进行了计划外维护，以尽量减少对道路使用者的干扰，因为该桥对于当地居民来说是通往学校的关键路线。流量最初目标是连续 14 天 6600ML/d 以上，然而被减少到仅仅 4 天。虽然事件的监测结果尚未评估，但预计流量持续时间的减少将降低实现其目标之一的有效性，即 2000—2010 年在干旱期间侵蚀河岸的陆地植被将被淹没。

这再次强调了环境流量管理人员需要与相关基础设施运营商保持开放的沟通渠道，以便他们能够意识到并可能改变定期维护的时间。

渠道容量限制

将环境流量与其他业务排放结合起来，可能会增加竞争用户之间需求冲突的概率，特别是在渠道容量有限和用户有严格时间需求的情况下（框 24.12）。通常环境经理比商业用户有更大的机会，因此可决定在何时更灵活地决定泄放水流。然而情况并非总是如此，例如如果需要水流来维持在洪泛平原湿地上的鸟类繁殖活动，那么水的供应时间是关键，这样成鸟就可以在雏鸟会飞后再离开巢穴。

框 24.12　澳大利亚 MDB 的渠道容量竞争

2014—2015 年间，由于炎热和干旱的环境导致灌溉需求增加，但渠道容量限制了从上游流入南澳大利亚的水流。如果灌溉者在那个时期的需求更少的话，更多的环境流量本可以在夏天输送到 Coorong 河、Alexandrina 河和 Albert 湿地。在上游，当水流经系统时，灌溉输送可以满足通道环境的需要，但是由于它经常被转入河中灌溉，其效益在空间上受到限制，并且如上所述，在某些情况下可能对环境有害。例如，尽管 Murray 河口的 Coorong 潟湖有减少盐分的环境需求，但在夏季，Goulburn 河增加流量以满足这种需求对环境是不利的。灌溉系统在空间上的局限性在上述 Gwydir 山谷的例子中尤为明显（框 24.7），2013 年及 2014 年春、初夏期间，Mehi 河沿岸的绝大多数水流都是从位于 Combadello 和 Collerenabri 之间的灌溉设备排出（图 24.4C）。

当然灌溉系统获得的环境流量不是系统中额外的水。当这些权利以前由灌溉者享有时，与这些权利有关的水供应，必将与其他商业用户同时竞争渠道容量。事实上，渠道容量随后用于环境需求的时候，往往不是在灌溉高峰季节，可能会出现减少而不是增加对渠道容量竞争的现象。这对许多灌溉者来说是直接的商业利益，但很少讨论对以环境为目的的用水户的影响。

尽量减少对社会和经济的影响

环境流量泄放框架通常对环境流量泄放施加限制，这常常是为了尽量减少对社会和经济的负面影响。在大多数情况下，这反映在为环境留出的水量上。然而即使在更广泛的操作框架内，关于个别环境流量泄放的决定也是为了避免或尽量减少不利的社会和经济影响而作出的。例如，为了避免影响 Barmah Millewa 森林的木柴收集，Murray 河 2015 年的冬季流量有所减少（参见图 24.1）。2013 年和 2014 年 Goulburn 河的早春环境流量泄放被取消，主要是为了避开 Murray 鳕鱼捕鱼季节的到来，因为捕鱼季节需要稳定的河流状况。同样 Glen 峡谷大坝的泄洪也被优化，以实现对发电的负面影响最小化（见框 24.13）。

框 24.13　减少环境供水对社会和经济的影响

对于科罗拉多河，HFE 协议将流量泄放的持续时间限制在 96 小时。这是为了防止由于涡轮机旁通的水而导致的潜在未来发电损失。

然而，即使在更广泛的操作框架内，关于环境流量管理制度的制定也是为了避免或尽量减少不利的社会和经济影响。这通常需要与受影响的各方谈判。在制定 2014 年 HFE 时，最初考虑峰值为 78000ML/d，这是由于 Glen 峡谷大坝的预期维护以及功率调节和储备造成的其他限制。由于垦务局改变了维护计划及西部地区电力管理局改变了电力需求，Glen 峡谷大坝的下泄能力及 HFE 的峰值得到了提升，后来这个流量增加到 91000ML/d。

为使西部地区电力管理局通过 HFE 取得更好的效益，HFE 的开始日期被定在了确定的日期，并将开工时间安排在周一，预期可节省 20 万美元成本（Reclamation，2014）。

尽管这样的例子可能不会显示出法律或物理上对环境流量输送产生的阻碍，但如果不考虑或者不适应相关情况，会导致失去当地社区的支持。对于一项相对较新的自然资源管理活动而言，社区支持对改革的持久性至关重要，并可作为关于长期消除环境流量排放的立法或物理障碍方面的谈判基础。

24.4　持续改善

24.4.1　从流动事件到流态

在水利高度开发的流域中，在过去几十年中环境条件逐渐恶化。改变这种下降趋势是一个长期的课题。MDBA 的"全流域环境流量战略"指出，通过实施 MDB 计划，实现生态系统响应和重要物种种群的广泛恢复可能需要 20 年甚至更长时间（MDBA，2014a）。在 Colorado 河流域的沙洲建设过程中，通过一次放流事件或多或少实现生态响应是显而易见的。然而沙洲的长期维护依赖于多年的调水。这表明了提供跨季节和多年流量对实现长期生态响应的重要性。在流域尺度上，这需要考虑跨多个流域的季节性的适当流态，其中许多流域具有水文联系。

这个概念支持联邦环境流量成果框架（CEWO，2013b）。该框架确定了可在不同时间尺度上从环境流量可获得效果的等级。在最低水平上这些成果可在不到 1 年内（例如，鱼类移动和产卵）和 1～5 年内（例如，幼鱼和幼鱼繁殖）实现。这些连续多年的短期成果和多个流域的累积实施，预计将有助于实现 MDB 计划中的长期和全流域目标。该框架指导环境流量的规划，并告知监测和效果评价。

为了提供支持河流系统完整生命周期和生态过程的流动机制，环境流量管理者需要采取多年规划方法（CEWO，2015）。需要考虑连续几年提供的流量和取得的成果，然后规划不同气候情景以及未来几年的可能流量下的环境需求范围。重要的是，它强调环境流量排放不能作为一个一次性事件而孤立管理，需要强有力的适应性管理过程支持。

24.4.2　实践中的适应性管理

在第 25 章中将讨论，适应性管理对于减少不确定性和支持环境流量管理的持续改进是重要的。应用适应性管理给环境流量管理员提出的挑战是，缺乏足够的反应或控制，并且监测数据有限或数据有干扰。尽管有这些限制，监测结果仍然可以用来提供一种证据权重的方法，从而提高对生态系统功能某些方面的理解，帮助识别最可能的主导因素，加强总体推断，以及识别和适应未来的灌溉行动（Mel 等，2015；框 24.14）。这不仅关系到环境结果的管理，而且关系到对业务问题和社区问题的关注（框 24.15）。

框 24.14　美国 Glen Canyon 大坝的适应性管理

Glen Canyon 大坝适应性管理计划于 1997 成立。该计划提供对 Glen Canyon 大坝的干预结果，并包括一个适应性管理工作组即联邦咨询委员会，该委员会由各合作联邦机构、Colorado 河流域各州、环境组织、娱乐利益集团和 Glen Canyon 大坝的联邦电力承包商代表。该小组共同工作，以确定和建议适当的管理策略、监测和研究计划，并改变经营标准和计划（Interior，2015）。

尽管人们对这个项目有各种各样的批评（Camacho 等，2010；Susskind 等，2012），它仍然为未来的管理决策提供了关键数据，并且在识别与预期显著不同的结果方面发挥了关键作用。

1996 年的第一次高流量实验（HFE）表明，高流量泄放可以形成沙洲。然而正如人们所设想的那样，由支流输送的沙多年来没有堆积在河床上，相反，这些沙洲是用现有的沙建造的，而不是用储存在河床上的沙建造。基于这些发现，在 2004 年和 2008 年，对 HFEs 进行了定时跟踪，这些洪水证实了"新的沙允许在被带到下游之前建造沙洲"（Melis，2011；Melis 等，2011）。在这两个事件之后沙洲体积的增加表明，按照沙输入进行定时环境流量泄放，是一个有效的沙洲建设战略（Grams 等，2015）。监测还显示在这些富沙条件下，沙洲建造得相对较快（几小时到几天），但在 HFE 之后，沙洲也趋向于迅速侵蚀（几天到几个月）（Melis，2011；Melis 等，2011）。这意味着需要更频繁的 HFEs。

这些发现都为 Glen Canyon 大坝直到 2020 年的《HFE 议定书》提供了依据，同时该议定书在 2012 年获得批准。除了伴随下游沙输入的定时下放流量外，在 2012 年、2013 年和 2014 年，该协议还允许进行更频繁的 HFE。监测发现每次控制洪水后，许多沙洲的规模都增加了，连续三次泄放的累积结果表明，如果在泥沙条件有利的情况下，能够足够频繁地实施控制洪水，沙洲的减少趋势可能会逆转（Grams 等，2015）。

框 24.15　澳大利亚 MDB 的 Goulburn 河的适应性管理

自 2012 年及 2013 年以来，MDB 的 Goulburn 河环境流量的设计和输送已经发生了重大变化。为实现对本地鱼类、河岸植被和地貌的期望结果，在泄放环境流量的时间、水量和持续时间方面，我们已经获得了大量的经验。还采取了一些措施来解决社区关切的问题，包括河岸倒塌、决口的风险和对钓鱼活动的影响以及灌溉者使用水泵的问题（图 24.6）。

具体的调整需要当地流域管理当局（Goulburn - Broken 流域管理机构）、三个流域环境流量管理机构（联邦环境需水持有者，维多利亚环境需水持有者，以及 Living Murray 计划），河流运营商的集体努力，并回顾过去一年的环境监察结果，以及市民提出的问题。河流经营者的参与尤其重要，运营者负责放水以满足下游的需求（称为河谷间调水），这能补充环境流量，并支持实现环境流量要求。河流运营商还起着重要的通信作用，因为它会通过信件、电子邮件、电话和/或短信警报发布环境流量下放的信息。事实证明，这种通信是十分重要的，它为灌溉者提供了足够的预警时间，使他们能够根据环境释放的水来规划他们的用水需求，因为在此期间，他们的水泵是不可用的。从 2012 年至 2015 年，Goulburn 河环境供水逐步改变，这不仅提高了环境改善效果也减少了灌溉者的担忧。

如图 24.6 所示，Goulburn 河的环境流量泄放与水库水量下放相协调，以满足下游谷的消费需求（谷间转移）。2012 年至 2013 年（图 24.6A），环境流量管理制度主要集中于春季淡水以刺激金色鲈鱼产卵，并支持河道内植被的恢复，这些植被在 2000 年干旱和

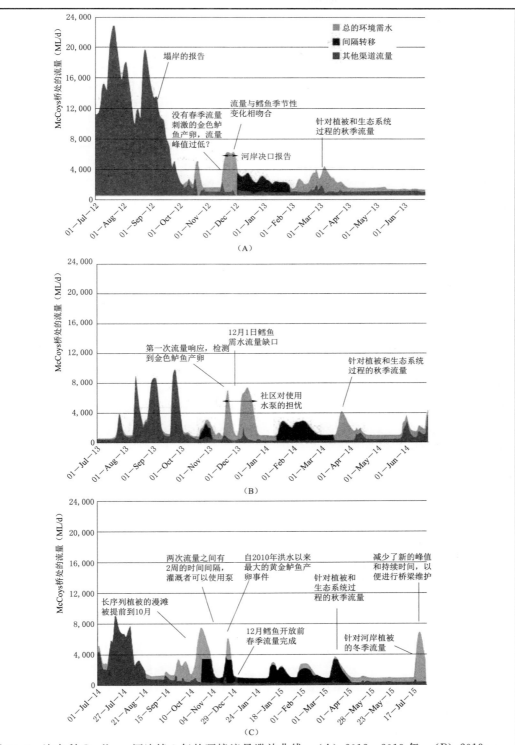

图 24.6　澳大利 Goulburn 河连续 3 年的环境流量泄放曲线：（A）2012—2013 年；（B）2013—2014 年；（C）2014—2015 年，展示了基于科学建议及当地问题的适应性管理方法。

2010 年洪水期间受到了影响。可能是由于流量的峰值高度太低（2012 年至 2013 年春夏期间非常干燥；图 24.6A），没有发现金色鲈鱼产卵（Stewardson 等，2014）。与此同时土地所有者报告说，由于年初的高流量，河岸崩塌，在环境流量释放期间河岸出现决口。垂钓者们还抱怨说，12 月初的墨累鳕鱼捕捞季节因环境流量泄放而中断。环境流量管理人员委托调查河岸坍塌和决口的原因，发现坍塌的部分原因是河岸上缺少半水生植被。决口被认为是水流在长时间保持恒定高度的结果。

作为对 2012 至 2013 年经验教训的回应，针对 2013 年至 2014 年早春金鲈鱼产卵（图 24.6B）环境流量的峰值较之前要高。为了刺激半水生植被在河岸的恢复，还进行了第二次环境流量下放。为了避免河岸崩塌，水位保持在相同的高度不能超过 5 天，两种环境流量下放的峰值不能一样。为了给垂钓者提供稳定的河流环境，环境流量下放选择避开墨累鳕鱼捕捞季节。11 月的第一期环境流量成功地触发了本土鱼类的远距离迁徙和金色鲈鱼产卵活动。在两次环境流量释放后的几周内，观察到半水生原生植被的再生（Webb 等，2015）。然而由于长期处于高水位，社区持续关注河岸坍塌以及灌溉者使用水泵的问题。在规划 2014 至 2015 水文年（图 24.6C）时，他们向参与监测 Goulburn 河的科学家征求意见，以改善环境流生态反应。他们认为，一系列的事件或水流会增加对鱼正面效应的可能性。在夏季气候变暖之前，为了支持半水生植被的生长，在一年的早些时候提供了较长时间和逐渐衰退的流量过程。这同样也是一个为了保护鱼类的起动流量，随后的本地鱼类在 11 月产卵。在灌溉需求可能较高的温暖月份，早春的第一次流量下放时间也减少了环境流量的输送。第二次流量开始 2 周后，河水水位再次上升为灌溉提供了一个机会。这种以鱼类产卵为目标的相对短而峰值流量大的泄水过程，在鳕鱼捕捞季节开始之前就完成了。为了应对这些变化，继二次流量下放之后，观测到了 2010 年洪水以来最大的金色鲈鱼产卵事件。这段时间，没有因环境流量而引起群体事件，同时钓鱼者报告说这是"多年来最好的"捕鱼年。

24.4.3　取得成果

尽管优化环境流量管理存在行政、法律和物质方面的限制，但迄今为止所展示的成果表明了即使在这些限制条件下也能实现的益处（Stewardson 等，2014；Wassens 等，2014；Ye 等，2015）。自 2009 年以来，超过 5000GL 的英联邦环境流量已被输送到 MDB 的河流、湿地和洪泛平原。这是由州政府和 Living Murray 计划提供的环境流量所补充的。在此期间对当地鱼类、水鸟、植被和水质取得了一系列有益成果（CEWO，2013c，2014b），包括：

1. 支持本地鱼类产卵和迁徙，提供多样的栖息地，包括使栖息地免受恶劣的水质和干旱的影响；

2. 为水鸟提供觅食和繁殖栖息地，包括筑巢物种；

3. 改善水生和河岸植被状况；

4. 从 Coorong 河流域（Murray 河口）冲盐和提供适当的盐度梯度；

5. 提高溶解氧水平；

6. 提供整个系统纵向连通性；

7. 通过模仿自然水流过程来支持生境和生态系统过程。

在科罗拉多河流域，Glen 峡谷大坝 2012 年《HFE 议定书》的通过和实施在增加下游沙洲尺寸方面显示出积极的效果（见框 24.14）。科罗拉多河脉动流也取得了一些令人鼓舞的结果（根据 1944 年美国墨西哥水条约《319 条》）。自 2014 年 3 月开始的为期 8 周的放流具体效果包括：河流与大海的联通、地下水的补给、新植被的发芽（原生和非原生植被）和植被绿化率的增加（IBWC，2014）。

24.5 结论

本章试图概述环境水权在执行时面临的主要挑战，以便考虑在这些挑战已经存在的地方解决这些挑战的可能，并在尚未出现这些挑战的地方避免这些挑战。通过科学的分析和建模来确定环境需水量和目标是环境流量管理的重要第一步。然而，在规划环境流量时，具体的原则和经验法则不如宽泛的原则和经验法则重要。这是因为环境流量供应更多的是积极管理，以应对不断变化的环境，以及能够对当地环境和社会条件作出适当反应的需要，而不是遵循预先设计的脚本或模拟的输出。它还涉及在一套复杂的规则和程序内运作，而这些规则和程序并非旨在促进正在寻求的结果。因此妥协、试验、不断创新和特设解决方案是当今环境流量业务的一个特点。因此，该系统的管理没有达到预期的效率和效力，需要随着时间的推移进行调整，因为环境流量的排放已纳入正常的系统运作。

为了更好地满足所有用户的需求，在环境管理中需要作出的调整包括：

1. 明确不论用水是在河内还是在陆地上，水权不仅是取水的权利，而且是取水和用水的权利；

2. 确保所有权利人的用水受到保护，不受其他使用者侵占，不论用水是在河内还是在陆地上；

3. 更全面地整合河流管理和环境流量规划，以便通过有效利用多种水源而不是仅仅依靠特定的环境水权来达到期望的结果；

4. 更清楚地定义引发长期放流机制的触发点、规则或停止命令；

5. 与土地所有者就河岸土地泛滥问题进行谈判的框架，以促进互利的结果。

在当前的运行环境中，如果要实现特定流量的环境目标，环境流量管理员和河流经营者需要在计划的事件发生时，高度认识到河流的流动状况以及社会和经济用途。其他流量将影响所需的水量，而且，是否提供其他水源并从环境账户中扣除，还要看会发生什么结果。水流状况还将影响意外洪水的风险水平，并对系统内的其他水和河岸用户产生潜在影响。其他各方对资源的使用可能影响水流的大小、持续时间和范围，这种情况是高度动态的。考虑到这一社会学方面的因素，环境流量管理决策的重要性，就像了解水流需求的科学一样重要，因为环境流量管理者的社会许可证最终取决于社区支持和其他用水者的合作。

尽管存在这些制约因素，但通过实施环境流量管理制度，显然取得了良好的环境效果。监测报告表明鱼类产卵量增加、植被状况改善、鸟类繁殖成功和水质改善。然而退化河流系统的恢复将需要时间，并且需要在 10 年、20 年和 30 年的时间范围内考虑持久的效果。在较短的时间范围内，如果要充分实现效果，则需要改进操作规则和行政安排，以更有效地适应环境流量使用者的需要。

参 考 文 献

Acreman，M.，Arthington，A.，Collof，M. J.，Couch，C.，Crossman，N. D.，Dyer，F.，et al.，2014. Environmental flows for natural，hybrid，and novel riverine ecosystems in a changing world. Front. Ecol. Environ. 12（8），466 – 476.

Adler，R. W.，2007. Restoring Colorado River Ecosystems：A Troubled Sense of Immensity. Island Press，Washington，DC.

ANAO，2013. Commonwealth Environmental Watering Activities. Performance Audit Report No. 36，2012 – 2013. Australian National Audit Office，Canberra，Australia.

Banks，S. A.，Docker，B. B.，2014. Delivering environmental flows in the Murray – Darling Basin（Australia）– legal and governance aspects. Hydrol. Sci. J. 59（3 – 4），688 – 699.

Blinn，D. W.，Poff，N. L.，2005. Colorado River Basin. Rivers of North America. Elsevier，Canada.

BPA，USACE，and USBR，2001. The Columbia River System Inside Story，second ed. Bonneville Power Administration，US Army Corps of Engineers and US Bureau of Reclamation.

BPA，USACE，and USBR，2015. 2015 Water management plan. Bonneville Power Administration，US Army Corps of Engineers and US Bureau of Reclamation.

Bunn，S. E.，Arthington，A. H.，2002. Basic principles and ecological consequences of altered flow regimes for aquatic biodiversity. Environ. Manage. 30，492 – 507.

Buono，R. M.，Eckstein，G.，2014. Minute 319：a cooperative approach to Mexico – US hydro – relations on the Colorado River. Water Int. 39（3），263 – 276.

Camacho，A. E.，Susskind，L. E.，Schenk，T.，2010. Collaborative planning and adaptive management in Glen Canyon：a cautionary tale. UC Irvine School of Law Research Paper No. 2010 – 6. Colum. J. Environ. Law 35（1），Available from：http：//papers. ssrn. com/sol3/papers. cfm? abstract _ id51572720（accessed April 2016）.

CEWO，2013a. A Framework for Determining Commonwealth Environmental Water Use. Commonwealth Environmental Water Office，Canberra，Australia.

CEWO，2013b. The Commonwealth Environmental Water Outcomes Framework. Commonwealth Environmental Water Office，Canberra，Australia.

CEWO，2013c. Commonwealth Environmental Water Office 2012 – 13 Outcomes Report. Commonwealth Environmental Water Office，Canberra.

CEWO，2014a. Commonwealth Environmental Water Holder annual Report 2013 – 14. Commonwealth Environmental Water Office，Canberra，Australia.

CEWO，2014b. Commonwealth Environmental Water Office 2013 – 14 Outcomes Report. Commonwealth Environmental Water Office，Canberra，Australia.

CEWO，2015. Integrated Planning for the Use，Carryover and Trade of Commonwealth Environmental Water：Planning Approach 2015 – 16. Commonwealth Environmental Water Office，Canberra，Australia.

CEWO，2016. Portfolio Management Planning：Approach to Planning for the Use，Carryover and Trade of Commonwealth Environmental Water 2016 – 17. Commonwealth Environmental Water Office，Canberra，Australia.

Commonwealth of Australia，1993. Murray – Darling Basin Agreement. Parliament of Australia，Canberra. Available from: https: //www. legislation. gov. au/Details/C2004A04593 (accessed October 2015).

Commonwealth of Australia, 2007. Water Act. Parliament of Australia, Canberra. Available from: https: //www. legislation. gov. au/Details/C2016C00469 (accessed October 2015).

Commonwealth of Australia, 2012. Basin Plan. Parliament of Australia, Canberra. Available from: https: //www. comlaw. gov. au/Details/F2012L02240 (accessed October 2015).

Connell, D. , 2011. The role of the commonwealth environmental water holder. In: Connell, D. , Grafton, R. Q. (Eds.), Basin Futures: Water Reform in the Murray - Darling Basin. ANU Press, Canberra, Australia.

Daily, G. C. , 1996. Nature's Services: Societal Dependence on Natural Ecosystems. Island Press, Washington, DC.

Docker, B. , Robinson, I. , 2014. Environmental water management in Australia: experience from the Murray - Darling Basin. Int. J. Water Resour. D 30 (1), 164 - 177.

DSE, 2009. Northern Region Sustainable Water Strategy. Department of Sustainability and Environment, Government of Victoria, Melbourne, Australia.

Ferguson, J. J. , Chillcott Hall, B. , Randall, B. , 2006. Keeping fish wet in Montana: private water leasing: working within the prior appropriation system to restore streamflows. Pub. Land & Resources L. Rev. 27, 1 - 13.

Grams, P. E. , Schmidt, J. C. , Wright, S. A. , Topping, D. J. , Melis, T. S. , Rubin, D. M. , 2015. Building sandbars in the Grand Canyon. Eos 96, http: //dx. doi. org/10. 1029/2015EO030349. Available from: https: //eos. org/features/building - sandbars - in - the - grand - canyon (accessed March 2016).

Hardner, J. , Gullison, T. , 2007. Independent External Evaluation of the Columbia Basin Water Transactions Program (2003 - 2006) . Hardner and Gullison Consulting, LLC, Amherst, NH.

Horne, A. , Purkey, A. , McMahon, T. A. , 2008. Purchasing water for the environment in unregulated systems: what can we learn from the Columbia Basin. Aust. J. Water Res. 1, 61 - 70.

IBWC, 2012. Minute No. 319 - Interim international cooperative measures in the Colorado River Basin through 2017 and extension of Minute 318 cooperative measures to address the continued effects of the April 2010 earthquake in the Mexicali Valley, Baja California. International Boundary and Water Commission United States and Mexico, Coronado, CA.

IBWC, 2014. Minute 319 Colorado River Delta environmental flows monitoring - initial progress report. International Boundary and Water Commission United States and Mexico. Available from: http: //www. ibwc. gov/EMD/Min319Monitoring. pdf (accessed November 2015).

Interior, 2014. Memorandum approval of recommendation for experimental high - flow release from Glen Canyon Dam, November 2014. US Department of the Interior. Available from: http: //www. usbr. gov/uc/rm/amp/amwg/mtgs/14aug27/HFE _ Memö14oct24 _ PPT. pdf (accessed November 2015).

Interior, 2015. Glen Canyon Dam adaptive management work group charter. US Department of the Interior. Available from: http: //www. usbr. gov/uc/rm/amp/amwg/pdfs/amwg _ charter. pdf (accessed April 2016).

IRORG, 2015. Review of River Murray operations 2014 - 15. Report of the Independent River Operations Review Group, Unpublished Report.

Jacobs, J. , 2011. The sustainability of water resources in the Colorado River Basin. Bridge 41 (4), 6 - 12.

King, M. A. , 2004. Getting our feet wet: an introduction to water trusts. Harv. Environ. Law Rev. 28, 495 - 534.

MacDougal, D. , Kearns, Z. , 2014. The Columbia River Treaty review: will the water users' voices be heard? Available from: http: //www. martenlaw. com/newsletter/20141117 - columbia - river - treaty -

review (accessed November 2015).

McCoy, A., Holmes, S. R., 2015. Columbia Basin Water Transactions Program Flow Restoration Accounting Framework. National Fish and Wildlife Foundation, Portland, OR.

MDBA, 2010a. Guide to the Proposed Basin Plan—Volume 1. Publication No. 60/10. Murray – Darling Basin Authority, Canberra, Australia.

MDBA, 2010b. Guide to the Proposed Basin Plan—Volume 2. Publication No. 61/10. Murray – Darling Basin Authority, Canberra, Australia.

MDBA, 2011. The Living Murray Story—One of Australia's Largest River Restoration Projects. Murray – Darling Basin Authority, Canberra, Australia.

MDBA, 2013. Constraints Management Strategy 2013 – 2024. Murray – Darling Basin Authority, Canberra, Australia.

MDBA, 2014a. Basin – wide Environmental Watering Strategy. Murray – Darling Basin Authority, Canberra, Australia.

MDBA, 2014b. Constraints Management Strategy Annual Progress Report 2013 – 14. Murray – Darling Basin Authority, Canberra, Australia.

MDBA, 2014c. 2014 – 15 Basin Annual Environmental Watering Priorities: Overview and Technical Summaries. Murray – Darling Basin Authority, Canberra, Australia.

MDBA, 2015. Objectives and Outcomes for River Operations in the River Murray System. Murray – Darling Basin Authority, Canberra, Australia.

Melis, T. S. (Ed.), 2011. Effects of Three High – Flow Experiments on the Colorado River Ecosystem Downstream from Glen Canyon Dam. U. S. Geological Survey Circular 1366, Arizona.

Melis, T. S., Grams, P. E., Kennedy, T. A., Ralston, B. E., Robinson, C. T., Schmidt, J. C., et al., 2011. Three experimental high – flow releases from Glen Canyon Dam, Arizona – effects on the downstream Colorado River ecosystem. US Geological Survey Fact Sheet 2011 – 3012 4.

Melis, T. S., Walters, C. J., Korman, J., 2015. Surprise and opportunity for learning in Grand Canyon: the Glen Canyon Dam adaptive management program. Ecol. Soc. 20 (3), 22.

NRC, 2004. Managing the Columbia River: Instream Flows, Water Withdrawals and Salmon Survival. National Research Council. National Academies Press, Washington, DC.

Neuman, J. C., 2004. The good, the bad, the ugly: the first ten years of the Oregon Water Trust. Neb. Law Rev. 83, 432 – 484.

Neuman, J. C., Chapman, C., 1999. Wading into the water market: the first five years of the Oregon Water Trust. J. Environ. Law Litig. 14, 146 – 148.

Neuman, J. C., Squier, A., Achterman, G., 2006. Sometimes a great notion: Oregon's instream flow experiments. Environ. Law 36, 1125 – 1155.

NSW, 2012a. Water shepherding option and issues analysis report. Water shepherding in NSW advice to the water shepherding taskforce. New South Wales Government. Available from: http://www.water.nsw.gov.au/_data/assets/pdf_file/0009/547596/recovery_water_shepherding_options_issues_analysis_report.pdf (accessed November 2015).

NSW, 2012b. Proposed arrangements for shepherding environmental water in New South Wales: draft for consultation. New South Wales Government. Available from: http://www.water.nsw.gov.au/_data/assets/pdf_file/0004/555745/recovery_water_shepherding_proposed_arrangements_shepherding_nsw_draft_for_-consultation.pdf (accessed November 2015).

NSW, 2015a. Water customer service charter report. Department of Primary Industries, New South Wales Government. Available from: http://www.water.nsw.gov.au/about-us/customer-service (accessed

November 2015).

NSW, 2015b. Environmental water use in New South Wales: outcomes 2014 – 15. Unpublished Draft Report. New South Wales Office of Environment and Heritage, Sydney, Australia.

NWC, 2011. National Water Markets Report 2010 – 11. National Water Commission, Canberra, Australia.

Poff, N. L. , Allan, J. D. , Bain, M. B. , Karr, J. R. , Prestegaard, K. L. , Richter, B. , et al. , 1997. The natural flow regime: a paradigm for river conservation and restoration. BioScience 47, 764 – 784.

Poff, N. L. , Richter, B. , Arthington, A. , Bunn, S. , Naiman, R. , Kendy, E. , et al. , 2010. The ecological limits of hydrologic alteration (eloha): a new framework for developing regional environmental flow standards. Freshw. Biol. 55, 147 – 170.

Postel, S. , Richter, B. , 2003. Rivers for Life: Managing Water for People and Nature. Island Press, Washington, DC.

Reclamation, 2008. The Law of the River. US Department of the Interior, Bureau of Reclamation Lower Colorado Region. Available from: http: //www. usbr. gov/lc/region/g1000/lawofrvr. html (accessed November 2015).

Reclamation, 2011. Environmental Assessment for the Development and Implementation of a Protocol for High – Flow Experimental Releases from Glen Canyon Dam, Arizona 2011 through 2020, 2011a. US Department of the Interior, Bureau of Reclamation, Salt Lake City, UT.

Reclamation, 2012. Finding of No Significant Impact for the Environmental Assessment for the Development and Implementation of a Protocol for High – Flow Experimental Releases from Glen Canyon Dam, Arizona Through 2020, 2012b. US Department of the Interior, Bureau of Reclamation, Salt Lake City, UT.

Reclamation, 2014. Memorandum: Approval of Recommendation for Experimental High – Flow release from Glen Canyon Dam, November 2014. Available from: http: //gcdamp. com/images _ gcdamp _ com/c/cc/2014 _ Recommendation _ HFE _ Memo _ %26 _ PPT _ 14oct24 _ PPT. pdf (accessed January 2017).

Southwell, M. , Wilson, G. , Ryder, D. , Sparks, P. , Thoms, M. , 2015. Monitoring the Ecological Response of Commonwealth Environmental Water Delivered in 2013 – 14 in the Gwydir River system: A Report to the Department of Environment. Commonwealth of Australia, Canberra.

Stewardson, M. J. , Jones, M. , Koster, W. M. , Rees, G. N. , Skinner, D. S. , Thompson, R. M. , et al. , 2014. Monitoring of Ecosystem Responses to the Delivery of Environmental Water in the Lower Goulburn River and Broken Creek in 2012 – 13. The University of Melbourne for the Commonwealth Environmental Water Office. Commonwealth of Australia, Canberra, Australia.

Susskind, L. , Camacho, A. E. , Schenk, T. , 2012. A critical assessment of collaborative adaptive management in practice. J. Appl. Ecol. 49 (1), 47 – 51.

Tharme, R. E. , 2003. A global perspective on environmental flow assessment: emerging trends in the development and application of environmental flow methodologies for rivers. River Res. Appl. 19, 397 – 441.

Wassens, S. , Jenkins, K. , Spencer, J. , Thiem, J. , Wolfenden, B. , Bino, G. , et al. , 2014. Monitoring the Ecological Response of Commonwealth Environmental Water Delivered in 2013 – 14 to the Murrumbidgee River system. Draft final report. September 2014. Commonwealth of Australia, Canberra, Australia.

Webb, A. , Vietz, G. , Windecker, S. , Hladyz, S. , Thompson, R. , Koster, W. , et al. , 2015. Monitoring and Reporting on the Ecological Outcomes of Commonwealth Environmental Water Delivered in the Lower Goulburn River and Broken Creek in 2013 – 14. The University of Melbourne for the

Commonwealth Environmental Water Office. Commonwealth of Australia, Canberra, Australia.

WWI, 2012. Use and Capacity of Global Hydropower Increases. Vital Signs Online. World Watch Institute, Washington, DC. Available from: http: //vitalsigns. worldwatch. org/vs - trend/global - hydropower - installedcapacity - and - use - increase (accessed July 2015).

Vörösmaty, C. J. , Green, P. , Salisbury, J. , Lammers, R. B. , 2000. Global water resources: vulnerability from climate change and population growth. Science 289 (5477), 284 - 288.

Vörösmaty, C. J. , McIntyre, P. B. , Gessner, M. O. , Dudgeon, D. , Prusevich, A. , Green, P. , et al. , 2010. Global threats to human water security and river biodiversity. Nature 457, 555 - 561.

Ye, Q. , Livore, J. P. , Aldrige, K. , Bradford, T. , Busch, B. , Earl, J. , et al. , 2015. Monitoring the Ecological Responses to Commonwealth Environmental Water Delivered to the Lower Murray River in 2012 - 13. Report 3 prepared for Commonwealth Environmental Water Office by South Australian Research and Development Institute. Commonwealth of Australia, Canberra, Australia.

环境流量的监测、评价和适应性管理原则

J. Angus Webb[1]，Robyn J. Watts[2]，Catherine Allan[2] 和 Andrew T. Warner[3]

1. 墨尔本大学帕克维尔校区，维多利亚州，澳大利亚

2. 查尔斯特大学，阿尔伯里，新南威尔士州，澳大利亚

3. 美国陆军工程兵团，亚历山大，弗吉尼亚州，美国

25.1　引言

　　大多数淡水科学家和水资源管理者都认识到水资源分配对改善河流系统健康和生态系统服务的重要性。与其他社会目标相比，环境流量可以表征公共资金对环境的巨大投资。例如，MDB 的恢复平衡方案（The Restoring Balance Program）正在花费 30 亿澳元购买农业灌溉用水来补充环境流量，作为澳大利亚 MDB 恢复计划的重要工作（Skinner 和 Langford，2013）。同样在美国加利福尼亚州上 Yuba 河实施的环境流量节律，将减少 45％的水力发电收入（Rheinheimer 等，2013）。虽然这些投资以生态系统健康及经济社会重要服务的形式所产生的效果的程度不确定，但对于这些项目的短期运行和长期规划仍然具有重要意义。监测环境流量节律的环境效果和相关的社会经济利益，对于管理上两个重要目标的实现具有支持作用。

　　第一，从监测中获得的信息可以用来证明环境流量在环境、经济和社会方面的投资回报。在水资源被高度分配的河流系统中，例如在 MDB 和美国西部，被用于环境流量的水资源都必须从消耗性用水中（通常是灌溉农业）中获取。这些水资源能够产生的经济影响是可计算的。确定这些影响和公共投资对环境流量是否合理，主要是评估将水资源重新分配到环境中能够在多大程度上形成切实的生态效益、生态系统服务的恢复和社会期望的结果。

　　第二，监测结果将增加我们对环境流量的知识。尽管在过去 20 年中对生态-水文响应关系理解方面取得了重大进展，但是在管理方面目前仍然存在重大的认知差距（见第 14 章和第 15 章）。此外，我们对社会-生态系统之间相互耦合关系的理解一般都很差，这不

仅仅是在环境流量的影响中才遇到的问题。为了最大限度地利用现有的宝贵的环境流量，我们需要通过监测和反馈来提高对这方面的认知。个人或团体的反馈是从监测中获得信息，并将其用于构建知识体系，加强系统理解和实践应用（Schön，2008）。"反馈"一词的使用，强调了对环境流量成效的严格评估，包括了监测过程以及运用监测结果改变管理决策。在后面的章节中（第25.8.2节）还会强调"反馈者"的重要性，反馈者不是作为执行这些任务的人，而是明确负责确保该任务能够及时和适当完成的人。监测数据的系统整合为不同环境条件下不同流量过程的响应提供了新的知识，提升了流量生态效益的认识。这有助于提高我们预测环境流量生态效益的能力，既有助于制定短期环境流量决策，又有助于制定长期规划。这反过来将增加取得良好生态和社会成果的可能性，并改善所有利益相关者对环境流量的投资回报。

这种监测、评估、学习、调整和改进决策及结果的循环最好通过适应性管理的角度来构想。在本章中，我们将介绍适应性管理，概述有效监测和评估作为适应性管理周期输入的重要性，并努力学习克服"适应性管理环境流量必须是成功的"这种先入为主的想法。我们还提供了一套监测和自适应管理环境流量的一般原则。

25.2 背景：适应性管理的历史

适应性管理是一种自然资源管理方法，尤其是对于那些管理决策和生态响应存在极大不确定性生态系统的管理者（Allen 和 Garmestani，2015）。适应性管理是传统的还原论管理的替代品，其能够在复杂的社会-生态系统中采取有效的行动（Pahl - Wostl，2007）。适应性管理不是盲目或无目的尝试，而是有目的和深思熟虑的（Allan 和 Stankey，2009），而且具有合理的构架（Pahl - Wostl 等，2010）。无论是学习有计划的实验性学习（即主动适应性管理）的结果，还是对管理行为的仔细反思（即被动适应性管理），适应性管理的核心目标是考虑管理所采取的行动的结果，并通过这种反馈来改进未来的管理行动。

自20世纪70年代末以来，适应性管理的概念在许多方面得到发展，每个都强调评估和行动的不同方面，但是所有这些都集中在关于系统的迭代学习以及基于这种学习作出的管理决策上（Williams 和 Brown，2014）。自适应过程通常被表示为计划、执行、监测和学习的循环（图25.1）。这一循环的简单性掩盖了复杂社会-生态系统从实践中学习的复杂性。大型程序和复杂情况通常包含多个小循环（参见图25.1中的示例），它们以不同的尺度操作，但是嵌套在较大的自适应框架中（Bormann 和 Stankey，2009）。来自不同背景或具有不同目标或受限影响区域的利益相关者，可能会更加重视某些小循环，而将其置于其他循环之上，或更加重视适应性管理的某一方面，将其置于适应性管理的其他方面之上。这些小循环使过程能够有效地向后和向前推动，因为学习发生在整个管理周期内。

Raadgeever 等（2008）在自然资源管理论述中识别出适应性管理的两个不同的解释：一个侧重于科学，另一个更侧重于社会学习和共同管理。前者重点关注技术或科学问题，例如系统的测试模拟场景（Rivers - Moore 和 Juitt，2007；Williams，2011）和现场试验

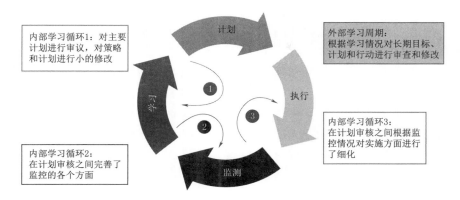

图 25.1　适应性管理周期，显示外部学习周期，其中学习的成果用于正式实施下一个阶段的计划。内部学习循环是基于对整个计划评估基础上的主微小调整。内环可以充分协调两个方向上的循环进展。

（Pollard 等，2011）。后者重点关注参与式理论与实践及其决策（Stringer 等，2006），社会学习（Blackmore 和 Ison，2012）评价（Bryan 等，2009）和治理（Ison 等，2013）。两种解释都是有效的，在实践过程中，当适应性管理的每个部分都能够充分整合并维持整个框架的良好运作时，适应性管理是一种非常有效的管理模式。

25.3　度量适应性管理成功与否的方法

自适应性管理概念诞生以来，对这种方法并未取得其所承诺的效果的批评，和对这种革命性的管理模式的认可，几乎一直存在（Allan 和 Curtis，2005；Walters，2007；Westgate 等，2013）。这给人一种该方法不可能全盘失败的印象，自然资源管理（Williams 和 Brown，2014）和水资源管理（Failing 等，2013；Smith，2011）中都广泛报道了有效的适应性管理的案例。

虽然大家都认可适应性管理的有效性，但已发表的成功案例仍然寥寥无几，部分原因在于如何有意义地定义成功。我们已经指出适应性管理方法涵盖了复杂社会系统-生态系统各种迭代的长期实践，相应的，适应管理的成功与否也是复杂的。适应性管理表现出明显不足或实际效果欠佳的原因包括：

1. 适应性管理只是名义上的。McFadden 等（2011）采用集合分析（meta - analysis）对适应性管理进行评估表明，适应性管理作为一种实践理念，已经从单纯的理论转变为被广泛接受的实用方法，但尚不足以被全面实施或广泛采用。由于它是如此吸引人的一个概念，适应性管理这一术语已经被广泛应用于自然资源管理的众多领域（Pahl - Wostl 等，2012）。然而，许多政策和管理计划中指定的适应性管理方法并未能提供其运行的机制。简单地在规划文件中指定一种适应性管理方法，并不能保证这种适应性管理方法会在学习或实践的过程中得到有效应用。

2. 对适应性管理能够实现什么目标以及如何科学度量，存在错误的预期。例如，Gunderson（2015）提出大峡谷适应性管理计划已经取得了成功，因为"流量调度的发展让管理人员了解到关键的资源动态过程，并让他们了解到由于大峡谷长期存在的泥沙问题，进一步增加放水也不太可能有助于解决濒危物种的管理。"然而他指出，一些批评该计划的人认为适应性管理应该被放弃，因为适应性管理上的大量经费支出未能解决关键的资源问题。有效的适应性管理从提出好的问题开始（Allan 和 Stankey，2009），但对适应性管理是否成功的评价还需要参考原始的问题和行动的能力。

3. 适应性管理被认为是庞大且昂贵的项目。如上面提到的大峡谷适应性管理计划等高端的和高耗资的项目，提高了人们对大型活动及其成果的期望。然而我们讲述的 Dartmouth 大坝的适应性管理的例子则表明（框 25.1），适应性管理也可以是一种在局域尺度上实施、投资适中并能产生良好的效果。

4. 对适应性管理进行的较差或不充分的评估、记录和报告掩盖了其成功的方面。管理体制，包括管理的项目化（Allan，2012），比如通过多个分散的项目在一段时期内进行陆域景观单元的管理，虽然可以将系统问题和管理划分成易于操作的单元，但却很容易错失其中蕴含的学习和适应性过程。社会科学研究人员的加入，使得我们能够完整叙述 Dartmouth 大坝的故事（框 25.1），他们记录和报告了在较长一段时间内适应性管理的证据。同样 Allan 和 Watts（2016）指出适应性管理的成功常常没有得到有效报道是因为这种成功不一定发生在适应性管理的结构内部（图 25.1）。例如，澳大利亚新南威尔士州 Edward-Wakool 河流系统的环境流量管理者可以宣称，环境流量管理制度的适应性管理取得了成功。然而对于系统外的观察者来说，只有从各种来源的证据被汇集到一起并在一份文件中进行汇总时（Allan 和 Watts，2016），适应性管理取得的成功才变得显而易见。

框 25.1　案例研究：应急适应性管理的一个实例
——澳大利亚 Dartmouth 大坝流量变化试验

在澳大利亚东南部 Dartmouth 大坝的流量变化试验是适应流量管理的一个案例，其中管理人员利用现有河流运行规则的灵活性，尝试通过改变大坝调度管理从而改善河流环境状况，同时满足社会和经济的目标和要求。Dartmouth 和 Hume 大坝是由 Murray 河的一部分，由 MDBA 的 Murray 河分部管理。利用 Mitta·Mitta 河将水从 Dartmouth 大坝转移到 Hume 大坝（图 25.2），主要用于支持农业灌溉。Mitta·Mitta 河的流量、流量的可变性和季节性都作出了重大改变，传统上在不需要大量水资源的情况下，最小流量以低恒定流量从大坝中泄放（Watts 等，2010）。

河流调度人员和科学家一起，通过在 Dartmouth 大坝和 Hume 大坝间利用改变水文过程的方法转移消耗性水资源，降低了对环境的影响（Watts 等，2010）。通过一系列的试验，人们对 Mitta·Mitta 河的生物-栖息地关系有了更多了解，当与 Dartmouth 大坝的蓄水和泄放运行模式期间相对恒定的流量的持续期相比，管理上采取的变化流量对生态上是有利的（Watts 等，2009）。空间和时间尺度以及先决条件，决定了达成这些生态效益的程度和性质。随着 Dartmouth 大坝流量变化试验的进展，河道管理者和

图 25.2　Murray 河系统中的 Dartmmouth 大坝和 Hume 大坝，澳大利亚东南部。

资料来源：沃茨等（2010）

研究人员清楚地认识到他们是一个积极的适应性管理计划的一部分，即使在流量变化试验项目开始时没有这样设想（Allan 和 Stankey，2009）。从一系列监控和评估的过程中形成了一个不断学习的循环。监测为 Dartmouth 大坝运行的后续规划和实施变化流量试验以及制定新的操作指南提供指导。在现有的大坝调度规划中，虽然这个项目被严格限制在较短的河段范围内，但 Dartmouth 大坝流量变化试验取得的成果和经验被纳入更宏观的流域水资源调控和改革框架中，包括从 2007 年/2008 年起实施的 Murray 河系统调度方案。

　　即使这种相对简单的适应性管理案例也比图 25.1 所展示的循环要复杂得多，这在一定程度上反映了规划和具体行动在空间和时间上具有多重尺度。重要的制度审查和规划往往是在中长时间周期内进行，然而在管理计划的生命周期中则是通过执行管理决策进行大量的短期学习。在这种情况下，管理制度应该更多地鼓励在一定时间尺度通过适应性管理去实现大坝下游环境、社会和经济目标的改善。通过这个案例研究获得的一个重要经验是，适应性管理不必事先确定，如果利益相关者之间存在信任关系，并且他们愿意接受新知识去改变他们的运行和操作模式，那么适应性管理会随着需要出现（Watts 等，2010）。在项目团队中增加一名社会科学家，以促进对适应性管理过程的反思，以及对生物-栖息地关系的反思，确保了深思熟虑的调查和评估。

25.4 改进以前的监测和适应性管理

适应性管理的一个基本要素是监测，但人们普遍认为过去对生态恢复项目的监测和评价是不够的。Bernhardt 等（2005）审查了美国的河流恢复项目，发现只有大约10％的项目进行了后期监测，而且这种监测大多数限于产出性监测，例如河岸恢复项目，评估是否按照计划种植了树木。没有适时开展生态修复监测的主要因素有投资不足、对监测的必要性认识不足、许多项目的随机性性质、修复之前无法收集数据等。事实上，许多项目是由社区成员和非营利组织承担的，他们没有接受过关于监测的原理的培训，而开展高质量的监测和评估的成本非常高（Brooks 和 Lake，2007）。澳大利亚的一项调研报告显示，共计有14％的项目包含了后期监测（Brooks 和 Lake，2007），这比以往的项目已经有了逐步改善的迹象，近年来的项目包含后期监测的比例在不断提高。然而对于这些评估案例，却很少应用适应性管理去评估监测的结果，并将其应用于改善决策和提升未来的环境效果。

针对流量恢复的监测也不例外，评估结果也同样利用不足，并且始终缺乏对提升科学认知或支持管理方面的能力（Souchon 等，2008）。例如，对在 22 个国家的大坝实施的113 个大尺度流量试验的回顾评价时发现，这些实验对于科学认知和管理改进两方面都有巨大的提升空间（Olden 等，2014）。

第 25.3 节提到的适应性管理失败的许多可能的原因也适用于生态修复监测，这也可以说，没有监测是自然资源管理者尝试在这种环境下存活下来的完全理性的反映（Rutherfurd 等，2004）。例如，各管理机构内部在资助的分配上是有竞争性的。如果一个设计不佳的监测计划执行后没有发现明显的环境改善效果，这可能会被（错误地）当作管理规划没有发挥作用的证据，然后该项资金就会被用于其他方面。

无论过去监测和适应性管理环境流量（和其他修复项目）的原因是什么，这都不是未来的选择。环境流量备受争议的情况（Poff 和 Matthews，2013）意味着，如果环境流量项目要生存，就必须进行有针对性的监测以证明公共投资的正当性，并对其生态成效、生态系统服务功能提升及社会生态效益进行充分论证。

除了监测和评估之外，我们还需要改进对监测所产生新知识的吸收机制。这将使结果能够在适应性管理框架内得到充分利用，并提升管理者的决策能力，从而最大限度地利用宝贵的环境流量。

25.5 监测和适应性管理的长期目标

上节描述的生态修复监测的不佳历史（第 25.4 节）更加确定了需要对所有生态修复项目进行监测。事实上，已经有专家建议，除非提供有力的监测数据，否则无法对修复项目的成功与否进行评价（Palmer 等，2005）。然而这是一个不合理的期望。监测的成本，许多修复项目的不确定性，以及这些项目的完成数量意味着大部分修复项目不太可能受到监测。我们如何使用监测和适应性管理来改善这些项目的效果？

目标明确的研究中的高质量监测，能够让我们更好地理解流量调节下的生态响应，对于开展监测的河流，监测结果可以用于预测未来流量管理下生态系统的响应，提高河流管理者的管理能力。更重要的是，这些知识将帮助我们预测未被监测的河流中可能存在哪些响应。这种长期监测计划正在 MDB 中实施（Gawne 等，2013；框 25.2），而且也在 Ohio 河流域的可持续河流项目（SRP）中提出了（框 25.3）。从逻辑上来看，这些监测需要在更大的尺度上开展，其结果也需要进一步整合（第 25.8.5 节）。因此并不需要监测所有样点，仅选择少数具有代表性的样点开展高质量的监测，代表性的样点能够帮助推断样本的总体情况。这并不意味着取样地点与未来推断结果的地点相同，而是从这些地点的分布条件中得出的。因此，监测样点的区域与未来推断结果的区域，需要具有相似水文状况、地貌条件、相似气候带，并且具有相似的生物群落构成（Poopet 等，2010）。

框 25.2　澳大利亚 MDB 对环境流量的监测

澳大利亚的墨累-达令河流域计划可能是目前为止全世界范围内实施的规模最大的（相对于流域总流量的比例）环境流量项目。从长远来看，除现有环境流量水权外，还将向环境分配约 2750GL 的水（约占年平均径流量的 8%）。这些水都是从现有灌溉水权中直接购买的，并通过改进基础设施来提高环境流量和消耗性用水的效率（Skinner 和 Langford，2013）。

证明政府公共资金对生态环境改善的价值是至关重要的，联邦环境需水办公室（Commonwealth Environmental Water Office）启动了为期 5 年的长期干预监测计划（LTIM），系统评估环境流量改善后生态系统的响应（Gawne 等，2013）。而流域规划中的生态-社会效益评估，则是由其他项目负责评估（MDBA，2014）。

由于不可能在流域所有受水区域和河流中开展监测，LTIM 项目选择了 MDB 内七个选定的区域进行监测。监测通过一个中央监测顾问委员会进行协调，每个选定区域的监测团队分别制定当地优先监测项目和监测方案，同时将监测结果汇总后为流域尺度的评估提供支撑。他们建立了所有监测节点的概念模型，用以识别流量和非流量条件对生态系统的驱动因素（MDFRC，2013）。在流域尺度上分析的节点（鱼类、植被、鸟类和生态系统代谢）采用标准化方法监测，以确保在不同选定区域收集的数据的兼容性和可比性（Gawne 等，2013）。这些标准化方法将确保在选定区域进行的监测可以达到以下目标：

1. 提供流域尺度的分析，能提供比个别选定区域数据分析更有力的识别生态效应。
2. 相较于个别区域的分析，可以了解流域等大尺度上物种的繁殖组建群特征。
3. 用于推断未被监测的河流和样点的生态效益。

如果适应性管理实施良好，那么知识和智慧就会随着时间和监测而建立，并且评估方案未来也会进一步改进。其目的是要从环境和相关社会经济结果的高度不确定状态过渡到使我们能够更有信心地作出正确的预测的知识的水平。一旦做到这一点，可以认为严格监测的目的已经实现。当我们对环境流量的结果有信心时，监测工作就可以逐渐减少。通过逐渐减少监测所节省的资源，可以用于监测其他的项目或我们不了解的河流系统。因此适应性管理规划内的监测，也需要随时间的变化而不断适应。

这种"生命周期"（lifecycle）法来监测和适应性管理的方法在文献中很少提及，可能是因为很少有公开发表的适应性管理的案例进行到一个知识储备已经得到充分改善的阶段，从而让我们能够考虑减少监测。

框 25.3   使用 ELOHA 分类为 SRP 监测投资提供指导

SRP 是美国陆军工程兵团（USAE）通过与美国大自然保护协会和数十个其他组织合作开展的一项全国性工作（Warner 等，2014），其主要目标是通过水库的适应性管理来定义和实施环境流量节律调控。该项目最初集中于 8 个流域中 36 个 USACE 水坝，目的在于利用这个项目的经验帮助指导多达 600 个水坝涉及 80000km 长度的河流生态流量调控。

作为 SRP 项目的一部分，横跨 490000km² 的美国 Ohio 河流域有 84 座 USACE 大坝，其调度模式的改变可以改善下游河段的生态功能。人们现在已经意识到为每个大坝制定单独的环境流量节律将极其昂贵和耗时，监测环境流量节律实施的结果也是如此。

在初期 SRP 科学家使用水文变化的生态限度法（Ecological Limits of Hydrologic Alteration，ELOHA）（Poff 等，2010；另见第 11 章、第 13 章和第 27 章）框架对流域内的河流进行分类并计算其天然流量，并根据分类确定环境需水量。通过对流域的一小部分的计算结果（Dephilip，2013）现在可以扩大到整个流域，并用于支持对跨流域河流的环境需水量的定义。在监测资源有限的情况下，分类也可用于辅助选定监测目标。这可以有针对性地监视某一特定的河流类型，并将监测结果外推到同一类中的其他河流。使用河流分类系统来帮助指导监测的另一个好处是，它可以帮助将资源导向那些独特的、受到过度胁迫或人们知之甚少的河流类型。

虽然这种方法在概念上是合理的，但我们依然应该意识到各种问题都可能会出现。例如，如果在同一等级的不同河流上执行环境流量的不同组分，但仅对其中一条河流进行监测，那么这种方法就会失效。同一类型的不同河流之间的环境压力具有差异性，不同河流之间的压力与环境流量的关系也不尽相同（例如有些河流的主要压力为水质恶化，而有些流域主要为栖息地退化），对本方法的应用也具有负面影响。在编写 ELOHA 分类时只对 84 座 USACE 大坝中的 20 座进行了分类，但人们却希望该分类最终能够支持整个 Ohio 河流域的监测和适应性管理目标，而这些区域的资源却不足以支撑对所有河流进行监测。

25.6   对环境流量的生态效应的监测与评价面临的挑战

从技术和体制角度来看，生态系统对环境流量节律的响应本来就是难以监测的（Webb 等，2010b）。首先，需要强调的是，采用随机监测的方法是不可行的。环境流量取决于基础设施的可用性、水资源的充足性、管理投入和利益相关者的参与。这些河流不是随机样本，因此不能采用随机监测方法进行验证。定量实验（在一段时间内，在不同的条件下测量变量的实验；Konrad 等，2011）才是最佳的实验方法。通过环境流量实施前后环境因素或环境梯度的对比，可以推论出环境流量的治理效果。这些推论可能不像操作性实验所得到的数据那样有说服力，但是对于进一步理解生态系统对流量变化的响应仍然非常有用。

生态影响的监测，包括生态修复规划的正面效应，最有效的方法就是采用单因子实验设计［图 25.3（A）］，通过实验前后的实验控制组与对照组的对比来进行比较（Downes等，2002）（before - after control - impact，BACI）。这一类型的实验方案因为隔绝了其他变量的干扰，通常能够获得最准确的实验结果。通过比较一段时间内一个或者多个受干扰样点的变化，与一个或者多个未受到干扰样点之间变化的评估，能够较为准确地评价干扰因素的影响。然而，在环境流量管理中，这种类型的实验却很少见。

对于大尺度的环境流量项目，很难确定项目启动前和启动后的时间界限。例如，根据MDB 计划，水资源再分配的制度化过程（回购灌溉许可证、通过基础设施升级以提高用水效率等），随着环境拨款逐年增加预计需要实施 7 年（Skinner 和 Langford，2013）。即使环境流量已经恢复，环境流量的分配也会随着年份和地点（消耗性用途也是如此）的不同而发生变化，这取决于储存的水量、预测结果的精度和流入储存水库的实际水量。

由于这些原因，要清楚地划分受影响河流和对照河流都是很困难的。例如，如果这条河流仅是偶尔补充环境流量，那么这条河流是否可以被认为是受到环境流量补给的河流？除此之外，由于环境流量项目的规模和空间尺度，对照河流组也很难识别。受到环境流量补给的下游河段通常是庞杂而独特的系统，因此通常很难找到与受试河流条件状况相同却没有进行流量调节的对照组进行比较。由于相同的尺度原因，也很难设想一个具有可重复性的实验组和对照组进行重复研究。

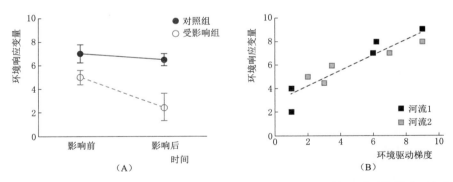

图 25.3　监测设计的比较。（A）BACI 设计（及其衍生物）被认为是识别环境影响（包括修复的积极影响）最有力的设计；（B）梯度设计依赖于建立环境驱动和响应之间的连续关系，它们不像 BACI 设计那样强大，但往往是唯一适用于环境流量影响评估的设计。

因此，了解环境流量改善后的生态影响的最佳方式就是通过设计梯度实验来实现［图 25.3（B）］，采集的每个样本或者河流中布设的每个样点形成了一个连续的统计分析模型（Webb 等，2010a）。这样的设计提供了可重复性，并确保在评估中包含广泛的条件。

虽然上面提到的一些重复性实验可以通过大尺度的数据整合来获得，但我们遇到了管辖权问题。许多河流是由当地政府管理的，监督的责任往往在于当地政府。这会导致监测工作破碎化，不同专业的人员使用不同的方法试图通过监测获取相同的结果（Webb 等，2010a）。方法上的差异使得将不同项目的结果整合成能够普遍理解的概念非常困难（Poff 和 Zimmerman，2010）。需要更强有力的实验设计来围绕个案进行研究（例如，单坝的修订操作）。在较小尺度上，有更多控制性实验的相关数据，然而个案的研究结果很难推广到其他河流应用。

在适应性管理项目中，通过回顾性评价获得经验的学习方法速度是最快的，通过环境流量的调节，能够比较水文节律最佳调节和次优化调节的结果（包括流量、起始时间、持续时间等），从而提供更有价值的关于何种调节有效、何种调节无效的知识。这些项目会更易于监测和评估，因为它们都属于相近的实验设计，而且不同的生态流量调节方式其期望的效果有所不同。尽管基于环境流量的改善，人们期望水资源管理者可以改善环境质量，但是也需要采取审慎的态度，否则很可能会导致公众对环境质量管理不善的指控。或许有人会认为这可能减少了对比环境流量调节的最佳方案和次优方案的机会。然而，由于环境流量管理涉及各种社会需求的协调，这最终会限制可以采取的管理措施，经验表明许多情况下次优方案都是作为多次谈判和妥协的最终方案。因此有机会将次优和最佳环境流量方案的应用结果与自然洪水事件的结果进行比较。在未来，这些知识可以通过积极的适应性管理来应用，从而提高学习效率，并为更好的决策提供依据。

环境流量的调节不仅仅会对生态系统的改善带来效益，在社会-生态复合系统中，会对更大范围的生态系统和系统内的人产生影响。主要挑战在于确保生物-栖息地监测的结果要与生态流量调节带来的社会和经济效益评估具有时间的一致性，并且评估结果能够用于协助水资源管理者作出正确决策。然而目前的重点是生物-栖息地监测，但是对于如何利用监测结果引导决策还没有案例（CEWO，2015）。

25.7　学习的挑战

从监测中不断学习（此处将创造性的知识和新认识简单统称为"学习"），在学习的过程中不断应用，本身就像执行监测任务一样具有挑战性。第一个挑战是，我们目前经常将评估（反映以学习为目的的监测）和审计（Allan 和 Curtis，2005）合并。审计是去检查是否应该发生的事情发生了，并基于一个隐含的价值判断，即遵从性是好的，而不遵从是不好的。审计是必要的和有用的，但应该纯粹以确保项目资源管理良好为目的。当采用审计而不是采用评估体系时，"学习"过程至少又出现了两个新的挑战。第一，在一个项目中，通过应用所学习的新知识，可能会受制于最初的协商承诺、预先确定的目标等。第二，监测结果可能是用来判断而不是学习。例如，在一个审计体系中，环境流量预测的正面结果未发生就会被判断为失败，而在评估体系中它是可以指导未来实践的教训。将审计结果与评估结果合并，通常就会导致诸如上述的管理者主动选择不进行监测以保护他们的项目免受责备（Rutherfurd 等，2004）。

审计是一个有吸引力的体系，因为很容易看到它的价值以及谁从中受益。通过评估进行学习则可能不那么直接，而且从更广泛的时间和空间上来看，潜在的利益可能范围很广。因此，衡量明确的指标要比考虑系统响应的轨迹是否最佳或适宜更容易（Madema

等，2014）。从监测中学习的复杂性使得获得监测资金似乎比把资源用于反映如何从监测中学习和反思更容易。

学习的过程可能有助于评估，但如何共享和使用新掌握的知识仍旧是一项挑战。在大型的项目和系统中，具有直接经验的人员可能不是那些具有影响力来对这一新知识采取行动的人。让掌握新知识的科学家与管理人员进行沟通，采用诸如模型或故事性的叙述也需要保证这些新知识能够被理解或使用。即使没有类似的沟通过程，以某种形式记录和传播新知识也是必要的，这一过程是需要进行规划和资助的。确保所有学习阶段的足够资金资助是必要的（Schultz 和 Fazey，2009；Webb 等，2010a），因为每个阶段的资金不是自动就有的。更棘手的问题是如何将监测获得的知识与其他形式的学习结合起来，特别是在科学有效性和政治必要性的体系内。

25.8　环境流量监测与适应性管理的一般原则

尽管上述挑战相当大，但是基于从监测中学习的适应性管理是可行的。最终有效的环境监测与适应性管理依赖于管理者和研究者之间牢固而持久的伙伴关系，以及理解环境流量管理过程中所需的物理学、环境学和社会学等多学科交叉合作的必要性。一个强有力的伙伴关系会有多种多样的技能、激情和必要的资源，通过长期坚持并最终看到适应性管理周期的完成（希望是多次）。影响适应性管理过程的一些关键因素包括：

（1）确认建立和维持伙伴关系所需的时间：信任的作用。

（2）重视个人、角色、技能和经验的重要性。

（3）寻找来自其他项目的经验，但需要认识到没有单一的"万灵药"可以应用于其他系统。

（4）认识到适应性管理可能自发地出现。

（5）在大的空间和时间尺度上协调监测和评估。

（6）创造必要的简单程序。

（7）充分利用现有数据进行创新性的分析和评估。

（8）保持适应性管理的适应性。

（9）除了年度报告外还要确保定期报告观测、经验和过程。

这些因素在下面进一步概述。

25.8.1　给予充分的时间以建立和维护互相信任的伙伴关系

理想情况下，伙伴关系应该在适应性管理计划开始时建立。每个组织负责人和每个学科领域的直接接触是必要的，个体间的相互关系最终决定了合作的成功或失败（Cullen，1990）。

建立有效伙伴关系的第一步是开展一场关于每个成员预期和理想的公开对话。不同团队成员希望从伙伴关系中实现不同的目标：高级管理人员可能正在寻求的是政策目标的成功达成；地方管理人员将最关心他们当地环境和利益相关者的结果；研究人员将对取得的影响感兴趣，既包括从环境管理实践的角度，也包括在国际期刊上发表高质量出版物的角度（Webb 等，2010a）。不同学科背景团队成员，由于语言、研究传统和期望的差异，也会给建立伙伴关系带来挑战。虽然所有成员都想学习，但每个人学习的目的不同，并且对学习体会有不同的理解。

不同个体目标的交汇就形成了共同的愿景，这种愿景激励着每个人参与其中。环境流量的适应性管理，其共同愿景应该是围绕改善环境流量的决策而展开，并在生态系统响应、生态系统服务和社会效益方面取得最大化的结果。虽然环境流量项目往往是不同结果之间的权衡，但"共同利益"是促使项目得以推进的主要动力，如果没有不同目标个体有效的伙伴关系，项目往往难以推进和实现（框 25.4）。在伙伴关系中清晰地表达和不断重申这一愿景是很重要的，否则，单独改变一个伙伴的期望值，可能会造成其他伙伴的价值无法匹配，从而导致行动与重点之间的不匹配，最终导致不太有效的结果。

然而，集中精力实现会议讨论的目标（这也是上述期望目标之一）会减少对系统的学习机会，尤其是从意外事件中学习的机会。知识是在复杂的社会生态系统中产生的，所以在共享目标和愿景的同时，还必须讨论如何应对紧急知识、意外和失败。

通过在任何项目开始时建立伙伴关系，所有团队成员对所采取的决定和实施的行为有更大的所有权。提前建立伙伴关系还提供了建立团队成员之间信任的必要时间。信任的重要性不能过分夸大。信任促进团队成员之间的知识交流，这使得学习到的知识能够应用于适应性管理循环中。当团队成员有共同点时，也更容易产生信任。曾经就有这样一个历史的案例，有一个科学管理伙伴关系没有达成他们的目标（Benda 等，2002）。然而我们想知道在一些地区，政府机构内越来越盛行的高学历（即硕士和博士）的研究人员是否有助于加强多学科科学管理伙伴关系。

框 25.4　美国肯塔基 Green 河实施环境流量的社会经济效益

如本章导言所述，环境流量管理制度的实施通常被认为涉及与其他社会目标的权衡，例如放弃供水或减少水力发电。然而在某些条件下，环境流量释放量可以与其他目标一致，使得流量恢复能够维持或甚至增强其他水库运行效益。肯塔基的 Green 河就是这样一个例子。

Green 河是 Ohio 河的一条支流，在美国中东部地区，集水面积 23400km²。Green 河大坝是美国经济合作与发展组织（USACE）于 1969 年在干流上游修建的，主要用于洪水风险管理、娱乐和供水。作为第一个 SRP 站点，自然流动范式的原理（Bunn 和 Atthington，2002；Poff 等，1997；Postel 和 Richter，2003；Richter 等，1996）应用于 Green 河，根据河流的季节性自然特征（坝前），和特定物种有限的生活史特征来确定环境需水量。应特别关注水库蓄满和排空库容时的春季和秋季，这些时段在历史上的水流格局变化最大。采用迭代方法对水库的各种改进的运行方案进行建模，评估对于其他效益的影响，以及在实现更自然的河流流动和温度模式方面的有效程度（USACE，2002）。

所选择的水库调蓄改造方案包括：降低水库库容到约 1.3m（原水库蓄水量的5%），延缓秋季水库水位下降，并延长春季蓄水进程（Warner 等，2014）。这些变化是在 2002 年 12 月开始的为期 3 年的试验，并于 2006 年修订的水控制计划（water act plan）中通过。

在生态意义上，修改后的运行模式包括秋季降水的时间延迟到 11 月初，这是为了通过 10 月恢复自然的季节性低流量条件，以及由于水库在后来的水泄放之前经历温度破坏而导致的更自然的温度状况。生态效益方面的其他变化包括改变春季水库蓄水的时间和模式，并塑造单个水流泄放的形状来模拟暴风雨。

除了生态效益之外，改进后的运行模式还通过提高非农作物季节的最低和最高泄放量，增强应对极端事件的防洪能力（USACE，2002），并通过维持全年大部分时间的高水库水位。此外，这些变化也有利于水库发挥公众休闲作用，这对当地经济尤为重要。一项社会经济评估显示，修订后的运行模式对库内游憩鱼类种群没有负面影响，而且增加了游览天数、工作岗位以及水库半径 48km 范围内直接相关的经济活动（图 25.4）。这些娱乐和相关的经济效益部分归因于水库水位保持在理想娱乐区的时间与原始运行时间相比增加了 40%，特别是在 10 月。

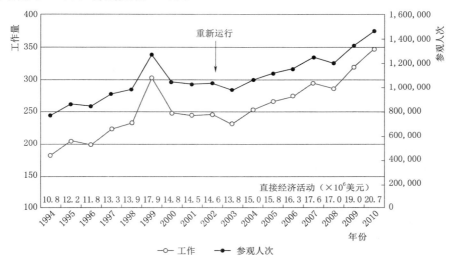

图 25.4　48km 半径的美国肯塔基州 Green 河坝从 1994 年到 2010 年每年的访客日、工作和直接经济活动的价值（美元）。从 2002 年 12 月开始，大坝运行进行了为期 3 年的试验，并在 2006 年修订的水控制计划中通过。

资料来源：华纳等（2014）

25.8.2　个人、角色、技能和经验的重要性

Holling 和 Chambers（1973）认识到自然资源管理伙伴关系中具有特定技能的个人的重要性，甚至为每个角色提供幽默的标题和卡通草图。项目领导人是整个伙伴关系中最重要的角色。一个无与伦比的领导人（peerless leader），最重要的就是长期保障项目期间的研究基金不会受到削减，这是大多数环境管理机构都会面临的共同问题。另一个重要角色是熟练的技术助理（compleat amanuensis），该助理具有能够胜任超出职责范围的工作，完成前期无法预测的新任务，弥补项目实施过程中的相关漏洞，确保项目发展的势头保持不变。项目组织中，还有一个重要角色是乌托邦主义者（Utopians），这些理想派的角色充满乐观态度和野心，能积极推动伙伴关系，并往往能带来一些意想不到的结果，提

供了巨大的学习新知识的机会。然而这些工作还必须由整个项目中更加务实的、以预算为中心的、有着 Blunt Scott 的见解的人来协调，他能确保整个合作伙伴能够朝着共同的愿景一起努力，并达到预定的目标。

为什么这些角色中的任何一个都不应该由管理者或研究者来填补？对此，没有根本性的原因。然而，一般来说，我们期望看到无与伦比的领导者可以作为高级环境管理者，他们有权力也有资金来维持监测和适应性管理，而这一点正是许多适应性管理失败的原因（Schreiber 等，2004）。在很大程度上，乌托邦主义者将从具有科学研究视野的科学家队伍中挑选出来，他们将寻求推开可能存在的界限。Blunt Scott 这一角色可能是从环境顾问队伍中寻找的；与其他任何团体相比，咨询顾问习惯于在严格的时间和预算约束下工作，并专注于项目交付。熟练的技术助理可以来自任何一个组，这个人主要是对被管理系统的长期幸福感具有深切的热情，这使得这个人能够忍受随项目出现的不可避免的挫折。好的项目领导者可能包含上述这些特征。

对于这些角色，应该加上"反馈者"（reflector）的角色定位。作为团队的一部分，这些人花费相当多的时间来反馈，确保适应性管理正在发生，并且还在过程中学习关于适应性管理的知识，这些人有能力和兴趣把所有的学习结合在一起。根据我们的经验，建议让社会科学家来承担这一角色。确实，文献中报告适应性管理的一般性失败至少部分原因是自然资源管理团队中缺少反馈者，并因此未能理解许多程序的自适应特征（Allan 等，2008）。因此反馈者的首要职责应该是确保项目团队内外的适应性管理学习的文档和报告。

与这些项目角色不同的是，项目的角色需要在早期进行决策，来判定在多学科伙伴关系中需要哪些学科。对于环境流量管理，科学知识一般需要覆盖水文和水力学以及各种专业（如水化学、植被、大型无脊椎动物、水鸟和鱼类）。Webb 等（第 14 章）建议还应该在团队中纳入生态模型的专业，以利用该领域内的快速发展促进专业进步。对特定学科的需要可能在某种程度上因项目而异，但我们重申，一个关注社会的反馈者将改善大多数项目的适应性管理结果和学习过程。

理想情况下，这些不同的角色和学科专业在很长一段时间内将由相同的人负责。自然资源管理机构人员的频繁更换是长期项目的一个问题（Webb 等，2014）。当个人离开时发生的制度化知识的丧失会妨碍项目的进展，造成项目重点和方向的改变，或者至少在新团队成员熟悉项目之前导致项目的耽搁。

除了这些角色之外，个人给适应性管理团队带来了多种技能。高级管理人员有政策重点，并经常负责提交立法要求。当地管理人员通常对被管理的系统有更深入的认知，因此在发展监测和适应性管理项目时利用这些知识很重要（Fisher 和 Ball，2003）。最终，管理者是所有适应性管理计划中的决策者，因此他们是所有成功计划的组成部分。科学家带来技术技能和创新的态度，可以防止监测和评估项目中"标准方法"的僵化，例如那些以前使用的监测和评估计划。

这些技能中的一种是适应性管理本身的经验。如果可能的话，每个适应性管理团队都应该包括至少一名具有成功适应性管理项目经验的成员，在这种情况下，即在环境流量项目的适应性管理领域有经验。这个人很可能是扮演反馈者角色的人，因为他或她会知道什么可以工作，什么不可以，并有更好的机会引导团队进行反思、学习和实践改变。

25.8.3　从其他项目学习

上面所述的反馈者的作用强调了能够从其他项目中学习经验，无论是成功的还是不成功的。通常情况下，适应性管理是独立于其他项目的学习。如上所述，许多适应性管理项目没有足够的文件和报告，这阻碍了与其他从业人员的有效沟通。因此许多项目、团队和个人可能会犯同样的错误，适应性管理的进展速度也很慢。履行反馈者角色的一个或多个团队成员将能够改善以前的知识和经验的使用（在可以找到的地方），从而提高有效实施适应性管理的机会。同样重要的是，他们将能够通过文档从项目中获取经验并通过向更广泛的适应性管理社区报告来传播这些经验。

虽然这样的沟通和学习对于提高适应性管理的有效性是有价值的，但我们也不应该期望在一个项目中有效的适应性管理实践能够立即转换到另一个项目中应用。虽然图25.1中描述的适应性管理的理想化概念，使这个过程看起来很标准化，但是每个案例在某种程度上都是独特的，从其他项目学习的同时，需要了解所有项目都是不同的。

25.8.4　适应性管理可能自发出现

正如第25.3节所概述的，人们普遍认为适应性管理常常不成功。然而框25.1展示了适应性管理有时发生在没有预先设想的适应性管理的规划中。我们认为适应性管理比通常认为的更加普遍，并且它是在没有根据图25.1的原则明确设置的环境中自发发生的。与一组值得信赖的合作伙伴建立的管理计划以及灵活的学习意愿，几乎理所当然地具有适应性。这些程序不太可能遵循图25.1所示的死板的前向（forward）循环路径，而是在实现的各个阶段通过内部循环而具有更多的反向的情况。更重要的是，它们不太可能作为适应性管理的成功范例被记录和报告，因为它们并不会被人们所熟知。

从这些非正式的适应性管理的例子中吸取经验教训对于适应性管理的整体发展是有价值的，但由于其非正式性，这一点很难做到。如果所有的环境管理者都能承担一些这样的反馈者的角色，他们会意识到当非正式的适应性管理发生时，这会提供一个经验和将这些信息传播到更广泛的适应性管理的社区的机会。这将有助于为适应性管理的实践提供新的视角，并减少人们认为适应性管理过程常常不成功的看法。

25.8.5　大尺度监测与评估的协调

如上所述，我们不可能也不希望在每个地方都进行监测。然而管理者必须能够推断出尚未被监测到的区域的结果。实现这一目标的最佳方法是在大尺度上进行协同监测，尽管在监测上会存在局限性。在多个采样单元（如，河流）之间使用相同的方法，然后在大规模数据分析中合成结果，改善了统计效果并继而用来检测各种效应（通过数据的重复），提高了我们识别生态响应不同驱动因素的个体效应的机会（第25.6节）。这种方法在Webb等（2010a，2014）的文章中进行了详细的探讨。

这种方式还提供了一种稳健的方法，用于将已监测区域的结果外推到许多无法监测的区域，因为我们拥有的有监测位置的样本使我们可以将结果外推到潜在区域的群体中。此外，这种协作通常可以提高监测效率。目前，由各级政府和自然资源管理机构等多个机构开展多个监测方案，存在一定程度的效率低下的可能性。每个机构设计自己的项目，可能都要经历概念模型、监测方法审查、样点选择等相同的过程；项目管理再次在不同的项目中重复发生；最终不同的项目可能以不同的方式监测同一河流中的相同样点，非常低效，而高水平的协调可以防止这种低效事件的发生。

25.8.6　创建一个必要的简单程序

团队成员的不同技能和动机可以用于在监测项目中创建最合适的复杂水平。抛开他们自己的装置，科学家们可能会自行设计一个技术高度复杂的监测程序，其中包括创新的方法和必要的稳健性，以便在最好的科学期刊上通过同行评议。这样的程序往往过于昂贵和复杂，无法在大尺度范围实施。相反的，缺乏时间而同时受预算约束的管理者可能更倾向于采用之前用过的监测方法，而不去评估其对新项目的用处。在这两种极端之间，可能双方都无法投入到监测设计过程中，在这种情况下，存在一种叫作"简单必要"（requisite simplicity）的程序（Rogers，2007），一个有充分的技术设计来回答手头上的问题的程序，但也是一个可以实施和负担得起的程序（图 25.5）。

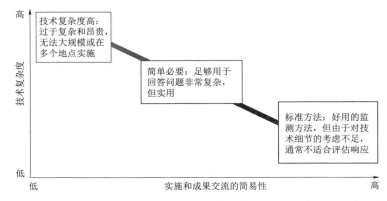

图 25.5　寻找技术复杂度和易于实施的平衡点，来设计出一个可以了解环境流量节律的适用性管理的监测项目。

资料来源：Webb 等（2010a）经 CSIRO 出版许可

25.8.7　分析和评估的创新方法：充分利用数据

上述环境流量项目的实验设计的局限性（第 25.6 节）意味着我们将经常无法使用大家熟知的统计方法来分析监测项目中的数据。这时，适应性管理伙伴关系可能再次发挥作用，因为科学家能够更好地采用先进的数据分析方法来从收集的监测数据中提取出最佳的数据。第 14 章简要介绍用于环境流量评估更为先进的统计方法。这些方法（例如，机器学习方法，贝叶斯方法）同样能够用于分析在适应性管理框架内监测的数据，其中一些方法需要专家培训、经验和软件以及在伙伴关系研究人员中更有可能存在的技能。

25.8.8　保持适应性管理的适应性方面

如上所述（第 25.5 节），监测项目不应该是静态的，而应该结合来自适应性管理循环的学习。随着时间的推移，适应性管理程序将从对管理措施的可能结果缺乏信心的状态转变为具有较高的信心，并最终达到大幅减少监测节点的程度。这将允许稀缺的监测资源能够用于另一个高度不确定的节点，或用于以前没有足够资金进行监测的新的监测地点。这样的决定不应该仓促作出，它可能还需要多个适应性管理回路的几个路径（图 25.1），然后我们可以充分确信知识已经发展到可以大大改变监测项目的程度。即使在监测减少的情况下，也必须保留从简化的监测和评估项目中学习的自适应方面。

25.8.9　定期报告观测、经验和过程

与他人分享学习经验的基本要素是通过报告。定期报告环境流量供应计划、泄放决定、环境流量供应程序以及在环境流量下泄期间的野外观测结果，这将使其他人能够更好地理解学习过程。环境流量管理的这些不同方面经常在单独的文件中报告。将所有这些要素整合在单个文档中对于其他人来说是最有用的，并有助于向项目中引入新的团队成员。

我们在上面已经多次观察到并认为，适应性管理失败的原因之一是缺乏关于适应性管理的文档和报告，无论是正式的还是非正式的。上文提到的反馈者角色（第25.8.2节）也应负责确保知识的定期双向传递以及项目团队内部和外部的学习。这样的知识传递不需要被限制在年度报告周期中，适应性管理在传统报告周期之外的情况下也是非常有效的（框25.1）。这也缩短了撰写和批准年度报告之间可能花费的相当长的时间，从而提高了学习速度。

25.9　结论：适应性环境流量管理制度

在本章中，我们探讨了环境流量相关的监测和适应性管理不是一个选择的问题。环境流量的适应性管理的重要性也在其他地方已经获得认可（Summers等，2015）。如果没有高质量的监测、评估和适应性管理，就有可能无法理解环境流量项目的效益和结果，因此这些项目可能受到威胁。与获得这种想法同样重要的是把它传达给决策者，决策者必须决定是否继续为这些项目提供资金。

然而，面临的挑战的规模不应该被低估。在实践中通过适应性管理实现改变并非易事（本书第Ⅴ部分）。如果容易的话，就不会有太多关于适应性管理失败的文献了。出于参与性和资金方面的考虑，所有利益相关者都需要承诺参与这一过程，他们也需要足够的耐心。环境流量适应性管理循环的内部循环至少需要1年，外部循环至少需要5～10年。不可避免的是，学习的速度可能是缓慢的，所有利益相关者都必须为此做好准备。

对适应性管理的承诺将为了解环境流量提供真正的机会。正如本章导言（第25.1节）所述，还有很多需要得学习的地方。适应性管理还提供了一个机会以摆脱目前对环境流量的生物物理结果的关注，从而更全面地涵盖复杂的社会-生态系统。在澳大利亚，流域规划的早期发展阶段［尤其是《流域规划指南》（Guide to the Basin Plan）］遇到了很大的阻力，至少部分是因为受影响的社区在指南制定过程中的参与不充分（Evens和Pratchett，2013；Hart，2016）。由此产生的对"地方主义（localism）"的强调和关键的当地个人（Evans等，2013）作为克服这一问题的一种方式，将更容易地置于适应性管理框架中。

作为这一学习的一部分，我们必须学习适应性管理本身以帮助提高其成功率。在第25.8节中，我们主张在适应性管理团队中加入反馈者。这种个体的纳入将大大提高我们学习适应性管理的速度，并且将减少在没有被报告的情况下发生适应性管理的案例（Allan和Watts，2016）。为在适应性管理团队中包括这样的个人争取资助将是具有挑战性的，这也要求高级管理层（即控制资金的那些）更加关注的不仅仅是生物物理系统，而需要同时关注社会-生态系统以及适应性管理本身。这里，从业人员需要扮演相关的角色。

监控、评估和适应性管理团队的网络为在多个团队之间快速传播信息和提高学习效率提供了有效的手段，超出了常规文档和报告的可能范围。必须记住的是，监测和评价环境流量是一个非常年轻的领域，而环境流量项目的适应性管理甚至更年轻。从世界各地的成功（和失败）中学习的任何机会都值得思考。从业者有潜力提高对如何做好适应性管理的认识，这会增加各级机构的支持。

环境流量的监测、评价和适应性管理面临许多挑战，但我们也应当牢记其所提供的巨大机遇。适应性管理离不开管理的承诺，随着立法者越来越了解世界淡水系统所面临的挑战，全球对环境流量的投资是巨大的。管理决策还是会继续进行，在这种环境下，边做边学有很大的潜力。为了最大限度地提高学习效率从而提高管理决策的改进效率，实践者和研究人员都有责任抓住这个机会。

25.10　总结

环境流量项目是对环境的一项重大投资，必须带着极大的不确定性用于生态、生态系统服务及其所提供的社会效益中。适应性管理被视为一种减少这些不确定性的同时又传递着这些规划的手段。然而在自然资源管理的文献中，有许多表明适应性管理失败或者被认为已经失败的案例，没有实现其所作出的承诺。我们不能在环境流量管理中重复这种模式。

在本章中，我们介绍了适应性管理，并探讨了为什么过去常常没有成功的原因。此外，我们概述了监测和评价环境流量面临的挑战，这是所有适应性管理方案的重要组成部分。我们已经概述了一般原则，如果遵循的话，将改进对环境流量的监测、评估和适应性管理。其中一个重要的考虑是从目前对生物物理结果的关注转向考虑整个社会-生态系统。

在环境流量项目上的主要投资将持续一段时间，并且为利用适应性管理改进环境流量管理的决策提供了巨大的机会，也将了解适应性管理本身（框 25.5）。

框 25.5　简　而　言　之

1. 环境流量是公共资金在环境中的主要投资，水流在不确定的情况下被用于生态系统、生态系统服务及其涉及的各种社会效益中。尽管存在这种不确定性，自适应管理也已经被视为提供流量的一种手段。

2. 有许多自然资源管理项目的例子，其中适应性管理已经失败或者被认为已经失败，无法实现预期。我们需要确保这不会在环境流量项目中重演。

3. 环境流量效益的监测和评估也具有挑战性，由于技术和逻辑的问题，很难得出关于环境流量的生物物理效益的强有力结论。

4. 有太多的重点放在单纯评估环境流量项目的生物物理结果上。为了适应管理的成功，需要更加重视社会-生态系统。

5. 我们已经概述了环境流量项目的成功监测、评估和适应性管理的一般原则。随着全世界对环境流量的大量投资，利用适应性管理来改善这些方案的成果具有很大的潜力。然而这个过程需要相当长的时间，并且需要来自所有利益相关者的承诺和耐心。

参 考 文 献

Allan, C., 2012. Rethinking the 'project': bridging the polarized discourses in IWRM. J. Environ. Policy Plan. 14, 231 – 241.

Allan, C., Curtis, A., 2005. Nipped in the bud: why regional scale adaptive management is not blooming. Environ. Manage. 36, 414 – 425.

Allan, C., Curtis, A., Stankey, G. H., Shindler, B., 2008. Adaptive management and watersheds: a social science perspective. J. Am. Water Resour. Assoc. 44, 166 – 174.

Allan, C., Stankey, G. H., 2009. Synthesis of lessons. In: Allan, C., Stankey, G. (Eds.), Adaptive Environmental Management: A Practitioners Guide. Springer, Dordrecht, pp. 341 – 346.

Allan, C., Watts, R. J., 2016. Seeking and communicating adaptive management: two cases from environmental flows. In: Webb, J. A., Costelloe, J. F., Casas – Mulet, R., Lyon, J. P., Stewardson, M. J. (Eds.), Proceedings of the 11th International Symposium on Ecohydraulics. The University of Melbourne, Melbourne, Australia, paper 26631.

Allen, C. R., Garmestani, A. S., 2015. Adaptive management. In: Allen, C. R., Garmestani, A. S. (Eds.), Adaptive Management of Social – Ecological Systems. Springer, Dordrecht, pp. 1 – 10.

Benda, L. E., Poff, N. L., Tague, C., Palmer, M. A., Pizzuto, J., Cooper, S., et al., 2002. How to avoid train wrecks when using science in environmental problem solving. BioScience 52, 1127 – 1136.

Bernhardt, E. S., Palmer, M. A., Allan, J. D., Alexander, G., Barnas, K., Brooks, S., et al., 2005. Synthesizing US river restoration efforts. Science 308, 636 – 637.

Blackmore, C., Ison, R., 2012. Designing and developing learning systems for managing systemic change in a climate change world. In: Wals, A., Corcoran, P. B. (Eds.), Learning for Sustainability in Times of Accelerating Change. Wageningen Academic Publishers, Wageningen, pp. 347 – 361.

Bormann, B. T., Stankey, G., 2009. Crisis as a positive role in implementing adaptive management after the Biscuit fire, pacific Northwest, U. S. A. In: Allan, C., Stankey, G. (Eds.), Adaptive Environmental Management: A Practitioner's Guide. Springer, Dordrecht, pp. 143 – 167.

Brooks, S. S., Lake, P. S., 2007. River restoration in Victoria, Australia: change is in the wind, and none too soon. Restor. Ecol. 15, 584 – 591.

Bryan, B. A., Kandulu, J., Deere, D. A., White, M., Frizenschaf, J., Crossman, N. D., 2009. Adaptive management for mitigating Cryptosporidium risk in source water: a case study in an agricultural catchment in South Australia. J. Environ. Manage. 90, 3122 – 3134.

Bunn, S. E., Arthington, A. H., 2002. Basic principles and ecological consequences of altered flow regimes for aquatic biodiversity. Environ. Manage. 30, 492 – 507.

Cullen, P., 1990. The turbulent boundary between water science and water management. Freshw. Biol. 24, 201 – 209.

CEWO, 2015. Monitored outcomes. Commonwealth Environmental Water Office, Canberra. Available from: http: //www. environment. gov. au/system/files/resources/c01b7e11 – f61c – 407b – 9a9d – de4835351b0e/files/monitored – outcomes. pdf.

DePhilip, M. A. Moberg, T., 2013. Ecosystem flow recommendations for the Upper Ohio River basin in western Pennsylvania. The Nature Conservancy, Harrisburg, PA.

Downes, B. J., Barmuta, L. A., Fairweather, P. G., Faith, D. P., Keough, M. J., Lake, P. S., et al., 2002. Monitoring Ecological Impacts: Concepts and Practice in Flowing Waters. Cambridge University Press, Cambridge, UK.

Evans, M., Marsh, D., Stoker, G., 2013. Understanding localism. Policy Stud. 34, 401 – 407.

Evans, M., Pratchett, L., 2013. The localism gap – the CLEAR failings of official consultation in the Murray Darling Basin. Policy Stud. 34, 541 – 558.

Failing, L., Gregory, R., Higgins, P., 2013. Science, uncertainty, and values in ecological restoration: a case study in structured decision – making and adaptive management. Restor. Ecol. 21, 422 – 430.

Fisher, P. A., Ball, T. J., 2003. Tribal participatory research: mechanisms of a collaborative model. Am. J. Comm. Psychol. 32, 207 – 216.

Gawne, B., Brooks, S., Butcher, R., Cottingham, P., Everingham, P., Hale, J., et al., 2013. Long term intervention monitoring project: logic and rationale document version 1. 0. Report prepared for the Commonwealth Environmental Water Office. Murray – Darling Freshwater Research Centre 109. Available from: https: //www. environment. gov. au/water/cewo/publications/long – term – intervention – monitoring – project – logic – andrationale – document.

Gunderson, L., 2015. Lessons from adaptive management; obstacles and outcomes. In: Allen, C. R., Garmestani, A. S. (Eds.), Adaptive Management of Social – Ecological Systems. Springer, Dordrecht.

Hart, B. T., 2016. The Australian Murray – Darling Basin Plan: factors leading to its successful development. Ecohydrol. Hydrobiol. 16, 229 – 241.

Holling, C. S., Chambers, A. D., 1973. Resource science the nurture of an infant. BioScience 23, 13 – 20.

Ison, R., Blackmore, C., Iaquinto, B. L., 2013. Towards systemic and adaptive governance: exploring the revealing and concealing aspects of contemporary social – learning metaphors. Ecol. Econ. 87, 34 – 42.

Konrad, C. P., Olden, J. D., Lytle, D. A., Melis, T. S., Schmidt, J. C., Bray, E. N., et al., 2011. Large – scale flow experiments for managing river systems. BioScience 61, 948 – 959.

Madema, W., Light, S., Adamowski, J., 2014. Integrating adaptive learning into adaptive water resources management. Environ. Eng. Manage. J. 13, 1801 – 1816.

McFadden, J. E., Hiller, T. L., Tyre, A. J., 2011. Evaluating the efficacy of adaptive management approaches: is there a formula for success? J. Environ. Manage. 92, 1354 – 1359.

MDBA, 2014. Murray – Darling Basin water reforms: framework for evaluating progress. Murray – Darling Basin Authority, Canberra.

MDFRC, 2013. Long term intervention monitoring project: generic cause and effect diagrams Version 1. 0. Report prepared for the Commonwealth Environmental Water Office. Murray – Darling Freshwater Research Centre, 163 pp. Available from: https: //www. environment. gov. au/water/cewo/publications/ltimcause – effect – diagrams.

Olden, J. D., Konrad, C. P., Melis, T. S., Kennard, M. J., Freeman, M. C., Mims, M. C., et al., 2014. Are largescale flow experiments informing the science and management of freshwater ecosystems? Front Ecol. Environ. 12, 176 – 185.

Pahl – Wostl, C., 2007. Transitions towards adaptive management of water facing climate and global change. Water Resour. Manage. 21, 49 – 62.

Pahl – Wostl, C., Kabat, P., Möltgen, J. (Eds.), 2010. Adaptive and Integrated Water Management: Coping With Complexity and Uncertainty. Springer, Berlin.

Pahl – Wostl, C., Lebel, L., Knieper, C., Nikitina, E., 2012. From applying panaceas to mastering complexity: toward adaptive water governance in river basins. Environ. Sci. Policy 23, 24 – 34.

Palmer, M. A. , Bernhardt, E. S. , Allan, J. D. , Lake, P. S. , Alexander, G. , Brooks, S. , et al. , 2005. Standards for ecologically successful river restoration. J. Appl. Ecol. 42, 208 – 217.

Poff, N. L. , Allan, J. D. , Bain, M. B. , Karr, J. R. , Prestegaard, K. L. , Richter, B. D. , et al. , 1997. The natural flow regime. BioScience 47, 769 – 784.

Poff, N. L. , Matthews, J. H. , 2013. Environmental flows in the Anthropocence: past progress and future prospects. Curr. Opin. Environ. Sustain. 5, 667 – 675.

Poff, N. L. , Richter, B. D. , Arthington, A. H. , Bunn, S. E. , Naiman, R. J. , Kendy, E. , et al. , 2010. The ecological limits of hydrologic alteration (ELOHA): a new framework for developing regional environmental flow standards. Freshw. Biol. 55, 147 – 170.

Poff, N. L. , Zimmerman, J. K. H. , 2010. Ecological responses to altered flow regimes: a literature review to inform the science and management of regulated rivers. Freshw. Biol. 55, 194 – 205.

Pollard, S. R. , du Toit, D. , Biggs, H. C. , 2011. River management under transformation: the emergence of strategic adaptive management of river systems in the Kruger National Park. Koedoe 53, 1 – 14.

Postel, S. , Richter, B. , 2003. Rivers for Life: Managing Water for People and Nature. Island Press, Washington, DC.

Raadgever, G. T. , Mostert, E. , Kranz, N. , Interwies, E. , Timmerman, J. G. , 2008. Assessing management regimes in transboundary river basins: do they support adaptive management? Ecol. Soc. 13, 1 – 21.

Rheinheimer, D. E. , Yarnell, S. M. , Viers, J. H. , 2013. Hydropower costs of environmental flows and climate warming in California's Upper Yuba River watershed. River Res. Appl. 29, 1291 – 1305.

Richter, B. D. , Baumgartner, J. V. , Powell, J. , Braun, D. P. , 1996. A method for assessing hydrologic alteration within ecosystems. Conserv. Biol. 10, 1163 – 1174.

Rivers – Moore, N. A. , Jewitt, G. P. W. , 2007. Adaptive management and water temperature variability within a South African river system: what are the management options? J. Environ. Manage. 82, 39 – 50.

Rogers, K. H. , 2007. Complexity and simplicity: complementary requisites for policy implementation. In: 10th International River symposium and Environmental Flows Conference. The Nature Conservancy, Brisbane, Australia. Available from: http: //archive. riversymposium. com/2007 _ Presentations/C1 _ Rogers. pdf.

Rutherfurd, I. D. , Ladson, A. R. , Stewardson, M. J. , 2004. Evaluating stream rehabilitation projects: reasons not to, and approaches if you have to. Aust. J. Water Resour. 8, 57 – 68.

Schön, D. A. , 2008. The Reflective Practitioner: How Professionals Think in Action. Basic Books, New York.

Schreiber, E. S. G. , Bearlin, A. R. , Nicol, S. J. , Todd, C. R. , 2004. Adaptive management: a synthesis of current understanding and effective application. Ecol. Manage. Restor. 5, 177 – 182.

Schultz, L. , Fazey, I. , 2009. Effective leadership for adaptive management. In: Allan, C. , Stankey, G. H. (Eds.), Adaptive Environmental Management: A Practitioners Guide. Springer, Dordrecht, pp. 295 – 303.

Skinner, D. , Langford, J. , 2013. Legislating for sustainable basin management: the story of Australia's Water Act (2007) . Water Policy 15, 871 – 894.

Smith, C. B. , 2011. Adaptive management on the central Platte River Science, engineering, and decision analysis to assist in the recovery of four species. J. Environ. Manage. 92, 1414 – 1419.

Souchon, Y. , Sabaton, C. , Deibel, R. , Reiser, D. , Kershner, J. , Gard, M. , et al. , 2008. Detecting biological responses to flow management: missed opportunities; future directions. River Res. Appl. 24, 506 – 518.

Stringer, L. C., Dougill, A. J., Fraser, E., Hubacek, K., Prell, C., Reed, M. S., 2006. Unpacking "participation" in the adaptive management of social – ecological systems: a critical review. Ecol. Soc. 11, 719 – 740.

Summers, M., Holman, I., Grabowski, R., 2015. Adaptive management of river flows in Europe: a transferable framework for implementation. J. Hydrol. 531, 696 – 705.

USACE, 2002. Environmental assessment and finding of no signficant impact, reregulation. Green River Lake, Kentucky. US Army Corps of Engineers, Louisville, KY.

USACE, 2011. Economic impact analysis, reoperation of Green River Lake. Kentucky, Pilot Project for the Sustainable Rivers Project. US Army Corps of Engineers, Louisville, KY.

Walters, C. J., 2007. Is adaptive management helping to solve fisheries problems? Ambio 36, 304 – 307.

Warner, A. T., Bach, L. B., Hickey, J. T., 2014. Restoring environmental flows through adaptive reservoir management: planning, science, and implementation through the Sustainable Rivers Project. Hydrol. Sci. J. 59, 770 – 785.

Watts, R. J., Ryder, D. S., Allan, C., 2009. Environmental monitoring of variable flow trials conducted at Dartmouth Dam, 2001/02 – 07/08 Synthesis of key findings and operational recommendations. Institute for Land Water and Society Report No. 50. Charles Sturt University, Albury, NSW.

Watts, R. J., Ryder, D. S., Allan, C., Commens, S., 2010. Using river – scale experiments to inform the adaptive management process for variable flow releases from large dams. Mar. Freshw. Res. 61, 786 – 797.

Webb, J. A., Miller, K. A., de Little, S. C., Stewardson, M. J., 2014. Overcoming the challenges of monitoring and evaluating environmental flows through science – management partnerships. Int. J. River Basin Manage. 12, 111 – 121.

Webb, J. A., Stewardson, M. J., Chee, Y. E., Schreiber, E. S. G., Sharpe, A. K., Jensz, M. C., 2010a. Negotiating the turbulent boundary: the challenges of building a science – management collaboration for landscape – scale monitoring of environmental flows. Mar. Freshw. Res. 61, 798 – 807.

Webb, J. A., Stewardson, M. J., Koster, W. M., 2010b. Detecting ecological responses to flow variation using Bayesian hierarchical models. Freshw. Biol. 55, 108 – 126.

Westgate, M. J., Likens, G. E., Lindenmayer, D. B., 2013. Adaptive management of biological systems: a review. Biol. Conserv. 158, 128 – 139.

Williams, B. K., 2011. Adaptive management of natural resources-framework and issues. J. Environ. Manage. 92, 1346 – 1353.

Williams, B. K., Brown, E. D., 2014. Adaptive management: from more talk to real action. Environ. Manage. 53, 465 – 479.

第 26 章

定义成功：指导评估和投资的多标准方法

Erin L. O'Donnell[1] 和 Dustin E. Garrick[2]

1. 墨尔本大学帕克维尔校区，维多利亚州，澳大利亚

2. 牛津大学，牛津，英国

26.1　概述

　　环境用水计划包括从设定健康的河流和社区的愿景，到环境流量的保护，以及恢复和管理（第 1 章）的一系列行动。本书展示了世界各地运行的环境用水计划的多样性，以及一系列公共和私营企业参与者在不同机构环境中共同维护和加强水生生态系统健康的重要性（第 19 章）。随着环境流量管理这门学科逐渐成熟，越来越多的项目试图展示他们所取得的成就。正如第 25 章所探讨的那样，环境流量政策的制定者和从业者正在越来越多地使用适应性管理原则来不断精进和改善环境流量管理。

　　尽管自 20 世纪 90 年代以来环境用水计划迅速增长并变得多样化，但在界定环境用水计划的成功方面仍然存在明显的差距。为一次性解决环境流量问题，设定和废弃某政策的解决方案的需求仍然普遍存在；并且迄今为止的所有证据都表明这还需要持续努力。本书探讨的案例研究表明，环境用水计划非常复杂，需要在数十年的时间和各种空间尺度上实施，涉及本地以及多管辖区和多国跨界水生态系统。成功的环境用水计划不仅可以在短期内改善环境流量管理制度，而且可以随着时间的推移持续改善水生态系统。这样做需要超越生态和水文措施等效力指标，并依赖于与社会政治和生态背景相匹配的明确的法律框架和组织能力。

　　评估环境流量项目是否成功是非常重要的一个环节，必须在环境流量项目实施过程中进行评估，包括每个具体计划的宏观目标和具体目标之间的权衡。环境流量保护和恢复可以通过改善所有用户的总体水资源管理的方式实现，但水资源管理的变化可能会决定输

赢，任何成功的定义都需要明确这一点（理想情况下，抵消这些损失）。

第 17 章和第 19 章将保护和管理环境流量的机制置于制度和组织背景下，本章将对法律、制度和经济因素以及其对绩效的影响进行重点介绍。第 19 章确定了两种不同的环境流量管理政策：

1. 保护和维持现有的环境需水量，防止今后退化；

2. 恢复和管理，回收和管理额外的环境流量，以改善未来的环境流量管理制度。

这两种政策策略可以通过混合使用环境流量分配机制（第 17 章）来实现，具体取决于当地环境的具体要求和生态需求。第 19 章强调了负责实施政策战略的环境流量管理组织的作用。重要的是，如果需要以最有效的持续决策方式提供环境流量，需要将政策和分配机制相结合，环境流量管理组织需要有积极管理其用水的能力（见图 19.1）。这种灵活性为自身带来挑战，因为每个分配和使用环境流量的决定都受到严格审查。

正如第 25 章所述，所有环境流量的管理都具有很大的不确定性，但它最终都将为植物群落和水生生态系统带来益处。世界各地的环境流量的管理者、政策制定者和从业者都在问：环境流量项目成功的定义是什么？我们怎么知道是否成功？我们如何随着时间的推移保持成功的环境用水计划？

哥伦比亚河流域水交易计划（CBWTP）就是对用全面和综合方法来定义和衡量环境用水计划成功与否的一个典型例子，这方面的需求越来越大。为响应其主要资助者（邦纳维尔电力管理局和国家鱼类和野生动物基金会）的问责措施和报告要求，CBWTP 制定了越来越严格和越来越复杂的监测和评估框架。初步监测的重点是确保遵守水权转让，以证明水交易增加鱼类栖息地的流量的可能性（Garrick 等，2009）。此后，CBWTP 扩大了追踪 60 多项水交易属性的承诺，同时优先采用分阶段方法，在综合核算框架内监测合规性、生物和生态系统结果（McCoy 和 Holmes，2015）。CBWTP 还显示了跟踪组织能力和战略发展的重要性，西北电力和自然保护委员会（NPCC）独立科学审查委员会监测成本效益和交易成本的要求更加彰显了它们的重要。

定义和衡量成功并不容易。本章旨在提供一种结构化的方法，以连贯的方式指导这一领域的未来发展，并使已经学到的实践经验能够覆盖更广泛的受众。为此，本章建立了一个多标准的框架，用于定义和评估环境用水计划在一段时间内取得的成功，包括每个计划的独特目标和权衡取舍。

26.2　定义成功：六个标准

从历史上看，环境流量项目已经在一定程度上使用静态效率和有效性标准进行了评估。这些标准主要聚焦在最容易测量的环境流量项目的产出上：在特定时间点恢复或保护的水量，以及这样做的财务成本。然而，我们知道这还不足以确定环境流量项目是否成功，或者它是否会继续取得成功。

第 25 章说明了监测和评估的重要性，以便为环境流量管理的规划和优先排序提供必要的反馈。然而，正如第 17 章和第 19 章所述，环境流量管理并非处于真空环境，它取决于一系列机构、法律和组织，而这些机构、法律和组织的能力又取决于参与环境用水计划的个人的能力。

本章通过引入动态视角，将重点从绩效标准向效率和有效性方面转移。制定有效和高效的计划并在长期内保持成功则有可能面对短期效率损失，能力建设的前期投资和/或定期组织调整，应该作为适应性管理过程的一部分（Garrick 和 O'Donnell，2016）。与环境流量相关的分配问题和权衡强调了确定成功的其他原则和标准的必要性，包括将公平性、合法性和问责制作为绩效的基石。

评估水治理的这一更广泛的背景也得到了越来越多的国际关注。经济合作与发展组织（OECD，经合组织）水治理倡议最近制定了具体的治理原则和指标，用以解决众多的治理缺陷和复杂水资源规划、分配和管理任务的差距（OECD，2015）。该倡议规定了水治理的三个主要标准：有效性、高效性、公众的信任与参与（后者大致类似于合法性）（OECD，2015）。效率与合法性的结合对于确保环境用水计划的成功至关重要。

在本章中，我们以经合组织水治理倡议制定的总体框架为基础，确定了可用于确定环境流量方案成功的六个标准：

（1）有效性。

（2）高效性。

（3）合法性。

（4）法律和行政框架。

（5）组织能力。

（6）伙伴关系。

效率、有效性和合法性这三个标准反映了经合组织指定的标准。我们认为这些标准是环境用水计划成功实施的基本政策要素，在最高层面指出该计划的战略方向。

法律和行政框架、组织能力、伙伴关系这三个标准反映了建立和维持实施环境用水计划能力的挑战。我们将这些标准描述为基本的实践要素，这三个标准的实施在环境用水计划的设置期间至关重要，被认为是有利条件（Garrick 等，2009）。但是，我们知道环境流量管理不是一次性的任务，并且可能需要对不断变化的条件进行持续的适应性反应。环境用水计划必须具备在条件变化时继续工作的能力。从传统意义上讲，机构能力难以界定和衡量，与此相关的工作也较复杂，因此往往被忽视和难以提供资金支撑。如果一开始就关注机构能力，继续投资并长期维持，环境用水计划将为其长期成功提供更加强大的框架。

下面将对每一个标准进行更详细地研究。

26.2.1　有效性

有效性是指"在各级政府界定明确的可持续水政策目标和指标下进行治理，为实施这些政策目标，实现预期目标所做的贡献"（OECD，2015）。在环境流量的背景下，有效性是指环境流量支持的总产出（提供环境流量管理制度）和结果（生态系统健康和相关的社会和经济效益）。正如第 25 章概述的那样，环境流量评估传统上侧重于产出（水保护或供给），而更难以衡量细节并增加长期结果的不确定性。鉴于环境用水计划的长期性和复杂的多维目标，最好使用明确的基线评估有效性，并估算长期趋势。

包括有效性在内的确切产出和结果取决于具体目标（保护与恢复）以及实现这一目标

的工具。例如，证明有效性的设定上限需要根据规定的标准建立并实施，并依赖于适当的用水计算技术（有关上限的更多细节，请参阅第17章）。有效的环境用水计划既需要水资源核算技术，也需要透明的分配报告、可靠的标准以及水资源使用方式。

在这两种情况下，应针对可能通过环境流量分配进行修改/改进的特定生态系统要素进行监测。将生态效益由澳大利亚广泛实施的水环境管理转向流入湿地的生态系统，这可能更容易识别。通过设置取水上限实现对淡水或河口生态系统的改善，这可以通过多种方式影响水生生态系统，在政策变化开始时确定这些潜在的改进非常重要。监测活动应针对可能观察到生态结果的空间和时间尺度范围。

26.2.2 高效性

高效性："与治理的贡献有关，以最小的成本为社会带来可持续水资源管理和福利的最大化"（OECD，2015）。在缩小公共预算和聚焦公共政策目标的时代，关注效率至关重要。在环境流量的背景下，公共和私人计划遵循物有所值的标准，一方面涉及实现指定产出或结果的最低成本，另一方面使环境流量活动投资中给定的资金实现净效益最大化。

最早的环境流量保护和恢复计划通常从极低水平（甚至根本没有）的环境流量开始，因此任何额外的环境流量都被视为良好和合理的。然而，随着环境流量管理的成熟，环境流量管理组织，如消费水用户，需要证明环境流量正在被用来实现可用水的最大效益（Pittock 和 Lankford，2010）。值得注意的是，对于消费者和环境用水者而言，效率指标通常是不相同的，因为消费者通常可以依赖于他们是否能够使用他们的水来产生收入（例如，作为灌溉者），而环境用水计划评估将根据使用公共资金所进行的环境改善来计算所产生的对应价值。对于公共和私营组织而言，这可能会有很大不同，这取决于公众对环境用水计划资金的监督程度。通常，私人资助的环境用水计划可能比公共资助的计划更容易开展实验活动。例如，澳大利亚保护基金会（Australian Conservation Foundation）开展了第一次私人资助的尝试，即在澳大利亚 MDB 使用小规模捐款为湿地购水。该计划证明了利用水市场为澳大利亚的环境购买临时用水的成功，但也强调了政府需要购买大量的水以实现持久的环境改善（Siebentritt，2012）。

效率的展示与效率的产生密切相关，还需要针对具体的环境流量政策和分配机制。如果环境流量政策以保护为基础，那么即使低于预期水平，仍须将保护水平与有意义的结果（社区和生态系统）联系起来。在回收环境流量的情况下，重要的是考虑总成本（包括交易成本），而不仅仅是水的成本，因为收购水涉及大量的信息收集、谈判、监测和执法成本（Garrick 和 Aylward，2012；Garrick 和 O'Donnell，2016）。当可以积极管理环境流量时，展示效率也意味着当时使用环境流量来实现最大效益。Horne（2009）表明，生态响应的变化取决于施加的水量与时间，以及自上次用水后持续的时间，这种响应关系是非线性的，即并不意味着水越多越好。此外，通常需要比较短期和长期效率。节约计划和短期效率增长计划很容易受到裁员和政治意愿的影响。

26.2.3 合法性

经合组织水治理倡议确定的第三项原则是信任和参与，这对"公众信任和通过民主合法性及公平性对整个社会确保利益相关者的包容性"至关重要（OECD，2015）。合法性很少作为环境用水计划的关键目标，人们常常认为环境用水计划本身的合法性将从更广泛的政治环境中脱颖而出。正如第 7 章所强调的情况不一定如此。Hogl 等（2012a；第 280 页）认为，传统上，环境政策通常在两方面存在不足：高效性（即无法实现预设的政策目标）和合法性（即缺乏对治理程序及其结果的信任和认同）。上述两个标准侧重于高效性和有效性，合法性则是下一个最重要的标准。环境用水计划需要长期维护和投资。第 25 章表明，生态系统和人类价值观随着时间的推移而变化，我们对它们的了解也是如此，因此环境流量管理必须能够适应这些新的价值观。然而，建立这种适应能力需要对维持机构、组织和环境流量分配机制的能力进行明确的投资。合法性是维持这种长久的关键之一。当环境流量管理被区域和国家团体（有时是国际团体）视为合法活动时，建立和保留团体支持将更容易。

合法性可以在功能上表达为输入合法性和输出合法性的组合（Scharpf，1999）。输入合法性侧重于流程，以及受影响人群是否可以接受。输入合法性要求明确考虑获取、平等代表性、透明度、问责制、协商与合作、独立性和可信度（Hogl 等，2012b）。第 19 章证明了这些因素对于环境流量管理组织（包括主动和被动）的重要性。

输出合法性侧重于解决方案，以及干预是否能真正解决问题，或者是否能实现目标。除了要证明有效性（如上所述），输出合法性还强调意识、接受、相互尊重、积极支持、稳健性以及共同解决问题的常用方法（Hogl 等，2012b）。仅恢复所需的环境需水量或改变大坝的运行制度以提供所需的水是不够的：环境流量管理组织需要在受水资源利用影响的不同团体之间建立桥梁。例如，Deschutes 河流保护协会是俄勒冈州中部的一个非营利组织，其致力于改善 Deschutes 河上游的河流流量和水质。为了取得广泛的社区支持，它为其董事会制定了成员政策，以确保成为公共和私营部门主要利益相关者的代表。

这三个标准代表了环境用水计划的重要政策目标：必须能够证明它们是有效的、高效的和合法的。接下来的三个标准侧重于实施的实际要素，包括实现、维持和扩大环境用水计划的必要条件和机构能力。

26.2.4　法律和行政框架

经合组织认为"对于水危机通常最主要的工作是消除危机"（OECD，2011，2015），环境用水计划也是如此。建立环境用水计划需要在一开始就构建适当的法律和行政框架（以支持新的环境用水计划），但也需要时间。传统上，法律和行政框架被认为只是成功实施环境用水计划的有利条件，但实际上继续投资和对法律框架的支持对于确保环境用水计划能够继续运行至关重要。

Garrick 等（2009）研究了哥伦比亚河流域和 MDB 的案例研究，以确定环境流量回收的有利条件。虽然支持用水市场有必要的具体条件，但环境用水计划的成功也受到"推动环境流量分配需求的物质、社会和经济因素；行政程序、组织发展和实现转移的机构能力；以及克服法律、文化、经济和环境障碍的适应性机制"的制约（Garrick 等，2009；第 366 页）。这些有利条件的广度支撑着特定的环境用水计划，以满足"国家内部和国家之间的法律、行政和组织系统的多样性"的需求（OECD，2015）。

环境用水计划的范围可能远远超出其特定背景的法律和行政框架。但是，环境用水计划可以针对特定的法律和行政障碍，并需要持续投资维护法律框架。

善治的基础是法治（OECD，2015），该法律规定每个人都受法律的约束，这些法律明确规定并予以公开，并且限制了政府或其他组织因以某种方式任意行事而影响他人权利的行为（World Justice Project，2016）。确保政府和公民能够信任并尊重其政治制度，这对于实施环境用水计划至关重要。法治将永远是一项进行中的工作，任何环境流量方案都需要明确解决这一最基本的条件。例如，环境用水计划可能需要建立和维护具体的法律框架，以支持用水监测和水权的实施。例如，实施保护政策需要对水计算作出法律承诺（以便明确谁在整个系统中使用什么水），并建立一个行政论坛，以便听取和解决可能的投诉。

实施水回收政策可能需要更多重要的法律干预措施。在美国西部的蒙大拿州，环境流量管理组织有助于实现必要的法律变革，将水从现有的消费用户转移到环境中。这项新立法得到了用水者的支持，并在其成立后保持这些法律权力和相应的行政框架，这是蒙大拿州环境用水计划的成功关键因素（Malloch，2005）。一般而言，当环境用水计划专注于通过市场交易来进行时，Garrick 等（2009）认为成功将取决于"①建立对淡水开采和改建的权利和限制；②承认环境用水为合法的；③将现有水权转让给环境一方。"

26.2.5 组织能力

组织能力是指在社会期望水平和长期内实现特定目标和结果所需的物质、机构、人力和财力资源。组织能力的差异意味着能够承担提供项目成果的交易成本（有效性）至少包括信任和参与（合法性）框架内的成本（效率）。简而言之，每个环境流量管理组织都需要以最低限度的能力建设投资来开展其活动。

正如第 19 章所述，组织能力需要针对环境流量管理组织的具体活动，而这些活动又将受到环境流量管理政策和分配机制的影响。如果政策侧重于保护，组织则需要有能力影响水资源政策并参与水规划辩论。组织需要足够的技术技能（或获得技术研究）来证明保护建议是可行和有意义的。虽然国营和私营组织可能扮演不同的角色，但作为环境用水计划的一部分，每个组织都必须具有通过适当投资建立组织的能力，以履行其特定职能。

更具体地说，保护和维护政策的实施将取决于是否具有执行环境流量管理机制的能力，例如存储运营商或许可用水用户的上限或条件。当为环境回收水时，环境流量管理组织能够确定其水权受到保护将更为重要。在哥伦比亚河流域，执法往往以投诉为基础，因此环境流量管理组织需要有能力检查他们的水流是否存在，以及投诉是否能被接收。当恢复政策与获取和保持环境水权的能力相结合时，该组织还需要有能力决定环境流量管理的未来。积极的环境流量管理将依赖于建立足够的技术技能来规划和管理环境流量，以及持续的社区参与，以产出成果并为环境灌溉计划提供支持。几乎所有环境流量方案都涉及公私伙伴关系，因此需要明确考虑该能力的最佳分配和协调，理想情况是基于每个机构的相对优势（Loehman 和 Charney，2011）。例如，当地知识和社交网络可以更好地使团体组织和非营利组织参与并进行补充的站点级监控。

26.2.6 伙伴关系

第 19 章证明了伙伴关系对环境流量管理组织的成功运作至关重要。尽管环境用水计划可以单独进行，但这在实践中几乎不会发生。实际上，环境流量方案的本质要求它们在重叠责任和职能的嵌套环境中运作。伙伴关系还汇集了互补的技能组合，这对于融合多学科的环境流量领域尤为重要。例如，环境流量管理组织通常依靠其他组织进行水权交易和执法活动（在不同程度上），并运营可以维持环境流量的储水设施。

此外，当根据许多不同的输入作出决策时，保留合作伙伴组织的独立性意味着输入不会受到整体决策者的影响。这种方法也已经在澳大利亚维多利亚州实施。维多利亚州环境需水持有者根据流域管理当局（关于环境需水优先事项）和水务公司（关于水资源公司的可用性）的投入，决定每年环境流量的使用。有关此安排的更多详细信息，请参阅第 19 章中的图 19.2。伙伴关系也可以帮助解决棘手的合法性问题，政府机构可以与非政府组织合作从现有用户中回收水，并在恢复后管理水资源，这有助于倡导环境流量管理政策。政府组织可以提供与民主和法治的必要联系，但非政府组织与个人和团体接触的能力往往更高效。政府与非政府环境流量管理组织之间的伙伴关系是实施环境用水计划的一种非常成功的方法（Garrick 和 O'Donnell，2016）。例如，科罗拉多州有一个政府机构——科罗拉多水资源保护委员会（CWCB），负责保护和回收环境流量。然而，CWCB 依靠非政府机构——科罗拉多水资源信托基金来促进现有用户的水交易，从而改善环境流量。在与政府机构达成正式协议之前，个别灌溉者更愿意与科罗拉多水资源信托公司讨论潜在交易，以确定是否会继续进行。

最后，伙伴关系有助于实施辅助性和互补性这两项原则。辅助性是指将治理任务分配到尽可能最低水平的原则，而互补性则指的是当地能力的更高层次协调。例如，当地的小规模组织可能需要在更大的空间尺度上作出更有效的决策提供必要的投入。地方、区域、国家和一些跨国组织之间的伙伴关系支持有效参与当地决策，同时在必要时达成更高级别的协议。如第 19 章所述，MDB 和科罗拉多河流域是形成这些伙伴关系的极好例子。

伙伴关系有助于将各种角色和责任结合在一起以实现环境用水计划，同时不损害任何特定组织的独立性或削弱其重点。建立和维持必要的伙伴关系以维持计划本身就是成功的重要因素。

这六项标准涵盖政策和实施两个广泛的方面，为绩效提供了新的视角，为评估环境用水计划成功与否提供了基础，并将成功与不同的制度和组织发展模式联系起来，以改革法律框架、建立能力、并加强伙伴关系。图 26.1

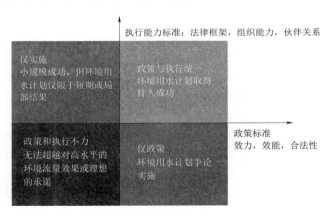

图 26.1 政策标准（横轴）和实施能力标准（纵轴）是环境用水计划成功的两个维度。

展示了这两个维度，以及政策标准和实施能力投资的相互作用对环境灌溉计划产生不同状态的方式。

缺乏这些标准的投资都将影响环境灌溉计划的成功。世界各地的许多计划都在努力实现对环境流量管理高层政策的承诺，使环境用水计划不仅仅是一个理想的目标（Le Quesne 等，2010）。在中国的黄河可以看到，在没有政策和实施标准的必要投资的情况下实施中央政策和法律规定环境流量管理制度的挑战。也可以看到实施南非生态保护区的持续挑战（关于这些例子的更多信息，参见第 17 章）。在没有对实施要素进行相应投资的情况下可能会破坏对政策标准的投资的执行，因为如果不对法律框架或实现这些框架所需的组织能力进行投资，则很难有效地实现高效和合法性的广泛目标。MDB 的早期运行优先考虑环境流量的回收，但直到最近才认识到建立与当地社区和其他水组织合作的强大环境组织的重要性。但是，如果不对更广泛的政策标准作出承诺，对实施标准的投资可能难以建立短期的小规模成功。美国西部早期为环境恢复用水的尝试在各种环境流量交易的试点项目和概念验证方面取得了成功；一些项目的实施会通过关注进行交易来扩大其成就，而无须对政策标准进行平行投资，并加强和调整扶持条件（Garrick，2015a）。在计划生命周期内对政策和实施标准进行投资是环境用水计划持久成功的关键。

本章的下一部分将通过借鉴哥伦比亚河流域和 MDB 的例子来说明这些潜在的情况。虽然这两个案例并不是完美的环境用水计划，但每个环境用水计划都明确地与前述的一部分标准有关。

26.3　实地监测的标准：哥伦比亚河流域和 MDB

哥伦比亚河流域和 MDB 说明了成熟的环境用水计划成功实施的条件和标准，提供了设计、实施和适应等多个阶段的成功见解（有关这些案例研究的更多细节，请参阅第 17 章和第 19 章的讨论）。案例研究有助于吸取不同背景下不同环境流量方法的能力和有效性方面的经验。这些课程侧重于六项标准在保护和维护以及恢复和管理政策中的应用。

为了保护环境流量，进而保护鲑鱼栖息，在哥伦比亚河流域已经进行了近 50 年的法律和行政改革，并在随后的近 20 年来积极努力恢复和管理环境水权（Neuman 等，2006）。MDB 自 20 世纪 90 年代中期开始实施更为快速的法律改革，承认并将环境保护视为合法用途，随后制定了临时调水上限，并根据新的计算结果更新可持续调水限额。这些全系统的改革所付出的努力与恢复和管理环境流量是相同的。这些历史悠久的举措表明，如果想要成功则需要建立衡量进展的基线和指标，还需要建立和维持机构能力并不断扩大与发展。在深入研究案例和他们所展示的成果之前，可以给出一个关于将绩效管理概念应用于环境用水计划的简短入门（框 26.1）。

框 26.1　应用绩效管理的概念来评估环境用水计划

管理环境流量的公共资金支出需要进行问责制和报告。推动问责制是评估环境用水计划绩效实施的基础。对计划进行评估主要是对计划是否实现了预期的结果的评估。环境用水计划的成果可以多种形式呈现，从健康河流的保护到濒危物种的生存，再到娱乐用途，通常包括多个目标。确定成功的标准是衡量成功与否的先决条件，计划评估需要明确说明所有的预期结果。

应用绩效管理的概念来评估环境用水计划意味着需要有一系列的步骤或考虑因素。第一，绩效管理和计划评估旨在为决策者提供有关计划成果、组织发展、能力建设和战略规划的信息。因此，绩效管理被认为是一个将评估与决策联系起来的迭代过程，正如

生产力委员会和澳大利亚国家审计局报告指出的那样，他们通过在 MDB 定期使用市场回购和环境流量安排来指导改进（ANAO，2011）。第二，需要涵盖现代和传统知识的多种互补的证据形式，以及地方和全系统的监测能力。例如，在澳大利亚，英联邦环境需水持有者办公室的监测和评估框架明确承认不同合作伙伴（包括当地社区团体）在监测环境流量项目的成果方面的作用（CEWO，2012）。第三，计划评估旨在通过建立计划设计与观察结果之间的因果关系来评估有效性，确定环境用水计划（例如，将水输送到生态重要地点的网络）是否会带来结果的变化（例如，健康河流的保护或濒危鱼类的生存）。例如，如果将濒危鱼类种群的变化归因于海洋温度而不是流量恢复，那么该计划可能就不是实现预期结果所必需的。评估计划活动与结果之间因果关系的工作将确定计划过程，该过程涉及在迭代评估周期中的投入（例如资源）、计划活动、产出和结果。

最后，计划评估意味着通过一系列越来越专业化的问题来指导干预措施的诊断过程，这些问题旨在评估不同背景下的计划需求是否可以满足以及如何满足这些需求联系起来。

在设计评估程序时，每一个元素都是必须要考虑的。通过评估过程理解程序逻辑并测试其有效性则需要从开发和测试明确识别程序的每个元素，表示预期结果的性能度量的需要。图 26.2 以健康鱼类种群的预期结果为例，确定了一系列需求、目标（将结果与环境用水体制联系起来）、投入（资金，技术研究）、活动（水交易）和产出（水回收）。

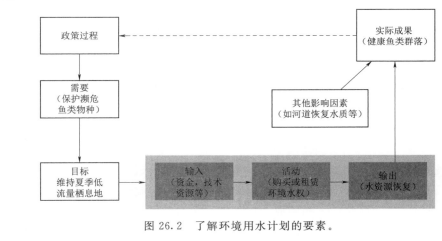

图 26.2　了解环境用水计划的要素。

26.3.1　哥伦比亚河流域

CBWTP 在其 2012 年年度报告中列出了其自 2003 年创建以来的最初十年的成果（哥伦比亚河流域水交易计划，2012 年）。以 2003 年以来实施的交易在其生命周期内受保护的累积量的形式为有效的计算水的回收率提供了总体标准。超过 7400GL 的水就被认为需要被保护，这些水量足够填充 Safeco 球场（一处棒球场）近 216km 深，但水量的恢复并不是衡量效果的唯一标准。从河流水的泄放到水库蓄水的泄流，多种交易工具组合的发展被认为对于恢复河流流量至关重要。最后，该计划的有效性是根据哥伦比亚 4 个州和 19

个（总共 62 个）子流域的增长程度（136 个河流）和活动（344 个交易）来确定的。计划有效性的定性测量包括以前后图像资料的个别交易事件和案例研究，描述针对恢复流量的站点所经历的生物变化。这些定量和定性测量结合在一起作为十年改进的衡量标准。效率和成本效益是否可以作为总体标准的最终结论，对此并无定论。有超过 3500 万美元用于环境流量交易（包括购买和租赁水权），交易成本占总成本的 13%～70%（Garrick 等，2013）。

这些计划有效性指标实施的基础是对信任、合法性和能力建设的承诺。淡水信托基金（Freshwater Trust）的董事 Joe Whitworth 表示，"方程式很简单：没有信任，就没有交易"。能力建设被吹捧为与效率同等重要，Trout Unlimited Montana 公司的 Stan Bradshaw 指出，"运营的支持使我们能够走出去并建立关系。当邻居之间相互交谈时，社区的乘数效应会增加。""观察发现该计划第一个十年中的 1400 多个伙伴关系活动，CBWTP 强调需要将战略伙伴关系作为持久有效性的关键要素。华盛顿州西南部的 Walla Walla 流域管理合作伙伴关系是创新地方合作伙伴关系的典型例子，该合作伙伴关系涉及一个促进灵活的水资源分配方法的新的法定权力机构。这些由法律框架实现和维持的多方面的有效性、高效性和合法性，使得环境流量交易、组织能力以及社区不同区域和部门之间的伙伴关系成为可能，以此促进 CBWTP 的持久成功。在此成功的基础上，需要开发新的会计程序，以跟踪流量交易的结果和输出。从仅追踪环境流量的变化转变为考虑对鱼类洄游和栖息地变化的影响，但是只有部分受到流量水平变化影响，还需要采用更为复杂和持续的基准和绩效方法进行研究。

自 2003 年成立以来，十年的时间哥伦比亚河流域已经制定了一个综合框架，以"创建和实施一种会计方法，利用明确的进展措施来追踪流动恢复的有效性，作为改善目标鱼群水生栖息地条件的工具（McCoy 和 Holmes，2015）。该框架使用逻辑路径方法来考虑水回收的四个连续阶段的绩效：合同合规（法律责任）、流量核算、水生栖息地响应和生态功能。与这些努力并行，CBWTP 积极监测价格和交易成本数据，以跟踪经济趋势、能力建设和战略发展。

CBWTP 的全流域范围内的绩效趋势可能会掩盖地理优先区域之间以及随着时间推移的实质性变化。在图 26.1 中展示出子流域变化的四种类型。Deschutes 河以其对政策和实施标准的投资而闻名，其在交易发展与合作中对规划和政策改革予以平衡。然而，蒙大拿州西部的子流域直到最近才优先考虑实施标准，并且在由于政策标准、法律和行政框架的持续不足而遇到障碍之前经历了初步成功。哥伦比亚河流域使用多方面绩效图表强调了评估有效性、高效性和合法性的必要性，同时随着时间的推移还要跟踪发展和加强基本实施能力——法律框架、组织能力和伙伴关系。

26.3.2 MDB

根据 MDB 计划（MDBA，2012），MDB 的环境需水可以回收 2750GL 水，这在国际上是前所未有的。在有记录的最近的水文年（2014—2015 年），MDBA 报告使用了超过 2000GL 进行流域环境需水活动。相比之下，2014—2015 年 MDB 的地表水总调水量为 7515GL（不包括拦截活动和农场水坝）（MDBA，2015）。监测和评估工作是通过评估现场干预和全系统影响来追踪环境流量的有效性的（CEWO，2012）。对治理安排的关注日益增加（PC，2010），这与强调的生态和水文的结果相匹配。

环境流量的所有阶段（包括收购、交付和交易决策）都需要考虑有效性、高效性和合法性标准。有效性则要求由决策框架和公众参与来指导相关制度和组织能力（CEWO，2013）。

高效性和成本效益标准强调物有所值。在采购阶段，高效性标准作为确保环境流量的手段通常用于比较水权回购和用水效率项目。灌溉效率项目估计为5600澳元/ML，虽然水回购价格只是这个价格的1/3（Crase等，2012；Hart，2015），灌溉效率项目仍然成为一种有吸引力的手段，因为作为恢复工作的一部分，它可以确保合法性，失去水和生计的用水者会对社会稳定产生影响（Marshall，2013）。

事实证明，有效性、高效性和合法性对于评估环境需水储备的管理和交易绩效非常重要。创建的两个机构——英联邦环境需水持有者和维多利亚环境需水持有者——代表了协调环境流量供应的重要制度创新。两者的创建均是旨在通过寻找协调和简化环境流量供应的方法来提高环境流量管理的高效性和有效性（O'Donnell，2012，2013）。然而，这两个组织最初都把高效性和有效性作为合法性的唯一指标，但这不足以支撑当地社区建立信任和参与机制。解决这种合法性缺陷需要时间和精力，而且实际上这才是刚刚开始。英联邦环境需水持有者采取合法性的途径之一是建立更强大的伙伴关系，并将地方安排作为更广泛的环境流量管理战略的一部分。尽管MDBA设定了全流域环境流量优先权，但英联邦环境需水持有者对于如何使用其水仍有一定的自由裁量权。2012年，英联邦环境需水持有人与南澳大利亚当地非政府组织自然水资源基金会正式达成协议，每年将提供10GL水用于南澳当地湿地（CEWO & Nature Foundation SA，2012）。自然水资源基金会则负责管理运输这些水，包括让当地社区决定在何时何地以及如何泄放环境流量，并向英联邦环境需水持有者汇报。英联邦环境需水持有者继续寻求与特定组织建立伙伴关系，最近的一个则是与Ngarrindjeri区域管理局（代表土著澳大利亚人的组织）合作，共同管理环境流量以满足文化需求（更多的是关于文化流量，见第9章）。这种伙伴关系的基础是管理MDBA河口Coorong和下游湖泊的水资源，并且这将持续3年的时间（CEWO & Ngarrindjeri Regional Authority，2016）。

与哥伦比亚河流域一样，MDBA实施的成功取决于加强和定期调整有利条件和能力的发展。1994年澳大利亚政府理事会（COAG）改革将环境需水授权为合法用水，并且紧随其后，州和联邦开始实施环境需水收购和交付计划。通过这些改革建立的法律权威和组织能力依赖于有效的伙伴关系，最重要的是各州和澳大利亚政府之间的伙伴关系，并通过制定NWI（COAG，2004）和500GL的政府间协议进行说明（MDBC，2007）。随着时间的推移，流域管理当局的实践证明，用水者和非营利性环境团体与地区社区建立伙伴关系是至关重要的，特别是自2007年《水法》和2012年《流域计划》通过以来，该计划依赖于各州和新的联邦权力、遇到的阻力以及利益相关者开支上的削减。最近再次强调建立社区对环境流量项目的支持的重要性，2015年通过的立法限制了从现有用户购买回收的1500GL水量。这种限制对MDB环境流量回收的尝试强调了长期建立合法性的重要性，并继续维持能够实现环境流量回收的法律框架。

本章的下一部分将探讨这六个标准在该领域发挥作用的方式，并就这些标准的应用提出三个重要的经验教训。

26.4　测量和管理的内容：从标准转向评估

该领域的上述标准和说明表明，需要对计划的有效性进行长期的严格评估（包括高效性和合法性）；注意扩大活动和维持进程所需的机构能力。需要精确衡量成功标准，以及确定解释业绩趋势的体制安排和能力的工作。评估计划有效性的多标准方法对基准和评估存在影响。

26.4.1　建立基线

首先，有效性取决于明确的基线和评估趋势的目标（见框 26.2）。其他几个章节讨论了通过建立一套数据来确定适应性管理科学基线的重要性，用以评估未来的干预措施。但是，基线对于就现有自然状态达成共识以及就后续步骤达成一致意见方面也很重要。此外，基线不仅需要包括生态条件，还需要对流域内的取水量进行准确的评估和核算。

框 26.2　建立基线的重要性

美国哥伦比亚河流域有一系列行政规则和流量计划，用于确定流域（集水区）的环境流量。支流的引水使得一些河流完全干燥，长期的过度分配提供了清晰的水文基线。然而，评估环境需求的方法不一致阻碍了流域范围内生态和水文基线的建立和统一。因此，仅为选定的支流建立了明确的目标和基线条件。例如，哥伦比亚 Salmon 河子流域的 Lemhi 河用以评估年度和长期河流流量协议的法定目标是 $35ft^3/s$（约等于 $1m^3/s$）。源于使用或失去水权的要求，以及缺乏用来衡量、监督和执行水权的行政能力，水权的性质也存在重大的法律不确定性。由于缺乏标准化目标和能力不足，目标的进展仍难以衡量。

在澳大利亚 MDB，由于环境流量管理政策实施的推动力是 20 世纪 90 年代中期出现的可靠性和水质问题，因此一直难以确定有效基线。尽管已经使用生态和水文模型模拟来展示用水对河流生态健康的影响，但争论往往集中在河流水生生态系统的原始形态与它们现在的形态之间的差异。已经尝试将河流定义为工作河流（Hillman，2008），并且 MDB 计划确定将 2009 年 6 月作为评估计划实施的基准，建立的环境条件的综合基线反映了枯水和丰水年份的变化，并且确定环境流量保护和恢复政策的目标仍然具有挑战性。这种无法明确说明政策的意图和可能的结果导致水回收目标较低；例如，MDBA 表示，最低需要回收 3000～4000GL 的水才能改善 MDB 的健康状况，而 MDBA 确定的最终恢复目标仅为 2750GL。

26.4.2　跨多个维度和时间框架的测量成功率

其次，实施环境流量管理需要在多个方面广泛实施相关措施以取得成功，将增量改进和产出转化为长期趋势和成果（框 26.3）。成功不仅仅是保护或回收的环境需水量或成本。改变社区价值观很容易成为破坏成功的狭隘视野，但积极参与的合法性、治理能力和伙伴关系的广泛成功定义更有可能持久。成功取决于上述所有标准和能力。

美国哥伦比亚河流域水交易计划的交易数据集存储了 60 多个与水回收项目相关的变量，涉及水文、生物、法律和经济属性等方面。2015 年采用的综合问责制框架优先考虑数据和监测，以评估法律合规性的生物影响和生态功能。监测和执法职能的高成本（被计划中的从业人员描述为管理活动）构成了主要的能力挑战，这需要应用新的治理模式来协调私人和公共监督活动。NPCC 的独立科学审查小组为该计划提供了指导，敦促成本监测以更好地衡量资金的价值，并比较用于水回收的替代交易工具（Northwest Power and Conservation Council，2010）。这使得该计划开发出新的方法用以确定和衡量计划的有效性，以补充其对水回收的法律、生态和经济方面的评估。虽然有效性和高效性适用于可量化的指标，但合法性和合作伙伴关系强度则较不容易处理，这对于评估跨地域对比、政治经济条件和组织结构的计划有效性的指标和工具提出了重要问题。

在澳大利亚的 MDB，已经看到环境流量分配的逐步改善，以及超出水回收计划容量的重点在缓慢地过渡。1995 年，MDB 的水资源开采受到限制，尽管要求各州报告上限，但没有相关的环境结果报告。2004 年，该流域的健康状况持续下降，需要再次采取行动，这次采取行动的第一步是确定 Murray 河水回收的形式，旨在为这六个图标站点提供环境流量（MDBC，2007）。再次，报告侧重于实现水回收目标的进展，而不是使用水来实现生态目标。最后，在 2007 年，该流域的退化状态需要采取紧急行动，并开展了一项新的更快的水回收计划。然而，直到 2012 年，英联邦环境需水持有者才最终制定了监测和评估水回收实际结果的广泛框架（CEWO，2012）。维多利亚州环境需水持有者在其年度报告的"思考"部分中指出，这是环境流量报告如何从容量重点转变为更广泛的有效性和合法性记录的一个例子。维多利亚州可持续发展与环境部于 2009 年发布了第一本环境流量小册子，展示了可用的环境需水水量和 2007—2008 年环境流量的使用地点（State of Victoria，2009）。这本小册子报告了环境流量的有效性（短期内和作为长期监测计划的一部分）、环境流量的效率目标（制定"每一滴水"）以及环境流量的持续合法性，为更为广泛的社区确定环境流量的共同利益（VEWH，2015）。

26.4.3　长期成功取决于合法性

第三，环境用水计划的有效性无法在短期内进行评估（框 26.4）。相反，它需要关注法律和行政框架以及组织能力的合法性、创造和维护。尝试削弱合法性往往被证明是短视的，并威胁到持久的发展。

美国哥伦比亚河流域率先使用基于市场的水重新分配用于环境流量的恢复，对于环境流量的恢复可追溯到 1987 年俄勒冈州的《河道内水权法案》的通过，该法案授权私人获得河流流量的高可靠性水权。最初的实验以自由市场环境保护主义的思想为前提——需要明确的、私密的、可交易的和安全的产权来激励水资源分配，并为私人团体代表进入市场创造环境。Neuman（2004）反映了最初的期望以及自由市场环境保护主义的逻辑与限制之间的差距，他发现由于文化原因以及法律和经济方面的障碍，花费公共和私人资金来获取环境水权比预期要困难得多（Neuman，2004）。蒙大拿州中部 Bitterroot 河和俄勒冈州中部 Deschutes 河的经历对比表明，尽管存在效率低下或前期成本较高的可能性，但在能力建设方面投资十分重要。在 2003—2007 年的 5 年间，哥伦比亚的 Bitterroot 河和 Deschutes 河子流域恢复了大致相同的水量，并且这两个子流域是整个哥伦比亚的水回收率方面表现最好的子流域（约 46m³/s 和 36m³/s，分别是 13 个子流域中的第一高和第二高）（Garrick 和 Aylward，2012）。在这种情况下，流量（m³/s）是指在合同期限内受保护的流量的净现值（Brewer 等，2008）。通过计算在合同的整个期限内受保护的流量的净现值，可以通过处理水交易（如金融年金）来比较临时和永久收购这种水回收度量。在这种情况下，流量（m³/s）是指在合同期限内受保护的流量的净现值（Brewer 等，2008）。通过计算这种水回收指标可以通过处理水交易（如金融年金）来比较临时和永久采集情况。

然而，Deschutes 河的每单位水的交易成本和计划预算远高于 Bitterroot 河，部分原因是对研究、水规划和水务银行机构的前期投资。5 年的实施趋势表明，Deschutes 能够降低交易成本并在此期间稳步提高水的回收率，而 Bitterroot 河在拆坝前的头两年内恢复了其总量的绝大部分。在一项后续研究中，Deschutes 河和 Bitterroot 河之间的差异扩大了，Deschutes 河达到了设定的流量目标并扩大了活动范围，而 Bitterroot 河遇到了顽固的制度障碍。Deschutes 河在早期阶段的较高交易成本代表了对合法性和适应性效率所需的制度框架和协作治理方面的投资（Garrick，2015b）。

自 1994 年以来，澳大利亚 MDB 实施了环境流量管理政策，并在此期间逐步改善了环境流量政策。自 2007 年以来，MDB 的环境流量回收进展相当迅速，这主要得益于 NWI 以及可转让水权和活跃水市场的建立。澳大利亚政府最初拨出 32 亿澳元用于从现有用户购买水，58 亿澳元用于节水投资（Australian Government，2010）。截至 2015 年 11 月 23 日，英联邦环境需水持有者拥有超过 1600GL（长期平均产量）（Commonwealth of Australia，2015），其中大部分已通过一系列招标计划收回，这是一个基于市场水价购买的决定。然而，如上所述，水回收的速度并未伴随着维持环境用水计划合法性的类似投资。直到 2014 年，澳大利亚政府通过购买回收的水总量仍限制在 1500GL（Commonwealth of Australia，2014）。

26.5 结论

环境用水计划的绩效管理仍然是一个新兴领域。本章的目的是提供一个评估环境用水计划成功的结构，以协调和战略的方式支持该学科的发展。

环境用水计划的目的是在长期内实现多重目标。成功不仅取决于证明有效性和高效性，而且还取决于长时间内维持计划活动的合法性。为了管理这种复杂性，本章提出了一种多标准方法来确定成功和评估环境用水计划。

本章确定了六个标准，使环境流量管理从业者能够为其环境用水计划的长期成功建立一个强有力的框架：

（1）有效性。

（2）高效性。

（3）合法性。

（4）法律和行政框架。

（5）组织能力。

（6）伙伴关系。

这些标准强调了成功的政策和治理指标等基本要素（有效性、高效性、合法性），以及影响实施能力的标准（法律框架、组织能力、伙伴关系）。使用哥伦比亚河和 MDB 的案例研究说明了这些标准的应用。这些案例研究表明了在水资源管理中这六项标准的重要性。

参 考 文 献

ANAO，2011. Restoring the Balance in the Murray - Darling Basin. Australian National Audit Office，Canberra，ACT.

Australian Government，2010. Water For the Future. Canberra：Department of Sustainability，Environment，Water，Population and Communities.

Brewer，J.，Kerr，A.，Glennon，R.，Libecap，G. D.，2008. Water Markets in the West：Prices，Trading，and Contractual Forms. Econ. Inquiry 46，91 - 112.

COAG，2004. Intergovernmental agreement on a national water initiative，Council of Australian Governments.

Columbia Basin Water Transactions Program，2012. Annual report 2012：A decade of outcomes 2003 - 2012. National Fish and Wildlife Foundation，Portland，Oregon. Available from：http：//cbwtp. org/jsp/cbwtp/library/documents/NLB _ CBWTP _ Annual12 _ R6. pdf.

CEWO，2012. Commonwealth Environmental Water - Monitoring，Evaluation，Reporting and Improvement Framework May 2012 V1. 0. Commonwealth Environmental Water Holder for the Australian Government，Canberra.

CEWO，2013. Framework for Determining Commonwealth Environmental Water Use. Commonwealth of Australia，Canberra，Australia.

CEWO & Nature Foundation Sa，2012. Press release：Commonwealth works with Nature Foundation South Australia to deliver water（24 October）. Commonwealth Environmental Water Office and Nature Foundation SA，Adelaide.

CEWO & Ngarrindjeri Regional Authority 19 April 2016. Joint Media Release：Achieving environmental and cultural water benefits in the lower River Murray region. Available from：http：//www. environment. gov. au/water/cewo/media - release/achieving - environmental - and - cultural - water - benefits - lower - river - murray - region/？utm _ source＝CRMSCEWODatabase& utm _ medium ＝email & utm _ content＝PartnershipArticle2Link& utm _ campaign＝2016AutumnNewsletter.

Commonwealth Of Australia，2014. Water Recovery Strategy for the Murray - Darling Basin. Department of Environment，Canberra，Australia.

Commonwealth Of Australia. 2015. Environmental Water Holdings［Online］. Available from：https：//

www. environment. gov. au/water/cewo/about/water – holdings: Commonwealth of Australia (accessed 23. 11. 15).

Crase, L. , O'Keefe, S. , Kinoshita, Y. , 2012. Enhancing agrienvironmental outcomes: Market – based approaches to water in Australia's Murray – Darling Basin. Water Resour. Res. 48, W09536. Available from: http: //dx. doi. org/10. 1029/2012WR012140.

Garrick, D. , 2015a. Water Allocation in Rivers Under Pressure: Water trading, transaction costs, and transboundary governance in the Western USA and Australia. Edward Elgar, Cheltenham, UK.

Garrick, D. E. , 2015b. Water Allocation in Rivers under Pressure: Water Trading, Transaction Costs and Transboundary Governance in the Western US and Australia. Edward Elgar Publishing, Cheltenham, UK.

Garrick, D. , Aylward, B. , 2012. Transaction costs and institutional performance in market – based environmental water allocation. Land Econ. 88, 536 – 560.

Garrick, D. , O'Donnell, E. , 2016. Exploring private roles in environmental watering in Australia and the US. In: Bennett, J. (Ed.), Protecting the Environment, Privately. World Scientific Publishing.

Garrick, D. , Siebentritt, M. A. , Aylward, B. , Bauer, C. J. , Purkey, A. , 2009. Water markets and freshwater ecosystem services: Policy reform and implementation in the Columbia and Murray – Darling Basins. Ecol. Econ. 69, 366 – 379.

Garrick, D. , Whitten, S. M. , Coggan, A. , 2013. Understanding the evolution and performance of water markets and allocation policy: A transaction costs analysis framework. Ecol. Econ. 88, 195 – 205.

Hart, B. , 2015. The Australian Murray – Darling Basin Plan: challenges in its implementation (part 1). Int. J. Water Resour. Dev. Available from: http: //dx. doi. org/10. 1080/07900627. 2015. 1083847.

Hillman, T. , 2008. Ecological requirements: creating a working river in the Murray – Darling Basin. In: Crase, L. (Ed.), Water Policy in Australia: The Impact of Change and Uncertainty. Resources For the Future, Washington DC.

Hogl, K. , Kvarda, E. , Nordbeck, R. , Pregernig, M. , 2012a. Effectiveness and legitimacy of environmental governance – synopsis of key insights. In: Hogl, K. , Kvarda, E. , Nordbeck, R. , Pregernig, M. (Eds.), Environmental Governance: The Challenge of Legitimacy and Effectiveness. Edward Elgar, Cheltenham, UK, online ed.

Hogl, K. , Kvarda, E. , Nordbeck, R. , Pregernig, M. , 2012b. Legitimacy and effectiveness of environmental governance – concepts and perspectives. In: Hogl, K. , Kvarda, E. , Nordbeck, R. , Pregernig, M. (Eds.), Environmental Governance: The Challenge of Legitimacy and Effectiveness. Edward Elgar, Cheltenham, UK, online ed.

Horne, A. 2009. An approach to efficiently managing environmental water allocations. PhD, University of Melbourne.

Le Quesne, T. , Kendy, E. , Weston, D. , 2010. The Implementation Challenge: Taking stock of government policies to protect and restore environmental flows. World Wildlife Fund UK, Godalming, Surrey.

Loehman, E. T. , Charney, S. , 2011. Further down the road to sustainable environmental flows: funding, management activities and governance for six western US states. Water Int. 36, 873 – 893.

Malloch, S. , 2005. Liquid Assets: Protecting and Restoring the West's Rivers and Wetlands through Environmental Water Transactions. Trout Unlimited, Arlington, VA.

Marshall, G. R. , 2013. Transaction costs, collective action and adaptation in managing complex social – ecological systems. Ecol. Econ. 88, 185 – 194.

McCoy, A. , Holmes, S. R. , 2015. Columbia Basin Water Transactions Program Flow Restoration Accounting Framework. Oregon National Fish and Wildlife Foundation, Portland. Available from: http: // cbwtp. org/jsp/cbwtp/library/documents/Flow% 20Restoration% 20Accounting% 20Framework _ version2 _ 0 _ August2015. pdf.

McDavid, J. C. , Huse, I. , Hawthorn, L. R. L. , 2012. Program Evaluation and Performance Measurement: An Introduction to Practice. Sage Publications, UK.

MDBA, 2012. Murray – Darling Basin Plan. Murray – Darling Basin Authority, Commonwealth of Australia, Canberra, Australia.

MDBA, 2015. Towards a healthy, working Murray – Darling Basin: Basin Plan Annual Report 2014 – 15. Murray – Darling Basin Authority, Canberra, ACT.

MDBC, 2007. The Living Murray Business Plan: 25 May 2007. Murray – Darling Basin Commission, Canberra. Neuman, J. C. , 2004. The good, the Bad, and the Ugly: The First Ten Years of the Oregon Water Trust, The. Neb. L. Rev. 83, 432.

Neuman, J. C. , Squier, A. , Achterman, G. , 2006. Sometimes a Great Notion: Oregon's Instream Flow Experiments. Environ. Law 36, 1125 – 1155.

Northwest Power And Conservation Council, 2010. Final RME and Artificial Production Categorical Review Report. In: PANEL, I. S. R. (ed.).

O'Donnell, E. , 2012. Institutional reform in environmental water management: the new Victorian Environmental Water Holder. J. Water Law 22, 73 – 84.

O'Donnell, E. , 2013. Australia's environmental water holders: who is managing our environmental water? Aust. Environ. Rev. 28, 508 – 513.

OECD, 2011. Water Governance in OECD Countries A Multi – level Approach. In: PUBLISHING, O. (ed.).

OECD, 2015. OECD Principles on Water Governance: welcomed by Ministers at the OECD Ministerial Council Meeting on 4 June 2015. Online: Directorate for Public Governance and Territorial Development.

Pittock, J. , Lankford, B. A. , 2010. Environmental water requirements: demand management in an era of water scarcity. J. Integr. Environ. Sci. 7, 75 – 93.

PC, 2010. Market Mechanisms for Recovering Water in the Murray – Darling Basin (Final Report, March). Productivity Commission, Canberra.

Scharpf, F. W. , 1999. Governing in Europe: Effective and Democratic? Oxford University Press, Oxford and NewYork.

Siebentritt, M. A. (Ed.), 2012. Water trusts: what role can they play in the future of environmental water management in Australia? Proceedings of a workshop held on 1 December 2011. Water Trust Alliance and Australian River Restoration Centre, Canberra.

State of Victoria, 2009. Environmental watering in Victoria 2007/08. Department of Sustainability and Environment, Melbourne.

VEWH, 2015. Reflections: Environmental Watering in Victoria 2014 – 15. Victorian Environmental Water Holder, Melbourne, Australia.

World Justice Project, 2016. What is the rule of law? [Online]. Available from: http: //worldjusticeproject. org/what – rule – law (accessed 2. 03. 16).

第Ⅶ部分　未来挑战和下一步研究方向

第 27 章

未来重点：环境流量管理的挑战

Avril C. Horne[1]，Erin L. O'Donnell[1]，Mike Acreman[2]，Michael E. McClain[3]，
N. LeRoy Poff[4,5]，J. Angus Webb[1]，Michael J. Stewardson[1]，Nick R. Bond[6]，
Brian Richter[7]，Angela H. Arthington[8]，Rebecca E. Tharme[9]，Dustin E. Garrick[10]，
Katherine A. Daniell[11]，John C. Conallin[3]，Gregory A. Thomas[12] 和 Barry T. Hart[13]

1. 墨尔本大学帕克维尔校区，维多利亚州，澳大利亚
2. 生态与水文中心，沃灵福德，英国
3. 代尔夫特水利和环境工程国际研究所，代尔夫特，新西兰
4. 科罗拉多州立大学，柯林斯堡，科罗拉多州，美国
5. 堪培拉大学，堪培拉，澳大利亚首都领地，澳大利亚
6. 乐卓博大学，维多利亚州，澳大利亚
7. 可持续水体计划，克罗泽，弗吉尼亚州，美国
8. 格里菲斯大学，内森，昆士兰州，澳大利亚
9. 未来河流工作组，德比郡，英国
10. 牛津大学，牛津，英国
11. 澳大利亚国立大学，堪培拉，澳大利亚首都领地，澳大利亚
12. 自然遗产研究院，旧金山，加州，美国
13. 环境咨询水科学有限公司，伊丘卡市，维多利亚州，澳大利亚

27.1 引言

与大多数以环境为中心的学科一样，环境流量管理领域相对年轻。现代环境流量管理实践起源于 20 世纪 70 年代，当时的目标主要是为了通过泄放最小流量来维持单个物种的栖息地，以减轻上游大坝的影响（Acreman 和 Dunbar，2004；Tennant，1976；Tharme，2003）。早期的许多工作都是由水利工程师领导的，他们认识到河流的水力特性，特别是深度和流速，对于定义鲑鱼和鳟鱼等运动鱼类的物理栖息地可用性非常重要（Bovee 和

Milhous，1978；Milhous 等，1989）。这项工作演变至生态水力学和生态水文学领域。生态水力学扩展到微尺度过程，如流体湍流（Wilkes 等，2013）。在类似的研究方向中，生态水文学见证了水文学家和生态学家之间日益紧密的合作，所关注的是河流流量和生态系统状况之间更广泛的关系，超越了单个生物的水力生境需求（Dunbar 和 Creman，2001；Nestler 等，in review；第 11 章）。20 世纪 90 年代，环境流量在维持整个生态系统结构和过程中的重要性被广泛接受（Richter 等，1997），Poff 等（1997）在发表的关于自然流动范式的开创性论文中强调了这一点，并随之出版了《水流生态学原理》（Bunn 和 Arthington，2002；Nilsson 和 Svedmark，2002）。

在 21 世纪前 10 年，将环境流量情势作为流域可持续水资源管理基本要素的概念得到了巩固，其生态和社会价值日益得到认可（King 等，2003；Poff 和 Matthews，2013）。在相对自然的系统中，可以建立环境流量情势来保护关键的河流目标。然而，人们逐渐认识到由于环境遭到人为改变，很少有河流能保持其自然流动或生态完整性。因此，多数情况下，想在自然条件中保持或恢复河流之前的水文变动状态是不现实的，也不符合社会的需要。取而代之地，我们需要更多地去关注新兴的、未来的、多元和新颖的生态系统的流量管理（Acreman 等，2014）。在这方面对于一条受高度开发的河流来说，其目的可能是为了保护生态系统的特定方面，达到预定目标，例如根据可持续发展目标（SDGs）恢复濒危物种或使人类利益最大化，而不是将恢复河流的自然水文情势置于开发之前。

在 2007 年，《布里斯班宣言》就环境流量（或水位）的定义和原则建立了国际共识，并确定了环境流量管理的定义：

……水流需要用来维持淡水和河口生态系统与农业、工业和城市的共存。环境流量管理的目标是以健全的科学为基础，通过参与性决策，修复并维持健康的、有弹性的淡水生态系统。

为了实现这一目标，《布里斯班宣言》（2007）呼吁各国承诺采取一系列关键行动，以维护和恢复环境水流情势。其中许多项目旨在增加实施环境水流情势的河流系统的数量，扩大利益相关者的参与和决策，并建立启动、维护和执行环境流量管理所需的网络和能力。

自《布里斯班宣言》起草以来的十年里，我们在履行这一承诺方面取得了多大的进展？这是一个很难回答的问题，因为目前全球还没有一致的明确的方法来衡量环境流量管理实践的成效如何，也没有一个被广泛接受的、用于分享在何处以及如何提供环境流量信息的全球数据库。国际标准和数据库的缺乏证明了环境流量管理前景仍然支离破碎，同时在评估其全球影响方面，投资的优先级也不足。然而，在这本书中汇集了有关环境流量管理领域不同于学科专家的方法和案例研究，表明在这几个方面已经取得了重大进展。

第一，环境流量管理的概念已经有了明显的扩展，以反映《布里斯班宣言》的基本诉求。环境流量评估的方法现在包含了利益相关者的价值、参与和合作，并认识到环境流量在支持生态和社会价值利益方面的双重作用，特别是对那些直接依赖河流生态系统的人来说（King 等，2003；Poff 和 Matthews，2013；Ziv 等，2012）。第二，环境需水量评估的基础科学的发展取得了重大进展（Arthington，2015；Stewardson 和 Webb，2010）。第三，我们在高层论坛讨论了环境流量问题，并将其纳入了全球范围内国家和国际水资源政策和立法中（Hirji 和 Davis，2009；Le Quesne 等，2010；O'Donnell，2013）。这说明资助环境流量项目的政府机构和非政府机构在快速增加（Garrick 和 O'Donnell，2016；Garrick 等，2011；Pahl - Wostl 等，2013；Richter 和 Thomas，2007；见第 17～19 章）。

尽管取得了这一进展，但在实际实施环境流量制度方面仍存在重大挑战。这本书的每一部分都揭示了这项持续的、包罗万象的实施挑战。最后一章重点介绍了如何在未来成功地执行环境流量政策，并围绕六个关键问题进行讨论：

(1) 河流需要多少水？

(2) 我们如何增加被提供环境流量的河流数量？

(3) 如何将环境流量管理作为水资源规划的核心要素？

(4) 如何能够更容易地传播并扩展知识和经验？

(5) 我们如何才能提高环境流量项目的合法性？

(6) 我们如何支持将适应性管理纳入标准实践？

解决这些问题中的任何一个都需要共享跨学科的经验和知识。这是贯穿本书并反复出现的一个问题：环境流量管理在积极寻求整合各种各样的专家意见和利益时，它就会更加成功。

27.2　河流需要多少水？

20 年前，Richter 等（1997）提出了一个问题："一条河流需要多少水？"在第 9 章，Jackson 将这个问题重新定义为"一种文化需要多少水？"突出水与社会、文化关系的复杂性，以及在环境流量管理中加强社会层面一体化的必要性。因此，界定环境流量管理制度的挑战是双重的；既要理解并整合河流的共同目标和价值，也要理解和整合流量与生态系统环境之间的科学联系（Finn 和 Jackson，2011）。尽管在环境流量管理的这两个方面都取得了相当大的进展，但仍有一些领域需要改进。

水管理的一个核心要素是建立对河流系统的共同视角，即承认资源多样化使用，以及从自然资源中获取文化价值及受益的方式的多样性。河流所需要的水量与社会所需要的河流的类别有内在的联系，同时也承认自然的固有权利。在定义河流的愿景和环境流量目标时会有许多挑战。第一，我们的价值观随着时间的推移而改变，这既是出于我们的优先考虑，同样也是由于我们与自然互动方式的改变。例如，有充分的证据表明，随着财富和经济安全的增加，为环境后果买单的意愿将会增加（Whittington，2010）。当在一个没有大量开发或依赖于人类使用的河流系统中，我们会有更多的选择。在受到高度干扰的系统中，人们越来越深刻地认识到健康的环境对于生活的重要性，如果要同时满足现代人类的用水需求，那么将河流恢复到自然状态是不现实的。同时，持续增长的人口和不断变化的气候也在以新的方式推动着生态系统的发展，使追求"自然"在理解河流系统目标方面变得不确定（第 11 章）。在不久的将来，群体与自然互动的方式也可能发生重大转变。例如，机器人越来越多地被用于农业，改变了农场以及农村社区的结构。现在正在通过创建公园，或者在未来通过纪录片或增强/虚拟现实的方式创造人工环境以满足城市中心居民的需求。与此同时，便捷的交通可能使许多偏远的江河流域更容易用于娱乐活动。我们并不是声称知道这些方面将如何影响河流流域的使用和价值，而是强调在制定规划和政策时必须认识到，随着技术、经济和社会的变化，可能与环境流量管理相关的价值观和目标也会转变。

第二，环境流量科学的许多早期工作和环境流量评估方法的制定都是温带气候区的发达国家完成的；而在半干旱和热带地区开发了其他方法，并应用于欠发达国家（Tharme，2003）。重要的是要考虑到，不同国家的人们经常以不同的方式来思考和体验环境和河流系统的问题，这是因为人们有着不同的文化价值观、信仰和实践，以及对河流自然资源的不同需求（Daniell，2015；Enserink 等，2007）。不同的气候状况也会导致河流社会生态系统和流态的多样性，以及它们之间不同的关系。在不同的环境中，对环境的了解是通过个人经验形成的，然后往往代代相传下去。对于科学家和管理人员来说，使用当前的环境流量评估工具可能难以把握或完全理解那些利用常用方法所开发和传达的价值和目标（Christie 等，2012）。

最后，也许以类似的方式，土著群体参与环境流量评估框架内确定需水和价值的程度有限。尽管河流系统是许多土著文化、生计和价值观的核心（Finn 和 Jackson，2011），支撑我们许多现有水资源管理系统的功利主义价值观往往与许多土著群体对河流系统的价值观不一致，它们支持彼此和大自然之间的关系（第 9 章）。协调这些不同的评估河流系统的方法并为河流创建共同愿景和目标，是逐步进行环境流量管理的一个基本要素。

世界上许多河流系统都是通过大坝等水资源基础设施来管理的，成千上万的新坝正在规划和建设中（Winemiller 等，2016；Zarfl 等，2015）。在这些水利系统中，随着时间的推移，大坝的上下游环境相对其原始状态会变得越来越复杂。在水利基础设施仍处于规划阶段的情况下，存在更大的机会来避免或尽量减少系统范围内流量变化的潜在社会生态效应，特别是通过适当的大坝布置以及引入大坝设计特征和运行规则来实现环境供水（Richter 和 Thomas，2007；第 21 章）。一旦到达施工阶段，为了满足其经济目的，大坝的设计特征或运行要求常常严重限制了扭转生态退化和使系统向建坝前状态转变的机会。在这种情况下，自然流态作为参考或目标可能不适用于下游生物物理过程严重改变的大坝。设计一个满足系统多重目标（消耗性和环境性）的环境水流情势可能更合适（Acreman 等，2014）。这种"能够定义和量化流量过程的组成部分，并将其组合成满足特定生态和社会目标的环境水流情势的想法可被看作一种'设计者'方法，其产生的生态流量能够支持生态系统状态或生态系统服务的需求"（Acreman 等，2014）。尽管这一概念具有吸引力，并且在实践中默默地支持了许多环境流量制度的发展（GBCMA，2014），但如何设计和管理一个水流情势以确保在较长时期内支持环境的复杂需求仍然存在着重大挑战（Acreman 等，2014；Arthington，2015；Arthington 等，2006；Harman 和 Stewardson，2005）。这通常需要在不同的河流开发目标之间（例如，农业、水电、城市和环境），以及河流生态系统的不同元素（例如，鱼类和植物）之间进行权衡。管理者必须决定如何操作水资源系统及其储水设施，以达到既满足环境又满足社会需求的理想结果（Acreman 等，2014；Poff 等，2016）。这一点也突出表明了制定权衡各项需求、满足水资源管理各种社会目标的决策框架的需求。

尽管我们对水文-生态关系的理解在过去的 20 年里有了显著的进步（Arthington，

2015），但是我们对流量改变的生态响应的认识仍然较为匮乏（Poff 和 Zimmerman，2010；Webb 等，2013）。一个主要的挑战是在流域范围内进行有控制的水管理实验，许多研究仍然依赖于在洪水或干旱期间不断变化的水流条件来推进基础知识的发展（Konrad 等，2011；Olden 等，2014）。大坝所有者/经营者、土地所有者和科学家之间需要更多的合作来提出假设，并通过水流控制实验对假设进行有力的验证（Poff 等，2003）。此外，未来新的环境和管理挑战将需要不同的科学信息来支持管理决策。研究议程必须预见到这些挑战，以便在新挑战的影响出现时为管理者提供支持。在这里，我们只关注其中的两个未来挑战：（1）主动的环境流量管理；（2）气候变化。

第 19 章介绍了主动的环境流量管理。在此稍作回顾：主动的环境流量管理是指那些需要就何时以及如何使用环境流量来达到预期结果进行持续决策的分配机制。随着越来越多的河流系统因水资源开发而改变和/或达到其可持续性极限，很可能有更多的司法管辖区需要采用主动管理的环境流量的分配机制。第 11 章讨论了主动管理环境流量的一些具体规划和运营挑战。重要的是，主动管理突出了两个不同但嵌套的自适应管理周期（第 25 章）：第一个是规划周期，例如制定系统的长期目标和优先事项（第 23 章）；第二个是实施周期，例如关于每天，每季度和每年如何操作和使用环境流量的持续决策（第 24 章）。

环境流量管理的规划和实施周期都可以通过使用概念模型得到改善：（1）将可用决策（例如，在不同空间和时间尺度泄放环境流量）与管理目标联系起来；（2）提供定量信息，以显示一个流量决策对另一个流量决策的好处。但是，由于所需信息的精度在规划和实施周期有所不同，实施所需的信息应更精细（Horne 等，文献在出版过程中）。与长期规划相比，实施周期的优势在于能够以动态方式调整环境水流情势，以考虑环境终点的反馈和状态信息的转换（Overton 等，2014；Shenton 等，2012）。它还允许灵活调整流量事件的细节（例如，流量事件的峰值幅度及其持续时间），以满足实时的充分性评估。但是，管理人员需要信息来告知需要流量的准确时间，并考虑其他用户的流量泄放和特定季节不受调控的水流入。因此，关于一项决定边际收益的透明而详细的信息（例如，一半水的交付是否会提供一半的利益）对于实施变得尤其重要，因为这些计算需要在一年时间内进行。随着水的价值增加，这些决定的重要性也随之增加。由于通常无法在所有年份都提供完整的环境水流情势，因此若要充分利用可用的水，就需要了解仅提供水流情势的某一组分而没有（或替代）另一组分，而不提供（或代替）另一个组分或提供一个小于建议量级的流量组分的好处或风险（Gippel 等，2009；Richter 等，2006）。环境流量多年泄放的顺序也很重要；每 5 年中有几年需要提供特定的流量事件？未来的环境流量评估方法将需要对这些信息需求作出响应，以便在实施规模上进行适应性管理。此外，改进的决策支持工具将发挥重要作用，以协助环境管理人员吸收和评估这一详细信息，以便实施主动管理（Horne 等，2016）。在可获得的环境流量受到限制的情况下，问题就从需要多少水转变为如何最好地管理可用的环境流量。

气候变化也给环境流量科学（第 11 章和第 14 章）和管理带来了新的挑战。在环境流量管理的历史上，气候条件不变的假设已经占了主导，这使得对历史水流情势的统计分析可以用于规划未来的流量分配。当代环境流量评估方法，如水文变化的生态限度法

（ELOHA；Poff 等，2010）和可持续性边界（Richter 等，2012）仍然依赖于这个简化的假设。现在人们认识到，气候正在发生变化，未来的水文状况很可能与许多地区的历史参考条件大不相同（Reidy Liermann 等，2012）。因此，从水管理的角度来看，未来流量的不确定性使实现和维持有效的环境水流情势所需的规划和实施周期复杂化。未来可用水的不确定性可能会加剧围绕环境流量资源分配以及更广泛的水资源分配的争论。

然而，除了水资源管理的挑战之外，随着气候的变化，环境流量管理的实践也面临着其他挑战。气候变暖正在改变物种的性能和适应性，以及物种之间的相互作用，引起物种分布和生态系统过程的变化。因此，参考生态环境的这一概念也在发生变化，并且需要由简单的水文情势组分平均值和生态状态的时间平均值之间的简单统计关系，转向对水文情势动态（极端事件，前期径流）和生态过程之间关系的基于过程的更好理解（第 11 章）。

不断变化的水文和生态基准（Kopf 等，2015）为环境流量科学家和管理人员创造了新的动力，促使利益相关方参与制定在未来的用水制度下可以实现社会理想的生态目标。到目前为止，几乎没有几个例子证明这些问题已经开始被人们所认识，而且不确定性很可能会在一段时间内继续成为预测工作的一个特征。因此，需要新的决策支持工具，以帮助确定可实现的目标，并评估通过明确的管理干预措施实现这些目标的可能性（Poff 等，2016）。

因此，要确定一条河流需要多少水以及出于什么用水目的，这是一项复杂的任务，因为每条河流都是不同的，而且随着时间的推移也有不同的需求。环境和社会驱动因素都将定义适当的环境水流情势，但是，开发和使用必要的工具来回答这个问题对于每一次应用仍然是一个挑战。因而，与其提供一个明确的答案，不如提出改进客观环境的方法，并加强关于不同水流情势可能带来不同利益的相关科学知识，如此将会提高我们在不断变化的未来中提供环境流量管理方法的可靠性（Davies 等，2014）。

27.3　我们如何增加被提供环境流量的河流数量？

《布里斯班宣言》主张大量迅速地增加全球范围内已落实环境流量制度的实施地点。那我们应该如何最好地支持将环境流量实施到新的地方？Moore（2004）调查了 272 名来自不同组织的环境流量管理人员，并询问了受访者环境流量的概念最初是如何在他们的流域和国家建立的。结果表明，公众意识和河流对当地生计重要性的认识都是十分重要的因素。有趣的是，环境流量评估项目和专业知识的引入也被视为一个主要驱动因素。环境流量评估，特别是在利益相关者参与的情况下，可以导致社区对水资源管理的态度发生重大、积极的变化（King 等，1999；Moore，2004）。

Moore（2004）还要求受访者确定在其所在地区实施环境流量管理的主要困难和障碍（图 27.1）。受访者表示，提高公众意识有助于建立政治意愿和利益相关者的有效参与（两者都被确定为图 27.1 中的障碍）。同样，对当地生计的重要性认识（Moore，2004 年已被确定成功的因素之一）与对环境流量相关的社会经济成本和效益（确定的障碍之一；图 27.1）的了解有关。机构安排，包括对环境流量项目的资金不足或不适当，以及技术能力不足，也被认为是实施环境流量制度的共同障碍。

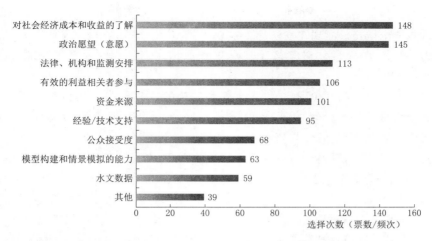

图 27.1　调查结果统计的受访者所在区域内实施环境流量项目的主要困难和障碍。

来源：Moore（2004）

政府需要足够的证据来支持改革（OECD，2012）。世界上大部分物种丰富的地区都位于发展中国家，因此存在刺激经济增长和减轻贫困的压力（Fazey 等，2005；Winemiller 等，2016）。在水需求量大的系统中，环境流量分配可能需要与消耗用水进行权衡（第 16 章）。生态系统服务，即生物多样性以及生态系统结构和功能对人类福祉的贡献（第 8 章），提供了一种利用价值和衡量系统评估环境流量效益的潜在机制。该系统与传统经济成果更紧密地联系在一起。许多发展中国家正在努力应对减贫、人类福祉和经济发展的挑战。因此，可能会更加依赖水资源来满足当前人类的迫切需求，因此很难为后代考虑长期的生态系统需求和生态系统服务（Christie 等，2012）。这导致一些专家得出结论，减贫和环境管理的目标是不相容的（Dalal-Clayton 和 Bass，2009）。在这些情况下，明确环境流量提供的生态系统服务可以提高社区的理解和支持，并提供支持改革的证据。人们通常不知不觉地依赖生态系统服务。识别和宣传这些生态系统服务仍然存在重大挑战。此外，经济评估技术还面临进一步的挑战（如第 8 章所述），这一情况在环境商品和服务估值有限，并且认识到了对河流资源和生态系统完整性进行估值的其他或补充手段的发展中国家更加严峻（Christie 等，2012；Kenter 等，2011）。这些局限性可以通过地方参与和生态系统服务识别和评估的能力建设来解决（Christie 等，2012），同样也能通过使用非评估技术来解决（第 8 章）。

尽管生态系统服务可能是扩大环境流量项目实施的重要工具，但重要的是要认识到关于如何珍惜自然这一长期尚未解决的争论。有些人认为大自然之所以重要，是因为它给人类带来了好处，而另一些人则认为，保护大自然是一种道德责任，比如它的内在价值（Davidson，2013）。关于生态系统服务概念在多大程度上可以反映生物多样性和环境价值还存在争论（Davidson，2013；Dudgeon，2014）。作为一种极端立场的代表，Krieger（1973）提出，如果树木的价值纯粹是为人类服务，那么可能是一棵树的塑料复制品也可以提供一些相同的服务。我们怀疑大多数人会对这个观点产生一些隐隐的不适，因为他们认识到自然存在的价值以及对自己的子孙后代的价值。这仍然是流域机构面临的核心挑战：与人类对河流的直接需求相比，它们对自然的存在或内在价值有多重要？在新西兰，旺格努伊（Whanganui）河现在在法律上被认为是一个人，为它赋予了权利与利益。这使得河流成为一股生命力量，它应该受到尊重和保护，而不仅仅是为了发展和造福人类（Calderwood，2016）。

在许多国家（OECD，2012），为水改革和实施筹资仍然是一场持续的斗争，也是对实施环境流量管理的一个公认的障碍（Moore，2004）。当主要基础设施项目由捐助机构资助时，实施环境流量方案会与资金标准挂钩，并包括在项目成本中（Hirji 和 Davis，2009）。另一种方法是从现有途径购买环境流量，通过政府或非政府组织等私营部门管理（非政府组织；第18章）。这一途径在现有水市场获得良好许可的系统中很容易实现［MDB（墨累-达令盆地）；Hart，2015］，但在没有现有水市场的系统中也可以通过利益相关者强有力的参与来实现（美国西部部分地区的非政府组织；Garrick 等，2009；Horne 等，2008）。目前这种购买可能只发生在少数几个地方（最著名的是美国西部和澳大利亚），但预计在未来会变得更加重要。在资金或其他资源有限的情况下，快速推出预防性环境流量评估可能会起到一定的作用，这种方法的实施成本低廉，并且可以通过有限的经验来完成（Richter 等，2012；Tharme，2003）。随后将会有更稳健的环境流量评估方法出现（分诊类型方法）。然而，我们需要认识到，在提供环境流量方面存在较大经济权衡的情况下，预防措施很可能无法提供足够的信息来证明限制经济增长的合理性。即使确定了预防性的环境水流情势，实施和强制执行仍将产生持续的财务成本。

环境流量制度成功实施的关键机会是需要基于环境流量的全球承诺。可持续发展目标（正式名称为"改变我们的世界：2030年可持续发展议程"）提供了一套由一个政府间推进制定的基于联合国2015年9月25日第 A/RES/70/1 号决议的169个目标（http：//www.un.org/sustainabledevelopment/）。在目标15中明确表明的健康的陆地和水生生态系统的目标，在目标3（良好的健康和福祉）和目标6（清洁水和卫生设施）中也有包含。这些目标包括2020年"确保陆地和内陆淡水生态系统及其服务的保护、恢复和可持续利用""减少自然栖息地的退化，制止生物多样性的丧失""采取措施防止外来物种入侵及显著减少其对陆地和水生态系统的影响"和"将生态系统和生物多样性价值纳入国家和地方规划、发展进程，减贫战略和核算"。一个关键的挑战是通过使用环境流量指标来衡量可持续发展目标的执行情况，从而将环境流量的重要性纳入可持续发展目标中，以证明健康的河流生态系统能够为人类带来健康和福祉。这种方法想要取得成功，就是要认识到环境流量对于实现《欧洲水框架指令》目标的重要性，即欧洲所有河流到2020年都要达到良好的生态状态。欧盟委员会正在与环境流量学界合作以确定如何实现这一目标；最近由泛欧生态流量小组发布了一份指导文件（European Commission，2015）。另一个挑战是提供可访问且可转让的工具和技术来实现这些目标（将在第27.5中进一步讨论）。

直到最近，环境流量的专业知识和经验还是由分布在世界各地的少数几个小组所掌握的，主要分布在北美、欧洲、南非、澳大利亚和新西兰。能力建设已越来越多地纳入环境流量项目的实施中（Acreman 等，2006）。与此同时，环境流量问题也被纳入了学术教学和研究项目中。此外，国际自然水资源保护联盟等项目已经为全球30个国家的12个流域的环境流量项目提供了研讨会和参与机会（http：//www.waterandnature.org）。这些论坛在提高人们对环境流量问题及其在全球范围内的重要性的认识方面发挥了作用。同样，援助组织、大学和非政府组织也在中国和印度产生了影响（Gippel 和 Speed，2010；Gopal，2013）。具体的培训通过其他更广泛的活动来补充，例如建立环境流量网络。但是，短期资金限制了此类方法的持续可行性。

27.4　如何将环境流量管理作为水资源规划的核心要素？

成功地实施环境流量管理需要一个有利于环境流量分配的制度结构，但更重要的是，将其与更广泛的水资源管理和流域/土地利用规划相结合，通常要求机构统计并监控水的可用量和水的流向（第 16 章）。在许多国家，水政策的发展速度要快于支持政策的数据基础建设，因此政策实施往往会出现数据真空的情况（第 16 章）。设计和资助这些信息系统建设将是增加环境流量实施的基本要素。

为实施有效和可持续的改革以提供环境流量，需要将环境主流化；"将相关环境问题明确纳入推动国家和部门发展政策、规则、计划、投资和行动的机构的决策中"（Dalal-Clayton 和 Bass，2009）。由于是环境组织在确立河流健康的重要性方面扮演了最初的倡导者角色，因此在水资源组织中，环境流量管理往往是孤立无援的。这限制了新的综合解决方案的提出和有效的政策辩论（Dalal-Clayton 和 Bass，2009）。理想情况下，管理水资源的结构将支持联合用水的概念（如第 21 章所讨论的那样，最大限度地提高从供水到消耗的环境产出），而不是常用的通过划定环境与生产用途的制度边界来加强的竞争模式（Richter，2010，2014）。在更广泛的水资源管理中整合环境流量，也将使人们对变化作出更灵活、更明智的反应（Dalal-Clayton 和 Bass，2009）。

气候变化的影响继续给水资源的可用性造成巨大的不确定性（以及变化），因此需要积极讨论如何在水用户之间分配这些变化，以及为社会和环境提供水所需要进行的改变（Poff 等，2016）。机构安排和环境流量分配机制应围绕如何在一段时间内对水资源进行适应性管理制定清晰的社会知情决策（第 17 章和第 19 章）。

协同发展城乡之间的水资源管理和发展致力于将水保持在环境中以反映水平衡的自然模式（Grafton 等，2015）的管理机制也面临着挑战和机遇。具体而言，不透水的城市地区通常存在流量过剩的问题，并且在暴风雨期间无法将水保持和渗透到环境中，而许多农村地区则由于比较大（建造）的蓄水能力和灌溉需求而导致流量减少。

重要的是，伴随着其他部门对水资源产出的依赖和影响，水资源政策远远超出了管理水资源的政府部门的范围。例如，能源、食品和水政策都是具有内在联系的，必须尽一切努力协调确保它们的愿景一致，这样，一个部门的政策不会对其他部门产生负面影响，而是试图寻求互惠互利（Hussey 和 Pittock，2012；Pittock 等，2013）。

为此建立的程序必须足够灵活，以免官僚主义阻碍水资源政策。

27.5　知识和经验如何被转移和扩大？

保护环境流量情势的挑战和紧迫性是全球性的，但在各国生物物理、社会、文化和政治环境中，环境流量科学和实践方面的重大进展分布十分不均匀（McClain 和 Anderson，2015）。目前，关于水文变化的生态响应和实施最佳环境流量评估方法的科学进展，将会严重偏向北美、欧洲和澳大利亚（Konrad 等，2011；Poff 和 Zimmerman，2010）。在非洲，南非通过了具有突破性的立法，明确了保护河流流量以满足基本的人类需求和生态系统（RSA，1998）需求，类似的立法已经传播到南部和东部非洲的邻国（GoZ，2002，2011）。尽管南非的实施进展有限，但该国也为制定环境流量评估的整体方法作出了重大贡献（King 等，2003，2008）。在亚洲，在环境流量评估研究以及促进研究人员与资源管理者之间的合作以改善水资源管理方面，中国正在成为领导者（Hou 等，2007；Opperman 和 Guo，2014；Sun 等，2008）。对湄公河流域的研究，大大提高了对流域尺度水流变化对生态系统功能和人类生计的耦合效应的认识（Molle 等，2012；Ziv 等，2012）。在拉丁美洲，墨西哥最近发起了一项科学严谨和政治性创新的号召，以保护全国的环境水流情势，但拉丁美洲其他地区的研究和实践尚有限且不规范。世界上其余的地方几乎没有或没有任何信息可供参考。

当然，全球环境流量的实施有许多共通的先决条件。例如，近 30 年的时间里，联合国在强调可持续发展的进程（Drexhage 和 Murphy，2010）中已经产生了许多保护生态系统的国际公约，并支撑了几乎全球所有国家法律和政策进行生态保护变革。在早期阶段，大多数国家的政策和实践都认为，无论其他用水量如何增加，都应保持河流的最低流量。这种观点主要源于 19 世纪和 20 世纪为生计和公共健康而保护渔业资源和水质的行动（Chandler，1873；State of California，1914）。尽管规定的最低流量（例如，Q95、Q10 或 10% 的平均年径流量）通常不足以实现现代社会生态目标，但它们确实确保了在常年河流中仍有一定量的水流在流动。这一国际政策改革和对最低流量要求的承认为进一步加强环境水流情势的保护奠定了基础。

知识和经验，通过嵌入学术、专业和政府进程，逐渐通过众多正式和非正式机构全球传播。然而，世界范围内水资源开发的快速开发，以及淡水生态系统的相应减少，需要环境流量领域采取新的战略行动，以加快知识转化、应用研究和实地实施的步伐。建议将两个相互关联的要素作为一项国际战略的支柱，并采取外围行动将影响扩大到更广泛的范围。第一个要素，是将环境流量科学和实践纳入主要的国际科学和发展计划的主流，从而提高该主题的知名度，并吸引最高级别的科学家和最高水平的从业者和决策者参与。第二个要素，是在先进的科学、工具和实践被共同设计和开发的地方，建立一个全球生命实验室（以及相应的实践社区）网络。这些生命实验室也可以包括根据当地情况而定的最佳实践示范点。

如前所述，国际社会已同意《联合国 2030 年可持续发展议程》，其中包括目标 6 中的淡水生态系统保护以及目标 14 中的沿海资源保护（http：//www. un. org/sustainablede-velopment/）。环境流量要求在指标 6.4.2（水压力水平；淡水取水量占可用淡水资源的百分比）和 6.6.1（与水有关的生态系统随时间变化的程度；联合国水资源，2016）中有明确规定。这些目标和指标与《生物多样性国际公约》《拉姆萨公约》和最近政府间生物多样性和生态系统服务科学政策平台的长期努力相匹配。这些倡议共同体现了国际社会对保护和可持续开发淡水和沿海资源的坚定承诺；他们还邀请科学界参与到支持实现既定环境目标的研究中来。作为回应，国际科学界已经启动了多个协同研究项目，例如：联合国教科文组织国际水文计划的第八阶段（2014—2021年）；国际水文科学协会水文与社会的十年变化（2013—2022年）；以及未来地球——国际科学理事会的一项新计划。每一项倡议中都出现了水资源研究的内容，它们与政策的日益紧密结合，为更广泛地推广环境流量科学和实践带来了希望。其他努力与倡议也相继在国家和地区范围内出现（Arthington等，2010）。

应通过建立一个以环境流量管理科学和实践重点的生命实验室和示范点网络，为进一步转化和扩大环境流量评估和水管理方面的知识和经验作出努力。"生命实验室"指的是为共同设计和共同开发的研究活动，研究人员与研究成果的用户之间的结构化合作（Van der Walt等，2009）。这种方法有助于将环境流量研究纳入正在进行制定的水资源管理和政策中，使研究成果更好地适应终端用户的需要，并且能更有效和高效地实施。有一个早期的例子"可持续河流项目"（Sustainable Rivers Project），该项目与大自然保护协会（Nature Conservancy）的科学家和美国陆军工程兵团（US Army Corps of Engineers）的水利管理人员合作，调查并演示如何在多种选择中重新运营大坝，以满足改进后的生态目标（Warner等，2014；见第25章）。如今，在世界各地都有类似于这样的伙伴关系。将这些努力成果连接至协调网络，可将普遍采用的方法应用于假设设定，并在区域和全球范围内统一监控程序，提供研究基础架构，从而将高质量的数据转换为可用的工具。

我们还必须加强重视，以更好地理解环境流量管理的社会层面。Wescoat（2009）认为，21世纪将会是一个有关水面临的挑战和治理对策的专业知识日益普及的时代。环境流量管理是一个典型的例子，研究人员和从业人员就政策和治理方法交换经验与教训，以便在不同的地理和治理环境中建立和管理环境流量，并随着时间的推移推断水资源短缺的程度。成功的环境流量管理需要政策转移或（最好是）有效的框架和方法（Mukhtarov and Daniell，2017），以便调整政策以适应不同的环境、确定问题的性质以及有关政策设置和方法的背景和范围（Swainson and de Loe，2011）。因此，人们对澳大利亚和美国的相关研究进行了大量的比较，说明了公共组织和私营组织在获得河流系统中环境流量的供应方面的不同作用，以及对资源、责任和合法性的共同需求（Garrick等，2009；Horne等，2008）。生命实验室网络提供了进一步学习的机会，我们可以通过建立实践社区，从农村和城市环境的异同中吸取教训。本书汇总的框架、方法和案例研究证明了这种潜力。

经同行评议的科学文献是可信研究成果的重要传播渠道，但它不足以覆盖国际科学家、实践者和决策者的所有领域。生命实验室或其他可以共享成功经验、挑战和实施工具的机构，允许其他实施环境流量管理制度的地区将其成果量身应用于本地区。而更为重要的是，它们还允许讨论支持环境流量实施所需的体制安排。

27.6　我们如何加强环境用水计划的合法性？

治理的基本规范准则……是合法性。

Wolf（2002，第40页）

衡量环境用水计划的成功通常集中在两个指标：有效性和效率。提供的环境流量是否履行了所需的生态功能，例如有效性（McCoy，2015），是否高效完成，例如在成本可以接受并且可行的情况下达到最小化。在关于环境流量的争论中，这些指标对于为环境提供水的决定至关重要，特别是当这项决定意味着不向其他消费用途提供水（Garrick，2015；Horne等，2016；Pittock和Lankford，2010）。环境流量管理日益成熟的一个迹象是，它现在正在积极考虑如何以最大限度地提高环境效益和最大限度地减少成本的方式提供环境流量。然而，到目前为止，关于环境补水对环境中健康河流的广泛社会效益的报道仍然有限。

我们逐渐开始明白，合法性对于环境流量项目的长期成功至关重要。2015年，经济合作与发展组织（OECD）将信任、参与、效率和有效性确定为良好水治理的核心要素（OECD，2015）。第26章将合法性定义为输入和输出的合法性（Scharpf，1999）。输出的合法性包括有效性的衡量标准，人们常常依赖这些标准来维护环境流量项目的合法性：它们应有效而合法。然而，输出合法性还包括解决问题的意识、接受制度和通用方法（Hogl等，2012），所有这些都取决于用于实现环境流量项目的过程。这一过程与输入合法性息息相关，需要明确考虑准入条件、平等代表权、透明度、责任制、协商与合作、独立性和可信度（Hogl等，2012）。

第26章将合法性与有效性和效率并列为环境流量项目成功与否的核心标准之一。通过纳入合法性，可以得出两个重要的实践经验教训。首先，从环境流量议程设定到环境流量评估，必须在环境流量项目的每个阶段建立合法性。特别需要认识到，所有环境流量项目的第一步是建立利益相关者可接受的共识，即环境本身需要特定数量、时间和质量的水才能满足特定的目标，包括生态系统可持续和功能的目标。如果不花时间确保该项目的合法性得到保障，可能会破坏未来政策的制定和该计划的实施。事实上，它可能会在一场政治斗争中不堪一击，在这场斗争中，反对环保用水的利益相关者联盟的议程在政策决定中得到了体现（Daniell等，2014）。如果一些利益相关者认为他们在环境流量项目的发展中受到了不公平的对待，而没有充分参与到项目的发展中，这可能会导致他们感受到不公正（Lukasiewicz和Dare，2016）。我们现在明白，合法性不仅仅取决于一个环境流量项目的成果或支撑它的科学证据的质量，如果没有对利益相关者的参与和交流进行大量的投资，就不可能建立合法性（第7章）。

然而，建立和维护合法性很可能增加环境流量项目的前期成本。Garrick和O'Donnell（2016）的研究表明，对合法性的投资可能会增加环境流量恢复的交易成本，并可能延长环境流量恢复计划的期限，从而需要更多的时间和金钱来达到预期的目标。然而，如果不能在合法性上进行投资，特别是在建立和维护一系列利益相关者参与方法的实施上（Daniell，2011），就可能会在以后破坏一个很成功的环境流量恢复项目，从而将成本推迟到未来。例如，澳大利亚MDB的环境流量恢复项目利用水权交易迅速为环境获取了大量的水。然而，这种流量恢复项目被灌溉者视为严重的问题，他们成功地游说政府对从其他用户手中购买的可用于环境的水量施加更低的限制（The Hon. Greg Hunt MP和The Hon. Bob Baldwin MP，2015年9月14日）。流域计划中要恢复的剩余环境流量必须通过基础设施的效率措施来保证，这些措施比直接购买更昂贵，而且可能不会带来预期的生态效益（Bond等，2014）。因此，如果未能获得其他用水户的支持，将会给流域计划的流量恢复计划带来巨大的成本。在北美的哥伦比亚河流域环境流量制度的最初实施在"买干"的原则下取得了河道用水的权利，引起受到灌溉和有关产业影响的群体的政治上和法律上的抵制，并威胁要撤销允许环境流量交易的管理改革（Pilz，2006）。在那以后的十年里，为了重新恢复已被削弱的合法性和公众的信任，人们做了大量工作，包括美国国家鱼类和野生动物基金会（National Fish 和 Wildlife Foundation）和哥伦比亚河流域水权交易项目（Columbia Water Transactions Program）都明确拒绝了"买干"的理念。

因此，建立有效的利益相关者参与程序可以成为提高环境流量项目合法性的重要手段之一。然而，在利益相关者之间建立真正的伙伴关系，使他们都致力于成功实现环境流量项目，这需要时间、精力、信任和谦让（见第 7 章）。它要求专家们承认，他们无法解决所有问题，所有的答案，决策者和实践者需要听取各种各样的观点，从而为环境流量管理提供信息。一个经常忽视的因素是与土著人建立伙伴关系的投资，特别是历史上存在殖民和被剥夺公民权的背景下（Robinson 等，2015）。环境用水计划的合法性可能取决于给予所有声音被听到的平等的机会，并影响计划的设计和实施，而且接受多种不同形式的知识。实践者和科学家接受环境流量管理是一个更广泛而复杂的社会生态系统中的社会过程，而不是一个科学的管理过程，这一观点在该领域内逐渐引起了共鸣（Arthington，2015）。因此，参与性决策仍然没有很好地融入许多现有的环境需水政策和项目中。然而，越来越多的例子表明，利益相关者的参与已经得到了足够的资金，并被纳入这类项目中。例如，在《欧盟水框架指令》中，利益相关者的参与是法律框架的强制性组成部分（EU，2000，2002；von Korff 等，2012）；通过利益相关者参与环境流量项目的投资，冲突和交易成本降低，合法性增强（第 7 章）。

第 19 章介绍了环境流量主动管理的概念，要求环境流量管理组织每年选择如何使用环境流量，以达到最佳的效果。这种灵活性对于有效性和效率非常重要，但它也要求决策者在制定和实施决策之前与之后积极地与利益相关者和当地社区进行接触。环境流量管理组织在使这些决策透明化方面做得越来越好，但真正的合法性需要扩大影响范围，以便当地社区能够在当地环境下为环境流量作出最好的决策。通过关注投入（过程）和产出（结果）的合法性，环境流量政策制定者和实践者可以将合法性嵌入到整个环境流量管理过程中。

为了推动将合法性作为衡量成功的标准，未来可能开展的活动有两个重点。第一，我们应该建立一个示范流域的数据库，以显示合法性是如何（或没有）在整个环境流量项目中被嵌入和利用的。尽管在实施方面仍然存在挑战，但环境用水计划现在已经足够广泛和多样化，所以集合学习的空间是巨大的（第 25 章）。第二，在环境流量项目已经开始实施的地方，决策者和实践者需要积极地将合法性作为衡量成功的标准，并报告投入和产出的合法性。监督和报告合法性的方法有很多。一个出发点可能是使用诸如媒体文章（正面和负面）以及简短的调查等指标，来报告利益相关方的数量、利益相关方群体的多样性以及衡量参与正在进行的计划的利益相关方的意见。

27.7 管理适应性能成为标准实践吗？

适应性管理以迭代学习的概念为中心，从而改善管理，必须在不确定的情况下作出管理决定。受到适应性管理的保护，有一种简单的学习方法，即对于管理实验和复杂的生态反应模型，通过更复杂和严格的过程来完成（Allan 和 Stankey，2009）。适应性管理特别适用于环境流量管理等问题，这些问题的结果对管理决策具有响应性，但是对于替代决策的结果存在不确定性（Williams 和 Brown，2014）。影响环境流量管理的不确定因素有多种来源，包括影响未来可用水、消耗用水需求及气候不确定因素，以及对流量变化模式下的生态响应的科学不确定因素（第 15 章）。虽然适应性管理的潜在好处已得到广泛认可，但鲜有成功案例被报道（第 25 章），但无法确定究竟是成功的案例有限，还是仅仅是对成功案例的正式评估和报告有限（Allan 和 Watts，审稿中）。在适应性管理成为环境流量管理的实践标准的道路上还需要面临很多特殊的挑战。

首先，适应性管理最重要的挑战，可能是建立环境流量项目的合法性，包括允许成功和失败并存的，注重学习的，并提供必要的资金来支持这项工作的社会和制度的设置（Poff 等，2003）。提供这样的制度安排对适应性管理的成功至关重要（Ladson，2009）。适应性管理的主要好处之一是其通过科学家和管理者之间的结构化对话来促进学习的潜力（Ladson，2009；Pahl - Wostl 等，2007）。将科学文献的知识应用于环境流量的评估方法方面取得了重大进展（第 11 章、第 14 章）；然而，科学研究成果和将其转化为满足管理者的需求信息之间仍有一定距离（Acreman，2005；Williams 和 Brown，2014，2016）。为了充分发挥适应性管理的好处，科学家和管理者之间以及与包括当地社区在内的其他利益相关者之间需要新的合作安排，以便更好地将一系列知识主体纳入管理过程（Vietz 等，审稿中）。

其次，必须改进适应性管理的假设、决策和结果的文献记录方式，以促进跨流域的学习和知识转移。第 25 章建议在适应性管理团队中加入反馈者来记录和传播学习经验，Allan 和 Stankey（2009）所建议的"仔细的文档记录"是成功的适应性管理的核心要素之一。这需要一个有记录的假设或预测模型，将可选的管理行动与管理目标联系起来，具体到环境流量管理，即是将流量决策与环境目标联系起来（Allan 和 Stankey，2009；Williams 和 Brown，2014）。模型不必要是数值模型，它甚至可以是不同管理选项下的预测列表（即 ELOHA 模型中的一种选择建议；Poff 等，2010）。重要的是记录预测的文档，而不是如何得出预测。这个被记录的模型，连同其固有的不确定性，在展示研究人员和管理者对管理系统行为的理解，以及在建立管理过程中所涉及的人员之间共识方面起着重要的作用（Beven 和 Alcock，2012；Liebman，1976）。研究流量变化对环境的影响，这方面的出版物数量有了巨大的增长（Poff 和 Zimmerman，2010；Stewardson 和 Webb，2010；Webb 等，2013），然而，将这些科学认识与管理决策联系起来的挑战也是巨大的（Acreman，2005）。在环境流量评估方面，有一些方法支持透明的基于经验的评估框架（例如，ELOHA 和 DRIFT 法），大多数环境水流情势的建议和许多管理决策都是基于专家的判断，这些判断是根据专家积累的经验和对当前文献的理解得出的（Stewardson 和 Webb，2010）。通常会有一个隐含的概念模型来捕捉这些专家判断背后的因果路径，但这很少作为决策过程的一部分被记录下来。这些模型的显式特征是环境流量适应性管理的一个重要组成部分，尤其对于主动的环境流量管理更为重要。

最后，监测和评估是适应性管理的一个基本要素，但是传统的、机构主导的项目既耗时又昂贵（Williams 和 Brown，2014）。没有监控，就没有适应性学习，就无法完成适应性管理周期，也就无法根据新的知识更新未来管理。适应性管理失败的一个原因是管理机构普遍缺乏对监控的承诺（Schreiber 等，2004）。这些监控程序需要同时支持短期实现和长期规划的内部和外部适应性管理循环（第 25 章）。有效的监控可以帮助证明提供环境流量的效益（增强合法性），也可以增加关于流量生态响应的知识（见第 25 章）。此类监控项目的设计、资助和管理需要尽早确定，并对长期参与作出承诺（Davies 等，2014）。科学家致力于开发模型并监测其结果，这将进一步增强情报收集、传播和学习的潜力，以支持有效的适应性管理（Liu 等，2014）。探索增强资源、本地支持和实施监控的方式，有可能促使适应性管理应用于监视成本可能过高的地方。

27.8　总结

显然，将政策落地是保障环境流量的全球性的首要挑战。

Le Quesne 等（2010）

科学认识的增加和如今在其政策和立法中认识到环境流量重要性的国家数量不断增加，证明全球环境流量管理取得了重大进展。但执行工作仍面临持续的挑战，甚至对政治意愿和新的政策承诺和资源的需要日益迫切。之所以很难评估进展和剩余的挑战，是因为没有关于全球环境流量管理制度执行水平的中央信息库。接下来，将进行一项允许对进展进行更大的评估，并改善跨区域分享和协调的机会的标志性研究。

然而，正如本书所强调的，有一系列成功的环境流量管理的例子和正在进行的关于环境流量管理面临挑战的研究。通过更好的机制将这些知识在不同地区和政策环境中转移，则有很大的机会可以利用这种经验。一种可行的方法是建立生命实验室，作为一种交流成功（或不成功！）的科学、管理工具和社会参与策略的手段以及随着时间推移实施的过程。要使生命实验室获得的知识和工具可转移，一个重要方面是开发一致的框架和语言。

在环境流量管理的实施中，一方面是实用主义和效率之间的内在的权衡，另一方面是寻求最佳的案例解决方案。的确，在写这一章的时候，很明显，作者对合适的平衡有不同的看法。实际上，这是一个需要以具体位置来定的问题。重要的是必须认识到，在那些已经实行了环境流量制度的国家，这仍然是一个漫长和反复的过程。无论第一步是什么（无论是预防性的、易于实施的选择，还是经过充分研究和协商的选择），这个过程都应该允许不断学习和随时间变化。这些变化可能是对不断变化的社会价值观、气候变化或新知识的响应。适应性环境流量管理的一个关键方面将是确保适当的制度和管理安排到位，并确保项目保持（或建立）合法性。目前在该方面仍然需要进行研究和论证。重要的是，正确的制度和管理安排将确保为环境流量项目提供持续的资金和社区支持（PahlWostl 等，2013）。

本书概述了一个从理论、政策、实践到管理的完整的环境流量管理过程。在本书最后一章中，我们强调了书中反复出现的一些主题，并讨论了实现这些主题存在的挑战。这些挑战中有许多本质上并不是技术性的，而是与参与、伙伴关系、合法性、知识共享和有利的体制结构等概念有关。这也突出了 Ostrom（1990）提出的关于参与和社会协议的概念（第1章）的重要性，并为我们的水资源的可持续管理提供了一个积极的视角。

地球上已知的最强大的力量是人类的合作——一种既能建设也能破坏的力量。

Jonathan Haidt（2012）

参 考 文 献

Acreman, M., 2005. Linking science and decision-making: features and experience from environmental river flow setting. Environ. Model. Softw. 20, 99-109.

Acreman, M., Dunbar, M. J., 2004. Defining environmental river flow requirements—a review. Hydrol. Earth Syst. Sci. 8, 861-876.

Acreman, M., Arthington, A. H., Colloff, M. J., Couch, C., Crossman, N. D., Dyer, F., et al., 2014. Environmental flows for natural, hybrid, and novel riverine ecosystems in a changing world. Front. Ecol. Environ. 12, 466-473.

Acreman, M. C., King, J., Hirji, R., Sarunday, W., Mutayoba, W., 2006. Capacity building to undertake environmental flow assessments in Tanzania. *Proceedings of the International Conference on River Basin Management, Morogorro, Tanzania, March* 2005. Sokoine University, Morogorro. Available from: https://cgspace.cgiar.org/handle/10568/36183.

Allan, C., Stankey, G., 2009. Synthesis of lessons. In: Allan, C., Stankey, G. (Eds.), Adaptive Envionmental Management: A Practitioner's Guide. Springer Science.

Allan, C. A., Watts, R. J., in review. Revealing adaptive management of environmental flows. Environ. Manage.

Arthington, A., 2015. Environmental Flows: Saving Rivers in the Third Millennium. University of California Press, Berkley, California.

Arthington, A. H., Bunn, S. E., Poff, N. L., Naiman, R. J., 2006. The challenge of providing environmental flow rules to sustain river ecosystems. Ecol. Appl. 16, 1311-1318.

Arthington, A. H., Naiman, R. J., McClain, M. E., Nilsson, C., 2010. Preserving the biodiversity and ecological services of rivers: new challenges and research opportunities. Freshw. Biol. 55, 1-16.

Aylward, B., Pilz, D., Kruse, S., McCoy, A. L., 2016. Measuring cost-effectiveness of environmental water transactions. Ecosystem Economics LLC. Report prepared for California Coastkeeper Alliance and Lkamath Riverkeeper.

Beven, K. J., Alcock, R. E., 2012. Modelling everything everywhere: a new approach to decision-making for water management under uncertainty. Freshw. Biol. 57, 124-132.

Bond, N., Costelloe, J., King, A., Warfe, D., Reich, P., Balcombe, S., 2014. Ecological risks and opportunities from engineered artificial flooding as a means of achieving environmental flow objectives. Front. Ecol. Environ. 12, 386-394.

Bovee, K., Milhous, R., 1978. Hydraulic Simulation in Instream Flow Studies: Theory and Techniques. US Fish and Wildlife Service, Fort Collins, CO.

Bunn, E. S., Arthington, A., 2002. Basic principles and ecological consequences of altered flow regimes for aquatic biodiversity. Environ. Manage. 30, 492-507.

Calderwood, K., 2016. Why New Zealand is granting a river the same rights as a citizen. Radio National, Sunday Extra, Tuesday 6 September.

Chandler, C. F. , 1873. Report Upon the Sanitary Chemistry of Waters, and Suggestions with Regard to the Selection of the Water Supply of Towns and Cities. American Public Health Association.

Christie, M. , Cooper, R. , Hyde, T. , Fazey, I. , 2012. An evaluation of economic and non – economic techniques for assessing the importance of biodiversity and ecosystem services to people in developing countries. Ecol. Econ. 83, 67 – 78.

Dalal – Clayton, B. , Bass, S. , 2009. The Challenges of Environmental Mainstreaming – Experience of Integrating Environment into Development Institutions and Decisions. International Institute for Environment and Development, London.

Daniell, K. A. , 2011. Enhancing collaborative management in the Basin. In: Connell, D. , Grafton, R. Q. (Eds.), Basin Futures: Water Reform in the Murray – Darling Basin. ANU E – Press, Canberra, Australia.

Daniell, K. A. , 2015. Designing stakeholder engagement processes for river basin management: using culture as an analytical tool. Proceedings of the 36th Hydrology and Water Resources Symposium "The Art and Science of Water" . Engineers Australia, Hobart, Australia.

Daniell, K. A. , Coombes, P. J. , White, I. , 2014. Politics of innovation in multi – level water governance systems. J. Hydrol. 519, 2415 – 2435.

Davidson, M. D. , 2013. On the relation between ecosystem services, intrinsic value, existence value and economic valuation. Ecol. Econ. 95, 171 – 177.

Davies, P. M. , Naiman, R. J. , Warfe, D. M. , Pettit, N. E. , Arthington, A. H. , Bunn, S. E. , 2014. Flow – ecology relationships: closing the loop on effective environmental flows. Mar. Freshw. Res. 65, 133 – 141.

Drexhage, J. , Murphy, D. , 2010. Sustainable development: from Brundtland to Rio 2012. Background paper prepared for consideration by the High Level Panel on Global Sustainability at its first meeting, 19 September 2010.

Dudgeon, D. , 2014. Accept no substitute: biodiversity matters. Aquat. Conserv. Mar. Freshw. Ecosyst. 24, 435 – 440.

Dunbar, M. J. , Acreman, M. C. , 2001. Applied hydro – ecological science for the 21st Century. In: Acreman, M. C. (Ed.), Hydro – ecology: Linking Hydrology and Aquatic Ecology, 1 – 18. IAHS Publ. 266, IAHS Press, Wallingford, UK.

Enserink, B. , Patel, M. , Kranz, N. , Maestu, J. , 2007. Cultural factors as co – determinants of participation in river basin management. Ecol. Soc. 12.

EU, 2000. Directive 2000/60/EC of the European Parliament and of the Council, of 23 October 2000: establishing a framework for Community action in the field of water policy, L 327, 22. 12. 2000. OJEC, 1 – 72.

EU, 2002. Guidance on public participation in relation to the Water Framework Directive: active involvement, consultation, and public access to information. Final version after the Water Directors' meeting, December 2002.

European Commission, 2015. Ecological Flows in the Implementation of the WFD. European Commission, Brussels, Belgium.

Fazey, I. , Fischer, J. , Lindenmayer, D. B. , 2005. Who does all the research in conservation biology? Biodivers. Conserv. 14, 917 – 934.

Finn, M. , Jackson, S. , 2011. Protecting Indigenous values in water management: a challenge to conventional environmental flow assessments. Ecosystems 14, 1232 – 1248.

Garrick, D. , 2015. Water Allocation in Rivers Under Pressure: Water Trading, Transaction Costs, and

Transboundary Governance in the Western USA and Australia. Edward Elgar, Cheltenham, UK.

Garrick, D. , O'Donnell, E. , 2016. Exploring private roles in environmental watering in Australia and the US. In: Bennett, J. (Ed.), Protecting the Environment, Privately. World Scientific Publishing.

Garrick, D. , Siebentritt, M. A. , Aylward, B. , Bauer, C. J. , Purkey, A. , 2009. Water markets and freshwater ecosystem services: policy reform and implementation in the Columbia and Murray - Darling Basins. Ecol. Econ. 69, 366 - 379.

Garrick, D. , Lane - Miller, C. , McCoy, A. L. , 2011. Institutional innovations to govern environmental water in the western United States: lessons for Australia's Murray - Darling Basin. Econ. Pap. 30, 167 - 184.

GBCMA, 2014. Goulburn River: Seasonal Watering Proposal 2014 - 15. Goulburn - Broken Catchment Management Authority, Shepparton, Australia.

Gilvear, D. J. , Webb, J. A. , Smith, D. L. , Nestler, J. M. , Stewardson, M. J. , 2016. Ecohydraulics exemplifies the emerging "paradigm of the interdisciplines" . J. Ecohydraul. 1, 1 - 2.

Gippel, C. J. , Speed, R. , 2010. Environmental flow assessment framework and methods, including environmental asset identification and water re - allocation. ACEDP (Australia - China Environment Development Partnership), River Health and Environmental Flow in China, International Water Centre, Brisbane, Australia.

Gippel, C. J. , Cosier, M. , Markar, S. , Liu, C. , 2009. Balancing environmental flows needs and water supply reliability. Int. J. Water Resour. Dev. 25, 331 - 353.

GoK, 2002. The Water Act. Government Printer, Government of Kenya, Nairobi, Kenya.

Gopal, B. (Ed.), 2013. Environmental Flows: an Introduction for Water Resources Managers. National Institute of Ecology, New Delhi, India.

GoZ, 2011. The Water Resources Management Act. Government Printer, Government of Zambia, Lusaka, Zambia.

Grafton, R. Q. , Daniell, K. A. , Nauges, C. , Rinaudo, J. - D. , Chan, N. W. W. (Eds.), 2015. Understanding and Managing Urban Water in Transition. Springer, Dordrecht, The Netherlands.

Harman, C. , Stewardson, M. , 2005. Optimizing dam release rules to meet environmental flow targets. River Res. Appl. 21, 113 - 129.

Hart, B. T. , 2015. The Australian Murray - Darling Basin Plan: challenges in its implementation. Int. J. Water Resour. Dev. 32, 819 - 834.

Hirji, R. , Davis, R. , 2009. Environmental Flows in Water Resources Policies, Plans and Projects: Findings and Recommendations. The International Bank for Reconstruction and Development/World Bank, Washington, DC.

Hogl, K. , Kvarda, E. , Nordbeck, R. , Pregernig, M. (Eds.), 2012. Environmental Governance: the Challenge of Legitimacy and Effectiveness. Edward Elgar, Cheltenham, UK.

Horne, A. , Purkey, A. , Mcmahon, T. A. , 2008. Purchasing water for the environment in unregulated systems—what can we learn from the Columbia Basin? Aust. J. Water Resour. 12, 61 - 70.

Horne, A. , Szemis, J. M. , Kaur, S. , Webb, J. A. , Stewardson, M. J. , Costa, A. , et al. , 2016. Optimization tools for environmental water decisions: a review of strengths, weaknesses, and opportunities to improve adoption. Environ. Model. Softw. 84, 326 - 338.

Horne, A. , Szemis, J. , Webb, J. A. , Kaur, S. , Stewardson, M. , Bond, N. , et al. (in press). Informing environmental water management decisions: using conditional probability networks to address the information needs of planning and implementation cycles. Environ. Manage.

Hou, P. , Beeton, R. J. S. , Carter, R. W. , Dong, X. G. , Li, X. , 2007. Response to environmental flows in the lower Tarim River, Xinjiang, China: ground water. J. Environ. Manage. 83, 371 – 382.

Hussey, K., Pittock, J., 2012. The energy – water nexus: managing the links between energy and water for a sustainable future. Ecol. Soc. 17, 31.

Kenter, J. O., Hyde, T., Christie, M., Fazey, I., 2011. The importance of deliberation in valuing ecosystem services in developing countries—Evidence from the Solomon Islands. Glob. Environ. Change 21, 505 – 521.

King, J., Tharme, R., Brown, C., 1999. Definition and implementation of instream flows. Contributing paper: dams, ecosytem functions and environmental restoration. World Commission on Dams.

King, J., Brown, C., Sabet, H., 2003. A scenario – based holistic approach to environmental flow assessments for rivers. River Res. Appl. 19, 619 – 639.

King, J. M., Tharme, R. E., De Villiers, M. S., 2008. Environmental flow assessments for rivers: manual for the Building Block Methodology. Water Research Commission, Pretoria, Republic of South Africa.

Konrad, C. P., Olden, J. D., Lytle, D. A., Melis, T. S., Schmidt, J. C., Bray, E. N., et al., 2011. Large – scale flow experiments for managing river systems. BioScience 61, 948 – 959.

Kopf, R. K., Finlayson, C. M., Humphries, P., Sims, N. C., Hladyz, S., 2015. Anthropocene baselines: assessing change and managing biodiversity in human-dominated aquatic ecosystems. BioScience 65,798 – 811.

Krieger, M. H., 1973. What's wrong with plastic trees? Rationales for preserving rare natural environments involve economic, societal, and political factors. Science 179, 446 – 455.

Ladson, T., 2009. Adaptive management of environmental flows – 10 years on. In: Allan, C., Stankey, G. (Eds.), Adaptive Environmental Management: a Practitioner's Guide. Springer Science.

Le Quesne, T., Kendy, E., Weston, D., 2010. The Implementation Challenge – Taking Stock of Government Policies to Protect and Restore Environmental Flows. The Nature Conservancy and WWF.

Liebman, J. C., 1976. Some simple – minded observations on the role of optimization in public systems decisionmaking. Interfaces 6, 102 – 108.

Liu, H. – Y., Kobernus, M., Broday, D., Bartonova, A., 2014. A conceptual approach to a citizens' observatory – supporting community – based environmental governance. Environ. Health 13, 1 – 13.

Lukasiewicz, A., Dare, M., 2016. When private water rights become a public asset: stakeholder perspectives on the fairness of environmental water management. J. Hydrol. 536, 183 – 191.

McClain, M. E., Anderson, E. P., 2015. The gap between best practice and actual practice in the allocation of environmental flows in integrated water resources management. In: Setegn, S. G., Donoso, M. C. (Eds.), Sustainability of Integrated Water Resources Management. Springer International Publishing.

McCoy, A. H. S. R., 2015. Columbia Basin Water Transactions Program Flow Restoration Accounting Framework. National Fish and Wildlife Foundation, Portland, Oregon.

Milhous, R., Updike, M., Schneider, D., 1989. Physical Habitat Simulation System Reference Manual— Version II. US Fish and Wildlife Service, Fort Collins, Colorado.

Molle, F., Foran, T., Kakonen, M., 2012. Contested Waterscapes in the Mekong Region: Hydropower, Livelihoods and Governance. Earthscan, Abington, UK, New York.

Moore, M., 2004. Perceptions and Interpretations of Environmental Flows and Implications for Future Water Resource Management – A Survey Study. Linkoping University, Linkoping, Sweden.

Mukhtarov, F., Daniell, K. A., 2017. Diffusion, adaptation and translation of water policy models. In: Conca, K., Weinthal, E. (Eds.), The Oxford Handbook of Water Politics and Policy. Oxford University Press, Oxford, UK.

Nilsson, C., Svedmark, M., 2002. Basic principles and ecological consequences of changing water regimes: riparian plant communities. Environ. Manage. 30, 468 – 480.

O'Donnell, E., 2013. Common legal and policy factors in the emergence of environmental water managers. In: Brebbia, C. A. (Ed.), Water and Society II. WIT Press, Southampton, UK.

OECD, 2012. Meeting the Water Reform Challenge.

OECD, 2015. OECD Principles on water governance: welcomed by Ministers at the OECD Ministerial Council Meeting on 4 June 2015. Online: Directorate for Public Governance and Territorial Development.

Olden, J. D., Konrad, C. P., Melis, T. S., Kennard, M. J., Freeman, M. C., Mims, M. C., et al., 2014. Are large – scale flow experiments informing the science and management of freshwater ecosystems? Front. Ecol. Environ. 12, 176 – 185.

Opperman, J., Guo, Q., 2014. Carp and collaboration. Stockholm Water Front 3.

Opperman, J. J., Grill, G., Hartmann, J., 2015. The power of rivers: finding balance between energy and conservation in hydropower development. The Nature Conservancy, Washington, DC. Available from: http: //www. nature. org/media/freshwater/power – of – rivers – report. pdf (accessed 30. 06. 16).

Overton, I., Pollino, C., Roberts, J., Reid, J., Bond, N., McGinness, H., et al., 2014. Development of the Murray – Darling Basin Plan SDL adjustment ecological elements method. Report prepared by CSIRO for the Murray – Darling Basin Authority. CSIRO.

Pahl – Wostl, C., Sendzimir, J., Jeffrey, P., Aerts, J., Berkamp, G., Cross, K., 2007. Managing change toward adaptive water management through social learning. Ecol. Soc. 12 (2), 30.

Pahl – Wostl, C., Arthington, A., Bogardi, J., Bunn, S. E., Hoff, H., Lebel, L., et al., 2013. Environmental flows and water governance: managing sustainable water uses. Curr. Opin. Environ. Sustain. 5, 341 – 351.

Pilz, R. D., 2006. At the confluence: Oregon's instream water rights in theory and practice. Environ. Law. J. 36, 1383 – 1420.

Pittock, J., Lankford, B. A., 2010. Environmental water requirements: demand management in an era of water scarcity. J. Integrat. Environ. Sci. 7, 75 – 93.

Pittock, J., Hussey, K., McGlennon, S., 2013. Australian climate, energy and water policies: conflicts and synergies. Aust. Geogr. 44, 3 – 22.

Poff, N. L., Matthews, J., 2013. Environmental flows in the Anthropocene: past progress and future prospects. Curr. Opin. Environ. Sustain. 5, 667 – 675.

Poff, N. L., Zimmerman, J. K. H., 2010. Ecological responses to altered flow regimes: a literature review to inform the science and management of environmental flows. Freshw. Biol. 55, 194 – 205.

Poff, N. L., Allan, J. D., Bain, M. B., Karr, J. R., Prestegaard, K. L., Richter, B. D., et al., 1997. The natural flow regime. BioScience 47, 769 – 784.

Poff, N. L., Allan, J. D., Palmer, M. A., Hart, D. D., Richter, B. D., Arthington, A. H., et al., 2003. River flows and water wars: emerging science for environmental decision making. Front. Ecol. Environ. 1, 298 – 306.

Poff, N. L., Richter, B. D., Arthington, A. H., Bunn, S. E., Naiman, R. J., Kendy, E., et al., 2010. The ecological limits of hydrologic alteration (ELOHA): a new framework for developing regional environmental flow standards. Freshw. Biol. 55, 147 – 170.

Poff, N. L., Brown, C. M., Grantham, T. E., Matthews, J. H., Palmer, M. A., Spence, C. M., et al., 2016. Sustainable water management under future uncertainty with eco – engineering decision scaling. Nat. Clim. Change 6, 25 – 34.

Reidy Liermann, C. A., Olden, J. D., Beechie, T. J., Kennard, M. J., Skidmore, P. B., Konrad, C. P., et al., 2012. Hydrogeomorphic classification of Washington state rivers to support emerging environmental flow management strategies. River Res. Appl. 28, 1340 – 1358.

Richter, B. D., 2010. Re – thinking environmental flows: from allocations and reserves to sustainability boundaries. River Res. Appl. 26, 1052 – 1063.

Richter, B. D., 2014. Chasing Water: A Guide for Moving from Scarcity to Sustainability. Island Press, Washington, DC.

Richter, B. D., Thomas, G. A., 2007. Restoring environmental flows by modifying dam operations. Ecol. Soc. 12. Available from: http://www.ecologyandsociety.org/vol12/iss1/art12/.

Richter, B. D., Baumgartner, J. V., Wigington, R., Braun, D. P., 1997. How much water does a river need? Freshw. Biol. 37.

Richter, B. D., Warner, A. T., Meyer, J. L., Lutz, K., 2006. A collaborative and adaptive process for developing environmental flow recommendations. River Res. Appl. 22, 297 – 318.

Richter, B. D., Davis, M. M., Apse, C., Konrad, C., 2012. A presumptive standard for environmental flow protection. River Res. Appl. 28, 1312 – 1321.

Robinson, C. J., Bark, R. H., Garrick, D., Pollino, C. A., 2015. Sustaining local values through river basin governance: community – based initiatives in Australia's Murray – Darling basin. J. Environ. Plan. Manage. 58, 2212 – 2227.

RSA, 1998. National Water Act. Government Printer, Pretoria, Republic of South Africa.

Scharpf, F. W., 1999. Governing in Europe: Effective and Democratic? Oxford University Press, Oxford and New York.

Schreiber, E. S. G., Bearlin, A. R., Nicol, S. J., Todd, C. R., 2004. Adaptive management: a synthesis of current understanding and effective application. Ecol. Manage. Restor. 5, 177 – 182.

Shenton, W., Bond, N. R., Yen, J. D. L., MacNally, R., 2012. Putting the "ecology" into environmental flows: ecological dynamics and demographic modelling. Environ. Manage. 50, 1 – 10.

State of California, 1914. Fish and Game Commission twenty – third biennial report. California State Printing Office, California.

Stewardson, M., Webb, J., 2010. Modelling ecological responses to flow alteration: making the most of existing data and knowledge. In: Saintilan, N., Overton, I. (Eds.), Ecosystem Response Modelling in the Murray – Darling Basin. CSIRO Publishing, Melbourne, Australia.

Sun, T., Yang, Z. F., Cui, B., 2008. Critical environmental flows to support integrated ecological objectives for the Yellow River Estuary, China. Water Resour. Manage. 22, 973 – 989.

Swainson, R., De Loe, R. C., 2011. The importance of context in relation to policy transfer: a case study of environmental water allocation in Australia. Environ. Policy Govern. 21, 58 – 69.

Tennant, D. L., 1976. Instream flow regmines for fish, wildlife, recreastion and related environmental resources. Fisheries 1, 6 – 10.

Tharme, R. E., 2003. A global perspective on environmental flow assessment: emerging trends in the development and application of environmental flow methodologies for rivers. River Res. Appl. 19, 397 – 441.

The Hon. Greg Hunt MP, The Hon. Bob Baldwin MP, 2015. Joint media release: coalition delivers election commitment with 1500GL water buyback cap. Commonwealth of Australia, Canberra, Australia.

UN Water, 2016. Integrated monitoring guide for SDG 6 targets and global indicators. Available from: http://www.unwater.org/publications/publications – detail/en/c/424975/.

Van Der Walt, J. S. , Buitendag, A. A. , Zaaiman, J. J. , Van Vuuren, J. J. , 2009. Community living lab as a collaborative innovation environment. Issues Inform. Sci. Inform. Technol 6, 421 – 436.

Vietz, G. J. , Lintern, A. , Webb, J. A. , Straccione, D. , in review. River bank erosion and the influence of environmental flow management. Environ. Manage.

Von Korff, Y. , Daniell, K. A. , Moellenkamp, S. , Bots, P. , Bijlsma, R. M. , 2012. Implementing participatory water management: recent advances in theory, practice, and evaluation. Ecol. Soc. 17 (1), 30.

Warner, A. T. , Bach, L. B. , Hickey, J. T. , 2014. Restoring environmental flows through adaptive reservoir management: planning, science, and implementation through the Sustainable Rivers Project. Hydrol. Sci. J. 59, 770 – 785.

Webb, J. A. , Miller, K. A. , King, E. L. , De Little, S. C. , Stewardson, M. J. , Zimmerman, J. K. H. , et al. , 2013. Squeezing the most out of existing literature: a systematic re – analysis of published evidence on ecological responses to altered flows. Freshw. Biol. 58, 2439 – 2451.

Wescoat, J. L. , 2009. Comparative international water research. J. Contemp. Water Res. Educ. 142, 61 – 66.

Whittington, D. , 2010. What have we learned from 20 years of stated preference research in less – developed countries? Ann. Rev. Resour. Econ. 2, 209 – 236.

Wilkes, M. A. , Maddock, I. , Visser, F. , Acreman, M. C. , 2013. Incorporating hydrodynamics into ecohydraulics: the role of turbulence in the swimming and habitat selection of river – dwelling salmonids. In: Kemp, P. , Harby, A. , Maddock, I. , Wood, P. J. (Eds.), Ecohydraulics: an Integrated Approach. Wiley.

Williams, B. K. , Brown, E. D. , 2014. Adaptive management: from more talk to real action. Environ. Manage. 53, 465 – 479.

Williams, B. K. , Brown, E. D. , 2016. Technical challenges in the application of adaptive management. Biol. Conserv. 195, 255 – 263.

Winemiller, K. , McIntyre, P. , Castello, L. , Fluet – Chouinard, E. , Giarrizzo, T. , Nam, S. , et al. , 2016. Balancing hydropower and biodiversity in the Amazon, Congo and Mekong. Science 351, 128 – 129.

Wolf, K. D. , 2002. Contextualizing normative standards for legitimate governance beyond the state. In: Jürgen, R. G. , Gbikpi, B. (Eds.), Participatory Governance: Political and Societal Implications. Leske and Budrich, Opladen, Germany.

Zarfl, C. , Lumsdon, A. E. , Berlekamp, J. , Tydecks, L. , Tockner, K. , 2015. A global boom in hydropower dam construction. Aquat. Sci. 77, 161 – 170.

Ziv, G. , Baran, E. , Nam, S. , Rodríguez – Iturbe, I. , Levin, S. A. , 2012. Trading – off fish biodiversity, food security, and hydropower in the Mekong River Basin. Proc. Natl. Acad. Sci. 109, 5609 – 5614.